VOLUME 1

Halliday & Resnick
FUNDAMENTOS DE FÍSICA
DÉCIMA SEGUNDA EDIÇÃO

Mecânica

O GEN | Grupo Editorial Nacional – maior plataforma editorial brasileira no segmento científico, técnico e profissional – publica conteúdos nas áreas de ciências exatas, humanas, jurídicas, da saúde e sociais aplicadas, além de prover serviços direcionados à educação continuada e à preparação para concursos.

As editoras que integram o GEN, das mais respeitadas no mercado editorial, construíram catálogos inigualáveis, com obras decisivas para a formação acadêmica e o aperfeiçoamento de várias gerações de profissionais e estudantes, tendo se tornado sinônimo de qualidade e seriedade.

A missão do GEN e dos núcleos de conteúdo que o compõem é prover a melhor informação científica e distribuí-la de maneira flexível e conveniente, a preços justos, gerando benefícios e servindo a autores, docentes, livreiros, funcionários, colaboradores e acionistas.

Nosso comportamento ético incondicional e nossa responsabilidade social e ambiental são reforçados pela natureza educacional de nossa atividade e dão sustentabilidade ao crescimento contínuo e à rentabilidade do grupo.

VOLUME 1

Halliday & Resnick
FUNDAMENTOS DE FÍSICA
DÉCIMA SEGUNDA EDIÇÃO

Mecânica

JEARL WALKER
CLEVELAND STATE UNIVERSITY

Tradução e Revisão Técnica
Ronaldo Sérgio de Biasi, Ph.D.
Professor Emérito do Instituto Militar de Engenharia – IME

- Os autores deste livro e a editora empenharam seus melhores esforços para assegurar que as informações e os procedimentos apresentados no texto estejam em acordo com os padrões aceitos à época da publicação. Entretanto, tendo em conta a evolução das ciências, as atualizações legislativas, as mudanças regulamentares governamentais e o constante fluxo de novas informações sobre os temas que constam do livro, recomendamos enfaticamente que os leitores consultem sempre outras fontes fidedignas, de modo a se certificarem de que as informações contidas no texto estão corretas e de que não houve alterações nas recomendações ou na legislação regulamentadora.

- Data do fechamento do livro: 21/11/2022

- Os autores e a editora se empenharam para citar adequadamente e dar o devido crédito a todos os detentores de direitos autorais de qualquer material utilizado neste livro, dispondo-se a possíveis acertos posteriores caso, inadvertida e involuntariamente, a identificação de algum deles tenha sido omitida.

- **Atendimento ao cliente: (11) 5080-0751 | faleconosco@grupogen.com.br**

- Traduzido de
FUNDAMENTALS OF PHYSICS INTERACTIVE EPUB, TWELFTH EDITION
Copyright © 2022, 2014, 2011, 2008, 2005 John Wiley & Sons, Inc.
All rights reserved. This translation published under license with the original publisher John Wiley & Sons Inc.
ISBN: 9781119773511

- Direitos exclusivos para a língua portuguesa
Copyright © 2023 by
LTC | LIVROS TÉCNICOS E CIENTÍFICOS EDITORA LTDA.
Uma editora integrante do GEN | Grupo Editorial Nacional
Travessa do Ouvidor, 11
Rio de Janeiro – RJ – CEP 20040-040
www.grupogen.com.br

- Reservados todos os direitos. É proibida a duplicação ou reprodução deste volume, no todo ou em parte, em quaisquer formas ou por quaisquer meios (eletrônico, mecânico, gravação, fotocópia, distribuição pela Internet ou outros), sem permissão, por escrito, da LTC | LIVROS TÉCNICOS E CIENTÍFICOS EDITORA LTDA.

- Capa: Jon Boylan

- Imagem da capa: © ERIC HELLER/Science Source

- Editoração eletrônica: IO Design

- Ficha catalográfica

CIP-BRASIL. CATALOGAÇÃO NA PUBLICAÇÃO
SINDICATO NACIONAL DOS EDITORES DE LIVROS, RJ

H691f
12. ed.
v. 1

    Halliday, David, 1916-2010
        Fundamentos de física : mecânica / David Halliday, Robert Resnick, Jearl Walker; revisão técnica e tradução Ronaldo Sérgio de Biasi. - 12. ed. - Rio de Janeiro : LTC, 2023.
       : il. ; 28 cm. (Fundamentos de física ; 1)

    Tradução de: Fundamentals of physics
    Apêndice
    Inclui índice
    ISBN 9788521637226

    1. Física. 2. Mecânica. I. Resnick, Robert, 1923-2014. II. Walker, Jearl, 1945-. III. Biasi, Ronaldo Sérgio de. IV. Título. V. Série.

15-27760   CDD: 531
                         CDU: 531

Meri Gleice Rodrigues de Souza - Bibliotecária - CRB-7/6439

SUMÁRIO GERAL

VOLUME 1

1 Medição 1
2 Movimento Retilíneo 13
3 Vetores 43
4 Movimento em Duas e Três Dimensões 66
5 Força e Movimento – I 99
6 Força e Movimento – II 129
7 Energia Cinética e Trabalho 153
8 Energia Potencial e Conservação da Energia 181
9 Centro de Massa e Momento Linear 219
10 Rotação 263
11 Rolagem, Torque e Momento Angular 302

VOLUME 2

12 Equilíbrio e Elasticidade 1
13 Gravitação 29
14 Fluidos 62
15 Oscilações 91
16 Ondas – I 123
17 Ondas – II 158
18 Temperatura, Calor e a Primeira Lei da Termodinâmica 193
19 Teoria Cinética dos Gases 228
20 Entropia e a Segunda Lei da Termodinâmica 262

VOLUME 3

21 Lei de Coulomb 1
22 Campos Elétricos 24
23 Lei de Gauss 53
24 Potencial Elétrico 81
25 Capacitância 114
26 Corrente e Resistência 143
27 Circuitos 169
28 Campos Magnéticos 202
29 Campos Magnéticos Produzidos por Correntes 237
30 Indução e Indutância 265
31 Oscilações Eletromagnéticas e Corrente Alternada 305
32 Equações de Maxwell; Magnetismo da Matéria 345

VOLUME 4

33 Ondas Eletromagnéticas 1
34 Imagens 40
35 Interferência 78
36 Difração 114
37 Relatividade 150
38 Fótons e Ondas de Matéria 188
39 Mais Ondas de Matéria 221
40 Tudo sobre os Átomos 254
41 Condução de Eletricidade nos Sólidos 287
42 Física Nuclear 312
43 Energia Nuclear 345
44 Quarks, Léptons e o Big Bang 370

SUMÁRIO

1 Medição 1
1.1 MEDINDO GRANDEZAS COMO O COMPRIMENTO 1
O que É Física? 1
Medindo Grandezas 1
O Sistema Internacional de Unidades 2
Mudança de Unidades 3
Comprimento 3
Dígitos Significativos e Casas Decimais 4

1.2 TEMPO 5
Tempo 5

1.3 MASSA 6
Massa 6

REVISÃO E RESUMO 7   PROBLEMAS 8

2 Movimento Retilíneo 13
2.1 POSIÇÃO, DESLOCAMENTO E VELOCIDADE MÉDIA 13
O que É Física? 13
Movimento 14
Posição e Deslocamento 14
Média e Velocidade Escalar Média 15

2.2 VELOCIDADE INSTANTÂNEA E VELOCIDADE ESCALAR 18
Velocidade Instantânea e Velocidade Escalar Instantânea 18

2.3 ACELERAÇÃO 20
Aceleração 20

2.4 ACELERAÇÃO CONSTANTE 23
Aceleração Constante: Um Caso Especial 23
Mais sobre Aceleração Constante 26

2.5 ACELERAÇÃO EM QUEDA LIVRE 27
Aceleração em Queda Livre 27

2.6 INTEGRAÇÃO GRÁFICA NA ANÁLISE DE MOVIMENTOS 29
Integração Gráfica na Análise de Movimentos 29

REVISÃO E RESUMO 31   PERGUNTAS 31   PROBLEMAS 32

3 Vetores 43
3.1 VETORES E SUAS COMPONENTES 43
O que É Física? 43
Vetores e Escalares 43
Soma Geométrica de Vetores 44
Componentes de Vetores 45

3.2 VETORES UNITÁRIOS; SOMA DE VETORES A PARTIR DAS COMPONENTES 49
Vetores Unitários 49
Soma de Vetores a Partir das Componentes 50
Vetores e as Leis da Física 50

3.3 MULTIPLICAÇÃO DE VETORES 52
Multiplicação de Vetores 52

REVISÃO E RESUMO 57   PERGUNTAS 57   PROBLEMAS 59

4 Movimento em Duas e Três Dimensões 66
4.1 POSIÇÃO E DESLOCAMENTO 66
O que É Física? 66
Posição e Deslocamento 67

4.2 VELOCIDADE MÉDIA E VELOCIDADE INSTANTÂNEA 68
Velocidade Média e Velocidade Instantânea 69

4.3 ACELERAÇÃO MÉDIA E ACELERAÇÃO INSTANTÂNEA 71
Aceleração Média e Aceleração Instantânea 72

4.4 MOVIMENTO BALÍSTICO 74
Movimento Balístico 74

4.5 MOVIMENTO CIRCULAR UNIFORME 80
Movimento Circular Uniforme 80

4.6 MOVIMENTO RELATIVO EM UMA DIMENSÃO 82
Movimento Relativo em Uma Dimensão 82

4.7 MOVIMENTO RELATIVO EM DUAS DIMENSÕES 84
Movimento Relativo em Duas Dimensões 84

REVISÃO E RESUMO 86   PERGUNTAS 87   PROBLEMAS 88

5 Força e Movimento – I 99
5.1 PRIMEIRA E SEGUNDA LEI DE NEWTON 99
O que É Física? 99
Mecânica Newtoniana 100
Primeira Lei de Newton 100
Força 101
Massa 102
Segunda Lei de Newton 103

5.2 ALGUMAS FORÇAS ESPECIAIS 107
Algumas Forças Especiais 107

5.3 APLICAÇÕES DAS LEIS DE NEWTON 111
Terceira Lei de Newton 111
Aplicações das Leis de Newton 112

REVISÃO E RESUMO 119   PERGUNTAS 119   PROBLEMAS 121

6 Força e Movimento – II 129
6.1 ATRITO 129
O que É Física? 129
Atrito 129
Propriedades do Atrito 132

6.2 FORÇA DE ARRASTO E VELOCIDADE TERMINAL 135
Força de Arrasto e Velocidade Terminal 135

6.3 MOVIMENTO CIRCULAR UNIFORME 138
Movimento Circular Uniforme 138

REVISÃO E RESUMO 142   PERGUNTAS 143   PROBLEMAS 144

7 Energia Cinética e Trabalho 153
7.1 ENERGIA CINÉTICA 153
O que É Física? 153
O que É Energia? 153
Energia Cinética 154

viii SUMÁRIO

7.2 TRABALHO E ENERGIA CINÉTICA 155
Trabalho 155
Trabalho e Energia Cinética 156

7.3 TRABALHO REALIZADO PELA FORÇA GRAVITACIONAL 160
Trabalho Realizado pela Força Gravitacional 160

7.4 TRABALHO REALIZADO POR UMA FORÇA ELÁSTICA 163
Trabalho Realizado por uma Força Elástica 164

7.5 TRABALHO REALIZADO POR UMA FORÇA VARIÁVEL GENÉRICA 167
Trabalho Realizado por uma Força Variável Genérica 167

7.6 POTÊNCIA 170
Potência 171

REVISÃO E RESUMO 172   PERGUNTAS 173   PROBLEMAS 175

8 Energia Potencial e Conservação da Energia 181

8.1 ENERGIA POTENCIAL 181
O que É Física? 181
Trabalho e Energia Potencial 182
Independência da Trajetória de Forças Conservativas 183
Cálculo da Energia Potencial 185

8.2 CONSERVAÇÃO DA ENERGIA MECÂNICA 188
Conservação da Energia Mecânica 188

8.3 INTERPRETAÇÃO DE UMA CURVA DE ENERGIA POTENCIAL 191
Interpretação de uma Curva de Energia Potencial 191

8.4 TRABALHO REALIZADO POR UMA FORÇA EXTERNA SOBRE UM SISTEMA 195
Trabalho Realizado por uma Força Externa sobre um Sistema 196

8.5 CONSERVAÇÃO DA ENERGIA 199
Conservação da Energia 199

REVISÃO E RESUMO 203   PERGUNTAS 205   PROBLEMAS 206

9 Centro de Massa e Momento Linear 219

9.1 CENTRO DE MASSA 219
O que É Física? 219
O Centro de Massa 219

9.2 A SEGUNDA LEI DE NEWTON PARA UM SISTEMA DE PARTÍCULAS 223
A Segunda Lei de Newton para um Sistema de Partículas 233

9.3 MOMENTO LINEAR 227
Momento Linear 227
O Momento Linear de um Sistema de Partículas 228

9.4 COLISÃO E IMPULSO 229
Colisão e Impulso 230

9.5 CONSERVAÇÃO DO MOMENTO LINEAR 233
Conservação do Momento Linear 233

9.6 MOMENTO E ENERGIA CINÉTICA EM COLISÕES 236
Momento e Energia Cinética em Colisões 236
Colisões Inelásticas em Uma Dimensão 237

9.7 COLISÕES ELÁSTICAS EM UMA DIMENSÃO 240
Colisões Elásticas em Uma Dimensão 240

9.8 COLISÕES EM DUAS DIMENSÕES 244
Colisões em Duas Dimensões 244

9.9 SISTEMAS DE MASSA VARIÁVEL: UM FOGUETE 245
Sistemas de Massa Variável: Um Foguete 245

REVISÃO E RESUMO 247   PERGUNTAS 248   PROBLEMAS 250

10 Rotação 263

10.1 VARIÁVEIS DA ROTAÇÃO 263
O que É Física? 264
Variáveis da Rotação 265
Grandezas Angulares São Vetores? 270

10.2 ROTAÇÃO COM ACELERAÇÃO ANGULAR CONSTANTE 272
Rotação com Aceleração Angular Constante 272

10.3 RELAÇÕES ENTRE AS VARIÁVEIS LINEARES E ANGULARES 274
Relações entre as Variáveis Lineares e Angulares 274

10.4 ENERGIA CINÉTICA DE ROTAÇÃO 277
Energia Cinética de Rotação 277

10.5 CÁLCULO DO MOMENTO DE INÉRCIA 279
Cálculo do Momento de Inércia 279

10.6 TORQUE 283
Torque 284

10.7 SEGUNDA LEI DE NEWTON PARA ROTAÇÕES 285
Segunda Lei de Newton para Rotações 285

10.8 TRABALHO E ENERGIA CINÉTICA DE ROTAÇÃO 288
Trabalho e Energia Cinética de Rotação 289

REVISÃO E RESUMO 291   PERGUNTAS 292   PROBLEMAS 293

11 Rolagem, Torque e Momento Angular 302

11.1 ROLAGEM COMO UMA COMBINAÇÃO DE TRANSLAÇÃO E ROTAÇÃO 302
O que É Física? 302
Rolagem como uma Combinação de Translação e Rotação 302

11.2 AS FORÇAS E A ENERGIA CINÉTICA DA ROLAGEM 305
Energia Cinética da Rolagem 305
As Forças da Rolagem 306

11.3 O IOIÔ 308
O Ioiô 309

11.4 REVISÃO DO TORQUE 309
Revisão do Torque 310

11.5 MOMENTO ANGULAR 312
Momento Angular 312

11.6 SEGUNDA LEI DE NEWTON PARA ROTAÇÕES 314
Segunda Lei de Newton para Rotações 314

11.7 MOMENTO ANGULAR DE UM CORPO RÍGIDO 317
Momento Angular de um Sistema de Partículas 317
Momento Angular de um Corpo Rígido Girando em
Torno de um Eixo Fixo 318

11.8 CONSERVAÇÃO DO MOMENTO ANGULAR 320
Conservação do Momento Angular 321

11.9 PRECESSÃO DE UM GIROSCÓPIO 325
Precessão de um Giroscópio 325
REVISÃO E RESUMO 327 PERGUNTAS 328 PROBLEMAS 329

APÊNDICES

A Sistema Internacional de Unidades (SI) 336
B Algumas Constantes Fundamentais da Física 338
C Alguns Dados Astronômicos 339
D Fatores de Conversão 340
E Fórmulas Matemáticas 344
F Propriedades dos Elementos 347
G Tabela Periódica dos Elementos 350

RESPOSTAS
dos Testes, das Perguntas e dos Problemas Ímpares 351

ÍNDICE ALFABÉTICO 356

MATERIAL SUPLEMENTAR

Este livro conta com os seguintes materiais suplementares:

Material restrito a docentes cadastrados:

- Aulas em PowerPoint
- Testes Conceituais
- Testes em PowerPoint
- Respostas das Perguntas (conteúdo em Inglês)
- Respostas dos Problemas (conteúdo em Inglês)
- Manual de Soluções (conteúdo em Inglês)
- Ilustrações da obra em formato de apresentação.

Material livre, mediante uso de PIN:

- Calculadoras (Manuais das Calculadoras Gráficas TI-86 & TI-89)
- Ensaios de Jearl Walker
- Simulações de Brad Trees
- Soluções de problemas em vídeo
- Problemas resolvidos
- Animações
- Vídeos de Demonstrações de Física.

O acesso ao material suplementar é gratuito. Basta que o leitor se cadastre e faça seu *login* em nosso *site* (www.grupogen.com.br), clique no *menu* superior do lado direito e, após, em Ambiente de Aprendizagem. Em seguida, insira no canto superior esquerdo o código PIN de acesso localizado na segunda orelha deste livro.

O acesso ao material suplementar online fica disponível até seis meses após a edição do livro ser retirada do mercado.

Caso haja alguma mudança no sistema ou dificuldade de acesso, entre em contato conosco (gendigital@grupogen.com.br).

PREFÁCIO

A pedido dos professores, aqui vai uma nova edição do livro-texto criado por David Halliday e Robert Resnick em 1963, que usei quando cursava o primeiro ano de Física no MIT. (Puxa, parece que foi ontem!) Ao preparar esta nova edição, tive a oportunidade de introduzir muitas novidades interessantes e reintroduzir alguns tópicos que foram elogiados nas minhas oito edições anteriores. Seguem alguns exemplos.

Figura 10.39 Qual era a força de tração T exercida sobre o tendão de Aquiles quando o corpo de Michael Jackson fazia um ângulo de 45° com o piso no vídeo musical *Smooth Criminal*?

Figura 10.7.2 Qual é a força adicional que o tendão de Aquiles precisa exercer quando uma pessoa está usando sapatos de salto alto?

Figura 9.65 As quedas são um perigo real para esqueitistas, pessoas idosas, pessoas sujeitas a convulsões e muitas outras. Muitas vezes, elas se apoiam em uma das mãos ao cair, fraturando o punho. Que altura inicial resulta em uma força suficiente para causar a fratura?

Figura 34.5.4 Na espectroscopia funcional em infravermelho próximo (fNIRS) do cérebro, o paciente usa um capacete com lâmpadas LED que emitem luz infravermelha. A luz chega à camada externa do cérebro e pode revelar que parte do cérebro é ativada por uma atividade específica, como jogar futebol ou pilotar um avião.

Figura 28.5.2 A terapia com nêutrons rápidos é uma arma promissora no combate a certos tipos de câncer, como o da glândula salivar. Como, porém, acelerar os nêutrons, que não possuem carga elétrica, para que atinjam altas velocidades?

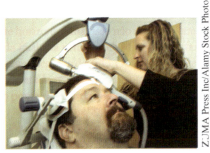

Figura 29.63 A doença de Parkinson e outros problemas do cérebro podem ser tratados por estimulação magnética transcraniana, na qual campos magnéticos pulsados produzem descargas elétricas em neurônios cerebrais.

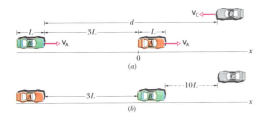

Figura 2.37 Como o carro autônomo B pode ser programado para ultrapassar o carro A sem correr o risco de se chocar com o carro C?

Figura 4.39 Em uma esquerda de Pittsburgh, o carro verde entra em movimento pouco antes de o sinal abrir e tenta passar na frente do carro vermelho enquanto ele ainda está parado. Em uma reconstituição de um acidente, quanto tempo antes de o sinal abrir o carro vermelho começou a fazer a curva?

Figura 9.6.4 O tipo mais perigoso de colisão entre dois carros é a colisão frontal. Em uma colisão frontal de dois carros de massas iguais, qual é a redução percentual do risco de morte de um dos motoristas se ele estiver acompanhado de um passageiro?

Além disso, são apresentados problemas que tratam de temas como:

- A detecção remota de quedas de pessoas idosas;
- A ilusão de que uma bola rápida de beisebol sobe depois de ser lançada;
- A possibilidade de golpear uma bola rápida de beisebol mesmo sem poder acompanhá-la com os olhos;
- O efeito squat, que faz com que o calado de um navio aumente quando ele está se movendo em águas rasas;
- O perigo de não ver um ciclista que se aproxima de um cruzamento;
- A medida do potencial de uma tempestade elétrica usando múons e antimúons;

e muito mais.

O QUE HÁ NESTA EDIÇÃO

- Testes, um para cada módulo;
- Exemplos;
- Revisão e resumo no fim dos capítulos;
- Quase 300 problemas novos no fim dos capítulos.

Quando estava elaborando esta nova edição, introduzi diversas novidades em áreas de pesquisa que me interessam, tanto no texto como nos novos problemas. Seguem algumas dessas novidades.

Reproduzi a primeira imagem de um buraco negro (pela qual esperei durante toda a minha vida) e abordei o tema das ondas gravitacionais (assunto que discuti com Rainer Weiss, do MIT, quando trabalhei em seu laboratório alguns anos antes que ele tivesse a ideia de usar um interferômetro para detectá-las).

Escrevi um exemplo e vários problemas a respeito de carros autônomos, nos quais um computador precisa calcular os parâmetros necessários, por exemplo, para ultrapassar com segurança um carro mais lento em uma estrada de mão dupla.

Discuti novos métodos de tratamento do câncer, entre eles o uso de elétrons Auger-Meitner, cuja origem foi explicada por Lise Meitner.

Li milhares de artigos de Medicina, Engenharia e Física a respeito de métodos para examinar o interior do corpo humano sem necessidade de cirurgias de grande porte. Aqui estão três exemplos:

(1) Laparoscopia usando pequenas incisões e fibras óticas para ter acesso a órgãos internos, o que permite ao paciente deixar o hospital em algumas horas em vez de dias ou semanas, como acontecia no caso das cirurgias tradicionais.

(2) Estimulação magnética transcraniana usada para tratar depressão crônica, doença de Parkinson e outros problemas do cérebro por meio da aplicação de campos magnéticos pulsados por uma bobina colocada nas proximidades do couro cabeludo com o objetivo de produzir descargas elétricas em neurônios cerebrais.

(3) Magnetoencefalografia (MEG), um exame no qual os campos magnéticos criados no cérebro de uma pessoa são monitorados enquanto a pessoa executa uma tarefa específica, como ler um texto. Durante a execução da tarefa, pulsos elétricos são produzidos entre células do cérebro. Esses pulsos produzem campos magnéticos que podem ser detectados por instrumentos extremamente sensíveis chamados SQUIDs.

AGRADECIMENTOS

Muitas pessoas contribuíram para este livro. Sen-Ben Liao do Lawrence Livermore National Laboratory, James Whitenton, da Southern Polytechnic State University, e Jerry Shi, do Pasadena City College, foram responsáveis pela tarefa hercúlea de resolver todos os problemas do livro. Na John Wiley, o projeto deste livro recebeu o apoio de John LaVacca e Jennifer Yee, os editores que o supervisionaram do início ao fim e também à Editora-chefe Sênior Mary Donovan e à Assistente Editorial Samantha Hart. Agradecemos a Patricia Gutierrez e à equipe da Lumina por juntarem as peças durante o complexo processo de produção. Agradecemos também a Jon Boylan pelas ilustrações e pela capa original; a Helen Walden pelos serviços de copidesque e a Donna Mulder pelos serviços de revisão.

Finalmente, nossos revisores externos realizaram um trabalho excepcional e expressamos a cada um deles nossos agradecimentos.

Maris A. Abolins, *Michigan State University*
Jonathan Abramson, *Portland State University*
Omar Adawi, *Parkland College*
Edward Adelson, *Ohio State University*
Nural Akchurin, *Texas Tech*
Yildirim Aktas, *University of North Carolina-Charlotte*
Barbara Andereck, *Ohio Wesleyan University*
Tetyana Antimirova, *Ryerson University*
Mark Arnett *Kirkwood Community College*
Stephen R. Baker, *Naval Postgraduate School*
Arun Bansil, *Northeastern University*
Richard Barber, *Santa Clara University*
Neil Basecu, *Westchester Community College*
Anand Batra, *Howard University*
Sidi Benzahra, *California State Polytechnic University, Pomona*
Kenneth Bolland, *The Ohio State University*
Richard Bone, *Florida International University*
Michael E. Browne, *University of Idaho*
Timothy J. Burns, *Leeward Community College*
Joseph Buschi, *Manhattan College*
George Caplan, *Wellesley College*
Philip A. Casabella, *Rensselaer Polytechnic Institute*
Randall Caton, *Christopher Newport College*
John Cerne, *University at Buffalo, SUNY*
Roger Clapp, *University of South Florida*
W. R. Conkie, *Queen's University*
Renate Crawford, *University of Massachusetts-Dartmouth*
Mike Crivello, *San Diego State University*
Robert N. Davie, Jr., *St. Petersburg Junior College*
Cheryl K. Dellai, *Glendale Community College*
Eric R. Dietz, *California State University at Chico*
N. John DiNardo, *Drexel University*
Eugene Dunnam, *University of Florida*
Robert Endorf, *University of Cincinnati*
F. Paul Esposito, *University of Cincinnati*
Jerry Finkelstein, *San Jose State University*
Lev Gasparov, *University of North Florida*
Brian Geislinger, *Gadsden State Community College*
Corey Gerving, *United States Military Academy*
Robert H. Good, *California State University-Hayward*
Michael Gorman, *University of Houston*
Benjamin Grinstein, *University of California, San Diego*

John B. Gruber, *San Jose State University*
Ann Hanks, *American River College*
Randy Harris, *University of California-Davis*
Samuel Harris, *Purdue University*
Harold B. Hart, *Western Illinois University*
Rebecca Hartzler, *Seattle Central Community College*
Kevin Hope, *University of Montevallo*
John Hubisz, *North Carolina State University*
Joey Huston, *Michigan State University*
David Ingram, *Ohio University*
Shawn Jackson, *University of Tulsa*
Hector Jimenez, *University of Puerto Rico*
Sudhakar B. Joshi, *York University*
Leonard M. Kahn, *University of Rhode Island*
Sudipa Kirtley, *Rose-Hulman Institute*
Leonard Kleinman, *University of Texas at Austin*
Rex Joyner, *Indiana Institute of Technology*
Michael Kalb, *The College of New Jersey*
Richard Kass, *The Ohio State University*
M.R. Khoshbin-e-Khoshnazar, *Research Institution for Curriculum Development and Educational Innovations (Tehran)*
Craig Kletzing, *University of Iowa*
Peter F. Koehler, *University of Pittsburgh*
Arthur Z. Kovacs, *Rochester Institute of Technology*
Kenneth Krane, *Oregon State University*
Hadley Lawler, *Vanderbilt University*
Priscilla Laws, *Dickinson College*
Edbertho Leal, *Polytechnic University of Puerto Rico*
Vern Lindberg, *Rochester Institute of Technology*
Peter Loly, *University of Manitoba*
Stuart Loucks, *American River College*
Laurence Lurio, *Northern Illinois University*
Stuart Loucks, *American River College*
Laurence Lurio, *Northern Illinois University*
James MacLaren, *Tulane University*
Ponn Maheswaranathan, *Winthrop University*
Andreas Mandelis, *University of Toronto*
Robert R. Marchini, *Memphis State University*
Andrea Markelz, *University at Buffalo, SUNY*
Paul Marquard, *Caspar College*
David Marx, *Illinois State University*

Dan Mazilu, *Washington and Lee University*
Jeffrey Colin McCallum, *The University of Melbourne*
Joe McCullough, *Cabrillo College*
James H. McGuire, *Tulane University*
David M. McKinstry, *Eastern Washington University*
Jordon Morelli, *Queen's University*
Eugene Mosca, *United States Naval Academy*
Carl E. Mungan, *United States Naval Academy*
Eric R. Murray, *Georgia Institute of Technology, School of Physics*
James Napolitano, *Rensselaer Polytechnic Institute*
Amjad Nazzal, *Wilkes University*
Allen Nock, *Northeast Mississippi Community College*
Blaine Norum, *University of Virginia*
Michael O'Shea, *Kansas State University*
Don N. Page, *University of Alberta*
Patrick Papin, *San Diego State University*
Kiumars Parvin, *San Jose State University*
Robert Pelcovits, *Brown University*
Oren P. Quist, *South Dakota State University*
Elie Riachi, *Fort Scott Community College*
Joe Redish, *University of Maryland*
Andrew Resnick, *Cleveland State University*

Andrew G. Rinzler, *University of Florida*
Timothy M. Ritter, *University of North Carolina at Pembroke*
Dubravka Rupnik, *Louisiana State University*
Robert Schabinger, *Rutgers University*
Ruth Schwartz, *Milwaukee School of Engineering*
Thomas M. Snyder, *Lincoln Land Community College*
Carol Strong, *University of Alabama at Huntsville*
Anderson Sunda-Meya, *Xavier University of Louisiana*
Dan Styer, *Oberlin College*
Nora Thornber, *Raritan Valley Community College*
Frank Wang, *LaGuardia Community College*
Keith Wanser, *California State University Fullerton*
Robert Webb, *Texas A&M University*
David Westmark, *University of South Alabama*
Edward Whittaker, *Stevens Institute of Technology*
Suzanne Willis, *Northern Illinois University*
Shannon Willoughby, *Montana State University*
Graham W. Wilson, *University of Kansas*
Roland Winkler, *Northern Illinois University*
William Zacharias, *Cleveland State University*
Ulrich Zurcher, *Cleveland State University*

APRESENTAÇÃO À 12ª EDIÇÃO

Fundamentos de Física chega à 12ª edição amplamente revisto e atualizado, incluindo recursos didáticos inéditos para atender às necessidades do novo estudante, ao mesmo tempo em que preserva a vanguarda no ensino de Física iniciada há mais de 60 anos, com a publicação da 1ª edição, em 1960, com o título *Física para Estudantes de Ciência e Engenharia*.

Naquela época, publicada com páginas em preto e branco e com alguns problemas ao final de cada capítulo, a obra iniciou sua trajetória de sucesso, tornando-se uma das principais referências bibliográficas para um amplo e fiel público de professores e estudantes mundo afora. É um clássico já traduzido em 18 idiomas, tendo impactado milhões de leitores.

Por sua didática e conteúdo de excelência, em 2002 foi eleito "o melhor livro introdutório de Física do século XX" pela American Physical Society (APS Physics).

Destinada ao ensino da Física para os mais diversos cursos de graduação em Ciências Exatas, a obra cobre toda a matéria necessária às disciplinas de Física 1 à Física 4. Para facilitar o ensino-aprendizagem, é dividida em quatro volumes que abarcam os grandes temas: Volume 1 – Mecânica; Volume 2 – Gravitação, Ondas e Termodinâmica; Volume 3 – Eletromagnetismo; Volume 4 – Ótica e Física Moderna.

Permeiam a estrutura do livro recursos já conhecidos e aprimorados nesta 12ª edição, sobre os quais o professor Jearl Walker comenta em seu inspirado Prefácio. É essencial destacar que esta nova edição apresenta recursos didáticos *on-line* inéditos e instigantes, voltados à melhor aplicação e fixação do conteúdo.

Conectado com o mundo dinâmico e em constantes transformações, **Fundamentos de Física** mantém o compromisso de promover e ampliar a experiência dos leitores durante o processo de aprendizagem. Todas as novidades foram cuidadosamente construídas sobre os pilares de sua célebre metodologia de ensino.

Destaca-se, ainda, a iconografia incluída nas principais seções desta obra, que busca facilitar a identificação de alguns dos recursos didáticos apresentados e que podem ser acessados no Ambiente de aprendizagem do GEN.

Os professores também encontram materiais estratégicos e exclusivos, que podem ser utilizados como apoio para ministrar a disciplina.

Veja, a seguir, como usar o seu **Fundamentos de Física**.

A todos, boa leitura e bom proveito!

COMO USAR O SEU *FUNDAMENTOS DE FÍSICA*

Todos os capítulos apresentam a seção "Objetivos do Aprendizado" no início de cada módulo, para que o estudante identifique, de antemão, os conceitos e as definições que serão apresentados na sequência.

CAPÍTULO 1

Medição

1.1 MEDINDO GRANDEZAS COMO O COMPRIMENTO

Objetivos do Aprendizado

Depois de ler este módulo, você será capaz de ...

...ntais do SI.

...tar as unidades mais usados no SI.

1.1.3 Mudar as unidades nas quais uma grandeza (comprimento, área ou volume, no caso) é expressa, usando o método de conversão em cadeia.

1.1.4 Explicar de que forma o metro é definido em termos da velocidade da luz no vácuo.

Ideias-Chave

● A física se baseia na medição de grandezas físicas. Algumas grandezas físicas, como comprimento, tempo e massa, foram escolhidas como grandezas fundamentais e definidas a partir de um padrão; a cada uma dessas grandezas foi associada uma unidade de medida, como o metro, o segundo e o quilograma. Outras grandezas físicas são definidas a partir das grandezas fundamentais e seus padrões e unidades.

● O sistema de unidades mais usado atualmente é o Sistema Internacional de Unidades (SI). As três grandezas fundamentais que aparecem na Tabela 1.1.1 são usadas nos primeiros capítulos deste livro. Os padrões para essas unidades foram definidos através de acordos internacionais. Esses padrões são usados em todas as

medições, tanto as que envolvem grandezas fundamentais como as que envolvem grandezas definidas a partir das grandezas fundamentais. A notação científica e os prefixos da Tabela 1.1.2 são usados para simplificar a apresentação dos resultados de medições.

● Conversões de unidades podem ser realizadas usando o método da conversão em cadeia, no qual os dados originais são multiplicados sucessivamente por fatores de conversão de diferentes unidades e as unidades são manipuladas como grandezas algébricas até que restem apenas as unidades desejadas.

● O metro é definido como a distância percorrida pela luz em certo intervalo de tempo especificado com precisão.

O que É Física?

A ciência e a engenharia se baseiam em medições e comparações. Assim, precisamos de regras para estabelecer de que forma as grandezas devem ser medidas e comparadas, e de experimentos para estabelecer as unidades para essas medições e comparações. Um dos propósitos da física (e também da engenharia) é projetar e executar esses experimentos.

Assim, por exemplo, os físicos se empenham em desenvolver relógios extremamente precisos para que intervalos de tempo possam ser medidos e comparados com exatidão. O leitor pode estar se perguntando se essa exatidão é realmente necessária.

As "Ideias-Chave" trazem um breve resumo do que deve ser assimilado. Nas palavras do autor Jearl Walker, "funcionam como a lista de verificação consultada pelos pilotos de avião antes de cada decolagem".

Se você introduzir um fator de conversão e as unidades indesejáveis *não* desaparecerem, inverta o fator e tente novamente. Nas conversões, as unidades obedecem às mesmas regras algébricas que os números e variáveis.

O Apêndice D apresenta fatores de conversão entre unidades de SI e unidades de outros sistemas, como as que ainda são usadas até hoje nos Estados Unidos. Os fatores de conversão estão expressos na forma "1 min = 60 s" e não como uma razão; cabe ao leitor escrever a razão para a conversão.

Comprimento 1.1

Em 1792, a recém-fundada República da França criou um novo sistema de pesos e medidas. A base era o metro, definido como um décimo milionésimo da distância entre o polo norte e o equador. Mais tarde, por questões práticas, esse padrão foi abandonado e o metro passou a ser definido como a distância entre duas linhas finas gravadas perto das extremidades de uma barra de platina-irídio, a **barra do metro padrão**, mantida no Bureau Internacional de Pesos e Medidas, nas vizinhanças de Paris. Réplicas precisas da barra foram enviadas a laboratórios de padronização em várias partes do mundo. Esses **padrões secundários** foram usados para produzir outros padrões, ainda mais acessíveis, de tal forma que, no final, todos os instrumentos de medição de comprimento estavam relacionados à barra do metro padrão a partir de uma complicada cadeia de comparações.

O ícone 1.1 identifica que, naquele ponto, está disponível uma "Solução de Problema em Vídeo". A ideia é aprender os processos necessários para a resolução de um tipo específico de problema por meio de um exemplo típico.

O ícone (BT) indica que há uma "Simulação de Brad Trees", que pode ser acessada para complementar a aprendizagem do tema em destaque. Esse tipo de simulação ajuda a desvendar de forma visual conceitos desafiadores da disciplina, permitindo ao estudante ver a Física em ação.

COMO USAR O SEU *FUNDAMENTOS DE FÍSICA*

Média e Velocidade Escalar Média

Uma forma compacta de descrever a posição de um objeto é desenhar um gráfico da posição x em função do tempo t, ou seja, um gráfico de $x(t)$. [A notação $x(t)$ representa uma função x de t e não o produto de x por t.] Como exemplo simples, a Fig. 2.1.2 mostra a função posição $x(t)$ de um tatu em repouso (tratado como uma partícula) durante um intervalo de tempo de 7 s. A posição do animal tem sempre o mesmo valor, $x = -2$ m.

A Fig. 2.1.3 é mais interessante, já que envolve movimento. O tatu é avistado em $t = 0$, quando está na posição $x = -5$ m. Ele se move em direção a $x = 0$, passa por

 2.1

> "**Vídeos de Demonstrações de Física**" sempre estarão disponíveis quando o leitor encontrar este ícone ao longo do texto.

Entropia no Mundo Real: Refrigeradores 20.1

O **refrigerador** é um dispositivo que utiliza trabalho para transferir energia de uma fonte fria para uma fonte quente por meio de um processo cíclico. Nos refrigeradores domésticos, por exemplo, o trabalho é realizado por um compressor elétrico, que transfere energia do compartimento onde são guardados os alimentos (a fonte fria) para o ambiente (a fonte quente).

Os aparelhos de ar-condicionado e os aquecedores de ambiente também são refrigeradores; a diferença está apenas na natureza das fontes quente e fria. No caso dos aparelhos de ar-condicionado, a fonte fria é o aposento a ser resfriado e a fonte quente (supostamente a uma temperatura mais alta) é o lado de fora do aposento. Um aquecedor de ambiente é um aparelho de ar-condicionado operado em sentido inverso para aquecer um aposento; nesse caso, o aposento passa a ser a fonte quente e recebe calor do lado de fora (supostamente a uma temperatura mais baixa).

> O ícone remete a "**Problemas Resolvidos**". Trata-se de questões que reforçam o aprendizado por meio de problemas isolados, mas que, a critério do professor, podem ser associadas a um problema do livro, proposto como dever de casa. É preciso ter em mente que os Problemas Resolvidos não são simplesmente repetições de problemas do livro com outros dados e, portanto, não fornecem soluções que possam ser imitadas às cegas sem uma boa compreensão do assunto.

> As "**Animações**" são identificadas pelo ícone. Com esse conteúdo, os estudantes podem visualizar de modo dinâmico como a Física acontece na vida real, para muito além das páginas do livro.

esse ponto em $t = 3$ s e continua a se deslocar para maiores valores positivos de x. A Fig. 2.1.3 mostra também o movimento do tatu por meio de desenhos das posições do animal em três instantes de tempo. O gráfico da Fig. 2.1.3 é mais abstrato, mas revela com que rapidez o tatu se move.

Na verdade, várias grandezas estão associadas à expressão "com que rapidez". Uma é a **velocidade média** $v_{méd}$, que é a razão entre o deslocamento Δx e o intervalo de tempo Δt durante o qual esse deslocamento ocorreu:

$$v_{méd} = \frac{\Delta x}{\Delta t} = \frac{x_2 - x_1}{t_2 - t_1}. \qquad (2.1.2)$$

 2.1

> O **ícone de estrela** ⭐ destaca um conteúdo importante, que merece a atenção do estudante.

Em 1967, a 13ª Conferência Geral de Pesos e Medidas adotou como padrão de tempo um segundo baseado no relógio de césio:

⭐ Um segundo é o intervalo de tempo que corresponde a 9.192.631.770 oscilações da luz (de um comprimento de onda especificado) emitida por um átomo de césio 133.

Os relógios atômicos são tão estáveis, que, em princípio, dois relógios de césio teriam que funcionar por 6000 anos para que a diferença entre as leituras fosse maior que 1 s.

Teste 2.5.1

(a) Se você arremessa uma bola verticalmente para cima, qual é o sinal do deslocamento da bola durante a subida, desde o ponto inicial até o ponto mais alto da trajetória? (b) Qual é o sinal do deslocamento durante a descida, desde o ponto mais alto da trajetória até o ponto inicial? (c) Qual é a aceleração da bola no ponto mais alto da trajetória?

> "**Testes**" são questões de reforço para o aluno verificar, por meio de exercícios, o aprendizado até aquele determinado ponto do conteúdo.

COMO USAR O SEU *FUNDAMENTOS DE FÍSICA* **xix**

Revisão e Resumo

> A seção "**Revisão e Resumo**", disponível em todos os capítulos, sintetiza, de forma objetiva, os principais conceitos apresentados no texto, antes de o aluno passar à prática com perguntas e problemas.

Posição A *posição* x de uma partícula em um eixo x mostra a que distância a partícula se encontra da **origem**, ou ponto zero, do eixo. A posição pode ser positiva ou negativa, dependendo do lado em que se encontra a partícula em relação à origem (ou zero, se a partícula estiver exatamente na origem). O **sentido positivo** de um eixo é o sentido em que os números que indicam a posição da partícula aumentam de valor; o sentido oposto é o **sentido negativo**.

Deslocamento O *deslocamento* Δx de uma partícula é a variação da posição da partícula:

$$\Delta x = x_2 - x_1. \qquad (2.1.1)$$

O deslocamento é uma grandeza vetorial. É positivo, se a partícula se desloca no sentido positivo do eixo x, e negativo, se a partícula se desloca no sentido oposto.

Velocidade Média Quando uma partícula se desloca de uma posição x_1 para uma posição x_2 durante um intervalo de tempo $\Delta t = t_2 - t_1$, a *velocidade média* da partícula durante esse intervalo é dada por

$$v_{\text{méd}} = \frac{\Delta x}{\Delta t} = \frac{x_2 - x_1}{t_2 - t_1}. \qquad (2.1.2)$$

O sinal algébrico de $v_{\text{méd}}$ indica o sentido do movimento ($v_{\text{méd}}$ é uma grandeza vetorial). A velocidade média não depende da distância que uma partícula percorre, mas apenas das posições inicial e final.

Em um gráfico de x em função de t, a velocidade média em um intervalo de tempo Δt é igual à inclinação da linha reta que une os em que Δx e Δt são definidos pela Eq. 2.1.2. A velocidade instantânea (em um determinado instante de tempo) é igual à inclinação (nesse mesmo instante) do gráfico de x em função de t. A **velocidade escalar** é o módulo da velocidade instantânea.

Aceleração Média A *aceleração média* é a razão entre a variação de velocidade Δv e o intervalo de tempo Δt no qual essa variação ocorre.

$$a_{\text{méd}} = \frac{\Delta v}{\Delta t}. \qquad (2.3.1)$$

O sinal algébrico indica o sentido de $a_{\text{méd}}$.

Aceleração Instantânea A *aceleração instantânea* (ou, simplesmente, **aceleração**), a, é igual à derivada primeira da velocidade $v(t)$ em relação ao tempo ou à derivada segunda da posição $x(t)$ em relação ao tempo:

$$a = \frac{dv}{dt} = \frac{d^2x}{dt^2}. \qquad (2.3.2,\ 2.3.3)$$

Em um gráfico de v em função de t, a aceleração a em qualquer instante t é igual à inclinação da curva no ponto que representa t.

Aceleração Constante As cinco equações da Tabela 2.4.1 descrevem o movimento de uma partícula com aceleração constante:

$$v = v_0 + at, \qquad (2.4.1)$$
$$x - x_0 = v_0 t + \tfrac{1}{2} a t^2, \qquad (2.4.5)$$
$$v^2 = v_0^2 + 2a(x - x_0), \qquad (2.4.6)$$
$$x - x_0 = \tfrac{1}{2}(v_0 + v)t, \qquad (2.4.7)$$
$$x - x_0 = vt - \tfrac{1}{2} a t^2. \qquad (2.4.8)$$

Problemas

> A seção "**Problemas**", que aparece ao final de cada capítulo, vem acompanhada de legendas especiais que facilitam a identificação do grau de complexidade de cada questão.
>
> **F** Fácil **M** Médio **D** Difícil
>
> Os ícones a seguir indicam quais recursos podem ser utilizados como apoio à resolução das questões.
>
> **CVF** Informações adicionais disponíveis no e-book "O Circo Voador da Física", de Jearl Walker.
>
> **CALC** Requer o uso de derivadas e/ou integrais
>
> **BIO** Aplicação biomédica

F Fácil **M** Médio **D** Difícil   ... disponíveis no e-book *O Circo Voador da Física*, de Jearl Walker, LTC Editora, Rio de Janeiro, 2008.   **CALC** Requer o uso de derivadas e/ou integrais   **BIO** Aplicação biomédica
CVF Informações adicionais disp...

Módulo 1.1 Medindo Grandezas como o Comprimento

1 F A Terra tem a forma aproximada de uma esfera com $6{,}37 \times 10^6$ m de raio. Determine (a) a circunferência da Terra em quilômetros, (b) a área da superfície da Terra em quilômetros quadrados e (c) o volume da Terra em quilômetros cúbicos.

2 F O *gry* é uma antiga medida inglesa de comprimento, definida como 1/10 de uma linha; *linha* é uma outra medida inglesa de comprimento, definida como 1/12 de uma polegada. Uma medida de comprimento usada nas gráficas é o *ponto*, definido como 1/72 de uma polegada. Quanto vale uma área de 0,50 gry² em pontos quadrados (pontos²)?

3 F O micrômetro (1 μm) também é chamado *mícron*. (a) Quantos mícrons tem 1,0 km? (b) Que fração do centímetro é igual a 1,0 μm? (c) Quantos mícrons tem uma jarda?

4 F As dimensões das letras e espaços neste livro são expressas em termos de pontos e paicas: 12 pontos = 1 paica e 6 paicas = 1 polegada. Se em uma das provas do livro uma figura apareceu deslocada de 0,80 cm em relação à posição correta, qual foi o deslocamento (a) em paicas e (b) em pontos?

5 F Em certo hipódromo da Inglaterra, um páreo foi disputado em uma distância de 4,0 furlongs. Qual é a distância da corrida (a) em varas e (b) em cadeias? (1 furlong = 201,168 m, 1 vara = 5,0292 m e 1 cadeia = 20,117 m.)

6 M Atualmente, as conversões de unidades mais comuns podem ser feitas com o auxílio de calculadoras e computadores, mas é importante que o aluno saiba usar uma tabela de conversão como as do Apêndice D. A Tabela 1.1 é parte de uma tabela de conversão para um sistema de medidas de volume que já foi comum na Espanha; um volume de 1 fanega equivale a 55,501 dm³ (decímetros cúbicos). Para completar a tabela, que números (com três algarismos significativos) devem ser inseridos (a) na coluna de cahizes, (b) na coluna de fanegas, (c) na coluna de cuartillas e (d) na coluna de almudes? Expresse 7,00 almudes (e) em medios, (f) em cahizes e (g) em centímetros cúbicos (cm³).

Tabela 1.1 Problema 6

	cahiz	fanega	cuartilla	almude	medio
1 cahiz =	1	12	48	144	288
1 fanega =		1	4	12	24
1 cuartilla =			1	3	6
1 almude =				1	2
1 medio =					1

7 M Os engenheiros hidráulicos dos Estados Unidos usam frequentemente, como unidade de volume de água, o *acre-pé*, definido como o volume de água necessário para cobrir 1 acre de terra até uma profundidade de 1 pé. Uma forte tempestade despejou 2,0 polegadas de chuva em 30 min em uma cidade com uma área de 26 km². Que volume de água, em acres-pés, caiu sobre a cidade?

8 M A Ponte de Harvard, que atravessa o rio Charles, ligando Cambridge a Boston, tem um comprimento de 364,4 smoots mais uma orelha. A unidade chamada "smoot" tem como padrão a altura de Oliver Reed Smoot, Jr., classe de 1962, que foi carregado ou arrastado pela ponte para que outros membros da sociedade estudantil Lambda Chi Alpha pudessem marcar (com tinta) comprimentos de 1 smoot ao longo da ponte. As marcas têm sido refeitas semestralmente por membros da sociedade, normalmente em horários de pico, para que a polícia não possa interferir facilmente. (Inicialmente, os policiais talvez tenham se ressentido do fato de que o smoot não era uma unidade fundamental do SI, mas hoje parecem conformados com a brincadeira.) A Fig. 1.1 mostra três segmentos de reta paralelos medidos em smoots (S), willies (W) e zeldas (Z). Quanto vale uma distância de 50,0 smoots (a) em willies e (b) em zeldas?

Figura 1.1 Problema 8.

9 M A Antártica é aproximadamente semicircular, com raio de 2000 km (Fig. 1.2). A espessura média da cobertura de gelo é 3000 m. Quantos centímetros cúbicos de gelo contém a Antártica? (Ignore a curvatura da Terra.)

Figura 1.2 Problema 9.

Módulo 1.2 Tempo

10 F Até 1913, cada cidade do Brasil tinha sua hora local. Atualmente, os viajantes acertam o relógio apenas quando a variação de tempo é igual a 1,0 h (o que corresponde a um fuso horário). Que distância, em média, uma pessoa deve percorrer, em graus de longitude, para passar de um fuso horário a outro e ter de acertar o relógio? (*Sugestão:* A Terra gira 360° em aproximadamente 24 h.)

CAPÍTULO 1

Medição

1.1 MEDINDO GRANDEZAS COMO O COMPRIMENTO

Objetivos do Aprendizado

Depois de ler este módulo, você será capaz de ...

1.1.1 Citar as unidades fundamentais do SI.

1.1.2 Citar os prefixos mais usados no SI.

1.1.3 Mudar as unidades nas quais uma grandeza (comprimento, área ou volume, no caso) é expressa, usando o método de conversão em cadeia.

1.1.4 Explicar de que forma o metro é definido em termos da velocidade da luz no vácuo.

Ideias-Chave

● A física se baseia na medição de grandezas físicas. Algumas grandezas físicas, como comprimento, tempo e massa, foram escolhidas como grandezas fundamentais e definidas a partir de um padrão; a cada uma dessas grandezas foi associada uma unidade de medida, como metro, segundo e quilograma. Outras grandezas físicas são definidas a partir das grandezas fundamentais e seus padrões e unidades.

● O sistema de unidades mais usado atualmente é o Sistema Internacional de Unidades (SI). As três grandezas fundamentais que aparecem na Tabela 1.1.1 são usadas nos primeiros capítulos deste livro. Os padrões para essas unidades foram definidos através de acordos internacionais. Esses padrões são usados em todas as medições, tanto as que envolvem grandezas fundamentais como as que envolvem grandezas definidas a partir das grandezas fundamentais. A notação científica e os prefixos da Tabela 1.1.2 são usados para simplificar a apresentação dos resultados de medições.

● Conversões de unidades podem ser realizadas usando o método da conversão em cadeia, no qual os dados originais são multiplicados sucessivamente por fatores de conversão de diferentes unidades e as unidades são manipuladas como grandezas algébricas até que restem apenas as unidades desejadas.

● O metro é definido como a distância percorrida pela luz em certo intervalo de tempo especificado com precisão.

O que É Física?

A ciência e a engenharia se baseiam em medições e comparações. Assim, precisamos de regras para estabelecer de que forma as grandezas devem ser medidas e comparadas, e de experimentos para estabelecer as unidades para essas medições e comparações. Um dos propósitos da física (e também da engenharia) é projetar e executar esses experimentos.

Assim, por exemplo, os físicos se empenham em desenvolver relógios extremamente precisos para que intervalos de tempo possam ser medidos e comparados com exatidão. O leitor pode estar se perguntando se essa exatidão é realmente necessária. Eis um exemplo de sua importância: se não houvesse relógios extremamente precisos, o Sistema de Posicionamento Global (GPS — *Global Positioning System*), usado atualmente no mundo inteiro em uma infinidade de aplicações, não seria possível.

Medindo Grandezas

Descobrimos a física aprendendo a medir e comparar grandezas como comprimento, tempo, massa, temperatura, pressão e corrente elétrica.

Medimos cada grandeza física em unidades apropriadas, por comparação com um **padrão**. A **unidade** é um nome particular que atribuímos às medidas dessa grandeza. Assim, por exemplo, o metro (m) é uma unidade da grandeza comprimento. O padrão corresponde a exatamente 1,0 unidade da grandeza. Como vamos ver, o padrão de comprimento, que corresponde a exatamente 1,0 m, é a distância percorrida pela luz, no vácuo, durante certa fração de um segundo. Em princípio, podemos definir uma unidade e seu padrão da forma que quisermos, mas é importante que cientistas em diferentes partes do mundo concordem que nossas definições são ao mesmo tempo razoáveis e práticas.

2 CAPÍTULO 1

Depois de escolher um padrão (de comprimento, digamos), precisamos estabelecer procedimentos por meio dos quais qualquer comprimento, seja ele o raio do átomo de hidrogênio, a largura de um skate, ou a distância de uma estrela, possa ser expresso em termos do padrão. Usar uma régua de comprimento aproximadamente igual ao padrão pode ser uma forma de executar medidas de comprimento. Entretanto, muitas comparações são necessariamente indiretas. É impossível usar uma régua, por exemplo, para medir o raio de um átomo ou a distância de uma estrela.

Grandezas Fundamentais. Existem tantas grandezas físicas que não é fácil organizá-las. Felizmente, não são todas independentes; a velocidade, por exemplo, é a razão entre as grandezas comprimento e tempo. Assim, o que fazemos é escolher, através de um acordo internacional, um pequeno número de grandezas físicas, como comprimento e tempo, e definir padrões apenas para essas grandezas. Em seguida, definimos as demais grandezas físicas em termos dessas *grandezas fundamentais* e de seus padrões (conhecidos como *padrões fundamentais*). A velocidade, por exemplo, é definida em termos das grandezas fundamentais comprimento e tempo e seus padrões fundamentais.

Os padrões fundamentais devem ser acessíveis e invariáveis. Se definimos o padrão de comprimento como a distância entre o nariz de uma pessoa e a ponta do dedo indicador da mão direita com o braço estendido, temos um padrão acessível, mas que varia, obviamente, de pessoa para pessoa. A necessidade de precisão na ciência e engenharia nos força, em primeiro lugar, a buscar a invariabilidade. Só então nos preocupamos em produzir réplicas dos padrões fundamentais que sejam acessíveis a todos que precisem utilizá-los.

O Sistema Internacional de Unidades

Em 1971, na 14ª Conferência Geral de Pesos e Medidas, foram selecionadas como fundamentais sete grandezas para constituir a base do Sistema Internacional de Unidades (SI), popularmente conhecido como *sistema métrico*. A Tabela 1.1.1 mostra as unidades das três grandezas fundamentais (comprimento, massa e tempo) que serão usadas nos primeiros capítulos deste livro. Essas unidades foram definidas de modo a serem da mesma ordem de grandeza que a "escala humana".

Muitas *unidades derivadas* do SI são definidas em termos dessas unidades fundamentais. Assim, por exemplo, a unidade de potência do SI, chamada **watt** (W), é definida em termos das unidades fundamentais de massa, comprimento e tempo. Como veremos no Capítulo 7,

$$1\,\text{watt} = 1\ \text{W} = 1\ \text{kg} \cdot \text{m}^2/\text{s}^3, \tag{1.1.1}$$

em que o último conjunto de símbolos de unidades é lido como quilograma metro quadrado por segundo ao cubo.

Para expressar as grandezas muito grandes ou muito pequenas frequentemente encontradas na física, usamos a *notação científica*, que emprega potências de 10. Nessa notação,

$$3\ 560\ 000\ 000\ \text{m} = 3,56 \times 10^9\ \text{m} \tag{1.1.2}$$

e

$$0,000\ 000\ 492\ \text{s} = 4,92 \times 10^{-7}\ \text{s}. \tag{1.1.3}$$

Nos computadores, a notação científica às vezes assume uma forma abreviada, como 3.56 E9 e 4.92 E−7, em que E é usado para designar o "expoente de dez". Em algumas calculadoras, a notação é ainda mais abreviada, com o E substituído por um espaço em branco.

Também por conveniência, quando lidamos com grandezas muito grandes ou muito pequenas, usamos os prefixos da Tabela 1.1.2. Como se pode ver, cada prefixo representa certa potência de 10, sendo usado como fator multiplicativo. Incorporar um prefixo a uma unidade do SI tem o efeito de multiplicar a unidade pelo fator correspondente. Assim, podemos expressar certa potência elétrica como

$$1,27 \times 10^9\ \text{watts} = 1,27\ \text{gigawatt} = 1,27\ \text{GW} \tag{1.1.4}$$

Tabela 1.1.1 Unidades de Três Grandezas Básicas do SI

Grandeza	Nome da Unidade	Símbolo da Unidade
Comprimento	metro	m
Tempo	segundo	s
Massa	quilograma	kg

Tabela 1.1.2 Prefixos das Unidades do SI

Fator	Prefixo[a]	Símbolo
10^{24}	iota-	Y
10^{21}	zeta-	Z
10^{18}	exa-	E
10^{15}	peta-	P
10^{12}	tera-	T
10^{9}	**giga-**	**G**
10^{6}	**mega-**	**M**
10^{3}	**quilo-**	**k**
10^{2}	hecto-	h
10^{1}	deca-	da
10^{-1}	deci-	d
10^{-2}	**centi-**	**c**
10^{-3}	**mili-**	**m**
10^{-6}	**micro-**	**μ**
10^{-9}	**nano-**	**n**
10^{-12}	**pico-**	**p**
10^{-15}	femto-	f
10^{-18}	ato-	a
10^{-21}	zepto-	z
10^{-24}	iocto-	y

[a]Os prefixos mais usados aparecem em negrito.

ou um certo intervalo de tempo como

$$2,35 \times 10^{-9} \text{ s} = 2,35 \text{ nanossegundos} = 2,35 \text{ ns}. \qquad (1.1.5)$$

Alguns prefixos, como os usados em mililitro, centímetro, quilograma e megabyte, são provavelmente familiares para o leitor.

Mudança de Unidades

Muitas vezes, precisamos mudar as unidades nas quais uma grandeza física está expressa, o que pode ser feito usando um método conhecido como *conversão em cadeia*. Nesse método, multiplicamos o valor original por um **fator de conversão** (uma razão entre unidades que é igual à unidade). Assim, por exemplo, como 1 min e 60 s correspondem a intervalos de tempo iguais, temos:

$$\frac{1 \text{ min}}{60 \text{ s}} = 1 \quad \text{e} \quad \frac{60 \text{ s}}{1 \text{ min}} = 1.$$

Assim, as razões (1 min)/(60 s) e (60 s)/(1 min) podem ser usadas como fatores de conversão. Note que isso *não* é o mesmo que escrever 1/60 = 1 ou 60 = 1; cada *número* e sua *unidade* devem ser tratados conjuntamente.

Como a multiplicação de qualquer grandeza por um fator unitário deixa essa grandeza inalterada, podemos usar fatores de conversão sempre que isso for conveniente. No método de conversão em cadeia, usamos os fatores de conversão para cancelar unidades indesejáveis. Para converter 2 minutos em segundos, por exemplo, temos:

$$2 \text{ min} = (2 \text{ min})(1) = (2 \text{ min})\left(\frac{60 \text{ s}}{1 \text{ min}}\right) = 120 \text{ s}. \qquad (1.1.6)$$

Se você introduzir um fator de conversão e as unidades indesejáveis *não* desaparecerem, inverta o fator e tente novamente. Nas conversões, as unidades obedecem às mesmas regras algébricas que os números e variáveis.

O Apêndice D apresenta fatores de conversão entre unidades de SI e unidades de outros sistemas, como as que ainda são usadas até hoje nos Estados Unidos. Os fatores de conversão estão expressos na forma "1 min = 60 s" e não como uma razão; cabe ao leitor escrever a razão na forma correta.

Comprimento ⓑⓣ 1.1

Em 1792, a recém-fundada República da França criou um novo sistema de pesos e medidas. A base era o metro, definido como um décimo milionésimo da distância entre o polo norte e o equador. Mais tarde, por questões práticas, esse padrão foi abandonado e o metro passou a ser definido como a distância entre duas linhas finas gravadas perto das extremidades de uma barra de platina-irídio, a **barra do metro padrão**, mantida no Bureau Internacional de Pesos e Medidas, nas vizinhanças de Paris. Réplicas precisas da barra foram enviadas a laboratórios de padronização em várias partes do mundo. Esses **padrões secundários** foram usados para produzir outros padrões, ainda mais acessíveis, de tal forma que, no final, todos os instrumentos de medição de comprimento estavam relacionados à barra do metro padrão a partir de uma complicada cadeia de comparações.

Com o passar do tempo, um padrão mais preciso que a distância entre duas finas ranhuras em uma barra de metal se tornou necessário. Em 1960, foi adotado um novo padrão para o metro, baseado no comprimento de onda da luz. Especificamente, o metro foi redefinido como igual a 1.650.763,73 comprimentos de onda de certa luz vermelho-alaranjada emitida por átomos de criptônio 86 (um isótopo do criptônio) em um tubo de descarga de gás. Esse número de comprimentos de onda aparentemente estranho foi escolhido para que o novo padrão não fosse muito diferente do que era definido pela antiga barra do metro padrão.

Em 1983, entretanto, a necessidade de maior precisão havia alcançado tal ponto que mesmo o padrão do criptônio 86 já não era suficiente e, por isso, foi dado um passo audacioso: o metro foi redefinido como a distância percorrida pela luz em um intervalo de tempo especificado. Nas palavras da 17ª Conferência Geral de Pesos e Medidas:

> O metro é a distância percorrida pela luz no vácuo durante um intervalo de tempo de 1/299 792 458 de segundo.

Esse intervalo de tempo foi escolhido para que a velocidade da luz c fosse exatamente

$$c = 299\ 792\ 458 \text{ m/s.}$$

Como as medidas da velocidade da luz haviam se tornado extremamente precisas, fazia sentido adotar a velocidade da luz como uma grandeza definida e usá-la para redefinir o metro.

A Tabela 1.1.3 mostra uma vasta gama de comprimentos, que vai desde o tamanho do universo conhecido (linha de cima) até o tamanho de alguns objetos muito pequenos.

 1.2

Tabela 1.1.3 Valor Aproximado de Alguns Comprimentos

Descrição	Comprimento em Metros
Distância das galáxias mais antigas	2×10^{26}
Distância da galáxia de Andrômeda	2×10^{22}
Distância da estrela mais próxima	4×10^{16}
Distância de Plutão	6×10^{12}
Raio da Terra	6×10^{6}
Altura do Monte Everest	9×10^{3}
Espessura desta página	1×10^{-4}
Comprimento de um vírus típico	1×10^{-8}
Raio do átomo de hidrogênio	5×10^{-11}
Raio do próton	1×10^{-15}

Dígitos Significativos e Casas Decimais

Suponha que você esteja trabalhando com um problema no qual cada valor é expresso por um número de dois dígitos. Esses dígitos são chamados **dígitos significativos** e estabelecem o número de dígitos que devem ser usados na resposta do problema. Se os dados são fornecidos com dois dígitos significativos, a resposta deve ser dada com dois dígitos significativos. Se o problema for resolvido com o auxílio de uma calculadora, é provável que o resultado mostrado no visor da calculadora tenha um número muito maior de dígitos; os dígitos além do segundo, porém, não são confiáveis e devem ser descartados.

Neste livro, os resultados finais dos cálculos são muitas vezes arredondados para que o número de dígitos significativos se torne igual ao número de dígitos significativos do dado que possui o menor número de dígitos significativos. (Às vezes, porém, é mantido um algarismo significativo a mais.) Se o primeiro dígito da esquerda para a direita a ser descartado for igual a 5 ou maior que 5, o último dígito significativo é arredondado para cima; se for menor que 5, deixa-se como está. Assim, por exemplo, o número 11,3516 com três dígitos significativos se torna 11,4 e o número 11,3279 com três dígitos significativos se torna 11,3. (As respostas dos exemplos deste livro são quase sempre apresentadas com o símbolo = em vez de ≈, mesmo que o número tenha sido arredondado.)

Quando um número como 3,15 ou $3{,}15 \times 10^3$ é fornecido em um problema, o número de dígitos significativos é evidente, mas o que dizer de um número como 3000? É conhecido com precisão de apenas um dígito significativo (3×10^3) ou com precisão de três dígitos significativos ($3{,}000 \times 10^3$)? Neste livro, vamos supor que todos os zeros em um número como 3000 são significativos, mas nem todos os autores obedecem a essa convenção.

É preciso não confundir *algarismos significativos* com *casas decimais*. Considere os seguintes comprimentos: 35,6 mm, 3,56 m e 0,00356 m. Todos estão expressos com três algarismos significativos, embora tenham uma, duas e cinco casas decimais, respectivamente.

Exemplo 1.1.1 Estimativa de ordem de grandeza, novelo de linha 1.3

O maior novelo do mundo tem cerca de 2 m de raio. Qual é a ordem de grandeza do comprimento L do fio que forma o novelo?

IDEIA-CHAVE

Poderíamos, evidentemente, desenrolar o novelo e medir o comprimento L do fio, mas isso daria muito trabalho, além de deixar o fabricante do novelo muito aborrecido. Em vez disso, como estamos interessados apenas na ordem de grandeza, podemos estimar as grandezas necessárias para fazer o cálculo.

Cálculos: Vamos supor que o novelo seja uma esfera de raio $R = 2$ m. O fio do novelo certamente não está apertado (existem espaços vazios entre trechos vizinhos do fio). Para levar em conta esses espaços vazios, vamos superestimar um pouco a área de seção transversal do fio, supondo que seja quadrada, com lados de comprimento $d = 4$ mm. Nesse caso, com área da seção reta d^2 e comprimento L, a corda ocupa um volume total de

$$V = \text{(área da seção reta)(comprimento)} = d^2 L.$$

Esse valor é aproximadamente igual ao volume do novelo, dado por $\frac{4}{3}\pi R^3$, que é quase igual a $4R^3$, já que π é quase igual a 3.

Assim, temos:
$$d^2 L = 4R^3,$$
ou
$$L = \frac{4R^3}{d^2} = \frac{4(2\text{ m})^3}{(4 \times 10^{-3}\text{ m})^2}$$
$$= 2 \times 10^6 \text{ m} \approx 10^6 \text{ m} = 10^3 \text{ km}. \quad \text{(Resposta)}$$

(Note que não é preciso usar uma calculadora para realizar um cálculo simples como esse.) A ordem de grandeza do comprimento do fio é, portanto, 1000 km!

1.2 TEMPO

Objetivos do Aprendizado

Depois de ler este módulo, você será capaz de ...

1.2.1 Mudar as unidades de tempo usando o método de conversão em cadeia.

1.2.2 Citar vários dispositivos usados para medir o tempo.

Ideia-Chave

- O segundo é definido a partir das oscilações da luz emitida por átomo de um isótopo de um elemento químico (césio 133). Sinais de sincronismo são enviados ao mundo inteiro por sinais de rádio controlados por relógios atômicos em laboratórios de padronização.

Tempo

O tempo tem dois aspectos. No dia a dia e para alguns fins científicos, queremos saber a hora do dia para podermos ordenar eventos em sequência. Em muitos trabalhos científicos, estamos interessados em conhecer a duração de um evento. Assim, qualquer padrão de tempo deve ser capaz de responder a duas perguntas: "*Quando* isso aconteceu?" e "*Quanto tempo* isso durou?" A Tabela 1.2.1 mostra alguns intervalos de tempo.

Qualquer fenômeno repetitivo pode ser usado como padrão de tempo. A rotação da Terra, que determina a duração do dia, foi usada para esse fim durante séculos, a Fig. 1.2.1 mostra um exemplo interessante de relógio baseado nessa rotação. Um relógio de quartzo, no qual um anel de quartzo é posto em vibração contínua, pode ser sincronizado com a rotação da Terra por meio de observações astronômicas e usado para medir intervalos de tempo no laboratório. Entretanto, a calibração não pode ser realizada com a exatidão exigida pela tecnologia moderna da engenharia e da ciência.

Para atender à necessidade de um melhor padrão de tempo, foram desenvolvidos relógios atômicos. Um relógio atômico do National Institute of Standards

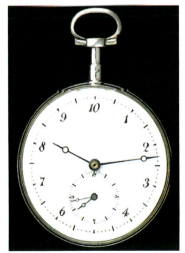

Steven Pitkin

Figura 1.2.1 Quando o sistema métrico foi proposto em 1792, a definição de hora foi mudada para que o dia tivesse 10 horas, mas a ideia não pegou. O fabricante deste relógio de 10 horas, prudentemente, incluiu um mostrador menor que indicava o tempo da forma convencional. Os dois mostradores indicam a mesma hora?

Tabela 1.2.1 Alguns Intervalos de Tempo Aproximados

Descrição	Intervalo de Tempo em Segundos	Descrição	Intervalo de Tempo em Segundos
Tempo de vida do próton (teórico)	3×10^{40}	Intervalo entre duas batidas de um coração humano	8×10^{-1}
Idade do universo	5×10^{17}	Tempo de vida do múon	2×10^{-6}
Idade da pirâmide de Quéops	1×10^{11}	Pulso luminoso mais curto obtido em laboratório	1×10^{-16}
Expectativa de vida de um ser humano	2×10^9	Tempo de vida da partícula mais instável	1×10^{-23}
Duração de um dia	9×10^4	Tempo de Planck[a]	1×10^{-43}

[a]Tempo decorrido após o big bang a partir do qual as leis de física que conhecemos passaram a ser válidas.

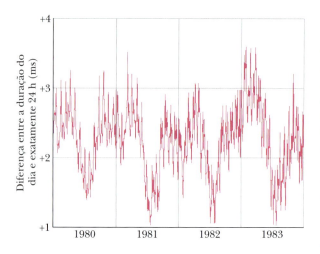

Figura 1.2.2 Variações da duração do dia em um período de 4 anos. Note que a escala vertical inteira corresponde a apenas 3 ms (= 0,003 s).

and Technology (NIST) em Boulder, Colorado, Estados Unidos, é o padrão da Hora Coordenada Universal (UTC) nos Estados Unidos. Seus sinais de tempo estão disponíveis por meio de ondas curtas de rádio (estações WWV e WWVH) e por telefone (303-499-7111). Sinais de tempo (e informações relacionadas) estão também disponíveis no United States Naval Observatory no *site* https://aa.usno.navy.mil/faq/UT.[1] (Para acertar um relógio de forma extremamente precisa no local onde você se encontra, seria necessário levar em conta o tempo necessário para que esses sinais cheguem até você.)

A Fig. 1.2.2 mostra as variações da duração de um dia na Terra durante um período de quatro anos, obtidas por comparação com um relógio atômico de césio. Como as variações mostradas na Fig. 1.2.2 são sazonais e repetitivas, desconfiamos que é a velocidade de rotação da Terra que está variando, e não as oscilações do relógio atômico. Essas variações se devem a efeitos de maré causados pela Lua e à circulação atmosférica.

Em 1967, a 13ª Conferência Geral de Pesos e Medidas adotou como padrão de tempo um segundo baseado no relógio de césio:

 Um segundo é o intervalo de tempo que corresponde a 9.192.631.770 oscilações da luz (de um comprimento de onda especificado) emitida por um átomo de césio 133.

Os relógios atômicos são tão estáveis, que, em princípio, dois relógios de césio teriam que funcionar por 6000 anos para que a diferença entre as leituras fosse maior que 1 s. Mesmo assim, essa precisão não é nada, em comparação com a precisão dos relógios que estão sendo construídos atualmente, que pode chegar a 1 parte em 10^{18}, ou seja, 1 s em 1×10^{18} s (cerca de 3×10^{10} anos).

1.3 MASSA

Objetivos do Aprendizado

Depois de ler este módulo, você será capaz de ...

1.3.1 Mudar as unidades de massa usando o método de conversão em cadeia.

1.3.2 Citar a relação entre massa específica, massa e volume em um objeto cuja massa está distribuída de forma homogênea.

Ideias-Chave

● O quilograma é definido a partir de uma massa-padrão de platina-irídio mantida nas proximidades de Paris. Para medir a massa de objetos de dimensões atômicas, costuma-se usar a unidade de massa atômica, definida a partir do átomo de carbono 12.

● A massa específica ρ de um objeto é a massa do objeto por unidade de volume:

$$\rho = \frac{m}{V}.$$

Massa

Quilograma-Padrão

O padrão de massa do SI é um cilindro de platina-irídio (Fig. 1.3.1) mantido no Bureau Internacional de Pesos e Medidas, nas proximidades de Paris, ao qual foi atribuída, por acordo internacional, a massa de 1 quilograma. Cópias precisas desse cilindro foram enviadas a laboratórios de padronização de outros países, e as massas de outros corpos

Figura 1.3.1 O quilograma-padrão internacional de massa, um cilindro de platina-irídio com 3,9 cm de altura e 3,9 cm de diâmetro.

---

[1] O Observatório Nacional fornece a hora legal brasileira no *site* http://pcdsh01.on.br. (N.T.)

podem ser determinadas comparando-os com uma dessas cópias. A Tabela 1.3.1 mostra algumas massas expressas em quilogramas, em uma faixa de aproximadamente 83 ordens de grandeza.

A cópia norte-americana do quilograma-padrão está guardada em um cofre do NIST e é removida, não mais que uma vez por ano, para aferir duplicatas usadas em outros lugares. Desde 1889, foi levada à França duas vezes para ser comparada com o padrão primário.

Balança de Kibble

Atualmente, está sendo usado um método muito mais preciso para medir a massa de um corpo. Em uma balança de Kibble (o nome vem do inventor do método, Brian Kibble), uma massa-padrão pode ser medida a partir do equilíbrio entre a força para baixo exercida pela gravidade e uma força para cima exercida por um campo magnético produzido por uma corrente elétrica. A precisão do método vem do fato de que as propriedades elétricas e magnéticas podem ser determinadas em termos de grandezas da mecânica quântica que foram definidas ou medidas com extrema precisão. Depois que uma massa-padrão é medida, ela pode ser enviada a outros laboratórios e usada para determinar a massa de outros corpos.

Um Segundo Padrão de Massa

As massas dos átomos podem ser comparadas entre si mais precisamente que com o quilograma-padrão. Por essa razão, temos um segundo padrão de massa, o átomo de carbono 12, ao qual, por acordo internacional, foi atribuída uma massa de 12 **unidades de massa atômica** (u). A relação entre as duas unidades é

$$1\ u = 1,660\ 538\ 86 \times 10^{-27}\ kg, \tag{1.3.1}$$

com uma incerteza de ± 10 nas duas últimas casas decimais. Os cientistas podem determinar experimentalmente, com razoável precisão, as massas de outros átomos em relação à massa do carbono 12. O que nos falta no momento é uma forma confiável de estender tal precisão a unidades de massa mais comuns, como o quilograma.

Massa Específica

Como veremos no Capítulo 14, a **massa específica** ρ de uma substância é a massa por unidade de volume:

$$\rho = \frac{m}{V}. \tag{1.3.2}$$

As massas específicas são normalmente expressas em quilogramas por metro cúbico ou em gramas por centímetro cúbico. A massa específica da água (1,00 grama por centímetro cúbico) é muito usada para fins de comparação. A massa específica da neve fresca é 10% da massa específica da água; a da platina é 21 vezes maior que a da água.

Tabela 1.3.1 Algumas Massas Aproximadas

Descrição	Massa em Quilogramas
Universo conhecido	1×10^{53}
Nossa galáxia	2×10^{41}
Sol	2×10^{30}
Lua	7×10^{22}
Asteroide Eros	5×10^{15}
Montanha pequena	1×10^{12}
Transatlântico	7×10^{7}
Elefante	5×10^{3}
Uva	3×10^{-3}
Grão de poeira	7×10^{-10}
Molécula de penicilina	5×10^{-17}
Átomo de urânio	4×10^{-25}
Próton	2×10^{-27}
Elétron	9×10^{-31}

Revisão e Resumo

A Medição na Física A física se baseia na medição de grandezas físicas. Algumas grandezas físicas, como comprimento, tempo e massa, foram escolhidas como **grandezas fundamentais**; cada uma foi definida por meio de um **padrão** e recebeu uma **unidade** de medida (como metro, segundo e quilograma). Outras grandezas físicas são definidas em termos das grandezas fundamentais e de seus padrões e unidades.

Unidades do SI O sistema de unidades adotado neste livro é o Sistema Internacional de Unidades (SI). As três grandezas físicas mostradas na Tabela 1.1.1 são usadas nos primeiros capítulos. Os padrões, que têm que ser acessíveis e invariáveis, foram estabelecidos para essas grandezas fundamentais por um acordo internacional. Esses padrões são usados em todas as medições físicas, tanto das grandezas fundamentais quanto das grandezas secundárias. A notação científica e os prefixos da Tabela 1.1.2 são usados para simplificar a notação das medições.

Mudança de Unidades A conversão de unidades pode ser feita usando o método de *conversão em cadeia*, no qual os dados originais são multiplicados sucessivamente por fatores de conversão unitários, e as unidades são manipuladas como quantidades algébricas até que apenas as unidades desejadas permaneçam.

Comprimento O metro é definido como a distância percorrida pela luz durante um intervalo de tempo especificado.

Tempo O segundo é definido em termos das oscilações da luz emitida por um isótopo de um elemento químico (césio 133). Sinais de tempo precisos são enviados a todo o mundo através de sinais de rádio sincronizados por relógios atômicos em laboratórios de padronização.

Massa O quilograma é definido a partir de um padrão de massa de platina-irídio mantido em um laboratório nas vizinhanças de Paris.

Para medições em escala atômica, é comumente usada a unidade de massa atômica, definida a partir do átomo de carbono 12.

Massa Específica A massa específica ρ de um objeto é a massa por unidade de volume:

$$\rho = \frac{m}{V}. \quad (1.3.2)$$

Problemas

F Fácil **M** Médio **D** Difícil
CVF Informações adicionais disponíveis no e-book *O Circo Voador da Física*, de Jearl Walker, LTC Editora, Rio de Janeiro, 2008.
CALC Requer o uso de derivadas e/ou integrais
BIO Aplicação biomédica

Módulo 1.1 Medindo Grandezas como o Comprimento

1 F A Terra tem a forma aproximada de uma esfera com $6,37 \times 10^6$ m de raio. Determine (a) a circunferência da Terra em quilômetros, (b) a área da superfície da Terra em quilômetros quadrados e (c) o volume da Terra em quilômetros cúbicos.

2 F O *gry* é uma antiga medida inglesa de comprimento, definida como 1/10 de uma linha; *linha* é outra medida inglesa de comprimento, definida como 1/12 de uma polegada. Uma medida de comprimento usada nas gráficas é o *ponto*, definido como 1/72 de uma polegada. Quanto vale uma área de 0,50 gry^2 em pontos quadrados (pontos^2)?

3 F O micrômetro (1 μm) também é chamado *mícron*. (a) Quantos mícrons tem 1,0 km? (b) Que fração do centímetro é igual a 1,0 μm? (c) Quantos mícrons tem uma jarda?

4 F As dimensões das letras e espaços neste livro são expressas em termos de pontos e paicas: 12 pontos = 1 paica e 6 paicas = 1 polegada. Se em uma das provas do livro uma figura apareceu deslocada de 0,80 cm em relação à posição correta, qual foi o deslocamento (a) em paicas e (b) em pontos?

5 F Em certo hipódromo da Inglaterra, um páreo foi disputado em uma distância de 4,0 furlongs. Qual é a distância da corrida (a) em varas e (b) em cadeias? (1 furlong = 201,168 m, 1 vara = 5,0292 m e 1 cadeia = 20,117 m.)

6 M Atualmente, as conversões de unidades mais comuns podem ser feitas com o auxílio de calculadoras e computadores, mas é importante que o aluno saiba usar uma tabela de conversão como as do Apêndice D. A Tabela 1.1 é parte de uma tabela de conversão para um sistema de medidas de volume que já foi comum na Espanha; um volume de 1 fanega equivale a 55,501 dm^3 (decímetros cúbicos). Para completar a tabela, que números (com três algarismos significativos) devem ser inseridos (a) na coluna de cahizes, (b) na coluna de fanegas, (c) na coluna de cuartillas e (d) na coluna de almudes? Expresse 7,00 almudes (e) em medios, (f) em cahizes e (g) em centímetros cúbicos (cm^3).

Tabela 1.1 Problema 6

	cahiz	fanega	cuartilla	almude	medio
1 cahiz =	1	12	48	144	288
1 fanega =		1	4	12	24
1 cuartilla =			1	3	6
1 almude =				1	2
1 medio =					1

7 M Os engenheiros hidráulicos dos Estados Unidos usam frequentemente, como unidade de volume de água, o *acre-pé*, definido como o volume de água necessário para cobrir 1 acre de terra até uma profundidade de 1 pé. Uma forte tempestade despejou 2,0 polegadas de chuva em 30 min em uma cidade com uma área de 26 km^2. Que volume de água, em acres-pés, caiu sobre a cidade?

8 M A Ponte de Harvard, que atravessa o rio Charles, ligando Cambridge a Boston, tem um comprimento de 364,4 smoots mais uma orelha. A unidade chamada "smoot" tem como padrão a altura de Oliver Reed Smoot, Jr., classe de 1962, que foi carregado ou arrastado pela ponte para que outros membros da sociedade estudantil Lambda Chi Alpha pudessem marcar (com tinta) comprimentos de 1 smoot ao longo da ponte. As marcas têm sido refeitas semestralmente por membros da sociedade, normalmente em horários de pico, para que a polícia não possa interferir facilmente. (Inicialmente, os policiais talvez tenham se ressentido do fato de que o smoot não era uma unidade fundamental do SI, mas hoje parecem conformados com a brincadeira.) A Fig. 1.1 mostra três segmentos de reta paralelos medidos em smoots (S), willies (W) e zeldas (Z). Quanto vale uma distância de 50,0 smoots (a) em willies e (b) em zeldas?

Figura 1.1 Problema 8.

9 M A Antártica é aproximadamente semicircular, com raio de 2000 km (Fig. 1.2). A espessura média da cobertura de gelo é 3000 m. Quantos centímetros cúbicos de gelo contém a Antártica? (Ignore a curvatura da Terra.)

Figura 1.2 Problema 9.

Módulo 1.2 Tempo

10 F Até 1913, cada cidade do Brasil tinha sua hora local. Atualmente, os viajantes acertam o relógio apenas quando a variação de tempo é igual a 1,0 h (o que corresponde a um fuso horário). Que distância, em média, uma pessoa deve percorrer, em graus de longitude, para passar de um fuso horário a outro e ter de acertar o relógio? (*Sugestão*: A Terra gira 360° em aproximadamente 24 h.)

11 Por cerca de 10 anos após a Revolução Francesa, o governo francês tentou basear as medidas de tempo em múltiplos de dez: uma semana tinha 10 dias, um dia tinha 10 horas, uma hora tinha 100 minutos e um minuto tinha 100 segundos. Quais são as razões (a) da semana decimal francesa para a semana comum e (b) do segundo decimal francês para o segundo comum?

12 A planta de crescimento mais rápido de que se tem notícia é uma *Hesperoyucca whipplei* que cresceu 3,7 m em 14 dias. Qual foi a velocidade de crescimento da planta em micrômetros por segundo?

13 Três relógios digitais, *A*, *B* e *C*, funcionam com velocidades diferentes e não têm leituras simultâneas de zero. A Fig. 1.3 mostra leituras simultâneas de pares dos relógios em quatro ocasiões. (Na primeira ocasião, por exemplo, *B* indica 25,0 s e *C* indica 92,0 s.) Se o intervalo entre dois eventos é 600 s de acordo com o relógio *A*, qual é o intervalo entre os eventos (a) no relógio *B* e (b) no relógio *C*? (c) Quando o relógio *A* indica 400 s, qual é a indicação do relógio *B*? (d) Quando o relógio *C* indica 15,0 s, qual é a indicação do relógio *B*? (Suponha que as leituras são negativas para instantes anteriores a zero.)

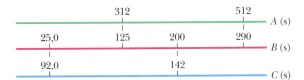

Figura 1.3 Problema 13.

14 Um tempo de aula (50 min) é aproximadamente igual a 1 microsséculo. (a) Qual é a duração de um microsséculo em minutos? (b) Use a relação

$$\text{erro percentual} = \left(\frac{\text{real} - \text{aproximado}}{\text{real}}\right)100,$$

para determinar o erro percentual dessa aproximação.

15 O fortnight é uma curiosa medida inglesa de tempo igual a 2,0 semanas (a palavra é uma contração de "fourteen nights", ou seja, 14 noites). Dependendo da companhia, esse tempo pode passar depressa ou transformar-se em uma interminável sequência de microssegundos. Quantos microssegundos tem um fortnight?

16 Os padrões de tempo são baseados atualmente em relógios atômicos, mas outra possibilidade seria usar os *pulsares*, estrelas de nêutrons (estrelas altamente compactas, compostas apenas de nêutrons) que possuem um movimento de rotação. Alguns pulsares giram com velocidade constante, produzindo um sinal de rádio que passa pela superfície da Terra uma vez a cada rotação, como o feixe luminoso de um farol. O pulsar PSR 1937 + 21 é um exemplo; ele gira uma vez a cada 1,557 806 448 872 75 ± 3 ms, em que o símbolo ±3 indica a incerteza na última casa decimal (e *não* ± 3 ms). (a) Quantas rotações o PSR 1937 + 21 executa em 7,00 dias? (b) Quanto tempo o pulsar leva para girar exatamente um milhão de vezes e (c) qual é a incerteza associada?

17 Cinco relógios estão sendo testados em um laboratório. Exatamente ao meio-dia, de acordo com o Observatório Nacional, em dias sucessivos da semana, as leituras dos relógios foram anotadas na tabela a seguir. Coloque os relógios em ordem de confiabilidade, começando pelo melhor. Justifique sua escolha.

Relógio	Dom	Seg	Ter	Qua	Qui	Sex	Sáb
A	12:36:40	12:36:56	12:37:12	12:37:27	12:37:44	12:37:59	12:38:14
B	11:59:59	12:00:02	11:59:57	12:00:07	12:00:02	11:59:56	12:00:03
C	15:50:45	15:51:43	15:52:41	15:53:39	15:54:37	15:55:35	15:56:33
D	12:03:59	12:02:52	12:01:45	12:00:38	11:59:31	11:58:24	11:57:17
E	12:03:59	12:02:49	12:01:54	12:01:52	12:01:32	12:01:22	12:01:12

18 Como a velocidade de rotação da Terra está diminuindo gradualmente, a duração dos dias está aumentando: o dia no fim de 1,0 século é 1,0 ms mais longo que o dia no início do século. Qual é o aumento da duração do dia após 20 séculos?

19 Suponha que você está deitado na praia, perto do Equador, vendo o Sol se pôr em um mar calmo, e liga um cronômetro no momento em que o Sol desaparece. Em seguida, você se levanta, deslocando os olhos para cima de uma distância *H* = 1,70 m, e desliga o cronômetro no momento em que o Sol volta a desaparecer. Se o tempo indicado pelo cronômetro é *t* = 11,1 s, qual é o raio da Terra?

Módulo 1.3 Massa

20 O recorde para a maior garrafa de vidro foi estabelecido em 1992 por uma equipe de Millville, Nova Jersey, que soprou uma garrafa com um volume de 193 galões americanos. (a) Qual é a diferença entre esse volume e 1,0 milhão de centímetros cúbicos? (b) Se a garrafa fosse enchida com água a uma vazão de 1,8 g/min, em quanto tempo estaria cheia? A massa específica da água é 1000 kg/m^3.

21 A Terra tem uma massa de 5,98 × 10^{24} kg. A massa média dos átomos que compõem a Terra é 40 u. Quantos átomos existem na Terra?

22 O ouro, que tem uma massa específica de 19,32 g/cm^3, é um metal extremamente dúctil e maleável, isto é, pode ser transformado em fios ou folhas muito finas. (a) Se uma amostra de ouro, com uma massa de 27,63 g, é prensada até se tornar uma folha com 1,000 μm de espessura, qual é a área da folha? (b) Se, em vez disso, o ouro é transformado em um fio cilíndrico com 2,500 μm de raio, qual é o comprimento do fio?

23 (a) Supondo que a água tenha uma massa específica de exatamente 1 g/cm^3, determine a massa de um metro cúbico de água em quilogramas. (b) Suponha que são necessárias 10,0 h para drenar um recipiente com 5700 m^3 de água. Qual é a "vazão mássica" da água do recipiente, em quilogramas por segundo? 1.2

24 Os grãos de areia das praias da Califórnia são aproximadamente esféricos, com raio de 50 μm, e são feitos de dióxido de silício, que tem massa específica de 2600 kg/m^3. Que massa de grãos de areia possui uma área superficial total (soma das áreas de todas as esferas) igual à área da superfície de um cubo com 1,00 m de aresta?

25 **CVF** Durante uma tempestade, parte da encosta de uma montanha, com 2,5 km de largura, 0,80 km de altura ao longo da encosta e 2,0 m de espessura desliza até um vale em uma avalanche de lama. Suponha que a lama fica distribuída uniformemente em uma área quadrada do vale com 0,40 km de lado e que a lama tem massa específica de 1900 kg/m^3. Qual é a massa da lama existente em uma área de 4,0 m^2 do vale?

26 Em um centímetro cúbico de uma nuvem cúmulo típica existem de 50 a 500 gotas d'água, com um raio típico de 10 μm. Para essa faixa de valores, determine os valores mínimo e máximo, respectivamente, das seguintes grandezas: (a) o número de metros cúbicos de água em uma nuvem cúmulo cilíndrica com 3,0 km de altura e 1,0 km de raio; (b) o número de garrafas de 1 litro que podem ser enchidas com essa quantidade de água; (c) a massa da água contida nessa nuvem, sabendo que a massa específica da água é 1000 kg/m^3.

27 A massa específica do ferro é de 7,87 g/cm^3 e a massa de um átomo de ferro é 9,27 × 10^{-26} kg. Se os átomos são esféricos e estão densamente compactados, (a) qual é o volume de um átomo de ferro e (b) qual é a distância entre os centros de dois átomos vizinhos?

28 Um mol de átomos contém 6,02 × 10^{23} átomos. Qual é a ordem de grandeza do número de mols de átomos que existem em um gato grande? As massas de um átomo de hidrogênio, de um átomo de oxigênio e de um átomo de carbono são 1,0 u, 16 u e 12 u, respectivamente.

29 M Em uma viagem à Malásia, você não resiste à tentação e compra um touro que pesa 28,9 piculs no sistema local de unidades de peso: 1 picul = 100 gins, 1 gin = 16 tahils, 1 tahil = 10 chees e 1 chee = 10 hoons. O peso de 1 hoon corresponde a uma massa de 0,3779 g. Quando você despacha o boi para casa, que massa deve declarar à alfândega? (*Sugestão*: Use conversões em cadeia.)

30 M CALC Despeja-se água em um recipiente que apresenta um vazamento. A massa *m* de água no recipiente em função do tempo *t* é dada por $m = 5,00t^{0,8} - 3,00t + 20,00$ para $t \geq 0$, em que a *massa* está em gramas e o *tempo* em segundos. (a) Em que instante a massa de água é máxima? (b) Qual é o valor da massa? Qual é a taxa de variação da massa, em quilogramas por minuto, (c) em $t = 2,00$ s e (d) em $t = 5,00$ s?

31 D CALC Um recipiente vertical cuja base mede 14,0 cm por 17,0 cm está sendo enchido com barras de chocolate que possuem um volume de 50 mm³ e uma massa de 0,0200 g. Suponha que o espaço vazio entre as barras de chocolate é tão pequeno que pode ser desprezado. Se a altura das barras de chocolate no recipiente aumenta à taxa de 0,250 cm/s, qual é a taxa de aumento da massa das barras de chocolate que estão no recipiente em quilogramas por minuto?

Problemas Adicionais

32 Nos Estados Unidos, uma casa de boneca tem uma escala de 1:12 em relação a uma casa de verdade (ou seja, cada distância na casa de boneca é 1/12 da distância correspondente na casa de verdade), e uma casa em miniatura (uma casa de boneca feita para caber em uma casa de boneca) tem uma escala de 1:144 em relação a uma casa de verdade. Suponha que uma casa de verdade (Fig. 1.4) tem 20 m de comprimento, 12 m de largura, 6,0 m de altura, e um telhado inclinado padrão (com o perfil de um triângulo isósceles) de 3,0 m de altura. Qual é o volume, em metros cúbicos, (a) da casa de boneca e (b) da casa em miniatura?

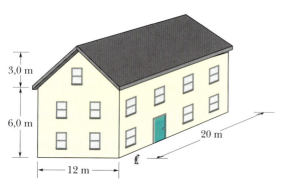

Figura 1.4 Problema 32.

33 A tonelada é uma medida de volume frequentemente empregada no transporte de mercadorias, mas seu uso requer uma certa cautela, pois existem pelo menos três tipos de tonelada: uma *tonelada de deslocamento* é igual a 7 barrels bulk, uma *tonelada de frete* é igual a 8 barrels bulk, e uma *tonelada de registro* é igual a 20 barrels bulk. O *barrel bulk* é outra medida de volume: 1 barrel bulk = 0,1415 m³. Suponha que você esteja analisando um pedido de "73 toneladas" de chocolate M&M e tenha certeza de que o cliente que fez a encomenda usou "tonelada" como unidade de volume (e não de peso ou de massa, como será discutido no Capítulo 5). Se o cliente estava pensando em toneladas de deslocamento, quantos alqueires americanos em excesso você vai despachar, se interpretar equivocadamente o pedido como (a) 73 toneladas de frete e (b) 73 toneladas de registro? (1 m³ = 28,378 alqueires americanos.)

34 Dois tipos de *barril* foram usados como unidades de volume na década de 1920 nos Estados Unidos. O barril de maçã tinha um volume oficial de 7056 polegadas cúbicas; o barril de cranberry, 5826 polegadas cúbicas. Se um comerciante vende 20 barris de cranberry a um freguês que pensa estar recebendo barris de maçã, qual é a diferença de volume em litros?

35 Uma antiga poesia infantil inglesa diz o seguinte: "Little Miss Muffet sat on a tuffet, eating her curds and whey, when along came a spider who sat down beside her. ..." ("A pequena Miss Muffet estava sentada em um banquinho, comendo queijo cottage, quando chegou uma aranha e sentou-se ao seu lado. ...") A aranha não se aproximou porque estava interessada no queijo, mas sim porque Miss Muffet tinha 11 tuffets de moscas secas. O volume de um tuffet é dado por 1 tuffet = 2 pecks = 0,50 Imperial bushel, enquanto 1 Imperial bushel = 36,3687 litros (L). Qual era o volume das moscas de Miss Muffet (a) em pecks, (b) em Imperial bushels e (c) em litros?

36 A Tabela 1.2 mostra algumas unidades antigas de volume de líquidos. Para completar a tabela, que números (com três algarismos significativos) devem ser introduzidos (a) na coluna de weys, (b) na coluna de chaldrons, (c) na coluna de bags, (d) na coluna de pottles, e (e) na coluna da gills? (f) O volume de 1 bag equivale a 0,1091 m³. Em uma história antiga, uma feiticeira prepara uma poção mágica em um caldeirão com um volume de 1,5 chaldron. Qual é o volume do caldeirão em metros cúbicos?

Tabela 1.2 Problema 36

	wey	chaldron	bag	pottle	gill
1 wey =	1	10/9	40/3	640	120 240
1 chaldron =					
1 bag =					
1 pottle =					
1 gill =					

37 Um cubo de açúcar típico tem 1 cm de aresta. Qual é o valor da aresta de uma caixa cúbica com capacidade suficiente para conter um mol de cubos de açúcar? (Um mol = $6,02 \times 10^{23}$ unidades.)

38 Um antigo manuscrito revela que um proprietário de terras no tempo do rei Artur possuía 3,00 acres de terra cultivada e uma área para criação de gado de 25,0 perchas por 4,00 perchas. Qual era a área total (a) na antiga unidade de roods e (b) na unidade mais moderna de metros quadrados? 1 acre é uma área de 40 perchas por 4 perchas, 1 rood é uma área de 40 perchas por 1 percha, e 1 percha equivale a 16,5 pés.

39 Um turista norte-americano compra um carro na Inglaterra e o despacha para os Estados Unidos. Um adesivo no carro informa que o consumo de combustível do carro é 40 milhas por galão na estrada. O turista não sabe que o galão inglês é diferente do galão americano:

1 galão inglês = 4,546 090 0 litros.

1 galão americano = 3,785 411 8 litros.

Para fazer uma viagem de 750 milhas nos Estados Unidos, de quantos galões de combustível (a) o turista pensa que precisa e (b) de quantos o turista realmente precisa?

40 Usando os dados fornecidos neste capítulo, determine o número de átomos de hidrogênio necessários para obter 1,0 kg de hidrogênio. Um átomo de hidrogênio tem massa de 1,0 u.

41 O *cord* é um volume de madeira cortada correspondente a uma pilha de 8 pés de comprimento, 4 pés de largura e 4 pés de altura. Quantos cords existem em 1,0 m³ de madeira?

42 Uma molécula de água (H_2O) contém dois átomos de hidrogênio e um átomo de oxigênio. Um átomo de hidrogênio tem massa de 1,0 u, e um átomo de oxigênio tem massa de 16 u, aproximadamente. (a) Qual é a massa de uma molécula de água em quilogramas? (b) Quantas moléculas de água existem nos oceanos da Terra, cuja massa estimada é $1,4 \times 10^{21}$ kg?

43 Uma pessoa que está de dieta pode perder 2,3 kg por semana. Expresse a taxa de perda de massa em miligramas por segundo, como se a pessoa pudesse sentir a perda segundo a segundo.

44 Que massa de água caiu sobre a cidade no Problema 7? A massa específica da água é $1,0 \times 10^3$ kg/m^3.

45 (a) O *shake* é uma unidade de tempo usada informalmente pelos físicos nucleares. Um shake é igual a 10^{-8} s. Existem mais *shakes* em um segundo que segundos em um ano? (b) O homem existe há aproximadamente 10^6 anos, enquanto a idade do universo é cerca de 10^{10} anos. Se a idade do universo for definida como 1 "dia do universo" e o "dia do universo" for dividido em "segundos do universo", da mesma forma como um dia comum é dividido em segundos comuns, quantos segundos do universo se passaram desde que o homem começou a existir?

46 Uma unidade de área frequentemente usada para medir terrenos é o *hectare*, definido como 10^4 m^2. Uma mina de carvão a céu aberto consome anualmente 75 hectares de terra até uma profundidade de 26 m. Qual é o volume de terra removido por ano em quilômetros cúbicos?

47 Uma unidade astronômica (UA) é a distância média entre a Terra e o Sol, aproximadamente $1,50 \times 10^8$ km. A velocidade da luz é aproximadamente $3,0 \times 10^8$ m/s. Expresse a velocidade da luz em unidades astronômicas por minuto.

48 A toupeira comum tem massa da ordem de 75 g, que corresponde a cerca de 7,5 mols de átomos. (Um mol de átomos equivale a $6,02 \times 10^{23}$ átomos.) Qual é a massa média dos átomos de uma toupeira em unidades de massa atômica (u)?

49 Uma unidade de comprimento tradicional no Japão é o ken (1 ken = 1,97 m). Determine a razão (a) entre kens quadrados e metros quadrados e (b) entre kens cúbicos e metros cúbicos. Qual é o volume de um tanque de água cilíndrico com 5,50 kens de altura e 3,00 kens de raio (c) em kens cúbicos e (d) em metros cúbicos?

50 Você recebeu ordens para navegar 24,5 milhas na direção leste, com o objetivo de posicionar seu barco de salvamento exatamente sobre a posição de um navio pirata afundado. Quando os mergulhadores não encontram nenhum sinal do navio, você se comunica com a base e descobre que deveria ter percorrido 24,5 *milhas náuticas* e não milhas comuns. Use a tabela de conversão de unidades de comprimento do Apêndice D para calcular a distância horizontal em quilômetros entre sua posição atual e o local em que o navio pirata afundou.

51 *Massa específica e liquefação*. Um objeto pesado pode afundar no solo durante um terremoto se o tremor fizer o solo sofrer *liquefação*, uma situação na qual os grãos do solo deslizam uns em relação aos outros quase sem sofrer atrito. Nesse caso, o solo se comporta como areia movediça. A possibilidade de liquefação de um solo arenoso pode ser prevista em termos da *taxa de vazios*, *e*, para uma amostra do solo: $e = V_{vazios}/V_{grãos}$, em que $V_{grãos}$ é o volume total dos grãos de areia da amostra e V_{vazios} é o volume total dos espaços entre os grãos (que são chamados *vazios*). Quando *e* excede um valor crítico de 0,80, a liquefação pode ocorrer durante um terremoto. Qual é a massa específica de areia correspondente, ρ_{areia}? A massa específica do dióxido de silício (o principal componente da areia) é $\rho_{SiO_2} = 2,600 \times 10^3$ kg/m^3. **1.4**

52 *Bilhão e trilhão*. Até 1974, os Estados Unidos e a Inglaterra usavam o mesmo nome para designar números grandes diferentes. Aqui estão dois exemplos: nos Estados Unidos, um bilhão significa um número com 9 zeros depois do 1, enquanto na Inglaterra significava um número com 12 zeros depois do 1. Nos Estados Unidos, um trilhão significa um número com 12 zeros depois do 1, enquanto na Inglaterra significava um número com 18 zeros depois do 1. Escreva em notação científica, usando os prefixos da Tabela 1.1.2, 4,0 bilhões de metros (a) no significado de bilhão dos Estados unidos e (b) no antigo significado de bilhão na Inglaterra e 5,0 trilhões de metros (c) no significado de trilhão dos Estados Unidos e (d) no antigo significado de bilhão na Inglaterra.

53 *Townships*. Nos Estados Unidos, terrenos podem ser medidos em *townships*: 1 township = 36 milhas^2, 1 milha^2 = 640 acres, 1 acre = 4840 jardas^2, 1 jarda^2 = 9 pés^2. Se um terreno tem 3,0 townships, qual é a área do terreno em pés quadrados?

54 *Medidas de um homem*. Leonardo da Vinci, que estudou a anatomia humana, usava um sistema de medição criado por Vitruvius Pollio, um arquiteto e engenheiro romano do século I a.C.: quatro dedos equivalem a uma palma, quatro palmas equivalem a um pé, seis palmas equivalem a um cúbito e quatro cúbitos equivalem à altura de um homem. Tomando a largura de um dedo como 0,75 polegada, determine (a) o comprimento do pé de um homem e (b) a altura de um homem, ambos em centímetros.

55 *Anos de cachorro*. Alguns donos de cachorros convertem a idade de um cachorro (chamada *anos de cachorro*) em uma idade equivalente que leva em conta o fato de que os cachorros envelhecem mais depressa que os seres humanos. Um método para avaliar o envelhecimento em cachorros e em seres humanos consiste em medir a taxa de variação do DNA em um processo chamado "metilação". Pesquisas usando esse método mostram que para cada ano que passa, a idade equivalente de um cachorro é dada por

idade equivalente = 16 ln(anos de cachorro) + 31,

em que ln é o logaritmo neperiano. Qual é a idade equivalente de um cachorro no dia do seu 13º aniversário?

56 *Anos galácticos*. O tempo que o Sistema Solar leva para dar uma volta completa em torno do centro da Via Láctea, chamado "ano galáctico", é cerca de 230 milhões de anos. Há quanto tempo, em anos galácticos, (a) viveu o *Tyrannosaurus rex* (há 67 milhões de anos), (b) aconteceu a primeira Era do Gelo (há 2,2 bilhões de anos) e (c) a Terra se formou (há 4,54 bilhões de anos)?

57 *Tempo de Planck*. O menor intervalo de tempo definido na física é o tempo de Planck, $t_P = 5,39 \times 10^{-44}$ s, que é o tempo necessário para que a luz percorra uma certa distância no vácuo. O universo começou com o big bang há 13,772 bilhões de anos. Quantos tempos de Planck se passaram desde o começo do universo?

58 *20.000 léguas submarinas*. No romance clássico de ficção científica escrito por Júlio Verne (publicado em fascículos de 1869 a 1870), o Capitão Nemo percorre no submarino *Nautilus* uma distância de 20.000 léguas, em que uma légua (métrica) é igual a 4000 km. Supondo que a Terra é uma esfera com um raio de 6378 km, quantas voltas completas Nemo teria dado em torno da Terra?

59 *Milha marítima*. A milha marítima é usada como medida de distância na navegação, mas, ao contrário da *milha náutica*, não tem um valor fixo, pois depende da latitude em que é medida. É a distância medida ao longo de um meridiano que subtende 1 minuto de arco em relação ao centro da Terra (Fig. 1.5). Essa distância depende do raio *r* da Terra no ponto considerado; como a Terra não é uma esfera perfeita, mas é mais larga no equador do que nos polos, o raio depende da latitude. No equador, o raio é 6378 km; nos polos, é 6356 km. Qual é a diferença entre uma milha marítima medida no equador e uma milha marítima medida em um dos polos?

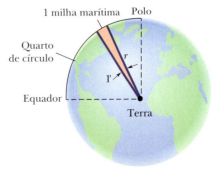

Figura 1.5 Problema 59.

Figura 1.6 Problema 60. (*a*) Nuvens noctilucentes. (*b*) Raios de luz solar para o observador e para as nuvens.

60 *Nuvens noctilucentes.* Pouco depois da grande explosão vulcânica da Ilha de Krakatoa (perto de Java, no Oceano Pacífico), ocorrida em 1883, nuvens azuis começaram a aparecer no início da noite no Hemisfério Norte. A explosão foi tão violenta que arremessou poeira para a *mesosfera*, uma parte fria da atmosfera situada muito acima da estratosfera. A água se depositou na poeira e congelou para formar essas nuvens pela primeira vez. Batizadas como *nuvens noctilucentes* ("que brilham à noite"), essas nuvens hoje em dia aparecem frequentemente no céu (Fig. 1.6*a*), não por causa de explosões vulcânicas, mas devido ao aumento da produção de metano por indústrias, plantações de arroz, aterros sanitários e flatulência e eructação do gado bovino.

As nuvens são visíveis depois do pôr do sol porque estão na parte superior da atmosfera, que ainda é iluminada pela luz do sol após o crepúsculo. A Figura 1.6*b* mostra a situação para um observador no ponto A que vê as nuvens verticalmente acima da sua cabeça 38 min depois do pôr do sol. Os dois raios luminosos são tangentes à superfície da Terra nos pontos A e B, ambos a uma distância r do centro da Terra. O ângulo entre os pontos de tangência em relação ao centro da Terra é θ. Qual é a altura H das nuvens?

61 *Tempo de aula.* No caso de um curso de graduação de quatro anos, qual é o número total (a) de horas e (b) de segundos que um aluno passa em sala de aula? Escreva sua resposta em notação científica.

CAPÍTULO 2

Movimento Retilíneo

2.1 POSIÇÃO, DESLOCAMENTO E VELOCIDADE MÉDIA

Objetivos do Aprendizado

Depois de ler este módulo, você será capaz de ...

2.1.1 Saber que, se todas as partes de um objeto se movem na mesma direção e com a mesma velocidade, podemos estudar o movimento do objeto como se ele estivesse reduzido a um único ponto. (Este capítulo trata do movimento de objetos desse tipo.)

2.1.2 Saber que a posição de uma partícula pode ser expressa pela coordenada da partícula em relação a um eixo escolhido como referência.

2.1.3 Descrever a relação entre o deslocamento de uma partícula e as posições inicial e final da partícula.

2.1.4 Descrever a relação entre a velocidade média, o deslocamento e o tempo necessário para que uma partícula sofra esse deslocamento.

2.1.5 Descrever a relação entre a velocidade escalar média, a distância total percorrida e o tempo necessário para que a partícula percorra essa distância.

2.1.6 Dado um gráfico da posição de uma partícula em função do tempo, determinar a velocidade média da partícula entre dois instantes de tempo.

Ideias-Chave

● A coordenada x de uma partícula indica a distância a que a partícula se encontra da origem do eixo x.

● A coordenada da partícula pode ser positiva, se a partícula estiver à direita da origem; negativa, se a partícula estiver à esquerda da origem; ou nula, se a partícula estiver exatamente na origem. O sentido positivo de um eixo é o sentido no qual os números aumentam de valor; o sentido negativo é o sentido oposto.

● O deslocamento Δx de uma partícula é a variação da posição da partícula:

$$\Delta x = x_2 - x_1.$$

● O deslocamento da partícula pode ser positivo, se a posição final estiver à direita da posição inicial; negativo, se a posição final estiver à direita da posição inicial; ou nulo, se a posição final coincidir com a posição inicial.

● Quando uma partícula se desloca da posição x_1 para a posição x_2 em um intervalo de tempo $\Delta t = t_2 - t_1$, a velocidade média da partícula durante esse intervalo é dada por

$$v_{\text{méd}} = \frac{\Delta x}{\Delta t} = \frac{x_2 - x_1}{t_2 - t_1}.$$

● A velocidade média da partícula pode ser positiva, se o deslocamento da partícula for positivo; negativa, se o deslocamento da partícula for negativo; ou nula, se o deslocamento da partícula for nulo.

● Em um gráfico da posição x da partícula em função do tempo t, a velocidade média no intervalo de tempo $\Delta t = t_2 - t_1$ é a inclinação da reta que liga os pontos correspondentes à posição da partícula nos instantes t_1 e t_2.

● A velocidade escalar média $s_{\text{méd}}$ de uma partícula em um intervalo de tempo Δt é dada por

$$s_{\text{méd}} = \frac{\text{distância total}}{\Delta t},$$

em que d é a distância percorrida pela partícula durante o intervalo Δt.

O que É Física?

Um dos objetivos da física é estudar o movimento dos objetos: a rapidez com que se movem, por exemplo, ou a distância que percorrem em um dado intervalo de tempo. Os engenheiros da NASCAR são fanáticos por esse aspecto da física, que os ajuda a avaliar o desempenho dos carros antes e durante as corridas. Os geólogos usam essa física para estudar o movimento de placas tectônicas, na tentativa de prever terremotos. Os médicos necessitam dessa física para mapear o fluxo de sangue em um paciente quando examinam uma artéria parcialmente obstruída; e motoristas a usam para reduzir a velocidade e escapar de uma multa quando percebem que existe um radar à frente. Existem inúmeros outros exemplos. Neste capítulo, estudamos a física básica do movimento nos casos em que o objeto (carro de corrida, placa tectônica, célula sanguínea, ou qualquer outro) está se movendo em linha reta. Esse tipo de movimento é chamado *movimento unidimensional*.

Movimento

O mundo, e tudo que nele existe, está sempre em movimento. Mesmo objetos aparentemente estacionários, como uma estrada, estão em movimento por causa da rotação da Terra, da órbita da Terra em torno do Sol, da órbita do Sol em torno do centro da Via Láctea e do deslocamento da Via Láctea em relação às outras galáxias. A classificação e comparação dos movimentos (chamada **cinemática**) pode ser um desafio. O que exatamente deve ser medido? Com que deve ser comparado?

Antes de tentar responder a essas perguntas, vamos examinar algumas propriedades gerais do movimento unidimensional, restringindo a análise de três formas:

1. Vamos supor que o movimento se dá ao longo de uma linha reta. A trajetória pode ser vertical, horizontal ou inclinada, mas deve ser retilínea.
2. As forças (empurrões e puxões) modificam o movimento, mas não serão discutidas até o Capítulo 5. Neste capítulo, vamos discutir apenas o movimento em si e suas mudanças, sem nos preocupar com as causas. O objeto está se movendo cada vez mais depressa? Cada vez mais devagar? O movimento mudou de direção? Se o movimento está mudando, a mudança é brusca ou gradual?
3. Vamos supor que o objeto em movimento é uma **partícula** (ou seja, um objeto pontual, como um elétron), ou um objeto que se move como uma partícula (isto é, todas as partes do objeto se movem na mesma direção e com a mesma velocidade). Assim, por exemplo, podemos imaginar que o movimento de uma criança que desliza passivamente em um escorrega é semelhante ao movimento de uma partícula, mas não podemos dizer o mesmo de uma folha de papel levada pelo vento.

Posição e Deslocamento

Localizar um objeto significa determinar a posição do objeto em relação a um ponto de referência, quase sempre a **origem** (ou ponto zero) de um eixo, como o eixo x da Fig. 2.1.1. O **sentido positivo** do eixo é o sentido em que os números (coordenadas) que indicam a posição dos objetos aumentam de valor. Na maioria dos casos, esse sentido é para a direita, como na Fig. 2.1.1. O sentido oposto é o **sentido negativo**.

Assim, por exemplo, uma partícula pode estar localizada em $x = 5$ m; isso significa que ela está a 5 m da origem no sentido positivo. Se estivesse localizada em $x = -5$ m, estaria também a 5 m da origem, mas no sentido oposto. Uma coordenada de -5 m é menor que uma coordenada de -1 m, e ambas são menores que uma coordenada de $+5$ m. O sinal positivo de uma coordenada não precisa ser mostrado explicitamente, mas o sinal negativo deve sempre ser mostrado.

A uma mudança da posição x_1 para a posição x_2 é associado um **deslocamento** Δx, dado por

$$\Delta x = x_2 - x_1. \tag{2.1.1}$$

(O símbolo Δ, a letra grega delta maiúscula, é usada para representar a variação de uma grandeza, e corresponde à diferença entre o valor final e o valor inicial.) Quando atribuímos números às posições x_1 e x_2 da Eq. 2.1.1, um deslocamento no sentido positivo (para a direita na Fig. 2.1.1) sempre resulta em um deslocamento positivo, e um deslocamento no sentido oposto (para a esquerda na figura) sempre resulta em um deslocamento negativo. Assim, por exemplo, se uma partícula se move de $x_1 = 5$ m para $x_2 = 12$ m, $\Delta x = (12 \text{ m}) - (5 \text{ m}) = +7$ m. O resultado positivo indica que o movimento é no sentido positivo. Se, em vez disso, a partícula se move de $x_1 = 5$ m para $x_2 = 1$ m, $\Delta x = (1 \text{ m}) - (5 \text{ m}) = -4$ m. O resultado negativo indica que o movimento é no sentido negativo.

O número de metros percorridos é irrelevante; o deslocamento envolve apenas as posições inicial e final. Assim, por exemplo, se a partícula se move de $x = 5$ m para $x = 200$ m e em seguida volta para $x = 5$ m, o deslocamento é $\Delta x = (5 \text{ m}) - (5 \text{ m}) = 0$.

Sinais. O sinal positivo do deslocamento não precisa ser mostrado, mas o sinal negativo deve sempre ser mostrado. Quando ignoramos o sinal (e, portanto, o sentido) do deslocamento, obtemos o **módulo** (ou valor absoluto) do deslocamento. Assim, por exemplo, a um deslocamento $\Delta x = -4$ m corresponde um valor absoluto de 4 m.

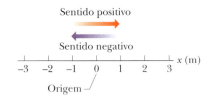

Figura 2.1.1 A posição de um objeto é indicada em relação a um eixo marcado em unidades de comprimento (metros, por exemplo), que se estende indefinidamente nos dois sentidos. O nome do eixo, que na figura é x, aparece sempre no lado positivo do eixo em relação à origem.

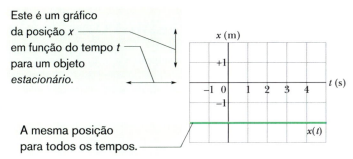

Figura 2.1.2 Gráfico de $x(t)$ para um tatu que está em repouso em $x = -2$ m. O valor de x é -2 m para qualquer instante t.

O deslocamento é um exemplo de **grandeza vetorial**, uma grandeza que possui um módulo e uma orientação. Os vetores serão discutidos com mais detalhes no Capítulo 3, mas tudo de que necessitamos no momento é a ideia de que o deslocamento possui duas características: (1) o *módulo*, que é a distância (por exemplo, o número de metros) entre as posições inicial e final; (2) a *orientação*, que é a direção e o sentido de uma reta que liga a posição inicial à posição final, e pode ser representada, no caso de um movimento ao longo de um único eixo, por um sinal positivo ou negativo.

O que se segue é o primeiro dos muitos testes que o leitor encontrará neste livro. Os testes consistem em uma ou mais questões cujas respostas requerem um raciocínio ou cálculo mental e permitem verificar a compreensão do ponto discutido. As respostas aparecem no fim do livro.

Teste 2.1.1

Considere três pares de posições iniciais e finais ao longo do eixo x: (a) -3 m, $+5$ m; (b) -3 m, -7 m; (c) 7 m, -3 m. Quais desses pares correspondem a deslocamentos negativos?

Média e Velocidade Escalar Média

Uma forma compacta de descrever a posição de um objeto é desenhar um gráfico da posição x em função do tempo t, ou seja, um gráfico de $x(t)$. [A notação $x(t)$ representa uma função x de t e não o produto de x por t.] Como exemplo simples, a Fig. 2.1.2 mostra a função posição $x(t)$ de um tatu em repouso (tratado como uma partícula) durante um intervalo de tempo de 7 s. A posição do animal tem sempre o mesmo valor, $x = -2$ m.

A Fig. 2.1.3 é mais interessante, já que envolve movimento. O tatu é avistado em $t = 0$, quando está na posição $x = -5$ m. Ele se move em direção a $x = 0$, passa por

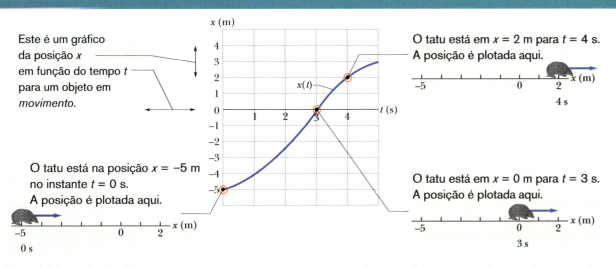

Figura 2.1.3 Gráfico de $x(t)$ para um tatu em movimento. Posições sucessivas do tatu também são mostradas para três instantes de tempo.

esse ponto em $t = 3$ s e continua a se deslocar para maiores valores positivos de x. A Fig. 2.1.3 mostra também o movimento do tatu por meio de desenhos das posições do animal em três instantes de tempo. O gráfico da Fig. 2.1.3 é mais abstrato, mas revela com que rapidez o tatu se move.

2.1
2.1

Na verdade, várias grandezas estão associadas à expressão "com que rapidez". Uma é a **velocidade média** $v_{\text{méd}}$, que é a razão entre o deslocamento Δx e o intervalo de tempo Δt durante o qual esse deslocamento ocorreu:

$$v_{\text{méd}} = \frac{\Delta x}{\Delta t} = \frac{x_2 - x_1}{t_2 - t_1}. \qquad (2.1.2)$$

A notação indica que a posição é x_1 no instante t_1 e x_2 no instante t_2. A unidade de $v_{\text{méd}}$ no SI é o metro por segundo (m/s). Outras unidades são usadas neste livro, mas todas têm a forma de comprimento/tempo.

2.2

Gráficos. Em um gráfico de x em função de t, $v_{\text{méd}}$ é a **inclinação** da reta que liga dois pontos da curva $x(t)$: um dos pontos corresponde a x_2 e t_2, e o outro corresponde a x_1 e t_1. Da mesma forma que o deslocamento, $v_{\text{méd}}$ possui um módulo e uma orientação (também é uma grandeza vetorial). O módulo é valor absoluto da inclinação da reta. Um valor positivo de $v_{\text{méd}}$ (e da inclinação) significa que a reta está inclinada para cima, da esquerda para a direita; um valor negativo de $v_{\text{méd}}$ (e da inclinação) significa que a reta está inclinada para baixo, da esquerda para a direita. A velocidade média $v_{\text{méd}}$ tem sempre

2.2 o mesmo sinal do deslocamento Δx porque Δt na Eq. 2.1.2 é sempre positivo.

A Fig. 2.1.4 mostra como determinar $v_{\text{méd}}$ na Fig. 2.1.3 para o intervalo de tempo de $t = 1$ s a $t = 4$ s. Traçamos a linha reta que une os pontos correspondentes ao início e ao final do intervalo de tempo considerado. Em seguida, calculamos a inclinação $\Delta x/\Delta t$ da linha reta. Para o intervalo de tempo dado, a velocidade média é

$$v_{\text{méd}} = \frac{6 \text{ m}}{3 \text{ s}} = 2 \text{ m/s}.$$

A **velocidade escalar média** $s_{\text{méd}}$ é uma forma diferente de descrever "com que rapidez" uma partícula está se movendo. Enquanto a velocidade média envolve o deslocamento da partícula, Δx, a velocidade escalar média é definida em termos da distância total percorrida (o número de metros percorridos, por exemplo), independentemente da direção. Assim,

$$s_{\text{méd}} = \frac{\text{distância total}}{\Delta t}. \qquad (2.1.3)$$

Como velocidade escalar média *não depende* da orientação do movimento, ela é sempre positiva. Em alguns casos, $s_{\text{méd}}$ é igual a $v_{\text{méd}}$. Entretanto, como é mostrado no Exemplo 2.1.1, as duas velocidades podem ser bem diferentes.

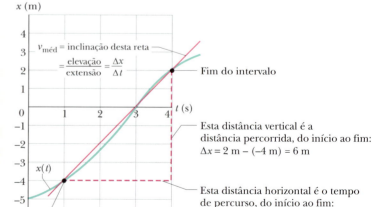

Figura 2.1.4 Cálculo da velocidade média entre $t = 1$ s e $t = 4$ s como a inclinação da reta que une os pontos da curva $x(t)$ que correspondem a esses tempos.

Exemplo 2.1.1 Velocidade média 2.1

Você pega um táxi para ir a um parque. O táxi percorre uma distância em linha reta de 10,0 km, na direção leste, a uma velocidade média de 40,0 km/h. Depois de saltar do carro, você corre em linha reta por 3,00 km, na direção leste, e leva 0,500 h para percorrer essa distância.

(a) Qual é seu deslocamento total do ponto de partida ao ponto em que você para de correr?

IDEIA-CHAVE

Por conveniência, suponha que você se move no sentido positivo do eixo x, da posição inicial em $x_1 = 0$ até a posição final x_2 no ponto em que você parou de correr. A posição final é $x_2 = 10,0$ km + 3,00 km = 13,0 km. Seu deslocamento Δx no eixo x é a diferença entre a posição final e a posição inicial.

Cálculo: De acordo com a Eq. 2.1.1, temos

$$\Delta x = x_2 - x_1 = 13,0 - 0 = 13,0 \text{ km}. \quad \text{(Resposta)}$$

Assim, o deslocamento total é 13,0 km no sentido positivo do eixo x.

(b) Qual é o intervalo de tempo Δt entre o início do movimento e o instante em que você para de correr?

IDEIA-CHAVE

Já conhecemos o tempo que você passou correndo, Δt_{cor} ($= 0,500$ h), mas não conhecemos o tempo que levou a viagem de carro, Δt_{car}. Entretanto, sabemos que o deslocamento Δx_{car} é 10,0 km e a velocidade média $v_{méd,car}$ é 40,0 km/h. Como a velocidade média é a razão entre o deslocamento e o tempo que levou a viagem de carro, podemos calcular o tempo que levou a viagem de carro.

Cálculos: Primeiro, escrevemos

$$v_{méd,car} = \frac{\Delta x_{car}}{\Delta t_{car}}.$$

Explicitando Δt_{car} e substituindo as variáveis por valores numéricos, temos

$$\Delta t_{car} = \frac{\Delta x_{car}}{v_{méd,car}} = \frac{10,0 \text{ km}}{40,0 \text{ km/h}} = 0,250 \text{ h}.$$

Assim,

$$\Delta t = \Delta t_{car} + \Delta t_{cor}$$
$$= 0,250 \text{ h} + 0,500 \text{ h} = 0,750 \text{ h}. \quad \text{(Resposta)}$$

(c) Qual é a sua velocidade média $v_{méd}$ do ponto de partida até o ponto em que você parou de correr? Determine a resposta numérica e graficamente.

IDEIA-CHAVE

De acordo com a Eq. 2.1.2, $v_{méd}$ *para todo o percurso* é a razão entre o deslocamento de 13,0 km *para todo o percurso* e o intervalo de tempo de 0,750 h *para todo o percurso*.

Cálculo: Aqui encontramos

$$v_{méd} = \frac{\Delta x}{\Delta t} = \frac{13,0 \text{ km}}{0,750 \text{ h}} = 17,3 \text{ km/h}. \quad \text{(Resposta)}$$

Para determinar $v_{méd}$ graficamente, primeiro plotamos a função $x(t)$, como mostra a Fig. 2.1.5, em que os pontos inicial e final do gráfico são a origem e o ponto "Parado".

Sua velocidade média é a inclinação da linha reta que liga os pontos inicial e final; ou seja, $v_{méd}$ é a razão entre a *elevação* ($\Delta x = 13,0$ km) e o *curso* ($\Delta t = 0,750$ h), o que nos dá $v_{méd} = 17,3$ km/h.

(d) Suponha que você corra de volta até o local em que saltou do táxi e leve 0,500 h para fazer esse percurso. Qual é a sua *velocidade* escalar média para todo o percurso?

IDEIA-CHAVE

A velocidade escalar média é a razão entre a distância total percorrida e o tempo necessário para percorrer essa distância.

Cálculo: A distância total é 10,0 km + 3,00 km + 3,00 km = 16,0 km. O intervalo de tempo total é 0,250 h + 0,500 h + 0,500 h = 1,25 h. Assim, de acordo com a Eq. 2.1.3,

$$s_{méd} = \frac{16,0 \text{ km}}{1,25 \text{ h}} = 12,8 \text{ km/h}. \quad \text{(Resposta)}$$

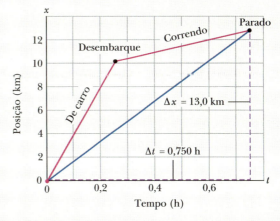

Figura 2.1.5 As retas "De carro" e "Correndo" são os gráficos de posição em função do tempo para os intervalos em que você está viajando de táxi e correndo, respectivamente. A inclinação da linha reta que liga a origem ao ponto 'Parado' é a velocidade média para o movimento total.

2.2 VELOCIDADE INSTANTÂNEA E VELOCIDADE ESCALAR

Objetivos do Aprendizado

Depois de ler este módulo, você será capaz de ...

2.2.1 Calcular a velocidade instantânea de uma partícula em um dado instante a partir da função que descreve a posição da partícula em função do tempo.

2.2.2 Calcular a velocidade instantânea de uma partícula em um dado instante a partir do gráfico que mostra a posição da partícula em função do tempo.

2.2.3 Saber que a velocidade escalar é o módulo da velocidade instantânea.

Ideias-Chave

● A velocidade instantânea (ou simplesmente, velocidade) de uma partícula é dada por

$$v = \lim_{\Delta t \to 0} \frac{\Delta x}{\Delta t} = \frac{dx}{dt},$$

em que $\Delta x = x_2 - x_1$ e $\Delta t = t_2 - t_1$.

● A velocidade instantânea em um dado instante é dada pela inclinação do gráfico da posição x em função do tempo t nesse instante.

● A velocidade escalar instantânea é o módulo da velocidade instantânea.

Velocidade Instantânea e Velocidade Escalar Instantânea

Vimos até agora duas formas de descrever a rapidez com a qual um objeto está se movendo: a velocidade média e a velocidade escalar média, ambas medidas para um intervalo de tempo Δt. Entretanto, quando falamos em "rapidez", em geral estamos pensando na rapidez com a qual um objeto está se movendo em um determinado instante, ou seja, na **velocidade instantânea** (ou, simplesmente, **velocidade**), v.

A velocidade em um dado instante é obtida a partir da velocidade média reduzindo o intervalo de tempo Δt até torná-lo próximo de zero. Quando Δt diminui, a velocidade média se aproxima cada vez mais de um valor limite, que é a velocidade instantânea:

$$v = \lim_{\Delta t \to 0} \frac{\Delta x}{\Delta t} = \frac{dx}{dt}. \tag{2.2.1}$$

Observe que v é a taxa com a qual a posição x está variando com o tempo em um dado instante, ou seja, v é a derivada de x em relação a t. Note também que v, em qualquer instante, é a inclinação da curva que representa a posição em função do tempo no instante considerado. A velocidade instantânea também é uma grandeza vetorial e, portanto, possui uma orientação.

Velocidade escalar instantânea, ou, simplesmente, **velocidade escalar**, é o módulo da velocidade, ou seja, a velocidade desprovida de qualquer indicação de orientação. (*Atenção*: A velocidade escalar e a velocidade escalar média podem ser muito diferentes.) A velocidade escalar de um objeto que está se movendo a uma velocidade de +5 m/s é a mesma (5 m/s) que a de um objeto que está se movendo a uma velocidade de −5 m/s. O velocímetro do carro indica a velocidade escalar e não a velocidade, já que não mostra para onde o carro está se movendo.

> ### Teste 2.2.1
>
> As equações a seguir fornecem a posição $x(t)$ de uma partícula em quatro casos (em todas as equações, x está em metros, t está em segundos, e $t > 0$): (1) $x = 3t - 2$; (2) $x = -4t^2 - 2$; (3) $x = 2/t^2$; (4) $x = -2$. (a) Em que caso(s) a velocidade v da partícula é constante? (b) Em que caso(s) a velocidade v está orientada no sentido negativo do eixo x?

Exemplo 2.2.1   Velocidade e inclinação da curva de *x* em função de *t*: elevador

A Fig. 2.2.1*a* mostra o gráfico $x(t)$ de um elevador que, depois de passar algum tempo parado, começa a se mover para cima (que tomamos como o sentido positivo de x) e depois para novamente. Plote $v(t)$.

IDEIA-CHAVE

Podemos determinar a velocidade em qualquer instante calculando a inclinação da curva de $x(t)$ nesse instante.

Cálculos: A inclinação de $x(t)$, e também a velocidade, é zero nos intervalos de 0 a 1 s e de 9 s em diante, já que o elevador está parado nesses intervalos. No intervalo bc, a inclinação é constante e diferente de zero, o que significa que o elevador está se movendo com velocidade constante. A inclinação de $x(t)$ é dada por

$$\frac{\Delta x}{\Delta t} = v = \frac{24 \text{ m} - 4{,}0 \text{ m}}{8{,}0 \text{ s} - 3{,}0 \text{ s}} = +4{,}0 \text{ m/s}. \quad (2.2.2)$$

O sinal positivo indica que o elevador está se movendo no sentido positivo do eixo x. Os intervalos, nos quais $v = 0$ e $v = 4$ m/s, estão plotados na Fig. 2.2.1b. Além disso, como o elevador começa a se mover a partir do repouso e depois reduz a velocidade até parar, nos intervalos de 1 s a 3 s e de 8 s a 9 s, v varia da forma indicada no gráfico. Assim, a Fig. 2.2.1b é o gráfico pedido. (A Fig. 2.2.1c será discutida no Módulo 2.3.)

Se fosse dado um gráfico de $v(t)$ como a Fig. 2.2.1b, poderíamos "retroagir" para determinar a forma do gráfico de $x(t)$ correspondente (Fig. 2.2.1a). Entretanto, não conheceríamos os verdadeiros valores de x nos vários instantes de tempo, porque o gráfico de $v(t)$ contém informações apenas sobre as *variações* de x. Para determinar a variação de x em um intervalo dado, devemos, na linguagem do cálculo, calcular a área "sob a curva" no gráfico de $v(t)$ para esse intervalo. Assim, por exemplo, durante o intervalo de 3 s a 8 s, no qual o elevador tem uma velocidade de 4,0 m/s, a variação de x é

$$\Delta x = (4{,}0 \text{ m/s})(8{,}0 \text{ s} - 3{,}0 \text{ s}) = +20 \text{ m}. \quad (2.2.3)$$

(A área é positiva porque a curva $v(t)$ está acima do eixo t.) A Fig. 2.2.1a mostra que x realmente aumenta de 20 m nesse intervalo. Entretanto, a Fig. 2.2.1b nada nos diz sobre os *valores* de x no início e no fim do intervalo. Para isso, necessitamos de uma informação adicional, como o valor de x em um dado instante.

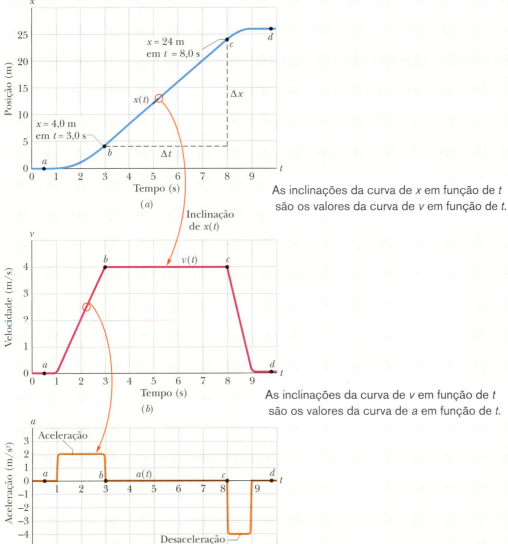

Figura 2.2.1 (*a*) A curva $x(t)$ de um elevador que se move para cima ao longo do eixo x. (*b*) A curva $v(t)$ do elevador. Note que essa curva é a derivada da curva $x(t)$ ($v = dx/dt$). (*c*) A curva $a(t)$ do elevador, que é a derivada da curva $v(t)$ ($a = dv/dt$). As figuras na parte de baixo dão uma ideia de como um passageiro se sente durante as acelerações.

20 CAPÍTULO 2

2.3 ACELERAÇÃO

Objetivos do Aprendizado

Depois de ler este módulo, você será capaz de ...

2.3.1 Conhecer a relação entre a aceleração média de uma partícula, a variação de velocidade da partícula e o intervalo de tempo durante o qual essa variação acontece.

2.3.2 Calcular a aceleração instantânea de uma partícula em um dado instante e a aceleração média entre dois instantes

a partir da função que descreve a velocidade da partícula em função do tempo.

2.3.3 Calcular a aceleração instantânea de uma partícula em um dado instante e a aceleração média entre dois instantes a partir do gráfico que mostra a velocidade da partícula em função do tempo.

Ideias-Chave

● Aceleração média é a razão entre a variação de velocidade Δv de uma partícula e o intervalo de tempo Δt durante o qual a variação ocorre:

$$a_{\text{méd}} = \frac{\Delta v}{\Delta t}.$$

O sinal algébrico indica o sentido de $a_{\text{méd}}$.

● Aceleração instantânea (ou, simplesmente, aceleração), a, é a derivada primeira da velocidade $v(t)$ em relação ao tempo e a segunda derivada da posição $x(t)$ em relação ao tempo:

$$a = \frac{dv}{dt} = \frac{d^2x}{dt^2}.$$

● Em um gráfico de v em função de t, a aceleração a em um dado instante é a inclinação do gráfico no ponto correspondente a esse instante.

Aceleração

Quando a velocidade de uma partícula varia, diz-se que a partícula sofreu uma **aceleração** (ou foi acelerada). Para movimentos ao longo de um eixo, a **aceleração média** $a_{\text{méd}}$ em um intervalo de tempo Δt é dada por

$$a_{\text{méd}} = \frac{v_2 - v_1}{t_2 - t_1} = \frac{\Delta v}{\Delta t}, \tag{2.3.1}$$

em que v_1 é a velocidade da partícula no instante t_1, e v_2 é a velocidade da partícula no instante t_2. A **aceleração instantânea** (ou, simplesmente, **aceleração**) é dada por

$$a = \frac{dv}{dt}. \tag{2.3.2}$$

Em palavras, a aceleração de uma partícula em um dado instante é a taxa com a qual a velocidade está variando nesse instante. Graficamente, a aceleração em qualquer ponto é a inclinação da curva de $v(t)$ nesse ponto. Podemos combinar a Eq. 2.3.2 com a Eq. 2.2.1 e escrever

$$a = \frac{dv}{dt} = \frac{d}{dt}\left(\frac{dx}{dt}\right) = \frac{d^2x}{dt^2}. \tag{2.3.3}$$

Em palavras, a aceleração de uma partícula em um dado instante é a derivada segunda da posição $x(t)$ em relação ao tempo nesse instante.

A unidade de aceleração no SI é o metro por segundo ao quadrado, m/s^2. Outras unidades são usadas neste livro, mas todas estão na forma de comprimento/tempo². Da mesma forma que o deslocamento e a velocidade, a aceleração possui um módulo e uma orientação (ou seja, também é uma grandeza vetorial). O sinal algébrico representa o sentido em relação a um eixo; uma aceleração com um valor positivo tem o sentido positivo do eixo, enquanto uma aceleração com um valor negativo tem o sentido negativo do eixo.

A Fig. 2.2.1 mostra os gráficos da posição, velocidade e aceleração do elevador do Exemplo 2.2.1. Compare a curva de $a(t)$ com a curva de $v(t)$; cada ponto na curva de $a(t)$ corresponde à derivada (inclinação) da curva de $v(t)$ no mesmo instante de tempo. Quando v é constante (com o valor de 0 ou 4 m/s), a derivada é nula e, portanto, a aceleração é nula. Quando o elevador começa a se mover, a curva de $v(t)$ tem derivada positiva (a inclinação é positiva), o que significa que $a(t)$ é positiva. Quando o elevador reduz a velocidade até parar, a derivada e a inclinação da curva de $v(t)$ são negativas, ou seja, $a(t)$ é negativa.

Compare as inclinações da curva de $v(t)$ nos dois períodos de aceleração. A inclinação associada à redução de velocidade do elevador (ou seja, à "desaceleração") é maior porque o elevador para na metade do tempo que levou para atingir uma velocidade constante. Uma inclinação maior significa que o módulo da desaceleração é maior que o da aceleração, como mostra a Fig. 2.2.1c.

Sensações. As sensações que o leitor teria se estivesse no elevador da Fig. 2.2.1 estão indicadas pelos bonequinhos que aparecem na parte inferior da figura. Quando o elevador acelera, você se sente como se estivesse sendo empurrado para baixo; mais tarde, quando o elevador freia até parar, você tem a impressão de que está sendo puxado para cima. Entre esses dois intervalos, você não sente nada de especial. Em outras palavras, nosso corpo reage a acelerações (é um acelerômetro), mas não a velocidades (não é um velocímetro). Quando estamos viajando de carro a 90 km/h ou viajando de avião a 900 km/h, não temos nenhuma sensação de movimento. Entretanto, se o carro ou avião muda bruscamente de velocidade, percebemos imediatamente a mudança e podemos até ficar assustados. Boa parte da emoção que sentimos quando andamos de montanha-russa se deve às mudanças súbitas de velocidade às quais somos submetidos (pagamos pela aceleração, não pela velocidade). Um exemplo mais extremo aparece nas fotografias da Fig. 2.3.1, tiradas enquanto um trenó a jato era rapidamente acelerado sobre trilhos e depois freado bruscamente até parar.

Unidades g. Grandes acelerações são às vezes expressas em unidades g, definidas da seguinte forma:

$$1g = 9{,}8 \text{ m/s}^2 \text{ (unidade de } g\text{).} \qquad (2.3.4)$$

(Como vamos discutir no Módulo 2.5, g é o módulo da aceleração de um objeto em queda livre nas proximidades da superfície da Terra.) Uma montanha-russa submete os passageiros a uma aceleração de até $3g$, o equivalente a $(3)(9{,}8 \text{ m/s}^2)$, ou cerca de 29 m/s^2, um valor mais do que suficiente para justificar o preço do passeio.

Sinal. O sinal da aceleração tem significados diferentes na linguagem popular e na linguagem científica. Na linguagem popular, dizer que um objeto tem uma aceleração positiva significa que a velocidade do objeto está aumentando, e dizer que o objeto tem uma aceleração negativa significa que a velocidade do objeto está diminuindo (ou seja, que o objeto está desacelerando). Neste livro, porém, como em todos os textos científicos, o sinal é usado para indicar o sentido da aceleração e não se a velocidade

Figura 2.3.1
O coronel J. P. Stapp em um trenó a jato cuja velocidade aumenta bruscamente (aceleração para fora do papel) e, em seguida, diminui bruscamente (aceleração para dentro do papel).

Cortesia da Força Aérea dos Estados Unidos

do objeto está aumentando ou diminuindo. Assim, se um carro com velocidade inicial $v = -25$ m/s é freado até parar em 5,0 s, $a_{méd} = +5,0$ m/s². A aceleração é *positiva*, mas a velocidade escalar do carro diminuiu. A razão está na diferença de sinais: a aceleração, neste caso, tem o sentido oposto ao da velocidade.

A forma apropriada de interpretar o sinal da aceleração é a seguinte:

 Se os sinais da velocidade e da aceleração de uma partícula são iguais, a velocidade escalar da partícula aumenta. Se os sinais são opostos, a velocidade escalar diminui.

Teste 2.3.1
Um marsupial se move ao longo do eixo x. Qual é o sinal da aceleração do animal se ele está se movendo (a) no sentido positivo com velocidade escalar crescente; (b) no sentido positivo com velocidade escalar decrescente; (c) no sentido negativo com velocidade escalar crescente; (d) no sentido negativo com velocidade escalar decrescente?

Exemplo 2.3.1 Aceleração e dv/dt

A posição de uma partícula no eixo x da Fig. 2.1.1 é dada por

$$x = 4 - 27t + t^3,$$

com x em metros e t em segundos.

(a) Como a posição x varia com o tempo t, a partícula está em movimento. Determine a função velocidade $v(t)$ e a função aceleração $a(t)$ da partícula.

IDEIAS-CHAVE

(1) Para obter a função velocidade $v(t)$, derivamos a função posição $x(t)$ em relação ao tempo. (2) Para obter a função aceleração $a(t)$, derivamos a função velocidade $v(t)$ em relação ao tempo.

Cálculos: Derivando a função posição, obtemos

$$v = -27 + 3t^2, \quad \text{(Resposta)}$$

com v em metros por segundo. Derivando a função velocidade, obtemos

$$a = +6t, \quad \text{(Resposta)}$$

com a em metros por segundo ao quadrado.

(b) Existe algum instante para o qual $v = 0$?

Cálculo: Fazendo $v(t) = 0$, obtemos

$$0 = -27 + 3t^2,$$

e, portanto,

$$t = \pm 3 \text{ s}. \quad \text{(Resposta)}$$

Assim, a velocidade é zero 3 s antes e 3 s depois do instante $t = 0$.
(c) Descreva o movimento da partícula para $t \geq 0$.

Raciocínio: Precisamos examinar as expressões de $x(t)$, $v(t)$ e $a(t)$.

Em $t = 0$, a partícula está em $x(0) = +4$ m e está se movendo com velocidade $v(0) = -27$ m/s, ou seja, no sentido negativo do eixo x. A aceleração é $a(0) = 0$ porque, nesse instante, a velocidade da partícula não está variando (Fig. 2.3.2a).

Para $0 < t < 3$ s, a partícula ainda possui velocidade negativa e, portanto, continua a se mover no sentido negativo. Entretanto, a aceleração não mais é igual a zero, e sim crescente e positiva. Como os sinais da velocidade e da aceleração são opostos, o módulo da velocidade da partícula deve estar diminuindo (Fig. 2.3.2b).

De fato, já sabemos que a partícula para momentaneamente em $t = 3$ s. Nesse instante, a partícula se encontra na maior distância à esquerda da origem na Fig. 2.1.1. Fazendo $t = 3$ s na expressão de $x(t)$, descobrimos que a posição da partícula nesse instante é $x = -50$ m (Fig. 2.3.2c). A aceleração ainda é positiva.

Para $t > 3$ s, a partícula se move para a direita sobre o eixo. A aceleração permanece positiva e aumenta progressivamente em módulo. A velocidade agora é positiva e o módulo da velocidade também aumenta progressivamente (Fig. 2.3.2d).

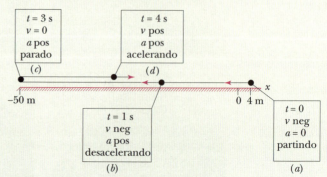

Figura 2.3.2 Quatro estágios do movimento da partícula do Exemplo 2.3.1.

2.4 ACELERAÇÃO CONSTANTE

Objetivos do Aprendizado
Depois de ler este módulo, você será capaz de ...

2.4.1 Conhecer as relações entre posição, deslocamento, velocidade, aceleração e tempo para o caso de uma aceleração constante (Tabela 2.4.1).

2.4.2 Calcular a variação de velocidade de uma partícula integrando a função aceleração relativamente ao tempo.

2.4.3 Calcular a variação de posição de uma partícula integrando a função velocidade em relação ao tempo.

Ideia-Chave

- As cinco equações a seguir descrevem o movimento de uma partícula com aceleração constante.

$$v = v_0 + at, \qquad x - x_0 = v_0 t + \frac{1}{2}at^2,$$

$$v^2 = v_0^2 + 2a(x - x_0), \qquad x - x_0 = \frac{1}{2}(v_0 + v)t, \qquad x - x_0 = vt - \frac{1}{2}at^2.$$

Essas equações *não* são válidas quando a aceleração não é constante.

Aceleração Constante: Um Caso Especial

Em muitos tipos de movimento, a aceleração é constante ou aproximadamente constante. Assim, por exemplo, você pode acelerar um carro a uma taxa aproximadamente constante quando a luz de um sinal de trânsito muda de vermelho para verde. Nesse caso, os gráficos da posição, velocidade e aceleração do carro se assemelham aos da Fig. 2.4.1. [Note que $a(t)$ na Fig. 2.4.1c é constante, o que requer que $v(t)$ na Fig. 2.4.1b tenha uma inclinação constante.] Mais tarde, quando você freia o carro até parar, a aceleração (ou desaceleração, na linguagem comum) pode ser também constante. **2.5**

Casos como esse são tão frequentes que foi formulado um conjunto especial de equações para lidar com eles. Uma forma de obter essas equações é apresentada nesta seção; uma segunda forma será apresentada na seção seguinte. Nas duas seções e mais tarde, quando você trabalhar na solução dos problemas, lembre-se de que *essas soluções são válidas apenas quando a aceleração é constante* (ou em situações nas quais a aceleração pode ser considerada aproximadamente constante).

Primeira Equação Básica. Quando a aceleração é constante, a aceleração média e a aceleração instantânea são iguais e podemos escrever a Eq. 2.3.1, com algumas mudanças de notação, na forma

$$a = a_{\text{méd}} = \frac{v - v_0}{t - 0}.$$

Aqui, v_0 é a velocidade no instante $t = 0$ e v é a velocidade em um instante de tempo posterior t. Explicitando v, obtemos:

$$v = v_0 + at. \qquad (2.4.1)$$

Como verificação, note que essa equação se reduz a $v = v_0$ para $t = 0$, como era de se esperar. Como verificação adicional, vamos calcular a derivada da Eq. 2.4.1. O resultado é $dv/dt = a$, o que corresponde à definição de a. A Fig. 2.4.1b mostra o gráfico da Eq. 2.4.1, a função $v(t)$; a função é linear e, portanto, o gráfico é uma linha reta.

Segunda Equação Básica. De maneira análoga, podemos escrever a Eq. 2.1.2 (com algumas mudanças de notação) na forma

$$v_{\text{méd}} = \frac{x - x_0}{t - 0}$$

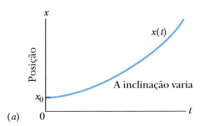

As inclinações da curva de posição são plotadas na curva de velocidade.

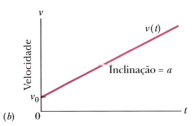

A inclinação do gráfico de velocidade é plotada no gráfico de aceleração.

Figura 2.4.1 (*a*) A posição $x(t)$ de uma partícula que se move com aceleração constante. (*b*) A velocidade da partícula, $v(t)$, dada em cada ponto pela inclinação da curva de $x(t)$. (*c*) A aceleração (constante) da partícula, igual à inclinação (constante) da curva de $v(t)$.

o que nos dá

$$x = x_0 + v_{\text{méd}}\, t,\tag{2.4.2}$$

em que x_0 é a posição da partícula em $t = 0$ e $v_{\text{méd}}$ é a velocidade média entre $t = 0$ e um instante de tempo posterior t.

Para a função velocidade linear da Eq. 2.4.1, a velocidade *média* em qualquer intervalo de tempo (de $t = 0$ a um instante posterior t, digamos) é a média aritmética da velocidade no início do intervalo ($= v_0$) com a velocidade no final do intervalo ($= v$). Para o intervalo de $t = 0$ até um instante posterior t, portanto, a velocidade média é

$$v_{\text{méd}} = \tfrac{1}{2}(v_0 + v).\tag{2.4.3}$$

Substituindo v pelo seu valor, dado pela Eq. 2.4.1, obtemos, agrupando os termos,

$$v_{\text{méd}} = v_0 + \tfrac{1}{2}at.\tag{2.4.4}$$

Finalmente, substituindo a Eq. 2.4.4 na Eq. 2.4.2, obtemos:

$$x - x_0 = v_0\, t + \tfrac{1}{2}at^2.\tag{2.4.5}$$

Como verificação, note que a equação se reduz a $x = x_0$ para $t = 0$, como era de se esperar. Como verificação adicional, vamos calcular a derivada da Eq. 2.4.5. O resultado é a Eq. 2.4.1, como era esperado. A Fig. 2.4.1*a* mostra o gráfico da Eq. 2.4.5; como a função é do segundo grau, o gráfico não é uma linha reta.

Três Outras Equações. As Eqs. 2.4.1 e 2.4.5 são as *equações básicas do movimento com aceleração constante*; elas podem ser usadas para resolver qualquer problema deste livro que envolva uma aceleração constante. Entretanto, outras equações, deduzidas a partir das equações básicas, podem ser úteis em situações específicas. Observe que um problema com aceleração constante pode envolver até cinco grandezas: $x - x_0$, v, t, a e v_0. Normalmente, uma dessas grandezas *não* está envolvida no problema, *nem como dado, nem como incógnita*. São fornecidas três das grandezas restantes e o problema consiste em determinar a quarta.

As Eqs. 2.4.1 e 2.4.5 contêm, cada uma, quatro dessas grandezas, mas não as mesmas quatro. Na Eq. 2.4.1, a grandeza ausente é o deslocamento $x - x_0$. Na Eq. 2.4.5, é a velocidade v. As duas equações podem ser combinadas de três maneiras diferentes para produzir três novas equações, cada uma das quais envolve quatro grandezas diferentes. Em primeiro lugar, podemos eliminar t para obter

$$v^2 = v_0^2 + 2a(x - x_0).\tag{2.4.6}$$

Essa equação é útil se não conhecemos t e não precisamos determinar o seu valor. Em segundo lugar, podemos eliminar a aceleração a, combinando as Eqs. 2.4.1 e 2.4.5 para obter uma equação em que a não aparece:

$$x - x_0 = \tfrac{1}{2}(v_0 + v)t.\tag{2.4.7}$$

Finalmente, podemos eliminar v_0, obtendo

$$x - x_0 = vt - \tfrac{1}{2}at^2.\tag{2.4.8}$$

Note a diferença sutil entre esta equação e a Eq. 2.4.5. Uma envolve a velocidade inicial v_0; a outra envolve a velocidade v no instante t.

A Tabela 2.4.1 mostra as equações básicas do movimento com aceleração constante (Eqs. 2.4.1 e 2.4.5), assim como as equações especiais que deduzimos. Para resolver um problema simples envolvendo aceleração constante, em geral é possível usar uma equação da lista (*se* você puder consultar a lista). Escolha uma equação para a qual a única variável desconhecida é a variável pedida no problema. Um plano mais simples é memorizar apenas as Eqs. 2.4.1 e 2.4.5 e montar com elas um sistema de equações, caso isso seja necessário. 🔵 **2.3**

Tabela 2.4.1 Equações do Movimento com Aceleração Constante[a]

Número da Equação	Equação	Grandeza que Falta
2.4.1	$v = v_0 + at$	$x - x_0$
2.4.5	$x - x_0 = v_0 t + \tfrac{1}{2}at^2$	v
2.4.6	$v^2 = v_0^2 + 2a(x - x_0)$	t
2.4.7	$x - x_0 = \tfrac{1}{2}(v_0 + v)t$	a
2.4.8	$x - x_0 = vt - \tfrac{1}{2}at^2$	v_0

[a]Certifique-se de que a aceleração é constante antes de usar as equações desta tabela.

Teste 2.4.1

As equações a seguir fornecem a posição $x(t)$ de uma partícula em quatro casos: (1) $x = 3t - 4$; (2) $x = -5t^3 + 4t^2 + 6$; (3) $x = 2/t^2 - 4/t$; (4) $x = 5t^2 - 3$. Em que caso(s) as equações da Tabela 2.4.1 podem ser aplicadas?

Exemplo 2.4.1 Carro autônomo ultrapassando um carro mais lento

Na Fig. 2.4.2a, você está em um carro controlado por um sistema automático de direção e à sua frente está um carro mais lento, que você deseja ultrapassar. A Fig. 2.4.2b mostra a situação inicial, com você no carro B. O radar do seu carro detecta a velocidade e a posição do carro A. Os dois carros têm o mesmo comprimento, $L = 4,50$ m, e estão se movendo à mesma velocidade, $v_0 = 22,0$ m/s (79,2 km/h, abaixo do limite de velocidade), e a estrada é retilínea, tem duas pistas e é de mão dupla. Seu carro está a uma distância de $3,00L$ do carro A quando você pede ao sistema de controle do carro para fazer a ultrapassagem. Para isso, seu carro precisa passar para a outra pista, na qual pode vir um carro em sentido contrário. Para realizar uma ultrapassagem segura, o sistema precisa calcular o tempo necessário para passar pelo carro A.

Queremos que o carro B passe para a outra pista, acelere a uma taxa constante $a = 3,50$ m/s² até atingir uma velocidade $v = 27,0$ m/s (97,2 km/h, abaixo do limite de velocidade, que é 100 km/h) e, em seguida, quando estiver a uma distância de $3,00L$ à frente do carro A, volte para a pista inicial (mantendo a velocidade de 27,0 m/s). Suponha que o tempo necessário para mudar de pista seja desprezível. A Fig. 2.4.2c mostra a situação no início da aceleração, com a traseira do carro B em $x_{B1} = 0$ e a traseira do carro A em $x_{A1} = 4L$. A Fig. 2.4.2d mostra a situação quando o carro B está prestes a voltar para a pista inicial. Sejam t_1 e d_1 o tempo de aceleração necessário para atingir a velocidade desejada e a distância percorrida durante a aceleração, respectivamente. Seja t_2 o tempo decorrido entre o fim da aceleração e o instante em que o carro B está a uma distância de $3,00L$ à frente do carro A, pronto para voltar à pista inicial. Estamos interessados em determinar o tempo total $t_{tot} = t_1 + t_2$. O cálculo deve ser feito por partes. Quais são os valores de (a) t_1 e (b) d_1? (c) Em termos de L, v_0, t_1 e t_2, qual é a coordenada x_{B2} da traseira do carro B quando B está prestes a voltar para a pista inicial? (d) Em termos de L, v_0, t_1 e t_2, qual é a coordenada x_{A2} da traseira do carro A nesse instante? (e) Qual é o valor de x_{B2} em termos de x_{A2} e L? Use esses resultados para determinar os valores de (f) t_2 e (g) t_{tot}.

IDEIAS-CHAVE

Podemos aplicar as equações de aceleração constante aos dois estágios da ultrapassagem: quando o carro B tem uma aceleração $a = 3,50$ m/s² e quando ele está se movendo com velocidade constante (ou seja, com uma aceleração $a = 0$).

Cálculos: (a) No primeiro estágio da ultrapassagem, o carro B acelera com uma aceleração constante $a = 3,50$ m/s² da velocidade inicial $v_0 = 22,0$ m/s até a velocidade final $v = 27,0$ m/s. De acordo com a Eq. 2.4.1, o tempo t_1 para que o carro B atinja a velocidade final é dado por:

$$t_1 = \frac{v - v_0}{a} = \frac{(27,0 \text{ m/s}) - (22,0 \text{ m/s})}{3,50 \text{ m/s}^2}$$

$$= 1,4285 \text{ s} \approx 1,43 \text{ s}. \quad \text{(Resposta)}$$

(b) Na Eq. 2.4.6, fazendo $x - x_0 = d_1$, a distância percorrida pelo carro B no primeiro estágio da ultrapassagem, temos:

$$v^2 = v_0^2 + 2ad_1$$

$$d_1 = \frac{v^2 - v_0^2}{2a} = \frac{(27,0 \text{ m/s})^2 - (22,0 \text{ m/s})^2}{2(3,50 \text{ m/s}^2)}$$

$$= 35,0 \text{ m} \quad \text{(Resposta)}$$

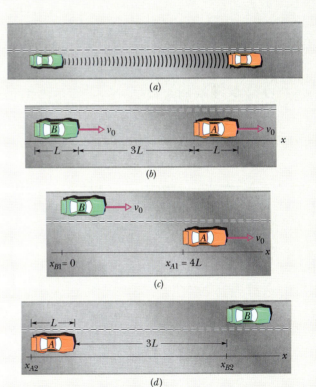

Figura 2.4.2 (a) O radar do carro de trás detecta a distância e a velocidade do carro à frente. (b) Situação inicial. (c) O carro de trás B muda de pista para ultrapassar o carro à frente. (d) O carro B está prestes a voltar para a pista inicial.

26   CAPÍTULO 2

(c) Depois de percorrer uma distância d_1 a partir da posição inicial $x_{B1} = 0$, a traseira do carro B passa a se mover com velocidade constante v durante um tempo desconhecido t_2. Após esse tempo, sua posição é

$$x_{B2} = d_1 + vt_2 \qquad \text{(Resposta)}$$

(d) A partir da posição inicial $x_{A1} = 4L$, a traseira do carro A se move com velocidade constante v_0 durante um tempo total $t_1 + t_2$. Após esse tempo, sua posição é

$$x_{A2} = 4L + v_0(t_1 + t_2). \qquad \text{(Resposta)}$$

(e) No fim do segundo estágio da ultrapassagem, a traseira do carro B está a uma distância $3L$ da frente do carro A e, portanto, a uma distância $4L$ da traseira do carro A. Assim,

$$x_{B2} = x_{A2} + 4L. \qquad \text{(Resposta)}$$

(f) Combinando os resultados anteriores, temos:

$$x_{B2} = x_{A2} + 4L$$

$$d_1 + vt_2 = 4L + v_0(t_1 + t_2) + 4L$$

$$t_2(v - v_0) = 8L + v_0 t_1 - d_1$$

$$t_2 = \frac{8L + v_0 t_1 - d_1}{v - v_0}$$

$$= \frac{8(4{,}50) + (22{,}0 \text{ m/s})(1{,}4285 \text{ s}) - 35{,}0 \text{ m}}{(27{,}0 \text{ m/s}) - (22{,}0 \text{ m/s})}$$

$$= 6{,}4854 \text{ s} \approx 6{,}49 \text{ s}. \qquad \text{(Resposta)}$$

(g) O tempo total é

$$t_{\text{tot}} = t_1 + t_2 = 1{,}4285 \text{ s} + 6{,}4854 \text{ s}$$

$$= 7{,}91 \text{ s}. \qquad \text{(Resposta)}$$

Como é discutido em um dos problemas do fim do capítulo, o passo seguinte do sistema de controle do carro é determinar a velocidade e a distância de um carro que esteja vindo em sentido contrário, para verificar se esse tempo permite uma ultrapassagem segura.

Mais sobre Aceleração Constante*

As duas primeiras equações da Tabela 2.4.1 são as equações básicas a partir das quais as outras podem ser deduzidas. Essas duas equações podem ser obtidas por integração da aceleração com a condição de que a seja uma constante. Para obter a Eq. 2.4.1, escrevemos a definição de aceleração (Eq. 2.3.2) na forma

$$dv = a \, dt.$$

Em seguida, calculamos a *integral indefinida* (ou *antiderivada*) dos dois membros da equação:

$$\int dv = \int a \, dt.$$

Como a aceleração a é constante, pode ser colocada do lado de fora do sinal de integração. Assim, temos:

$$\int dv = a \int dt$$

ou $$v = at + C. \qquad (2.4.9)$$

Para determinar a constante de integração C, fazemos $t = 0$ e chamamos de v_0 a velocidade nesse instante. Substituindo esses valores na Eq. 2.4.9 (que é válida para qualquer valor de t, incluindo $t = 0$), obtemos

$$v_0 = (a)(0) + C = C.$$

Substituindo esse valor na Eq. 2.4.9, obtemos a Eq. 2.4.1.

Para demonstrar a Eq. 2.4.5, escrevemos a definição de velocidade (Eq. 2.2.1) na forma

$$dx = v \, dt$$

e integramos ambos os membros da equação para obter

$$\int dx = \int v \, dt.$$

---

*Esta seção se destina a alunos que conhecem cálculo integral.

Substituindo v pelo seu valor, dado pela Eq. 2.4.1, temos:

$$\int dx = \int (v_0 + at)\, dt.$$

Como v_0 e a são constantes, podemos escrever

$$\int dx = v_0 \int dt + a \int t\, dt.$$

Integrando, obtemos

$$x = v_0 t + \tfrac{1}{2} a t^2 + C', \qquad (2.4.10)$$

em que C' é outra constante de integração. Para determinar a constante de integração C', fazemos $t = 0$ e chamamos de x_0 a posição nesse instante. Substituindo esses valores na Eq. 2.4.10, obtemos $x_0 = C'$. Substituindo C' por x_0 na Eq. 2.4.10, obtemos a Eq. 2.4.5. **2.6**

2.5 ACELERAÇÃO EM QUEDA LIVRE

Objetivos do Aprendizado

Depois de ler este módulo, você será capaz de ...

2.5.1 Saber que, se uma partícula está em movimento livre (de queda ou de subida) e se o efeito do ar pode ser desprezado, a partícula sofre uma aceleração constante para baixo cujo módulo g é aproximadamente 9,8 m/s².

2.5.2 Aplicar as equações de aceleração constante (Tabela 2.4.1) ao movimento livre de objetos.

Ideia-Chave

● Um exemplo importante de movimento em linha reta com aceleração constante é o de um objeto que está subindo ou caindo livremente na vertical perto da superfície da Terra. As equações para aceleração constante podem ser usadas para descrever o movimento, mas é preciso fazer duas mudanças na notação: (1) o movimento deve ser descrito em relação a um eixo vertical y, com o sentido positivo do eixo y para cima; (2) a aceleração a deve ser substituída por $-g$, em que g é o módulo da aceleração em queda livre. Perto da superfície da Terra,

$$g = 9{,}8\ \text{m/s}^2$$

Aceleração em Queda Livre

Se o leitor arremessasse um objeto para cima ou para baixo e pudesse de alguma forma eliminar o efeito do ar sobre o movimento, observaria que o objeto sofre uma aceleração constante para baixo, conhecida como **aceleração em queda livre**, cujo módulo é representado pela letra g. O valor dessa aceleração não depende das características do objeto, como massa, densidade e forma; é a mesma para todos os objetos. **2.7**

A Fig. 2.5.1 mostra dois exemplos de aceleração em queda livre através de uma série de fotos estroboscópicas de uma pena e de uma maçã. Enquanto caem, os objetos sofrem uma aceleração para baixo, que nos dois casos é igual a g. Assim, as velocidades dos dois objetos aumentam à mesma taxa, e eles caem juntos. **2.3**

O valor de g varia ligeiramente com a latitude e com a altitude. Ao nível do mar e em latitudes médias, o valor é 9,8 m/s², que é o valor que o leitor deve usar como número exato nos problemas deste livro, a menos que seja dito o contrário.

As equações de movimento da Tabela 2.4.1 para aceleração constante também se aplicam à queda livre nas proximidades da superfície da Terra, ou seja, se aplicam a um objeto que esteja descrevendo uma trajetória vertical, para cima ou para baixo, contanto que os efeitos do ar possam ser desprezados. Observe, porém, que, no caso da queda livre, por convenção, (1) a direção do movimento é ao longo de um eixo y vertical e não ao longo de um eixo x horizontal, com o sentido positivo de y para cima (isso será importante em capítulos subsequentes, em que examinaremos movimentos simultâneos nas direções horizontal e vertical); (2) a aceleração em queda livre é negativa, ou seja, para baixo, em direção ao centro da Terra, e, portanto, tem o valor $-g$ nas equações. **2.4**

© Jim Sugar/Getty Images

Figura 2.5.1 Uma pena e uma maçã em queda livre no vácuo sofrem a mesma aceleração g. É por isso que a distância entre as imagens estroboscópicas aumenta durante a queda, e o aumento é o mesmo para os dois objetos.

A aceleração em queda livre nas proximidades da superfície da Terra é $a = -g = -9,8$ m/s², e o *módulo* da aceleração é $g = 9,8$ m/s². Não substitua g por $-9,8$ m/s² (mas sim por $9,8$ m/s²).

Suponha que você arremesse um tomate verticalmente para cima com uma velocidade inicial (positiva) v_0 e o apanhe quando ele volta ao nível inicial. Durante a *trajetória em queda livre* (do instante imediatamente após o lançamento ao instante imediatamente antes de ser apanhado), as equações da Tabela 2.4.1 se aplicam ao movimento do tomate. A aceleração é sempre $a = -g = -9,8$ m/s², negativa e, portanto, dirigida para baixo. A velocidade, entretanto, varia, como mostram as Eqs. 2.4.1 e 2.4.6: na subida, a velocidade é positiva e o módulo diminui até se tornar momentaneamente igual a zero. Nesse instante, o tomate atinge a altura máxima. Na descida, o módulo da velocidade (agora negativa) cresce.

2.4

Teste 2.5.1

(a) Se você arremessa uma bola verticalmente para cima, qual é o sinal do deslocamento da bola durante a subida, desde o ponto inicial até o ponto mais alto da trajetória? (b) Qual é o sinal do deslocamento durante a descida, desde o ponto mais alto da trajetória até o ponto inicial? (c) Qual é a aceleração da bola no ponto mais alto da trajetória?

Exemplo 2.5.1 Tempo de percurso de uma bola de beisebol lançada verticalmente

Na Fig. 2.5.2, um lançador arremessa uma bola de beisebol para cima ao longo do eixo y, com uma velocidade inicial de 12 m/s.

(a) Quanto tempo a bola leva para chegar ao ponto mais alto da trajetória?

IDEIAS-CHAVE

(1) Entre o instante em que a bola é lançada e o instante em que volta ao ponto de partida, sua aceleração é a aceleração em queda livre, $a = -g$. Como a aceleração é constante, podemos usar as equações da Tabela 2.4.1. (2) A velocidade v no instante em que a bola atinge a altura máxima é 0.

Cálculo: Como conhecemos v, a e a velocidade inicial $v_0 = 12$ m/s e estamos interessados em determinar o valor de t, escolhemos a Eq. 2.4.1, que contém essas quatro variáveis. Explicitando t, obtemos:

$$t = \frac{v - v_0}{a} = \frac{0 - 12 \text{ m/s}}{-9,8 \text{ m/s}^2} = 1,2 \text{ s.} \quad \text{(Resposta)}$$

(b) Qual é a altura máxima alcançada pela bola em relação ao ponto de lançamento?

Cálculo: Podemos tomar o ponto de lançamento da bola como $y_0 = 0$. Nesse caso, podemos escrever a Eq. 2.4.6 com y no lugar de x, fazer $y - y_0 = y$ e $v = 0$ (na altura máxima) e explicitar y. O resultado é

$$y = \frac{v^2 - v_0^2}{2a} = \frac{0 - (12 \text{ m/s})^2}{2(-9,8 \text{ m/s}^2)} = 7,3 \text{ m.} \quad \text{(Resposta)}$$

(c) Quanto tempo a bola leva para atingir um ponto 5,0 m acima do ponto inicial?

Cálculos: Como conhecemos v_0, $a = -g$ e o deslocamento $y - y_0 = 5,0$ m e queremos determinar t; escolhemos então a Eq. 2.4.5. Substituindo x por y e fazendo $y_0 = 0$, obtemos

$$y = v_0 t - \tfrac{1}{2} g t^2,$$

ou $\quad 5,0 \text{ m} = (12 \text{ m/s})t - \left(\tfrac{1}{2}\right)(9,8 \text{ m/s}^2)t^2.$

Omitindo temporariamente as unidades (depois de observar que são coerentes), podemos escrever esta equação na forma

$$4,9t^2 - 12t + 5,0 = 0.$$

Resolvendo essa equação do segundo grau, obtemos

$$t = 0,53 \text{ s} \quad \text{e} \quad t = 1,9 \text{ s.} \quad \text{(Resposta)}$$

Existem duas respostas diferentes! Isso, na verdade, não chega a ser uma surpresa, pois a bola passa duas vezes pelo ponto $y = 5,0$ m, uma vez na subida e outra na descida.

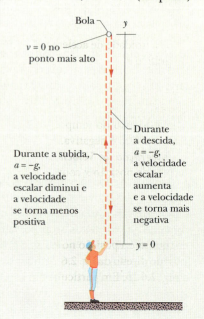

Figura 2.5.2 Um lançador arremessa uma bola de beisebol para cima. As equações de queda livre se aplicam tanto a objetos que estão subindo como a objetos que estão caindo, desde que a influência do ar possa ser desprezada.

2.6 INTEGRAÇÃO GRÁFICA NA ANÁLISE DE MOVIMENTOS

Objetivos do Aprendizado

Depois de ler este módulo, você será capaz de ...

2.6.1 Determinar a variação de velocidade de uma partícula por integração gráfica em um gráfico da aceleração em função do tempo.

2.6.2 Determinar a variação de posição de uma partícula por integração gráfica em um gráfico da velocidade em função do tempo.

Ideias-Chave

● Em um gráfico da aceleração a em função do tempo t, a variação de velocidade é dada por

$$v_1 - v_0 = \int_{t_0}^{t_1} a \, dt.$$

Essa integral é numericamente igual a uma área do gráfico:

$$\int_{t_0}^{t_1} a \, dt = \begin{pmatrix} \text{área entre a curva da aceleração e o} \\ \text{eixo do tempo, de } t_0 \text{ a } t_1 \end{pmatrix}.$$

● Em um gráfico da velocidade v em função do tempo t, a variação de posição é dada por

$$x_1 - x_0 = \int_{t_0}^{t_1} v \, dt,$$

essa integral é numericamente igual a uma área do gráfico:

$$\int_{t_0}^{t_1} v \, dt = \begin{pmatrix} \text{área entre a curva da velocidade} \\ \text{e o eixo do tempo, de } t_0 \text{ a } t_1 \end{pmatrix}.$$

Integração Gráfica na Análise de Movimentos

Integração da Aceleração. Quando temos o gráfico da aceleração a de um objeto em função do tempo t, podemos integrar o gráfico para obter a velocidade do objeto em qualquer instante dado. Como a aceleração a é definida em termos da velocidade como $a = dv/dt$, o Teorema Fundamental do Cálculo nos diz que

$$v_1 - v_0 = \int_{t_0}^{t_1} a \, dt. \quad (2.6.1)$$

O lado direito da equação é uma integral definida (fornece um resultado numérico em vez de uma função), v_0 é a velocidade no instante t_0, e v_1 é a velocidade em um instante posterior t_1. A integral definida pode ser calculada a partir do gráfico de $a(t)$, como na Fig. 2.6.1a. Em particular,

$$\int_{t_0}^{t_1} a \, dt = \begin{pmatrix} \text{área entre a curva da aceleração e o} \\ \text{eixo do tempo, de } t_0 \text{ a } t_1 \end{pmatrix} \quad (2.6.2)$$

Se a unidade de aceleração é 1 m/s² e a unidade de tempo é 1 s, a unidade de área no gráfico é

$$(1 \text{ m/s}^2)(1 \text{ s}) = 1 \text{ m/s},$$

que é (como devia ser) a unidade de velocidade. Quando a curva da aceleração está acima do eixo do tempo, a área é positiva; quando a curva está abaixo do eixo do tempo, a área é negativa.

Integração da Velocidade. Da mesma forma, como a velocidade v é definida em termos da posição x como $v = dx/dt$, então

$$x_1 - x_0 = \int_{t_0}^{t_1} v \, dt, \quad (2.6.3)$$

em que x_0 é a posição no instante t_0, e x_1 é a posição no instante t_1. A integral definida no lado direito da Eq. 2.6.3 pode ser calculada a partir do gráfico de $v(t)$, como mostra a Fig. 2.6.1b. Em particular,

$$\int_{t_0}^{t_1} v \, dt = \begin{pmatrix} \text{área entre a curva da velocidade} \\ \text{e o eixo do tempo, de } t_0 \text{ a } t_1 \end{pmatrix}. \quad (2.6.4)$$

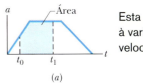

(a) Esta área é igual à variação de velocidade.

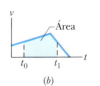

(b) Esta área é igual à variação de posição.

Figura 2.6.1 Área entre uma curva e o eixo dos tempos, do instante t_0 ao instante t_1, indicada (a) em um gráfico da aceleração a em função do tempo t e (b) em um gráfico da velocidade v em função do tempo t.

Se a unidade de velocidade é 1 m/s e a unidade de tempo é 1 s, a unidade de área no gráfico é

$$(1 \text{ m/s})(1 \text{ s}) = 1 \text{ m},$$

que é (como devia ser) uma unidade de posição e deslocamento. A questão de essa área ser positiva ou negativa é determinada da mesma forma que para a curva $a(t)$ da Fig. 2.6.1a.

> **Teste 2.6.1**
> (a) Para determinar a variação da função posição Δx a partir de um gráfico da velocidade v em função do tempo t, você integra o gráfico ou determina a inclinação do gráfico? (b) O que você faz para determinar a aceleração?

Exemplo 2.6.1 Integração gráfica de *a* em função de *t*: efeito chicote 2.5

Lesões do pescoço causadas pelo "efeito chicote" são frequentes em colisões traseiras, em que um automóvel é atingido por trás por outro automóvel. Na década de 1970, os pesquisadores concluíram que a lesão ocorria porque a cabeça do ocupante era jogada para trás por cima do banco quando o carro era empurrado para a frente. A partir dessa observação, foram instalados encostos de cabeça nos carros, mas as lesões de pescoço nas colisões traseiras continuaram a acontecer.

Em um teste recente para estudar as lesões do pescoço em colisões traseiras, um voluntário foi preso por cintos a um assento, que foi movimentado bruscamente para simular uma colisão na qual o carro de trás estava se movendo a 10,5 km/h. A Fig. 2.6.2a mostra a aceleração do tronco e da cabeça do voluntário durante a colisão, que começa no instante $t = 0$. O início da aceleração do tronco sofreu um retardo de 40 ms, tempo que o encosto do assento levou para ser comprimido contra o voluntário. A aceleração da cabeça sofreu um retardo de mais 70 ms. Qual era a velocidade do tronco quando a cabeça começou a acelerar? **CVF**

IDEIA-CHAVE

Podemos determinar a velocidade escalar do tronco em qualquer instante calculando a área sob a curva da aceleração do tronco, $a(t)$.

Cálculos: Sabemos que a velocidade inicial do tronco é $v_0 = 0$ no instante $t_0 = 0$, ou seja, no início da "colisão". Queremos obter a velocidade do tronco v_1 no instante $t_1 = 110$ ms, ou seja, quando a cabeça começa a acelerar.

Combinando as Eqs. 2.6.1 e 2.6.2, podemos escrever:

$$v_1 - v_0 = \begin{pmatrix} \text{área entre a curva da aceleração e o} \\ \text{eixo do tempo, de } t_0 \text{ a } t_1 \end{pmatrix}. \quad (2.6.5)$$

Por conveniência, vamos separar a área em três regiões (Fig. 2.6.2b). De 0 a 40 ms, a região A tem área nula:

$$\text{área}_A = 0.$$

De 40 a 100 ms, a região B tem a forma de um triângulo cuja área é

$$\text{área}_B = \tfrac{1}{2}(0{,}060 \text{ s})(50 \text{ m/s}^2) = 1{,}5 \text{ m/s}.$$

De 100 a 110 ms, a região C tem a forma de um retângulo cuja área é

$$\text{área}_C = (0{,}010 \text{ s})(50 \text{ m/s}^2) = 0{,}50 \text{ m/s}.$$

Substituindo esses valores e fazendo $v_0 = 0$ na Eq. 2.6.5, obtemos:

$$v_1 - 0 = 0 + 1{,}5 \text{ m/s} + 0{,}50 \text{ m/s},$$

ou $\quad v_1 = 2{,}0 \text{ m/s} = 7{,}2 \text{ km/h}.$ (Resposta)

Comentários: Quando a cabeça está começando a se mover para a frente, o tronco já tem uma velocidade de 7,2 km/h. Os pesquisadores afirmam que é essa diferença de velocidades nos primeiros instantes de uma colisão traseira que causa lesões do pescoço. O movimento brusco da cabeça para trás acontece depois e pode agravar a lesão, especialmente se não existir um encosto para a cabeça.

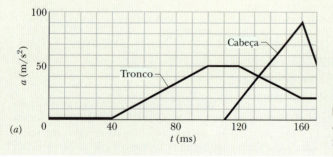

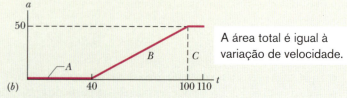

Figura 2.6.2 (a) Curva de $a(t)$ para o tronco e a cabeça de um voluntário em uma simulação de colisão traseira. (b) Separação em três partes da região entre a curva e o eixo dos tempos para calcular a área.

Revisão e Resumo

Posição A *posição* x de uma partícula em um eixo x mostra a que distância a partícula se encontra da **origem**, ou ponto zero, do eixo. A posição pode ser positiva ou negativa, dependendo do lado em que se encontra a partícula em relação à origem (ou zero, se a partícula estiver exatamente na origem). O **sentido positivo** de um eixo é o sentido em que os números que indicam a posição da partícula aumentam de valor; o sentido oposto é o **sentido negativo**.

Deslocamento O *deslocamento* Δx de uma partícula é a variação da posição da partícula:

$$\Delta x = x_2 - x_1. \quad (2.1.1)$$

O deslocamento é uma grandeza vetorial. É positivo, se a partícula se desloca no sentido positivo do eixo x, e negativo, se a partícula se desloca no sentido oposto.

Velocidade Média Quando uma partícula se desloca de uma posição x_1 para uma posição x_2 durante um intervalo de tempo $\Delta t = t_2 - t_1$, a *velocidade média* da partícula durante esse intervalo é dada por

$$v_{\text{méd}} = \frac{\Delta x}{\Delta t} = \frac{x_2 - x_1}{t_2 - t_1}. \quad (2.1.2)$$

O sinal algébrico de $v_{\text{méd}}$ indica o sentido do movimento ($v_{\text{méd}}$ é uma grandeza vetorial). A velocidade média não depende da distância que uma partícula percorre, mas apenas das posições inicial e final.

Em um gráfico de x em função de t, a velocidade média em um intervalo de tempo Δt é igual à inclinação da linha reta que une os pontos da curva que representam as duas extremidades do intervalo.

Velocidade Escalar Média A *velocidade escalar média* $s_{\text{méd}}$ de uma partícula durante um intervalo de tempo Δt depende da distância total percorrida pela partícula nesse intervalo.

$$s_{\text{méd}} = \frac{\text{distância total}}{\Delta t}. \quad (2.1.3)$$

Velocidade Instantânea A *velocidade instantânea* (ou, simplesmente, **velocidade**), v, de uma partícula é dada por

$$v = \lim_{\Delta t \to 0} \frac{\Delta x}{\Delta t} = \frac{dx}{dt}, \quad (2.2.1)$$

em que Δx e Δt são definidos pela Eq. 2.1.2. A velocidade instantânea (em um determinado instante de tempo) é igual à inclinação (nesse mesmo instante) do gráfico de x em função de t. A **velocidade escalar** é o módulo da velocidade instantânea.

Aceleração Média A *aceleração média* é a razão entre a variação de velocidade Δv e o intervalo de tempo Δt no qual essa variação ocorre.

$$a_{\text{méd}} = \frac{\Delta v}{\Delta t}. \quad (2.3.1)$$

O sinal algébrico indica o sentido de $a_{\text{méd}}$.

Aceleração Instantânea A *aceleração instantânea* (ou, simplesmente, **aceleração**), a, é igual à derivada primeira da velocidade $v(t)$ em relação ao tempo ou à derivada segunda da posição $x(t)$ em relação ao tempo:

$$a = \frac{dv}{dt} = \frac{d^2x}{dt^2}. \quad (2.3.2, 2.3.3)$$

Em um gráfico de v em função de t, a aceleração a em qualquer instante t é igual à inclinação da curva no ponto que representa t.

Aceleração Constante As cinco equações da Tabela 2.4.1 descrevem o movimento de uma partícula com aceleração constante:

$$v = v_0 + at, \quad (2.4.1)$$
$$x - x_0 = v_0 t + \tfrac{1}{2}at^2, \quad (2.4.5)$$
$$v^2 = v_0^2 + 2a(x - x_0), \quad (2.4.6)$$
$$x - x_0 = \tfrac{1}{2}(v_0 + v)t, \quad (2.4.7)$$
$$x - x_0 = vt - \tfrac{1}{2}at^2. \quad (2.4.8)$$

Essas equações *não* são válidas quando a aceleração não é constante.

Aceleração em Queda Livre Um exemplo importante de movimento retilíneo com aceleração constante é um objeto subindo ou caindo livremente nas proximidades da superfície da Terra. As equações para aceleração constante podem ser usadas para descrever o movimento, mas é preciso fazer duas mudanças na notação: (1) o movimento deve ser descrito em relação a um eixo vertical y, com o sentido positivo do eixo y *para cima*; (2) a aceleração a deve ser substituída por $-g$, em que g é o módulo da aceleração em queda livre. Perto da superfície da Terra, $g = 9,8$ m/s².

Perguntas

1 A Fig. 2.1 mostra a velocidade de uma partícula que se move em um eixo x. Determine (a) o sentido inicial e (b) o sentido final do movimento. (c) A velocidade da partícula se anula em algum instante? (d) A aceleração é positiva ou negativa? (e) A aceleração é constante ou variável?

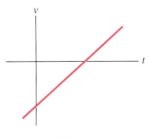

Figura 2.1 Pergunta 1.

2 A Fig. 2.2 mostra a aceleração $a(t)$ de um chihuahua que persegue um pastor alemão ao longo de um eixo. Em qual dos períodos de tempo indicados o chihuahua se move com velocidade constante?

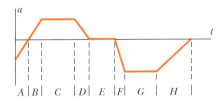

Figura 2.2 Pergunta 2.

3 A Fig. 2.3 mostra as trajetórias de quatro objetos de um ponto inicial a um ponto final, todas no mesmo intervalo de tempo. As trajetórias passam por três linhas retas igualmente espaçadas. Coloque as trajetórias (a) na ordem da velocidade média dos objetos e (b) na ordem da velocidade escalar média dos objetos, começando pela maior.

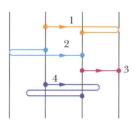

Figura 2.3 Pergunta 3.

4 A Fig. 2.4 é um gráfico da posição de uma partícula em um eixo x em função do tempo. (a) Qual é o sinal da posição da partícula no instante $t = 0$? A velocidade da partícula é positiva, negativa ou nula (b) em $t = 1$ s, (c) em $t = 2$ s e (d) em $t = 3$ s? (e) Quantas vezes a partícula passa pelo ponto $x = 0$?

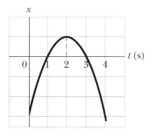

Figura 2.4 Pergunta 4.

5 A Fig. 2.5 mostra a velocidade de uma partícula que se move ao longo de um eixo. O ponto 1 é o ponto mais alto da curva; o ponto 4 é o ponto mais baixo; os pontos 2 e 6 estão na mesma altura. Qual é o sentido do movimento (a) no instante $t = 0$ e (b) no ponto 4? (c) Em qual dos seis pontos numerados a partícula inverte o sentido de movimento? (d) Coloque os seis pontos na ordem do módulo da aceleração, começando pelo maior.

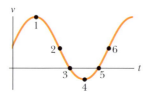

Figura 2.5 Pergunta 5.

6 No instante $t = 0$, uma partícula que se move em um eixo x está na posição $x_0 = -20$ m. Os sinais da velocidade inicial v_0 (no instante t_0) e da aceleração constante a da partícula são, respectivamente, para quatro situações: (1) +, +; (2) +, −; (3) −, +; (4) −, −. Em que situações a partícula (a) para momentaneamente, (b) passa pela origem e (c) não passa pela origem?

7 Debruçado no parapeito de uma ponte, você deixa cair um ovo (com velocidade inicial nula) e arremessa

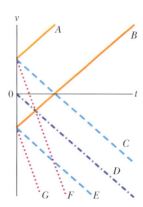

Figura 2.6 Pergunta 7.

um segundo ovo para baixo. Qual das curvas da Fig. 2.6 corresponde à velocidade $v(t)$ (a) do ovo que caiu, (b) do ovo que foi arremessado? (As curvas A e B são paralelas, assim como as curvas C, D e E, e as curvas F e G.)

8 As equações a seguir fornecem a velocidade $v(t)$ de uma partícula em quatro situações: (a) $v = 3$; (b) $v = 4t^2 + 2t + 6$; (c) $v = 3t - 4$; (d) $v = 5t^2 - 3$. Em que situações as equações da Tabela 2.4.1 podem ser aplicadas?

9 Na Fig. 2.7, uma tangerina é lançada verticalmente para cima e passa por três janelas igualmente espaçadas e de alturas iguais. Coloque as janelas na ordem decrescente (a) da velocidade escalar média da tangerina ao passar por elas, (b) do tempo que a tangerina leva para passar por elas, (c) do módulo da aceleração da tangerina ao passar por elas e (d) da variação Δv da velocidade escalar da tangerina ao passar por elas.

10 Um turista deixa cair uma maçã durante um voo de balão. No momento em que isso acontece, o balão está com uma aceleração, para cima, de 4,0 m/s² e uma velocidade, para cima, de 2 m/s. (a) Qual é o módulo e (b) qual

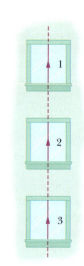

Figura 2.7 Pergunta 9.

é o sentido da aceleração da maçã nesse instante? (c) Nesse instante, a maçã está se movendo para cima, está se movendo para baixo, ou está parada? (d) Qual é o módulo da velocidade da maçã nesse instante? (e) A velocidade da maçã aumenta, diminui ou permanece constante nos instantes seguintes?

11 A Fig. 2.8 mostra os três períodos de aceleração a que é submetida uma partícula que se move ao longo do eixo x. Sem fazer cálculos no papel, coloque os períodos de aceleração na ordem dos aumentos que produzem na velocidade da partícula, começando pelo maior.

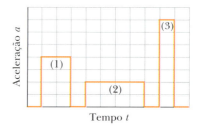

Figura 2.8 Pergunta 11.

Problemas

F Fácil **M** Médio **D** Difícil
CVF Informações adicionais disponíveis no e-book *O Circo Voador da Física*, de Jearl Walker, LTC Editora, Rio de Janeiro, 2008.
CALC Requer o uso de derivadas e/ou integrais
BIO Aplicação biomédica

Módulo 2.1 Posição, Deslocamento e Velocidade Média

1 **F** Se você está dirigindo um carro a 90 km/h, e seus olhos permanecem fechados por 0,50 s por causa de um espirro, qual é a distância percorrida pelo carro até você abrir novamente os olhos?

2 **F** Calcule sua velocidade média nos dois casos seguintes: (a) você caminha 73,2 m a uma velocidade de 1,22 m/s e depois corre 73,2 m a uma velocidade de 3,05 m/s em uma pista reta; (b) você caminha 1,00 min a uma velocidade de 1,22 m/s e depois corre por 1,00 min a 3,05 m/s em uma pista reta. (c) Faça o gráfico de x em função de t nos dois casos e indique de que forma a velocidade média pode ser determinada a partir do gráfico.

3 **F** Um automóvel viaja em uma estrada retilínea por 40 km a 30 km/h. Em seguida, continuando no mesmo sentido, percorre outros 40 km a 60 km/h. (a) Qual é a velocidade média do carro durante esse percurso de 80 km? (Suponha que o carro está se movendo no sentido positivo do eixo x.) (b) Qual é a velocidade escalar média?

(c) Desenhe o gráfico de x em função de t e mostre como calcular a velocidade média a partir do gráfico.

4 **F** Um carro sobe uma ladeira a uma velocidade constante de 40 km/h e desce a ladeira a uma velocidade constante de 60 km/h. Calcule a velocidade escalar média durante a viagem de ida e volta.

5 **F** **CALC** A posição de um objeto que se move ao longo de um eixo x é dada por $x = 3t - 4t^2 + t^3$, em que x está em metros e t em segundos. Determine a posição do objeto para os seguintes valores de t: (a) 1 s, (b) 2 s, (c) 3 s, (d) 4 s. (e) Qual é o deslocamento do objeto entre $t = 0$ e $t = 4$ s? (f) Qual é a velocidade média no intervalo de tempo de $t = 2$ s a $t = 4$ s? (g) Desenhe o gráfico de x em função de t para $0 \leq t \leq 4$ s e indique como a resposta do item (f) pode ser determinada a partir do gráfico.

6 **F** **BIO** Em 1992, o recorde mundial de velocidade em bicicleta foi estabelecido por Chris Huber. O tempo para percorrer um trecho de 200 m foi de apenas 6,509 s, o que motivou o seguinte comentário de Chris: "Cogito ergo zoom!" (Penso, logo corro!). Em 2001, Sam Whittingham quebrou o recorde de Huber por 19 km/h. Qual foi o tempo gasto por Whittingham para percorrer os 200 m?

7 **M** Dois trens, ambos se movendo a uma velocidade de 30 km/h, trafegam em sentidos opostos na mesma linha férrea retilínea. Um pássaro parte da extremidade dianteira de um dos trens, quando estão separados por 60 km, voando a 60 km/h, e se dirige em linha reta para o outro trem. Quando chegar ao outro trem, o pássaro faz meia-volta e se dirige para o primeiro trem, e assim por diante. Qual é a distância que o pássaro percorre até os trens colidirem?

8 **M** **CVF** *Situação de pânico*. A Fig. 2.9 mostra uma situação na qual muitas pessoas tentam escapar por uma porta de emergência que está trancada. As pessoas se aproximam da porta a uma velocidade $v_s = 3,50$ m/s, têm $d = 0,25$ m de espessura e estão separadas por uma distância $L = 1,75$ m. A Fig. 2.9 mostra a posição das pessoas no instante $t = 0$. (a) Qual é a taxa média de aumento da camada de pessoas que se comprimem contra a porta? (b) Em que instante a espessura da camada chega a 5,0 m? (As respostas mostram com que rapidez uma situação desse tipo pode colocar em risco a vida das pessoas.)

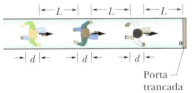

Figura 2.9 Problema 8.

9 **M** **BIO** Em uma corrida de 1 km, o corredor 1 da raia 1 (com o tempo de 2 min 27,95 s) parece ser mais rápido que o corredor 2 da raia 2 (2 min 28,15 s). Entretanto, o comprimento L_2 da raia 2 pode ser ligeiramente maior que o comprimento L_1 da raia 1. Qual é o maior valor da diferença $L_2 - L_1$ para o qual a conclusão de que o corredor 1 é mais rápido é verdadeira?

10 **M** **CVF** Para estabelecer um recorde de velocidade em uma distância d (em linha reta), um carro deve percorrer a distância, primeiro em um sentido (em um tempo t_1) e depois no sentido oposto (em um tempo t_2). (a) Para eliminar o efeito do vento e obter a velocidade v_c que o carro atingiria na ausência de vento, devemos calcular a média aritmética de d/t_1 e d/t_2 (método 1) ou devemos dividir d pela média aritmética de t_1 e t_2 (método 2)? (b) Qual é a diferença percentual dos dois métodos se existe um vento constante na pista, e a razão entre a velocidade v_v do vento e a velocidade v_c do carro é 0,0240?

11 **M** Você tem de dirigir em uma via expressa para se candidatar a um emprego em outra cidade, que fica a 300 km de distância. A entrevista foi marcada para as 11 h 15 min. Você planeja dirigir a 100 km/h e parte às 8 h para ter algum tempo de sobra. Você dirige à velocidade planejada durante os primeiros 100 km, mas, em seguida, um trecho em obras o obriga a reduzir a velocidade para 40 km/h por 40 km. Qual é a menor velocidade que você deve manter no resto da viagem para chegar a tempo?

12 **D** **CVF** *Onda de choque no trânsito*. Quando o trânsito é intenso, uma redução brusca de velocidade pode se propagar como um pulso, denominado *onda de choque*, ao longo da fila de carros. A onda de choque pode ter o sentido do movimento dos carros, o sentido oposto, ou permanecer estacionária. A Fig. 2.10 mostra uma fila de carros regularmente espaçados que estão se movendo a uma velocidade $v = 25,0$ m/s em direção a uma fila de carros mais lentos, uniformemente espaçados, que estão se movendo a uma velocidade $v_l = 5,00$ m/s. Suponha que cada carro mais rápido acrescenta um comprimento $L = 12,0$ m (comprimento do carro mais a distância mínima de segurança) à fila de carros mais lentos ao se juntar à fila, e que reduz bruscamente a velocidade no último momento. (a) Para que distância d entre os carros mais rápidos a onda de choque permanece estacionária? Se a distância é duas vezes maior que esse valor, quais são (b) a velocidade e (c) o sentido (o sentido do movimento dos carros ou o sentido contrário) da onda de choque?

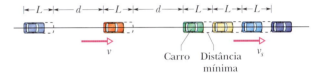

Figura 2.10 Problema 12.

13 **D** Você dirige do Rio a São Paulo metade do *tempo* a 55 km/h e a outra metade a 90 km/h. Na volta, você viaja metade da *distância* a 55 km/h e a outra metade a 90 km/h. Qual é a velocidade escalar média (a) na viagem do Rio a São Paulo, (b) na viagem de São Paulo ao Rio e (c) na viagem inteira? (d) Qual é a velocidade média na viagem inteira? (e) Plote o gráfico de x em função de t para o item (a), supondo que o movimento ocorre no sentido positivo de x. Mostre de que forma a velocidade média pode ser determinada a partir do gráfico.

Módulo 2.2 Velocidade Instantânea e Velocidade Escalar

14 **F** **CALC** A posição de um elétron que se move ao longo do eixo x é dada por $x = 16te^{-t}$ m, em que t está em segundos. A que distância da origem está o elétron quando para momentaneamente?

15 **F** **CALC** (a) Se a posição de uma partícula é dada por $x = 4 - 12t + 3t^2$ (em que t está em segundos e x em metros), qual é a velocidade da partícula em $t = 1$ s? (b) O movimento nesse instante é no sentido positivo ou negativo de x? (c) Qual é a velocidade escalar da partícula nesse instante? (d) A velocidade escalar está aumentando ou diminuindo nesse instante? (Tente responder às duas próximas perguntas sem fazer outros cálculos.) (e) Existe algum instante no qual a velocidade se anula? Caso a resposta seja afirmativa, para que valor de t isso acontece? (f) Existe algum instante após $t = 3$ s no qual a partícula está se movendo no sentido negativo de x? Caso a resposta seja afirmativa, para que valor de t isso acontece?

16 **F** **CALC** A função posição $x(t)$ de uma partícula que está se movendo ao longo do eixo x é $x = 4,0 - 6,0t^2$, com x em metros e t em segundos. (a) Em que instante e (b) em que posição a partícula para (momentaneamente)? Em que (c) instante negativo e (d) instante positivo a partícula passa pela origem? (e) Plote o gráfico de x em função de t para o intervalo de -5 s a $+5$ s. (f) Para deslocar a curva para a direita no gráfico, devemos acrescentar a $x(t)$ o termo $+20t$ ou o termo $-20t$? (g) Essa modificação aumenta ou diminui o valor de x para o qual a partícula para momentaneamente?

17 **M** **CALC** A posição de uma partícula que se move ao longo do eixo x é dada por $x = 9,75 + 1,50t^3$, em que x está em centímetros e t em segundos. Calcule (a) a velocidade média durante o intervalo de tempo de $t = 2,00$ s a $t = 3,00$ s; (b) a velocidade instantânea em $t = 2,00$ s; (c) a velocidade instantânea em $t = 3,00$ s; (d) a velocidade instantânea em $t = 2,50$ s; (e) a velocidade instantânea quando a partícula está na metade da distância entre as posições em $t = 2,00$ s e $t = 3,00$ s. (f) Plote o gráfico de x em função de t e indique suas respostas graficamente.

Módulo 2.3 Aceleração

18 F CALC A posição de uma partícula que se move ao longo do eixo x é dada por $x = 12t^2 - 2t^3$, em que x está em metros e t em segundos. Determine (a) a posição, (b) a velocidade e (c) a aceleração da partícula em $t = 3,0$ s. (d) Qual é a coordenada positiva máxima alcançada pela partícula e (e) em que instante de tempo é alcançada? (f) Qual é a velocidade positiva máxima alcançada pela partícula e (g) em que instante de tempo é alcançada? (h) Qual é a aceleração da partícula no instante em que a partícula não está se movendo (além do instante $t = 0$)? (i) Determine a velocidade média da partícula entre $t = 0$ e $t = 3,0$ s.

19 F Em um determinado instante, uma partícula tinha uma velocidade de 18 m/s no sentido positivo de x; 2,4 s depois, a velocidade era 30 m/s no sentido oposto. Qual foi a aceleração média da partícula durante este intervalo de 2,4 s?

20 F CALC (a) Se a posição de uma partícula é dada por $x = 20t - 5t^3$, em que x está em metros e t em segundos, em que instante(s) a velocidade da partícula é zero? (b) Em que instante(s) a aceleração a é zero? (c) Para que intervalo de tempo (positivo ou negativo) a aceleração a é negativa? (d) Para que intervalo de tempo (positivo ou negativo) a aceleração a é positiva? (e) Desenhe os gráficos de $x(t)$, $v(t)$ e $a(t)$.

21 M De $t = 0$ a $t = 5,00$ min, um homem fica em pé sem se mover; de $t = 5,00$ min a $t = 10,0$ min, caminha em linha reta com uma velocidade de 2,2 m/s. Qual é (a) a velocidade média $v_{méd}$ e (b) qual a aceleração média $a_{méd}$ do homem no intervalo de tempo de 2,00 min a 8,00 min? (c) Qual é $v_{méd}$ e (d) qual é $a_{méd}$ no intervalo de tempo de 3,00 min a 9,00 min? (e) Plote x em função de t e v em função de t, e indique como as respostas de (a) a (d) podem ser obtidas a partir dos gráficos.

22 M CALC A posição de uma partícula que se desloca ao longo do eixo x varia com o tempo de acordo com a equação $x = ct^2 - bt^3$, em que x está em metros e t em segundos. Quais são as unidades (a) da constante c e (b) da constante b? Suponha que os valores numéricos de c e b são 3,0 e 2,0, respectivamente. (c) Em que instante a partícula passa pelo maior valor positivo de x? De $t = 0,0$ s a $t = 4,0$ s, (d) qual é a distância percorrida pela partícula e (e) qual é o deslocamento? Determine a velocidade da partícula nos instantes (f) $t = 1,0$ s, (g) $t = 2,0$ s, (h) $t = 3,0$ s, e (i) $t = 4,0$ s. Determine a aceleração da partícula nos instantes (j) $t = 1,0$ s, (k) $t = 2,0$ s, (l) $t = 3,0$ s e (m) $t = 4,0$ s.

Módulo 2.4 Aceleração Constante

23 F Um elétron com velocidade inicial $v_0 = 1,50 \times 10^5$ m/s penetra em uma região de comprimento $L = 1,00$ cm, em que é eletricamente acelerado (Fig. 2.11), e sai da região com $v = 5,70 \times 10^6$ m/s. Qual é a aceleração do elétron, supondo que seja constante?

24 F BIO CVF *Cogumelos lançadores.* Alguns cogumelos lançam esporos usando um mecanismo de catapulta. Quando o vapor d'água do ar se condensa em um esporo preso a um cogumelo, uma gota se forma de um lado do esporo e uma película de água se forma do outro lado. O peso da gota faz o esporo se encurvar, mas, quando a película atinge a gota, a gota d'água se espalha bruscamente pelo filme, e o esporo volta tão depressa à posição original que é lançado no ar. Tipicamente, o esporo atinge uma velocidade de 1,6 m/s em um lançamento de 5,0 μm; em seguida, a velocidade é reduzida a zero em um percurso de 1,00 mm pelo atrito com o ar. Usando esses dados e supondo que as acelerações são constantes, determine a aceleração em unidades de g (a) durante o lançamento; (b) durante a redução de velocidade.

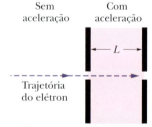

Figura 2.11 Problema 23.

25 F Um veículo elétrico parte do repouso e acelera em linha reta a uma taxa de 2,0 m/s^2 até atingir a velocidade de 20 m/s. Em seguida, o veículo desacelera a uma taxa constante de 1,0 m/s^2 até parar. (a) Quanto tempo transcorre entre a partida e a parada? (b) Qual é a distância percorrida pelo veículo desde a partida até a parada?

26 F Um múon (uma partícula elementar) penetra em uma região com uma velocidade de 5,00 × 10^6 m/s e passa a ser desacelerado a uma taxa de 1,25 × 10^{14} m/s^2. (a) Qual é a distância percorrida pelo múon até parar? (b) Desenhe os gráficos de x em função de t, e de v em função de t para o múon.

27 F Um elétron possui uma aceleração constante de +3,2 m/s^2. Em determinado instante, a velocidade do elétron é +9,6 m/s. Qual é a velocidade (a) 2,5 s antes e (b) 2,5 s depois do instante considerado?

28 F Em uma estrada seca, um carro com pneus novos é capaz de frear com uma desaceleração constante de 4,92 m/s^2. (a) Quanto tempo esse carro, inicialmente se movendo a 24,6 m/s, leva para parar? (b) Que distância o carro percorre nesse tempo? (c) Desenhe os gráficos de x em função de t, e de v em função de t durante a desaceleração.

29 F Um elevador percorre uma distância de 190 m e atinge uma velocidade máxima de 305 m/min. O elevador acelera a partir do repouso e desacelera de volta ao repouso a uma taxa de 1,22 m/s^2. (a) Qual é a distância percorrida pelo elevador enquanto acelera a partir do repouso até a velocidade máxima? (b) Quanto tempo o elevador leva para percorrer a distância de 190 m, sem paradas, partindo do repouso e chegando com velocidade zero?

30 F Os freios de um carro podem produzir uma desaceleração da ordem de 5,2 m/s^2. (a) Se o motorista está a 137 km/h e avista um policial rodoviário, qual é o tempo mínimo necessário para que o carro atinja a velocidade máxima permitida de 90 km/h? (A resposta revela a inutilidade de frear para tentar impedir que a alta velocidade seja detectada por um radar ou por uma pistola de *laser*.) (b) Desenhe os gráficos de x em função de t, e de v em função de t durante a desaceleração.

31 F Suponha que uma nave espacial se move com uma aceleração constante de 9,8 m/s^2, o que dá aos tripulantes a ilusão de uma gravidade normal durante o voo. (a) Se a nave parte do repouso, quanto tempo leva para atingir um décimo da velocidade da luz, que é $3,0 \times 10^8$ m/s? (b) Que distância a nave percorre nesse tempo?

32 F BIO CVF O recorde mundial de velocidade em terra foi estabelecido pelo coronel John P. Stapp em março de 1954, a bordo de um trenó foguete que se deslocou sobre trilhos a 1.020 km/h. Ele e o trenó foram freados até parar em 1,4 s. (Ver Fig. 2.3.1.) Qual foi a aceleração experimentada por Stapp durante a frenagem, em unidades de g?

33 F Um carro que se move a 56,0 km/h está a 24,0 m de distância de um muro quando o motorista aciona os freios. O carro bate no muro 2,00 s depois. (a) Qual era o módulo da aceleração constante do carro antes do choque? (b) Qual era a velocidade do carro no momento do choque?

34 M Na Fig. 2.12, um carro vermelho e um carro verde, iguais exceto pela cor, movem-se um em direção ao outro em pistas vizinhas e paralelas a um eixo x. No instante $t = 0$, o carro vermelho está em $x_l = 0$ e o carro verde está em $x_v = 220$ m. Se o carro vermelho tem velocidade constante de 20 km/h, os carros se cruzam em $x = 44,5$ m;

se tem uma velocidade constante de 40 km/h, os carros se cruzam em x = 76,6 m. (a) Qual é a velocidade inicial e (b) qual é a aceleração do carro verde?

Figura 2.12 Problemas 34 e 35.

35 M A Fig. 2.12 mostra um carro vermelho e um carro verde que se movem um em direção ao outro. A Fig. 2.13 é um gráfico do movimento dos dois carros, mostrando suas posições x_{v0} = 270 m e x_{l0} = −35,0 m no instante t = 0. O carro verde tem velocidade constante de 20,0 m/s e o carro vermelho parte do repouso. Qual é o módulo da aceleração do carro vermelho?

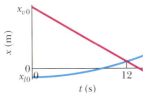

Figura 2.13 Problema 35.

36 M Um carro se move ao longo do eixo x por uma distância de 900 m, partindo do repouso (em x = 0) e terminando em repouso (em x = 900 m). No primeiro quarto do percurso, a aceleração é +2,25 m/s². Nos outros três quartos, a aceleração passa a ser −0,750 m/s². (a) Qual é o tempo necessário para percorrer os 900 m e (b) qual é a velocidade máxima? (c) Desenhe os gráficos da posição x, da velocidade v e da aceleração a em função do tempo t.

37 M A Fig. 2.14 mostra o movimento de uma partícula que se move ao longo do eixo x com aceleração constante. A escala vertical do gráfico é definida por x_s = 6,0 m. Quais são (a) o módulo e (b) o sentido da aceleração da partícula?

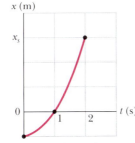

Figura 2.14 Problema 37.

38 M (a) Se a aceleração máxima que pode ser tolerada pelos passageiros de um metrô é 1,34 m/s² e duas estações de metrô estão separadas por uma distância de 806 m, qual é a velocidade máxima que o metrô pode alcançar entre as estações? (b) Qual é o tempo de percurso? (c) Se o metrô para durante 20 s em cada estação, qual é a máxima velocidade escalar média do metrô entre o instante em que parte de uma estação e o instante em que parte da estação seguinte? (d) Plote x, v e a em função de t para o intervalo de tempo entre o instante em que o trem parte de uma estação e o instante em que parte da estação seguinte.

39 M Os carros A e B se movem no mesmo sentido em pistas vizinhas. A posição x do carro A é dada na Fig. 2.15, do instante t = 0 ao instante t = 7,0 s. A escala vertical do gráfico é definida por x_s = 32,0 m. Em t = 0, o carro B está em x = 0, a uma velocidade de 12 m/s e com uma aceleração negativa constante a_B. (a) Qual deve ser o valor de a_B para que os carros estejam lado a lado (ou seja, tenham o mesmo valor de x) em t = 4,0 s? (b) Para esse valor de a_B, quantas vezes os carros ficam lado a lado? (c) Plote a posição x do carro B em função do tempo t na Fig. 2.15. Quantas vezes os carros ficariam lado a lado se o módulo da aceleração a_B fosse (d) maior do que o da resposta da parte (a) e (e) menor do que o da resposta da parte (a)?

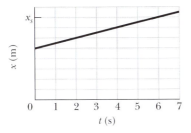

Figura 2.15 Problema 39.

40 M CVF Você está se aproximando de um sinal de trânsito a uma velocidade v_0 = 55 km/h quando o sinal fica amarelo. O módulo da maior taxa de desaceleração de que o carro é capaz é a = 5,18 m/s² e seu tempo de reação para começar a frear é T = 0,75 s. Para evitar que a frente do carro invada o cruzamento depois que o sinal mudar para vermelho, sua estratégia deve ser frear até parar ou prosseguir a 55 km/h se a distância até o cruzamento e a duração da luz amarela forem, respectivamente, (a) 40 m e 2,8 s, e (b) 32 m e 1,8 s? As respostas podem ser frear, prosseguir, tanto faz (se as duas estratégias funcionarem), ou não há jeito (se nenhuma das estratégias funcionar).

41 M Os maquinistas de dois trens percebem, de repente, que estão em rota de colisão. A Fig. 2.16 mostra a velocidade v dos trens em função do tempo t enquanto estão sendo freados. A escala vertical do gráfico é definida por v_s = 40,0 m. O processo de desaceleração começa quando a distância entre os trens é 200 m. Qual é a distância entre os trens quando, finalmente, conseguem parar?

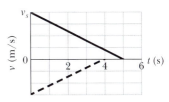

Figura 2.16 Problema 41.

42 D Você está discutindo com um colega de trabalho no telefone celular enquanto, à sua frente, a 25 m de distância, viaja um carro de polícia disfarçado; os dois veículos estão a 110 km/h. A discussão distrai sua atenção do carro de polícia por 2,0 s (tempo suficiente para você olhar para o telefone e exclamar: "Eu me recuso a fazer isso!"). No início desses 2,0 s, o policial freia bruscamente, com uma desaceleração de 5,0 m/s². (a) Qual é a distância entre os dois carros quando você volta a prestar atenção no trânsito? Suponha que você leve o tempo de 0,40 s para perceber o perigo e começar a frear. (b) Se você também freia com uma desaceleração de 5,0 m/s², qual é a velocidade do seu carro quando você bate no carro de polícia?

43 D Quando um trem de passageiros de alta velocidade que se move a 161 km/h faz uma curva, o maquinista leva um susto ao ver que uma locomotiva entrou indevidamente nos trilhos através de um desvio e está a uma distância D = 676 m à frente (Fig. 2.17). A locomotiva está se movendo a 29,0 km/h. O maquinista do trem de alta velocidade imediatamente aciona os freios. (a) Qual deve ser o valor mínimo do módulo da desaceleração (suposta constante) para que a colisão não ocorra? (b) Suponha que o maquinista está em x = 0 quando, no instante t = 0, avista a locomotiva. Desenhe as curvas de $x(t)$ da locomotiva e do trem de alta velocidade para os casos em que a colisão é evitada por pouco e em que a colisão ocorre por pouco.

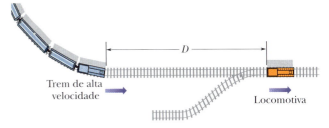

Figura 2.17 Problema 43.

Módulo 2.5 Aceleração em Queda Livre

44 F Um tatu assustado pula verticalmente para cima, subindo 0,544 m nos primeiros 0,200 s. (a) Qual é a velocidade do animal ao deixar o solo? (b) Qual é a velocidade na altura de 0,544 m? (c) Qual é a altura adicional que o animal atinge?

45 F (a) Com que velocidade deve ser lançada uma bola verticalmente a partir do solo para que atinja uma altura máxima de 50 m? (b) Por quanto tempo a bola permanece no ar? (c) Esboce os gráficos de y, v e *a* em função de *t* para a bola. Nos dois primeiros gráficos, indique o instante no qual a bola atinge a altura de 50 m.

46 F Gotas de chuva caem 1.700 m de uma nuvem até o chão. (a) Se as gotas não estivessem sujeitas à resistência do ar, qual seria a velocidade ao atingirem o solo? (b) Seria seguro caminhar na chuva?

47 F Em um prédio em construção, uma chave de grifo chega ao solo com uma velocidade de 24 m/s. (a) De que altura um operário a deixou cair? (b) Quanto tempo durou a queda? (c) Esboce os gráficos de *y*, *v* e *a* em função de *t* para a chave de grifo.

48 F Um desordeiro joga uma pedra verticalmente para baixo com uma velocidade inicial de 12,0 m/s, a partir do telhado de um edifício, 30,0 m acima do solo. (a) Quanto tempo leva a pedra para atingir o solo? (b) Qual é a velocidade da pedra no momento do choque?

49 F Um balão de ar quente está subindo, com uma velocidade de 12 m/s, e se encontra 80 m acima do solo quando um tripulante deixa cair um pacote. (a) Quanto tempo o pacote leva para atingir o solo? (b) Com que velocidade o pacote atinge o solo?

50 M No instante *t* = 0, uma pessoa deixa cair a maçã 1 de uma ponte; pouco depois, a pessoa joga a maçã 2, verticalmente para baixo, do mesmo local. A Fig. 2.18 mostra a posição vertical *y* das duas maçãs em função do tempo durante a queda até a estrada que passa por baixo da ponte. A escala horizontal do gráfico é definida por t_s = 2,0 s. Aproximadamente com que velocidade a maçã 2 foi jogada para baixo?

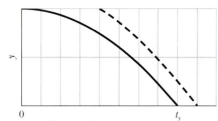

Figura 2.18 Problema 50.

51 M Quando um balão científico desgarrado está subindo a uma velocidade de 19,6 m/s, um dos instrumentos se desprende e cai em queda livre. A Fig. 2.19 mostra a velocidade vertical do instrumento em função do tempo, desde alguns instantes antes de se desprender até o momento em que atinge o solo. (a) Qual é a altura máxima que o instrumento atinge em relação ao ponto em que se desprendeu? (b) A que altura acima do solo o instrumento se desprendeu?

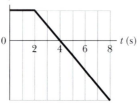

Figura 2.19 Problema 51.

52 M Um parafuso se desprende de uma ponte em construção e cai 90 m até chegar ao solo. (a) Em quanto tempo o parafuso percorre os últimos 20% da queda? Qual é a velocidade do parafuso (b) quando começa os últimos 20% da queda e (c) quando atinge o solo?

53 M Uma chave cai verticalmente de uma ponte que está 45 m acima da água. A chave atinge um barco de brinquedo que está se movendo com velocidade constante e se encontrava a 12 m do ponto de impacto quando a chave foi solta. Qual é a velocidade do barco?

54 M Uma pedra é deixada cair em um rio a partir de uma ponte situada 43,9 m acima da água. Outra pedra é atirada verticalmente para baixo 1,0 s após a primeira ter sido deixada cair. As pedras atingem a água ao mesmo tempo. (a) Qual era a velocidade inicial da segunda pedra? (b) Plote a velocidade em função do tempo para as duas pedras, supondo que *t* = 0 é o instante em que a primeira pedra foi deixada cair.

55 M Uma bola de argila úmida cai 15,0 m até o chão e permanece em contato com o solo por 20,0 ms antes de parar completamente. (a) Qual é o módulo da aceleração média da bola durante o tempo de contato com o solo? (Trate a bola como uma partícula.) (b) A aceleração média é para cima ou para baixo?

56 M A Fig. 2.20 mostra a velocidade *v* em função da altura *y* para uma bola lançada verticalmente para cima ao longo de um eixo *y*. A distância *d* é 0,40 m. A velocidade na altura y_A é v_A. A velocidade na altura y_B é $v_A/3$. Determine a velocidade v_A.

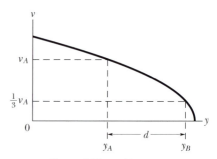

Figura 2.20 Problema 56.

57 M Para testar a qualidade de uma bola de tênis, você a deixa cair, no chão, de uma altura de 4,00 m. Depois de quicar, a bola atinge uma altura de 2,00 m. Se a bola permanece em contato com o piso por 12,0 ms, (a) qual é o módulo da aceleração média durante esse contato? (b) A aceleração média é para cima ou para baixo?

58 M Um objeto cai de uma altura *h* a partir do repouso. Se o objeto percorre uma distância de 0,50*h* no último 1,00 s, determine (a) o tempo e (b) a altura da queda. (c) Explique por que uma das raízes da equação do segundo grau em *t* usada para resolver o problema é fisicamente inaceitável.

59 M A água pinga de um chuveiro em um piso situado 200 cm abaixo. As gotas caem a intervalos de tempo regulares (iguais), com a primeira gota atingindo o piso quando a quarta gota começa a cair. Quando a primeira gota atinge o piso, a que distância do chuveiro estão (a) a segunda e (b) a terceira gotas?

60 M Uma pedra é lançada verticalmente para cima a partir do solo no instante *t* = 0. Em *t* = 1,5 s, a pedra ultrapassa o alto de uma torre; 1,0 s depois, atinge a altura máxima. Qual é a altura da torre?

61 D Uma bola de aço é deixada cair do telhado de um edifício e leva 0,125 s para passar por uma janela, uma distância correspondente a 1,20 m. A bola quica na calçada e torna a passar pela janela, de baixo para cima, em 0,125 s. Suponha que o movimento para cima corresponde exatamente ao inverso da queda. O tempo que a bola passa abaixo do peitoril da janela é de 2,00 s. Qual é a altura do edifício?

62 D BIO CVF Ao pegar um rebote, um jogador de basquete pula 76,0 cm verticalmente. Qual é o tempo total (de subida e descida) que o jogador passa (a) nos 15 cm mais altos e (b) nos 15 cm mais baixos do salto? (Esses resultados explicam por que os jogadores de basquete parecem flutuar quando estão no ponto mais alto de um salto.)

63 D Um gato sonolento observa um vaso de flores que passa por uma janela aberta, primeiro subindo e depois descendo. O vaso permanece à vista por um tempo total de 0,50 s, e a altura da janela é de 2,00 m. Que distância acima do alto da janela o vaso atinge?

64 D Uma bola é lançada verticalmente para cima a partir da superfície de outro planeta. O gráfico de y em função de t para a bola é mostrado na Fig. 2.21, em que y é a altura da bola acima do ponto de lançamento, e t = 0 no instante em que a bola é lançada. A escala vertical do gráfico é definida por y_s = 30,0 m. Qual é o módulo (a) da aceleração em queda livre no planeta e (b) da velocidade inicial da bola?

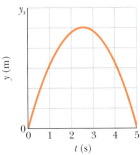

Figura 2.21 Problema 64.

Módulo 2.6 Integração Gráfica na Análise de Movimentos

65 F BIO CVF CALC A Fig. 2.6.2a mostra a aceleração da cabeça e do tronco de um voluntário durante uma colisão frontal. Qual é a velocidade (a) da cabeça e (b) do tronco quando a aceleração da cabeça é máxima?

66 M BIO CVF CALC Em um soco direto de caratê, o punho começa em repouso na cintura e é movido rapidamente para a frente até o braço ficar completamente estendido. A velocidade v(t) do punho está representada na Fig. 2.22 para o caso de um lutador experiente. A escala vertical é definida por v_s = 8,0 m/s. Qual é a distância percorrida pelo punho desde o início do golpe (a) até o instante t = 50 ms e (b) até o instante em que a velocidade do punho é máxima?

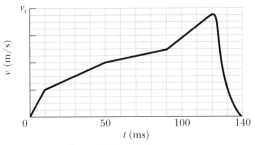

Figura 2.22 Problema 66.

67 M BIO CALC Quando uma bola de futebol é chutada na direção de um jogador, e o jogador a desvia de cabeça, a aceleração da cabeça durante a colisão pode ser relativamente grande. A Fig. 2.23 mostra a aceleração a(t) da cabeça de um jogador de futebol sem e com capacete, a partir do repouso. A escala vertical é definida por a_s = 200 m/s². Qual é a diferença entre a velocidade da cabeça sem e com o capacete no instante t = 7,0 ms?

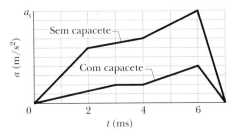

Figura 2.23 Problema 67.

68 M BIO CVF CALC Uma salamandra do gênero *Hydromantes* captura a presa lançando a língua como um projétil: a parte traseira da língua se projeta bruscamente para a frente, desenrolando o resto da língua até que a parte dianteira atinja a presa, capturando-a. A Fig. 2.24 mostra o módulo a da aceleração em função do tempo t durante a fase de aceleração em uma situação típica. As acelerações indicadas são a_2 = 400 m/s² e a_1 = 100 m/s². Qual é a velocidade da língua no final da fase de aceleração?

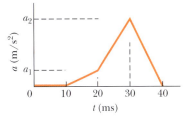

Figura 2.24 Problema 68.

69 M BIO CALC Que distância um corredor cujo gráfico velocidade-tempo aparece na Fig. 2.25 percorre em 16 s? A escala vertical do gráfico é definida por v_s = 8,0 m/s.

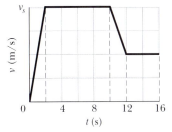

Figura 2.25 Problema 69.

70 D CALC Duas partículas se movem ao longo do eixo x. A posição da partícula 1 é dada por $x = 6,00t^2 + 3,00t + 2,00$, em que x está em metros e t em segundos; a aceleração da partícula 2 é dada por $a = -8,00t$, em que a está em metros por segundo ao quadrado, e t em segundos. No instante t = 0, a velocidade da partícula 2 é 20 m/s. Qual é a velocidade das partículas no instante em que elas têm a mesma velocidade?

Problemas Adicionais

71 CALC Em um videogame, um ponto é programado para se deslocar na tela de acordo com a função $x = 9,00t - 0,750t^3$, em que x é a distância em centímetros em relação à extremidade esquerda da tela, e t é o tempo em segundos. Quando o ponto chega a uma das bordas da tela, x = 0 ou x = 15,0 cm, o valor de t é zerado e o ponto começa novamente a se mover de acordo com a função x(t). (a) Em que instante após ser iniciado o movimento o ponto se encontra momentaneamente em repouso? (b) Para que valor de x isso acontece? (c) Qual é a aceleração do ponto (incluindo o sinal) no instante em que isso acontece? (d) O ponto está se movendo para a direita ou para a esquerda pouco antes de atingir o repouso? (e) O ponto está se movendo para a direita ou para a esquerda pouco depois de atingir o repouso? (f) Em que instante t > 0 o ponto atinge a borda da tela pela primeira vez?

72 Uma pedra é lançada verticalmente para cima a partir da borda do terraço de um edifício. A pedra atinge a altura máxima 1,60 s após ter sido lançada e, em seguida, caindo paralelamente ao edifício, chega ao solo 6,00 s após ter sido lançada. Em unidades do SI: (a) com que velocidade a pedra foi lançada? (b) Qual foi a altura máxima atingida pela pedra em relação ao terraço? (c) Qual é a altura do edifício?

73 No instante em que um sinal de trânsito fica verde, um automóvel começa a se mover com uma aceleração constante a de 2,2 m/s². No mesmo instante, um caminhão, que se move a uma velocidade constante de 9,5 m/s, ultrapassa o automóvel. (a) A que distância do sinal o automóvel alcança o caminhão? (b) Qual é a velocidade do automóvel nesse instante?

74 Um piloto voa horizontalmente a 1.300 km/h, a uma altura $h = 35$ m acima de um solo inicialmente plano. No instante $t = 0$, o piloto começa a sobrevoar um terreno inclinado, para cima, de um ângulo $\theta = 4,3°$ (Fig. 2.26). Se o piloto não mudar a trajetória do avião, em que instante t o avião se chocará com o solo?

Figura 2.26 Problema 74.

75 O tempo necessário para frear um carro pode ser dividido em duas partes: o tempo de reação para o motorista começar a frear e o tempo necessário para que a velocidade chegue a zero depois que o freio é acionado. A distância total percorrida por um carro é de 56,7 m quando a velocidade inicial é de 80,5 km/h e 24,4 m quando a velocidade inicial é 48,3 km/m. Supondo que a aceleração permanece constante depois que o freio é acionado, determine (a) o tempo de reação do motorista e (b) o módulo da aceleração.

76 **CVF** A Fig. 2.27 mostra parte de uma rua na qual se pretende controlar o tráfego para permitir que um *pelotão* de veículos atravesse vários cruzamentos sem parar. Suponha que os primeiros carros do pelotão tenham acabado de chegar ao cruzamento 2, onde o sinal abriu quando os carros estavam a uma distância d do cruzamento. Os carros continuam a se mover a certa velocidade v_p (a velocidade máxima permitida) até chegarem ao cruzamento 3. As distâncias entre os cruzamentos são D_{23} e D_{12}. (a) Quanto tempo depois que o sinal do cruzamento 2 abriu o sinal do cruzamento 3 deve abrir para que o sinal do cruzamento 3 abra quando os primeiros carros do pelotão estão a uma distância d do cruzamento 3?

Suponha que o pelotão tenha encontrado o sinal fechado no cruzamento 1. Quando o sinal do cruzamento 1 abre, os carros da frente precisam de um tempo t para arrancar e de um tempo adicional para atingir a velocidade de cruzeiro v_p com certa aceleração a. (b) Quanto tempo depois que o sinal do cruzamento 1 abriu o sinal do cruzamento 2 deve abrir para que o sinal do cruzamento 2 abra quando os primeiros carros do pelotão estão a uma distância d do cruzamento 2?

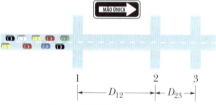

Figura 2.27 Problema 76.

77 Um carro de corrida é capaz de acelerar de 0 a 60 km/h em 5,4 s. (a) Qual é a aceleração média do carro, em m/s², durante esse intervalo? (b) Qual é a distância percorrida pelo carro em 5,4 s, supondo que a aceleração seja constante? (c) Quanto tempo o carro leva para percorrer uma distância de 0,25 km, a partir de repouso, mantendo uma aceleração constante igual ao valor do item (a)?

78 Um trem vermelho a 72 km/h e um trem verde a 144 km/h estão na mesma linha, retilínea e plana, movendo-se um em direção ao outro. Quando a distância entre os trens é de 950 m, os dois maquinistas percebem o perigo e acionam os freios, fazendo com que os dois trens sofram uma desaceleração de 1,0 m/s². Os trens conseguem frear a tempo de evitar uma colisão? Caso a resposta seja negativa, determine as velocidades dos trens no momento da colisão; caso seja positiva, determine a distância final entre os trens.

79 No instante $t = 0$, um alpinista deixa cair um grampo, sem velocidade inicial, do alto de um paredão. Após um curto intervalo de tempo, o companheiro de escalada, que está 10 m acima, lança um outro grampo para baixo. A Fig. 2.28 mostra as posições y dos grampos durante a queda em função do tempo t. Com que velocidade o segundo grampo foi lançado?

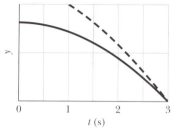

Figura 2.28 Problema 79.

80 Um trem partiu do repouso com aceleração constante. Em um determinado instante, estava se movendo a 30 m/s; 160 m adiante, estava se movendo a 50 m/s. Calcule (a) a aceleração, (b) o tempo necessário para percorrer os 160 m mencionados, (c) o tempo necessário para atingir a velocidade de 30 m/s e (d) a distância percorrida desde o repouso até o instante em que o trem atingiu a velocidade de 30 m/s. (e) Desenhe os gráficos de x em função de t e de v em função de t, de $t = 0$ até o instante em que o trem atingiu a velocidade de 50 m/s.

81 **CALC** A aceleração de uma partícula ao longo do eixo x é $a = 5,0t$, com t em segundos e a em metros por segundo ao quadrado. Em $t = 2,0$ s, a velocidade da partícula é +17 m/s. Qual é a velocidade da partícula em $t = 4,0$ s?

82 **CALC** A Fig. 2.29 mostra a aceleração a em função do tempo t para uma partícula que se move ao longo do eixo x. A escala vertical do gráfico é definida por $a_s = 12,0$ m/s². No instante $t = -2,0$ s, a velocidade da partícula é 7,0 m/s. Qual é a velocidade da partícula no instante $t = 6,0$ s?

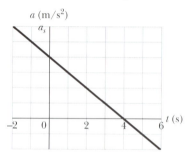

Figura 2.29 Problema 82.

83 **BIO** A Fig. 2.30 mostra um dispositivo simples que pode ser usado para medir seu tempo de reação: uma tira de papelão marcada com uma escala e dois pontos. Um amigo segura a tira na *vertical*, com o polegar e o indicador no ponto da direita da Fig. 2.30. Você posiciona o polegar e o indicador no outro ponto (o ponto da esquerda da Fig. 2.30), sem tocar a tira. Seu amigo solta a tira e você tenta segurá-la assim que percebe que ela começou a cair. A marca na posição em que você segura a tira corresponde ao seu tempo de reação. (a) A que distância do ponto inferior você deve colocar a marca de 50,0 ms? Por qual valor você deve multiplicar essa distância para determinar a marca de (b) 100 ms, (c) 150 ms, (d) 200 ms e (e) 250 ms? (Por exemplo: a marca de 100 ms deve estar no dobro da distância correspondente à marca de 50 ms? Nesse caso, a resposta seria 2. Você é capaz de identificar algum padrão nas respostas?)

Figura 2.30 Problema 83.

84 **BIO** **CVF** Trenós a jato, montados em trilhos retilíneos e planos, são usados para investigar os efeitos de grandes acelerações sobre seres humanos. Um desses trenós pode atingir uma velocidade de 1.600 km/h em 1,8 s a partir do repouso. Determine (a) a aceleração (suposta constante) em unidades de g e (b) a distância percorrida.

85 *Movimento de uma bola rápida.* No beisebol profissional, a *distância de arremesso* de 60 pés e 6 polegadas é a distância entre a extremidade dianteira da placa do arremessador e a extremidade traseira da placa do batedor. (a) Supondo que uma bola rápida a 90 mi/h segue uma trajetória horizontal, qual é o tempo de voo, que é o tempo durante o qual o batedor deve avaliar se a bola pode ser rebatida? (b) As pesquisas mostram que mesmo um batedor de elite não é capaz de acompanhar toda a trajetória da bola, mas muitos jogadores afirmam ter visto a colisão entre a bola e o taco. Uma explicação é que os olhos acompanham a bola no início da trajetória e depois executam um *movimento sacádico* no qual saltam para a posição estimada da bola em um instante posterior. Um movimento sacádico suprime a visão durante 20 ms. Que distância em pés a bola rápida percorre durante esse intervalo?

86 *Medida da aceleração em queda livre.* No Laboratório Nacional de Física da Inglaterra, uma medida da aceleração em queda livre g foi executada arremessado uma bola de vidro verticalmente para cima em um tubo evacuado e acompanhando seu movimento. Seja ΔT_I na Fig. 2.31 o intervalo de tempo entre as duas passagens da bola em um certo nível inferior, ΔT_S o intervalo entre duas passagens em um nível superior e H a distância entre os dois níveis. Qual é o valor g em função dessas grandezas?

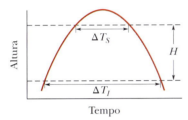

Figura 2.31 Problema 86.

87 **CALC** *Velocidade em função do tempo.* A Fig. 2.32 mostra a velocidade v (m/s) em função do tempo t (s) para uma partícula que se move em um eixo x. A área entre o eixo do tempo e a curva da função é dada para dois trechos do gráfico. Em $t = t_A$ (um dos pontos em que a velocidade é nula), a posição da partícula é $x = 14$ m. Qual é a posição da partícula em (a) $t = 0$ e (b) $t = t_B$?

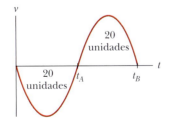

Figura 2.32 Problema 87.

88 **CALC** *Disco de hóquei em um lago congelado.* No instante $t = 0$, um disco de hóquei é posto para deslizar no sentido positivo de um eixo x em um lago congelado no qual um vento muito forte sopra no sentido negativo do eixo x. A Fig. 2.33 mostra a velocidade v do disco em função do tempo t, a partir do ponto $x_0 = 0$. Qual é a coordenada x do disco no instante $t = 14$ s?

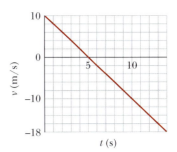

Figura 2.33 Problema 88.

89 *Expansão do fundo do mar.* A Fig. 2.34 mostra um gráfico da idade das rochas colhidas no fundo do mar, em milhões de anos, em função da distância de uma certa cadeia oceânica. O material expelido por essa cadeia se afasta com uma velocidade aproximadamente constante. Qual é essa velocidade em centímetros por ano?

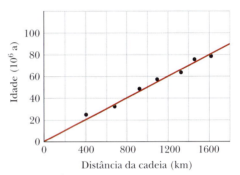

Figura 2.34 Problema 89.

90 *Freio automático.* Com o auxílio de um radar e de um computador, os carros modernos podem eliminar o tempo que um motorista leva para reconhecer um perigo iminente e aplicar o freio. Assim, por exemplo, o sistema é capaz de detectar a parada súbita de um carro à frente usando sinais de radar que se propagam à velocidade da luz. O processamento rápido dos sinais pelo computador ativa quase instantaneamente o freio. No caso de um carro que está a uma velocidade $v = 30,6$ m/s (110 km/h), supondo um tempo de reação do motorista de 0,750 s, determine a redução da distância percorrida pelo carro até parar quando o freio automático é usado.

91 *100 metros rasos.* Na corrida de 100 m rasos, os atletas em geral passam por três fases. Na primeira, aceleram até atingirem a velocidade máxima, o que ocorre entre as marcas de 50 e 70 m. Essa velocidade é mantida até últimos 10 m, nos quais a velocidade diminui. Considere as três fases da corrida na qual Usain Bolt bateu o recorde mundial nos Jogos Olímpicos de 2008: (a) de 10 m até 20 m ele levou 1,02 s; (b) de 50 a 60 m, 0,82 s; (c) de 90 a 100 m, 0,90 s. Qual foi a velocidade média do atleta em cada um desses intervalos?

92 *Disputa entre um carro e uma motocicleta.* Um vídeo que fez sucesso na internet mostra uma corrida disputada por um avião a jato, um carro e uma motocicleta, partindo do repouso, na pista de um aeroporto (Fig. 2.35). A motocicleta parte na frente, mas logo é ultrapassada pelo jato e depois também é ultrapassada pelo carro. Considere a disputa entre a motocicleta e o carro. A aceleração constante da motocicleta, $a_m = 8,40$ m/s², é maior que a aceleração constante do carro, $a_c = 5,60$ m/s², mas a velocidade máxima da motocicleta, $v_m = 58,8$ m/s, é menor que a velocidade máxima do carro, $v_C = 106$ m/s. Suponha que o carro e a motocicleta estão se movendo no sentido positivo do eixo *x* e que seus pontos médios estão em *x* = 0 no instante *t* = 0. Em que (a) instante e (b) posição os pontos médios do carro e da motocicleta voltam a ficar alinhados?

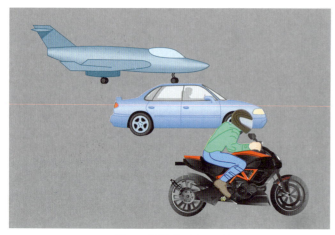

Figura 2.35 Problema 92.

93 *Formigas velozes.* A formiga de prata do Deserto do Saara é a formiga mais rápida em termos do comprimento do corpo, que é, em média, 7,92 mm. Na parte mais quente do dia, ela pode atingir uma velocidade de 0,855 m/s. Qual é essa velocidade, em comprimentos do corpo por segundo?

94 *Distância segura entre carros na estrada.* Os motoristas que dirigem em estradas são aconselhados a manter a uma distância segura em relação ao carro que está à frente. Essa distância normalmente é expressa em termos do comprimento de um carro, como em "mantenha uma distância de pelo menos 3 carros". Suponha que o carro que está à sua frente pare de repente (por exemplo, por ter se chocado com um caminhão que estava parado na pista). Suponha que o comprimento *L* de um carro é 4,50 m, o seu carro está a uma velocidade v_0 de 30,6 m/s (110 km/h), você estava a uma distância *nL* = 10,0*L* do carro à frente e os freios do seu carro produzem uma desaceleração máxima de 8,50 m/s². Qual é a velocidade do seu carro na iminência de colidir com o outro carro (a) se o seu tempo de reação t_r para começar a frear é 0,750 s e (b) se o sistema de radar do seu carro começa a frear no momento em que o carro à frente para? Qual é o valor mínimo de *n* para evitar uma colisão (c) com um tempo de reação t_r e (d) com um sistema automático de frenagem?

95 *Limites de velocidade.* (a) O maior limite de velocidade dos Estados Unidos é o do trecho sujeito a pedágio da Rodovia 130 do Estado do Texas, na qual o limite é 85 mi/h. Qual é a economia de tempo se um motorista percorrer esse trecho de 41 mi à velocidade máxima em vez de manter uma velocidade de 60 mi/h? (b) O limite de velocidade em áreas residenciais é geralmente 25 mi/h, mas alguns motoristas dirigem a uma velocidade média de 45 mi/h, mudando frequentemente de pista e mesmo avançando sinais. Qual é a economia de tempo se um motorista dirigir a essa velocidade por 5,5 mi em vez de respeitar o limite de velocidade, se o carro não parar em nenhum sinal vermelho?

96 *Carro autônomo ultrapassando um carro com um terceiro carro no mesmo sentido.* A Fig. 2.36*a* mostra três carros de mesmo comprimento *L* = 4,50 m. Os carros *A* e *B* estão se movendo a uma velocidade v_A = 22,0 m/s (79,2 km/h) na pista da direita de uma estrada retilínea de mão única e o carro C está na pista da esquerda a uma velocidade v_C = 27,0 m/s (97,2 km/h) e a uma distância inicial *d* da traseira do carro *B*. O carro *B* é autônomo e está equipado com um sistema de controle que usa um radar para determinar as velocidades e distâncias dos outros dois carros. No instante *t* = 0, a frente do carro *B* está a 3,00*L* de distância da traseira do carro *A*, que está no ponto x_{A1} = 0 do eixo *x*. Estamos interessados em que o carro *B* passe para a pista da esquerda, aumente a velocidade, ultrapasse o carro *A*, volte para a pista de direita, 3,00*L* à frente do carro *A*, e volte à velocidade inicial (Fig. 2.36*b*). O sistema de controle do carro *B* permite 15,0 s para a manobra, mas apenas se a frente do carro *C* estiver pelo menos 3,00*L* atrás do carro *A* no fim da manobra, como mostra a figura. Qual é o menor valor de *d* que o sistema permite?

97 *Rampas de acesso das freeways.* Quando as primeiras rodovias sem cruzamentos, conhecidas como *freeways*, foram construídas nos Estados Unidos, na década de 1950, as rampas de acesso eram muitas vezes curtas demais para que os carros entrassem na rodovia de forma segura. Considere uma aceleração agressiva *a* = 4,0 m/s² e uma velocidade inicial v_0 = 40 km/h quando o carro entra na rampa de acesso de uma *freeway* na qual os carros estão a uma velocidade de 90 km/h. (a) Se a rampa de acesso tem um comprimento *d* = 40 m, qual é a velocidade *v* do carro, em quilômetros por hora, quando ele tenta entrar na rodovia? (b) Qual é o comprimento mínimo *d*, em metros, da rampa de acesso para que o carro atinja uma velocidade igual à dos outros carros?

98 *Carro autônomo ultrapassando um carro com um terceiro carro no sentido contrário.* A Fig. 2.37*a* mostra três carros de mesmo comprimento *L* = 4,50 m. Os carros *A* e *B* estão se movendo a uma velocidade v_A = 22,0 m/s (79,2 km/h) em uma estrada retilínea de mão dupla e o carro *C* está se aproximando, no sentido contrário, a uma velocidade v_C = 27,0 m/s (97,2 km/h) e a uma distância inicial *d* da frente do carro *B*. O carro *B* é autônomo e está equipado com um sistema de controle que usa um radar para determinar as velocidades e distâncias dos outros dois carros. No instante *t* = 0, a frente do carro *B* está a 3,00*L* de distância da traseira do carro *A*, que está no ponto x_{A1} = 0 do eixo *x*. Estamos interessados em que o carro *B* passe para a outra pista, aumente a velocidade, ultrapasse o carro *A*, volte para a pista inicial, 3,00*L* à frente do carro *A*, e volte à velocidade inicial (Fig. 2.37*b*). O sistema de controle do carro *B* permite 15,0 s para a manobra, mas apenas se a frente do carro *C* estiver a pelo menos 10,00*L* de distância da frente do carro *B* no fim da manobra, como mostra a figura. Qual é o menor valor de *d* que o sistema permite?

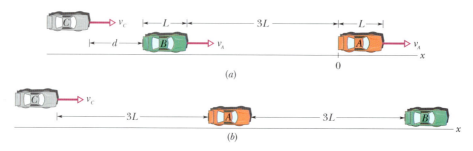

Figura 2.36 Problema 96.

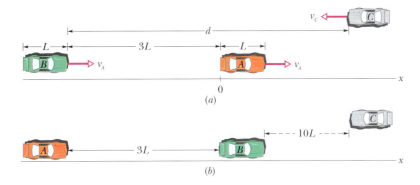

Figura 2.37 Problema 98.

99 *Recordes de aceleração.* Quando Kitty O'Neil bateu os recordes da maior velocidade e menor tempo nas corridas de dragster, atingindo 392,54 mi/h em 3,72 s, qual foi sua aceleração média em (a) metros por segundo ao quadrado e (b) unidades *g*? Quando Eli Beeding Jr. atingiu 72,5 mi/h em 0,0400 s em um trenó foguete, qual foi sua aceleração média em (c) metros por segundo ao quadrado e (d) unidades *g*?

100 *Viagem até uma estrela.* Quanto tempo seria necessário para uma espaçonave chegar a Proxima Centauri, a estrela mais próxima do Sol, situada a uma distância $L = 4,244$ anos-luz? Suponha que a nave parte do repouso, mantém uma aceleração confortável de $1,000g$ no primeiro 0,0450 ano, uma desaceleração de $1,000g$ no último 0,0450 ano e viaja com velocidade constante no resto do trajeto.

101 CALC *Aceleração de um bobsled.* No início de uma corrida de *bobsled* para quatro pessoas, dois atletas (um piloto e um guarda-freio) já estão a bordo enquanto dois empurradores aceleram o trenó com o auxílio de sapatos de pregos. Depois de empurrarem o trenó por 50 m em uma pista retilínea, os empurradores saltam para dentro no trenó. A velocidade atingida nessa primeira fase é um fator importante para determinar o tempo gasto no percurso. A equipe vencedora é a que completa o percurso no menor tempo, com diferenças que podem chegar a menos de 1,0 ms. Considere um eixo *x* ao longo dos 50 m, com a origem na posição de largada. Se a posição *x* em função do tempo *t* é dada por $x = 0,3305t^2 + 4,2060t$ (em metros e segundos), depois de 9,000 s, quais são os valores (a) da velocidade e (b) da aceleração?

102 *Distância que um carro leva para parar.* Quando você está dirigindo atrás de outro carro, qual é a distância mínima que deve manter para evitar uma colisão se o carro à sua frente parar bruscamente (por exemplo, por ter se chocado com um caminhão que estava parado na pista)? Alguns motoristas usam a "regra dos 2 segundos", enquanto outros usam a "regra dos 3 segundos". Para aplicar essas regras, escolha um objeto na margem da estrada, como uma árvore, por exemplo, para usar como referência. Quando o carro à sua frente passar pelo objeto, comece a contar os segundos. No caso da primeira regra, você deve passar pelo objeto depois de contar 2 segundos; no caso da segunda regra, depois de contar 3 segundos. No caso da regra de 2 s, qual é a distância entre os carros para uma velocidade de (a) 16,7 m/s (60 km/h, devagar) e (b) 30,6 m/s (110 km/h, depressa)? No caso da regra de 3 s, qual é a distância entre os carros para uma velocidade de (c) 16,7 m/s e (d) 30,6 m/s? Para verificar se essas regras resultam em distâncias seguras, calcule as distâncias que o carro leva para parar a essas velocidades. Suponha que os freios do seu carro produzem uma (des)aceleração de $\Delta 8,50$ m/s² e que o seu tempo de reação para frear o carro é 0,750 s. Qual é a distância que o carro leva para parar se ele estiver a uma velocidade de (e) 15,6 m/s e (f) 31,3 m/s? (g) Para qual (ou quais) das duas velocidades a regra de 2 s é adequada? (h) Para qual (ou quais) das duas velocidades a regra de 3 s é adequada?

103 *Arranque e agressividade.* Uma forma comum de direção agressiva é acelerar bruscamente até se aproximar do carro que está à frente e depois frear bruscamente para evitar uma colisão. Uma forma de monitorar esse tipo de comportamento, remotamente ou usando o computador do carro, é medir o *arranque*, termo usado na física para designar a taxa de variação da aceleração de um corpo que está se movendo em linha reta. A Fig. 2.38 mostra um gráfico da aceleração *a* em função do tempo *t* para um carro em movimento. Determine o arranque para cada uma das seguintes situações: (a) pedal do acelerador apertado durante 2,0 s, (b) pedal do acelerador liberado durante 1,5 s, (c) pedal do freio apertado durante 1,5 s, (d) pedal do freio liberado durante 2,5 s.

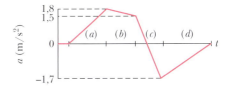

Figura 2.38 Problema 103.

104 *Perigo dos tacos de beisebol feitos de metal.* Os tacos de beisebol usados pelos profissionais são de madeira, mas as crianças e os universitários às vezes usam tacos de metal. Uma consequência é que a *velocidade de saída v* da bola pode ser maior no caso de um taco de metal. Em uma série de medidas nas mesmas circunstâncias, foi observado que $v = 50,98$ m/s para um taco de madeira e $v = 61,50$ m/s para um taco de metal. Suponha que a bola seja rebatida na direção do arremessador. A distância regulamentar entre o arremessador e o rebatedor é $\Delta x = 60$ ft 6 in. Para essas velocidades, quanto tempo Δt a bola leva para chegar ao arremessador (a) se o taco for de madeira e (b) se o taco for de metal? (c) Qual seria a redução percentual de Δt se os jogadores profissionais de beisebol passassem a usar tacos de metal? Como os arremessadores não usam equipamentos de proteção no rosto e no corpo, a situação, que já é perigosa, tende a se tornar ainda mais perigosa se os tacos de madeira forem trocados por tacos de metal.

105 *Uma chave que cai.* Um operário deixa cair uma chave inglesa no poço do elevador de um edifício. (a) Qual é a coordenada da chave 1,5 s depois do início da queda? (b) Qual é a velocidade da chave nesse instante?

106 *Aceleração durante um acidente.* Um automóvel colide frontalmente com um muro e para, depois que a frente do carro sofre uma deformação de 0,500 m. O motorista está firmemente preso ao assento pelo cinto de segurança e, por isso, seu deslocamento durante o choque é de 0,500 m. Suponha que a aceleração é constante durante o choque. Qual é o módulo da aceleração do motorista em unidades *g* se a velocidade do carro ao se chocar com o muro era (a) 60 km/h, (b) 110 km/h?

107 *Distração causada por um cartaz.* Os cartazes à beira de estradas são considerados há muito tempo uma fonte de distração dos motoristas, especialmente no caso de cartazes eletrônicos com partes móveis ou com mudanças frequentes do anúncio. Se você está dirigindo um carro a uma velocidade de 30,6 m/s (110 km/h), que distância, em metros, o carro percorre se você olha para um cartaz colorido e animado durante (a) 0,20 s (um olhar rápido), (b) 0,80 s e (c) 2,0 s?

108 **BIO** **CALC** *Detecção remota de quedas.* As quedas são um risco permanente para as pessoas idosas ou sujeitas as convulsões. Os cientistas procuram formas de detectar quedas remotamente para que um cuidador possa socorrer a vítima. Uma das soluções é usar um computador para analisar as imagens de uma câmera de televisão em tempo real. O computador determina a velocidade vertical da pessoa e calcula a aceleração vertical quando a velocidade muda. Se o sistema detecta uma grande aceleração negativa (para baixo) seguida por uma aceleração para cima, acompanhada por um som que começa quando o módulo da velocidade atinge o valor máximo, um sinal de alerta é enviado a um cuidador. A Fig. 2.39 mostra um gráfico idealizado da velocidade vertical v em função do tempo t registrado pelo sistema: $t_1 = 1,0$ s, $t_2 = 2,5$ s, $t_3 = 3,0$ s, $t_4 = 4,0$ s, $v_1 = -7,0$ m/s. (Em um gráfico mais realista, as linhas seriam curvas.) Qual é o valor (a) da aceleração durante a queda e (b) da aceleração para cima durante o choque com o piso?

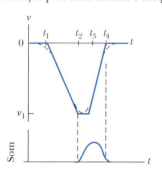

Figura 2.39 Problema 108.

109 *Velocidade de um navio em nós.* Houve uma época em que a velocidade de um navio era medida com uma corda que tinha pequenos nós com um espaçamento de 47 pés e 3 polegadas. A corda era amarrada por três barbantes a uma placa de madeira de forma triangular, conhecida como *barquinha*, como mostra a Fig. 2.40. Um marinheiro jogava a placa no mar e a força da água fazia a corda se esticar e passar pela mão do marinheiro. Outro marinheiro invertia uma ampulheta calibrada para escoar a areia em 28 s. Durante esse intervalo, o primeiro marinheiro contava o número de nós que passavam pela sua mão. O resultado era a velocidade do navio em nós. Se 17 nós passavam pela mão do marinheiro, qual era a velocidade do navio em (a) nós, (b) milhas por hora, (c) quilômetros por hora?

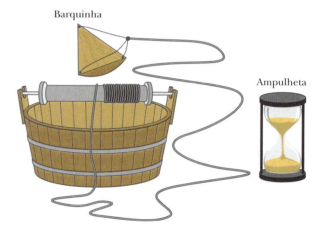

Figura 2.40 Problema 109.

CAPÍTULO 3

Vetores

3.1 VETORES E SUAS COMPONENTES

Objetivos do Aprendizado

Depois de ler este módulo, você será capaz de ...

3.1.1 Somar vetores geometricamente e aplicar as leis comutativa e associativa.

3.1.2 Subtrair um vetor de outro vetor.

3.1.3 Calcular as componentes de um vetor em um sistema de coordenadas e representá-las em um desenho.

3.1.4 Dadas as componentes de um vetor, desenhar o vetor e determinar seu módulo e orientação.

3.1.5 Converter ângulos de graus para radianos, e vice-versa.

Ideias-Chave

● As grandezas escalares, como a temperatura, têm apenas uma amplitude, especificada por um número e uma unidade (10 °C, por exemplo), e obedecem às regras da aritmética e da álgebra elementar. As grandezas vetoriais, como o deslocamento, têm uma amplitude e uma orientação (5 m para o norte, por exemplo) e obedecem às regras da álgebra vetorial.

● Dois vetores $\vec{a}$ e $\vec{b}$ podem ser somados geometricamente desenhando-os na mesma escala, com a origem do segundo vetor na extremidade do primeiro. O vetor que liga a origem do primeiro vetor à extremidade do segundo é o vetor soma, $\vec{s}$. Para subtrair $\vec{b}$ de $\vec{a}$, basta inverter o sentido de $\vec{b}$, escrevendo $-\vec{b}$, e somar $-\vec{b}$ a $\vec{a}$. A soma vetorial é comutativa e obedece à lei associativa.

● As componentes (escalares) a_x e a_y de qualquer vetor bidimensional $\vec{a}$ em relação aos eixos coordenados podem ser determinadas traçando retas perpendiculares aos eixos coordenados a partir das extremidades de $\vec{a}$. As componentes são dadas por

$$a_x = a \cos \theta \quad \text{e} \quad a_y = a \operatorname{sen} \theta,$$

em que θ é o ângulo entre o semieixo x positivo e a direção de $\vec{a}$. O sinal algébrico da componente indica o seu sentido. O módulo e a orientação de um vetor $\vec{a}$ podem ser calculados a partir das componentes a_x e a_y usando as equações

$$a = \sqrt{a_x^2 + a_y^2} \quad \text{e} \quad \tan \theta = \frac{a_y}{a_x}.$$

O que É Física?

A física lida com um grande número de grandezas que possuem uma amplitude e uma orientação, e precisa de uma linguagem matemática especial, a linguagem dos vetores, para descrever essas grandezas. Essa linguagem também é usada na engenharia, em outras ciências e até mesmo nas conversas do dia a dia. Se você já explicou a alguém como chegar a um endereço usando expressões como "Siga por esta rua por cinco quarteirões e depois dobre à esquerda", usou a linguagem dos vetores. Na verdade, qualquer tipo de navegação se baseia em vetores, mas a física e a engenharia também usam vetores para descrever fenômenos que envolvem rotações e forças magnéticas, como veremos em capítulos posteriores. Neste capítulo, vamos discutir a linguagem básica dos vetores.

Vetores e Escalares

Uma partícula que se move em linha reta pode se deslocar em apenas dois sentidos, já que a direção é conhecida. Podemos considerar o deslocamento como positivo em um sentido e negativo em outro. No caso de uma partícula que se move em qualquer outra trajetória, porém, um número positivo ou negativo não é suficiente para indicar a orientação; precisamos usar um *vetor*.

Um **vetor** possui um módulo e uma orientação; os vetores seguem certas regras de combinação, que serão discutidas neste capítulo. Uma **grandeza vetorial** é uma grandeza que possui um módulo e uma orientação e pode, portanto, ser representada por um vetor. O deslocamento, a velocidade e a aceleração são exemplos de grandezas físicas vetoriais. Como neste livro serão apresentadas muitas outras grandezas vetoriais, o conhecimento das regras de combinação de vetores será de grande utilidade para o leitor.

44 CAPÍTULO 3

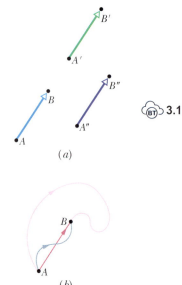

Figura 3.1.1 (a) As três setas têm o mesmo módulo e a mesma orientação e, portanto, representam o mesmo deslocamento. (b) As três trajetórias que ligam os dois pontos correspondem ao mesmo vetor deslocamento.

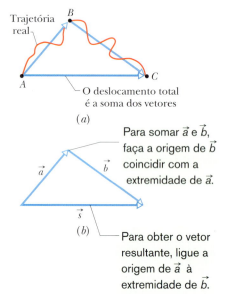

Figura 3.1.2 (a) AC é a soma vetorial dos vetores AB e BC. (b) Outra forma de rotular os mesmos vetores.

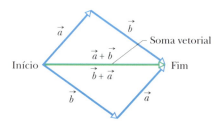

Figura 3.1.3 A ordem em que os vetores são somados não afeta o resultado; ver Eq. 3.1.2.

Nem toda grandeza física envolve uma orientação. A temperatura, a pressão, a energia, a massa e o tempo, por exemplo, não "apontam" em uma direção. Chamamos essas grandezas de **escalares** e lidamos com elas pelas regras da álgebra comum. Um único valor, possivelmente com um sinal algébrico (como no caso de uma temperatura de -2 °C), é suficiente para especificar um escalar.

A grandeza vetorial mais simples é o deslocamento ou mudança de posição. Um vetor que representa um deslocamento é chamado, como seria de se esperar, **vetor deslocamento**. (Outros exemplos de vetor são o vetor velocidade e o vetor aceleração.) Se uma partícula muda de posição movendo-se de A para B na Fig. 3.1.1a, dizemos que ela sofre um deslocamento de A para B, que representamos por uma seta apontando de A para B. A seta especifica o vetor graficamente. Para distinguir símbolos vetoriais de outros tipos de setas neste livro, usamos um triângulo vazado na ponta das setas que representam vetores.

Na Fig. 3.1.1a, as setas de A para B, de A' para B' e de A'' para B'' têm o mesmo módulo e a mesma orientação; assim, elas especificam vetores deslocamento iguais e representam a mesma *variação de posição* da partícula. Um vetor pode ser deslocado sem que o seu valor mude *se* o comprimento, a direção e o sentido permanecerem os mesmos.

O vetor deslocamento nada nos diz sobre a trajetória percorrida por uma partícula. Na Fig. 3.1.1b, por exemplo, as três trajetórias que unem os pontos A e B correspondem ao mesmo vetor deslocamento, o da Fig. 3.1.1a. O vetor deslocamento não representa todo o movimento, mas apenas o resultado final.

Soma Geométrica de Vetores

Suponha que, como no diagrama vetorial da Fig. 3.1.2a, uma partícula se desloque de A a B e, depois, de B a C. Podemos representar o deslocamento total (independentemente da trajetória seguida) através de dois vetores deslocamento sucessivos, AB e BC. O deslocamento *total* é um único deslocamento de A para C. Chamamos AC de **vetor soma** (ou **vetor resultante**) dos vetores AB e BC. Esse tipo de soma não é uma soma algébrica comum.

Na Fig. 3.1.2b, desenhamos os vetores da Fig. 3.1.2a e os rotulamos da forma que será usada daqui em diante, com uma seta sobre um símbolo em itálico, como em $\vec{a}$. Para indicar apenas o módulo do vetor (uma grandeza positiva e sem direção), usamos o símbolo do vetor em itálico sem a seta, como em a, b e s. (Você pode usar um símbolo manuscrito.) Uma seta sobre um símbolo indica que a grandeza representada pelo símbolo possui as propriedades de um vetor: módulo e orientação.

Podemos representar a relação entre os três vetores da Fig. 3.1.2b através da *equação vetorial*

$$\vec{s} = \vec{a} + \vec{b}, \qquad (3.1.1)$$

segundo a qual o vetor $\vec{s}$ é o vetor soma dos vetores $\vec{a}$ e $\vec{b}$. O símbolo + na Eq. 3.1.1 e a palavra "soma" têm um significado diferente no caso dos vetores, porque, ao contrário do que acontece na álgebra comum, envolvem tanto o módulo como a orientação da grandeza.

A Fig. 3.1.2 sugere um método para somar geometricamente dois vetores bidimensionais $\vec{a}$ e $\vec{b}$. (1) Desenhe o vetor $\vec{a}$ em uma escala conveniente e com o ângulo apropriado. (2) Desenhe o vetor $\vec{b}$ na mesma escala, com a origem na extremidade do vetor $\vec{a}$, também com o ângulo apropriado. (3) O vetor soma $\vec{s}$ é o vetor que vai da origem de $\vec{a}$ à extremidade de $\vec{b}$.

Propriedades. A soma vetorial, definida dessa forma, tem duas propriedades importantes. Em primeiro lugar, a ordem em que os vetores são somados é irrelevante. Somar $\vec{a}$ a $\vec{b}$ é o mesmo que somar $\vec{b}$ a $\vec{a}$ (Fig. 3.1.3), ou seja,

$$\vec{a} + \vec{b} = \vec{b} + \vec{a} \qquad \text{(lei comutativa)}. \qquad (3.1.2)$$

Em segundo lugar, quando existem mais de dois vetores, podemos agrupá-los em qualquer ordem para somá-los. Assim, se queremos somar os vetores $\vec{a}$, $\vec{b}$ e $\vec{c}$, podemos somar $\vec{a}$ e $\vec{b}$ e somar o resultado a $\vec{c}$. Podemos também somar $\vec{b}$ e $\vec{c}$ e depois somar o resultado a $\vec{a}$; o resultado é o mesmo, como mostra a Fig. 3.1.4. Assim,

$$(\vec{a} + \vec{b}) + \vec{c} = \vec{a} + (\vec{b} + \vec{c}) \quad \text{(lei associativa)}. \tag{3.1.3}$$

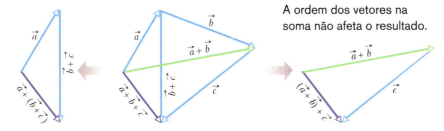

Figura 3.1.4 Os vetores $\vec{a}$, $\vec{b}$ e $\vec{c}$ podem ser agrupados em qualquer ordem para serem somados; ver Eq. 3.1.3.

O vetor $-\vec{b}$ é um vetor com o mesmo módulo e direção de $\vec{b}$ e o sentido oposto (ver Fig. 3.1.5). A soma dos dois vetores da Fig. 3.1.5 é

$$\vec{b} + (-\vec{b}) = 0.$$

Assim, somar $-\vec{b}$ é o mesmo que subtrair $\vec{b}$. Usamos essa propriedade para definir a diferença entre dois vetores. Se $\vec{d} = \vec{a} - \vec{b}$, temos:

$$\vec{d} = \vec{a} - \vec{b} = \vec{a} + (-\vec{b}) \quad \text{(subtração de vetores)}; \tag{3.1.4}$$

Figura 3.1.5 Os vetores $\vec{b}$ e $-\vec{b}$ têm o mesmo módulo e sentidos opostos.

ou seja, calculamos o vetor diferença $\vec{d}$ somando o vetor $-\vec{b}$ ao vetor $\vec{a}$. A Fig. 3.1.6 mostra como isso é feito geometricamente.

Como na álgebra comum, podemos passar um termo que inclui um símbolo de vetor de um lado de uma equação vetorial para o outro, mas devemos mudar o sinal. Assim, por exemplo, para explicitar $\vec{a}$ na Eq. 3.1.4, escrevemos a equação na forma

$$\vec{d} + \vec{b} = \vec{a} \quad \text{ou} \quad \vec{a} = \vec{d} + \vec{b}.$$

Embora tenhamos usado vetores deslocamento nesses exemplos, as regras para somar e subtrair vetores se aplicam a vetores de qualquer tipo, sejam eles usados para representar velocidade, aceleração ou qualquer outra grandeza vetorial. Por outro lado, apenas vetores do mesmo tipo podem ser somados. Assim, por exemplo, podemos somar dois deslocamentos ou duas velocidades, mas não faz sentido somar um deslocamento e uma velocidade. O equivalente na aritmética dos escalares seria tentar somar 21 s e 12 m.

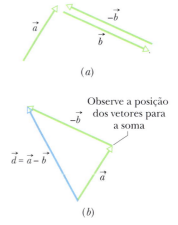

Figura 3.1.6 (a) Os vetores $\vec{a}$, $\vec{b}$ e $-\vec{b}$. (b) Para subtrair o vetor $\vec{b}$ do vetor $\vec{a}$, basta somar o vetor $-\vec{b}$ ao vetor $\vec{a}$.

Teste 3.1.1

Os módulos dos deslocamentos $\vec{a}$ e $\vec{b}$ são 3 m e 4 m, respectivamente, e $\vec{c} = \vec{a} + \vec{b}$. Considerando as várias orientações possíveis de $\vec{a}$ e $\vec{b}$, (a) qual é o maior e (b) qual é o menor valor possível do módulo de $\vec{c}$?

Componentes de Vetores

Somar vetores geometricamente pode ser uma tarefa tediosa. Uma técnica mais elegante e mais simples envolve o uso da álgebra, mas requer que os vetores sejam representados em um sistema de coordenadas retangulares. Os eixos x e y são normalmente

46 CAPÍTULO 3

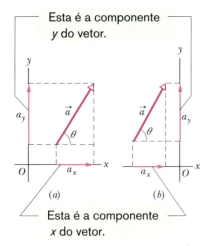

Figura 3.1.7 (a) As componentes a_x e a_y do vetor $\vec{a}$. (b) As componentes não mudam quando o vetor é deslocado, desde que o módulo e a orientação sejam mantidos. (c) As componentes correspondem aos catetos de um triângulo retângulo cuja hipotenusa é o módulo do vetor.

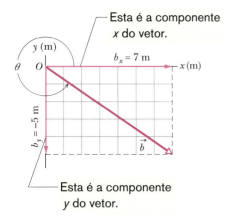

Figura 3.1.8 A componente x de $\vec{b}$ é positiva e a componente y é negativa.

desenhados no plano do papel, como na Fig. 3.1.7a. O eixo z é perpendicular ao papel; vamos ignorá-lo por enquanto e tratar apenas de vetores bidimensionais. **3.2**

Uma **componente** de um vetor é a projeção do vetor em um eixo. Na Fig. 3.1.7a, por exemplo, a_x é a componente do vetor $\vec{a}$ em relação ao eixo x, e a_y é a componente em relação ao eixo y. Para encontrar a projeção de um vetor em um eixo, traçamos retas perpendiculares ao eixo a partir da origem e da extremidade do vetor, como mostra a figura. A projeção de um vetor no eixo x é chamada *componente x* do vetor; a projeção no eixo y recebe o nome de *componente y*. O processo de obter as componentes de um vetor é chamado **decomposição do vetor**.

Uma componente de um vetor tem o mesmo sentido (em relação a um eixo) que o vetor. Na Fig. 3.1.7, a_x e a_y são positivas porque $\vec{a}$ aponta no sentido positivo dos dois eixos. (Observe as setas que mostram o sentido das componentes.) Se invertêssemos o sentido do vetor $\vec{a}$, as componentes seriam negativas e as setas apontariam no sentido negativo dos eixos x e y. A decomposição do vetor $\vec{b}$ da Fig. 3.1.8 leva a uma componente b_x positiva e a uma componente b_y negativa.

Um vetor pode ter até três componentes, mas, no caso do vetor da Fig. 3.1.7a, a componente z é nula. Como mostram as Figs. 3.1.7a e 3.1.7b, quando deslocamos um vetor sem mudar a orientação, as componentes não mudam.

Determinação das Componentes. Podemos determinar geometricamente as componentes de $\vec{a}$ na Fig. 3.1.7a a partir do triângulo retângulo mostrado na figura:

$$a_x = a \cos\theta \quad \text{e} \quad a_y = a \,\text{sen}\,\theta, \quad (3.1.5)$$

em que θ é o ângulo que o vetor $\vec{a}$ faz com o semieixo x positivo, e a é o módulo de $\vec{a}$. A Fig. 3.1.7c mostra que $\vec{a}$ e as componentes x e y do vetor formam um triângulo retângulo. A figura mostra também que é possível reconstruir um vetor a partir das componentes: basta posicionar a origem de uma das componentes na extremidade da outra e completar o triângulo retângulo ligando a origem livre à extremidade livre.

Uma vez que um vetor tenha sido decomposto em relação a um conjunto de eixos, as componentes podem ser usadas no lugar do vetor. Assim, por exemplo, o vetor $\vec{a}$ da Fig. 3.1.7a é dado (completamente determinado) por a e θ, mas também pode ser dado pelas componentes a_x e a_y. Os dois pares de valores contêm a mesma informação. Se conhecemos um vetor na *notação de componentes* (a_x e a_y) e queremos especificá-lo na *notação módulo-ângulo* (a e θ), basta usar as equações **3.3**

$$a = \sqrt{a_x^2 + a_y^2} \quad \text{e} \quad \tan\theta = \frac{a_y}{a_x} \quad (3.1.6)$$

para efetuar a transformação.

No caso mais geral de três dimensões, precisamos do módulo e de dois ângulos (a, θ e ϕ, digamos) ou de três componentes (a_x, a_y e a_z) para especificar um vetor.

Teste 3.1.2

Quais dos métodos indicados na figura são corretos para determinar o vetor $\vec{a}$ a partir das componentes x e y?

Exemplo 3.1.1 Espeleologia

Durante duas décadas, equipes de espeleólogos rastejaram, escalaram e se contorceram nos 200 km do sistema de cavernas de Mammoth Cave e Flint Ridge, à procura de uma ligação. O grupo que finalmente encontrou a ligação levou 12 horas para ir da Entrada Austin do sistema de Flint Ridge para o Rio Echo da Mammoth Cave (Fig. 3.1.9a), deslocando-se 2,6 km para o oeste, 3,9 km para o sul e 25 m para cima. O sistema é considerado o mais longo sistema de cavernas do mundo. Quais são o módulo e o ângulo do deslocamento do grupo do ponto inicial ao ponto final?

IDEIA-CHAVE

Temos as componentes de um vetor tridimensional e precisamos calcular o módulo do vetor e dois ângulos que definem a direção do vetor.

Cálculos: Em primeiro lugar, desenhamos as componentes do vetor, como na Fig. 3.1.9b. As componentes horizontais (2,6 km para o oeste e 3,9 km para o sul) são os catetos de um triângulo retângulo. O deslocamento horizontal do grupo é a hipotenusa do triângulo; seu comprimento d_h é dado pelo teorema de Pitágoras:

$$d_h = \sqrt{(2{,}6 \text{ km})^2 + (3{,}9 \text{ km})^2} = 4{,}69 \text{ km}.$$

Vemos também que esse deslocamento horizontal faz um ângulo para o sul da direção oeste dado por

$$\tan \theta_h = \frac{3{,}9 \text{ km}}{2{,}6 \text{ km}},$$

e, portanto,

$$\theta_h = \tan^{-1} \frac{3{,}9 \text{ km}}{2{,}6 \text{ km}} = 56°,$$

que é um dos dois ângulos necessários para especificar a direção do deslocamento.

Para incluir a componente vertical (25 m = 0,025 km), usamos a vista lateral da Fig. 3.1.9b, olhando para o noroeste. Obtemos a Fig. 3.1.9c, em que a componente vertical e o deslocamento horizontal d_h são os catetos de outro triângulo retângulo. A hipotenusa desse triângulo é o deslocamento total do grupo; seu comprimento d é dado por

$$d = \sqrt{(4{,}69 \text{ km})^2 + (0{,}025 \text{ km})^2}$$
$$= 4{,}69 \text{ km} \approx 4{,}7 \text{ km}. \qquad \text{(Resposta)}$$

Esse deslocamento faz um ângulo para cima com o deslocamento horizontal dado por:

$$\theta_v = \tan^{-1} \frac{0{,}025 \text{ km}}{4{,}69 \text{ km}} = 0{,}3°. \qquad \text{(Resposta)}$$

Assim, o vetor deslocamento do grupo tem um módulo de 4,7 km e faz um ângulo de 56° ao sul do oeste e um ângulo de 0,3° para cima. A componente vertical do deslocamento é muito menor que a componente horizontal, mas isso não significa que os espeleólogos tiveram vida fácil. Na verdade, eles tiveram de fazer várias subidas e descidas para chegar ao destino. O caminho que eles percorreram foi muito diferente do vetor deslocamento, que é apenas uma linha reta ligando o ponto de partida ao ponto de chegada.

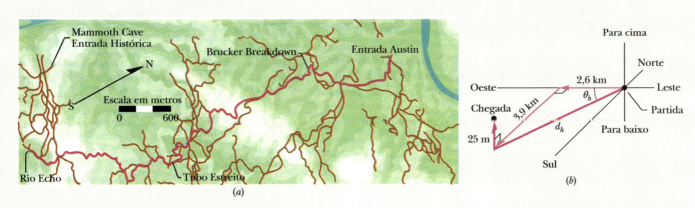

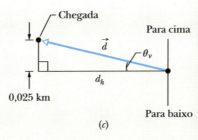

Figura 3.1.9 (a) Parte do sistema de cavernas Mammoth-Flint, com o caminho seguido pelos espeleólogos da Entrada Austin ao Rio Echo mostrado em vermelho. (b) As componentes do deslocamento horizontal do grupo e o módulo d_h do deslocamento horizontal. (c) Uma vista lateral que mostra d_h e o vetor deslocamento total $\vec{d}$. (d) O membro da equipe Richard Zopf passa com dificuldade pelo Tubo Estreito, mostrado na extremidade inferior do mapa. (Mapa adaptado de um mapa da The Cave Research Foundation. Foto cortesia de David des Marais, © The Cave Research Foundation.)

Táticas para a Solução de Problemas

Ângulos, funções trigonométricas e funções trigonométricas inversas

Tática 1: Ângulos em Graus e em Radianos Ângulos medidos em relação ao semieixo x positivo são positivos se são medidos no sentido anti-horário, e negativos se são medidos no sentido horário. Assim, por exemplo, 210° e -150° representam o mesmo ângulo.

Os ângulos podem ser medidos em graus (°) ou em radianos (rad). Para relacionar as duas unidades, basta lembrar que uma circunferência completa corresponde a um ângulo de 360° ou 2π rad. Para converter, digamos, 40° para radianos, escrevemos

$$40° \frac{2\pi \text{ rad}}{360°} = 0{,}70 \text{ rad}.$$

Tática 2: Funções Trigonométricas A Fig. 3.1.10 mostra as definições das funções trigonométricas básicas (seno, cosseno e tangente), muito usadas na ciência e na engenharia, em uma forma que não depende do modo como o triângulo é rotulado.

O leitor deve saber como essas funções trigonométricas variam com o ângulo (Fig. 3.1.11), para poder julgar se o resultado mostrado por uma calculadora é razoável. Em algumas circunstâncias, o simples conhecimento do sinal das funções nos vários quadrantes pode ser muito útil.

Tática 3: Funções Trigonométricas Inversas Quando se usa uma calculadora para obter o valor de uma função trigonométrica inversa como sen^{-1}, $\cos^{-1}$ e $\tan^{-1}$, é preciso verificar se o resultado faz sentido, pois, em geral, existe outra solução possível que a calculadora não fornece. Os intervalos em que as calculadoras operam ao fornecer os valores das funções trigonométricas inversas estão indicados na Fig. 3.1.11. Assim, por exemplo, $\text{sen}^{-1}(0{,}5)$ pode ser igual a 30° (que é o valor mostrado pela calculadora, já que 30° está no intervalo de operação) ou a 150°. Para verificar se isso é verdade, trace uma reta horizontal passando pelo valor 0,5 na escala vertical da Fig. 3.1.11a e observe os pontos em que a reta intercepta a curva da função seno. Como é possível saber qual é a resposta correta? É a que parece mais razoável para uma dada situação.

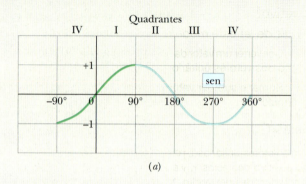

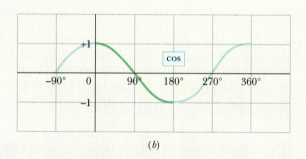

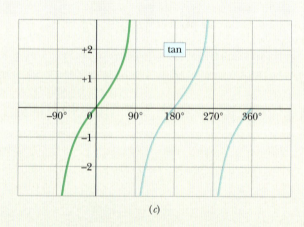

Figura 3.1.11 Gráficos das três funções trigonométricas. As partes mais escuras das curvas correspondem aos valores fornecidos pelas calculadoras para as funções trigonométricas *inversas*.

Tática 4: Medida dos Ângulos de um Vetor As expressões de $\cos \theta$ e $\text{sen } \theta$ na Eq. 3.1.5 e de $\tan \theta$ na Eq. 3.1.6 são válidas apenas se o ângulo for medido em relação ao semieixo x positivo. Se o ângulo for medido em relação a outro eixo, talvez seja preciso trocar as funções trigonométricas da Eq. 3.1.5 ou inverter a razão da Eq. 3.1.6. Um método mais seguro é converter o ângulo dado em um ângulo medido em relação ao semieixo x positivo. **3.3**

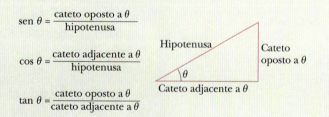

Figura 3.1.10 Triângulo usado para definir as funções trigonométricas. Ver também o Apêndice E.

3.2 VETORES UNITÁRIOS; SOMA DE VETORES A PARTIR DAS COMPONENTES

Objetivos do Aprendizado

Depois de ler este módulo, você será capaz de ...

3.2.1 Converter um vetor da notação módulo-ângulo para a notação dos vetores unitários, e vice-versa.

3.2.2 Somar e subtrair vetores expressos na notação módulo-ângulo e na notação dos vetores unitários.

3.2.3 Saber que a rotação do sistema de coordenadas em torno da origem pode mudar as componentes de um vetor, mas o vetor permanece o mesmo.

Ideias-Chave

● Os vetores unitários $\hat{i}, \hat{j}$ e $\hat{k}$, têm módulo 1 e apontam no sentido positivo dos eixos x, y e z, respectivamente, em um sistema de coordenadas dextrogiro. Na notação dos vetores unitários, um vetor $\vec{a}$ assume a forma

$$\vec{a} = a_x\hat{i} + a_y\hat{j} + a_z\hat{k},$$

em que $a_x\hat{i}$, $a_y\hat{j}$ e $a_z\hat{k}$ são as componentes vetoriais de $\vec{a}$ e a_x, a_y e a_z são as componentes escalares.

● Para somar vetores expressos na notação dos vetores unitários, usamos as equações

$$r_x = a_x + b_x \quad r_y = a_y + b_y \quad r_z = a_z + b_z.$$

em que $\vec{a}$ e $\vec{b}$ são os vetores a serem somados, e $\vec{r} = r_x\hat{i} + r_y\hat{j} + r_z\hat{k}$ é o vetor soma. Note que as componentes devem ser somadas eixo a eixo.

Vetores Unitários

Vetor unitário é um vetor de módulo 1 que aponta em uma dada direção. Um vetor unitário não possui dimensão nem unidade; sua única função é especificar uma orientação. Neste livro, os vetores unitários que indicam a direção e o sentido positivo dos eixos x, y e z são representados como $\hat{i}, \hat{j}$ e $\hat{k}$, respectivamente, em que o símbolo ^ é usado, em lugar de uma seta, para mostrar que se trata de vetores unitários (Fig. 3.2.1). Um sistema de eixos como o da Fig. 3.2.1 é chamado **sistema de coordenadas dextrogiro**. O sistema permanece dextrogiro quando os três eixos sofrem a mesma rotação. Os sistemas de coordenadas usados neste livro são todos dextrogiros.[1]

Os vetores unitários são muito úteis para especificar outros vetores; assim, por exemplo, podemos expressar os vetores $\vec{a}$ e $\vec{b}$ das Figs. 3.1.7 e 3.1.8 como

$$\vec{a} = a_x\hat{i} + a_y\hat{j} \quad (3.2.1)$$

e

$$\vec{b} = b_x\hat{i} + b_y\hat{j}. \quad (3.2.2)$$

Essas duas equações estão ilustradas na Fig. 3.2.2. As grandezas $a_x\hat{i}$ e $a_y\hat{j}$ são vetores, conhecidos como componentes vetoriais de $\vec{a}$. As grandezas a_x e a_y são escalares, conhecidas como componentes escalares (ou, simplesmente, componentes) de $\vec{a}$.

Os vetores unitários coincidem com os eixos.

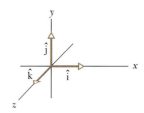

Figura 3.2.1 Os vetores unitários $\hat{i}, \hat{j}$ e $\hat{k}$, usados para definir um sistema de coordenadas dextrogiro.

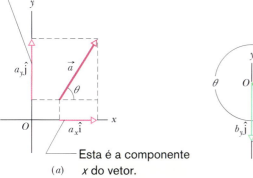

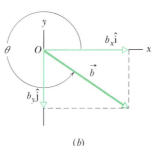

Figura 3.2.2 (*a*) Componentes vetoriais do vetor $\vec{a}$. (*b*) Componentes vetoriais do vetor $\vec{b}$.

---

[1] O outro tipo possível de sistema, raramente usado na prática, é chamado de *sistema de coordenadas levogiro*. O que distingue os dois tipos de sistemas é a posição relativa dos eixos x, y e z. Em um sistema levogiro, o eixo y estaria na posição ocupada pelo eixo z na Fig. 3.2.1, e vice-versa. (N.T.)

Soma de Vetores a Partir das Componentes

Podemos somar vetores geometricamente, usando um desenho. Também podemos somar vetores diretamente na tela de uma calculadora gráfica. Uma terceira forma de somar vetores, que é a forma que discutiremos em seguida, consiste em combinar as componentes eixo por eixo.

Para começar, considere a equação

$$\vec{r} = \vec{a} + \vec{b}, \tag{3.2.3}$$

segundo a qual o vetor $\vec{r}$ é igual ao vetor $(\vec{a} + \vec{b})$. Nesse caso, cada componente de $\vec{r}$ é igual à componente correspondente de $(\vec{a} + \vec{b})$:

$$r_x = a_x + b_x \tag{3.2.4}$$
$$r_y = a_y + b_y \tag{3.2.5}$$
$$r_z = a_z + b_z. \tag{3.2.6}$$

Em outras palavras, dois vetores são iguais se as componentes correspondentes forem iguais. De acordo com as Eqs. 3.2.3 a 3.2.6, para somar dois vetores $\vec{a} + \vec{b}$, podemos (1) obter as componentes escalares dos vetores; (2) combinar as componentes escalares, eixo por eixo, para obter as componentes do vetor soma, $\vec{r}$; (3) combinar as componentes de $\vec{r}$ para obter o vetor $\vec{r}$. Isso pode ser feito de duas maneiras: podemos expressar $\vec{r}$ na notação dos vetores unitários, ou por meio da notação módulo-ângulo.

Esse método de somar vetores usando componentes também se aplica à subtração. Lembre-se de que uma subtração como $\vec{d} = \vec{a} - \vec{b}$ pode ser escrita como uma adição da forma $\vec{d} = \vec{a} + (-\vec{b})$. Para subtrair, somamos as componentes de $\vec{a}$ e $-\vec{b}$ para obter

$$d_x = a_x - b_x, \quad d_y = a_y - b_y \quad \text{e} \quad d_z = a_z - b_z,$$

em que
$$\vec{d} = d_x\hat{i} + d_y\hat{j} + d_z\hat{k}. \tag{3.2.7}$$

Teste 3.2.1

(a) Quais são os sinais das componentes x de $\vec{d}_1$ e $\vec{d}_2$ na figura? (b) Quais são os sinais das componentes y de $\vec{d}_1$ e $\vec{d}_2$? Quais são os sinais das componentes x e y de $\vec{d}_1 + \vec{d}_2$?

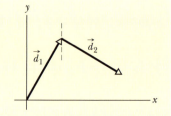

Vetores e as Leis da Física

Até agora, em toda figura em que aparece um sistema de coordenadas, os eixos x e y são paralelos às bordas do papel. Assim, quando um vetor $\vec{a}$ é desenhado, as componentes a_x e a_y também são paralelas às bordas do papel (como na Fig. 3.2.3a). A única razão para usar essa orientação dos eixos é que parece "apropriada"; não existe uma razão mais profunda. Podemos, perfeitamente, girar os eixos (mas não o vetor $\vec{a}$) de um ângulo ϕ, como na Fig. 3.2.3b, caso em que as componentes terão novos valores, a'_x e a'_y. Como existe uma infinidade de valores possíveis de ϕ, existe um número infinito de pares possíveis de componentes de $\vec{a}$.

Qual é, então, o par de componentes "correto"? A resposta é que são todos igualmente válidos, já que cada par (com o sistema de eixos correspondente) constitui uma forma diferente de descrever o mesmo vetor $\vec{a}$; todos produzem o mesmo módulo e a mesma orientação para o vetor. Na Fig. 3.2.3, temos:

$$a = \sqrt{a_x^2 + a_y^2} = \sqrt{a_x'^2 + a_y'^2} \tag{3.2.8}$$

e
$$\theta = \theta' + \phi. \tag{3.2.9}$$

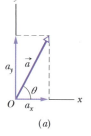

(a)

Se os eixos giram, as componentes mudam, mas o vetor permanece o mesmo.

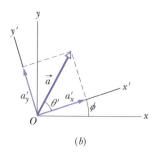

(b)

Figura 3.2.3 (a) O vetor $\vec{a}$ e suas componentes. (b) O mesmo vetor, com os eixos do sistema de coordenadas girados de um ângulo ϕ.

A verdade é que temos uma grande liberdade para escolher o sistema de coordenadas, já que as relações entre vetores não dependem da localização da origem nem da orientação dos eixos. Isso também se aplica às leis da física; são todas independentes da escolha do sistema de coordenadas. Acrescente a isso a simplicidade e a riqueza da linguagem dos vetores e você verá que é fácil compreender por que as leis da física são quase sempre apresentadas nessa linguagem: uma equação, como a Eq. 3.2.3, pode representar três (ou até mais) relações, como as Eqs. 3.2.4, 3.2.5 e 3.2.6.

Exemplo 3.2.1 Soma de vetores usando vetores unitários 3.5

A Fig. 3.2.4a mostra três vetores:

$$\vec{a} = (4{,}2 \text{ m})\hat{i} - (1{,}5 \text{ m})\hat{j},$$
$$\vec{b} = (-1{,}6 \text{ m})\hat{i} + (2{,}9 \text{ m})\hat{j},$$

e
$$\vec{c} = (-3{,}7 \text{ m})\hat{j}.$$

Qual é o vetor soma $\vec{r}$, que também é mostrado?

IDEIA-CHAVE

Podemos somar os três vetores somando primeiro as componentes, eixo por eixo, e depois combinar as componentes para obter o vetor soma $\vec{r}$.

Cálculos: No caso do eixo x, somamos as componentes de $\vec{a}$, $\vec{b}$ e $\vec{c}$ para obter a componente x do vetor soma $\vec{r}$:

$$r_x = a_x + b_x + c_x$$
$$= 4{,}2 \text{ m} - 1{,}6 \text{ m} + 0 = 2{,}6 \text{ m}.$$

Analogamente, para o eixo y,

$$r_y = a_y + b_y + c_y$$
$$= -1{,}5 \text{ m} + 2{,}9 \text{ m} - 3{,}7 \text{ m} = -2{,}3 \text{ m}.$$

Finalmente, combinamos as componentes de $\vec{r}$ para escrever o vetor na notação dos vetores unitários:

$$\vec{r} = (2{,}6 \text{ m})\hat{i} - (2{,}3 \text{ m})\hat{j}, \qquad \text{(Resposta)}$$

em que $(2{,}6 \text{ m})\hat{i}$ é o componente x de $\vec{r}$ e $-(2{,}3)\hat{j}$ é o componente y de $\vec{r}$. A Fig. 3.2.4b mostra uma das formas de obter o vetor $\vec{r}$ a partir dessas componentes. (Qual é a outra forma?)

Também podemos resolver o problema determinando o módulo e o ângulo de $\vec{r}$. De acordo com a Eq. 3.1.6, o módulo é dado por

$$r = \sqrt{(2{,}6 \text{ m})^2 + (-2{,}3 \text{ m})^2} \approx 3{,}5 \text{ m} \qquad \text{(Resposta)}$$

e o ângulo (medido em relação ao semieixo x positivo) é dado por

$$\theta = \tan^{-1}\left(\frac{-2{,}3 \text{ m}}{2{,}6 \text{ m}}\right) = -41°, \qquad \text{(Resposta)}$$

em que o sinal negativo significa que o ângulo deve ser medido no sentido horário.

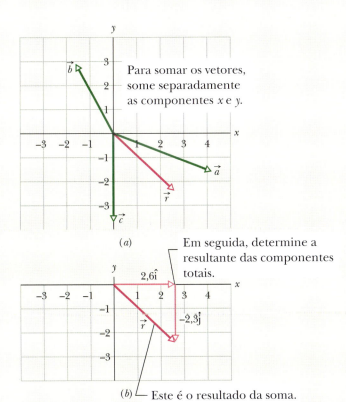

Figura 3.2.4 O vetor $\vec{r}$ é a soma vetorial dos outros três vetores.

52 CAPÍTULO 3

3.3 MULTIPLICAÇÃO DE VETORES

Objetivos do Aprendizado

Depois de ler este módulo, você será capaz de ...

3.3.1 Multiplicar vetores por escalares.

3.3.2 Saber que o resultado do produto de um escalar por um vetor é um escalar, o resultado do produto escalar de dois vetores é um escalar, e o resultado do produto vetorial de dois vetores é um vetor perpendicular aos vetores originais.

3.3.3 Calcular o produto escalar de dois vetores expressos na notação módulo-ângulo e o produto escalar de dois vetores expressos na notação dos vetores unitários.

3.3.4 Calcular o ângulo entre dois vetores a partir do produto escalar.

3.3.5 Calcular a projeção de um vetor na direção de outro vetor a partir do produto escalar dos dois vetores.

3.3.6 Calcular o produto vetorial de dois vetores expressos na notação módulo-ângulo e o produto vetorial de dois vetores expressos na notação dos vetores unitários.

3.3.7 Usar a regra da mão direita para determinar a orientação do vetor resultante de um produto vetorial.

3.3.8 No caso de produtos aninhados, em que um produto aparece dentro de outro produto, seguir o método algébrico normal, trabalhando de dentro para fora, a partir do produto mais interno.

Ideias-Chave

● O produto de um escalar e por um vetor $\vec{v}$ é um vetor de módulo ev com a mesma direção de $\vec{v}$ e o mesmo sentido de $\vec{v}$ se e for positivo e o sentido oposto ao de $\vec{v}$ se e for negativo.

● O produto escalar de dois vetores $\vec{a}$ e $\vec{b}$ é representado como $\vec{a} \cdot \vec{b}$ e é uma grandeza *escalar* dada por

$$\vec{a} \cdot \vec{b} = ab \cos \phi,$$

em que ϕ é o ângulo entre as direções de $\vec{a}$ e $\vec{b}$. O produto escalar pode ser considerado como o produto do módulo de um dos vetores pela componente do segundo vetor na direção do primeiro. Na notação dos vetores unitários,

$$\vec{a} \cdot \vec{b} = (a_x\hat{i} + a_y\hat{j} + a_z\hat{k}) \cdot (b_x\hat{i} + b_y\hat{j} + b_z\hat{k}),$$

que pode ser expandido de acordo com a lei distributiva. Note que $\vec{a} \cdot \vec{b} = \vec{b} \cdot \vec{a}$.

● O produto vetorial de dois vetores $\vec{a}$ e $\vec{b}$ é representado como $\vec{a} \times \vec{b}$ e é um vetor $\vec{c}$ cujo módulo c é dado por

$$c = ab \operatorname{sen} \phi,$$

em que ϕ é o menor ângulo entre as direções de $\vec{a}$ e $\vec{b}$. A direção de $\vec{c}$ é perpendicular ao plano definido por $\vec{a}$ e $\vec{b}$ e é dada pela regra da mão direita, como mostra a Fig. 3.3.2. Na notação dos vetores unitários,

$$\vec{a} \times \vec{b} = (a_x\hat{i} + a_y\hat{j} + a_z\hat{k}) \times (b_x\hat{i} + b_y\hat{j} + b_z\hat{k}),$$

que pode ser expandido usando a lei distributiva. Note que $\vec{a} \times \vec{b} = -(\vec{b} \times \vec{a})$.

Multiplicação de Vetores*

Existem três formas de multiplicar vetores, mas nenhuma é exatamente igual à multiplicação algébrica. Ao ler a exposição a seguir, tenha em mente que uma calculadora o ajudará a multiplicar vetores apenas se você compreender as regras básicas desse tipo de multiplicação.

Multiplicação de um Vetor por um Escalar

Quando multiplicamos um vetor $\vec{a}$ por um escalar e, obtemos um vetor cujo módulo é o produto do módulo de $\vec{a}$ pelo valor absoluto de e, cuja direção é a mesma de $\vec{a}$ e cujo sentido é o mesmo de $\vec{a}$ se e for positivo e o sentido oposto se e for negativo. Para dividir $\vec{a}$ por e, multiplicamos $\vec{a}$ por $1/e$.

Multiplicação de um Vetor por um Vetor

Existem duas formas de multiplicar um vetor por um vetor: uma forma (conhecida como *produto escalar*) resulta em um escalar; a outra (conhecida como *produto vetorial*) resulta em um vetor. (Os estudantes costumam confundir as duas formas.)

---

*Como os conceitos abordados neste tópico só serão usados mais adiante (no Capítulo 7, para o produto escalar, e no Capítulo 11, para o produto vetorial), talvez o professor do curso ache conveniente omiti-lo no momento.

O Produto Escalar

O **produto escalar** dos vetores $\vec{a}$ e $\vec{b}$ da Fig. 3.3.1a é escrito como $\vec{a} \cdot \vec{b}$ e definido pela equação

$$\vec{a} \cdot \vec{b} = ab \cos \phi, \qquad (3.3.1)$$

em que a é o módulo de $\vec{a}$, b é o módulo de $\vec{b}$ e ϕ é o ângulo entre $\vec{a}$ e $\vec{b}$ (ou, mais apropriadamente, entre as orientações de $\vec{a}$ e $\vec{b}$). Na realidade, existem dois ângulos possíveis: ϕ e $360° - \phi$. Qualquer dos dois pode ser usado na Eq. 3.3.1, já que os cossenos dos dois ângulos são iguais.

Note que o lado direito da Eq. 3.3.1 contém apenas escalares (incluindo o valor de $\cos \phi$). Assim, o produto $\vec{a} \cdot \vec{b}$ no lado esquerdo representa uma grandeza *escalar* e é lido como "a escalar b".

O produto escalar pode ser considerado como o produto de duas grandezas: (1) o módulo de um dos vetores e (2) a componente escalar do outro vetor em relação ao primeiro. Assim, por exemplo, na Fig. 3.3.1b, $\vec{a}$ tem uma componente escalar $a \cos \phi$ em relação a $\vec{b}$; note que essa componente pode ser determinada traçando uma perpendicular a $\vec{b}$ que passe pela extremidade de $\vec{a}$. Analogamente, $\vec{b}$ possui uma componente escalar $b \cos \phi$ em relação a $\vec{a}$.

Se o ângulo ϕ entre dois vetores é 0°, a componente de um vetor em relação ao outro é máxima, o que também acontece com o produto escalar dos vetores. Se o ângulo é 90°, a componente de um vetor em relação ao outro é nula, o que também acontece com o produto escalar.

Para chamar atenção para as componentes, a Eq. 3.3.1 pode ser escrita da seguinte forma:

$$\vec{a} \cdot \vec{b} = (a \cos \phi)(b) = (a)(b \cos \phi). \qquad (3.3.2)$$

Como a propriedade comutativa se aplica ao produto escalar, podemos escrever

$$\vec{a} \cdot \vec{b} = \vec{b} \cdot \vec{a}.$$

Quando os dois vetores são escritos na notação dos vetores unitários, o produto escalar assume a forma

$$\vec{a} \cdot \vec{b} = (a_x\hat{i} + a_y\hat{j} + a_z\hat{k}) \cdot (b_x\hat{i} + b_y\hat{j} + b_z\hat{k}), \qquad (3.3.3)$$

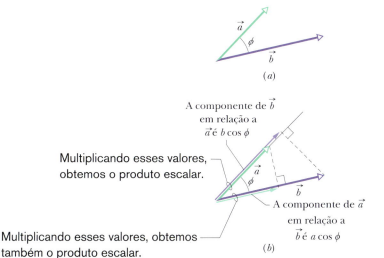

Figura 3.3.1 (a) Dois vetores, $\vec{a}$ e $\vec{b}$, formando um ângulo ϕ. (b) Cada vetor tem uma componente na direção do outro vetor.

que pode ser expandida de acordo com a propriedade distributiva. Calculando os produtos escalares dos componentes vetoriais do primeiro vetor pelos componentes vetoriais do segundo vetor, obtemos:

$$\vec{a} \cdot \vec{b} = a_x b_x + a_y b_y + a_z b_z. \qquad (3.3.4)$$

> **Teste 3.3.1**
> Os vetores $\vec{C}$ e $\vec{D}$ têm módulos de 3 e 4 unidades, respectivamente. Qual é o ângulo entre esses vetores se $\vec{C}$ e $\vec{D}$ é igual a (a) zero, (b) 12 unidades e (c) –12 unidades?

O Produto Vetorial

O **produto vetorial** de $\vec{a}$ e $\vec{b}$ é escrito como $\vec{a} \times \vec{b}$ e resulta em um terceiro vetor, $\vec{c}$, cujo módulo é

$$c = ab \operatorname{sen} \phi, \qquad (3.3.5)$$

em que ϕ é o *menor* dos dois ângulos entre $\vec{a}$ e $\vec{b}$. (É preciso usar o menor dos ângulos entre os vetores porque sen ϕ e sen(360° – ϕ) têm sinais opostos.) O produto $\vec{a} \times \vec{b}$ é lido como "*a* vetor *b*".

Se $\vec{a}$ e $\vec{b}$ são paralelos ou antiparalelos, $\vec{a} \times \vec{b} = 0$. O módulo de $\vec{a} \times \vec{b}$, que pode ser escrito como $|\vec{a} \times \vec{b}|$, é máximo quando $\vec{a}$ e $\vec{b}$ são mutuamente perpendiculares.

A direção de $\vec{c}$ é perpendicular ao plano definido por $\vec{a}$ e $\vec{b}$. A Fig. 3.3.2a mostra como determinar o sentido de $\vec{c} = \vec{a} \times \vec{b}$ usando a chamada **regra da mão direita**. Superponha as origens de $\vec{a}$ e $\vec{b}$ sem mudar a orientação dos vetores e imagine uma reta perpendicular ao plano definido pelos dois vetores, passando pela origem comum. Envolva essa reta com a mão *direita* de modo que os dedos empurrem $\vec{a}$ em direção a $\vec{b}$ ao longo do menor ângulo entre os vetores. Seu polegar estendido apontará no sentido de $\vec{c}$.

No caso do produto vetorial, a ordem dos vetores é importante. Na Fig. 3.3.2b, estamos determinando o sentido de $\vec{c}' = \vec{b} \times \vec{a}$, de modo que os dedos da mão direita empurram $\vec{b}$ na direção de $\vec{a}$ ao longo do menor ângulo. Nesse caso, o polegar aponta no sentido oposto ao da Fig. 3.3.1a, de modo que $\vec{c}' = -\vec{c}$; ou seja,

$$\vec{b} \times \vec{a} = -(\vec{a} \times \vec{b}). \qquad (3.3.6)$$

Em outras palavras, a lei comutativa não se aplica ao produto vetorial.

Na notação dos vetores unitários, podemos escrever

$$\vec{a} \times \vec{b} = (a_x \hat{i} + a_y \hat{j} + a_z \hat{k}) \times (b_x \hat{i} + b_y \hat{j} + b_z \hat{k}), \qquad (3.3.7)$$

que pode ser expandido de acordo com a lei distributiva, ou seja, calculando o produto vetorial de cada componente do primeiro vetor pelas componentes do segundo vetor. Os produtos vetoriais dos vetores unitários aparecem no Apêndice E (ver "Produtos de Vetores"). Assim, por exemplo, na expansão da Eq. 3.3.7, temos

$$a_x \hat{i} \times b_x \hat{i} = a_x b_x (\hat{i} \times \hat{i}) = 0,$$

porque os vetores unitários $\hat{i}$ e $\hat{i}$ são paralelos e, portanto, o produto vetorial é zero. Analogamente, temos:

$$a_x \hat{i} \times b_y \hat{j} = a_x b_y (\hat{i} \times \hat{j}) = a_x b_y \hat{k}.$$

No último passo, usamos a Eq. 3.3.5 para descobrir que o módulo de $\hat{i} \times \hat{j}$ é 1. (O módulo dos vetores $\hat{i}$ e $\hat{j}$ é 1, e o ângulo entre $\hat{i}$ e $\hat{j}$ é 90°.) Usando a regra da mão direita, descobrimos que o sentido de $\hat{i} \times \hat{j}$ é o sentido do semieixo z positivo, ou seja, o sentido de $\hat{k}$.

Continuando a expandir a Eq. 3.3.7, é possível mostrar que

$$\vec{a} \times \vec{b} = (a_y b_z - b_y a_z)\hat{i} + (a_z b_x - b_z a_x)\hat{j} + (a_x b_y - b_x a_y)\hat{k}. \quad (3.3.8)$$

Também é possível calcular o resultado de um produto vetorial usando um determinante (ver o Apêndice E), ou uma calculadora.

Para verificar se um sistema de coordenadas xyz é um sistema dextrogiro, basta aplicar a regra da mão direita ao produto vetorial $\hat{i} \times \hat{j} = \hat{k}$ no sistema dado. Se os dedos empurrarem $\hat{i}$ (semieixo x positivo) na direção de $\hat{j}$ (semieixo y positivo) e o polegar estendido apontar no sentido do semieixo z positivo, o sistema é dextrogiro; caso contrário, o sistema é levogiro.

Teste 3.3.2

Os vetores $\vec{C}$ e $\vec{D}$ têm módulos de 3 e 4 unidades, respectivamente. Qual é o ângulo entre os dois vetores se o módulo do produto vetorial $\vec{C} \times \vec{D}$ é igual a (a) zero e (b) 12 unidades?

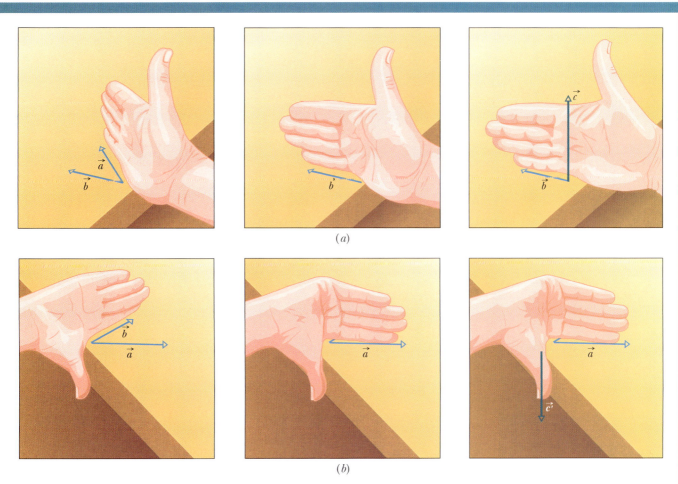

Figura 3.3.2 Ilustração da regra da mão direita para produtos vetoriais. (*a*) Empurre o vetor $\vec{a}$ na direção do vetor $\vec{b}$ com os dedos da mão direita. O polegar estendido mostra a orientação do vetor $\vec{c} = \vec{a} \times \vec{b}$. (*b*) O vetor $\vec{b} \times \vec{a}$ tem o sentido oposto ao de $\vec{a} \times \vec{b}$.

Exemplo 3.3.1 — Ângulo entre dois vetores usando o produto escalar

Qual é o ângulo ϕ entre $\vec{a} = 3{,}0\hat{i} - 4{,}0\hat{j}$ e $\vec{b} = -2{,}0\hat{i} + 3{,}0\hat{k}$? (*Atenção*: Muitos dos cálculos a seguir não são necessários quando se usa uma calculadora, mas o leitor aprenderá mais sobre produtos escalares se, pelo menos por enquanto, executá-los manualmente.)

IDEIA-CHAVE

O ângulo entre as orientações dos dois vetores aparece na definição do produto escalar (Eq. 3.3.1):

$$\vec{a} \cdot \vec{b} = ab \cos \phi. \qquad (3.3.9)$$

Cálculos: Na Eq. 3.3.9, a é o módulo de $\vec{a}$, ou seja,

$$a = \sqrt{3{,}0^2 + (-4{,}0)^2} = 5{,}00, \qquad (3.3.10)$$

e b é o módulo de $\vec{b}$, ou seja,

$$b = \sqrt{(-2{,}0)^2 + 3{,}0^2} = 3{,}61. \qquad (3.3.11)$$

Podemos calcular o lado esquerdo da Eq. 3.3.9 escrevendo os vetores na notação dos vetores unitários e usando a propriedade distributiva:

$$\vec{a} \cdot \vec{b} = (3{,}0\hat{i} - 4{,}0\hat{j}) \cdot (-2{,}0\hat{i} + 3{,}0\hat{k})$$
$$= (3{,}0\hat{i}) \cdot (-2{,}0\hat{i}) + (3{,}0\hat{i}) \cdot (3{,}0\hat{k})$$
$$+ (-4{,}0\hat{j}) \cdot (-2{,}0\hat{i}) + (-4{,}0\hat{j}) \cdot (3{,}0\hat{k}).$$

Em seguida, aplicamos a Eq. 3.3.1 a cada termo da última expressão. O ângulo entre os vetores unitários do primeiro termo ($\hat{i}$ e $\hat{i}$) é 0° e os outros ângulos são 90°. Assim, temos:

$$\vec{a} \cdot \vec{b} = -(6{,}0)(1) + (9{,}0)(0) + (8{,}0)(0) - (12)(0)$$
$$= -6{,}0.$$

Substituindo esse resultado e os resultados das Eqs. 3.3.10 e 3.3.11 na Eq. 3.3.9, obtemos:

$$-6{,}0 = (5{,}00)(3{,}61) \cos \phi,$$

assim, $\qquad \phi = \cos^{-1} \dfrac{-6{,}0}{(5{,}00)(3{,}61)} = 109° \approx 110°. \quad$ (Resposta)

Exemplo 3.3.2 — Produto vetorial, regra da mão direita 3.6

Na Fig. 3.3.3, o vetor $\vec{a}$ está no plano xy, tem um módulo de 18 unidades e uma orientação que faz um ângulo de 250° com o semieixo x positivo. O vetor $\vec{b}$ tem um módulo de 12 unidades e está orientado ao longo do semieixo z positivo. Qual é o produto vetorial $\vec{c} = \vec{a} \times \vec{b}$?

IDEIA-CHAVE

Quando conhecemos dois vetores na notação módulo-ângulo, podemos calcular o módulo do produto vetorial usando a Eq. 3.3.5 e determinar a orientação do produto vetorial usando a regra da mão direita da Fig. 3.3.2.

Cálculos: O módulo do produto vetorial é dado por

$$c = ab \operatorname{sen} \phi = (18)(12)(\operatorname{sen} 90°) = 216. \quad \text{(Resposta)}$$

Para determinar a orientação do produto vetorial na Fig. 3.3.3, coloque os dedos da mão direita em torno de uma reta perpendicular ao plano de $\vec{a}$ e $\vec{b}$ (a reta na qual se encontra o vetor $\vec{c}$) de modo que os dedos empurrem o vetor $\vec{a}$ na direção de $\vec{b}$;

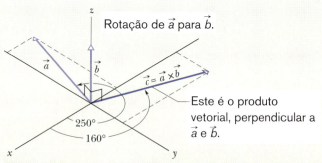

Figura 3.3.3 O vetor $\vec{c}$ (no plano xy) é o produto vetorial dos vetores $\vec{a}$ e $\vec{b}$.

o polegar estendido fornece a orientação de $\vec{c}$. Assim, como mostra a figura, $\vec{c}$ está no plano xy. Como a direção de $\vec{c}$ é perpendicular à direção de $\vec{a}$ (o produto vetorial sempre resulta em um vetor perpendicular aos dois vetores originais), o vetor faz um ângulo de

$$250° - 90° = 160° \qquad \text{(Resposta)}$$

com o semieixo x positivo.

Exemplo 3.3.3 — Produto vetorial usando vetores unitários 3.7

Se $\vec{a} = 3\hat{i} - 4\hat{j}$ e $\vec{b} = -2\hat{i} + 3\hat{k}$, determine $\vec{c} = \vec{a} \times \vec{b}$.

IDEIA-CHAVE

Quando dois vetores estão expressos na notação dos vetores unitários, podemos determinar o produto vetorial usando a lei distributiva.

Cálculos: Temos:

$$\vec{c} = (3\hat{i} - 4\hat{j}) \times (-2\hat{i} + 3\hat{k})$$
$$= 3\hat{i} \times (-2\hat{i}) + 3\hat{i} \times 3\hat{k} + (-4\hat{j}) \times (-2\hat{i})$$
$$+ (-4\hat{j}) \times 3\hat{k}.$$

Podemos calcular os valores dos diferentes termos usando a Eq. 3.3.5 e determinando a orientação dos vetores com o auxílio da regra da mão direita. No primeiro termo, o ângulo ϕ entre os dois vetores envolvidos no produto vetorial é 0; nos outros três termos, $\phi = 90°$. O resultado é o seguinte:

$$\vec{c} = -6(0) + 9(-\hat{j}) + 8(-\hat{k}) - 12\hat{i}$$

$$= -12\hat{i} - 9\hat{j} - 8\hat{k}. \qquad \text{(Resposta)}$$

O vetor $\vec{c}$ é perpendicular a $\vec{a}$ e $\vec{b}$, o que pode ser demonstrado observando que $\vec{c} \cdot \vec{a} = 0$ e $\vec{c} \cdot \vec{b} = 0$; ou seja, que não existem componentes de $\vec{c}$ em relação a $\vec{a}$ e $\vec{b}$.

Revisão e Resumo

Escalares e Vetores *Grandezas escalares*, como temperatura, possuem apenas um valor numérico. São especificadas por um número com uma unidade (10 °C, por exemplo) e obedecem às regras da aritmética e da álgebra elementar. As *grandezas vetoriais*, como o deslocamento, possuem um valor numérico (módulo) e uma orientação (5 m para cima, por exemplo) e obedecem às regras da álgebra vetorial.

Soma Geométrica de Vetores Dois vetores $\vec{a}$ e $\vec{b}$ podem ser somados geometricamente desenhando-os na mesma escala e posicionando-os com a origem de um na extremidade do outro. O vetor que liga as extremidades livres dos dois vetores é o vetor soma, $\vec{s}$. Para subtrair $\vec{b}$ de $\vec{a}$, invertemos o sentido de $\vec{b}$ para obter $-\vec{b}$ e somamos $-\vec{b}$ a $\vec{a}$. A soma vetorial é comutativa

$$\vec{a} + \vec{b} = \vec{b} + \vec{a} \qquad (3.1.2)$$

obedece à lei associativa

$$(\vec{a} + \vec{b}) + \vec{c} = \vec{a} + (\vec{b} + \vec{c}). \qquad (3.1.3)$$

Componentes de um Vetor As *componentes* (escalares) a_x e a_y de um vetor bidimensional $\vec{a}$ em relação ao eixos de um sistema de coordenadas xy são obtidas traçando retas perpendiculares aos eixos a partir da origem e da extremidade de $\vec{a}$. As componentes são dadas por

$$a_x = a \cos \theta \qquad \text{e} \qquad a_y = a \operatorname{sen} \theta, \qquad (3.1.5)$$

em que θ é o ângulo entre $\vec{a}$ e o semieixo x positivo. O sinal algébrico de uma componente indica o sentido da componente em relação ao eixo correspondente. Dadas as componentes, podemos determinar o módulo e a orientação de um vetor $\vec{a}$ através das equações

$$a = \sqrt{a_x^2 + a_y^2} \qquad \text{e} \qquad \tan \theta = \frac{a_y}{a_x}. \qquad (3.1.6)$$

Notação dos Vetores Unitários Os *vetores unitários* $\hat{i}$, $\hat{j}$ e $\hat{k}$ têm módulo unitário e sentido igual ao sentido positivo dos eixos x, y e z, respectivamente, se o sistema de coordenadas for dextrogiro (o que pode ser verificado calculando os produtos vetoriais dos vetores unitários). Em termos dos vetores unitários, um vetor $\vec{a}$ pode ser expresso na forma

$$\vec{a} = a_x\hat{i} + a_y\hat{j} + a_z\hat{k}, \qquad (3.2.1)$$

em que $a_x\hat{i}$, $a_y\hat{j}$ e $a_z\hat{k}$ são as **componentes vetoriais** de $\vec{a}$ e a_x, a_y e a_z são as **componentes escalares**.

Soma de Vetores na Forma de Componentes Para somar vetores na forma de componentes, usamos as regras

$$r_x = a_x + b_x \quad r_y = a_y + b_y \quad r_z = a_z + b_z. \quad (3.2.4 \text{ a } 3.2.6)$$

Aqui, $\vec{a}$ e $\vec{b}$ são os vetores a serem somados e $\vec{r}$ é o vetor soma. Note que as componentes são somadas separadamente para cada eixo. No fim, a soma pode ser expressa na notação dos vetores unitários ou na notação módulo-ângulo.

Produto de um Escalar por um Vetor O produto de um escalar e por um vetor $\vec{v}$ é um vetor de módulo ev com a mesma orientação de $\vec{v}$ se e for positivo, e com a orientação oposta se e for negativo. (O sinal negativo inverte o sentido do vetor.) Para dividir $\vec{v}$ por e, multiplicamos $\vec{v}$ por $1/e$.

O Produto Escalar O **produto escalar** de dois vetores $\vec{a}$ e $\vec{b}$ é representado por $\vec{a} \cdot \vec{b}$ e é igual à grandeza *escalar* dada por

$$\vec{a} \cdot \vec{b} = ab \cos \phi, \qquad (3.3.1)$$

em que ϕ é o menor dos ângulos entre as direções de $\vec{a}$ e $\vec{b}$. O produto escalar é o produto do módulo de um dos vetores pela componente escalar do outro em relação ao primeiro. Note que $\vec{a} \cdot \vec{b} = \vec{b} \cdot \vec{a}$, o que significa que o produto escalar obedece à lei comutativa.

Na notação dos vetores unitários,

$$\vec{a} \cdot \vec{b} = (a_x\hat{i} + a_y\hat{j} + a_z\hat{k}) \cdot (b_x\hat{i} + b_y\hat{j} + b_z\hat{k}), \qquad (3.3.3)$$

que pode ser expandido de acordo com a lei distributiva.

O Produto Vetorial O **produto vetorial** de dois vetores $\vec{a} \cdot \vec{b}$, representado por $\vec{a} \times \vec{b}$, é um *vetor $\vec{c}$* cujo módulo c é dado por

$$c = ab \operatorname{sen} \phi, \qquad (3.3.5)$$

em que ϕ é o menor dos ângulos entre as direções de $\vec{a}$ e $\vec{b}$. A orientação de $\vec{c}$ é perpendicular ao plano definido por $\vec{a}$ e $\vec{b}$ e é dada pela regra da mão direita, como mostra a Fig. 3.3.2. Note que $\vec{a} \times \vec{b} = -(\vec{b} \times \vec{a})$, o que significa que o produto vetorial não obedece à lei comutativa.

Na notação dos vetores unitários,

$$\vec{a} \times \vec{b} = (a_x\hat{i} + a_y\hat{j} + a_z\hat{k}) \times (b_x\hat{i} + b_y\hat{j} + b_z\hat{k}), \qquad (3.3.7)$$

que pode ser expandido de acordo com a lei distributiva.

Perguntas

1 A soma dos módulos de dois vetores pode ser igual ao módulo da soma dos mesmos vetores? Justifique sua resposta.

2 Os dois vetores da Fig. 3.1 estão em um plano xy. Determine o sinal das componentes x e y, respectivamente, de (a) $\vec{d_1} + \vec{d_2}$; (b) $\vec{d_1} - \vec{d_2}$; (c) $\vec{d_2} - \vec{d_1}$.

58 CAPÍTULO 3

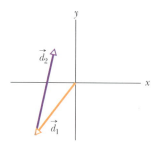

Figura 3.1 Pergunta 2.   **Figura 3.2** Pergunta 3.

3 Como a mascote da Universidade da Flórida é um jacaré, a equipe de golfe da universidade joga em um campo no qual existe um lago com jacarés. A Fig. 3.2 mostra uma vista aérea da região em torno de um dos buracos do campo com um sistema de coordenadas xy superposto. As tacadas da equipe devem levar a bola da origem até o buraco, que está nas coordenadas (8 m, 12 m), mas a bola pode sofrer apenas os seguintes deslocamentos, que podem ser usados mais de uma vez:

$$\vec{d}_1 = (8\ m)\hat{i} + (6\ m)\hat{j}, \quad \vec{d}_2 = (6\ m)\hat{j}, \quad \vec{d}_3 = (8\ m)\hat{i}.$$

O lago está nas coordenadas (8 m, 6 m). Se um membro da equipe lança a bola no lago, é imediatamente transferido para a Universidade Estadual da Flórida, a eterna rival. Que sequência de deslocamentos deve ser usada por um membro da equipe para evitar o lago?

4 A Eq. 3.1.2 mostra que a soma de dois vetores $\vec{a}$ e $\vec{b}$ é comutativa. Isso significa que a subtração é comutativa, ou seja, que $\vec{a} - \vec{b} = \vec{b} - \vec{a}$?

5 Quais dos sistemas de eixos da Fig. 3.3 são "sistemas de coordenadas dextrogiros"? Como de costume, a letra que identifica o eixo está no semieixo positivo.

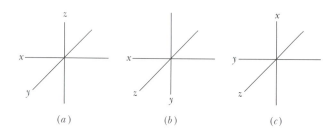

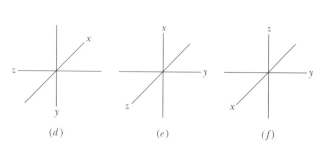

Figura 3.3 Pergunta 5.

6 Descreva dois vetores $\vec{a}$ e $\vec{b}$ tais que
(a) $\vec{a} + \vec{b} = \vec{c}$ e $a + b = c$;
(b) $\vec{a} + \vec{b} = \vec{a} - \vec{b}$;
(c) $\vec{a} + \vec{b} = \vec{c}$ e $a^2 + b^2 = c^2$.

7 Se $\vec{d} = \vec{a} + \vec{b} + (-\vec{c})$, (a) $\vec{a} + (-\vec{d}) = \vec{c} + (-\vec{b})$, (b) $\vec{a} = (-\vec{b}) + \vec{d} + \vec{c}$ e (c) $\vec{c} + (-\vec{d}) = \vec{a} + \vec{b}$?

8 Se $\vec{a} \cdot \vec{b} = \vec{a} \cdot \vec{c}$ e $\vec{v}$ é necessariamente igual a $\vec{c}$?

9 Se $\vec{F} = q(\vec{v} \times \vec{B})$ e $\vec{v}$ é perpendicular a $\vec{B}$, qual é a orientação de $\vec{B}$ nas três situações mostradas na Fig. 3.4 se a constante q for (a) positiva e (b) negativa?

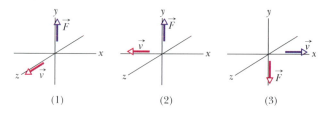

Figura 3.4 Pergunta 9.

10 A Fig. 3.5 mostra um vetor $\vec{A}$ e outros quatro vetores de mesmo módulo e orientações diferentes. (a) Quais dos outros quatro vetores têm o mesmo produto escalar com $\vec{A}$? (b) Quais têm um produto escalar com $\vec{A}$ negativo?

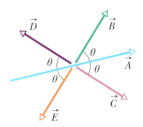

Figura 3.5 Pergunta 10.

11 Em um jogo disputado em um labirinto tridimensional, você precisa mover sua peça da *partida*, nas coordenadas (0, 0, 0), para a *chegada*, nas coordenadas (−2 cm, 4 cm, −4 cm). A peça pode sofrer apenas os deslocamentos (em centímetros) mostrados a seguir. Se, durante o trajeto, a peça parar nas coordenadas (−5 cm, −1 cm, −1 cm) ou (5 cm, 2 cm, −1 cm), você perde o jogo. Qual é a sequência de deslocamentos correta para levar a peça até a *chegada*?

$$\vec{p} = -7\hat{i} + 2\hat{j} - 3\hat{k} \quad \vec{r} = 2\hat{i} - 3\hat{j} + 2\hat{k}$$
$$\vec{q} = 2\hat{i} - \hat{j} + 4\hat{k} \quad \vec{s} = 3\hat{i} + 5\hat{j} - 3\hat{k}.$$

12 As componentes x e y de quatro vetores $\vec{a}$, $\vec{b}$, $\vec{c}$ e $\vec{d}$ são dadas a seguir. Para quais desses vetores uma calculadora fornece o ângulo correto quando você usa a calculadora para determinar o ângulo θ da Eq. 3.1.6? Observe primeiro a Fig. 3.1.11 para chegar a uma resposta e depois use uma calculadora para verificar se sua resposta está correta.

$$a_x = 3 \quad a_y = 3 \quad c_x = -3 \quad c_y = -3$$
$$b_x = -3 \quad b_y = 3 \quad d_x = 3 \quad d_y = -3.$$

13 Quais das expressões vetoriais a seguir estão corretas? O que está errado nas expressões incorretas?

(a) $\vec{A} \cdot (\vec{B} \cdot \vec{C})$ (f) $\vec{A} + (\vec{B} \times \vec{C})$
(b) $\vec{A} \times (\vec{B} \cdot \vec{C})$ (g) $5 + \vec{A}$
(c) $\vec{A} \cdot (\vec{B} \times \vec{C})$ (h) $5 + (\vec{B} \cdot \vec{C})$
(d) $\vec{A} \times (\vec{B} \times \vec{C})$ (i) $5 + (\vec{B} \times \vec{C})$
(e) $\vec{A} + (\vec{B} \cdot \vec{C})$ (j) $(\vec{A} \cdot \vec{B}) + (\vec{B} \times \vec{C})$

Problemas

F Fácil **M** Médio **D** Difícil
CVF Informações adicionais disponíveis no e-book *O Circo Voador da Física*, de Jearl Walker, LTC Editora, Rio de Janeiro, 2008. **CALC** Requer o uso de derivadas e/ou integrais **BIO** Aplicação biomédica

Módulo 3.1   Vetores e suas Componentes

1 F Quais são (a) a componente x e (b) a componente y de um vetor $\vec{a}$ do plano xy que faz um ângulo de 250° no sentido anti-horário como o semieixo x positivo e tem um módulo de 7,3 m?

2 F Um vetor deslocamento $\vec{r}$ no plano xy tem 15 m de comprimento e faz um ângulo $\theta = 30°$ com o semieixo x positivo, como mostra a Fig. 3.6. Determine (a) a componente x e (b) a componente y do vetor.

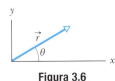

Figura 3.6 Problema 2.

3 F A componente x do vetor $\vec{A}$ é −25,0 m e a componente y é +40,0 m. (a) Qual é o módulo de $\vec{A}$? (b) Qual é o ângulo entre a orientação de $\vec{A}$ e o semieixo x positivo?

4 F Expresse os seguintes ângulos em radianos: (a) 20,0°; (b) 50,0°; (c) 100°. Converta os seguintes ângulos para graus: (d) 0,330 rad; (e) 2,10 rad; (f) 7,70 rad.

5 F O objetivo de um navio é chegar a um porto situado 120 km ao norte do ponto de partida, mas uma tempestade inesperada o leva para um local situado 100 km a leste do ponto de partida. (a) Que distância o navio deve percorrer e (b) que rumo deve tomar para chegar ao destino?

6 F Na Fig. 3.7, uma máquina pesada é erguida com o auxílio de uma rampa que faz um ângulo $\theta = 20,0°$ com a horizontal, na qual a máquina percorre uma distância $d = 12,5$ m. (a) Qual é a distância vertical percorrida pela máquina? (b) Qual é a distância horizontal percorrida pela máquina?

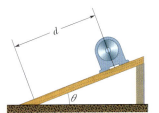

Figura 3.7 Problema 6.

7 F Considere dois deslocamentos, um de módulo 3 m e outro de módulo 4 m. Mostre de que forma os vetores deslocamento podem ser combinados para que o módulo do deslocamento resultante seja (a) 7 m, (b) 1 m, (c) 5 m.

Módulo 3.2   Vetores Unitários; Soma de Vetores a Partir das Componentes

8 F Uma pessoa caminha da seguinte forma: 3,1 km para o norte, 2,4 km para o oeste e 5,2 km para o sul. (a) Desenhe o diagrama vetorial que representa esse movimento. (b) Que distância e (c) em que direção voaria um pássaro em linha reta do mesmo ponto de partida ao mesmo ponto de chegada?

9 F Dois vetores são dados por

$$\vec{a} = (4,0\text{ m})\hat{i} - (3,0\text{ m})\hat{j} + (1,0\text{ m})\hat{k}$$

e

$$\vec{b} = (-1,0\text{ m})\hat{i} + (1,0\text{ m})\hat{j} + (4,0\text{ m})\hat{k}.$$

Determine, na notação dos vetores unitários, (a) $\vec{a} + \vec{b}$; (b) $\vec{a} - \vec{b}$; (c) um terceiro vetor, $\vec{c}$, tal que $\vec{a} - \vec{b} + \vec{c} = 0$.

10 F Determine as componentes (a) x, (b) y e (c) z da soma $\vec{r}$ dos deslocamentos $\vec{c}$ e $\vec{d}$, cujas componentes em metros em relação aos três eixos são $c_x = 7,4$, $c_y = -3,8$, $c_z = -6,1$; $d_x = 4,4$, $d_y = -2,0$, $d_z = 3,3$.

11 F (a) Determine a soma $\vec{a} + \vec{b}$, na notação dos vetores unitários, para $\vec{a} = (4,0\text{ m})\hat{i} + (3,0\text{ m})\hat{k}$ e $\vec{b} = (-13,0\text{ m})\hat{i} + (7,0\text{ m})\hat{k}$. Determine (b) o módulo e (c) a orientação de $\vec{a} + \vec{b}$.

12 F Um carro viaja 50 km para o leste, 30 km para o norte e 25 km em uma direção 30° a leste do norte. Desenhe o diagrama vetorial e determine (a) o módulo e (b) o ângulo do deslocamento do carro em relação ao ponto de partida.

13 F Uma pessoa deseja chegar a um ponto que está a 3,40 km da localização atual, em uma direção 35,0° ao norte do leste. As ruas por onde a pessoa pode passar são todas na direção norte-sul ou na direção leste-oeste. Qual é a menor distância que essa pessoa precisa percorrer para chegar ao destino?

14 F Você deve executar quatro deslocamentos na superfície plana num deserto, começando na origem de um sistema de coordenadas xy e terminando nas coordenadas (−140 m, 30 m). As componentes dos deslocamentos são, sucessivamente, as seguintes, em metros: (20, 60), $(b_x, -70)$, $(-20, c_y)$ e $(-60, -70)$. Determine (a) b_x e (b) c_y. Determine (c) o módulo e (d) o ângulo (em relação ao semieixo x positivo) do deslocamento total.

15 F Os vetores $\vec{a}$ e $\vec{b}$ da Fig. 3.8 têm o mesmo módulo, 10,0 m, e os ângulos mostrados na figura são $\theta_1 = 30°$ e $\theta_2 = 105°$. Determine as componentes (a) x e (b) y da soma vetorial $\vec{r}$ dos dois vetores, (c) o módulo de $\vec{r}$ e (d) o ângulo que $\vec{r}$ faz com o semieixo x positivo.

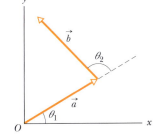

Figura 3.8 Problema 15.

16 F Para os vetores deslocamento $\vec{a} = (3,0\text{ m})\hat{i} + (4,0\text{ m})\hat{j}$ e $\vec{b} = (5,0\text{ m})\hat{i} + (-2,0\text{ m})\hat{j}$, determine $\vec{a} + \vec{b}$ (a) em termos de vetores unitários e em termos (b) do módulo e (c) do ângulo (em relação a $\hat{i}$). Determine $\vec{b} - \vec{a}$ (d) em termos de vetores unitários e em termos (e) do módulo e (f) do ângulo.

17 F Três vetores, $\vec{a}$, $\vec{b}$ e $\vec{c}$, têm o mesmo módulo, 50 m, e estão em um plano xy. Os ângulos dos vetores em relação ao semieixo x positivo são 30°, 195°, e 315°, respectivamente. Determine (a) o módulo e (b) o ângulo do vetor $\vec{a} + \vec{b} + \vec{c}$ e (c) o módulo e (d) o ângulo de $\vec{a} - \vec{b} + \vec{c}$. Determine (e) o módulo e (f) o ângulo de um quarto vetor, $\vec{d}$, tal que $(\vec{a} + \vec{b}) - (\vec{c} + \vec{d}) = 0$.

18 F Na soma $\vec{A} + \vec{B} = \vec{C}$, o vetor $\vec{A}$ tem um módulo de 12,0 m e faz um ângulo de 40,0° no sentido anti-horário com o semieixo x positivo; o vetor $\vec{C}$ tem um módulo de 15,0 m e faz um ângulo de 20,0° no sentido anti-horário com o semieixo x negativo. Determine (a) o módulo de $\vec{B}$ e (b) o ângulo de $\vec{B}$ com o semieixo x positivo.

19 F Em um jogo de xadrez ao ar livre, no qual as peças ocupam o centro de quadrados com 1,00 m de lado, um cavalo é movido da seguinte forma: (1) dois quadrados para a frente e um quadrado para a direita; (2) dois quadrados para a esquerda e um quadrado para a frente; (3) dois quadrados para a frente e um quadrado para a esquerda. Determine (a) o módulo e (b) o ângulo (em relação ao sentido "para a frente") do deslocamento total do cavalo após a série de três movimentos.

20 M CVF Um explorador polar foi surpreendido por uma nevasca, que reduziu a visibilidade a praticamente zero, quando retornava ao acampamento. Para chegar ao acampamento, ele deveria ter caminhado 5,6 km para o norte, mas, quando o tempo melhorou, percebeu que, na realidade, havia caminhado 7,8 km em uma direção 50° ao norte do leste. (a) Que distância e (b) em que sentido o explorador deve caminhar para voltar à base?

21 M Uma formiga, enlouquecida pelo sol em um dia quente, sai correndo em um plano xy. As componentes (x, y) de quatro corridas consecutivas em linha reta são as seguintes, todas em centímetros: (30,0; 40,0), (b_x; –70,0), (–20,0; c_y), (–80,0; –70,0). O deslocamento resultante das quatro corridas tem componentes (–140; –20,0). Determine (a) b_x e (b) c_y. Determine (c) o módulo e (d) o ângulo (em relação ao semieixo x positivo) do deslocamento total.

22 M (a) Qual é a soma dos quatro vetores a seguir na notação dos vetores unitários? Para essa soma, quais são (b) o módulo, (c) o ângulo em graus e (d) o ângulo em radianos?

$\vec{E}$: 6,00 m e +0,900 rad $\vec{F}$: 5,00 m e −75,0°
$\vec{G}$: 4,00 m e +1,20 rad $\vec{H}$: 6,00 m e −21,0°

23 M Se $\vec{B}$ é somado a $\vec{C} = 3,0\hat{i} + 4,0\hat{j}$, o resultado é um vetor com a orientação do semieixo y positivo e um módulo igual ao de $\vec{C}$. Qual é o módulo de $\vec{B}$?

24 M O vetor $\vec{A}$, paralelo ao eixo x, deve ser somado ao vetor $\vec{B}$, que tem um módulo de 7,0 m. A soma é um vetor paralelo ao eixo y, com um módulo 3 vezes maior que o de $\vec{A}$. Qual é o módulo de $\vec{A}$?

25 M O oásis B está 25 km a leste do oásis A. Partindo do oásis A, um camelo percorre 24 km em uma direção 15° ao sul do leste e 8,0 km para o norte. A que distância o camelo está do oásis B?

26 M Determine a soma dos quatro vetores a seguir (a) na notação dos vetores unitários e em termos (b) do módulo e (c) do ângulo.

$\vec{A} = (2,00$ m$)\hat{i} + (3,00$ m$)\hat{j}$ $\vec{B}$: 4,00 m, e +65,0°
$\vec{C} = (-4,00$ m$)\hat{i} + (-6,00$ m$)\hat{j}$ $\vec{D}$: 5,00 m, e −235°

27 M Se $\vec{d}_1 + \vec{d}_2 = 5\vec{d}_3$, $\vec{d}_1 - \vec{d}_2 = 3\vec{d}_3$ e $\vec{d}_3 = 2\hat{i} + 4\hat{j}$, determine, na notação dos vetores unitários, (a) $\vec{d}_1$ (b) $\vec{d}_2$.

28 M Dois besouros correm em um deserto plano, partindo do mesmo ponto. O besouro 1 corre 0,50 m para o leste e 0,80 m em uma direção 30° ao norte do leste. O besouro 2 corre 1,6 m em uma direção 40° ao leste do norte e depois corre em outra direção. Quais devem ser (a) o módulo e (b) o sentido da segunda corrida do segundo besouro para que ele termine na mesma posição que o primeiro besouro?

29 M CVF Para se orientarem, as formigas de jardim costumam criar uma rede de trilhas marcadas por feromônios. Partindo do formigueiro, cada uma dessas trilhas se bifurca repetidamente em duas trilhas que formam entre si um ângulo de 60°. Quando uma formiga perdida encontra uma trilha, ela pode saber em que direção fica o formigueiro ao chegar ao primeiro ponto de bifurcação. Se estiver se afastando do formigueiro, encontrará duas trilhas que formam ângulos pequenos com a direção em que estava se movendo, 30° para a esquerda e 30° para a direita. Se estiver se aproximando do formigueiro, encontrará apenas uma trilha com essa característica, 30° para a esquerda ou 30° para a direita. A Fig. 3.9 mostra uma rede de trilhas típica, com segmentos de reta de 2,0 cm de comprimento e bifurcações simétricas de 60°. Determine (a) o módulo e (b) o ângulo (em relação ao semieixo x positivo) do deslocamento, até o formigueiro (encontre-o na figura), de uma formiga que entra na rede de trilhas no ponto A. Determine (c) o módulo e (d) o ângulo de uma formiga que entra na rede de trilhas no ponto B.

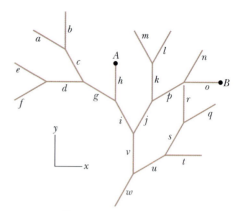

Figura 3.9 Problema 29.

30 M São dados dois vetores:

$\vec{a} = (4,0$ m$)\hat{i} - (3,0$ m$)\hat{j}$ e $\vec{b} = (6,0$ m$)\hat{i} + (8,0$ m$)\hat{j}$.

Determine (a) o módulo e (b) o ângulo (em relação a $\hat{i}$) de $\vec{a}$. Determine (c) o módulo e (d) o ângulo de $\vec{b}$. Determine (e) o módulo e (f) o ângulo de $\vec{a} + \vec{b}$; (g) o módulo e (h) o ângulo de $\vec{b} - \vec{a}$; (i) o módulo e (j) o ângulo de $\vec{a} - \vec{b}$. (k) Determine o ângulo entre as direções de $\vec{b} - \vec{a}$ e $\vec{a} - \vec{b}$.

31 M Na Fig. 3.10, um vetor $\vec{d}$ com um módulo de 17,0 m faz um ângulo $\theta = 56,0°$ no sentido anti-horário com o semieixo x positivo. Quais são as componentes (a) a_x e (b) a_y do vetor? Um segundo sistema de coordenadas está inclinado de um ângulo $\theta' = 18,0°$ em relação ao primeiro. Quais são as componentes (c) a'_x e (d) a'_y neste novo sistema de coordenadas?

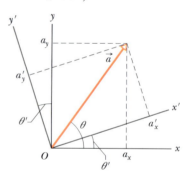

Figura 3.10 Problema 31.

32 D Na Fig. 3.11, um cubo de aresta a tem um dos vértices posicionado na origem de um sistema de coordenadas xyz. A *diagonal do cubo* é uma reta que vai de um vértice a outro do cubo, passando pelo centro. Na notação dos vetores unitários, qual é a diagonal do cubo que passa pelo vértice cujas coordenadas são (a) (0, 0, 0), (b) (a, 0, 0) (c) (0, a, 0) e (d) (a, a, 0)? (e) Determine os ângulos que as diagonais do cubo fazem com as arestas vizinhas. (f) Determine o comprimento das diagonais do cubo em termos de a.

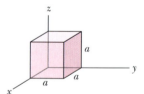

Figura 3.11 Problema 32.

Módulo 3.3 Multiplicação de Vetores

33 F Para os vetores da Fig. 3.12, com a = 4, b = 3 e c = 5, determine (a) o módulo e (b) a orientação de $\vec{a} \times \vec{b}$, (c) o módulo e (d) a orientação de $\vec{a} \times \vec{c}$ e (e) o módulo e (f) orientação de $\vec{b} \times \vec{c}$. (Embora exista, o eixo z não é mostrado na figura.)

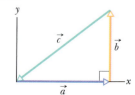

Figura 3.12 Problemas 33 e 54.

34 Dois vetores são dados por $\vec{a} = 3{,}0\hat{i} + 5{,}0\hat{j}$ e $\vec{b} = 2{,}0\hat{i} + 4{,}0\hat{j}$. Determine (a) $\vec{a} \times \vec{b}$, (b) $\vec{a} \cdot \vec{b}$, (c) $(\vec{a} + \vec{b}) \cdot \vec{b}$ e (d) a componente de $\vec{a}$ em relação a $\vec{b}$. [*Sugestão*: Para resolver o item (d), considere a Eq. 3.3.1 e a Fig. 3.3.1.]

35 Dois vetores, $\vec{r}$ e $\vec{s}$, estão no plano xy. Os módulos dos vetores são 4,50 unidades e 7,30 unidades, respectivamente, e eles estão orientados a 320° e 85,0°, respectivamente, no sentido anti-horário em relação ao semieixo x positivo. Quais são os valores de (a) $\vec{r} \cdot \vec{s}$ e (b) $\vec{r} \times \vec{s}$?

36 Se $\vec{d}_1 = 3\hat{i} - 2\hat{j} + 4\hat{k}$ e $\vec{d}_2 = -5\hat{i} + 2\hat{j} - \hat{k}$, determine $(\vec{d}_1 + \vec{d}_2) \cdot (\vec{d}_1 \times 4\vec{d}_2)$.

37 Três vetores são dados por $\vec{a} = 3{,}0\hat{i} + 3{,}0\hat{j} - 2{,}0\hat{k}$, $\vec{b} = -1{,}0\hat{i} - 4{,}0\hat{j} + 2{,}0\hat{k}$ e $\vec{c} = 2{,}0\hat{i} + 2{,}0\hat{j} + 1{,}0\hat{k}$. Determine (a) $\vec{a} \cdot (\vec{b} \times \vec{c})$, (b) $\vec{a} \cdot (\vec{b} + \vec{c})$ e (c) $\vec{a} \times (\vec{b} + \vec{c})$.

38 Determine $3\vec{C} \cdot (2\vec{A} \times \vec{B})$ para os três vetores a seguir.

$$\vec{A} = 2{,}00\hat{i} + 3{,}00\hat{j} - 4{,}00\hat{k}$$
$$\vec{B} = -3{,}00\hat{i} + 4{,}00\hat{j} + 2{,}00\hat{k} \qquad \vec{C} = 7{,}00\hat{i} - 8{,}00\hat{j}$$

39 O módulo do vetor $\vec{A}$ é 6,00 unidades, o módulo do vetor $\vec{B}$ é 7,00 unidades e $\vec{A} \cdot \vec{B} = 14{,}0$. Qual é o ângulo entre $\vec{A}$ e $\vec{B}$?

40 O deslocamento $\vec{d}_1$ está no plano yz, faz um ângulo de 63,0° com o semieixo y positivo, tem uma componente z positiva e tem um módulo de 4,50 m. O deslocamento $\vec{d}_2$ está no plano xz, faz um ângulo de 30,0° com o semieixo x positivo, tem uma componente z positiva e tem um módulo de 1,40 m. Determine (a) $\vec{d}_1 \cdot \vec{d}_2$; (b) $\vec{d}_1 \times \vec{d}_2$ e (c) o ângulo entre $\vec{d}_1$ e $\vec{d}_2$.

41 Use a definição de produto escalar, $\vec{a} \cdot \vec{b} = ab \cos\theta$ e o fato de que $\vec{a} \cdot \vec{b} = a_x b_x + a_y b_y + a_z b_z$ para calcular o ângulo entre os vetores $\vec{a} = 3{,}0\hat{i} + 3{,}0\hat{j} + 3{,}0\hat{k}$ e $\vec{b} = 2{,}0\hat{i} + 1{,}0\hat{j} + 3{,}0\hat{k}$.

42 Em um encontro de mímicos, o mímico 1 se desloca de $\vec{d}_1 = (4{,}0\ m)\hat{i} + (5{,}0\ m)\hat{j}$ e o mímico 2 se desloca de $\vec{d}_2 = (-3{,}0\ m)\hat{i} + (4{,}0\ m)\hat{j}$. Determine (a) $\vec{d}_1 \times \vec{d}_2$, (b) $\vec{d}_1 \cdot \vec{d}_2$, (c) $(\vec{d}_1 + \vec{d}_2) \cdot \vec{d}_2$ e (d) a componente de $\vec{d}_1$ em relação a $\vec{d}_2$. [*Sugestão*: Para resolver o item (d), ver a Eq. 3.3.1 e a Fig. 3.3.1.]

43 Os três vetores na Fig. 3.13 têm módulos $a = 3{,}00$ m, $b = 4{,}00$ m e $c = 10{,}0$ m; $\theta = 30{,}0°$. Determine (a) a componente x e (b) a componente y de $\vec{a}$; (c) a componente x e (d) a componente y de $\vec{b}$; (e) a componente x e (f) a componente y de $\vec{c}$. Se $\vec{c} = p\vec{a} + q\vec{b}$, quais são os valores de (g) p e (h) q?

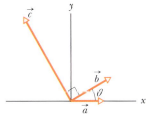

Figura 3.13 Problema 43.

44 No produto $\vec{F} = q\vec{v} \times \vec{B}$, faça $q = 2$,

$$\vec{v} = 2{,}0\hat{i} + 4{,}0\hat{j} + 6{,}0\hat{k} \quad \text{e} \quad \vec{F} = 4{,}0\hat{i} - 20\hat{j} + 12\hat{k}.$$

Determine $\vec{B}$, na notação dos vetores unitários, para $B_x = B_y$.

Problemas Adicionais

45 Os vetores $\vec{A}$ e $\vec{B}$ estão no plano xy. $\vec{A}$ tem módulo 8,00 e ângulo 130°; $\vec{B}$ tem componentes $B_x = -7{,}72$ e $B_y = -9{,}20$. (a) Determine $5\vec{A} \cdot \vec{B}$. Determine $4\vec{A} \times 3\vec{B}$ (b) na notação dos vetores unitários e (c) na notação módulo-ângulo em coordenadas esféricas (ver a Fig. 3.14).

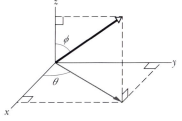

Figura 3.14 Problema 45.

(d) Determine o ângulo entre os vetores $\vec{A}$ e $4\vec{A} \times 3\vec{B}$ [*Sugestão*: Pense um pouco antes de iniciar os cálculos.] Determine $\vec{A} + 3{,}00\hat{k}$ (e) na notação dos vetores unitários e (f) na notação módulo-ângulo em coordenadas esféricas.

46 O vetor $\vec{a}$ tem módulo 5,0 m e aponta para o leste. O vetor $\vec{b}$ tem módulo 4,0 m e aponta na direção 35° a oeste do norte. Determine (a) o módulo e (b) a orientação do vetor $\vec{a} + \vec{b}$. Determine (c) o módulo e (d) a orientação do vetor $\vec{a} - \vec{b}$. (e) Desenhe os diagramas vetoriais correspondentes às duas combinações de vetores.

47 Os vetores $\vec{A}$ e $\vec{B}$ estão no plano xy. $\vec{A}$ tem módulo 8,00 e ângulo 130°; $\vec{B}$ tem componentes $B_x = -7{,}72$ e $B_y = -9{,}20$. Determine o ângulo entre o semieixo y negativo e (a) o vetor $\vec{A}$, (b) o vetor $\vec{A} \times \vec{B}$ e (c) o vetor $\vec{A} \times (\vec{B} + 3{,}00\hat{k})$.

48 Dois vetores $\vec{a}$ e $\vec{b}$ têm componentes, em metros, $a_x = 3{,}2$, $a_y = 1{,}6$, $b_x = 0{,}50$ e $b_y = 4{,}5$. (a) Determine o ângulo entre $\vec{a}$ e $\vec{b}$. Existem dois vetores no plano xy que são perpendiculares a $\vec{a}$ e têm um módulo de 5,0 m. Um, o vetor $\vec{c}$, tem uma componente x positiva; o outro, o vetor $\vec{d}$, tem uma componente x negativa. Determine (b) a componente x e (c) a componente y de $\vec{c}$; (d) a componente x e (e) a componente y de $\vec{d}$.

49 Um barco a vela parte do lado norte-americano do lago Erie para um ponto no lado canadense, 90,0 km ao norte. O navegante, contudo, termina 50,0 km a leste do ponto de partida. (a) Que distância e (b) em que direção deve navegar para chegar ao ponto desejado?

50 O vetor $\vec{d}_1$ é paralelo ao semieixo y negativo e o vetor $\vec{d}_2$ é paralelo ao semieixo x positivo. Determine a orientação (a) de $\vec{d}_2/4$ e (b) de $\vec{d}_1(-4)$. Determine o módulo (c) de $\vec{d}_1 \cdot \vec{d}_2$ e (d) de $\vec{d}_1 \cdot (\vec{d}_2/4)$. Determine a orientação (e) do vetor $\vec{d}_1 \times \vec{d}_2$ e (f) do vetor $\vec{d}_2 \times \vec{d}_1$. Determine o módulo (g) de $\vec{d}_1 \times \vec{d}_2$ e (h) de $\vec{d}_2 \times \vec{d}_1$. Determine (i) o módulo e (j) a orientação de $\vec{d}_1 \times (\vec{d}_2/4)$.

51 Uma *falha geológica* é uma ruptura ao longo da qual faces opostas de uma rocha deslizaram uma em relação à outra. Na Fig. 3.15, os pontos A e B coincidiam antes de a rocha em primeiro plano deslizar para a direita. O deslocamento total $\overrightarrow{AB}$ está no plano da falha. A componente horizontal de $\overrightarrow{AB}$ é o *rejeito horizontal AC*. A componente de $\overrightarrow{AB}$ dirigida para baixo no plano da falha é o *rejeito de mergulho AD*. (a) Qual é o módulo do deslocamento total $\overrightarrow{AB}$ se o rejeito horizontal é 22,0 m e o rejeito de mergulho é 17,0 m? (b) Se o plano da falha faz um ângulo $\phi = 52{,}0°$ com a horizontal, qual é a componente vertical de $\overrightarrow{AB}$?

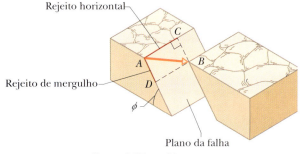

Figura 3.15 Problema 51.

52 São dados três deslocamentos em metros: $\vec{d}_1 = 4{,}0\hat{i} + 5{,}0\hat{j} - 6{,}0\hat{k}$, $\vec{d}_2 = -1{,}0\hat{i} + 2{,}0\hat{j} + 3{,}0\hat{k}$ e $\vec{d}_3 = 4{,}0\hat{i} + 3{,}0\hat{j} + 2{,}0\hat{k}$. (a) Determine $\vec{r} = \vec{d}_1 - \vec{d}_2 + \vec{d}_3$. (b) Determine o ângulo entre $\vec{r}$ e o semieixo z positivo. (c) Determine a componente de $\vec{d}_1$ em relação a $\vec{d}_2$. (d) Qual é a componente de $\vec{d}_1$ que é perpendicular a $\vec{d}_2$ e está no plano de $\vec{d}_1$ e $\vec{d}_2$? [*Sugestão*: Para resolver o item (c), considere a Eq. 3.3.1 e a Fig. 3.3.1; para resolver o item (d), considere a Eq. 3.3.5.]

53 Um vetor $\vec{a}$ de módulo 10 unidades e um vetor $\vec{b}$ de módulo 6,0 unidades fazem um ângulo de 60°. Determine (a) o produto escalar dos dois vetores e (b) o módulo do produto vetorial $\vec{a} \times \vec{b}$.

54 Para os vetores da Fig. 3.12, com $a = 4$, $b = 3$ e $c = 5$, calcule (a) $\vec{a} \cdot \vec{b}$, (b) $\vec{a} \cdot \vec{c}$ e (c) $\vec{b} \cdot \vec{c}$.

55 Uma partícula sofre três deslocamentos sucessivos em um plano: $\vec{d}_1$, 4,00 m para sudoeste, $\vec{d}_2$, 5,00 m para o leste, e $\vec{d}_3$, 6,00 em uma direção 60,0° ao norte do leste. Use um sistema de coordenadas com o eixo y apontando para o norte e o eixo x apontando para o leste. Determine (a) a componente x e (b) a componente y de $\vec{d}_1$. Determine (c) a componente x e (d) a componente y de $\vec{d}_2$. Determine (e) a componente x e (f) a componente y de $\vec{d}_3$. Considere o deslocamento *total* da partícula após os três deslocamentos. Determine (g) a componente x, (h) a componente y, (i) o módulo e (j) a orientação do deslocamento total. Para que a partícula volte ao ponto de partida (k) que distância deve percorrer e (l) em que direção deve se deslocar?

56 Determine a soma dos quatro vetores a seguir (a) em termos dos vetores unitários e em termos (b) do módulo e (c) do ângulo em relação ao semieixo x positivo.

$\vec{P}$: 10,0 m, 25,0° no sentido anti-horário em relação a $+x$
$\vec{Q}$: 12,0 m, 10,0° no sentido anti-horário em relação a $+y$
$\vec{R}$: 8,00 m, 20,0° no sentido horário em relação a $-y$
$\vec{S}$: 9,00 m, 40,0° no sentido anti-horário em relação a $-y$

57 Se $\vec{B}$ é somado a $\vec{A}$, o resultado é $6,0\hat{i} + 1,0\hat{j}$. Se $\vec{B}$ é subtraído de $\vec{A}$, o resultado é $-4,0\hat{i} + 7,0\hat{j}$. Qual é o módulo de $\vec{A}$?

58 Um vetor $\vec{d}$ tem módulo 2,5 m e aponta para o norte. Determine (a) o módulo e (b) a orientação de $4,0\vec{d}$. Determine (c) o módulo e (d) a orientação de $-3,0\vec{d}$.

59 O vetor $\vec{A}$ tem um módulo de 12,0 m e faz um ângulo de 60,0° no sentido anti-horário com o semieixo x positivo de um sistema de coordenadas xy. O vetor $\vec{B}$ é dado por $(12,0 \text{ m})\hat{i} + (8,00 \text{ m})\hat{j}$ no mesmo sistema de coordenadas. O sistema de coordenadas sofre uma rotação de 20,0° no sentido anti-horário em torno da origem para formar um sistema $x'y'$. Determine os vetores (a) $\vec{A}$ e (b) $\vec{B}$ na notação dos vetores unitários do novo sistema.

60 Se $-\vec{b} = 2\vec{c}$, $\vec{a} + \vec{b} = 4\vec{c}$ e $\vec{c} = 3\hat{i} + 4\hat{j}$, determine (a) $\vec{a}$ e (b) $\vec{b}$.

61 (a) Determine, na notação dos vetores unitários, $\vec{r} = \vec{a} - \vec{b} + \vec{c}$ para $\vec{a} = 5,0\hat{i} + 4,0\hat{j} - 6,0\hat{k}$, $\vec{b} = -2,0\hat{i} + 2,0\hat{j} + 3,0\hat{k}$ e $\vec{c} = 4,0\hat{i} + 3,0\hat{j} + 2,0\hat{k}$. (b) Calcule o ângulo entre $\vec{r}$ e o semieixo z positivo. (c) Determine a componente de $\vec{a}$ em relação a $\vec{b}$. (d) Determine a componente de $\vec{a}$ em uma direção perpendicular a $\vec{b}$, no plano definido por $\vec{a}$ e $\vec{b}$. [*Sugestão*: Para resolver o item (c), ver Eq. 3.3.1 e a Fig. 3.3.1; para resolver o item (d), ver Eq. 3.3.5.]

62 Um jogador de golfe precisa de três tacadas para colocar a bola no buraco. A primeira tacada lança a bola 3,66 m para o norte, a segunda 1,83 m para o sudeste e a terceira 0,91 m para o sudoeste. Determine (a) o módulo e (b) a direção do deslocamento necessário para colocar a bola no buraco na primeira tacada.

63 São dados três vetores em metros:

$$\vec{d}_1 = -3,0\hat{i} + 3,0\hat{j} + 2,0\hat{k}$$
$$\vec{d}_2 = -2,0\hat{i} - 4,0\hat{j} + 2,0\hat{k}$$
$$\vec{d}_3 = 2,0\hat{i} + 3,0\hat{j} + 1,0\hat{k}.$$

Determine (a) $\vec{d}_1 \cdot (\vec{d}_2 + \vec{d}_3)$, (b) $\vec{d}_1 \cdot (\vec{d}_2 \times \vec{d}_3)$ e (c) $\vec{d}_1 \times (\vec{d}_2 + \vec{d}_3)$.

64 As dimensões de uma sala são 3,00 m (altura) × 3,70 m × 4,30 m. Uma mosca parte de um canto da sala e pousa em um canto diagonalmente oposto. (a) Qual é o módulo do deslocamento da mosca? (b) A distância percorrida pode ser menor que este valor? (c) Pode ser maior? (d) Pode ser igual? (e) Escolha um sistema de coordenadas apropriado e expresse as componentes do vetor deslocamento na notação dos vetores unitários. (f) Se a mosca caminhar, em vez de voar, qual é o comprimento do caminho mais curto para o outro canto? (*Sugestão*: O problema pode ser resolvido sem fazer cálculos complicados. A sala é como uma caixa; desdobre as paredes para representá-las em um mesmo plano antes de procurar uma solução.)

65 Um manifestante com placa de protesto parte da origem de um sistema de coordenadas xyz, com o plano xy na horizontal. Ele se desloca 40 m no sentido negativo do eixo x, faz uma curva de 90° à esquerda, caminha mais 20 m e sobe até o alto de uma torre com 25 m de altura. (a) Na notação dos vetores unitários, qual é o deslocamento da placa do início ao fim? (b) O manifestante deixa cair a placa, que vai parar na base da torre. Qual é o módulo do deslocamento total, do início até esse novo fim?

66 Considere um vetor $\vec{a}$ no sentido positivo do eixo x, um vetor $\vec{b}$ no sentido positivo do eixo y, e um escalar d. Qual é a orientação do vetor $\vec{b}/d$ (a) se d for positivo e (b) se d for negativo? (c) Qual é o valor absoluto de $\vec{a} \cdot \vec{b}$? (d) Qual é o valor absoluto de $\vec{a} \cdot \vec{b}/d$? (e) Qual é a orientação do vetor $\vec{a} \times \vec{b}$? (f) Qual é a orientação do vetor $\vec{b} \times \vec{a}$? (g) Qual é o módulo do vetor $\vec{a} \times \vec{b}$? (h) Qual é o módulo do vetor $\vec{b} \times \vec{a}$? Supondo que d seja positivo, (i) qual é o módulo do vetor $\vec{a} \times \vec{b}/d$? (j) Qual é a orientação do vetor $\vec{a} \times \vec{b}/d$?

67 Suponha que o vetor unitário $\hat{i}$ aponta para o leste, o vetor unitário $\hat{j}$ aponta para o norte e o vetor unitário $\hat{k}$ aponta para cima. Quanto valem os produtos (a) $\hat{i} \cdot \hat{k}$, (b) $(-\hat{k}) \cdot (-\hat{j})$ e (c) $\hat{j} \cdot (-\hat{j})$? Quais são as orientações (por exemplo, para o leste ou para baixo) dos produtos (d) $\hat{k} \times \hat{j}$, (e) $(-\hat{i}) \times (-\hat{j})$ e (f) $(-\hat{k}) \times (-\hat{j})$?

68 Um banco no centro de Boston é assaltado (ver mapa da Fig. 3.16). Os bandidos fogem de helicóptero e, tentando despistar a polícia, fazem três voos em sequência, descritos pelos seguintes deslocamentos: 32 km, 45° ao sul do leste; 53 km, 26° ao norte do oeste; 26 km, 18° a leste do sul. No fim do terceiro voo, são capturados. Em que cidade os bandidos foram presos?

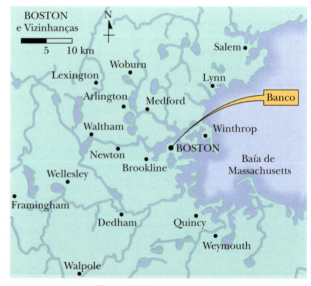

Figura 3.16 Problema 68.

69 Uma roda com um raio de 45,0 cm rola, sem escorregar, em um piso horizontal (Fig. 3.17). No instante t_1, o ponto P pintado na borda da roda está no ponto de contato entre a roda e o piso. Em um instante posterior t_2, a roda descreveu meia revolução. Determine (a) o módulo e (b) o ângulo (em relação ao piso) do deslocamento do ponto P.

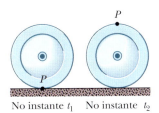

Figura 3.17 Problema 69.

70 Uma mulher caminha 250 m na direção 30° a leste do norte e, em seguida, caminha 175 m na direção leste. Determine (a) o módulo e (b) o ângulo do deslocamento total da mulher em relação ao ponto de partida. (c) Determine a distância total percorrida. (d) Qual é maior, a distância percorrida ou o módulo do deslocamento?

71 Um vetor $\vec{d}$ tem um módulo de 3,0 m e aponta para o sul. Determine (a) o módulo e (b) a orientação do vetor $5,0\vec{d}$. Determine (c) o módulo e (d) a orientação do vetor $-2,0\vec{d}$.

72 Uma formiga-de-fogo, em busca de molho picante em uma área de piquenique, executa três deslocamentos sucessivos no nível do solo: $\vec{d}_1$, de 0,40 m para o sudoeste (ou seja, 45° entre sul e oeste), $\vec{d}_2$, de 0,50 m para o leste, e $\vec{d}_3$, de 0,60 m em uma direção 60° ao norte do leste. Suponha que o sentido positivo do eixo x aponte para o leste e o sentido positivo do eixo y aponte para o norte. Quais são (a) a componente x e (b) a componente y de $\vec{d}_1$? Quais são (c) a componente x e (d) a componente y de $\vec{d}_2$? Quais são (e) a componente x e (f) a componente y de $\vec{d}_3$?

Quais são (g) a componente x e (h) a componente y, (i) o módulo e (j) o sentido do deslocamento total da formiga? Para a formiga voltar diretamente ao ponto de partida, (k) que distância ela deve percorrer e (l) em que direção deve se mover?

73 Dois vetores são dados por $\vec{a} = 3,0\hat{i} + 5,0\hat{j}$ e $\vec{b} = 2,0\hat{i} + 4,0\hat{j}$. Determine (a) $\vec{a} \times \vec{b}$, (b) $\vec{a} \cdot \vec{b}$, (c) $(\vec{a} + \vec{b}) \cdot \vec{b}$ e (d) a componente de $\vec{a}$ em relação a $\vec{b}$.

74 O vetor $\vec{a}$ está no plano yz, faz um ângulo de 63,0° com o semieixo y positivo, tem uma componente z positiva e tem um módulo de 3,20 unidades. O vetor $\vec{b}$ está no plano xz, faz um ângulo de 48,0° com o semieixo x positivo, tem uma componente z positiva e tem um módulo de 1,40 unidade. Determine (a) $\vec{a} \cdot \vec{b}$, (b) $\vec{a} \times \vec{b}$ e (c) o ângulo entre $\vec{a}$ e $\vec{b}$.

75 Determine (a) o produto vetorial de "norte" e "oeste", (b) o produto escalar de "para baixo" e "sul", (c) o produto vetorial de "leste" e "para cima", (d) o produto escalar de "oeste" e "oeste" e (e) o produto vetorial de "sul" e "sul". Suponha que todos os vetores têm módulo unitário.

76 Um vetor $\vec{B}$, cujo módulo é 8,0 m, é somado a um vetor $\vec{A}$, que coincide com o eixo x. A soma dos dois vetores é um vetor que coincide com o eixo y e cujo módulo é duas vezes maior que o módulo de $\vec{A}$. Qual é o módulo de $\vec{A}$?

77 Um homem sai para passear, partindo da origem de um sistema de coordenadas xyz, com o plano xy horizontal e o eixo x apontando para o leste. Carregando uma moeda falsa no bolso, ele caminha 1.300 m para o leste, caminha mais 2.200 m para o norte e deixa cair a moeda do alto de um penhasco com 410 m de altura. (a) Qual é o deslocamento da moeda, na notação dos vetores unitários, do ponto de partida até o ponto em que ela chega ao solo? (b) Qual é o módulo do deslocamento do homem no percurso de volta ao ponto de partida?

78 Qual é o módulo de $\vec{a} \times (\vec{b} \times \vec{a})$ se $a = 3,90$, $b = 2,70$ e o ângulo entre os dois vetores é 63,0°?

79 *Labirinto de sebes.* O labirinto de sebes é um labirinto formado por sebes bem altas. Depois de entrar no labirinto, você deve encontrar o ponto central e, em seguida, descobrir a saída. A Fig. 3.18a mostra a entrada do labirinto e as duas mudanças de direção necessárias para ir do ponto i ao ponto c. O percurso corresponde aos três deslocamentos mostrados na vista aérea da Fig. 3.18b: $d_1 = 6,00$ m e $\theta_1 = 40°$, $d_2 = 8,00$ m e $\theta_2 = 30°$ e $d_3 = 5,00$ m e $\theta_3 = 0°$, em que o último deslocamento é paralelo ao eixo x. Quais são o módulo e o ângulo do deslocamento total $\vec{d}$ do ponto c em relação ao ponto i?

80 *Produto escalar e produto vetorial.* Temos dois vetores:

$$\vec{a} = a_x\hat{i} + a_y\hat{j}$$
$$\vec{b} = b_x\hat{i} + b_y\hat{j}.$$

Qual é o valor da razão b_y/b_x se $\vec{a} \cdot \vec{b} = 0$ e (b) $\vec{a} \times \vec{b} = 0$?

81 *Orientação.* Em uma aula de orientação, você recebe a missão de se afastar o máximo possível do acampamento usando três movimentos em linha reta. Você pode usar os seguintes deslocamentos, em qualquer ordem: (a) $\vec{a}$, 2,0 km para o leste; (b) $\vec{b}$, 2,0 km 30° ao norte do leste; (c) $\vec{c}$, 1,0 km para o oeste. Você também pode substituir $-\vec{b}$ por $\vec{b}$ ou $-\vec{c}$ por $\vec{c}$. Qual é a maior distância que você pode atingir com esses deslocamentos?

82 *Trilha no Monte Lafayette.* A Fig. 3.19 mostra uma trilha, conhecida como Old Bridle Path, com 5,8 km de comprimento, que começa no ponto indicado no mapa, a uma altitude de 1.770 pés, e vai até o cume do Mt. Lafayette, a uma altitude de 5.250 pés, no estado americano de

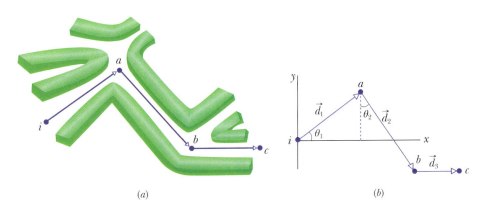

Figura 3.18 Problema 79.

New Hampshire. Quais são os valores (a) do módulo L e (b) do ângulo de elevação θ (em relação à horizontal) do deslocamento de uma pessoa que percorre a trilha do início ao fim? (Determine a componente do deslocamento no plano do mapa usando a escala que aparece abaixo do mapa.)

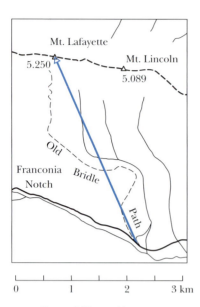

Figura 3.19 Problema 82.

83 *Trepa-trepa, produtos escalares, vetores unitários.* Um sistema de coordenadas é associado às barras de um grande trepa-trepa tridimensional (Fig. 3.20). Você parte da origem e se desloca de acordo com as instruções a seguir. A direção de cada movimento é indicada diretamente, mas a *distância* (em metros) percorrida em cada movimento deve ser determinada calculando o produto escalar de dois vetores, $\vec{A}$ e $\vec{B}$. Assim, por exemplo, o primeiro movimento é 21 m da direção $-x$. Qual é o módulo d do deslocamento em relação à origem?

(a) $-x, \vec{A} = 3,0\hat{i}, \vec{B} = 7,0\hat{i}$
(b) $-z, \vec{A} = 2,0\hat{k}, \vec{B} = 3,0\hat{j}$
(c) $+y, \vec{A} = 5,0\hat{j}, \vec{B} = 3,0\hat{j}$
(d) $+x, \vec{A} = 7,0\hat{k}, \vec{B} = 2,0\hat{k}$
(e) $-z, \vec{A} = 3,0\hat{i}, \vec{B} = 2,0\hat{i}$
(f) $-y, \vec{A} = 3,0\hat{i}, \vec{B} = 7,0\hat{j}$

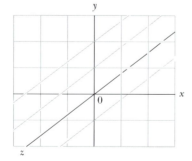

Figura 3.20 Problemas 83 a 86.

84 *Trepa-trepa, produtos vetoriais, vetores unitários.* Um sistema de coordenadas é associado às barras de um grande trepa-trepa tridimensional (Fig. 3.20). Você parte da origem e se desloca de acordo com as instruções a seguir. A distância (em metros) e a direção de cada movimento são dadas pelo produto vetorial de dois vetores $\vec{A}$ e $\vec{B}$. Assim, por exemplo, o primeiro movimento é 18 m na direção $+z$. Qual é o módulo d do deslocamento em relação à origem?

(a) $\vec{A} = 3,0\hat{i}, \vec{B} = 6,0\hat{j}$
(b) $\vec{A} = -4,0\hat{i}, \vec{B} = 3,0\hat{k}$
(c) $\vec{A} = 2,0\hat{j}, \vec{B} = 4,0\hat{k}$
(d) $\vec{A} = 3,0\hat{j}, \vec{B} = -8,0\hat{j}$
(e) $\vec{A} = 4,0\hat{k}, \vec{B} = -2,0\hat{i}$
(f) $\vec{A} = 2,0\hat{i}, \vec{B} = -4,0\hat{j}$

85 *Trepa-trepa, produtos escalares, módulo e ângulo.* Um sistema de coordenadas é associado às barras de um grande trepa-trepa tridimensional (Fig. 3.20). Você parte da origem e se desloca de acordo com as instruções a seguir. A direção de cada movimento é indicada diretamente, mas a *distância* (em metros) percorrida em cada movimento deve ser determinada calculando o produto escalar de dois vetores $\vec{A}$ e $\vec{B}$, calculado a partir dos módulos dos dois vetores e do ângulo θ entre eles. Assim, por exemplo, o primeiro movimento é 6,0 m da direção $+x$. Qual é o módulo d do deslocamento em relação à origem?

(a) $+x, A = 3,0, B = 4,0, \theta = 60°$
(b) $+y, A = 4,0, B = 5,0, \theta = 90°$
(c) $-z, A = 6,0, B = 5,0, \theta = 120°$
(d) $-x, A = 5,0, B = 4,0, \theta = 0°$
(e) $-y, A = 4,0, B = 7,0, \theta = 60°$
(f) $+z, A = 4,0, B = 10, \theta = 60°$

86 *Trepa-trepa, produtos escalares, módulo e ângulo.* Um sistema de coordenadas é associado às barras de um grande trepa-trepa tridimensional (Fig. 3.20). Você parte da origem e se desloca de acordo com as instruções a seguir. A direção de cada movimento é indicada diretamente, mas a *distância* (em metros) percorrida em cada movimento deve ser determinada calculando o módulo do produto vetorial de dois vetores $\vec{A}$ e $\vec{B}$, calculado a partir dos módulos dos dois vetores e do ângulo θ entre eles. Assim, por exemplo, o primeiro movimento é 12 m da direção $+y$. Qual é o módulo d do deslocamento em relação à origem?

(a) $+y, A = 3,0, B = 4,0, \theta = 90°$
(b) $-z, A = 3,0, B = 2,0, \theta = 30°$
(c) $-y, A = 6,0, B = 8,0, \theta = 0°$
(d) $+x, A = 4,0, B = 5,0, \theta = 150°$
(e) $-y, A = 7,0, B = 2,0, \theta = 30°$
(f) $-x, A = 4,0, B = 3,0, \theta = 90°$

87 *Rali de estrada.* A Fig. 3.21 mostra parte do mapa de um rali de estrada. Partindo da origem, você deve usar as estradas disponíveis para fazer os seguintes deslocamentos: (1) $\vec{a}$, módulo 36 km, na direção leste, para chegar ao posto de controle Able; (2) $\vec{b}$, na direção norte, para chegar ao posto de controle Baker; (3) $\vec{c}$, módulo 25 km, fazendo o ângulo indicado na figura com o eixo *x*, para chegar ao posto de controle Charlie. O módulo do deslocamento total $\vec{d}$ a partir da origem é 62,0 km. Qual é o módulo *b* do deslocamento $\vec{b}$?

88 *Minigolfe vetorial.* A Fig. 3.22 mostra um reticulado superposto a um campo de minigolfe. O tee está no canto inferior esquerdo e você deve colocar a bola no buraco em três tacadas. Acontece que você só pode usar os deslocamentos a seguir (dados em metros) e não pode repetir um deslocamento. Que combinação de deslocamentos leva a bola até o buraco sem que ela saia do campo?

A: $6,0\hat{i} + 2,0\hat{j}$ B: $-2,0\hat{i} - 1,0\hat{j}$ C: $4,0\hat{i} + 5,0\hat{j}$ D: $4,0\hat{i}$

E: $2,0\hat{i} + 6,0\hat{j}$ F: $2,0\hat{i} - 3,5\hat{j}$ G: 1,0 m, a 90° com $+x$

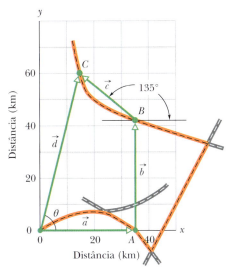

Figura 3.21 Problema 87.

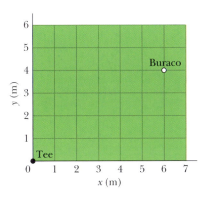

Figura 3.22 Problema 88.

CAPÍTULO 4

Movimento em Duas e Três Dimensões

4.1 POSIÇÃO E DESLOCAMENTO

Objetivos do Aprendizado

Depois de ler este módulo, você será capaz de ...

4.1.1 Desenhar vetores posição bidimensionais e tridimensionais de uma partícula, indicando as componentes em relação aos eixos de um sistema de coordenadas.

4.1.2 Para um dado sistema de coordenadas, determinar a orientação e o módulo do vetor posição de uma partícula a partir das componentes, e vice-versa.

4.1.3 Usar a relação entre o vetor deslocamento de uma partícula e os vetores das posições inicial e final.

Ideias-Chave

● A localização de uma partícula em relação à origem de um sistema de coordenadas é dada por um vetor posição $\vec{r}$ que, na notação dos vetores unitários, pode ser expresso na forma

$$\vec{r} = x\hat{i} + y\hat{j} + z\hat{k}.$$

em que $x\hat{i}$, $y\hat{j}$ e $z\hat{k}$ são as componentes vetoriais do vetor posição $\vec{r}$ e x, y e z são as componentes escalares (e, também, as coordenadas da partícula).

● O vetor posição pode ser representado por um módulo e um ou dois ângulos, ou por suas componentes vetoriais ou escalares.

● Se uma partícula se move de tal forma que seu vetor posição muda de $\vec{r}_1$ para $\vec{r}_2$, o deslocamento $\Delta\vec{r}$ da partícula é dado por

$$\Delta\vec{r} = \vec{r}_2 - \vec{r}_1.$$

O deslocamento também pode ser expresso na forma

$$\Delta\vec{r} = (x_2 - x_1)\hat{i} + (y_2 - y_1)\hat{j} + (z_2 - z_1)\hat{k}$$
$$= \Delta x\hat{i} + \Delta y\hat{j} + \Delta z\hat{k}.$$

O que É Física?

Neste capítulo, continuamos a estudar a parte da física que analisa o movimento, mas agora os movimentos podem ser em duas ou três dimensões. Médicos e engenheiros aeronáuticos, por exemplo, precisam conhecer a física das curvas realizadas por pilotos de caça durante os combates aéreos, já que os jatos modernos fazem curvas tão rápidas que o piloto pode perder momentaneamente a consciência. Um engenheiro esportivo talvez esteja interessado na física do basquetebol. Quando um jogador vai cobrar um *lance livre* (em que o jogador lança a bola em direção à cesta, sem marcação, de uma distância de 4,3 m), pode arremessar a bola da altura dos ombros ou da altura da cintura. A primeira técnica é usada pela maioria esmagadora dos jogadores profissionais, mas o legendário Rick Barry estabeleceu o recorde de aproveitamento de lances livres usando a segunda. CVF

Não é fácil compreender os movimentos em três dimensões. Por exemplo: o leitor provavelmente é capaz de dirigir um carro em uma rodovia (movimento em uma dimensão), mas teria muita dificuldade para pousar um avião (movimento em três dimensões) sem um treinamento adequado.

Iniciaremos nosso estudo do movimento em duas e três dimensões com as definições de posição e deslocamento.

MOVIMENTO EM DUAS E TRÊS DIMENSÕES 67

Posição e Deslocamento 🔵 4.1

A localização de uma partícula (ou de um objeto que se comporte como uma partícula) pode ser especificada, de forma geral, por meio do **vetor posição** $\vec{r}$, um vetor que liga um ponto de referência (a origem de um sistema de coordenadas, na maioria dos casos) à partícula. Na notação dos vetores unitários do Módulo 3.2, $\vec{r}$ pode ser escrito na forma

$$\vec{r} = x\hat{i} + y\hat{j} + z\hat{k}, \qquad (4.1.1)$$

em que $x\hat{i}$, $y\hat{j}$ e $z\hat{k}$ são as componentes vetoriais de $\vec{r}$ e x, y e z são as componentes escalares.

Os coeficientes x, y e z fornecem a localização da partícula em relação à origem ao longo dos eixos de coordenadas; em outras palavras, (x, y, z) são as coordenadas retangulares da partícula. A Fig. 4.1.1, por exemplo, mostra uma partícula cujo vetor posição é

$$\vec{r} = (-3\text{ m})\hat{i} + (2\text{ m})\hat{j} + (5\text{ m})\hat{k}$$

e cujas coordenadas retangulares são $(-3\text{ m}, 2\text{ m}, 5\text{ m})$. Ao longo do eixo x, a partícula está a 3 m de distância da origem, no sentido oposto ao do vetor unitário $\hat{i}$. Ao longo do eixo y, está a 2 m de distância da origem, no sentido do vetor unitário $\hat{j}$. Ao longo do eixo z, está a 5 m de distância da origem, no sentido do vetor unitário $\hat{k}$.

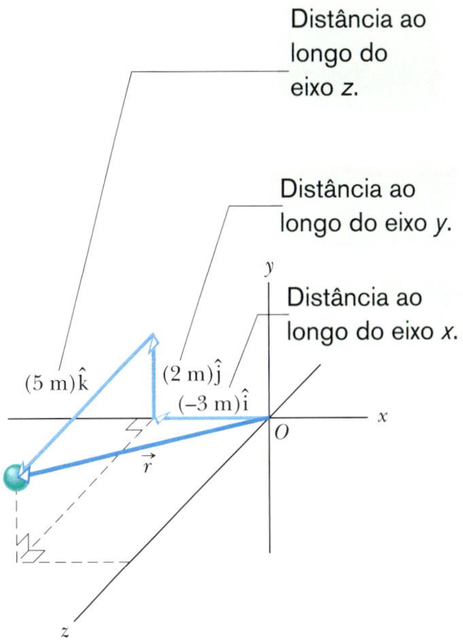

Quando uma partícula se move, o vetor posição varia de tal forma que sempre liga o ponto de referência (origem) à partícula. Se o vetor posição varia de $\vec{r}_1$ para $\vec{r}_2$, digamos, durante um intervalo de tempo Δt, o **deslocamento** da partícula, $\Delta\vec{r}$ durante o intervalo de tempo Δt é dado por

$$\Delta\vec{r} = \vec{r}_2 - \vec{r}_1. \qquad (4.1.2)$$

Usando a notação dos vetores unitários da Eq. 4.1.1, podemos escrever esse deslocamento como

$$\Delta\vec{r} = (x_2\hat{i} + y_2\hat{j} + z_2\hat{k}) - (x_1\hat{i} + y_1\hat{j} + z_1\hat{k})$$

ou como

$$\Delta\vec{r} = (x_2 - x_1)\hat{i} + (y_2 - y_1)\hat{j} + (z_2 - z_1)\hat{k}, \qquad (4.1.3)$$

em que as coordenadas (x_1, y_1, z_1) correspondem ao vetor posição $\vec{r}_1$, e as coordenadas (x_2, y_2, z_2) correspondem ao vetor posição $\vec{r}_2$. Podemos também escrever o vetor deslocamento substituindo $(x_2 - x_1)$ por Δx, $(y_2 - y_1)$ por Δy e $(z_2 - z_1)$ por Δz:

$$\Delta\vec{r} = \Delta x\hat{i} + \Delta y\hat{j} + \Delta z\hat{k}. \qquad (4.1.4)$$

Figura 4.1.1 Vetor posição $\vec{r}$ de uma partícula é a soma vetorial das componentes vetoriais.

Teste 4.1.1

Um morcego voa das coordenadas $(-2\text{ m}, 4\text{ m}, -3\text{ m})$ para as coordenadas $(6\text{ m}, -2\text{ m}, -3\text{ m})$. O vetor deslocamento do morcego é paralelo a que plano?

Exemplo 4.1.1   Vetor posição bidimensional: movimento de um coelho 🔵 4.1

Um coelho atravessa um estacionamento, no qual, por alguma razão, um conjunto de eixos coordenados foi desenhado. As coordenadas da posição do coelho, em metros, em função do tempo t, em segundos, são dadas por

$$x = -0,31t^2 + 7,2t + 28 \qquad (4.1.5)$$

e

$$y = 0,22t^2 - 9,1t + 30. \qquad (4.1.6)$$

(a) No instante $t = 15$ s, qual é o vetor posição $\vec{r}$ do coelho na notação dos vetores unitários e na notação módulo-ângulo?

IDEIA-CHAVE

As coordenadas x e y da posição do coelho, dadas pelas Eqs. 4.1.5 e 4.1.6, são as componentes escalares do vetor posição $\vec{r}$ do coelho. Vamos calcular o valor dessas coordenadas no instante dado e usar a Eq. 3.1.6 para determinar o módulo e a orientação do vetor posição.

Cálculos: Podemos escrever

$$\vec{r}(t) = x(t)\hat{i} + y(t)\hat{j}. \qquad (4.1.7)$$

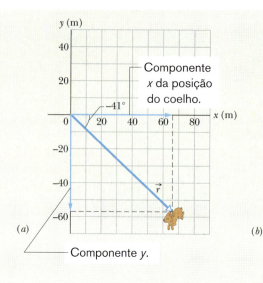
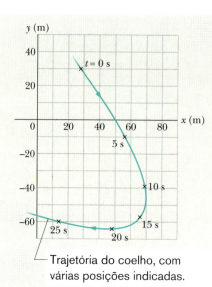

Figura 4.1.2 (a) Vetor posição de um coelho, $\vec{r}$, no instante $t = 15$ s. As componentes escalares de $\vec{r}$ são mostradas ao longo dos eixos. (b) A trajetória do coelho e a posição do animal para seis valores de t.

[Escrevemos $\vec{r}(t)$ em vez de $\vec{r}$ porque as componentes são funções de t e, portanto, $\vec{r}$ também é função de t.]
Em $t = 15$ s, as componentes escalares são

$$x = (-0{,}31)(15)^2 + (7{,}2)(15) + 28 = 66 \text{ m}$$

e $\quad y = (0{,}22)(15)^2 - (9{,}1)(15) + 30 = -57$ m,

o que nos dá $\quad \vec{r} = (66 \text{ m})\,\hat{i} - (57 \text{ m})\,\hat{j},\quad$ (Resposta)

cujo desenho pode ser visto na Fig. 4.1.2a. Para obter o módulo e o ângulo de $\vec{r}$ usamos a Eq. 3.1.6:

$$r = \sqrt{x^2 + y^2} = \sqrt{(66 \text{ m})^2 + (-57 \text{ m})^2} = 87 \text{ m}, \quad \text{(Resposta)}$$

e $\theta = \tan^{-1}\dfrac{y}{x} = \tan^{-1}\left(\dfrac{-57 \text{ m}}{66 \text{ m}}\right) = -41°.\quad$ (Resposta)

Verificação: Embora $\theta = 139°$ possua a mesma tangente que $-41°$, os sinais das componentes de $\vec{r}$ indicam que o ângulo desejado é $139° - 180° = -41°$.

(b) Desenhe o gráfico da trajetória do coelho, de $t = 0$ a $t = 25$ s.

Plotagem: Podemos repetir a parte (a) para vários valores de t e plotar os resultados. A Fig. 4.1.2b mostra os pontos do gráfico para seis valores de t e a curva que liga esses pontos.

4.2 VELOCIDADE MÉDIA E VELOCIDADE INSTANTÂNEA

Objetivos do Aprendizado

Depois de ler este módulo, você será capaz de ...

4.2.1 Saber que a velocidade é uma grandeza vetorial e, portanto, possui um módulo e uma orientação, e pode ser representada por componentes.

4.2.2 Desenhar vetores velocidade bidimensionais e tridimensionais para uma partícula, indicando as componentes em relação a um sistema de coordenadas.

4.2.3 Relacionar os vetores das posições inicial e final, o intervalo de tempo entre as duas posições e o vetor velocidade média de uma partícula, utilizando a notação módulo-ângulo e a notação dos vetores unitários.

4.2.4 Dado o vetor posição de uma partícula em função do tempo, determinar o vetor velocidade instantânea.

Ideias-Chave

- Se uma partícula sofre um deslocamento $\Delta \vec{r}$ em um intervalo de tempo Δt, a velocidade média $\vec{v}_{méd}$ da partícula nesse intervalo de tempo é dada por

$$\vec{v}_{méd} = \dfrac{\Delta \vec{r}}{\Delta t}.$$

- O limite de $\vec{v}_{méd}$ quando Δt tende a zero é a velocidade instantânea (ou, simplesmente, velocidade) $\vec{v}$:

$$\vec{v} = \dfrac{d\vec{r}}{dt},$$

que, na notação dos vetores unitários, assume a forma

$$\vec{v} = v_x\hat{i} + v_y\hat{j} + v_z\hat{k},$$

em que $v_x = dx/dt$, $v_y = dy/dt$ e $v_z = dz/dt$.

- A orientação da velocidade instantânea $\vec{v}$ de uma partícula é sempre a mesma da tangente à trajetória na posição em que a partícula se encontra no momento.

Velocidade Média e Velocidade Instantânea

Se uma partícula se move de um ponto para outro, podemos estar interessados em saber com que rapidez a partícula está se movendo. Como no Capítulo 2, podemos definir duas grandezas que expressam a "rapidez" de um movimento: *velocidade média* e *velocidade instantânea*. No caso de um movimento bidimensional ou tridimensional, porém, devemos considerar essas grandezas como vetores e usar a notação vetorial.

Se uma partícula sofre um deslocamento $\Delta \vec{r}$ em um intervalo de tempo Δt, a **velocidade média** $\vec{v}_{méd}$ é dada por

$$\text{velocidade média} = \frac{\text{deslocamento}}{\text{intervalo de tempo}},$$

ou
$$\vec{v}_{méd} = \frac{\Delta \vec{r}}{\Delta t}. \qquad (4.2.1)$$

Essa equação nos diz que a orientação de $\vec{v}_{méd}$ (o vetor do lado esquerdo da Eq. 4.2.1) é igual à do deslocamento $\Delta \vec{r}$ (o vetor do lado direito). Usando a Eq. 4.1.4, podemos escrever a Eq. 4.2.1 em termos das componentes vetoriais:

$$\vec{v}_{méd} = \frac{\Delta x \hat{i} + \Delta y \hat{j} + \Delta z \hat{k}}{\Delta t} = \frac{\Delta x}{\Delta t}\hat{i} + \frac{\Delta y}{\Delta t}\hat{j} + \frac{\Delta z}{\Delta t}\hat{k}. \qquad (4.2.2)$$

Assim, por exemplo, se uma partícula sofre um deslocamento de $(12 \text{ m})\hat{i} + (3{,}0 \text{ m})\hat{k}$ em 2,0 s, a velocidade média durante o movimento é

$$\vec{v}_{méd} = \frac{\Delta \vec{r}}{\Delta t} = \frac{(12 \text{ m})\hat{i} + (3{,}0 \text{ m})\hat{k}}{2{,}0 \text{ s}} = (6{,}0 \text{ m/s})\hat{i} + (1{,}5 \text{ m/s})\hat{k}.$$

Nesse caso, portanto, a velocidade média (uma grandeza vetorial) tem uma componente de 6,0 m/s em relação ao eixo x e uma componente de 1,5 m/s em relação ao eixo z.

Quando falamos da **velocidade** de uma partícula, em geral estamos nos referindo à **velocidade instantânea** $\vec{v}$ em um dado instante. Essa velocidade $\vec{v}$ é o valor para o qual tende a velocidade $\vec{v}_{méd}$ quando o intervalo de tempo Dt tende a zero. Usando a linguagem do cálculo, podemos escrever $\vec{v}$ como a derivada

$$\vec{v} = \frac{d\vec{r}}{dt}. \qquad (4.2.3)$$

A Fig. 4.2.1 mostra a trajetória de uma partícula que se move no plano xy. Quando a partícula se desloca para a direita ao longo da curva, o vetor posição gira para a direita. Durante o intervalo de tempo Δt, o vetor posição muda de $\vec{r}_1$ para $\vec{r}_2$ e o deslocamento da partícula é $\Delta \vec{r}$.

Para determinar a velocidade instantânea da partícula no instante t_1 (instante em que a partícula está na posição 1), reduzimos o intervalo de tempo Dt nas vizinhanças de t_1, fazendo-o tender a zero. Com isso, três coisas acontecem: (1) O vetor posição $\vec{r}_2$ da Fig. 4.2.1 se aproxima de $\vec{r}_1$, fazendo $\Delta \vec{r}$ tender a zero. (2) A direção de $\Delta \vec{r}/\Delta t$ (e, portanto, de $\vec{v}_{méd}$) se aproxima da direção da reta tangente à trajetória da partícula na posição 1. (3) A velocidade média $\vec{v}_{méd}$ se aproxima da velocidade instantânea $\vec{v}$ no instante t_1.

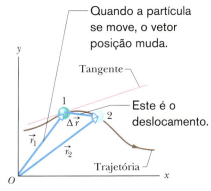

Figura 4.2.1 Deslocamento $\Delta \vec{r}$ de uma partícula durante um intervalo de tempo Δt, da posição 1, com vetor posição $\vec{r}_1$ no instante t_1, até a posição 2, com vetor posição $\vec{r}_2$ no instante t_2. A figura mostra também a tangente à trajetória da partícula na posição 1.

No limite $\Delta t \to 0$, temos $\vec{v}_{méd} \to \vec{v}$ e, o que é mais importante neste contexto, $\vec{v}_{méd}$ assume a direção da reta tangente. Assim, $\vec{v}$ também assume essa direção:

A direção da velocidade instantânea $\vec{v}$ de uma partícula é sempre tangente à trajetória da partícula na posição da partícula.

O resultado é o mesmo em três dimensões: $\vec{v}$ é sempre tangente à trajetória da partícula.

Para escrever a Eq. 4.2.3 na forma de vetores unitários, usamos a expressão para $\vec{r}$ dada pela Eq. 4.1.1:

$$\vec{v} = \frac{d}{dt}(x\hat{i} + y\hat{j} + z\hat{k}) = \frac{dx}{dt}\hat{i} + \frac{dy}{dt}\hat{j} + \frac{dz}{dt}\hat{k}.$$

Essa equação pode ser simplificada se a escrevermos como

$$\vec{v} = v_x\hat{i} + v_y\hat{j} + v_z\hat{k}, \quad (4.2.4)$$

em que as componentes escalares de $\vec{v}$ são

$$v_x = \frac{dx}{dt}, \quad v_y = \frac{dy}{dt} \quad e \quad v_z = \frac{dz}{dt}. \quad (4.2.5)$$

Assim, por exemplo, dx/dt é a componente escalar de $\vec{v}$ em relação ao eixo x. Isso significa que podemos encontrar as componentes escalares de $\vec{v}$ derivando as componentes de $\vec{r}$.

A Fig. 4.2.2 mostra o vetor velocidade $\vec{v}$ e as componentes escalares x e y. Note que $\vec{v}$ é tangente à trajetória da partícula na posição da partícula. *Atenção*: Um vetor posição, como os que aparecem na Fig. 4.2.1 é uma seta que se estende de um ponto ("aqui") a outro ("lá"). Entretanto, um vetor velocidade, como o da Fig. 4.2.2, *não* se estende de um ponto a outro. No caso do vetor velocidade, a orientação do vetor mostra a direção instantânea do movimento de uma partícula localizada na origem do vetor, e o comprimento, que representa o módulo da velocidade, pode ser desenhado em qualquer escala.

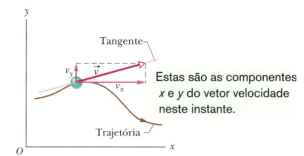

Figura 4.2.2 Velocidade $\vec{v}$ de uma partícula e as componentes escalares de $\vec{v}$.

Teste 4.2.1

A figura mostra uma trajetória circular descrita por uma partícula. Se a velocidade da partícula em um dado instante é $\vec{v} = (2 \text{ m/s})\,\hat{i} - (2 \text{ m/s})\,\hat{j}$, em qual dos quadrantes a partícula está se movendo nesse instante se o movimento é (a) no sentido horário e (b) no sentido anti-horário? Desenhe $\vec{v}$ na figura para os dois casos.

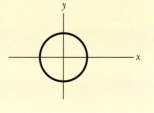

Exemplo 4.2.1 Velocidade bidimensional: um coelho correndo 4.2

Determine a velocidade $\vec{v}$ no instante $t = 15$ s do coelho do exemplo anterior.

IDEIA-CHAVE

Podemos determinar $\vec{v}$ calculando as derivadas das componentes do vetor posição do coelho.

Cálculos: Aplicando à Eq. 4.2.5 a parte da Eq. 4.1.5 correspondente a v_x, descobrimos que a componente x de $\vec{v}$ é

$$v_x = \frac{dx}{dt} = \frac{d}{dt}(-0{,}31t^2 + 7{,}2t + 28)$$

$$= -0{,}62t + 7{,}2. \qquad (4.2.6)$$

Em $t = 15$ s, isso nos dá $v_x = -2{,}1$ m/s. Da mesma forma, aplicando à Eq. 4.1.6 a parte da Eq. 4.2.5 correspondente a v_y, descobrimos que a componente y é

$$v_y = \frac{dy}{dt} = \frac{d}{dt}(0{,}22t^2 - 9{,}1t + 30)$$

$$= 0{,}44t - 9{,}1. \qquad (4.2.7)$$

Em $t = 15$ s, isso nos dá $v_y = -2{,}5$ m/s. Assim, de acordo com a Eq. 4.2.4,

$$\vec{v} = (-2{,}1 \text{ m/s})\hat{i} + (-2{,}5 \text{ m/s})\hat{j}, \qquad \text{(Resposta)}$$

que está desenhada na Fig. 4.2.3, tangente à trajetória do coelho e na direção em que o animal está se movendo em $t = 15$ s.

Para obter o módulo e o ângulo de $\vec{v}$, podemos usar uma calculadora ou escrever, de acordo com a Eq. 3.1.6,

$$v = \sqrt{v_x^2 + v_y^2} = \sqrt{(-2{,}1 \text{ m/s})^2 + (-2{,}5 \text{ m/s})^2}$$

$$= 3{,}3 \text{ m/s} \qquad \text{(Resposta)}$$

e

$$\theta = \tan^{-1}\frac{v_y}{v_x} = \tan^{-1}\left(\frac{-2{,}5 \text{ m/s}}{-2{,}1 \text{ m/s}}\right)$$

$$= \tan^{-1} 1{,}19 = -130°. \qquad \text{(Resposta)}$$

Verificação: O ângulo é $-130°$ ou $-130° + 180° = 50°$?

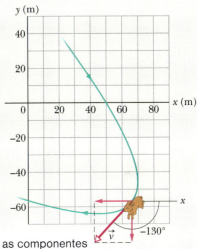

Estas são as componentes x e y do vetor velocidade neste instante.

Figura 4.2.3 Velocidade $\vec{v}$ do coelho em $t = 15$ s.

4.3 ACELERAÇÃO MÉDIA E ACELERAÇÃO INSTANTÂNEA

Objetivos do Aprendizado

Depois de ler este módulo, você será capaz de ...

4.3.1 Saber que a aceleração é uma grandeza vetorial e que, portanto, possui um módulo e uma orientação e pode ser representada por componentes.

4.3.2 Desenhar vetores aceleração bidimensionais e tridimensionais para uma partícula, indicando as componentes em relação a um sistema de coordenadas.

4.3.3 Relacionar os vetores velocidade inicial e final, o intervalo de tempo entre as duas posições e o vetor aceleração média de uma partícula, utilizando a notação módulo-ângulo e a notação dos vetores unitários.

4.3.4 Dado o vetor velocidade de uma partícula em função do tempo, determinar o vetor aceleração instantânea.

4.3.5 Para cada dimensão do movimento, obter relações entre a aceleração, a velocidade, a posição e o tempo usando as equações de aceleração constante do Capítulo 2.

Ideias-Chave

● Se a velocidade de uma partícula varia de $\vec{v}_1$ para $\vec{v}_2$ em um intervalo de tempo Δt, a aceleração média da partícula nesse intervalo de tempo é

$$\vec{a}_{\text{méd}} = \frac{\vec{v}_2 - \vec{v}_1}{\Delta t} = \frac{\Delta \vec{v}}{\Delta t}.$$

● O limite de $\vec{a}_{\text{méd}}$ quando Δt tende a zero é a aceleração instantânea (ou simplesmente, aceleração) $\vec{a}$:

$$\vec{a} = \frac{d\vec{v}}{dt}.$$

● Em notação dos vetores unitários, assume a forma

$$\vec{a} = a_x\hat{i} + a_y\hat{j} + a_z\hat{k},$$

em que $a_x = dv_x/dt$, $a_y = dv_y/dt$ e $a_z = dv_z/dt$.

Aceleração Média e Aceleração Instantânea

Se a velocidade de uma partícula varia de $\vec{v}_1$ para $\vec{v}_2$ em um intervalo de tempo Δt, a **aceleração média** $\vec{a}_{\text{méd}}$ durante o intervalo Δt é

$$\text{aceleração média} = \frac{\text{variação de velocidade}}{\text{intervalo de tempo}},$$

ou
$$\vec{a}_{\text{méd}} = \frac{\vec{v}_2 - \vec{v}_1}{\Delta t} = \frac{\Delta \vec{v}}{\Delta t}. \qquad (4.3.1)$$

Quando fazemos Δt tender a zero no entorno de um dado instante, $\vec{a}_{\text{méd}}$ tende para a **aceleração instantânea** (ou, simplesmente, **aceleração**) $\vec{a}$ nesse instante, ou seja,

$$\vec{a} = \frac{d\vec{v}}{dt}. \qquad (4.3.2)$$

Se o módulo *ou* a orientação da velocidade varia (ou se ambos variam), a partícula tem uma aceleração.

Podemos escrever a Eq. 4.3.2 na notação dos vetores unitários substituindo $\vec{v}$ pelo seu valor, dado pela Eq. 4.2.4, para obter

$$\vec{a} = \frac{d}{dt}(v_x\hat{i} + v_y\hat{j} + v_z\hat{k})$$
$$= \frac{dv_x}{dt}\hat{i} + \frac{dv_y}{dt}\hat{j} + \frac{dv_z}{dt}\hat{k}.$$

Podemos escrever essa equação na forma

$$\vec{a} = a_x\hat{i} + a_y\hat{j} + a_z\hat{k}, \qquad (4.3.3)$$

em que as componentes escalares de $\vec{a}$ são

$$a_x = \frac{dv_x}{dt}, \quad a_y = \frac{dv_y}{dt} \quad \text{e} \quad a_z = \frac{dv_z}{dt}. \qquad (4.3.4)$$

Assim, podemos obter as componentes escalares de $\vec{a}$ derivando as componentes escalares de $\vec{v}$ em relação ao tempo.

A Fig. 4.3.1 mostra o vetor aceleração $\vec{a}$ e suas componentes escalares para uma partícula que se move em duas dimensões. *Atenção*: Um vetor aceleração, como o da Fig. 4.3.1, *não* se estende de um ponto a outro. No caso do vetor aceleração, a orientação do vetor é usada para mostrar a direção instantânea da aceleração de uma partícula localizada na origem do vetor, e o comprimento, que representa o módulo da aceleração, pode ser desenhado em qualquer escala.

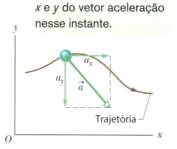

Figura 4.3.1 Aceleração $\vec{a}$ de uma partícula e as componentes de $\vec{a}$.

Teste 4.3.1

Considere as seguintes descrições da posição (em metros) de uma partícula que se move no plano xy:

(1) $x = -3t^2 + 4t - 2$ e $y = 6t^2 - 4t$ (3) $\vec{r} = 2t^2\hat{i} - (4t+3)\hat{j}$

(2) $x = -3t^3 - 4t$ e $y = -5t^2 + 6$ (4) $\vec{r} = (4t^3 - 2t)\hat{i} + 3\hat{j}$

As componentes x e y da aceleração são constantes em todas essas situações? A aceleração $\vec{a}$ é constante?

Exemplo 4.3.1 Aceleração bidimensional: um coelho correndo 4.3

Determine a aceleração $\vec{a}$ no instante $t = 15$ s do coelho dos exemplos anteriores.

IDEIA-CHAVE

Podemos determinar a aceleração $\vec{a}$ calculando as derivadas das componentes da velocidade do coelho.

Cálculos: Aplicando à Eq. 4.3.4 a parte da Eq. 4.2.6 correspondente a a_x, descobrimos que a componente x de $\vec{a}$ é

$$a_x = \frac{dv_x}{dt} = \frac{d}{dt}(-0{,}62t + 7{,}2) = -0{,}62 \text{ m/s}^2.$$

Analogamente, aplicando à Eq. 4.3.4 a parte da Eq. 4.2.7 correspondente a a_y, descobrimos que a componente y é

$$a_y = \frac{dv_y}{dt} = \frac{d}{dt}(0{,}44t - 9{,}1) = 0{,}44 \text{ m/s}^2.$$

Vemos que a aceleração não varia com o tempo (é uma constante), pois a variável tempo, t, não aparece na expressão das componentes da aceleração. De acordo com a Eq. 4.3.3,

$$\vec{a} = (-0{,}62 \text{ m/s}^2)\hat{i} + (0{,}44 \text{ m/s}^2)\hat{j}, \quad \text{(Resposta)}$$

que é mostrada superposta à trajetória do coelho na Fig. 4.3.2.

Para obter o módulo e o ângulo de $\vec{a}$, podemos usar uma calculadora ou a Eq. 3.1.6. No caso do módulo, temos:

$$a = \sqrt{a_x^2 + a_y^2} = \sqrt{(-0{,}62 \text{ m/s}^2)^2 + (0{,}44 \text{ m/s}^2)^2}$$
$$= 0{,}76 \text{ m/s}^2. \quad \text{(Resposta)}$$

No caso do ângulo, temos:

$$\theta = \tan^{-1}\frac{a_y}{a_x} = \tan^{-1}\left(\frac{0{,}44 \text{ m/s}^2}{-0{,}62 \text{ m/s}^2}\right) = -35°.$$

Acontece que esse ângulo, que é o resultado fornecido pelas calculadoras, indica que a orientação de $\vec{a}$ é para a direita e para baixo na Fig. 4.3.2. Entretanto, sabemos, pelas componentes x e y, que a orientação de $\vec{a}$ é para a esquerda e para cima. Para determinar o outro ângulo que possui a mesma tangente que $-35°$, mas não é mostrado pelas calculadoras, somamos 180°:

$$-35° + 180° = 145°. \quad \text{(Resposta)}$$

O novo resultado é compatível com as componentes de $\vec{a}$. Observe que, como a aceleração do coelho é constante, o módulo e a orientação de $\vec{a}$ são os mesmos em todos os pontos da trajetória. Isso quer dizer que podemos desenhar exatamente o mesmo vetor para representar a aceleração em qualquer outro ponto da trajetória do coelho (para isso, basta deslocar a origem do vetor para outro ponto da trajetória, sem mudar o comprimento e a orientação do vetor).

Este é o segundo exemplo no qual precisamos calcular a derivada de um vetor que está expresso na notação dos vetores unitários. Um erro comum dos estudantes é esquecer os vetores unitários e somar diretamente as componentes (a_x e a_y, no caso), como se estivessem trabalhando com uma soma de escalares. Não se esqueça de que a derivada de um vetor é sempre um vetor.

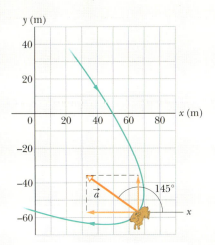

Estas são as componentes x e y do vetor aceleração neste instante.

Figura 4.3.2 Aceleração $\vec{a}$ do coelho em $t = 15$ s. O coelho tem a mesma aceleração em todos os pontos da trajetória.

4.4 MOVIMENTO BALÍSTICO

Objetivos do Aprendizado
Depois de ler este módulo, você será capaz de ...

4.4.1 Explicar, em um gráfico da trajetória de um projétil, a variação do módulo e da orientação da velocidade e da aceleração ao longo do percurso.

4.4.2 A partir da velocidade de lançamento, na notação módulo-ângulo ou na notação dos vetores unitários, calcular a posição, o deslocamento e a velocidade do projétil em um dado instante de tempo.

4.4.3 A partir da posição, deslocamento e velocidade em um dado instante de tempo, calcular a velocidade de lançamento do projétil.

Ideias-Chave

- No movimento balístico, uma partícula é lançada, com velocidade escalar v_0, em uma direção que faz um ângulo θ_0 com a horizontal (eixo x). Em todo o percurso, a aceleração horizontal é zero, e a aceleração vertical é $-g$ (no sentido negativo do eixo y).

- As equações de movimento da partícula são as seguintes:

$$x - x_0 = (v_0 \cos \theta_0)t,$$
$$y - y_0 = (v_0 \operatorname{sen} \theta_0)t - \tfrac{1}{2}gt^2,$$
$$v_y = v_0 \operatorname{sen} \theta_0 - gt,$$
$$v_y^2 = (v_0 \operatorname{sen} \theta_0)^2 - 2g(y - y_0).$$

- A trajetória da partícula tem a forma de uma parábola e é dada por

$$y = (\tan \theta_0)x - \frac{gx^2}{2(v_0 \cos \theta_0)^2},$$

para $x_0 = y_0 = 0$.

- O alcance horizontal R, que é a distância horizontal percorrida pela partícula entre o ponto de lançamento e o ponto em que volta à altura do lançamento, é dado por

$$R = \frac{v_0^2}{g} \operatorname{sen} 2\theta_0.$$

Movimento Balístico 4.1

Consideraremos, a seguir, um caso especial de movimento bidimensional: uma partícula que se move em um plano vertical com velocidade inicial $\vec{v}_0$ e com uma aceleração constante, igual à aceleração de queda livre $\vec{g}$, dirigida para baixo. Uma partícula que se move dessa forma é chamada **projétil** (o que significa que é projetada ou lançada), e o movimento é chamado **movimento balístico**. O projétil pode ser uma bola de tênis (Fig. 4.4.1) ou de golfe, mas não um avião ou um pato. Muitos esportes envolvem o movimento balístico de uma bola; jogadores e técnicos estão sempre procurando controlar esse movimento para obter o máximo de vantagem. O jogador que descobriu a rebatida em Z no raquetebol na década de 1970, por exemplo, vencia os jogos com facilidade porque a trajetória peculiar da bola no fundo da quadra surpreendia os adversários.

Vamos agora analisar o movimento balístico usando as ferramentas descritas nos Módulos 4.1 a 4.3 para o movimento bidimensional, sem levar em conta a influência do ar. A Fig.4.4.2, que será discutida em breve, mostra a trajetória de um projétil quando o efeito do ar pode ser ignorado. O projétil é lançado com uma velocidade inicial $\vec{v}_0$ que pode ser escrita na forma

$$\vec{v}_0 = v_{0x}\hat{i} + v_{0y}\hat{j}. \quad (4.4.1)$$

As componentes v_{0x} e v_{0y} podem ser calculadas se conhecermos o ângulo θ_0 entre $\vec{v}_0$ e o semieixo x positivo:

$$v_{0x} = v_0 \cos \theta_0 \quad \text{e} \quad v_{0y} = v_0 \operatorname{sen} \theta_0. \quad (4.4.2)$$

Durante o movimento bidimensional, o vetor posição $\vec{r}$ e a velocidade $\vec{v}$ do projétil mudam continuamente, mas o vetor aceleração $\vec{a}$ é constante e está *sempre* dirigido verticalmente para baixo. O projétil *não* possui aceleração horizontal.

O movimento balístico, como o das Figs. 4.4.1 e 4.4.2, parece complicado, mas apresenta a seguinte propriedade simplificadora (que pode ser demonstrada experimentalmente):

Figura 4.4.1 Fotografia estroboscópica de uma bola de tênis amarela quicando em uma superfície dura. Entre os impactos, a trajetória da bola é balística.

No movimento balístico, os movimentos horizontal e vertical são independentes, ou seja, um não afeta o outro.

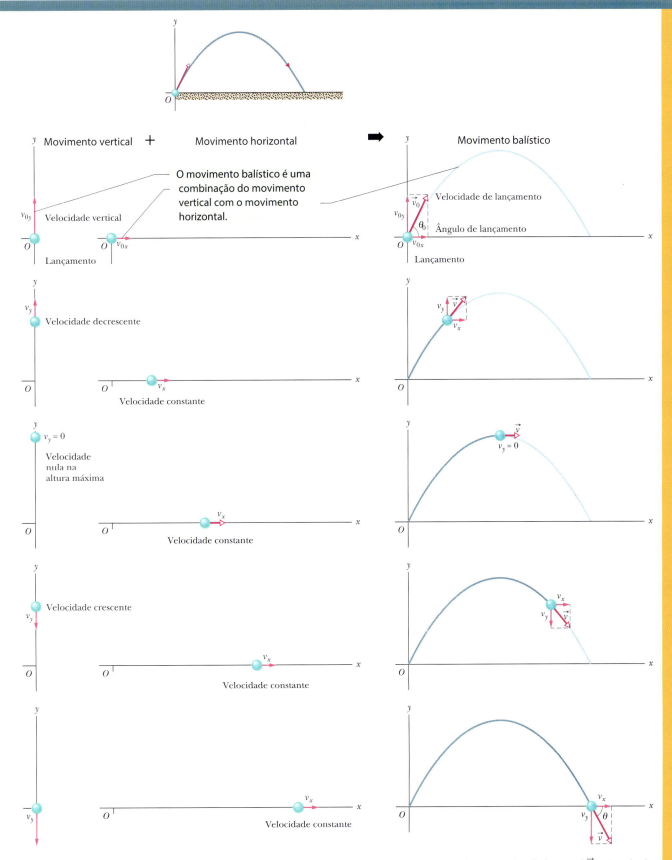

Figura 4.4.2 *Movimento balístico* de um projétil lançado da origem de um sistema de coordenadas com velocidade inicial $\vec{v}_0$ e ângulo θ_0. Como mostram as componentes da velocidade, o movimento é uma combinação de movimento vertical (com aceleração constante) e movimento horizontal (com velocidade constante).

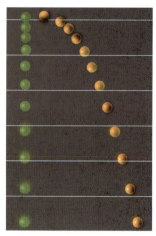

Figura 4.4.3 Uma bola é deixada cair a partir do repouso no mesmo instante em que outra bola é lançada horizontalmente para a direita. Os movimentos verticais das duas bolas são iguais.

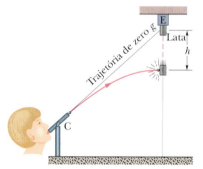

Figura 4.4.4 A bola sempre acerta na lata que está caindo, já que as duas percorrem a mesma distância h em queda livre.

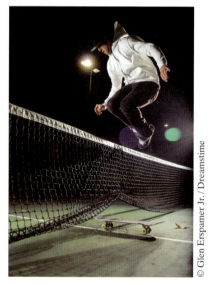

Figura 4.4.5 Componente vertical da velocidade do skatista está variando, mas não a componente horizontal, que é igual à velocidade do *skate*. Em consequência, o *skate* permanece abaixo do atleta, permitindo que ele pouse no *skate* após o salto.

Essa propriedade permite decompor um problema que envolve um movimento bidimensional em dois problemas unidimensionais independentes e mais fáceis de serem resolvidos, um para o movimento horizontal (com *aceleração nula*) e outro para o movimento vertical (com *aceleração constante para baixo*). Apresentamos a seguir dois experimentos que mostram que o movimento horizontal e o movimento vertical são realmente independentes.

Duas Bolas de Golfe

A Fig. 4.4.3 é uma fotografia estroboscópica de duas bolas de golfe, uma que simplesmente foi deixada cair e outra que foi lançada horizontalmente por uma mola. As bolas de golfe têm o mesmo movimento vertical; ambas percorrem a mesma distância vertical no mesmo intervalo de tempo. *O fato de uma bola estar se movendo horizontalmente enquanto está caindo não afeta o movimento vertical*; ou seja, os movimentos horizontal e vertical são independentes. **4.1**

Uma Demonstração Interessante

A Fig. 4.4.4 apresenta uma demonstração que tem animado muitas aulas de física. Um canudo C é usado para soprar pequenas bolas em direção a uma lata suspensa por um eletroímã E. O experimento é arranjado de tal forma que o canudo está apontado para a lata e o ímã solta a lata no mesmo instante em que a bola deixa o tubo. **4.2**

Se g (o módulo da aceleração de queda livre) fosse zero, a bola seguiria a trajetória em linha reta mostrada na Fig. 4.4.4 e a lata continuaria no mesmo lugar após ter sido liberada pelo eletroímã. Assim, a bola certamente atingiria a lata, independentemente da força do sopro. Na verdade, g não é zero, mas, mesmo assim, a bola *sempre atinge* a lata! Como mostra a Fig. 4.4.4, a aceleração da gravidade faz com que a bola e a lata sofram o mesmo deslocamento para baixo, h, em relação à posição que teriam, a cada instante, se a gravidade fosse nula. Quanto maior a força do sopro, maior a velocidade inicial da bola, menor o tempo que a bola leva para se chocar com a lata e menor o valor de h. **4.2**

Teste 4.4.1

Em um dado instante, uma bola que descreve um movimento balístico tem uma velocidade $\vec{v} = 25\hat{i} - 4{,}9\hat{j}$ (o eixo x é horizontal, o eixo y é vertical e aponta para cima e $\vec{v}$ está em metros por segundo). A bola já passou pelo ponto mais alto da trajetória?

Movimento Horizontal **4.3**

Agora estamos preparados para analisar os movimentos horizontal e vertical de um projétil. Como *não existe aceleração* na direção horizontal, a componente horizontal v_x da velocidade do projétil permanece inalterada e igual ao valor inicial v_{0x} durante toda a trajetória, como mostra a Fig. 4.4.5. Em qualquer instante t, o deslocamento horizontal do projétil em relação à posição inicial, $x - x_0$, é fornecido pela Eq. 2.4.5 com $a = 0$, que podemos escrever na forma

$$x - x_0 = v_{0x} t.$$

Como $v_{0x} = v_0 \cos \theta_0$, temos:

$$x - x_0 = (v_0 \cos \theta_0) t. \quad (4.4.3)$$

Movimento Vertical

O movimento vertical é o movimento que discutimos no Módulo 2.5 para uma partícula em queda livre. O mais importante é que a aceleração é constante. Assim, as equações da Tabela 2.4.1 podem ser usadas, desde que *a* seja substituído por -*g* e o eixo *x* seja substituído pelo eixo *y*. A Eq. 2.4.5, por exemplo, se torna

$$y - y_0 = v_{0y}t - \tfrac{1}{2}gt^2$$
$$= (v_0 \operatorname{sen} \theta_0)t - \tfrac{1}{2}gt^2, \qquad (4.4.4)$$

em que a componente vertical da velocidade inicial, v_{0y}, foi substituída pela expressão equivalente $v_0 \operatorname{sen} \theta_0$. Da mesma forma, as Eqs. 2.4.1 e 2.4.6 se tornam

$$v_y = v_0 \operatorname{sen} \theta_0 - gt \qquad (4.4.5)$$

e
$$v_y^2 = (v_0 \operatorname{sen} \theta_0)^2 - 2g(y - y_0). \qquad (4.4.6)$$

Como mostram a Fig. 4.4.2 e a Eq. 4.4.5, a componente vertical da velocidade se comporta exatamente como a de uma bola lançada verticalmente para cima. Está dirigida inicialmente para cima e o módulo diminui progressivamente até se anular *no ponto mais alto da trajetória*. Em seguida, a componente vertical da velocidade muda de sentido e o módulo passa a aumentar com o tempo.

Equação da Trajetória

Podemos obter a equação do caminho percorrido pelo projétil (ou seja, da **trajetória**) eliminando o tempo *t* nas Eqs. 4.4.3 e 4.4.4. Explicitando *t* na Eq. 4.4.3 e substituindo o resultado na Eq. 4.4.4, obtemos, após algumas manipulações algébricas,

$$y = (\tan \theta_0)x - \frac{gx^2}{2(v_0 \cos \theta_0)^2} \qquad \text{(trajetória)}. \qquad (4.4.7)$$

Essa é a equação da trajetória mostrada na Fig. 4.4.2. Ao deduzi-la, para simplificar, fizemos $x_0 = 0$ e $y_0 = 0$ nas Eqs. 4.4.3 e 4.4.4, respectivamente. Como g, θ_0 e v_0 são constantes, a Eq. 4.4.7 é da forma $y = ax + bx^2$, em que *a* e *b* são constantes. Como se trata da equação de uma parábola, dizemos que a trajetória é *parabólica*.

Alcance Horizontal 4.4

O *alcance horizontal R* de um projétil é a distância *horizontal* percorrida pelo projétil até voltar à altura inicial (altura de lançamento). Para determinar o alcance *R*, fazemos $x - x_0 = R$ na Eq. 4.4.3 e $y - y_0 = 0$ na Eq. 4.4.4, o que nos dá

$$R = (v_0 \cos \theta_0)t$$

e
$$0 = (v_0 \operatorname{sen} \theta_0)t - \tfrac{1}{2}gt^2.$$

Eliminando *t* nas duas equações, obtemos

$$R = \frac{2v_0^2}{g} \operatorname{sen} \theta_0 \cos \theta_0.$$

Usando a identidade $\operatorname{sen} 2\theta_0 = 2 \operatorname{sen} \theta_0 \cos \theta_0$ (ver Apêndice E), obtemos

$$R = \frac{v_0^2}{g} \operatorname{sen} 2\theta_0. \qquad (4.4.8)$$

Essa equação *não fornece* a distância horizontal percorrida pelo projétil quando a altura final é diferente da altura de lançamento. Observe na Eq. 4.4.8 que *R* é máximo para $\operatorname{sen} 2\theta_0 = 1$, o que corresponde a $2\theta_0 = 90°$ ou $\theta_0 = 45°$.

O alcance horizontal *R* é máximo para um ângulo de lançamento de 45°.

Quando a altura final é diferente da altura de lançamento, como acontece no arremesso de peso, no lançamento de disco e no basquetebol, a distância horizontal máxima não é atingida para um ângulo de lançamento de 45°.

Efeitos do Ar

Até agora, supusemos que o ar não exerce efeito algum sobre o movimento de um projétil. Em muitas situações, porém, a diferença entre a trajetória calculada dessa forma e a trajetória real do projétil pode ser considerável, já que o ar resiste (se opõe) ao movimento. A Fig. 4.4.6, por exemplo, mostra as trajetórias de duas bolas de beisebol que deixam o bastão fazendo um ângulo de 60° com a horizontal, com uma velocidade inicial de 44,7 m/s. A trajetória I (de uma bola de verdade) foi calculada para as condições normais de jogo, levando em conta a resistência do ar. A trajetória II (de uma bola em condições ideais) é a trajetória que a bola seguiria no vácuo.

Tabela 4.4.1 Trajetórias de Duas Bolas de Beisebol[a]

	Trajetória I (Ar)	Trajetória II (Vácuo)
Alcance	98,5 m	177 m
Altura máxima	53,0 m	76,8 m
Tempo de percurso	6,6 s	7,9 s

[a]Ver Fig. 4.4.6. O ângulo de lançamento é 60° e a velocidade de lançamento é 44,7 m/s.

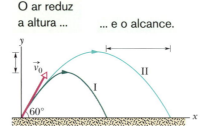

Figura 4.4.6 (I) Trajetória de uma bola, levando em conta a resistência do ar. (II) Trajetória que a bola seguiria no vácuo, calculada usando as equações deste capítulo. Os dados correspondentes estão na Tabela 4.4.1. (Adaptada de "The Trajectory of a Fly Ball", Peter J. Brancazio, *The Physics Teacher*, January 1985.)

Teste 4.4.2

Uma bola de beisebol é rebatida na direção do campo de jogo. Durante o percurso (ignorando o efeito do ar), o que acontece com as componentes (a) horizontal e (b) vertical da velocidade? Qual é a componente (c) horizontal e (d) vertical da aceleração durante a subida, durante a descida e no ponto mais alto da trajetória?

Exemplo 4.4.1 Cobrança de lateral com cambalhota

Nos jogos de futebol, em uma cobrança de lateral convencional, o jogador mantém os dois pés no chão fora do campo de jogo, leva a bola atrás da cabeça com as duas mãos e arremessa a bola. Na cobrança com cambalhota, o jogador executa uma cambalhota completa para a frente antes de lançar a bola (Fig. 4.4.7a). Nos dois casos, suponha que o arremesso é executado de uma altura $h_1 = 1,92$ m e que ela é cabeceada por um jogador do mesmo time ao atingir uma altura $h_2 = 1,71$ m. Experimentalmente, observa-se que, em média, em um arremesso convencional, o ângulo de lançamento é $\theta_0 = 28,1°$ e a velocidade inicial da bola é $v_0 = 18,1$ m/s, enquanto, em um arremesso com cambalhota, $\theta_0 = 23,5°$ e $v_0 = 23,4$ m/s. Quais são, para um arremesso convencional, os valores (a) do tempo t_{conv} que a bola permanece no ar e (b) da distância horizontal d_{conv} atingida pela bola até ser cabeceada? Quais são, para um arremesso com cambalhota, os valores (c) do tempo t_{camb} que a bola permanece no ar e (d) a distância horizontal d_{camb} atingida pela bola até ser cabeceada? (e) De acordo com os resultados, quais são as vantagens de um arremesso com cambalhota?

IDEIAS-CHAVE

(1) No movimento balístico, podemos aplicar as equações de aceleração constante separadamente aos eixos horizontal e vertical. (2) A aceleração horizontal é $a_x = 0$ e a aceleração vertical é $a_y = -g = -9,8$ m/s².

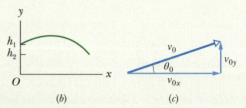

Figura 4.4.7 (a) Cobrança de um arremesso lateral no futebol com uma cambalhota. (b) Trajetória da bola. (c) Componentes da velocidade inicial da bola.

Cálculos: Antes de mais nada, desenhamos um sistema de coordenadas e esboçamos o movimento da bola (Fig. 4.4.7b). A origem é o nível do solo, verticalmente abaixo do ponto do arremesso, que está na altura h_1. A cabeçada acontece na altura h_2. Como vamos considerar separadamente os movimentos horizontal e vertical, precisamos calcular as componentes horizontal e vertical da velocidade $\vec{v}_0$ inicial e da aceleração $\vec{a}$. A Fig. 4.4.7c mostra o triângulo formado pela velocidade inicial e suas componentes. De acordo com as relações fundamentais da trigonometria, temos:

$$v_{0x} = v_0 \cos \theta_0 \quad \text{e} \quad v_{0y} = v_0 \sen \theta_0.$$

(a) Estamos interessados em calcular o tempo t que a bola leva para ir de $y_0 = 1{,}92$ m para $y = 1{,}71$ m. A única equação de aceleração constante que envolve t e as duas alturas é

$$y - y_0 = v_{0y}t + \tfrac{1}{2} a_y t^2$$
$$= (v_0 \sen \theta_0)t + \tfrac{1}{2}(-g)t^2.$$

Substituindo os valores conhecidos e chamando o tempo de t_{conv}, temos:

$1{,}71$ m $- 1{,}92$ m $= (18{,}1$ m/s$)(\sen 28{,}1°)t_{conv} + \tfrac{1}{2}(-9{,}8$ m/s$^2)t_{conv}^2$.

Resolvendo a equação do segundo grau, descobrimos que o tempo que a bola permanece no ar é $t_{conv} = 1{,}764$ s $\approx 1{,}76$ s.

(b) Para calcular a distância horizontal d_{conv} atingida pela bola, usamos a mesma equação de aceleração constante, dessa vez para o movimento horizontal:

$$x - x_0 = v_{0x}t + \tfrac{1}{2} a_x t^2$$
$$d_{conv} = (v_0 \cos \theta_0) t_{conv},$$

já que $x - x_0 = d_{conv}$, $t = t_{conv}$ e $a_x = 0$. Substituindo os valores conhecidos, temos:

$$d_{conv} = (18{,}1 \text{ m/s})(\cos 28{,}1°)(1{,}764 \text{ s})$$
$$= 28{,}16 \text{ m} \approx 28{,}2 \text{ m}. \quad \text{(Resposta)}$$

(c) e (d) Repetindo os cálculos para uma velocidade inicial de 23,4 m/s e um ângulo inicial de 23,5°, descobrimos que, no caso de um arremesso com cambalhota, o tempo que a bola passa no ar é $t_{camb} = 1{,}93$ s e a distância horizontal é $d_{camb} = 41{,}3$ m.

(e) No arremesso com uma cambalhota, a bola é lançada a uma distância muito maior. Com isso, os jogadores do time adversário precisam se espalhar mais para tentarem interceptar o passe, o que cria espaços vazios na defesa. Além disso, a bola pode chegar suficientemente perto da meta adversária para outro jogador tentar fazer um gol de cabeça.

Exemplo 4.4.2 Projétil lançado de um avião 4.5

Na Fig. 4.4.8, um avião de salvamento voa a 198 km/h (= 55,0 m/s), a uma altura constante de 500 m, rumo a um ponto diretamente acima da vítima de um naufrágio, para deixar cair uma balsa.
(a) Qual deve ser o ângulo ϕ da linha de visada do piloto para a vítima no instante em que o piloto deixa cair a balsa?

IDEIAS-CHAVE

Como, depois de liberada, a balsa é um projétil, os movimentos horizontal e vertical podem ser examinados separadamente (não é preciso levar em conta a curvatura da trajetória).

Cálculos: Na Fig. 4.4.8, vemos que ϕ é dado por

$$\phi = \tan^{-1} \frac{x}{h}, \quad (4.4.9)$$

em que x é a coordenada horizontal da vítima (e da balsa ao chegar à água) e $h = 500$ m. Podemos calcular x com o auxílio da Eq. 4.4.3:

$$x - x_0 = (v_0 \cos \theta_0)t. \quad (4.4.10)$$

Sabemos que $x_0 = 0$ porque a origem foi colocada no ponto de lançamento. Como a balsa é *deixada cair* e não arremessada do avião, a velocidade inicial $\vec{v}_0$ é igual à velocidade do avião. Assim, sabemos também que a velocidade inicial tem módulo $v_0 = 55{,}0$ m/s e ângulo $\theta_0 = 0°$ (medido em relação ao semieixo x positivo). Entretanto, não conhecemos o tempo t que a balsa leva para percorrer a distância do avião até a vítima.

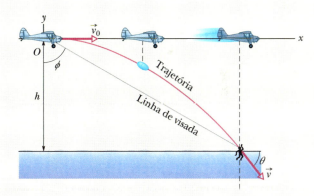

Figura 4.4.8 Um avião lança uma balsa enquanto se desloca com velocidade constante em um voo horizontal. Durante a queda, a velocidade horizontal da balsa permanece igual à velocidade do avião.

Para determinar o valor de t, temos que considerar o movimento *vertical* e, mais especificamente, a Eq. 4.4.4:

$$y - y_0 = (v_0 \sen \theta_0)t - \tfrac{1}{2} gt^2. \quad (4.4.11)$$

Aqui, o deslocamento vertical $y - y_0$ da balsa é -500 m (o valor negativo indica que a balsa se move *para baixo*). Assim,

$$-500 \text{ m} = (55{,}0 \text{ m/s})(\sen 0°)t - \tfrac{1}{2}(9{,}8 \text{ m/s}^2)t^2. \quad (4.4.12)$$

Resolvendo essa equação, obtemos $t = 10{,}1$ s. Substituindo na Eq. 4.4.10, obtemos:

$$x - 0 = (55{,}0 \text{ m/s})(\cos 0°)(10{,}1 \text{ s}),$$

ou

$$x = 555{,}5 \text{ m}. \quad (4.4.13)$$

Nesse caso, a Eq. 4.4.9 nos dá

$$\phi = \tan^{-1}\frac{555{,}5 \text{ m}}{500 \text{ m}} = 48{,}0°.\qquad \text{(Resposta)}$$

(b) No momento em que a balsa atinge a água, qual é a sua velocidade $\vec{v}$ na notação dos vetores unitários e na notação módulo-ângulo?

IDEIAS-CHAVE

(1) As componentes horizontal e vertical da velocidade da balsa são independentes. (2) A componente v_x não muda em relação ao valor inicial $v_{0x} = v_0 \cos\theta_0$ porque não existe uma aceleração horizontal. (3) A componente v_y muda em relação ao valor inicial $v_{0y} = v_0 \operatorname{sen}\theta_0$ porque existe uma aceleração vertical.

Cálculos: Quando a balsa atinge a água,

$$v_x = v_0 \cos\theta_0 = (55{,}0 \text{ m/s})(\cos 0°) = 55{,}0 \text{ m/s}.$$

Usando a Eq. 4.4.5 e o tempo de queda da balsa $t = 10{,}1$ s, descobrimos que, quando a balsa atinge a água,

$$v_y = v_0 \operatorname{sen}\theta_0 - gt$$
$$= (55{,}0 \text{ m/s})(\operatorname{sen} 0°) - (9{,}8 \text{ m/s}^2)(10{,}1 \text{ s})$$
$$= -99{,}0 \text{ m/s}.$$

Assim, no momento em que a balsa atinge a água,

$$\vec{v} = (55{,}0 \text{ m/s})\hat{i} - (99{,}0 \text{ m/s})\hat{j}.\qquad \text{(Resposta)}$$

De acordo com a Eq. 3.1.6, o módulo e o ângulo de $\vec{v}$ são

$$v = 113 \text{ m/s} \quad \text{e} \quad \theta = -60{,}9°.\qquad \text{(Resposta)}$$

4.5 MOVIMENTO CIRCULAR UNIFORME

Objetivos do Aprendizado

Depois de ler este módulo, você será capaz de ...

4.5.1 Desenhar a trajetória de uma partícula que descreve um movimento circular uniforme e explicar o comportamento dos vetores velocidade e aceleração (módulo e orientação) durante o movimento.

4.5.2 Aplicar as relações entre o raio da trajetória circular e o período, a velocidade escalar e a aceleração escalar da partícula.

Ideia-Chave

- Se uma partícula se move ao longo de uma circunferência de raio r com velocidade escalar constante v, dizemos que ela está descrevendo um movimento circular uniforme; nesse caso, o módulo da aceleração $\vec{a}$ tem um valor constante, dado por

$$a = \frac{v^2}{r}.$$

A aceleração $\vec{a}$, que é chamada "aceleração centrípeta", aponta para o centro da circunferência ou arco de circunferência. O tempo T necessário para a partícula descrever uma circunferência completa, conhecido como período de revolução ou, simplesmente, período, é dado por

$$T = \frac{2\pi r}{v}.$$

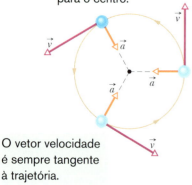

Figura 4.5.1 Vetores velocidade e aceleração de uma partícula em movimento circular uniforme.

Movimento Circular Uniforme

Uma partícula em **movimento circular uniforme** descreve uma circunferência ou um arco de circunferência com velocidade escalar constante (*uniforme*). Embora a velocidade escalar não varie nesse tipo de movimento, *a partícula está acelerada* porque a direção da velocidade está mudando. 4.3

A Fig. 4.5.1 mostra a relação entre os vetores velocidade e aceleração em várias posições durante o movimento circular uniforme. O módulo dos dois vetores permanece constante durante o movimento, mas a orientação varia continuamente. A velocidade está sempre na direção tangente à circunferência e tem o mesmo sentido que o movimento. A aceleração está sempre na direção *radial* e aponta para o centro da circunferência. Por essa razão, a aceleração associada ao movimento circular uniforme é chamada **aceleração centrípeta** ("que busca o centro"). Como será demonstrado a seguir, o módulo dessa aceleração $\vec{a}$ é

$$a = \frac{v^2}{r} \quad \text{(aceleração centrípeta)},\qquad (4.5.1)$$

em que r é o raio da circunferência e v é a velocidade da partícula.

Durante esta aceleração com velocidade escalar constante, a partícula percorre a circunferência completa (uma distância igual a $2\pi r$) em um intervalo de tempo dado por

$$T = \frac{2\pi r}{v} \quad \text{(período)}. \tag{4.5.2}$$

O parâmetro T é chamado *período de revolução* ou, simplesmente, *período*. No caso mais geral, período é o tempo que uma partícula leva para completar uma volta em uma trajetória fechada.

Demonstração da Eq. 4.5.1

Para determinar o módulo e a orientação da aceleração no caso do movimento circular uniforme, considere a Fig. 4.5.2. Na Fig. 4.5.2*a*, a partícula p se move com velocidade escalar constante v enquanto percorre uma circunferência de raio r. No instante mostrado, as coordenadas de p são x_p e y_p.

Como vimos no Módulo 4.2, a velocidade $\vec{v}$ de uma partícula em movimento é sempre tangente à trajetória da partícula na posição considerada. Na Fig. 4.5.2*a*, isso significa que $\vec{v}$ é perpendicular a uma reta r que liga o centro da circunferência à posição da partícula. Nesse caso, o ângulo θ que $\vec{v}$ faz com uma reta paralela ao eixo y passando pelo ponto p é igual ao ângulo θ que o raio r faz com o eixo x.

As componentes escalares de $\vec{v}$ são mostradas na Fig. 4.5.2*b*. Em termos dessas componentes, a velocidade $\vec{v}$ pode ser escrita na forma

$$\vec{v} = v_x \hat{i} + v_y \hat{j} = (-v \,\text{sen}\, \theta)\hat{i} + (v \cos \theta)\hat{j}. \tag{4.5.3}$$

Usando o triângulo retângulo da Fig. 4.5.2*a*, podemos substituir sen θ por y_p/r e cos θ por x_p/r e escrever

$$\vec{v} = \left(-\frac{v y_p}{r}\right)\hat{i} + \left(\frac{v x_p}{r}\right)\hat{j}. \tag{4.5.4}$$

Para determinar a aceleração $\vec{a}$ da partícula p, devemos calcular a derivada da Eq. 4.5.4 em relação ao tempo. Observando que a velocidade escalar v e o raio r não variam com o tempo, obtemos

$$\vec{a} = \frac{d\vec{v}}{dt} = \left(-\frac{v}{r}\frac{dy_p}{dt}\right)\hat{i} + \left(\frac{v}{r}\frac{dx_p}{dt}\right)\hat{j}. \tag{4.5.5}$$

Note que a taxa de variação com o tempo de y_p, dy_p/dt, é igual à componente y da velocidade, v_y. Analogamente, $dx_p/dt = v_x$, e, novamente de acordo com a Fig. 4.5.2*b*, $v_x = -v\,\text{sen}\,\theta$ e $v_y = v \cos \theta$. Fazendo essas substituições na Eq. 4.5.5, obtemos

$$\vec{a} = \left(-\frac{v^2}{r}\cos \theta\right)\hat{i} + \left(-\frac{v^2}{r}\,\text{sen}\,\theta\right)\hat{j}. \tag{4.5.6}$$

Esse vetor e suas componentes aparecem na Fig. 4.5.2*c*. De acordo com a Eq. 3.1.6, temos:

$$a = \sqrt{a_x^2 + a_y^2} = \frac{v^2}{r}\sqrt{(\cos \theta)^2 + (\text{sen}\, \theta)^2} = \frac{v^2}{r}\sqrt{1} = \frac{v^2}{r},$$

como queríamos demonstrar. Para determinar a orientação de $\vec{a}$, calculamos o ângulo ϕ da Fig. 4.5.2*c*:

$$\tan \phi = \frac{a_y}{a_x} = \frac{-(v^2/r)\,\text{sen}\,\theta}{-(v^2/r)\cos \theta} = \tan \theta.$$

Assim, $\phi = \theta$, o que significa que $\vec{a}$ aponta na direção do raio r da Fig. 4.5.2*a*, no sentido do centro da circunferência, como queríamos demonstrar.

Teste 4.5.1

Um objeto se move com velocidade escalar constante, ao longo de uma trajetória circular, em um plano xy horizontal com o centro na origem. Quando o objeto está em $x = -2$ m, a velocidade é $-(4\text{ m/s})\hat{j}$. Determine (a) a velocidade e (b) a aceleração do objeto em $y = 2$ m.

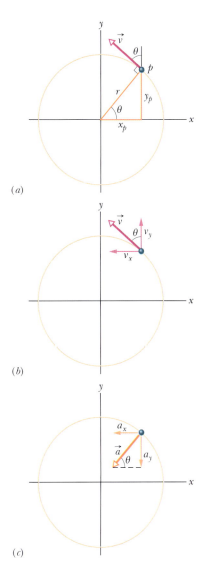

Figura 4.5.2 Uma partícula p em movimento circular uniforme no sentido anti-horário. (*a*) Posição e velocidade $\vec{v}$ da partícula em um dado instante de tempo. (*b*) Velocidade $\vec{v}$. (*c*) Aceleração $\vec{a}$.

82 CAPÍTULO 4

Exemplo 4.5.1 Pilotos de caça fazendo curvas 🔵 4.6

Os pilotos de caça se preocupam quando têm de fazer curvas muito fechadas. Como o corpo do piloto fica submetido à aceleração centrípeta, com a cabeça mais próxima do centro de curvatura, a pressão sanguínea no cérebro diminui, o que pode levar à perda das funções cerebrais.

Os sinais de perigo são vários. Quando a aceleração centrípeta é $2g$ ou $3g$, o piloto se sente pesado. Por volta de $4g$, a visão do piloto passa para preto e branco e se reduz à "visão de túnel". Se a aceleração é mantida ou aumentada, o piloto deixa de enxergar e, logo depois, ele perde a consciência, uma situação conhecida como g-LOC, da expressão em inglês (do inglês, *g-induced loss of consciousness*), ou seja, "perda de consciência induzida por g". CVF

Qual é o módulo da aceleração, em unidades de g, para um piloto cuja aeronave inicia uma curva horizontal com uma velocidade $\vec{v}_i = (400\hat{i} + 500\hat{j})$ m/s e, 24,0 s mais tarde, termina a curva com uma velocidade $\vec{v}_f = (-400\hat{i} - 500\hat{j})$ m/s?

IDEIAS-CHAVE

Supomos que o avião executa a curva com um movimento circular uniforme. Nesse caso, o módulo da aceleração centrípeta é dado pela Eq. 4.5.1 ($a = v^2/R$), em que R é o raio da curva.

O tempo necessário para descrever uma circunferência completa é o período dado pela Eq. 4.5.2 ($T = 2\pi R/v$).

Cálculos: Como não conhecemos o raio R, vamos explicitar R na Eq. 4.5.2 e substituí-lo pelo seu valor na Eq. 4.5.1. O resultado é o seguinte:

$$a = \frac{2\pi v}{T}.$$

Para obter a velocidade escalar constante v, substituímos as componentes da velocidade inicial na Eq. 3.1.6:

$$v = \sqrt{(400 \text{ m/s})^2 + (500 \text{ m/s})^2} = 640{,}31 \text{ m/s}.$$

Para determinar o período T do movimento, observamos que a velocidade final é igual ao negativo da velocidade inicial. Isso significa que a aeronave terminou a curva no lado oposto da circunferência e completou metade de uma circunferência em 24,0 s. Assim, levaria $T = 48{,}0$ s para descrever uma circunferência completa. Substituindo esses valores na equação de a, obtemos

$$a = \frac{2\pi(640{,}31 \text{ m/s})}{48{,}0 \text{ s}} = 83{,}81 \text{ m/s}^2 \approx 8{,}6g. \quad \text{(Resposta)}$$

4.6 MOVIMENTO RELATIVO EM UMA DIMENSÃO

Objetivo do Aprendizado

Depois de ler este módulo, você será capaz de ...

4.6.1 Aplicar a relação entre as medidas de posição, velocidade e aceleração de uma partícula em dois referenciais que se movem na mesma direção e com velocidade constante.

Ideia-Chave

● Se dois referenciais A e B estão se movendo um em relação ao outro na mesma direção e com velocidade constante, a velocidade de uma partícula P medida por um observador do referencial A é, em geral, diferente da velocidade medida por um observador do referencial B. A relação entre as duas velocidades é dada por

$$\vec{v}_{PA} = \vec{v}_{PB} + \vec{v}_{BA},$$

em que $\vec{v}_{BA}$ é a velocidade escalar do referencial B em relação ao referencial A. A aceleração da partícula é a mesma para os dois observadores:

$$\vec{a}_{PA} = \vec{a}_{PB}.$$

Movimento Relativo em Uma Dimensão

Suponha que você veja um pato voando para o norte a 30 km/h. Para outro pato que esteja voando ao lado do primeiro, o primeiro parece estar parado. Em outras palavras, a velocidade de uma partícula depende do **referencial** de quem está observando ou medindo a velocidade. Para nossos propósitos, um referencial é um objeto no qual fixamos um sistema de coordenadas. No dia a dia, esse objeto é frequentemente o solo. Assim, por exemplo, a velocidade que aparece em uma multa de trânsito é a velocidade do carro em relação ao solo. A velocidade em relação ao guarda de trânsito será diferente se o guarda estiver se movendo enquanto mede a velocidade.

Suponha que Alexandre (situado na origem do referencial A da Fig. 4.6.1) esteja parado no acostamento de uma rodovia, observando o carro P (a "partícula") passar. Bárbara (situada na origem do referencial B) está dirigindo um carro na rodovia com velocidade constante e também observa o carro P. Suponha que os dois meçam a posição do carro em um dado momento. De acordo com a Fig. 4.6.1, temos:

$$x_{PA} = x_{PB} + x_{BA}. \tag{4.6.1}$$

Essa equação significa o seguinte: "A coordenada x_{PA} de P medida por A é *igual* à coordenada x_{PB} de P medida por B mais a coordenada x_{BA} de B medida por A". Observe que essa leitura está de acordo com a ordem em que os índices foram usados.

Derivando a Eq. 4.6.1 em relação ao tempo, obtemos

$$\frac{d}{dt}(x_{PA}) = \frac{d}{dt}(x_{PB}) + \frac{d}{dt}(x_{BA}).$$

Assim, as componentes da velocidade estão relacionadas pela equação

$$v_{PA} = v_{PB} + v_{BA}. \tag{4.6.2}$$

Essa equação significa o seguinte: "A velocidade v_{PA} de P medida por A é *igual* à velocidade v_{PB} de P medida por B mais a velocidade v_{BA} de B medida por A". O termo v_{BA} é a velocidade do referencial B em relação ao referencial A.

Neste capítulo, estamos considerando apenas referenciais que se movem com velocidade constante um em relação ao outro. Em nosso exemplo, isso significa que Bárbara (referencial B) dirige com velocidade constante v_{BA} em relação a Alexandre (referencial A). Essa restrição não vale para o carro P (a partícula em movimento), cuja velocidade pode mudar de módulo e direção (ou seja, a partícula pode sofrer aceleração).

Para relacionar as acelerações de P medidas por Bárbara e por Alexandre em um mesmo instante, calculamos a derivada da Eq. 4.6.2 em relação ao tempo:

$$\frac{d}{dt}(v_{PA}) = \frac{d}{dt}(v_{PB}) + \frac{d}{dt}(v_{BA}).$$

Como v_{BA} é constante, o último termo é zero e temos

$$a_{PA} = a_{PB} \tag{4.6.3}$$

Em outras palavras,

A aceleração de uma partícula é a mesma para observadores em referenciais que se movem com velocidade constante um em relação ao outro.

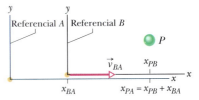

Figura 4.6.1 Alexandre (referencial A) e Bárbara (referencial B) observam o carro P enquanto B e P se movem com velocidades diferentes ao longo do eixo x comum aos dois referenciais. No instante mostrado, x_{BA} é a coordenada de B no referencial A. A coordenada de P é x_{PB} no referencial B, e $x_{PA} = x_{PB} + x_{BA}$ no referencial A.

Teste 4.6.1

Considere de novo o sistema Alexandre-Bárbara-carro P. (a) Suponha que v_{BA} = +50 km/h e v_{PA} = +50 km/h. Qual é o valor de v_{PB}? (b) A distância entre Bárbara e o carro P está aumentando, diminuindo ou permanece constante? (c) Em vez disso, suponha que v_{PA} = +60 km/h e v_{PB} = –20 km/h. Nesse caso, a distância entre Bárbara e o carro P está aumentando, diminuindo ou permanece constante?

Exemplo 4.6.1 Movimento relativo unidimensional: Alexandre e Bárbara 4.7

Na Fig. 4.6.1, suponha que a velocidade de Bárbara em relação a Alexandre seja v_{BA} = 52 km/h (constante) e que o carro P está se movendo no sentido negativo do eixo x.
(a) Se Alexandre mede uma velocidade constante v_{PA} = –78 km/h para o carro P, qual é a velocidade v_{PB} medida por Bárbara?

IDEIAS-CHAVE

Podemos associar um referencial A a Alexandre e um referencial B a Bárbara. Como os dois referenciais se movem com velocidade constante um em relação ao outro ao longo do eixo x, podemos usar a Eq. 4.6.2 ($v_{PA} = v_{PB} + v_{BA}$) para relacionar v_{PB} a v_{PA} e v_{BA}.

Cálculos: Temos

$$-78 \text{ km/h} = v_{PB} + 52 \text{ km/h}.$$

Assim,
$$v_{PB} = -130 \text{ km/h}. \quad \text{(Resposta)}$$

Comentário: Se o carro P estivesse ligado ao carro de Bárbara por um fio flexível enrolado em uma bobina, o fio se desenrolaria a uma velocidade de 130 km/h enquanto os dois carros estivessem se separando.

(b) Se o carro P freia com aceleração constante até parar em relação a Alexandre (e, portanto, em relação ao solo) no instante t = 10 s, qual é a aceleração a_{PA} em relação a Alexandre?

IDEIAS-CHAVE

Para calcular a aceleração do carro *P em relação a Alexandre*, devemos usar a velocidade do carro *em relação a Alexandre*. Como a aceleração é constante, podemos usar a Eq. 2.4.1 ($v = v_0 + at$) para relacionar a aceleração às velocidades inicial e final de *P*.

Cálculo: A velocidade inicial de *P* em relação a Alexandre é $v_{PA} = -78$ km/h, enquanto a velocidade final é 0. Assim, a aceleração em relação a Alexandre é

$$a_{PA} = \frac{v - v_0}{t} = \frac{0 - (-78 \text{ km/h})}{10 \text{ s}} \frac{1 \text{ m/s}}{3{,}6 \text{ km/h}}$$
$$= 2{,}2 \text{ m/s}^2. \qquad \text{(Resposta)}$$

(c) Qual é a aceleração a_{PB} do carro *P* em relação a Bárbara durante a frenagem?

IDEIA-CHAVE

Para calcular a aceleração do carro *P em relação a Bárbara*, devemos usar a velocidade do carro *em relação a Bárbara*.

Cálculo: A velocidade inicial de *P* em relação a Bárbara foi determinada no item (a) ($v_{PB} = -130$ km/h). A velocidade final de *P* em relação a Bárbara é –52 km/h (a velocidade do carro parado em relação à velocidade do carro de Bárbara). Assim,

$$a_{PB} = \frac{v - v_0}{t} = \frac{-52 \text{ km/h} - (-130 \text{ km/h})}{10 \text{ s}} \frac{1 \text{ m/s}}{3{,}6 \text{ km/h}}$$
$$= 2{,}2 \text{ m/s}^2. \qquad \text{(Resposta)}$$

Comentário: Este resultado é previsível. Como Alexandre e Bárbara estão se movendo com velocidade constante um em relação ao outro, a aceleração do carro *P* medida pelos dois deve ser a mesma.

4.7 MOVIMENTO RELATIVO EM DUAS DIMENSÕES

Objetivo do Aprendizado
Depois de ler este módulo, você será capaz de ...

4.7.1 Aplicar a relação entre as posições, as velocidades e as acelerações de uma partícula medidas em dois referenciais que se movem um em relação ao outro em duas dimensões com velocidade constante.

Ideia-Chave

● Quando dois referenciais *A* e *B* estão se movendo um em relação ao outro com velocidade constante, a velocidade de uma partícula *P* medida por um observador no referencial *A* é, em geral, diferente da velocidade medida no referencial *B*. A relação entre as duas velocidades é dada por

$$\vec{v}_{PA} = \vec{v}_{PB} + \vec{v}_{BA},$$

em que $\vec{v}_{BA}$ é a velocidade do referencial *B* em relação ao referencial *A*. A aceleração medida pelos dois observadores é a mesma:

$$\vec{a}_{PA} = \vec{a}_{PB}.$$

Movimento Relativo em Duas Dimensões 4.5 4.4

Nossos dois amigos estão novamente observando o movimento de uma partícula *P* a partir das origens dos referenciais *A* e *B*, enquanto *B* se move com velocidade constante $\vec{v}_{BA}$ em relação a *A*. (Os eixos correspondentes aos dois sistemas de coordenadas permanecem paralelos.) A Fig. 4.7.1 mostra um instante específico, no qual o vetor posição da origem de *B* em relação à origem de *A* é $\vec{r}_{BA}$. Os vetores posição da partícula *P* são $\vec{r}_{PA}$ em relação à origem de *A* e $\vec{r}_{PB}$ em relação à origem de *B*. As posições das origens e extremidades desses três vetores mostram os vetores relacionados pela equação

$$\vec{r}_{PA} = \vec{r}_{PB} + \vec{r}_{BA}. \qquad (4.7.1)$$

Derivando a Eq. 4.7.1 em relação ao tempo, obtemos uma equação que envolve as velocidades $\vec{v}_{PA}$ e $\vec{v}_{PB}$ da partícula *P* em relação aos dois observadores:

$$\vec{v}_{PA} = \vec{v}_{PB} + \vec{v}_{BA}. \qquad (4.7.2)$$

Derivando a Eq. 4.7.2 em relação ao tempo, obtemos uma equação que envolve as acelerações $\vec{a}_{PA}$ e $\vec{a}_{PB}$ da partícula *P* em relação aos nossos observadores. Note, porém, que, como $\vec{v}_{BA}$ é constante, a derivada de $\vec{v}_{BA}$ em relação ao tempo é nula, o que nos dá

$$\vec{a}_{PA} = \vec{a}_{PB}. \qquad (4.7.3)$$

Assim, da mesma forma que no movimento unidimensional, temos a seguinte regra: A aceleração de uma partícula medida por observadores em referenciais que se movem com velocidade constante um em relação ao outro é *a mesm*a.

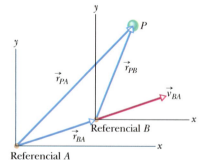

Figura 4.7.1 Referencial *B* possui uma velocidade bidimensional constante $\vec{v}_{BA}$ em relação ao referencial *A*. O vetor posição de *B* em relação a *A* é $\vec{r}_{BA}$. Os vetores posição da partícula *P* são $\vec{r}_{PA}$ em relação a *A* e $\vec{r}_{PB}$ em relação a *B*.

Teste 4.7.1

Considere duas velocidades usando a mesma notação para Alexandre, Bárbara e o carro P:

$$\vec{v}_{PA} = 3t\hat{i} + 4t\hat{j} - 2t\hat{k}$$
$$\vec{v}_{AB} = 10\hat{i} + 6\hat{j}.$$

Qual é a velocidade relativa $\vec{v}_{BP}$?

Exemplo 4.7.1 Movimento relativo bidimensional de dois aviões 4.8

Na Fig. 4.7.2a, um avião se move para o leste enquanto o piloto direciona o avião ligeiramente para o sul do leste, de modo a compensar um vento constante que sopra para o nordeste. O avião tem uma velocidade $\vec{v}_{AV}$ em relação ao vento, com uma velocidade do ar (velocidade escalar em relação ao vento) de 215 km/h e uma orientação que faz um ângulo θ ao sul do leste. O vento tem uma velocidade $\vec{v}_{VS}$ em relação ao solo, com uma velocidade escalar de 65,0 km/h e uma orientação que faz um ângulo de 20,0° a leste do norte. Qual é o módulo da velocidade $\vec{v}_{AS}$ do avião em relação ao solo e qual é o valor de θ?

IDEIAS-CHAVE

A situação é semelhante à da Fig. 4.7.1. Neste caso, a partícula P é o avião, o referencial A está associado ao solo (que chamaremos de S) e o referencial B está associado ao vento (que chamaremos de V). Precisamos construir um diagrama vetorial semelhante ao da Fig. 4.7.1, mas, desta vez, usando três vetores velocidade.

Cálculos: Primeiro, escrevemos uma frase que expressa uma relação entre os três vetores da Fig. 4.7.2b:

| velocidade do avião em relação ao solo (VS) | = | velocidade do avião em relação ao vento (AV) | + | velocidade do vento em relação ao solo (VS) |

Em notação vetorial, essa relação se torna

$$\vec{v}_{AS} = \vec{v}_{AV} + \vec{v}_{VS}. \qquad (4.7.4)$$

Podemos determinar as componentes dos vetores no sistema de coordenadas da Fig. 4.7.2b e resolver a Eq. 4.7.4 eixo por eixo. No caso das componentes y, temos:

$$\vec{v}_{AS,y} = \vec{v}_{AV,y} + \vec{v}_{VS,y}$$

ou $0 = -(215 \text{ km/h}) \sin \theta + (65{,}0 \text{ km/h})(\cos 20{,}0°)$.
Explicitando θ, obtemos

$$\theta = \sin^{-1} \frac{(65{,}0 \text{ km/h})(\cos 20{,}0°)}{215 \text{ km/h}} = 16{,}5°. \qquad \text{(Resposta)}$$

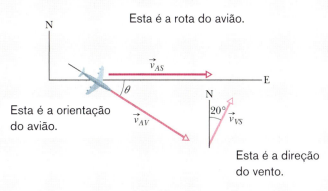

Esta é a rota do avião.

Esta é a orientação do avião.

Esta é a direção do vento.

(a)

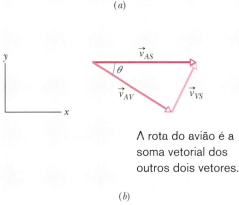

A rota do avião é a soma vetorial dos outros dois vetores.

(b)

Figura 4.7.2 Efeito do vento sobre um avião.

No caso das componentes x, temos:

$$\vec{v}_{AS,x} = \vec{v}_{AV,x} + \vec{v}_{VS,x}.$$

Como $\vec{v}_{AS}$ é paralela ao eixo x, a componente $v_{AS,x}$ é igual ao módulo v_{AS} do vetor. Substituindo $v_{AS,x}$ por v_{AS} e fazendo $\theta = 16{,}5°$, obtemos

$$v_{AS} = (215 \text{ km/h})(\cos 16{,}5°) + (65{,}0 \text{ km/h})(\sin 20{,}0°)$$
$$= 228 \text{ km/h}. \qquad \text{(Resposta)}$$

86   CAPÍTULO 4

Revisão e Resumo

Vetor Posição   A localização de uma partícula em relação à origem de um sistema de coordenadas é dada por um *vetor posição $\vec{r}$*, que, na notação dos vetores unitários, é dado por

$$\vec{r} = x\hat{i} + y\hat{j} + z\hat{k}. \qquad (4.1.1)$$

Aqui, $x\hat{i}$, $y\hat{j}$ e $z\hat{k}$ são as componentes vetoriais do vetor posição $\vec{r}$, e x, y e z são as componentes escalares do vetor posição (e, também, as coordenadas da partícula). Um vetor posição pode ser descrito por um módulo e um ou dois ângulos, pelas componentes vetoriais ou pelas componentes escalares.

Deslocamento   Se uma partícula se move de tal forma que o vetor posição muda de $\vec{r}_1$ para $\vec{r}_2$, o *deslocamento $\Delta\vec{r}$* da partícula é dado por

$$\Delta\vec{r} = \vec{r}_2 - \vec{r}_1. \qquad (4.1.2)$$

O deslocamento também pode ser escrito na forma

$$\Delta\vec{r} = (x_2 - x_1)\hat{i} + (y_2 - y_1)\hat{j} + (z_2 - z_1)\hat{k} \qquad (4.1.3)$$

$$= \Delta x\hat{i} + \Delta y\hat{j} + \Delta z\hat{k}. \qquad (4.1.4)$$

Velocidade Média e Velocidade Instantânea   Se uma partícula sofre um deslocamento $\Delta\vec{r}$ em um intervalo de tempo Δt, a *velocidade média $\vec{v}_{\text{méd}}$* nesse intervalo de tempo é dada por

$$\vec{v}_{\text{méd}} = \frac{\Delta\vec{r}}{\Delta t}. \qquad (4.2.1)$$

Quando Δt na Eq. 4.2.1 tende a 0, $\vec{v}_{\text{méd}}$ tende para um limite $\vec{v}$ que é chamado *velocidade instantânea* ou, simplesmente, *velocidade*:

$$\vec{v} = \frac{d\vec{r}}{dt}. \qquad (4.2.3)$$

Na notação dos vetores unitários, a velocidade instantânea assume a forma

$$\vec{v} = v_x\hat{i} + v_y\hat{j} + v_z\hat{k}, \qquad (4.2.4)$$

em que $v_x = dx/dt$, $v_y = dy/dt$ e $v_z = dz/dt$. A velocidade instantânea $\vec{v}$ de uma partícula é sempre tangente à trajetória da partícula na posição da partícula.

Aceleração Média e Aceleração Instantânea   Se a velocidade de uma partícula varia de $\vec{v}_1$ para $\vec{v}_2$ no intervalo de tempo Δt, a *aceleração média* durante o intervalo Δt é

$$\vec{a}_{\text{méd}} = \frac{\vec{v}_2 - \vec{v}_1}{\Delta t} = \frac{\Delta\vec{v}}{\Delta t}. \qquad (4.3.1)$$

Quando Δt na Eq. 4.3.1 tende a zero, $\vec{a}_{\text{méd}}$ tende para um limite $\vec{a}$ que é chamado *aceleração instantânea* ou, simplesmente, *aceleração*:

$$\vec{a} = \frac{d\vec{v}}{dt}. \qquad (4.3.2)$$

Na notação dos vetores unitários,

$$\vec{a} = a_x\hat{i} + a_y\hat{j} + a_z\hat{k}, \qquad (4.3.3)$$

em que $a_x = dv_x/dt$, $a_y = dv_y/dt$ e $a_z = dv_z/dt$.

Movimento Balístico   *Movimento balístico* é o movimento de uma partícula que é lançada com uma velocidade inicial $\vec{v}_0$. Durante o percurso, a aceleração horizontal da partícula é zero, e a aceleração vertical é a aceleração de queda livre, $-g$. (O sentido do movimento para cima é escolhido como positivo.) Se $\vec{v}_0$ se expressa por meio de um módulo (a velocidade escalar v_0) e um ângulo θ_0 (medido em relação à horizontal), as equações de movimento da partícula ao longo do eixo horizontal x e do eixo vertical y são

$$x - x_0 = (v_0 \cos \theta_0)t, \qquad (4.4.3)$$

$$y - y_0 = (v_0 \operatorname{sen} \theta_0)t - \tfrac{1}{2}gt^2, \qquad (4.4.4)$$

$$v_y = v_0 \operatorname{sen} \theta_0 - gt, \qquad (4.4.5)$$

$$v_y^2 = (v_0 \operatorname{sen} \theta_0)^2 - 2g(y - y_0). \qquad (4.4.6)$$

A **trajetória** de uma partícula em movimento balístico tem a forma de uma parábola e é dada por

$$y = (\tan \theta_0)x - \frac{gx^2}{2(v_0 \cos \theta_0)^2}, \qquad (4.4.7)$$

se x_0 e y_0 das Eqs. 4.4.3 a 4.4.6 forem nulos. O **alcance horizontal** R da partícula, que é a distância horizontal do ponto de lançamento ao ponto em que a partícula retorna à altura do ponto de lançamento, é dado por

$$R = \frac{v_0^2}{g} \operatorname{sen} 2\theta_0. \qquad (4.4.8)$$

Movimento Circular Uniforme   Se uma partícula descreve uma circunferência ou arco de circunferência de raio r com velocidade constante v, dizemos que se trata de um *movimento circular uniforme*. Nesse caso, a partícula possui uma aceleração $\vec{a}$ cujo módulo é dado por

$$a = \frac{v^2}{r}. \qquad (4.5.1)$$

O vetor $\vec{a}$ aponta para o centro da circunferência ou arco de circunferência e é chamado *aceleração centrípeta*. O tempo que a partícula leva para descrever uma circunferência completa é dado por

$$T = \frac{2\pi r}{v}. \qquad (4.5.2)$$

O parâmetro T é chamado *período de revolução* ou, simplesmente, *período*.

Movimento Relativo   Quando dois referenciais A e B estão se movendo um em relação ao outro com velocidade constante, a velocidade de uma partícula P, medida por um observador do referencial A, é, em geral, diferente da velocidade medida por um observador do referencial B. As duas velocidades estão relacionadas pela equação

$$\vec{v}_{PA} = \vec{v}_{PB} + \vec{v}_{BA}, \qquad (4.7.2)$$

em que $\vec{v}_{BA}$ é a velocidade de B em relação a A. Os dois observadores medem a mesma aceleração:

$$\vec{a}_{PA} = \vec{a}_{PB}. \qquad (4.7.3)$$

Perguntas

1 A Fig. 4.1 mostra o caminho seguido por um gambá à procura de comida em latas de lixo, a partir do ponto inicial *i*. O gambá levou o mesmo tempo *T* para ir de cada um dos pontos marcados até o ponto seguinte. Ordene os pontos *a*, *b* e *c* de acordo com o módulo da velocidade média do gambá para alcançá-los a partir do ponto inicial *i*, começando pelo maior.

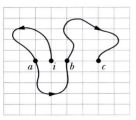

Figura 4.1 Pergunta 1.

2 A Fig. 4.2 mostra a posição inicial *i* e a posição final *f* de uma partícula. Determine (a) o vetor posição inicial $\vec{r}_i$ e (b) o vetor posição final $\vec{r}_f$ da partícula, ambos na notação dos vetores unitários. (c) Qual é a componente *x* do deslocamento $\Delta \vec{r}$?

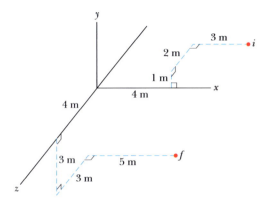

Figura 4.2 Pergunta 2.

3 **CVF** Quando Paris foi bombardeada a mais de 100 km de distância na Primeira Guerra Mundial, por um canhão apelidado de "Big Bertha", os projéteis foram lançados com um ângulo maior que 45° para atingirem uma distância maior, possivelmente até duas vezes maior que 45°. Esse resultado significa que a densidade do ar em grandes altitudes aumenta ou diminui com a altitude?

4 Você tem que lançar um foguete, praticamente do nível do solo, com uma das velocidades iniciais especificadas pelos seguintes vetores: (1) $\vec{v}_0 = 20\hat{i} + 70\hat{j}$, (2) $\vec{v}_0 = -20\hat{i} + 70\hat{j}$, (3) $\vec{v}_0 = 20\hat{i} - 70\hat{j}$, (4) $\vec{v}_0 = -20\hat{i} - 70\hat{j}$. No seu sistema de coordenadas, *x* varia ao longo do nível do solo e *y* cresce para cima. (a) Ordene os vetores de acordo com a velocidade escalar de lançamento do projétil, começando pelo maior. (b) Ordene os vetores de acordo com o tempo de voo do projétil, começando pelo maior.

5 A Fig. 4.3 mostra três situações nas quais projéteis iguais são lançados do solo (a partir da mesma altura) com a mesma velocidade escalar e o mesmo ângulo. Entretanto, os projéteis não caem no mesmo terreno. Ordene as situações de acordo com a velocidade escalar final dos projéteis imediatamente antes de aterrissarem, começando pela maior.

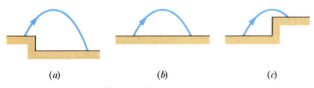

Figura 4.3 Pergunta 5.

6 O único uso decente de um bolo de frutas é na prática do arremesso. A curva 1 na Fig. 4.4 mostra a altura *y* de um bolo de frutas arremessado por uma catapulta em função do ângulo θ entre o vetor velocidade e o vetor aceleração durante o percurso. (a) Qual dos pontos assinalados por letras nessa curva corresponde ao choque do bolo de frutas com o solo?

(b) A curva 2 é um gráfico semelhante para a mesma velocidade escalar inicial, mas para um ângulo de lançamento diferente. Nesse caso, o bolo de frutas vai cair em um ponto mais distante ou mais próximo do ponto de lançamento?

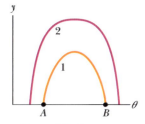

Figura 4.4 Pergunta 6.

7 Um avião que está voando horizontalmente com uma velocidade constante de 350 km/h, sobrevoando um terreno plano, deixa cair um fardo com suprimentos. Ignore o efeito do ar sobre o fardo. Quais são as componentes inicial (a) vertical e (b) horizontal da velocidade do fardo? (c) Qual é a componente horizontal da velocidade imediatamente antes de o fardo se chocar com o solo? (d) Se a velocidade do avião fosse 450 km/h, o tempo de queda seria maior, menor ou igual?

8 Na Fig. 4.5, uma tangerina é arremessada para cima e passa pelas janelas 1, 2 e 3, que têm o mesmo tamanho e estão regularmente espaçadas na vertical. Ordene as três janelas, em ordem decrescente, (a) de acordo com o tempo que a tangerina leva para passar pela janela e (b) de acordo com a velocidade média da tangerina durante a passagem.

Na descida, a tangerina passa pelas janelas 4, 5 e 6, que têm o mesmo tamanho e não estão regularmente espaçadas na horizontal. Ordene as três janelas, em ordem decrescente, (c) de acordo com o tempo que a tangerina leva para passar e (d) de acordo com a velocidade média da tangerina durante a passagem.

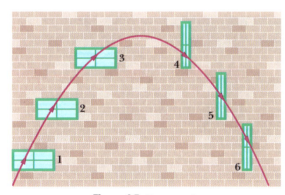

Figura 4.5 Pergunta 8.

9 A Fig. 4.6 mostra três trajetórias de uma bola de futebol chutada a partir do chão. Ignorando os efeitos do ar, ordene as trajetórias de acordo (a) com o tempo de percurso, (b) com a componente vertical da velocidade inicial, (c) com a componente horizontal da velocidade inicial e (d) com a velocidade escalar inicial, em ordem decrescente.

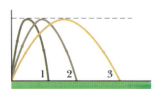

Figura 4.6 Pergunta 9.

10 Uma bola é chutada a partir do chão, em um terreno plano, com uma dada velocidade inicial. A Fig. 4.7 mostra o alcance *R* da bola em função do ângulo de lançamento θ_0. Ordene os três pontos identificados por letras no gráfico (a) de acordo com o tempo que a bola permanece no ar e (b) de acordo com a velocidade da bola na altura máxima, em ordem decrescente.

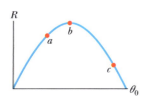

Figura 4.7 Pergunta 10.

88 CAPÍTULO 4

11 A Fig. 4.8 mostra quatro trilhos (semicírculos ou quartos de círculo) que podem ser usados por um trem que se move com velocidade escalar constante. Ordene os trilhos de acordo com o módulo da aceleração do trem no trecho curvo, em ordem decrescente.

12 Na Fig. 4.9, a partícula P está em movimento circular uniforme em torno da origem de um sistema de coordenadas xy. (a) Para que valores de θ a componente vertical r_y do vetor posição possui o maior módulo? (b) Para que valores de θ a componente vertical v_y da velocidade da partícula possui o maior módulo? (c) Para que valores de θ a componente vertical a_y da aceleração da partícula possui o maior módulo?

13 (a) É possível estar acelerando enquanto se viaja com velocidade escalar constante? É possível fazer uma curva (b) com aceleração nula e (c) com aceleração de módulo constante?

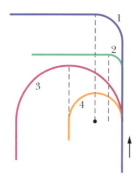

Figura 4.8 Pergunta 11.

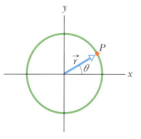

Figura 4.9 Pergunta 12.

14 Você está viajando de carro e lança um ovo verticalmente para cima. O ovo cai atrás do carro, à frente do carro, ou de volta na sua mão se a velocidade do carro (a) é constante, (b) está aumentando, (c) está diminuindo?

15 Uma bola de neve é lançada do nível do solo (por uma pessoa que está em um buraco) com velocidade inicial v_0 e um ângulo de lançamento de 45° com o solo (plano), no qual a bola vai cair, depois de percorrer uma certa distância. Se o ângulo de lançamento aumenta, (a) a distância percorrida e (b) o tempo em que a bola de neve permanece no ar aumentam, diminuem ou não variam?

16 Você está dirigindo quase colado a um caminhão, e os dois veículos mantêm a mesma velocidade. Um engradado cai da traseira do caminhão. (a) Se você não frear nem der um golpe de direção, vai atropelar o engradado antes que ele se choque com o piso da estrada? (b) Durante a queda, a velocidade horizontal do engradado é maior, menor ou igual à velocidade do caminhão?

17 Em que ponto da trajetória de um projétil a velocidade é mínima?

18 No arremesso de peso, o peso é lançado de um ponto acima do ombro do atleta. O ângulo, para o qual a distância atingida pelo peso é máxima, é 45°, maior que 45°, ou menor que 45°?

Problemas

F Fácil **M** Médio **D** Difícil
CVF Informações adicionais disponíveis no e-book *O Circo Voador da Física*, de Jearl Walker, LTC Editora, Rio de Janeiro, 2008.
CALC Requer o uso de derivadas e/ou integrais
BIO Aplicação biomédica

Módulo 4.1 Posição e Deslocamento

1 F O vetor posição de um elétron é $\vec{r} = (5{,}0 \text{ m})\hat{i} - (3{,}0 \text{ m})\hat{j} + (2{,}0 \text{ m})\hat{k}$. (a) Determine o módulo de $\vec{r}$. (b) Desenhe o vetor em um sistema de coordenadas dextrogiro.

2 F Uma semente de melancia possui as seguintes coordenadas: $x = -5{,}0$ m, $y = 8{,}0$ m e $z = 0$ m. Determine o vetor posição da semente (a) na notação dos vetores unitários e como (b) um módulo e (c) um ângulo em relação ao sentido positivo do eixo x. (d) Desenhe o vetor em um sistema de coordenadas dextrogiro. Se a semente for transportada para as coordenadas (3,00 m, 0 m, 0 m), determine o deslocamento (e) na notação dos vetores unitários e como (f) um módulo e (g) um ângulo em relação ao sentido positivo do eixo x.

3 F Um pósitron sofre um deslocamento $\Delta\vec{r} = 2{,}0\hat{i} - 3{,}0\hat{j} + 6{,}0\hat{k}$ e termina com um vetor posição $\vec{r} = 3{,}0\hat{j} - 4{,}0\hat{k}$, em metros. Qual era o vetor posição inicial do pósitron?

4 M O ponteiro dos minutos de um relógio de parede mede 10 cm da ponta ao eixo de rotação. O módulo e o ângulo do vetor deslocamento da ponta devem ser determinados para três intervalos de tempo. Determine (a) o módulo e (b) o ângulo associado ao deslocamento da ponta entre as posições correspondentes a 15 e 30 min depois da hora, (c) o módulo e (d) o ângulo correspondente à meia hora seguinte, e (e) o módulo e (f) o ângulo correspondente à hora seguinte.

Módulo 4.2 Velocidade Média e Velocidade Instantânea

5 F Um trem que viaja a uma velocidade constante de 60,0 km/h se move na direção leste por 40,0 min, depois em uma direção que faz um ângulo de 50,0° a leste com a direção norte por 20,0 min e, finalmente, na direção oeste por mais 50,0 min. Quais são (a) o módulo e (b) o ângulo da velocidade média do trem durante a viagem?

6 F CALC A posição de um elétron é dada por $\vec{r} = 3{,}00t\hat{i} - 4{,}00t^2\hat{j} + 2{,}00\hat{k}$ com t em segundos e $\vec{r}$ em metros. (a) Qual é a velocidade $\vec{v}(t)$ do elétron na notação dos vetores unitários? Quanto vale $\vec{v}(t)$ no instante $t = 2{,}00$ s (b) na notação dos vetores unitários e como (c) um módulo e (d) um ângulo em relação ao sentido positivo do eixo x?

7 F O vetor posição de um íon é inicialmente $\vec{r} = 5{,}0\hat{i} - 6{,}0\hat{j} + 2{,}0\hat{k}$ e 10 s depois passa a ser $\vec{r} = -2{,}0\hat{i} + 8{,}0\hat{j} - 2{,}0\hat{k}$, com todos os valores em metros. Qual é a velocidade média $\vec{v}_{méd}$ durante os 10 s na notação dos vetores unitários?

8 M Um avião voa 483 km para o leste, da cidade A para a cidade B, em 45,0 min, e depois 966 km para o sul, da cidade B para a cidade C, em 1,50 h. Determine, para a viagem inteira, (a) o módulo e (b) a direção do deslocamento do avião, (c) o módulo e (d) a direção da velocidade média e (e) a velocidade escalar média.

9 M A Fig. 4.10 mostra os movimentos de um esquilo em um terreno plano, do ponto A (no instante $t = 0$) para os pontos B (em $t = 5{,}00$ min), C (em $t = 10{,}0$ min) e, finalmente, D (em $t = 15{,}0$ min). Considere as velocidades médias do esquilo do ponto A para cada um dos outros três pontos. Entre essas velocidades médias determine (a) o módulo e (b) o ângulo da que possui o menor módulo e (c) o módulo e (d) o ângulo da que possui o maior módulo.

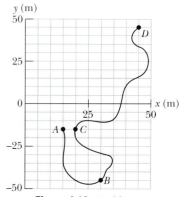

Figura 4.10 Problema 9.

10 **D** O vetor $\vec{r} = 5,00t\hat{i} + (et + ft^2)\hat{j}$ mostra a posição de uma partícula em função do tempo t. O vetor $\vec{r}$ está em metros, t está em segundos e os fatores e e f são constantes. A Fig. 4.11 mostra o ângulo θ da direção do movimento da partícula em função de t (θ é medido a partir do semieixo x positivo). Determine (a) e e (b) f, indicando as unidades correspondentes.

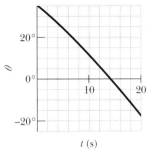

Figura 4.11 Problema 10.

Módulo 4.3 Aceleração Média e Aceleração Instantânea

11 **F** **CALC** A posição $\vec{r}$ de uma partícula que se move em um plano xy é dada por $\vec{r} = (2,00t^3 - 5,00t)\hat{i} + (6,00 - 7,00t^4)\hat{j}$, com $\vec{r}$ em metros e t em segundos. Na notação dos vetores unitários, calcule (a) $\vec{r}$, (b) $\vec{v}$ e (c) $\vec{a}$ para $t = 2,00$ s. (d) Qual é o ângulo entre o semieixo positivo x e uma reta tangente à trajetória da partícula em $t = 2,00$ s?

12 **F** Em certo instante, um ciclista está 40,0 m a leste do mastro de um parque, indo para o sul com uma velocidade de 10,0 m/s. Após 30,0 s, o ciclista está 40,0 m ao norte do mastro, dirigindo-se para o leste com uma velocidade de 10,0 m/s. Para o ciclista, nesse intervalo de 30,0 s, quais são (a) o módulo e (b) a direção do deslocamento, (c) o módulo e (d) a direção da velocidade média e (e) o módulo e (f) a direção da aceleração média?

13 **F** **CALC** Uma partícula se move de tal forma que a posição (em metros) em função do tempo (em segundos) é dada por $\vec{r} = \hat{i} + 4t^2\hat{j} + t\hat{k}$. Escreva expressões para (a) a velocidade e (b) a aceleração em função do tempo.

14 **F** A velocidade inicial de um próton é $\vec{v} = 4,0\hat{i} - 2,0\hat{j} + 3,0\hat{k}$; mais tarde, passa a ser $\vec{v} = -2,0\hat{i} - 2,0\hat{j} + 5,0\hat{k}$ (em metros por segundo). Para esses 4,0 s, determine qual é (a) a aceleração média do próton $\vec{a}_{méd}$ na notação dos vetores unitários, (b) qual o módulo de $\vec{a}_{méd}$ e (c) qual o ângulo entre $\vec{a}_{méd}$ e o semieixo x positivo.

15 **M** Uma partícula deixa a origem com uma velocidade inicial $\vec{v} = (3,00\hat{i})$ m/s e uma aceleração constante $\vec{a} = (-1,00\hat{i} - 0,500\hat{j})$ m/s². Quando a partícula atinge o valor máximo da coordenada x, qual é (a) a velocidade e (b) qual é o vetor posição?

16 **M** **CALC** A velocidade $\vec{v}$ de uma partícula que se move no plano xy é dada por $\vec{v} = (6,0t - 4,0t^2)\hat{i} + 8,00\hat{j}$, com $\vec{v}$ em metros por segundo e t (> 0) em segundos. (a) Qual é a aceleração no instante $t = 3,0$ s? (b) Em que instante (se isso é possível) a aceleração é nula? (c) Em que instante (se isso é possível) a velocidade é nula? (d) Em que instante (se isso é possível) a velocidade escalar da partícula é igual a 10 m/s?

17 **M** Um carro se move em um plano xy com componentes da aceleração $a_x = 4,0$ m/s² e $a_y = -2,0$ m/s². A velocidade inicial tem componentes $v_{0x} = 8,0$ m/s e $v_{0y} = 12$ m/s. Qual é a velocidade do carro, na notação dos vetores unitários, quando atinge a maior coordenada y?

18 **M** Um vento moderado acelera um seixo em um plano horizontal xy com uma aceleração constante $\vec{a} = (5,00 \text{ m/s}^2)\hat{i} + (7,00 \text{ m/s}^2)\hat{j}$. No instante $t = 0$, a velocidade é $(4,00 \text{ m/s})\hat{i}$. Quais são (a) o módulo e (b) o ângulo da velocidade do seixo após ter se deslocado 12,0 m paralelamente ao eixo x?

19 **D** **CALC** A aceleração de uma partícula que se move em um plano horizontal xy é dada por $\vec{a} = (3t\hat{i} + 4t\hat{j})$, em que $\vec{a}$ está em metros por segundo ao quadrado e t em segundos. Em $t = 0$, o vetor posição $\vec{r} = (20,00 \text{ m})\hat{i} + (40,00 \text{ m})\hat{j}$ indica a localização da partícula, que nesse instante tem uma velocidade $\vec{v} = (5,00 \text{ m/s})\hat{i} + (2,00 \text{ m/s})\hat{j}$. Em $t = 4,00$ s, determine (a) o vetor posição na notação dos vetores unitários e (b) o ângulo entre a direção do movimento e o semieixo x positivo.

20 **D** Na Fig. 4.12, a partícula A se move ao longo da reta $y = 30$ m com uma velocidade constante $\vec{v}$ de módulo 3,0 m/s, paralela ao eixo x. No instante em que a partícula A passa pelo eixo y, a partícula B deixa a origem com velocidade inicial zero e aceleração constante $\vec{a}$ de módulo 0,40 m/s². Para que valor do ângulo θ entre $\vec{a}$ e o semieixo y positivo acontece uma colisão?

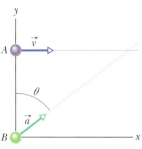

Figura 4.12 Problema 20.

Módulo 4.4 Movimento Balístico

21 **F** Um dardo é arremessado horizontalmente com uma velocidade inicial de 10 m/s em direção a um ponto P, o centro de um alvo de parede. O dardo atinge um ponto Q do alvo, verticalmente abaixo de P, 0,19 s depois do arremesso. (a) Qual é a distância PQ? (b) A que distância do alvo foi arremessado o dardo?

22 **F** Uma pequena bola rola horizontalmente até a borda de uma mesa de 1,20 m de altura e cai no chão. A bola chega ao chão a uma distância horizontal de 1,52 m da borda da mesa. (a) Por quanto tempo a bola fica no ar? (b) Qual é a velocidade da bola no instante em que ela chega à borda da mesa?

23 **F** Um projétil é disparado horizontalmente de uma arma que está 45,0 m acima de um terreno plano, saindo da arma com uma velocidade de 250 m/s. (a) Por quanto tempo o projétil permanece no ar? (b) A que distância horizontal do ponto de disparo o projétil se choca com o solo? (c) Qual é o módulo da componente vertical da velocidade quando o projétil se choca com o solo?

24 **F** **BIO** **CVF** No Campeonato Mundial de Atletismo de 1991, em Tóquio, Mike Powell saltou 8,95 m, batendo por 5 cm um recorde de 23 anos estabelecido por Bob Beamon para o salto em distância. Suponha que Powell iniciou o salto com uma velocidade de 9,5 m/s (aproximadamente igual à de um velocista) e que $g = 9,80$ m/s² em Tóquio. Calcule a diferença entre o alcance de Powell e o máximo alcance possível para uma partícula lançada com a mesma velocidade.

25 **F** **CVF** O recorde atual de salto de motocicleta é 77,0 m, estabelecido por Jason Renie. Suponha que Renie tivesse partido da rampa fazendo um ângulo de 12° com a horizontal e que as rampas de subida e de descida tivessem a mesma altura. Determine a velocidade inicial, desprezando a resistência do ar.

26 **F** Uma pedra é lançada por uma catapulta no instante $t = 0$, com uma velocidade inicial de módulo 20,0 m/s e ângulo 40,0° acima da horizontal. Quais são os módulos das componentes (a) horizontal e (b) vertical do deslocamento da pedra em relação à catapulta em $t = 1,10$ s? Repita os cálculos para as componentes (c) horizontal e (d) vertical em $t = 1,80$ s e para as componentes (e) horizontal e (f) vertical em $t = 5,00$ s.

27 **M** Um avião está mergulhando com um ângulo $\theta = 30,0°$ abaixo da horizontal, a uma velocidade de 290,0 km/h, quando o piloto libera um chamariz (Fig. 4.13). A distância horizontal entre o ponto de lançamento e o ponto no qual o chamariz se choca com o solo é $d = 700$ m. (a) Quanto tempo o chamariz passou no ar? (b) De que altura foi lançado?

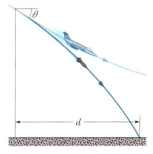

Figura 4.13 Problema 27.

28 **M** Na Fig. 4.14, uma pedra é lançada para o alto de um rochedo de altura h com uma velocidade inicial de 42,0 m/s e um ângulo $\theta_0 = 60,0°$ com a horizontal. A pedra cai em um ponto A, 5,50 s após o lançamento. Determine (a) a altura h do rochedo, (b) a velocidade da pedra imediatamente antes do impacto em A e (c) a altura máxima H alcançada acima do solo.

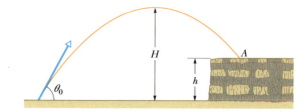

Figura 4.14 Problema 28.

29 [M] A velocidade de lançamento de um projétil é cinco vezes maior que a velocidade na altura máxima. Determine o ângulo de lançamento θ_0.

30 [M] Uma bola de futebol é chutada, a partir do chão, com uma velocidade inicial de 19,5 m/s e um ângulo para cima de 45°. No mesmo instante, um jogador a 55 m de distância, na direção do chute, começa a correr para receber a bola. Qual deve ser a velocidade média do jogador para que alcance a bola imediatamente antes de tocar o gramado?

31 [M] [CVF] Ao dar uma cortada, um jogador de voleibol golpeia a bola com força, de cima para baixo, em direção à quadra adversária. É difícil controlar o ângulo da cortada. Suponha que uma bola seja cortada de uma altura de 2,30 m, com uma velocidade inicial de 20,0 m/s e um ângulo para baixo de 18,00°. Se o ângulo para baixo diminuir para 8,00°, a que distância adicional a bola atingirá a quadra adversária?

32 [M] Você lança uma bola em direção a uma parede com uma velocidade de 25,0 m/s e um ângulo $\theta_0 = 40,0°$ acima da horizontal (Fig. 4.15). A parede está a uma distância $d = 22,0$ m do ponto de lançamento da bola. (a) A que distância acima do ponto de lançamento a bola atinge a parede? Quais são as componentes (b) horizontal e (c) vertical da velocidade da bola ao atingir a parede? (d) Ao atingir a parede, a bola já passou pelo ponto mais alto da trajetória?

Figura 4.15 Problema 32.

33 [M] Um avião, mergulhando com velocidade constante em um ângulo de 53,0° com a vertical, lança um projétil a uma altitude de 730 m. O projétil chega ao solo 5,00 s após o lançamento. (a) Qual é a velocidade do avião? (b) Que distância o projétil percorre horizontalmente durante o percurso? Quais são as componentes (c) horizontal e (d) vertical da velocidade do projétil no momento em que ele chega ao solo?

34 [M] [CVF] O trebuchet era uma máquina de arremesso construída para atacar as muralhas de um castelo durante um cerco. Uma grande pedra podia ser arremessada contra uma muralha para derrubá-la. A máquina não era instalada perto da muralha porque os operadores seriam um alvo fácil para as flechas disparadas do alto das muralhas do castelo. Em vez disso, o trebuchet era posicionado de tal forma que a pedra atingia a muralha na parte descendente da trajetória. Suponha que uma pedra fosse lançada com uma velocidade $v_0 = 28,0$ m/s e um ângulo $\theta_0 = 40,0°$. Qual seria a velocidade da pedra se ela atingisse a muralha (a) no momento em que chegasse à altura máxima da trajetória parabólica e (b) depois de cair para metade da altura máxima? (c) Qual a diferença percentual entre as respostas dos itens (b) e (a)?

35 [M] Um rifle que atira balas a 460 m/s é apontado para um alvo situado a 45,7 m de distância. Se o centro do alvo está na mesma altura do rifle, para que altura acima do alvo o cano do rifle deve ser apontado para que a bala atinja o centro do alvo?

36 [M] Durante uma partida de tênis, um jogador saca a 23,6 m/s, com o centro da bola deixando a raquete horizontalmente a 2,37 m de altura em relação à quadra. A rede está a 12 m de distância e tem 0,90 m de altura. (a) A bola passa para o outro lado da quadra? (b) Qual é a distância entre o centro da bola e o alto da rede quando a bola chega à rede? Suponha que, nas mesmas condições, a bola deixe a raquete fazendo um ângulo 5,00° abaixo da horizontal. Nesse caso, (c) a bola passa para o outro lado da quadra? (d) Qual é a distância entre o centro da bola e o alto da rede quando a bola chega à rede?

37 [M] Um mergulhador salta com uma velocidade horizontal de 2,00 m/s de uma plataforma que está 10,0 m acima da superfície da água. (a) A que distância horizontal da borda da plataforma está o mergulhador 0,800 s após o início do salto? (b) A que distância vertical acima da superfície da água está o mergulhador nesse instante? (c) A que distância horizontal da borda da plataforma o mergulhador atinge a água?

38 [M] Uma bola de golfe recebe uma tacada no solo. A velocidade da bola em função do tempo é mostrada na Fig. 4.16, em que $t = 0$ é o instante em que a bola foi golpeada. A escala vertical do gráfico é definida por $v_a = 19$ m/s e $v_b = 31$ m/s. (a) Que distância horizontal a bola de golfe percorre antes de tocar novamente o solo? (b) Qual é a altura máxima atingida pela bola?

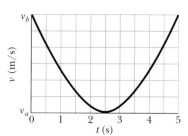

Figura 4.16 Problema 38.

39 [M] Na Fig. 4.17, uma bola é lançada para a esquerda da borda esquerda do terraço de um edifício. O ponto de lançamento está a uma altura h em relação ao solo, e a bola chega ao solo 1,50 s depois, a uma distância horizontal $d = 25,0$ m do ponto de lançamento e fazendo um ângulo $\theta = 60,0°$ com a horizontal. (a) Determine o valor de h. [*Sugestão*: Uma forma de resolver o problema é inverter o movimento, como se você estivesse vendo um filme de trás para a frente.] Qual é (b) o módulo e (c) qual o ângulo em relação à horizontal com que a bola foi lançada? (d) O ângulo é para cima ou para baixo em relação à horizontal?

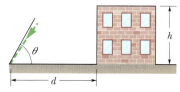

Figura 4.17 Problema 39.

40 [M] [CVF] Um arremessador de peso de nível olímpico é capaz de lançar o peso com uma velocidade inicial $v_0 = 15,00$ m/s de uma altura de 2,160 m. Que distância horizontal é coberta pelo peso se o ângulo de lançamento θ_0 é (a) 45,00° e (b) 42,00°? As respostas mostram que o ângulo de 45°, que maximiza o alcance dos projéteis, não maximiza a distância horizontal quando a altura inicial e a altura final são diferentes.

41 [M] [CVF] Quando vê um inseto pousado em uma planta perto da superfície da água, o peixe arqueiro coloca o focinho para fora e lança um jato d'água na direção do inseto para derrubá-lo na água (Fig. 4.18). Embora o peixe veja o inseto na extremidade de um segmento de reta de comprimento d, que faz um ângulo ϕ com a superfície da água, o jato deve ser lançado com um ângulo diferente,

Figura 4.18 Problema 41.

θ_0, para que o jato atinja o inseto depois de descrever uma trajetória parabólica. Se $\phi = 36,0°$, $d = 0,900$ m e a velocidade de lançamento é

3,56 m/s, qual deve ser o valor de θ_0 para que o jato esteja no ponto mais alto da trajetória quando atinge o inseto?

42 **M** **CVF** Em 1939, ou 1940, Emanuel Zacchini levou seu número de bala humana a novas alturas: disparado por um canhão, ele passou por cima de três rodas-gigantes antes de cair em uma rede (Fig. 4.19). Suponha que ele tenha sido lançado com uma velocidade de 26,5 m/s e em um ângulo de 53,0°. (a) Tratando Zacchini como uma partícula, determine a que distância vertical ele passou da primeira roda-gigante. (b) Se Zacchini atingiu a altura máxima quando passou pela roda-gigante do meio, a que distância vertical passou dessa roda-gigante? (c) A que distância do canhão devia estar posicionado o centro da rede (desprezando a resistência do ar)?

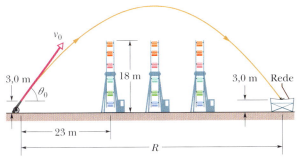

Figura 4.19 Problema 42.

43 **M** Uma bola é lançada a partir do solo. Quando atinge uma altura de 9,1 m, a velocidade é $\vec{v} = (7,6\hat{i} + 6,1\hat{j})$ m/s, com $\hat{i}$ horizontal e $\hat{j}$ para cima. (a) Qual é a altura máxima atingida pela bola? (b) Qual é a distância horizontal coberta pela bola? Quais são (c) o módulo e (d) o ângulo (abaixo da horizontal) da velocidade da bola no instante em que ela atinge o solo?

44 **M** Uma bola de beisebol deixa a mão do lançador horizontalmente com uma velocidade de 161 km/h. A distância até o rebatedor é 18,3 m. (a) Quanto tempo a bola leva para percorrer a primeira metade da distância? (b) E a segunda metade? (c) Que distância a bola cai livremente durante a primeira metade? (d) E durante a segunda metade? (e) Por que as respostas dos itens (c) e (d) não são iguais?

45 **M** Na Fig. 4.20, uma bola é lançada com uma velocidade de 10,0 m/s e um ângulo de 50,0° com a horizontal. O ponto de lançamento fica na base de uma rampa de comprimento horizontal $d_1 = 6,00$ m e altura $d_2 = 3,60$ m. No alto da rampa existe um estrado horizontal. (a) A bola cai na rampa ou no estrado? No momento em que a bola cai, quais são (b) o módulo e (c) o ângulo do deslocamento da bola em relação ao ponto de lançamento?

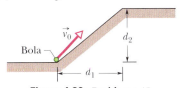

Figura 4.20 Problema 45.

46 **M** **BIO** **CVF** Alguns jogadores de basquetebol parecem *flutuar* no ar durante um salto em direção à cesta. A ilusão depende, em boa parte, da capacidade de um jogador experiente de trocar rapidamente a bola de mão durante o salto, mas pode ser acentuada pelo fato de que o jogador percorre uma distância horizontal maior na parte superior do salto do que na parte inferior. Se um jogador salta com uma velocidade inicial $v_0 = 7,00$ m/s e um ângulo $\theta_0 = 35,0°$, que porcentagem do alcance do salto o jogador passa na metade superior do salto (entre a altura máxima e a metade da altura máxima)?

47 **M** Um rebatedor golpeia uma bola de beisebol quando o centro da bola está 1,22 m acima do solo. A bola deixa o taco fazendo um ângulo de 45° com o solo e com uma velocidade tal que o alcance horizontal (distância até voltar à *altura de lançamento*) é 107 m. (a) A bola consegue passar por um alambrado de 7,32 m de altura que está a uma distância horizontal de 97,5 m do ponto inicial? (b) Qual é a distância entre a extremidade superior do alambrado e o centro da bola quando a bola chega ao alambrado?

48 **M** Na Fig. 4.21, uma bola é arremessada para o alto de um edifício, caindo 4,00 s depois a uma altura $h = 20,0$ m acima da altura de lançamento. A trajetória da bola no final tem uma inclinação $\theta = 60°$ em relação à horizontal. (a) Determine a distância horizontal d coberta pela bola. (Ver sugestão do Problema 39.) Quais são (b) o módulo e (c) o ângulo (em relação à horizontal) da velocidade inicial da bola?

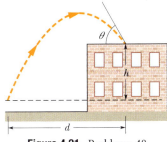

Figura 4.21 Problema 48.

49 **D** O chute de um jogador de futebol americano imprime à bola uma velocidade inicial de 25 m/s. Quais são (a) o menor e (b) o maior ângulo de elevação que ele pode imprimir à bola para marcar um *field goal*[1] a partir de um ponto situado a 50 m da meta, cujo travessão está 3,44 m acima do gramado?

50 **D** Dois segundos após ter sido lançado a partir do solo, um projétil deslocou-se 40 m horizontalmente e 53 m verticalmente em relação ao ponto de lançamento. Quais são as componentes (a) horizontal e (b) vertical da velocidade inicial do projétil? (c) Qual é o deslocamento horizontal em relação ao ponto de lançamento no instante em que o projétil atinge a altura máxima em relação ao solo?

51 **D** **BIO** **CVF** Os esquiadores experientes costumam dar um pequeno salto antes de chegarem a uma encosta descendente. Considere um salto no qual a velocidade inicial é $v_0 = 10$ m/s, o ângulo é $\theta_0 = 11,3°$, a pista antes do salto é aproximadamente plana e a encosta tem uma inclinação de 9,0°. A Fig. 4.22a mostra um *pré-salto* no qual o esquiador desce no início da encosta. A Fig. 4.22b mostra um salto que começa no momento em que o esquiador está chegando à encosta. Na Fig. 4.22a, o esquiador desce aproximadamente na mesma altura em que começou o salto. (a) Qual é o ângulo ϕ entre a trajetória do esquiador e a encosta na situação da Fig. 4.22a? Na situação da Fig. 4.22b, (b) o esquiador desce quantos metros abaixo da altura em que começou o salto? (c) Qual é o valor de ϕ? (A queda maior e o maior valor de ϕ podem fazer o esquiador perder o equilíbrio.)

Figura 4.22 Problema 51.

52 **D** Uma bola é lançada do solo em direção a uma parede que está a uma distância x (Fig. 4.23a). A Fig. 4.23b mostra a componente v_y da velocidade da bola no instante em que ela alcança a parede em função da distância x. As escalas do gráfico são definidas por $v_{ys} = 5,0$ m/s e $x_s = 20$ m. Qual é o ângulo do lançamento?

---
[1] Para marcar um *field goal* no futebol americano, um jogador tem de fazer a bola passar por cima do travessão e entre as duas traves laterais. (N.T.)

92 CAPÍTULO 4

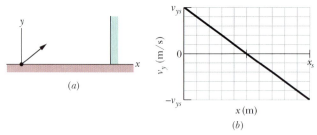

Figura 4.23 Problema 52.

53 D Na Fig. 4.24, uma bola de beisebol é golpeada a uma altura $h = 1,00$ m e apanhada na mesma altura. Deslocando-se paralelamente a um muro, a bola passa pelo alto do muro 1,00 s após ter sido golpeada e, novamente, 4,00 s depois, quando está descendo, em posições separadas por uma distância $D = 50,0$ m. (a) Qual é a distância horizontal percorrida pela bola, do instante em que foi golpeada até ser apanhada? Quais são (b) o módulo e (c) o ângulo (em relação à horizontal) da velocidade da bola imediatamente após ter sido golpeada? (d) Qual é a altura do muro?

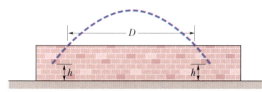

Figura 4.24 Problema 53.

54 D Uma bola é lançada a partir do solo com uma dada velocidade. A Fig. 4.25 mostra o alcance R em função ao ângulo de lançamento θ_0. O tempo de percurso depende do valor de θ_0; seja $t_{máx}$ o maior valor possível desse tempo. Qual é a menor velocidade que a bola possui durante o percurso se θ_0 é escolhido de tal forma que o tempo de percurso seja $0,500 t_{máx}$?

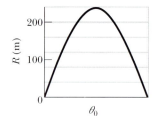

Figura 4.25 Problema 54.

55 D Uma bola rola horizontalmente do alto de uma escada a uma velocidade de 1,52 m/s. Os degraus têm 20,3 cm de altura e 20,3 cm de largura. Em que degrau a bola bate primeiro?

Módulo 4.5 Movimento Circular Uniforme

56 F Um satélite da Terra se move em uma órbita circular, 640 km acima da superfície da Terra, com um período de 98,0 min. Quais são (a) a velocidade e (b) o módulo da aceleração centrípeta do satélite?

57 F Um carrossel de um parque de diversões gira em torno de um eixo vertical com velocidade angular constante. Um homem em pé na borda do carrossel tem uma velocidade escalar constante de 3,66 m/s e uma aceleração centrípeta $\vec{a}$ de módulo 1,83 m/s². O vetor posição $\vec{r}$ indica a posição do homem em relação ao eixo do carrossel. (a) Qual é o módulo de $\vec{r}$? Qual é o sentido de $\vec{r}$ quando $\vec{a}$ aponta (b) para o leste e (c) para o sul?

58 F Um ventilador realiza 1.200 revoluções por minuto. Considere um ponto situado na extremidade de uma das pás, que descreve uma circunferência com 0,15 m de raio. (a) Que distância o ponto percorre em uma revolução? Quais são (b) a velocidade do ponto e (c) o módulo da aceleração? (d) Qual é o período do movimento?

59 F Uma mulher está em uma roda-gigante com 15 m de raio que completa cinco voltas em torno do eixo horizontal a cada minuto. Quais são (a) o período do movimento, (b) o módulo e (c) o sentido da aceleração centrípeta no ponto mais alto, e (d) o módulo e (e) o sentido da aceleração centrípeta da mulher no ponto mais baixo?

60 F Um viciado em aceleração centrípeta executa um movimento circular uniforme de período $T = 2,0$ s e raio $r = 3,00$ m. No instante t_1, a aceleração é $\vec{a} = (6,00 \text{ m/s}^2)\hat{i} + (-4,00 \text{ m/s}^2)\hat{j}$. Quais são, nesse instante, os valores de (a) $\vec{v} \cdot \vec{a}$ e (b) $\vec{r} \times \vec{a}$?

61 F Quando uma grande estrela se torna uma *supernova*, o núcleo da estrela pode ser tão comprimido que ela se transforma em uma *estrela de nêutrons*, com um raio de cerca de 20 km. Se uma estrela de nêutrons completa uma revolução a cada segundo, (a) qual é o módulo da velocidade de uma partícula situada no equador da estrela e (b) qual é o módulo da aceleração centrípeta da partícula? (c) Se a estrela de nêutrons gira mais depressa, as respostas dos itens (a) e (b) aumentam, diminuem ou permanecem as mesmas?

62 F Qual é o módulo da aceleração de um velocista que corre a 10 m/s ao fazer uma curva com 25 m de raio?

63 M Em $t_1 = 2,00$ s, a aceleração de uma partícula em movimento circular no sentido anti-horário é $(6,00 \text{ m/s}^2)\hat{i} + (4,00 \text{ m/s}^2)\hat{j}$. A partícula se move com velocidade escalar constante. Em $t_2 = 5,00$ s, a aceleração é $(4,00 \text{ m/s}^2)\hat{i} + (-6,00 \text{ m/s}^2)\hat{j}$. Qual é o raio da trajetória da partícula se a diferença $t_2 - t_1$ é menor que um período de rotação?

64 M Uma partícula descreve um movimento circular uniforme em um plano horizontal xy. Em um dado instante, a partícula passa pelo ponto de coordenadas (4,00 m, 4,00 m) com uma velocidade de $-5,00\hat{i}$ m/s e uma aceleração de $+12,5\hat{j}$ m/s². Quais são as coordenadas (a) x e (b) y do centro da trajetória circular?

65 M Uma bolsa a 2,00 m do centro e uma carteira a 3,00 m do centro descrevem um movimento circular uniforme no piso de um carrossel. Os dois objetos estão na mesma linha radial. Em um dado instante, a aceleração da bolsa é $(2,00 \text{ m/s}^2)\hat{i} + (4,00 \text{ m/s}^2)\hat{j}$. Qual é a aceleração da carteira nesse instante, na notação dos vetores unitários?

66 M Uma partícula se move em uma trajetória circular em um sistema de coordenadas xy horizontal, com velocidade escalar constante. No instante $t_1 = 4,00$ s, a partícula se encontra no ponto (5,00 m, 6,00 m) com velocidade $(3,00 \text{ m/s})\hat{j}$ e aceleração no sentido positivo de x. No instante $t_2 = 10,0$ s, tem uma velocidade $(-3,00 \text{ m/s})\hat{i}$ e uma aceleração no sentido positivo de y. Quais são as coordenadas (a) x e (b) y do centro da trajetória circular se a diferença $t_2 - t_1$ é menor que um período de rotação?

67 D Um menino faz uma pedra descrever uma circunferência horizontal com 1,5 m de raio 2,0 m acima do chão. A corda arrebenta e a pedra é arremessada horizontalmente, chegando ao solo depois de percorrer uma distância horizontal de 10 m. Qual era o módulo da aceleração centrípeta da pedra durante o movimento circular?

68 D Um gato pula em um carrossel que descreve um movimento circular uniforme. No instante $t_1 = 2,00$ s, a velocidade do gato é $\vec{v}_1 = (3,00 \text{ m/s})\hat{i} + (4,00 \text{ m/s})\hat{j}$, medida em um sistema de coordenadas horizontal xy. No instante $t_2 = 5,00$ s, a velocidade do gato é $\vec{v}_2 = (-3,00 \text{ m/s})\hat{i} + (-4,00 \text{ m/s})\hat{j}$. Qual é (a) o módulo da aceleração centrípeta do gato e (b) qual é a aceleração média do gato no intervalo de tempo $t_2 - t_1$, que é menor que um período de rotação?

Módulo 4.6 Movimento Relativo em Uma Dimensão

69 F Um cinegrafista está em uma picape que se move para o oeste a 20 km/h enquanto filma um guepardo que também está se movendo para o oeste 30 km/h mais depressa que a picape. De repente, o guepardo para, dá meia-volta e passa a correr a 45 km/h para leste, de acordo com a estimativa de um membro da equipe, agora nervoso, que está na margem da estrada, no caminho do guepardo. A mudança de velocidade do animal leva 2,0 s. Quais são (a) o módulo e (b) a orientação da aceleração do animal em relação ao cinegrafista e (c) o módulo e (d) a orientação da aceleração do animal em relação ao membro nervoso da equipe?

70 F Um barco está navegando rio acima, no sentido positivo de um eixo x, a 14 km/h em relação à água do rio. A água do rio está correndo a 9,0 km/h em relação à margem. Quais são (a) o módulo e (b) a orientação da velocidade do barco em relação à margem? Uma criança que está no barco caminha da popa para a proa a 6,0 km/h em relação ao barco. Quais são (c) o módulo e (d) a orientação da velocidade da criança em relação à margem?

71 M BIO Um homem de aparência suspeita corre o mais depressa que pode por uma esteira rolante, levando 2,5 s para ir de uma extremidade à outra. Os seguranças aparecem e o homem volta ao ponto de partida, correndo o mais depressa que pode e levando 10,0 s. Qual é a razão entre a velocidade do homem e a velocidade da esteira?

Módulo 4.7   Movimento Relativo em Duas Dimensões

72 F Um jogador de rúgbi corre com a bola em direção à meta adversária, no sentido positivo de um eixo x. De acordo com as regras do jogo, ele pode passar a bola a um companheiro de equipe desde que a velocidade da bola em relação ao campo não possua uma componente x positiva. Suponha que o jogador esteja correndo a uma velocidade de 4,0 m/s em relação ao campo quando passa a bola a uma velocidade $\vec{v}_{BJ}$ em relação a ele mesmo. Se o módulo de $\vec{v}_{BJ}$ é 6,0 m/s, qual é o menor ângulo que a bola deve fazer com a direção x para que o passe seja válido?

73 M Duas rodovias se cruzam, como mostra a Fig. 4.26. No instante indicado, um carro de polícia P está a uma distância d_P = 800 m do cruzamento, movendo-se a uma velocidade escalar v_P = 80 km/h. O motorista M está a uma distância d_M = 600 m do cruzamento, movendo-se a uma velocidade escalar v_M = 60 km/h. (a) Qual é a velocidade do motorista em relação ao carro da polícia na notação dos vetores unitários? (b) No instante mostrado na Fig. 4.26, qual é o ângulo entre a velocidade calculada no item (a) e a reta que liga os dois carros? (c) Se os carros mantêm a velocidade, as respostas dos itens (a) e (b) mudam quando os carros se aproximam da interseção?

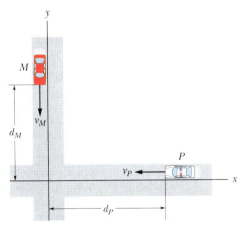

Figura 4.26   Problema 73.

74 M Depois de voar por 15 min em um vento de 42 km/h a um ângulo de 20° ao sul do leste, o piloto de um avião sobrevoa uma cidade que está a 55 km ao norte do ponto de partida. Qual é a velocidade escalar do avião em relação ao ar?

75 M Um trem viaja para o sul a 30 m/s (em relação ao solo) em meio a uma chuva que é soprada para o sul pelo vento. As trajetórias das gotas de chuva fazem um ângulo de 70° com a vertical quando medidas por um observador estacionário no solo. Um observador no trem, entretanto, vê as gotas caírem exatamente na vertical. Determine a velocidade escalar das gotas de chuva em relação ao solo.

76 M Um avião pequeno atinge uma velocidade do ar de 500 km/h. O piloto pretende chegar a um ponto 800 km ao norte, mas descobre que deve direcionar o avião 20,0° a leste do norte para atingir o destino. O avião chega em 2,00 h. Quais eram (a) o módulo e (b) a orientação da velocidade do vento?

77 M A neve está caindo verticalmente com uma velocidade constante de 8,0 m/s. Com que ângulo, em relação à vertical, os flocos de neve parecem estar caindo do ponto de vista do motorista de um carro que viaja em uma estrada plana e retilínea a uma velocidade de 50 km/h?

78 M Na vista superior da Fig. 4.27, os jipes P e B se movem em linha reta em um terreno plano e passam por um guarda de fronteira estacionário A. Em relação ao guarda, o jipe B se move com uma velocidade escalar constante de 20,0 m/s e um ângulo θ_2 = 30,0°. Também em relação ao guarda, P acelerou a partir do repouso a uma taxa constante de 0,400 m/s² com um ângulo θ_1 = 60,0°. Em um dado instante durante a aceleração, P possui uma velocidade escalar de 40,0 m/s. Nesse instante, quais são (a) o módulo e (b) a orientação da velocidade de P em relação a B e (c) o módulo e (d) a orientação da aceleração de P em relação a B?

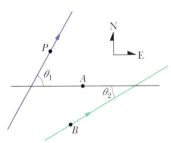

Figura 4.27   Problema 78.

79 M Dois navios, A e B, deixam o porto ao mesmo tempo. O navio A navega para o noroeste a 24 nós e o navio B navega a 28 nós em uma direção 40° a oeste do sul. (1 nó = 1 milha marítima por hora; ver Apêndice D.) Quais são (a) o módulo e (b) a orientação da velocidade do navio A em relação ao navio B? (c) Após quanto tempo os navios estarão separados por 160 milhas marítimas? (d) Qual será o curso de B (orientação do vetor posição de B) em relação a A nesse instante?

80 M Um rio de 200 m de largura corre para o leste a uma velocidade constante de 2,0 m/s. Um barco a uma velocidade de 8,0 m/s em relação à água parte da margem sul em uma direção 30° a oeste do norte. Determine (a) o módulo e (b) a orientação da velocidade do barco em relação à margem. (c) Quanto tempo o barco leva para atravessar o rio?

81 D CALC O navio A está 4,0 km ao norte e 2,5 km a leste do navio B. O navio A está viajando a uma velocidade de 22 km/h na direção sul; o navio B, a uma velocidade de 40,0 km/h em uma direção 37° ao norte do leste. (a) Qual é a velocidade de A em relação a B na notação dos vetores unitários, com $\hat{i}$ apontando para o leste? (b) Escreva uma expressão (em termos de $\hat{i}$ e $\hat{j}$) para a posição de A em relação a B em função do tempo t, tomando t = 0 como o instante em que os dois navios estão nas posições descritas acima. (c) Em que instante a separação entre os navios é mínima? (d) Qual é a separação mínima?

82 D Um rio de 200 m de largura corre a uma velocidade escalar constante de 1,1 m/s em uma floresta, na direção leste. Um explorador deseja sair de uma pequena clareira na margem sul e atravessar o rio em um barco a motor que se move a uma velocidade escalar constante de 4,0 m/s em relação à água. Existe outra clareira na margem norte, 82 m rio acima do ponto de vista de um local da margem sul exatamente em frente à segunda clareira. (a) Em que direção o barco deve ser apontado para viajar em linha reta e chegar à clareira da margem norte? (b) Quanto tempo o barco leva para atravessar o rio e chegar à clareira?

Problemas Adicionais

83 BIO Uma mulher que é capaz de remar um barco a 6,4 km/h em águas paradas se prepara para atravessar um rio retilíneo com 6,4 km de largura e uma correnteza de 3,2 km/h. Tome $\hat{i}$ perpendicular ao rio e $\hat{j}$ apontando rio abaixo. Se a mulher pretende remar até um ponto na outra margem exatamente em frente ao ponto de partida, (a) para que ângulo em relação a $\hat{i}$ ela deve apontar o barco e (b) quanto tempo ela levará para fazer a travessia? (c) Quanto tempo gastaria se, permanecendo na mesma margem, remasse 3,2 km *rio abaixo* e depois remasse de volta ao ponto de partida? (d) Quanto tempo gastaria se, permanecendo na mesma margem, remasse 3,2 km *rio acima* e depois remasse de volta ao ponto de partida? (e) Para que ângulo deveria direcionar o barco para atravessar o rio no menor tempo possível? (f) Qual seria esse tempo?

84 Na Fig. 4.28a, um trenó se move no sentido negativo do eixo x a uma velocidade escalar constante v_t quando uma bola de gelo é atirada do trenó a uma velocidade $\vec{v}_0 = \vec{v}_{0x}\hat{i} + \vec{v}_{0y}\hat{j}$ em relação ao trenó. Quando a bola chega ao solo, o deslocamento horizontal Δx_{bs} em relação ao solo (da posição inicial à posição final) é medido. A Fig. 4.28b mostra a variação de Δx_{bs} com v_t. Suponha que a bola chegue ao solo na altura aproximada em que foi lançada. Quais são os valores (a) de v_{0x} e (b) de v_{0y}? O deslocamento da bola em relação ao trenó, Δx_{bt}, também pode ser medido. Suponha que a velocidade do trenó não mude depois que a bola foi atirada. Quanto é Δx_{bs} para v_t ser igual a (c) 5,0 m/s e (d) 15 m/s?

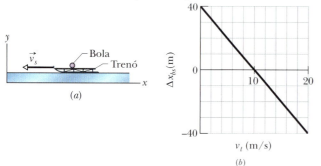

Figura 4.28 Problema 84.

85 Você foi sequestrado por estudantes de ciência política (que estão aborrecidos porque você declarou que ciência política não é ciência de verdade). Embora esteja vendado, você pode estimar a velocidade do carro dos sequestradores (pelo ronco do motor), o tempo de viagem (contando mentalmente os segundos) e a direção da viagem (pelas curvas que o carro fez). A partir dessas pistas, você sabe que foi conduzido ao longo do seguinte percurso: 50 km/h por 2,0 min, curva de 90° para a direita, 20 km/h por 4,0 min, curva de 90° para a direita, 20 km/h por 60 s, curva de 90° para a esquerda, 50 km/h por 60 s, curva 90° para a direita, 20,0 km/h por 2,0 min, curva de 90° para a esquerda, 50 km/h por 30 s. Nesse ponto, (a) a que distância você se encontra do ponto de partida e (b) em que direção em relação à direção inicial você está?

86 Na Fig. 4.29, uma estação de radar detecta um avião que se aproxima, vindo do leste. Quando é observado pela primeira vez, o avião está a uma distância $d_1 = 360$ m da estação e $\theta_1 = 40°$ acima do horizonte. O avião é rastreado durante uma variação angular $\Delta\theta = 123°$ no plano vertical leste-oeste; a distância no fim dessa variação é $d_2 = 790$ m. Determine (a) o módulo e (b) a orientação do deslocamento do avião durante esse período.

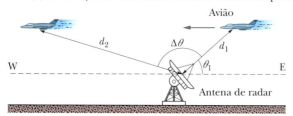

Figura 4.29 Figura 86.

87 Uma bola de beisebol é golpeada junto ao chão. A bola atinge a altura máxima 3,0 s após ter sido golpeada. Em seguida, 2,5 s após ter atingido a altura máxima, a bola passa rente a um alambrado que está a 97,5 m do ponto em que foi golpeada. Suponha que o solo seja plano. (a) Qual é a altura máxima atingida pela bola? (b) Qual é a altura do alambrado? (c) A que distância do alambrado a bola atinge o chão?

88 Voos longos em latitudes médias no hemisfério norte encontram a chamada corrente de jato, um fluxo de ar para leste que pode afetar a velocidade do avião em relação à superfície da Terra. Se o piloto mantém a mesma velocidade em relação ao ar (a chamada *velocidade do ar*), a velocidade em relação ao solo é maior quando o voo é na direção da corrente de jato e menor quando o voo é na direção oposta. Suponha que um voo de ida e volta esteja previsto entre duas cidades separadas por 4.000 km, com o voo de ida no sentido da corrente de jato e o voo de volta no sentido oposto. O computador da empresa aérea recomenda uma velocidade do ar de 1.000 km/h, para a qual a diferença entre as durações dos voos de ida e de volta é 70,0 min. Qual foi a velocidade da corrente de jato usada nos cálculos?

89 Uma partícula parte da origem no instante $t = 0$ com uma velocidade de $8,0\hat{j}$ m/s e se move no plano xy com uma aceleração constante igual a $(4,0\hat{i} + 2,0\hat{j})$ m/s². Quando a coordenada x da partícula é 29 m, quais são (a) a coordenada y e (b) a velocidade escalar?

90 BIO Com que velocidade inicial o jogador de basquetebol da Fig. 4.30 deve arremessar a bola, com um ângulo $\theta_0 = 55°$ acima da horizontal, para converter o lance livre? As distâncias horizontais são $d_1 = 0,305$ m e $d_2 = 4,27$ m e as alturas são $h_1 = 2,14$ m e $h_2 = 3,05$ m.

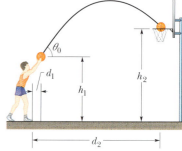

Figura 4.30 Problema 90.

91 Durante as erupções vulcânicas, grandes pedaços de pedra podem ser lançados para fora do vulcão; esses projéteis são conhecidos como *bombas vulcânicas*. A Fig. 4.31 mostra uma seção transversal do Monte Fuji, no Japão. (a) Com que velocidade inicial uma bomba vulcânica teria de ser lançada, com um ângulo $\theta_0 = 35°$ em relação à horizontal, a partir da cratera A, para cair no ponto B, a uma distância vertical $h = 3,30$ km e uma distância horizontal $d = 9,40$ km? Ignore o efeito do ar sobre o movimento do projétil. (b) Qual seria o tempo de percurso? (c) O efeito do ar aumentaria ou diminuiria o valor da velocidade calculada no item (a)?

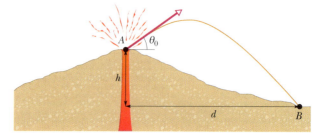

Figura 4.31 Problema 91.

92 Um astronauta é posto em rotação em uma centrífuga horizontal com um raio de 5,0 m. (a) Qual é a velocidade escalar do astronauta se a aceleração centrípeta tem um módulo de $7,0g$? (b) Quantas revoluções por minuto são necessárias para produzir essa aceleração? (c) Qual é o período do movimento?

93 O oásis *A* está 90 km a oeste do oásis *B*. Um camelo parte de *A* e leva 50 h para caminhar 75 km na direção 37° ao norte do leste. Em seguida, leva 35 h para caminhar 65 km para o sul e descansa por 5,0 h. Quais são (a) o módulo e (b) o sentido do deslocamento do camelo em relação a *A* até o ponto em que ele para a fim de descansar? Do instante em que o camelo parte do ponto *A* até o fim do período de descanso, quais são (c) o módulo e (d) o sentido da velocidade média do camelo e (e) a velocidade escalar média do camelo? A última vez que o camelo bebeu água foi em *A*; o animal deve chegar a *B* não mais que 120 h após a partida para beber água novamente. Para que ele chegue a *B* no último momento, quais devem ser (f) o módulo e (g) o sentido da velocidade média após o período de descanso?

94 CVF *Cortina da morte.* Um grande asteroide metálico colide com a Terra e abre uma cratera no material rochoso abaixo do solo, lançando pedras para o alto. A tabela a seguir mostra cinco pares de velocidades e ângulos (em relação à horizontal) para essas pedras, com base em um modelo de formação de crateras. (Outras pedras, com velocidades e ângulos intermediários, também são lançadas.) Suponha que você esteja em $x = 20$ km quando o asteroide chega ao solo no instante $t = 0$ e na posição $x = 0$ (Fig. 4.32). (a) Em $t = 20$ s, quais são as coordenadas x e y das pedras, de *A* a *E*, que foram lançadas na sua direção? (b) Plote essas coordenadas em um gráfico e desenhe uma curva passando pelos pontos para incluir pedras com velocidades e ângulos intermediários. A curva deve dar uma ideia do que você veria ao olhar na direção das pedras e do que os dinossauros devem ter visto durante as colisões de asteroides com a Terra, no passado remoto.

Pedra	Velocidade (m/s)	Ângulo (graus)
A	520	14,0
B	630	16,0
C	750	18,0
D	870	20,0
E	1.000	22,0

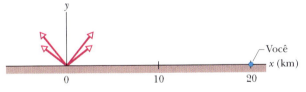

Figura 4.32 Problema 94.

95 A Fig. 4.33 mostra a trajetória retilínea de uma partícula em um sistema de coordenadas *xy* quando a partícula é acelerada a partir do repouso em um intervalo de tempo Δt_1. A aceleração é constante. As coordenadas do ponto *A* são (4,00 m, 6,00 m) e as do ponto *B* são (12,0 m, 18,0 m). (a) Qual é a razão a_y/a_x entre as componentes da aceleração? (b) Quais são as coordenadas da partícula se o movimento continua durante outro intervalo igual a Δt_1?

Figura 4.33 Problema 95.

96 No voleibol feminino, o alto da rede está 2,24 m acima do piso, e a quadra mede 9,0 m por 9,0 m de cada lado da rede. Ao dar um saque viagem, uma jogadora bate na bola quando está 3,0 m acima do piso e a uma distância horizontal de 8,0 m da rede. Se a velocidade inicial da bola é horizontal, determine (a) a menor velocidade escalar que a bola deve ter para ultrapassar a rede e (b) a máxima velocidade que pode ter para atingir o piso dentro dos limites da quadra do outro lado da rede.

97 Um rifle é apontado horizontalmente para um alvo a 30 m de distância. A bala atinge o alvo 1,9 cm abaixo do ponto para onde o rifle foi apontado. Determine (a) o tempo de percurso da bala e (b) a velocidade escalar da bala ao sair do rifle.

98 Uma partícula descreve um movimento circular uniforme em torno da origem de um sistema de coordenadas *xy*, movendo-se no sentido horário com um período de 7,00 s. Em um dado instante, o vetor posição da partícula (em relação à origem) é $\vec{r} = (2,00 \text{ m})\hat{i} - (3,00 \text{ m})\hat{j}$. Qual é a velocidade da partícula nesse instante, na notação dos vetores unitários?

99 Na Fig. 4.34, uma bola de massa de modelar descreve um movimento circular uniforme, com um raio de 20,0 cm, na borda de uma roda que está girando no sentido anti-horário com um período de 5,00 ms. A bola se desprende na posição correspondente a 5 horas (como se estivesse no mostrador de um relógio) e deixa a roda a uma altura $h = 1,20$ m acima do chão e a uma distância $d = 2,50$ m de uma parede. Em que altura a bola bate na parede?

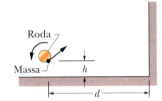

Figura 4.34 Problema 99.

100 Um trenó a vela atravessa um lago gelado, com uma aceleração constante produzida pelo vento. Em certo instante, a velocidade do trenó é $(6,30\hat{i} - 8,42\hat{j})$ m/s. Três segundos depois, uma mudança de direção do vento faz o trenó parar momentaneamente. Qual é a aceleração média do trenó nesse intervalo de 3,00 s?

101 Na Fig. 4.35, uma bola é lançada verticalmente para cima, a partir do solo, com uma velocidade inicial $v_0 = 7,00$ m/s. Ao mesmo tempo, um elevador de serviço começa a subir, a partir do solo, com uma velocidade constante $v_c = 3,00$ m/s. Qual é a altura máxima atingida pela bola (a) em relação ao solo e (b) em relação ao piso do elevador? Qual é a taxa de variação da velocidade da bola (c) em relação ao solo e (d) em relação ao piso do elevador?

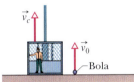

Figura 4.35 Problema 101.

102 Um campo magnético pode forçar uma partícula a descrever uma trajetória circular. Suponha que um elétron que esteja descrevendo uma circunferência sofra uma aceleração radial de módulo $3,0 \times 10^{14}$ m/s² sob o efeito de um campo magnético. (a) Qual é o módulo da velocidade do elétron se o raio da trajetória circular é 15 cm? (b) Qual é o período do movimento?

103 Em 3,50 h, um balão se desloca 21,5 km para o norte, 9,70 km para o leste e 2,88 km para cima em relação ao ponto de lançamento. Determine (a) o módulo da velocidade média do balão e (b) o ângulo que a velocidade média faz com a horizontal.

104 Uma bola é lançada horizontalmente de uma altura de 20 m e chega ao solo com uma velocidade três vezes maior que a inicial. Determine a velocidade inicial.

105 Um projétil é lançado com uma velocidade inicial de 30 m/s e um ângulo de 60° acima da horizontal. Determine (a) o módulo e (b) o ângulo da velocidade 2,0 s após o lançamento. (c) O ângulo do item (b) é acima ou abaixo da horizontal? Determine (d) o módulo e (e) o ângulo da velocidade 5,0 s após o lançamento. (f) O ângulo do item (e) é acima ou abaixo da horizontal?

106 O vetor posição de um próton é, inicialmente, $\vec{r} = 5,0\hat{i} - 6,0\hat{j} + 2,0\hat{k}$ e depois se torna $\vec{r} = -2,0\hat{i} + 6,0\hat{j} + 2,0\hat{k}$ com todos os valores em metros. (a) Qual é o vetor deslocamento do próton? (b) Esse vetor é paralelo a que plano?

107 Uma partícula P se move com velocidade escalar constante em uma circunferência de raio r = 3,00 m (Fig. 4.36) e completa uma revolução a cada 20,0 s. A partícula passa pelo ponto O no instante t = 0. Os vetores pedidos a seguir devem ser expressos na notação módulo-ângulo (ângulo em relação ao sentido positivo de x). Determine o vetor posição da partícula, em relação a O, nos instantes (a) t = 5,00 s, (b) t = 7,50 s e (c) t = 10,0 s.

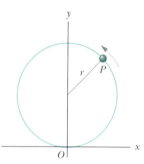

Figura 4.36 Problema 107.

(d) Determine o deslocamento da partícula no intervalo de 5,00 s entre o fim do quinto segundo e o fim do décimo segundo. Para esse mesmo intervalo, determine (e) a velocidade média e a velocidade (f) no início e (g) no fim do intervalo. Finalmente, determine a aceleração (h) no início e (i) no fim do intervalo.

108 Um trem francês de alta velocidade, conhecido como TGV (Train à Grande Vitesse), viaja a uma velocidade média de 216 km/h. (a) Se o trem faz uma curva a essa velocidade e o módulo da aceleração sentida pelos passageiros pode ser no máximo $0,050g$, qual é o menor raio de curvatura dos trilhos que pode ser tolerado? (b) A que velocidade o trem deve fazer uma curva com 1,00 km de raio para que a aceleração esteja no limite permitido?

109 (a) Se um elétron é lançado horizontalmente com uma velocidade de $3,0 \times 10^6$ m/s, quantos metros cai o elétron ao percorrer uma distância horizontal de 1,0 m? (b) A distância calculada no item (a) aumenta, diminui ou permanece a mesma quando a velocidade inicial aumenta?

110 **BIO** Uma pessoa sobe uma escada rolante enguiçada, de 15 m de comprimento, em 90 s. Ficando parada na mesma escada rolante, depois de consertada, a pessoa sobe em 60 s. Quanto tempo a pessoa leva se subir com a escada em movimento? A resposta depende do comprimento da escada?

111 (a) Qual é o módulo da aceleração centrípeta de um objeto no equador da Terra devido à rotação da Terra? (b) Qual deveria ser o período de rotação da Terra para que um objeto no equador tivesse uma aceleração centrípeta com um módulo de 9,8 m/s²?

112 **CVF** O alcance de um projétil depende não só de v_0 e θ_0, mas também do valor g da aceleração em queda livre, que varia de lugar para lugar. Em 1936, Jesse Owens estabeleceu o recorde mundial de salto em distância de 8,09 m nos Jogos Olímpicos de Berlim, em que g = 9,8128 m/s². Supondo os mesmos valores de v_0 e θ_0, que distância o atleta teria pulado em 1956, nos Jogos Olímpicos de Melbourne, em que g = 9,7999 m/s²?

113 A Fig. 4.37 mostra a trajetória seguida por um gambá bêbado em um terreno plano, de um ponto inicial i até um ponto final f. Os ângulos são $\theta_1 = 30,0°$, $\theta_2 = 50,0°$ e $\theta_3 = 80,0°$; as distâncias são $d_1 = 5,00$ m, $d_2 = 8,00$ m e $d_3 = 12,0$ m. Quais são (a) o módulo e (b) o ângulo do deslocamento do animal bêbado de i até f?

114 O vetor posição $\vec{r}$ de uma partícula que se move no plano xy é $\vec{r} = 2t\hat{i} + 2\,\text{sen}[(\pi/4 \text{ rad/s})t]\hat{j}$, em que $\vec{r}$ está em metros e t em

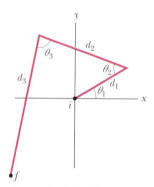

Figura 4.37 Problema 113.

segundos. (a) Calcule o valor das componentes x e y da posição da partícula para t = 0; 1,0; 2,0; 3,0 e 4,0 s e plote a trajetória da partícula no plano xy no intervalo $0 \leq t \leq 4,0$. (b) Calcule o valor das componentes da velocidade da partícula para t = 1,0; 2,0 e 3,0 s. Mostre que a velocidade é tangente à trajetória da partícula e tem o mesmo sentido que o movimento da partícula em todos esses instantes traçando os vetores velocidade no gráfico da trajetória da partícula, plotado no item (a). (c) Calcule as componentes da aceleração da partícula nos instantes t = 1,0; 2,0 e 3,0 s.

115 *Circulando a nossa galáxia.* O Sistema Solar está descrevendo uma trajetória aproximadamente circular, com um raio de $2,5 \times 10^4$ anos-luz, em torno do centro de nossa galáxia, a Via Láctea, a uma velocidade de 205 km/s. (a) Que distância, em metros, uma pessoa percorre até completar 20 anos? (b) Qual é o período do movimento?

116 *Recorde de salto de motocicleta.* A Fig. 4.38 mostra as rampas usadas no salto de motocicleta de Jason Renie quando ele quebrou o recorde mundial em 2002. As rampas tinham uma altura H = 3,00 m, faziam um ângulo $\theta_R = 12,0°$ com a horizontal e estavam separadas por uma distância D = 77,0 m. Supondo que ele aterrissou no ponto médio da rampa e desprezando a resistência do ar, calcule a velocidade com a qual ele deixou a rampa de lançamento.

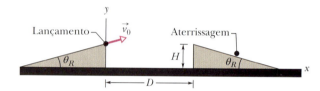

Figura 4.38 Problema 116.

117 *Circulando o Sol.* Considerando apenas o movimento orbital da Terra em torno do Sol, que distância, em metros, uma pessoa percorre até completar 20 anos? A velocidade orbital da Terra é 30×10^3 m/s.

118 *Aerobarco.* Você navegou em um pântano usando um aerobarco e definiu um sistema de coordenadas em que o ponto i estava na origem, o eixo x apontava para o leste e o eixo y apontava para o norte. Partindo do repouso no ponto i, em um rumo 30° ao norte do leste, você: (1) acelerou o barco a 0,400 m/s² durante 6,00 s; (2) manteve a velocidade por 8,00 s; desacelerou a 0,400 m/s² durante 6,00 s. A seguir, mudando o rumo para o oeste, você: (4) acelerou a 0,400 m/s² durante 5,00 s; manteve a velocidade por 10,00 s; (6) desacelerou a 0,400 m/s² até parar. Qual foi a sua velocidade média? Dê a resposta na notação módulo-ângulo.

119 *Trabalho de detetive.* Em um romance policial, um corpo é encontrado na calçada, a 4,6 m de um edifício e 24 m abaixo de uma janela aberta. (a) Supondo que a vítima caiu horizontalmente da janela, qual era sua velocidade nesse momento? (b) A morte pode ter sido acidental? Justifique sua resposta.

120 *Um arremesso da terceira base.* Um jogador de beisebol cuja posição é defensor da terceira base deseja arremessar a bola na direção da primeira base. A maior velocidade que ele é capaz de imprimir à bola é 85 mi/h. (a) Se ele arremessa a bola horizontalmente 3,0 ft acima do solo, a que distância da primeira base a bola vai atingir o solo? (A distância entre a terceira base e a primeira base é 127 ft, 3 3/8 in.) (b) Com que ângulo para cima ele deve arremessar a bola, da mesma altura e com a mesma velocidade, para o que defensor da primeira base consiga pegá-la 3,0 ft acima do solo? (c) Nesse caso, por quanto tempo a bola permanecerá no ar?

121 *Planando para o solo.* No instante $t=0$, um piloto de asa delta está 7,5 m acima do solo, a uma velocidade de 8,0 m/s, um ângulo de 30° abaixo da horizontal e uma aceleração constante para cima de 1,0 m/s². (a) Em que instante t o esportista atinge o solo? (b) Que distância horizontal ele percorreu desde o instante $t=0$? (c) Para as mesmas condições iniciais, que aceleração constante faria que o esportista chegasse ao solo com velocidade zero (em repouso)? Dê a resposta na notação dos vetores unitários, com $\hat{i}$ na horizontal no sentido do movimento e $\hat{j}$ para cima.

122 *Esquerda de Pittsburgh.* A esquerda de Pittsburgh é uma manobra arriscada que alguns motoristas usam para dobrar à esquerda. A Fig. 4.39 mostra um caso que resultou em uma colisão. Os carros A e B estavam parados em um sinal fechado. Quando o sinal abriu, no instante $t = 0$, o carro A começou a se mover com aceleração a_A, mas o motorista do carro B, querendo dobrar à esquerda na frente de A, colocou o carro em movimento quando o sinal ficou amarelo para o trânsito perpendicular. O motorista pisou no acelerador no instante $t - \Delta t$ e percorreu um quarto de circunferência com aceleração tangencial a_B até o momento da colisão. Na sua investigação do acidente, você determina que a largura de cada pista é $w = 3,00$ m e que a largura do carro B é $b = 1,50$ m. Os carros estavam no meio da pista inicialmente e no momento da colisão. Suponha que as acelerações eram $a_A = 3,00$ m/s² e $a_B = 4,00$ m/s² (um valor elevado). No momento da colisão, (a) que distância o carro A tinha percorrido depois que o sinal abriu, (b) qual era a velocidade do carro A, (c) em que instante aconteceu a colisão, (d) que distância o ponto central do carro B tinha percorrido e (e) qual foi o valor de Δt? (Engenheiros e físicos são frequentemente chamados para analisar acidentes de trânsito e depois depor no tribunal como testemunhas especialistas.)

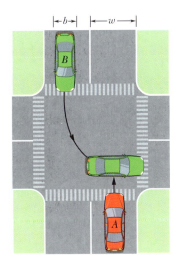

Figura 4.39 Problema 122.

123 *Influência de g sobre o movimento de projéteis.* Um mecanismo dispara uma pequena bola horizontalmente, com uma velocidade de 0,200 m/s, de uma altura 0,800 m acima do nível do solo, em outro planeta. A bola atinge o solo a uma distância d de um ponto do solo verticalmente abaixo do ponto de lançamento. Qual é o valor de g no planeta se o valor de d é (a) 7,30 cm, (b) 14,6 cm e (c) 25,3 cm?

124 *Desaparecimento de um ciclista.* A Fig. 4.40 é uma vista de cima do seu carro (de largura $L_1 = 1,50$ m) e de um caminhão (de largura $L_2 = 1,5$ m e comprimento $C = 6,00$ m). Os dois veículos estão parados em um sinal fechado, esperando para dobrar à esquerda, e ambos estão no centro das respectivas pistas. Você está sentado no assento do motorista, a uma distância $d = 2,00$ m da frente do carro. A rua tem duas pistas em cada sentido; a rua perpendicular tem uma pista em cada sentido; todas as pistas têm uma largura $L_3 = 3,00$ m. Um ciclista se aproxima do cruzamento a uma velocidade $v = 5,00$ m/s, trafegando no centro da pista da direita no sentido oposto ao seu carro. A linha de visada 1 é a sua visão no momento em que a bicicleta desaparece atrás do caminhão. A linha de visada 2 é a sua visão no momento em que bicicleta aparece novamente. Durante quanto tempo a bicicleta permanece invisível para você? Esta é uma situação perigosa para ciclistas, motociclistas e esqueitistas.

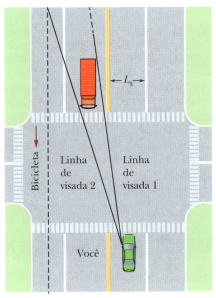

Figura 4.40 Problema 124.

125 *Salto de um dublê.* Um dublê do cinema recebe instruções para correr em um telhado, saltar horizontalmente e aterrissar no telhado de outro prédio (Fig. 4.41). Os telhados estão separados por uma distância vertical $h = 4,8$ m e uma distância horizontal $d = 6,2$ m. Antes de saltar, ele calcula se o salto é possível. Ele pode executar o salto se a velocidade máxima com que consegue saltar for $v_0 = 4,5$ m/s?

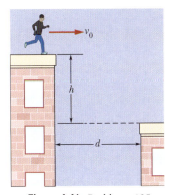

Figura 4.41 Problema 125.

126 *Trens ingleses que se cruzam.* Dois trens ingleses estão viajando em sentidos opostos em trilhos paralelos. O trem A tem um comprimento $L_A = 300$ m e está se movendo a uma velocidade $v_A = 185$ km/h. O trem B tem um comprimento $L_B = 250$ m e está se movendo a uma velocidade $v_B = 200$ km/h. Quanto tempo leva a passagem do ponto de vista de um passageiro (a) do trem A e (b) do trem B?

127 *Bola rápida ascendente.* Um batedor em um jogo de beisebol às vezes afirma que a bola subiu depois do lançamento, o que é chamado *hop*. Embora tecnicamente possível, esse movimento ascendente exigiria um *backspin* muito grande para que a força aerodinâmica fizesse a bola subir. O mais provável é que a subida da bola seja uma ilusão causada por uma avaliação errônea por parte do batedor da velocidade inicial da bola. A distância entre a placa do arremessador e a placa do batedor é 60,5 ft. Se uma bola é arremessada horizontalmente sem rotação, que distância ela cai durante a trajetória se a velocidade inicial for (a) 36 m/s (lenta, cerca de 130 km/h) e (b) 43 m/s (rápida, cerca de 155 km/h). (c) Qual é a diferença entre as duas quedas? (d) Se o rebatedor avalia erroneamente que se trata de uma bola lenta, ele vai dar o golpe com o taco abaixo da bola ou acima dela?

128 **CALC** *Carro atirando pedras.* Um método comum e relativamente barato de pavimentar estradas consiste em derramar alcatrão quente na superfície da estrada, espalhar pedra britada no alcatrão e enterrar as pedras no alcatrão usando um rolo compressor. Quando o alcatrão esfria, quase todas as pedras ficam presas. Entretanto, algumas pedras ficam soltas. Mais tarde, um limpador de rua remove as pedras soltas. Quando, porém, a estrada é aberta ao trânsito antes que as pedras soltas sejam removidas, os pneus traseiros de um carro podem arremessar pedras para trás em direção a outro carro (Fig. 4.42). Suponha que as pedras sejam lançadas a uma velocidade $v_0 = 11,2$ m/s (40 km/h), uma velocidade igual à dos carros. Suponha também que as pedras sejam lançadas com qualquer ângulo inicial. Em termos do comprimento dos carros, $L_C = 4,50$ m, qual é a distância mínima L entre os carros para a qual nenhuma pedra pode atingir o carro de trás?

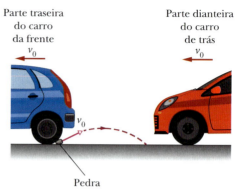

Figura 4.42 Problema 128.

CAPÍTULO 5

Força e Movimento – I

5.1 PRIMEIRA E SEGUNDA LEI DE NEWTON

Objetivos do Aprendizado

Depois de ler este módulo, você será capaz de ...

5.1.1 Saber que uma força é uma grandeza vetorial e que, portanto, tem um módulo e uma orientação e pode ser representada por componentes.

5.1.2 Dadas duas ou mais forças que agem sobre a mesma partícula, somar vetorialmente as forças para obter a força resultante.

5.1.3 Conhecer a primeira e a segunda lei de Newton.

5.1.4 Conhecer os referenciais inerciais.

5.1.5 Desenhar o diagrama de corpo livre de um objeto, mostrando o objeto como uma partícula e desenhando as forças que agem sobre o objeto como vetores com a origem na partícula.

5.1.6 Aplicar a relação (segunda lei de Newton) entre a força resultante que age sobre um objeto, a massa do objeto e a aceleração produzida pela força.

5.1.7 Saber que apenas as forças *externas* que agem sobre um objeto podem produzir aceleração.

Ideias-Chave

● A velocidade de um objeto pode mudar (ou seja, o objeto pode sofrer aceleração) se o objeto for submetido a uma ou mais forças (empurrões ou puxões) por parte de outros objetos. A mecânica newtoniana descreve a relação entre forças e acelerações.

● As forças são grandezas vetoriais. O módulo de uma força é definido em termos da aceleração que a força produziria em um quilograma-padrão. Por definição, uma força que produz uma aceleração de 1 m/s^2 em um quilograma-padrão tem módulo de 1 newton (1 N). A orientação de uma força é a mesma que a orientação da aceleração produzida pela força. As forças são combinadas de acordo com as regras da álgebra vetorial. A força resultante que age sobre um corpo é a soma vetorial de todas as forças que agem sobre um corpo.

● Quando a força resultante que age sobre um corpo é zero, o corpo permanece em repouso se estiver inicialmente em repouso, e se move em linha reta com velocidade constante se estiver inicialmente em movimento.

● Os referenciais nos quais a mecânica newtoniana é válida são chamados "referenciais inerciais". Os referenciais nos quais a mecânica newtoniana não é válida são chamados "referenciais não inerciais".

● A massa de um corpo é a propriedade de corpo que relaciona a aceleração do corpo à força responsável pela aceleração. A massa é uma grandeza escalar.

● De acordo com a segunda lei de Newton, a relação entre a força total $\vec{F}_{\text{res}}$ que age sobre um corpo de massa m e a aceleração $\vec{a}$ produzida pela força é dada pela equação

$$\vec{F}_{\text{res}} = m\vec{a},$$

ou, em termos das componentes da força e da aceleração,

$$F_{\text{res}, x} = ma_x \quad F_{\text{res}, y} = ma_y \quad \text{e} \quad F_{\text{res}, z} = ma_z.$$

Em unidades do SI,

$$1\,\text{N} = 1\,\text{kg} \cdot \text{m/s}^2.$$

● Um diagrama de corpo livre é um diagrama simples no qual apenas um corpo é indicado por meio de um desenho ou de um ponto. São mostrados os vetores que representam as forças externas que agem sobre o corpo e os eixos de um sistema de coordenadas, orientados de modo a facilitar a análise da situação.

O que É Física?

Vimos que a física envolve o estudo do movimento dos objetos, incluindo a aceleração, que é uma variação de velocidade. A física também envolve o estudo da *causa* da aceleração. A causa é sempre uma **força**, que pode ser definida, em termos coloquiais, como um empurrão ou um puxão exercido sobre um objeto. Dizemos que a força *age* sobre o objeto, mudando a velocidade. Por exemplo: na largada de uma prova de Fórmula 1, uma força exercida pela pista sobre os pneus traseiros provoca a aceleração dos veículos. Quando um zagueiro segura o centroavante do time adversário, uma força exercida pelo defensor provoca a desaceleração do atacante. Quando um carro colide com um poste, uma força exercida pelo poste faz com que o carro pare bruscamente. As revistas de ciência, engenharia, direito e medicina estão repletas de artigos sobre as forças a que estão sujeitos os objetos, entre os quais podem ser incluídos os seres humanos.

Um Alerta. Muitos estudantes consideram este capítulo mais difícil que os anteriores. Uma razão para isso é que precisamos usar vetores nas equações; os problemas não podem ser resolvidos usando apenas escalares. Isso significa que é necessário recorrer às regras da álgebra vetorial, discutidas no Capítulo 3. Outra razão é que vamos examinar muitas situações diferentes: objetos que se movem em pisos, tetos, paredes e rampas, objetos que sobem puxados por cordas que passam por polias, objetos que sobem ou descem dentro de elevadores, e mesmo objetos presos a outros objetos.

Entretanto, apesar da diversidade de situações, precisamos apenas de uma ideia-chave (segunda lei de Newton) para resolver a maioria dos problemas deste capítulo. Nosso objetivo é mostrar como é possível aplicar uma única ideia-chave a uma grande variedade de problemas. Para isso, porém, é necessário ter uma certa experiência; não basta estudar a teoria, precisamos resolver muitos problemas. Dito isso, vamos apresentar brevemente a teoria e passar a alguns exemplos.

Mecânica Newtoniana

A relação que existe entre uma força e a aceleração produzida por essa força foi descoberta por Isaac Newton (1642-1727) e é o assunto deste capítulo. O estudo dessa relação, da forma como foi apresentado por Newton, é chamado *mecânica newtoniana*. Vamos nos concentrar inicialmente nas três leis básicas de movimento da mecânica newtoniana.

A mecânica newtoniana não pode ser aplicada a todas as situações. Se as velocidades dos corpos envolvidos são muito elevadas, comparáveis à velocidade da luz, a mecânica newtoniana deve ser substituída pela teoria da relatividade restrita, de Einstein, que é válida para qualquer velocidade. Se os corpos envolvidos são muito pequenos, de dimensões atômicas ou subatômicas (como, por exemplo, os elétrons de um átomo), a mecânica newtoniana deve ser substituída pela mecânica quântica. Atualmente, os físicos consideram a mecânica newtoniana um caso especial dessas duas teorias mais abrangentes. Ainda assim, trata-se de um caso especial muito importante, já que pode ser aplicado ao estudo do movimento dos mais diversos objetos, desde corpos muito pequenos (quase de dimensões atômicas) até corpos muito grandes (galáxias e aglomerados de galáxias).

Primeira Lei de Newton

Antes de Newton formular sua mecânica, pensava-se que uma influência, uma "força", fosse necessária para manter um corpo em movimento com velocidade constante e que um corpo estava em seu "estado natural" apenas quando se encontrava em repouso. Para que um corpo se movesse com velocidade constante, tinha que ser impulsionado de alguma forma, puxado ou empurrado; se não fosse assim, pararia "naturalmente".

Essas ideias pareciam razoáveis. Se você faz um disco de metal deslizar em uma superfície de madeira, o disco realmente diminui de velocidade até parar. Para que ele continue a deslizar indefinidamente com velocidade constante, deve ser empurrado ou puxado continuamente.

Por outro lado, se for lançado em um rinque de patinação, o disco percorrerá uma distância bem maior antes de parar. É possível imaginar superfícies mais escorregadias, nas quais o disco percorreria distâncias ainda maiores. No limite, podemos pensar em uma superfície extremamente escorregadia (conhecida como **superfície sem atrito**), na qual o disco não diminuiria de velocidade. (Podemos, de fato, chegar muito perto dessa situação fazendo o disco deslizar em uma mesa de ar, na qual ele é sustentado por uma corrente de ar.)

A partir dessas observações, podemos concluir que um corpo manterá seu estado de movimento com velocidade constante se nenhuma força agir sobre ele. Isso nos leva à primeira das três leis de Newton.

 5.1

Primeira Lei de Newton: Se nenhuma força atua sobre um corpo, sua velocidade não pode mudar, ou seja, o corpo não pode sofrer aceleração.

Em outras palavras, se o corpo está em repouso, permanece em repouso; se está em movimento, continua com a mesma velocidade (mesmo módulo e mesma orientação).

Força

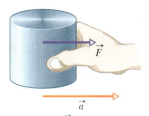

Figura 5.1.1 Força $\vec{F}$ aplicada ao quilograma-padrão provoca uma aceleração $\vec{a}$.

Antes de começarmos a resolver problemas que envolvem forças, precisamos discutir vários aspectos das forças, como a unidade de força, a natureza vetorial das forças, a combinação de várias forças e as circunstâncias nas quais podemos medir uma força (sem sermos enganados por forças fictícias).

Unidade. Podemos definir a unidade de força em termos da aceleração que uma força imprime ao quilograma-padrão (Fig. 1.3.1), cuja massa é definida como exatamente 1 kg. Se colocamos o quilograma-padrão sobre uma mesa horizontal sem atrito e o puxamos horizontalmente (Fig. 5.1.1) até que adquira uma aceleração de 1 m/s², podemos dizer que a força que estamos exercendo tem um módulo de 1 newton (1 N). Se exercermos uma força de 2 N sobre o corpo, a aceleração será de 2 m/s². Isso significa que a aceleração é proporcional à força. Se o corpo-padrão de massa igual a 1 kg tem uma aceleração de módulo a (em metros por segundo ao quadrado), sabemos que a força (em newtons) responsável pela aceleração tem um módulo numericamente igual a a. Temos, assim, uma definição prática da unidade de força.

Vetores. A força é uma grandeza vetorial e, portanto, possui um módulo e uma orientação. Isso significa que, quando duas ou mais forças atuam sobre um corpo, podemos calcular a **força total**, ou **força resultante**, somando vetorialmente as forças, de acordo com as regras do Capítulo 3. Uma única força com o módulo e a orientação da força resultante tem o mesmo efeito sobre um corpo que todas as forças agindo simultaneamente. Esse fato, conhecido como **princípio de superposição para forças**, torna as forças do dia a dia razoáveis e previsíveis. O mundo seria muito estranho se, por exemplo, você e outra pessoa puxassem o corpo-padrão na mesma direção, cada um com uma força de 1 N, e a força resultante fosse 14 N, produzindo uma aceleração de 14 m/s².

 5.2

Neste livro, as forças são quase sempre representadas por um símbolo como $\vec{F}$, e a força resultante, por um símbolo como $\vec{F}_{res}$. Assim como acontece com outros vetores, uma força ou uma força resultante pode ter componentes em relação a um sistema de coordenadas. Quando as forças atuam apenas em uma direção, elas possuem apenas uma componente. Nesse caso, podemos dispensar a seta sobre os símbolos das forças e usar sinais para indicar o sentido das forças ao longo do único eixo.

A Primeira Lei. Um enunciado mais rigoroso da Primeira Lei de Newton, fundamentado na ideia de força *resultante*, é o seguinte:

Primeira Lei de Newton: Se nenhuma força *resultante* atua sobre um corpo ($\vec{F}_{res}= 0$), a velocidade não pode mudar, ou seja, o corpo não pode sofrer aceleração.

Isso significa que mesmo que um corpo esteja submetido a várias forças, se a resultante das forças for zero, o corpo não sofrerá aceleração.

Referenciais Inerciais

A primeira lei de Newton não se aplica a todos os referenciais, mas em todas as situações podemos encontrar referenciais nos quais essa lei (na verdade, toda a mecânica newtoniana) é verdadeira. Esses referenciais são chamados **referenciais inerciais**.

Referencial inercial é um referencial no qual as leis de Newton são válidas.

Podemos, por exemplo, supor que o solo é um referencial inercial, desde que possamos desprezar os movimentos astronômicos da Terra (como a rotação e a translação).

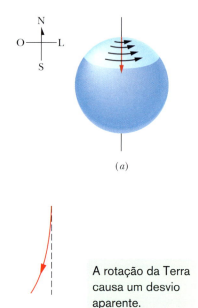

Figura 5.1.2 (a) Trajetória de um disco que escorrega a partir do polo norte, do ponto de vista de um observador estacionário no espaço. (b) A trajetória do disco do ponto de vista de um observador no solo.

Essa hipótese é válida se, digamos, fazemos deslizar um disco metálico em uma pista *curta* de gelo, de atrito desprezível; descobrimos que o movimento do disco obedece às leis de Newton. Suponha, porém, que o disco deslize em uma *longa* pista de gelo a partir do polo norte (Fig. 5.1.2a). Se observarmos o disco a partir de um referencial estacionário no espaço, constataremos que o disco se move para o sul ao longo de uma trajetória retilínea, já que a rotação da Terra em torno do polo norte apenas faz o gelo escorregar por baixo do disco. Entretanto, se observarmos o disco a partir de um ponto do solo, que acompanha a rotação da Terra, a trajetória do disco não será uma reta. Como a velocidade do solo sob o disco, dirigida para leste, aumenta com a distância entre o disco e o polo, do nosso ponto de observação fixo no solo o disco parecerá sofrer um desvio para oeste (Fig. 5.1.2b). Essa deflexão aparente não é causada por uma força, como exigem as leis de Newton, mas pelo fato de que observamos o disco a partir de um referencial em rotação. Nessa situação, o solo é um **referencial não inercial**, e a tentativa de explicar o desvio como se fosse causado por uma força nos leva a uma força fictícia. Um exemplo mais comum de força fictícia é o que acontece com os passageiros de um carro que acelera bruscamente; eles têm a impressão de que uma força os empurra para trás.

Neste livro, supomos quase sempre que o solo é um referencial inercial e que as forças e acelerações são medidas nesse referencial. Quando as medidas são executadas em um referencial não inercial, como, por exemplo, um veículo acelerado em relação ao solo, os resultados podem ser surpreendentes.

Teste 5.1.1

Quais dos seis arranjos da figura mostram corretamente a soma vetorial das forças $\vec{F}_1$ e $\vec{F}_2$ para obter um terceiro vetor, que representa a força resultante $\vec{F}_{res}$?

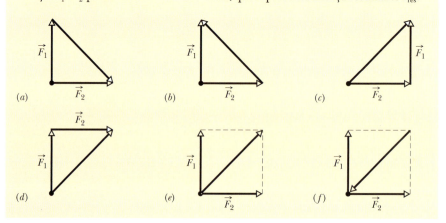

Massa

A experiência nos diz que a mesma força produz acelerações de módulos diferentes em corpos diferentes, como uma bola de futebol e uma bola de boliche. A explicação popular está correta: o objeto de menor massa é mais acelerado. Entretanto, podemos ser mais precisos: a aceleração é inversamente proporcional à massa (e não, digamos, inversamente proporcional ao quadrado da massa).

Podemos explicar como medir a massa imaginando uma série de experimentos em um referencial inercial. No primeiro experimento, exercemos uma força sobre um corpo-padrão, cuja massa m_0 é definida como 1,0 kg. Vamos supor, então, que o corpo-padrão sofra uma aceleração de 1,0 m/s². Podemos dizer, portanto, que a força que atua sobre esse corpo é 1,0 N.

Em seguida, aplicamos a mesma força (precisaríamos nos certificar, de alguma forma, de que a força é a mesma) a um segundo corpo, o corpo *X*, cuja massa não é conhecida. Suponha que descobrimos que esse corpo sofre uma aceleração de 0,25 m/s². Sabemos que uma bola de futebol, que possui uma *massa menor*, adquire uma *aceleração maior* que uma bola de boliche, quando a mesma força (chute) é aplicada a ambas. Vamos fazer a seguinte conjectura: a razão entre as massas de dois corpos é igual ao inverso da razão entre as acelerações que adquirem quando são submetidos à mesma força. Para o corpo X e o corpo-padrão, isso significa que

$$\frac{m_X}{m_0} = \frac{a_0}{a_X},$$

Explicitando m_X, obtemos

$$m_X = m_0 \frac{a_0}{a_X} = (1{,}0 \text{ kg}) \frac{1{,}0 \text{ m/s}^2}{0{,}25 \text{ m/s}^2} = 4{,}0 \text{ kg}.$$

Nossa conjectura será útil, evidentemente, apenas se continuar a ser válida quando a força aplicada assumir outros valores. Por exemplo: quando aplicamos uma força de 8,0 N a um corpo-padrão, obtemos uma aceleração de 8,0 m/s². Quando a força de 8,0 N é aplicada ao corpo X, obtemos uma aceleração de 2,0 m/s². Nossa conjectura nos dá, portanto,

$$m_X = m_0 \frac{a_0}{a_X} = (1{,}0 \text{ kg}) \frac{8{,}0 \text{ m/s}^2}{2{,}0 \text{ m/s}^2} = 4{,}0 \text{ kg},$$

o que é compatível com o primeiro experimento.

Muitos experimentos que fornecem resultados semelhantes indicam que nossa conjectura é uma forma confiável de atribuir massa a um dado corpo.

Nossos experimentos indicam que massa é uma propriedade *intrínseca* de um corpo, ou seja, uma característica que resulta automaticamente da existência do corpo. Indicam também que a massa é uma grandeza escalar. Contudo, uma pergunta intrigante permanece sem resposta: o que, exatamente, é massa?

Como a palavra *massa* é usada na vida cotidiana, devemos ter uma noção intuitiva de massa, talvez algo que podemos sentir fisicamente. Seria o tamanho, o peso, ou a densidade do corpo? A resposta é negativa, embora algumas vezes essas características sejam confundidas com a massa. Podemos apenas dizer que *a massa de um corpo é a propriedade que relaciona uma força que age sobre o corpo com a aceleração resultante.* A massa não tem uma definição mais simples; você pode ter uma sensação física da massa apenas quando tenta acelerar um corpo, como ao chutar uma bola de futebol ou uma bola de boliche.

Segunda Lei de Newton

Todas as definições, experimentos e observações que discutimos até aqui podem ser resumidos em uma única sentença:

Segunda Lei de Newton: A força resultante que age sobre um corpo é igual ao produto da massa do corpo pela aceleração.

Em termos matemáticos,

$$\vec{F}_{\text{res}} = m\vec{a} \quad \text{(segunda lei de Newton).} \quad (5.1.1)$$

Escolha do Corpo. Essa equação é simples, mas devemos usá-la com cautela. Primeiro, devemos escolher o corpo ao qual vamos aplicá-la. $\vec{F}_{\text{res}}$ deve ser a soma vetorial de *todas* as forças que atuam sobre *esse* corpo. Apenas as forças que atuam sobre *esse* corpo devem ser incluídas na soma vetorial, não as forças que agem sobre outros corpos envolvidos na mesma situação. Por exemplo: se você disputa a bola com vários adversários em um jogo de futebol, a força resultante que age sobre *você* é a soma vetorial de todos os empurrões e puxões que *você* recebe. Ela não inclui um empurrão ou puxão que você dá em outro jogador. Toda vez que resolvemos um problema que envolve forças, o primeiro passo é definir claramente a que corpo vamos aplicar a segunda lei de Newton.

Independência das Componentes. Como outras equações vetoriais, a Eq. 5.1.1 é equivalente a três equações para as componentes, uma para cada eixo de um sistema de coordenadas *xyz*:

$$F_{\text{res},x} = ma_x, \quad F_{\text{res},y} = ma_y \quad \text{e} \quad F_{\text{res},z} = ma_z. \qquad (5.1.2)$$

Cada uma dessas equações relaciona a componente da força resultante em relação a um eixo com a aceleração ao longo do mesmo eixo. Por exemplo: a primeira equação nos diz que a soma de todas as componentes das forças em relação ao eixo x produz a componente a_x da aceleração do corpo, mas não produz uma aceleração nas direções y e z. Sendo assim, a componente a_x da aceleração é causada apenas pelas componentes das forças em relação ao eixo x. Generalizando,

A componente da aceleração em relação a um dado eixo é causada *apenas* pela soma das componentes das forças em relação a *esse* eixo e não por componentes de forças em relação a qualquer outro eixo.

Forças em Equilíbrio. A Eq. 5.1.1 nos diz que, se a força resultante que age sobre um corpo é nula, a aceleração do corpo $\vec{a} = 0$. Se o corpo está em repouso, permanece em repouso; se está em movimento, continua a se mover com velocidade constante. Em tais casos, as forças que agem sobre o corpo se *compensam* e dizemos que o corpo está em *equilíbrio*. Frequentemente, dizemos que as forças se *cancelam*, mas o termo "cancelar" pode ser mal interpretado. Ele *não* significa que as forças deixaram de existir (cancelar forças não é como cancelar uma reserva em um restaurante). As forças continuam a agir sobre o corpo, mas não podem acelerá-lo.

Unidades. Em unidades do SI, a Eq. 5.1.1 nos diz que

$$1\,\text{N} = (1\,\text{kg})(1\,\text{m/s}^2) = 1\,\text{kg}\cdot\text{m/s}^2. \qquad (5.1.3)$$

Algumas unidades de força em outros sistemas de unidades aparecem na Tabela 5.1.1 e no Apêndice D.

Diagramas. Muitas vezes, para resolver problemas que envolvem a segunda lei de Newton, desenhamos um **diagrama de corpo livre** no qual o único corpo mostrado é aquele para o qual estamos somando as forças. Um esboço do próprio corpo é preferido por alguns professores, mas, para poupar espaço, representaremos comumente o corpo por um ponto. As forças que agem sobre o corpo serão representadas por setas com a origem no ponto. Um sistema de coordenadas é normalmente incluído, e a aceleração do corpo é algumas vezes mostrada por meio de outra seta (acompanhada por um símbolo adequado para mostrar que se trata de uma aceleração). A construção de um diagrama de corpo livre tem por objetivo concentrar a atenção no corpo de interesse.

Tabela 5.1.1 Unidades das Grandezas da Segunda Lei de Newton (Eqs. 5.1.1 e 5.1.2)

Sistema	Força	Massa	Aceleração
SI	newton (N)	quilograma (kg)	m/s^2
CGS[a]	dina	grama (g)	cm/s^2
Inglês[b]	libra (lb)	slug	ft/s^2

[a]1 dina = 1 g · cm/s^2.
[b]1 lb = 1 slug · ft/s^2.

Forças Externas e Forças Internas. Um **sistema** é formado por um ou mais corpos; qualquer força exercida sobre os corpos do sistema por corpos que não pertencem ao sistema é chamada **força externa**. Se os corpos de um sistema estão rigidamente ligados uns aos outros, podemos tratar o sistema como um único corpo, e a força resultante $\vec{F}_{\text{res}}$ a que está submetido esse corpo é a soma vetorial das forças externas. (Não incluímos as **forças internas**, ou seja, as forças entre dois corpos pertencentes ao sistema.) Assim, por exemplo, uma locomotiva e um vagão formam um sistema. Se um reboque é usado para puxar a locomotiva, a força exercida pelo reboque age sobre o sistema locomotiva-vagão. Como acontece no caso de um só corpo, podemos relacionar a força resultante externa que age sobre um sistema à aceleração do sistema através da segunda lei de Newton, $\vec{F}_{\text{res}} = m\vec{a}$, em que m é a massa total do sistema.

Teste 5.1.2

A figura mostra duas forças horizontais atuando em um bloco apoiado em um piso sem atrito. Se uma terceira força horizontal $\vec{F}_3$ também age sobre o bloco, determine o módulo e a orientação de $\vec{F}_3$ quando o bloco (a) está em repouso e (b) está se movendo para a esquerda com uma velocidade constante de 5 m/s.

Exemplo 5.1.1 Forças alinhadas e não alinhadas, disco metálico 5.1

Nas partes A, B e C da Fig. 5.1.3, uma ou duas forças agem sobre um disco metálico que se move sobre o gelo sem atrito ao longo do eixo x, em um movimento unidimensional. A massa do disco é $m = 0,20$ kg. As forças $\vec{F}_1$ e $\vec{F}_2$ atuam ao longo do eixo x e têm módulos $F_1 = 4,0$ N e $F_2 = 2,0$ N. A força $\vec{F}_3$ faz um ângulo $\theta = 30°$ com o eixo x e tem um módulo $F_3 = 1,0$ N. Qual é a aceleração do disco em cada situação?

IDEIA-CHAVE

Em todas as situações, podemos relacionar a aceleração $\vec{a}$ com a força resultante $\vec{F}_{res}$ que age sobre o disco através da segunda lei de Newton, $\vec{F}_{res} = m\vec{a}$. Entretanto, como o movimento ocorre apenas ao longo do eixo x, podemos simplificar as situações escrevendo a segunda lei apenas para as componentes x:

$$F_{res,x} = ma_x. \qquad (5.1.4)$$

Os diagramas de corpo livre para as três situações são também mostrados na Fig. 5.1.3, com o disco representado por um ponto.

Situação A: Para a situação da Fig. 5.1.3b, em que existe apenas uma força horizontal, temos, de acordo com a Eq. 5.1.4,

$$F_1 = ma_x,$$

o que, para os dados do problema, nos dá

$$a_x = \frac{F_1}{m} = \frac{4,0 \text{ N}}{0,20 \text{ kg}} = 20 \text{ m/s}^2. \qquad \text{(Resposta)}$$

A resposta positiva indica que a aceleração ocorre no sentido positivo do eixo x.

Situação B: Na Fig. 5.1.3d, duas forças horizontais agem sobre o disco, $\vec{F}_1$, no sentido positivo do eixo x, e $\vec{F}_2$ no sentido negativo. De acordo com a Eq. 5.1.4,

$$F_1 - F_2 = ma_x,$$

o que, para os dados do problema, nos dá

$$a_x = \frac{F_1 - F_2}{m} = \frac{4,0 \text{ N} - 2,0 \text{ N}}{0,20 \text{ kg}} = 10 \text{ m/s}^2. \qquad \text{(Resposta)}$$

Assim, a força resultante acelera o disco no sentido positivo do eixo x.

Situação C: Na Fig. 5.1.3f, não é a força $\vec{F}_3$ que tem a direção da aceleração do disco, mas sim a componente $F_{3,x}$. (A força

A

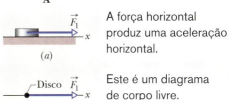

A força horizontal produz uma aceleração horizontal.

Este é um diagrama de corpo livre.

B

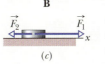

As duas forças se opõem; a força resultante produz uma aceleração horizontal.

Este é um diagrama de corpo livre.

C

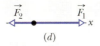

Apenas a componente horizontal de $\vec{F}_3$ se opõe a $\vec{F}_2$.

Este é um diagrama de corpo livre.

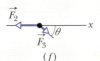

Figura 5.1.3 Em três situações, forças atuam sobre um disco que se move ao longo do eixo x. A figura também mostra diagramas de corpo livre.

$\vec{F}_3$ não está alinhada com a força $\vec{F}_2$ nem com a direção do movimento.[1]) Assim, a Eq. 5.1.4 assume a forma

$$F_{3,x} - F_2 = ma_x. \qquad (5.1.5)$$

De acordo com a figura, $F_{3,x} = F_3 \cos \theta$. Explicitando a aceleração e substituindo $F_{3,x}$ por seu valor, obtemos

$$a_x = \frac{F_{3,x} - F_2}{m} = \frac{F_3 \cos \theta - F_2}{m}$$

$$= \frac{(1,0 \text{ N})(\cos 30°) - 2,0 \text{ N}}{0,20 \text{ kg}} = -5,7 \text{ m/s}^2. \qquad \text{(Resposta)}$$

Portanto, a força resultante acelera o disco no sentido negativo do eixo x.

---

[1] O disco não é acelerado na direção y porque a componente y da força $\vec{F}_3$ é equilibrada pela força normal, que será discutida no Módulo 5.2. (N.T.)

Exemplo 5.1.2 Forças não alinhadas, lata de biscoitos

Na vista superior da Fig. 5.1.4a, uma lata de biscoitos de 2,0 kg é acelerada a 3,0 m/s², na orientação definida por $\vec{a}$, em uma superfície horizontal sem atrito. A aceleração é causada por três forças horizontais, das quais apenas duas são mostradas: $\vec{F}_1$, de módulo 10 N, e $\vec{F}_2$, de módulo 20 N. Qual é a terceira força, $\vec{F}_3$, na notação dos vetores unitários e na notação módulo-ângulo?

IDEIA-CHAVE

A força resultante $\vec{F}_{res}$ que age sobre a lata é a soma das três forças e está relacionada com a aceleração $\vec{a}$ pela segunda lei de Newton ($\vec{F}_{res} = m\vec{a}$). Assim,

$$\vec{F}_1 + \vec{F}_2 + \vec{F}_3 = m\vec{a}, \quad (5.1.6)$$

que nos dá

$$\vec{F}_3 = m\vec{a} - \vec{F}_1 - \vec{F}_2. \quad (5.1.7)$$

Cálculos: Como as forças não estão alinhadas, *não podemos* determinar $\vec{F}_3$ simplesmente substituindo os módulos das forças no lado direito da Eq. 5.1.7. O correto é somar vetorialmente $m\vec{a}$, $-\vec{F}_1$ e $-\vec{F}_2$, como mostra a Fig. 5.1.4b. A soma poderia ser feita com o auxílio de uma calculadora, já que conhecemos tanto o módulo como o ângulo dos três vetores. Entretanto, optamos por calcular o lado direito da Eq. 5.1.7 em termos das componentes, primeiro para o eixo x e depois para o eixo y. Atenção: use apenas um eixo de cada vez.

Componentes x: Para o eixo x, temos

$$F_{3,x} = ma_x - F_{1,x} - F_{2,x}$$
$$= m(a\cos 50°) - F_1\cos(-150°) - F_2\cos 90°.$$

Substituindo os valores conhecidos, obtemos

$$F_{3,x} = (2{,}0 \text{ kg})(3{,}0 \text{ m/s}^2)\cos 50° - (10 \text{ N})\cos(-150°)$$
$$- (20 \text{ N})\cos 90°$$
$$= 12{,}5 \text{ N}.$$

Componentes y: Para o eixo y, temos

$$F_{3,y} = ma_y - F_{1,y} - F_{2,y}$$
$$= m(a\sen 50°) - F_1\sen(-150°) - F_2\sen 90°$$
$$= (2{,}0 \text{ kg})(3{,}0 \text{ m/s}^2)\sen 50° - (10 \text{ N})\sen(-150°)$$
$$- (20 \text{ N})\sen 90°$$
$$= -10{,}4 \text{ N}.$$

Vetor: Na notação dos vetores unitários, temos

$$\vec{F}_3 = F_{3,x}\hat{i} + F_{3,y}\hat{j} = (12{,}5 \text{ N})\hat{i} - (10{,}4 \text{ N})\hat{j}$$
$$\approx (13 \text{ N})\hat{i} - (10 \text{ N})\hat{j}. \quad \text{(Resposta)}$$

Podemos agora usar uma calculadora para determinar o módulo e o ângulo de $\vec{F}_3$. Também podemos usar a Eq. 3.1.6 para obter o módulo e o ângulo (em relação ao semieixo x positivo):

$$F_3 = \sqrt{F_{3,x}^2 + F_{3,y}^2} = 16 \text{ N}$$

e

$$\theta = \tan^{-1}\frac{F_{3,y}}{F_{3,x}} = -40°. \quad \text{(Resposta)}$$

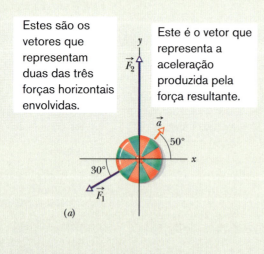

Figura 5.1.4 (a) Vista superior de duas das três forças que agem sobre uma lata de biscoitos, produzindo uma aceleração $\vec{a}$. $\vec{F}_3$ não é mostrada. (b) Um arranjo de vetores $m\vec{a}$, $-\vec{F}_1$ e $-\vec{F}_2$ para determinar a força $\vec{F}_3$.

FORÇA E MOVIMENTO – I **107**

5.2 ALGUMAS FORÇAS ESPECIAIS

Objetivos do Aprendizado

Depois de ler este módulo, você será capaz de ...

5.2.1 Determinar o módulo e a orientação da força gravitacional que age sobre um corpo com uma dada massa, em um local em que a aceleração de queda livre é conhecida.

5.2.2 Saber que o peso de um corpo é o módulo da força necessária para evitar que o corpo caia livremente, medida no referencial do solo.

5.2.3 Saber que uma balança só fornece o peso correto de um objeto quando a medida é executada em um referencial inercial.

5.2.4 Determinar o módulo e a orientação da força normal a que um objeto é submetido quando o objeto exerce uma força perpendicular a uma superfície.

5.2.5 Saber que a força de atrito é uma força a que um objeto é submetido quando desliza ou tenta deslizar ao longo de uma superfície.

5.2.6 Saber que a força de tração é uma força exercida pelas extremidades de uma corda (ou um objeto semelhante a uma corda) quando a corda está esticada.

Ideias-Chave

● A **força gravitacional** $\vec{F}_g$ exercida sobre um corpo é um tipo especial de atração que um segundo corpo exerce sobre o primeiro. Na maioria das situações discutidas neste livro, um dos corpos é a Terra ou outro astro. No caso da Terra, a força aponta para o solo, que é considerado um referencial inercial, e o módulo de $\vec{F}_g$ é dado por

$$F_g = mg,$$

em que m é a massa do corpo e g é o módulo da aceleração de queda livre.

● O peso P de um corpo é o módulo da força para cima que é necessária para equilibrar a força gravitacional a que o corpo está sujeito. A relação entre o peso e a massa de um corpo é dada pela equação.

$$P = mg.$$

● A força normal $\vec{F}_N$ é a força que uma superfície exerce sobre um corpo quando o corpo exerce uma força perpendicular à superfície. A força normal é perpendicular à superfície.

● A força de atrito $\vec{f}$ é a força que uma superfície exerce sobre um corpo quando o corpo desliza ou tenta deslizar ao longo de uma superfície. A força de atrito é paralela à superfície e tem o sentido oposto ao do deslizamento.

● Quando uma corda está sendo tracionada, as duas extremidades estão submetidas a uma força que aponta para longe da corda. No caso de uma corda de massa desprezível, as duas forças têm o mesmo módulo T, mesmo que a corda passe por uma polia de massa e atrito desprezíveis.

Algumas Forças Especiais

Força Gravitacional

A **força gravitacional** $\vec{F}_g$ exercida sobre um corpo é um tipo especial de atração que um segundo corpo exerce sobre o primeiro. Nesses capítulos iniciais, não discutimos a natureza dessa força e consideramos apenas situações nas quais o segundo corpo é a Terra. Assim, quando falamos *da* força gravitacional $\vec{F}_g$ que age sobre um corpo, estamos nos referindo à força que o atrai na direção do centro da Terra, ou seja, verticalmente para baixo. Vamos supor que o solo é um referencial inercial.

Queda Livre. Considere um corpo de massa m em queda livre, submetido, portanto, a uma aceleração de módulo g. Nesse caso, se desprezarmos os efeitos do ar, a única força que age sobre o corpo é a força gravitacional $\vec{F}_g$. Podemos relacionar essa força à aceleração correspondente usando a segunda lei de Newton, $\vec{F} = m\vec{a}$. Colocamos um eixo y vertical ao longo da trajetória do corpo, com o sentido positivo para cima. Para esse eixo, a segunda lei de Newton pode ser escrita na forma $F_{res,y} = ma_y$, que, em nossa situação, se torna

$$-F_g = m(-g)$$

ou
$$F_g = mg. \tag{5.2.1}$$

Em palavras, o módulo da força gravitacional é igual ao produto mg.

Em Repouso. A mesma força gravitacional, com o mesmo módulo, atua sobre o corpo, mesmo quando não está em queda livre, mas se encontra, por exemplo, em repouso sobre uma mesa de sinuca ou movendo-se sobre a mesa. (Para que a força gravitacional desaparecesse, a Terra teria de desaparecer.)

Podemos escrever a segunda lei de Newton para a força gravitacional nas seguintes formas vetoriais:

$$\vec{F}_g = -F_g\hat{\jmath} = -mg\hat{\jmath} = m\vec{g}, \tag{5.2.2}$$

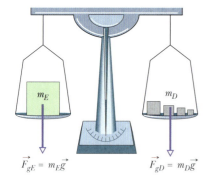

Figura 5.2.1 Balança de braços iguais. Quando a balança está equilibrada, a força gravitacional $\vec{F}_{gE}$ a que está submetido o corpo que se deseja pesar (no prato da esquerda) e a força gravitacional total $\vec{F}_{gD}$ a que estão submetidas as massas de referência (no prato da direita) são iguais. Assim, a massa m_E do corpo que está sendo pesado é igual à massa total m_D das massas de referência.

em que $\hat{j}$ é um vetor unitário que aponta para cima ao longo do eixo y, perpendicularmente ao solo, e $\vec{g}$ é a aceleração de queda livre (escrita como um vetor), que aponta para baixo.

Peso

O **peso** P de um corpo é o módulo da força necessária para impedir que o corpo caia livremente, medida em relação ao solo. Assim, por exemplo, para manter uma bola em repouso na mão enquanto você está parado de pé, você deve aplicar uma força para cima para equilibrar a força gravitacional que a Terra exerce sobre a bola. Suponha que o módulo da força gravitacional é 2,0 N. Nesse caso, o módulo da força para cima deve ser 2,0 N e, portanto, o peso P da bola é 2,0 N. Também dizemos que a bola *pesa* 2,0 N.

Uma bola com um peso de 3,0 N exigiria uma força maior (3,0 N) para permanecer em equilíbrio. A razão é que a força gravitacional a ser equilibrada tem um módulo maior (3,0 N). Dizemos que a segunda bola é *mais pesada* que a primeira.

Vamos generalizar a situação. Considere um corpo que tem uma aceleração $\vec{a}$ nula em relação ao solo, considerado mais uma vez como referencial inercial. Duas forças atuam sobre o corpo: uma força gravitacional $\vec{F}_g$, dirigida para baixo, e uma força para cima, de módulo P, que a equilibra. Podemos escrever a segunda lei de Newton para um eixo y vertical, com o sentido positivo para cima, na forma

$$F_{\text{res},y} = ma_y.$$

Em nossa situação, a equação se torna

$$P - F_g = m(0) \qquad (5.2.3)$$

ou
$$P = F_g \quad \text{(peso, com o solo como referencial inercial)}. \qquad (5.2.4)$$

De acordo com a Eq. 5.2.4 (supondo que o solo é um referencial inercial),

 O peso P de um corpo é igual ao módulo F_g da força gravitacional que age sobre o corpo.

Substituindo F_g por mg, obtemos a equação

$$P = mg \quad \text{(peso)}, \qquad (5.2.5)$$

que relaciona o peso com a massa do corpo.

Pesagem. *Pesar* um corpo significa medir o peso do corpo. Uma forma de fazer isso é colocar o corpo em um dos pratos de uma balança de braços iguais (Fig. 5.2.1) e colocar corpos de referência (cujas massas sejam conhecidas) no outro prato até que se estabeleça o equilíbrio, ou seja, até que as forças gravitacionais dos dois lados sejam iguais. Como, nessa situação, as massas nos dois pratos são iguais, ficamos conhecendo a massa do corpo. Se conhecemos o valor de g no local em que está situada a balança, podemos calcular o peso do corpo com o auxílio da Eq. 5.2.5.

Também podemos pesar um corpo em uma balança de mola (Fig. 5.2.2). O corpo distende uma mola, movendo um ponteiro ao longo de uma escala que foi calibrada e marcada em unidades de massa ou de força. (Quase todas as balanças de banheiro são desse tipo e marcadas em quilogramas, ou seja, em unidades de massa.) Se a escala estiver em unidades de massa, fornecerá valores precisos apenas nos lugares em que o valor de g for o mesmo da localidade em que a balança foi calibrada.

Para que o peso de um corpo seja medido corretamente, ele não deve possuir uma aceleração vertical em relação ao solo. Assim, por exemplo, se você se pesar no banheiro de casa ou a bordo de um trem em movimento, o resultado será o mesmo. Caso, porém, repita a medição em um elevador acelerado, você obterá uma leitura diferente, por causa da aceleração. Um peso medido dessa forma é chamado *peso aparente*.

Atenção: O peso de um corpo não é a mesma coisa que a massa. O peso é o módulo de uma força e está relacionado com a massa por meio da Eq. 5.2.5. Se você mover um corpo para um local em que o valor de g é diferente, a massa do corpo

Figura 5.2.2 Balança de mola. A leitura é proporcional ao *peso* do objeto colocado no prato, e a escala fornece o valor do peso se estiver calibrada em unidades de força. Se, em vez disso, estiver calibrada em unidades de massa, a leitura será igual ao peso do objeto apenas se o valor de g no lugar em que a balança está sendo usada for igual ao valor de g no lugar em que a balança foi calibrada.

(uma propriedade intrínseca) continuará a mesma, mas o peso mudará. Por exemplo: o peso de uma bola de boliche, de massa igual a 7,2 kg, é 71 N na Terra, mas apenas 12 N na Lua. Isso se deve ao fato de que, enquanto a massa é a mesma na Terra e na Lua, a aceleração de queda livre na Lua é apenas 1,6 m/s², muito menor, portanto, que a aceleração de queda livre na Terra, que é da ordem de 9,8 m/s².

Força Normal

Se você fica em pé em um colchão, a Terra o puxa para baixo, mas você permanece em repouso. Isso acontece porque o colchão se deforma sob o seu peso e empurra você para cima. Da mesma forma, se você está sobre um piso, ele se deforma (ainda que imperceptivelmente) e o empurra para cima. Mesmo um piso de concreto aparentemente rígido faz o mesmo (se não estiver apoiado diretamente no solo, um número suficientemente grande de pessoas sobre ele pode quebrá-lo).

O empurrão exercido pelo colchão ou pelo piso é uma **força normal** $\vec{F}_N$. O nome vem do termo matemático *normal*, que significa perpendicular. A força que o piso exerce sobre você é perpendicular ao piso.

Quando um corpo exerce uma força sobre uma superfície, a superfície (ainda que aparentemente rígida) se deforma e empurra o corpo com uma força normal $\vec{F}_N$ que é perpendicular à superfície.

A Figura 5.2.3a mostra um exemplo. Um bloco de massa m pressiona uma mesa para baixo, deformando-a, por causa da força gravitacional $\vec{F}_g$ a que o bloco está sujeito. A mesa empurra o bloco para cima com uma força normal $\vec{F}_N$. A Fig. 5.2.3b mostra o diagrama de corpo livre do bloco. As forças $\vec{F}_g$ e $\vec{F}_N$ são as únicas forças que atuam sobre o bloco, e ambas são verticais. Assim, a segunda lei de Newton para o bloco, tomando um eixo y com o sentido positivo para cima ($F_{\text{res},y} = ma_y$), assume a forma

$$F_N - F_g = ma_y.$$

Substituindo F_g por mg (Eq. 5.2.1), obtemos

$$F_N - mg = ma_y.$$

O módulo da força normal é, portanto,

$$F_N = mg + ma_y = m(g + a_y) \quad (5.2.6)$$

para qualquer aceleração vertical a_y da mesa e do bloco (que poderiam estar, por exemplo, em um elevador acelerado). (*Atenção*: O sinal de g na Eq. 5.2.6 é sempre positivo, mas o sinal de a_y pode ser positivo ou negativo.) Se a mesa e o bloco não estiverem acelerados em relação ao solo, $a_y = 0$ e, de acordo com a Eq. 5.2.6,

$$F_N = mg. \quad (5.2.7)$$

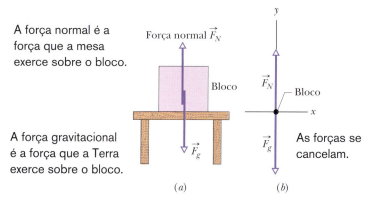

Figura 5.2.3 (*a*) Bloco que repousa sobre uma mesa experimenta uma força normal $\vec{F}_N$ perpendicular à superfície da mesa. (*b*) Diagrama de corpo livre do bloco.

Teste 5.2.1
Na Fig. 5.2.3, o módulo da força normal $\vec{F}_N$ será maior, menor ou igual a mg se o bloco e a mesa estiverem em um elevador que se move para cima (a) com velocidade constante e (b) com velocidade crescente?

Atrito

Quando empurramos ou tentamos empurrar um corpo que está apoiado em uma superfície, a interação dos átomos do corpo com os átomos da superfície faz com que haja uma resistência ao movimento. (Essa interação será discutida no próximo capítulo.) A resistência é considerada como uma única força $\vec{f}$ que recebe o nome de **força de atrito**, ou simplesmente **atrito**. Essa força é paralela à superfície e aponta no sentido oposto ao do movimento ou tendência ao movimento (Fig. 5.2.4). Em algumas situações, para simplificar os cálculos, desprezamos as forças de atrito.

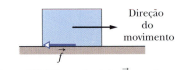

Figura 5.2.4 Força de atrito $\vec{f}$ se opõe ao movimento de um corpo sobre uma superfície.

Tração

Quando uma corda (ou um fio, cabo ou outro objeto do mesmo tipo) é presa a um corpo e esticada, a corda aplica ao corpo uma força $\vec{T}$ orientada na direção da corda (Fig. 5.2.5a). Essa força é chamada *força de tração* porque a corda está sendo tracionada (puxada). A *tração da corda* é o módulo T da força exercida sobre o corpo. Assim, por exemplo, se a força exercida pela corda sobre o corpo tem um módulo $T = 50$ N, a tração da corda é 50 N.

Uma corda é frequentemente considerada *sem massa* (o que significa que a massa da corda é desprezível em comparação com a massa do corpo ao qual está presa) e *inextensível* (o que significa que o comprimento da corda não muda quando é submetida a uma força de tração). Nessas circunstâncias, a corda existe apenas como ligação entre dois corpos: ela exerce sobre os dois corpos forças de mesmo módulo T, mesmo que os dois corpos e a corda estejam acelerando e mesmo que a corda passe por uma polia *sem massa e sem atrito* (Figs. 5.2.5b e 5.2.5c), ou seja, uma polia cuja massa é desprezível em comparação com as massas dos corpos e cujo atrito no eixo de rotação pode ser desprezado. Se a corda dá meia-volta em torno da polia, como na Fig. 5.2.5c, o módulo da força resultante que a corda exerce sobre a polia é $2T$.

Teste 5.2.2
O corpo suspenso da Fig. 5.2.5c pesa 75 N. A tração T é igual, maior ou menor que 75 N quando o corpo se move para cima (a) com velocidade constante, (b) com velocidade crescente e (c) com velocidade decrescente?

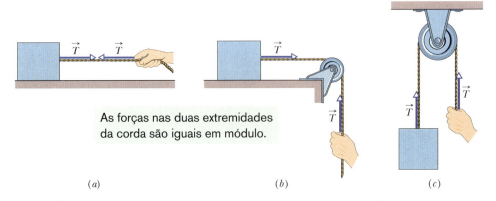

Figura 5.2.5 (a) Corda esticada está sob tração. Se a massa da corda é desprezível, a corda puxa o corpo e a mão com uma força $\vec{T}$, mesmo que passe por uma polia sem massa e sem atrito, como em (b) e (c).

FORÇA E MOVIMENTO – I   111

5.3 APLICAÇÕES DAS LEIS DE NEWTON

Objetivos do Aprendizado

Depois de ler este módulo, você será capaz de ...

5.3.1 Conhecer a terceira lei de Newton e os pares de forças da terceira lei.

5.3.2 No caso de um objeto que se move verticalmente, em um plano horizontal ou em um plano inclinado, aplicar a segunda lei de Newton a um diagrama de corpo livre do objeto.

5.3.3 Em um sistema no qual vários objetos se movem rigidamente ligados uns aos outros, desenhar diagramas de corpo livre e aplicar a segunda lei de Newton aos objetos isoladamente e também ao sistema como um todo.

Ideias-Chave

● A força resultante $\vec{F}_{res}$ aplicada a um corpo de massa m está relacionada com a aceleração $\vec{a}$ do corpo por meio da equação

$$\vec{F}_{res} = m\vec{a},$$

que equivale a três equações para as componentes,

$$F_{res,x} = ma_x \quad F_{res,y} = ma_y \quad \text{e} \quad F_{res,z} = ma_z.$$

● Se um corpo C aplica uma força $\vec{F}_{BC}$ a um corpo B, o corpo B aplica uma força $\vec{F}_{CB}$ ao corpo C, e as duas forças estão relacionadas pela equação

$$\vec{F}_{BC} = -\vec{F}_{CB}.$$

Isso significa que as duas forças têm módulos iguais e sentidos opostos.

Terceira Lei de Newton

Dizemos que dois corpos *interagem* quando empurram ou puxam um ao outro, ou seja, quando cada corpo exerce uma força sobre o outro. Suponha, por exemplo, que você apoie um livro L em uma caixa C (Fig. 5.3.1a). Nesse caso, o livro e a caixa interagem: a caixa exerce uma força horizontal $\vec{F}_{LC}$ sobre o livro, e o livro exerce uma força horizontal $\vec{F}_{CL}$ sobre a caixa. Esse par de forças é mostrado na Fig. 5.3.1b. A terceira lei de Newton afirma o seguinte:

> **Terceira Lei de Newton:** Quando dois corpos interagem, as forças que cada corpo exerce sobre o outro são iguais em módulo e têm sentidos opostos.

No caso do livro e da caixa, podemos escrever essa lei como a relação escalar

$$F_{LC} = F_{CL} \quad \text{(módulos iguais)}$$

ou como a relação vetorial

$$\vec{F}_{LC} = -\vec{F}_{CL} \quad \text{(módulos iguais e sentidos opostos),} \quad (5.3.1)$$

em que o sinal negativo significa que as duas forças têm sentidos opostos. Podemos chamar as forças entre dois corpos que interagem de **par de forças da terceira lei**. Sempre que dois corpos interagem, um par de forças da terceira lei está presente. O livro e a caixa da Fig. 5.3.1a estão em repouso, mas a terceira lei seria válida, mesmo que eles estivessem em movimento uniforme ou acelerado.

Como outro exemplo, vamos examinar os pares de forças da terceira lei que existem no sistema da Fig. 5.3.2a, constituído por uma laranja, uma mesa e a Terra. A laranja interage com a mesa, e a mesa interage com a Terra (dessa vez, existem três corpos cujas interações devemos estudar).

Vamos, inicialmente, nos concentrar nas forças que agem sobre a laranja (Fig. 5.3.2b). A força $\vec{F}_{LM}$ é a força normal que a mesa exerce sobre a laranja, e a força $\vec{F}_{LT}$ é a força gravitacional que a Terra exerce sobre a laranja. $\vec{F}_{LM}$ e $\vec{F}_{LT}$ formam um par de forças da terceira lei? Não, pois são forças que atuam sobre um mesmo corpo, a laranja, e não sobre dois corpos que interagem.

Para encontrar um par da terceira lei, precisamos nos concentrar, não na laranja, mas na interação entre a laranja e outro corpo. Na interação laranja-Terra (Fig. 5.3.2c), a Terra atrai a laranja com uma força gravitacional $\vec{F}_{LT}$, e a laranja atrai a Terra com uma força gravitacional $\vec{F}_{TL}$. Essas forças formam um par de forças da terceira lei? Sim, porque as forças atuam sobre dois corpos que interagem, e a força a que um está submetido é causada pelo outro. Assim, de acordo com a terceira lei de Newton,

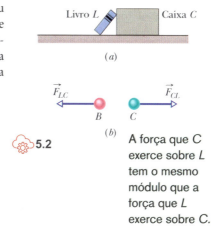

Figura 5.3.1 (a) Livro L está apoiado na caixa C. (b) As forças $\vec{F}_{LC}$ (força da caixa sobre o livro) e $\vec{F}_{CL}$ (força do livro sobre a caixa) têm o mesmo módulo e sentidos opostos.

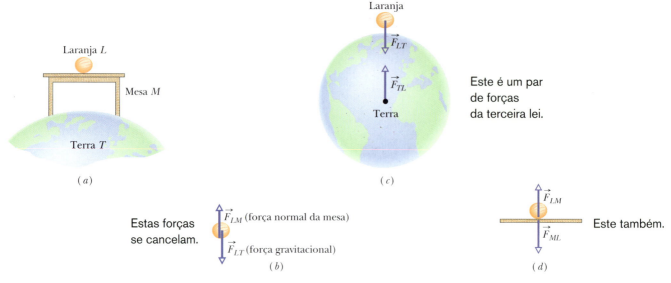

Figura 5.3.2 (a) Laranja em repouso sobre uma mesa na superfície da Terra. (b) As forças que agem *sobre a laranja* são $\vec{F}_{LM}$ e $\vec{F}_{LT}$. (c) Par de forças da terceira lei para a interação laranja-Terra. (d) Par de forças da terceira lei para a interação laranja-mesa.

$$\vec{F}_{LT} = -\vec{F}_{TL} \qquad \text{(interação laranja-Terra)}.$$

Na interação laranja-mesa, a força da mesa sobre a laranja é $\vec{F}_{LM}$, e a força da laranja sobre a mesa é $\vec{F}_{ML}$ (5.3.2d). Essas forças também formam um par de forças da terceira lei e, portanto,

$$\vec{F}_{LM} = -\vec{F}_{ML} \qquad \text{(interação laranja-mesa)}.$$

Teste 5.3.1

Suponha que a laranja e a mesa da Fig. 5.3.2 estão em um elevador que começa a acelerar para cima. (a) Os módulos de $\vec{F}_{ML}$ e $\vec{F}_{LM}$ aumentam, diminuem, ou permanecem os mesmos? (b) As duas forças continuam a ser iguais em módulo, com sentidos opostos? (c) Os módulos de $\vec{F}_{LT}$ e $\vec{F}_{TL}$ aumentam, diminuem, ou permanecem os mesmos? (d) As duas forças continuam a ser iguais em módulo, com sentidos opostos?

Aplicações das Leis de Newton

O resto deste capítulo é composto de exemplos. O leitor deve examiná-los atentamente, observando os métodos usados para resolver cada problema. Especialmente importante é saber traduzir uma dada situação em um diagrama de corpo livre com eixos adequados, para que as leis de Newton possam ser aplicadas.

Exemplo 5.3.1 Bloco deslizante e bloco pendente 5.2

A Fig. 5.3.3 mostra um bloco *D* (o *bloco deslizante*), de massa *M* = 3,3 kg. O bloco está livre para se mover em uma superfície horizontal sem atrito e está ligado, por uma corda que passa por uma polia sem atrito, a um segundo bloco *P* (o *bloco pendente*), de massa *m* = 2,1 kg. As massas da corda e da polia podem ser desprezadas em comparação com a massa dos blocos. Enquanto o bloco pendente *P* desce, o bloco deslizante *D* acelera para a direita. Determine (a) a aceleração do bloco *D*, (b) a aceleração do bloco *P* e (c) a tração da corda.

P *De que trata o problema?*

Foram dados dois corpos – o bloco deslizante e o bloco pendente – mas também é preciso levar em conta a *Terra*, que atua sobre os dois corpos. (Se não fosse a Terra, os blocos não se moveriam.) Como mostra a Fig. 5.3.4, cinco forças agem sobre os blocos:

1. A corda puxa o bloco *D* para a direita com uma força de módulo *T*.
2. A corda puxa o bloco *P* para cima com uma força cujo módulo também é *T*. Essa força para cima evita que o bloco caia livremente.

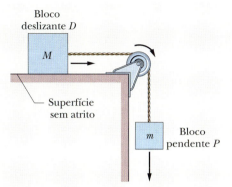

Figura 5.3.3 Bloco D, de massa M, está conectado a um bloco P, de massa m, por uma corda que passa por uma polia.

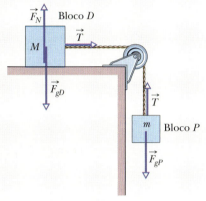

Figura 5.3.4 Forças que agem sobre os dois blocos da Fig. 5.3.3.

3. A Terra puxa o bloco D para baixo com uma força gravitacional $\vec{F}_{gD}$, cujo módulo é Mg.
4. A Terra puxa o bloco P para baixo com uma força gravitacional $\vec{F}_{gP}$, cujo módulo é mg.
5. A mesa empurra o bloco D para cima com uma força normal $\vec{F}_N$.

Existe outro fato digno de nota. Como estamos supondo que a corda é inextensível, se o bloco P desce 1 mm em certo intervalo de tempo, o bloco D se move 1 mm para a direita no mesmo intervalo. Isso significa que os blocos se movem em conjunto e as acelerações dos dois blocos têm o mesmo módulo a.

P *Como posso classificar esse problema? Ele sugere alguma lei da física em particular?*

Sim. O fato de que as grandezas envolvidas são forças, massas e acelerações sugere a segunda lei de Newton, $\vec{F}_{res} = m\vec{a}$. Essa é a nossa **ideia-chave** inicial.

P *Se eu aplicar a segunda lei de Newton ao problema, a que corpo devo aplicá-la?*

Estamos lidando com o movimento de dois corpos, o bloco deslizante e o bloco pendente. Embora se trate de *corpos extensos* (não pontuais), podemos tratá-los como partículas porque todas as partes de cada bloco se movem exatamente da mesma forma. Uma segunda **ideia-chave** é aplicar a segunda lei de Newton separadamente a cada bloco.

P *E a polia?*

A polia não pode ser tratada como uma partícula porque diferentes partes da polia se movem de modo diferente. Quando discutirmos as rotações, examinaremos com detalhes o caso das polias. No momento, evitamos discutir o comportamento da polia supondo que a massa da polia pode ser desprezada em comparação com as massas dos dois blocos; sua única função é mudar a orientação da corda.

P *Está certo; mas como vou aplicar a equação $\vec{F}_{res} = m\vec{a}$ ao bloco deslizante?*

Represente o bloco D como uma partícula de massa M e desenhe todas as forças que atuam *sobre* ele, como na Fig. 5.3.5a. Esse é o diagrama de corpo livre do bloco. Em seguida, desenhe um conjunto de eixos. O mais natural é desenhar o eixo x paralelo à mesa, apontando para a direita, no sentido do movimento do bloco D.

P *Obrigado; mas você ainda não me disse como vou aplicar a equação $\vec{F}_{res} = m\vec{a}$ ao bloco deslizante; tudo que fez foi explicar como se desenha um diagrama de corpo livre.*

Você tem razão. Aqui está a terceira **ideia-chave**: a equação $\vec{F}_{res} = m\vec{a}$ é uma equação vetorial e, portanto, equivale a três equações algébricas, uma para cada componente:

$$F_{res,x} = Ma_x \quad F_{res,y} = Ma_y \quad F_{res,z} = Ma_z \quad (5.3.2)$$

em que $F_{res,x}$, $F_{res,y}$ e $F_{res,z}$ são as componentes da força resultante em relação aos três eixos. Podemos aplicar cada uma dessas equações à direção correspondente. Como o bloco D não possui aceleração vertical, $F_{res,y} = Ma_y$ se torna

$$F_N - F_{gD} = 0 \quad \text{ou} \quad F_N = F_{gD} \quad (5.3.3)$$

Assim, na direção y, o módulo da força normal é igual ao módulo da força gravitacional.

Nenhuma força atua na direção z, que é perpendicular ao papel.

Na direção x existe apenas uma componente de força, que é T. Assim, a equação $F_{res,x} = Ma_x$ se torna

$$T = Ma. \quad (5.3.4)$$

Como a Eq. (5.3.4) contém duas incógnitas, T e a, ainda não podemos resolvê-la. Lembre-se, porém, de que ainda não dissemos nada a respeito do bloco pendente.

P *De acordo. Como vou aplicar a equação $\vec{F}_{res} = m\vec{a}$ ao bloco pendente?*

Do mesmo modo como aplicou ao bloco D: desenhe um diagrama de corpo livre para o bloco P, como na Fig. 5.3.5b. Em seguida, aplique a equação $\vec{F}_{res} = m\vec{a}$ na forma de componentes.

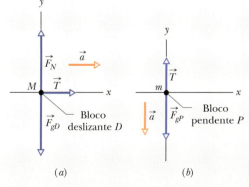

Figura 5.3.5 (a) Diagrama de corpo livre do bloco D da Fig. 5.3.3. (b) Diagrama de corpo livre do bloco P da Fig. 5.3.3.

114 CAPÍTULO 5

Dessa vez, como a aceleração é ao longo do eixo y, use a parte y da Eq. 5.3.2 ($F_{res,y} = ma_y$) para escrever

$$T - F_{gP} = ma_y. \qquad (5.3.5)$$

Podemos agora substituir F_{gP} por mg e a_y por $-a$ (o valor é negativo porque o bloco P sofre aceleração no sentido negativo do eixo y). O resultado é

$$T - mg = -ma. \qquad (5.3.6)$$

Observe que as Eqs. 5.3.4 e 5.3.6 formam um sistema de duas equações com duas incógnitas, T e a. Subtraindo as equações uma da outra, eliminamos T. Explicitando a, obtemos:

$$a = \frac{m}{M + m}\, g. \qquad (5.3.7)$$

Substituindo esse resultado na Eq. 5.3.4, temos:

$$T = \frac{Mm}{M + m}\, g. \qquad (5.3.8)$$

Substituindo os valores numéricos, obtemos:

$$a = \frac{m}{M + m}\, g = \frac{2,1\ \text{kg}}{3,3\ \text{kg} + 2,1\ \text{kg}}\, (9,8\ \text{m/s}^2)$$

$$= 3,8\ \text{m/s}^2 \qquad \text{(Resposta)}$$

e

$$T = \frac{Mm}{M + m}\, g = \frac{(3,3\ \text{kg})(2,1\ \text{kg})}{3,3\ \text{kg} + 2,1\ \text{kg}}\, (9,8\ \text{m/s}^2)$$

$$= 13\ \text{N}. \qquad \text{(Resposta)}$$

P *O problema agora está resolvido, certo?*

Essa pergunta é razoável, mas o problema não pode ser considerado resolvido até que você examine os resultados para ver se fazem sentido. (Se você obtivesse esses resultados no trabalho, não faria questão de conferi-los antes de entregá-los ao chefe?)

Examine primeiro a Eq. 5.3.7. Observe que está dimensionalmente correta e que a aceleração a é sempre menor que g. Isso faz sentido, pois o bloco pendente não está em queda livre; a corda o puxa para cima.

Examine em seguida a Eq. 5.3.8, que pode ser escrita na forma

$$T = \frac{M}{M + m}\, mg. \qquad (5.3.9)$$

Nessa forma, fica mais fácil ver que a Eq. 5.3.9 também está dimensionalmente correta, já que tanto T quanto mg têm dimensões de força. A Eq. 5.3.9 também mostra que a tração da corda é menor que mg; portanto, é menor que a força gravitacional a que está submetido o bloco pendente. Isso é razoável; se T fosse *maior* que mg, o bloco pendente sofreria uma aceleração para cima.

Podemos também verificar se os resultados estão corretos estudando casos especiais para os quais sabemos de antemão qual é a resposta. Um caso simples é aquele em que $g = 0$, o que aconteceria se o experimento fosse realizado no espaço sideral. Sabemos que, nesse caso, os blocos ficariam imóveis, não existiriam forças nas extremidades da corda e, portanto, não haveria tração na corda. As fórmulas preveem isso? Sim. Fazendo $g = 0$ nas Eqs. 5.3.7 e 5.3.8, encontramos $a = 0$ e $T = 0$. Dois outros casos especiais fáceis de examinar são $M = 0$ e $m \to \infty$.

Exemplo 5.3.2 Corda, bloco e plano inclinado ☁ 5.1 ☁ 5.4

Muitos estudantes consideram os problemas que envolvem rampas (planos inclinados) particularmente difíceis. A dificuldade é provavelmente visual porque, nesse caso, temos de trabalhar (a) com um sistema de coordenadas inclinado e (b) com as componentes da força gravitacional, e não com a força total. Este é um exemplo típico no qual todas as inclinações e todos os ângulos são explicados. Apesar da inclinação, a ideia-chave é aplicar a segunda lei de Newton à direção ao longo da qual ocorre o movimento.

Na Fig. 5.3.6a, uma corda puxa para cima uma caixa de biscoitos ao longo de um plano inclinado sem atrito cujo ângulo é $\theta = 30°$. A massa da caixa é $m = 5,00$ kg, e o módulo da força exercida pela corda é $T = 25,0$ N. Qual é a componente a da aceleração da caixa na direção do plano inclinado?

IDEIA-CHAVE

De acordo com a segunda lei de Newton (Eq. 5.1.1), a aceleração na direção do plano inclinado depende apenas das componentes das forças paralelas ao plano (não depende das componentes perpendiculares ao plano).

Cálculos: Precisamos escrever a segunda lei de Newton para o movimento ao longo de um eixo. Como a caixa se move ao longo do plano inclinado, escolher um eixo x ao longo do plano

inclinado parece razoável (Fig. 5.3.6b). (Não estaria errado usar o sistema de coordenadas de costume, com o eixo x na horizontal e o eixo y na vertical, mas as equações ficariam muito mais complicadas, porque o movimento não ocorreria ao longo de um dos eixos.)

Depois de escolher um sistema de coordenadas, desenhamos um diagrama de corpo livre, com um ponto representando a caixa (Fig. 5.3.6b). Em seguida, desenhamos os vetores das forças que agem sobre a caixa, com a origem dos vetores coincidindo com o ponto. (Desenhar os vetores fora do lugar no diagrama pode levar a erros, especialmente nos exames; certifique-se de que a origem de todos os vetores está no corpo cujo movimento está sendo analisado.)

A força $\vec{T}$ exercida pela corda é dirigida para cima, paralelamente ao plano, e tem um módulo $T = 25,0$ N. A força gravitacional $\vec{F}_g$ é vertical, dirigida para baixo, e tem um módulo $mg = (5,00\ \text{kg})(9,8\ \text{m/s}^2) = 49,0$ N. Essa orientação significa que apenas uma componente da força está paralela ao plano, e apenas essa componente (e não a força total) afeta a aceleração da caixa ao longo do plano. Assim, antes de aplicar a segunda lei de Newton ao movimento da caixa ao longo do eixo x, precisamos obter uma expressão para a componente da força gravitacional paralela ao eixo x.

As Figs. 5.3.6c a 5.3.6h mostram os passos necessários para determinar essa expressão. Começamos com o ângulo conhecido do plano e montamos um triângulo das componentes da força (as componentes são os catetos, e o módulo da força é a hipotenusa). A Fig. 5.3.6c mostra que o ângulo entre o plano inclinado e $\vec{F}_g$ é $90° - \theta$. (Você está vendo o triângulo retângulo?) As Figs. 5.3.6d a 5.3.6f mostram $\vec{F}_g$ e suas componentes. Uma das componentes é paralela ao plano inclinado (é a componente em que estamos interessados) e a outra é perpendicular ao plano inclinado.

O ângulo entre a componente perpendicular de $\vec{F}_g$ é θ (Fig. 5.3.6d). A componente que nos interessa é o cateto oposto do triângulo retângulo das componentes (Fig. 5.3.6f). Como a hipotenusa é mg (o módulo da força gravitacional), o cateto oposto é $mg \, \text{sen} \, \theta$ (Fig. 5.3.6g).

Temos apenas mais uma força envolvida, a força normal $\vec{F}_N$ que aparece na Fig. 5.3.6b. Essa força, porém, é perpendicular ao plano inclinado e, portanto, não pode afetar o movimento ao longo do plano. (Em outras palavras, essa força não possui uma componente ao longo do plano para acelerar a caixa.)

Agora estamos em condições de aplicar a segunda lei de Newton ao movimento da caixa ao longo do eixo x:

$$F_{\text{res}, x} = ma_x.$$

A componente a_x é a única componente da aceleração diferente de zero (a caixa não salta para fora do plano, o que seria estranho, nem penetra no plano, o que seria ainda mais estranho). Assim, vamos chamar a aceleração ao longo do plano simplesmente de a. Como a força $\vec{T}$ aponta no sentido positivo do eixo x e a componente da força gravitacional $mg \, \text{sen} \, \theta$ aponta no sentido negativo do eixo x, temos:

$$T - mg \, \text{sen} \, \theta = ma. \quad (5.3.10)$$

Substituindo por valores numéricos e explicitando a, obtemos:

$$a = 0,100 \text{ m/s}^2. \quad \text{(Resposta)}$$

O resultado é positivo, o que indica que a aceleração da caixa é para cima. Se diminuíssemos gradualmente o módulo da força $\vec{T}$ até anular a aceleração, a caixa passaria a se mover com velocidade constante. Se diminuíssemos ainda mais o módulo de $\vec{T}$, a aceleração se tornaria negativa, apesar da força exercida pela corda.

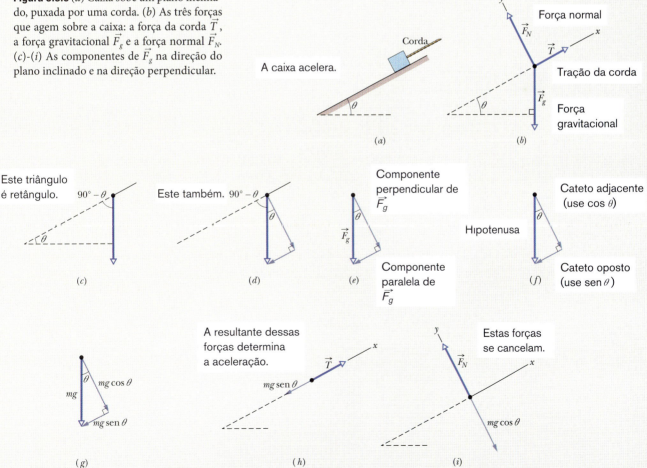

Figura 5.3.6 (a) Caixa sobe um plano inclinado, puxada por uma corda. (b) As três forças que agem sobre a caixa: a força da corda $\vec{T}$, a força gravitacional $\vec{F}_g$ e a força normal $\vec{F}_N$. (c)-(i) As componentes de $\vec{F}_g$ na direção do plano inclinado e na direção perpendicular.

Exemplo 5.3.3 Medo em uma montanha-russa 5.3

Muitos entusiastas das montanhas-russas dão preferência ao carro da frente porque querem ser os primeiros a chegar à "borda" e iniciar a descida. Entretanto, muitos outros preferem o último carro, alegando que a sensação quando o carro se aproxima da borda é muito mais assustadora para o passageiro do último carro do que para o do primeiro carro. O que produz essa sensação de medo em uma montanha-russa convencional, acelerada apenas pela força da gravidade? Considere uma montanha-russa com 10 carros iguais, de massa total M e conexões de massa desprezível. A Fig. 5.3.7a mostra a situação no momento em que o primeiro carro começou a descer uma rampa de atrito desprezível que faz um ângulo θ com a horizontal. A Fig. 5.3.7b mostra a situação pouco antes de o último carro começar a descer a rampa. Qual é a aceleração dos carros nas duas situações?

IDEIAS-CHAVE

(1) Uma força aplicada a um objeto produz uma aceleração do objeto, dada pela segunda lei de Newton ($\vec{F}_{net} = m\vec{a}$). (2) Quando a aceleração é na direção de um eixo, escrevemos a lei para a componente na direção desse eixo (como, por exemplo, $F_x = ma_x$). (3) Quando vários objetos se movem com a mesma velocidade e a mesma aceleração, podem ser tratados como um único objeto composto. *Forças internas* agem entre os objetos envolvidos, mas apenas *forças externas* podem acelerar os objetos.

Cálculos para a Fig. 5.3.7a: A Fig. 5.3.7c mostra o diagrama de corpo livre correspondente à situação da Fig. 5.3.7a, com eixos convenientes superpostos. O eixo sentido positivo do eixo inclinado x' é para cima. T é o módulo da força de tração que o carro que já está na rampa exerce sobre o resto dos carros e vice-versa. Como se trata de 10 carros cuja massa total é M, a massa do carro que já está na rampa é $M/10$ e a massa total dos outros carros é $9M/10$. Uma única força externa age no eixo x sobre o conjunto dos nove carros que ainda não chegaram à rampa: a força de tração que o primeiro carro exerce sobre o segundo, cujo módulo é T. (As forças entre os nove carros são forças internas.) Assim, aplicando a segunda lei de Newton às componentes x do movimento ($F_x = ma_x$), temos:

$$T = \tfrac{9}{10} Ma,$$

em que $a = a_x$ é a aceleração na direção do eixo x.

Na direção do eixo inclinado x', duas forças agem sobre o carro que está na rampa: a força de tração que os outros nove carros exercem sobre o primeiro, no sentido positivo do eixo x', cujo módulo é T, e a componente x' da força gravitacional, no sentido negativo do eixo x'. Como foi visto no Exemplo 5.3.2, essa componente é dada por $-mg\,\text{sen}\,\theta$ em que m é a massa do corpo. Como sabemos que o carro acelera para *baixo* (no sentido negativo do eixo x') e o valor absoluto da aceleração é igual ao valor absoluto da aceleração dos outros nove carros, podemos escrever a aceleração como $-a$. Assim, para este carro, cuja massa é $M/10$, a aplicação da segunda lei de Newton à componente x' do movimento nos dá a seguinte equação:

$$T - \tfrac{1}{10} Mg\,\text{sen}\,\theta = \tfrac{1}{10} M(-a).$$

Como $T = 9Ma/10$, temos:

$$a = \tfrac{1}{10} g\,\text{sen}\,\theta. \qquad \text{(Resposta)}$$

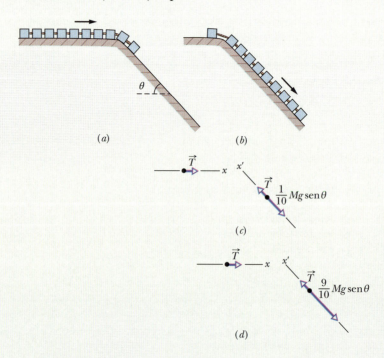

Figura 5.3.7 (a) Montanha-russa com (a) o primeiro carro na rampa e (b) todos os carros na rampa, menos o último. (c) Diagrama de corpo livre para o caso (a). (d) Diagrama de corpo livre para o caso (b).

Cálculos para a Fig. 5.3.7b: A Fig. 5.3.7d mostra o diagrama de corpo livre correspondente à situação da Fig. 5.3.7b. Aplicando o raciocínio anterior a esse carro, obtemos

$$T = \frac{1}{10}Ma.$$

A equação do movimento no eixo x' é

$$T - \frac{9}{10}Mg\,\text{sen}\,\theta = \frac{9}{10}M(-a).$$

Como $T = Ma/10$, temos;

$$a = \frac{9}{10}g\,\text{sen}\,\theta. \qquad \text{(Resposta)}$$

Exemplo 5.3.4 Forças em um elevador 5.4

Suponha que você se pesasse em um elevador em movimento (os outros passageiros, certamente, iriam ficar assustados). Você pesaria mais, menos ou a mesma coisa que em um elevador parado?

Na Fig. 5.3.8a, um passageiro, de massa $m = 72{,}2$ kg, está de pé em uma balança de banheiro no interior de um elevador. Estamos interessados na leitura da balança quando o elevador está parado e quando está se movendo para cima e para baixo.

(a) Escreva uma equação que expresse a leitura da balança em função da aceleração vertical do elevador.

IDEIAS-CHAVE

(1) A leitura é igual ao módulo da força normal $\vec{F}_N$ que a balança exerce sobre o passageiro. Como mostra o diagrama de corpo livre da Fig. 5.3.8b, a única outra força que age sobre o passageiro é a força gravitacional $\vec{F}_g$. (2) Podemos relacionar as forças que agem sobre o passageiro à aceleração $\vec{a}$ usando a segunda lei de Newton ($\vec{F}_{res} = m\vec{a}$). Lembre-se, porém, de que essa lei só se aplica aos referenciais inerciais. Um elevador acelerado *não é* um referencial inercial. Assim, escolhemos o solo como referencial e analisamos todos os movimentos em relação a esse referencial.

Cálculos: Como as duas forças e a aceleração a que o passageiro está sujeito são verticais, na direção do eixo y da Fig. 5.3.8b, podemos usar a segunda lei de Newton para as componentes y ($F_{res,y} = ma_y$) e escrever

$$F_N - F_g = ma$$
ou
$$F_N = F_g + ma. \qquad (5.3.11)$$

Isso significa que a leitura da balança, que é igual a F_N, depende da aceleração vertical. Substituindo F_g por mg, obtemos

$$F_N = m(g + a) \qquad \text{(Resposta)} \quad (5.3.12)$$

para qualquer valor da aceleração a. Se a aceleração é para cima, o valor de a é positivo; se a aceleração é para baixo, o valor de a é negativo.

(b) Qual é a leitura da balança se o elevador está parado ou está se movendo para cima com uma velocidade constante de 0,50 m/s?

O medo: Esta última resposta é nove vezes maior que a anterior. Na verdade, a aceleração de todos os carros aumenta à medida que um número maior de carros atinge a rampa. Entretanto, no caso dos primeiros carros, a maior parte do aumento da aceleração acontece quando eles já estão na rampa, ao passo que, nos últimos carros, a maior parte do aumento acontece enquanto eles ainda não chegaram à rampa. O último carro chega à rampa com uma aceleração tão grande que o ocupante tem a impressão de que vai ser arremessado no ar!

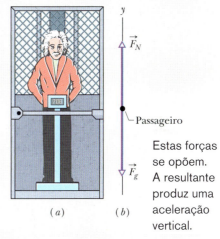

Figura 5.3.8 (a) Passageiro de pé em uma balança que indica o peso ou o peso aparente. (b) O diagrama de corpo livre do passageiro mostrando a força normal $\vec{F}_N$ exercida pela balança e a força gravitacional $\vec{F}_g$.

IDEIA-CHAVE

Para qualquer velocidade constante (zero ou diferente de zero), a aceleração do passageiro é zero.

Cálculo: Substituindo esse e outros valores conhecidos na Eq. 5.3.12, obtemos

$$F_N = (72{,}2\text{ kg})(9{,}8\text{ m/s}^2 + 0) = 708\text{ N}. \qquad \text{(Resposta)}$$

Esse é o peso do passageiro e é igual ao módulo F_g da força gravitacional a que o passageiro está submetido.

(c) Qual é a leitura da balança se o elevador sofre uma aceleração, para cima, de 3,20 m/s²? Qual é a leitura se o elevador sofre uma aceleração, para baixo, de 3,20 m/s²?

Cálculos: Para $a = 3{,}20$ m/s², a Eq. 5.3.12 nos dá

$$F_N = (72{,}2\text{ kg})(9{,}8\text{ m/s}^2 + 3{,}20\text{ m/s}^2)$$
$$= 939\text{ N}, \qquad \text{(Resposta)}$$

e para $a = -3{,}20$ m/s², temos

$$F_N = (72{,}2\text{ kg})(9{,}8\text{ m/s}^2 - 3{,}20\text{ m/s}^2)$$
$$= 477\text{ N}. \qquad \text{(Resposta)}$$

Se a aceleração é para cima (ou seja, se a velocidade de subida do elevador está aumentando ou se a velocidade de descida está diminuindo), a leitura da balança é maior que o peso do passageiro. Essa leitura é uma medida do peso aparente, pois é realizada em um referencial não inercial. Se a aceleração é para baixo (ou seja, se a velocidade de subida do elevador está diminuindo ou a velocidade de descida está aumentando), a leitura da balança é menor que o peso do passageiro.

(d) Durante a aceleração, para cima, do item (c), qual é o módulo F_{res} da força resultante a que está submetido o passageiro, e qual é o módulo $a_{p,el}$ da aceleração do passageiro no referencial do elevador? A equação $\vec{F}_{res} = m\vec{a}_{p,el}$ é obedecida?

Cálculo: O módulo F_g da força gravitacional a que está submetido o passageiro não depende da aceleração; assim, de acordo com o item (b), $F_g = 708$ N. De acordo com o item (c), o módulo F_N da força normal a que está submetido o passageiro durante a aceleração para cima é o valor de 939 N indicado pela balança. Assim, a força resultante a que o passageiro está submetido é

$$F_{res} = F_N - F_g = 939 \text{ N} - 708 \text{ N} = 231 \text{ N}, \quad \text{(Resposta)}$$

durante a aceleração para cima. Entretanto, a aceleração do passageiro em relação ao elevador, $a_{p,el}$, é zero. Assim, no referencial não inercial do elevador acelerado, F_{res} não é igual a $ma_{p,el}$, e a segunda lei de Newton não é obedecida.

Exemplo 5.3.5   Aceleração de um bloco empurrado por outro bloco   5.5

Alguns problemas de mecânica envolvem objetos que se movem juntos, seja porque um está empurrando o outro, seja porque estão unidos por uma corda. Neste exemplo, a segunda lei de Newton é aplicada a um sistema formado por dois blocos e, em seguida, aos dois blocos separadamente.

Na Fig. 5.3.9a, uma força horizontal constante $\vec{F}_{ap}$ de módulo 20 N é aplicada a um bloco A de massa $m_A = 4{,}0$ kg, que empurra um bloco B de massa $m_B = 6{,}0$ kg. Os blocos deslizam em uma superfície sem atrito, ao longo de um eixo x.

(a) Qual é a aceleração dos blocos?

Erro Grave: Como a força $\vec{F}_{ap}$ é aplicada diretamente ao bloco A, usamos a segunda lei de Newton para relacionar essa força à aceleração $\vec{a}$ do bloco A. Como o movimento é ao longo do eixo x, usamos a lei para as componentes x ($F_{res,x} = ma_x$), escrevendo

$$F_{ap} = m_A a.$$

Esse raciocínio está errado porque $\vec{F}_{ap}$ não é a única força horizontal a que o bloco A está sujeito; existe também a força $\vec{F}_{AB}$ exercida pelo bloco B (Fig. 5.3.9b).

Solução Frustrada: Vamos incluir a força $\vec{F}_{AB}$ escrevendo, de novo, para o eixo x,

$$F_{ap} - F_{AB} = m_A a.$$

(Usamos o sinal negativo por causa do sentido de $\vec{F}_{AB}$.) Como $\vec{F}_{AB}$ é uma segunda incógnita, não podemos resolver essa equação para determinar o valor de a.

Solução Correta: O sentido de aplicação da força $\vec{F}_{ap}$ faz com que os dois blocos se movam como se fossem um só. Podemos usar a segunda lei de Newton para relacionar a força aplicada *ao conjunto dos dois blocos* à aceleração *do conjunto dos dois blocos* através da segunda lei de Newton. Assim, considerando apenas o eixo x, podemos escrever

$$F_{ap} = (m_A + m_B)a,$$

em que agora a força aplicada, $\vec{F}_{ap}$, está relacionada corretamente com a massa total $m_A + m_B$. Explicitando a e substituindo os valores conhecidos, obtemos

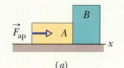

(a)

Esta força produz a aceleração do conjunto de dois blocos.

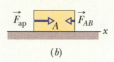

(b)

Estas são as duas forças que agem sobre o bloco A. A resultante produz a aceleração do bloco A.

(c)

Esta é a única força responsável pela aceleração do bloco B.

Figura 5.3.9 (a) Força horizontal constante $\vec{F}_{ap}$ é aplicada ao bloco A, que empurra o bloco B. (b) Duas forças horizontais agem sobre o bloco A. (c) Apenas uma força horizontal age sobre o bloco B.

$$a = \frac{F_{ap}}{m_A + m_B} = \frac{20 \text{ N}}{4{,}0 \text{ kg} + 6{,}0 \text{ kg}} = 2{,}0 \text{ m/s}^2. \quad \text{(Resposta)}$$

Assim, a aceleração do sistema (e de cada bloco) é no sentido positivo do eixo x e tem um módulo de 2,0 m/s².

(b) Qual é a força (horizontal) $\vec{F}_{BA}$ exercida pelo bloco A sobre o bloco B (Fig. 5.3.9c)?

IDEIA-CHAVE

Podemos usar a segunda lei de Newton para relacionar a força exercida sobre o bloco B à aceleração do bloco.

Cálculo: Nesse caso, considerando apenas o eixo x, podemos escrever:

$$F_{BA} = m_B a,$$

que, substituindo os valores conhecidos, nos dá

$$F_{BA} = (6{,}0 \text{ kg})(2{,}0 \text{ m/s}^2) = 12 \text{ N}. \quad \text{(Resposta)}$$

Assim, a força $\vec{F}_{BA}$ é orientada no sentido positivo do eixo x e tem módulo de 12 N.

Revisão e Resumo

Mecânica Newtoniana Para que a velocidade de um objeto varie (ou seja, para que o objeto sofra aceleração), é preciso que ele seja submetido a uma **força** (empurrão ou puxão) exercida por outro objeto. A *mecânica newtoniana* descreve a relação entre acelerações e forças.

Força A força é uma grandeza vetorial cujo módulo é definido em termos da aceleração que imprimiria a uma massa de um quilograma. Por definição, uma força que produz uma aceleração de 1 m/s^2 em uma massa de 1 kg tem um módulo de 1 newton (1 N). Uma força tem a mesma orientação que a aceleração produzida pela força. Duas ou mais forças podem ser combinadas segundo as regras da álgebra vetorial. A **força resultante** é a soma de todas as forças que agem sobre um corpo.

Primeira Lei de Newton Quando a força resultante que age sobre um corpo é nula, o corpo permanece em repouso ou se move em linha reta com velocidade escalar constante.

Referenciais Inerciais Os referenciais para os quais as leis de Newton são válidas são chamados *referenciais inerciais*. Os referenciais para os quais as leis de Newton não são válidas são chamados *referenciais não inerciais*.

Massa A **massa** de um corpo é a propriedade que relaciona a aceleração do corpo à força responsável pela aceleração. A massa é uma grandeza escalar.

Segunda Lei de Newton A força resultante $\vec{F}_{\text{res}}$ que age sobre um corpo de massa m está relacionada com a aceleração $\vec{a}$ do corpo por meio da equação

$$\vec{F}_{\text{res}} = m\vec{a}, \quad (5.1.1)$$

que pode ser escrita em termos das componentes:

$$F_{\text{res},x} = ma_x \quad F_{\text{res},y} = ma_y \quad \text{e} \quad F_{\text{res},z} = ma_z. \quad (5.1.2)$$

De acordo com a segunda lei, em unidades do SI,

$$1 \text{ N} = 1 \text{ kg} \cdot \text{m/s}^2. \quad (5.1.3)$$

O **diagrama de corpo livre** é um diagrama simplificado no qual apenas *um corpo* é considerado. Esse corpo é representado por um ponto ou por um desenho. As forças externas que agem sobre o corpo são representadas por vetores, e um sistema de coordenadas é superposto ao desenho, orientado de modo a simplificar a solução.

Algumas Forças Especiais A **força gravitacional** $\vec{F}_g$ exercida sobre um corpo é um tipo especial de atração que um segundo corpo exerce sobre o primeiro. Na maioria das situações apresentadas neste livro, o segundo corpo é a Terra ou outro astro. No caso da Terra, a força é orientada para baixo, em direção ao solo, que é considerado um referencial inercial. Nessas condições, o módulo de $\vec{F}_g$ é

$$F_g = mg, \quad (5.2.1)$$

em que m é a massa do corpo e g é o módulo da aceleração em queda livre.

O **peso** P de um corpo é o módulo da força para cima necessária para equilibrar a força gravitacional a que o corpo está sujeito. O peso de um corpo está relacionado à massa através da equação

$$P = mg. \quad (5.2.5)$$

A **força normal** $\vec{F}_N$ é a força exercida sobre um corpo pela superfície na qual o corpo está apoiado. A força normal é sempre perpendicular à superfície.

A **força de atrito** $\vec{f}$ é a força exercida sobre um corpo quando o corpo desliza ou tenta deslizar em uma superfície. A força é sempre paralela à superfície e tem o sentido oposto ao do deslizamento. Em uma *superfície ideal*, a força de atrito é desprezível.

Quando uma corda está sob **tração**, cada extremidade da corda exerce uma força sobre um corpo. A força é orientada na direção da corda, para fora do corpo. No caso de uma *corda sem massa* (uma corda de massa desprezível), as trações nas duas extremidades da corda têm o mesmo módulo T, mesmo que a corda passe por uma *polia sem massa e sem atrito* (uma polia de massa desprezível cujo eixo tem um atrito desprezível).

Terceira Lei de Newton Se um corpo C aplica a um corpo B uma força $\vec{F}_{BC}$ o corpo B aplica ao corpo C uma força $\vec{F}_{CB}$ tal que

$$\vec{F}_{BC} = -\vec{F}_{CB}.$$

Perguntas

1 A Fig. 5.1 mostra diagramas de corpo livre de quatro situações nas quais um objeto, visto de cima, é puxado por várias forças em um piso sem atrito. Em quais dessas situações a aceleração $\vec{a}$ do objeto possui (a) uma componente x e (b) uma componente y? (c) Em cada situação, indique a orientação de $\vec{a}$ citando um quadrante ou um semieixo. (Não há necessidade de usar a calculadora; para encontrar a resposta, basta fazer alguns cálculos de cabeça.)

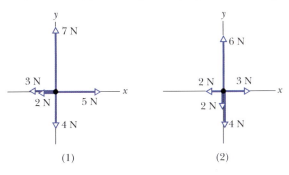
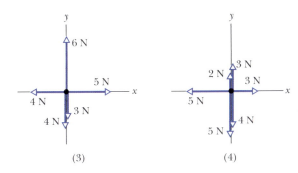

Figura 5.1 Pergunta 1.

2 Duas forças horizontais,

$$\vec{F}_1 = (3\text{ N})\hat{i} - (4\text{ N})\hat{j} \quad \text{e} \quad \vec{F}_2 = -(1\text{ N})\hat{i} - (2\text{ N})\hat{j}$$

puxam uma banana split no balcão sem atrito de uma lanchonete. Determine, sem usar calculadora, qual dos vetores do diagrama de corpo livre da Fig. 5.2 representa corretamente (a) $\vec{F}_1$ e (b) $\vec{F}_2$. Qual é a componente da força resultante (c) ao longo do eixo x e (d) ao longo do eixo y? Para que quadrante aponta o vetor (e) da força resultante e (f) da aceleração do sorvete?

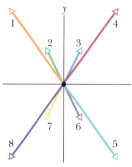

Figura 5.2 Pergunta 2.

3 Na Fig. 5.3, as forças $\vec{F}_1$ e $\vec{F}_2$ são aplicadas a uma caixa que desliza com velocidade constante em uma superfície sem atrito. Diminuímos o ângulo θ sem mudar o módulo de $\vec{F}_1$. Para manter a caixa deslizando com velocidade constante, devemos aumentar, diminuir, ou manter inalterado o módulo de $\vec{F}_2$?

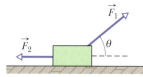

Figura 5.3 Pergunta 3.

4 No instante $t = 0$, uma força $\vec{F}$ constante começa a atuar em uma pedra que se move no espaço sideral no sentido positivo do eixo x. (a) Para $t > 0$, quais são possíveis funções $x(t)$ para a posição da pedra: (1) $x = 4t - 3$, (2) $x = -4t^2 + 6t - 3$, (3) $x = 4t^2 + 6t - 3$? (b) Para que função $\vec{F}$ tem o sentido contrário ao do movimento inicial da pedra?

5 A Fig. 5.4 mostra vistas superiores de quatro situações nas quais forças atuam sobre um bloco que está em um piso sem atrito. Em que situações é possível, para certos valores dos módulos das forças, que o bloco (a) esteja em repouso e (b) esteja em movimento com velocidade constante?

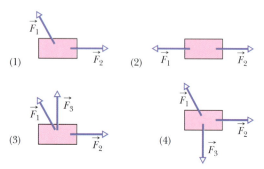

Figura 5.4 Pergunta 5.

6 A Fig. 5.5 mostra uma caixa em quatro situações nas quais forças horizontais são aplicadas. Ordene as situações de acordo com o módulo da aceleração da caixa, começando pelo maior.

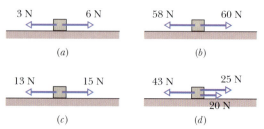

Figura 5.5 Pergunta 6.

7 CVF Kansas City, em 17 de julho de 1981: O hotel Hyatt Regency, recém-inaugurado, recebe centenas de pessoas, que escutam e dançam sucessos da década de 1940 ao som de uma banda. Muitos se aglomeram nas passarelas que se estendem como pontes por cima do grande saguão. De repente, duas passarelas cedem, caindo sobre a multidão.

As passarelas eram sustentadas por hastes verticais e mantidas no lugar por porcas atarraxadas nas hastes. No projeto original, seriam usadas apenas duas hastes compridas, presas no teto, que se sustentariam as três passarelas (Fig. 5.6a). Se cada passarela e as pessoas que encontram sobre ela têm massa total M, qual é a massa total sustentada por duas porcas que estão (a) na passarela de baixo e (b) na passarela de cima?

Como não é possível atarraxar uma porca em uma haste a não ser nas extremidades, o projeto foi modificado. Em vez das duas hastes, foram usadas seis, duas presas ao teto e quatro ligando as passarelas, duas a duas (Fig. 5.6b). Qual é agora a massa total sustentada por duas porcas que estão (c) na passarela de baixo, (d) no lado de cima da passarela de cima e (e) no lado de baixo da passarela de cima? Foi essa modificação do projeto original que causou a tragédia.

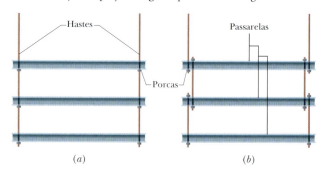

Figura 5.6 Pergunta 7.

8 A Fig. 5.7 mostra três gráficos da componente $v_x(t)$ de uma velocidade e três gráficos da componente $v_y(t)$. Os gráficos não estão em escala. Que gráfico de $v_x(t)$ e que gráfico de $v_y(t)$ correspondem melhor a cada uma das situações da Pergunta 1 (Fig. 5.1)?

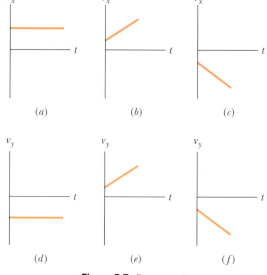

Figura 5.7 Pergunta 8.

9 A Fig. 5.8 mostra um conjunto de quatro blocos sendo puxados por uma força $\vec{F}$ em um piso sem atrito. Que massa total é acelerada para a direita (a) pela força $\vec{F}$, (b) pela corda 3 e (c) pela corda 1? (d) Ordene os blocos de acordo com a aceleração, começando pela maior. (e) Ordene as cordas de acordo com a tração, começando pela maior.

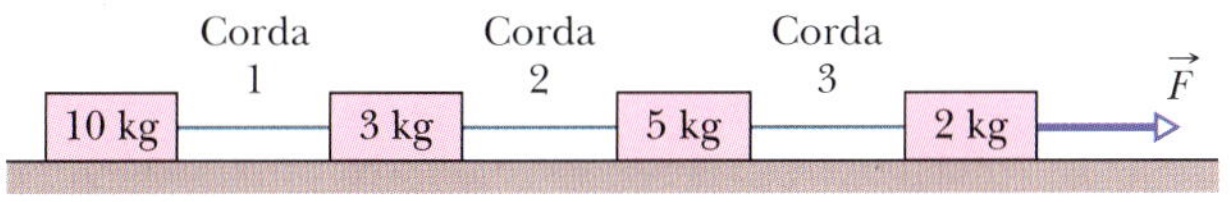

FORÇA E MOVIMENTO – I **121**

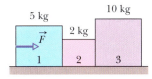

Figura 5.8 Pergunta 9.

10 A Fig. 5.9 mostra três blocos sendo empurrados em um piso sem atrito por uma força horizontal $\vec{F}$. Que massa total é acelerada para a direita (a) pela força $\vec{F}$, (b) pela força $\vec{F}_{21}$ exercida pelo bloco 1 sobre o bloco 2 e (c) pela força $\vec{F}_{32}$ exercida pelo bloco 2 sobre o bloco 3? (d) Ordene os blocos de acordo com o módulo da aceleração, começando pelo maior. (e) Ordene as forças $\vec{F}$, $\vec{F}_{21}$ e $\vec{F}_{32}$ de acordo com o módulo, começando pelo maior.

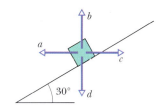

Figura 5.9 Pergunta 10.

11 Uma força vertical $\vec{F}$ é aplicada a um bloco de massa m que está em um piso horizontal. O que acontece com o módulo da força normal $\vec{F}_N$ que o piso exerce sobre o bloco quando o módulo de $\vec{F}$ aumenta a partir de zero, se a força $\vec{F}$ aponta (a) para baixo e (b) para cima?

12 A Fig. 5.10 mostra quatro opções para a orientação de uma força de módulo F a ser aplicada a um bloco que se encontra em um plano inclinado. A força pode ser horizontal ou vertical. (No caso da opção b, a força não é suficiente para levantar o bloco, afastando-o da superfície.) Ordene as opções de acordo com o módulo da força normal exercida pelo plano sobre o bloco, começando pela maior.

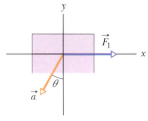

Figura 5.10 Pergunta 12.

Problemas

F Fácil **M** Médio **D** Difícil
CVF Informações adicionais disponíveis no e-book *O Circo Voador da Física*, de Jearl Walker, LTC Editora, Rio de Janeiro, 2008.
CALC Requer o uso de derivadas e/ou integrais
BIO Aplicação biomédica

Módulo 5.1 Primeira e Segunda Lei de Newton

1 F Apenas duas forças horizontais atuam em um corpo de 3,0 kg que pode se mover em um piso sem atrito. Uma força é de 9,0 N e aponta para o leste; a outra é de 8,0 N e atua 62° ao norte do oeste. Qual é o módulo da aceleração do corpo?

2 F Duas forças horizontais agem sobre um bloco de madeira de 2,0 kg que pode deslizar sem atrito em uma bancada de cozinha, situada em um plano xy. Uma das forças é $\vec{F}_1 = (3,0\ \text{N})\hat{i} + (4,0\ \text{N})\hat{j}$. Determine a aceleração do bloco na notação dos vetores unitários se a outra força é (a) $\vec{F}_2 = (-3,0\ \text{N})\hat{i} + (-4,0\ \text{N})\hat{j}$, (b) $\vec{F}_2 = (-3,0\ \text{N})\hat{i} + (4,0\ \text{N})\hat{j}$ e (c) $\vec{F}_2 = (3,0\ \text{N})\hat{i} + (-4,0\ \text{N})\hat{j}$.

3 F Se um corpo-padrão de 1 kg tem uma aceleração de 2,00 m/s² a 20,0° com o semieixo x positivo, qual é (a) a componente x e (b) qual é a componente y da força resultante a que o corpo está submetido e (c) qual é a força resultante na notação dos vetores unitários?

4 M Sob a ação de duas forças, uma partícula se move com velocidade constante $\vec{v} = (3,0\ \text{m/s})\hat{i} - (4\ \text{m/s})\hat{j}$. Uma das forças é $\vec{F}_1 = (2\ \text{N})\hat{i} + (-6\ \text{N})\hat{j}$. Qual é a outra força?

5 M Três astronautas, impulsionados por mochilas a jato, empurram e guiam um asteroide de 120 kg para uma base de manutenção, exercendo as forças mostradas na Fig. 5.11, com $F_1 = 32$ N, $F_2 = 55$ N, $F_3 = 41$ N, $\theta_1 = 30°$ e $\theta_3 = 60°$. Determine a aceleração do asteroide (a) na notação dos vetores unitários e como (b) um módulo e (c) um ângulo em relação ao semieixo x positivo.

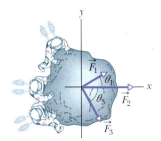

Figura 5.11 Problema 5.

6 M Em um cabo de guerra bidimensional, Alexandre, Bárbara e Carlos puxam horizontalmente um pneu de automóvel nas orientações mostradas na vista superior da Fig. 5.12. Apesar dos esforços da trinca, o pneu permanece no mesmo lugar. Alexandre puxa com uma força $\vec{F}_A$ de módulo 220 N e Carlos puxa com uma força $\vec{F}_C$ de módulo 170 N. Observe que a orientação de $\vec{F}_C$ não é dada. Qual é o módulo da força $\vec{F}_B$ exercida por Bárbara?

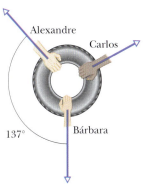

Figura 5.12 Problema 6.

7 M Duas forças agem sobre a caixa de 2,00 kg vista de cima na Fig. 5.13, mas apenas uma força é mostrada. Para $F_1 = 20,0$ N, $a = 12,0$ m/s² e $\theta = 30,0°$, determine a segunda força (a) na notação dos vetores unitários e como (b) um módulo e (c) um ângulo em relação ao semieixo x positivo.

Figura 5.13 Problema 7.

8 M Um objeto de 2,00 kg está sujeito a três forças, que imprimem ao objeto uma aceleração $\vec{a} = -(8,00\ \text{m/s}^2)\hat{i} + (6,00\ \text{m/s}^2)\hat{j}$. Se duas das forças são $\vec{F}_1 = (30,0\ \text{N})\hat{i} + (16,0\ \text{N})\hat{j}$ e $\vec{F}_2 = -(12,0\ \text{N})\hat{i} + (8,00\ \text{N})\hat{j}$, determine a terceira força.

9 M CALC Uma partícula de 0,340 kg se move no plano xy, de acordo com as equações $x(t) = -15,00 + 2,00t - 4,00t^3$ e $y(t) = 25,00 + 7,00t - 9,00t^2$, com x e y em metros e t em segundos. No instante $t = 0,700$ s, quais são (a) o módulo e (b) o ângulo (em relação ao semieixo x positivo) da força resultante a que está submetida a partícula, e (c) qual é o ângulo da direção de movimento da partícula?

10 M CALC Uma partícula de 0,150 kg se move ao longo de um eixo x de acordo com a equação $x(t) = -13,00 + 2,00t + 4,00t^2 - 3,00t^3$, com x em metros e t em segundos. Qual é, na notação dos vetores unitários, a força que age sobre a partícula no instante $t = 3,40$ s?

11 Uma partícula de 2,0 kg se move ao longo de um eixo x sob a ação de uma força variável. A posição da partícula é dada por $x = 3,0$ m $+ (4,0$ m/s$)t + ct^2 - (2,0$ m/s$^3)t^3$, com x em metros e t em segundos. O fator c é constante. No instante $t = 3,0$ s, a força que age sobre a partícula tem um módulo de 36 N e aponta no sentido negativo do eixo x. Qual é o valor de c?

12 Duas forças horizontais $\vec{F}_1$ e $\vec{F}_2$ agem sobre um disco de 4,0 kg que desliza sem atrito em uma placa de gelo na qual foi desenhado um sistema de coordenadas xy. A força $\vec{F}_1$ aponta no sentido positivo do eixo x e tem um módulo de 7,0 N. A força $\vec{F}_2$ tem um módulo de 9,0 N. A Fig. 5.14 mostra a componente v_x da velocidade do disco em função do tempo t. Qual é o ângulo entre as orientações constantes das forças $\vec{F}_1$ e $\vec{F}_2$?

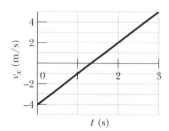

Figura 5.14 Problema 12.

Módulo 5.2 Algumas Forças Especiais

13 A Fig. 5.15 mostra um arranjo no qual quatro discos estão suspensos por cordas. A corda mais comprida, no alto, passa por uma polia sem atrito e exerce uma força de 98 N sobre a parede à qual está presa. As trações das cordas mais curtas são $T_1 = 58,8$ N, $T_2 = 49,0$ N e $T_3 = 9,8$ N. Qual é a massa (a) do disco A, (b) do disco B, (c) do disco C e (d) do disco D?

14 Um bloco com um peso de 3,0 N está em repouso em uma superfície horizontal. Uma força para cima de 1,0 N é aplicada ao corpo por meio de uma mola vertical. Qual é (a) o módulo e (b) qual o sentido da força exercida pelo bloco sobre a superfície horizontal?

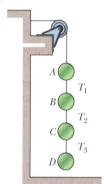

Figura 5.15 Problema 13.

15 (a) Um salame de 11,0 kg está pendurado por uma corda em uma balança de mola, que está presa ao teto por outra corda (Fig. 5.16a). Qual é a leitura da balança, cuja escala está em unidades de peso? (b) Na Fig. 5.16b o salame está suspenso por uma corda que passa por uma roldana e está presa a uma balança de mola. A extremidade oposta da balança está presa a uma parede por outra corda. Qual é a leitura da balança? (c) Na Fig. 5.16c a parede foi substituída por um segundo salame de 11,0 kg e o sistema está em repouso. Qual é a leitura da balança?

16 Alguns insetos podem se mover pendurados em gravetos. Suponha que um desses insetos tenha massa m e esteja pendurado em um graveto horizontal, como mostra a Fig. 5.17, com um ângulo $\theta = 40°$. As seis pernas do inseto estão sob a mesma tração, e as seções das pernas mais próximas do corpo são horizontais. (a) Qual é a razão entre a tração em cada tíbia (extremidade da perna) e o peso do inseto? (b) Se o inseto estica um pouco as pernas, a tração nas tíbias aumenta, diminui ou continua a mesma?

Figura 5.17 Problema 16.

Módulo 5.3 Aplicações das Leis de Newton

17 Na Fig. 5.18, a massa do bloco é 8,5 kg e o ângulo θ é 30°. Determine (a) a tração da corda e (b) a força normal que age sobre o bloco. (c) Determine o módulo da aceleração do bloco se a corda for cortada.

18 Em abril de 1974, o belga John Massis conseguiu puxar dois vagões de passageiros mordendo um freio de cavalo preso por uma corda aos vagões e se inclinando para trás com as pernas apoiadas nos dormentes da ferrovia (Fig. 5.19). Os vagões pesavam 700 kN (cerca de 80 toneladas). Suponha que Massis tenha puxado com uma força constante com um módulo 2,5 vezes maior que o seu peso e fazendo um ângulo θ de 30° para cima em relação à horizontal. Sua massa era de 80 kg e ele fez os vagões se deslocarem de 1,0 m. Desprezando as forças de atrito, determine a velocidade dos vagões quando Massis parou de puxar.

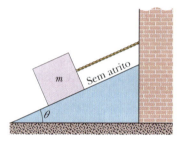

Figura 5.18 Problema 17.

Figura 5.19 Problema 18.

19 Qual é o módulo da força necessária para acelerar um trenó foguete de 500 kg até 1.600 km/h em 1,8 s, partindo do repouso?

20 Um carro a 53 km/h se choca com o pilar de uma ponte. Um passageiro do carro se desloca para a frente, de uma distância de 65 cm (em relação à estrada), até ser imobilizado por um airbag inflado. Qual é o módulo da força (suposta constante) que atua sobre o tronco do passageiro, que tem uma massa de 41 kg?

21 Uma força horizontal constante $\vec{F}_a$ empurra um pacote dos correios de 2,00 kg em um piso sem atrito no qual um sistema de coordenadas xy foi desenhado. A Fig. 5.20 mostra as componentes x e y da velocidade do pacote em função do tempo t. Determine (a) o módulo e (b) a orientação de $\vec{F}_a$?

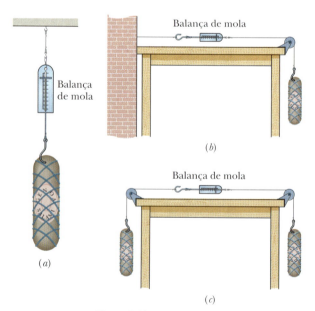

Figura 5.16 Problema 15.

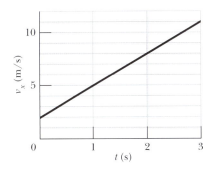
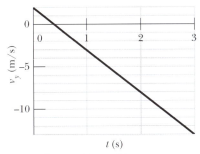

Figura 5.20 Problema 21.

22 F CVF Um homem está sentado em um brinquedo de parque de diversões no qual uma cabina é acelerada para baixo, no sentido negativo do eixo *y*, com uma aceleração cujo módulo é 1,24*g* e *g* = 9,80 m/s². Uma moeda de 0,567 g repousa no joelho do homem. Depois que a cabina começa a se mover e na notação dos vetores unitários, qual é a aceleração da moeda (a) em relação ao solo e (b) em relação ao homem? (c) Quanto tempo a moeda leva para chegar ao teto da cabina, 2,20 m acima do joelho do homem? Na notação dos vetores unitários, qual é (d) a força a que está submetida a moeda e (e) qual é a força aparente a que está submetida a moeda do ponto de vista do homem?

23 F Tarzan, que pesa 820 N, salta de um rochedo na ponta de um cipó de 20,0 m que está preso ao galho de uma árvore e faz inicialmente um ângulo de 22,0° com a vertical. Suponha que um eixo *x* seja traçado horizontalmente a partir da borda do rochedo e que um eixo *y* seja traçado verticalmente para cima. Imediatamente após Tarzan pular da encosta, a tração do cipó é 760 N. Para esse instante, determine (a) a força que o cipó exerce sobre Tarzan na notação dos vetores unitários e a força resultante que age sobre Tarzan (b) na notação dos vetores unitários e como (c) o módulo e (d) o ângulo da força em relação ao sentido positivo do eixo *x*. Qual é (e) o módulo e (f) o ângulo da aceleração de Tarzan nesse instante?

24 F Existem duas forças horizontais atuando na caixa de 2,0 kg da Fig. 5.21, mas a vista superior mostra apenas uma (de módulo F_1 = 20 N). A caixa se move ao longo do eixo *x*.

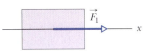

Figura 5.21 Problema 24.

Para cada um dos valores abaixo da aceleração a_x da caixa, determine a segunda força na notação dos vetores unitários: (a) 10 m/s², (b) 20 m/s², (c) 0, (d) −10 m/s² e (e) −20 m/s².

25 F *Propulsão solar*. Um "iate solar" é uma nave espacial com uma grande vela que é empurrada pela luz solar. Embora seja fraco em comparação com as forças a que estamos acostumados, esse empurrão pode ser suficiente para propelir a nave para longe do Sol, em uma viagem gratuita, mas muito lenta. Suponha que a espaçonave tenha uma massa de 900 kg e receba um empurrão de 20 N. (a) Qual é o módulo da aceleração resultante? Se a nave parte do repouso, (b) que distância ela percorre em um dia e (c) qual é a velocidade no fim do dia?

26 F A tração para a qual uma linha de pescar arrebenta é chamada "resistência" da linha. Qual é a resistência mínima necessária para que a linha faça parar um salmão de 85 N de peso em 11 cm se o peixe está inicialmente se deslocando a 2,8 m/s? Suponha uma desaceleração constante.

27 F Um elétron com uma velocidade de $1,2 \times 10^7$ m/s penetra horizontalmente em uma região na qual ele está sujeito a uma força vertical constante de $4,5 \times 10^{-16}$ N. A massa do elétron é $9,11 \times 10^{-31}$ kg. Determine a deflexão vertical sofrida pelo elétron enquanto percorre uma distância horizontal de 30 mm.

28 F Um carro que pesa $1,30 \times 10^4$ N está se movendo a 40 km/h quando os freios são aplicados, fazendo o carro parar depois de percorrer 15 m. Supondo que a força aplicada pelo freio é constante, determine (a) o módulo da força e (b) o tempo necessário para o carro parar. Se a velocidade inicial é multiplicada por dois e o carro experimenta a mesma força durante a frenagem, por qual fator são multiplicados (c) a distância até o carro parar e (d) o tempo necessário para o carro parar? (Isso poderia ser uma lição sobre o perigo de dirigir em alta velocidade.)

29 F Um bombeiro que pesa 712 N escorrega por um poste vertical com uma aceleração de 3,00 m/s², dirigida para baixo. Quais são (a) o módulo e (b) o sentido (para cima ou para baixo) da força vertical exercida pelo poste sobre o bombeiro e (c) o módulo e (d) o sentido da força vertical exercida pelo bombeiro sobre o poste?

30 F CVF Os ventos violentos de um tornado podem fazer com que pequenos objetos fiquem encravados em árvores, paredes de edifícios, e até mesmo em placas de sinalização de metal. Em uma simulação em laboratório, um palito comum de madeira foi disparado por um canhão pneumático contra um galho de carvalho. A massa do palito era de 0,13 g, a velocidade do palito antes de penetrar no galho era de 220 m/s, e a profundidade de penetração foi de 15 mm. Se o palito sofreu uma desaceleração constante, qual foi o módulo da força exercida pelo galho sobre o palito?

31 M Um bloco começa a subir um plano inclinado sem atrito com uma velocidade inicial v_0 = 3,50 m/s. O ângulo do plano inclinado é θ = 32,0°. (a) Que distância vertical o bloco consegue subir? (b) Quanto tempo o bloco leva para atingir essa altura? (c) Qual é a velocidade do bloco ao chegar de volta ao ponto de partida?

32 M A Fig. 5.22 mostra a vista superior de um disco de 0,0250 kg em uma mesa sem atrito e duas das três forças que agem sobre o disco. A força $\vec{F}_1$ tem um módulo de 6,00 N e um ângulo θ_1 = 30,0°. A força $\vec{F}_2$ tem um módulo de 7,00 N e um ângulo θ_2 = 30,0°. Na notação dos vetores unitários, qual é a terceira força se o disco (a) está em repouso, (b) tem uma velocidade constante $\vec{v} = (13,0\hat{i} - 14,0\hat{j})$ m/s e (c) tem uma velocidade variável $\vec{v} = (13,0t\hat{i} - 14,0t\hat{j})$ m/s², em que *t* é o tempo?

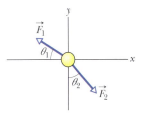

Figura 5.22
Problema 32.

33 M Um elevador e sua carga têm uma massa total de 1.600 kg. Determine a tração do cabo de sustentação quando o elevador, que estava descendo a 12 m/s, é levado ao repouso com aceleração constante em uma distância de 42 m.

34 Na Fig. 5.23, um caixote de massa $m = 100$ kg é empurrado por uma força horizontal $\vec{F}$ que o faz subir uma rampa sem atrito ($\theta = 30,0°$) com velocidade constante. Qual é o módulo (a) de $\vec{F}$ e (b) da força que a rampa exerce sobre o caixote?

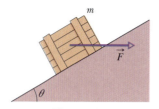

Figura 5.23 Problema 34.

35 CALC A velocidade de uma partícula de 3,00 kg é dada por $\vec{v} = (8,00t\hat{i} + 3,00t^2\hat{j})$ m/s, com o tempo t em segundos. No instante em que a força resultante que age sobre a partícula tem um módulo de 35,0 N, qual é a orientação (em relação ao sentido positivo do eixo x) (a) da força resultante e (b) do movimento da partícula?

36 Um esquiador de 50 kg é puxado para o alto de uma encosta, sem atrito, segurando um cabo paralelo à encosta, que faz um ângulo de 8,0° com a horizontal. Qual é o módulo F_{cabo} da força que o cabo exerce sobre o esquiador (a) se o módulo v da velocidade do esquiador é constante e igual a 2,0 m/s e (b) se v aumenta a uma taxa de 0,10 m/s²?

37 Uma moça de 40 kg e um trenó de 8,4 kg estão na superfície sem atrito de um lago congelado, separados por uma distância de 15 m, mas unidos por uma corda de massa desprezível. A moça exerce uma força horizontal de 5,2 N sobre a corda. Qual é o módulo da aceleração (a) do trenó e (b) da moça? (c) A que distância da posição inicial da moça os dois se tocam?

38 Um esquiador de 40 kg desce uma rampa sem atrito que faz um ângulo de 10° com a horizontal. Suponha que o esquiador se desloca no sentido negativo de um eixo x paralelo à rampa. O vento exerce uma força sobre o esquiador cuja componente em relação ao eixo x é F_x. Quanto vale F_x, se o módulo da velocidade do esquiador (a) for constante, (b) aumentar a uma taxa de 1,0 m/s² e (c) aumentar a uma taxa de 2,0 m/s²?

39 Uma esfera, com massa de $3,0 \times 10^{-4}$ kg, está suspensa por uma corda. Uma brisa horizontal constante empurra a esfera de tal forma que a corda faz um ângulo de 37° com a vertical. Determine (a) a força da brisa sobre a bola e (b) a tração da corda.

40 Uma caixa, com massa de 5,00 kg, começa a subir, no instante $t = 0$, uma rampa sem atrito que faz um ângulo θ com a horizontal. A Fig. 5.24 mostra, em função do tempo t, a componente v_x da velocidade da caixa em relação a um eixo x paralelo à rampa. Qual é o módulo da força normal que a rampa exerce sobre a caixa?

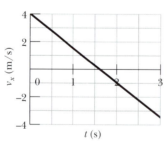

Figura 5.24 Problema 40.

41 Utilizando um cabo que arrebentará se a tensão exceder 387 N, você precisa baixar uma caixa de telhas velhas, com um peso de 449 N, a partir de um ponto 6,1 m acima do chão. Obviamente, se você simplesmente pendurar a caixa na corda, ela vai arrebentar. Para que isso não aconteça, você permite que a corda acelere para baixo. (a) Qual é o módulo da aceleração da caixa que coloca o cabo na iminência de arrebentar? (b) Com essa aceleração, qual é a velocidade da caixa ao atingir o chão?

42 No passado, cavalos eram usados para puxar barcaças em canais, como mostra a Fig. 5.25. Suponha que o cavalo puxa o cabo com uma força de módulo 7.900 N e ângulo $\theta = 18°$ em relação à direção do movimento da barcaça, que se desloca no sentido positivo de um eixo x. A massa da barcaça é 9.500 kg e o módulo da aceleração da barcaça é 0,12 m/s². Qual é (a) o módulo e (b) qual a orientação (em relação ao semieixo x positivo) da força exercida pela água sobre a barcaça?

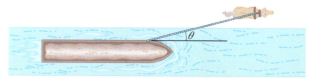

Figura 5.25 Problema 42.

43 Na Fig. 5.26, uma corrente composta por cinco elos, cada um com 0,100 kg de massa, é erguida verticalmente com uma aceleração constante de módulo $a = 2,50$ m/s². Determine o módulo (a) da força exercida pelo elo 2 sobre o elo 1, (b) da força exercida pelo elo 3 sobre o elo 2, (c) da força exercida pelo elo 4 sobre o elo 3 e (d) da força exercida pelo elo 5 sobre o elo 4. Determine o módulo (e) da força $\vec{F}$ exercida pela pessoa que está levantando a corrente sobre o elo 5 e (f) a força *resultante* que acelera cada elo.

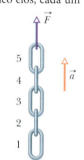

Figura 5.26 Problema 43.

44 Uma lâmpada está pendurada verticalmente por um fio em um elevador que desce com uma desaceleração de 2,4 m/s². (a) Se a tração do fio é 89 N, qual é a massa da lâmpada? (b) Qual é a tração do fio quando o elevador sobe com uma aceleração de 2,4 m/s²?

45 Um elevador que pesa 27,8 kN está subindo. Qual é a tração do cabo do elevador se a velocidade (a) está aumentando a uma taxa de 1,22 m/s² e (b) está diminuindo a uma taxa de 1,22 m/s²?

46 Um elevador é puxado para cima por um cabo. O elevador e seu único ocupante têm uma massa total de 2.000 kg. Quando o ocupante deixa cair uma moeda, a aceleração da moeda em relação ao elevador é 8,00 m/s² para baixo. Qual é a tração do cabo?

47 BIO CVF A família Zacchini ficou famosa pelos números de circo em que um membro da família era disparado de um canhão com a ajuda de elásticos ou ar comprimido. Em uma versão do número, Emanuel Zacchini foi disparado por cima de três rodas gigantes e aterrissou em uma rede, na mesma altura que a boca do canhão, a 69 m de distância. Ele foi impulsionado dentro do cano por uma distância de 5,2 m e lançado com um ângulo de 53°. Se sua massa era de 85 kg e ele sofreu uma aceleração constante no interior do cano, qual foi o módulo da força responsável pelo lançamento? (*Sugestão*: Trate o lançamento como se acontecesse ao longo de uma rampa de 53°. Despreze a resistência do ar.)

48 Na Fig. 5.27, os elevadores A e B estão ligados por um cabo e podem ser levantados ou baixados por outro cabo que está acima do elevador A. A massa do elevador A é de 1.700 kg; a massa do elevador B é de 1.300 kg. O piso do elevador A sustenta uma caixa de 12 kg. A tração do cabo que liga os elevadores é $1,91 \times 10^4$ N. Qual é o módulo da força normal que o piso do elevador A exerce sobre a caixa?

49 Na Fig. 5.28, um bloco de massa $m = 5,00$ kg é puxado ao longo de um piso horizontal sem atrito por uma corda que exerce uma força de módulo $F = 12,0$ N e ângulo $\theta = 25,0°$. (a) Qual é o módulo da aceleração do bloco? (b) O módulo da força F é aumentado lentamente. Qual é o valor do módulo da força imediatamente antes de o bloco perder contato com o piso? (c) Qual é o módulo da aceleração do bloco na situação do item (b)?

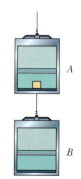

Figura 5.27 Problema 48.

Figura 5.28 Problemas 49 e 60.

50 Na Fig. 5.29, três caixas são conectadas por cordas, uma das quais passa por uma polia de atrito e massa desprezíveis. As massas das caixas são $m_A = 30{,}0$ kg, $m_B = 40{,}0$ kg e $m_C = 10{,}0$ kg. Quando o conjunto é liberado a partir do repouso, (a) qual é a tração da corda que liga B a C, e (b) que distância A percorre no primeiro $0{,}250$ s (supondo que não atinja a polia)?

Figura 5.29 Problema 50.

51 A Fig. 5.30 mostra dois blocos ligados por uma corda (de massa desprezível) que passa por uma polia sem atrito (também de massa desprezível). O conjunto é conhecido como *máquina de Atwood*. Um bloco tem massa $m_1 = 1{,}3$ kg; o outro tem massa $m_2 = 2{,}8$ kg. Qual é (a) o módulo da aceleração dos blocos e (b) qual a tração da corda?

52 Um homem de 85 kg desce de uma altura de 10,0 m em relação ao solo, pendurado em uma corda que passa por uma roldana sem atrito e está presa na outra extremidade a um saco de areia de 65 kg. Com que velocidade o homem atinge o solo se ele partiu do repouso?

53 Na Fig. 5.31, três blocos conectados são puxados para a direita em uma mesa horizontal sem atrito por uma força de módulo $T_3 = 65{,}0$ N. Se $m_1 = 12{,}0$ kg, $m_2 = 24{,}0$ kg e $m_3 = 31{,}0$ kg, calcule (a) o módulo da aceleração do sistema, (b) a tração T_1 e (c) a tração T_2.

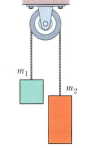

Figura 5.30 Problemas 51 e 65.

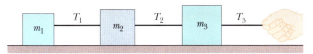

Figura 5.31 Problema 53.

54 A Fig. 5.32 mostra quatro pinguins que estão sendo puxados em uma superfície gelada muito escorregadia (sem atrito) por um zelador. As massas de três pinguins e as trações em duas das cordas são $m_1 = 12$ kg, $m_3 = 15$ kg, $m_4 = 20$ kg, $T_2 = 111$ N e $T_4 = 222$ N. Determine a massa do pinguim m_2, que não é dada.

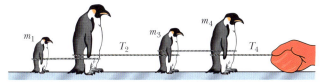

Figura 5.32 Problema 54.

55 Dois blocos estão em contato em uma mesa sem atrito. Uma força horizontal é aplicada ao bloco maior, como mostra a Fig. 5.33. (a) Se $m_1 = 2{,}3$ kg, $m_2 = 1{,}2$ kg e $F = 3{,}2$ N, determine o módulo da força entre os dois blocos. (b) Mostre que, se uma força de mesmo módulo F for aplicada ao menor

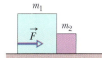

Figura 5.33 Problema 55.

dos blocos no sentido oposto, o módulo da força entre os blocos será de 2,1 N, que não é o mesmo valor calculado no item (a). (c) Explique a razão da diferença.

56 Na Fig. 5.34a, uma força horizontal constante $\vec{F}_a$ é aplicada ao bloco A, que empurra um bloco B com uma força de 20,0 N dirigida horizontalmente para a direita. Na Fig. 5.34b, a mesma força $\vec{F}_a$ é aplicada ao bloco B; desta vez, o bloco A empurra o bloco B com uma força de 10,0 N dirigida horizontalmente para a esquerda. Os blocos têm massa total de 12,0 kg. Qual é o módulo (a) da aceleração na Fig. 5.34a e (b) da força $\vec{F}_a$?

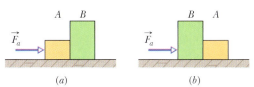

Figura 5.34 Problema 56.

57 Um bloco de massa $m_1 = 3{,}70$ kg em um plano inclinado sem atrito, de ângulo $\theta = 30{,}0°$, está preso por uma corda de massa desprezível, que passa por uma polia de massa e atrito desprezíveis, a outro bloco de massa $m_2 = 2{,}30$ kg (Fig. 5.35). Qual é (a) o módulo da aceleração de cada bloco, (b) qual o sentido da aceleração do bloco que está pendurado e (c) qual a tração da corda?

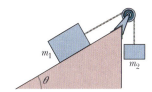

Figura 5.35 Problema 57.

58 A Fig. 5.36 mostra um homem sentado em um andaime preso a uma corda de massa desprezível que passa por uma roldana de massa e atrito desprezíveis e desce de volta às mãos do homem. A massa total do homem e do andaime é 95,0 kg. Qual é o módulo da força com a qual o homem deve puxar a corda para que o andaime suba (a) com velocidade constante e (b) com uma aceleração, para cima, de 1,30 m/s²? (*Sugestão*: Um diagrama de corpo livre pode ajudar bastante.) Se no lado direito a corda se estende até o solo e é puxada por outra pessoa, qual é o módulo da força com a qual essa pessoa deve puxar a corda para que o homem suba (c) com velocidade constante e (d) com uma aceleração para cima de 1,30 m/s²? Qual é o módulo da força que a polia exerce sobre o teto (e) no item a, (f) no item b, (g) no item c e (h) no item d?

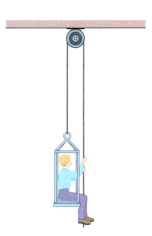

Figura 5.36 Problema 58.

59 Um macaco de 10 kg sobe em uma árvore por uma corda de massa desprezível que passa por um galho sem atrito e está presa, na outra extremidade, a um caixote de 15 kg, inicialmente em repouso no solo (Fig. 5.37). (a) Qual é o módulo da menor aceleração que o macaco deve ter para levantar o caixote? Se,

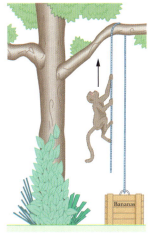

Figura 5.37 Problema 59.

após o caixote ter sido erguido, o macaco parar de subir e se agarrar à corda, quais são (b) o módulo e (c) o sentido da aceleração do macaco e (d) a tração da corda?

60 M CALC A Fig. 5.28 mostra um bloco de 5,00 kg sendo puxado, em um piso sem atrito, por uma corda que aplica uma força de módulo constante de 20,0 N e um ângulo $\theta(t)$ que varia com o tempo. Quando o ângulo θ chega a 25°, qual é a taxa de variação da aceleração do bloco (a) se $\theta(t) = (2,00 \times 10^{-2}$ graus/s$)t$ e (b) se $\theta(t) = -(2,00 \times 10^{-2}$ graus/s$)t$? (*Sugestão*: Transforme os graus em radianos.)

61 M Um balão de ar quente de massa M desce verticalmente com uma aceleração para baixo de módulo a. Que massa (lastro) deve ser jogada para fora para que o balão tenha uma aceleração para cima de módulo a? Suponha que a força vertical para cima do ar quente sobre o balão não muda com a perda de massa.

62 D BIO CVF No arremesso de peso, muitos atletas preferem lançar o peso com um ângulo menor que o ângulo teórico (cerca de 42°) para o qual um peso arremessado com a mesma velocidade e da mesma altura atinge a maior distância possível. Uma razão tem a ver com a velocidade que o atleta pode imprimir ao peso durante a fase de aceleração. Suponha que um peso de 7,260 kg seja acelerado ao longo de uma trajetória reta com 1,650 m de comprimento por uma força constante de módulo 380,0 N, começando com uma velocidade de 2,500 m/s (devido ao movimento preparatório do atleta). Qual é a velocidade do peso no fim da fase de aceleração se o ângulo entre a trajetória e a horizontal for (a) 30,00° e (b) 42,00°? (*Sugestão*: Trate o movimento como se fosse ao longo de uma rampa com o ângulo dado.) (c) Qual será a redução percentual da velocidade de lançamento se o atleta aumentar o ângulo de 30,00° para 42,00°?

63 D CALC A Fig. 5.38 mostra, em função do tempo t, a componente F_x da força que age sobre um bloco de gelo de 3,0 kg que pode se deslocar apenas ao longo do eixo x. Em $t = 0$, o bloco está se movendo no sentido positivo do eixo, a uma velocidade de 3,0 m/s. Qual é (a) o módulo da velocidade do bloco e (b) qual é o sentido do movimento do bloco no instante $t = 11$ s?

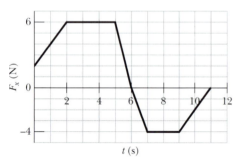

Figura 5.38 Problema 63.

64 D A Fig. 5.39 mostra uma caixa de massa $m_2 = 1,0$ kg em um plano inclinado sem atrito de ângulo $\theta = 30°$, que está ligada por uma corda, de massa desprezível, a uma outra caixa de massa $m_1 = 3,00$ kg em uma superfície horizontal sem atrito. A polia não tem atrito e sua massa é desprezível. (a) Se o módulo da força horizontal $\vec{F}$ é 2,3 N, qual é a tração da corda? (b) Qual é o maior valor que o módulo de $\vec{F}$ pode ter sem que a corda fique frouxa?

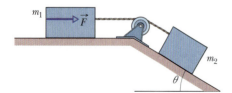

Figura 5.39 Problema 64.

65 D CALC A Fig. 5.30 mostra uma *máquina de Atwood*, na qual dois recipientes estão ligados por uma corda (de massa desprezível) que passa por uma polia sem atrito (também de massa desprezível). No instante $t = 0$, o recipiente 1 tem massa de 1,30 kg e o recipiente 2 tem massa de 2,80 kg, mas o recipiente 1 está perdendo massa (por causa de um vazamento) a uma taxa constante de 0,200 kg/s. A que taxa o módulo da aceleração dos recipientes está variando (a) em $t = 0$ e (b) em $t = 3,00$ s? (c) Em que instante a aceleração atinge o valor máximo?

66 D A Fig. 5.40 mostra parte de um teleférico. A massa máxima permitida de cada cabina, incluindo os passageiros, é de 2.800 kg. As cabinas, que estão penduradas em um cabo de sustentação, são puxadas por um segundo cabo ligado à torre de sustentação de cada cabina. Suponha que os cabos estão esticados e inclinados de um ângulo $\theta = 35°$. Qual é a diferença entre as trações de segmentos vizinhos do cabo que puxa as cabines se as cabinas estão com a máxima massa permitida e estão sendo aceleradas para cima a 0,81 m/s²?

Figura 5.40 Problema 66.

67 D A Fig. 5.41 mostra três blocos ligados por cordas que passam por polias sem atrito. O bloco B está em uma mesa sem atrito; as massas são $m_A = 6,00$ kg, $m_B = 8,00$ kg e $m_C = 10,0$ kg. Qual é a tração da corda da direita quando os blocos são liberados?

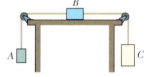

Figura 5.41 Problema 67.

68 D BIO CVF Um arremessador de peso lança um peso de 7,260 kg empurrando-o ao longo de uma linha reta com 1,650 m de comprimento e um ângulo de 34,10° com a horizontal, acelerando o peso até a velocidade de lançamento de 2,500 m/s (que se deve ao movimento preparatório do atleta). O peso deixa a mão do arremessador a uma altura de 2,110 m e com um ângulo de 34,10° e percorre uma distância horizontal de 15,90 m. Qual é o módulo da força média que o atleta exerce sobre o peso durante a fase de aceleração? (*Sugestão*: Trate o movimento durante a fase de aceleração como se fosse ao longo de uma rampa com o ângulo dado.)

Problemas Adicionais

69 Na Fig. 5.42, o bloco A de 4,0 kg e o bloco B de 6,0 kg estão conectados por uma corda, de massa desprezível. A força $\vec{F}_A = (12$ N$)\hat{i}$ atua sobre o bloco A; a força $\vec{F}_B = (24$ N$)\hat{i}$ atua sobre o bloco B. Qual é a tensão da corda?

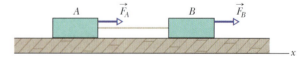

Figura 5.42 Problema 69.

70 CVF Um homem de 80 kg salta de uma janela a 0,50 m de altura para um pátio de concreto. Ele não dobra os joelhos para amortecer o impacto e leva 2,0 cm para parar. (a) Qual é a aceleração média desde o instante em que os pés do homem tocam o solo até o instante em que o corpo se imobiliza? (b) Qual é o módulo da força média que o pátio exerce sobre o homem?

71 *Empuxo de um foguete*. A massa total de um foguete e sua carga é $5,0 \times 10^4$ kg. Qual é o módulo da força produzida pelo motor (o empuxo) quando (a) o foguete paira acima da plataforma de lançamento, logo após a decolagem, e (b) quando o foguete tem uma aceleração para cima de 20 m/s²?

72 *Um bloco e três cordas.* Na Fig. 5.43, um bloco B de massa M = 15,0 kg está pendurado por uma corda em um nó N de massa m_N, que está pendurado do teto por duas cordas. As cordas e o nó têm massa desprezível. Os ângulos são $\theta_1 = 28°$ e $\theta_2 = 47°$. Qual é a força de tração a que está submetida (a) a corda 3, (b) a corda 1 e (c) a corda 2?

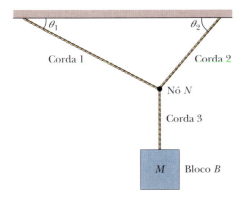

Figura 5.43 Problema 72.

73 *Forças em um sistema haste-bloco.* Na Fig. 5.44, um bloco de 33 kg é empurrado em um piso sem atrito por uma haste de 3,2 kg. O bloco parte do repouso e percorre uma distância d = 77 cm em 1,7 s com aceleração constante. (a) Identifique todos os pares horizontais da terceira lei de Newton. (b) Qual é o módulo da força que a haste exerce sobre a mão? (c) Qual é o módulo da força que o bloco exerce sobre a haste? (d) Qual é o módulo da força total a que está submetida a haste?

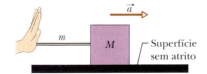

Figura 5.44 Problema 73.

74 *Cabo que pode arrebentar.* Guindastes são usados para levantar vigas de aço em construções (Fig. 5.45a). Vamos investigar o risco de que ocorra um acidente com uma viga de comprimento L = 12,0 m, seção reta quadrada de largura w = 0,540 m e massa específica ρ = 7.900 kg/m³. O cabo principal do guindaste está ligado a dois cabos curtos de comprimento h = 7,00 m, simetricamente atrelados à viga a uma distância d do centro (Fig. 5.45b). (a) Qual é a força de tração $T_{principal}$ a que o cabo principal é submetido quando a viga é levantada com velocidade constante? Qual é a força de tração T_{curto} a que cada um dos cabos curtos é submetido se d é (b) 1,60 m, (c) 4,24 m e (d) 5,91 m? (e) Quando d aumenta, o que acontece com o risco de um dos cabos curtos arrebentar?

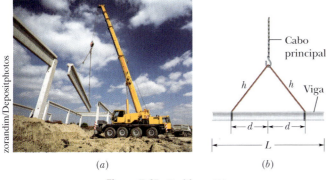

Figura 5.45 Problema 74.

75 *Disputa por um trenó.* Duas pessoas puxam um trenó de 25,0 kg com forças de 90,0 N e 92,0 N em sentidos opostos em um piso de gelo de atrito desprezível. O trenó está inicialmente em repouso. Depois de 3,00 s, quais são (a) o deslocamento e (b) a velocidade do trenó?

76 *Guindaste portuário.* A Fig. 5.46 mostra o cabo usado por um guindaste para levantar um container com uma massa de $2,80 \times 10^4$ kg para bordo de um navio. Suponha que a massa está uniformemente distribuída no interior do container. Ele é sustentado nos vértices superiores por quatro cabos iguais que estão submetidos a uma força de tração de módulo T_4 e fazem um ângulo $\theta_4 = 60,0°$ com a vertical. Eles estão ligados a uma barra horizontal sustentada por dois cabos iguais que estão submetidos a uma força de tração de módulo T_2 e fazem um ângulo $\theta_2 = 40,0°$ com a vertical. Eles estão ligados ao cabo principal do guindaste que está submetido a uma força de tração de módulo T_1 e está na vertical. Suponha que a massa da barra é desprezível em comparação com a massa do container. Quais são os valores de (a) T_1, (b) T_2 e (c) T_4?

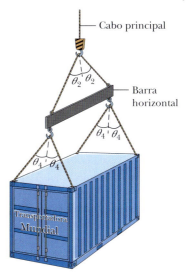

Figura 5.46 Problema 76.

77 *Engradado em um caminhão.* Um caminhão que transporta um engradado de 360 kg no compartimento de carga está viajando a uma velocidade v_0 = 120 km/h no sentido positivo do eixo x quando o motorista pisa no freio e reduz a velocidade para v = 62 km/h em 17 s, a uma taxa constante e sem que o engradado mude de posição. Qual é o módulo da força que age sobre o caminhão durante esses 17 s?

78 *Projétil em um referencial não inercial.* Um mecanismo dispara uma pequena bola horizontalmente, com uma velocidade de 0,200 m/s, de uma altura 0,800 m acima do piso de um elevador. A bola atinge o piso do elevador a uma distância d de um ponto do solo verticalmente abaixo do ponto de lançamento. Qual é o módulo da aceleração do elevador se o valor de d é (a) 14,0 cm, (b) 20,0 cm e (c) 7,50 cm?

79 **BIO** *Força durante um acidente.* Um automóvel colide frontalmente com um muro e para, depois que a frente do carro sofre uma deformação de 0,500 m. O motorista de 70 kg está firmemente preso ao assento pelo cinto de segurança e, por isso, seu deslocamento durante o choque é de 0,500 m. Suponha que a aceleração é constante durante o choque. Qual é o módulo da força que o cinto de segurança exerce sobre o motorista se a velocidade do carro ao se chocar com o muro era (a) 55 km/h, (b) 110 km/h?

80 *Reprojetando uma rampa.* A Fig. 5.47 mostra um bloco que é liberado em uma rampa de atrito desprezível que faz um ângulo $\theta = 30,0°$ com o solo e escorrega por uma distância d = 0,800 m em um intervalo de tempo t_1. Qual deve ser o novo valor do ângulo θ para que o tempo de escorregamento aumente de 0,100 s?

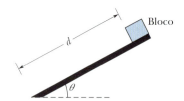

Figura 5.47 Problema 80.

81 *Duas forças.* As únicas duas forças que agem sobre um corpo têm módulos $F_1 = 20$ N e $F_2 = 35$ N e direções que diferem de 80°. A aceleração resultante tem um módulo de 20 m/s². Qual é a massa do corpo?

82 *Física de um trem de circo.* Você foi encarregado de providenciar o transporte de um circo para a próxima cidade. Para isso, deve usar duas composições, ambas com uma locomotiva e quatro vagões. Uma das composições é mostrada na Fig. 5.48. As massas dos oito vagões, em quilogramas, são dadas a seguir, e as duas locomotivas fornecem a mesma força de tração. (a) Determine que vagões devem ser ligados a cada locomotiva para que as acelerações das duas composições sejam iguais. (b) Determine a ordem dos vagões em cada composição que minimiza as forças de tração nas ligações entre os vagões. Aqui está um exemplo de resposta: *CBAF* – o vagão *C* deve ser o último e o vagão *F* deve ser o primeiro. No caso da composição que inclui o vagão *B*, quais são as forças de tração entre (c) o primeiro vagão e o segundo e (d) entre o penúltimo vagão e o último?

A $7{,}50 \times 10^5$, *B* $7{,}00 \times 10^5$, *C* $6{,}00 \times 10^5$, *D* $5{,}00 \times 10^5$, *E* $4{,}00 \times 10^5$, *F* $3{,}50 \times 10^5$, *G* $2{,}00 \times 10^5$, *H* $1{,}00 \times 10^5$

Figura 5.48 Problema 82.

83 *Peso do pinguim.* Um pinguim de 15,0 kg que está fazendo dieta sobe em uma balança de banheiro (Fig. 5.49). Qual é o peso do pinguim (a) em newtons e (b) em libras? Qual é o módulo (em newtons) da força normal que a balança exerce sobre o pinguim?

Figura 5.49 Problema 83.

84 **BIO** *Guaraná.* Se uma pessoa bebe uma lata de guaraná antes de entrar no consultório e ser pesada, qual é o aumento do peso causado pelo refrigerante? Forneça a resposta em quilogramas. A lata tem uma capacidade de 350 mL e o guaraná tem uma massa específica de 1,04 kg/m³.

CAPÍTULO 6
Força e Movimento – II

6.1 ATRITO

Objetivos do Aprendizado
Depois de ler este módulo, você será capaz de ...

6.1.1 Saber a diferença entre atrito estático e atrito cinético.

6.1.2 Determinar o módulo e a orientação de uma força de atrito.

6.1.3 No caso de objetos em planos horizontais, verticais ou inclinados em situações que envolvam forças de atrito, desenhar diagramas de corpo livre e aplicar a segunda lei de Newton.

Ideias-Chave

● Quando uma força $\vec{F}$ tende a fazer um objeto deslizar em uma superfície, uma força de atrito associada à superfície age sobre o objeto. A força de atrito, que resulta da interação do objeto com a superfície, é paralela à superfície e se opõe ao movimento.

Se o objeto permanece em repouso, a força de atrito é chamada "força de atrito estático" e representada pelo símbolo $\vec{f}_s$; se o corpo se move, a força de atrito é chamada "força de atrito cinético" e representada pelo símbolo $\vec{f}_k$.

● Se um objeto está parado, a força de atrito estático $\vec{f}_s$ e a componente de $\vec{F}$ paralela à superfície têm o mesmo módulo e sentidos opostos. Se a componente horizontal da força aplicada aumenta, a força de atrito estático também aumenta.

● O módulo da força de atrito estático tem um valor máximo $\vec{f}_{s,máx}$ dado por

$$f_{s,máx} = \mu_s F_N,$$

em que μ_s é o coeficiente de atrito estático e F_N é o módulo da força normal. Se a componente normal de $\vec{F}$ se torna maior que $f_{s,máx}$, o objeto começa a se mover.

● Se um objeto começa a se mover em uma superfície, o módulo da força de atrito diminui rapidamente para um valor constante $\vec{f}_k$ dado por

$$f_k = \mu_k F_N,$$

em que μ_k é o coeficiente de atrito cinético.

O que É Física?

Neste capítulo, concentramos a atenção na física de três tipos comuns de força: a força de atrito, a força de arrasto e a força centrípeta. Ao preparar um carro para as 500 milhas de Indianápolis, um mecânico deve levar em conta os três tipos de força. As forças de atrito que agem sobre os pneus são cruciais para a aceleração do carro ao deixar o boxe e ao sair das curvas (se o carro encontra uma mancha de óleo, os pneus perdem aderência, e o carro pode sair da pista). As forças de arrasto produzidas pelas correntes de ar devem ser minimizadas; caso contrário, o carro consumirá muito combustível e terá que ser reabastecido prematuramente (uma parada adicional de apenas 14 s pode custar a corrida a um piloto). As forças centrípetas são fundamentais nas curvas (se não houver força centrípeta suficiente, o carro não conseguirá fazer a curva). Vamos iniciar a discussão com as forças de atrito.

Atrito

As forças de atrito são inevitáveis na vida diária. Caso não fôssemos capazes de vencê-las, elas fariam parar todos os objetos que estivessem se movendo e todos os eixos que estivessem girando. Cerca de 20% da gasolina consumida por um automóvel é usada para compensar o atrito das peças do motor e da transmissão. Por outro lado, se não houvesse atrito, não poderíamos fazer o automóvel ir a lugar algum, nem poderíamos caminhar ou andar de bicicleta. Não poderíamos segurar um lápis, e, mesmo que pudéssemos, não conseguiríamos escrever. Pregos e parafusos seriam inúteis, os tecidos se desmanchariam e os nós se desatariam.

Três Experimentos. Neste capítulo tratamos de forças de atrito que existem entre duas superfícies sólidas estacionárias ou que se movem uma em relação à outra em baixa velocidade. Considere três experimentos imaginários simples:

1. Dê um empurrão momentâneo em um livro, fazendo-o deslizar em uma mesa. Com o tempo, a velocidade do livro diminui até se anular. Isso significa que o livro sofreu uma aceleração paralela à superfície da mesa, no sentido oposto ao da velocidade. De acordo com a segunda lei de Newton, deve ter existido uma força, paralela à superfície da mesa, de sentido oposto ao da velocidade do livro. Essa força é uma força de atrito.

2. Empurre o livro horizontalmente de modo a fazê-lo se deslocar com velocidade constante ao longo da mesa. A força que você está exercendo pode ser a única força horizontal que age sobre o livro? Não, porque, se fosse assim, o livro sofreria uma aceleração. De acordo com a lei de Newton, deve existir uma segunda força, de sentido contrário ao da força aplicada por você, mas com o mesmo módulo, que equilibra a primeira força. Essa segunda força é uma força de atrito, paralela à superfície da mesa.

3. Empurre um caixote pesado paralelamente ao chão. O caixote não se move. De acordo com a segunda lei de Newton, uma segunda força deve estar atuando sobre o caixote para se opor à força que você está aplicando. Essa segunda força tem o mesmo módulo que a força que você aplicou, mas atua em sentido contrário, de forma que as duas forças se equilibram. Essa segunda força é uma força de atrito. Empurre com mais força. O caixote continua parado. Isso significa que a força de atrito pode aumentar de intensidade para continuar equilibrando a força aplicada. Empurre com mais força ainda. O caixote começa a deslizar. Evidentemente, existe uma intensidade máxima para a força de atrito. Quando você excedeu essa intensidade máxima, o caixote começou a se mover.

6.1 *Dois Tipos de Atrito.* A Fig. 6.1.1 mostra uma situação semelhante. Na Fig. 6.1.1a, um bloco está em repouso em uma mesa, com a força gravitacional $\vec{F}_g$ equilibrada pela força normal $\vec{F}_N$. Na Fig. 6.1.1b, você exerce uma força $\vec{F}$ sobre o bloco, tentando puxá-lo para a esquerda. Em consequência, surge uma força de atrito $\vec{f}_s$ para a direita, que equilibra a força que você aplicou. A força $\vec{f}_s$ é chamada **força de atrito estático**. O bloco permanece imóvel.

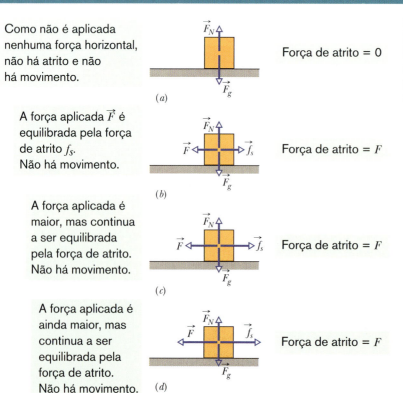

Figura 6.1.1 (a) Forças que agem sobre um bloco estacionário. (b a d) Uma força externa $\vec{F}$, aplicada ao bloco, é equilibrada por uma força de atrito estático $\vec{f}_s$. Quando $\vec{F}$ aumenta, f_s também aumenta, até atingir um valor máximo. (*continua*)

Figura 6.1.1 (*Continuação*) (*e*) Quando f_s atinge o valor máximo, o bloco "se desprende" e acelera bruscamente na direção de $\vec{F}$. (*f*) Para que o bloco se mova com velocidade constante, é preciso reduzir o valor de F. (*g*) Alguns resultados experimentais para a sequência da (*a*) a (*f*).

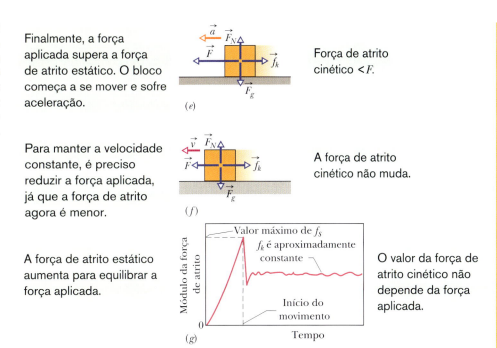

As Figs. 6.1.1*c* e 6.1.1*d* mostram que, quando a intensidade da força aplicada aumenta, a intensidade da força de atrito estático $\vec{f}_s$ também aumenta, e o bloco permanece em repouso. Entretanto, quando a força aplicada atinge determinado valor, o bloco "se desprende" da superfície da mesa e sofre aceleração para a esquerda (Fig. 6.1.1*e*). A força de atrito $\vec{f}_k$ que se opõe ao movimento na nova situação é chamada **força de atrito cinético**.

Em geral, a intensidade da força de atrito cinético, que age sobre os objetos em movimento, é menor do que a intensidade máxima da força de atrito estático, que age sobre os objetos em repouso. Assim, para que o bloco se mova na superfície com velocidade constante, provavelmente você terá que diminuir a intensidade da força aplicada depois que o bloco começar a se mover, como mostra a Fig. 6.1.1*f*. A Fig. 6.1.1*g* mostra o resultado de um experimento no qual a força aplicada a um bloco foi aumentada lentamente até que o bloco começasse a se mover. Observe que a força necessária para manter o bloco em movimento com velocidade constante é menor que a necessária para que o bloco comece a se mover.

Visão Microscópica. A força de atrito é, na verdade, a soma vetorial de muitas forças que agem entre os átomos da superfície de um corpo e os átomos da superfície de outro corpo. Se duas superfícies metálicas polidas e limpas são colocadas em contato em alto vácuo (para que continuem limpas), torna-se impossível fazer uma deslizar em relação à outra. Como as superfícies são lisas, muitos átomos de uma das superfícies entram em contato com muitos átomos da outra, e as superfícies se *soldam a frio*, formando uma única peça de metal. Se dois blocos de metal, muito polidos, usados para calibrar tornos, são colocados em contato no ar, existe menos contato entre os átomos, mas, mesmo assim, os blocos aderem firmemente e só podem ser separados por um movimento de torção. Em geral, porém, esse grande número de contatos entre átomos não existe. Mesmo uma superfície metálica altamente polida está longe de ser uma superfície plana em escala atômica. Além disso, a superfície dos objetos comuns possui uma camada de óxidos e outras impurezas que reduzem a soldagem a frio.

Quando duas superfícies comuns são colocadas em contato, somente os pontos mais salientes se tocam. (É como se virássemos os Alpes Suíços de cabeça para baixo e os colocássemos em contato com os Alpes Austríacos.) A área *microscópica* de contato é muito menor que a aparente área de contato *macroscópica*, possivelmente 10^4 vezes menor. Mesmo assim, muitos pontos de contato se soldam a frio. Essas soldas são responsáveis pelo atrito estático que surge quando uma força aplicada tenta fazer uma superfície deslizar em relação à outra.

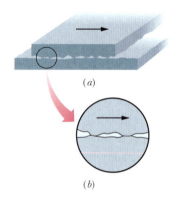

Figura 6.1.2 Mecanismo responsável pela força de atrito cinético. (*a*) A placa de cima está deslizando para a direita em relação à placa de baixo. (*b*) Nesta vista ampliada são mostrados dois pontos onde ocorreu soldagem a frio. É necessária uma força para romper as soldas e manter o movimento.

Se a força aplicada é suficiente para fazer uma das superfícies deslizar, ocorre uma ruptura das soldas (no instante em que começa o movimento) seguida por um processo contínuo de formação e ruptura de novas soldas enquanto ocorre o movimento relativo e novos contatos são formados aleatoriamente (Fig. 6.1.2). A força de atrito cinético $\vec{f}_k$ que se opõe ao movimento é a soma vetorial das forças produzidas por esses contatos aleatórios.

Se as duas superfícies são pressionadas uma contra a outra com mais força, mais pontos se soldam a frio. Nesse caso, para fazer as superfícies deslizarem uma em relação à outra, é preciso aplicar uma força maior, ou seja, o valor da força de atrito estático $\vec{f}_s$ é maior. Se as superfícies estão deslizando uma em relação à outra, passam a existir mais pontos momentâneos de soldagem a frio, de modo que a força de atrito cinético $\vec{f}_k$ também é maior.

Frequentemente, o movimento de deslizamento de uma superfície em relação à outra ocorre "aos solavancos" porque os processos de soldagem e ruptura se alternam. Esses processos repetitivos de *aderência e deslizamento* podem produzir sons desagradáveis, como o cantar de pneus no asfalto, o barulho de uma unha arranhando um quadro-negro e o rangido de uma dobradiça enferrujada. Podem também produzir sons melodiosos, como os de um violino bem tocado. **CVF**

Propriedades do Atrito

A experiência mostra que, quando um corpo seco não lubrificado pressiona uma superfície nas mesmas condições e uma força $\vec{F}$ tenta fazer o corpo deslizar ao longo da superfície, a força de atrito resultante possui três propriedades:

Propriedade 1. Se o corpo não se move, a força de atrito estático $\vec{f}_s$ e a componente de $\vec{F}$ paralela à superfície se equilibram. As duas forças têm módulos iguais e $\vec{f}_s$ tem o sentido oposto ao da componente de $\vec{F}$.

Propriedade 2. O módulo de $\vec{f}_s$ possui um valor máximo $f_{s,\text{máx}}$ que é dado por

$$f_{s,\text{máx}} = \mu_s F_N, \qquad (6.1.1)$$

em que μ_s é o **coeficiente de atrito estático** e F_N é o módulo da força normal que a superfície exerce sobre o corpo. Se o módulo da componente de $\vec{F}$ paralela à superfície excede $f_{s,\text{máx}}$, o corpo começa a deslizar na superfície.

Propriedade 3. Se o corpo começa a deslizar na superfície, o módulo da força de atrito diminui rapidamente para um valor f_k dado por

$$f_k = \mu_k F_N, \qquad (6.1.2)$$

em que μ_k é o **coeficiente de atrito cinético**. Daí em diante, então, durante o deslizamento, uma força de atrito cinético $\vec{f}_k$ de módulo dado pela Eq. 6.1.2 se opõe ao movimento.

O módulo F_N da força normal aparece nas Propriedades 2 e 3 como uma medida da força com a qual o corpo pressiona a superfície. De acordo com a terceira lei de Newton, se o corpo pressiona com mais força, F_N é maior. As Propriedades 1 e 2 foram expressas em termos de uma única força aplicada $\vec{F}$, mas também são válidas para a resultante de várias forças aplicadas ao corpo. As Eqs. 6.1.1 e 6.1.2 *não* são equações vetoriais; os vetores $\vec{f}_s$ e $\vec{f}_k$ são sempre paralelos à superfície e têm o sentido oposto ao da tendência de deslizamento; o vetor $\vec{F}_N$ é perpendicular à superfície.

Os coeficientes μ_s e μ_k são adimensionais e devem ser determinados experimentalmente. Seus valores dependem das propriedades tanto do corpo como da superfície; por isso, qualquer menção aos coeficientes de atrito costuma ser seguida pela preposição "entre", como em "o valor de μ_s *entre* um ovo e uma frigideira de Teflon é 0,04, mas o valor *entre* uma bota de alpinista e uma pedra pode chegar a 1,2". Em geral, supomos que o valor de μ_k não depende da velocidade com a qual o corpo desliza ao longo da superfície.

Teste 6.1.1

Um bloco repousa em um piso. (a) Qual é o módulo da força de atrito que o piso exerce sobre o bloco? (b) Se uma força horizontal de 5 N é aplicada ao bloco, mas o bloco não se move, qual é o módulo da força de atrito? (c) Se o valor máximo $f_{s,\text{máx}}$ da força de atrito estático que age sobre o bloco é 10 N, o bloco se move se o módulo da força aplicada horizontalmente for aumentado para 8 N? (d) E se o módulo da força for aumentado para 12 N? (e) Qual é o módulo da força de atrito no item (c)?

Exemplo 6.1.1 Força inclinada aplicada a um bloco inicialmente em repouso

Este exemplo envolve a aplicação de uma força inclinada em relação à superfície na qual repousa um bloco, o que torna necessário o uso de componentes da força aplicada para determinar a força de atrito. A maior dificuldade está em separar de forma correta as componentes. A Fig. 6.1.3a mostra uma força de módulo $F = 12,0$ N aplicada a um bloco de 8,0 kg. A força faz um ângulo $\theta = 30°$ para baixo com a superfície em que o bloco repousa. O coeficiente de atrito estático entre o bloco e a superfície é $\mu_s = 0,700$ e o coeficiente de atrito cinético é $\mu_k = 0,400$. O bloco começa a se mover quando a força é aplicada ou permanece em repouso? Qual é o valor do módulo da força de atrito que age sobre o bloco?

IDEIAS-CHAVE

(1) Quando um objeto está em repouso em uma superfície, a força de atrito estático equilibra a componente paralela à superfície da força que está tentando mover o objeto. (2) O valor máximo possível da força de atrito estático é dado pela Eq. 6.1.1 ($f_{s,\text{máx}} = \mu_s f_N$). (3) Se a componente paralela à superfície for maior que o limite da força de atrito estático, o bloco começará a se mover. (4) Quando um objeto está em movimento, a força de atrito é chamada "força de atrito cinético" e seu valor é dado pela Eq. 6.1.2 ($f_k = \mu_k F_N$).

Cálculos: Para saber se o bloco começa a se mover quando a força é aplicada, precisamos comparar a componente F_x (componente paralela à superfície) da força aplicada com o valor máximo $f_{s,\text{máx}}$ da força de atrito estático. De acordo com o triângulo da Fig. 6.1.3b,

$$F_x = F \cos \theta$$
$$= (12,0 \text{ N}) \cos 30° = 10,39 \text{ N}. \quad (6.1.3)$$

De acordo com a Eq. 6.1.1, $f_{s,\text{máx}} = \mu_s F_N$, o que significa que precisamos conhecer o módulo da força $\vec{F}_N$ para calcular $f_{s,\text{máx}}$. Como a força normal é vertical, aplicamos a segunda lei de Newton às componentes verticais das forças que agem sobre o bloco, o que nos dá $F_{\text{res},y} = ma_y$. As componentes aparecem na Fig. 6.1.3c. A força gravitacional, cujo módulo é mg, aponta para baixo. A componente vertical da força aplicada também aponta para baixo e é dada por $F_y = F \sen \theta$. A força normal, cujo módulo é F_N, aponta para cima. Como a aceleração a_y é zero, temos

$$F_N - mg - F \sen \theta = m(0), \quad (6.1.4)$$

o que nos dá

$$F_N = mg + F \sen \theta. \quad (6.1.5)$$

Agora podemos calcular $f_{s,\text{máx}} = \mu_s F_N$:

$$f_{s,\text{máx}} = \mu_s (mg + F \sen \theta)$$
$$= (0,700)((8,00 \text{ kg})(9,8 \text{ m/s}^2) + (12,0 \text{ N})(\sen 30°))$$
$$= 59,08 \text{ N}. \quad (6.1.6)$$

Como a componente horizontal da força aplicada ao bloco, ($F_x = 10,39$ N), é menor que a força máxima de atrito estático, $f_{s,\text{máx}}$ (= 59,08 N), o bloco permanece em repouso. A aplicação da segunda lei de Newton às componentes horizontais das forças que agem sobre o bloco nos dá $F_{\text{res},x} = ma_x$. As componentes aparecem na Fig. 6.1.3d. A componente horizontal da força aplicada aponta para a direita e a força de atrito aponta para a esquerda. Como a aceleração a_x é zero, temos:

$$F_x - f_s = m(0), \quad (6.1.7)$$

e, portanto, $\quad f_s = F_x = 10,39 \text{ N} \approx 10,4 \text{ N}, \quad$ (Resposta)

ou seja, a força de atrito f_s é igual a F_x.

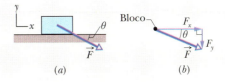

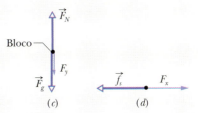

Figura 6.1.3 (a) Uma força é aplicada a um bloco inicialmente em repouso. (b) As componentes da força aplicada. (c) As componentes verticais das forças que agem sobre o bloco. (d) As componentes horizontais das forças que agem sobre o bloco.

Exemplo 6.1.2 Surfe na neve

A maioria dos praticantes de surfe na neve (Fig. 6.1.4a) sabe que uma prancha desliza com facilidade na neve porque o atrito entre a prancha e a neve aquece a neve, derretendo-a e produzindo uma camada micrométrica de água que funciona como um lubrificante, reduzindo o atrito. Por outro lado, poucos praticantes do esporte sabem que a força normal que os sustenta não se deve nem à água nem à neve, mas à pressão do ar. Neste exemplo, vamos examinar as forças que agem sobre um surfista da neve de 70 kg quando ele desce uma encosta com uma inclinação de 18°. Vamos supor que o coeficiente de atrito cinético é 0,040 e usar um eixo x alinhado com a encosta (Fig. 6.1.4b). (a) Qual é a aceleração do surfista?

IDEIAS-CHAVE

(1) O surfista acelera ao descer a encosta porque está sujeito a uma força paralela à encosta, $F_{res,x}$, que é a diferença entre a componente $F_{g,x}$ da força gravitacional, que aponta para baixo, e a força de atrito cinético, $\vec{f}_k$, que aponta para cima. (2) O módulo da força de atrito cinético é dado pela Eq. 6.1.2 ($f_k = \mu_k F_N$), em que F_N é o módulo da força normal (perpendicular à encosta) que age sobre o surfista. (3) A relação entre aceleração do surfista e a força paralela à encosta é dada pela segunda lei de Newton ($F_{res,x} = ma_x$).

Cálculos: A Fig. 6.1.4b mostra a componente da força gravitacional paralela à encosta, $mg \operatorname{sen} \theta$, e a componente perpendicular à encosta, $mg \cos \theta$. A força normal F_N é igual à componente perpendicular:

$$F_N = mg \cos \theta$$

e, portanto, o módulo da força de atrito é

$$f_k = \mu_k F_N = \mu_k mg \cos \theta.$$

Podemos calcular a aceleração do surfista usando a segunda lei Newton:

$$F_{res,x} = ma_x$$
$$-f_k + mg \operatorname{sen} \theta = ma_x$$
$$-\mu_k mg \cos \theta + mg \operatorname{sen} \theta = ma_x$$
$$g(-\mu_k \cos \theta + \operatorname{sen} \theta) = a_x$$
$$a_x = (9,8 \text{ m/s}^2)(-0,040 \cos 18° + \operatorname{sen} 18°)$$
$$= -2,7 \text{ m/s}^2. \quad \text{(Resposta)}$$

(b) Se a velocidade da prancha é menor que 10 m/s, o ar entre as partículas de neve abaixo da prancha é expulso para os lados e a força normal é exercida pelas partículas. No caso de neve fresca, esse resultado se aplica a velocidades ainda maiores, porque a neve é tão porosa que o ar pode ser facilmente expulso. No caso, porém, de velocidades elevadas e neve compactada pelo vento, a passagem da prancha é rápida demais para que o ar seja expulso e ele fica temporariamente retido. No caso de uma prancha de comprimento $L = 1,5$ m que está se movendo a uma velocidade $v = 15$ m/s, quanto tempo a prancha leva para passar por um trecho da encosta?

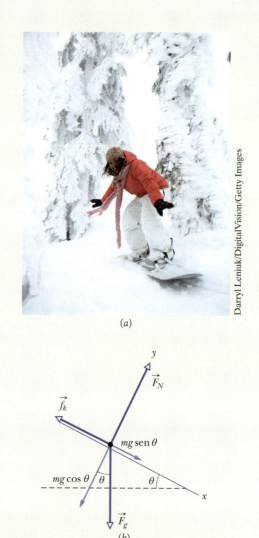

Figura 6.1.4 (a) Surfe na neve. (b) Diagrama de corpo livre do surfista.

$$t = \frac{L}{v} = \frac{1,5 \text{ m}}{15 \text{ m/s}} = 0,10 \text{ s}. \quad \text{(Resposta)}$$

(c) O intervalo de tempo calculado no item (b) é tão pequeno que o ar permanece sob a prancha e é comprimido por ela, contribuindo com 2/3 da força normal. Qual é a contribuição F_{ar} no caso de um surfista de 70 kg?

$$F_{ar} = \tfrac{2}{3} mg \cos \theta$$
$$= \tfrac{2}{3}(70 \text{ kg})(9,8 \text{ m/s}^2)(\cos 18°)$$
$$= 435 \text{ N}. \quad \text{(Resposta)}$$

FORÇA E MOVIMENTO – II   135

6.2 FORÇA DE ARRASTO E VELOCIDADE TERMINAL

Objetivos do Aprendizado

Depois de ler este módulo, você será capaz de ...

6.2.1 Aplicar a relação que existe entre a força de arrasto a que está sujeito um objeto imerso em um fluido e a velocidade relativa entre o objeto e o fluido.

6.2.2 Calcular a velocidade terminal de um objeto em queda no ar.

Ideias-Chave

● Sempre que existe um movimento relativo entre o ar (e outro fluido qualquer) e um corpo, o corpo experimenta uma força de arrasto $\vec{D}$ que se opõe ao movimento relativo e aponta na direção do movimento do fluido em relação ao corpo. O módulo de $\vec{D}$ está relacionado ao módulo da velocidade relativa $\vec{v}$ por meio da equação

$$D = \tfrac{1}{2} C \rho A v^2,$$

em que C é uma constante empírica denominada coeficiente de arrasto, ρ é a massa específica do fluido, A é a seção reta efetiva do corpo (área da seção reta do corpo perpendicular a $\vec{v}$).

● A velocidade de um objeto em queda no ar aumenta até que a força de arrasto $\vec{D}$ seja igual à força gravitacional $\vec{F}_g$. A partir desse momento, o corpo passa a cair com velocidade constante, conhecida como velocidade terminal, cujo valor é dado por

$$v_t = \sqrt{\frac{2F_g}{C \rho A}}.$$

Força de Arrasto e Velocidade Terminal

Um **fluido** é uma substância, em geral, um gás ou um líquido, capaz de escoar. Quando existe uma velocidade relativa entre um fluido e um corpo sólido (seja porque o corpo se move na presença do fluido, seja porque o fluido passa pelo corpo), o corpo experimenta uma **força de arrasto** $\vec{D}$ que se opõe ao movimento relativo e é paralela à direção do movimento relativo do fluido. 6.3 e 6.4

Examinaremos aqui apenas os casos em que o fluido é o ar, o corpo é rombudo (como uma bola) e não fino e pontiagudo (como um dardo) e o movimento relativo é suficientemente rápido para produzir uma turbulência no ar (formação de redemoinhos) atrás do corpo. Nesse caso, o módulo da força de arrasto $\vec{D}$ está relacionado com o módulo da velocidade relativa $\vec{v}$ por meio da equação

$$D = \tfrac{1}{2} C \rho A v^2, \tag{6.2.1}$$

em que C é um parâmetro determinado experimentalmente, conhecido como **coeficiente de arrasto**, ρ é a massa específica do ar (massa por unidade de volume) e A é a **área da seção reta efetiva** do corpo (a área de uma seção reta perpendicular à velocidade $\vec{v}$). O coeficiente de arrasto C (cujos valores típicos variam de 0,4 a 1,0) não é, na verdade, constante para um dado corpo, já que pode mudar de valor para grandes velocidades; mas vamos ignorar esse tipo de complicação.

Os esquiadores sabem muito bem que a força de arrasto depende de A e de v^2. Para alcançar altas velocidades, um esquiador procura reduzir o valor de D, adotando, por exemplo, a "posição de ovo" (Fig. 6.2.1) para minimizar A.

Queda. Quando um corpo rombudo cai a partir do repouso, a força de arrasto $\vec{D}$ produzida pela resistência do ar aponta para cima e seu módulo cresce gradualmente, a partir do zero, à medida que a velocidade do corpo aumenta. A força $\vec{D}$ para cima se opõe à força gravitacional $\vec{F}_g$, dirigida para baixo. Podemos relacionar essas forças à aceleração do corpo escrevendo a segunda lei de Newton para um eixo vertical y ($F_{\text{res},y} = ma_y$), como

$$D - F_g = ma, \tag{6.2.2}$$

Figura 6.2.1 A esquiadora se agacha na "posição de ovo" para minimizar a área da seção reta efetiva e, assim, reduzir a força de arrasto.

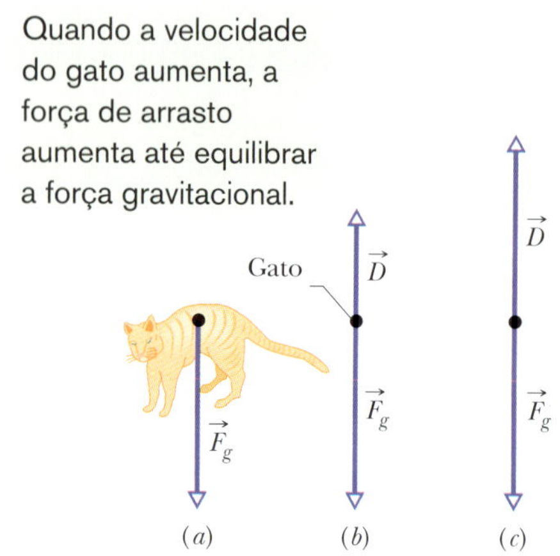

136 CAPÍTULO 6

Quando a velocidade do gato aumenta, a força de arrasto aumenta até equilibrar a força gravitacional.

Figura 6.2.2 Forças a que está submetido um corpo em queda livre no ar. (*a*) O corpo no momento em que começa a cair; a única força presente é a força gravitacional. (*b*) Diagrama de corpo livre durante a queda, incluindo a força de arrasto. (*c*) A força de arrasto aumentou até se tornar igual à força gravitacional. O corpo agora cai com velocidade constante, a chamada velocidade terminal.

em que m é a massa do corpo. Como mostra a Fig. 6.2.2, se o corpo cai por um tempo suficiente, D acaba se tornando igual a F_g. De acordo com a Eq. 6.2.2, isso significa que $a = 0$ e, portanto, a velocidade do corpo para de aumentar. O corpo passa, então, a cair com velocidade constante, a chamada **velocidade terminal** v_t.

Para determinar v_t, fazemos $a = 0$ na Eq. 6.2.2 e substituímos o valor de D, dado pela Eq. 6.2.1, obtendo

$$\tfrac{1}{2} C \rho A v_t^2 - F_g = 0,$$

o que nos dá

$$v_t = \sqrt{\frac{2 F_g}{C \rho A}}. \tag{6.2.3}$$

A Tabela 6.2.1 mostra os valores de v_t para alguns objetos comuns.

Tabela 6.2.1 Algumas Velocidades Terminais no Ar

Objeto	Velocidade terminal (m/s)	Distância para 95%[a] (m)
Peso (do arremesso de peso)	145	2.500
Paraquedista em queda livre (típico)	60	430
Bola de beisebol	42	210
Bola de tênis	31	115
Bola de basquete	20	47
Bola de pingue-pongue	9	10
Gota de chuva (raio = 1,5 mm)	7	6
Paraquedista (típico)	5	3

[a]Distância de queda necessária para atingir 95% da velocidade terminal.
Fonte: Adaptada de Peter J. Brancazio, *Sport Science*, 1984, Simon & Schuster, New York.

De acordo com cálculos* baseados na Eq. 6.2.1, um gato precisa cair cerca de seis andares para atingir a velocidade terminal. Até que isso aconteça, $F_g > D$ e o gato sofre uma aceleração para baixo porque a força resultante é diferente de zero. Como vimos no Capítulo 2, nosso corpo é um acelerômetro e não um velocímetro. Como o gato também sente a aceleração, ele fica assustado e mantém as patas abaixo do corpo, encolhe a cabeça e encurva a espinha para cima, reduzindo a área A, aumentando v_t e, provavelmente, se ferindo na queda.

Entretanto, se o gato atinge v_t durante uma queda mais longa, a aceleração se anula e ele relaxa um pouco, esticando as patas e o pescoço horizontalmente para fora e endireitando a espinha (o que o faz ficar parecido com um esquilo voador). Isso produz um aumento da área A e, consequentemente, de acordo com a Eq. 6.2.1, um aumento da força de arrasto D. O gato começa a diminuir de velocidade, já que, agora, $D > F_g$ (a força resultante aponta para cima), até que uma velocidade terminal v_t menor seja atingida. A diminuição de v_t reduz a possibilidade de que o gato se machuque na queda. Pouco antes do fim da queda, ao perceber que o chão está próximo, o gato coloca novamente as patas abaixo do corpo, preparando-se para o pouso. **CVF**

Os seres humanos muitas vezes saltam de grandes alturas apenas pelo prazer de "voar". Em abril de 1987, durante um salto, o paraquedista Gregory Robertson percebeu que a colega Debbie Williams havia desmaiado ao colidir com um terceiro paraquedista e, portanto, não tinha como abrir o paraquedas. Robertson, que estava muito acima de Debbie e ainda não tinha aberto o paraquedas para a descida de 4

---

*W. O. Whitney e C. J. Mehlhaff, "High-Rise Syndrome in Cats", *The Journal of the American Veterinary Medical Association*, 1987.

mil metros, colocou-se de cabeça para baixo para minimizar *A* e maximizar a velocidade da queda. Depois de atingir uma velocidade terminal estimada de 320 km/h, alcançou a moça e assumiu a "posição de águia" (como na Fig. 6.2.3) para aumentar *D* e conseguir agarrá-la. Ele abriu o paraquedas da moça e, em seguida, após soltá-la, abriu o próprio paraquedas, quando faltavam apenas 10 segundos para o impacto. Williams sofreu várias lesões internas devido à falta de controle na aterrissagem, mas sobreviveu.

Figura 6.2.3 Paraquedistas na "posição de águia", que maximiza a força de arrasto.

Exemplo 6.2.1 Velocidade terminal de uma gota de chuva 6.3

Uma gota de chuva, de raio $R = 1,5$ mm, cai de uma nuvem que está a uma altura $h = 1.200$ m acima do solo. O coeficiente de arrasto C da gota é 0,60. Suponha que a gota permanece esférica durante toda a queda. A massa específica da água, ρ_a, é 1.000 kg/m³ e a massa específica do ar, ρ_{ar}, é 1,2 kg/m³.

(a) De acordo com a Tabela 6.2.1, a gota atinge a velocidade terminal depois de cair apenas alguns metros. Qual é a velocidade terminal?

IDEIA-CHAVE

A gota atinge a velocidade terminal v_t quando a força gravitacional e a força de arrasto se equilibram, fazendo com que a aceleração seja nula. Poderíamos aplicar a segunda lei de Newton e a equação da força de arrasto para calcular v_t, mas a Eq. 6.2.3 já faz isso para nós.

Cálculos: Para usar a Eq. 6.2.3, precisamos conhecer a área efetiva da seção reta A e o módulo F_g da força gravitacional. Como a gota é esférica, A é a área de um círculo (πR^2) com o mesmo raio que a esfera. Para determinar F_g, usamos três fatos: (1) $F_g = mg$, em que m é a massa da gota; (2) o volume da gota (esférica) é $V = \frac{4}{3}\pi R^3$; (3) a massa específica da água da gota é igual à massa por unidade de volume: $\rho_a = m/V$. Assim, temos

$$F_g = V\rho_a g = \tfrac{4}{3}\pi R^3 \rho_a g.$$

Em seguida substituímos esse resultado, a expressão para A e os valores conhecidos na Eq. 6.2.3. Tomando cuidado para não confundir a massa específica do ar, ρ_{ar}, com a massa específica da água, ρ_a, obtemos:

$$v_t = \sqrt{\frac{2F_g}{C\rho_{ar}A}} = \sqrt{\frac{8\pi R^3 \rho_a g}{3C\rho_{ar}\pi R^2}} = \sqrt{\frac{8R\rho_a g}{3C\rho_{ar}}}$$

$$= \sqrt{\frac{(8)(1,5\times 10^{-3}\text{ m})(1000\text{ kg/m}^3)(9,8\text{ m/s}^2)}{(3)(0,60)(1,2\text{ kg/m}^3)}}$$

$$= 7,4\text{ m/s} \approx 27\text{ km/h}. \qquad \text{(Resposta)}$$

Note que a altura da nuvem não entra no cálculo.

(b) Qual seria a velocidade da gota imediatamente antes do impacto com o chão, se não existisse a força de arrasto?

IDEIA-CHAVE

Na ausência da força de arrasto para reduzir a velocidade da gota durante a queda, a gota cairia com a aceleração constante de queda livre g e, portanto, as equações do movimento com aceleração constante da Tabela 2.4.1 podem ser usadas.

Cálculo: Como sabemos que a aceleração é g, a velocidade inicial v_0 é zero e o deslocamento $x - x_0$ é $-h$, usamos a Eq. 2.4.6 para calcular v:

$$v = \sqrt{2gh} = \sqrt{(2)(9,8\text{ m/s}^2)(1.200\text{ m})}$$

$$= 153\text{ m/s} \approx 550\text{ km/h}. \qquad \text{(Resposta)}$$

Se Shakespeare soubesse disso, dificilmente teria escrito: "Gota a gota ela cai, tal como a chuva benéfica do céu". Na verdade, essa é a velocidade de uma bala disparada por uma arma de grosso calibre!

Teste 6.2.1

A velocidade terminal de uma gota d'água grande é maior, menor ou igual à de uma gota d'água pequena, supondo que ambas têm forma esférica?

138 CAPÍTULO 6

6.3 MOVIMENTO CIRCULAR UNIFORME

Objetivos do Aprendizado

Depois de ler este módulo, você será capaz de ...

6.3.1 Desenhar a trajetória de um corpo que descreve um movimento circular uniforme e explicar o comportamento dos vetores velocidade, aceleração e força durante o movimento.

6.3.2 Saber que, para um corpo descrever um movimento circular uniforme, ele deve ser submetido a uma força radial, conhecida como força centrípeta.

6.3.3 Conhecer a relação entre o raio da trajetória de um corpo que descreve um movimento circular uniforme e a velocidade do corpo, a massa do corpo e a força resultante que age sobre o corpo.

Ideias-Chave

● Se uma partícula descreve uma circunferência ou um arco de circunferência de raio R com velocidade constante v, dizemos que a partícula está descrevendo um movimento circular uniforme. Nesse caso, a partícula possui uma aceleração centrípeta $\vec{a}$ cujo módulo é dado por

$$a = \frac{v^2}{R}.$$

● A aceleração centrípeta $\vec{a}$ é produzida por uma força centrípeta $\vec{F}$ cujo módulo é dado por

$$F = \frac{mv^2}{R},$$

em que m é a massa da partícula. Os vetores $\vec{a}$ e $\vec{F}$ apontam para o centro de curvatura da trajetória da partícula.

Movimento Circular Uniforme

Como vimos no Módulo 4.5, quando um corpo descreve uma circunferência (ou um arco de circunferência) com velocidade escalar constante v, dizemos que esse corpo se encontra em movimento circular uniforme. Vimos também que o corpo possui uma aceleração centrípeta (dirigida para o centro da circunferência) de módulo constante dado por

$$a = \frac{v^2}{R} \quad \text{(aceleração centrípeta)}, \tag{6.3.1}$$

em que R é o raio do círculo. Vamos examinar dois exemplos de movimento circular uniforme:

1. *Fazendo uma curva de carro.* Você está sentado no centro do banco traseiro de um carro que se move em alta velocidade em uma estrada plana. Quando o motorista faz uma curva brusca para a esquerda e o carro descreve um arco de circunferência, você escorrega para a direita no assento e fica comprimido contra a porta do carro durante o resto da curva. O que está acontecendo?

   Enquanto o carro está fazendo a curva, ele se encontra em movimento circular uniforme, ou seja, possui uma aceleração dirigida para o centro da circunferência. De acordo com a segunda lei de Newton, deve haver uma força responsável por essa aceleração. Além disso, a força também deve estar dirigida para o centro da circunferência. Assim, trata-se de uma **força centrípeta**, expressão em que o adjetivo indica a direção da força. Neste exemplo, a força centrípeta é a força de atrito exercida pela estrada sobre os pneus; é graças a essa força que o carro consegue fazer a curva.

   Para você descrever um movimento circular uniforme junto com o carro, também deve existir uma força centrípeta agindo sobre você. Entretanto, aparentemente, a força centrípeta de atrito exercida pelo assento não foi suficiente para fazê-lo acompanhar o movimento circular do carro. Assim, o assento deslizou por baixo de você até a porta direita do carro se chocar com o seu corpo. A partir desse momento, a porta forneceu a força centrípeta necessária para fazer você acompanhar o carro no movimento circular uniforme.

2. *Girando em torno da Terra.* Dessa vez, você está a bordo da Estação Espacial Internacional, em órbita em torno da Terra, e flutua como se não tivesse peso. O que está acontecendo?

Tanto você como o ônibus espacial estão em movimento circular uniforme e possuem uma aceleração dirigida para o centro da circunferência. Novamente, pela segunda lei de Newton, forças centrípetas são a causa das acelerações. Desta vez, as forças centrípetas são atrações gravitacionais (a atração sobre você e a atração sobre o ônibus espacial) exercidas pela Terra e dirigidas para o centro da Terra.

Tanto no carro como no ônibus espacial, você está em movimento circular uniforme sob a ação de uma força centrípeta, mas experimenta sensações bem diferentes nas duas situações. No carro, comprimido contra a porta traseira, você tem consciência de que está sendo submetido a uma força. No ônibus espacial, está flutuando e tem a impressão de que não está sujeito a nenhuma força. Qual é a razão da diferença?

A diferença se deve à natureza das duas forças centrípetas. No carro, a força centrípeta é a compressão a que é submetida a parte do seu corpo que está em contato com a porta do carro. Você pode sentir essa compressão. No ônibus espacial, a força centrípeta é a atração gravitacional da Terra sobre todos os átomos do seu corpo. Assim, nenhuma parte do corpo sofre uma compressão, e você não sente nenhuma força. (A sensação é conhecida como "ausência de peso", mas essa descrição é enganosa. A atração exercida pela Terra sobre você certamente não desapareceu e, na verdade, é apenas ligeiramente menor que a que existe quando você está na superfície da Terra.)

A Fig. 6.3.1 mostra outro exemplo de força centrípeta. Um disco de metal descreve uma circunferência com velocidade constante v, preso por uma corda a um eixo central. Desta vez, a força centrípeta é a tração exercida radialmente pela corda sobre o disco. Sem essa força, o disco se moveria em linha reta em vez de se mover em círculos.

Observe que a força centrípeta não é um novo tipo de força; o nome simplesmente indica a direção da força. A força centrípeta pode ser uma força de atrito, uma força gravitacional, a força exercida pela porta de um carro, a força exercida por uma corda, ou qualquer outra força. Em todas essas situações,

Uma força centrípeta acelera um corpo, modificando a direção da velocidade do corpo sem mudar a velocidade escalar.

De acordo com a segunda lei de Newton e a Eq. 6.3.1 ($a = v^2/R$), podemos escrever o módulo F de uma força centrípeta (ou de uma força centrípeta resultante) como

$$F = m \frac{v^2}{R} \quad \text{(módulo da força centrípeta).} \quad (6.3.2)$$

Como a velocidade escalar v, nesse caso, é constante, os módulos da aceleração centrípeta e da força centrípeta também são constantes.

Por outro lado, as direções da aceleração centrípeta e da força centrípeta não são constantes; variam continuamente de modo a apontar sempre para o centro do círculo. Por essa razão, os vetores força e aceleração são, às vezes, desenhados ao longo de um eixo radial r que se move com o corpo e se estende do centro do círculo até o corpo, como na Fig. 6.3.1. O sentido positivo do eixo aponta radialmente para fora, mas os vetores aceleração e força apontam para dentro ao longo da direção radial.

 6.4 6.1

Teste 6.3.1

Como toda criança sabe, a roda-gigante é um brinquedo de parque de diversões com assentos montados em uma grande roda que gira em torno de um eixo horizontal. Quando você anda de roda-gigante com velocidade constante, qual é a direção da sua aceleração $\vec{a}$ e da força normal $\vec{F}_N$ exercida pelo assento (que está sempre na vertical) quando você passa (a) pelo ponto mais alto e (b) pelo ponto mais baixo da roda? (c) O módulo de $\vec{a}$ no ponto mais alto da roda é maior ou menor que no ponto mais baixo? (d) O módulo de $\vec{F}_N$ no ponto mais alto da roda é maior ou menor que no ponto mais baixo?

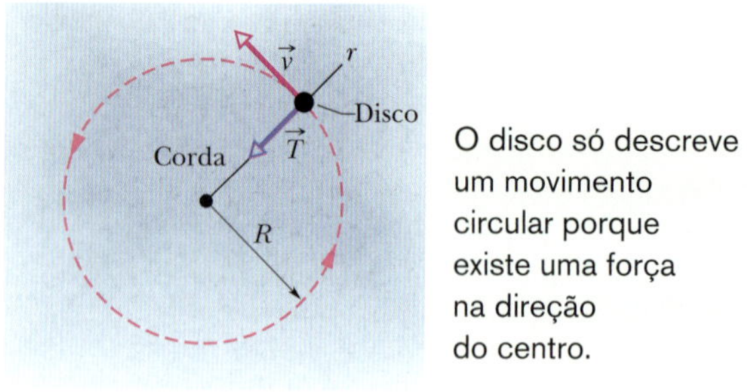

140 CAPÍTULO 6

Figura 6.3.1 Vista, de cima, de um disco de metal que se move com velocidade constante v em uma trajetória circular de raio R em uma superfície horizontal sem atrito. A força centrípeta que age sobre o disco é $\vec{T}$, a tração da corda, dirigida para o centro da circunferência ao longo do eixo radial r que passa pelo disco.

O disco só descreve um movimento circular porque existe uma força na direção do centro.

Exemplo 6.3.1 Diavolo executa um loop vertical

Graças aos automóveis, estamos mais acostumados com o movimento circular horizontal do que com o movimento circular vertical. Neste exemplo, um movimento circular vertical parece violar a força da gravidade.

Em 1901, em um espetáculo de circo, Allo "Dare Devil" Diavolo apresentou pela primeira vez um número de acrobacia que consistia em descrever um *loop* vertical pedalando uma bicicleta (Fig. 6.3.2a). Supondo que o *loop* seja um círculo, de raio $R = 2,7$ m, qual é a menor velocidade v que Diavolo podia ter na parte mais alta do *loop* para permanecer em contato com a pista? **CVF**

IDEIA-CHAVE

Podemos supor que Diavolo e sua bicicleta passam pela parte mais alta do *loop* como uma única partícula em movimento circular uniforme. No alto, a aceleração $\vec{a}$ da partícula deve ter um módulo $a = v^2/R$ dado pela Eq. 6.3.1 e estar voltada para baixo, em direção ao centro do *loop* circular.

Cálculos: As forças que agem sobre a partícula quando esta se encontra na parte mais alta do *loop* são mostradas no diagrama de corpo livre da Fig. 6.3.2b. A força gravitacional $\vec{F}_g$ aponta para baixo ao longo do eixo y; o mesmo acontece com a força normal $\vec{F}_N$ exercida pelo *loop* sobre a partícula. A segunda lei de Newton para as componentes y ($F_{\text{res},y} = ma_y$) nos dá

$$-F_N - F_g = m(-a)$$

e
$$-F_N - mg = m\left(-\frac{v^2}{R}\right). \quad (6.3.3)$$

Se a partícula possui a *menor velocidade* v necessária para permanecer em contato com a pista, ela está na *iminência de perder contato* com o *loop* (cair do *loop*), o que significa que $F_N = 0$ no alto do *loop* (a partícula e o piso se tocam, mas não há força normal). Substituindo F_N por 0 na Eq. 6.3.3, explicitando v e substituindo os valores conhecidos, obtemos

$$v = \sqrt{gR} = \sqrt{(9,8 \text{ m/s}^2)(2,7 \text{ m})}$$
$$= 5,1 \text{ m/s}. \quad \text{(Resposta)}$$

Comentários: Diavolo sempre se certificava de que sua velocidade no alto do *loop* era maior que 5,1 m/s, a velocidade mínima necessária para não perder contato com o *loop* e cair. Note que essa velocidade não depende da massa de Diavolo e sua bicicleta. Mesmo que tivesse se empanturrado antes de se apresentar, a velocidade mínima necessária para não cair do *loop* seriam os mesmos 5,1 m/s.

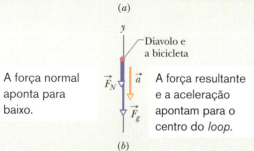

Figura 6.3.2 (a) Cartaz da época anunciando o número de Diavolo e (b) diagrama de corpo livre do artista na parte mais alta do *loop*.

Exemplo 6.3.2 Carros com força de sustentação negativa 6.5 e 6.6 6.5

Correndo de cabeça para baixo: Os carros de corrida modernos são projetados de tal forma que o ar em movimento os empurra para baixo, permitindo que façam as curvas em alta velocidade sem derrapar. Essa força para baixo é chamada *sustentação negativa*.

A Fig. 6.3.3*a* mostra um carro de corrida, de massa $m = 600$ kg, em uma pista plana na forma de um arco de circunferência de raio $R = 100$ m. Devido à forma do carro e aos aerofólios, o ar exerce sobre o carro uma sustentação negativa $\vec{F}_S$ dirigida para baixo. O coeficiente de atrito estático entre os pneus e a pista é 0,75. (Suponha que as forças sobre os quatro pneus são iguais.) **CVF**

(a) Se o carro está na iminência de derrapar e sair da pista quando sua velocidade é 28,6 m/s (103 km/h), qual é o módulo de $\vec{F}_S$?

IDEIAS-CHAVE

1. Como a trajetória do carro é um arco de circunferência, ele está sujeito a uma força centrípeta; essa força aponta para o centro de curvatura do arco e, como a pista é plana, é uma força horizontal.
2. A única força horizontal a que o carro está sujeito é a força de atrito exercida pela pista sobre os pneus. Assim, a força centrípeta é uma força de atrito.
3. Como o carro não está derrapando, a força de atrito é a força de atrito *estático* $\vec{f}_s$ (Fig. 6.3.3*a*).
4. Como o carro está na iminência de derrapar, o módulo f_s da força de atrito é igual ao valor máximo $f_{s,máx} = \mu_s F_N$, em que F_N é o módulo da força normal $\vec{F}_N$ que a pista exerce sobre o carro.

Cálculos para a direção radial: A força de atrito $\vec{f}_s$ é mostrada no diagrama de corpo livre da Fig. 6.3.3*b*. Ela aponta no sentido negativo do eixo radial r que se estende do centro de curvatura até o carro. A força produz uma aceleração centrípeta de módulo v^2/R. Podemos relacionar a força e a aceleração escrevendo a segunda lei de Newton para as componentes ao longo do eixo r ($F_{res,r} = ma_r$) na forma

$$-f_s = m\left(-\frac{v^2}{R}\right). \quad (6.3.4)$$

Substituindo f_s por $f_{s,máx} = \mu_s F_N$, temos

$$\mu_s F_N = m\left(\frac{v^2}{R}\right). \quad (6.3.5)$$

Cálculos para a direção vertical: Vamos considerar em seguida as forças verticais que agem sobre o carro. A força normal $\vec{F}_N$ aponta para cima, no sentido positivo do eixo y da Fig. 6.3.3*b*. A força gravitacional $\vec{F}_g = m\vec{g}$ e a sustentação negativa $\vec{F}_S$ apontam para baixo. A aceleração do carro ao longo do eixo y é zero. Assim, podemos escrever a segunda lei de Newton para as componentes ao longo do eixo y ($F_{res,y} = ma_y$) na forma

$$F_N - mg - F_S = 0,$$

e, portanto,
$$F_N = mg + F_S. \quad (6.3.6)$$

Combinação dos resultados: Agora podemos combinar os resultados ao longo dos dois eixos substituindo na Eq. 6.3.5 o valor de F_N dado pela Eq. 6.3.6. Fazendo isso e explicitando F_S, obtemos

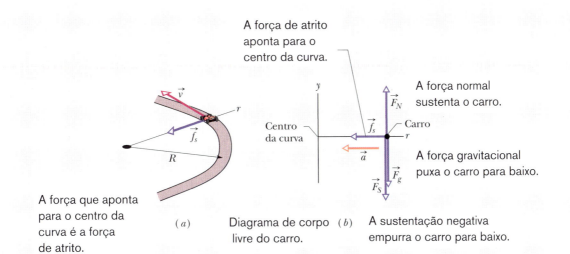

(a) Diagrama de corpo livre do carro. (b) A sustentação negativa empurra o carro para baixo.

Figura 6.3.3 (*a*) Um carro de corrida descreve uma curva em uma pista plana com velocidade escalar constante v. A força centrípeta necessária para que o carro faça a curva é a força de atrito $\vec{f}_s$, orientada segundo um eixo radial r. (*b*) Diagrama de corpo livre do carro (fora de escala), em um plano vertical passando por r.

142 CAPÍTULO 6

$$\vec{F}_s = m\left(\frac{v^2}{\mu_s R} - g\right)$$

$$= (600 \text{ kg})\left(\frac{(28,6 \text{ m/s})^2}{(0,75)(100 \text{ m})} - 9,8 \text{ m/s}^2\right)$$

$$= 663,7 \text{ N} \approx 660 \text{ N}. \qquad \text{(Resposta)}$$

(b) Um carro de corrida pode ter uma sustentação negativa suficiente para andar de cabeça para baixo no teto de um túnel, como fez um carro fictício no filme *MIB – Homens de Preto*? Para verificar se isso é possível, determine a velocidade mínima necessária para que a força de sustentação negativa do carro do item (a) seja igual ao seu peso.

IDEIA-CHAVE

Da mesma forma que a força de arrasto (Eq. 6.2.1), a força de sustentação negativa do carro, F_S, é proporcional a v^2, o quadrado da velocidade do carro.

Cálculos: Podemos escrever a razão entre força de sustentação negativa $F_{S,v}$ para qualquer velocidade v e a força de sustentação negativa F_S para $v = 28,6$ m/s na forma

$$\frac{F_{S,v}}{663,7 \text{ N}} = \frac{v^2}{(28,6 \text{ m/s})^2}.$$

Para que para que a força de sustentação negativa do carro do item (a) seja igual ao seu peso, devemos ter:

$$F_{S,v} = F_g = mg = (600 \text{ kg})(9,8 \text{ m/s}^2) = 5.880 \text{ N}$$

ou seja,

$$\frac{5.880 \text{ N}}{663,7 \text{ N}} = \frac{v^2}{(28,6 \text{ m/s})^2}$$

Explicitando v^2 na equação anterior e extraindo a raiz quadrada, obtemos:

$$v = \sqrt{\frac{(5.880 \text{ N})(28,6 \text{ m/s})^2}{663,7 \text{ N}}} = 85 \text{ m/s} \qquad \text{(Resposta)}$$

Assim, para andar de cabeça para baixo no teto de um túnel, o carro do item (a) precisaria estar a uma velocidade de pelo menos 85 m/s (≈ 300 km/h). Isso significa que um carro de corrida moderno poderia, teoricamente, realizar essa façanha. Entretanto, como dirigir a mais de 300 km/h é muito perigoso mesmo com o carro na posição normal, é pouco provável que alguém se disponha a correr esse risco.

Revisão e Resumo

Atrito Quando uma força $\vec{F}$ tende a fazer um corpo deslizar em uma superfície, a superfície exerce uma **força de atrito** sobre o corpo. A força de atrito é paralela à superfície e está orientada de modo a se opor ao movimento. Essa força se deve às ligações entre os átomos do corpo e os átomos da superfície.

Se o corpo permanece em repouso, a força de atrito é a **força de atrito estático** $\vec{f}_s$. Se o corpo se move, a força de atrito é a **força de atrito cinético** $\vec{f}_k$.

1. Se um corpo permanece em repouso, a força de atrito estático $\vec{f}_s$ e a componente de $\vec{F}$ paralela à superfície têm módulos iguais e sentidos opostos. Se a componente de $\vec{F}$ aumenta, f_e também aumenta.

2. O módulo de $\vec{f}_s$ tem um valor máximo $f_{s,\text{máx}}$ dado por

$$f_{s,\text{máx}} = \mu_s F_N, \qquad (6.1.1)$$

em que μ_s é o **coeficiente de atrito estático** e F_N é o módulo da força normal. Se a componente de $\vec{F}$ paralela à superfície excede o valor de $f_{s,\text{máx}}$, o corpo começa a se mover.

3. Se o corpo começa a se mover, o módulo da força de atrito diminui rapidamente para um valor constante f_k dado por

$$f_k = \mu_k F_N, \qquad (6.1.2)$$

em que μ_k é o **coeficiente de atrito cinético**.

Força de Arrasto Quando há movimento relativo entre o ar (ou outro fluido qualquer) e um corpo, o corpo sofre a ação de uma **força de arrasto** $\vec{D}$ que se opõe ao movimento relativo e aponta na direção em que o fluido se move em relação ao corpo. O módulo de $\vec{D}$ está relacionado à velocidade relativa v através de um **coeficiente de arrasto** C (determinado experimentalmente) por meio da equação

$$D = \tfrac{1}{2}C\rho A v^2, \qquad (6.2.1)$$

em que ρ é a massa específica do fluido (massa por unidade de volume) e A é a **área da seção reta efetiva** do corpo (área de uma seção reta perpendicular à velocidade relativa $\vec{v}$).

Velocidade Terminal Quando um objeto rombudo cai por uma distância suficiente no ar, os módulos da força de arrasto $\vec{D}$ e da força gravitacional $\vec{F}_g$ tornam-se iguais. Nesse caso, o corpo passa a cair com uma **velocidade terminal** v_t dada por

$$v_t = \sqrt{\frac{2F_g}{C\rho A}}. \qquad (6.2.3)$$

Movimento Circular Uniforme Se uma partícula se move em uma circunferência ou em um arco de circunferência de raio R com uma velocidade escalar constante v, dizemos que a partícula está em **movimento circular uniforme**. Nesse caso, a partícula possui uma **aceleração centrípeta** $\vec{a}$ cujo módulo é dado por

$$a = \frac{v^2}{R}. \qquad (6.3.1)$$

Essa aceleração se deve a uma **força centrípeta** cujo módulo é dado por

$$F = \frac{mv^2}{R}, \qquad (6.3.2)$$

em que m é a massa da partícula. As grandezas vetoriais $\vec{a}$ e $\vec{F}$ apontam para o centro de curvatura da trajetória da partícula.

Perguntas

1 Na Fig. 6.1, se a caixa está parada e o ângulo θ entre a horizontal e a força $\vec{F}$ aumenta, as grandezas a seguir aumentam, diminuem ou permanecem com o mesmo valor:

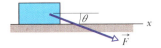

Figura 6.1 Pergunta 1.

(a) F_x; (b) f_s; (c) F_N; (d) $f_{s,máx}$? (e) Se a caixa está em movimento e θ aumenta, o módulo da força de atrito a que a caixa está submetida aumenta, diminui ou permanece o mesmo?

2 Repita a Pergunta 1 para o caso de a força $\vec{F}$ estar orientada para cima e não para baixo, como na Fig. 6.1.

3 Na Fig. 6.2, uma força horizontal $\vec{F}_1$ de módulo 10 N é aplicada a uma caixa que está em um piso, mas a caixa não se move. Quando o módulo da força vertical $\vec{F}_2$ aumenta a partir de zero, as grandezas a seguir aumentam, diminuem ou permanecem as mesmas:

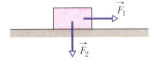

Figura 6.2 Pergunta 3.

(a) o módulo da força de atrito estático $\vec{f}_s$ a que a caixa está submetida; (b) o módulo da força normal $\vec{F}_N$ exercida pelo piso sobre a caixa; (c) o valor máximo $f_{s,máx}$ do módulo da força de atrito estático a que a caixa está submetida? (d) A caixa acaba escorregando?

4 Em três experimentos, três forças horizontais diferentes são aplicadas ao mesmo bloco que está inicialmente em repouso na mesma bancada. Os módulos das forças são $F_1 = 12$ N, $F_2 = 8$ N e $F_3 = 4$ N. Em cada experimento, o bloco permanece em repouso após a aplicação da força. Ordene as forças, em ordem decrescente, de acordo (a) com o módulo f_s da força de atrito estático que a bancada exerce sobre o bloco e (b) com o valor máximo $f_{s,máx}$ dessa força.

5 Se você pressiona um caixote de maçãs contra uma parede com tanta força que o caixote não escorrega parede abaixo, qual é a orientação (a) da força de atrito estático $\vec{f}_s$ que a parede exerce sobre o caixote e (b) da força normal $\vec{F}_N$ que a parede exerce sobre o caixote? Se você empurra o caixote com mais força, o que acontece (c) com f_s, (d) com F_N e (e) com $f_{e,máx}$?

6 Na Fig. 6.3, um bloco de massa m é mantido em repouso em uma rampa pela força de atrito que a rampa exerce sobre o bloco. Uma força $\vec{F}$, dirigida para cima ao longo da rampa, é aplicada ao bloco e o módulo da força aumentado gradualmente a partir de zero. Durante esse aumento, o que acontece com a direção e o módulo da força de atrito que age sobre o bloco?

Figura 6.3 Pergunta 6.

7 Responda à Pergunta 6 se a força $\vec{F}$ estiver orientada para baixo ao longo da rampa. Quando o módulo de $\vec{F}$ aumenta a partir de zero, o que acontece com a direção e o módulo da força de atrito que age sobre o bloco?

8 Na Fig. 6.4, uma força horizontal de 100 N vai ser aplicada a uma prancha de 10 kg, que está inicialmente em repouso em um piso liso sem atrito, para acelerar a prancha. Um bloco de 10 kg repousa na superfície da prancha; o coeficiente de atrito μ entre o bloco e a prancha não é conhecido e o bloco está solto, podendo escorregar na prancha.

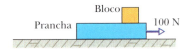

Figura 6.4 Pergunta 8.

(a) Considerando essa possibilidade, qual é o intervalo de valores possíveis para o módulo a_p da aceleração da prancha? (*Sugestão*: Não é preciso fazer cálculos complicados, basta considerar valores extremos de μ.) (b) Qual é o intervalo de valores possíveis para o módulo a_b da aceleração do bloco?

9 A Fig. 6.5 mostra uma vista de cima da trajetória de um carrinho de parque de diversões que passa, com velocidade escalar constante, por cinco arcos circulares de raios R_0, $2R_0$ e $3R_0$. Ordene os arcos de acordo com o módulo da força centrípeta que age sobre o carrinho ao passar por eles, começando pelo maior.

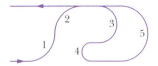

Figura 6.5 Pergunta 9.

10 **CVF** Em 1987, para comemorar o dia de Halloween, dois paraquedistas trocaram uma abóbora entre si enquanto estavam em queda livre, a oeste de Chicago. A brincadeira foi muito divertida, até que o homem que estava com a abóbora abriu o paraquedas. A abóbora foi arrancada de suas mãos, despencou 0,5 km, atravessou o telhado de uma casa, bateu no chão da cozinha e se espalhou por toda a cozinha recém-reformada. O que fez o paraquedista deixar cair a abóbora, do ponto de vista do paraquedista e do ponto de vista da abóbora?

11 Uma pessoa que está andando de roda-gigante passa pelas seguintes posições: (1) o ponto mais alto da roda, (2) o ponto mais baixo da roda, (3) o ponto médio da roda. Se a roda está girando com velocidade angular constante, ordene as três posições, em ordem decrescente, (a) de acordo com o módulo da aceleração centrípeta da pessoa; (b) de acordo com o módulo da força centrípeta resultante a que a pessoa está sujeita; (c) de acordo com o módulo da força normal a que a pessoa está sujeita.

12 Em 1956, durante um voo de rotina, o piloto de provas Tom Attridge colocou seu jato de caça em um mergulho de 20° para testar os canhões de 20 mm da aeronave. Enquanto viajava mais depressa que o som a uma altitude de 4.000 m, Attridge disparou várias vezes. Depois de esperar algum tempo para que os canhões esfriassem, disparou uma nova salva de tiros a 2.000 m; nessa ocasião, o piloto estava a uma velocidade de 344 m/s, a velocidade dos projéteis em relação ao avião era de 730 m/s e o mergulho prosseguia, com um ângulo maior que o inicial.

De repente, a cobertura da cabine se despedaçou e a entrada de ar da turbina da direita foi danificada. Attridge fez um pouso forçado em uma floresta e conseguiu escapar da explosão que se seguiu ao pouso. Explique o que aparentemente aconteceu logo depois da segunda salva de tiros. (Pelo que se sabe, Attridge foi o primeiro piloto a derrubar a tiros seu próprio avião.)

13 Um caixote está em uma rampa que faz um ângulo θ com a horizontal. Quando θ é aumentado a partir de zero, e antes que o caixote comece a escorregar, o valor das grandezas a seguir aumenta, diminui ou permanece o mesmo: (a) a componente paralela à rampa da força gravitacional que age sobre o caixote; (b) o módulo da força de atrito estático que a rampa exerce sobre o caixote; (c) a componente perpendicular à rampa da força gravitacional que age sobre o caixote; (d) o módulo da força normal que a rampa exerce sobre o caixote; (e) o valor máximo $f_{s,máx}$ da força de atrito estático?

Problemas

F Fácil **M** Médio **D** Difícil
CVF Informações adicionais disponíveis no e-book *O Circo Voador da Física*, de Jearl Walker, LTC Editora, Rio de Janeiro, 2008.
CALC Requer o uso de derivadas e/ou integrais
BIO Aplicação biomédica

Módulo 6.1 Atrito

1 F O piso de um vagão de trem está carregado de caixas soltas cujo coeficiente de atrito estático com o piso é 0,25. Se o trem está se movendo inicialmente com uma velocidade de 48 km/h, qual é a menor distância na qual o trem pode ser parado com aceleração constante sem que as caixas deslizem no piso?

2 F Em um jogo de *shuffleboard* improvisado, estudantes enlouquecidos pelos exames finais usam uma vassoura para movimentar um livro de cálculo no corredor do dormitório. Se o livro de 3,5 kg adquire uma velocidade de 1,60 m/s ao ser empurrado pela vassoura, a partir do repouso, com uma força horizontal de 25 N, por uma distância de 0,90 m, qual é o coeficiente de atrito cinético entre o livro e o piso?

3 F Uma cômoda com uma massa de 45 kg, incluindo as gavetas e as roupas, está em repouso no piso. (a) Se o coeficiente de atrito estático entre a cômoda e o piso é 0,45, qual é o módulo da menor força horizontal necessária para fazer a cômoda entrar em movimento? (b) Se as gavetas e as roupas, com uma massa total de 17 kg, são removidas antes de empurrar a cômoda, qual é o novo módulo mínimo?

4 F Um porco brincalhão escorrega em uma rampa com uma inclinação de 35° e leva o dobro do tempo que levaria se não houvesse atrito. Qual é o coeficiente de atrito cinético entre o porco e a rampa?

5 F Um bloco de 2,5 kg está inicialmente em repouso em uma superfície horizontal. Uma força horizontal $\vec{F}$ de módulo 6,0 N e uma força vertical $\vec{P}$ são aplicadas ao bloco (Fig. 6.6). Os coeficientes de atrito entre o bloco e a superfície são $\mu_s = 0{,}40$ e $\mu_k = 0{,}25$. Determine o módulo da força de atrito que age sobre o bloco se o módulo de $\vec{P}$ é (a) 8,0 N, (b) 10 N e (c) 12 N.

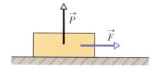

Figura 6.6 Problema 5.

6 F Um jogador de beisebol, de massa $m = 79$ kg, deslizando para chegar à segunda base, é retardado por uma força de atrito de módulo 470 N. Qual é o coeficiente de atrito cinético μ_k entre o jogador e o chão?

7 F Uma pessoa empurra horizontalmente um caixote de 55 kg com uma força de 220 N para deslocá-lo em um piso plano. O coeficiente de atrito cinético é 0,35. (a) Qual é o módulo da força de atrito? (b) Qual é o módulo da aceleração do caixote?

8 F CVF *As misteriosas pedras que migram*. Na remota Racetrack Playa, no Vale da Morte, Califórnia, as pedras às vezes deixam rastros no chão do deserto, como se estivessem migrando (Fig. 6.7). Há muitos anos que os cientistas tentam explicar como as pedras se movem. Uma possível explicação é que, durante uma tempestade ocasional, os fortes ventos arrastam as pedras no solo amolecido pela chuva. Quando o solo seca, os rastros deixados pelas pedras são endurecidos pelo calor. Segundo medições realizadas no local, o coeficiente de atrito cinético entre as pedras e o solo úmido do deserto é aproximadamente 0,80. Qual é a força horizontal necessária para manter em movimento uma pedra de 20 kg (uma massa típica) depois que uma rajada de vento a coloca em movimento? (A história continua no Problema 37.)

Jerry Schad/Science Source

Figura 6.7 Problema 8. O que fez a pedra se mover?

9 F Um bloco de 3,5 kg é empurrado em um piso horizontal por uma força $\vec{F}$ de módulo 15 N que faz um ângulo $\theta = 40°$ com a horizontal (Fig. 6.8). O coeficiente de atrito cinético entre o bloco e o piso é 0,25. Calcule (a) o módulo da força de atrito que o piso exerce sobre o bloco e (b) o módulo da aceleração do bloco.

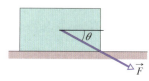

Figura 6.8 Problemas 9 e 32.

10 F A Fig. 6.9 mostra um bloco inicialmente estacionário, de massa m, em um piso. Uma força de módulo $0{,}500\,mg$ é aplicada com um ângulo $\theta = 20°$ para cima. Qual é o módulo da aceleração do bloco, se (a) $\mu_s = 0{,}600$ e $\mu_k = 0{,}500$ e (b) $\mu_s = 0{,}400$ e $\mu_k = 0{,}300$?

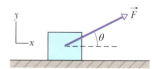

Figura 6.9 Problema 10.

11 F Um caixote de 68 kg é arrastado em um piso, puxado por uma corda inclinada 15° acima da horizontal. (a) Se o coeficiente de atrito estático é 0,50, qual é o valor mínimo do módulo da força para que o caixote comece a se mover? (b) Se $\mu_k = 0{,}35$, qual é o módulo da aceleração inicial do caixote?

12 F BIO Por volta de 1915, Henry Sincosky, de Filadélfia, pendurou-se no caibro de um telhado apertando-o com os polegares de um lado e com os outros dedos do outro lado (Fig. 6.10). A massa de Sincosky era de 79 kg. Se o coeficiente de atrito estático entre as mãos e o caibro era 0,70, qual foi, no mínimo, o módulo da força normal exercida sobre o caibro pelos polegares ou os dedos do lado oposto? (Depois de se pendurar, Sincosky ergueu o corpo e deslocou-se ao longo do caibro, trocando de mão. Se você não dá valor ao feito de Sincosky, tente repetir a proeza.)

13 F Um operário empurra um engradado de 35 kg com uma força horizontal de módulo 110 N. O coeficiente de atrito estático entre o engradado

Figura 6.10 Problema 12.

e o piso é 0,37. (a) Qual é o valor de $f_{s,máx}$ nessas circunstâncias? (b) O engradado se move? (c) Qual é a força de atrito que o piso exerce sobre o engradado? (d) Suponha que um segundo operário, no intuito de ajudar, puxe o engradado para cima. Qual é o menor puxão vertical que permite ao primeiro operário mover o engradado com o empurrão de 110 N? (e) Se, em vez disso, o segundo operário tenta ajudar puxando horizontalmente o engradado, qual é o menor puxão que coloca o engradado em movimento?

14 **F** A Fig. 6.11 mostra a seção transversal de uma estrada na encosta de uma montanha. A reta AA' representa um plano de estratificação ao longo do qual pode ocorrer um deslizamento. O bloco B, situado acima da estrada, está separado do resto da montanha por uma grande fenda (chamada *junta*), de modo

Figura 6.11 Problema 14.

que somente o atrito entre o bloco e o plano de estratificação evita o deslizamento. A massa do bloco é $1,8 \times 10^7$ kg, o *ângulo de mergulho* θ do plano de estratificação é 24° e o coeficiente de atrito estático entre o bloco e o plano é 0,63. (a) Mostre que o bloco não desliza. (b) A água penetra na junta e se expande após congelar, exercendo sobre o bloco uma força $\vec{F}$ paralela a AA'. Qual é o valor mínimo do módulo F da força para o qual ocorre um deslizamento?

15 **F** O coeficiente de atrito estático entre o Teflon e ovos mexidos é cerca de 0,04. Qual é o menor ângulo com a horizontal que faz com que os ovos deslizem no fundo de uma frigideira revestida com Teflon?

16 **M** Um trenó com um pinguim, com 80 N de peso total, está em repouso em uma ladeira de ângulo $\theta = 20°$ com a horizontal (Fig. 6.12). O coeficiente de atrito estático entre o trenó e a ladeira é 0,25 e o coeficiente de atrito cinético é 0,15. (a) Qual é o menor módulo da força $\vec{F}$, paralela ao plano, que impede o trenó de deslizar ladeira abaixo? (b) Qual é o menor módulo F que faz o trenó começar a subir a ladeira? (c) Qual é o valor de F que faz o trenó subir a ladeira com velocidade constante?

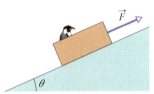

Figura 6.12 Problemas 16 e 22.

17 **M** Na Fig. 6.13, uma força $\vec{P}$ atua sobre um bloco com 45 N de peso. O bloco está inicialmente em repouso em um plano inclinado de ângulo $\theta = 15°$ com a horizontal. O sentido positivo do eixo x é para cima ao longo do plano. Os

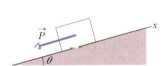

Figura 6.13 Problema 17.

coeficientes de atrito entre o bloco e o plano são $\mu_s = 0,50$ e $\mu_k = 0,34$. Na notação dos vetores unitários, qual é a força de atrito exercida pelo plano sobre o bloco quando $\vec{P}$ é igual a (a) $(-5,0 \text{ N})\hat{i}$, (b) $(-8,0 \text{ N})\hat{i}$ e (c) $(-15,0 \text{ N})\hat{i}$?

18 **M** Você depõe como *perito* em um caso envolvendo um acidente no qual um carro A bateu na traseira de um carro B que estava parado em um sinal vermelho no meio de uma ladeira (Fig. 6.14). Você descobre que a inclinação da ladeira é $\theta = 12,0°$, que os carros estavam separados por uma distância $d = 24,0$ m quando o motorista do carro A freou bruscamente, bloqueando as rodas (o carro não dispunha de freios ABS) e que a velocidade do carro A no momento em que o motorista pisou no freio era $v_0 = 18$ m/s. Com que velocidade o carro A bateu no carro B se o coeficiente de atrito cinético era (a) 0,60 (estrada seca) e (b) 0,10 (estrada coberta de folhas molhadas)?

Figura 6.14 Problema 18.

19 **M** Uma força horizontal $\vec{F}$, de 12 N, empurra um bloco de 5,0 N de peso contra uma parede vertical (Fig. 6.15). O coeficiente de atrito estático entre a parede e o bloco é 0,60 e o coeficiente de atrito cinético é 0,40. Suponha que o bloco não esteja se movendo inicialmente. (a) O bloco vai se mover? (b) Na notação dos vetores unitários, qual é a força que a parede exerce sobre o bloco?

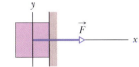

Figura 6.15 Problema 19.

20 **M** Na Fig. 6.16, uma caixa de cereais Cheerios (massa $m_C = 1,0$ kg) e uma caixa de cereais Wheaties (massa $m_W = 3,0$ kg) são aceleradas em uma superfície horizontal por uma força horizontal $\vec{F}$ aplicada à

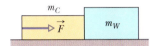

Figura 6.16 Problema 20.

caixa de cereais Cheerios. O módulo da força de atrito que age sobre a caixa de Cheerios é 2,0 N e o módulo da força de atrito que age sobre a caixa de Wheaties é 4,0 N. Se o módulo de $\vec{F}$ é 12 N, qual é o módulo da força que a caixa de Cheerios exerce sobre a caixa de Wheaties?

21 **M** **CALC** Uma caixa de areia, inicialmente em repouso, vai ser puxada em um piso por meio de um cabo cuja tração não deve exceder 1.100 N. O coeficiente de atrito estático entre a caixa e o piso é de 0,35. (a) Qual deve ser o ângulo entre o cabo e a horizontal para que se consiga puxar a maior quantidade possível de areia e (b) qual é o peso da areia e da caixa nesta situação?

22 **M** Na Fig. 6.12, um trenó é sustentado em um plano inclinado por uma corda que o puxa para cima paralelamente ao plano. O trenó está na iminência de começar a subir. A Fig. 6.17 mostra o módulo F da força aplicada à corda em função do coeficiente de atrito estático μ_s entre o trenó e o plano. Se $F_1 = 2,0$ N, $F_2 = 5,0$ N e $\mu_2 = 0,50$, qual é o valor do ângulo θ do plano inclinado?

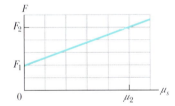

Figura 6.17 Problema 22.

23 **M** Quando os três blocos da Fig. 6.18 são liberados a partir do repouso, eles aceleram com um módulo de 0,500 m/s². O bloco 1 tem massa M, o bloco

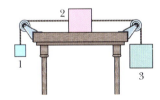

Figura 6.18 Problema 23.

2 tem massa $2M$ e o bloco 3 tem massa $2M$. Qual é o coeficiente de atrito cinético entre o bloco 2 e a mesa?

24 **M** Um bloco de 4,10 kg é empurrado em um piso por uma força horizontal constante de módulo 40,0 N. A Fig. 6.19 mostra a velocidade v do bloco em função do tempo t quando o bloco se desloca ao longo do piso. A escala vertical do gráfico é definida por $v_s = 5,0$ m/s. Qual é o coeficiente de atrito cinético entre o bloco e o piso?

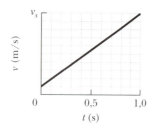

Figura 6.19 Problema 24.

25 M O bloco *B* da Fig. 6.20 pesa 711 N. O coeficiente de atrito estático entre o bloco e a mesa é 0,25; o ângulo θ é 30°; suponha que o trecho da corda entre o bloco *B* e o nó é horizontal. Determine o peso máximo do bloco *A* para o qual o sistema permanece em repouso.

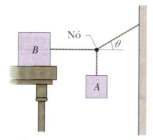

Figura 6.20 Problema 25.

26 M A Fig. 6.21 mostra três caixotes sendo empurrados em um piso de concreto por uma força horizontal $\vec{F}$ de módulo 440 N. As massas dos caixotes são $m_1 = 30,0$ kg, $m_2 = 10,0$ kg e $m_3 = 20,0$ kg. O coeficiente de atrito cinético entre o piso e cada um dos caixotes é de 0,700. (a) Qual é o módulo F_{32} da força exercida sobre o bloco 3 pelo bloco 2? (b) Se os caixotes deslizassem em um piso polido, com um coeficiente de atrito cinético menor que 0,700, o módulo F_{32} seria maior, menor ou igual ao valor quando o coeficiente de atrito era 0,700?

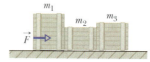

Figura 6.21 Problema 26.

27 M Na Fig. 6.22, dois blocos estão ligados por uma corda que passa por uma polia. O bloco *A* pesa 102 N e o bloco *B* pesa 32 N. Os coeficientes de atrito entre *A* e a rampa são $\mu_s = 0,56$ e $\mu_k = 0,25$. O ângulo θ é igual a 40°. Suponha que o eixo *x* é paralelo à rampa, com o sentido positivo para cima. Na notação dos vetores unitários, qual é a aceleração de *A*, se *A* está inicialmente (a) em repouso, (b) subindo a rampa e (c) descendo a rampa?

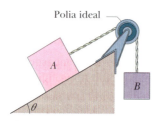

Figura 6.22 Problemas 27 e 28.

28 M Na Fig. 6.22, dois blocos estão ligados por uma corda que passa por uma polia. A massa do bloco *A* é 10 kg e o coeficiente de atrito cinético entre *A* e a rampa é 0,20. O ângulo θ da rampa é 30°. O bloco *A* desliza para baixo ao longo da rampa com velocidade constante. Qual é a massa do bloco *B*? Despreze a massa da corda e a massa e o atrito da polia.

29 M Na Fig. 6.23, os blocos *A* e *B* pesam 44 N e 22 N, respectivamente. (a) Determine o menor peso do bloco *C* que evita que o bloco *A* deslize, se μ_s entre *A* e a mesa é 0,20. (b) O bloco *C* é removido bruscamente de cima do bloco *A*. Qual é a aceleração do bloco *A* se μ_k entre *A* e a mesa é 0,15?

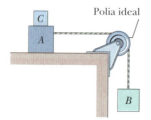

Figura 6.23 Problema 29.

30 M CALC Uma caixa de brinquedos e seu conteúdo têm um peso total de 180 N. O coeficiente de atrito estático entre a caixa de brinquedos e o piso é 0,42. A criança da Fig. 6.24 tenta arrastar a caixa puxando-a por uma corda. (a) Se $\theta = 42°$, qual é o módulo da força $\vec{F}$ que a criança deve fazer sobre a corda para que a caixa esteja na iminência de se mover? (b) Escreva uma expressão para o menor valor do módulo de $\vec{F}$ necessário para que a caixa se mova em função do ângulo θ. Determine (c) o valor de θ para o qual *F* é mínimo e (d) o valor mínimo de *F*.

Figura 6.24 Problema 30.

31 M Dois blocos, com 3,6 N e 7,2 N de peso, estão ligados por uma corda sem massa e deslizam para baixo em um plano inclinado de 30°. O coeficiente de atrito cinético entre o bloco mais leve e o plano é 0,10 e o coeficiente de atrito cinético entre o bloco mais pesado e o plano é 0,20. Supondo que o bloco mais leve desce na frente, determine (a) o módulo da aceleração dos blocos e (b) a tração da corda.

32 M Um bloco é empurrado em um piso horizontal por uma força constante que faz um ângulo θ para baixo com o piso (Fig. 6.8). A Fig. 6.25 mostra o módulo da aceleração *a* em função do coeficiente de atrito cinético μ_k entre o bloco e o piso. Se $a_1 = 3,0$ m/s², $\mu_{k2} = 0,20$ e $\mu_{k3} = 0,40$, qual é o valor de θ?

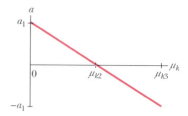

Figura 6.25 Problema 32.

33 D Um barco de 1.000 kg está navegando a 90 km/h quando o motor é desligado. O módulo da força de atrito $\vec{f}_k$ entre o barco e a água é proporcional à velocidade *v* do barco: $f_k = 70v$, em que *v* está em metros por segundo, e f_k está em newtons. Determine o tempo necessário para que a velocidade do barco diminua para 45 km/h.

34 D Na Fig. 6.26, uma prancha de massa $m_1 = 40$ kg repousa em um piso sem atrito e um bloco de massa $m_2 = 10$ kg repousa na prancha. O coeficiente de atrito estático entre o bloco e a prancha é 0,60 e o coeficiente de atrito cinético é 0,40. O bloco é puxado por uma força horizontal $\vec{F}$ de módulo 100 N. Na notação dos vetores unitários, qual é a aceleração (a) do bloco e (b) da prancha?

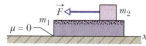

Figura 6.26 Problema 34.

35 D Os dois blocos ($m = 16$ kg e $M = 88$ kg) da Fig. 6.27 não estão ligados. O coeficiente de atrito estático entre os blocos é $\mu_s = 0,38$, mas não há atrito na superfície abaixo do bloco maior. Qual é o menor valor do módulo da força horizontal $\vec{F}$ para o qual o bloco menor não escorrega para baixo ao longo do bloco maior?

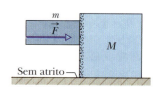

Figura 6.27 Problema 35.

Módulo 6.2 Força de Arrasto e Velocidade Terminal

36 F A velocidade terminal de um paraquedista é 160 km/h na posição de águia e 310 km/h na posição de mergulho de cabeça. Supondo que o coeficiente de arrasto C do paraquedista não muda de uma posição para outra, determine a razão entre a área da seção reta efetiva A na posição de menor velocidade e a área na posição de maior velocidade.

37 M CVF *Continuação do Problema 8.* Suponha agora que a Eq. 6.2.1 forneça o módulo da força de arrasto que age sobre uma pedra típica de 20 kg, que apresenta, ao vento, uma área de seção reta vertical de 0,040 m² e tem um coeficiente de arrasto C de 0,80. Tome a massa específica do ar como 1,21 kg/m³ e o coeficiente de atrito cinético como 0,80. (a) Que velocidade V de um vento paralelo ao solo, em quilômetros por hora, é necessária para manter a pedra em movimento depois que ela começa a se mover? Como a velocidade do vento perto do solo é reduzida pela presença do solo, a velocidade do vento informada nos boletins meteorológicos é frequentemente medida a uma altura de 10 m. Suponha que a velocidade do vento a essa altura seja duas vezes maior do que junto ao solo. (b) Para a resposta do item (a), que velocidade do vento seria informada nos boletins meteorológicos? (c) Esse valor é razoável para um vento de alta velocidade durante uma tempestade? (A história continua no Problema 65.)

38 M Suponha que a Eq. 6.2.1 forneça a força de arrasto a que estão sujeitos um piloto e o assento de ejeção imediatamente após terem sido ejetados de um avião voando horizontalmente a 1.300 km/h. Suponha também que a massa do assento seja igual à massa do piloto e que o coeficiente de arrasto seja o mesmo que o de um paraquedista. Fazendo uma estimativa razoável para a massa do piloto e usando o valor apropriado de v_t da Tabela 6.2.1, estime o módulo (a) da força de arrasto sobre o conjunto *piloto* + *assento* e (b) da desaceleração horizontal (em termos de g) do conjunto, ambos imediatamente após a ejeção. [O resultado do item (a) deve servir de alerta para os projetistas: o assento precisa dispor de um anteparo para desviar o vento da cabeça do piloto.]

39 M Calcule a razão entre a força de arrasto experimentada por um avião a jato voando a 1.000 km/h a uma altitude de 10 km e a força de arrasto experimentada por um avião a hélice voando a metade da altitude com metade da velocidade. A massa específica do ar é 0,38 kg/m³ a 10 km e 0,67 kg/m³ a 5,0 km. Suponha que os aviões possuem a mesma área de seção reta efetiva e o mesmo coeficiente de arrasto C.

40 M CVF Ao descer uma encosta, um esquiador é freado pela força de arrasto que o ar exerce sobre o seu corpo e pela força de atrito cinético que a neve exerce sobre os esquis. (a) Suponha que o ângulo da encosta é $\theta = 40,0°$, que a neve é neve seca, com um coeficiente de atrito cinético $\mu_k = 0,0400$, que a massa do esquiador e de seu equipamento é $m = 85,0$ kg, que a área da seção reta do esquiador (agachado) é $A = 1,30$ m², que o coeficiente de arrasto é $C = 0,150$ e que a massa específica do ar é 1,20 kg/m³. (a) Qual é a velocidade terminal? (b) Se o esquiador pode fazer o coeficiente de arrasto C sofrer uma pequena variação dC alterando, por exemplo, a posição das mãos, qual é a variação correspondente da velocidade terminal?

Módulo 6.3 Movimento Circular Uniforme

41 F Um gato está cochilando em um carrossel parado, a uma distância de 5,4 m do centro. O brinquedo é ligado e logo atinge a velocidade normal de funcionamento, na qual completa uma volta a cada 6,0 s. Qual deve ser, no mínimo, o coeficiente de atrito estático entre o gato e o carrossel para que o gato permaneça no mesmo lugar, sem escorregar?

42 F Suponha que o coeficiente de atrito estático entre a estrada e os pneus de um carro é 0,60 e não há sustentação negativa. Que velocidade deixa o carro na iminência de derrapar quando faz uma curva não compensada com 30,5 m de raio?

43 F Qual é o menor raio de uma curva sem compensação (plana) que permite que um ciclista a 29 km/h faça a curva sem derrapar se o coeficiente de atrito estático entre os pneus e a pista é 0,32?

44 F Durante uma corrida de trenós nas Olimpíadas de Inverno, a equipe jamaicana fez uma curva com 7,6 m de raio a uma velocidade de 96,6 km/h. Qual foi a aceleração em unidades de g?

45 M CVF Um estudante que pesa 667 N está sentado, com as costas eretas, em uma roda-gigante em movimento. No ponto mais alto, o módulo da força normal $\vec{F}_N$ exercida pelo assento sobre o estudante é 556 N. (a) O estudante se sente mais "leve" ou mais "pesado" nesse ponto? (b) Qual é o módulo de $\vec{F}_N$ no ponto mais baixo? Se a velocidade da roda-gigante é duplicada, qual é o módulo F_N da força normal (c) no ponto mais alto e (d) no ponto mais baixo?

46 M Uma policial de 55,0 kg, que está perseguindo, de carro, um suspeito, faz uma curva circular de 300 m de raio a uma velocidade escalar constante de 80 km/h. Determine (a) o módulo e (b) o ângulo (em relação à vertical) da força *resultante* que a policial exerce sobre o assento do carro. (*Sugestão*: Considere as forças horizontais e verticais.)

47 M CVF Um viciado em movimentos circulares, com 80 kg de massa, está andando em uma roda-gigante que descreve uma circunferência vertical de 10 m de raio a uma velocidade escalar constante de 6,1 m/s. (a) Qual é o período do movimento? Qual é o módulo da força normal exercida pelo assento sobre o viciado quando ambos passam (b) pelo ponto mais alto da trajetória circular e (c) pelo ponto mais baixo?

48 M CVF Um carro de montanha-russa tem massa de 1.200 kg quando está lotado. Quando o carro passa pelo alto de uma elevação circular com 18 m de raio, a velocidade escalar se mantém constante. Nesse instante, quais são (a) o módulo F_N e (b) o sentido (para cima ou para baixo) da força normal exercida pelo trilho sobre o carro se a velocidade do carro é $v = 11$ m/s? Quais são (c) F_N e (d) o sentido da força normal se $v = 14$ m/s?

49 M Na Fig. 6.28, um carro passa com velocidade constante por uma colina circular e por um vale circular de mesmo raio. No alto da colina, a força normal exercida sobre o motorista pelo assento do carro é zero. A massa do motorista é de 70,0 kg. Qual é o módulo da força normal exercida pelo assento sobre o motorista quando o carro passa pelo fundo do vale?

Figura 6.28 Problema 49.

50 M CALC Um passageiro, de 85,0 kg, descreve uma trajetória circular de raio $r = 3,50$ m em movimento circular uniforme. (a) A Fig. 6.29a mostra um gráfico do módulo F da força centrípeta em função da velocidade v do passageiro. Qual é a inclinação do gráfico para $v = 8,30$ m/s? (b) A Fig. 6.29b mostra um gráfico do módulo F da força em função de T, que é o período do movimento. Qual é a inclinação do gráfico para $T = 2,50$ s?

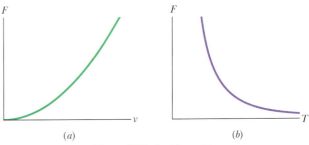

Figura 6.29 Problema 50.

51 Um avião está voando em uma circunferência horizontal a uma velocidade de 480 km/h (Fig. 6.30). Se as asas estão inclinadas de um ângulo $\theta = 40°$ com a horizontal, qual é o raio da circunferência? Suponha que a força necessária para manter o avião nessa trajetória resulte inteiramente de uma "sustentação aerodinâmica" perpendicular à superfície das asas.

Figura 6.30 Problema 51.

52 Em um brinquedo de parque de diversões, um carro se move em uma circunferência vertical na extremidade de uma haste rígida de massa desprezível. O peso do carro com os passageiros é 5,0 kN e o raio da circunferência é 10 m. No ponto mais alto da circunferência, qual é (a) o módulo F_H e (b) qual é o sentido (para cima ou para baixo) da força exercida pela haste sobre o carro se a velocidade do carro é $v = 5,0$ m/s? (c) Qual é F_H e (d) qual é o sentido da força se $v = 12$ m/s?

53 Um bonde antigo dobra uma esquina fazendo uma curva plana com 9,1 m de raio a 16 km/h. Qual é o ângulo que as alças de mão penduradas no teto fazem com a vertical?

54 Ao projetar brinquedos para parques de diversões que fazem movimentos circulares, os engenheiros mecânicos devem levar em conta o fato de que pequenas variações de certos parâmetros podem alterar significativamente a força experimentada pelos passageiros. Considere um passageiro de massa m que descreve uma trajetória circular de raio r com velocidade v. Determine a variação dF do módulo da força para (a) uma variação dr do raio da trajetória, sem que v varie; (b) uma variação dv da velocidade, sem que r varie; (c) uma variação dT do período, sem que r varie.

55 Um parafuso está enroscado em uma das extremidades de uma haste fina horizontal que gira em torno da outra extremidade. Um engenheiro monitora o movimento iluminando o parafuso e a haste com uma lâmpada estroboscópica e ajustando a frequência dos lampejos até que o parafuso pareça estar nas mesmas oito posições a cada rotação completa da haste (Fig. 6.31). A frequência dos lampejos é 2.000 por segundo; a massa do parafuso é 30 g e a haste tem 3,5 cm de comprimento. Qual é o módulo da força exercida pela haste sobre o parafuso?

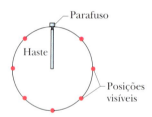

Figura 6.31 Problema 55.

56 Uma curva circular compensada de uma rodovia foi planejada para uma velocidade de 60 km/h. O raio da curva é de 200 m. Em um dia chuvoso, a velocidade dos carros diminui para 40 km/h. Qual é o menor coeficiente de atrito entre os pneus e a estrada para que os carros façam a curva sem derrapar? (Suponha que os carros não possuem sustentação negativa.)

57 Um disco de metal, de massa $m = 1,50$ kg, descreve uma circunferência de raio $r = 20,0$ cm em uma mesa sem atrito enquanto permanece ligado a um cilindro de massa $M = 2,50$ kg pendurado por um fio que passa por um furo no centro da mesa (Fig. 6.32). Que velocidade do disco mantém o cilindro em repouso?

58 *Frear ou desviar?* A Fig. 6.33 mostra uma vista de cima de um carro que se aproxima de um muro. Suponha que o motorista começa a frear quando a distância

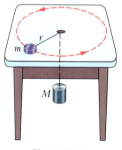

Figura 6.32 Problema 57.

entre o carro e o muro é $d = 107$ m, que a massa do carro é $m = 1.400$ kg, que a velocidade inicial é $v_0 = 35$ m/s e que o coeficiente de atrito estático é $\mu_s = 0,50$. Suponha também que o peso do carro está distribuído igualmente pelas quatro rodas, mesmo durante a frenagem. (a) Qual é o valor mínimo do módulo da força de atrito estático (entre os pneus e o piso) para que o carro pare antes de se chocar com o muro? (b) Qual é o valor máximo possível da força de atrito estático $f_{s,máx}$? (c) Se o coeficiente de atrito cinético entre os pneus (com as rodas bloqueadas) e o piso é $\mu_k = 0,40$, com que velocidade o carro se choca com o muro? O motorista também pode tentar se desviar do muro, como mostra a figura. (d) Qual é o módulo da força de atrito necessária para fazer o carro descrever uma trajetória circular de raio d e velocidade v_0 para que o carro descreva um quarto de circunferência e tangencie o muro? (e) A força calculada no item (d) é menor que $f_{s,máx}$, o que evitaria o choque?

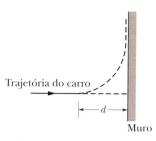

Figura 6.33 Problema 58.

59 Na Fig. 6.34, uma bola de 1,34 kg é ligada por meio de dois fios, de massa desprezível, cada um de comprimento $L = 1,70$ m, a uma haste vertical giratória. Os fios estão amarrados à haste a uma distância $d = 1,70$ m um do outro e estão esticados. A tração do fio de cima é 35 N. Determine (a) a tração do fio de baixo; (b) o módulo da força resultante $\vec{F}_{res}$ a que está sujeita a bola; (c) a velocidade escalar da bola; (d) a direção de $\vec{F}_{res}$.

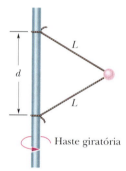

Figura 6.34 Problema 59.

Problemas Adicionais

60 Na Fig. 6.35, uma caixa com formigas vermelhas (massa total $m_1 = 1,65$ kg) e uma caixa com formigas pretas (massa total $m_2 = 3,30$ kg) deslizam para baixo em um plano inclinado, ligadas por uma haste sem massa paralela ao plano. O ângulo de inclinação é $\theta = 30°$. O coeficiente de atrito cinético entre a caixa com formigas vermelhas e a rampa é $\mu_1 = 0,226$; entre a caixa com formigas pretas e a rampa é $\mu_2 = 0,113$. Calcule (a) a tração da haste e (b) o módulo da aceleração comum das duas caixas. (c) Como as respostas dos itens (a) e (b) mudariam se as posições das caixas fossem invertidas?

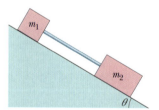

Figura 6.35 Problema 60.

61 Um bloco de massa $m_a = 4,0$ kg é colocado em cima de outro bloco de massa $m_b = 5,0$ kg. Para fazer o bloco de cima deslizar no bloco de baixo enquanto o segundo é mantido fixo, é preciso aplicar ao bloco de cima uma força horizontal de no mínimo 12 N. O conjunto de blocos é colocado em uma mesa horizontal sem atrito (Fig. 6.36). Determine o módulo (a) da maior força horizontal $\vec{F}$ que pode ser aplicada ao

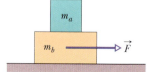

Figura 6.36 Problema 61.

bloco de baixo sem que os blocos deixem de se mover juntos e (b) a aceleração resultante dos blocos.

62 Uma pedra de 5,00 kg é deslocada em contato com o teto horizontal de uma caverna (Fig. 6.37). Se o coeficiente de atrito cinético é 0,65 e a força aplicada à pedra faz um ângulo $\theta = 70°$ para cima com a horizontal, qual deve ser o módulo para que a pedra se mova com velocidade constante?

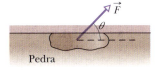

Figura 6.37 Problema 62.

63 **BIO** **CVF** Na Fig. 6.38, uma alpinista de 49 kg está subindo por uma "chaminé". O coeficiente de atrito estático entre as botas e a pedra é 1,2; entre as costas e a pedra é 0,80. A alpinista reduziu a força que está fazendo contra a pedra até se encontrar na iminência de escorregar. (a) Desenhe um diagrama de corpo livre da moça. (b) Qual é o módulo da força que a moça exerce contra a pedra? (c) Que fração do peso da moça é sustentada pelo atrito dos sapatos?

Figura 6.38 Problema 63.

64 Um vagão de um trem de alta velocidade faz uma curva horizontal de 470 m de raio, sem compensação, com velocidade constante. Os módulos das componentes horizontal e vertical da força que o vagão exerce sobre um passageiro de 51,0 kg são 210 N e 500 N, respectivamente. (a) Qual é o módulo da força resultante (de *todas* as forças) sobre o passageiro? (b) Qual é a velocidade do vagão?

65 **CVF** Continuação dos Problemas 8 e 37. Outra explicação é que as pedras se movem apenas quando a água que cai na região durante uma tempestade congela, formando uma fina camada de gelo. As pedras ficam presas no gelo. Quando o vento sopra, o gelo e as pedras são arrastados e as pedras deixam as trilhas. O módulo da força de arrasto do ar sobre essa "vela de gelo" é dado por $D_{gelo} = 4C_{gelo}\rho A_{gelo}v^2$, em que C_{gelo} é o coeficiente de arrasto ($2,0 \times 10^{-3}$), ρ é a massa específica do ar (1,21 kg/m³), A_{gelo} é a área horizontal da camada de gelo e v é a velocidade do vento.

Suponha o seguinte: A camada de gelo mede 400 m por 500 m por 4,0 mm e tem coeficiente de atrito cinético 0,10 com o solo e uma massa específica de 917 kg/m³. Suponha ainda que 100 pedras iguais à do Problema 8 estão presas no gelo. Qual é a velocidade do vento necessária para manter o movimento da camada de gelo (a) nas proximidades da camada e (b) a uma altura de 10 m? (c) Esses valores são razoáveis para ventos fortes durante uma tempestade?

66 Na Fig. 6.39, o bloco 1, de massa $m_1 = 2,0$ kg, e o bloco 2, de massa $m_2 = 3,0$ kg, estão ligados por um fio, de massa desprezível, e são inicialmente mantidos em repouso. O bloco 2 está em uma superfície sem atrito com uma inclinação $\theta = 30°$.

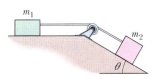

Figura 6.39 Problema 66.

O coeficiente de atrito cinético entre o bloco 1 e a superfície horizontal é 0,25. A polia tem massa e atrito desprezíveis. Ao serem liberados, os blocos entram em movimento. Qual é a tração do fio?

67 Na Fig. 6.40, um caixote escorrega para baixo em uma vala inclinada cujos lados fazem um ângulo reto. O coeficiente de atrito cinético entre o caixote e a vala é μ_k. Qual é a aceleração do caixote em função de μ_k, θ e g?

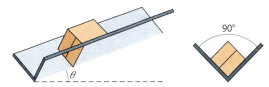

Figura 6.40 Problema 67.

68 *Projetando uma curva de uma rodovia.* Se um carro entra muito depressa em uma curva, ele tende a derrapar. No caso de uma curva compensada com atrito, a força de atrito que age sobre um carro em alta velocidade se opõe à tendência do carro de derrapar para fora da estrada; a força aponta para o lado mais baixo da pista (o lado para o qual a água escoaria). Considere uma curva circular, de raio $R = 200$ m e ângulo de compensação θ, na qual o coeficiente de atrito estático entre os pneus e o pavimento é μ_s. Um carro (sem sustentação negativa) começa a fazer a curva. (a) Escreva uma expressão para a velocidade do carro $v_{máx}$ que o coloca na iminência de derrapar. (b) Plote, no mesmo gráfico, $v_{máx}$ em função de θ para o intervalo de 0° a 50°, primeiro para $\mu_s = 0,60$ (pista seca), e depois para $\mu_s = 0,050$ (pista molhada). Calcule $v_{máx}$, em km/h, para um ângulo de compensação $\theta = 10°$ e para (c) $\mu_s = 0,60$ e (d) $\mu_s = 0,050$. (Agora você pode entender por que ocorrem acidentes nas curvas das estradas quando os motoristas não percebem que a estrada está molhada e continuam dirigindo à velocidade normal.)

69 Um estudante, enlouquecido pelos exames finais, usa uma força $\vec{P}$ de módulo 80 N e ângulo $\theta = 70°$ para empurrar um bloco de 5,0 kg no teto do quarto (Fig. 6.41). Se o coeficiente de atrito cinético entre o bloco e o teto é 0,40, qual é o módulo da aceleração do bloco?

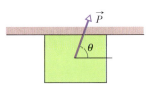

Figura 6.41 Problema 69.

70 A Fig. 6.42 mostra um *pêndulo cônico*, no qual um peso (pequeno objeto na extremidade inferior da corda) se move em uma circunferência horizontal com velocidade constante. (A corda descreve um cone quando o peso gira.) O peso tem massa de 0,040 kg, a corda tem comprimento $L = 0,90$ m e massa desprezível, e o peso descreve uma circunferência de 0,94 m. Determine (a) a tração da corda e (b) o período do movimento. **6.6**

71 Um bloco de aço de 8,00 kg repousa em uma mesa horizontal. O coeficiente de atrito estático entre o bloco e a mesa é 0,450. Uma força é aplicada ao bloco. Calcule, com três algarismos significativos, o módulo da força se ela deixa o bloco na iminência de deslizar quando é

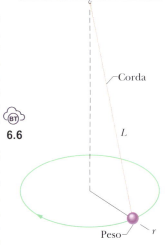

Figura 6.42 Problema 70.

dirigida (a) horizontalmente, (b) para cima, formando um ângulo de 60,0° com a horizontal e (c) para baixo, formando um ângulo de 60,0° com a horizontal.

72 Uma caixa de enlatados escorrega em uma rampa do nível da rua até o subsolo de um armazém com uma aceleração de 0,75 m/s² dirigida para baixo ao longo da rampa. A rampa faz um ângulo de 40° com a horizontal. Qual é o coeficiente de atrito cinético entre a caixa e a rampa?

73 Na Fig. 6.43, o coeficiente de atrito cinético entre o bloco e o plano inclinado é 0,20 e o ângulo θ é 60°. Quais são (a) o módulo a e (b) o sentido (para cima ou para baixo ao longo do plano) da aceleração do bloco se ele está escorregando para baixo? Quais são (c) o módulo a e (d) o sentido da aceleração se o bloco está escorregando para cima?

Figura 6.43 Problema 73.

74 Um disco de metal de 110 g que desliza no gelo é parado em 15 m pela força de atrito que o gelo exerce sobre o disco. (a) Se a velocidade inicial do disco é 6,0 m/s, qual é o módulo da força de atrito? (b) Qual é o coeficiente de atrito entre o disco e o gelo?

75 Uma locomotiva acelera um trem de 25 vagões em uma linha férrea plana. Cada vagão possui massa de $5,0 \times 10^4$ kg e está sujeito a uma força de atrito $f = 250v$, em que a velocidade v está em metros por segundo e a força f está em newtons. No instante em que a velocidade do trem é de 30 km/h, o módulo da aceleração é 0,20 m/s². (a) Qual é a tração no engate entre o primeiro vagão e a locomotiva? (b) Se essa tração é igual à força máxima que a locomotiva pode exercer sobre o trem, qual é o maior aclive que a linha férrea pode ter para que a locomotiva consiga puxar o trem a 30 km/h?

76 Uma casa é construída no alto de uma colina, perto de uma encosta com uma inclinação $\theta = 45°$ (Fig. 6.44). Um estudo de engenharia indica que o ângulo do declive deve ser reduzido porque as camadas superiores do solo podem deslizar em relação às camadas inferiores. Se o coeficiente de atrito estático entre as camadas é 0,5, qual é o menor ângulo θ de que a inclinação atual deve ser reduzida para evitar deslizamentos?

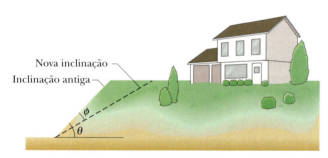

Figura 6.44 Problema 76.

77 Qual é a velocidade terminal de uma bola esférica de 6,00 kg que possui um raio de 3,00 cm e um coeficiente de arrasto de 1,60? A massa específica do ar no local onde a bola está caindo é 1,20 kg/m³.

78 Uma estudante pretende determinar os coeficientes de atrito estático e atrito cinético entre uma caixa e uma tábua. Para isso, ela coloca a caixa sobre a tábua e levanta lentamente uma das extremidades da tábua. Quando o ângulo de inclinação em relação à horizontal chega a 30°, a caixa começa a escorregar e percorre 2,5 m ao longo da tábua em 4,0 s, com aceleração constante. Quais são (a) o coeficiente de atrito estático e (b) o coeficiente de atrito cinético entre a caixa e a tábua?

79 O bloco A da Fig. 6.45 tem massa $m_A = 4,0$ kg e o bloco B tem massa $m_B = 2,0$ kg. O coeficiente de atrito cinético entre o bloco B e o plano horizontal é $\mu_k = 0,50$. O ângulo do plano inclinado sem atrito é $\theta = 30°$. A polia serve apenas para mudar a direção do fio que liga os blocos. O fio tem massa desprezível. Determine (a) a tração do fio e (b) o módulo da aceleração dos blocos.

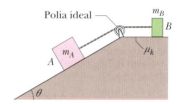

Figura 6.45 Problema 79.

80 Calcule o módulo da força de arrasto a que está sujeito um míssil de 53 cm de diâmetro voando a 250 m/s em baixa altitude. Suponha que a massa específica do ar é 1,2 kg/m³ e o coeficiente de arrasto C é 0,75.

81 Um ciclista se move em um círculo de 25,0 m de raio a uma velocidade constante de 9,00 m/s. A massa do conjunto ciclista-bicicleta é 85,0 kg. Calcule o módulo (a) da força de atrito que a pista exerce sobre a bicicleta e (b) da força *resultante* que a pista exerce sobre a bicicleta.

82 Na Fig. 6.46, um carro (sem sustentação negativa), dirigido por um dublê, passa pelo alto de um morro cuja seção transversal pode ser aproximada por uma circunferência de raio $R = 250$ m. Qual é a maior velocidade para a qual o carro não perde contato com a estrada no alto do morro?

Figura 6.46 Problema 82.

83 Você precisa empurrar um caixote até um atracadouro. O caixote pesa 165 N. O coeficiente de atrito estático entre o caixote e o piso é 0,51, e o coeficiente de atrito cinético é 0,32. A força que você exerce sobre o caixote é horizontal. (a) Qual deve ser o módulo da força para que o caixote comece a se mover? (b) Qual deve ser o módulo da força, depois que o caixote começa a se mover, para que se mova com velocidade constante? (c) Se, depois que o caixote começar a se mover, o módulo da força tiver o valor calculado em (a), qual será o módulo da aceleração do caixote?

84 Na Fig. 6.47, uma força $\vec{F}$ é aplicada a um caixote de massa m que repousa em um piso; o coeficiente de atrito estático entre o caixote e o piso é μ_s. O ângulo θ é inicialmente 0°, mas é gradualmente aumentado, fazendo com que a direção da força gire no sentido horário. Durante a rotação, a intensidade da força é continuamente ajustada para que o caixote permaneça na iminência de se mover. Para $\mu_s = 0,70$, (a) plote a razão F/mg em função de θ e (b) determine o ângulo θ_{inf} para o qual a razão se torna infinita. (c) Se o piso é lubrificado, o valor de θ_{inf} aumenta, diminui, ou permanece inalterado? (d) Qual é o valor de θ_{inf} para $\mu_s = 0,60$?

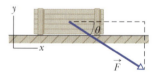

Figura 6.47 Problema 84.

85 Durante a tarde, um carro é estacionado em uma ladeira que faz um ângulo de 35,0° com a horizontal. Nesse momento, o coeficiente de atrito estático entre os pneus e o asfalto é 0,725. Quando anoitece, começa a nevar e o coeficiente de atrito diminui, tanto por causa da neve como por causa das mudanças químicas do pavimento causadas pela queda de temperatura. Qual deve ser a redução percentual do coeficiente de atrito para que o carro comece a escorregar ladeira abaixo?

86 **CVF** Um menino com uma funda coloca uma pedra (0,250 kg) na bolsa (0,010 kg) da funda e faz girar a pedra e a bolsa em uma circunferência vertical de raio 0,650 m. A corda entre a bolsa e a mão do menino tem massa desprezível e arrebentará se a tração exceder 33,0 N. Suponha que o menino aumente aos poucos a velocidade da pedra. (a) A corda vai arrebentar no ponto mais baixo da circunferência ou no ponto mais alto? (b) Para qual valor da velocidade da pedra a corda vai arrebentar?

87 Um carro com 10,7 kN de peso, viajando a 13,4 m/s sem sustentação negativa, tenta fazer uma curva não compensada com um raio de 61,0 m. (a) Qual é a força de atrito entre os pneus e a estrada necessária para manter o carro em uma trajetória circular? (b) Se o coeficiente de atrito estático entre os pneus e a estrada é 0,350, o carro consegue fazer a curva sem derrapar?

88 Na Fig. 6.48, o bloco 1 de massa m_1 = 2,0 kg e o bloco 2 de massa m_2 = 1,0 kg estão ligados por um fio, de massa desprezível. O bloco 2 é empurrado por uma força $\vec{F}$ de módulo 20 N que faz um ângulo θ = 35°

Figura 6.48 Problema 88.

com a horizontal. O coeficiente de atrito cinético entre cada bloco e a superfície horizontal é 0,20. Qual é a tração do fio?

89 Um pequeno armário com 556 N de peso está em repouso. O coeficiente de atrito estático entre o armário e o piso é 0,68 e o coeficiente de atrito cinético é 0,56. Em quatro diferentes tentativas de deslocá-lo, o armário é empurrado por forças horizontais de módulos (a) 222 N, (b) 334 N, (c) 445 N e (d) 556 N. Para cada tentativa, calcule o módulo da força de atrito exercida pelo piso sobre o armário. (Em cada tentativa, o armário está inicialmente em repouso.) (e) Em quais das tentativas o armário se move?

90 Na Fig. 6.49, um bloco com 22 N de peso é mantido em repouso contra uma parede vertical por uma força horizontal $\vec{F}$ de módulo 60 N. O coeficiente de atrito estático entre a parede e o bloco é 0,55 e o coeficiente de atrito cinético é 0,38. Em seis experimentos, uma segunda força $\vec{P}$ é aplicada ao bloco, paralelamente à parede, com os seguintes módulos e sentidos: (a) 34 N para cima, (b) 12 N para cima, (c) 48 N para cima, (d) 62 N para cima, (e) 10 N para baixo e (f) 18 N para baixo. Qual é o módulo da força de atrito que age sobre o bloco em cada experimento? Em que experimentos o bloco se move (g) para cima e (h) para baixo? (i) Em que experimentos a força de atrito é para baixo?

Figura 6.49 Problema 90.

91 *Para baixo e para cima.* (a) Suponha que um eixo *x* é paralelo a um plano inclinado que faz um ângulo θ = 60° com a horizontal e que o sentido positivo do eixo é para cima. Qual é a aceleração de um bloco que escorrega para baixo no plano inclinado, se o coeficiente de atrito cinético entre o bloco e o plano inclinado é 0,20? (b) Qual é a aceleração se o bloco recebeu um impulso inicial para cima e ainda está subindo?

92 *Malas em um aeroporto.* Nos aeroportos, as malas são transportadas de um lugar a outro por esteiras rolantes. Em um certo local de um aeroporto, uma esteira desce uma rampa que faz um ângulo de 2,5° com a horizontal. Suponha que o ângulo é suficientemente pequeno para que as malas não escorreguem e que um eixo *x*, paralelo à esteira, aponte para cima. Determine a força de atrito entre a esteira em uma mala com 69 N de peso quando a mala está na esteira rolante para as seguintes situações: (a) A esteira está parada. (b) A esteira está se movendo a uma velocidade constante de 0,65 m/s. (c) A esteira está se movendo a uma velocidade de 0,65 m/s que está aumentando à taxa de 0,20 m/s². (d) A esteira está se movendo a uma velocidade de 0,65 m/s que está diminuindo à taxa de 0,20 m/s². (e) A esteira está se movendo a uma velocidade de 0,65 m/s que está aumentando à taxa de 0,57 m/s².

93 *Até onde?* Um bloco que estava escorregando para baixo em um plano inclinado de ângulo θ com velocidade constante recebe um impulso para cima que o faz começar a subir com velocidade inicial v_0. (a) Que distância o bloco percorre até parar? (b) O bloco desce novamente?

94 *Doce no prato.* Um doce é colocado no prato de um toca-discos parado, a 6,6 cm de distância do centro. O prato começa a girar e é ajustado para descrever 2,00 voltas completas a cada 2,45 s. O doce permanece no lugar onde está, sem escorregar. (a) Qual é o módulo da aceleração do prato? (b) Se a velocidade de rotação do prato é aumentada gradualmente até 2,00 voltas completas a cada 1,80 s, o doce começa a escorregar. Qual é o coeficiente de atrito estático entre o doce e o prato?

95 *Circulando nossa galáxia.* O Sistema Solar está descrevendo uma trajetória aproximadamente circular, com um raio de $2,5 \times 10^4$ anos-luz, em torno do centro de nossa galáxia, a Via Láctea. (a) Qual é o período desse movimento, em anos? (b) A massa do Sistema Solar é aproximadamente igual à massa do Sol ($1,99 \times 10^{30}$ kg). Qual é o módulo da força centrípeta a que o Sistema Solar está submetido?

96 **BIO** *Ruas com gelo.* Escorregar e cair quando se está caminhando em uma superfície coberta de gelo é um acidente muito comum. O risco é maior quando a pessoa dá um passo à frente, porque nesse momento todo o peso está sendo sustentado pelo pé de apoio, que, ao mesmo tempo, é submetido a uma força para trás. O coeficiente de atrito estático entre um sapato comum (de salto baixo) e o gelo é μ_s = 0,050. Suponha que a pessoa tem uma massa de 70 kg. (a) Em uma superfície plana, qual é o valor do módulo da força *F* horizontal para trás que faz com que a pessoa esteja prestes a escorregar? (b) A maioria das cidades dispõe de rampas (Fig. 6.50) para que os cadeirantes possam passar da calçada para a rua e vice-versa. A inclinação mais comum para essas rampas é de uma unidade de subida para 12 unidades de extensão (horizontal), o que corresponde a uma inclinação de 8,33%. Se uma pessoa tentar ficar de pé em uma dessas rampas e ela estiver coberta de gelo, qual é o módulo da componente da força gravitacional que age sobre a pessoa? (c) Qual é o valor da força máxima de atrito estático que impede que a pessoa escorregue? (d) A pessoa pode ficar parada na rampa sem escorregar? (e) Qual é o ângulo θ da rampa para o qual a pessoa está prestes a escorregar? (f) Alguns tipos especiais de sapato permitem que uma pessoa suba uma rampa com a inclinação máxima permitida de 7,0° sem escorregar. Se o módulo da força para trás para que a pessoa esteja prestes a escorregar em terreno plano é 34 N, qual é o coeficiente de atrito estático entre o sapato especial e o gelo?

Figura 6.50 Problema 96.

97 *Distância para frear na neve.* Você está dirigindo a 100 km/h (= 27,8 m/s). Suponha que você freia com aceleração constante com o máximo de atrito estático que os pneus permitem (ou seja, sem derrapar). Qual é a distância que o carro percorre depois que você começou a frear se o coeficiente de atrito estático μ_s é (a) 0,70 para pista seca, (b) 0,30 para uma camada de neve com 2,5 mm de espessura e (c) 0,15 para uma camada de neve com 3,2 cm de espessura? (A conclusão é óbvia: reduza a velocidade quando estiver nevando.)

98 **BIO** *Pó para escaladas.* Muitos alpinistas costumam passar periodicamente as mãos em um pó branco que carregam em um saco (Fig. 6.51a). O nome científico dessa substância é carbonato de magnésio. Alguns alpinistas afirmam que o pó evita que os dedos fiquem molhados de suor, permitindo uma maior aderência às rochas, mas outros não concordam. Em um experimento, os pesquisadores usaram uma *barra* como a que é empregada nos treinamentos, com a diferença de que podia ser inclinada (Fig. 6.51b). Eles colaram uma pedra no suporte de madeira, pediram aos alpinistas para se pendurarem na pedra com uma das mãos e aumentaram o ângulo de inclinação θ até a mão do alpinista escorregar. A partir do ângulo de escorregamento θ_{esc}, é possível calcular o coeficiente de atrito estático μ_s entre os dedos e a placa de pedra. Qual é o valor de μ_s para o calcário se θ_{esc} é (a) 32,6° para dedos sem carbonato e (b) 37,2° para dedos com carbonato? Qual é o valor de μ_s para o arenito se θ_{esc} é (a) 36,5° para dedos sem carbonato e (b) 41,9° para dedos com carbonato?

99 *Escorregando de costas em uma pista de esqui.* Suponha que você leva um tombo quando está esquiando em uma pista de inclinação constante a uma velocidade moderada de 12 m/s. Se você está usando uma roupa de esquiador e caiu de costas, o coeficiente de atrito cinético entre a sua roupa e a neve é 0,25. Use um eixo x paralelo à encosta, apontando para cima. Qual é a sua velocidade quando você se choca com uma árvore depois de escorregar por 7,0 s se você está (a) em uma *encosta azul* (para principiantes), com uma inclinação de 12°, (b) em uma *encosta vermelha*, com uma inclinação de 18°, e (c) em uma *encosta preta*, com uma inclinação de 25°? (d) Se você consegue se desviar da árvore, em que encosta sua velocidade diminui com o tempo? Qual a distância percorrida nessa encosta, depois do tombo, até você parar?

100 *Carro em uma lombada com gelo – prato feito para o YouTube.* Alguns dos vídeos mais engraçados do YouTube mostram derrapagens em estradas com gelo, especialmente em lombadas. Aqui está um exemplo desse tipo de derrapagem. Um carro com uma velocidade inicial $v_0 = 10,0$ m/s derrapa, com as rodas travadas, em uma lombada com uma inclinação de $\theta = 5,00°$ (uma leve inclinação, nada como as ladeiras de San Francisco). O coeficiente de atrito cinético entre os pneus e o gelo é $\mu_k = 0,10$. Que distância o carro percorre até parar, supondo que não sofra nenhum choque no caminho?

101 *Pelotão de carros controlados por computador.* Um pelotão de carros controlados por computador se desloca em uma estrada. O computador mantém uma distância entre os carros tal que, em uma emergência, todos os carros possam parar antes de colidir com o carro que está à frente. O coeficiente de atrito estático μ_s é 0,700 para o asfalto seco e 0,300 para o asfalto molhado. Os carros têm um comprimento $L = 4,50$ m. Qual deve ser a velocidade dos carros (em metros por segundo, milhas por hora e quilômetros por hora) se a distância entre os carros for $2L$ e o asfalto estiver (a) seco e (b) molhado? Qual deve ser a velocidade dos carros se a distância for $5L$ e o asfalto estiver (c) seco e (d) molhado?

Figura 6.51 Problema 98. (*a*) Pó usado por alpinistas. (*b*) Barra adaptada.

CAPÍTULO 7

Energia Cinética e Trabalho

7.1 ENERGIA CINÉTICA

Objetivos do Aprendizado

Depois de ler este módulo, você será capaz de ...

7.1.1 Aplicar a relação entre a energia cinética, a massa e a velocidade de uma partícula.

7.1.2 Saber que a energia cinética é uma grandeza escalar.

Ideia-Chave

● A energia cinética associada ao movimento de uma partícula de massa m e velocidade v, para velocidades muito menores que a velocidade da luz, é dada por

$$K = \tfrac{1}{2}mv^2 \quad \text{(energia cinética)}.$$

O que É Física?

Um dos objetivos fundamentais da física é estudar de perto algo de que se fala muito hoje em dia: a energia. O tópico é obviamente importante. Na verdade, nossa civilização depende da obtenção e uso eficiente da energia.

Como todos sabem, nenhum movimento pode ser iniciado sem algum tipo de energia. Para atravessar o Oceano Pacífico a bordo de um avião, precisamos de energia. Para transportar um computador para o último andar de um edifício ou para uma estação espacial em órbita, precisamos de energia. Para chutar uma bola, precisamos de energia. Gastamos verdadeiras fortunas para obter e utilizar energia. Guerras foram iniciadas pela disputa de fontes de energia. Guerras foram decididas pelo uso de armas que liberam grande quantidade de energia. Qualquer um seria capaz de citar muitos exemplos de energia e de sua utilização, mas o que realmente significa o termo *energia*?

O que É Energia?

O termo *energia* é tão amplo que é difícil pensar em uma definição simples. Tecnicamente, energia é uma grandeza escalar associada ao estado de um ou mais objetos; entretanto, essa definição é vaga demais para ser útil a quem está começando.

Uma definição menos rigorosa pode servir pelo menos de ponto de partida. Energia é um número que associamos a um sistema de um ou mais objetos. Se uma força afeta um dos objetos, fazendo-o, por exemplo, entrar em movimento, o número que descreve a energia do sistema varia. Após um número muito grande de experimentos, os cientistas e engenheiros confirmaram que, se o método por meio do qual atribuímos um número à energia for definido adequadamente, esse número pode ser usado para prever os resultados de experimentos e, mais importante, para construir máquinas capazes de realizar proezas fantásticas, como voar. Esse sucesso se baseia em uma propriedade fascinante do universo: a energia pode mudar de forma e ser transferida de um objeto para outro, mas a quantidade total de energia permanece constante (a energia é *conservada*). Até hoje, nunca foi encontrada uma exceção dessa *lei de conservação da energia*.

Dinheiro. Pense nas muitas formas de energia como se fossem os números que representam as quantias depositadas em contas bancárias. Algumas regras foram estabelecidas para o significado desses números e a forma como podem ser modificados. Você pode transferir os números que representam quantias em dinheiro de uma conta para outra, talvez eletronicamente, sem que nenhum objeto material seja movimentado; entretanto, a quantidade total de dinheiro (a soma de todos os números) permanece constante: essa soma é conservada em todas as transações bancárias. Neste capítulo, concentramos nossa atenção em um único tipo de energia (a *energia cinética*) e uma única forma de transferência de energia (o *trabalho*).

Energia Cinética

A **energia cinética** K é a energia associada ao *estado de movimento* de um objeto. Quanto mais depressa o objeto se move, maior é a energia cinética. Quando um objeto está em repouso, a energia cinética é nula.

Para um objeto de massa m cuja velocidade v é muito menor que a velocidade da luz,

$$K = \tfrac{1}{2}mv^2 \quad \text{(energia cinética)}. \tag{7.1.1}$$

Um pato de 3,0 kg que voa a 2,0 m/s, por exemplo, tem uma energia cinética de 6,0 kg · m²/s², ou seja, associamos esse número ao movimento do pato.

A unidade de energia cinética (e de qualquer outra forma de energia) no SI é o **joule** (J), em homenagem a James Prescott Joule, um cientista inglês do século XIX. É definida a partir da Eq. 7.1.2 em termos das unidades de massa e velocidade:

$$1 \text{ joule} = 1 \text{ J} = 1 \text{ kg} \cdot \text{m}^2/\text{s}^2. \tag{7.1.2}$$

7.1 Assim, o pato do exemplo anterior tem uma energia cinética de 6,0 J.

Teste 7.1.1

Se a velocidade de um carro (tratado como se fosse uma partícula) aumenta de 5,0 m/s para 15,0 m/s, qual é a razão entre a energia cinética final K_f e a energia cinética inicial K_i?

Exemplo 7.1.1 Energia cinética em um choque de locomotivas 7.1

Em 1896, em Waco, Texas, William Crush posicionou duas locomotivas em extremidades opostas de uma linha férrea com 6,4 km de extensão, acendeu as caldeiras, amarrou os aceleradores para que permanecessem acionados e fez com que as locomotivas sofressem uma colisão frontal, em alta velocidade, diante de 30 mil espectadores (Fig. 7.1.1). Centenas de pessoas foram feridas pelos destroços; várias morreram. Supondo que cada locomotiva pesava 1,2 × 10⁶ N e tinha uma aceleração constante de 0,26 m/s², qual era a energia cinética das duas locomotivas imediatamente antes da colisão? **CVF**

IDEIAS-CHAVE

(1) Para calcular a energia cinética de cada locomotiva usando a Eq. 7.1.1, precisamos conhecer a massa de cada locomotiva e sua velocidade imediatamente antes da colisão. (2) Como podemos supor que cada locomotiva sofreu uma aceleração constante, podemos usar as equações na Tabela 2.1.1 para calcular a velocidade v imediatamente antes da colisão.

Cálculos: Escolhemos a Eq. 2.4.6 porque conhecemos os valores de todos os parâmetros, exceto v:

$$v^2 = v_0^2 + 2a(x - x_0).$$

Com $v_0 = 0$ e $x - x_0 = 3,2 \times 10^3$ m (metade da distância inicial), temos:

$$v^2 = 0 + 2(0,26 \text{ m/s}^2)(3,2 \times 10^3 \text{ m}),$$

ou $\quad v = 40,8$ m/s = 147 km/h.

Figura 7.1.1 O resultado de uma colisão entre duas locomotivas em 1896.

Podemos calcular a massa de cada locomotiva dividindo o peso por g:

$$m = \frac{1,2 \times 10^6 \text{ N}}{9,8 \text{ m/s}^2} = 1,22 \times 10^5 \text{ kg}.$$

Em seguida, usando a Eq. 7.1.1, calculamos a energia cinética total das duas locomotivas imediatamente antes da colisão:

$$K = 2(\tfrac{1}{2}mv^2) = (1,22 \times 10^5 \text{ kg})(40,8 \text{ m/s})^2$$
$$= 2,0 \times 10^8 \text{ J}. \quad \text{(Resposta)}$$

A colisão foi como a explosão de uma bomba.

7.2 TRABALHO E ENERGIA CINÉTICA

Objetivos do Aprendizado

Depois de ler este módulo, você será capaz de ...

7.2.1 Conhecer a relação entre uma força e o trabalho realizado pela força sobre uma partícula.

7.2.2 Calcular o trabalho realizado por uma força sobre uma partícula como o produto escalar da força pelo deslocamento da partícula.

7.2.3 Calcular o trabalho total realizado por várias forças sobre uma partícula.

7.2.4 Usar o teorema do trabalho e energia cinética para relacionar o trabalho realizado por uma força (ou pela resultante de várias forças) sobre uma partícula à variação da energia cinética da partícula.

Ideias-Chave

● Trabalho é a energia transferida para um objeto, ou de um objeto, por meio de uma força aplicada ao objeto. Quando a energia é transferida para o objeto, o trabalho é positivo; quando a energia é transferida do objeto, o trabalho é negativo.

● O trabalho realizado sobre uma partícula por uma força constante $\vec{F}$ durante um deslocamento $\vec{d}$ é dado por

$$W = Fd \cos \phi = \vec{F} \cdot \vec{d} \quad \text{(trabalho realizado por uma força constante)},$$

em que ϕ é o ângulo entre as direções de $\vec{F}$ e $\vec{d}$.

● Apenas a componente de $\vec{F}$ na direção de $\vec{d}$ pode realizar trabalho sobre um objeto.

● Quando duas ou mais forças exercem trabalho sobre um objeto, o trabalho total é a soma dos trabalhos realizados separadamente pelas forças; também é igual ao trabalho realizado pela força resultante de todas as forças.

● A variação ΔK da energia cinética de uma partícula é igual ao trabalho W realizado sobre a partícula:

$$\Delta K = K_f - K_i = W \quad \text{(teorema do trabalho e energia cinética)},$$

em que K_i é a energia cinética inicial da partícula e K_f é a energia cinética da partícula depois que o trabalho é realizado. Explicitando a energia final, obtemos

$$K_f = K_i + W.$$

Trabalho

Quando aumentamos a velocidade de um objeto aplicando uma força, a energia cinética $K (= mv^2/2)$ do objeto aumenta; quando diminuímos a velocidade do objeto aplicando uma força, a energia cinética do objeto diminui. Explicamos essas variações da energia cinética dizendo que a força aplicada transferiu energia *para o objeto* ou *do objeto*. Nas transferências de energia por meio de forças, dizemos que um **trabalho** W é *realizado pela força sobre o objeto*. Mais formalmente, definimos o trabalho da seguinte forma:

Trabalho (W) é a energia transferida para um objeto ou de um objeto por meio de uma força que age sobre o objeto. Quando a energia é transferida para o objeto, o trabalho é positivo; quando a energia é transferida do objeto, o trabalho é negativo.

"Trabalho", portanto, é energia transferida; "realizar trabalho" é o ato de transferir energia. O trabalho tem a mesma unidade que a energia e é uma grandeza escalar.

O termo *transferência* pode ser enganador; não significa que um objeto material entre no objeto ou saia do objeto. A transferência não é como um fluxo de água; ela se parece mais com a transferência eletrônica de dinheiro entre duas contas bancárias: o valor de uma das contas aumenta, o valor da outra conta diminui, mas nenhum objeto material é transferido de uma conta para a outra.

Note que não estamos usando a palavra "trabalho" no sentido coloquial, segundo o qual *qualquer* esforço, físico ou mental, representa trabalho. Assim, por exemplo, ao empurrar uma parede com força, você se cansa por causa das contrações musculares repetidas e está, no sentido coloquial, realizando um trabalho. Entretanto, como esse esforço não produz uma transferência de energia para a parede ou da parede, o trabalho realizado sobre a parede, de acordo com nossa definição, é nulo.

Trabalho e Energia Cinética
Encontrando uma Expressão para o Trabalho

Para encontrar uma expressão para o trabalho, considere uma conta que pode deslizar ao longo de um fio sem atrito ao longo de um eixo x horizontal (Fig. 7.2.1). Uma força constante $\vec{F}$, fazendo um ângulo ϕ com o fio, é usada para acelerar a conta. Podemos relacionar a força à aceleração por meio da segunda lei de Newton, escrita para as componentes em relação ao eixo x:

$$F_x = ma_x, \qquad (7.2.1)$$

em que m é a massa da conta. Enquanto a conta sofre um deslocamento $\vec{d}$, a força muda a velocidade da conta de um valor inicial $\vec{v}_0$ para outro valor, $\vec{v}$. Como a força é constante, sabemos que a aceleração também é constante. Assim, podemos usar a Eq. 2.4.6 para escrever, para as componentes em relação ao eixo x,

$$v^2 = v_0^2 + 2a_x d. \qquad (7.2.2)$$

Explicitando a_x, substituindo na Eq. 7.2.1 e reagrupando os termos, obtemos:

$$\tfrac{1}{2}mv^2 - \tfrac{1}{2}mv_0^2 = F_x d. \qquad (7.2.3)$$

O primeiro termo do lado esquerdo da equação é a energia cinética K_f da conta no fim do deslocamento d; o segundo termo é a energia cinética K_i da conta no início do deslocamento. Assim, o lado esquerdo da Eq. 7.2.3 nos diz que a energia cinética foi alterada pela força, e o lado direito nos diz que a mudança é igual a $F_x d$. Assim, o trabalho W realizado pela força sobre a conta (a transferência de energia em consequência da aplicação da força) é

$$W = F_x d. \qquad (7.2.4)$$

Se conhecemos os valores de F_x e d, podemos usar a Eq. 7.2.4 para calcular o trabalho W realizado pela força sobre a conta.

Para calcular o trabalho que uma força realiza sobre um objeto quando este sofre um deslocamento, usamos apenas a componente da força paralela ao deslocamento do objeto. A componente da força perpendicular ao deslocamento não realiza trabalho.

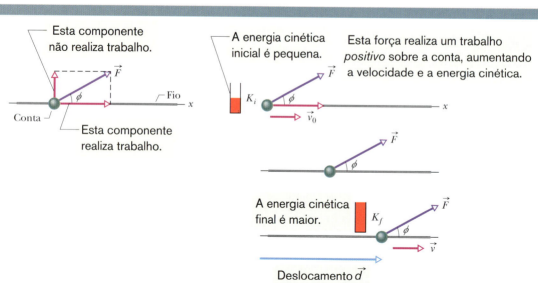

Figura 7.2.1 Uma for constante $\vec{F}$ que faz u ângulo ϕ com o desl camento $\vec{d}$ de uma co ta em um fio, acelera conta ao longo do fi fazendo a velocidad da conta mudar de para $\vec{v}$. Um "medid de energia cinétic indica a variação resu tante da energia cinét ca da conta, do valor para o valor K_f.

Como se pode ver na Fig. 7.2.1, $F_x = F \cos \phi$, em que F é o módulo de $\vec{F}$ e ϕ é o ângulo entre o deslocamento $\vec{d}$ e a força $\vec{F}$. Assim,

$$W = Fd \cos \phi \quad \text{(trabalho realizado por uma força constante).} \quad (7.2.5)$$

Como o lado direito da Eq. 7.2.5 é equivalente ao produto escalar $\vec{F} \cdot \vec{d}$, também podemos escrever

$$W = \vec{F} \cdot \vec{d} \quad \text{(trabalho realizado por uma força constante).} \quad (7.2.6)$$

(O produto escalar foi definido no Módulo 3.3.) A Eq. 7.2.6 é especialmente útil para calcular o trabalho quando $\vec{F}$ e $\vec{d}$ são dados na notação dos vetores unitários.

Atenção: Existem duas restrições ao uso das Eqs. 7.2.4 a 7.2.6 para calcular o trabalho realizado por uma força sobre um objeto. Em primeiro lugar, a *força* deve ser *constante*, ou seja, o módulo e a orientação da força não devem variar durante o deslocamento do objeto. (Mais tarde, discutiremos o que fazer no caso de uma *força variável* cujo módulo não é constante.) Em segundo lugar, o objeto deve se comportar *como uma partícula*. Isso significa que o objeto deve ser *rígido*; todas as suas partes devem se mover da mesma forma. Neste capítulo, consideramos apenas objetos que se comportam como partículas, como a cama e seu ocupante na Fig. 7.2.2.

Figura 7.2.2 Um dos participantes de uma corrida de camas. Podemos considerar a cama e seu ocupante como uma partícula, para calcular o trabalho realizado sobre eles pela força aplicada pelo estudante.

O Sinal do Trabalho. O trabalho realizado por uma força sobre um objeto pode ser positivo ou negativo. Assim, por exemplo, se o ângulo ϕ da Eq. 7.2.5 for menor que 90°, $\cos \phi$ será positivo e o trabalho será positivo. Se ϕ for maior do que 90° (até 180°), $\cos \phi$ será negativo e o trabalho será negativo. (Você é capaz de explicar por que o trabalho é zero para $\phi = 90°$?) Esses resultados levam a uma regra simples: Para determinar o sinal do trabalho realizado por uma força, considere a componente da força paralela ao deslocamento:

O trabalho realizado por uma força é positivo, se a força possui uma componente vetorial no sentido do deslocamento, e negativo, se a força possui uma componente vetorial no sentido oposto. Se a força não possui uma componente vetorial na direção do deslocamento, o trabalho é nulo.

Unidade de Trabalho. A unidade de trabalho do SI é o joule, a mesma da energia cinética. Como mostram as Eqs. 7.2.4 e 7.2.5, uma unidade equivalente é o newton-metro (N · m). A unidade correspondente no **sistema inglês** é o pé-libra (ft · lb). De acordo com a Eq. 7.1.2, temos:

$$1 \text{ J} = 1 \text{ kg} \cdot \text{m}^2/\text{s}^2 = 1 \text{ N} \cdot \text{m} = 0{,}738 \text{ ft} \cdot \text{lb}. \quad (7.2.7)$$

Trabalho Total Realizado por Várias Forças. Quando duas ou mais forças atuam sobre um objeto, o **trabalho total** realizado sobre o objeto é a soma dos trabalhos realizados separadamente pelas forças. O trabalho total pode ser calculado de duas formas: (1) determinando o trabalho realizado separadamente pelas forças e somando os resultados; (2) determinando a resultante $\vec{F}_{res}$ de todas as forças e aplicando a Eq. 7.2.5, com o módulo F substituído por F_{res} e ϕ substituído pelo ângulo entre $\vec{F}_{res}$ e $\vec{d}$. Também podemos usar a Eq. 7.2.6, substituindo $\vec{F}_{res}$ por $\vec{F}$.

Teorema do Trabalho e Energia Cinética

A Eq. 7.2.3 relaciona a variação da energia cinética da conta (de um valor inicial $K_i = \frac{1}{2} m v_0^2$ para um valor final $K_f = \frac{1}{2} m v^2$) ao trabalho $W (= F_x d)$ realizado sobre a conta. No caso de objetos que se comportam como partículas, podemos generalizar essa equação. Seja ΔK a variação da energia cinética do objeto e seja W o trabalho resultante realizado sobre o objeto. Nesse caso, podemos escrever

$$\Delta K = K_f - K_i = W, \quad (7.2.8)$$

que significa o seguinte:

$$\begin{pmatrix}\text{variação da energia}\\ \text{cinética de uma partícula}\end{pmatrix} = \begin{pmatrix}\text{trabalho total realizado}\\ \text{sobre a partícula}\end{pmatrix}.$$

Podemos também escrever

$$K_f = K_i + W, \qquad (7.2.9)$$

que significa o seguinte:

$$\begin{pmatrix}\text{energia cinética depois}\\ \text{da realização do trabalho}\end{pmatrix} = \begin{pmatrix}\text{energia cinética antes}\\ \text{da realização do trabalho}\end{pmatrix} + \begin{pmatrix}\text{trabalho}\\ \text{realizado}\end{pmatrix}.$$

Essas relações, conhecidas tradicionalmente como **teorema do trabalho e energia cinética** para partículas, valem para trabalhos positivos e negativos. Se o trabalho total realizado sobre uma partícula é positivo, a energia cinética da partícula aumenta de um valor igual ao trabalho realizado; se o trabalho total é negativo, a energia cinética da partícula diminui de um valor igual ao trabalho realizado.

Por exemplo, se a energia cinética de uma partícula é inicialmente 5 J e a partícula recebe uma energia de 2 J (trabalho total positivo), a energia cinética final é 7 J. Por outro lado, se a partícula cede uma energia total de 2 J (trabalho total negativo), a energia cinética final é 3 J.

> **Teste 7.2.1**
>
> Uma partícula está se movendo ao longo do eixo x. A energia cinética aumenta, diminui ou permanece a mesma se a velocidade da partícula varia (a) de -3 m/s para -2 m/s e (b) de -2 m/s para 2 m/s? (c) Nas situações dos itens (a) e (b) o trabalho realizado sobre a partícula é positivo, negativo ou nulo?

Exemplo 7.2.1 Trabalho realizado por duas forças constantes: espionagem industrial

A Fig. 7.2.3a mostra dois espiões industriais arrastando um cofre de 225 kg a partir do repouso e assim produzindo um deslocamento $\vec{d}$, de módulo 8,50 m, em direção a um caminhão. O empurrão $\vec{F}_1$ do espião 001 tem um módulo de 12,0 N e faz um ângulo de 30,0° para baixo com a horizontal; o puxão $\vec{F}_2$ do espião 002 tem um módulo de 10,0 N e faz um ângulo de 40,0° para cima com a horizontal. Os módulos e orientações das forças não variam quando o cofre se desloca, e o atrito entre o cofre e o atrito com o piso é desprezível.

(a) Qual é o trabalho total realizado pelas forças $\vec{F}_1$ e $\vec{F}_2$ sobre o cofre durante o deslocamento $\vec{d}$?

IDEIAS-CHAVE

(1) O trabalho total W realizado sobre o cofre é a soma dos trabalhos realizados separadamente pelas duas forças. (2) Como o cofre pode ser tratado como uma partícula e as forças são constantes, tanto em módulo como em orientação, podemos usar a Eq. 7.2.5 ($W = Fd \cos \phi$) ou a Eq. 7.2.6 ($W = \vec{F}_1 \cdot \vec{d}$) para calcular o trabalho. Como conhecemos o módulo e a orientação das forças, escolhemos a Eq. 7.2.5.

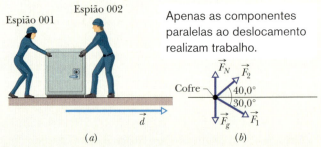

Figura 7.2.3 (a) Dois espiões arrastam um cofre, produzindo um deslocamento $\vec{d}$. (b) Diagrama de corpo livre do cofre.

Cálculos: De acordo com a Eq. 7.2.5 e o diagrama de corpo livre do cofre (Fig. 7.2.3b), o trabalho realizado por $\vec{F}_1$ é

$$W_1 = F_1 d \cos \phi_1 = (12,0 \text{ N})(8,50 \text{ m})(\cos 30,0°)$$
$$= 88,33 \text{ J},$$

e o trabalho realizado por $\vec{F}_2$ é

$$W_2 = F_2 d \cos \phi_2 = (10,0 \text{ N})(8,50 \text{ m})(\cos 40,0°)$$
$$= 65,11 \text{ J}.$$

Assim, o trabalho total W é

$$W = W_1 + W_2 = 88{,}33 \text{ J} + 65{,}11 \text{ J}$$
$$= 153{,}4 \text{ J} \approx 153 \text{ J}. \quad \text{(Resposta)}$$

Durante o deslocamento de 8,50 m, portanto, os espiões transferem 153 J para a energia cinética do cofre.

(b) Qual é o trabalho W_g realizado pela força gravitacional $\vec{F}_g$ sobre o cofre durante o deslocamento e qual é o trabalho W_N realizado pela força normal $\vec{F}_N$ sobre o cofre durante o deslocamento?

IDEIA-CHAVE

Como tanto o módulo como a orientação das duas forças são constantes, podemos calcular o trabalho realizado por elas usando a Eq. 7.2.5.

Cálculos: Como o módulo da força gravitacional é mg, em que m é a massa do cofre, temos:

$$W_g = mgd \cos 90° = mgd(0) = 0 \quad \text{(Resposta)}$$
e
$$W_N = F_N d \cos 90° = F_N d(0) = 0. \quad \text{(Resposta)}$$

Estes resultados já eram esperados. Como são perpendiculares ao deslocamento do cofre, as duas forças não realizam trabalho e não transferem energia para o cofre.

(c) Qual é a velocidade v_f do cofre após o deslocamento de 8,50 m?

IDEIA-CHAVE

A velocidade varia porque a energia cinética muda quando $\vec{F}_1$ e $\vec{F}_2$ transferem energia para o cofre.

Cálculos: Podemos relacionar a velocidade ao trabalho combinando as Eqs. 7.2.8 (teorema do trabalho e energia) e 7.1.1 (definição de energia cinética):

$$W = K_f - K_i = \tfrac{1}{2} m v_f^2 - \tfrac{1}{2} m v_i^2.$$

A velocidade inicial v_i é zero e sabemos que o trabalho realizado é 153,4 J. Explicitando v_f e substituindo os valores conhecidos, obtemos:

$$v_f = \sqrt{\frac{2W}{m}} = \sqrt{\frac{2(153{,}4 \text{ J})}{225 \text{ kg}}}$$
$$= 1{,}17 \text{ m/s}. \quad \text{(Resposta)}$$

Exemplo 7.2.2 Trabalho realizado por uma força constante expressa na notação dos vetores unitários 7.3

Durante uma tempestade, um caixote desliza pelo piso escorregadio de um estacionamento, sofrendo um deslocamento $\vec{d} = (-3{,}0 \text{ m})\hat{i}$ enquanto é empurrado pelo vento com uma força $\vec{F} = (2{,}0 \text{ N})\hat{i} + (-6{,}0 \text{ N})\hat{j}$. A situação e os eixos do sistema de coordenadas estão representados na Fig. 7.2.4.

(a) Qual é o trabalho realizado pelo vento sobre o caixote?

IDEIA-CHAVE

Como podemos tratar o caixote como uma partícula e a força do vento é constante, podemos usar a Eq. 7.2.5 ($W = Fd \cos \phi$) ou a Eq. 7.2.6 ($W = \vec{F} \cdot \vec{d}$) para calcular o trabalho. Como conhecemos $\vec{F}$ e $\vec{d}$ em termos dos vetores unitários, escolhemos a Eq. 7.2.6.

Cálculos: Temos

$$W = \vec{F} \cdot \vec{d} = [(2{,}0 \text{ N})\hat{i} + (-6{,}0 \text{ N})\hat{j}] \cdot [(-3{,}0 \text{ m})\hat{i}].$$

De todos os produtos entre vetores unitários, apenas $\hat{i} \cdot \hat{i}$, $\hat{j} \cdot \hat{j}$ e $\hat{k} \cdot \hat{k}$ são diferentes de zero (ver Apêndice E). Assim, temos

$$W = (2{,}0 \text{ N})(-3{,}0 \text{ m})\hat{i} \cdot \hat{i} + (-6{,}0 \text{ N})(-3{,}0 \text{ m})\hat{j} \cdot \hat{i}$$
$$= (-6{,}0 \text{ J})(1) + 0 = -6{,}0 \text{ J}. \quad \text{(Resposta)}$$

A força realiza, portanto, um trabalho negativo de 6,0 J sobre o caixote, retirando 6,0 J da energia cinética do caixote.

A componente da força paralela ao deslocamento realiza um trabalho *negativo*, reduzindo a velocidade do caixote.

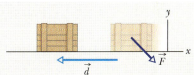

Figura 7.2.4 A força $\vec{F}$ desacelera um caixote durante um deslocamento $\vec{d}$.

(b) Se o caixote tem uma energia cinética de 10 J no início do deslocamento $\vec{d}$, qual é a energia ao final do deslocamento?

IDEIA-CHAVE

Como a força realiza um trabalho negativo sobre o caixote, ela reduz a energia cinética do caixote.

Cálculo: Usando o teorema do trabalho e a energia cinética na forma da Eq. 7.2.9, temos

$$K_f = K_i + W = 10 \text{ J} + (-6{,}0 \text{ J}) = 4{,}0 \text{ J}. \quad \text{(Resposta)}$$

A redução da energia cinética indica que o caixote foi freado.

7.3 TRABALHO REALIZADO PELA FORÇA GRAVITACIONAL

Objetivos do Aprendizado

Depois de ler este módulo, você será capaz de ...

7.3.1 Calcular o trabalho realizado pelo campo gravitacional quando um objeto é levantado ou abaixado.

7.3.2 Aplicar o teorema do trabalho e energia cinética a situações nas quais um objeto é levantado ou abaixado.

Ideias-Chave

- O trabalho W_g realizado pela força gravitacional $\vec{F}_g$ sobre um objeto de massa m que se comporta como uma partícula quando o objeto sofre um deslocamento $\vec{d}$ é dado por

$$W_g = mgd \cos \phi,$$

em que ϕ é o ângulo entre $\vec{F}_g$ e $\vec{d}$.

- O trabalho W_a realizado por uma força aplicada quando um objeto que se comporta como uma partícula é levantado ou abaixado está relacionado com o trabalho W_g realizado pela força gravitacional e à variação ΔK da energia cinética do objeto por meio da equação

$$\Delta K = K_f - K_i = W_a + W_g.$$

Se $K_f = K_i$, a equação se reduz a

$$W_a = -W_g,$$

ou seja, a energia transferida para o objeto pela força aplicada é igual à energia retirada do objeto pela força gravitacional.

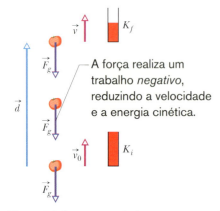

Figura 7.3.1 Por causa da força gravitacional $\vec{F}_g$, a velocidade de um tomate, de massa m, arremessado para cima diminui de $\vec{v}_0$ para $\vec{v}$ durante um deslocamento $\vec{d}$. Um medidor de energia cinética indica a variação resultante da energia cinética do tomate, de $K_i = \frac{1}{2} mv_0^2$ para $K_f = \frac{1}{2} mv^2$.

Trabalho Realizado pela Força Gravitacional

Vamos examinar agora o trabalho realizado sobre um objeto pela força gravitacional. A Fig. 7.3.1 mostra um tomate de massa m que se comporta como partícula, arremessado para cima com velocidade inicial v_0 e, portanto, com uma energia cinética inicial $K_i = \frac{1}{2} mv_0^2$. Na subida, o tomate é desacelerado por uma força gravitacional $\vec{F}_g$, ou seja, a energia cinética do tomate diminui porque $\vec{F}_g$ realiza trabalho sobre o tomate durante a subida. Uma vez que o tomate pode ser tratado como uma partícula, podemos usar a Eq. 7.2.5 ($W = Fd \cos \phi$) para expressar o trabalho realizado durante um deslocamento $\vec{d}$. No lugar de F, usamos mg, o módulo de $\vec{F}_g$. Assim, o trabalho W_g realizado pela força gravitacional $\vec{F}_g$ é

$$W_g = mgd \cos \phi \quad \text{(trabalho realizado por uma força gravitacional)}. \quad (7.3.1)$$

Durante a subida, a força $\vec{F}_g$ tem o sentido contrário ao do deslocamento $\vec{d}$, como mostra a Fig. 7.3.1. Assim, $\phi = 180°$ e

$$W_g = mgd \cos 180° = mgd(-1) = -mgd. \quad (7.3.2)$$

O sinal negativo indica que, durante a subida, a força gravitacional remove uma energia mgd da energia cinética do objeto. Isso está de acordo com o fato de que o objeto perde velocidade na subida.

Depois que o objeto atinge a altura máxima e começa a descer, o ângulo ϕ entre a força $\vec{F}_g$ e o deslocamento $\vec{d}$ é zero. Assim,

$$W_g = mgd \cos 0° = mgd(+1) = +mgd. \quad (7.3.3)$$

O sinal positivo significa que agora a força gravitacional transfere uma energia mgd para a energia cinética do objeto. Isso está de acordo com o fato de que o objeto ganha velocidade na descida.

 7.3 e 7.4

Trabalho Realizado para Levantar e Abaixar um Objeto

Suponha agora que levantamos um objeto que se comporta como uma partícula aplicando ao objeto uma força vertical $\vec{F}$. Durante o deslocamento para cima, a força aplicada realiza um trabalho positivo W_a sobre o objeto, enquanto a força gravitacional realiza um trabalho negativo W_g. A força aplicada tende a transferir energia para o objeto, enquanto a força gravitacional tende a remover energia do objeto. De acordo com a Eq. 7.2.8, a variação ΔK da energia cinética do objeto devido a essas duas transferências de energia é

$$\Delta K = K_f - K_i = W_a + W_g, \quad (7.3.4)$$

em que K_f é a energia cinética no fim do deslocamento e K_i é a energia cinética no início do deslocamento. A Eq. 7.3.4 também é válida *para* a descida do objeto, mas, nesse caso, a força gravitacional tende a transferir energia para o objeto, enquanto a força aplicada tende a remover energia *do* objeto.

Em muitos casos, o objeto está em repouso antes e depois do levantamento. Isso acontece, por exemplo, quando levantamos um livro do chão e o colocamos em uma estante. Nesse caso, K_f e K_i são nulas, e a Eq. 7.3.4 se reduz a

$$W_a + W_g = 0$$

ou $$W_a = -W_g. \qquad (7.3.5)$$

Note que obtemos o mesmo resultado se K_f e K_i forem iguais, mesmo que não sejam nulas. De qualquer forma, o resultado significa que o trabalho realizado pela força aplicada é o negativo do trabalho realizado pela força gravitacional, ou seja, que a força aplicada transfere para o objeto a mesma quantidade de energia que a força gravitacional remove do objeto. Usando a Eq. 7.3.1, podemos escrever a Eq. 7.3.5 na forma

$$W_a = -mgd \cos \phi \quad \text{(trabalho para levantar e abaixar; } K_f = K_i\text{)}, \qquad (7.3.6)$$

em que ϕ é o ângulo entre $\vec{F}_g$ e $\vec{d}$. Se o deslocamento é verticalmente para cima (Fig. 7.3.2a), $\phi = 180°$ e o trabalho realizado pela força aplicada é igual a mgd. Se o deslocamento é verticalmente para baixo (Fig. 7.3.2b), $\phi = 0°$ e o trabalho realizado pela força aplicada é igual a $-mgd$.

As Eqs. 7.3.5 e 7.3.6 se aplicam a qualquer situação em que um objeto é levantado ou abaixado, com o objeto em repouso antes e depois do deslocamento. Elas são independentes do módulo da força usada. Assim, por exemplo, se você levanta acima da cabeça uma caneca que estava no chão, a força que você exerce sobre a caneca varia consideravelmente durante o levantamento. Mesmo assim, como a caneca está em repouso antes e depois do levantamento, o trabalho que sua força realiza sobre a caneca é dado pelas Eqs. 7.3.5 e 7.3.6, em que, na Eq. 7.3.6, mg é o peso da caneca e d é a diferença entre a altura inicial e a altura final.

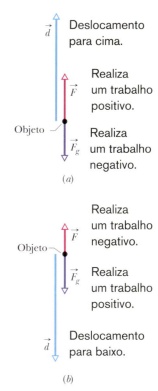

Figura 7.3.2 (*a*) Uma força $\vec{F}$ faz um objeto subir. O deslocamento $\vec{d}$ do objeto faz um ângulo $\phi = 180°$ com a força gravitacional $\vec{F}_g$. A força aplicada realiza um trabalho positivo sobre o objeto. (*b*) A força $\vec{F}$ é insuficiente para fazer o objeto subir. O deslocamento $\vec{d}$ do objeto faz um ângulo $\phi = 0°$ com a força gravitacional $\vec{F}_g$. A força aplicada realiza um trabalho negativo sobre o objeto.

Exemplo 7.3.1 Trabalho realizado para puxar um trenó em uma encosta nevada

Neste exemplo, um objeto é puxado em uma rampa, mas o objeto está em repouso nos instantes inicial e final e, portanto, sua energia cinética não varia (o que é uma informação importante). A situação é mostrada na Fig. 7.3.3a. Uma corda puxa para cima um trenó de 200 kg (que você deve ter reconhecido) em uma encosta com um ângulo $\theta = 30°$, por uma distância $d = 20$ m. A massa total do trenó e da carga é 200 kg. A encosta nevada é tão escorregadia que o atrito entre o trenó e a encosta pode ser desprezado. Qual é o trabalho realizado pelas forças que agem sobre o trenó?

IDEIAS-CHAVE

(1) Como, durante o movimento, as forças são constantes em módulo e orientação, podemos calcular o trabalho realizado usando a Eq. 7.2.5 ($W = Fd \cos \phi$), em que ϕ é o ângulo entre a força e o deslocamento. Chegamos ao mesmo resultado usando a Eq. 7.2.6 ($W = \vec{F} \cdot \vec{d}$), em que calculamos o produto escalar do vetor força pelo vetor deslocamento. (2) Podemos relacionar o trabalho realizado pelas forças à variação de energia cinética (ou, nesse caso, à falta de variação) usando o teorema do trabalho e energia cinética da Eq. 7.2.8 ($\Delta K = W$).

Cálculos: A primeira coisa a fazer na maioria dos problemas de física que envolvem forças é desenhar um diagrama de corpo livre para organizar as ideias. No caso do trenó, o diagrama de corpo livre é o da Fig. 7.3.3b, que mostra a força gravitacional $\vec{F}_g$, a força de tração $\vec{T}$ exercida pela corda e a força normal $\vec{F}_N$ exercida pela encosta.

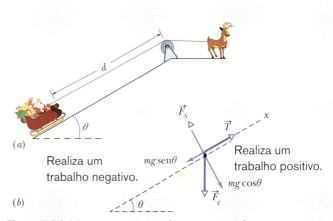

Figura 7.3.3 (*a*) Um trenó é puxado por uma corda em uma rampa nevada. (*b*) Diagrama de corpo livre do trenó.

Trabalho W_N da força normal. Vamos começar com um cálculo fácil. A força normal é perpendicular à encosta e, portanto, ao deslocamento do trenó. Assim, o trabalho realizado pela força normal é zero. Se quisermos ser mais formais, podemos usar a Eq. 7.2.5 para escrever

$$W_N = F_N d \cos 90° = 0. \quad \text{(Resposta)}$$

Trabalho W_g da força gravitacional. Podemos calcular o trabalho realizado pela força gravitacional de duas formas (a escolha fica por conta do leitor). De acordo com nossa discussão anterior a respeito das rampas (Exemplo 5.3.2 e Fig. 5.3.6), o módulo da componente do campo gravitacional paralela à rampa é $mg \operatorname{sen} \theta$. Assim, temos:

$$F_{gx} = mg \operatorname{sen} \theta = (200 \text{ kg})(9,8 \text{ m/s}^2) \operatorname{sen} 30°$$
$$= 980 \text{ N}.$$

Como o ângulo ϕ entre o deslocamento e essa componente da força é 180°, a Eq. 7.2.5 nos dá

$$W_g = F_{gx} d \cos 180° = (980 \text{ N})(20 \text{ m})(-1)$$
$$= -1,96 \times 10^4 \text{ J}. \quad \text{(Resposta)}$$

O resultado negativo significa que o campo gravitacional remove energia do trenó.

A segunda forma de obter esse resultado é usar toda a força gravitacional $\vec{F}_g$ em vez de usar apenas uma componente. Como o ângulo entre $\vec{F}_g$ e $\vec{d}$ é 120° (30° + 90°), a Eq. 7.2.5 nos dá

$$W_g = F_g d \cos 120° = mgd \cos 120°$$
$$= (200 \text{ kg})(9,8 \text{ m/s}^2)(20 \text{ m}) \cos 120°$$
$$= -1,96 \times 10^4 \text{ J}. \quad \text{(Resposta)}$$

Trabalho W_T da força de tração da corda. Podemos calcular esse trabalho de duas formas. A mais simples é usar o teorema do trabalho e energia da Eq. 7.2.8 ($\Delta K = W$), em que $\Delta K = 0$ porque a energia cinética final é igual à energia cinética inicial (zero) e $W = W_N + W_g + W_T$ é o trabalho total realizado pelas forças. Assim, a Eq. 7.2.8 nos dá

$$0 = W_N + W_g + W_T = 0 - 1,96 \times 10^4 \text{ J} + W_T$$

e

$$W_T = 1,96 \times 10^4 \text{ J}. \quad \text{(Resposta)}$$

Em vez disso, podemos aplicar a segunda lei de Newton ao movimento ao longo de um eixo x paralelo à rampa para calcular o módulo F_T da força de tração da corda. Supondo que a aceleração na direção do eixo x é zero (exceto por breves períodos de tempo, quando o trenó inicia e termina a subida), podemos escrever

$$F_{\text{res},x} = ma_x,$$
$$F_T - mg \operatorname{sen} 30° = m(0),$$

o que nos dá

$$F_T = mg \operatorname{sen} 30°.$$

Como a força de tração da corda e o deslocamento do trenó têm a mesma direção e o mesmo sentido, o ângulo entre os dois vetores é zero. Logo, de acordo com a Eq. 7.2.5, temos:

$$W_T = F_T d \cos 0° = (mg \operatorname{sen} 30°) d \cos 0°$$
$$= (200 \text{ kg})(9,8 \text{ m/s}^2)(\operatorname{sen} 30°)(20 \text{ m}) \cos 0°$$
$$= 1,96 \times 10^4 \text{ J}. \quad \text{(Resposta)}$$

Exemplo 7.3.2 Trabalho realizado sobre um elevador acelerado

Um elevador, de massa $m = 500$ kg, está descendo com velocidade $v_i = 4,0$ m/s quando o cabo de sustentação começa a patinar, permitindo que o elevador caia com aceleração constante $\vec{a} = \vec{g}/5$ (Fig. 7.3.4a).

(a) Se o elevador cai de uma altura $d = 12$ m, qual é o trabalho W_g realizado sobre o elevador pela força gravitacional $\vec{F}_g$?

IDEIA-CHAVE

Podemos tratar o elevador como uma partícula e, portanto, usar a Eq. 7.3.1 ($W_g = mgd \cos \phi$) para calcular o trabalho W_g.

Cálculo: De acordo com a Fig. 7.3.4b, o ângulo entre $\vec{F}_g$ e o deslocamento $\vec{d}$ do elevador é 0°. Assim, de acordo com a Eq. 7.3.1,

$$W_g = mgd \cos 0° = (500 \text{ kg})(9,8 \text{ m/s}^2)(12 \text{ m})(1)$$
$$= 5,88 \times 10^4 \text{ J} \approx 59 \text{ kJ}. \quad \text{(Resposta)}$$

(b) Qual é o trabalho W_T realizado sobre o elevador pela força $\vec{T}$ do cabo durante a queda?

IDEIA-CHAVE

Podemos calcular o trabalho W_T usando a Eq. 7.2.5 ($W = Fd \cos \phi$) e escrevendo a segunda lei de Newton para as componentes das forças em relação ao eixo y da Fig. 7.3.4b ($F_{\text{res},y} = ma_y$).

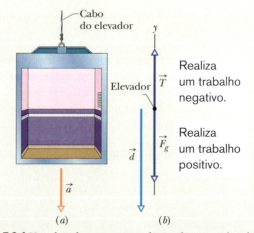

Figura 7.3.4 Um elevador, que estava descendo com velocidade v_i, de repente começa a acelerar para baixo. (a) O elevador sofre um deslocamento $\vec{d}$ com uma aceleração constante $\vec{a} = \vec{g}/5$. (b) Diagrama de corpo livre do elevador, mostrando também o deslocamento.

Cálculos: A segunda lei de Newton nos dá

$$T - F_g = ma. \quad (7.3.7)$$

Explicitando T, substituindo F_g por mg e substituindo o resultado na Eq. 7.2.5, obtemos

$$W_T = Td \cos \phi = m(a + g)d \cos \phi. \quad (7.3.8)$$

Em seguida, substituindo a aceleração a (para baixo) por $-g/5$ e o ângulo ϕ entre as forças $\vec{T}$ e $m\vec{g}$ por 180°, obtemos

$$W_T = m\left(-\frac{g}{5} + g\right)d\cos\phi = \frac{4}{5}\,mgd\cos\phi$$

$$= \frac{4}{5}\,(500\text{ kg})(9,8\text{ m/s}^2)(12\text{ m})\cos 180°$$

$$= -4,70 \times 10^4\text{ J} \approx -47\text{ kJ}. \qquad \text{(Resposta)}$$

Atenção: Note que W_T não é simplesmente o negativo de W_g. A razão disso é que, como o elevador acelera durante a queda, a velocidade varia e, consequentemente, a energia cinética também varia. Assim, a Eq. 7.3.5 (que envolve a suposição de que a energia cinética é igual no início e no fim do processo) não se aplica nesse caso.

(c) Qual é o trabalho total W realizado sobre o elevador durante a queda?

Cálculo: O trabalho total é a soma dos trabalhos realizados pelas forças a que o elevador está sujeito:

$$W = W_g + W_T = 5,88 \times 10^4\text{ J} - 4,70 \times 10^4\text{ J}$$

$$= 1,18 \times 10^4\text{ J} \approx 12\text{ kJ}. \qquad \text{(Resposta)}$$

(d) Qual é a energia cinética do elevador no fim da queda de 12 m?

IDEIA-CHAVE

De acordo com a Eq. 7.2.9 ($K_f = K_i + W$), a variação da energia cinética é igual ao trabalho total realizado sobre o elevador.

Cálculo: De acordo com a Eq. 7.1.1, podemos escrever a energia cinética no início da queda como $K_i = \frac{1}{2}\,mv_i^2$. Nesse caso, a Eq. 7.2.9 pode ser escrita na forma

$$K_f = K_i + W = \tfrac{1}{2}mv_i^2 + W$$

$$= \tfrac{1}{2}(500\text{ kg})(4,0\text{ m/s})^2 + 1,18 \times 10^4\text{ J}$$

$$= 1,58 \times 10^4\text{ J} \approx 16\text{ kJ}. \qquad \text{(Resposta)}$$

Teste 7.3.1

Realizamos um trabalho W_1 puxando um caixote com frutas em uma rampa de atrito desprezível por uma distância d. Em seguida, aumentamos o ângulo da rampa e puxamos novamente o caixote com frutas pela mesma distância d. O trabalho realizado é maior, menor ou igual a W_1?

7.4 TRABALHO REALIZADO POR UMA FORÇA ELÁSTICA

Objetivos do Aprendizado

Depois de ler este módulo, você será capaz de ...

7.4.1 Aplicar a relação (lei de Hooke) entre a força que uma mola exerce sobre um objeto, o alongamento ou encurtamento da mola, e a constante elástica da mola.

7.4.2 Saber que a força elástica é uma força variável.

7.4.3 Calcular o trabalho realizado sobre um objeto por uma força elástica integrando a força da posição inicial até a posição final do objeto ou usando resultado conhecido dessa integração.

7.4.4 Calcular o trabalho realizado sobre um objeto por uma força elástica determinando a área sob a curva de um gráfico da força elástica em função da posição do objeto.

7.4.5 Aplicar o teorema do trabalho e energia cinética a situações nas quais o movimento de um objeto é causado por uma força elástica.

Ideias-Chave

● A força $\vec{F}_s$ exercida por uma mola é dada por

$$\vec{F}_s = -k\vec{d} \qquad \text{(Lei de Hooke)},$$

em que $\vec{d}$ é o deslocamento da extremidade livre da mola a partir do estado relaxado (em que a mola não está comprimida ou alongada), e k é a constante elástica (uma medida da rigidez da mola). Se o eixo x é paralelo à maior dimensão da mola, com a origem na posição da extremidade livre quando a mola está relaxada, a equação se torna

$$F_x = -kx \quad \text{(Lei de Hooke)}.$$

● A força exercida por uma mola é uma força variável, pois depende da posição da extremidade livre da mola.

● Se um objeto é preso à extremidade livre de uma mola, o trabalho W_s realizado sobre o objeto pela força da mola quando o objeto é deslocado de uma posição inicial x_i para uma posição final x_f é dado por

$$W_s = \tfrac{1}{2}kx_i^2 - \tfrac{1}{2}kx_f^2.$$

Se $x_i = 0$ e $x_f = x$, a equação se torna

$$W_s = -\tfrac{1}{2}kx^2.$$

164 CAPÍTULO 7

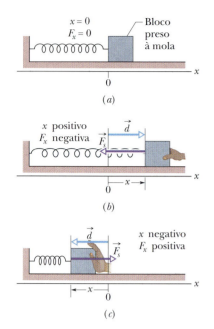

Figura 7.4.1 (*a*) Uma mola no estado relaxado. A origem do eixo *x* foi colocada na extremidade da mola que está presa ao bloco. (*b*) O bloco sofre um deslocamento $\vec{d}$, e a mola sofre uma distensão (variação positiva de *x*). Observe a força restauradora $\vec{F}_s$ exercida pela mola. (*c*) A mola sofre uma compressão (variação negativa de *x*). Observe novamente a força restauradora.

 7.5 e 7.6

Trabalho Realizado por uma Força Elástica

Vamos agora discutir o trabalho realizado sobre uma partícula por um tipo particular de *força variável*: a **força elástica** exercida por uma mola. Muitas forças da natureza podem ser expressas pela mesma equação matemática que a força de uma mola. Assim, examinando essa força em particular, podemos compreender muitas outras.

A Força Elástica

A Fig. 7.4.1*a* mostra uma mola no **estado relaxado**, ou seja, nem comprimida nem alongada. Uma das extremidades está fixa, e um objeto que se comporta como uma partícula, um bloco, por exemplo, está preso na outra extremidade. Se alongamos a mola puxando o bloco para a direita, como na Fig. 7.4.1*b*, a mola puxa o bloco para a esquerda. (Como a força elástica tende a restaurar o estado relaxado, ela também é chamada *força restauradora*.) Se comprimimos a mola empurrando o bloco para a esquerda, como na Fig. 7.4.1*c*, a mola empurra o bloco para a direita.

Uma boa aproximação para muitas molas consiste em supor que a força $\vec{F}_s$ é proporcional ao deslocamento $\vec{d}$ da extremidade livre a partir da posição que ocupa quando a mola está no estado relaxado. Nesse caso, a *força elástica* é dada por

$$\vec{F}_s = -k\vec{d} \quad \text{(Lei de Hooke),} \tag{7.4.1}$$

A Eq. 7.4.1 é conhecida como **lei de Hooke** em homenagem a Robert Hooke, cientista inglês do fim do século XVII. O sinal negativo da Eq. 7.4.1 indica que o sentido da força elástica é sempre oposto ao sentido do deslocamento da extremidade livre da mola. A constante *k* é chamada **constante elástica** (ou **constante de força**) e é uma medida da rigidez da mola. Quanto maior o valor de *k*, mais rígida é a mola, ou seja, maior é a força exercida pela mola para um dado deslocamento. A unidade de *k* do SI é o newton por metro.

Na Fig. 7.4.1 foi traçado um eixo *x* paralelo à maior dimensão da mola, com a origem (*x* = 0) na posição da extremidade livre quando a mola está no estado relaxado. Para essa configuração, que é a mais comum, podemos escrever a Eq. 7.4.1 na forma

$$F_x = -kx \quad \text{(Lei de Hooke),} \tag{7.4.2}$$

em que mudamos o índice. Se *x* é positivo (ou seja, se a mola está alongada para a direita), F_x é negativa (é um puxão para a esquerda). Se *x* é negativo (ou seja, se a mola está comprimida para a esquerda), F_x é positiva (é um empurrão para a direita). Note que a força elástica é uma *força variável*, uma vez que depende de *x*, a posição da extremidade livre. Assim, F_x pode ser representada na forma $F(x)$. Note também que a lei de Hooke expressa uma relação *linear* entre F_x e *x*.

Trabalho Realizado por uma Força Elástica

Para determinar o trabalho realizado pela força elástica quando o bloco da Fig. 7.4.1*a* se move, vamos fazer duas hipóteses simplificadoras a respeito da mola. (1) Vamos supor que se trata de uma mola *sem massa*; ou seja, de uma mola cuja massa é desprezível em relação à massa do bloco. (2) Vamos supor que se trata de uma *mola ideal*; ou seja, de uma mola que obedece exatamente à lei de Hooke. Vamos supor também que não existe atrito entre o bloco e o piso e que o bloco se comporta como uma partícula.

Vamos dar ao bloco um impulso para a direita, apenas para colocá-lo em movimento. Quando o bloco se move para a direita, a força elástica F_x realiza trabalho sobre ele, diminuindo a energia cinética e desacelerando o bloco. Entretanto, *não podemos* calcular o trabalho usando a Eq. 7.2.5 ($W = Fd \cos \phi$) porque essa equação só é válida se a força for constante e a força elástica é uma força variável.

Existe uma forma engenhosa de superar essa dificuldade. (1) Dividimos o deslocamento do bloco em segmentos tão pequenos que podemos supor que a força não varia dentro de cada segmento. (2) Nesse caso, em cada segmento, a força é (aproximadamente) constante e *podemos* usar a Eq. 7.2.5 para calcular o trabalho realizado pela força. (3) Para obter a força total, somamos o trabalho realizado pela força em todos os segmentos. Bem, essa é a ideia geral, mas não estamos dispostos a passar vários dias calculando o valor do trabalho nos segmentos; além disso, o valor total obtido seria apenas uma aproximação. Em vez disso, vamos tornar os segmentos *infinitesimais*, o que faz o erro de aproximação tender a zero, e somar os resultados por integração em vez de executar a soma segmento por segmento. Usando os métodos do cálculo, podemos fazer a conta em poucos minutos.

Seja x_i a posição inicial do bloco e x_f a posição do bloco em um instante posterior. Vamos dividir a distância entre as duas posições em muitos segmentos, cada um com um pequeno comprimento Δx. Rotulamos esses segmentos, a partir de x_i, como segmentos 1, 2, e assim por diante. Quando o bloco se move no interior de um dos segmentos, a força elástica praticamente não varia, já que o segmento é tão curto que x é praticamente constante. Assim, podemos supor que o módulo da força é aproximadamente constante dentro de cada segmento. Vamos rotular esses módulos como F_{x1} no segmento 1, F_{x2} no segmento 2, e assim por diante.

Com uma força constante em cada segmento, *podemos* calcular o trabalho realizado dentro de cada segmento usando a Eq. 7.2.5. Nesse caso, $\phi = 180°$, de modo que $\cos \phi = -1$. Assim, o trabalho realizado é $-F_{x1}\Delta x$ no segmento 1, $-F_{x2}\Delta x$ no segmento 2, e assim por diante. O trabalho total W_s realizado pela mola de x_i a x_f é a soma de todos esses trabalhos:

$$W_s = \sum -F_{xj} \Delta x, \qquad (7.4.3)$$

em que $j = 1, 2, \ldots$ é o número de ordem de cada segmento. No limite em que Δx tende a zero, a Eq. 7.4.3 se torna

$$W_s = \int_{x_i}^{x_f} -F_x \, dx. \qquad (7.4.4)$$

De acordo com a Eq. 7.4.2, o módulo da força F_x é kx. Assim, temos:

$$W_s = \int_{x_i}^{x_f} -kx \, dx = -k \int_{x_i}^{x_f} x \, dx$$
$$= (-\tfrac{1}{2}k)[x^2]_{x_i}^{x_f} = (-\tfrac{1}{2}k)(x_f^2 - x_i^2). \qquad (7.4.5)$$

Efetuando as multiplicações, obtemos

$$W_s = \tfrac{1}{2}kx_i^2 - \tfrac{1}{2}kx_f^2 \quad \text{(trabalho de uma força elástica).} \qquad (7.4.6)$$

O trabalho W_s realizado pela força elástica pode ser negativo ou positivo, dependendo do fato de a transferência *total* de energia ser do bloco para a mola ou da mola para o bloco quando este se move de x_i para x_f. *Atenção*: A posição final x_f aparece no *segundo* termo do lado direito da Eq. 7.4.6. Assim, de acordo com a Eq. 7.4.6:

⭐ O trabalho W_s é positivo se a posição final do bloco está mais próxima da posição no estado relaxado ($x = 0$) que a posição inicial; é negativo se a posição final está mais afastada de $x = 0$ que a posição inicial. O trabalho é zero se a posição final do bloco está à mesma distância de $x = 0$ que a posição inicial.

Supondo que $x_i = 0$ e chamando a posição final de x, a Eq. 7.4.6 se torna

$$W_s = -\tfrac{1}{2}kx^2 \quad \text{(trabalho de uma força elástica).} \qquad (7.4.7)$$

Trabalho Realizado por uma Força Aplicada

Suponha agora que deslocamos o bloco ao longo do eixo x mantendo uma força $\vec{F}_a$ aplicada ao bloco. Durante o deslocamento, a força aplicada realiza sobre o bloco um trabalho W_a, enquanto a força elástica realiza um trabalho W_s. De acordo com a Eq. 7.2.8, a variação ΔK da energia cinética do bloco devido a essas duas transferências de energia é

$$\Delta K = K_f - K_i = W_a + W_s, \qquad (7.4.8)$$

em que K_f é a energia cinética no fim do deslocamento e K_i é a energia cinética no início do deslocamento. Se o bloco está em repouso no início e no fim do deslocamento, K_i e K_f são iguais a zero e a Eq. 7.4.8 se reduz a

$$W_a = -W_s. \qquad (7.4.9)$$

Se um bloco preso a uma mola está em repouso antes e depois de um deslocamento, o trabalho realizado sobre o bloco pela força responsável pelo deslocamento é o negativo do trabalho realizado sobre o bloco pela força elástica.

Atenção: Se o bloco não estiver em repouso antes e depois do deslocamento, essa afirmação *não é* verdadeira.

Teste 7.4.1
Em três situações, as posições inicial e final, respectivamente, ao longo do eixo x da Fig. 7.4.1 são: (a) −3 cm, 2 cm; (b) 2 cm, 3 cm; (c) −2 cm, 2 cm. Em cada situação, o trabalho realizado sobre o bloco pela força elástica é positivo, negativo ou nulo?

Exemplo 7.4.1 Trabalho realizado por uma mola para mudar a energia cinética 7.4

Quando uma mola realiza trabalho sobre um objeto, *não podemos* calcular o trabalho simplesmente multiplicando a força da mola pelo deslocamento do objeto, pois o valor da força não é constante. Entretanto, podemos dividir o deslocamento em um número infinito de deslocamentos infinitesimais e considerar a força constante em cada um desses deslocamentos. A soma dos trabalhos realizados durante todos os deslocamentos é dada por uma integral. Neste exemplo, vamos usar o resultado genérico dessa integral.

Na Fig. 7.4.2, depois de deslizar em uma superfície horizontal sem atrito com velocidade $v = 0{,}50$ m/s, um pote de cominho de massa $m = 0{,}40$ kg colide com uma mola de constante elástica $k = 750$ N/m e começa a comprimi-la. No instante em que o pote para momentaneamente por causa da força exercida pela mola, de que distância d a mola foi comprimida?

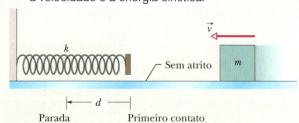

A força da mola realiza um trabalho *negativo*, reduzindo a velocidade e a energia cinética.

Figura 7.4.2 Um pote de massa m se move com velocidade $\vec{v}$ em direção a uma mola de constante k.

IDEIAS-CHAVE

1. O trabalho W_s realizado sobre o pote pela força elástica está relacionado com a distância d pedida por meio da Eq. 7.4.7 ($W_s = -\tfrac{1}{2}kx^2$) com d substituindo x.
2. O trabalho W_s também está relacionado com a energia cinética do pote por meio da Eq. 7.2.8 ($K_f - K_i = W$).
3. A energia cinética do pote tem um valor inicial $K = \tfrac{1}{2}mv^2$ e é nula quando o pote está momentaneamente em repouso.

Cálculos: Combinando as duas primeiras ideias-chave, escrevemos o teorema do trabalho e a energia cinética para o pote na seguinte forma:

$$K_f - K_i = -\tfrac{1}{2}kd^2.$$

Substituindo a energia cinética inicial e final pelos seus valores (terceira ideia-chave), temos:

$$0 - \tfrac{1}{2}mv^2 = -\tfrac{1}{2}kd^2.$$

Simplificando, explicitando d e substituindo os valores conhecidos, obtemos:

$$d = v\sqrt{\frac{m}{k}} = (0{,}50 \text{ m/s})\sqrt{\frac{0{,}40 \text{ kg}}{750 \text{ N/m}}}$$
$$= 1{,}2 \times 10^{-2} \text{ m} = 1{,}2 \text{ cm.} \qquad \text{(Resposta)}$$

ENERGIA CINÉTICA E TRABALHO **167**

7.5 TRABALHO REALIZADO POR UMA FORÇA VARIÁVEL GENÉRICA

Objetivos do Aprendizado

Depois de ler este módulo, você será capaz de ...

7.5.1 Dada uma força variável em função da posição, calcular o trabalho realizado pela força sobre um objeto integrando a função da posição inicial até a posição final do objeto, em uma ou mais dimensões.

7.5.2 Dada uma curva da força aplicada a um objeto em função da posição, calcular o trabalho realizado pela força

calculando a área sob a curva entre a posição inicial e a posição final do objeto.

7.5.3 Converter um gráfico da aceleração em função da posição em um gráfico da força em função da posição.

7.5.4 Aplicar o teorema do trabalho e a energia cinética a situações nas quais um objeto é submetido a uma força variável.

Ideias-Chave

● Quando a força $\vec{F}$ a que está sujeito um objeto que se comporta como uma partícula depende da posição do objeto, o trabalho realizado pela força enquanto o objeto se desloca de uma posição inicial r_i de coordenadas (x_i, y_i, z_i) para uma posição final r_f de coordenadas (x_f, y_f, z_f) pode ser calculado integrando a força. Se a componente F_x depende apenas de x, a componente F_y depende apenas de y e a componente F_z depende apenas de z, o trabalho é dado por

$$W = \int_{x_i}^{x_f} F_x \, dx + \int_{y_i}^{y_f} F_y \, dy + \int_{z_i}^{z_f} F_z \, dz.$$

● Se a única componente da força $\vec{F}$ diferente de zero é F_x,

$$W = \int_{x_i}^{x_f} F(x) \, dx.$$

Trabalho Realizado por uma Força Variável Genérica ⒷⓉ7.7

Análise Unidimensional

Vamos voltar à situação da Fig. 7.2.1, agora supondo que a força aponta no sentido positivo do eixo x e que o módulo da força varia com a posição x. Quando a conta (partícula) se move, o módulo $F(x)$ da força que realiza trabalho sobre ela varia. Apenas o módulo da força varia; a orientação permanece a mesma. Além disso, o módulo da força em qualquer posição não varia com o tempo.

A Fig. 7.5.1a mostra o gráfico de uma *força variável unidimensional* como a que acabamos de descrever. Estamos interessados em obter uma expressão para o trabalho realizado por essa força sobre a partícula, quando a partícula se desloca de uma posição inicial x_i para uma posição final x_f, mas *não podemos* usar a Eq. 7.2.5 ($W = Fd \cos \phi$) porque ela só é válida no caso de uma força constante. Assim, vamos usar novamente os métodos do cálculo. Dividimos a área sob a curva da Fig. 7.5.1a em um grande número de faixas estreitas, de largura Δx (Fig. 7.5.1b). Escolhemos um Δx suficientemente pequeno para que possamos considerar a força $F(x)$ aproximadamente constante nesse intervalo. Vamos chamar de $F_{j,\text{méd}}$ o valor médio de $F(x)$ no intervalo de ordem j. Nesse caso, $F_{j,\text{méd}}$ na Fig. 7.5.1b é a altura da faixa de ordem j.

Com $F_{j,\text{méd}}$ constante, o incremento (pequena quantidade) de trabalho ΔW_j realizado pela força no intervalo de ordem j pode ser calculado usando a Eq. 7.2.5:

$$\Delta W_j = F_{j,\text{méd}} \, \Delta x. \tag{7.5.1}$$

Na Fig. 7.5.1b, ΔW_j é, portanto, igual à área sob a faixa retangular sombreada de ordem j.

Para determinar o trabalho total W realizado pela força quando a partícula se desloca de x_i para x_f, somamos as áreas de todas as faixas entre x_i e x_f da Fig. 7.5.1b.

$$W = \sum \Delta W_j = \sum F_{j,\text{méd}} \, \Delta x. \tag{7.5.2}$$

A Eq. 7.5.2 é uma aproximação porque a "escada" formada pelos lados superiores dos retângulos da Fig. 7.5.1b é apenas uma aproximação da curva real de $F(x)$.

Podemos melhorar a aproximação reduzindo a largura Δx dos retângulos e usando mais retângulos, como na Fig. 7.5.1c. No limite, fazemos a largura dos retângulos tender a zero; nesse caso, o número de retângulos se torna infinitamente grande e temos, como resultado exato,

168 CAPÍTULO 7

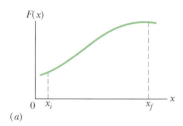

O trabalho é igual à área sob a curva.

(a)

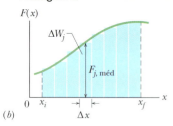

A área sob a curva pode ser aproximada pela área desses retângulos.

(b)

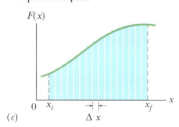

Quanto mais estreitos os retângulos, melhor a aproximação.

(c)

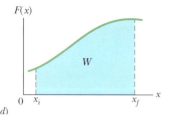

Quando a largura dos retângulos tende a zero, o erro da aproximação também tende a zero.

(d)

Figura 7.5.1 (a) Gráfico do módulo de uma força unidimensional $\vec{F}(x)$ em função da posição x de uma partícula sobre a qual a força atua. A partícula se desloca de x_i a x_f. (b) O mesmo que (a), mas com a área sob a curva dividida em faixas estreitas. (c) O mesmo que (b), mas com a área sob a curva dividida em faixas mais estreitas. (d) O caso-limite. O trabalho realizado pela força é dado pela Eq. 7.5.4 e é representado pela área sombreada entre a curva e o eixo x e entre x_i e x_f.

$$W = \lim_{\Delta x \to 0} \sum F_{j,\text{méd}} \Delta x. \qquad (7.5.3)$$

Esse limite corresponde à definição da integral da função $F(x)$ entre os limites x_i e x_f. Assim, a Eq. 7.5.3 se torna

$$W = \int_{x_i}^{x_f} F(x)\, dx \quad \text{(trabalho de uma força variável).} \qquad (7.5.4)$$

Se conhecemos a função $F(x)$, podemos substituí-la na Eq. 7.5.4, introduzir os limites de integração apropriados, efetuar a integração e, assim, calcular o trabalho. (O Apêndice E contém uma lista das integrais mais usadas.) Geometricamente, o trabalho é igual à área entre a curva de $F(x)$ e o eixo x e entre os limites x_i e x_f (área sombreada na Fig.7.5.1d). **7.5**

Análise Tridimensional

Considere uma partícula sob a ação de uma força tridimensional

$$\vec{F} = F_x \hat{i} + F_y \hat{j} + F_z \hat{k}, \qquad (7.5.5)$$

cujas componentes F_x, F_y e F_z podem depender da posição da partícula, ou seja, podem ser funções da posição. Vamos, porém, fazer três simplificações: F_x pode depender de x, mas não de y ou z; F_y pode depender de y, mas não de x ou z; F_z pode depender de z, mas não de x ou y. Suponha que a partícula sofra um deslocamento incremental

$$d\vec{r} = dx\,\hat{i} + dy\,\hat{j} + dz\,\hat{k}. \qquad (7.5.6)$$

De acordo com a Eq. 7.2.6, o incremento dW do trabalho realizado sobre a partícula pela força $\vec{F}$ durante o deslocamento $d\vec{r}$ é

$$dW = \vec{F} \cdot d\vec{r} = F_x\,dx + F_y\,dy + F_z\,dz. \qquad (7.5.7)$$

O trabalho W realizado por $\vec{F}$ enquanto a partícula se move de uma posição inicial r_i de coordenadas (x_i, y_i, z_i) para uma posição final r_f de coordenadas (x_f, y_f, z_f) é, portanto,

$$W = \int_{r_i}^{r_f} dW = \int_{x_i}^{x_f} F_x\,dx + \int_{y_i}^{y_f} F_y\,dy + \int_{z_i}^{z_f} F_z\,dz. \qquad (7.5.8)$$

Se $\vec{F}$ possui apenas a componente x, os termos da Eq. 7.5.8 que envolvem y e z são nulos e a equação se reduz à Eq. 7.5.4.

Teorema do Trabalho e Energia Cinética para uma Força Variável

A Eq. 7.5.4 permite calcular o trabalho realizado por uma força variável sobre uma partícula em uma situação unidimensional. Vamos agora verificar se o trabalho calculado é realmente igual à variação da energia cinética da partícula, como afirma o teorema do trabalho e a energia cinética.

Considere uma partícula de massa m que se move em um eixo x e está sujeita a uma força $F(x)$ paralela ao eixo x. De acordo com a Eq. 7.5.4, o trabalho realizado pela força sobre a partícula quando a partícula se desloca da posição x_i para a posição x_f é dado por

$$W = \int_{x_i}^{x_f} F(x)\,dx = \int_{x_i}^{x_f} ma\,dx, \qquad (7.5.9)$$

em que usamos a segunda lei de Newton para substituir $F(x)$ por ma. Podemos escrever o integrando $ma\,dx$ da Eq. 7.5.9 como

$$ma\,dx = m\,\frac{dv}{dt}\,dx. \qquad (7.5.10)$$

ENERGIA CINÉTICA E TRABALHO **169**

De acordo com a regra da cadeia para derivadas, temos

$$\frac{dv}{dt} = \frac{dv}{dx}\frac{dx}{dt} = \frac{dv}{dx}\,v, \qquad (7.5.11)$$

e a Eq. 7.5.10 se torna

$$ma\ dx = m\frac{dv}{dx}\,v\ dx = mv\ dv. \qquad (7.5.12)$$

Substituindo a Eq. 7.5.12 na Eq. 7.5.9, obtemos

$$W = \int_{v_i}^{v_f} mv\ dv = m\int_{v_i}^{v_f} v\ dv$$

$$= \tfrac{1}{2}mv_f^2 - \tfrac{1}{2}mv_i^2. \qquad (7.5.13)$$

Observe que, quando mudamos a variável de integração de x para v, tivemos de expressar os limites da integral em termos da nova variável. Note também que, como a massa m é constante, podemos colocá-la do lado de fora da integral.

Reconhecendo os termos do lado direito da Eq. 7.5.13 como energias cinéticas, podemos escrever essa equação na forma

$$W = K_f - K_i = \Delta K,$$

que é o teorema do trabalho e a energia cinética.

Teste 7.5.1

Se uma partícula se move no eixo x de $x = 0$ a $x = 2,0$ m sob a ação de uma força $\vec{F} = (3x^2\ \text{N})\hat{\text{i}}$, qual é o trabalho realizado pela força durante o deslocamento da partícula?

Exemplo 7.5.1 Anestesia epidural

Em um procedimento frequentemente usado nos partos, um cirurgião ou anestesista introduz uma agulha nas costas da paciente (Fig. 7.5.2a). A agulha atravessa várias camadas de tecido até chegar a uma região estreita conhecida como espaço epidural, que fica no canal espinal que envolve a medula. Esse procedimento delicado exige muita prática para que o médico não ultrapasse o espaço epidural, o que pode resultar em sérias complicações. Atualmente, os médicos principiantes podem praticar em sistemas de realidade virtual, aprendendo como a força varia com a penetração da agulha antes de anestesiarem a primeira paciente.

A Fig. 7.5.2b mostra um gráfico do módulo da força F em função do deslocamento x da ponta da agulha em um procedimento típico de anestesia epidural. (Os segmentos de reta são aproximações dos dados reais.) Quando x aumenta a partir de 0, a pele resiste à penetração da agulha, mas, em $x = 8,0$ mm, a força é suficiente para que a agulha penetre na pele e a força diminui. Analogamente, a agulha penetra no ligamento interespinal em $x = 18$ mm e no relativamente duro *ligamentum flavum* em $x = 30$ mm. A agulha entra então no espaço epidural (onde deve

ser aplicado o anestésico) e a força diminui bruscamente. Um médico principiante precisa conhecer como a força varia com o deslocamento da agulha para saber quando deve interromper o deslocamento. Assim, esse é o padrão que deve ser programado da simulação da anestesia epidural usando realidade virtual. Qual é o trabalho total realizado pela força exercida sobre a agulha até a agulha atingir o espaço epidural em $x = 30$ mm?

IDEIAS-CHAVE

(1) De acordo com a Eq. 7.5.4, o trabalho realizado por uma força variável $F(x)$ é dado por

$$W = \int_{x_i}^{x_f} F(x)\ dx.$$

Estamos interessados em calcular o trabalho realizado pela força durante o deslocamento de $x_i = 0$ até $x_f = 0,030$ m.

(2) Podemos calcular a integral determinando a área sob a curva da função, que é mostrada na Fig. 7.5.2b.

Cálculos: Como o gráfico é formado por segmentos de reta, podemos calcular a área dividindo a região sob a curva em regiões triangulares e retangulares, como mostra a Fig. 7.5.2c. Assim, por exemplo, a área da região triangular A é

$$\text{área}_A = \tfrac{1}{2}(0{,}0080 \text{ m})(12 \text{ N}) = 0{,}048 \text{ N} \cdot \text{m} = 0{,}048 \text{ J}.$$

Somando as áreas de todas as regiões mostradas na figura, descobrimos que o trabalho total é

$$W = 0{,}048 + 0{,}024 + 0{,}012 + 0{,}036 + 0{,}009 + 0{,}001 + 0{,}016$$
$$+ 0{,}048 + 0{,}016 + 0{,}004 + 0{,}024$$
$$= 0{,}238 \text{ J}.$$

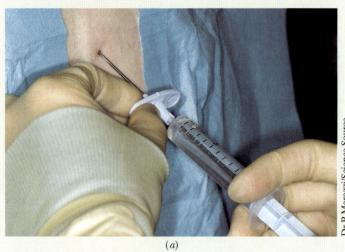

Figura 7.5.2 (a) Injeção epidural, (b) Módulo F da força em função do deslocamento x da agulha. (c) Decomposição do gráfico para determinar a área sob a curva.

7.6 POTÊNCIA

Objetivos do Aprendizado

Depois de ler este módulo, você será capaz de ...

7.6.1 Conhecer a relação entre a potência média desenvolvida por uma força, o trabalho realizado pela força e o intervalo de tempo durante o qual o trabalho foi realizado.

7.6.2 Calcular a potência instantânea desenvolvida por uma força a partir da variação com o tempo do trabalho realizado pela força.

7.6.3 Determinar a potência instantânea calculando o produto vetorial da força pela velocidade de um objeto.

Ideias-Chave

● A potência desenvolvida por uma força é a *taxa* com a qual a força realiza trabalho sobre um objeto.

● Se uma força realiza um trabalho W durante um intervalo de tempo Δt, a potência média desenvolvida pela força nesse intervalo de tempo é dada por

$$P_{\text{méd}} = \frac{W}{\Delta t}.$$

● Potência instantânea é a taxa instantânea com a qual um trabalho é realizado:

$$P = \frac{dW}{dt}.$$

● No caso de uma força $\vec{F}$ que faz um ângulo ϕ com a velocidade $\vec{v}$ de um objeto, a potência instantânea é dada por

$$P = Fv \cos \phi = \vec{F} \cdot \vec{v}.$$

Potência

A taxa de variação com o tempo do trabalho realizado por uma força recebe o nome de **potência**. Se uma força realiza um trabalho W em um intervalo de tempo Δt, a **potência média** desenvolvida durante esse intervalo de tempo é

$$P_{\text{méd}} = \frac{W}{\Delta t} \quad \text{(potência média)}. \tag{7.6.1}$$

A **potência instantânea** P é a taxa de variação instantânea com a qual o trabalho é realizado, que pode ser escrita como

$$P = \frac{dW}{dt} \quad \text{(potência instantânea)}. \tag{7.6.2}$$

Vamos supor que conhecemos o trabalho $W(t)$ realizado por uma força em função do tempo. Então, nesse caso, para determinar a potência instantânea P, digamos, no instante $t = 3{,}0$ s, basta derivar $W(t)$ em relação ao tempo e calcular o valor da derivada para $t = 3{,}0$ s.

A unidade de potência do SI é o joule por segundo. Essa unidade é usada com tanta frequência que recebeu um nome especial, o **watt** (W), em homenagem a James Watt, cuja contribuição foi fundamental para o aumento da potência das máquinas a vapor. No sistema inglês, a unidade de potência é o pé-libra por segundo (ft·lb/s). O horsepower (hp) também é muito usado. Seguem as relações entre essas unidades e a unidade de potência no SI.

$$1 \text{ watt} = 1 \text{ W} = 1 \text{ J/s} = 0{,}738 \text{ ft} \cdot \text{lb/s} \tag{7.6.3}$$

e
$$1 \text{ horsepower} = 1 \text{ hp} = 550 \text{ ft} \cdot \text{lb/s} = 746 \text{ W}. \tag{7.6.4}$$

Examinando a Eq. 7.6.1, vemos que o trabalho pode ser expresso como potência multiplicada por tempo, como na unidade quilowatt-hora, muito usada na prática. A relação entre o quilowatt-hora e o joule é a seguinte:

$$1 \text{ quilowatt-hora} = 1 \text{ kW} \cdot \text{h} = (10^3 \text{ W})(3.600 \text{ s})$$
$$= 3{,}60 \times 10^6 \text{ J} = 3{,}60 \text{ MJ}. \tag{7.6.5}$$

Talvez por aparecerem nas contas de luz, o watt e o quilowatt-hora sejam normalmente associados à energia elétrica. Entretanto, podem ser usados para medir outras formas de potência e energia. Se você apanha um livro no chão e o coloca em uma mesa, pode dizer que realizou um trabalho de, digamos, 4×10^{-6} kW · h (ou 4 mW · h).

Também podemos expressar a taxa com a qual uma força realiza trabalho sobre uma partícula (ou um objeto que se comporta como uma partícula) em termos da força e da velocidade da partícula. Para uma partícula que se move em linha reta (ao longo do eixo x, digamos) sob a ação de uma força $\vec{F}$ que faz um ângulo ϕ com a direção de movimento da partícula, a Eq. 7.6.2 se torna

$$P = \frac{dW}{dt} = \frac{F \cos\phi \, dx}{dt} = F \cos\phi \left(\frac{dx}{dt}\right),$$

ou
$$P = Fv \cos\phi. \tag{7.6.6}$$

Escrevendo o lado direito da Eq. 7.6.6 como o produto escalar $\vec{F} \cdot \vec{v}$, a equação se torna

$$P = \vec{F} \cdot \vec{v} \quad \text{(potência instantânea)}. \tag{7.6.7}$$

Assim, por exemplo, o caminhão da Fig. 7.6.1 exerce uma força $\vec{F}$ sobre a carga que está sendo rebocada, que tem velocidade $\vec{v}$ em um dado instante. A potência instantânea desenvolvida por $\vec{F}$ é a taxa com a qual $\vec{F}$ realiza trabalho sobre a carga nesse instante e é dada pelas Eqs. 7.6.6 e 7.6.7. Podemos dizer que essa potência é

Figura 7.6.1 A potência desenvolvida pela força aplicada à carga pelo caminhão é igual à taxa com a qual a força realiza trabalho sobre a carga.

"a potência do caminhão", mas devemos ter em mente o que isso significa: Potência é a taxa com a qual uma *força* realiza trabalho.

Teste 7.6.1
Um bloco descreve um movimento circular uniforme sob a ação de uma corda presa ao bloco e ao centro de uma circunferência. A potência desenvolvida pela força que a corda exerce sobre o bloco é positiva, negativa ou nula?

Exemplo 7.6.1 Potência, força e velocidade 7.6

Neste exemplo, vamos calcular uma potência instantânea, ou seja, a taxa com a qual um trabalho está sendo realizado em um dado instante, em vez da taxa média para um dado intervalo de tempo. A Fig. 7.6.2 mostra as forças constantes $\vec{F}_1$ e $\vec{F}_2$ que agem sobre uma caixa enquanto a caixa desliza para a direita em um piso sem atrito. A força $\vec{F}_1$ é horizontal, de módulo 2,0 N; a força $\vec{F}_2$ está inclinada para cima de um ângulo de 60° em relação ao piso e tem módulo de 4,0 N. A velocidade escalar v da caixa em um dado instante é 3,0 m/s. Qual é a potência desenvolvida pelas duas forças que agem sobre a caixa nesse instante? Qual é a potência total? A potência total está variando nesse instante?

IDEIA-CHAVE

Estamos interessados na potência instantânea e não na potência média em certo intervalo de tempo. Além disso, conhecemos a velocidade da caixa e não o trabalho realizado sobre a caixa.

Cálculo: Usamos a Eq. 7.6.6 duas vezes, uma para cada força. No caso da força $\vec{F}_1$, que faz um ângulo $\phi_1 = 180°$ com a velocidade $\vec{v}$, temos

$$P_1 = F_1 v \cos \phi_1 = (2{,}0 \text{ N})(3{,}0 \text{ m/s}) \cos 180°$$
$$= -6{,}0 \text{ W}. \qquad \text{(Resposta)}$$

O resultado negativo indica que a força $\vec{F}_1$ está *recebendo* energia da caixa à taxa de 6,0 J/s.

No caso da força $\vec{F}_2$, que faz um ângulo $\phi_2 = 60°$ com a velocidade $\vec{v}$, temos

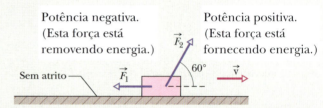

Figura 7.6.2 Duas forças, $\vec{F}_1$ e $\vec{F}_2$, agem sobre uma caixa que desliza para a direita em um piso sem atrito. A velocidade da caixa é $\vec{v}$.

$$P_2 = F_2 v \cos \phi_2 = (4{,}0 \text{ N})(3{,}0 \text{ m/s}) \cos 60°$$
$$= 6{,}0 \text{ W}. \qquad \text{(Resposta)}$$

O resultado positivo indica que a força $\vec{F}_2$ está *fornecendo* energia à caixa à taxa de 6,0 J/s.

A potência total é a soma das duas potências (incluindo os sinais algébricos):

$$P_{tot} = P_1 + P_2$$
$$= -6{,}0 \text{ W} + 6{,}0 \text{ W} = 0, \qquad \text{(Resposta)}$$

o que significa que a taxa total de transferência de energia é zero. Assim, a energia cinética ($K = \frac{1}{2} mv^2$) da caixa não varia, e a velocidade da caixa continua a ser 3,0 m/s. Como as forças $\vec{F}_1$ e $\vec{F}_2$ e a velocidade v não variam, vemos pela Eq. 7.6.7 que P_1 e P_2 são constantes e o mesmo acontece com P_{tot}.

Revisão e Resumo

Energia Cinética A **energia cinética** K associada ao movimento de uma partícula de massa m e velocidade escalar v, em que v é muito menor que a velocidade da luz, é dada por

$$K = \tfrac{1}{2} mv^2 \quad \text{(energia cinética).} \qquad (7.1.1)$$

Trabalho Trabalho W é a energia transferida para um objeto ou de um objeto por uma força que age sobre o objeto. Quando o objeto recebe energia, o trabalho é positivo; quando o objeto cede energia, o trabalho é negativo.

Trabalho Realizado por uma Força Constante O trabalho realizado sobre uma partícula por uma força constante $\vec{F}$ durante um deslocamento $\vec{d}$ é dado por

$$W = Fd \cos \phi = \vec{F} \cdot \vec{d} \quad \text{(trabalho realizado por uma força constante),}$$
$$(7.2.5,\ 7.2.6)$$

em que ϕ é o ângulo constante entre $\vec{F}$ e $\vec{d}$. Apenas a componente de $\vec{F}$ na direção do deslocamento $\vec{d}$ realiza trabalho sobre o objeto. Quando duas ou mais forças agem sobre um objeto, o **trabalho total** é a soma dos trabalhos realizados pelas forças, que também é igual ao trabalho que seria realizado pela força resultante $\vec{F}_{res}$.

Trabalho e Energia Cinética No caso de uma partícula, uma variação ΔK da energia cinética é igual ao trabalho total W realizado sobre a partícula:

$$\Delta K = K_f - K_i = W \quad \text{(teorema do trabalho e energia cinética),} \qquad (7.2.8)$$

em que K_i é a energia cinética inicial da partícula e K_f é a energia cinética da partícula após o trabalho ter sido realizado. De acordo com a Eq. 7.2.8, temos:

$$K_f = K_i + W. \qquad (7.2.9)$$

ENERGIA CINÉTICA E TRABALHO   **173**

Trabalho Realizado pela Força Gravitacional O trabalho W_g realizado pela força gravitacional $\vec{F}_g$ sobre uma partícula (ou sobre um objeto que se comporta como uma partícula) de massa m durante um deslocamento $\vec{d}$ é dado por

$$W_g = mgd \cos \phi, \quad (7.3.1)$$

em que ϕ é o ângulo entre $\vec{F}_g$ e $\vec{d}$.

Trabalho Realizado para Levantar e Abaixar um Objeto
O trabalho W_a realizado por uma força aplicada quando um objeto que se comporta como uma partícula é levantado ou abaixado está relacionado com o trabalho W_g realizado pela força gravitacional e à variação ΔK da energia cinética do objeto por meio da equação

$$\Delta K = K_f - K_i = W_a + W_g. \quad (7.3.4)$$

Se $K_f = K_i$, a Eq. 7.3.4 se reduz a

$$W_a = -W_g, \quad (7.3.5)$$

segundo a qual a energia cedida ao objeto pela força aplicada é igual à energia extraída do objeto pela força gravitacional.

Força Elástica A força $\vec{F}_s$ de uma mola é

$$\vec{F}_s = -k\vec{d} \quad \text{(Lei de Hooke)}, \quad (7.4.1)$$

em que $\vec{d}$ é o deslocamento da extremidade livre da mola em relação à posição que ocupa quando a mola está no **estado relaxado** (nem comprimida nem alongada) e k é a **constante elástica** (uma medida da rigidez da mola). Se um eixo x é traçado ao longo do comprimento da mola, com a origem na posição da extremidade livre da mola no estado relaxado, a Eq. 7.4.1 pode ser escrita na forma

$$F_x = -kx \quad \text{(Lei de Hooke)}. \quad (7.4.2)$$

A força elástica é, portanto, uma força variável: ela varia com o deslocamento da extremidade livre da mola.

Trabalho Realizado por uma Força Elástica Se um objeto está preso à extremidade livre de uma mola, o trabalho W_s realizado sobre o objeto pela força elástica quando o objeto é deslocado de uma posição inicial x_i para uma posiçao final x_f é dado por

$$W_s = \tfrac{1}{2}kx_i^2 - \tfrac{1}{2}kx_f^2. \quad (7.4.6)$$

Se $x_i = 0$ e $x_f = x$, a Eq. 7.4.6 se torna

$$W_s = -\tfrac{1}{2}kx^2. \quad (7.4.7)$$

Trabalho Realizado por uma Força Variável Quando a força $\vec{F}$ aplicada a um objeto que se comporta como uma partícula depende da posição do objeto, o trabalho realizado por $\vec{F}$ sobre o objeto enquanto o objeto se move de uma posição inicial r_i de coordenadas (x_i, y_i, z_i) para uma posição final r_f de coordenadas (x_f, y_f, z_f) pode ser calculado integrando a força. Supondo que a componente F_x pode depender de x, mas não de y ou z, que a componente F_y pode depender de y, mas não de x ou z, e que a componente F_z pode depender de z, mas não de x ou y, o trabalho é dado por

$$W = \int_{x_i}^{x_f} F_x \, dx + \int_{y_i}^{y_f} F_y \, dy + \int_{z_i}^{z_f} F_z \, dz. \quad (7.5.8)$$

Se $\vec{F}$ possui apenas a componente x, a Eq. 7.5.8 se reduz a

$$W = \int_{x_i}^{x_f} F(x) \, dx. \quad (7.5.4)$$

Potência A **potência** desenvolvida por uma força é a taxa com a qual a força realiza trabalho sobre um objeto. Se a força realiza um trabalho W em um intervalo de tempo Δt, a *potência média* desenvolvida pela força nesse intervalo de tempo é dada por

$$P_{\text{méd}} = \frac{W}{\Delta t}. \quad (7.6.1)$$

Potência instantânea é a taxa instantânea com a qual o trabalho está sendo realizado:

$$P = \frac{dW}{dt}. \quad (7.6.2)$$

No caso de uma força $\vec{F}$ que faz um ângulo ϕ com a velocidade instantânea $\vec{v}$ de um objeto, a potência instantânea é dada por

$$P = Fv \cos \phi = \vec{F} \cdot \vec{v}. \quad (7.6.6, 7.6.7)$$

Perguntas

1 Ordene as seguintes velocidades de acordo com a energia cinética que uma partícula teria se estivesse a essa velocidade, em ordem decrescente: (a) $\vec{v} = 4\hat{i} + 3\hat{j}$, (b) $\vec{v} = -4\hat{i} + 3\hat{j}$, (c) $\vec{v} = -3\hat{i} + 4\hat{j}$, (d) $\vec{v} = 3\hat{i} - 4\hat{j}$, (e) $\vec{v} = 5\hat{i}$ e (f) $v = 5$ m/s a 30° com a horizontal.

2 A Fig. 7.1a mostra duas forças horizontais que agem sobre um bloco que está deslizando para a direita em um piso sem atrito. A Fig. 7.1b mostra três gráficos da energia cinética K do bloco em função do tempo t. Qual dos gráficos corresponde melhor às três seguintes situações: (a) $F_1 = F_2$, (b) $F_1 > F_2$, (c) $F_1 < F_2$?

3 O trabalho realizado por uma força constante $\vec{F}$ sobre uma partícula durante um deslocamento retilíneo $\vec{d}$ é positivo ou negativo (a) se o ângulo entre $\vec{F}$ e $\vec{d}$ for 30°; (b) se o ângulo for 100°; (c) se $\vec{F} = 2\hat{i} - 3\hat{j}$ e $\vec{d} = -4\hat{i}$?

4 Em três situações, uma força horizontal aplicada por um curto período de tempo muda a velocidade de um disco de metal que desliza em uma superfície de gelo de atrito desprezível. As vistas superiores da Fig. 7.2 mostram, para cada situação, a velocidade inicial v_i do disco, a velocidade final v_f e as orientações dos vetores velocidade correspondentes. Ordene as situações de acordo com o trabalho realizado sobre o disco pela força aplicada, do mais positivo para o mais negativo.

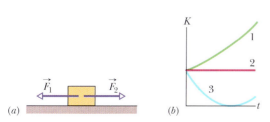

Figura 7.1 Pergunta 2.

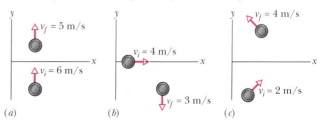

Figura 7.2 Pergunta 4.

5 A Fig. 7.3 mostra quatro gráficos (traçados na mesma escala) da componente F_x da força aplicada a uma partícula que se move ao longo do eixo x. Ordene os gráficos de acordo com o trabalho realizado pela força sobre a partícula de $x = 0$ a $x = x_1$, do mais positivo para o mais negativo.

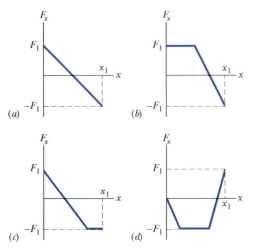

Figura 7.3 Pergunta 5.

6 A Fig. 7.4 mostra a componente F_x de uma força que pode agir sobre uma partícula. Se a partícula parte do repouso em $x = 0$, qual é sua coordenada (a) quando a energia cinética é máxima, (b) quando a velocidade é máxima e (c) quando a velocidade é nula? (d) Qual é o sentido da velocidade da partícula ao passar pelo ponto $x = 6$ m?

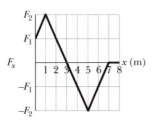

Figura 7.4 Pergunta 6.

7 Na Fig. 7.5, um porco ensebado pode escolher entre três escorregas para descer. Ordene os escorregas de acordo com o trabalho que a força gravitacional realiza sobre o porco durante a descida, do maior para o menor.

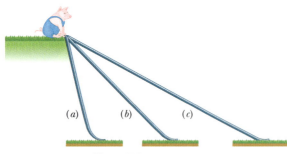

Figura 7.5 Pergunta 7.

8 A Fig. 7.6a mostra quatro situações nas quais uma força horizontal age sobre um mesmo bloco, que está inicialmente em repouso. Os módulos das forças são $F_2 = F_4 = 2F_1 = 2F_3$. A componente horizontal v_x da velocidade do bloco é mostrada na Fig. 7.6b para as quatro situações. (a) Que gráfico da Fig. 7.6b corresponde melhor a que força da Fig. 7.6a? (b) Que gráfico da Fig. 7.6c (da energia cinética K em função do tempo t) corresponde melhor a que gráfico da Fig. 7.6b?

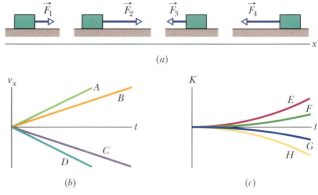

Figura 7.6 Pergunta 8.

9 A mola A é mais rígida que a mola B ($k_A > k_B$). A força elástica de que mola realizará mais trabalho se as molas forem comprimidas (a) da mesma distância e (b) pela mesma força?

10 Uma bola é arremessada ou deixada cair a partir do repouso da borda de um precipício. Qual dos gráficos na Fig. 7.7 poderia mostrar como a energia cinética da bola varia durante a queda?

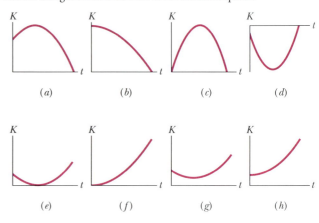

Figura 7.7 Pergunta 10.

11 Em três situações, uma força age sobre uma partícula em movimento. A velocidade da partícula e a força aplicada são as seguintes, nas três situações: (1) $\vec{v} = (-4\hat{i})$ m/s, $\vec{F} = (6\hat{i} - 20\hat{j})$ N; (2) $\vec{v} = (2\hat{i} - 3\hat{j})$ m/s, $\vec{F} = (-2\hat{j} + 7\hat{k})$ N; (3) $\vec{v} = (-3\hat{i} - \hat{j})$ m/s, $\vec{F} = (2\hat{i} + 6\hat{j})$ N. Ordene as situações de acordo com a taxa com a qual a energia está sendo transferida, começando pela maior energia transferida para a partícula e terminando com a maior energia transferida da partícula.

12 A Fig. 7.8 mostra três arranjos de um bloco ligado a molas iguais que estão no estado relaxado quando o bloco está na posição central. Ordene os arranjos de acordo com o módulo da força total que age sobre o bloco, começando pelo maior, quando o bloco é deslocado de uma distância d (a) para a direita e (b) para a esquerda. Ordene os arranjos de acordo com o trabalho realizado sobre o bloco pela força das molas, começando pelo maior, quando o bloco é deslocado de uma distância d (a) para a direita e (b) para a esquerda.

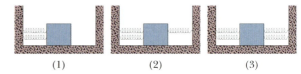

Figura 7.8 Pergunta 12.

Problemas

F Fácil **M** Médio **D** Difícil
CVF Informações adicionais disponíveis no e-book *O Circo Voador da Física*, de Jearl Walker, LTC Editora, Rio de Janeiro, 2008.
CALC Requer o uso de derivadas e/ou integrais
BIO Aplicação biomédica

Módulo 7.1 Energia Cinética

1 **F** Um próton (massa $m = 1,67 \times 10^{-27}$ kg) está sendo acelerado, em linha reta, a $3,6 \times 10^{15}$ m/s² em um acelerador de partículas. Se o próton tem velocidade inicial de $2,4 \times 10^7$ m/s e se desloca 3,5 cm, determine (a) a velocidade e (b) o aumento da energia cinética do próton.

2 **F** Se um foguete Saturno V e uma espaçonave Apolo acoplada ao foguete tinham massa total de $2,9 \times 10^5$ kg, qual era a energia cinética quando os objetos atingiram uma velocidade de 11,2 km/s?

3 **F** **CVF** Em 10 de agosto de 1972, um grande meteorito atravessou a atmosfera no oeste dos Estados Unidos e do Canadá como uma pedra que ricocheteia na água. A bola de fogo resultante foi tão forte que pôde ser vista à luz do dia e era mais intensa que o rastro deixado por um meteorito comum. A massa do meteorito era aproximadamente 4×10^6 kg; sua velocidade, cerca de 15 km/s. Se tivesse entrado verticalmente na atmosfera terrestre, o meteorito teria atingido a superfície da Terra com aproximadamente a mesma velocidade. (a) Calcule a perda de energia cinética do meteorito (em joules) que estaria associada ao impacto vertical. (b) Expresse a energia como um múltiplo da energia explosiva de 1 megaton de TNT, $4,2 \times 10^{15}$ J. (c) A energia associada à explosão da bomba atômica de Hiroshima foi equivalente a 13 quilotons de TNT. A quantas bombas de Hiroshima o impacto do meteorito seria equivalente?

4 **F** **CVF** Uma explosão no nível do solo produz uma cratera com um diâmetro proporcional à raiz cúbica da energia da explosão; uma explosão de 1 megaton de TNT deixa uma cratera com 1 km de diâmetro. No fundo do Lago Huron, em Michigan, existe uma cratera com 50 km de diâmetro, atribuída ao impacto de um meteorito no passado remoto. Qual deve ter sido a energia cinética associada a esse impacto, (a) em megatons de TNT (1 megaton equivale a $4,2 \times 10^{15}$ J) e (b) em bombas de Hiroshima (uma bomba de Hiroshima equivale a 13 quilotons de TNT)? (Impactos de meteoritos e cometas podem ter alterado significativamente o clima da Terra no passado e contribuído para a extinção dos dinossauros e outras formas de vida.)

5 **M** Em uma corrida, um pai tem metade da energia cinética do filho, que tem metade da massa do pai. Aumentando a velocidade em 1,0 m/s, o pai passa a ter a mesma energia cinética do filho. Qual é a velocidade escalar inicial (a) do pai e (b) do filho?

6 **M** Uma conta com massa de $1,8 \times 10^{-2}$ kg está se movendo no sentido positivo do eixo x. A partir do instante $t = 0$, no qual a conta está passando pela posição $x = 0$ a uma velocidade de 12 m/s, uma força constante passa a agir sobre a conta. A Fig. 7.9 mostra a posição da conta nos instantes $t_0 = 0$, $t_1 = 1,0$ s, $t_2 = 2,0$ s e $t_3 = 3,0$ s. A conta para momentaneamente em $t = 3,0$ s. Qual é a energia cinética da conta em $t = 10$ s?

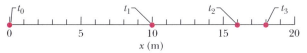

Figura 7.9 Problema 6.

Módulo 7.2 Trabalho e Energia Cinética

7 **F** Um corpo de 3,0 kg está em repouso em um colchão de ar horizontal de atrito desprezível quando uma força horizontal constante $\vec{F}$ é aplicada no instante $t = 0$. A Fig. 7.10 mostra, em um gráfico estroboscópico, a posição da partícula a intervalos de 0,50 s. Qual é o trabalho realizado sobre o corpo pela força $\vec{F}$ no intervalo de $t = 0$ a $t = 2,0$ s?

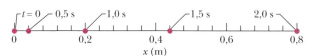

Figura 7.10 Problema 7.

8 **F** Um bloco de gelo flutuante é colhido por uma correnteza que aplica ao bloco uma força $\vec{F} = (210$ N$)\hat{i} - (150$ N$)\hat{j}$ fazendo com que o bloco sofra um deslocamento $\vec{d} = (15$ m$)\hat{i} - (12$ m$)\hat{j}$. Qual é o trabalho realizado pela força sobre o bloco durante o deslocamento?

9 **F** A única força que age sobre uma lata de 2,0 kg que está se movendo em um plano xy tem um módulo de 5,0 N. Inicialmente, a lata tem uma velocidade de 4,0 m/s no sentido positivo do eixo x; em um instante posterior, a velocidade passa a ser 6,0 m/s no sentido positivo do eixo y. Qual é o trabalho realizado sobre a lata pela força de 5,0 N nesse intervalo de tempo?

10 **F** Uma moeda desliza em um plano, sem atrito, em um sistema de coordenadas xy, da origem até o ponto de coordenadas (3,0 m, 4,0 m), sob o efeito de uma força constante. A força tem um módulo de 2,0 N e faz um ângulo de 100° no sentido anti-horário com o semieixo x positivo. Qual é o trabalho realizado pela força sobre a moeda durante o deslocamento?

11 **M** Uma força de 12,0 N e com orientação fixa realiza trabalho sobre uma partícula que sofre um deslocamento $\vec{d} = (2,00\hat{i} - 4,00\hat{j} + 3,00\hat{k})$ m. Qual é o ângulo entre a força e o deslocamento se a variação da energia cinética da partícula é (a) +30,0 J e (b) −30,0 J?

12 **M** Uma lata de parafusos e porcas é empurrada por 2,00 m ao longo de um eixo x por uma vassoura em um piso sujo de óleo (sem atrito) de uma oficina de automóveis. A Fig. 7.11 mostra o trabalho W realizado sobre a lata pela força horizontal constante da vassoura em função da posição x da lata. A escala vertical do gráfico é definida por $W_s = 6,0$ J. (a) Qual é o módulo da força? (b) Se a lata tivesse uma energia cinética inicial de 3,00 J, movendo-se no sentido positivo do eixo x, qual seria a energia cinética ao fim do deslocamento de 2,00 m?

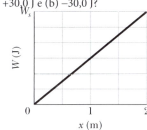

Figura 7.11 Problema 12.

13 **M** Um trenó e seu ocupante, com massa total de 85 kg, descem uma encosta e atingem um trecho horizontal retilíneo com uma velocidade de 37 m/s. Se uma força desacelera o trenó até o repouso a uma taxa constante de 2,0 m/s², determine (a) o módulo F da força, (b) a distância d que o trenó percorre até parar e (c) o trabalho W realizado pela força sobre o trenó. Quais são os valores de (d) F, (e) d e (f) W, se a taxa de desaceleração é 4,0 m/s²?

14 **M** A Fig. 7.12 mostra uma vista superior de três forças horizontais agindo sobre uma caixa que estava inicialmente em repouso e passou a se mover em um piso sem atrito. Os módulos das forças são $F_1 = 3,00$ N, $F_2 = 4,00$ N e $F_3 = 10,0$ N e os ângulos indicados são $\theta_2 = 50,0°$ e $\theta_3 = 35,0°$.

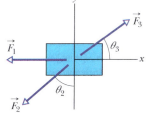

Figura 7.12 Problema 14.

Qual é o trabalho total realizado sobre a caixa pelas três forças nos primeiros 4,00 m de deslocamento?

15 **M** A Fig. 7.13 mostra três forças aplicadas a um baú que se desloca 3,00 m para a esquerda em um piso sem atrito. Os módulos das forças são $F_1 = 5,00$ N, $F_2 = 9,00$ N, e $F_3 = 3,00$ N; o ângulo indicado é $\theta = 60°$. No deslocamento, (a) qual é o trabalho total realizado sobre o baú pelas três forças? (b) A energia cinética do baú aumenta ou diminui?

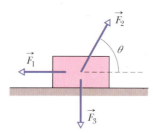

Figura 7.13 Problema 15.

16 **M** Um objeto de 8,0 kg está se movendo no sentido positivo de um eixo x. Quando passa pelo ponto $x = 0$, uma força constante dirigida ao longo do eixo passa a atuar sobre o objeto. A Fig. 7.14 mostra a energia cinética K em função da posição x quando o objeto se desloca de $x = 0$ a $x = 5,0$ m; $K_0 = 30,0$ J.

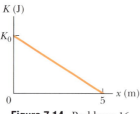

Figura 7.14 Problema 16.

A força continua a agir. Qual é a velocidade do objeto no instante em que passa pelo ponto $x = -3,0$ m?

Módulo 7.3 Trabalho Realizado pela Força Gravitacional

17 **F** Um helicóptero levanta verticalmente, por meio de um cabo, uma astronauta de 72 kg até uma altura 15 m acima da superfície do oceano. A aceleração da astronauta é $g/10$. Qual é o trabalho realizado sobre a astronauta (a) pela força do helicóptero e (b) pela força gravitacional? Imediatamente antes de a astronauta chegar ao helicóptero, quais são (c) sua energia cinética e (d) sua velocidade?

18 **F** **BIO** **CVF** (a) Em 1975, o teto do Velódromo de Montreal, com um peso de 360 kN, foi levantado 10 cm para que pudesse ser centralizado. Que trabalho foi realizado sobre o teto pelas forças que o ergueram? (b) Em 1960, uma mulher de Tampa, na Flórida, levantou uma das extremidades de um carro que havia caído sobre o filho quando o macaco quebrou. Se o desespero a levou a levantar 4.000 N (cerca de 1/4 do peso do carro) por uma distância de 5,0 cm, que trabalho a mulher realizou sobre o carro?

19 **M** Na Fig. 7.15, um bloco de gelo escorrega para baixo em uma rampa sem atrito com uma inclinação $\theta = 50°$ enquanto um operário puxa o bloco (por meio de uma corda) com uma força $\vec{F}_r$ que tem um módulo de 50 N e aponta para cima ao longo da rampa. Quando o bloco desliza uma distância $d = 0,50$ m ao longo da rampa, sua energia cinética aumenta 80 J. Quão maior seria a energia cinética se o bloco não estivesse sendo puxado por uma corda?

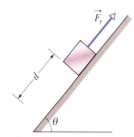

Figura 7.15 Problema 19.

20 **M** Um bloco é lançado para cima em uma rampa sem atrito, ao longo de um eixo x que aponta para cima. A Fig. 7.16 mostra a energia cinética do bloco em função da posição x; a escala vertical do gráfico é definida por $K_s = 40,0$ J. Se a velocidade inicial do bloco é 4,00 m/s, qual é a força normal que age sobre o bloco?

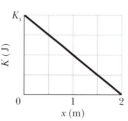

Figura 7.16 Problema 20.

21 **M** Uma corda é usada para baixar verticalmente um bloco de massa M, inicialmente em repouso, com aceleração constante, para baixo, de $g/4$.

Após o bloco descer uma distância d, determine (a) o trabalho realizado pela força da corda sobre o bloco; (b) o trabalho realizado pela força gravitacional sobre o bloco; (c) a energia cinética do bloco; (d) a velocidade do bloco.

22 **M** Uma equipe de salvamento retira um espeleólogo ferido do fundo de uma caverna com o auxílio de um cabo ligado a um motor. O resgate é realizado em três etapas, cada uma envolvendo uma distância vertical de 10,0 m: (a) o espeleólogo, que estava inicialmente em repouso, é acelerado até uma velocidade de 5,00 m/s; (b) ele é içado a uma velocidade constante de 5,00 m/s; (c) finalmente, é desacelerado até o repouso. Qual é o trabalho realizado em cada etapa sobre o espeleólogo de 80,0 kg?

23 **M** Na Fig. 7.17, uma força constante $\vec{F}_a$ de módulo 82,0 N é aplicada a uma caixa de sapatos, de 3,00 kg, a um ângulo $\phi = 53,0°$, fazendo com que a caixa se mova para cima ao longo de uma rampa sem atrito, com velocidade constante. Qual é o trabalho realizado sobre a caixa por $\vec{F}_a$ logo após a caixa ter subido uma distância vertical de $h = 0,150$ m?

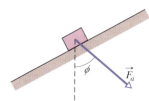

Figura 7.17 Problema 23.

24 **M** Na Fig. 7.18, uma força horizontal $\vec{F}_a$ de módulo 20,0 N é aplicada a um livro de psicologia de 3,00 kg enquanto o livro escorrega por uma distância $d = 0,500$ m ao longo de uma rampa de inclinação $\theta = 30,0°$, subindo sem atrito. (a) Nesse deslocamento, qual é o trabalho total realizado sobre o livro por $\vec{F}_a$, pela força gravitacional e pela força normal? (b) Se o livro tem energia cinética nula no início do deslocamento, qual é sua energia cinética final?

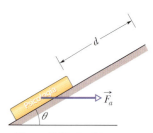

Figura 7.18 Problema 24.

25 **D** Na Fig. 7.19, um pedaço de queijo de 0,250 kg repousa no chão de um elevador de 900 kg que é puxado para cima por um cabo, primeiro por uma distância $d_1 = 2,40$ m e depois por uma distância $d_2 = 10,5$ m. (a) No deslocamento d_1, se a força normal exercida sobre o bloco pelo piso do elevador tem um módulo constante $F_N = 3,00$ N, qual é o trabalho realizado pela força do cabo sobre o elevador?

Figura 7.19 Problema 25.

(b) No deslocamento d_2, se o trabalho realizado sobre o elevador pela força (constante) do cabo é 92,61 kJ, qual é o módulo de F_N?

Módulo 7.4 Trabalho Realizado por uma Força Elástica

26 **F** Na Fig. 7.4.1, devemos aplicar uma força de módulo 80 N para manter o bloco estacionário em $x = -2,0$ cm. A partir dessa posição, deslocamos o bloco lentamente até que a força aplicada realize um trabalho de $+4,0$ J sobre o sistema massa-mola. A partir desse instante, o bloco permanece em repouso. Qual é a posição do bloco? (*Sugestão:* Existem duas respostas possíveis.)

27 **F** Uma mola e um bloco são montados como na Fig. 7.4.1. Quando o bloco é puxado para o ponto $x = +4,0$ cm, devemos aplicar uma força de 360 N para mantê-lo nessa posição. Puxamos o bloco para o ponto $x = 11$ cm e o liberamos. Qual é o trabalho realizado pela mola sobre o bloco quando este se desloca de $x_i = +5,0$ cm para (a) $x = +3,0$ cm, (b) $x = -3,0$ cm, (c) $x = -5,0$ cm e (d) $x = -9,0$ cm?

28 **F** Durante o semestre de primavera do MIT, os estudantes de dois dormitórios vizinhos travam batalhas com grandes catapultas feitas com mangueiras de borracha montadas na moldura das janelas. Um balão de aniversário, cheio de água colorida, é colocado em uma bolsa presa na mangueira, que é esticada até a outra extremidade do quarto. Suponha que a mangueira esticada obedece à lei de Hooke com uma constante elástica de 100 N/m. Se a mangueira é esticada 5,00 m e liberada, que trabalho a força elástica da mangueira realiza sobre a bola quando a mangueira volta ao comprimento normal?

29 M No arranjo da Fig. 7.4.1, puxamos gradualmente o bloco de $x = 0$ até $x = +3,0$ cm, onde ele fica em repouso. A Fig. 7.20 mostra o trabalho que nossa força realiza sobre o bloco. A escala vertical do gráfico é definida por $W_s = 1,0$ J. Em seguida, puxamos o bloco até $x = +5,0$ cm, e o liberamos a partir do repouso. Qual é o trabalho realizado pela mola, sobre o bloco, quando este é deslocado de $x_i = +5,0$ cm a (a) $x = +4,0$ cm, (b) $x = -2,0$ cm e (c) $x = -5,0$ cm?

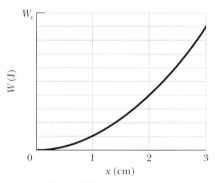

Figura 7.20 Problema 29.

30 M Na Fig. 7.4.1a, um bloco de massa m repousa em uma superfície horizontal sem atrito e está preso a uma mola horizontal (de constante elástica k) cuja outra extremidade é mantida fixa. O bloco está parado na posição onde a mola está relaxada ($x = 0$) quando uma força $\vec{F}$ no sentido positivo do eixo x é aplicada. A Fig. 7.21 mostra o gráfico da energia cinética do bloco em função da posição x após a aplicação da força. A escala vertical do gráfico é definida por $K_s = 4,0$ J. (a) Qual é o módulo de $\vec{F}$? (b) Qual é o valor de k?

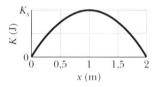

Figura 7.21 Problema 30.

31 M CALC A única força que age sobre um corpo de 2,0 kg enquanto o corpo se move no semieixo positivo de um eixo x tem uma componente $F_x = -6x$ N, com x em metros. A velocidade do corpo em $x = 3,0$ m é 8,0 m/s. (a) Qual é a velocidade do corpo em $x = 4,0$ m? (b) Para que valor positivo de x o corpo tem uma velocidade de 5,0 m/s?

32 M A Fig. 7.22 mostra a força elástica F_x em função da posição x para o sistema massa-mola da Fig. 7.4.1. A escala vertical do gráfico é definida por $F_s = 160,0$ N. Puxamos o bloco até $x = 12$ cm e o liberamos. Qual é o trabalho realizado pela mola sobre o bloco ao se deslocar de $x_i = +8,0$ cm para (a) $x = +5,0$ cm, (b) $x = -5,0$ cm, (c) $x = -8,0$ cm e (d) $x = -10,0$ cm?

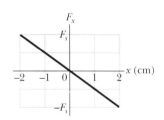

Figura 7.22 Problema 32.

33 D O bloco da Fig. 7.4.1a está em uma superfície horizontal sem atrito e a constante elástica é 50 N/m. Inicialmente, a mola está relaxada e o bloco está parado no ponto $x = 0$. Uma força com módulo constante de 3,0 N é aplicada ao bloco, puxando-o no sentido positivo do eixo x e alongando a mola até o bloco parar. Quando isso acontece, (a) qual é a posição do bloco, (b) qual o trabalho realizado sobre o bloco pela força aplicada e (c) qual o trabalho realizado sobre o bloco pela força elástica? Durante o deslocamento do bloco, (d) qual é a posição do bloco na qual a energia cinética é máxima e (e) qual o valor da energia cinética máxima?

Módulo 7.5 Trabalho Realizado por uma Força Variável Genérica

34 F CALC Um tijolo de 10 kg se move ao longo de um eixo x. A Fig. 7.23 mostra a aceleração do tijolo em função da posição. A escala vertical do gráfico é definida por $a_s = 20,0$ m/s². Qual é o trabalho total realizado sobre o tijolo pela força responsável pela aceleração quando o tijolo se desloca de $x = 0$ para $x = 8,0$ m?

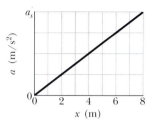

Figura 7.23 Problema 34.

35 F CALC A força a que uma partícula está submetida aponta ao longo de um eixo x e é dada por $F = F_0(x/x_0 - 1)$. Determine o trabalho realizado pela força ao mover a partícula de $x = 0$ a $x = 2x_0$ de duas formas: (a) plotando $F(x)$ e medindo o trabalho no gráfico; (b) integrando $F(x)$.

36 F CALC Um bloco de 5,0 kg se move em linha reta em uma superfície horizontal, sem atrito, sob a influência de uma força que varia com a posição, como é mostrado na Fig. 7.24. A escala vertical do gráfico é definida por $F_s = 10,0$ N. Qual é o trabalho realizado pela força quando o bloco se desloca da origem até $x = 8,0$ cm?

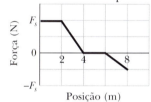

Figura 7.24 Problema 36.

37 M CALC A Fig. 7.25 mostra a aceleração de uma partícula de 2,00 kg sob a ação de uma força $\vec{F}_a$ que desloca a partícula ao longo de um eixo x, a partir do repouso, de $x = 0$ a $x = 9,0$ m. A escala vertical do gráfico é definida por $a_s = 6,0$ m/s². Qual é o trabalho realizado pela força sobre a partícula até a partícula atingir o ponto (a) $x = 4,0$ m, (b) $x = 7,0$ m e (c) $x = 9,0$ m? Quais são o módulo e o sentido da velocidade da partícula quando a partícula atinge o ponto (d) $x = 4,0$ m, (e) $x = 7,0$ m e (f) $x = 9,0$ m?

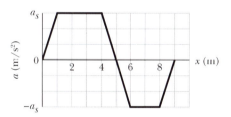

Figura 7.25 Problema 37.

38 M CALC Um bloco de 1,5 kg está em repouso em uma superfície horizontal sem atrito quando uma força ao longo de um eixo x é aplicada ao bloco. A força é dada por $\vec{F}(x) = (2,5 - x^2)\hat{i}$ N, em que x está em metros e a posição inicial do bloco é $x = 0$. (a) Qual é a energia cinética do bloco ao passar pelo ponto $x = 2,0$ m? (b) Qual é a energia cinética máxima do bloco entre $x = 0$ e $x = 2,0$ m?

39 M CALC Uma força $\vec{F} = (cx - 3,00 x^2)\hat{i}$, em que $\vec{F}$ está em newtons, x em metros e c é uma constante, age sobre uma partícula que se desloca ao longo de um eixo x. Em $x = 0$, a energia cinética da partícula é 20,0 J; em $x = 3,00$ m, é 11,0 J. Determine o valor de c.

40 M CALC Uma lata de sardinha é deslocada, ao longo de um eixo x, de $x = 0,25$ m a $x = 1,25$ m, por uma força cujo módulo é dado por $F = e^{-4x^2}$, com x em metros e F em newtons. Qual é o trabalho realizado pela força sobre a lata?

41 M CALC Uma única força age sobre um objeto de 3,0 kg que se comporta como uma partícula, de tal forma que a posição do objeto em função do tempo é dada por $x = 3,0t - 4,0t^2 + 1,0t^3$, com x em metros e t em segundos. Determine o trabalho realizado pela força sobre o objeto de $t = 0$ a $t = 4,0$ s.

42 D A Fig. 7.26 mostra uma corda presa a um carrinho que pode deslizar em um trilho horizontal sem atrito ao longo de um eixo x. A corda passa por uma polia, de massa e atrito desprezíveis, situada a uma altura $h = 1,20$ m em relação ao ponto onde está presa no carrinho e é puxada por sua extremidade esquerda, fazendo o carrinho deslizar de $x_1 = 3,00$ m até $x_2 = 1,00$ m. Durante o deslocamento, a tração da corda se mantém constante e igual a 25,0 N. Qual é a variação da energia cinética do carrinho durante o deslocamento?

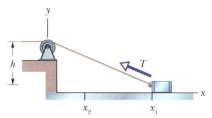

Figura 7.26 Problema 42.

Módulo 7.6 Potência

43 F CALC Uma força de 5,0 N age sobre um corpo de 15 kg inicialmente em repouso. Calcule o trabalho realizado pela força (a) no primeiro, (b) no segundo e (c) no terceiro segundos, assim como (d) a potência instantânea da força no fim do terceiro segundo.

44 F Um esquiador é puxado por uma corda para o alto de uma encosta que faz um ângulo de 12° com a horizontal. A corda se move paralelamente à encosta com velocidade constante de 1,0 m/s. A força da corda realiza 900 J de trabalho sobre o esquiador quando este percorre uma distância de 8,0 m encosta acima. (a) Se a velocidade constante da corda fosse 2,0 m/s, que trabalho a força da corda teria realizado sobre o esquiador para o mesmo deslocamento? A que taxa a força da corda realiza trabalho sobre o esquiador quando a corda se desloca com uma velocidade de (b) 1,0 m/s e (c) 2,0 m/s?

45 F Um bloco de 100 kg é puxado com velocidade constante de 5,0 m/s em um piso horizontal por uma força de 122 N que faz um ângulo de 37° acima da horizontal. Qual é a taxa com a qual a força realiza trabalho sobre o bloco?

46 F Um elevador carregado tem massa de $3,0 \times 10^3$ kg e sobe 210 m em 23 s, com velocidade constante. Qual é a taxa média com a qual a força do cabo do elevador realiza trabalho sobre o elevador?

47 M Uma máquina transporta um pacote de 4,0 kg de uma posição inicial $\vec{d}_i = (0,50 \text{ m})\hat{i} + (0,75 \text{ m})\hat{j} + (0,20 \text{ m})\hat{k}$ em $t = 0$ até uma posição final $\vec{d}_f = (7,50 \text{ m})\hat{i} + (12,0 \text{ m})\hat{j} + (7,20 \text{ m})\hat{k}$ em $t = 12$ s. A força constante aplicada pela máquina ao pacote é $\vec{F} = (2,00 \text{ N})\hat{i} + (4,00 \text{ N})\hat{j} + (6,00 \text{ N})\hat{k}$. Para esse deslocamento, determine (a) o trabalho realizado pela força da máquina sobre o pacote e (b) a potência média desenvolvida pela força.

48 M Uma bandeja de 0,30 kg escorrega em uma superfície horizontal sem atrito presa a uma das extremidades de uma mola horizontal ($k = 500$ N/m) cuja outra extremidade é mantida fixa. A bandeja possui energia cinética de 10 J ao passar pela posição de equilíbrio (ponto em que a força elástica da mola é zero). (a) A que taxa a mola está realizando trabalho sobre a bandeja quando esta passa pela posição de equilíbrio? (b) A que taxa a mola está realizando trabalho sobre a bandeja quando a mola está comprimida de 0,10 m e a bandeja está se afastando da posição de equilíbrio?

49 M Um elevador de carga totalmente carregado tem massa total de 1.200 kg, que deve içar 54 m em 3,0 minutos, iniciando e terminando a subida em repouso. O contrapeso do elevador tem massa de apenas 950 kg, e, portanto, o motor do elevador deve ajudar. Que potência média é exigida da força que o motor exerce sobre o elevador por meio do cabo?

50 M (a) Em um dado instante, um objeto que se comporta como uma partícula sofre a ação de uma força $\vec{F} = (4,0 \text{ N})\hat{i} - (2,0 \text{ N})\hat{j} +$ (9,0 N)$\hat{k}$ quando sua velocidade é $\vec{v} = -(2,0 \text{ m/s})\hat{i} + (4,0 \text{ m/s})\hat{k}$. Qual é a taxa instantânea com a qual a força realiza trabalho sobre o objeto? (b) Em outro instante, a velocidade tem apenas a componente y. Se a força não muda e a potência instantânea é −12 W, qual é a velocidade do objeto nesse instante?

51 M Uma força $\vec{F} = (3,00 \text{ N})\hat{i} + (7,00 \text{ N})\hat{j} + (7,00 \text{ N})\hat{k}$ age sobre um objeto de 2,00 kg que se move de uma posição inicial $\vec{d}_i = (3,00 \text{ m})\hat{i} - (2,00 \text{ m})\hat{j} + (5,00 \text{ m})\hat{k}$ para uma posição final $\vec{d}_f = -(5,00 \text{ m})\hat{i} + (4,00 \text{ m})\hat{j} + (7,00 \text{ m})\hat{k}$ em 4,00 s. Determine (a) o trabalho realizado pela força sobre o objeto no intervalo de 4,00 s, (b) a potência média desenvolvida pela força nesse intervalo e (c) o ângulo entre os vetores $\vec{d}_i$ e $\vec{d}_f$.

52 D CALC Um funny car acelera a partir do repouso, percorrendo uma dada distância no tempo T, com o motor funcionando com potência constante P. Se os mecânicos conseguem aumentar a potência do motor de um pequeno valor dP, qual é a variação do tempo necessário para percorrer a mesma distância?

Problemas Adicionais

53 A Fig. 7.27 mostra um pacote de cachorros-quentes escorregando para a direita em um piso sem atrito por uma distância $d = 20,0$ cm enquanto três forças agem sobre o pacote. Duas forças são horizontais e têm módulos $F_1 = 5,00$ N e $F_2 = 1,00$ N; a terceira faz um ângulo $\theta = 60,0°$ para baixo e tem um módulo $F_3 = 4,00$ N. (a) Qual é o trabalho *total* realizado sobre o pacote pelas três forças mais a força gravitacional e a força normal? (b) Se o pacote tem massa de 2,0 kg e energia cinética inicial igual a zero, qual é sua velocidade no final do deslocamento?

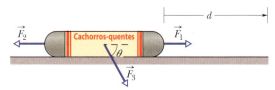

Figura 7.27 Problema 53.

54 A única força que age sobre um corpo de 2,0 kg quando o corpo se desloca ao longo de um eixo x varia da forma indicada na Fig. 7.28. A escala vertical do gráfico é definida por $F_s = 4,0$ N. A velocidade do corpo em $x = 0$ é 4,0 m/s. (a) Qual é a energia cinética do corpo em $x = 3,0$ m? (b) Para que valor de x o corpo possui uma energia cinética de 8,0 J? (c) Qual é a energia cinética máxima do corpo entre $x = 0$ e $x = 5,0$ m?

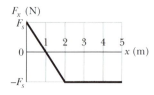

Figura 7.28 Problema 54.

55 BIO Um cavalo puxa uma carroça com uma força de 40 lb que faz um ângulo de 30° para cima com a horizontal e se move com uma velocidade de 6,0 mi/h. (a) Que trabalho a força realiza em 10 minutos? (b) Qual é a potência média desenvolvida pela força em horsepower?

56 Um objeto de 2,0 kg inicialmente em repouso acelera uniformemente na horizontal até uma velocidade de 10 m/s em 3,0 s. (a) Nesse intervalo de 3,0 s, qual é o trabalho realizado sobre o objeto pela força que o acelera? Qual é a potência instantânea desenvolvida pela força (b) no fim do intervalo e (c) no fim da primeira metade do intervalo?

57 Um caixote de 230 kg está pendurado na extremidade de uma corda de comprimento $L = 12,0$ m. Você empurra o caixote horizontalmente com uma força variável $\vec{F}$, deslocando-o para o lado de uma distância $d = 4,00$ m (Fig. 7.29). (a) Qual é o módulo de $\vec{F}$ quando o caixote está na posição final? Nesse deslocamento, quais são (b) o trabalho total realizado sobre o caixote, (c) o trabalho realizado pela força gravitacional sobre o caixote e (d) o trabalho realizado pela corda sobre o caixote? (e) Sabendo que o caixote está em repouso antes e depois do deslocamento, use as respostas dos itens (b), (c) e (d) para determinar o trabalho que a força $\vec{F}$ realiza sobre o caixote. (f) Por que o trabalho da força não é igual ao produto do deslocamento horizontal pela resposta do item (a)?

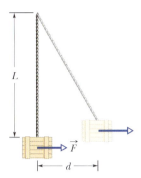

Figura 7.29 Problema 57.

58 Para puxar um engradado de 50 kg em um piso horizontal sem atrito, um operário aplica uma força de 210 N que faz um ângulo de 20° para cima com a horizontal. Em um deslocamento de 3,0 m, qual é o trabalho realizado sobre o engradado (a) pela força do operário, (b) pela força gravitacional e (c) pela força normal do piso? (d) Qual é o trabalho total realizado sobre o engradado?

59 Uma força $\vec{F}_a$ é aplicada a uma conta, que desliza em um fio reto, sem atrito, fazendo-a sofrer um deslocamento de +5,0 cm. O módulo de $\vec{F}_a$ é mantido constante, mas o ângulo ϕ entre $\vec{F}_a$ e o deslocamento da conta pode ser escolhido. Na Fig. 7.30 mostra-se o trabalho, W, realizado por $\vec{F}_a$ sobre a conta para valores de ϕ dentro de certo intervalo; $W_0 = 25$ J. Qual é o trabalho realizado por $\vec{F}_a$, se ϕ é igual (a) a 64° e (b) a 147°?

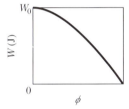

Figura 7.30 Problema 59.

60 Uma criança medrosa desce por um escorrega, de atrito desprezível, segura pela mãe. A força da mãe sobre a criança é de 100 N para cima na direção do escorrega, e a energia cinética da criança aumenta de 30 J quando ela desce uma distância de 1,8 m. (a) Qual é o trabalho realizado sobre a criança pela força gravitacional durante a descida de 1,8 m? (b) Se a criança não fosse segura pela mãe, qual seria o aumento da energia cinética quando ela escorregasse pela mesma distância de 1,8 m?

61 CALC Qual é o trabalho realizado por uma força $\vec{F} = (2x \text{ N})\hat{i} + (3 \text{ N})\hat{j}$, com x em metros, ao deslocar uma partícula de uma posição $\vec{r}_i = (2 \text{ m})\hat{i} + (3 \text{ m})\hat{j}$ para uma posição $\vec{r}_f = -(4 \text{ m})\hat{i} - (3 \text{ m})\hat{j}$?

62 Um bloco de 250 g é deixado cair em uma mola vertical, inicialmente relaxada, cuja constante elástica é $k = 2,5$ N/cm (Fig. 7.31). O bloco fica acoplado à mola, comprimindo-a em 12 cm até parar momentaneamente. Nessa compressão, que trabalho é realizado sobre o bloco (a) pela força gravitacional e (b) pela força elástica? (c) Qual é a velocidade do bloco imediatamente antes de se chocar com a mola? (Suponha que o atrito é desprezível.) (d) Se a velocidade no momento do impacto é duplicada, qual é a compressão máxima da mola?

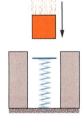

Figura 7.31 Problema 62.

63 Para empurrar um engradado de 25,0 kg para cima em um plano inclinado de 25° em relação à horizontal, um operário exerce uma força de 209 N paralela ao plano inclinado. Quando o engradado percorre 1,50 m, qual é o trabalho realizado sobre ele (a) pela força aplicada pelo trabalhador, (b) pela força gravitacional e (c) pela força normal? (d) Qual é o trabalho total realizado sobre o engradado?

64 Caixas são transportadas de um local para outro, de um armazém, por meio de uma esteira que se move com velocidade constante de 0,50 m/s. Em certo local, a esteira se move 2,0 m em uma rampa que faz um ângulo de 10° para cima com a horizontal, 2,0 m na horizontal e, finalmente, 2,0 m em uma rampa que faz um ângulo de 10° para baixo com a horizontal. Suponha que uma caixa de 2,0 kg é transportada pela esteira sem escorregar. A que taxa a força da esteira sobre a caixa realiza trabalho quando a caixa se move (a) na rampa de 10° para cima, (b) horizontalmente e (c) na rampa de 10° para baixo?

65 Na Fig. 7.32, uma corda passa por duas polias ideais. Uma lata, de massa $m = 20$ kg, está pendurada em uma das polias, e uma força $\vec{F}$ é aplicada à extremidade livre da corda. (a) Qual deve ser o módulo de $\vec{F}$ para que a lata seja levantada com velocidade constante? (b) Qual deve ser o deslocamento da corda para que a lata suba 2,0 cm? Durante esse deslocamento, qual é o trabalho realizado sobre a lata (c) pela força aplicada (por meio da corda) e (d) pela força gravitacional? (*Sugestão*: Quando uma corda é usada da forma mostrada na figura, a força total com a qual a corda puxa a segunda polia é duas vezes maior que a tração da corda.)

Figura 7.32 Problema 65.

66 Se um carro com massa de 1.200 kg viaja a 120 km/h em uma rodovia, qual é a energia cinética do carro medida por alguém que está parado no acostamento?

67 Uma mola com um ponteiro está pendurada perto de uma régua graduada em milímetros. Três pacotes diferentes são pendurados na mola, um de cada vez, como mostra a Fig. 7.33. (a) Qual é a marca da régua indicada pelo ponteiro quando não há nenhum pacote pendurado na mola? (b) Qual é o peso P do terceiro pacote?

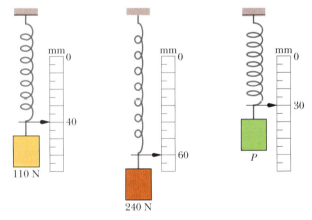

Figura 7.33 Problema 67.

68 Um trenó a vela está em repouso na superfície de um lago congelado quando um vento repentino exerce sobre ele uma força constante de 200 N, na direção leste. Devido ao ângulo da vela, o vento faz com que o trenó se desloque em linha reta por uma distância de 8,0 m em uma direção 20° ao norte do leste. Qual é a energia cinética do trenó ao fim desses 8,0 m?

69 Se um elevador de uma estação de esqui transporta 100 passageiros com um peso médio de 660 N até uma altura de 150 m em 60,0 s, a uma velocidade constante, que potência média é exigida da força que realiza esse trabalho?

70 Uma força $\vec{F} = (4{,}0\text{ N})\hat{i} + c\hat{j}$ age sobre uma partícula enquanto a partícula sofre um deslocamento $\vec{d} = (3{,}0\text{ m})\hat{i} - (2{,}0\text{ m})\hat{j}$. (Outras forças também agem sobre a partícula.) Qual é o valor de c se o trabalho realizado sobre a partícula pela força $\vec{F}$ é (a) 0, (b) 17 J e (c) −18 J?

71 *Energia cinética.* Se um veículo com uma massa de 1.500 kg está se movendo a uma velocidade de 120 km/h, qual é a energia cinética do veículo medida por um motorista que ultrapassa o veículo a 140 km/h?

72 **CALC** *Trabalho calculado por integração gráfica.* Na Fig. 7.34b, um bloco de 8,0 kg se move em um piso de atrito desprezível enquanto é submetido a uma força que começa em $x_1 = 0$ e termina em $x_3 = 6{,}5$ m. Enquanto o bloco se move, o módulo e o sentido da força mudam de acordo com o gráfico da Fig. 7.34a. Assim, por exemplo, de $x = 0$ a $x = 1$ m, a força é positiva (é aplicada no sentido positivo do eixo x) e aumenta em módulo de 0 a 40 N, e de $x = 4$ m a $x = 5$ m, a força é negativa e aumenta em módulo de 0 a 20 N. A energia cinética do bloco em $x = x_1$ é $K_1 = 280$ J. Qual é a velocidade do bloco em (a) $x_1 = 0$, (b) $x_2 = 4{,}0$ m e (c) $x_3 = 6{,}5$ m?

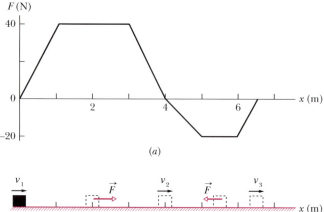

Figura 7.34 Problema 72.

73 *Carga de tijolos.* Uma carga de tijolos de massa $m = 420$ kg deve ser levantada por um guindaste a uma posição estacionária a uma altura $h = 120$ m em 5,00 min. Qual deve ser a potência média do guindaste em quilowatts e em horsepower?

74 **BIO** **CALC** *Fratura do quadril e índice de massa corporal.* Fraturas do quadril causadas por quedas são relativamente frequentes em pessoas idosas ou sujeitas a convulsões. Uma pesquisa em andamento procura averiguar se existe uma correlação entre o risco de fratura e o peso, ou, mais especificamente, o índice de massa corporal (IMC). Esse índice é dado pela razão m/h^2, em que m é a massa em quilogramas e h é a altura em metros da pessoa. Uma pessoa com um IMC elevado tem uma probabilidade maior ou menor de sofrer uma fratura do quadril se levar um tombo?

Uma forma de medir o risco de fratura é medir a quantidade de energia absorvida quando o quadril se choca com o piso em uma queda de lado. Durante o choque e compressão do piso, o quadril realiza trabalho sobre o piso. Um trabalho maior significa que resta menos energia para fraturar o quadril. Em um experimento, um voluntário é mantido na horizontal por um suporte com o quadril esquerdo 5,0 cm acima de uma placa com propriedades semelhantes à de um piso comum, ligada a um sensor de força. Quando o suporte é removido, o voluntário se choca com a placa e o sistema mede o módulo F da força que o voluntário exerce sobre a placa e a deformação d da placa. A Figura 7.35 mostra gráficos idealizados para dois voluntários. No caso do voluntário A, $m = 55{,}0$ kg, $h = 1{,}70$ m, força máxima $F_A = 1.400$ N e deformação máxima da placa $d_A = 2{,}00$ cm. No caso do voluntário B, $m = 110$ kg, $h = 1{,}70$ m, $F_{B2} = 1.600$ N, $d_{B2} = 6{,}00$ cm e, no ponto intermediário, $F_{B1} = 500$ N e $d_{B1} = 4{,}00$ cm.

Qual é o IMC (a) do voluntário A (mais leve) e (b) do voluntário B (mais pesado)? (c) Qual dos voluntários exerce mais força sobre a placa? Qual é a energia absorvida pela placa (trabalho realizado sobre a placa) no caso (d) do voluntário A e (e) do voluntário B? Qual é a energia absorvida pela placa por unidade de massa (f) no caso do voluntário A e (g) no caso do voluntário B? (h) Os resultados mostram que a absorção de energia pela placa é maior (e, portanto, o risco de uma fratura do quadril é menor) para uma pessoa com um IMC alto ou com um IMC baixo? (i) Isso é coerente com os resultados da força máxima?

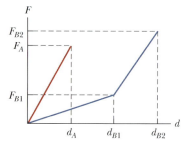

Figura 7.35 Problema 74.

75 *Força durante um acidente.* Um automóvel colide frontalmente com um muro e para depois que a frente do carro sofre uma deformação de 0,500 m. O motorista de 70 kg está firmemente preso ao assento pelo cinto de segurança e, por isso, seu deslocamento durante o choque é de 0,500 m. Suponha que a força que o cinto de segurança exerce sobre o motorista é constante durante a colisão. Use o teorema do trabalho e energia cinética para determinar o módulo da força durante a colisão se a velocidade inicial do carro era (a) 55 km/h e (b) 110 km/h? (c) Se a velocidade inicial é multiplicada por 2, como neste exemplo, por que fator a força é multiplicada?

76 **CALC** *Trabalho e potência em função do tempo.* Um corpo de massa m que está em repouso no instante $t = 0$ acelera uniformemente até atingir a velocidade v_f no instante $t = t_f$. Em termos desses símbolos, no instante t, qual é (a) o trabalho realizado sobre o corpo e (b) a potência fornecida ao corpo?

77 *Trabalho, observador no trem, observador fora do trem.* Um objeto de massa m está inicialmente em repouso no interior de um trem que se move com velocidade constante u em um eixo x. Uma força constante é aplicada ao objeto, fazendo com que ele passe a ter uma aceleração a no sentido positivo do eixo x durante um intervalo de tempo t. Em termos desses símbolos, qual é o trabalho realizado pela força do ponto de vista (a) de um observador em repouso no interior do trem e (b) um observador em repouso ao lado da via férrea?

78 **CALC** *Trabalho e potência, integração gráfica.* Uma força variável age sobre um corpo com uma massa de 3,0 kg que se move em um eixo x. A Fig. 7.36 mostra um gráfico da velocidade v do corpo em função do tempo t. Qual é o trabalho realizado sobre o corpo (incluindo o sinal) nos intervalos de tempo (a) de 0 a 2,0 ms, (b) de 2,0 a 5,0 ms, (c) de 5,0 a 8,0 ms e (d) de 8,0 a 11 ms? Qual é a potência média fornecida ao corpo (incluindo o sinal) nos intervalos de tempo (e) de 0 a 2,0 ms, (f) de 2,0 a 5,0 ms, (g) de 5,0 a 8,0 ms e (h) de 8,0 a 11 ms?

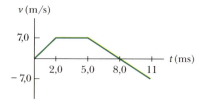

Figura 7.36 Problema 78.

C A P Í T U L O   8

Energia Potencial e Conservação da Energia

8.1 ENERGIA POTENCIAL

Objetivos do Aprendizado

Depois de ler este módulo, você será capaz de ...

8.1.1 Saber a diferença entre uma força conservativa e uma força não conservativa.

8.1.2 No caso de uma partícula que se move de um ponto para outro do espaço, saber que o trabalho realizado por uma força conservativa depende apenas dos pontos inicial e final.

8.1.3 Calcular a energia potencial gravitacional de uma partícula (ou, mais rigorosamente, de um sistema partícula-Terra).

8.1.4 Calcular a energia potencial elástica de um sistema massa-mola.

Ideias-Chave

● Uma força é dita conservativa se o trabalho realizado pela força sobre uma partícula que descreve um percurso fechado, ou seja, no qual o ponto final coincide com o ponto inicial, é zero. É possível demonstrar que o trabalho realizado por uma força conservativa não depende da trajetória da partícula, mas apenas dos pontos inicial e final. A força gravitacional e a força elástica são forças conservativas; a força de atrito cinético não é uma força conservativa.

● Energia potencial é a energia associada à configuração de um sistema que está sujeito à ação de uma força conservativa. Quando uma força conservativa realiza um trabalho W sobre uma partícula do sistema, a variação ΔU da energia potencial do sistema é dada por

$$\Delta U = -W.$$

Isso significa que, se a partícula se desloca do ponto x_i para o ponto x_f sob a ação de uma força $F(x)$, a variação da energia potencial do sistema é dada por

$$\Delta U = -\int_{x_i}^{x_f} F(x)\, dx.$$

● A energia potencial associada a um sistema formado pela Terra e uma partícula nas vizinhanças da Terra é chamada "energia potencial gravitacional". Se a partícula se desloca da altura y_i para a altura y_f, a variação da energia potencial gravitacional do sistema partícula-Terra é dada por

$$\Delta U = mg(y_f - y_i) = mg\,\Delta y.$$

● Se o ponto de referência da partícula é tomado como $y_i = 0$ e a energia potencial gravitacional correspondente é tomada como $U_i = 0$, a energia potencial gravitacional U quando a partícula está a uma altura y é dada por

$$U(y) = mgy.$$

● A energia potencial elástica é a energia associada ao estado de compressão ou extensão de um objeto elástico. No caso de uma mola que exerce uma força elástica $F = -kx$ quando a extremidade livre sofre um deslocamento x, a energia potencial elástica é dada por

$$U(x) = \tfrac{1}{2}kx^2.$$

● A configuração de referência para a energia potencial elástica é, normalmente, a situação em que a mola está relaxada, $x = 0$ e $U = 0$.

O que É Física?

Uma das tarefas da física é identificar os diferentes tipos de energia que existem no mundo, especialmente os que têm utilidade prática. Um tipo comum de energia é a **energia potencial** U. Tecnicamente, energia potencial é qualquer energia que pode ser associada à configuração (arranjo) de um sistema de objetos que exercem forças uns sobre os outros.

Essa é uma definição muito formal para algo que, na verdade, é extremamente simples. Um exemplo pode ser mais esclarecedor que a definição. Um praticante de *bungee jump* salta de uma plataforma (Fig. 8.1.1). O sistema de objetos é formado pela Terra e o atleta. A força entre os objetos é a força gravitacional. A configuração do sistema varia (a distância entre o atleta e a Terra diminui, e isso, naturalmente, é que torna o salto emocionante). Podemos descrever o movimento do atleta e o aumento de sua energia cinética definindo uma **energia potencial gravitacional** U. Trata-se de uma energia associada ao estado de separação entre dois objetos que se atraem mutuamente por meio da força gravitacional, como, no caso, o atleta e a Terra.

Figura 8.1.1 A energia cinética de um praticante de *bungee jump* aumenta durante a queda livre; em seguida, a corda começa a esticar, desacelerando o atleta.

Quando a corda elástica começa a esticar no final do salto, o sistema de objetos passa a ser formado pela corda e o atleta (a variação de energia potencial gravitacional passa a ser desprezível). A força entre os objetos é uma força elástica (como a de uma mola). A configuração do sistema varia (a corda estica). Podemos relacionar a diminuição da energia cinética do saltador ao aumento do comprimento da corda definindo uma **energia potencial elástica** U. Trata-se da energia associada ao estado de compressão ou distensão de um objeto elástico, a corda, no caso.

A física ensina como calcular a energia potencial de um sistema, o que ajuda a escolher a melhor forma de usá-la ou armazená-la. Antes que um praticante de *bungee jump* inicie um salto, por exemplo, alguém (provavelmente um engenheiro mecânico) precisa verificar se a corda que será usada é segura, determinando a energia potencial gravitacional e a energia potencial elástica que podem ser esperadas. Caso os cálculos sejam benfeitos, o salto pode ser emocionante, mas não será perigoso.

Trabalho e Energia Potencial

No Capítulo 7, discutimos a relação entre o trabalho e a variação da energia cinética. Agora, vamos discutir a relação entre o trabalho e a variação da energia potencial.

Suponha que um tomate seja arremessado para cima (Fig. 8.1.2). Já sabemos que, enquanto o tomate está subindo, o trabalho W_g realizado pela força gravitacional sobre o tomate é negativo porque a força extrai energia *da* energia cinética do tomate. Podemos agora concluir a história dizendo que essa energia é transferida pela força gravitacional da energia cinética do tomate *para a* energia potencial gravitacional do sistema tomate-Terra.

O tomate perde velocidade, para e começa a cair de volta por causa da força gravitacional. Durante a queda, a transferência se inverte: o trabalho W_g realizado sobre o tomate pela força gravitacional agora é positivo e a força gravitacional passa a transferir energia *da* energia potencial do sistema tomate-Terra *para a* energia cinética do tomate.

Tanto na subida como na descida, a variação ΔU da energia potencial gravitacional é definida como o negativo do trabalho realizado sobre o tomate pela força gravitacional. Usando o símbolo geral W para o trabalho, podemos expressar essa definição por meio da seguinte equação:

$$\Delta U = -W. \qquad (8.1.1)$$

A Eq. 8.1.1 também se aplica a um sistema massa-mola como o da Fig. 8.1.3. Se empurramos bruscamente o bloco, movimentando-o para a direita, a força da mola atua para a esquerda e, portanto, realiza trabalho negativo sobre o bloco, transferindo energia da energia cinética do bloco para a energia potencial elástica do sistema bloco-mola. O bloco perde velocidade até parar; em seguida, começa a se mover para a esquerda, já que a força da mola ainda está dirigida para a esquerda. A partir desse momento, a transferência de energia se inverte: a energia passa a ser transferida da energia potencial do sistema bloco-mola para a energia cinética do bloco.

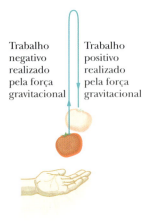

Figura 8.1.2 Um tomate é arremessado para cima. Enquanto o tomate está subindo, a força gravitacional realiza um trabalho negativo sobre o tomate, diminuindo a sua energia cinética. Quando o tomate começa a descer, a força gravitacional passa a realizar um trabalho positivo sobre o tomate, aumentando a sua energia cinética.

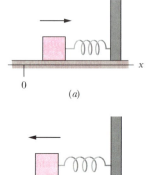

Figura 8.1.3 Um bloco, preso a uma mola e inicialmente em repouso em $x = 0$, é colocado em movimento para a direita. (*a*) Quando o bloco se move para a direita (no sentido indicado pela seta), a força elástica da mola realiza trabalho negativo sobre o bloco. (*b*) Mais tarde, quando o bloco se move para a esquerda, em direção ao ponto $x = 0$, a força da mola realiza trabalho positivo sobre o bloco.

Forças Conservativas e Dissipativas

Vamos fazer uma lista dos elementos principais das duas situações que acabamos de discutir:

1. O *sistema* é formado por dois ou mais objetos.
2. Uma *força* atua entre um objeto do sistema que se comporta como partícula (o tomate ou o bloco) e o resto do sistema.
3. Quando a configuração do sistema varia, a força realiza *trabalho* (W_1, digamos) sobre o objeto, transferindo energia entre a energia cinética K do objeto e alguma outra forma de energia do sistema.
4. Quando a mudança da configuração se inverte, a força inverte o sentido da transferência de energia, realizando um trabalho W_2 no processo.

Nas situações em que a relação $W_1 = -W_2$ é sempre observada, a outra forma de energia é uma energia potencial e dizemos que a força é uma **força conservativa**. Como o leitor já deve ter desconfiado, a força gravitacional e a força elástica são conservativas (de outra forma, não poderíamos ter falado em energia potencial gravitacional e energia potencial elástica, como fizemos anteriormente).

Uma força que não é conservativa é chamada **força dissipativa**. A força de atrito cinético e a força de arrasto são forças dissipativas. Imagine, por exemplo, um bloco deslizando em um piso em uma situação na qual o atrito não seja desprezível. Durante o deslizamento, a força de atrito cinético exercida pelo piso realiza um trabalho negativo sobre o bloco, reduzindo sua velocidade e transferindo a energia cinética do bloco para outra forma de energia chamada *energia térmica* (que está associada ao movimento aleatório de átomos e moléculas). Os experimentos mostram que essa transferência de energia não pode ser revertida (a energia térmica não pode ser convertida de volta em energia cinética do bloco pela força de atrito cinético). Assim, embora tenhamos um sistema (composto pelo bloco e pelo piso), uma força que atua entre partes do sistema e uma transferência de energia causada pela força, a força não é conservativa. Isso significa que a energia térmica não é uma energia potencial.

Quando um objeto que se comporta como uma partícula está sujeito apenas a forças conservativas, certos problemas que envolvem o movimento do objeto se tornam muito mais simples. No próximo módulo, em que apresentamos um método para identificar forças conservativas, será apresentado um exemplo desse tipo de simplificação.

Independência da Trajetória de Forças Conservativas

O teste principal para determinar se uma força é conservativa ou dissipativa é o seguinte: Deixa-se a força atuar sobre uma partícula que se move ao longo de um *percurso fechado*, ou seja, um caminho que começa e termina na mesma posição. A força é conservativa se e apenas se for nula a energia total transferida durante esse ou qualquer outro percurso fechado. Em outras palavras:

> O trabalho total realizado por uma força conservativa sobre uma partícula que se move ao longo de qualquer percurso fechado é nulo.

Os experimentos mostram que a força gravitacional passa neste *teste do percurso fechado*. Um exemplo é o tomate da Fig. 8.1.2. O tomate deixa o ponto de lançamento com velocidade v_0 e energia cinética $\frac{1}{2}mv_0^2$. A força gravitacional que age sobre o tomate reduz sua velocidade a zero e depois o faz cair de volta. Quando o tomate retorna ao ponto de partida, ele possui novamente uma velocidade v_0 e uma energia cinética $\frac{1}{2}mv_0^2$. Assim, a força gravitacional extrai tanta energia *do* tomate durante a subida quanto fornece energia *ao* tomate durante a descida. O trabalho total realizado sobre o tomate pela força gravitacional durante a viagem de ida e volta é, portanto, nulo.

Se uma força é conservativa, o trabalho realizado pela força não depende da trajetória entre os pontos *a* e *b*.

E o trabalho realizado pela força em um percurso fechado é zero.

Figura 8.1.4 (*a*) Uma partícula pode se mover do ponto *a* ao ponto *b*, sob a ação de uma força conservativa, seguindo a trajetória 1 ou a trajetória 2. (*b*) A partícula descreve um percurso fechado, seguindo a trajetória 1 para ir do ponto *a* ao ponto *b* e a trajetória 2 para voltar ao ponto *a*.

Uma consequência importante do teste do percurso fechado é a seguinte:

O trabalho realizado por uma força conservativa sobre uma partícula que se move entre dois pontos não depende da trajetória seguida pela partícula.

Suponha, por exemplo, que a partícula se move do ponto *a* para o ponto *b* da Fig. 8.1.4*a* seguindo a trajetória 1 ou a trajetória 2. Se todas as forças que agem sobre a partícula são conservativas, o trabalho realizado sobre a partícula é o mesmo para as duas trajetórias. Em símbolos, podemos escrever esse resultado como

$$W_{ab,1} = W_{ab,2}, \quad (8.1.2)$$

em que o índice *ab* indica os pontos inicial e final, respectivamente, e os índices 1 e 2 indicam a trajetória.

Esse resultado é importante porque permite simplificar problemas difíceis quando apenas uma força conservativa está envolvida. Suponha que você precise calcular o trabalho realizado por uma força conservativa ao longo de uma trajetória entre dois pontos, e que o cálculo seja difícil ou mesmo impossível sem informações adicionais. Você pode determinar o trabalho substituindo a trajetória entre esses dois pontos por outra para a qual o cálculo seja mais fácil.

Demonstração da Equação 8.1.2

A Fig. 8.1.4*b* mostra um percurso fechado, arbitrário, de uma partícula sujeita à ação de uma única força. A partícula se desloca de um ponto inicial *a* para um ponto *b* seguindo a trajetória 1 e volta ao ponto *a* seguindo a trajetória 2. A força realiza trabalho sobre a partícula enquanto ela se desloca em cada uma das trajetórias. Sem nos preocuparmos em saber se o trabalho realizado é positivo ou negativo, vamos representar o trabalho realizado de *a* a *b* ao longo da trajetória 1 como $W_{ab,1}$ e o trabalho realizado de *b* a *a* ao longo da trajetória 2 como $W_{ba,2}$. Se a força é conservativa, o trabalho total realizado durante a viagem de ida e volta é zero:

$$W_{ab,1} + W_{ba,2} = 0,$$

e, portanto,

$$W_{ab,1} = -W_{ba,2}. \quad (8.1.3)$$

Em palavras, o trabalho realizado ao longo da trajetória de ida é o negativo do trabalho realizado ao longo da trajetória de volta.

Consideremos agora o trabalho $W_{ab,2}$ realizado pela força sobre a partícula quando ela se move de *a* para *b* ao longo da trajetória 2 (Fig. 8.1.4*a*). Se a força é conservativa, esse trabalho é o negativo de $W_{ba,2}$:

$$W_{ab,2} = -W_{ba,2}. \quad (8.1.4)$$

Substituindo $W_{ab,2}$ por $-W_{ba,2}$ na Eq. 8.1.3, obtemos

$$W_{ab,1} = W_{ab,2},$$

como queríamos demonstrar.

Teste 8.1.1

A figura mostra três trajetórias ligando os pontos *a* e *b*. Uma única força $\vec{F}$ realiza o trabalho indicado sobre uma partícula que se move ao longo de cada trajetória no sentido indicado. Com base nessas informações, podemos afirmar que a força $\vec{F}$ é conservativa?

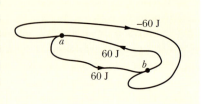

Exemplo 8.1.1 Trajetórias equivalentes para calcular o trabalho sobre um queijo gorduroso

A lição principal que se pode extrair deste exemplo é a seguinte: É perfeitamente aceitável escolher um caminho fácil em vez de um caminho difícil. A Fig. 8.1.5a mostra um pedaço de 2,0 kg de queijo gorduroso que desliza por uma rampa, sem atrito, do ponto *a* ao ponto *b*. O queijo percorre uma distância total de 2,0 m e uma distância vertical de 0,80 m. Qual é o trabalho realizado sobre o queijo pela força gravitacional durante o deslocamento?

IDEIAS-CHAVE

(1) *Não podemos* usar a Eq. 7.3.1 ($W_g = mgd \cos \phi$) para calcular o trabalho, já que o ângulo ϕ entre a força gravitacional $\vec{F}_g$ e o deslocamento $\vec{d}$ varia de ponto para ponto de forma desconhecida. (Mesmo que conhecêssemos a forma da trajetória e pudéssemos determinar o valor de ϕ para todos os pontos, o cálculo provavelmente seria muito difícil.) (2) Como $\vec{F}_g$ é uma força conservativa, podemos calcular o trabalho escolhendo outra trajetória entre *a* e *b* que torne os cálculos mais simples.

Cálculos: Vamos escolher o percurso tracejado da Fig. 8.1.5b, que é formado por dois segmentos de reta. Ao longo do segmento horizontal, o ângulo ϕ é constante e igual a 90°. Não conhecemos o deslocamento horizontal de *a* até *b*, mas, de acordo com a Eq. 7.3.1, o trabalho W_h realizado ao longo desse segmento é

$$W_h = mgd \cos 90° = 0.$$

No segmento vertical, o deslocamento *d* é 0,80 m e, com $\vec{F}_g$ e $\vec{d}$ apontando verticalmente para baixo, o ângulo ϕ é constante e igual a 0°. Assim, de acordo com a Eq. 7.3.1, o trabalho W_v realizado ao longo do trecho vertical do percurso tracejado é dado por

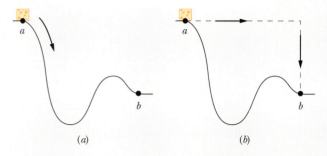

Figura 8.1.5 (*a*) Um pedaço de queijo desliza por uma rampa, sem atrito, do ponto *a* para o ponto *b*. (*b*) O trabalho realizado pela força gravitacional sobre o queijo é mais fácil de calcular para a trajetória tracejada do que para a trajetória real, mas o resultado é o mesmo nos dois casos.

$$W_v = mgd \cos 0°$$
$$= (2,0 \text{ kg})(9,8 \text{ m/s}^2)(0,80 \text{ m})(1) = 15,7 \text{ J}.$$

O trabalho total realizado sobre o queijo por $\vec{F}_g$ quando o queijo se desloca do ponto *a* para o ponto *b* ao longo do percurso tracejado é, portanto,

$$W = W_h + W_v = 0 + 15,7 \text{ J} \approx 16 \text{ J}. \quad \text{(Resposta)}$$

Esse é também o trabalho realizado quando o queijo escorrega ao longo da rampa de *a* a *b*. Note que o valor da distância total percorrida (2,0 m) não foi usado nos cálculos.

Cálculo da Energia Potencial

Os valores dos dois tipos de energia potencial discutidos neste capítulo, a energia potencial gravitacional e a energia potencial elástica, podem ser calculados com o auxílio de equações. Para chegar a essas equações, porém, precisamos obter primeiro uma relação geral entre uma força conservativa e a energia potencial a ela associada.

Considere um objeto que se comporta como uma partícula e que faz parte de um sistema no qual atua uma força conservativa $\vec{F}$. Quando essa força realiza um trabalho W sobre o objeto, a variação ΔU da energia potencial associada ao sistema é o negativo do trabalho realizado. Esse fato é expresso pela Eq. 8.1.1 ($\Delta U = -W$). No caso mais geral em que a força varia com a posição, podemos escrever o trabalho W como na Eq. 7.5.4:

$$W = \int_{x_i}^{x_f} F(x) \, dx. \quad (8.1.5)$$

Essa equação permite calcular o trabalho realizado pela força quando o objeto se desloca do ponto x_i para o ponto x_f, mudando a configuração do sistema. (Como a força é conservativa, o trabalho é o mesmo para qualquer percurso entre os dois pontos.)

Substituindo a Eq. 8.1.5 na Eq. 8.1.1, descobrimos que a variação de energia potencial associada à mudança de configuração é dada pela seguinte equação:

$$\Delta U = -\int_{x_i}^{x_f} F(x) \, dx. \quad (8.1.6)$$

Energia Potencial Gravitacional 8.1

Consideramos inicialmente uma partícula, de massa m, que se move verticalmente ao longo de um eixo y (com o sentido positivo para cima). Quando a partícula se desloca do ponto y_i para o ponto y_f, a força gravitacional $\vec{F}_g$ realiza trabalho sobre ela. Para determinar a variação correspondente da energia potencial gravitacional do sistema partícula-Terra, usamos a Eq. 8.1.6 com duas modificações: (1) Integramos ao longo do eixo y em vez do eixo x, já que a força gravitacional age na direção vertical. (2) Substituímos a força F por $-mg$, pois $\vec{F}_g$ tem módulo mg e está orientada no sentido negativo do eixo y. Temos:

$$\Delta U = -\int_{y_i}^{y_f} (-mg)\, dy = mg \int_{y_i}^{y_f} dy = mg \Big[y \Big]_{y_i}^{y_f},$$

e, portanto,

$$\Delta U = mg(y_f - y_i) = mg\,\Delta y. \tag{8.1.7}$$

São apenas as *variações* ΔU da energia potencial gravitacional (ou de qualquer outro tipo de energia) que possuem significado físico. Entretanto, para simplificar um cálculo ou uma discussão, às vezes gostaríamos de dizer que um valor específico de energia potencial gravitacional U está associado ao sistema partícula-Terra quando a partícula está a certa altura y. Para isso, escrevemos a Eq. 8.1.7 na forma

$$U - U_i = mg(y - y_i). \tag{8.1.8}$$

Tomamos U_i como a energia potencial gravitacional do sistema quando o sistema está em uma **configuração de referência** na qual a partícula se encontra em um **ponto de referência** y_i. Normalmente, tomamos $U_i = 0$ e $y_i = 0$. Fazendo isso, a Eq. 8.1.8 se torna

$$U(y) = mgy \quad \text{(energia potencial gravitacional)}. \tag{8.1.9}$$

A Eq. 8.1.9 nos diz o seguinte:

> A energia potencial gravitacional associada a um sistema partícula-Terra depende apenas da posição vertical y (ou altura) da partícula em relação à posição de referência $y = 0$.

Energia Potencial Elástica 8.2

Consideramos, a seguir, o sistema massa-mola da Fig. 8.1.3, com o bloco se movendo na extremidade de uma mola de constante elástica k. Enquanto o bloco se desloca do ponto x_i para o ponto x_f, a força elástica $F_x = -kx$ realiza trabalho sobre o bloco. Para determinarmos a variação correspondente da energia potencial elástica do sistema bloco-mola, substituímos $F(x)$ por $-kx$ na Eq. 8.1.6, obtendo

$$\Delta U = -\int_{x_i}^{x_f}(-kx)\,dx = k\int_{x_i}^{x_f} x\,dx = \tfrac{1}{2}k\Big[x^2\Big]_{x_i}^{x_f},$$

ou

$$\Delta U = \tfrac{1}{2}kx_f^2 - \tfrac{1}{2}kx_i^2. \tag{8.1.10}$$

Para associar um valor de energia potencial U ao bloco na posição x, escolhemos a configuração de referência como aquela na qual a mola se encontra no estado relaxado e o bloco está em $x_i = 0$. Nesse caso, a energia potencial elástica U_i é zero e a Eq. 8.1.10 se torna

$$U - 0 = \tfrac{1}{2}kx^2 - 0,$$

o que nos dá

$$U(x) = \tfrac{1}{2}kx^2 \quad \text{(energia potencial elástica)}. \quad (8.1.11)$$

Teste 8.1.2

Uma partícula se move ao longo de um eixo x, de $x = 0$ para $x = x_1$, enquanto uma força conservativa, orientada ao longo do eixo x, age sobre a partícula. A figura mostra três situações nas quais a força varia com x. A força possui o mesmo módulo máximo F_1 nas três situações. Ordene as situações de acordo com a variação da energia potencial associada ao movimento da partícula, começando pela mais positiva.

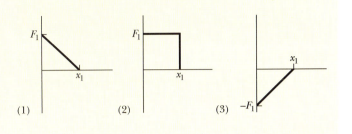

Exemplo 8.1.2 Escolha do nível de referência para a energia potencial gravitacional de uma preguiça

Este exemplo ilustra um ponto importante: A escolha da configuração de referência para a energia potencial é arbitrária, mas deve ser mantida durante toda a resolução do problema. Uma preguiça, pesando 2,0 kg, está pendurada a 5,0 m acima do solo (Fig. 8.1.6).

(a) Qual é a energia potencial gravitacional U do sistema preguiça-Terra se tomarmos o ponto de referência $y = 0$ como estando (1) no solo, (2) no piso de uma varanda que está a 3,0 m acima do solo, (3) no galho onde está a preguiça, e (4) 1,0 m acima do galho? Considere a energia potencial como nula em $y = 0$.

IDEIA-CHAVE

Uma vez escolhido o ponto de referência para $y = 0$, podemos calcular a energia potencial gravitacional U do sistema *em relação a esse ponto de referência* usando a Eq. 8.1.9.

Cálculos: No caso da opção (1), a preguiça está em $y = 5,0$ m e

$$U = mgy = (2,0 \text{ kg})(9,8 \text{ m/s}^2)(5,0 \text{ m})$$
$$= 98 \text{ J.} \quad \text{(Resposta)}$$

Para as outras escolhas, os valores de U são

(2) $U = mgy = mg(2,0 \text{ m}) = 39$ J,
(3) $U = mgy = mg(0) = 0$ J,
(4) $U = mgy = mg(-1,0 \text{ m})$
$= -19,6$ J ≈ -20 J. (Resposta)

(b) A preguiça desce da árvore. Para cada escolha do ponto de referência, qual é a variação ΔU da energia potencial do sistema preguiça-Terra?

IDEIA-CHAVE

A *variação* da energia potencial não depende da escolha do ponto de referência, mas apenas de Δy, a variação de altura.

Cálculo: Nas quatro situações, temos o mesmo valor da variação de altura, $\Delta y = -5,0$ m. Assim, para as situações (1) a (4), de acordo com a Eq. 8.1.7,

$$\Delta U = mg\,\Delta y = (2,0 \text{ kg})(9,8 \text{ m/s}^2)(-5,0 \text{ m})$$
$$= -98 \text{ J.} \quad \text{(Resposta)}$$

Figura 8.1.6 Quatro escolhas para o ponto de referência $y = 0$. Em cada eixo y estão assinalados alguns valores da altura em metros. A escolha afeta o valor da energia potencial U do sistema preguiça-Terra, mas não a variação ΔU da energia potencial do sistema se a preguiça se mover, descendo da árvore, por exemplo.

188 CAPÍTULO 8

8.2 CONSERVAÇÃO DA ENERGIA MECÂNICA

Objetivos do Aprendizado

Depois de ler este módulo, você será capaz de ...

8.2.1 Depois de definir claramente que objetos fazem parte de um sistema, saber que a energia mecânica do sistema é a soma da energia potencial com a energia cinética de todos esses objetos.

8.2.2 No caso de um sistema isolado no qual existem apenas forças conservativas, aplicar o princípio de conservação da energia mecânica para relacionar a energia potencial e a energia cinética iniciais do sistema à energia potencial e à energia cinética do sistema em um instante posterior.

Ideias-Chave

● A energia mecânica E_{mec} de um sistema é a soma da energia cinética K com a energia potencial U:

$$E_{\text{mec}} = K + U.$$

● Um sistema isolado é um sistema no qual nenhuma força externa produz mudanças de energia. Se existem apenas forças conservativas em um sistema isolado, a energia mecânica E_{mec} do sistema não pode mudar. Esse princípio de conservação da energia mecânica pode ser expresso por meio da equação

$$K_2 + U_2 = K_1 + U_1,$$

na qual os índices se referem a instantes diferentes de um processo de transferência de energia. Outra forma de expressar o princípio de conservação da energia mecânica é a seguinte:

$$\Delta E_{\text{mec}} = \Delta K + \Delta U = 0.$$

Conservação da Energia Mecânica

A **energia mecânica** E_{mec} de um sistema é a soma da energia potencial U com a energia cinética K dos objetos que compõem o sistema.

$$E_{\text{mec}} = K + U \qquad \text{(energia mecânica)}. \tag{8.2.1}$$

Nesta seção, vamos discutir o que acontece com a energia mecânica quando as transferências de energia dentro do sistema são produzidas apenas por forças conservativas, ou seja, quando os objetos do sistema não estão sujeitos a forças de atrito e de arrasto. Além disso, vamos supor que o sistema está *isolado* do ambiente, isto é, que nenhuma *força externa* produzida por um objeto fora do sistema causa variações de energia dentro do sistema.

Quando uma força conservativa realiza um trabalho W sobre um objeto dentro do sistema, essa força é responsável por uma transferência de energia entre a energia cinética K do objeto e a energia potencial U do sistema. De acordo com a Eq. 7.2.8, a variação ΔK da energia cinética é

$$\Delta K = W \tag{8.2.2}$$

e, de acordo com a Eq. 8.1.1, a variação ΔU da energia potencial é

$$\Delta U = -W. \tag{8.2.3}$$

Combinando as Eqs. 8.2.2 e 8.2.3, temos

$$\Delta K = -\Delta U. \tag{8.2.4}$$

Em palavras, uma dessas energias aumenta exatamente da mesma quantidade que a outra diminui.

Podemos escrever a Eq. 8.2.4 na forma

$$K_2 - K_1 = -(U_2 - U_1), \tag{8.2.5}$$

em que os índices se referem a dois instantes diferentes e, portanto, a duas configurações distintas dos objetos do sistema. Reagrupando os termos da Eq. 8.2.5, obtemos a seguinte equação:

$$K_2 + U_2 = K_1 + U_1 \qquad \text{(conservação da energia mecânica)}. \tag{8.2.6}$$

Em palavras, essa equação diz o seguinte:

$$\begin{pmatrix} \text{soma de } K \text{ e } U \text{ para} \\ \text{qualquer estado do sistema} \end{pmatrix} = \begin{pmatrix} \text{soma de } K \text{ e } U \text{ para qualquer} \\ \text{outro estado do sistema} \end{pmatrix},$$

quando o sistema é isolado e apenas forças conservativas atuam sobre os objetos do sistema. Em outras palavras:

Em um sistema isolado no qual apenas forças conservativas causam variações de energia, a energia cinética e a energia potencial podem variar, mas a soma das duas energias, a energia mecânica E_{mec} do sistema, não pode variar.

Esse resultado é conhecido como **princípio de conservação da energia mecânica**. (Agora você pode entender a origem do nome *força conservativa*.) Com o auxílio da Eq. 8.2.4, podemos escrever esse princípio de outra forma:

$$\Delta E_{mec} = \Delta K + \Delta U = 0. \tag{8.2.7}$$

O princípio de conservação da energia mecânica permite resolver problemas que seriam muito difíceis de resolver usando apenas as leis de Newton:

Quando a energia mecânica de um sistema é conservada, podemos igualar a soma da energia cinética com a energia potencial em um instante à soma em outro instante *sem levar em conta os movimentos intermediários* e *sem calcular o trabalho realizado pelas forças envolvidas*.

A Fig. 8.2.1 mostra um exemplo no qual o princípio de conservação da energia mecânica pode ser aplicado. Quando um pêndulo oscila, a energia do sistema

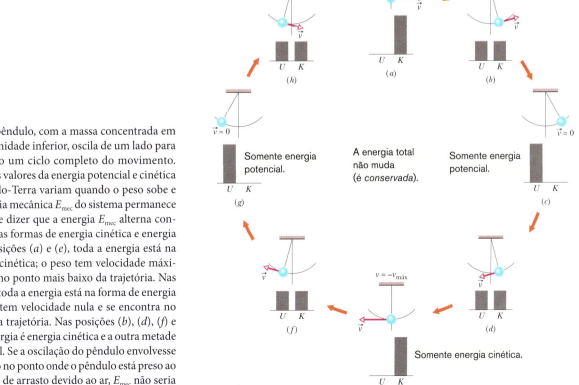

Figura 8.2.1 Um pêndulo, com a massa concentrada em um peso na extremidade inferior, oscila de um lado para outro. É mostrado um ciclo completo do movimento. Durante o ciclo, os valores da energia potencial e cinética do sistema pêndulo-Terra variam quando o peso sobe e desce, mas a energia mecânica E_{mec} do sistema permanece constante. Pode-se dizer que a energia E_{mec} alterna continuamente entre as formas de energia cinética e energia potencial. Nas posições (*a*) e (*e*), toda a energia está na forma de energia cinética; o peso tem velocidade máxima e se encontra no ponto mais baixo da trajetória. Nas posições (*c*) e (*g*), toda a energia está na forma de energia potencial; o peso tem velocidade nula e se encontra no ponto mais alto da trajetória. Nas posições (*b*), (*d*), (*f*) e (*h*), metade da energia é energia cinética e a outra metade é energia potencial. Se a oscilação do pêndulo envolvesse uma força de atrito no ponto onde o pêndulo está preso ao teto, ou uma força de arrasto devido ao ar, E_{mec} não seria conservada e o pêndulo acabaria parando.

pêndulo-Terra é transferida de energia cinética K para energia potencial gravitacional U, e vice-versa, com a soma $K + U$ permanecendo constante. Se conhecemos a energia potencial gravitacional quando o peso do pêndulo está no ponto mais alto (Fig. 8.2.1c), a Eq. 8.2.6 nos fornece a energia cinética do peso no ponto mais baixo (Fig. 8.2.1e).

Vamos, por exemplo, escolher o ponto mais baixo como ponto de referência, com a energia potencial gravitacional $U_2 = 0$. Suponha que a energia potencial no ponto mais alto seja $U_1 = 20$ J em relação ao ponto de referência. Como o peso se imobiliza momentaneamente ao atingir o ponto mais alto, a energia cinética nesse ponto é $K_1 = 0$. Substituindo esses valores na Eq. 8.2.6, obtemos a energia cinética K_2 no ponto mais baixo:

$$K_2 + 0 = 0 + 20 \text{ J} \quad \text{ou} \quad K_2 = 20 \text{ J}.$$

Observe que obtivemos esse resultado sem considerar o movimento entre os pontos mais baixo e mais alto (como na Fig. 8.2.1d) e sem calcular o trabalho realizado pelas forças responsáveis pelo movimento.

8.1 e 8.2

Teste 8.2.1

A figura mostra quatro situações, uma na qual um bloco inicialmente em repouso é deixado cair e outras três nas quais o bloco desce deslizando em rampas sem atrito.

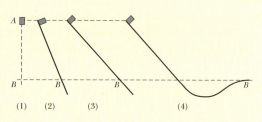

(a) Ordene as situações de acordo com a energia cinética do bloco no ponto B, em ordem decrescente.
(b) Ordene as situações de acordo com a velocidade do bloco no ponto B, em ordem decrescente.

Exemplo 8.2.1 Conservação de energia mecânica em um toboágua 8.2

A grande vantagem de usar o princípio de conservação da energia mecânica em vez da segunda lei de Newton é que isso nos permite passar do estado inicial para o estado final sem levar em consideração os estados intermediários. Este é um bom exemplo. Na Fig. 8.2.2, uma criança, de massa m, parte do repouso no alto de um toboágua, a uma altura $h = 8,5$ m acima da base do brinquedo. Supondo que a presença da água torna o atrito desprezível, determine a velocidade da criança ao chegar à base do toboágua.

IDEIAS-CHAVE

(1) Não podemos calcular a velocidade da criança usando a aceleração durante o percurso, como fizemos em capítulos anteriores, porque não conhecemos a inclinação (ângulo) do toboágua. Entretanto, como a velocidade está relacionada à energia cinética, talvez possamos usar o princípio da conservação da energia mecânica para calcular a velocidade da criança. Nesse caso, não precisaríamos conhecer a inclinação do brinquedo. (2) A energia mecânica é conservada em um sistema *se* o sistema é isolado e *se* as transferências de energia dentro do sistema são causadas apenas por forças conservativas. Vamos verificar.

Forças: Duas forças atuam sobre a criança. A *força gravitacional*, que é uma força conservativa, realiza trabalho sobre a criança. A *força normal* exercida pelo toboágua sobre a criança não realiza trabalho, pois a direção dessa força em qualquer ponto da descida é sempre perpendicular à direção em que a criança se move.

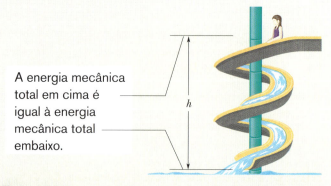

A energia mecânica total em cima é igual à energia mecânica total embaixo.

Figura 8.2.2 Uma criança desce uma altura h escorregando em um toboágua.

Sistema: Como a única força que realiza trabalho sobre a criança é a força gravitacional, escolhemos o sistema criança-Terra como o nosso sistema, que podemos considerar isolado.

Assim, temos apenas uma força conservativa realizando trabalho em um sistema isolado e, portanto, *podemos* usar o princípio de conservação da energia mecânica.

Cálculos: Seja $E_{\text{mec},a}$ a energia mecânica quando a criança está no alto do toboágua, e seja $E_{\text{mec},b}$ a energia mecânica quando a criança está na base. Nesse caso, de acordo com o princípio da conservação da energia mecânica,

$$E_{\text{mec},b} = E_{\text{mec},a}. \quad (8.2.8)$$

ENERGIA POTENCIAL E CONSERVAÇÃO DA ENERGIA — 191

Explicitando os dois tipos de energia mecânica, escrevemos

$$K_b + U_b = K_a + U_a, \qquad (8.2.9)$$

ou

$$\tfrac{1}{2}mv_b^2 + mgy_b = \tfrac{1}{2}mv_a^2 + mgy_a.$$

Dividindo a equação por m e reagrupando os termos, temos:

$$v_b^2 = v_a^2 + 2g(y_a - y_b).$$

Fazendo $v_a = 0$ e $y_a - y_b = h$, obtemos

$$v_b = \sqrt{2gh} = \sqrt{(2)(9,8 \text{ m/s}^2)(8,5 \text{ m})}$$
$$= 13 \text{ m/s.} \qquad \text{(Resposta)}$$

Essa é a mesma velocidade que a criança teria se caísse verticalmente de uma altura de 8,5 m. Em um brinquedo de verdade, haveria algum atrito e a criança chegaria à base com uma velocidade um pouco menor.

Comentário: Este problema é difícil de resolver aplicando as leis de Newton, mas o uso do princípio de conservação da energia mecânica torna a solução extremamente simples. Por outro lado, se alguém quisesse saber quanto tempo a criança leva para chegar à base do tobogã, os métodos baseados em energia seriam inúteis; precisaríamos conhecer a forma exata do tobogã e, mesmo assim, teríamos um problema muito difícil pela frente.

8.3 INTERPRETAÇÃO DE UMA CURVA DE ENERGIA POTENCIAL

Objetivos do Aprendizado

Depois de ler este módulo, você será capaz de ...

8.3.1 Dada uma expressão para a energia potencial de uma partícula em função da posição x, determinar a força a que a partícula está submetida.

8.3.2 Dada uma curva da energia potencial de uma partícula em função da posição x, determinar a força a que a partícula está submetida.

8.3.3 Em um gráfico da energia potencial de uma partícula em função de x, traçar uma reta para representar a energia mecânica e determinar a energia cinética da partícula para qualquer valor de x.

8.3.4 Se uma partícula está se movendo ao longo de um eixo x, usar um gráfico da energia potencial para esse eixo e o princípio de conservação da energia mecânica para relacionar os valores de energia cinética e energia potencial da partícula em uma posição aos valores em outra posição.

8.3.5 Em uma curva de energia potencial em função da posição, identificar pontos de retorno e regiões que a partícula não tem energia suficiente para atingir.

8.3.6 Conhecer a diferença entre equilíbrio neutro, equilíbrio estável e equilíbrio instável.

Ideias-Chave

● Se conhecemos a função energia potencial $U(x)$ de um sistema no qual uma força unidimensional $F(x)$ age sobre uma partícula, podemos calcular a força usando a equação

$$F(x) = -\frac{dU(x)}{dx}.$$

● Se a função $U(x)$ é dada na forma de uma curva, para qualquer valor de x, a força $F(x)$ é o negativo da inclinação da curva e a energia cinética da partícula é dada por

$$K(x) = E_{\text{mec}} - U(x),$$

em que E_{mec} é a energia mecânica do sistema.

● Ponto de retorno é um ponto x no qual o movimento de uma partícula muda de sentido. (Nesse ponto, a energia cinética é nula.)

● Ponto de equilíbrio é um ponto x no qual a inclinação da curva de $U(x)$ é nula. (Nesse ponto, a força também é nula.)

Interpretação de uma Curva de Energia Potencial 8.1 8.5 e 8.6

Vamos considerar, mais uma vez, uma partícula pertencente a um sistema no qual atua uma força conservativa. Desta vez supomos que o movimento da partícula se dá ao longo de um eixo x enquanto uma força conservativa realiza trabalho sobre ela. Podemos obter muitas informações a respeito do movimento da partícula a partir do gráfico da energia potencial do sistema em função da posição da partícula, $U(x)$. Antes de discutir esse tipo de gráfico, porém, precisamos de mais uma relação entre a força e a energia potencial.

Cálculo da Força

A Eq. 8.1.6 pode ser usada para calcular a variação ΔU da energia potencial entre dois pontos em uma situação unidimensional a partir da força $F(x)$. Agora estamos interessados em fazer o contrário, ou seja, calcular a força a partir da função energia potencial $U(x)$.

Se o movimento de uma partícula ocorre apenas em uma dimensão, o trabalho W realizado por uma força que age sobre a partícula quando a partícula percorre uma distância Δx é $F(x)\,\Delta x$. Nesse caso, a Eq. 8.1.1 pode ser escrita na forma

$$\Delta U(x) = -W = -F(x)\,\Delta x. \tag{8.3.1}$$

Explicitando $F(x)$ e fazendo o acréscimo Δx tender a zero, temos

$$F(x) = -\frac{dU(x)}{dx} \quad \text{(movimento em uma dimensão)}, \tag{8.3.2}$$

que é a equação procurada.

Podemos verificar se este resultado está correto fazendo $U(x) = \frac{1}{2}kx^2$ que é a função energia potencial para uma força elástica. Nesse caso, o uso da Eq. 8.3.2 leva, como seria de se esperar, à equação $F(x) = -kx$, que é a lei de Hooke. Da mesma forma, podemos fazer $U(x) = mgx$, que é a energia potencial gravitacional de um sistema partícula-Terra, com uma partícula de massa m a uma altura x acima da superfície da Terra. Nesse caso, a Eq. 8.3.2 nos dá $F = -mg$, que é a força gravitacional a que a partícula está submetida.

A Curva de Energia Potencial

A Fig. 8.3.1a é um gráfico de uma função energia potencial $U(x)$ para um sistema no qual uma partícula se move em uma dimensão enquanto uma força conservativa $F(x)$ realiza trabalho sobre ela. Podemos facilmente calcular $F(x)$ determinando (graficamente) a inclinação da curva de $U(x)$ em vários pontos. [De acordo com a Eq. 8.3.2, $F(x)$ é o negativo da inclinação da curva $U(x)$.] A Fig. 8.3.1b é um gráfico de $F(x)$ obtido dessa forma.

Pontos de Retorno

Na ausência de forças dissipativas, a energia mecânica E de um sistema tem um valor constante dado por

$$U(x) + K(x) = E_{\text{mec}}. \tag{8.3.3}$$

em que a energia potencial $U(x)$ e a energia cinética $K(x)$ são funções da posição x da partícula. Podemos escrever a Eq. 8.3.3 na forma

$$K(x) = E_{\text{mec}} - U(x). \tag{8.3.4}$$

Suponha que E_{mec} (que, como sabemos, tem um valor constante) seja, por exemplo, igual a 5,0 J. Esse valor pode ser representado na Fig. 8.3.1c por uma reta horizontal que intercepta o eixo da energia no ponto correspondente a 5,0 J. (A reta é mostrada na figura.)

Podemos usar a Eq. 8.3.4 e a Fig. 8.3.1d para determinar a energia cinética K correspondente a qualquer localização x da partícula a partir do gráfico de $U(x)$. Para isso, determinamos, na curva de $U(x)$, o valor de U para essa localização x e, em seguida, subtraímos U de E_{mec}. Na Fig. 8.3.1e, por exemplo, se a partícula se encontra em qualquer ponto à direita de x_5, $K = 1,0$ J. O valor de K é máximo (5,0 J) quando a partícula está em x_2 e mínimo (0 J) quando a partícula está em x_1.

Como K não pode ser negativa (pois v^2 é necessariamente um número positivo), a partícula não pode passar para a região à esquerda de x_1, na qual $E_{\text{mec}} - U$ é um número negativo. Quando a partícula se move a partir de x_2 em direção a x_1, K diminui (a velocidade da partícula diminui) até que $K = 0$ em $x = x_1$ (a velocidade da partícula se anula).

Observe que, quando a partícula chega a x_1, a força que age sobre a partícula, dada pela Eq. 8.3.2, é positiva (pois a derivada dU/dx é negativa). Isso significa que a partícula não fica parada em x_1, mas começa a se mover para a direita, invertendo seu movimento. Assim, x_1 é um **ponto de retorno**, um lugar em que $K = 0$ (já que $U = E_{\text{mec}}$) e a partícula inverte o sentido de movimento. Não existe ponto de retorno (em que $K = 0$) no lado direito do gráfico. Quando a partícula se desloca para a direita, ela continua a se mover indefinidamente nesse sentido.

ENERGIA POTENCIAL E CONSERVAÇÃO DA ENERGIA 193

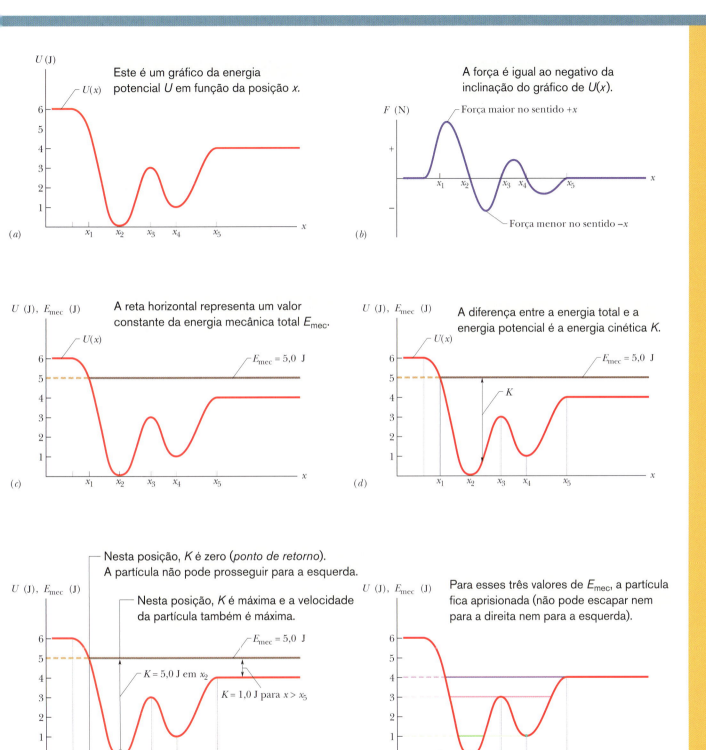

Figura 8.3.1 (a) Gráfico de U(x), a função energia potencial de um sistema com uma partícula que se move ao longo de um eixo x. Como não existe atrito, a energia mecânica é conservada. (b) Gráfico da força F(x) que age sobre a partícula, obtido a partir do gráfico da energia potencial determinando a inclinação do gráfico em vários pontos. (c) a (e) Como determinar a energia cinética. (f) O mesmo gráfico de (a), com três possíveis valores de E_{mec}.

Pontos de Equilíbrio

A Fig. 8.3.1f mostra três valores diferentes de E_{mec} superpostos ao gráfico da função energia potencial $U(x)$ da Fig. 8.3.1a. Vejamos como esses valores alteram a situação. Se $E_{mec} = 4,0$ J (reta violeta), o ponto de retorno muda de x_1 para um ponto entre x_1 e x_2. Além disso, em qualquer ponto à direita de x_5, a energia mecânica do sistema é igual à energia potencial; assim, a partícula não possui energia cinética, e (de acordo com a Eq. 8.3.2) nenhuma força atua sobre a mesma, de modo que ela permanece em repouso. Diz-se que uma partícula nessa situação está em **equilíbrio neutro**. (Uma bola de gude em uma mesa horizontal é um exemplo desse tipo de equilíbrio.)

Se $E_{mec} = 3,0$ J (reta cor-de-rosa), existem dois pontos de retorno, um entre x_1 e x_2 e outro entre x_4 e x_5. Além disso, x_3 é um terceiro ponto no qual $K = 0$. Se a partícula estiver exatamente nesse ponto, a força sobre ela também será nula e a partícula permanecerá em repouso. Entretanto, se a partícula for ligeiramente deslocada em qualquer sentido, uma força a empurrará no mesmo sentido, e a partícula continuará a se mover, afastando-se cada vez mais do ponto inicial. Diz-se que uma partícula nesta situação está em **equilíbrio instável**. (Uma bola de gude equilibrada no alto de uma bola de boliche é um exemplo desse tipo de equilíbrio.)

Considere agora o comportamento da partícula se $E_{mec} = 1,0$ J (reta verde). Se colocada em x_4, a partícula fica indefinidamente nessa posição. Ela não pode se mover nem para a direita nem para a esquerda, pois para isso seria necessária uma energia cinética negativa. Se a empurramos ligeiramente para a esquerda ou para a direita, surge uma força restauradora que a faz retornar ao ponto x_4. Diz-se que uma partícula nessa situação está em **equilíbrio estável**. (Uma bola de gude no fundo de uma tigela hemisférica é um exemplo desse tipo de equilíbrio.) Se colocarmos a partícula no *poço de potencial* em forma de taça com centro em x_2, ela estará entre dois pontos de retorno. Poderá se mover, mas apenas entre x_1 e x_3.

Teste 8.3.1

A figura mostra a função energia potencial $U(x)$ de um sistema no qual uma partícula se move em uma dimensão. (a) Ordene as regiões AB, BC e CD de acordo com o módulo da força que age sobre a partícula, em ordem decrescente. (b) Qual é o sentido da força quando a partícula está na região AB?

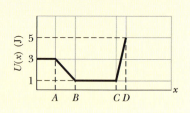

Exemplo 8.3.1 Interpretação de uma curva de energia potencial 8.3

Uma partícula de 2,00 kg se move ao longo de um eixo x, em um movimento unidimensional, sob a ação de uma força conservativa. A Fig. 8.3.2a mostra a energia potencial $U(x)$ associada à força. De acordo com o gráfico, se a partícula for colocada em qualquer posição entre $x = 0$ e $x = 7,00$, terá o valor indicado de U. Em $x = 6,5$ m, a velocidade da partícula é $\vec{v}_0 = (-4,00$ m/s$)\vec{i}$.

(a) Use os dados da Fig. 8.3.2a para indicar a velocidade da partícula em $x_1 = 4,5$ m.

IDEIAS-CHAVE

(1) A energia cinética da partícula é dada pela Eq. 7.1.1 ($K = \frac{1}{2}mv^2$). (2) Como apenas uma força conservativa age sobre a partícula, a energia mecânica E_{mec} ($= K + U$) é conservada quando a partícula se move. (3) Assim, em um gráfico de $U(x)$ como o da Fig. 8.3.2a, a energia cinética é igual à diferença entre E_{mec} e U.

Cálculos: Em $x = 6,5$ m, a energia cinética da partícula é dada por

$$K_0 = \tfrac{1}{2}mv_0^2 = \tfrac{1}{2}(2,00 \text{ kg})(4,00 \text{ m/s})^2$$
$$= 16,0 \text{ J}.$$

Como a energia potencial nesse ponto é $U = 0$, a energia mecânica é

$$E_{mec} = K_0 + U_0 = 16,0 \text{ J} + 0 = 16,0 \text{ J}.$$

Esse valor de E_{mec} está plotado como uma reta horizontal na Fig. 8.3.2a. Como se pode ver na figura, em $x = 4,5$ m a energia potencial é $U_1 = 7,0$ J. A energia cinética K_1 é a diferença entre E_{mec} e U_1:

$$K_1 = E_{mec} - U_1 = 16,0 \text{ J} - 7,0 \text{ J} = 9,0 \text{ J}.$$

Como $K_1 = \frac{1}{2}mv_1^2$, temos:

$$v_1 = 3{,}0 \text{ m/s}. \quad \text{(Resposta)}$$

(b) Qual é a localização do ponto de retorno da partícula?

IDEIA-CHAVE

O ponto de retorno é o ponto em que a força anula momentaneamente e depois inverte o movimento da partícula. Nesse ponto, $v = 0$ e, portanto, $K = 0$.

Cálculos: Como K é a diferença entre E_{mec} e U, estamos interessados em determinar o ponto da Fig. 8.3.2a em que o gráfico de U encontra a reta horizontal de E_{mec}, como mostra a Fig. 8.3.2b. Como o gráfico de U é uma linha reta na Fig. 8.3.2b, podemos traçar dois triângulos retângulos semelhantes e usar o fato de que a razão entre os catetos é a mesma nos dois triângulos:

$$\frac{16 - 7{,}0}{d} = \frac{20 - 7{,}0}{4{,}0 - 1{,}0},$$

o que nos dá $d = 2{,}08$ m. Assim, o ponto de retorno está localizado em

$$x = 4{,}0 \text{ m} - d = 1{,}9 \text{ m}. \quad \text{(Resposta)}$$

(c) Determine a força que age sobre a partícula quando ela se encontra na região $1{,}9$ m $< x < 4{,}0$ m.

IDEIA-CHAVE

A força é dada pela Eq. 8.3.2 [$F(x) = -dU(x)/dx$]. De acordo com a equação, a força é o negativo da inclinação da curva de $U(x)$.

Cálculos: Examinando o gráfico da Fig. 8.3.2b, vemos que na região $1{,}0$ m $< x < 4{,}0$ m a força é

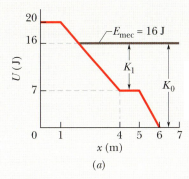

A energia cinética é a diferença entre a energia total e a energia potencial.

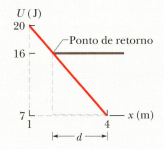

A energia cinética é zero no ponto de retorno (a velocidade da partícula também é zero).

Figura 8.3.2 (a) Gráfico da energia potencial U em função da posição x. (b) Parte do gráfico usada para determinar o ponto de retorno da partícula.

$$F = -\frac{20 \text{ J} - 7{,}0 \text{ J}}{1{,}0 \text{ m} - 4{,}0 \text{ m}} = 4{,}3 \text{ N}. \quad \text{(Resposta)}$$

Assim, a força tem um módulo de 4,3 N e está orientada no sentido positivo do eixo x. Esse resultado é coerente com o fato de que a partícula, que inicialmente estava se movendo para a esquerda, é freada pela força até parar e, em seguida, passa a se mover para a direita.

8.4 TRABALHO REALIZADO POR UMA FORÇA EXTERNA SOBRE UM SISTEMA

Objetivos do Aprendizado

Depois de ler este módulo, você será capaz de ...

8.4.1 Determinar a variação da energia cinética e da energia potencial de um sistema quando o sistema é submetido a uma força externa não dissipativa.

8.4.2 Determinar a variação da energia cinética, da energia potencial e da energia térmica de um sistema quando o sistema é submetido a uma força externa dissipativa.

Ideias-Chave

● Trabalho W é a energia transferida para um sistema ou de um sistema por meio de uma força externa que age sobre o sistema.

● Quando mais de uma força externa age sobre um sistema, o trabalho total das forças é a energia total transferida para o sistema.

● Quando as forças externas são não dissipativas, o trabalho realizado sobre o sistema é igual à variação ΔE_{mec} da energia mecânica do sistema:

$$W = \Delta E_{mec} = \Delta K + \Delta U.$$

● Quando uma força externa dissipativa age sobre um sistema, a energia térmica E_t do sistema varia. (Essa energia está associada ao movimento aleatório dos átomos e moléculas do sistema.) Nesse caso, o trabalho realizado sobre o sistema é dado por

$$W = \Delta E_{mec} + \Delta E_t.$$

● A variação da energia térmica ΔE_t está relacionada ao módulo f_k da força de atrito cinético e ao módulo d do deslocamento causado pela força externa por meio da equação

$$\Delta E_t = f_k d.$$

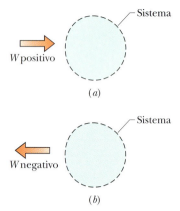

Figura 8.4.1 (*a*) O trabalho positivo *W* realizado sobre um sistema corresponde a uma transferência de energia para o sistema. (*b*) O trabalho negativo *W* corresponde a uma transferência de energia para fora do sistema.

Trabalho Realizado por uma Força Externa sobre um Sistema

No Capítulo 7, definimos o trabalho como a energia transferida para um objeto ou de um objeto por meio de uma força que age sobre o sistema. Podemos agora estender essa definição para uma força externa que age sobre um sistema de objetos.

 Trabalho é a energia transferida para um sistema ou de um sistema por meio de uma força externa que age sobre o sistema.

A Fig. 8.4.1*a* mostra um trabalho positivo (uma transferência de energia *para* um sistema), e a Fig. 8.4.1*b* mostra um trabalho negativo (uma transferência de energia *de* um sistema). Quando mais de uma força age sobre um sistema, o *trabalho total* das forças é igual à energia total transferida para o sistema ou retirada do sistema.

Essas transferências são semelhantes à movimentação de dinheiro em uma conta bancária por meio de depósitos e saques. Se um sistema contém uma única partícula ou um único objeto que se comporta como uma partícula, como no Capítulo 7, o trabalho realizado por uma força sobre o sistema pode mudar apenas a energia cinética do sistema. Essa mudança é governada pelo teorema do trabalho e energia cinética expresso pela Eq. 7.2.8 ($\Delta K = W$), ou seja, uma partícula isolada possui um único tipo de energia na conta, a energia cinética. Forças externas podem apenas transferir energia para essa conta ou retirar energia dessa conta. Se um sistema é mais complicado, porém, uma força externa pode alterar outras formas de energia (como a energia potencial), ou seja, um sistema mais complexo pode ter várias contas de energia.

Vamos examinar as trocas de energia nesses sistemas mais complexos tomando como exemplo duas situações básicas, uma que não envolve o atrito e outra que envolve o atrito.

Sem Atrito

Em uma competição de arremesso de bolas de boliche, você se agacha e coloca as mãos em concha debaixo da bola. Em seguida, levanta-se rapidamente e ao mesmo tempo ergue os braços, lançando a bola quando as mãos atingem o nível do rosto. Durante o movimento para cima, a força que você aplica à bola obviamente realiza trabalho. Trata-se de uma força externa à bola que transfere energia, mas para qual sistema?

Para responder a essa pergunta, vamos verificar quais são as energias que mudam. Há uma variação ΔK da energia cinética da bola e, como a bola e a Terra ficaram mais afastadas uma da outra, há também uma variação ΔU da energia potencial gravitacional do sistema bola-Terra. Para levar em conta as duas variações, é preciso considerar o sistema bola-Terra. Assim, a força que você aplica é uma força externa que realiza trabalho sobre o sistema bola-Terra, e esse trabalho é dado por

$$W = \Delta K + \Delta U, \quad (8.4.1)$$

ou $\quad W = \Delta E_{\text{mec}} \quad$ (trabalho realizado sobre um sistema sem atrito), $\quad (8.4.2)$

em que ΔE_{mec} é a variação da energia mecânica do sistema. Essas duas equações, que estão representadas na Fig. 8.4.2, são equivalentes no caso de um trabalho realizado por uma força externa sobre o sistema na ausência de atrito.

Com Atrito

Vamos agora considerar o exemplo da Fig. 8.4.3*a*. Uma força horizontal constante $\vec{F}$ puxa um bloco ao longo de um eixo *x*, deslocando-o de uma distância *d* e aumentando a velocidade do bloco de $\vec{v}_0$ para $\vec{v}$. Durante o movimento, o piso exerce uma força de atrito cinético constante $\vec{f}_k$ sobre o bloco. Inicialmente, vamos escolher o bloco como nosso sistema e aplicar a ele a segunda lei de Newton. Podemos escrever a lei para as componentes ao longo do eixo *x* ($F_{\text{res},x} = ma_x$) na forma

$$F - f_k = ma. \quad (8.4.3)$$

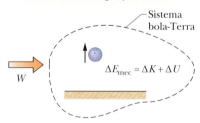

Figura 8.4.2 Um trabalho positivo *W* é realizado sobre um sistema composto por uma bola de boliche e a Terra, causando uma variação ΔE_{mec} da energia mecânica do sistema, uma variação ΔK da energia cinética da bola e uma variação ΔU da energia potencial gravitacional do sistema.

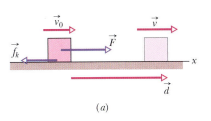
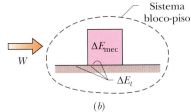

Figura 8.4.3 (*a*) Um bloco é puxado por uma força $\vec{F}$ enquanto uma força de atrito cinético $\vec{f}_k$ se opõe ao movimento. O bloco tem velocidade $\vec{v}_0$, no início do deslocamento, e velocidade $\vec{v}$, no fim do deslocamento. (*b*) Um trabalho positivo W é realizado pela força $\vec{F}$ sobre o sistema bloco-piso, produzindo uma variação ΔE_{mec} da energia mecânica do bloco e uma variação ΔE_t da energia térmica do bloco e do piso.

Como as forças são constantes, a aceleração *a* também é constante. Assim, podemos usar a Eq. 2.4.6 e escrever

$$v^2 = v_0^2 + 2ad.$$

Explicitando *a*, substituindo o resultado na Eq. 8.4.3 e reagrupando os termos, obtemos

$$Fd = \tfrac{1}{2}mv^2 - \tfrac{1}{2}mv_0^2 + f_k d \qquad (8.4.4)$$

ou, como $\tfrac{1}{2}mv^2 - \tfrac{1}{2}mv_0^2 = \Delta K$ para o bloco,

$$Fd = \Delta K + f_k d. \qquad (8.4.5)$$

Em uma situação mais geral (na qual, por exemplo, o bloco está subindo uma rampa), pode haver uma variação da energia potencial. Para levar em conta essa possível variação, generalizamos a Eq. 8.4.5, escrevendo

$$Fd = \Delta E_{\text{mec}} + f_k d. \qquad (8.4.6)$$

Observamos experimentalmente que o bloco e a parte do piso ao longo da qual o bloco se desloca ficam mais quentes quando o bloco está se movendo. Como veremos no Capítulo 18, a temperatura de um objeto está relacionada à sua energia térmica E_t (energia associada ao movimento aleatório dos átomos e moléculas do objeto). No caso que estamos examinando, a energia térmica do bloco e do piso aumenta porque (1) existe atrito e (2) há movimento. Lembre-se de que o atrito é causado por soldas a frio entre duas superfícies. Quando o bloco desliza no piso, soldas são repetidamente rompidas e refeitas, aquecendo o bloco e o piso. Assim, o deslizamento aumenta a energia térmica E_t do bloco e do piso.

Experimentalmente, observa-se que o aumento ΔE_t da energia térmica é igual ao produto do módulo da força de atrito cinético, f_k, por *d*, o módulo do deslocamento:

$$\Delta E_t = f_k d \quad \text{(aumento da energia térmica causado pelo atrito).} \qquad (8.4.7)$$

Assim, podemos escrever a Eq. 8.4.6 na forma

$$Fd = \Delta E_{\text{mec}} + \Delta E_t. \qquad (8.4.8)$$

Fd é o trabalho W realizado pela força externa $\vec{F}$ (a energia transferida pela força), mas sobre que sistema o trabalho é realizado (onde são feitas as transferências de energia)? Para responder a essa pergunta, verificamos quais são as energias que variam. A energia mecânica do bloco varia, e a energia térmica do bloco e a do piso também variam. Assim, o trabalho realizado pela força $\vec{F}$ é realizado sobre o sistema bloco-piso. Esse trabalho é dado por

$$W = \Delta E_{mec} + \Delta E_t \quad \text{(trabalho realizado em um sistema com atrito).} \quad (8.4.9)$$

A Eq. 8.4.9, que está representada na Fig. 8.4.3b, pode ser usada para calcular o trabalho realizado sobre um sistema por uma força externa dissipativa.

Teste 8.4.1

Em três experimentos, um bloco é empurrado por uma força horizontal em um piso com atrito, como na Fig. 8.4.3a. O módulo F da força aplicada e o efeito da força sobre a velocidade

Tentativa	F	Velocidade do bloco
a	5,0 N	diminui
b	7,0 N	permanece constante
c	8,0 N	aumenta

do bloco são mostrados na tabela. Nos três experimentos, o bloco percorre a mesma distância d. Ordene os três experimentos de acordo com a variação da energia térmica do bloco e do piso, em ordem decrescente.

Exemplo 8.4.1 Ilha de Páscoa 8.4

Os habitantes pré-históricos da Ilha de Páscoa esculpiram centenas de gigantescas estátuas de pedra em uma pedreira e depois as transportaram para diferentes pontos da ilha (Fig. 8.4.4). Até hoje não se sabe com certeza como eles conseguiram transportar as estátuas por até 10 km sem usar máquinas sofisticadas. Uma possibilidade é a de que eles tenham colocado cada estátua em um suporte de madeira e puxado o suporte em uma "estrada" formada por troncos quase iguais funcionando como rolamentos. Em uma reconstrução moderna da técnica, 25 homens levaram 2 min para transportar uma estátua de 9.000 kg por 45 m.

(a) Estime o trabalho realizado pela força $\vec{F}$ dos 25 homens para transportar a estátua por 45 m e determine o sistema sobre o qual a força realizou o trabalho.

IDEIAS-CHAVE

(1) Podemos calcular o trabalho realizado usando a equação $W = Fd \cos \phi$.

(2) Para determinar o sistema sobre o qual a força realizou o trabalho, verificamos quais foram as energias que mudaram.

Cálculos: Na equação do trabalho, d é igual a 45 m, F é o módulo da força aplicada à estátua pelos 25 homens e ϕ é 0°. Vamos supor que cada homem tenha puxado com uma força cujo módulo é igual a duas vezes o seu peso, que vamos supor que tinha o mesmo valor mg para todos os homens. Assim, o módulo da força exercida pelos homens foi $F = (25)(2mg) = 50mg$. Supondo que a massa dos homens era 80 kg, a Eq. 7.2.5 nos dá

$$W = Fd \cos \phi = 50mgd \cos \phi$$
$$= (50)(80 \text{ kg})(9,8 \text{ m/s}^2)(45 \text{ m})\cos 0°$$
$$= 1,8 \times 10^6 \text{ J} = 2 \text{ MJ}. \quad \text{(Resposta)}$$

Como a estátua se moveu, certamente houve uma variação ΔK da energia cinética da estátua durante o movimento. Podemos também supor que houve um atrito cinético considerável entre o suporte de madeira, os troncos e o solo, que resultou em uma variação ΔE_t da energia térmica desses elementos. Assim, o sistema sobre o qual a força realizou o trabalho era constituído pela estátua, pelo suporte de madeira, pelos troncos e pelo solo.

(b) Qual foi o aumento ΔE_t da energia térmica do sistema durante o deslocamento de 45 m?

Figura 8.4.4 Estátuas de pedra da Ilha da Páscoa.

ENERGIA POTENCIAL E CONSERVAÇÃO DA ENERGIA **199**

IDEIA-CHAVE

Podemos relacionar ΔE_t ao trabalho W executado pela força $\vec{F}$ usando a Eq. 8.4.9:

$$W = \Delta E_{mec} + \Delta E_t.$$

Cálculos: O valor de W foi calculado no item (a). A variação ΔE_{mec} da energia mecânica da estátua é zero, já que a estátua estava inicialmente em repouso, voltou a ficar em repouso depois de transportada e a altitude dela não mudou. Assim, temos:

$$\Delta E_t = W = 1{,}8 \times 10^6 \, \text{J} \approx 2 \, \text{MJ}. \quad \text{(Resposta)}$$

(c) Estime o trabalho que teria sido realizado pelos 25 homens se eles tivessem transportado a estátua por 10 km em terreno plano. Estime também a variação total ΔE_t que teria ocorrido no sistema estátua-suporte-troncos-solo.

Cálculo: Vamos calcular W como no item (a), mas usando 1×10^4 m para o valor de d. Vamos também fazer W igual a ΔE_t. O resultado é o seguinte:

$$W = \Delta E_t = 3{,}9 \times 10^8 \, \text{J} \approx 400 \, \text{MJ}. \quad \text{(Resposta)}$$

Esse resultado mostra que a quantidade de energia necessária para transportar a estátua a uma distância considerável da pedreira seria muito grande. Mesmo assim, os 25 homens poderiam transportar a estátua por 10 km sem a ajuda de alguma forma misteriosa de energia.

8.5 CONSERVAÇÃO DA ENERGIA

Objetivos do Aprendizado

Depois de ler este módulo, você será capaz de ...

8.5.1 Aplicar a lei de conservação da energia a um sistema isolado (que não está sujeito a forças externas) para relacionar a energia total inicial à energia total em um instante posterior.

8.5.2 Relacionar o trabalho realizado sobre um sistema por forças externas à variação da energia total do sistema.

8.5.3 Conhecer a relação entre a potência média, a transferência de energia associada e o intervalo de tempo no qual é executada essa transferência.

8.5.4 Dada uma transferência de energia em função do tempo (na forma de uma equação ou de uma curva), determinar a potência instantânea (a taxa de transferência de energia).

Ideias-Chave

● A energia E total de um sistema (soma da energia mecânica e das energias internas, incluindo a energia térmica) pode variar apenas quando existe uma transferência de energia do meio externo para o sistema ou do sistema para o meio externo. Este fato experimental é conhecido como lei de conservação da energia.

● Se um trabalho W é realizado sobre o sistema,

$$W = \Delta E = \Delta E_{mec} + \Delta E_t + \Delta E_{int}.$$

Se o sistema é um sistema isolado ($W = 0$),

$$\Delta E_{mec} + \Delta E_t + \Delta E_{int} = 0$$

e

$$E_{mec,2} = E_{mec,1} - \Delta E_t - \Delta E_{int},$$

em que os índices 1 e 2 indicam dois instantes diferentes.

● A potência desenvolvida por uma força é a *taxa* com a qual a força transfere energia. Se uma quantidade de energia ΔE é transferida por uma força em um intervalo de tempo Δt, a potência média desenvolvida pela força é dada por

$$P_{méd} = \frac{\Delta E}{\Delta t}.$$

● A potência instantânea desenvolvida por uma força é dada por

$$P = \frac{dE}{dt}.$$

Em uma curva da energia E em função do tempo t, a potência instantânea em um dado instante é a inclinação da curva nesse instante.

Conservação da Energia

Já discutimos várias situações nas quais a energia era transferida entre objetos e sistemas, da mesma forma como o dinheiro é movimentado entre contas bancárias. Em todas essas situações, supusemos que a energia envolvida não variava, ou seja, que uma parte da energia não podia aparecer ou desaparecer magicamente. Em termos mais formais, supusemos (corretamente) que a energia obedecia a uma lei conhecida como **lei de conservação da energia**, que se refere à **energia total** E de um sistema. A energia total é a soma da energia mecânica com a energia térmica e qualquer outro tipo de *energia interna* do sistema além da energia térmica. (Esses outros tipos de energia interna ainda não foram discutidos.) De acordo com a lei de conservação da energia,

A energia total *E* de um sistema pode mudar apenas por meio da transferência de energia para dentro do sistema ou para fora do sistema.

O único tipo de transferência de energia que consideramos até agora foi o trabalho *W* realizado sobre um sistema. Assim, para nós, a esta altura, a lei de conservação da energia estabelece que

$$W = \Delta E = \Delta E_{mec} + \Delta E_t + \Delta E_{int}, \quad (8.5.1)$$

em que ΔE_{mec} é a variação da energia mecânica do sistema, ΔE_t é a variação da energia térmica do sistema, e ΔE_{int} é uma variação de qualquer outro tipo de energia interna do sistema. Em ΔE_{mec} estão incluídas as variações ΔK da energia cinética e as variações ΔU da energia potencial (elástica, gravitacional, ou qualquer outra forma que exista).

A lei de conservação da energia *não é* algo que deduzimos a partir de princípios básicos da física, mas se baseia em resultados experimentais. Os cientistas e engenheiros nunca observaram uma exceção. A energia simplesmente não pode aparecer ou desaparecer magicamente.

Sistema Isolado

Um sistema isolado não pode trocar energia com o ambiente. Nesse caso, a lei de conservação da energia pode ser expressa da seguinte forma:

A energia total de um sistema isolado não pode variar.

Muitas transferências de energia podem acontecer *dentro* de um sistema isolado, como, por exemplo, entre energia cinética e alguma forma de energia potencial ou entre energia cinética e energia térmica. Entretanto, a energia total do sistema não pode variar.

Considere, por exemplo, o alpinista da Fig. 8.5.1, seu equipamento e a Terra como um sistema isolado. Enquanto desce a encosta da montanha, fazendo variar a configuração do sistema, o jovem precisa controlar a transferência de energia potencial gravitacional do sistema. (Essa energia não pode simplesmente desaparecer.) Parte da energia potencial é convertida em energia cinética. O alpinista não quer transferir muita energia para essa forma, pois, nesse caso, desceria depressa demais. Para evitar que isso aconteça, ele passa a corda por argolas de metal de modo a produzir atrito entre a corda e as argolas durante a descida. A passagem da corda pelas argolas transfere energia potencial gravitacional do sistema para energia térmica das argolas e da corda de uma forma controlável. A energia total do sistema alpinista-equipamento-Terra (a soma das energias potencial gravitacional, cinética e térmica) não varia durante a descida.

No caso de um sistema isolado, a lei de conservação da energia pode ser escrita de duas formas. Primeiro, fazendo *W* = 0 na Eq. 8.5.1, obtemos

$$\Delta E_{mec} + \Delta E_t + \Delta E_{int} = 0 \quad \text{(sistema isolado).} \quad (8.5.2)$$

Podemos também fazer $\Delta E_{mec} = E_{mec,2} - E_{mec,1}$, em que os índices 1 e 2 se referem a dois instantes diferentes, antes e depois da ocorrência de um certo processo, digamos. Nesse caso, a Eq. 8.5.2 se torna

$$E_{mec,2} = E_{mec,1} - \Delta E_t - \Delta E_{int}. \quad (8.5.3)$$

De acordo com a Eq. 8.5.3,

Figura 8.5.1 Para descer, um alpinista precisa transferir energia da energia potencial gravitacional de um sistema formado por ele, seu equipamento e a Terra. O alpinista enrolou a corda em anéis de metal para que houvesse atrito entre a corda e os anéis. Isso fez com que a maior parte da energia potencial gravitacional fosse transferida para a energia térmica da corda e dos anéis e não para a energia cinética do alpinista.

Em um sistema isolado, podemos relacionar a energia total em um dado instante à energia total em outro instante *sem considerar a energia em instantes intermediários*.

ENERGIA POTENCIAL E CONSERVAÇÃO DA ENERGIA

Este fato pode ser uma ferramenta poderosa para resolver problemas em que precisamos analisar as formas de energia de um sistema isolado antes e depois de um dado processo.

No Módulo 8.2, discutimos uma situação especial dos sistemas isolados, aquela na qual forças dissipativas (como a força de atrito cinético) não atuavam dentro do sistema. Nesse caso especial, ΔE_t e ΔE_{int} são nulas e a Eq. 8.5.3 se reduz à Eq. 8.2.7. Em outras palavras, a energia mecânica de um sistema isolado é conservada quando não existem forças dissipativas agindo no sistema.

Forças Externas e Transferências Internas de Energia

Uma força externa pode mudar a energia cinética ou a energia potencial de um objeto sem realizar trabalho sobre o objeto, ou seja, sem transferir energia para o objeto. Em vez disso, a força se limita a transferir energia de uma forma para outra no interior do objeto.

A Fig. 8.5.2 mostra um exemplo. Uma patinadora, inicialmente em repouso, empurra uma barra e passa a deslizar no gelo (Figs. 8.5.2a e 8.5.2b). A energia cinética da patinadora aumenta porque a barra exerce uma força externa $\vec{F}$ sobre a patinadora. Entretanto, a força não transfere energia da barra para a patinadora e, portanto, não realiza trabalho sobre a patinadora; o aumento da energia cinética se deve a uma transferência interna da energia bioquímica dos músculos da moça para energia cinética.

A Fig. 8.5.3 mostra outro exemplo. Um motor de combustão interna aumenta a velocidade de um carro que possui tração nas quatro rodas (as quatro rodas são acionadas pelo motor). Durante a aceleração, o motor faz os pneus empurrarem o pavimento para trás. O empurrão dá origem a uma força de atrito $\vec{f}$ que empurra os pneus para a frente. A força externa resultante $\vec{F}$ exercida pelo pavimento, que é a soma dessas forças de atrito, acelera o carro, aumentando sua energia cinética. Entretanto, $\vec{F}$ não transfere energia do pavimento para o carro e, portanto, não realiza trabalho; o aumento da energia cinética do carro se deve à transferência da energia química contida no combustível.

Em situações semelhantes a essas duas, às vezes podemos relacionar a força externa $\vec{F}$ que age sobre um objeto à variação da energia mecânica do objeto se conseguimos simplificar a situação. Considere o exemplo da patinadora. Enquanto ela empurra o corrimão e percorre a distância d da Fig. 8.5.2c, podemos simplificar a situação supondo que a aceleração é constante, com a velocidade variando de $v_0 = 0$ para v. (Isso equivale a supor que o módulo e a orientação de $\vec{F}$ são constantes.) Após o empurrão, podemos simplificar a situação considerando a patinadora como uma partícula e desprezando o fato de que o esforço muscular aumentou a energia térmica do corpo da patinadora, além de alterar outros parâmetros fisiológicos. Sendo assim, podemos aplicar a Eq. 7.2.3 ($\frac{1}{2}mv^2 - \frac{1}{2}mv_0^2 = F_x d$) e escrever

$$K - K_0 = (F\cos\phi)d,$$

ou

$$\Delta K = Fd\cos\phi. \quad (8.5.4)$$

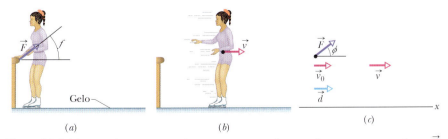

O empurrão na barra causa uma transferência de energia interna para energia cinética.

(a) (b) (c)

Figura 8.5.2 (a) Quando uma patinadora empurra uma barra, a barra exerce uma força $\vec{F}$ sobre a patinadora. (b) Quando a patinadora larga a barra, ela adquire uma velocidade $\vec{v}$. (c) A força externa $\vec{F}$ age sobre a patinadora, formando um ângulo ϕ com o eixo horizontal x. Quando a patinadora sofre um deslocamento $\vec{d}$, sua velocidade muda de $\vec{v}_0$ (= 0) para $\vec{v}$ por causa da componente horizontal de $\vec{F}$.

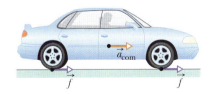

Figura 8.5.3 Um carro acelera para a direita usando tração nas quatro rodas. O pavimento exerce quatro forças de atrito (duas das quais aparecem na figura) sobre a parte inferior dos pneus. A soma das quatro forças é a força externa resultante $\vec{F}$ que age sobre o carro.

Se a situação também envolve uma mudança da altura em que está o objeto, podemos levar em conta a variação ΔU da energia potencial gravitacional escrevendo

$$\Delta U + \Delta K = Fd \cos \phi. \qquad (8.5.5)$$

A força do lado direito da Eq. 8.5.5 não realiza trabalho sobre o objeto, mas é responsável pelas variações de energia que aparecem do lado esquerdo da equação.

Potência

Agora que sabemos que uma força pode transferir energia de uma forma para outra sem realizar trabalho, podemos ampliar a definição de potência apresentada no capítulo anterior. No Módulo 7.6, a potência foi definida como a taxa com a qual uma força realiza trabalho. Em um sentido mais geral, a potência P é a taxa com a qual uma força transfere energia de uma forma para outra. Se uma dada quantidade de energia ΔE é transferida durante um intervalo de tempo Δt, a **potência média** desenvolvida pela força é dada por

$$P_{\text{méd}} = \frac{\Delta E}{\Delta t}. \qquad (8.5.6)$$

Analogamente, a **potência instantânea** desenvolvida pela força é dada por

$$P = \frac{dE}{dt}. \qquad (8.5.7)$$

Teste 8.5.1

Uma caixa de 2,0 kg pode deslizar em uma pista com extremidades elevadas e uma parte central plana de comprimento L. O atrito é desprezível nas partes curvas, mas na parte plana existe atrito entre a caixa e a pista. A caixa é liberada a partir do repouso no ponto A, a uma altura $h = 0,50$ m em relação à parte plana. Qual é a quantidade de energia que se transforma em energia térmica da caixa e da pista entre o instante em que a caixa é liberada e o instante em que ela volta a ficar em repouso?

Exemplo 8.5.1 Formas de energia em um toboágua

A Fig. 8.5.4 mostra um toboágua no qual um carrinho é impulsionado por uma mola e desce um escorrega com água (sem atrito) até a base do brinquedo, onde mergulha parcialmente na água e se move horizontalmente até que o atrito com a água o faça parar. A massa total do carrinho (incluindo o ocupante) é $m = 200$ kg, a compressão inicial da mola é $d = 5,00$ m, a constante elástica da mola é $k = 3,20 \times 10^3$ N/m, a altura inicial é $h = 35,0$ m e o coeficiente de atrito cinético entre o carrinho e a água no trecho horizontal do percurso é $\mu_k = 0,800$. Qual é a distância que o carrinho percorre no trecho horizontal até parar?

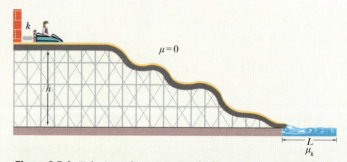

Figura 8.5.4 Toboágua de um parque de diversões.

IDEIAS-CHAVE

Antes de pegar uma calculadora e começar a fazer cálculos, precisamos investigar as forças envolvidas para saber qual é a natureza do sistema e que equações vamos usar. Estamos diante de um sistema isolado (e, portanto, devemos aplicar a lei de conservação da energia) ou de um sistema submetido a uma força externa (caso em que devemos relacionar o trabalho realizado pela força à variação de energia do sistema)?

Forças: A força normal que o escorrega exerce sobre o carrinho não realiza trabalho sobre o carrinho porque a direção da força é sempre perpendicular à direção de deslocamento do carrinho. A força gravitacional realiza trabalho sobre o carrinho e, como se trata de uma força conservativa, pode ser associada

ENERGIA POTENCIAL E CONSERVAÇÃO DA ENERGIA **203**

a uma energia potencial. Quando a mola coloca o carrinho em movimento, ela realiza trabalho sobre o carrinho, convertendo energia potencial elástica da mola em energia cinética do carrinho. A mola também exerce uma força sobre a parede onde está presa sua outra extremidade. Como existe atrito entre o carrinho e a água no trecho horizontal, a passagem do carrinho nesse trecho provoca um aumento da energia térmica da água e do carrinho.

Sistema: Vamos definir o sistema como o conjunto de todos os corpos que estão interagindo: o carrinho, o escorrega, a mola, a Terra e a parede. Nesse caso, como todas as interações são *internas*, o sistema é *isolado* e a energia total não pode mudar. Assim, a equação a ser usada é a da lei de conservação da energia e não a da lei segundo a qual a variação de energia é igual ao trabalho realizado por uma força externa. Em nosso caso, a lei pode ser escrita na forma da Eq. 8.5.3:

$$E_{mec,2} = E_{mec,1} - \Delta E_t. \tag{8.5.8}$$

Do mesmo modo como, em um balanço financeiro, a quantia final é igual à quantia inicial *menos* a quantia que foi roubada por um ladrão, em nosso caso, a energia mecânica final é igual à energia mecânica inicial *menos* a energia que foi roubada pelo atrito. A energia não pode aparecer ou desaparecer magicamente.

Cálculos: Agora que dispomos de uma equação, chegou a hora de calcularmos a distância L. Vamos usar o índice 1 para representar o estado inicial do carrinho (quando ainda está em contato com a mola comprimida) e o índice 2 para representar o estado final do carrinho (quanto está em repouso no trecho horizontal do percurso). Nos dois estados, a energia mecânica do sistema é a soma da energia potencial com a energia cinética.

Temos dois tipos de energia potencial: a energia potencial elástica ($U_e = \frac{1}{2} kx^2$) associada à compressão da mola e a energia potencial gravitacional ($U_g = mgy$) associada à altura em que está o carrinho. No segundo caso, vamos tomar o nível da base do escorrega como nível de referência. Isso significa que a altura inicial do carrinho é $y = h$ e a altura final é $y = 0$.

No estado inicial, com a mola comprimida e o carrinho parado no alto do toboágua, a energia é

$$E_{mec,1} = K_1 + U_{e1} + U_{g1}$$
$$= 0 + \tfrac{1}{2}kd^2 + mgh. \tag{8.5.9}$$

No estado final, com a mola relaxada e o carrinho parado na base do toboágua, a energia é

$$E_{mec,2} = K_2 + U_{e2} + U_{g2}$$
$$= 0 + 0 + 0. \tag{8.5.10}$$

Vamos agora calcular a variação ΔE_t da energia térmica do carrinho e da água do trecho horizontal do percurso. De acordo com a Eq. 8.4.7, podemos substituir ΔE_t por $f_k L$ (o produto do módulo da força de atrito pelo comprimento do trecho onde existe atrito). De acordo com a Eq. 6.1.2, $f_k = \mu_k F_N$, em que F_N é a força normal. Como o carrinho se move horizontalmente no trecho onde existe atrito, $F_N = mg$ (a força de reação da água equilibra o peso do carrinho). Assim, a energia que o atrito rouba da energia mecânica é dada por

$$\Delta E_t = \mu_k mgL. \tag{8.5.11}$$

(A propósito, os dados *não são suficientes* para calcularmos de que forma a energia térmica é distribuída entre o carrinho e a água; conhecemos apenas a energia térmica total.) Substituindo as Eqs. 8.5.9, 8.5.10 e 8.5.11 na Eq. 8.5.8, obtemos

$$0 = \tfrac{1}{2}kd^2 + mgh - \mu_k mgL, \tag{8.5.12}$$

e

$$L = \frac{kd^2}{2\mu_k mg} + \frac{h}{\mu_k}$$
$$= \frac{(3,20 \times 10^3 \text{ N/m})(5,00 \text{ m})^2}{2(0,800)(200 \text{ kg})(9,8 \text{ m/s}^2)} + \frac{35 \text{ m}}{0,800}$$
$$= 69,3 \text{ m.} \qquad \text{(Resposta)}$$

Finalmente, note como a solução é simples. Definindo adequadamente o sistema e reconhecendo que estamos lidando com um sistema isolado, pudemos usar a lei de conservação da energia. Isso significa que pudemos relacionar o estado final do sistema ao estado inicial sem necessidade de conhecer os estados intermediários. Em particular, não precisamos investigar o comportamento do carrinho enquanto ele deslizava em um escorrega de forma irregular. Se, em vez disso, tentássemos usar a segunda lei de Newton, teríamos que conhecer a forma exata do toboágua e, mesmo assim, os cálculos seriam muito mais trabalhosos.

Revisão e Resumo

Forças Conservativas Uma **força** é **conservativa** se o trabalho que ela realiza sobre uma partícula se anula ao longo de um percurso fechado. Podemos dizer também que uma força é conservativa se o trabalho que ela realiza sobre uma partícula que se move entre dois pontos não depende da trajetória seguida pela partícula. A força gravitacional e a força elástica são forças conservativas; a força de atrito cinético é uma **força dissipativa** (**não conservativa**).

Energia Potencial **Energia potencial** é a energia associada à configuração de um sistema submetido à ação de uma força conservativa.

Quando a força conservativa realiza um trabalho W sobre uma partícula do sistema, a variação ΔU da energia potencial do sistema é dada por

$$\Delta U = -W. \tag{8.1.1}$$

Se a partícula se desloca do ponto x_i para o ponto x_f, a variação da energia potencial do sistema é

$$\Delta U = -\int_{x_i}^{x_f} F(x)\, dx. \tag{8.1.6}$$

204 CAPÍTULO 8

Energia Potencial Gravitacional A energia potencial associada a um sistema constituído pela Terra e uma partícula próxima é chamada **energia potencial gravitacional**. Se uma partícula se desloca de uma altura y_i para uma altura y_f, a variação da energia potencial gravitacional do sistema partícula-Terra é dada por

$$\Delta U = mg(y_f - y_i) = mg\,\Delta y. \qquad (8.1.7)$$

Se o **ponto de referência** de uma partícula é tomado como $y_i = 0$ e a energia potencial gravitacional correspondente do sistema é tomada como $U_i = 0$, a energia potencial gravitacional U de uma partícula a uma altura y é dada por

$$U(y) = mgy. \qquad (8.1.9)$$

Energia Potencial Elástica **Energia potencial elástica** é a energia associada ao estado de compressão ou distensão de um objeto elástico. No caso de uma mola que exerce uma força elástica $F = -kx$ quando a extremidade livre sofre um deslocamento x, a energia potencial elástica é dada por

$$U(x) = \tfrac{1}{2}kx^2. \qquad (8.1.11)$$

Na **configuração de referência**, quando a mola está no estado relaxado, $x = 0$ e $U = 0$.

Energia Mecânica A **energia mecânica** E_{mec} de um sistema é a soma da energia cinética K com a energia potencial U do sistema:

$$E_{\text{mec}} = K + U. \qquad (8.2.1)$$

Sistema isolado é um sistema no qual nenhuma *força externa* produz variações de energia. Se apenas forças conservativas realizam trabalho em um sistema isolado, a energia mecânica E_{mec} do sistema não pode variar. Esse **princípio de conservação da energia mecânica** pode ser escrito na forma

$$K_2 + U_2 = K_1 + U_1, \qquad (8.2.6)$$

em que os índices se referem a diferentes instantes de um processo de transferência de energia. Esse princípio de conservação pode também ser escrito na forma

$$\Delta E_{\text{mec}} = \Delta K + \Delta U = 0. \qquad (8.2.7)$$

Curvas de Energia Potencial Se conhecemos a função energia potencial $U(x)$ de um sistema no qual uma força unidimensional $F(x)$ age sobre uma partícula, podemos determinar a força usando a equação

$$F(x) = -\frac{dU(x)}{dx}. \qquad (8.3.2)$$

Se $U(x)$ é dada na forma de um gráfico, para qualquer valor de x, a força $F(x)$ é o negativo da inclinação da curva no ponto considerado e a energia cinética da partícula é dada por

$$K(x) = E_{\text{mec}} - U(x), \qquad (8.3.4)$$

em que E_{mec} é a energia mecânica do sistema. Um **ponto de retorno** é um ponto x no qual o movimento de uma partícula muda de sentido (nesse ponto, $K = 0$). A partícula está em **equilíbrio** nos pontos em que a inclinação da curva de $U(x)$ é nula [nesses pontos, $F(x) = 0$].

Trabalho Realizado sobre um Sistema por uma Força Externa O trabalho W é a energia transferida para um sistema, ou de um sistema, por uma força externa que age sobre o sistema. Quando mais de uma força externa age sobre o sistema, o *trabalho total* das forças é igual à energia transferida. Quando não existe atrito, o trabalho realizado sobre o sistema e a variação ΔE_{mec} da energia mecânica do sistema são iguais:

$$W = \Delta E_{\text{mec}} = \Delta K + \Delta U. \qquad (8.4.1,\ 8.4.2)$$

Quando uma força de atrito cinético age dentro do sistema, a energia térmica E_t do sistema varia. (Essa energia está associada ao movimento aleatório dos átomos e moléculas do sistema.) Nesse caso, o trabalho realizado sobre o sistema é dado por

$$W = \Delta E_{\text{mec}} + \Delta E_t. \qquad (8.4.9)$$

A variação ΔE_t está relacionada ao módulo f_k da força de atrito e ao módulo d do deslocamento causado pela força externa por meio da equação

$$\Delta E_t = f_k d. \qquad (8.4.7)$$

Conservação da Energia A **energia total** E de um sistema (a soma da energia mecânica e das energias internas, incluindo a energia térmica) só pode variar se certa quantidade de energia for transferida para o sistema ou retirada do sistema. Esse fato experimental é conhecido como **lei de conservação da energia**. Se um trabalho W for realizado sobre o sistema,

$$W = \Delta E = \Delta E_{\text{mec}} + \Delta E_t + \Delta E_{\text{int}}. \qquad (8.5.1)$$

Se o sistema for isolado ($W = 0$), isso nos dá

$$\Delta E_{\text{mec}} + \Delta E_t + \Delta E_{\text{int}} = 0 \qquad (8.5.2)$$

e

$$E_{\text{mec},2} = E_{\text{mec},1} - \Delta E_t - \Delta E_{\text{int}}, \qquad (8.5.3)$$

em que os índices 1 e 2 indicam dois instantes diferentes.

Potência A **potência** desenvolvida por uma força é a *taxa* com a qual essa força transfere energia. Se uma dada quantidade de energia ΔE é transferida por uma força em um intervalo de tempo Δt, a **potência média** desenvolvida pela força é dada por

$$P_{\text{méd}} = \frac{\Delta E}{\Delta t}. \qquad (8.5.6)$$

A **potência instantânea** desenvolvida por uma força é dada por

$$P = \frac{dE}{dt}. \qquad (8.5.7)$$

Perguntas

1 Na Fig. 8.1, um bloco que se move horizontalmente pode seguir três caminhos sem atrito, que diferem apenas na altura, para alcançar a linha de chegada representada por uma reta tracejada. Ordene os caminhos, em ordem decrescente, de acordo (a) com a velocidade do bloco na linha de chegada e (b) com o tempo de percurso do bloco até a linha de chegada.

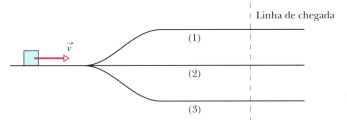

Figura 8.1 Pergunta 1.

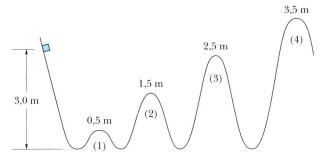

Figura 8.4 Pergunta 4.

2 A Fig. 8.2 mostra a função energia potencial de uma partícula. (a) Ordene as regiões *AB*, *BC*, *CD* e *DE* de acordo com o módulo da força que atua sobre a partícula, em ordem decrescente. Qual é o maior valor permitido da energia mecânica E_{mec} (b) para que a partícula fique aprisionada no poço de potencial da esquerda, (c) para que a partícula fique aprisionada no poço de potencial da direita, e (d) para que a partícula seja capaz de se mover entre os dois poços, mas sem ultrapassar o ponto *H*? Para a situação do item (d), em qual das regiões *BC*, *DE* e *FG* a partícula possui (e) a maior energia cinética e (f) a menor velocidade?

5 Na Fig. 8.5, um bloco desliza de *A* para *C* em uma rampa sem atrito e depois passa para uma região horizontal *CD* onde está sujeito a uma força de atrito. A energia cinética do bloco aumenta, diminui ou permanece constante (a) na região *AB*, (b) na região *BC* e (c) na região *CD*? (d) A energia mecânica do bloco aumenta, diminui ou permanece constante nessas regiões?

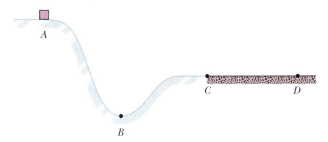

Figura 8.5 Pergunta 5.

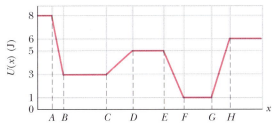

Figura 8.2 Pergunta 2.

6 Na Fig. 8.6*a*, você puxa para cima uma corda presa a um cilindro que desliza em uma haste central. Como o cilindro e a haste se encaixam sem folga, o atrito é considerável. A força que você aplica realiza um trabalho $W = +100$ J sobre o sistema cilindro-eixo-Terra (Fig. 8.6*b*). Um "balanço de energia" do sistema é mostrado na Fig. 8.6*c*: a energia cinética *K* aumenta de 50 J e a energia potencial gravitacional U_g aumenta de 20 J. A única outra variação da energia dentro do sistema é a da energia térmica E_t. Qual é a variação ΔE_t?

3 A Fig. 8.3 mostra um caminho direto e quatro caminhos indiretos do ponto *i* ao ponto *f*. Ao longo do caminho direto e de três dos caminhos indiretos, apenas uma força conservativa F_c age sobre um dado objeto. Ao longo do quarto caminho indireto, tanto F_c como uma força dissipativa F_d agem sobre o objeto. A variação ΔE_{mec} da energia mecânica do objeto (em joules) ao se deslocar de *i* para *f* está indicada ao lado de cada segmento dos caminhos indiretos. Qual é o valor de ΔE_{mec} (a) de *i* para *f* ao longo do caminho direto e (b) produzida por F_d ao longo do caminho em que essa força atua?

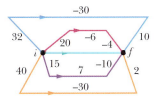

Figura 8.3 Pergunta 3.

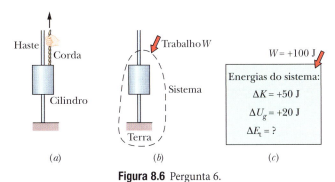

Figura 8.6 Pergunta 6.

4 Na Fig. 8.4, um pequeno bloco, inicialmente em repouso, é liberado em uma rampa sem atrito a uma altura de 3,0 m. As alturas das elevações ao longo da rampa estão indicadas na figura. Os cumes das elevações são todos iguais, de forma circular, e o bloco não perde contato com o piso em nenhuma das elevações. (a) Qual é a primeira elevação que o bloco não consegue superar? (b) O que acontece com o bloco em seguida? No cume de que elevação (c) a aceleração centrípeta do bloco é máxima e (d) a força normal sobre o bloco é mínima?

7 O arranjo da Fig. 8.7 é semelhante ao da Pergunta 6. Agora, você puxa para baixo uma corda que está presa ao cilindro que desliza com atrito em uma haste central. Além disso, ao descer, o cilindro puxa um bloco por meio de uma segunda corda e o faz deslizar em uma bancada. Considere novamente o sistema cilindro-eixo-Terra, semelhante ao da Fig. 8.6*b*. O trabalho que você realiza sobre o sistema é de 200 J. O sistema realiza um trabalho de 60 J sobre o bloco. Dentro do sistema, a energia cinética aumenta de 130 J e a energia potencial gravitacional diminui de 20 J.

(a) Escreva um "balanço de energia" para o sistema, semelhante ao da Fig. 8.6c. (b) Qual é a variação da energia térmica dentro do sistema?

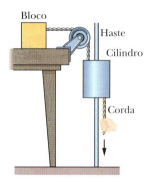

Figura 8.7 Pergunta 7.

8 Na Fig. 8.8, um bloco desliza em uma pista que desce uma altura h. A pista não possui atrito, exceto na parte mais baixa. Nessa parte, o bloco desliza até parar, devido ao atrito, depois de percorrer uma distância D. (a) Se h diminui, o bloco percorre uma distância maior, menor ou igual a D até parar? (b) Se, em vez disso, a massa do bloco aumenta, a distância que o bloco percorre até parar é maior, menor ou igual a D?

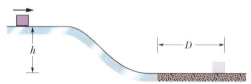

Figura 8.8 Pergunta 8.

9 A Fig. 8.9 mostra três situações que envolvem um plano com atrito e um bloco que desliza no plano. O bloco começa com a mesma velocidade nas três situações e desliza até que a força de atrito cinético o faça parar. Ordene as situações de acordo com o aumento da energia térmica devido ao deslizamento, em ordem decrescente.

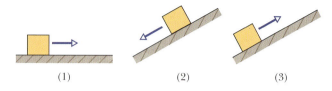

Figura 8.9 Pergunta 9.

10 A Fig. 8.10 mostra três bolas iguais que são lançadas do mesmo nível e com a mesma velocidade escalar. A primeira é lançada na vertical, a segunda é lançada com uma velocidade que faz um pequeno ângulo com a vertical, e a terceira é lançada para cima em um plano inclinado sem atrito. Ordene as bolas de acordo com a velocidade escalar que possuem ao atingirem o nível da reta tracejada, começando pela maior.

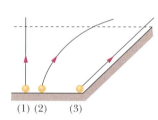

Figura 8.10 Pergunta 10.

11 Quando uma partícula se desloca do ponto f para o ponto i e do ponto j para o ponto i seguindo as trajetórias mostradas na Fig. 8.11 e nos sentidos indicados, uma força conservativa $\vec{F}$ realiza os trabalhos indicados. Qual é o trabalho realizado pela força $\vec{F}$ sobre a partícula quando ela se desloca diretamente de f para j?

Figura 8.11 Pergunta 11.

Problemas

F Fácil **M** Médio **D** Difícil
CVF Informações adicionais disponíveis no e-book *O Circo Voador da Física*, de Jearl Walker, LTC Editora, Rio de Janeiro, 2008.
CALC Requer o uso de derivadas e/ou integrais
BIO Aplicação biomédica

Módulo 8.1 Energia Potencial

1 **F** Qual é a constante elástica de uma mola que armazena 25 J de energia potencial ao ser comprimida 7,5 cm?

2 **F** Na Fig. 8.12, um carro de montanha-russa, de massa $m = 825$ kg, atinge o cume da primeira elevação com uma velocidade $v_0 = 17,0$ m/s a uma altura $h = 42,0$ m. O atrito é desprezível. Qual é o trabalho realizado sobre o carro pela força gravitacional entre este ponto e (a) o ponto A, (b) o ponto B e (c) o ponto C? Se a energia potencial gravitacional do sistema carro-Terra é tomada como nula em C, qual é o seu valor quando o carro está (d) em B e (e) em A? (f) Se a massa m é duplicada, a variação da energia potencial gravitacional do sistema entre os pontos A e B aumenta, diminui ou permanece a mesma?

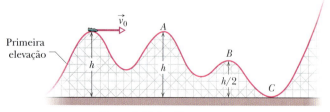

Figura 8.12 Problemas 2 e 9.

3 **F** Você deixa cair um livro de 2,00 kg para uma amiga que está na calçada, a uma distância $D = 10,0$ m abaixo de você. Se as mãos estendidas da sua amiga estão a uma distância $d = 1,50$ m acima do solo (Fig. 8.13), (a) qual é o trabalho W_g realizado sobre o livro pela força gravitacional até o livro cair nas mãos da sua amiga? (b) Qual é a variação ΔU da energia potencial gravitacional do sistema livro-Terra durante a queda? Se a energia potencial gravitacional U do sistema é considerada nula no nível do solo, qual é o valor de U (c) quando você deixa cair o livro e (d) quando o livro chega às mãos da sua amiga? Suponha agora que o valor de U é 100 J ao nível do solo e calcule novamente (e) W_g, (f) ΔU, (g) U no ponto do qual você deixou cair o livro e (h) U no ponto em que o livro chegou às mãos da sua amiga.

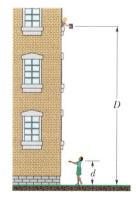

Figura 8.13 Problemas 3 e 10.

4 **F** A Fig. 8.14 mostra uma bola, de massa $m = 0,341$ kg, presa à extremidade de uma haste fina de comprimento $L = 0,452$ m e massa desprezível. A outra extremidade da haste é articulada, de modo que a bola pode se mover em uma circunferência vertical. A haste é mantida na posição horizontal, como na figura, e depois recebe um impulso para baixo com força suficiente para que a bola passe pelo ponto mais baixo da circunferência e continue em movimento até chegar ao ponto mais alto com velocidade nula. Qual é o trabalho realizado sobre a bola pela força gravitacional do ponto inicial até (a) o ponto mais baixo, (b) o ponto mais alto, (c) o ponto à direita na mesma altura que o ponto inicial? Se a energia potencial gravitacional do sistema bola-Terra é tomada como zero no ponto inicial, determine o seu valor quando a bola atinge (d) o ponto mais baixo, (e) o ponto mais alto e (f) o ponto à direita na mesma altura que o ponto inicial. (g) Suponha que a haste tenha recebido um impulso maior e passe pelo ponto mais alto com uma velocidade diferente de zero. A variação ΔU_g do ponto mais baixo ao ponto mais alto é maior, menor ou a mesma que quando a bola chegava ao ponto mais alto com velocidade zero?

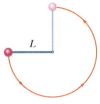

Figura 8.14 Problemas 4 e 14.

5 F Na Fig. 8.15, um floco de gelo de 2,00 g é liberado na borda de uma taça hemisférica com 22,0 cm de raio. Não há atrito no contato do floco com a taça. (a) Qual é o trabalho realizado sobre o floco pela força gravitacional durante a descida do floco até o fundo da taça? (b) Qual é a variação da energia potencial do sistema floco-Terra durante a descida? (c) Se a energia potencial é tomada como nula no fundo da taça, qual é seu valor quando o floco é solto? (d) Se, em vez disso, a energia potencial é tomada como nula no ponto onde o floco é solto, qual é o seu valor quando o floco atinge o fundo da taça? (e) Se a massa do floco fosse duplicada, os valores das respostas dos itens de (a) a (d) aumentariam, diminuiriam ou permaneceriam os mesmos?

Figura 8.15 Problemas 5 e 11.

6 M Na Fig. 8.16, um pequeno bloco, de massa $m = 0{,}032$ kg, pode deslizar em uma pista sem atrito que forma um loop de raio $R = 12$ cm. O bloco é liberado a partir do repouso no ponto P, a uma altura $h = 5{,}0R$ acima do ponto mais baixo do loop. Qual é o trabalho realizado sobre o bloco pela força gravitacional quando o bloco se desloca do ponto P para (a) o ponto Q e (b) o ponto mais alto do loop? Se a energia potencial gravitacional do sistema bloco-Terra é tomada como zero no ponto mais baixo do loop, qual é a energia potencial quando o bloco se encontra (c) no ponto P, (d) no ponto Q e (e) no ponto mais alto do loop? (f) Se, em vez de ser simplesmente liberado, o bloco recebe uma velocidade inicial para baixo ao longo da pista, as respostas dos itens de (a) a (e) aumentam, diminuem ou permanecem as mesmas?

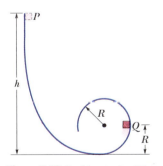

Figura 8.16 Problemas 6 e 17.

7 M A Fig. 8.17 mostra uma haste fina, de comprimento $L = 2{,}00$ m e massa desprezível, que pode girar em torno de uma das extremidades para descrever uma circunferência vertical. Uma bola, de massa $m = 5{,}00$ kg, está presa na outra extremidade. A haste é puxada lateralmente até fazer um ângulo $\theta_0 = 30{,}0°$ com a vertical e liberada com velocidade inicial $\vec{v}_0 = 0$. Quando a bola desce até o ponto mais baixo da circunferência, (a) qual é o trabalho realizado sobre a bola pela força gravitacional e (b) qual é

a variação da energia potencial do sistema bola-Terra? (c) Se a energia potencial gravitacional é tomada como zero no ponto mais baixo da circunferência, qual é seu valor no momento em que a bola é liberada? (d) Os valores das respostas dos itens de (a) a (c) aumentam, diminuem ou permanecem os mesmos se o ângulo θ_0 é aumentado?

8 M Uma bola de neve de 1,50 kg é lançada de um penhasco de 12,5 m de altura. A velocidade inicial da bola de neve é 14,0 m/s, 41,0° acima da horizontal. (a) Qual é o trabalho realizado sobre a bola de neve pela força gravitacional durante o percurso até um terreno plano, abaixo do penhasco? (b) Qual é a variação da energia potencial do sistema bola de neve-Terra durante o percurso? (c) Se a energia potencial gravitacional é tomada como nula na altura do penhasco, qual é o seu valor quando a bola de neve chega ao solo?

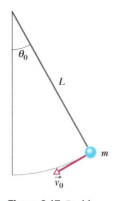

Figura 8.17 Problemas 7, 18 e 21.

Módulo 8.2 Conservação da Energia Mecânica

9 F No Problema 2, qual é a velocidade do carro (a) no ponto A, (b) no ponto B e (c) no ponto C? (d) Que altura o carro alcança na última elevação, que é alta demais para ser transposta? (e) Se o carro tivesse uma massa duas vezes maior, quais seriam as respostas dos itens (a) a (d)?

10 F (a) No Problema 3, qual é a velocidade do livro ao chegar às mãos da sua amiga? (b) Se o livro tivesse uma massa duas vezes maior, qual seria a velocidade? (c) Se o livro fosse arremessado para baixo, a resposta do item (a) aumentaria, diminuiria ou permaneceria a mesma?

11 F (a) No Problema 5, qual é a velocidade do floco de gelo ao chegar ao fundo da taça? (b) Se o floco de gelo tivesse o dobro da massa, qual seria a velocidade? (c) Se o floco de gelo tivesse uma velocidade inicial para baixo, a resposta do item (a) aumentaria, diminuiria ou permaneceria a mesma?

12 F (a) No Problema 8, usando técnicas de energia em vez das técnicas do Capítulo 4, determine a velocidade da bola de neve ao chegar ao solo. Qual seria essa velocidade (b) se o ângulo de lançamento fosse mudado para 41,0° *abaixo* da horizontal e (c) se a massa fosse aumentada para 2,50 kg?

13 F Uma bola de gude de 5,0 g é lançada verticalmente para cima usando uma espingarda de mola. A mola deve ser comprimida 8,0 cm para que a bola apenas toque um alvo 20 m acima da posição da bola de gude na mola comprimida. (a) Qual é a variação ΔU_g da energia potencial gravitacional do sistema bola de gude-Terra durante a subida de 20 m? (b) Qual é a variação ΔU_s da energia potencial elástica da mola durante o lançamento da bola de gude? (c) Qual é a constante elástica da mola?

14 F (a) No Problema 4, qual deve ser a velocidade inicial da bola para que ela chegue ao ponto mais alto da circunferência com velocidade escalar zero? Nesse caso, qual é a velocidade da bola (b) no ponto mais baixo e (c) no ponto à direita na mesma altura que o ponto inicial? (d) Se a massa da bola fosse duas vezes maior, as respostas dos itens (a) a (c) aumentariam, diminuiriam ou permaneceriam as mesmas?

15 F Na Fig. 8.18, um caminhão perdeu os freios quando estava descendo uma ladeira a 130 km/h e o motorista dirigiu o veículo para uma rampa de emergência, sem atrito, com uma inclinação $\theta = 15°$. A massa do caminhão é $1{,}2 \times 10^4$ kg. (a) Qual é o menor comprimento L que a rampa deve ter para que o caminhão pare (momentaneamente) antes de chegar ao final? (Suponha que o caminhão pode ser tratado como uma partícula e justifique essa suposição.) O comprimento mínimo L

aumenta, diminui ou permanece o mesmo (b) se a massa do caminhão for menor e (c) se a velocidade for menor?

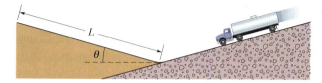

Figura 8.18 Problema 15.

16 M Um bloco de 700 g é liberado, a partir do repouso, de uma altura h_0 acima de uma mola vertical com constante elástica $k = 400$ N/m e massa desprezível. O bloco se choca com a mola e para momentaneamente depois de comprimir a mola 19,0 cm. Qual é o trabalho realizado (a) pelo bloco sobre a mola e (b) pela mola sobre o bloco? (c) Qual é o valor de h_0? (d) Se o bloco fosse solto de uma altura $2,00h_0$ acima da mola, qual seria a máxima compressão da mola?

17 M No Problema 6, qual é o módulo da componente (a) horizontal e (b) vertical da força *resultante* que atua sobre o bloco no ponto Q? (c) De que altura h o bloco deveria ser liberado, a partir do repouso, para ficar na iminência de perder contato com a superfície no alto do loop? (*Iminência de perder o contato* significa que a força normal exercida pelo loop sobre o bloco é nula nesse instante.) (d) Plote o módulo da força normal que age sobre o bloco no alto do loop em função da altura inicial h, para o intervalo de $h = 0$ a $h = 6R$.

18 M (a) No Problema 7, qual é a velocidade da bola no ponto mais baixo? (b) A velocidade aumenta, diminui ou permanece a mesma se a massa aumenta?

19 M A Fig. 8.19 mostra uma pedra de 8,00 kg em repouso sobre uma mola. A mola é comprimida 10,0 cm pela pedra. (a) Qual é a constante elástica da mola? (b) A pedra é empurrada mais 30 cm para baixo e liberada. Qual é a energia potencial elástica da mola comprimida antes de ser liberada? (c) Qual é a variação da energia potencial gravitacional do sistema pedra-Terra quando a pedra se desloca do ponto onde foi liberada até a altura máxima? (d) Qual é a altura máxima, medida a partir do ponto onde a pedra foi liberada?

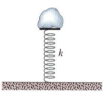

Figura 8.19 Problema 19.

20 M Um pêndulo é formado por uma pedra de 2,0 kg oscilando na extremidade de uma corda de 4,0 m de comprimento e massa desprezível. A pedra tem velocidade de 8,0 m/s ao passar pelo ponto mais baixo da trajetória. (a) Qual é a velocidade da pedra quando a corda forma um ângulo de 60° com a vertical? (b) Qual é o maior ângulo com a vertical que a corda assume durante o movimento da pedra? (c) Se a energia potencial do sistema pêndulo-Terra é tomada como nula na posição mais baixa da pedra, qual é a energia mecânica total do sistema?

21 M A Fig. 8.17 mostra um pêndulo de comprimento $L = 1,25$ m. O peso do pêndulo (no qual está concentrada, para efeitos práticos, toda a massa) tem velocidade v_0 quando a corda faz um ângulo $\theta_0 = 40,0°$ com a vertical. (a) Qual é a velocidade do peso quando está na posição mais baixa se $v_0 = 8,00$ m/s? Qual é o menor valor de v_0 para o qual o pêndulo oscila para baixo e depois para cima (b) até a posição horizontal e (c) até a posição vertical com a corda esticada? (d) As respostas dos itens (b) e (c) aumentam, diminuem ou permanecem as mesmas se θ_0 aumentar de alguns graus?

22 M CVF Um esquiador de 60 kg parte do repouso a uma altura $H = 20$ m acima da extremidade de uma rampa para saltos de esqui (Fig. 8.20) e deixa a rampa fazendo um ângulo $\theta = 28°$ com a horizontal. Despreze os efeitos da resistência do ar e suponha que a rampa não tem atrito. (a) Qual é a altura máxima h do salto em relação à extremidade da rampa?

(b) Se o esquiador aumentasse o próprio peso colocando uma mochila nas costas, h seria maior, menor ou igual?

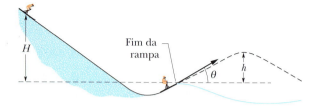

Figura 8.20 Problema 22.

23 M A corda da Fig. 8.21, de comprimento $L = 120$ cm, possui uma bola presa em uma das extremidades e está fixa na outra extremidade. A distância d da extremidade fixa a um pino no ponto P é 75,0 cm. A bola, inicialmente em repouso, é liberada com o fio na posição horizontal, como mostra a figura, e percorre a trajetória indicada pelo arco tracejado. Qual é a velocidade da bola ao atingir (a) o ponto mais baixo da trajetória e (b) o ponto mais alto depois que a corda encosta no pino?

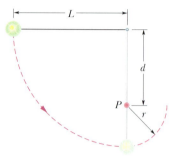

Figura 8.21 Problemas 23 e 70.

24 M Um bloco, de massa $m = 2,0$ kg, é deixado cair de uma altura $h = 40$ cm sobre uma mola de constante elástica $k = 1960$ N/m (Fig. 8.22). Determine a variação máxima de comprimento da mola ao ser comprimida.

25 M Em $t = 0$, uma bola de 1,0 kg é atirada de uma torre com $\vec{v} = (18 \text{ m/s})\hat{i} + (24 \text{ m/s})\hat{j}$. Quanto é ΔU do sistema bola-Terra entre $t = 0$ e $t = 6,0$ s (ainda em queda livre)?

26 M Uma força conservativa $\vec{F} = (6,0x - 12)\hat{i}$ N, em que x está em metros, age sobre uma partícula que se move ao longo de um eixo x. A energia potencial U associada a essa força recebe o valor de 27 J em $x = 0$. (a) Escreva uma expressão para U como uma função de x, com U em joules e x em metros. (b) Qual é o máximo valor positivo da energia potencial? Para que valor (c) negativo e (d) positivo de x a energia potencial é nula?

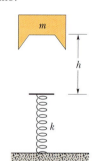

Figura 8.22 Problema 24.

27 M Tarzan, que pesa 688 N, salta de um penhasco, pendurado na extremidade de um cipó com 18 m de comprimento (Fig. 8.23). Do alto do penhasco até o ponto mais baixo da trajetória, ele desce 3,2 m. O cipó se romperá se for submetido a uma força maior que 950 N. (a) O cipó se rompe? Se a resposta for negativa, qual é a maior força a que é submetido o cipó? Se a resposta for afirmativa, qual é o ângulo que o cipó está fazendo com a vertical no momento em que se rompe?

28 M A Fig. 8.24a se refere à mola de uma espingarda de rolha (Fig. 8.24b); ela mostra a força da mola em função do alongamento ou compressão da mola. A mola é comprimida 5,5 cm

Figura 8.23 Problema 27.

e usada para impulsionar uma rolha de 3,8 g. (a) Qual é a velocidade da rolha se ela se separa da mola quando esta passa pela posição relaxada? (b) Suponha que, em vez disso, a rolha permaneça ligada à mola e a mola sofra um alongamento de 1,5 cm antes de ocorrer a separação. Qual é, nesse caso, a velocidade da rolha no momento da separação?

29 M Na Fig. 8.25, um bloco, de massa $m = 12$ kg, é liberado a partir do repouso em um plano inclinado, sem atrito, de ângulo $\theta = 30°$. Abaixo do bloco há uma mola que pode ser comprimida 2,0 cm por uma força de 270 N. O bloco para momentaneamente após comprimir a mola 5,5 cm. (a) Que distância o bloco desce ao longo do plano da posição de repouso inicial até o ponto em que para momentaneamente? (b) Qual é a velocidade do bloco no momento em que ele entra em contato com a mola?

30 M Uma caixa de pão, de 2,0 kg, em um plano inclinado, sem atrito, de ângulo $\theta = 40°$, está presa por uma corda que passa por uma polia, a uma mola de constante elástica $k = 120$ N/m, como mostra a Fig. 8.26. A caixa é liberada a partir do repouso quando a mola se encontra relaxada. Suponha que a massa e o atrito da polia sejam desprezíveis. (a) Qual é a velocidade da caixa após percorrer 10 cm? (b) Que distância o bloco percorre do ponto em que foi liberado até o ponto em que para momentaneamente? (c) Qual é o módulo e (d) qual é o sentido (para cima ou para baixo ao longo do plano) da aceleração do bloco no instante em que ele para momentaneamente?

31 M Um bloco, de massa $m = 2,00$ kg, está apoiado em uma mola em um plano inclinado, sem atrito, de ângulo $\theta = 30,0°$ (Fig. 8.27). (O bloco não está preso à mola.) A mola, de constante elástica $k = 19,6$ N/cm, é comprimida 20 cm e depois liberada. (a) Qual é a energia potencial elástica da mola comprimida? (b) Qual é a variação da energia potencial gravitacional do sistema bloco-Terra quando o bloco se move do ponto em que foi liberado até o ponto mais alto que atinge no plano

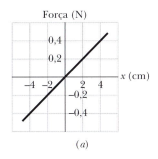
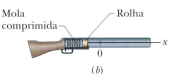

Figura 8.24 Problema 28.

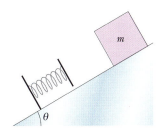

Figura 8.25 Problemas 29 e 35.

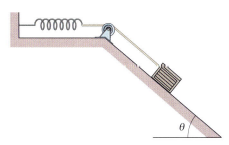

Figura 8.26 Problema 30.

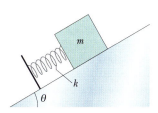

Figura 8.27 Problema 31.

inclinado? (c) Qual é a distância percorrida pelo bloco ao longo do plano inclinado até atingir a altura máxima?

32 M CALC Na Fig. 8.28, uma corrente é mantida em uma mesa, sem atrito, com um quarto do comprimento total pendendo para fora da mesa. Se a corrente tem um comprimento $L = 28$ cm e uma massa $m = 0,012$ kg, qual é o trabalho necessário para puxar a parte pendurada para cima da mesa?

Figura 8.28 Problema 32.

33 D Na Fig. 8.29, uma mola com $k = 170$ N/m está presa no alto de um plano inclinado, sem atrito, de ângulo $\theta = 37,0°$. A extremidade inferior do plano inclinado fica a uma distância $D = 1,00$ m da extremidade inferior da mola quando esta se encontra relaxada. Uma lata de 2,00 kg é empurrada contra a mola até esta ser comprimida 0,200 m e depois liberada. (a) Qual é a velocidade da lata no instante em que a mola retorna ao comprimento relaxado (que é o momento em que a lata perde contato com a mola)? (b) Qual é a velocidade da lata ao atingir a extremidade inferior do plano inclinado?

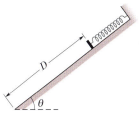

Figura 8.29 Problema 33.

34 D Um menino está inicialmente sentado no alto de um monte hemisférico de gelo de raio $R = 13,8$ m. Ele começa a deslizar para baixo com uma velocidade inicial tão pequena que pode ser desprezada (Fig. 8.30). Suponha que o atrito com o gelo é desprezível. Em que altura o menino perde contato com o gelo?

Figura 8.30 Problema 34.

35 D Na Fig. 8.25, um bloco de massa $m = 3,20$ kg desliza para baixo, a partir do repouso, percorre uma distância d em um plano inclinado, de ângulo $\theta = 30,0°$, e se choca com uma mola de constante elástica 431 N/m. Quando o bloco para momentaneamente, a mola fica comprimida 21,0 cm. (a) Qual é a distância d e (b) qual é a distância entre o ponto do primeiro contato do bloco com a mola e o ponto onde a velocidade do bloco é máxima?

36 D Duas meninas estão disputando um jogo no qual tentam acertar uma pequena caixa no chão, com uma bola de gude lançada por um canhão de mola montado em uma mesa. A caixa está a uma distância horizontal $D = 2,20$ m da borda da mesa; ver Fig. 8.31. Lia comprime a mola 1,10 cm, mas o centro da bola de gude cai 27,0 cm antes do centro da caixa. De quanto Rosa deve comprimir a mola para acertar a caixa? Suponha que o atrito da mola e da bola com o canhão é desprezível.

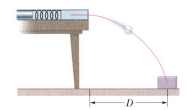

Figura 8.31 Problema 36.

37 D CALC Uma corda uniforme com 25 cm de comprimento e 15 g de massa está presa horizontalmente em um teto. Mais tarde, é pendurada verticalmente, com apenas uma das extremidades presa no teto. Qual é a variação da energia potencial da corda devido a essa mudança de posição? (*Sugestão*: Considere um trecho infinitesimal da corda e use uma integral.)

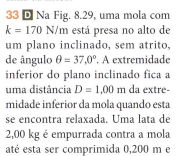

Módulo 8.3 Interpretação de uma Curva de Energia Potencial

38 M A Figura 8.32 mostra um gráfico da energia potencial U em função da posição x para uma partícula de 0,200 kg que pode se deslocar apenas ao longo de um eixo x sob a influência de uma força conservativa. Três dos valores mostrados no gráfico são $U_A = 9,00$ J, $U_C = 20,00$ J e $U_D = 24,00$ J. A partícula é liberada no ponto em que U forma uma "barreira de potencial" de "altura" $U_B = 12,00$ J, com uma energia cinética de 4,00 J. Qual é a velocidade da partícula (a) em $x = 3,5$ m e (b) em $x = 6,5$ m? Qual é a posição do ponto de retorno (c) do lado direito e (d) do lado esquerdo?

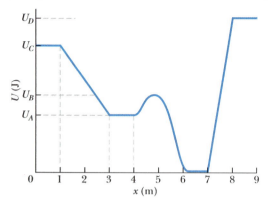

Figura 8.32 Problema 38.

39 M A Fig. 8.33 mostra um gráfico da energia potencial U em função da posição x para uma partícula de 0,90 kg que pode se deslocar apenas ao longo de um eixo x. (Forças dissipativas não estão envolvidas.) Os três valores mostrados no gráfico são $U_A = 15,0$ J, $U_B = 35,0$ J e $U_C = 45,0$ J. A partícula é liberada em $x = 4,5$ m com uma velocidade inicial de 7,0 m/s, no sentido negativo do eixo x. (a) Se a partícula puder chegar ao ponto $x = 1,0$ m, qual será sua velocidade nesse ponto? Se não puder, qual será o ponto de retorno? (b) Qual é o módulo e (c) qual a orientação da força experimentada pela partícula quando ela começa a se mover para a esquerda a partir do ponto $x = 4,0$ m? Suponha que a partícula seja liberada no mesmo ponto e com a mesma velocidade, mas o sentido da velocidade seja o sentido positivo de x. (d) Se a partícula puder chegar ao ponto $x = 7,0$ m, qual será sua velocidade nesse ponto? Se não puder, qual será o ponto de retorno? (e) Qual é o módulo e (f) qual a orientação da força experimentada pela partícula quando ela começa a se mover para a direita a partir do ponto $x = 5,0$ m?

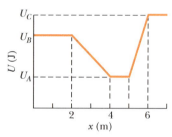

Figura 8.33 Problema 39.

40 M CALC A energia potencial de uma molécula diatômica (um sistema de dois átomos, como H_2 ou O_2) é dada por

$$U = \frac{A}{r^{12}} - \frac{B}{r^6},$$

em que r é a distância entre os átomos da molécula e A e B são constantes positivas. Essa energia potencial está associada à força de ligação entre os dois átomos. (a) Determine a *distância de equilíbrio*, ou seja, a distância entre os átomos para a qual a força a que os átomos estão submetidos é nula. A força é repulsiva ou atrativa se a distância é (b) menor e (c) maior que a distância de equilíbrio?

41 D CALC Uma única força conservativa $F(x)$ age sobre uma partícula de 1,0 kg que se move ao longo de um eixo x. A energia potencial $U(x)$ associada a $F(x)$ é dada por

$$U(x) = -4x\, e^{-x/4}\; J,$$

em que x está em metros. Em $x = 5,0$ m, a partícula possui uma energia cinética de 2,0 J. (a) Qual é a energia mecânica do sistema? (b) Faça um gráfico de $U(x)$ em função de x para $0 \leq x \leq 10$ m e plote, no mesmo gráfico, a reta que representa a energia mecânica do sistema. Use o gráfico do item (b) para determinar (c) o menor valor de x que a partícula pode atingir e (d) o maior valor de x que a partícula pode atingir. Use o gráfico do item (b) para determinar (e) a energia cinética máxima da partícula e (f) o valor de x para o qual a energia cinética atinge esse valor. (g) Escreva uma expressão para $F(x)$, em newtons, em função de x, em metros. (h) $F(x) = 0$ para que valor (finito) de x?

Módulo 8.4 Trabalho Realizado por uma Força Externa sobre um Sistema

42 F Um operário empurra um caixote de 27 kg, com velocidade constante, por 9,2 m, em um piso plano, com uma força orientada 32° abaixo da horizontal. Se o coeficiente de atrito cinético entre o bloco e o piso é 0,20, (a) qual é o trabalho realizado pelo operário e (b) qual é o aumento da energia térmica do sistema bloco-piso?

43 F Um collie arrasta a caixa de dormir em um piso, aplicando uma força horizontal de 8,0 N. O módulo da força de atrito cinético que age sobre a caixa é 5,0 N. Quando a caixa é arrastada por uma distância de 0,7 m, qual é (a) o trabalho realizado pela força do cão e (b) qual o aumento de energia térmica da caixa e do piso?

44 M Uma força horizontal de módulo 35,0 N empurra um bloco, de massa 4,00 kg, em um piso no qual o coeficiente de atrito cinético é 0,600. (a) Qual é o trabalho realizado pela força sobre o sistema bloco-piso se o bloco sofre um deslocamento de 3,00 m? (b) Durante o deslocamento, a energia térmica do bloco aumenta de 40,0 J. Qual é o aumento da energia térmica do piso? (c) Qual é o aumento da energia cinética do bloco?

45 M Uma corda é usada para puxar um bloco de 3,57 kg com velocidade constante, por 4,06 m, em um piso horizontal. A força que a corda exerce sobre o bloco é 7,68 N, 15,0° acima da horizontal. Qual é (a) o trabalho realizado pela força da corda, (b) qual o aumento na energia térmica do sistema bloco-piso e (c) qual o coeficiente de atrito cinético entre o bloco e o piso?

Módulo 8.5 Conservação da Energia

46 F Um jogador de beisebol arremessa uma bola com uma velocidade escalar inicial de 81,8 mi/h. Imediatamente antes de um outro jogador segurar a bola na mesma altura, a velocidade da bola é 110 pés/s. Qual foi a redução da energia mecânica do sistema bola-Terra, em pés-libras, produzida pela força de arrasto do ar? (A massa de uma bola de beisebol é de 9,0 onças.)

47 F Um disco de plástico de 75 g é arremessado de um ponto 1,1 m acima do solo, com uma velocidade escalar de 12 m/s. Quando o disco atinge uma altura de 2,1 m, sua velocidade é 10,5 m/s. Qual é a redução da E_{mec} do sistema disco-Terra produzida pela força de arrasto do ar?

48 F Na Fig. 8.34, um bloco desliza para baixo em um plano inclinado. Enquanto se move do ponto A para o ponto B, que estão separados por uma distância de 5,0 m, uma força $\vec{F}$, com módulo de 2,0 N e dirigida para baixo ao longo do plano inclinado, age sobre o bloco. O módulo da força de atrito que age sobre o bloco é 10 N. Se a energia cinética do bloco aumenta de 35 J entre A e B, qual é o trabalho realizado pela força gravitacional sobre o bloco enquanto ele se move de A até B?

Figura 8.34 Problemas 48 e 71.

49 F Um urso de 25 kg escorrega, a partir do repouso, 12 m para baixo em um tronco de pinheiro, movendo-se com uma velocidade de 5,6 m/s imediatamente antes de chegar ao chão. (a) Qual é a variação da energia potencial gravitacional do sistema urso-Terra durante o deslizamento? (b) Qual é a energia cinética do urso imediatamente antes de chegar ao chão? (c) Qual é a força de atrito média que age sobre o urso enquanto ele está escorregando?

50 F CVF Um esquiador de 60 kg deixa uma rampa de salto com uma velocidade de 24 m/s, fazendo um ângulo de 25° para cima com a horizontal. Devido à força de arrasto do ar, o esquiador toca a neve com uma velocidade de 22 m/s, em um ponto 14 m abaixo da extremidade da rampa. De quanto a energia mecânica do sistema esquiador-Terra foi reduzida pela força de arrasto do ar durante o salto?

51 F Durante uma avalanche, uma pedra de 520 kg desliza a partir do repouso, descendo a encosta de uma montanha que tem 500 m de comprimento e 300 m de altura. O coeficiente de atrito cinético entre a pedra e a encosta é 0,25. (a) Se a energia potencial gravitacional U do sistema rocha-Terra é nula na base da montanha, qual é o valor de U imediatamente antes de começar a avalanche? (b) Qual é energia transformada em energia térmica durante a avalanche? (c) Qual é a energia cinética da pedra ao chegar à base da montanha? (d) Qual é a velocidade da pedra nesse instante?

52 M Um biscoito de mentira, deslizando em uma superfície horizontal, está preso a uma das extremidades de uma mola horizontal de constante elástica $k = 400$ N/m; a outra extremidade da mola está fixa. O biscoito possui uma energia cinética de 20,0 J ao passar pela posição de equilíbrio da mola. Enquanto o biscoito desliza, uma força de atrito de módulo 10,0 N age sobre ele. (a) Que distância o biscoito desliza a partir da posição de equilíbrio antes de parar momentaneamente? (b) Qual é a energia cinética do biscoito quando ele passa de volta pela posição de equilíbrio?

53 M Na Fig. 8.35, um bloco de 3,5 kg é acelerado a partir do repouso por uma mola comprimida, de constante elástica 640 N/m. O bloco deixa a mola quando esta atinge seu comprimento relaxado e se desloca em um piso horizontal com um coeficiente de atrito cinético $\mu_k = 0,25$. A força de atrito faz com que o bloco pare depois de percorrer uma distância $D = 7,8$ m. Determine (a) o aumento da energia térmica do sistema bloco-piso, (b) a energia cinética máxima do bloco e (c) o comprimento da mola quando estava comprimida.

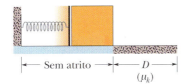

Figura 8.35 Problema 53.

54 M Uma criança que pesa 267 N desce em um escorrega de 6,1 m que faz um ângulo de 20° com a horizontal. O coeficiente de atrito cinético entre o escorrega e a criança é 0,10. (a) Qual é a energia transformada em energia térmica? (b) Se a criança começa a descida no alto do escorrega com uma velocidade de 0,457 m/s, qual é sua velocidade ao chegar ao chão?

55 M Na Fig. 8.36, um bloco de massa $m = 2,5$ kg desliza de encontro a uma mola de constante elástica $k = 320$ N/m. O bloco para após comprimir a mola 7,5 cm. O coeficiente de atrito cinético entre o bloco e o piso é 0,25. Para o intervalo em que o bloco está em contato com a mola e sendo levado ao repouso, determine (a) o trabalho total realizado pela mola e (b) o aumento da energia térmica do sistema bloco-piso. (c) Qual é a velocidade do bloco imediatamente antes de se chocar com a mola?

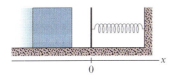

Figura 8.36 Problema 55.

56 M Você empurra um bloco de 2,0 kg contra uma mola horizontal, comprimindo-a 15 cm. Em seguida, você solta o bloco, e a mola o faz deslizar em uma mesa. O bloco para depois de percorrer 75 cm a partir do ponto em que foi solto. A constante elástica da mola é 200 N/m. Qual é o coeficiente de atrito cinético entre o bloco e a mesa?

57 M Na Fig. 8.37, um bloco desliza ao longo de uma pista, de um nível para outro mais elevado, passando por um vale intermediário. A pista não possui atrito até o bloco atingir o nível mais alto, onde uma força de atrito faz com que o bloco fique em repouso depois de percorrer uma distância d. A velocidade inicial v_0 do bloco é 6,0 m/s, a diferença de altura h é 1,1 m e μ_k é 0,60. Determine o valor de d.

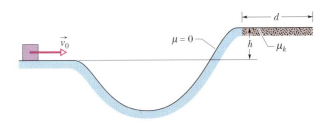

Figura 8.37 Problema 57.

58 M Um pote de biscoitos está subindo um plano inclinado de 40°. Em um ponto a 55 cm de distância da base do plano inclinado (ao longo do plano), o pote possui uma velocidade de 1,4 m/s. O coeficiente de atrito cinético entre o pote e o plano inclinado é 0,15. (a) Qual é a distância adicional percorrida pelo pote até parar momentaneamente antes de começar a descer? (b) Qual é a velocidade do bloco ao chegar novamente à base do plano inclinado? (c) As respostas dos itens (a) e (b) aumentam, diminuem ou permanecem as mesmas quando o coeficiente de atrito cinético é reduzido (sem alterar a velocidade e a posição do pote)?

59 M Uma pedra que pesa 5,29 N é lançada verticalmente, a partir do nível do solo, com uma velocidade inicial de 20,0 m/s e o arrasto do ar sobre ela é de 0,265 N durante todo o percurso. Determine (a) a altura máxima alcançada pela pedra e (b) a velocidade da pedra imediatamente antes de se chocar com o solo.

60 M Um pacote de 4,0 kg começa a subir um plano inclinado de 30° com uma energia cinética de 128 J. Que distância o pacote percorre antes de parar se o coeficiente de atrito cinético entre o pacote e o plano é 0,30?

61 M BIO CVF Quando um besouro salta-martim está deitado de costas, ele pode pular encurvando bruscamente o corpo, o que converte em energia mecânica a energia armazenada em um músculo, produzindo um estalo audível. O videoteipe de um desses pulos mostra que um besouro de massa $m = 4,0 \times 10^{-6}$ kg se desloca 0,77 mm na vertical durante um salto e consegue atingir uma altura máxima $h = 0,30$ m. Qual é o valor médio, durante o salto, (a) do módulo da força externa exercida pelo piso sobre as costas do besouro e (b) do módulo da aceleração do besouro em unidades de g?

62 D Na Fig. 8.38, um bloco desliza em uma pista sem atrito até chegar a um trecho de comprimento $L = 0,75$ m, que começa a uma altura $h = 2,0$ m em uma rampa de ângulo $\theta = 30°$. Nesse trecho, o coeficiente de atrito cinético é 0,40. O bloco passa pelo ponto A com uma velocidade

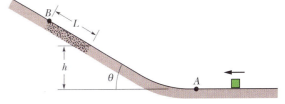

Figura 8.38 Problema 62.

de 8,0 m/s. Se o bloco pode chegar ao ponto B (onde o atrito acaba), qual é sua velocidade neste ponto? Se não pode, qual é a maior altura que ele atinge acima de A?

63 D O cabo do elevador de 1.800 kg da Fig. 8.39 se rompe quando o elevador está parado no primeiro andar, com o piso a uma distância $d = 3{,}7$ m acima de uma mola de constante elástica $k = 0{,}15$ MN/m. Um dispositivo de segurança prende o elevador aos trilhos laterais, de modo que uma força de atrito constante, de 4,4 kN, passa a se opor ao movimento. (a) Determine a velocidade do elevador no momento em que ele se choca com a mola. (b) Determine a máxima redução x do comprimento da mola (a força de atrito continua a agir enquanto a mola está sendo comprimida). (c) Determine a distância que o elevador sobe de volta no poço. (d) Usando a lei de conservação da energia, determine a distância total aproximada que o elevador percorre até parar. (Suponha que a força de atrito sobre o elevador é desprezível quando o elevador está parado.)

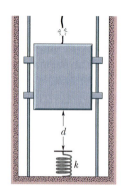

Figura 8.39 Problema 63.

64 D Na Fig. 8.40, um bloco é liberado, a partir do repouso, a uma altura $d = 40$ cm, desce uma rampa sem atrito e chega a um primeiro trecho plano, de comprimento d, em que o coeficiente de atrito cinético é 0,50. Se o bloco ainda está se movendo, desce uma segunda rampa sem atrito, de altura $d/2$, e chega a um segundo trecho plano, em que o coeficiente de atrito cinético também é 0,50. Se o bloco ainda está se movendo, ele sobe uma rampa sem atrito até parar (momentaneamente). Onde o bloco para? Se a parada final é em um trecho plano, diga em qual deles e calcule a distância L que o bloco percorre a partir da extremidade esquerda desse platô. Se o bloco alcança a rampa, calcule a altura H acima do trecho plano mais baixo onde o bloco para momentaneamente.

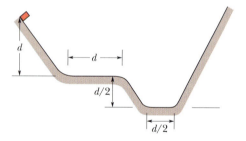

Figura 8.40 Problema 64.

65 D Uma partícula pode deslizar em uma pista com extremidades elevadas e uma parte central plana, como mostra a Fig. 8.41. A parte plana tem comprimento $L = 40$ cm. Os trechos curvos da pista não possuem atrito, mas na parte plana o coeficiente de atrito cinético é $\mu_k = 0{,}20$. A partícula é liberada a partir do repouso no ponto A, que está a uma altura $L/2$. A que distância da extremidade esquerda da parte plana a partícula finalmente para?

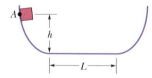

Figura 8.41 Problema 65.

Problemas Adicionais

66 Uma preguiça, de 3,2 kg, está pendurada em uma árvore, 3,0 m acima do solo. (a) Qual é a energia potencial gravitacional do sistema preguiça-Terra, se tomamos o ponto de referência $y = 0$ como o nível do solo? Se a preguiça cai da árvore e o arrasto do ar é desprezível, determine (b) a energia cinética e (c) a velocidade da preguiça no momento em que o animal chega ao solo.

67 Uma mola ($k = 200$ N/m) está presa no alto de um plano inclinado, sem atrito, de ângulo $\theta = 40°$ (Fig. 8.42). Um bloco de 1,0 kg é lançado para cima ao longo do plano, de uma posição inicial que está a uma distância $d = 0{,}60$ m da extremidade da mola relaxada, com uma energia cinética inicial de 16 J. (a) Qual é a energia cinética do bloco no instante em que ele comprime a mola 0,20 m? (b) Com que energia cinética o bloco deve ser lançado ao longo do plano para ficar momentaneamente parado depois de comprimir a mola 0,40 m?

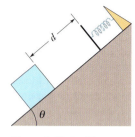

Figura 8.42 Problema 67.

68 Um projétil de 0,55 kg é lançado da borda de um penhasco com uma energia cinética inicial de 1.550 J. A maior distância vertical que o projétil atinge acima do ponto de lançamento é 140 m. Qual é a componente (a) horizontal e (b) vertical da velocidade de lançamento? (c) No instante em que a componente vertical da velocidade é 65 m/s, qual é o deslocamento vertical em relação ao ponto de lançamento?

69 Na Fig. 8.43, a polia tem massa desprezível, e tanto ela como o plano inclinado não possuem atrito. O bloco A tem massa de 1,0 kg, o bloco B tem massa de 2,0 kg e o ângulo θ é de 30°. Se os blocos são liberados a partir do repouso com a corda esticada, qual é a energia cinética total após o bloco B ter descido 25 cm?

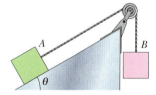

Figura 8.43 Problema 69.

70 Na Fig. 8.21, a corda tem um comprimento $L = 120$ cm e possui uma bola presa em uma das extremidades, enquanto a outra está fixa. Existe um pino no ponto P. Liberada a partir do repouso, a bola desce até a corda tocar o pino; em seguida, a bola sobe e começa a girar em torno do pino. Qual é o menor valor da distância d para que a bola dê uma volta completa em torno do pino? (*Sugestão*: A bola deve ainda estar se movendo no ponto mais alto da volta. Você sabe por quê?)

71 Na Fig. 8.34, um bloco é lançado para baixo, em uma rampa sem atrito, com uma velocidade inicial diferente de zero. A velocidade do bloco nos pontos A e B é 2,00 m/s e 2,60 m/s, respectivamente. Em seguida, é novamente lançado para baixo, mas dessa vez a velocidade no ponto A é 4,00 m/s. Qual é então a velocidade do bloco no ponto B?

72 Dois picos nevados estão $H = 850$ m e $h = 750$ m acima do vale que os separa. Uma pista de esqui, com um comprimento total de 3,2 km e uma inclinação média $\theta = 30°$, liga os dois picos (Fig. 8.44). (a) Um esquiador parte do repouso no cume do monte mais alto. Com que velocidade chega ao cume do monte mais baixo se não usar os bastões para dar impulso? Ignore o atrito. (b) Qual é o valor aproximado do coeficiente de atrito cinético entre a neve e os esquis para que o esquiador pare exatamente no cume do monte mais baixo?

Figura 8.44 Problema 72.

73 A temperatura de um cubo de plástico é medida enquanto o cubo é empurrado 3,0 m em um piso, com velocidade constante, por uma força horizontal de 15 N. As medidas revelam que a energia térmica do cubo aumentou 20 J. Qual foi o aumento da energia térmica do piso ao longo do qual o cubo deslizou?

74 Uma esquiadora que pesa 600 N passa pelo alto de um morro circular, sem atrito, de raio $R = 20$ m (Fig. 8.45). Suponha que os efeitos da resistência do ar são desprezíveis. Na subida, a esquiadora passa pelo ponto B, em que o ângulo é $\theta = 20°$, com uma velocidade de 8,0 m/s. (a) Qual é a velocidade da esquiadora no alto do morro (ponto A) se ela esquia sem usar os bastões? (b) Qual a menor velocidade que a esquiadora deve ter em B para conseguir chegar ao alto do monte? (c) As respostas dos itens anteriores serão maiores, menores ou iguais, se o peso da esquiadora for 700 N em vez de 600 N?

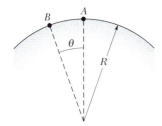

Figura 8.45 Problema 74.

75 Para formar um pêndulo, uma bola de 0,092 kg é presa em uma das extremidades de uma haste de 0,62 m de comprimento e massa desprezível; a outra extremidade da haste é montada em um eixo. A haste é levantada até a bola ficar verticalmente acima do eixo, e então liberada a partir do repouso. Quando a bola atinge o ponto mais baixo, (a) qual é a velocidade da bola e (b) qual a tração da haste? Em seguida, a haste é colocada na horizontal e liberada a partir do repouso. (c) Para que ângulo em relação à vertical a tração da haste é igual ao peso da bola? (d) Se a massa da bola aumenta, a resposta do item (c) aumenta, diminui ou permanece a mesma?

76 Uma partícula se desloca ao longo de um eixo x, primeiro para fora, do ponto $x = 1,0$ m até o ponto $x = 4,0$ m, e depois para dentro, de volta ao ponto $x = 1,0$ m, enquanto uma força externa age sobre a partícula. A força é paralela ao eixo x e pode ter valores diferentes no caso de deslocamentos para fora e para dentro. A tabela a seguir mostra os valores (em newtons) em quatro situações, com x em metros:

	Para fora	Para dentro
(a)	+3,0	−3,0
(b)	+5,0	+5,0
(c)	+2,0x	−2,0x
(d)	+3,0x^2	+3,0x^2

Determine o trabalho total realizado sobre a partícula pela força externa *durante a viagem de ida e volta* nas quatro situações. (e) Em que situações a força externa é conservativa?

77 **CALC** Uma força conservativa $F(x)$ age sobre uma partícula de 2,0 kg que se move ao longo de um eixo x. A energia potencial $U(x)$ associada a $F(x)$ está plotada na Fig. 8.46. Quando a partícula está em $x = 2,0$ m, a velocidade é $−1,5$ m/s. Qual é (a) o módulo e (b) qual o sentido de $F(x)$ nessa posição? Entre que posições (c) à esquerda e (d) à direita a partícula se move? (e) Qual é a velocidade da partícula em $x = 7,0$ m?

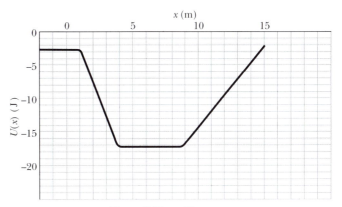

Figura 8.46 Problema 77.

78 Em uma fábrica, caixotes de 300 kg são deixados cair verticalmente de uma máquina de empacotamento em uma esteira transportadora que se move a 1,20 m/s (Fig. 8.47). (A velocidade da esteira é mantida constante por um motor.) O coeficiente de atrito cinético entre a esteira e cada caixote é 0,400. Após um pequeno intervalo de tempo, deixa de haver deslizamento entre a esteira e o caixote, que passa a se mover com a mesma velocidade que a esteira. Para o intervalo de tempo no qual o caixote está deslizando sobre a esteira, calcule, tomando como referência um sistema de coordenadas em repouso em relação à fábrica, (a) a energia cinética total fornecida ao caixote, (b) o módulo da força de atrito cinético que age sobre o caixote e (c) a energia total fornecida pelo motor. (d) Explique por que as respostas dos itens (a) e (c) são diferentes.

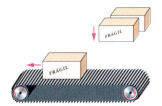

Figura 8.47 Problema 78.

79 Um carro de 1.500 kg começa a descer, a 30 km/h, uma ladeira com inclinação de 5,0°. O motor do carro está desligado e as únicas forças presentes são a força de atrito exercida pela estrada e a força gravitacional. Após o veículo ter se deslocado 50 m, a velocidade é 40 km/h. (a) De quanto a energia mecânica do carro foi reduzida pela força de atrito? (b) Qual é o módulo da força de atrito?

80 Na Fig. 8.48, um bloco de granito de 1.400 kg é puxado para cima por um cabo, em um plano inclinado, com velocidade constante de 1,34 m/s. As distâncias indicadas são $d_1 = 40$ m e $d_2 = 30$ m. O coeficiente de atrito cinético entre o bloco e o plano inclinado é 0,40. Qual é a potência desenvolvida pela força aplicada pelo cabo?

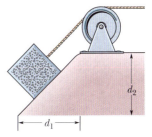

Figura 8.48 Problema 80.

81 Uma partícula pode se mover apenas ao longo de um eixo x, sob a ação de forças conservativas (Fig. 8.49 e tabela). A partícula é liberada em $x = 5,00$ m com uma energia cinética $K = 14,0$ J e uma energia potencial $U = 0$. Se a partícula se move no sentido negativo do eixo x, qual é o valor (a) de K e (b) de U em $x = 2,00$ m e qual o valor (c) de K e (d) de U em $x = 0$? Se a partícula se move no sentido positivo do eixo x, qual é o valor (e) de K e (f) de U em $x = 11,0$ m, qual o valor (g) de K

e (h) de U em $x = 12,0$ m e qual o valor (i) de K e (j) de U em $x = 13,0$ m? (k) Plote $U(x)$ em função de x para o intervalo de $x = 0$ a $x = 13,0$ m.

Figura 8.49 Problemas 81 e 82.

A partícula é liberada a partir do repouso em $x = 0$. Qual é (l) a energia cinética em $x = 5,0$ m e (m) qual o valor máximo de x, $x_{máx}$, atingido pela partícula? (n) O que acontece com a partícula após atingir $x_{máx}$?

Intervalo	Força
0 a 2,00 m	$\vec{F}_1 = +(3,00 \text{ N})\hat{i}$
2,00 a 3,00 m	$\vec{F}_2 = +(5,00 \text{ N})\hat{i}$
3,00 a 8,00 m	$F = 0$
8,00 a 11,0 m	$\vec{F}_3 = -(4,00 \text{ N})\hat{i}$
11,0 a 12,0 m	$\vec{F}_4 = -(1,00 \text{ N})\hat{i}$
12,0 a 15,0 m	$F = 0$

82 Com o arranjo de forças do Problema 81, uma partícula de 2,00 kg é liberada em $x = 5,00$ m, com uma velocidade de 3,45 m/s, no sentido negativo do eixo x. (a) Se a partícula pode chegar ao ponto $x = 0$ m, qual é a velocidade da partícula nesse ponto? Se não pode, qual é o ponto de retorno? Suponha que a partícula se move no sentido positivo de x quando é liberada em $x = 5,00$ m com velocidade de 3,45 m/s. (b) Se a partícula pode chegar ao ponto $x = 13,0$ m, qual é a velocidade da partícula nesse ponto? Se não pode, qual é o ponto de retorno?

83 Um bloco de 15 kg sofre uma aceleração de 2,0 m/s² em uma superfície horizontal sem atrito que faz sua velocidade aumentar de 10 m/s para 30 m/s. Qual é (a) a variação da energia mecânica do bloco e (b) qual a taxa média com que a energia é transferida para o bloco? Qual é a taxa instantânea de transferência de energia quando a velocidade do bloco é (c) 10 m/s e (d) 30 m/s?

84 **CALC** Suponha que uma mola *não obedece* à lei de Hooke. A força (em newtons) que a mola exerce quando está alongada de um comprimento x (em metros) tem módulo de $52,8x + 38,4x^2$ e o sentido oposto ao da força responsável pelo alongamento. (a) Calcule o trabalho necessário para alongar a mola de $x = 0,500$ m para $x = 1,00$ m. (b) Com uma extremidade da mola fixa, uma partícula de massa 2,17 kg é presa à outra extremidade quando a mola está alongada de $x = 1,00$ m. Se a partícula é liberada a partir do repouso, qual é a velocidade da partícula no instante em que o alongamento da mola é $x = 0,500$ m? (c) A força exercida pela mola é conservativa ou não conservativa? Justifique sua resposta.

85 A cada segundo, 1.200 m³ de água passam por uma queda d'água de 100 m de altura. Três quartos da energia cinética que foi ganha pela água ao cair são transformados em energia elétrica por um gerador hidrelétrico. A que taxa o gerador produz energia elétrica? (A massa de 1 m³ de água é 1.000 kg.)

86 Na Fig. 8.50, um pequeno bloco parte do ponto A com velocidade de 7,0 m/s. O percurso é sem atrito até o trecho de comprimento $L = 12$ m, em que o coeficiente de atrito cinético é 0,70. As alturas indicadas são $h_1 = 6,0$ m e $h_2 = 2,0$ m. Qual é a velocidade do bloco (a) no ponto B e (b) no ponto C? (c) O bloco atinge o ponto D? Caso a resposta seja afirmativa, determine a velocidade do bloco nesse ponto; caso a resposta seja negativa, calcule a distância que o bloco percorre na parte com atrito.

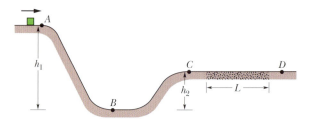

Figura 8.50 Problema 86.

87 Uma haste rígida de massa desprezível e comprimento L possui uma bola de massa m presa a uma das extremidades (Fig. 8.51). A outra extremidade está presa a um eixo de tal forma que a bola pode se mover em uma circunferência vertical. Primeiro, suponha que não existe atrito no eixo. A bola é lançada para baixo a partir da posição horizontal A, com velocidade v_0, e para exatamente no ponto D. (a) Escreva uma expressão para v_0 em função de L, m e g. (b) Qual é a tração da haste quando a bola passa pelo ponto B? (c) Coloca-se um pouco de areia no eixo para aumentar o atrito. Depois disso, a bola chega apenas ao ponto C quando é lançada a partir de A com a mesma velocidade de antes. Qual é o decréscimo de energia mecânica durante o movimento? (d) Qual é o decréscimo de energia mecânica quando a bola finalmente entra em repouso no ponto B após várias oscilações?

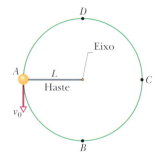

Figura 8.51 Problema 87.

88 Uma bola de aniversário, cheia d'água, com uma massa de 1,50 kg, é lançada verticalmente para cima com uma velocidade inicial de 3,00 m/s. (a) Qual é a energia cinética da bola no momento em que é lançada? (b) Qual é o trabalho realizado pela força gravitacional sobre a bola durante a subida? (c) Qual é a variação da energia potencial gravitacional do sistema bola-Terra durante a subida? (d) Se a energia potencial gravitacional é tomada como nula no ponto de lançamento, qual é seu valor quando a bola chega à altura máxima? (e) Se a energia potencial gravitacional é considerada nula na altura máxima, qual é seu valor no ponto do lançamento? (f) Qual é a altura máxima?

89 Uma lata de refrigerante de 2,50 kg é lançada verticalmente para baixo de uma altura de 4,00 m, com uma velocidade inicial de 3,00 m/s. O efeito do ar sobre a lata é desprezível. (a) Qual é a energia cinética da lata quando ela chega ao solo no final da queda e (b) quando se encontra a meio caminho do solo? (c) Qual é a energia cinética da lata e (d) qual é a energia potencial gravitacional do sistema lata-Terra 0,200 s antes de a lata chegar ao solo? Tome o ponto de referência $y = 0$ como o solo.

90 Uma força horizontal constante faz um baú de 50 kg subir 6,0 m em um plano inclinado de 30° com velocidade constante. O coeficiente de atrito cinético entre o baú e o plano inclinado é 0,20. (a) Qual é o trabalho realizado pela força e (b) qual é o aumento da energia térmica do baú e do plano inclinado?

91 Dois blocos, de massas $M = 2,0$ kg e $2M$, estão presos a uma mola de constante elástica $k = 200$ N/m que tem uma das extremidades fixa, como mostra a Fig. 8.52. A superfície horizontal e a polia não possuem atrito e a polia tem massa desprezível. Os blocos são liberados, a partir do repouso, com a mola na posição

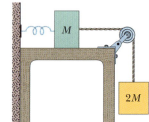

Figura 8.52 Problema 91.

relaxada. (a) Qual é a energia cinética total dos dois blocos após o bloco que está pendurado ter descido 0,090 m? (b) Qual é a energia cinética do bloco que está pendurado depois de descer 0,090 m? (c) Qual é a distância que o bloco pendurado percorre antes de parar momentaneamente pela primeira vez?

92 Uma nuvem de cinzas vulcânicas está se movendo horizontalmente em solo plano quando encontra uma encosta com uma inclinação de 10°. A nuvem sobe 920 m antes de parar. Suponha que os gases aprisionados fazem as cinzas flutuarem, tornando assim desprezível a força de atrito exercida pelo solo; suponha também que a energia mecânica da nuvem é conservada. Qual era a velocidade inicial da nuvem?

93 Um escorrega de parquinho tem a forma de um arco de circunferência com 12 m de raio. A altura do escorrega é $h = 4,0$ m e o chão é tangente à circunferência (Fig. 8.53). Uma criança de 25 kg escorrega do alto do brinquedo, a partir do repouso, e ao chegar ao chão está com uma velocidade de 6,2 m/s. (a) Qual é o comprimento do escorrega? (b) Qual é a força de atrito média que age sobre a criança? Se, em vez do solo, uma reta vertical passando pelo *alto do escorrega* é tangente à circunferência, qual é (c) o comprimento do escorrega e (d) qual a força de atrito média que age sobre a criança?

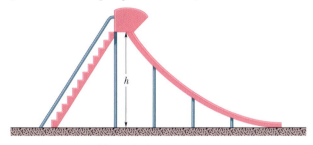

Figura 8.53 Problema 93.

94 O transatlântico de luxo *Queen Elizabeth 2* possui uma central elétrica a diesel com uma potência máxima de 92 MW a uma velocidade de cruzeiro de 32,5 nós. Que força propulsora é exercida sobre o navio a essa velocidade? (1 nó = 1,852 km/h.)

95 Um operário de uma fábrica deixa cair acidentalmente um caixote de 180 kg que estava sendo mantido em repouso no alto de uma rampa de 3,7 m de comprimento inclinada 39° em relação à horizontal. O coeficiente de atrito cinético entre o caixote e a rampa e entre o caixote e o piso horizontal da fábrica é 0,28. (a) Qual é a velocidade do caixote ao chegar ao final da rampa? (b) Que distância adicional o caixote percorre no piso? (Suponha que a energia cinética do caixote não se altera com a passagem da rampa para o piso.) (c) As respostas dos itens (a) e (b) aumentam, diminuem ou permanecem as mesmas, se a massa do caixote é reduzida à metade?

96 Se um jogador de beisebol, de 70 kg, chega a uma base depois de escorregar pelo chão com uma velocidade inicial de 10 m/s, (a) qual é o decréscimo da energia cinética do jogador e (b) qual é o aumento da energia térmica do corpo do jogador e do chão no qual ele escorrega?

97 Uma banana de 0,50 kg é arremessada verticalmente para cima com uma velocidade inicial de 4,0 m/s e alcança uma altura máxima de 0,80 m. Qual é a variação da energia mecânica do sistema banana-Terra causada pela força de arrasto do ar durante a subida?

98 Uma ferramenta de metal é pressionada contra uma pedra de amolar giratória por uma força de 180 N para ser amolada. As forças de atrito entre a pedra de amolar e a ferramenta removem pequenos fragmentos da ferramenta. A pedra de amolar tem raio de 20,0 cm e gira a 2,50 revoluções/s. O coeficiente de atrito cinético entre a pedra de amolar e a ferramenta é 0,320. A que taxa a energia está sendo transferida do motor, que faz a pedra girar, para a energia térmica da pedra, e da ferramenta e para a energia cinética dos fragmentos removidos da ferramenta?

99 BIO Um nadador se desloca na água a uma velocidade média de 0,22 m/s. A força de arrasto média é 110 N. Que potência média o nadador está desenvolvendo?

100 Um automóvel com passageiros pesa 16.400 N e está se movendo a 113 km/h quando o motorista pisa bruscamente no freio, bloqueando as rodas. A força de atrito exercida pela estrada sobre as rodas tem módulo de 8.230 N. Determine a distância que o automóvel percorre até parar.

101 Uma bola de 0,63 kg, atirada verticalmente para cima com velocidade inicial de 14 m/s, atinge uma altura máxima de 8,1 m. Qual é a variação da energia mecânica do sistema bola-Terra durante a subida da bola até a altura máxima?

102 BIO O cume do Monte Everest está 8.850 acima do nível do mar. (a) Qual seria a energia gasta por um alpinista de 90 kg para escalar o Monte Everest a partir do nível do mar, se a única força que tivesse que vencer fosse a força gravitacional? (b) Quantas barras de chocolate, a 1,25 MJ por barra, supririam essa energia? A resposta mostra que o trabalho usado para vencer a força gravitacional é uma fração muito pequena da energia necessária para escalar uma montanha.

103 BIO Um velocista que pesa 670 N corre os primeiros 7,0 m de uma prova em 1,6 s, partindo do repouso e acelerando uniformemente. Qual é (a) a velocidade e (b) qual é a energia cinética do velocista ao final dos 1,6 s? (c) Qual é a potência média desenvolvida pelo velocista durante o intervalo de 1,6 s?

104 CALC Um objeto de 20 kg sofre a ação de uma força conservativa dada por $F = -3,0x - 5,0x^2$, com F em newtons e x em metros. Tome a energia potencial associada a essa força como nula quando o objeto está em $x = 0$. (a) Qual é a energia potencial associada à força quando o objeto está em $x = 2,0$ m? (b) Se o objeto possui uma velocidade de 4,0 m/s no sentido negativo do eixo x quando está em $x = 5,0$ m, qual é a velocidade do objeto ao passar pela origem? (c) Quais são as respostas dos itens (a) e (b) se a energia potencial do sistema é tomada como -8,0 J quando o objeto está em $x = 0$?

105 Uma máquina puxa um tronco de árvore, com velocidade constante, 2,0 m para cima em uma rampa de 40°, com a força da máquina paralela à rampa. O coeficiente de atrito cinético entre o tronco e a rampa é 0,40. (a) Qual é o trabalho realizado sobre o tronco pela força da máquina e (b) qual é o aumento da energia térmica do tronco e da rampa?

106 A mola de uma espingarda de brinquedo tem uma constante elástica de 700 N/m. Para atirar uma bola, a mola é comprimida e a bola é introduzida no cano da espingarda. O gatilho libera a mola, que empurra a bola. A bola perde contato com a mola exatamente ao sair do cano. Quando a espingarda é inclinada para cima, de um ângulo de 30° com a horizontal, a bola de 57 g atinge uma altura máxima de 1,83 m acima da ponta do cano. Suponha que o efeito do ar sobre a bola é desprezível. (a) A que velocidade a mola lança a bola? (b) Supondo que o atrito da bola dentro do cano da pistola é desprezível, determine a compressão inicial da mola.

107 A única força que age sobre uma partícula é a força conservativa $\vec{F}$. Se a partícula está no ponto A, a energia potencial do sistema associada a $\vec{F}$ e à partícula é 40 J. Se a partícula se desloca do ponto A para o ponto B, o trabalho realizado por $\vec{F}$ sobre a partícula é +25 J. Qual é a energia potencial do sistema com a partícula no ponto B?

108 BIO Em 1981, Daniel Goodwin escalou 443 m pela *fachada* do Edifício Sears, em Chicago, com o auxílio de ventosas e grampos de metal. (a) Estime a massa do alpinista e calcule a energia biomecânica (interna) transferida para a energia potencial gravitacional do sistema Goodwin-Terra durante a escalada. (b) Que energia seria preciso transferir se ele tivesse subido até a mesma altura pelo interior do prédio, usando as escadas?

216   CAPÍTULO 8

109 Uma artista de circo de 60,0 kg escorrega 4,00 m a partir do repouso, descendo do alto de um poste até o chão. Qual é a energia cinética da artista ao chegar ao chão se a força de atrito que o poste exerce sobre ela (a) é desprezível (ela irá se machucar) e (b) tem um módulo de 500 N?

110 Um bloco de 5,0 kg é lançado para cima em um plano inclinado de 30° com velocidade de 5,0 m/s. Que distância o bloco percorre (a) se o plano não possui atrito e (b) se o coeficiente de atrito cinético entre o bloco e o plano é 0,40? (c) No segundo caso, qual é o aumento da energia térmica do bloco e do plano durante a subida do bloco? (d) Se o bloco desce de volta submetido à força de atrito, qual é a velocidade do bloco ao chegar ao ponto de onde foi lançado?

111 Um projétil de 9,40 kg é lançado verticalmente para cima. O arrasto do ar diminui a energia mecânica do sistema projétil-Terra de 68,0 kJ durante a subida do projétil. Que altura a mais o projétil teria alcançado se o arrasto do ar fosse desprezível?

112 Um homem de 70,0 kg pula de uma janela e cai em uma rede de salvamento dos bombeiros, 11,0 m abaixo da janela. Ele para momentaneamente, após a rede ter esticado 1,50 m. Supondo que a energia mecânica é conservada durante o processo e que a rede se comporta como uma mola ideal, determine a energia potencial elástica da rede quando está esticada 1,50 m.

113 Uma bala de revólver de 30 g, movendo-se com uma velocidade horizontal de 500 m/s, penetra 12 cm em uma parede antes de parar. (a) Qual é a variação da energia mecânica da bala? (b) Qual é a força média exercida pela parede para fazer a bala parar?

114 Um carro de 1.500 kg parte do repouso em uma estrada horizontal e adquire uma velocidade de 72 km/h em 30 s. (a) Qual é a energia cinética do carro no fim dos 30 s? (b) Qual é a potência média desenvolvida pelo carro durante o intervalo de 30 s? (c) Qual é a potência instantânea no fim do intervalo de 30 s, supondo que a aceleração seja constante?

115 Uma bola de neve de 1,5 kg é atirada para cima em um ângulo de 34,0° com a horizontal e com uma velocidade inicial de 20,0 m/s. (a) Qual é a energia cinética inicial da bola? (b) De quanto varia a energia potencial gravitacional do sistema bola-Terra quando a bola se move do ponto de lançamento até o ponto de altura máxima? (c) Qual é a altura máxima?

116 **CALC** Um paraquedista de 68 kg cai com uma velocidade terminal constante de 59 m/s. (a) A que taxa a energia potencial gravitacional do sistema Terra-paraquedista está sendo reduzida? (b) A que taxa a energia mecânica do sistema está sendo reduzida?

117 Um bloco de 20 kg em uma superfície horizontal está preso a uma mola horizontal de constante elástica $k = 4,0$ kN/m. O bloco é puxado para a direita até a mola ficar alongada 10 cm em relação ao comprimento no estado relaxado, e então liberado a partir do repouso. A força de atrito entre o bloco em movimento e a superfície tem um módulo de 80 N. (a) Qual é a energia cinética do bloco após ter se movido 2,0 cm em relação ao ponto em que foi liberado? (b) Qual é a energia cinética do bloco no instante em que volta pela primeira vez ao ponto no qual a mola está relaxada? (c) Qual é a máxima energia cinética atingida pelo bloco enquanto desliza do ponto em que foi liberado até o ponto em que a mola está relaxada?

118 A resistência ao movimento de um automóvel é constituída pelo atrito da estrada, que é quase independente da velocidade, e o arrasto do ar, que é proporcional ao quadrado da velocidade. Para um carro com um peso de 12.000 N, a força de resistência total F é dada por $F = 300 + 1,8v^2$, com F em newtons e v em metros por segundo. Calcule a potência (em horsepower) necessária para acelerar o carro a 0,92 m/s² quando a velocidade é 80 km/h.

119 Uma bola de 50 g é lançada de uma janela com uma velocidade inicial de 8,0 m/s e um ângulo de 30° acima da horizontal. Usando a lei de conservação da energia, determine (a) a energia cinética da bola no ponto mais alto da trajetória e (b) a velocidade da bola quando está 3,0 m abaixo da janela. A resposta do item (b) depende (c) da massa da bola ou (d) do ângulo de lançamento?

120 Uma mola com uma constante elástica de 3.200 N/m é alongada até que a energia potencial elástica seja 1,44 J. ($U = 0$ para a mola relaxada.) Quanto é ΔU se o alongamento muda para (a) um alongamento de 2,0 cm, (b) uma compressão de 2,0 cm e (c) uma compressão de 4,0 cm?

121 **CALC** Uma locomotiva com uma potência de 1,5 MW pode acelerar um trem de uma velocidade de 10 m/s para 25 m/s em 6,0 min. (a) Calcule a massa do trem. Determine, em função do tempo (em segundos), (b) a velocidade do trem e (c) a força que acelera o trem durante o intervalo de 6,0 min. (d) Determine a distância percorrida pelo trem durante esse intervalo.

122 Um disco de shuffleboard de 0,42 kg está em repouso quando um jogador usa um taco para imprimir ao disco uma velocidade de 4,2 m/s com aceleração constante. A aceleração ocorre em uma distância de 2,0 m, ao fim da qual o taco perde contato com o disco. O disco desliza uma distância adicional de 12 m antes de parar. Suponha que a pista de shuffleboard é plana e que a força de atrito sobre o disco é constante. Qual é o aumento da energia térmica do sistema disco-pista (a) para a distância adicional de 12 m e (b) para a distância total de 14 m? (c) Qual é o trabalho realizado pelo taco sobre o disco?

123 Uma corredeira em um rio envolve uma descida de 15 m. A velocidade da água é 3,2 m/s no início da corredeira e 13 m/s no fim. Que porcentagem da energia potencial gravitacional do sistema água-Terra é transferida para energia cinética durante a descida da água? (*Sugestão*: Considere a descida de, por exemplo, 10 kg de água.)

124 **CALC** O módulo da força gravitacional entre uma partícula de massa m_1 e uma partícula de massa m_2 é dado por

$$F(x) = G\,\frac{m_1m_2}{x^2},$$

em que G é uma constante e x é a distância entre as partículas. (a) Qual é a função energia potencial $U(x)$? Suponha que $U(x) \to 0$ quando $x \to \infty$ e que x é positivo. (b) Qual é o trabalho necessário para aumentar a distância entre as partículas de $x = x_1$ para $x = x_1 + d$?

125 Aproximadamente $5,5 \times 10^6$ kg de água caem das Cataratas do Niágara por segundo. (a) Qual é o decréscimo da energia potencial gravitacional do sistema água-Terra por segundo? (b) Se toda essa energia pudesse ser convertida em energia elétrica (o que não é possível), a que taxa a energia elétrica seria produzida? (A massa de 1 m³ de água é 1.000 kg.) (c) Se a energia elétrica fosse vendida a 1 centavo de dólar/kW·h, qual seria a receita anual?

126 Para fazer um pêndulo, uma bola de 300 g é presa a uma das extremidades de uma corda com 1,4 m de comprimento e massa desprezível. (A outra extremidade da corda está fixa.) A bola é puxada para um lado até a corda fazer um ângulo de 30,0° com a vertical; em seguida (com a corda esticada) a bola é liberada a partir do repouso. Determine (a) a velocidade da bola quando a corda faz um ângulo de 20,0° com a vertical e (b) a velocidade máxima da bola. (c) Qual é o ângulo entre a corda e a vertical quando a velocidade da bola é igual a um terço do valor máximo?

127 *Corda de bungee jump*. Uma saltadora de *bungee jump* de 61 kg está em uma ponte 45,0 m acima de um rio. No estado relaxado, a corda de *bungee jump* tem um comprimento $L = 25,0$ m. Suponha que a corda obedece à lei de Hooke, com uma constante elástica de 160 N/m. Se a saltadora para antes de chegar à água, (a) qual é a distância entre seus pés e a superfície da água no ponto mais baixo do salto e (b) qual é o módulo da força a que a saltadora está submetida nesse instante?

128 *Tiro na areia.* Uma bala de aço de massa $m = 5{,}2$ g é disparada verticalmente em um banco de areia de uma altura $h_1 = 18$ m, com uma velocidade inicial $v_0 = 14$ m/s. Ela fica enterrada na areia a uma profundidade $h_2 = 21$ cm. (a) Qual é a variação da energia mecânica da bala? (b) Qual é a variação da energia interna do sistema bola-Terra-areia? (c) Qual é o módulo $F_{méd}$ da força média que a areia exerce sobre a bala?

129 *Bloco colidindo com uma mola.* Um bloco de massa $m = 3{,}20$ kg parte do repouso e escorrega uma distância d em um plano inclinado de 30° de atrito desprezível antes de colidir com uma mola cuja constante elástica é $k = 431$ N/m (Fig. 8.54). O bloco escorrega mais 21,0 cm, comprimindo a mola, antes de parar momentaneamente. (a) Qual é o valor de d? (b) Qual é a distância entre o ponto do primeiro contato e o ponto em que a velocidade do bloco é máxima?

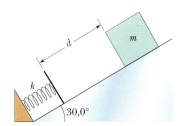

Figura 8.54 Problema 129.

130 *Espingarda de mola.* A mola de uma espingarda de mola é comprimida de uma distância $d = 3{,}2$ cm em relação ao estado relaxado e uma bala de massa $m = 12$ g é colocada no cano. Qual é a velocidade da bala ao deixar o cano quando a espingarda é disparada? A constante elástica da mola é $k = 7{,}5$ N/cm. Despreze a força de atrito e suponha que o cano da espingarda está na horizontal.

131 *Comprimindo uma mola.* Um bloco de massa $m = 1{,}7$ kg, que está se movendo com velocidade $v = 2{,}3$ m/s, se choca com uma mola de constante elástica $k = 320$ N/m. (a) De que distância x a mola é comprimida? (b) Para que distância x a energia se divide igualmente entre potencial e cinética?

132 *Reprojetando uma pista.* A Fig. 8.55 mostra um pequeno bloco que, ao ser liberado, desce uma rampa, sobe outra rampa e percorre uma distância $d = 2{,}50$ m em um trecho horizontal em um intervalo de tempo Δt_1. O atrito entre o bloco e a pista é desprezível e a diferença de altura $\Delta h = h_1 - h_2$ entre o ponto em que o bloco é liberado e o trecho horizontal da pista é 2,00 m. Qual deve ser o valor de Δh para que o tempo que o bloco passa na região de comprimento d seja reduzido em 0,100 s?

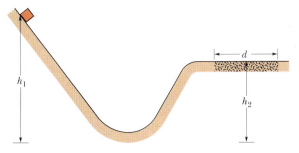

Figura 8.55 Problema 132.

133 *Salvamento de um robô na cratera de um vulcão.* A Fig. 8.56 mostra um robô acidentado de massa $m = 40$ kg sendo içado por um cabo da encosta de uma cratera vulcânica com uma inclinação de 30°. A força $\vec{F}$ exercida pelo cabo sobre o robô tem um módulo de 380 N. A força de atrito cinético $\vec{f}_k$ que age sobre o robô tem um módulo de 140 N. O robô sofre um deslocamento $\vec{d}$ de módulo 0,50 m na encosta da cratera. (a) Qual é a energia mecânica do sistema robô-Terra dissipada pela força de atrito cinético $\vec{f}_k$ durante o deslocamento? (b) Qual é o trabalho W_g realizado sobre o robô pela força gravitacional durante o deslocamento? (c) Qual é o trabalho W_f realizado sobre o robô pela força aplicada $\vec{F}$?

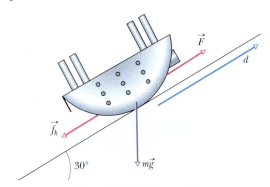

Figura 8.56 Problema 133.

134 *Reprojetando uma pista com atrito.* A Fig. 8.57 mostra um pequeno bloco que, ao ser liberado, desce uma rampa, sobe outra rampa, percorre uma distância $L = 8{,}00$ cm na qual o coeficiente de atrito cinético é $\mu_k = 0{,}600$ e depois uma distância $d = 25{,}0$ cm em um intervalo de tempo Δt_1. A única região em que o atrito entre o bloco e a pista não é desprezível é a região de comprimento L. A diferença de altura $\Delta h = h_1 - h_2$ entre o ponto em que o bloco é liberado e o trecho horizontal da pista é 15,0 cm. Qual deve ser o valor de Δh para que o tempo que o bloco passa na região de comprimento d seja reduzido em 0,100 s?

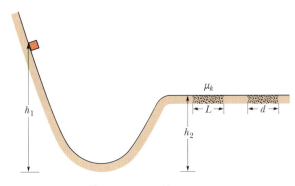

Figura 8.57 Problema 134.

135 *Patinando ao encontro de uma cerca.* Um jogador de hóquei no gelo de 110 kg patina a 3,00 m/s em direção a uma cerca e se protege segurando a cerca com os braços estendidos. No processo, o tronco do atleta se desloca 30,0 cm na direção da cerca. (a) Qual é a variação da energia cinética do centro de massa do jogador durante a parada? (b) Qual é a força média exercida sobre a cerca?

136 *Pesca com anzol e amplificação da velocidade.* Se você arremessa um anzol isolado, ele percorre uma distância horizontal de cerca de 1 m. Por outro lado, se o anzol está preso a uma linha e uma vara de pesca, ele pode percorrer uma distância horizontal igual ao comprimento da linha, que pode chegar a 20 m.

O lançamento do anzol é mostrado na Fig. 8.58. Inicialmente (Fig. 8.58a), a linha de comprimento L é estendida horizontalmente para a esquerda e está se movendo para a direita a uma velocidade v_0. Quando o anzol que está na ponta da linha se move para a direita, a linha se dobra, com a parte superior em movimento e a parte inferior em repouso (Fig. 8.58b). Com o tempo, o comprimento da parte superior diminui e o da parte inferior aumenta (Fig. 8.58c), até a linha ficar totalmente estendida para a direita (Fig. 8.58d). A energia cinética inicial da linha na Fig. 8.58a se concentra cada vez mais no anzol e na parte cada vez menor da linha que está em movimento, o que resulta em uma amplificação (um aumento) da velocidade do anzol e da parte inferior da linha.

(a) Usando o eixo x indicado na figura, mostre que quando a posição do anzol é x, o comprimento da parte (superior) da linha que ainda está em movimento é $(L - x)/2$. (b) Supondo que a linha é uniforme com massa específica linear (massa por unidade de comprimento) ρ, qual é a massa da parte que ainda está em movimento? Seja m_a a massa do anzol e supondo que a energia cinética da parte da corda em movimento não muda em relação ao valor inicial (quando o comprimento da parte em movimento era L e a velocidade era v_0), embora o comprimento da parte da corda em movimento esteja diminuindo progressivamente. (c) Escreva uma expressão para a velocidade da parte da corda que ainda está em movimento, que é a mesma do anzol.

Suponha que a velocidade inicial v_0 é 6,0 m/s, o comprimento L da linha é 20 m, a massa m_a do anzol é 0,80 g e a massa específica linear ρ da corda é 1,3 g/m. (d) Faça um gráfico da velocidade v do anzol em função da sua posição x. (e) Qual é a velocidade do anzol quando a linha está quase totalmente estendida e o anzol está prestes a parar? (Na prática, o que acontece é que o anzol arranca mais linha do carretel. Cálculos mais realistas resultariam em velocidades menores por causa da força de arrasto.) A ampliação de velocidade também pode ser produzida com um chicote e mesmo com uma toalha molhada em uma brincadeira de vestiário.

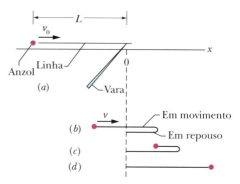

Figura 8.58 Problema 136.

C A P Í T U L O   9

Centro de Massa e Momento Linear

9.1 CENTRO DE MASSA

Objetivos do Aprendizado

Depois de ler este módulo, você será capaz de ...

9.1.1 Dada a posição de várias partículas em um eixo ou um plano, determinar a posição do centro de massa.

9.1.2 Determinar a posição do centro de massa de um objeto usando princípios de simetria.

9.1.3 No caso de um objeto bidimensional ou tridimensional com uma distribuição homogênea de massa, determinar a posição do centro de massa (a) dividindo mentalmente o objeto em figuras geométricas simples, substituindo cada uma por uma partícula no centro da figura, e (b) calculando o centro de massa dessas partículas.

Ideia-Chave

● O centro de massa de um sistema de n partículas é definido como o ponto cujas coordenadas são dadas por

$$x_{CM} = \frac{1}{M} \sum_{i=1}^{n} m_i x_i, \quad y_{CM} = \frac{1}{M} \sum_{i=1}^{n} m_i y_i, \quad z_{CM} = \frac{1}{M} \sum_{i=1}^{n} m_i z_i,$$

ou

$$\vec{r}_{CM} = \frac{1}{M} \sum_{i=1}^{n} m_i \vec{r}_i,$$

em que M é a massa total do sistema.

O que É Física?

Todo engenheiro mecânico contratado como perito para reconstituir um acidente de trânsito usa a física. Todo treinador que ensina uma bailarina a saltar usa a física. Na verdade, para analisar qualquer tipo de movimento complicado é preciso recorrer a simplificações que são possíveis apenas com um entendimento da física. Neste capítulo, discutimos de que forma o movimento complicado de um sistema de objetos, como um carro ou uma bailarina, pode ser simplificado se determinarmos um ponto especial do sistema: o *centro de massa*.

Eis um exemplo: Quando arremessamos uma bola sem imprimir muita rotação (Fig. 9.1.1*a*), o movimento é simples. A bola descreve uma trajetória parabólica, como discutimos no Capítulo 4, e pode ser tratada como uma partícula. Quando, por outro lado, arremessamos um taco de beisebol (Fig. 9.1.1*b*), o movimento é mais complicado. Como cada parte do taco segue uma trajetória diferente, não é possível representar o taco como uma partícula. Entretanto, o taco possui um ponto especial, o centro de massa, que *segue* uma trajetória parabólica simples; as outras partes do taco se movem em torno do centro de massa. (Para localizar o centro de massa, equilibre o taco em um dedo esticado; o ponto estará acima do dedo, no eixo central do taco.)

É difícil fazer carreira arremessando tacos de beisebol, mas muitos treinadores ganham dinheiro ensinando atletas de salto em distância ou dançarinos a saltar da forma correta, movendo pernas e braços ou girando o torso. O ponto de partida é sempre o centro de massa da pessoa, porque é o ponto que se move de modo mais simples.

O Centro de Massa ⚙️9.1

Definimos o **centro de massa** (CM) de um sistema de partículas (uma pessoa, por exemplo) para podermos determinar com mais facilidade o movimento do sistema.

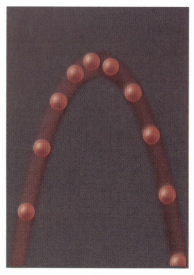

Figura 9.1.1 (*a*) Uma bola arremessada para cima segue uma trajetória parabólica. (*b*) O centro de massa (ponto preto) de um taco de beisebol arremessado para cima com um movimento de rotação segue uma trajetória parabólica, mas todos os outros pontos do taco seguem trajetórias curvas mais complicadas. **9.1**

 O centro de massa de um sistema de partículas é o ponto que se move como se (1) toda a massa do sistema estivesse concentrada nesse ponto e (2) todas as forças externas estivessem aplicadas nesse ponto.

Neste módulo, discutimos a forma de determinar a posição do centro de massa de um sistema de partículas. Começamos com um sistema de poucas partículas e, em seguida, consideramos sistemas com um número muito grande de partículas (um corpo maciço, como um taco de beisebol). Mais adiante, discutiremos como o centro de massa de um sistema se move quando o sistema é submetido a forças externas.

Sistemas de Partículas

Duas Partículas. A Fig. 9.1.2*a* mostra duas partículas de massas m_1 e m_2 separadas por uma distância *d*. Escolhemos arbitrariamente como origem do eixo *x* a posição da partícula de massa m_1. *Definimos* a posição do centro de massa (CM) desse sistema de duas partículas como

$$x_{CM} = \frac{m_2}{m_1 + m_2} d. \tag{9.1.1}$$

Suponha, por exemplo, que $m_2 = 0$. Nesse caso, existe apenas uma partícula, de massa m_1, e o centro de massa deve estar na posição dessa partícula; é o que realmente acontece, já que a Eq. 9.1.1 se reduz a $x_{CM} = 0$. Se $m_1 = 0$, temos de novo apenas uma partícula (de massa m_2) e, como devia ser, $x_{CM} = d$. Se $m_1 = m_2$, o centro de massa deve estar a meio caminho entre as duas partículas; a Eq. 9.1.1 se reduz a $x_{CM} = d/2$, como seria de se esperar. Finalmente, de acordo com a Eq. 9.1.1, se nenhuma das duas massas é nula, x_{CM} só pode assumir valores entre 0 e *d*, ou seja, o centro de massa deve estar em algum lugar entre as duas partículas.

Não somos obrigados a colocar a origem do sistema de coordenadas em uma das duas partículas. A Fig. 9.1.2*b* mostra uma situação mais geral na qual o sistema de coordenadas foi deslocado para a esquerda. A posição do centro de massa é agora definida como

$$x_{CM} = \frac{m_1 x_1 + m_2 x_2}{m_1 + m_2}. \tag{9.1.2}$$

Observe que, se fizermos $x_1 = 0$, x_2 ficará igual a *d*, e a Eq. 9.1.2 se reduzirá à Eq. 9.1.1, como seria de se esperar. Note também que, apesar do deslocamento da origem do sistema de coordenadas, o centro de massa continua à mesma distância de cada partícula. O centro de massa é uma propriedade das partículas e não do sistema de coordenadas que está sendo usado.

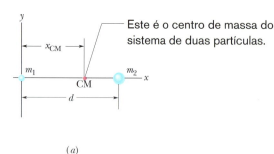

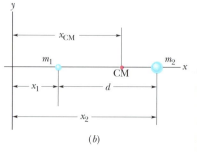

Quando o eixo *y* é deslocado para a esquerda, a posição relativa do centro de massa permanece a mesma.

Figura 9.1.2 (*a*) Duas partículas de massas m_1 e m_2 estão separadas por uma distância *d*. O ponto marcado como CM mostra a posição do centro de massa, calculado usando a Eq. 9.1.1. (*b*) O mesmo que (*a*), exceto pelo fato de que a origem foi deslocada para a esquerda. A posição do centro de massa pode ser calculada usando a Eq. 9.1.2. A posição do centro de massa em relação às partículas é a mesma nos dois casos.

Podemos escrever a Eq. 9.1.2 na forma

$$x_{CM} = \frac{m_1 x_1 + m_2 x_2}{M}, \qquad (9.1.3)$$

em que M é a massa total do sistema. (No exemplo em discussão, $M = m_1 + m_2$.)

Muitas Partículas. Podemos estender a Eq. 9.1.3 a uma situação mais geral, na qual n partículas estão posicionadas ao longo do eixo x. Nesse caso, a massa total é $M = m_1 + m_2 + \cdots + m_n$, e a posição do centro de massa é dada por

$$x_{CM} = \frac{m_1 x_1 + m_2 x_2 + m_3 x_3 + \cdots + m_n x_n}{M}$$

$$= \frac{1}{M} \sum_{i=1}^{n} m_i x_i. \qquad (9.1.4)$$

Aqui, o índice i assume todos os valores inteiros de 1 a n.

Três Dimensões. Se as partículas estão distribuídas em três dimensões, a posição do centro de massa deve ser especificada por três coordenadas. Por extensão da Eq. 9.1.4, essas coordenadas são dadas por

$$x_{CM} = \frac{1}{M} \sum_{i=1}^{n} m_i x_i, \qquad y_{CM} = \frac{1}{M} \sum_{i=1}^{n} m_i y_i, \qquad z_{CM} = \frac{1}{M} \sum_{i=1}^{n} m_i z_i. \quad (9.1.5)$$

Também podemos definir o centro de massa usando a linguagem dos vetores. Primeiro, lembre-se de que a posição de uma partícula de coordenadas x_i, y_i e z_i é dada por um vetor posição (que liga desde a origem até a posição da partícula):

$$\vec{r}_i = x_i \hat{i} + y_i \hat{j} + z_i \hat{k}. \qquad (9.1.6)$$

O índice identifica a partícula, e $\hat{i}$, $\hat{j}$ e $\hat{k}$ são vetores unitários que apontam, respectivamente, no sentido positivo dos eixos x, y e z. Analogamente, a localização do centro de massa de um sistema de partículas é dada por um vetor posição:

$$\vec{r}_{CM} = x_{CM} \hat{i} + y_{CM} \hat{j} + z_{CM} \hat{k}. \qquad (9.1.7)$$

As três equações escalares da Eq. 9.1.5 podem ser substituídas, portanto, por uma única equação vetorial,

$$\vec{r}_{CM} = \frac{1}{M} \sum_{i=1}^{n} m_i \vec{r}_i, \qquad (9.1.8)$$

em que M é a massa total do sistema. É possível confirmar se a Eq. 9.1.8 está correta, mediante a substituição de $\vec{r}_i$ e $\vec{r}_{CM}$ por seus valores, dados pelas Eqs. 9.1.6 e 9.1.7, e separando as componentes x, y e z. O resultado são as relações escalares da Eq. 9.1.5.

Corpos Maciços (BT) 9.2 9.2

Um objeto comum, como um bastão de beisebol, contém tantas partículas (átomos) que podemos aproximá-lo por uma distribuição contínua de massa. As "partículas", nesse caso, se tornam elementos infinitesimais de massa dm, os somatórios da Eq. 9.1.5 se tornam integrais, e as coordenadas do centro de massa são definidas por meio das equações

$$x_{CM} = \frac{1}{M} \int x \, dm, \qquad y_{CM} = \frac{1}{M} \int y \, dm, \qquad z_{CM} = \frac{1}{M} \int z \, dm, \quad (9.1.9)$$

em que M agora é a massa do objeto. Se a Eq. 9.1.5 fosse usada na forma de somatórios, o cálculo do centro de massa para um objeto macroscópico levaria vários anos.

Como o cálculo das integrais para a maioria dos objetos do mundo real (como um televisor ou um boi, por exemplo) é muito difícil, vamos considerar neste texto apenas objetos *homogêneos*, ou seja, objetos cuja *massa específica* (massa por unidade de volume), representada pelo símbolo ρ (letra grega rô), é a mesma para todos os elementos infinitesimais do objeto e, portanto, para o objeto como um todo. Nesse caso, de acordo com a Eq. 1.3.2, podemos escrever:

$$\rho = \frac{dm}{dV} = \frac{M}{V}, \quad (9.1.10)$$

em que dV é o volume ocupado por um elemento de massa dm, e V é o volume total do objeto. Substituindo dm na Eq. 9.1.9 por seu valor, obtido a partir da Eq. 9.1.10 [$dm = (M/V)dV$], obtemos:

$$x_{CM} = \frac{1}{V}\int x\, dV, \quad y_{CM} = \frac{1}{V}\int y\, dV, \quad z_{CM} = \frac{1}{V}\int z\, dV. \quad (9.1.11)$$

Uso da Simetria. O cálculo fica mais simples se o objeto possui um ponto, uma reta ou um plano de simetria, pois, nesse caso, o centro de massa está no ponto, linha ou plano de simetria. Por exemplo, o centro de massa de uma esfera (que possui um ponto de simetria) está no centro da esfera (que é o ponto de simetria). O centro de massa de um cone (cujo eixo é uma reta de simetria) está no eixo do cone. O centro de massa de uma banana (que tem um plano de simetria que a divide em duas partes iguais) está em algum ponto desse plano.

O centro de massa de um objeto não precisa estar no interior do objeto. Não existe massa no centro de massa de uma rosquinha, assim como não existe ferro no centro de massa de uma ferradura.

Exemplo 9.1.1 Centro de massa de três partículas 9.1

Três partículas de massas $m_1 = 1,2$ kg, $m_2 = 2,5$ kg e $m_3 = 3,4$ kg formam um triângulo equilátero de lado $a = 140$ cm. Qual é a localização do centro de massa do sistema?

IDEIA-CHAVE

Como estamos lidando com partículas e não com um objeto macroscópico, podemos usar a Eq. 9.1.5 para calcular a posição do centro de massa. Como as partículas estão no plano do triângulo equilátero, precisamos usar apenas as duas primeiras equações.

Cálculos: Podemos simplificar os cálculos escolhendo os eixos x e y de tal forma que uma das partículas esteja na origem e o eixo x coincida com um dos lados do triângulo (Fig. 9.1.3).

Nesse caso, as coordenadas das partículas são as que aparecem na tabela a seguir.

Partícula	Massa (kg)	x (cm)	y (cm)
1	1,2	0	0
2	2,5	140	0
3	3,4	70	120

A massa total M do sistema é 7,1 kg.

De acordo com a Eq. 9.1.5, as coordenadas do centro de massa são

$$x_{CM} = \frac{1}{M}\sum_{i=1}^{3} m_i x_i = \frac{m_1 x_1 + m_2 x_2 + m_3 x_3}{M}$$

$$= \frac{(1,2\text{ kg})(0) + (2,5\text{ kg})(140\text{ cm}) + (3,4\text{ kg})(70\text{ cm})}{7,1\text{ kg}}$$

$$= 83\text{ cm} \quad \text{(Resposta)}$$

e $$y_{CM} = \frac{1}{M}\sum_{i=1}^{3} m_i y_i = \frac{m_1 y_1 + m_2 y_2 + m_3 y_3}{M}$$

$$= \frac{(1,2\text{ kg})(0) + (2,5\text{ kg})(0) + (3,4\text{ kg})(120\text{ cm})}{7,1\text{ kg}}$$

$$= 58\text{ cm}. \quad \text{(Resposta)}$$

Na Fig. 9.1.3, a posição do centro de massa é indicada pelo vetor posição $\vec{r}_{CM}$, cujas componentes são x_{CM} e y_{CM}. Se tivéssemos escolhido outro sistema de coordenadas, as componentes de $\vec{r}_{CM}$ seriam diferentes, mas a posição do centro de massa em relação às três partículas seria exatamente a mesma.

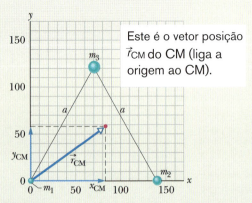

Figura 9.1.3 Três partículas formam um triângulo equilátero de lado a. A posição do centro de massa do sistema é indicada pelo vetor posição $\vec{r}_{CM}$.

Teste 9.1.1

A figura mostra uma placa quadrada uniforme, da qual quatro partes quadradas iguais são removidas progressivamente dos cantos. (a) Qual é a localização do centro de massa da placa original? Qual é a localização do centro de massa após a remoção (b) da parte 1; (c) das partes 1 e 2; (d) das partes 1 e 3; (e) das partes 1, 2 e 3; (f) das quatro partes? Responda em termos dos quadrantes, eixos ou pontos (sem realizar nenhum cálculo, é claro).

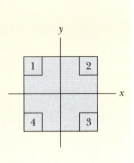

9.2 A SEGUNDA LEI DE NEWTON PARA UM SISTEMA DE PARTÍCULAS

Objetivos do Aprendizado

Depois de ler este módulo, você será capaz de ...

9.2.1 Aplicar a segunda lei de Newton a um sistema de partículas, relacionando a força resultante (das forças que agem sobre as partículas) à aceleração do centro de massa do sistema.

9.2.2 Aplicar as equações de aceleração constante ao movimento das partículas de um sistema e ao movimento do centro de massa do sistema.

9.2.3 Dadas a massa e a velocidade das partículas de um sistema, calcular a velocidade do centro de massa do sistema.

9.2.4 Dadas a massa e a aceleração das partículas de um sistema, calcular a aceleração do centro de massa do sistema.

9.2.5 Dada a posição do centro de massa de um sistema em função do tempo, calcular a velocidade do centro de massa.

9.2.6 Dada a velocidade do centro de massa de um sistema em função do tempo, calcular a aceleração do centro de massa.

9.2.7 Calcular a variação de velocidade de um centro de massa integrando a função aceleração do centro de massa em relação ao tempo.

9.2.8 Calcular o deslocamento de um centro de massa integrando a função velocidade do centro de massa em relação ao tempo.

9.2.9 No caso em que as partículas de um sistema de duas partículas se movem e o centro de massa do sistema permanece em repouso, determinar a relação entre os deslocamentos e a relação entre as velocidades das duas partículas.

Ideia-Chave

● O movimento do centro de massa de qualquer sistema de partículas obedece à segunda lei de Newton para um sistema de partículas, que é expresso pela equação

$$\vec{F}_{res} = M\vec{a}_{CM},$$

em que $\vec{F}_{res}$ é a força resultante de todas as forças externas que agem sobre o sistema, M é a massa total do sistema, e $\vec{a}_{CM}$ é a aceleração do centro de massa do sistema.

A Segunda Lei de Newton para um Sistema de Partículas 9.3 e 9.4

Agora que sabemos determinar a posição do centro de massa de um sistema de partículas, vamos discutir a relação entre as forças externas e o movimento do centro de massa. Começamos com um exemplo simples, envolvendo duas bolas de sinuca.

Quando atingimos com a bola branca uma bola que está em repouso, esperamos que o sistema de duas bolas, após o choque, continue a se mover mais ou menos na direção original da bola branca. Ficaríamos surpresos, por exemplo, se as duas bolas se movessem em nossa direção ou se ambas se movessem para a direita ou para a esquerda. Temos uma ideia instintiva de que *alguma coisa* não muda com a colisão.

O que continua a se mover para a frente, sem que o movimento seja alterado pela colisão, é o centro de massa do sistema de duas bolas. Se você concentrar a atenção nesse ponto (que é sempre o ponto médio do segmento que une as duas bolas, pois elas têm massas iguais), você poderá se convencer de que isso é verdade, observando a trajetória das bolas em uma mesa de sinuca. Não importa se o choque é frontal ou de raspão; o centro de massa sempre continua a se mover na direção seguida originalmente pela bola branca, como se não tivesse havido a colisão. Vamos examinar mais de perto esse movimento do centro de massa.

Movimento do Centro de Massa de um Sistema. Para isso, vamos substituir o par de bolas de sinuca por um conjunto de *n* partículas de massas (possivelmente) diferentes. Não estamos interessados no movimento individual das partículas, mas *apenas* no movimento do centro de massa do conjunto. Embora o centro de massa seja apenas um ponto, ele se move como uma partícula cuja massa é igual à massa total do sistema; podemos atribuir-lhe uma posição, uma velocidade e uma aceleração. Afirmamos (e provaremos a seguir) que a equação vetorial que descreve o movimento do centro de massa de um sistema de partículas é

$$\vec{F}_{res} = M\vec{a}_{CM} \quad \text{(sistema de partículas)} \quad (9.2.1)$$

A Eq. 9.2.1 é a expressão da segunda lei de Newton para o movimento do centro de massa de um sistema de partículas. Note que a forma é a mesma da equação ($\vec{F}_{res} = m\vec{a}$) para o movimento de uma única partícula. Contudo, as três grandezas que aparecem na Eq. 9.2.1 devem ser usadas com algum critério:

1. $\vec{F}_{res}$ é a força resultante de *todas as forças externas* que agem sobre o sistema. Forças de uma parte do sistema que agem sobre outra parte (*forças internas*) não devem ser incluídas na Eq. 9.2.1.
2. *M* é a *massa total* do sistema. Supomos que nenhuma massa entra no sistema ou sai do sistema durante o movimento, de modo que *M* permanece constante. Em casos como esse, dizemos que o sistema é **fechado**.
3. $\vec{a}_{CM}$ é a aceleração do *centro de massa* do sistema. A Eq. 9.2.1 não fornece nenhuma informação a respeito da aceleração de outros pontos do sistema.

A Eq. 9.2.1 é equivalente a três equações envolvendo as componentes de $\vec{F}_{res}$ e $\vec{a}_{CM}$ em relação aos três eixos de coordenadas. Essas equações são:

$$F_{res,x} = Ma_{CM,x} \quad F_{res,y} = Ma_{CM,y} \quad F_{res,z} = Ma_{CM,z}. \quad (9.2.2)$$

Bolas de Sinuca. Agora podemos voltar a examinar o comportamento das bolas de sinuca. Depois que a bola branca é posta em movimento, nenhuma força externa age sobre o sistema composto pelas duas bolas. De acordo com a Eq. 9.2.1, se $\vec{F}_{res} = 0$, $\vec{a}_{CM} = 0$. Como a aceleração é a taxa de variação da velocidade, concluímos que a velocidade do centro de massa do sistema de duas bolas não varia. Quando as duas bolas se chocam, as forças que participam do processo são forças *internas* de uma bola sobre a outra. Essas forças não contribuem para a força resultante $\vec{F}_{res}$, que continua a ser nula. Assim, o centro de massa do sistema, que estava se movendo para a frente antes da colisão, deve continuar a se mover para a frente após a colisão, com a mesma velocidade e a mesma orientação.

Corpo Maciço. A Eq. 9.2.1 se aplica não só a um sistema de partículas, mas também a um corpo maciço, como o bastão de beisebol da Fig. 9.2.1*b*. Nesse caso, *M* da Eq. 9.2.1 é a massa do bastão e $\vec{F}_{res}$ é a força gravitacional sobre o bastão. De acordo com a Eq. 9.2.1, $\vec{a}_{CM} = \vec{g}$. Em outras palavras, o centro de massa do bastão se move como se o bastão fosse uma única partícula de massa *M* sujeita à força $\vec{F}_g$.

Explosões. A Fig. 9.2.1 mostra outro caso interessante. Suponha que, em um espetáculo de fogos de artifício, um foguete seja lançado em uma trajetória parabólica. Em determinado ponto, o foguete explode em pedaços. Se a explosão não tivesse ocorrido, o foguete teria continuado na trajetória parabólica mostrada na figura.

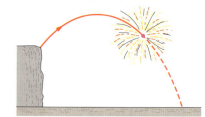

Figura 9.2.1 Explosão de um fogo de artifício. Se não fosse a resistência do ar, o centro de massa dos fragmentos continuaria a seguir a trajetória parabólica original até que os fragmentos começassem a atingir o solo.

Figura 9.2.2 Um *grand jeté*. (Adaptada de *The Physics of Dance*, de Kenneth Laws, Schirmer Books, 1984.)

As forças da explosão são *internas* ao sistema (no início, o sistema é apenas o foguete; mais tarde, é composto pelos fragmentos do foguete), ou seja, são forças que partes do sistema exercem sobre outras partes. A menos da resistência do ar, a força *externa* resultante $\vec{F}_{res}$ que age sobre o sistema é a força gravitacional, independentemente da explosão do foguete. Assim, de acordo com a Eq. 9.2.1, a aceleração $\vec{a}_{CM}$ do centro de massa dos fragmentos (enquanto estão no ar) permanece igual a $\vec{g}$. Isso significa que o centro de massa dos fragmentos segue a mesma trajetória parabólica que o foguete teria seguido se não tivesse explodido.

Passo de Balé. Quando uma bailarina executa um salto conhecido como *grand jeté*, ela levanta os braços e estica as pernas horizontalmente assim que os pés deixam o solo (Fig. 9.2.2). Esses movimentos deslocam para cima o centro de massa. Embora o centro de massa siga fielmente uma trajetória parabólica, o movimento para cima do centro de massa em relação ao corpo diminui a altura alcançada pela cabeça e pelo tronco da bailarina, que se movem aproximadamente na horizontal, criando a ilusão de que a bailarina flutua no ar.

Demonstração da Equação 9.2.1

Vamos agora demonstrar essa importante equação. De acordo com a Eq. 9.1.8, temos, para um sistema de n partículas,

$$M\vec{r}_{CM} = m_1\vec{r}_1 + m_2\vec{r}_2 + m_3\vec{r}_3 + \cdots + m_n\vec{r}_n, \quad (9.2.3)$$

em que M é a massa total do sistema e $\vec{r}_{CM}$ é o vetor posição do centro de massa do sistema.

Derivando a Eq. 9.2.3 em relação ao tempo, obtemos:

$$M\vec{v}_{CM} = m_1\vec{v}_1 + m_2\vec{v}_2 + m_3\vec{v}_3 + \cdots + m_n\vec{v}_n, \quad (9.2.4)$$

em que $\vec{v}_i\ (= d\vec{r}_i/dt)$ é a velocidade da partícula de ordem i, e $\vec{v}_{CM}\ (= d\vec{r}_{CM}/dt)$ é a velocidade do centro de massa.

Derivando a Eq. 9.2.4 em relação ao tempo, obtemos:

$$M\vec{a}_{CM} = m_1\vec{a}_1 + m_2\vec{a}_2 + m_3\vec{a}_3 + \cdots + m_n\vec{a}_n, \quad (9.2.5)$$

em que $\vec{a}_i\ (= d\vec{v}_i/dt)$ é a aceleração da partícula de ordem i e $\vec{a}_{CM}\ (= d\vec{v}_{CM}/dt)$ é a aceleração do centro de massa. Embora o centro de massa seja apenas um ponto geométrico, ele possui uma posição, uma velocidade e uma aceleração, como se fosse uma partícula.

De acordo com a segunda lei de Newton, $m_i\vec{a}_i$ é igual à força resultante $\vec{F}_i$ que age sobre a partícula de ordem i. Assim, podemos escrever a Eq. 9.2.5 na forma

$$M\vec{a}_{CM} = \vec{F}_1 + \vec{F}_2 + \vec{F}_3 + \cdots + \vec{F}_n. \quad (9.2.6)$$

Entre as forças que contribuem para o lado direito da Eq. 9.2.6 estão as forças que as partículas do sistema exercem umas sobre as outras (forças internas) e as forças exercidas sobre as partículas por agentes de fora do sistema (forças externas). De conformidade com a terceira lei de Newton, as forças internas formam pares do tipo ação-reação que se cancelam mutuamente na soma do lado direito da Eq. 9.2.6. O que resta é a soma vetorial das forças *externas* que agem sobre o sistema. Desse modo, a Eq. 9.2.6 se reduz à Eq. 9.2.1, como queríamos demonstrar.

Teste 9.2.1

Dois patinadores em uma superfície de gelo, sem atrito, seguram as extremidades de uma vara, de massa desprezível. É escolhido um eixo de referência na mesma posição que a vara, com a origem no centro de massa do sistema de dois patinadores. Um patinador, Frederico, pesa duas vezes mais do que o outro patinador, Eduardo. Onde os patinadores se encontram se (a) Frederico puxa a vara para se aproximar de Eduardo, (b) Eduardo puxa a vara para se aproximar de Frederico e (c) os dois patinadores puxam a vara?

Exemplo 9.2.1 Movimento do centro de massa de três partículas 9.2

Se as partículas de um sistema se deslocam na mesma direção, o centro de massa acompanha o movimento; até aí, não há nenhuma novidade. O que acontece, porém, se as partículas se movem em várias direções, com acelerações diferentes? Segue um exemplo.

As três partículas da Fig. 9.2.3a estão inicialmente em repouso. Cada uma sofre a ação de uma força *externa* produzida por um corpo fora do sistema. A orientação das forças está indicada na figura, e os módulos são $F_1 = 6{,}0$ N, $F_2 = 12$ N e $F_3 = 14$ N. Qual é a aceleração (módulo e orientação) do centro de massa do sistema?

IDEIAS-CHAVE

A posição do centro de massa está assinalada por um ponto na figura. Podemos tratar o centro de massa como se fosse uma partícula real, com massa igual à massa total do sistema, $M = 16$ kg. Também podemos tratar as três forças externas como se fossem aplicadas ao centro de massa (Fig. 9.2.3b).

Cálculos: Podemos aplicar a segunda lei de Newton ($\vec{F}_{res} = m\vec{a}$) ao centro de massa, escrevendo

$$\vec{F}_{res} = M\vec{a}_{CM} \quad (9.2.7)$$

ou

$$\vec{F}_1 + \vec{F}_2 + \vec{F}_3 = M\vec{a}_{CM}.$$

Assim,

$$\vec{a}_{CM} = \frac{\vec{F}_1 + \vec{F}_2 + \vec{F}_3}{M}. \quad (9.2.8)$$

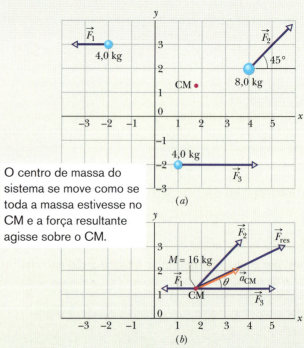

O centro de massa do sistema se move como se toda a massa estivesse no CM e a força resultante agisse sobre o CM.

Figura 9.2.3 (a) Três partículas, inicialmente em repouso nas posições indicadas, são submetidas às forças externas $\vec{F}_1$, $\vec{F}_2$ e $\vec{F}_3$. O centro de massa (CM) do sistema está indicado. (b) As forças são transferidas para o centro de massa do sistema, que se comporta como uma partícula de massa M igual à massa total do sistema. A força externa resultante $\vec{F}_{res}$ e a aceleração $\vec{a}_{CM}$ do centro de massa estão indicadas.

De acordo com a Eq. 9.2.7, a aceleração $\vec{a}_{CM}$ do centro de massa tem a mesma direção que a força externa resultante $\vec{F}_{res}$ aplicada ao sistema (Fig. 9.2.3*b*). Como as partículas estão inicialmente em repouso, o centro de massa também deve estar inicialmente em repouso. Quando o centro de massa começa a acelerar, ele se move na direção de $\vec{a}_{CM}$ e $\vec{F}_{res}$.

Podemos calcular o lado direito da Eq. 9.2.8 usando uma calculadora, ou escrever a Eq. 9.2.8 em termos das componentes, calcular as componentes de $\vec{a}_{CM}$ e, em seguida, obter $\vec{a}_{CM}$. Ao longo do eixo *x*, temos:

$$a_{CM,x} = \frac{F_{1x} + F_{2x} + F_{3x}}{M}$$

$$= \frac{-6,0 \text{ N} + (12 \text{ N}) \cos 45° + 14 \text{ N}}{16 \text{ kg}} = 1,03 \text{ m/s}^2.$$

Ao longo do eixo *y*, temos:

$$a_{CM,y} = \frac{F_{1y} + F_{2y} + F_{3y}}{M}$$

$$= \frac{0 + (12 \text{ N}) \text{ sen } 45° + 0}{16 \text{ kg}} = 0,530 \text{ m/s}^2.$$

Assim, o módulo de $\vec{a}_{CM}$ é dado por

$$a_{CM} = \sqrt{(a_{CM,x})^2 + (a_{CM,y})^2}$$

$$= 1,16 \text{ m/s}^2 \approx 1,2 \text{ m/s}^2 \qquad \text{(Resposta)}$$

e o ângulo (em relação ao semieixo *x* positivo) é dado por

$$\theta = \tan^{-1} \frac{a_{CM,y}}{a_{CM,x}} = 27°. \qquad \text{(Resposta)}$$

9.3 MOMENTO LINEAR

Objetivos do Aprendizado

Depois de ler este módulo, você será capaz de ...

9.3.1 Saber que o momento é uma grandeza vetorial e, portanto, possui um módulo e uma orientação e pode ser representado por meio de componentes.

9.3.2 Saber que o momento linear de uma partícula é igual ao produto da massa pela velocidade da partícula.

9.3.3 Calcular a variação do momento de uma partícula a partir da variação de velocidade da partícula.

9.3.4 Aplicar a relação entre o momento de uma partícula e a força (resultante) que age sobre a partícula.

9.3.5 Calcular o momento de um sistema de partículas como o produto da massa total do sistema pela velocidade do centro de massa.

9.3.6 Usar a relação entre o momento do centro de massa de um sistema e a força resultante que age sobre o sistema.

Ideias-Chave

● No caso de uma partícula isolada, definimos uma grandeza $\vec{p}$, conhecida como momento linear, por meio da equação

$$\vec{p} = m\vec{v},$$

que, como mostra a equação, é uma grandeza vetorial com a mesma orientação que a velocidade da partícula. Em termos do momento linear, a segunda lei de Newton assume a seguinte forma:

$$\vec{F}_{res} = \frac{d\vec{p}}{dt}.$$

● No caso de um sistema de partículas, as equações anteriores se tornam

$$\vec{P} = M\vec{v}_{CM} \quad \text{e} \quad \vec{F}_{res} = \frac{d\vec{P}}{dt}.$$

Momento Linear

Vamos, por enquanto, concentrar nossa atenção em uma partícula isolada, com o objetivo de definir duas grandezas importantes. Mais adiante, essas definições serão aplicadas a sistemas com muitas partículas.

A primeira definição é a de uma palavra – *momento* – que possui vários significados na linguagem comum, mas apenas um significado na física e na engenharia. O **momento linear** de uma partícula é uma grandeza vetorial $\vec{p}$ definida por meio da equação

$$\vec{p} = m\vec{v} \quad \text{(momento linear de uma partícula)}, \qquad (9.3.1)$$

em que *m* é a massa e $\vec{v}$ é a velocidade da partícula. (O adjetivo *linear* é frequentemente omitido, mas serve para distinguir $\vec{p}$ do *momento angular*, que será definido no Capítulo 11 e está associado a rotações.) Como *m* é uma grandeza escalar positiva, a Eq. 9.3.1 mostra que $\vec{p}$ e $\vec{v}$ têm a mesma orientação. De acordo com a Eq. 9.3.1, a unidade de momento do SI é o quilograma-metro por segundo (kg · m/s).

Força e Momento. Newton expressou sua segunda lei originalmente em termos do momento:

A taxa de variação com o tempo do momento de uma partícula é igual à força resultante que age sobre a partícula e tem a mesma orientação que a força resultante.

Em forma de equação, isso significa o seguinte:

$$\vec{F}_{\text{res}} = \frac{d\vec{p}}{dt}. \tag{9.3.2}$$

Em palavras, a Eq. 9.3.2 afirma que a força resultante $\vec{F}_{\text{res}}$ aplicada a uma partícula faz variar o momento linear $\vec{p}$ da partícula. Na verdade, o momento linear só pode mudar se a partícula estiver sujeita a uma força. Se não existe nenhuma força, $\vec{p}$ *não pode* mudar. Como vamos ver no Módulo 9.5, esse último fato pode ser uma ferramenta extremamente poderosa para resolver problemas.

Substituindo na Eq. 9.3.2 $\vec{p}$ pelo seu valor, dado pela Eq. 9.3.1, obtemos, para uma massa *m* constante,

$$\vec{F}_{\text{res}} = \frac{d\vec{p}}{dt} = \frac{d}{dt}(m\vec{v}) = m\frac{d\vec{v}}{dt} = m\vec{a}.$$

Assim, as relações $\vec{F}_{\text{res}} = d\vec{p}/dt$ e $\vec{F}_{\text{res}} = m\vec{a}$ são expressões equivalentes da segunda lei de Newton para uma partícula.

Teste 9.3.1

A figura mostra o módulo *p* do momento linear em função do tempo *t* para uma partícula que se move ao longo de um eixo. Uma força dirigida ao longo do eixo age sobre a partícula. (a) Ordene as quatro regiões indicadas de acordo com o módulo da força, do maior para o menor. (b) Em que região a velocidade da partícula está diminuindo?

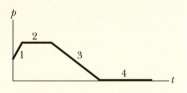

O Momento Linear de um Sistema de Partículas

Vamos estender a definição de momento linear a um sistema de partículas. Considere um sistema de *n* partículas, cada uma com sua massa, velocidade e momento linear. As partículas podem interagir e sofrer o efeito de forças externas. O sistema como um todo possui um momento linear total $\vec{P}$, que é definido como a soma vetorial dos momentos lineares das partículas. Assim,

$$\begin{aligned}\vec{P} &= \vec{p}_1 + \vec{p}_2 + \vec{p}_3 + \cdots + \vec{p}_n \\ &= m_1\vec{v}_1 + m_2\vec{v}_2 + m_3\vec{v}_3 + \cdots + m_n\vec{v}_n.\end{aligned} \tag{9.3.3}$$

Comparando a Eq. 9.3.3 com a Eq. 9.2.4, vemos que

$$\vec{P} = M\vec{v}_{\text{CM}} \quad \text{(momento linear de um sistema de partículas)}, \tag{9.3.4}$$

que é outra forma de definir o momento linear de um sistema de partículas:

O momento linear de um sistema de partículas é igual ao produto da massa total do sistema pela velocidade do centro de massa.

CENTRO DE MASSA E MOMENTO LINEAR **229**

Força e Momento. Derivando a Eq. 9.3.4 em relação ao tempo (e supondo que a massa não varia com o tempo), obtemos

$$\frac{d\vec{P}}{dt} = M\,\frac{d\vec{v}_{\text{CM}}}{dt} = M\,\vec{a}_{\text{CM}}.$$

(9.3.5)

Comparando as Eqs. 9.2.1 e 9.3.5, vemos que é possível escrever a segunda lei de Newton para um sistema de partículas na forma

$$\vec{F}_{\text{res}} = \frac{d\vec{P}}{dt} \quad \text{(sistema de partículas)},$$

(9.3.6)

em que $\vec{F}_{\text{res}}$ é a força externa resultante que age sobre o sistema. A Eq. 9.3.6 é a generalização para um sistema de muitas partículas da equação $\vec{F}_{\text{res}} = d\vec{p}/dt$ válida para uma partícula isolada. Em palavras, a equação significa que a força externa $\vec{F}_{\text{res}}$, ao ser aplicada a um sistema de partículas, muda o momento linear $\vec{P}$ do sistema. Na verdade, o momento linear de um sistema só pode ser mudado por uma força externa $\vec{F}_{\text{res}}$. Se não existe uma força externa, $\vec{P}$ *não pode* mudar. Este fato constitui uma ferramenta extremamente poderosa para resolver problemas.

9.4 COLISÃO E IMPULSO ⚙️ 9.3

Objetivos do Aprendizado

Depois de ler este módulo, você será capaz de ...

9.4.1 Saber que o impulso é uma grandeza vetorial e, portanto, possui um módulo e uma orientação e pode ser representado por meio de componentes.

9.4.2 Usar a relação entre o impulso e a variação de momento.

9.4.3 Usar a relação entre impulso, força média e a duração do impulso.

9.4.4 Usar as equações de aceleração constante para relacionar o impulso à força média.

9.4.5 Dada uma função que expressa a variação de uma força com o tempo, calcular o impulso (e a variação do momento) integrando a função.

9.4.6 Dada uma curva que representa a variação de uma força com o tempo, calcular o impulso (e a variação do momento) por integração gráfica.

9.4.7 Em uma série contínua de colisões de projéteis com um alvo, calcular a força média que age sobre o alvo a partir da taxa mássica das colisões e da variação de velocidade experimentada pelos projéteis.

Ideias-Chave

● A aplicação da segunda lei de Newton na forma de momento a um corpo, que se comporta como uma partícula, envolvido em uma colisão leva ao teorema do impulso e momento linear:

$$\vec{p}_f - \vec{p}_i = \Delta\vec{p} = \vec{J},$$

em que $\vec{p}_f - \vec{p}_i = \Delta\vec{p}$ é a variação do momento linear do corpo, e $\vec{J}$ é o impulso associado à força $\vec{F}(t)$ exercida sobre o corpo pelo outro corpo envolvido na colisão:

$$\vec{J} = \int_{t_i}^{t_f} \vec{F}(t)\,dt.$$

● Se $F_{\text{méd}}$ é o módulo médio de $\vec{F}(t)$ durante a colisão, Δt é a duração da colisão, e o movimento é retilíneo; logo, o módulo do impulso é dado por

$$J = F_{\text{méd}}\,\Delta t.$$

● Em uma série contínua de colisões com um alvo fixo de projéteis de massa m e velocidade v, a força média que os projéteis exercem sobre o alvo é dada por

$$F_{\text{méd}} = -\frac{n}{\Delta t}\,\Delta p = -\frac{n}{\Delta t}\,m\,\Delta v,$$

em que $n/\Delta t$ é a taxa com a qual os projéteis colidem com o corpo, e Δv é a variação de velocidade dos projéteis. A força média também pode ser escrita na forma

$$F_{\text{méd}} = -\frac{\Delta m}{\Delta t}\,\Delta v,$$

em que $\Delta m/\Delta t$ é a taxa mássica das colisões. A variação de velocidade é $\Delta v = -v$ se os projéteis ficam em repouso depois de cada choque, e $\Delta v = -2v$ se ricocheteiam com a mesma velocidade escalar.

Colisão e Impulso 9.4

O momento $\vec{p}$ de um corpo que se comporta como uma partícula permanece constante, a menos que o corpo seja submetido a uma força externa. Para mudar o momento do corpo, podemos, por exemplo, empurrá-lo. Também podemos mudar o momento do corpo de modo mais violento, fazendo-o colidir com um taco de beisebol. Em uma *colisão*, a força exercida sobre o corpo é de curta duração, tem um módulo elevado e provoca uma mudança brusca do momento do corpo. Colisões ocorrem frequentemente na vida real, mas, antes de discutir situações mais complexas, vamos falar de um tipo simples de colisão em que um corpo que se comporta como uma partícula (um *projétil*) colide com outro corpo que se comporta como outra partícula (um *alvo*).

Colisão Simples

Suponha que o projétil seja uma bola, e o alvo seja um taco (Fig. 9.4.1). A colisão dura pouco tempo, mas a força que age sobre a bola é suficiente para inverter o movimento. A Fig. 9.4.2 mostra um instantâneo da colisão. A bola sofre a ação de uma força $\vec{F}(t)$ que varia durante a colisão e muda o momento linear $\vec{p}$ da bola. A variação está relacionada à força por meio da segunda lei de Newton, escrita na forma $\vec{F} = d\vec{p}/dt$. Assim, no intervalo de tempo dt, a variação do momento da bola é dada por

$$d\vec{p} = \vec{F}(t)\,dt. \tag{9.4.1}$$

Figura 9.4.1 A colisão de uma bola com o taco faz com que a bola se deforme.

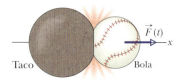

Figura 9.4.2 A força $\vec{F}(t)$ age sobre uma bola quando a bola e um taco colidem.

Podemos calcular a variação total do momento da bola provocada pela colisão integrando ambos os membros da Eq. 9.4.1 de um instante t_i imediatamente antes da colisão até um instante t_f imediatamente após a colisão:

$$\int_{t_i}^{t_f} d\vec{p} = \int_{t_i}^{t_f} \vec{F}(t)\,dt. \tag{9.4.2}$$

O lado esquerdo da Eq. 9.4.2 nos dá a variação do momento: $\vec{p}_f - \vec{p}_i = \Delta\vec{p}$. O lado direito, que é uma medida tanto da intensidade quanto da duração da força da colisão, é chamado **impulso** e representado pelo símbolo $\vec{J}$:

$$\vec{J} = \int_{t_i}^{t_f} \vec{F}(t)\,dt \quad \text{(definição de impulso).} \tag{9.4.3}$$

9.6 Assim, a variação do momento de um objeto é igual ao impulso exercido sobre o objeto:

$$\Delta\vec{p} = \vec{J} \quad \text{(teorema do momento linear e impulso).} \tag{9.4.4}$$

A Eq. 9.4.4 também pode ser escrita na forma

$$\vec{p}_f - \vec{p}_i = \vec{J} \tag{9.4.5}$$

e, na forma de componentes, como

$$\Delta p_x = J_x \tag{9.4.6}$$

e

$$p_{fx} - p_{ix} = \int_{t_i}^{t_f} F_x\,dt. \tag{9.4.7}$$

Integração da Força. Se a função $\vec{F}(t)$ for conhecida, podemos calcular $\vec{J}$ (e, portanto, a variação do momento) integrando a função. Se temos um gráfico de $\vec{F}$ em função do tempo t, podemos obter $\vec{J}$ calculando a área entre a curva e o eixo t, como na Fig. 9.4.3a. Em muitas situações, não sabemos como a força varia com o tempo, mas conhecemos o módulo médio $F_{méd}$ da força e a duração Δt ($= t_f - t_i$) da colisão. Nesse caso, podemos escrever o módulo do impulso como

$$J = F_{méd}\Delta t. \tag{9.4.8}$$

A Fig. 9.4.3b mostra a força média em função do tempo. A área sob a curva no gráfico é igual à área sob a curva da força real na Fig. 9.4.3a, uma vez que as duas áreas são iguais a J, o módulo do impulso.

Em vez de nos preocuparmos com a bola, poderíamos ter concentrado nossa atenção no taco na Fig. 9.4.2. De acordo com a terceira lei de Newton, a força experimentada pelo taco em qualquer instante tem o mesmo módulo que a força experimentada pela bola, mas o sentido oposto. De acordo com a Eq. 9.4.3, isso significa que o impulso experimentado pelo taco tem o mesmo módulo que o impulso experimentado pela bola, mas o sentido oposto.

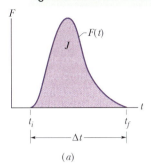

Teste 9.4.1

Um paraquedista, cujo paraquedas não abriu, cai em um monte de neve e sofre ferimentos leves. Se caísse em um terreno sem neve, o tempo necessário para parar teria sido 10 vezes menor e a colisão seria fatal. A presença da neve aumenta, diminui ou mantém inalterado o valor (a) da variação do momento do paraquedista, (b) do impulso experimentado pelo paraquedista e (c) da força experimentada pelo paraquedista?

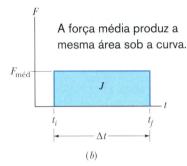

Colisões em Série

Vamos considerar agora a força experimentada por um corpo ao sofrer uma série de colisões iguais. Imagine, por exemplo, que uma daquelas máquinas de arremessar bolas de tênis tenha sido ajustada para disparar bolas contra uma parede, uma após a outra. Cada colisão produz uma força sobre a parede, mas não é essa força que queremos calcular; o que nos interessa é a força média $F_{méd}$ a que a parede é submetida durante o bombardeio, ou seja, a força média associada a um grande número de colisões.

Na Fig. 9.4.4, projéteis igualmente espaçados, de massas iguais m e momentos iguais $m\vec{v}$, deslocam-se ao longo de um eixo x e colidem com um alvo fixo. Seja n o número de projéteis que colidem em um intervalo de tempo Δt. Como o movimento é apenas ao longo do eixo x, podemos usar as componentes dos momentos ao longo desse eixo. Assim, cada projétil tem momento inicial mv e sofre uma variação Δp do momento linear por causa da colisão. A variação total do momento linear de n projéteis durante o intervalo Δt é $n\ \Delta p$. O impulso resultante $\vec{J}$ a que é submetido o alvo no intervalo de tempo Δt está orientado ao longo do eixo x e tem o mesmo módulo $n\ \Delta p$ que a variação do momento linear, mas o sentido oposto. Podemos escrever essa relação na forma

$$J = -n\ \Delta p, \quad (9.4.9)$$

Figura 9.4.3 (a) A curva mostra o módulo da força dependente do tempo F(t) que age sobre a bola na colisão da Fig. 9.4.2. A área sob a curva é igual ao módulo do impulso $\vec{J}$ sobre a bola durante a colisão. (b) A altura do retângulo representa a força média $F_{méd}$ que age sobre a bola no intervalo Δt. A área do retângulo é igual à área sob a curva do item (a) e, portanto, também é igual ao módulo do impulso $\vec{J}$ durante a colisão.

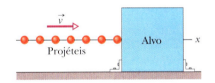

Figura 9.4.4 Uma série de projéteis, todos com o mesmo momento linear, colide com um alvo fixo. A força média $F_{méd}$ exercida sobre o alvo aponta para a direita e tem um módulo que depende da taxa com a qual os projéteis colidem com o alvo, ou, alternativamente, da taxa mássica dos projéteis.

em que o sinal negativo indica que J e Δp têm sentidos opostos.

Força Média. Combinando as Eqs. 9.4.8 e 9.4.9, podemos obter a força média $F_{méd}$ que age sobre o alvo durante as colisões:

$$F_{méd} = \frac{J}{\Delta t} = -\frac{n}{\Delta t}\Delta p = -\frac{n}{\Delta t}m\ \Delta v. \quad (9.4.10)$$

A Eq. 9.4.10 expressa $F_{méd}$ em termos de $n/\Delta t$, a taxa com a qual os projéteis colidem com o alvo, e Δv, a variação de velocidade dos projéteis.

Variação de Velocidade. Se os projéteis permanecem em repouso após o choque, a variação de velocidade é dada por

$$\Delta v = v_f - v_i = 0 - v = -v, \quad (9.4.11)$$

em que $v_i\ (=v)$ e $v_f\ (=0)$ são as velocidades antes e depois da colisão, respectivamente. Se, em vez disso, os projéteis ricocheteiam no alvo e conservam a mesma velocidade escalar, $v_f = -v$ e, portanto,

$$\Delta v = v_f - v_i = -v - v = -2v. \quad (9.4.12)$$

No intervalo de tempo Δt, uma quantidade de massa $\Delta m = nm$ colide com o alvo. Sendo assim, podemos escrever a Eq. 9.4.10 na forma

$$F_{méd} = -\frac{\Delta m}{\Delta t}\Delta v. \quad (9.4.13)$$

A Eq. 9.4.13 expressa a força média $F_{méd}$ em termos de $\Delta m/\Delta t$, a taxa com a qual a massa colide com o alvo, conhecida como taxa mássica. Mais uma vez, podemos substituir Δv pelo resultado da Eq. 9.4.11 ou 9.4.12, dependendo do que acontece com os projéteis após as colisões.

Teste 9.4.2

A figura mostra uma vista superior de uma bola ricocheteando em uma parede vertical sem que a velocidade escalar da bola seja afetada. Considere a variação $\Delta\vec{p}$ do momento linear da bola. (a) Δp_x é positiva, negativa ou nula? (b) Δp_y é positiva, negativa ou nula? (c) Qual é a orientação de $\Delta\vec{p}$?

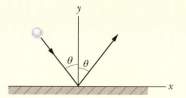

Exemplo 9.4.1 Cabeçadas no futebol

Uma jogada muito comum nas partidas de futebol é golpear a bola com a cabeça, no intuito de passá-la a um companheiro ou marcar um gol (Fig. 9.4.5). O choque da bola com a cabeça pode causar uma concussão, que em geral acontece quando a cabeça é submetida a acelerações maiores que 95g? Suponha que uma bola chutada chegue ao jogador a uma velocidade $v = 65$ km/h e o jogador rebata a bola com a cabeça no sentido diametralmente oposto a uma velocidade de 20 km/h. A bola tem uma massa $m = 0,400$ kg e a colisão ocorre em $\Delta t = 11$ ms. Suponha que a cabeça do jogador tem uma massa de 5,11 kg (cerca de 7,3% da massa corporal). Quais são os módulos (a) do impulso J e (b) da força média $F_{méd}$ exercidos sobre a bola? Quais são os módulos (c) do impulso e (d) da força média exercidos sobre a cabeça do jogador? Quais são os módulos (e) da variação de velocidade $\Delta v_{cabeça}$ e (f) da aceleração $a_{cabeça}$ da cabeça do jogador? (g) O valor de $a_{cabeça}$ é suficiente para causar uma concussão? (A resposta é evidente, porque, se fosse positiva, as cabeçadas não seriam permitidas nos jogos de futebol.)

IDEIAS-CHAVE

(1) Em uma colisão de dois corpos, o impulso J é igual à variação de momento Δp de um dos corpos. (2) O impulso também é igual ao produto da força média exercida por um dos corpos pela duração Δt da colisão. (3) A aceleração a de um corpo é igual à razão entre a variação de velocidade e a duração dessa variação.

Cálculos: (a) Vamos escolher um eixo x apontando na direção final da bola e com a origem na cabeça do jogador.

Para determinar o módulo do impulso aplicado à bola a partir da variação do momento da bola, escrevemos

$$J = \Delta p = m\,\Delta v = m(v_f - v_i)$$
$$= (0,400 \text{ kg})\,[(20 \text{ km/h}) - (-65 \text{ km/h})]\left(\frac{1.000 \text{ m}}{1 \text{ km}}\right)\left(\frac{1 \text{ h}}{3.600 \text{ s}}\right)$$
$$= 9{,}444 \text{ kg} \cdot \text{m/s} \approx 9{,}4 \text{ kg} \cdot \text{m/s}. \quad \text{(Resposta)}$$

Note que as velocidades são grandezas vetoriais. A velocidade inicial aponta no sentido negativo do eixo x.
(Os erros de sinal são comuns em provas e deveres de casa.)
O vetor impulso aponta no sentido positivo do eixo x.

(b) Para calcular o módulo da força média, usamos a equação $J = F_{méd}\Delta t$ para escrever

$$F_{méd} = \frac{J}{\Delta t} = \frac{9{,}444 \text{ kg} \cdot \text{m/s}}{11 \times 10^{-3} \text{ s}} = 858 \text{ N} \approx 860 \text{ N}. \quad \text{(Resposta)}$$

(c) e (d) Os módulos do impulso e da força média exercidos sobre a cabeça do jogador são iguais aos valores calculados nos itens (a) e (b), mas as direções (ambos são grandezas vetoriais) têm o sentido oposto.

(e) Podemos calcular o módulo da variação Δv da velocidade da cabeça a partir do impulso sobre a cabeça:

$$J = \Delta p_{cabeça} = m_{cabeça}\,\Delta v_{cabeça}$$

$$\Delta v_{cabeça} = \frac{J}{m_{cabeça}} = \frac{9{,}444 \text{ kg} \cdot \text{m/s}}{5{,}11 \text{ kg}} = 1{,}848 \text{ m/s} \approx 1{,}8 \text{ m/s}.$$
$$\text{(Resposta)}$$

(f) Agora que conhecemos a variação da velocidade e o tempo que durou essa variação, podemos escrever:

$$a_{\text{cabeça}} = \frac{\Delta v_{\text{cabeça}}}{\Delta t} = \frac{1{,}848 \text{ m/s}}{11 \times 10^{-3} \text{ s}} = 167{,}8 \text{ m/s}^2$$

$$= (167{,}8 \text{ m/s}^2)\left(\frac{1g}{9{,}8 \text{ m/s}^2}\right) = 17{,}1g. \quad \text{(Resposta)}$$

(g) O módulo da aceleração é relativamente elevado, mas, mesmo assim, é muito menor que o valor necessário para causar uma concussão.

Figura 9.4.5 Cabeceando uma bola.

9.5 CONSERVAÇÃO DO MOMENTO LINEAR

Objetivos do Aprendizado

Depois de ler este módulo, você será capaz de ...

9.5.1 No caso de um sistema isolado de partículas, usar a lei de conservação do momento linear para relacionar o momento inicial das partículas ao momento em um instante posterior.

9.5.2 Saber que, mesmo que um sistema não seja isolado, a lei de conservação do momento linear pode ser aplicada à componente do momento em relação a um eixo, *contanto* que não haja uma componente de uma força externa na direção desse eixo.

Ideias-Chave

- Se um sistema é fechado e isolado, o momento linear $\vec{P}$ do sistema é constante:

$$\vec{P} = \text{constante} \quad \text{(sistema fechado e isolado)}.$$

- A lei de conservação do momento linear também pode ser escrita em termos do momento inicial do sistema e do momento do sistema em um instante posterior:

$$\vec{P}_i = \vec{P}_f \quad \text{(sistema fechado e isolado)}.$$

Conservação do Momento Linear

Suponha que a força externa resultante $\vec{F}_{\text{res}}$ (e, portanto, o impulso $\vec{J}$) que age sobre um sistema de partículas é zero (ou seja, que o sistema é isolado) e que nenhuma partícula entra no sistema ou sai do sistema (ou seja, que o sistema é fechado). Fazendo $\vec{F}_{\text{res}} = 0$ na Eq. 9.3.6, temos $d\vec{P}/dt = 0$ e, portanto,

$$\vec{P} = \text{constante} \quad \text{(sistema fechado e isolado)}. \quad (9.5.1)$$

Em palavras,

Se um sistema de partículas não está submetido a forças externas, o momento linear total $\vec{P}$ do sistema não pode variar.

Este resultado, conhecido como **lei de conservação do momento linear**, também pode ser escrito na forma

$$\vec{P}_i = \vec{P}_f \quad \text{(sistema fechado e isolado)}. \quad (9.5.2)$$

Em palavras, a Eq. 9.5.2 significa que, em um sistema fechado e isolado,

$$\begin{pmatrix} \text{momento linear total em} \\ \text{um instante inicial } t_i \end{pmatrix} = \begin{pmatrix} \text{momento linear total em} \\ \text{um instante posterior } t_f \end{pmatrix}.$$

Atenção: A conservação do momento não deve ser confundida com a conservação da energia. Nos exemplos deste módulo, o momento é conservado, mas o mesmo não acontece com a energia.

Como as Eqs. 9.5.1 e 9.5.2 são equações vetoriais, cada uma equivale a três equações para a conservação do momento linear em três direções mutuamente perpendiculares, como, por exemplo, os eixos de um sistema de coordenadas *xyz*. Dependendo das forças presentes no sistema, o momento linear pode ser conservado em uma ou duas direções, mas não em todas. Entretanto,

Se uma das componentes da força *externa* aplicada a um sistema fechado é nula, a componente do momento linear do sistema em relação ao mesmo eixo não pode variar.

No caso de um problema específico, como é possível saber se o momento linear é conservado, digamos, ao longo do eixo *x*? Para isso, basta examinar as componentes das forças externas em relação ao eixo *x*. Se a soma das componentes é zero, o momento é conservado. Suponha, por exemplo, que você arremessa uma laranja de uma extremidade a outra de um aposento. Durante o percurso, a única força externa que age sobre a laranja (que estamos considerando como o sistema) é a força gravitacional $\vec{F}_g$, dirigida verticalmente para baixo. Assim, a componente vertical do momento linear da laranja varia, mas, já que nenhuma força externa horizontal age sobre a laranja, a componente horizontal do momento linear não pode variar.

Note que estamos falando das forças externas que agem sobre um sistema fechado. Embora forças internas possam mudar o momento linear de partes do sistema, elas não podem mudar o momento linear total do sistema. Assim, por exemplo, os órgãos do seu corpo estão sujeitos a muitas forças, mas elas (felizmente) não fazem com que você seja arremessado constantemente de um lado para outro.

Os exemplos deste módulo envolvem explosões unidimensionais (o que significa que os movimentos antes e depois da explosão ocorrem ao longo de um único eixo) ou bidimensionais (o que significa que os movimentos ocorrem em um plano que contém dois eixos). As colisões serão discutidas em outros módulos.

Teste 9.5.1

Um artefato inicialmente em repouso em um piso sem atrito explode em dois pedaços, que deslizam pelo piso após a explosão. Um dos pedaços desliza no sentido positivo de um eixo *x*. (a) Qual é a soma dos momentos dos dois pedaços após a explosão? (b) O segundo pedaço pode se mover em uma direção diferente da do eixo *x*? (c) Qual é a orientação do momento do segundo pedaço?

Exemplo 9.5.1 Explosão unidimensional e velocidade relativa de um rebocador espacial

A Fig. 9.5.1*a* mostra um rebocador espacial e uma cápsula de carga, de massa total *M*, viajando ao longo de um eixo *x* no espaço sideral com uma velocidade inicial $\vec{v}_i$ de módulo 2.100 km/h em relação ao Sol. Com uma pequena explosão, o rebocador ejeta a cápsula de carga, de massa 0,20*M* (Fig. 9.5.1*b*). Depois disso, o rebocador passa a viajar 500 km/h mais depressa que a cápsula ao longo do eixo *x*, ou seja, a velocidade relativa v_{rel} entre o cargueiro e a cápsula é 500 km/h. Qual é a nova velocidade $\vec{v}_{RS}$ do rebocador em relação ao Sol?

IDEIA-CHAVE

Como o sistema rebocador-cápsula é fechado e isolado, o momento linear total do sistema é conservado, ou seja,

$$\vec{P}_i = \vec{P}_f, \tag{9.5.3}$$

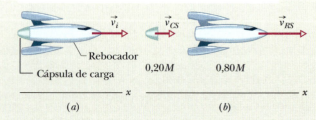

Figura 9.5.1 (*a*) Um rebocador espacial, com uma cápsula de carga, movendo-se com velocidade inicial $\vec{v}_i$. (*b*) O rebocador ejetou a cápsula de carga; agora as velocidades em relação ao Sol são $\vec{v}_{CS}$ para a cápsula e $\vec{v}_{RS}$ para o rebocador.

em que os índices i e f indicam os valores antes e depois da ejeção, respectivamente. (*Atenção*: Embora o momento do *sistema* permaneça o mesmo, não se pode dizer o mesmo dos momentos do rebocador e da cápsula, que são diferentes antes e depois da ejeção.)

Cálculos: Como o movimento é ao longo de um único eixo, podemos escrever os momentos e as velocidades em termos das componentes x. Antes da ejeção, temos:

$$P_i = Mv_i. \quad (9.5.4)$$

Seja v_{CS} a velocidade da cápsula ejetada em relação ao Sol. O movimento linear total do sistema após a ejeção é dado por

$$P_f = (0{,}20M)v_{CS} + (0{,}80M)v_{RS}, \quad (9.5.5)$$

em que o primeiro termo do lado direito é o momento linear da cápsula de carga e o segundo termo é o momento linear do rebocador.

Não conhecemos a velocidade v_{CS} da cápsula em relação ao Sol, mas podemos relacioná-la às velocidades conhecidas por meio da equação

$$\begin{pmatrix}\text{velocidade do}\\\text{rebocador em}\\\text{relação ao Sol}\end{pmatrix} = \begin{pmatrix}\text{velocidade do}\\\text{rebocador em}\\\text{relação à cápsula}\end{pmatrix} + \begin{pmatrix}\text{velocidade da}\\\text{cápsula em}\\\text{relação ao Sol}\end{pmatrix}.$$

Em símbolos, isso nos dá

$$v_{RS} = v_{\text{rel}} + v_{CS} \quad (9.5.6)$$

ou

$$v_{CS} = v_{RS} - v_{\text{rel}}.$$

Substituindo esta expressão para v_{CS} na Eq. 9.5.5 e substituindo as Eqs. 9.5.4 e 9.5.5 na Eq. 9.5.3, obtemos

$$Mv_i = 0{,}20M(v_{RS} - v_{\text{rel}}) + 0{,}80Mv_{RS},$$

o que nos dá

$$v_{RS} = v_i + 0{,}20v_{\text{rel}},$$

ou

$$v_{RS} = 2100 \text{ km/h} + (0{,}20)(500 \text{ km/h})$$
$$= 2200 \text{ km/h}. \quad \text{(Resposta)}$$

Exemplo 9.5.2 Explosão bidimensional e momento de um coco

Ao explodir, uma bomba artesanal do tipo cabeça de negro colocada no interior de um coco vazio de massa M, inicialmente em repouso em uma superfície sem atrito, quebra o coco em três pedaços, que deslizam em uma superfície horizontal. Uma vista superior é apresentada na Fig. 9.5.2a. O pedaço C, de massa $0{,}30M$, tem velocidade escalar final $v_{fC} = 5{,}0$ m/s.

(a) Qual é a velocidade do pedaço B, de massa $0{,}20M$?

IDEIA-CHAVE

Em primeiro lugar, precisamos saber se o momento linear é conservado. Observamos que (1) o coco e seus pedaços formam um sistema fechado, (2) as forças da explosão são internas ao sistema, e (3) nenhuma força externa age sobre o sistema. Isso significa que o momento linear do sistema é conservado. (*Atenção*: Embora o momento do sistema permaneça o mesmo, não se pode dizer o mesmo dos momentos dos pedaços do coco, que são diferentes antes e depois da ejeção.)

Cálculos: Para começar, introduzimos um sistema de coordenadas xy no sistema, como mostra a Fig. 9.5.2b, com o sentido negativo do eixo x coincidindo com o sentido de $\vec{v}_{fA}$. O eixo x faz 80° com a direção de $\vec{v}_{fC}$ e 50° com a direção de $\vec{v}_{fB}$.

O momento linear é conservado separadamente para cada eixo. Vamos usar o eixo y e escrever

$$P_{iy} = P_{fy}, \quad (9.5.7)$$

em que o índice i indica o valor inicial (antes da explosão), o índice f indica o valor final e o índice y indica a componente y de $\vec{P}_i$ ou $\vec{P}_f$.

A componente P_{iy} do momento linear inicial é zero, pois o coco está inicialmente em repouso. Para calcular P_{fy}, determinamos a

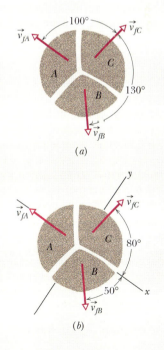

A separação explosiva pode mudar o momento de partes do sistema, mas o momento total do sistema permanece o mesmo.

Figura 9.5.2 Três pedaços de um coco que explodiu se afastam em três direções em um piso sem atrito. (*a*) Vista superior do evento. (*b*) A mesma vista com um sistema de eixos bidimensional desenhado.

236 CAPÍTULO 9

componente y do momento linear final de cada pedaço utilizando a versão para a componente y da Eq. 9.3.1 ($p_y = mv_y$):

$$p_{fA,y} = 0,$$
$$p_{fB,y} = -0{,}20Mv_{fB,y} = -0{,}20Mv_{fB}\operatorname{sen}50°,$$
$$p_{fC,y} = 0{,}30Mv_{fC,y} = 0{,}30Mv_{fC}\operatorname{sen}80°.$$

(Note que $p_{fA,y} = 0$ por causa de nossa escolha de eixos.) A Eq. 9.5.7 pode ser escrita na forma

$$P_{iy} = P_{fy} = p_{fA,y} + p_{fB,y} + p_{fC,y}.$$

Nesse caso, com $v_{fC} = 5{,}0$ m/s, temos:

$$0 = 0 - 0{,}20Mv_{fB}\operatorname{sen}50° + (0{,}30M)(5{,}0\text{ m/s})\operatorname{sen}80°,$$

e, portanto,

$$v_{fB} = 9{,}64\text{ m/s} \approx 9{,}6\text{ m/s.} \qquad \text{(Resposta)}$$

(b) Qual é a velocidade escalar do pedaço A?

Cálculos: Como o momento linear também é conservado ao longo do eixo x, temos:

$$P_{ix} = P_{fx}, \qquad\qquad (9.5.8)$$

em que $P_{ix} = 0$, pois o coco está inicialmente em repouso. Para calcular P_{fx}, determinamos as componentes x do momento linear final de cada pedaço usando o fato de que o pedaço A tem massa de $0{,}50M$ ($= M - 0{,}20M - 0{,}30M$):

$$p_{fA,x} = -0{,}50Mv_{fA},$$
$$p_{fB,x} = 0{,}20Mv_{fB,x} = 0{,}20Mv_{fB}\cos 50°,$$
$$p_{fC,x} = 0{,}30Mv_{fC,x} = 0{,}30Mv_{fC}\cos 80°.$$

A Eq. 9.5.8 pode ser escrita na forma

$$P_{ix} = P_{fx} = p_{fA,x} + p_{fB,x} + p_{fC,x}.$$

Nesse caso, com $v_{fC} = 5{,}0$ m/s e $v_{fB} = 9{,}64$ m/s, temos:

$$0 = -0{,}50Mv_{fA} + 0{,}20M(9{,}64\text{ m/s})\cos 50°$$
$$+ 0{,}30M(5{,}0\text{ m/s})\cos 80°,$$

e, portanto,

$$v_{fA} = 3{,}0\text{ m/s.} \qquad \text{(Resposta)}$$

9.6 MOMENTO E ENERGIA CINÉTICA EM COLISÕES

Objetivos do Aprendizado

Depois de ler este módulo, você será capaz de ...

9.6.1 Saber a diferença entre colisões elásticas, colisões inelásticas e colisões totalmente inelásticas.

9.6.2 Saber que, em uma colisão unidimensional, os objetos se movem na mesma linha reta antes e depois da colisão.

9.6.3 Aplicar a lei de conservação do momento linear a uma colisão unidimensional em um sistema isolado para relacionar os momentos iniciais dos objetos antes da colisão aos momentos dos objetos após a colisão.

9.6.4 Saber que, em um sistema isolado, o momento e a velocidade do centro de massa não são afetados por uma colisão entre objetos do sistema.

Ideias-Chave

● Em uma colisão inelástica de dois corpos, a energia cinética do sistema de dois corpos não é conservada. Se o sistema é fechado e isolado, o momento linear do sistema é conservado, ou seja,

$$\vec{p}_{1i} + \vec{p}_{2i} = \vec{p}_{1f} + \vec{p}_{2f},$$

em que os índices i e f indicam valores, respectivamente, antes e depois da colisão.

● Se os corpos se movem ao longo da mesma linha reta, a colisão é unidimensional e podemos escrevê-la em termos das componentes em relação a essa linha reta:

$$m_1 v_{1i} + m_2 v_{2i} = m_1 v_{1f} + m_2 v_{2f}.$$

● Se os corpos permanecem unidos após a colisão, a colisão é chamada de perfeitamente inelástica e os corpos, naturalmente, têm a mesma velocidade final V.

● O centro de massa de um sistema fechado e isolado, composto por dois corpos, não é afetado por uma colisão. Em particular, a velocidade $\vec{v}_{CM}$ é a mesma antes e depois da colisão.

Momento e Energia Cinética em Colisões 🔧 9.5

No Módulo 9.4, consideramos a colisão de dois corpos que se comportavam como partículas, mas nos concentramos em apenas um dos corpos. Nos próximos módulos, estudaremos o sistema de dois corpos como um todo, supondo que se trata de um sistema fechado e isolado. No Módulo 9.5, discutimos uma regra para sistemas desse tipo: o momento linear total $\vec{P}$ do sistema não pode variar, já que não há uma força externa para causar essa variação. Trata-se de uma regra muito importante, pois permite determinar o resultado de uma colisão *sem conhecer* detalhes da colisão, como a extensão dos danos.

Também estaremos interessados na energia cinética total de um sistema de dois corpos que colidem. Se a energia cinética total não é alterada pela colisão, a energia cinética do sistema é *conservada* (é a mesma antes e depois da colisão). Esse tipo de colisão é chamado **colisão elástica**. Nas colisões entre corpos comuns, que acontecem no dia a dia, como a colisão de dois carros ou de uma bola com um taco, parte da energia é transferida de energia cinética para outras formas de energia, como energia térmica e energia sonora. Isso significa que a energia cinética *não é* conservada. Esse tipo de colisão é chamado **colisão inelástica**.

Em algumas situações, podemos considerar uma colisão de corpos comuns como *aproximadamente* elástica. Suponha que você deixa cair uma Superbola em um piso duro. Se a colisão entre a bola e o piso (ou a Terra) fosse elástica, a bola não perderia energia cinética na colisão e voltaria à altura inicial. Na prática, a altura atingida pela bola após a colisão é ligeiramente menor, o que mostra que parte da energia cinética é perdida na colisão e, portanto, a colisão é inelástica. Entretanto, dependendo do tipo de cálculo que estamos executando, pode ser válido desprezar a pequena quantidade de energia cinética perdida e considerar a colisão como se fosse elástica.

A colisão inelástica de dois corpos sempre envolve uma perda de energia cinética por parte do sistema. A maior perda ocorre quando os dois corpos permanecem juntos, caso em que a colisão é chamada **colisão perfeitamente inelástica**. A colisão de uma bola de beisebol com um taco é inelástica, enquanto a colisão de uma bola de massa de modelar com um taco é perfeitamente inelástica, pois, nesse caso, a bola adere ao bastão.

Colisões Inelásticas em Uma Dimensão 9.7

Colisão Inelástica Unidimensional

A Fig. 9.6.1 mostra dois corpos pouco antes e pouco depois de sofrerem uma colisão unidimensional. As velocidades antes da colisão (índice *i*) e depois da colisão (índice *f*) estão indicadas. Os dois corpos constituem um sistema fechado e isolado. Podemos escrever a lei de conservação do momento linear para esse sistema de dois corpos da seguinte forma:

$$\begin{pmatrix} \text{momento total } \vec{P}_i \\ \text{antes da colisão} \end{pmatrix} = \begin{pmatrix} \text{momento total } \vec{P}_f \\ \text{depois da colisão} \end{pmatrix},$$

ou, em símbolos,

$$\vec{p}_{1i} + \vec{p}_{2i} = \vec{p}_{1f} + \vec{p}_{2f} \quad \text{(conservação do momento linear)}. \tag{9.6.1}$$

Como o movimento é unidimensional, podemos substituir os vetores por componentes em relação a um único eixo. Assim, a partir da equação $p = mv$, podemos escrever a Eq. 9.6.1 na forma

$$m_1 v_{1i} + m_2 v_{2i} = m_1 v_{1f} + m_2 v_{2f}. \tag{9.6.2}$$

Se conhecemos os valores, digamos, das massas, das velocidades iniciais e de uma das velocidades finais, podemos calcular a outra velocidade final usando a Eq. 9.6.2.

Colisões Perfeitamente Inelásticas Unidimensionais

A Fig. 9.6.2 mostra dois corpos antes e depois de sofrerem uma colisão perfeitamente inelástica (ou seja, os corpos permanecem unidos após a colisão). O corpo de massa m_2 está inicialmente em repouso ($v_{2i} = 0$). Podemos nos referir a esse corpo como *alvo* e ao corpo incidente como *projétil*. Após a colisão, os dois corpos se movem juntos com velocidade V. Nessa situação, podemos escrever a Eq. 9.6.2 como

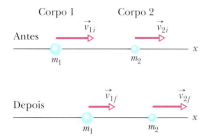

Figura 9.6.1 Os corpos 1 e 2 se movem ao longo de um eixo *x*, antes e depois de sofrerem uma colisão inelástica.

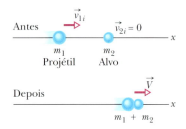

Figura 9.6.2 Uma colisão perfeitamente inelástica entre dois corpos. Antes da colisão, o corpo de massa m_2 está em repouso e o corpo de massa m_1 está se movendo. Após a colisão, os corpos unidos se movem com a mesma velocidade $\vec{V}$.

$$m_1 v_{1i} = (m_1 + m_2)V \quad (9.6.3)$$

ou

$$V = \frac{m_1}{m_1 + m_2} v_{1i}. \quad (9.6.4)$$

Se conhecemos os valores, digamos, das massas e da velocidade inicial v_{1i} do projétil, podemos calcular a velocidade final V usando a Eq. 9.6.4. Note que V é sempre menor que v_{1i}, já que a razão $m_1/(m_1 + m_2)$ é sempre menor que 1.

Velocidade do Centro de Massa

Em um sistema fechado e isolado, a velocidade $\vec{v}_{CM}$ do centro de massa do sistema não pode variar em uma colisão porque não existem forças externas para causar essa variação. Para obter o valor de $\vec{v}_{CM}$, vamos voltar ao sistema de dois corpos e à colisão unidimensional da Fig. 9.6.1. De acordo com a Eq. 9.3.4 ($\vec{P} = M\vec{v}_{CM}$), podemos relacionar $\vec{v}_{CM}$ ao momento linear total $\vec{P}$ do sistema de dois corpos escrevendo

$$\vec{P} = M\vec{v}_{CM} = (m_1 + m_2)\vec{v}_{CM}. \quad (9.6.5)$$

Como o momento linear total $\vec{P}$ é conservado na colisão, ele é dado pelos dois lados da Eq. 9.6.1. Vamos usar o lado esquerdo e escrever

$$\vec{P} = \vec{p}_{1i} + \vec{p}_{2i}. \quad (9.6.6)$$

Substituindo essa expressão de $\vec{P}$ na Eq. 9.6.5 e explicitando $\vec{v}_{CM}$, obtemos

$$\vec{v}_{CM} = \frac{\vec{P}}{m_1 + m_2} = \frac{\vec{p}_{1i} + \vec{p}_{2i}}{m_1 + m_2}. \quad (9.6.7)$$

O lado direito da Eq. 9.6.7 é uma constante, e $\vec{v}_{CM}$ tem esse valor constante antes e depois da colisão.

Assim, por exemplo, a Fig. 9.6.3 mostra, em uma série de instantâneos, o movimento do centro de massa para a colisão perfeitamente inelástica da Fig. 9.6.2. O corpo 2 é o alvo, e o momento linear inicial do corpo 2 na Eq. 9.6.7 é $\vec{p}_{2i} = m_2 \vec{v}_{2i} = 0$. O corpo 1 é o projétil, e o momento linear inicial do corpo 1 na Eq. 9.6.7 é $\vec{p}_{1i} = m_1 \vec{v}_{1i}$. Note que, antes e depois da colisão, o centro de massa se move com velocidade constante para a direita. Depois da colisão, a velocidade final V comum aos corpos é igual a $\vec{v}_{CM}$, uma vez que, a partir desse momento, o centro de massa coincide com o conjunto formado pelos dois corpos.

Teste 9.6.1

O corpo 1 e o corpo 2 sofrem uma colisão perfeitamente inelástica. Qual é o momento linear final dos corpos se os momentos iniciais são, respectivamente, (a) 10 kg · m/s e 0; (b) 10 kg · m/s e 4 kg · m/s; (c) 10 kg · m/s e −4 kg · m/s?

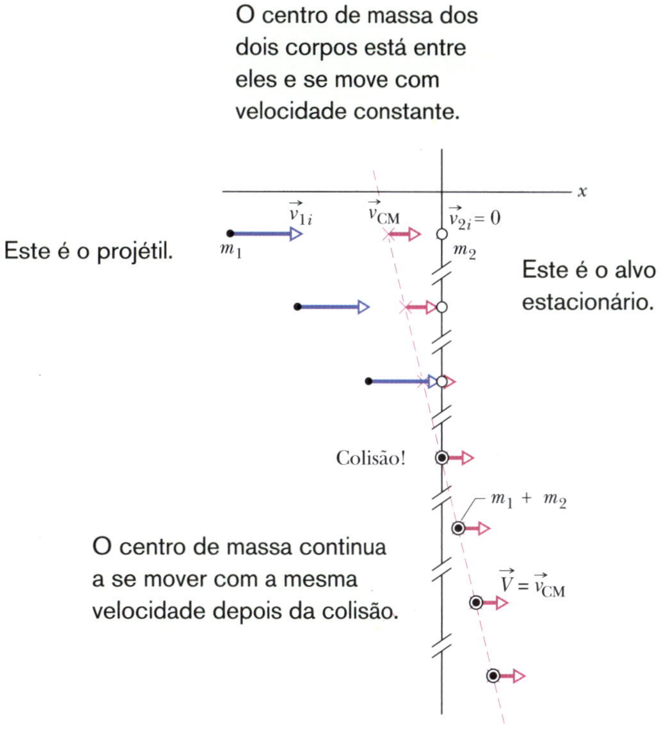

CENTRO DE MASSA E MOMENTO LINEAR · 239

O centro de massa dos dois corpos está entre eles e se move com velocidade constante.

Este é o projétil.

Este é o alvo estacionário.

Colisão!

O centro de massa continua a se mover com a mesma velocidade depois da colisão.

Figura 9.6.3 Alguns instantâneos do sistema de dois corpos da Fig. 9.6.2, no qual ocorre uma colisão perfeitamente inelástica. O centro de massa do sistema é mostrado em cada instantâneo. A velocidade $\vec{v}_{CM}$ do centro de massa não é afetada pela colisão. Como os corpos permanecem juntos após a colisão, a velocidade comum $\vec{V}$ é igual a $\vec{v}_{CM}$.

Exemplo 9.6.1 · Sobrevivência em uma colisão frontal

O tipo mais perigoso de colisão entre dois carros é a colisão frontal (Fig. 9.6.4a). Surpreendentemente, as estatísticas sugerem que o risco de o motorista morrer em uma colisão frontal é menor se houver um passageiro no carro. Vamos ver por quê.

A Fig. 9.6.4b mostra dois carros iguais que se movem em sentidos opostos no eixo x e estão prestes a sofrer uma colisão frontal perfeitamente inelástica, unidimensional. A massa de cada carro é 1.400 kg. Durante a colisão, os dois carros formam um sistema fechado. Vamos supor que durante a colisão o impulso entre os carros é tão grande que é possível ignorar a força de atrito entre os pneus e a estrada e podemos supor que não existem forças externas agindo sobre o sistema de dois carros.

A velocidade inicial do carro 1 é $v_{1i} = +25$ m/s e a do carro 2 é $v_{2i} = -25$ m/s. Durante a colisão, a força (e, portanto, o impulso) produz uma variação Δv na velocidade dos dois carros. A probabilidade de o motorista morrer depende do valor de Δv. (a) Quais são as variações Δv_1 e Δv_2 das velocidades dos dois carros?

IDEIA-CHAVE

Como o sistema é fechado e isolado, o momento linear total é conservado.

Cálculos: De acordo com a Eq. 9.6.2, temos:

$$m_1 v_{1i} + m_2 v_{2i} = m_1 v_{1f} + m_2 v_{2f}.$$

Como a colisão é totalmente inelástica, os dois carros permanecem juntos após a colisão, com a mesma velocidade V. Fazendo as duas velocidades finais iguais a V, obtemos:

$$V = \frac{m_1 v_{1i} + m_2 v_{2i}}{m_1 + m_2}.$$

Substituindo os valores conhecidos, obtemos:

$$V = \frac{(1.400 \text{ kg})(+25 \text{ m/s}) + (1.400 \text{ kg})(-25 \text{ m/s})}{1.400 \text{ kg} + 1.400 \text{ kg}} = 0.$$

Assim, a mudança de velocidade do carro 1 é

$$\begin{aligned} \Delta v_1 &= v_{1f} - v_{1i} = V - v_{1i} \\ &= 0 - (+25 \text{ m/s}) = -25 \text{ m/s}, \qquad \text{(Resposta)} \end{aligned}$$

e a mudança de velocidade do carro 2 é

$$\begin{aligned} \Delta v_2 &= v_{2f} - v_{2i} = V - v_{2i} \\ &= 0 - (-25 \text{ m/s}) = +25 \text{ m/s}. \qquad \text{(Resposta)} \end{aligned}$$

(b) Vamos examinar novamente a colisão, desta vez com um passageiro de 80 kg no carro 1. Quais são os novos valores de Δv_1 e Δv_2?

Cálculos: Repetindo os cálculos com $m_1 = 1.480$ kg, obtemos

$$V = 0{,}694 \text{ m/s},$$

o que nos dá

$$\Delta v_1 = -24{,}3 \text{ m/s} \quad \text{e} \quad \Delta v_2 = +25{,}7 \text{ m/s}. \quad \text{(Resposta)}$$

(c) As estatísticas a respeito de colisões frontais não incluem valores de Δv, mas indicam as massas dos carros e se o motorista morreu. Ajustando uma função aos dados disponíveis, pesquisadores descobriram que o risco de morte r_1 do motorista 1 é dado por

$$r_1 = c\left(\frac{m_2}{m_1}\right)^{1,79},$$

em que c é uma constante. Justifique por que a razão m_2/m_1 aparece nesta equação e use a equação para comparar os riscos de morte do motorista 1 com e sem o passageiro.

Cálculos: Vamos escrever a equação de conservação do momento colocando m_1 e m_2 em evidência:

$$m_1(v_{1f} - v_{1i}) = -m_2(v_{2f} - v_{2i}).$$

Fazendo $v_{1f} - v_{1i} = \Delta v_1$ e $v_{2f} - v_{2i} = \Delta v_2$ e reagrupando os termos, obtemos

$$\frac{m_2}{m_1} = -\frac{\Delta v_1}{\Delta v_2}.$$

O risco de morte do motorista depende da variação de velocidade Δv do motorista. A equação anterior mostra que a razão das variações de velocidade em uma colisão é o inverso da razão das massas. Esse é o motivo pelo qual os dados estatísticos mostram que o risco de morte depende da razão das massas. No caso que estamos examinando, quando o motorista 1 está sozinho, o risco é

$$r_1 = c\left(\frac{1.400\text{ kg}}{1.400\text{ kg}}\right)^{1,79} = c.$$

Quando o motorista 1 está acompanhado por um passageiro,

$$r_1' = c\left(\frac{1.400\text{ kg}}{1.400\text{ kg} + 80\text{ kg}}\right)^{1,79} = 0,9053\,c.$$

Fazendo $c = r_1$, temos:

$$r_1' = 0,9053\,r_1 \approx 0,91\,r_1. \quad\text{(Resposta)}$$

Em palavras, o risco de morte do motorista 1 é cerca de 9% menor quando ele está acompanhado por um passageiro.

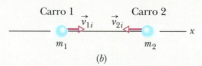

Figura 9.6.4 (*a*) Resultado de um choque frontal. (*b*) Dois carros prestes a sofrer uma colisão frontal.

9.7 COLISÕES ELÁSTICAS EM UMA DIMENSÃO

Objetivos do Aprendizado
Depois de ler este módulo, você será capaz de ...

9.7.1 No caso de colisões elásticas de dois corpos em uma dimensão, aplicar as leis de conservação da energia e do momento para relacionar os valores iniciais e os valores finais da velocidade dos corpos.

9.7.2 No caso de um projétil que colide com um alvo estacionário, analisar o movimento resultante para três casos possíveis: massas iguais, massa do alvo muito maior que a massa do projétil, e massa do projétil muito maior que a massa do alvo.

Ideia-Chave

● Uma colisão elástica é um tipo especial de colisão em que a energia cinética dos corpos que colidem é conservada. Se o sistema é fechado e isolado, o momento linear também é conservado. No caso de uma colisão unidimensional na qual o corpo 1 é o projétil e o corpo 2 é o alvo, a conservação da energia cinética e do momento linear fornecem as seguintes expressões para a velocidade dos dois corpos imediatamente após a colisão:

$$v_{1f} = \frac{m_1 - m_2}{m_1 + m_2}v_{1i}$$

e

$$v_{2f} = \frac{2m_1}{m_1 + m_2}v_{1i}.$$

Colisões Elásticas em Uma Dimensão 9.8

Como comentamos no Módulo 9.6, as colisões que acontecem no dia a dia são inelásticas, mas podemos supor que algumas são aproximadamente elásticas, ou seja, que a energia cinética total dos corpos envolvidos na colisão não é convertida em outras formas de energia e, portanto, é conservada:

$$\begin{pmatrix} \text{energia cinética total} \\ \text{antes da colisão} \end{pmatrix} = \begin{pmatrix} \text{energia cinética total} \\ \text{depois da colisão} \end{pmatrix}. \quad (9.7.1)$$

Isso não significa que a energia dos corpos envolvidos na colisão não varia:

Nas colisões elásticas, a energia cinética dos corpos envolvidos na colisão pode variar, mas a energia cinética total do sistema permanece a mesma.

Assim, por exemplo, a colisão da bola branca com uma bola colorida no jogo de sinuca pode ser considerada aproximadamente elástica. Se a colisão é frontal (ou seja, se a bola branca incide em cheio na outra bola), a energia cinética da bola branca pode ser transferida quase inteiramente para a outra bola. (Entretanto, o fato de que a colisão produz ruído significa que pelo menos uma pequena parte da energia cinética é transferida para a energia sonora.)

Alvo Estacionário

A Fig. 9.7.1 mostra dois corpos antes e depois de uma colisão unidimensional, como uma colisão frontal de bolas de sinuca. Um projétil, de massa m_1 e velocidade inicial v_{1i}, se move em direção a um alvo de massa m_2 que está inicialmente em repouso ($v_{2i} = 0$). Vamos supor que esse sistema de dois corpos é fechado e isolado. Isso significa que o momento linear total do sistema é conservado e, de acordo com a Eq. 9.6.2, temos:

$$m_1 v_{1i} = m_1 v_{1f} + m_2 v_{2f} \quad \text{(momento linear)}. \quad (9.7.2)$$

Se a colisão é elástica, a energia cinética total também é conservada e podemos expressar esse fato por meio da equação

$$\tfrac{1}{2} m_1 v_{1i}^2 = \tfrac{1}{2} m_1 v_{1f}^2 + \tfrac{1}{2} m_2 v_{2f}^2 \quad \text{(energia cinética)}. \quad (9.7.3)$$

Nas duas equações, o índice i indica a velocidade inicial, e o subscrito f indica a velocidade final dos corpos. Se conhecemos as massas dos corpos e também conhecemos v_{1i}, a velocidade inicial do corpo 1, as únicas grandezas desconhecidas são v_{1f} e v_{2f}, as velocidades finais dos dois corpos. Com duas equações à disposição, podemos calcular o valor das incógnitas.

Para isso, escrevemos a Eq. 9.7.2 na forma

$$m_1(v_{1i} - v_{1f}) = m_2 v_{2f} \quad (9.7.4)$$

e a Eq. 9.7.3 na forma*

$$m_1(v_{1i} - v_{1f})(v_{1i} + v_{1f}) = m_2 v_{2f}^2. \quad (9.7.5)$$

Dividindo a Eq. 9.7.5 pela Eq. 9.7.4 e reagrupando os termos, obtemos

$$v_{1f} = \frac{m_1 - m_2}{m_1 + m_2} v_{1i} \quad (9.7.6)$$

e

$$v_{2f} = \frac{2 m_1}{m_1 + m_2} v_{1i}. \quad (9.7.7)$$

Representação esquemática de uma colisão elástica com um alvo estacionário.

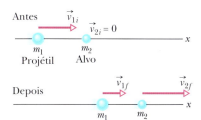

Figura 9.7.1 O corpo 1 se move ao longo de um eixo x antes de sofrer uma colisão elástica com o corpo 2, que está inicialmente em repouso. Os dois corpos se movem ao longo do eixo x após a colisão.

De acordo com a Eq. 9.7.7, v_{2f} é sempre positiva (o alvo, inicialmente parado, de massa m_2, sempre se move para a frente). De acordo com a Eq. 9.7.6, v_{1f} pode ser positiva ou negativa (o projétil se move para a frente, se $m_1 > m_2$, e ricocheteia, se $m_1 < m_2$).

---

*Nesta passagem, usamos a identidade $a^2 - b^2 = (a - b)(a + b)$, o que facilita a solução do sistema de equações constituído pelas Eqs. 9.7.4 e 9.7.5.

Vamos examinar algumas situações especiais.

1. **Massas iguais** Se $m_1 = m_2$, as Eqs. 9.7.6 e 9.7.7 se reduzem a

$$v_{1f} = 0 \quad \text{e} \quad v_{2f} = v_{1i},$$

que poderíamos chamar de resultado da sinuca. Depois de uma colisão elástica frontal de corpos de massas iguais, o corpo 1 (inicialmente em movimento) para totalmente, e o corpo 2 (inicialmente em repouso) entra em movimento com a velocidade inicial do corpo 1. Em colisões elásticas frontais, corpos de massas iguais simplesmente trocam de velocidade. Isso acontece, mesmo que o corpo 2 não esteja inicialmente em repouso.

2. **Alvo pesado** Na Fig. 9.7.1, um alvo pesado significa que $m_2 \gg m_1$. Esse seria o caso, por exemplo, de uma bola de tênis lançada contra uma bola de boliche em repouso. Nessa situação, as Eqs. 9.7.6 e 9.7.7 se reduzem a

$$v_{1f} \approx -v_{1i} \quad \text{e} \quad v_{2f} \approx \left(\frac{2m_1}{m_2}\right)v_{1i}. \quad (9.7.8)$$

A conclusão é que o corpo 1 (a bola de tênis) ricocheteia e refaz a trajetória no sentido inverso, com a velocidade escalar praticamente inalterada. O corpo 2 (a bola de boliche), inicialmente em repouso, move-se para a frente em baixa velocidade, pois o fator entre parênteses na Eq. 9.7.8 é muito menor do que 1. Tudo isso está dentro do esperado.

3. **Projétil pesado** Esse é o caso oposto, no qual $m_1 \gg m_2$. Dessa vez, uma bola de boliche é lançada contra uma bola de tênis em repouso. As Eqs. 9.7.6 e 9.7.7 se reduzem a

$$v_{1f} \approx v_{1i} \quad \text{e} \quad v_{2f} \approx 2v_{1i}. \quad (9.7.9)$$

De acordo com a Eq. 9.7.9, o corpo 1 (a bola de boliche) simplesmente mantém a trajetória, praticamente sem ser freado pela colisão. O corpo 2 (a bola de tênis) é arremessado para a frente com o dobro da velocidade da bola de boliche. O leitor deve estar se perguntando: Por que o dobro da velocidade? Para compreender a razão, lembre-se da colisão descrita pela Eq. 9.7.8, na qual a velocidade do corpo leve incidente (a bola de tênis) mudou de $+v$ para $-v$, ou seja, a velocidade sofreu uma *variação* de $2v$. A mesma variação de velocidade (agora de 0 para $2v$) acontece neste exemplo.

Alvo em Movimento

Agora que examinamos a colisão elástica de um projétil com um alvo em repouso, vamos analisar a situação na qual os dois corpos estão em movimento antes de sofrerem uma colisão elástica.

Para a situação da Fig. 9.7.2, a conservação do momento linear pode ser escrita na forma

$$m_1 v_{1i} + m_2 v_{2i} = m_1 v_{1f} + m_2 v_{2f}, \quad (9.7.10)$$

e a conservação da energia cinética na forma

$$\tfrac{1}{2}m_1 v_{1i}^2 + \tfrac{1}{2}m_2 v_{2i}^2 = \tfrac{1}{2}m_1 v_{1f}^2 + \tfrac{1}{2}m_2 v_{2f}^2. \quad (9.7.11)$$

Para resolver este sistema de equações e obter os valores de v_{1f} e v_{2f}, primeiro escrevemos a Eq. 9.7.10 na forma

$$m_1(v_{1i} - v_{1f}) = -m_2(v_{2i} - v_{2f}), \quad (9.7.12)$$

e a Eq. 9.7.11 na forma

$$m_1(v_{1i} - v_{1f})(v_{1i} + v_{1f}) = -m_2(v_{2i} - v_{2f})(v_{2i} + v_{2f}). \quad (9.7.13)$$

Representação esquemática de uma colisão com um alvo em movimento.

Figura 9.7.2 Dois corpos prestes a sofrer uma colisão elástica unidimensional.

Dividindo a Eq. 9.7.13 pela Eq. 9.7.12 e reagrupando os termos, obtemos

$$v_{1f} = \frac{m_1 - m_2}{m_1 + m_2} v_{1i} + \frac{2m_2}{m_1 + m_2} v_{2i} \qquad (9.7.14)$$

e

$$v_{2f} = \frac{2m_1}{m_1 + m_2} v_{1i} + \frac{m_2 - m_1}{m_1 + m_2} v_{2i}. \qquad (9.7.15)$$

Note que a correspondência entre os índices 1 e 2 e os dois corpos é arbitrária. Se trocarmos os índices na Fig. 9.7.2 e nas Eqs. 9.7.14 e 9.7.15, acabaremos com o mesmo sistema de equações. Note também que, se fizermos $v_{2i} = 0$, o corpo 2 se tornará um alvo estacionário, como na Fig. 9.7.1, e as Eqs. 9.7.14 e 9.7.15 se reduzirão às Eqs. 9.7.6 e 9.7.7, respectivamente.

Teste 9.7.1

Qual é o momento linear final do alvo da Fig. 9.7.1 se o momento linear inicial do projétil é 6 kg · m/s e o momento linear final do projétil é (a) 2 kg · m/s e (b) −2 kg · m/s? (c) Qual é a energia cinética final do alvo se as energias cinéticas inicial e final do projétil são, respectivamente, 5 e 2 J?

Exemplo 9.7.1 Duas colisões elásticas sucessivas

Na Fig. 9.7.3a, o bloco 1 se aproxima de dois blocos estacionários a uma velocidade $v_{1i} = 10$ m/s. Ele colide com o bloco 2, que, por sua vez, colide com o bloco 3, cuja massa é $m_3 = 6{,}0$ kg. Depois da segunda colisão, o bloco 2 fica novamente estacionário e o bloco 3 adquire uma velocidade $v_{3f} = 5{,}0$ m/s (Fig. 9.7.3b). Suponha que as colisões são elásticas. Qual é a massa dos blocos 1 e 2? Qual é a velocidade final v_{1f} do bloco 1?

IDEIAS-CHAVE

Como estamos supondo que as colisões são elásticas, a energia mecânica é conservada (ou seja, as perdas de energia para o som, calor e oscilações dos blocos são desprezíveis). Como não existem forças horizontais externas agindo sobre os blocos, o momento linear ao longo do eixo x é conservado. Por essas duas razões, podemos aplicar as Eqs. 9.7.6 e 9.7.7 às duas colisões.

Cálculos: Se começarmos pela primeira colisão, teremos um número excessivo de incógnitas, já que não conhecemos nem a massa nem a velocidade final dos blocos envolvidos. Por esse motivo, vamos começar pela segunda colisão, na qual o bloco 2 permanece em repouso depois de colidir com o bloco 3. Aplicando a Eq. 9.7.6 a essa colisão, com mudanças de notação, obtemos

$$v_{2f} = \frac{m_2 - m_3}{m_2 + m_3} v_{2i},$$

em que v_{2i} é a velocidade do bloco 2 imediatamente antes da colisão, e v_{2f} é a velocidade do bloco 2 imediatamente após a colisão. Fazendo $v_{2f} = 0$ (o bloco 2 permanece em repouso após a colisão) e $m_3 = 6{,}0$ kg, obtemos

$$m_2 = m_3 = 6{,}00 \text{ kg.} \qquad \text{(Resposta)}$$

Com mudanças adequadas de notação, a Eq. 9.7.7 para a segunda colisão se torna

$$v_{3f} = \frac{2m_2}{m_2 + m_3} v_{2i},$$

em que v_{3f} é a velocidade final do bloco 3. Fazendo $m_2 = m_3 = 6$ kg e $v_{3f} = 5{,}0$ m/s, obtemos

$$v_{2i} = v_{3f} = 5{,}0 \text{ m/s}.$$

Vamos agora analisar a primeira colisão, mas temos de tomar cuidado com a notação do bloco 2: a velocidade v_{2f} imediatamente após a primeira colisão é igual à velocidade v_{2i} (= 5,0 m/s) imediatamente antes da segunda colisão. Aplicando a Eq. 9.7.7 à primeira colisão e fazendo $v_{1i} = 10$ m/s, obtemos

$$v_{2f} = \frac{2m_1}{m_1 + m_2} v_{1i},$$

$$5{,}0 \text{ m/s} = \frac{2m_1}{m_1 + m_2} (10 \text{ m/s}),$$

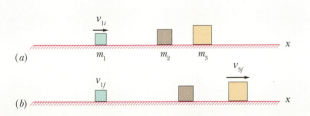

Figura 9.7.3 O bloco 1 colide com o bloco estacionário 2, que, por sua vez, colide com o bloco estacionário 3.

o que nos dá

$$m_1 = \tfrac{1}{3}m_2 = \tfrac{1}{3}(6{,}0 \text{ kg}) = 2{,}0 \text{ kg}. \quad \text{(Resposta)}$$

Finalmente, aplicando a Eq. 9.7.6 à primeira colisão e substituindo m_1, m_2 e v_{1i} por seus valores, obtemos

$$v_{1f} = \frac{m_1 - m_2}{m_1 + m_2} v_{1i},$$

$$= \frac{\tfrac{1}{3}m_2 - m_2}{\tfrac{1}{3}m_2 + m_2}(10 \text{ m/s}) = -5{,}0 \text{ m/s}. \quad \text{(Resposta)}$$

9.8 COLISÕES EM DUAS DIMENSÕES

Objetivos do Aprendizado

Depois de ler este módulo, você será capaz de ...

9.8.1 No caso de um sistema isolado no qual ocorre uma colisão bidimensional, aplicar a lei de conservação do momento a dois eixos de um sistema de coordenadas para relacionar as componentes do momento antes da colisão às componentes do momento depois da colisão.

9.8.2 No caso de um sistema isolado no qual ocorre uma colisão *elástica* bidimensional, (a) aplicar a lei de conservação do momento a dois eixos de um sistema de coordenadas para relacionar as componentes do momento antes da colisão às componentes do momento depois da colisão e (b) aplicar o princípio de conservação da energia cinética para relacionar as energias cinéticas antes e depois da colisão.

Ideia-Chave

● Se dois corpos colidem e não estão se movendo ao longo da mesma reta (ou seja, a colisão não é frontal), dizemos que a colisão é bidimensional. Se o sistema de dois corpos é fechado e isolado, a lei de conservação do momento pode ser aplicada à colisão, e podemos escrever a seguinte equação:

$$\vec{P}_{1i} + \vec{P}_{2i} = \vec{P}_{1f} + \vec{P}_{2f}.$$

Na forma de componentes, a lei fornece duas equações que descrevem a colisão (uma equação para cada dimensão). Se a colisão é elástica (um caso especial), a conservação da energia cinética durante a colisão nos dá uma terceira equação:

$$K_{1i} + K_{2i} = K_{1f} + K_{2f}.$$

Colisões em Duas Dimensões

Quando uma colisão não é frontal, a direção do movimento dos corpos é diferente antes e depois da colisão; entretanto, se o sistema é fechado e isolado, o momento linear total continua a ser conservado nessas colisões bidimensionais:

$$\vec{P}_{1i} + \vec{P}_{2i} = \vec{P}_{1f} + \vec{P}_{2f}. \quad (9.8.1)$$

Se a colisão também é elástica (um caso especial), a energia cinética total também é conservada:

$$K_{1i} + K_{2i} = K_{1f} + K_{2f}. \quad (9.8.2)$$

Na maioria dos casos, o uso da Eq. 9.8.1 para analisar uma colisão bidimensional é facilitado quando escrevemos a equação em termos das componentes em relação a um sistema de coordenadas *xy*. A Fig. 9.8.1 mostra uma *colisão de raspão* (não frontal) entre um projétil e um alvo inicialmente em repouso. As trajetórias dos corpos após a colisão fazem ângulos θ_1 e θ_2 com o eixo *x*, que coincide com a direção de movimento do projétil antes da colisão. Nessa situação, a componente da Eq. 9.8.1 em relação ao eixo *x* é

$$m_1 v_{1i} = m_1 v_{1f} \cos\theta_1 + m_2 v_{2f} \cos\theta_2, \quad (9.8.3)$$

e a componente ao longo do eixo *y* é

$$0 = -m_1 v_{1f} \text{sen }\theta_1 + m_2 v_{2f} \text{sen }\theta_2. \quad (9.8.4)$$

Podemos também escrever a Eq. 9.8.2 (para o caso especial de uma colisão elástica) em termos de velocidades:

$$\tfrac{1}{2}m_1 v_{1i}^2 = \tfrac{1}{2}m_1 v_{1f}^2 + \tfrac{1}{2}m_2 v_{2f}^2 \quad \text{(energia cinética)}. \quad (9.8.5)$$

As Eqs. 9.8.3 a 9.8.5 contêm sete variáveis: duas massas, m_1 e m_2; três velocidades, v_{1i}, v_{1f} e v_{2f}; dois ângulos, θ_1 e θ_2. Se conhecemos quatro dessas variáveis, podemos resolver as três equações para obter as três variáveis restantes.

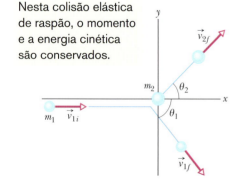

Nesta colisão elástica de raspão, o momento e a energia cinética são conservados.

Figura 9.8.1 Uma colisão elástica de raspão entre dois corpos. O corpo de massa m_2 (o alvo) está inicialmente em repouso.

Teste 9.8.1

Suponha que, na situação da Fig. 9.8.1, o projétil tem um momento inicial de 6 kg · m/s, uma componente x do momento final de 4 kg · m/s e uma componente y do momento final de −3 kg · m/s. Determine (a) a componente x do momento final do alvo e (b) a componente y do momento final do alvo.

9.9 SISTEMAS DE MASSA VARIÁVEL: UM FOGUETE

Objetivos do Aprendizado

Depois de ler este módulo, você será capaz de ...

9.9.1 Usar a primeira equação do foguete para relacionar a taxa de perda de massa de um foguete, a velocidade dos produtos da combustão em relação ao foguete, a massa do foguete e a aceleração do foguete.

9.9.2 Usar a segunda equação do foguete para relacionar a variação da velocidade do foguete à velocidade relativa dos produtos da combustão e a massa final do foguete.

9.9.3 No caso de um sistema em movimento que sofre uma variação de massa a uma taxa constante, relacionar essa taxa à variação do momento.

Ideias-Chave

● Na ausência de forças externas, a aceleração instantânea de um foguete é dada por

$$Rv_{\text{rel}} = Ma \quad \text{(primeira equação do foguete),}$$

em que M é a massa instantânea do foguete (incluindo o combustível que ainda não foi usado), R é a taxa de consumo do combustível, e v_{rel} é a velocidade dos produtos da combustão em relação ao foguete. O produto Rv_{rel} é chamado "empuxo do motor do foguete".

● No caso de um foguete com R e v_{rel} constantes, se a velocidade do foguete varia de v_i para v_f quando a massa varia de M_i para M_f,

$$v_f - v_i = v_{\text{rel}} \ln \frac{M_i}{M_f} \quad \text{(segunda equação do foguete).}$$

Sistemas de Massa Variável: Um Foguete

Em todos os sistemas que examinamos até agora, a massa total permanecia constante. Em certos casos, como o de um foguete, isso não é verdade. A maior parte da massa de um foguete, antes do lançamento, é constituída de combustível, que é posteriormente queimado e ejetado pelo sistema de propulsão. Levamos em consideração a variação da massa do foguete aplicando a segunda lei de Newton, não ao foguete, mas ao conjunto formado pelo foguete e pelos produtos ejetados. A massa *desse* sistema *não varia* com o tempo.

Cálculo da Aceleração

Suponha que estamos em repouso em relação a um referencial inercial, observando um foguete acelerar no espaço sideral sem que nenhuma força gravitacional ou de arrasto atue sobre ele. Seja M a massa do foguete e seja v a velocidade em um instante arbitrário t (ver Fig. 9.9.1a).

A Fig. 9.9.1b mostra a situação após um intervalo de tempo dt. O foguete agora está a uma velocidade $v + dv$ e possui uma massa $M + dM$, em que a variação de massa dM tem um *valor negativo*. Os produtos de combustão liberados pelo foguete durante o intervalo dt têm massa $-dM$ e velocidade U em relação ao nosso referencial inercial.

Conservação do Momento. Nosso sistema é formado pelo foguete e os produtos de exaustão ejetados no intervalo dt. Como o sistema é fechado e isolado, o momento linear total é conservado no intervalo dt, ou seja,

$$P_i = P_f, \quad (9.9.1)$$

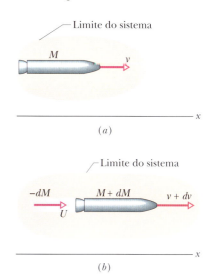

Figura 9.9.1 (a) Foguete, de massa M, acelerando no instante t, do ponto de vista de um referencial inercial. (b) O mesmo foguete no instante $t + dt$. Os produtos de combustão ejetados durante o intervalo dt são mostrados na figura.

em que os índices i e f indicam os valores no início e no fim do intervalo de tempo dt. Podemos escrever a Eq. 9.9.1 na forma

$$Mv = -dM\,U + (M + dM)(v + dv), \qquad (9.9.2)$$

em que o primeiro termo do lado direito é o momento linear dos produtos da combustão ejetados durante o intervalo dt, e o segundo termo é o momento linear do foguete no fim do intervalo dt.

Uso da Velocidade Relativa. Podemos simplificar a Eq. 9.9.2 usando a velocidade relativa v_{rel} entre o foguete e os produtos da combustão, que está relacionada às velocidades em relação ao referencial inercial por meio da equação

$$\begin{pmatrix} \text{velocidade do foguete} \\ \text{em relação ao referencial} \end{pmatrix} = \begin{pmatrix} \text{velocidade do foguete} \\ \text{em relação aos produtos} \end{pmatrix} + \begin{pmatrix} \text{velocidade dos produtos} \\ \text{em relação ao referencial} \end{pmatrix}.$$

Em símbolos, isso significa que

$$(v + dv) = v_{\mathrm{rel}} + U,$$

ou
$$U = v + dv - v_{\mathrm{rel}}. \qquad (9.9.3)$$

Substituindo esse valor de U na Eq. 9.9.2 e reagrupando os termos, obtemos

$$-dM\,v_{\mathrm{rel}} = M\,dv. \qquad (9.9.4)$$

Dividindo ambos os membros por dt, obtemos

$$-\frac{dM}{dt}\,v_{\mathrm{rel}} = M\,\frac{dv}{dt}. \qquad (9.9.5)$$

Podemos substituir dM/dt (a taxa com a qual o foguete perde massa) por $-R$, em que R é a taxa (positiva) de consumo de combustível, e reconhecemos que dv/dt é a aceleração do foguete. Com essas mudanças, a Eq. 9.9.5 se torna

$$Rv_{\mathrm{rel}} = Ma \quad \text{(primeira equação do foguete).} \qquad (9.9.6)$$

A Eq. 9.9.6 vale para qualquer instante.

Note que o lado esquerdo da Eq. 9.9.6 tem dimensões de força (kg/s · m/s = kg · m/s² = N) e depende apenas de características do motor do foguete, ou seja, da taxa R de consumo de combustível e da velocidade v_{rel} com a qual os produtos da combustão são expelidos. O produto Rv_{rel} é chamado **empuxo** do motor do foguete e representado pela letra T. A segunda lei de Newton se torna mais explícita quando escrevemos a Eq. 9.9.6 na forma $T = Ma$, em que a é a aceleração do foguete no instante em que a massa é M.

Cálculo da Velocidade

Como varia a velocidade do foguete enquanto o combustível é consumido? De acordo com a Eq. 9.9.4, temos:

$$dv = -v_{\mathrm{rel}}\,\frac{dM}{M}.$$

Integrando ambos os membros, obtemos

$$\int_{v_i}^{v_f} dv = -v_{\mathrm{rel}} \int_{M_i}^{M_f} \frac{dM}{M},$$

em que M_i é a massa inicial do foguete e M_f é a massa final. Calculando as integrais, obtemos

$$v_f - v_i = v_{\mathrm{rel}}\,\ln \frac{M_i}{M_f} \quad \text{(segunda equação do foguete)} \qquad (9.9.7)$$

CENTRO DE MASSA E MOMENTO LINEAR **247**

para o aumento da velocidade do foguete quando a massa muda de M_i para M_f. (O símbolo "ln" na Eq. 9.9.7 significa *logaritmo natural*.) A Eq. 9.9.7 ilustra muito bem a vantagem dos foguetes de vários estágios, nos quais M_f é reduzida descartando cada estágio quando o combustível do estágio se esgota. Um foguete ideal chegaria ao destino apenas com a carga útil.

Teste 9.9.1

(a) Qual é o valor de $\ln(M_i/M_f)$ para $M_f = M_i$ (ainda não foi consumido nenhum combustível)? Quando o combustível começa a ser consumido, o valor de $\ln(M_i/M_f)$ aumenta, diminui ou permanece o mesmo?

Exemplo 9.9.1 Empuxo e aceleração de um foguete

Em todos os exemplos anteriores deste capítulo, a massa do sistema investigado era constante. Agora vamos analisar um sistema (um foguete) cuja massa diminui com o tempo. Um foguete cuja massa inicial M_i é 850 kg consome combustível a uma taxa R = 2,3 kg/s. A velocidade v_{rel} dos gases expelidos em relação ao motor do foguete é 2.800 m/s.

(a) Qual é o empuxo do motor?

IDEIA-CHAVE

De acordo com a Eq. 9.9.6, o empuxo T é igual ao produto da taxa de consumo de combustível R pela velocidade relativa v_{rel} dos gases expelidos.

Cálculo: Temos

$$T = R v_{rel} = (2,3 \text{ kg /s})(2.800 \text{ m/s})$$
$$= 6.440 \text{ N} \approx 6.400 \text{ N}. \qquad \text{(Resposta)}$$

(b) Qual é a aceleração inicial do foguete?

IDEIA-CHAVE

Podemos relacionar o empuxo T de um foguete ao módulo a da aceleração resultante por meio da equação $T = Ma$, em que M é a massa do foguete. À medida que o combustível é consumido, M diminui e a aumenta. Como estamos interessados no valor inicial de a, usamos o valor inicial da massa, M_i.

Cálculo: Temos

$$a = \frac{T}{M_i} = \frac{6.440 \text{ N}}{850 \text{ kg}} = 7,6 \text{ m/s}^2. \qquad \text{(Resposta)}$$

Para ser lançado da superfície da Terra, um foguete deve ter uma aceleração inicial maior que $g = 9,8$ m/s². Isso equivale a dizer que o empuxo T do motor do foguete deve ser maior que a força gravitacional a que o foguete está submetido no instante do lançamento, que, neste caso, é igual a $M_i g$ = (850 kg) (9,8 m/s²) = 8.330 N. Como o empuxo do nosso foguete (6.400 N) não é suficiente, ele não poderia ser lançado da superfície da Terra.

Revisão e Resumo

Centro de Massa O **centro de massa** de um sistema de n partículas é definido como o ponto cujas coordenadas são dadas por

$$x_{CM} = \frac{1}{M} \sum_{i=1}^{n} m_i x_i, \quad y_{CM} = \frac{1}{M} \sum_{i=1}^{n} m_i y_i, \quad z_{CM} = \frac{1}{M} \sum_{i=1}^{n} m_i z_i, \quad (9.1.5)$$

ou

$$\vec{r}_{CM} = \frac{1}{M} \sum_{i=1}^{n} m_i \vec{r}_i, \qquad (9.1.8)$$

em que M é a massa total do sistema.

Segunda Lei de Newton para um Sistema de Partículas O movimento do centro de massa de qualquer sistema de partículas é governado pela **segunda lei de Newton para um sistema de partículas**, expressa pela equação

$$\vec{F}_{res} = M\vec{a}_{CM}. \qquad (9.2.1)$$

Aqui, $\vec{F}_{res}$ é a resultante de todas as forças *externas* que agem sobre o sistema, M é a massa total do sistema, e $\vec{a}_{CM}$ é a aceleração do centro de massa do sistema.

Momento Linear e a Segunda Lei de Newton No caso de uma partícula isolada, definimos $\vec{p}$, o **momento linear**, por meio da equação

$$\vec{p} = m\vec{v}, \qquad (9.3.1)$$

em função do qual podemos escrever a segunda lei de Newton na forma

$$\vec{F}_{res} = \frac{d\vec{p}}{dt}. \qquad (9.3.2)$$

Para um sistema de partículas, essas relações se tornam

$$\vec{P} = M\vec{v}_{CM} \quad \text{e} \quad \vec{F}_{res} = \frac{d\vec{P}}{dt}. \qquad (9.3.4, 9.3.6)$$

Colisão e Impulso A aplicação da segunda lei de Newton a um corpo que se comporta como uma partícula e envolvido em uma colisão leva ao **teorema do impulso e momento linear**:

$$\vec{p}_f - \vec{p}_i = \Delta\vec{p} = \vec{J}, \qquad (9.4.4, 9.4.5)$$

248 CAPÍTULO 9

em que $\vec{p}_f - \vec{p}_i = \Delta\vec{p}$ é a variação do momento linear do corpo e $\vec{J}$ é o **impulso** produzido pela força $\vec{F}(t)$ exercida sobre o corpo pelo outro corpo envolvido na colisão:

$$\vec{J} = \int_{t_i}^{t_f} \vec{F}(t)\, dt. \qquad (9.4.3)$$

Se $F_{\text{méd}}$ é o módulo médio de $\vec{F}(t)$ durante a colisão e Δt é a duração da colisão, para um movimento unidimensional, temos:

$$J = F_{\text{méd}}\,\Delta t. \qquad (9.4.8)$$

Quando uma série de projéteis de massa m e velocidade v colide com um corpo fixo, a força média que age sobre o corpo fixo é dada por

$$F_{\text{méd}} = -\frac{n}{\Delta t}\,\Delta p = -\frac{n}{\Delta t}\,m\,\Delta v, \qquad (9.4.10)$$

em que $n/\Delta t$ é a taxa com a qual os corpos colidem com o corpo fixo, e Δv é a variação da velocidade de cada corpo que colide. A força média também pode ser escrita na forma

$$F_{\text{méd}} = -\frac{\Delta m}{\Delta t}\,\Delta v, \qquad (9.4.13)$$

em que $\Delta m/\Delta t$ é a taxa com a qual a massa colide com o corpo fixo. Nas Eqs. 9.4.10 e 9.4.13, $\Delta v = -v$ se os corpos param no momento do impacto e $\Delta v = -2v$ se ricocheteiam sem mudança da velocidade escalar.

Conservação do Momento Linear Se um sistema está isolado de tal forma que nenhuma força resultante *externa* atua sobre o sistema, o momento linear $\vec{P}$ do sistema permanece constante:

$$\vec{P} = \text{constante} \qquad \text{(sistema fechado e isolado).} \qquad (9.5.1)$$

A Eq. 9.5.1 também pode ser escrita na forma

$$\vec{P}_i = \vec{P}_f \qquad \text{(sistema fechado e isolado),} \qquad (9.5.2)$$

em que os índices se referem aos valores de $\vec{P}$ em um instante inicial e em um instante posterior. As Eqs. 9.5.1 e 9.5.2 são expressões equivalentes da **lei de conservação do momento linear**.

Colisões Inelásticas em Uma Dimensão Em uma *colisão inelástica* de dois corpos, a energia cinética do sistema de dois corpos não é conservada. Se o sistema é fechado e isolado, o momento linear total do sistema é conservado, o que podemos expressar em forma vetorial como

$$\vec{p}_{1i} + \vec{p}_{2i} = \vec{p}_{1f} + \vec{p}_{2f}, \qquad (9.6.1)$$

em que os índices i e f se referem a valores imediatamente antes e imediatamente depois da colisão, respectivamente.

Se o movimento dos corpos ocorre ao longo de um único eixo, a colisão é unidimensional e podemos escrever a Eq. 9.6.1 em termos das componentes das velocidades em relação a esse eixo:

$$m_1 v_{1i} + m_2 v_{2i} = m_1 v_{1f} + m_2 v_{2f}. \qquad (9.6.2)$$

Se os dois corpos se movem juntos após a colisão, a colisão é *perfeitamente inelástica* e os corpos têm a mesma velocidade final V (já que se movem juntos).

Movimento do Centro de Massa O centro de massa de um sistema fechado e isolado de dois corpos que colidem não é afetado pela colisão. Em particular, a velocidade $\vec{v}_{\text{CM}}$ do centro de massa é a mesma antes e depois da colisão.

Colisões Elásticas em Uma Dimensão Uma *colisão elástica* é um tipo especial de colisão em que a energia cinética de um sistema de corpos que colidem é conservada. Se o sistema é fechado e isolado, o momento linear também é conservado. Para uma colisão unidimensional na qual o corpo 2 é um alvo e o corpo 1 é um projétil, a conservação da energia cinética e a conservação do momento linear levam às seguintes expressões para as velocidades imediatamente após a colisão:

$$v_{1f} = \frac{m_1 - m_2}{m_1 + m_2}\,v_{1i} \qquad (9.7.6)$$

e

$$v_{2f} = \frac{2m_1}{m_1 + m_2}\,v_{1i}. \qquad (9.7.7)$$

Colisões em Duas Dimensões Se dois corpos colidem e não estão se movendo ao longo de um único eixo (a colisão não é frontal), a colisão é bidimensional. Se o sistema de dois corpos é fechado e isolado, a lei de conservação do momento se aplica à colisão e pode ser escrita como

$$\vec{P}_{1i} + \vec{P}_{2i} = \vec{P}_{1f} + \vec{P}_{2f}. \qquad (9.8.1)$$

Na forma de componentes, a lei fornece duas equações que descrevem a colisão (uma equação para cada uma das duas dimensões). Se a colisão é elástica (um caso especial), a conservação da energia cinética na colisão fornece uma terceira equação:

$$K_{1i} + K_{2i} = K_{1f} + K_{2f}. \qquad (9.8.2)$$

Sistemas de Massa Variável Na ausência de forças externas, a aceleração instantânea de foguete obedece à equação

$$R v_{\text{rel}} = Ma \qquad \text{(primeira equação do foguete),} \qquad (9.9.6)$$

em que M é a massa instantânea do foguete (que inclui o combustível ainda não consumido), R é a taxa de consumo de combustível e v_{rel} é a velocidade dos produtos de exaustão em relação ao foguete. O termo $R v_{\text{rel}}$ é o **empuxo** do motor do foguete. Para um foguete com R e v_{rel} constantes, cuja velocidade varia de v_i para v_f quando a massa varia de M_i para M_f,

$$v_f - v_i = v_{\text{rel}} \ln \frac{M_i}{M_f} \qquad \text{(segunda equação do foguete).} \qquad (9.9.7)$$

Perguntas

1 A Fig. 9.1 mostra uma vista superior de três partículas sobre as quais atuam forças externas. O módulo e a orientação das forças que agem sobre duas das partículas estão indicados. Quais são o módulo e a orientação da força que agem sobre

Figura 9.1 Pergunta 1.

a terceira partícula se o centro de massa do sistema de três partículas está (a) em repouso, (b) se movendo com velocidade constante para a direita e (c) acelerando para a direita?

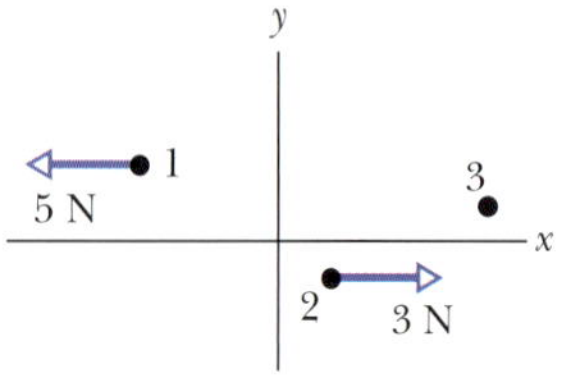

2 A Fig. 9.2 mostra uma vista superior de quatro partículas de massas iguais que deslizam em uma superfície sem atrito com velocidade constante. As orientações das velocidades estão indicadas; os módulos são iguais. Considere pares dessas partículas. Que pares formam um sistema cujo centro de massa (a) está em repouso, (b) está em repouso na origem e (c) passa pela origem?

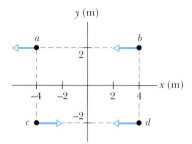

Figura 9.2 Pergunta 2.

3 Considere uma caixa que explode em dois pedaços enquanto se move com velocidade constante positiva ao longo de um eixo x. Se um dos pedaços, de massa m_1, possui uma velocidade positiva $\vec{v}_1$, o outro pedaço, de massa m_2, pode ter (a) uma velocidade positiva $\vec{v}_2$ (Fig. 9.3a), (b) uma velocidade negativa $\vec{v}_2$ (Fig. 9.3b) ou (c) velocidade zero (Fig. 9.3c). Ordene os três resultados possíveis para o segundo pedaço de acordo com o módulo de $\vec{v}_1$ correspondente, começando pelo maior.

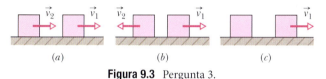

Figura 9.3 Pergunta 3.

4 A Fig. 9.4 mostra gráficos do módulo da força que age sobre um corpo envolvido em uma colisão em função do tempo. Ordene os gráficos de acordo com o módulo do impulso exercido sobre o corpo, começando pelo maior.

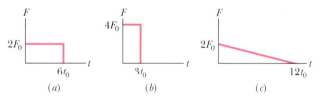

Figura 9.4 Pergunta 4.

5 Os diagramas de corpo livre na Fig. 9.5 são vistas superiores de forças horizontais agindo sobre três caixas de chocolate que se movem em um balcão sem atrito. Para cada caixa, determine se as componentes x e y do momento linear são conservadas.

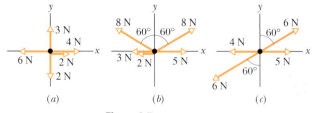

Figura 9.5 Pergunta 5.

6 A Fig. 9.6 mostra quatro grupos de três ou quatro partículas iguais que se movem paralelamente ao eixo x ou ao eixo y, com a mesma velocidade escalar. Ordene os grupos de acordo com a velocidade escalar do centro de massa, começando pela maior.

7 Um bloco desliza em um piso sem atrito na direção de um segundo bloco que está inicialmente em repouso e tem a mesma massa. A Fig. 9.7 mostra quatro possibilidades para um gráfico da energia cinética K dos blocos antes e depois da colisão. (a) Indique quais são as possibilidades que representam situações fisicamente impossíveis. Das outras

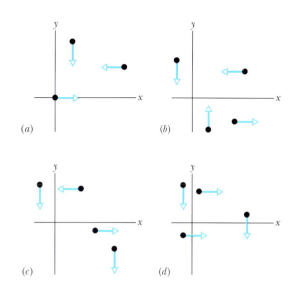

Figura 9.6 Pergunta 6.

possibilidades, qual é a que representa (b) uma colisão elástica e (c) uma colisão inelástica?

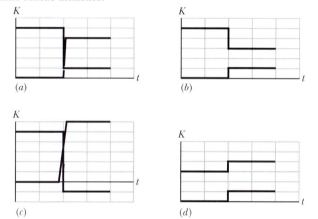

Figura 9.7 Pergunta 7.

8 A Fig. 9.8 mostra um instantâneo do bloco 1 enquanto desliza ao longo de um eixo x em um piso sem atrito, antes de sofrer uma colisão elástica com um bloco 2 inicialmente em repouso. A figura também mostra três posições possíveis para o centro de massa do sistema dos dois blocos no mesmo instante. (O ponto B está equidistante dos centros dos dois blocos.) Após a colisão, o bloco 1 permanece em repouso, continua a se mover no mesmo sentido, ou passa a se mover no sentido oposto se o centro de massa está (a) em A, (b) em B e (c) em C?

Figura 9.8 Pergunta 8.

9 Dois corpos sofrem uma colisão elástica unidimensional ao longo de um eixo x. A Fig. 9.9 mostra a posição dos corpos e do centro de massa em função do tempo. (a) Os dois corpos estavam se movendo antes da colisão, ou um deles estava em repouso? Que reta corresponde ao movimento do centro de massa (b) antes da colisão e (c) depois da colisão? (d) A massa do corpo que estava se movendo mais depressa antes da colisão é maior, menor ou igual à do outro corpo?

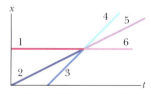

Figura 9.9 Pergunta 9.

10 Um bloco em um piso horizontal está inicialmente em repouso, em movimento no sentido positivo de um eixo x ou em movimento no sentido negativo do mesmo eixo. O bloco explode em dois pedaços que continuam a se mover ao longo do eixo x. Suponha que o bloco e os dois pedaços formem um sistema fechado e isolado. A Fig. 9.10 mostra seis possibilidades para o gráfico do momento do bloco e dos pedaços em função do tempo t. Indique as possibilidades que representam situações fisicamente impossíveis e justifique sua resposta.

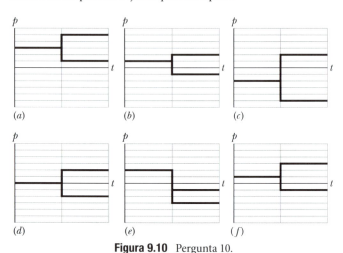

Figura 9.10 Pergunta 10.

11 O bloco 1, de massa m_1, desliza ao longo de um eixo x em um piso sem atrito e sofre uma colisão elástica com um bloco 2 de massa m_2 inicialmente em repouso. A Fig. 9.11 mostra um gráfico da posição x do bloco 1 em função do tempo t até a colisão ocorrer na posição x_c e no instante t_c. Em qual das regiões identificadas com letras continua o gráfico (após a colisão) se (a) $m_1 < m_2$, (b) $m_1 > m_2$? (c) Ao longo de qual das retas identificadas com números continua o gráfico se $m_1 = m_2$?

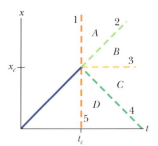

Figura 9.11 Pergunta 11.

12 A Fig. 9.12 mostra quatro gráficos da posição em função do tempo para dois corpos e seu centro de massa. Os dois corpos formam um sistema fechado e isolado e sofrem uma colisão unidimensional perfeitamente inelástica, ao longo de um eixo x. No gráfico 1, (a) os dois corpos estão se movendo no sentido positivo ou no sentido negativo do eixo x? (b) E o centro de massa? (c) Quais são os gráficos que correspondem a situações fisicamente impossíveis? Justifique sua resposta.

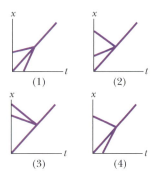

Figura 9.12 Pergunta 12.

Problemas

F Fácil **M** Médio **D** Difícil
CVF Informações adicionais disponíveis no e-book *O Circo Voador da Física*, de Jearl Walker, LTC Editora, Rio de Janeiro, 2008.
CALC Requer o uso de derivadas e/ou integrais
BIO Aplicação biomédica

Módulo 9.1 Centro de Massa

1 F Uma partícula de 2,00 kg tem coordenadas xy (−1,20 m, 0,500 m), e uma partícula de 4,00 kg tem coordenadas xy (0,600 m, −0,750 m). Ambas estão em um plano horizontal. Em que coordenada (a) x e (b) y deve ser posicionada uma terceira partícula de 3,00 kg para que o centro de massa do sistema de três partículas tenha coordenadas (−0,500 m, −0,700 m)?

2 F A Fig. 9.13 mostra um sistema de três partículas de massas m_1 = 3,0 kg, m_2 = 4,0 kg e m_3 = 8,0 kg. As escalas do gráfico são definidas por x_s = 2,0 m e y_s = 2,0 m. Qual é (a) a coordenada x e (b) qual é a coordenada y do centro de massa do sistema? (c) Se m_3 aumenta gradualmente, o centro de massa do sistema se aproxima de m_3, se afasta de m_3, ou permanece onde está?

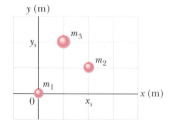

Figura 9.13 Problema 2.

3 M A Fig. 9.14 mostra uma placa de dimensões d_1 = 11,0 cm, d_2 = 2,80 cm e d_3 = 13,0 cm. Metade da placa é feita de alumínio (massa específica = 2,70 g/cm³) e a outra metade é feita de ferro (massa específica = 7,85 g/cm³). Determine (a) a coordenada x, (b) a coordenada y e (c) a coordenada z do centro de massa da placa.

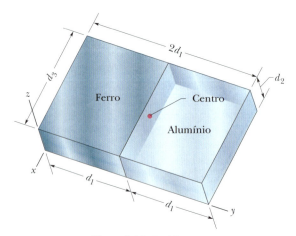

Figura 9.14 Problema 3.

4 M Na Fig. 9.15, três barras finas e uniformes, de comprimento L = 22 cm, formam um U invertido. Cada barra vertical tem massa de 14 g; a barra horizontal tem massa de 42 g. Qual é (a) a coordenada x e (b) qual é a coordenada y do centro de massa do sistema?

5 M Quais são (a) a coordenada x e (b) a coordenada y do centro de massa da placa homogênea da Fig. 9.16, se L = 5,0 cm?

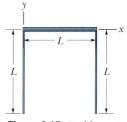

Figura 9.15 Problema 4.

CENTRO DE MASSA E MOMENTO LINEAR   251

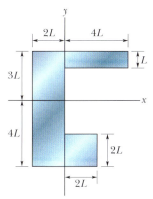

Figura 9.16 Problema 5.

6 **M** A Fig. 9.17 mostra uma caixa cúbica que foi construída com placas metálicas homogêneas, de espessura desprezível. A caixa não tem tampa e tem uma aresta $L = 40$ cm. Determine (a) a coordenada x, (b) a coordenada y e (c) a coordenada z do centro de massa da caixa.

Figura 9.17 Problema 6.

7 **D** Na molécula de amônia (NH_3) da Fig. 9.18, três átomos de hidrogênio (H) formam um triângulo equilátero, com o centro do triângulo a uma distância $d = 9,40 \times 10^{-11}$ m de cada átomo de hidrogênio. O átomo de nitrogênio (N) está no vértice superior de uma pirâmide, com os três átomos de hidrogênio formando a base. A razão entre as massas do nitrogênio e do hidrogênio é 13,9, e a distância nitrogênio-hidrogênio é $L = 10,14 \times 10^{-11}$ m. (a) Qual é a coordenada (a) x e (b) qual é a coordenada y do centro de massa da molécula?

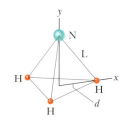

Figura 9.18 Problema 7.

8 **D** **CALC** Uma lata homogênea tem massa de 0,140 kg, altura de 12,0 cm e contém 0,354 kg de refrigerante (Fig. 9.19). Pequenos furos são feitos na base e na tampa (com perda de massa desprezível) para drenar o líquido. Qual é a altura h do centro de massa da lata (incluindo o conteúdo) (a) inicialmente e (b) após a lata ficar vazia? (c) O que acontece com h enquanto o refrigerante está sendo drenado?

Figura 9.19 Problema 8.

(d) Se x é a altura do refrigerante que ainda resta na lata em um dado instante, determine o valor de x no instante em que o centro de massa atinge o ponto mais baixo.

Módulo 9.2 A Segunda Lei de Newton para um Sistema de Partículas

9 **F** Uma pedra é deixada cair em $t = 0$. Uma segunda pedra, com massa duas vezes maior, é deixada cair do mesmo ponto em $t = 100$ ms. (a) A que distância do ponto inicial da queda está o centro de massa das duas pedras em $t = 300$ ms? (Suponha que as pedras ainda não chegaram ao solo.) (b) Qual é a velocidade do centro de massa das duas pedras nesse instante?

10 **F** Um automóvel de 1.000 kg está parado em um sinal de trânsito. No instante em que o sinal abre, o automóvel começa a se mover com uma aceleração constante de 4,0 m/s². No mesmo instante, um caminhão de 2.000 kg, movendo-se no mesmo sentido com velocidade constante de 8,0 m/s, ultrapassa o automóvel. (a) Qual é a distância entre o CM do sistema carro-caminhão e o sinal de trânsito em $t = 3,0$ s? (b) Qual é a velocidade do CM nesse instante?

11 **F** Uma grande azeitona ($m = 0,50$ kg) está na origem de um sistema de coordenadas xy, e uma grande castanha-do-pará ($M = 1,5$ kg) está no ponto (1,0; 2,0) m. Em $t = 0$, uma força $\vec{F}_o = (2,0\hat{i} + 3,0\hat{j})$ N começa a agir sobre a azeitona, e uma força $\vec{F}_n = (-3,0\hat{i} - 2,0\hat{j})$ N começa a agir sobre a castanha. Na notação dos vetores unitários, qual é o deslocamento do centro de massa do sistema azeitona-castanha em $t = 4,0$ s em relação à posição em $t = 0$?

12 **F** Dois patinadores, um de 65 kg e outro de 40 kg, estão em uma pista de gelo e seguram as extremidades de uma vara de 10 m de comprimento e massa desprezível. Os patinadores se puxam ao longo da vara até se encontrarem. Qual é a distância percorrida pelo patinador de 40 kg?

13 **M** Um canhão dispara um projétil com uma velocidade inicial $\vec{v}_0 = 20$ m/s e um ângulo $\theta_0 = 60°$ com a horizontal. No ponto mais alto da trajetória, o projétil explode em dois fragmentos de massas iguais (Fig. 9.20). Um fragmento, cuja velocidade imediatamente após a colisão é zero, cai verticalmente. A que distância do canhão cai o outro fragmento, supondo que o terreno é plano e que a resistência do ar pode ser desprezada?

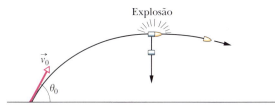

Figura 9.20 Problema 13.

14 **M** Na Fig. 9.21, duas partículas são lançadas da origem do sistema de coordenadas no instante $t = 0$. A partícula 1, de massa $m_1 = 5,00$ g, é lançada horizontalmente para a direita, em um piso sem atrito, com uma velocidade escalar de 10,0 m/s. A partícula 2, de massa $m_2 = 3,00$ g, é lançada com uma velocidade escalar de 20,0 m/s e um ângulo tal que se mantém verticalmente acima da partícula 1. (a) Qual é a altura máxima $H_{máx}$ alcançada pelo CM do sistema de duas partículas? Na notação dos vetores unitários, (b) qual é a velocidade e (c) qual é a aceleração do CM ao atingir $H_{máx}$?

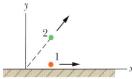

Figura 9.21 Problema 14.

15 **M** A Fig. 9.22 mostra um arranjo com um trilho de ar no qual um carrinho está preso por uma corda a um bloco pendurado. O carrinho tem massa $m_1 = 0,600$ kg e o centro do carrinho está inicialmente nas

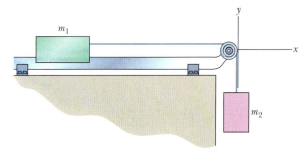

Figura 9.22 Problema 15.

coordenadas xy (−0,500 m, 0 m); o bloco tem massa $m_2 = 0,400$ kg e o centro do bloco está inicialmente nas coordenadas xy (0, −0,100 m). As massas da corda e da polia são desprezíveis. O carrinho é liberado a partir do repouso, e o carrinho e o bloco se movem até que o carrinho atinja a polia. O atrito entre o carrinho e o trilho de ar e o atrito da polia são desprezíveis. (a) Qual é a aceleração do centro de massa do sistema carrinho-bloco na notação dos vetores unitários? (b) Qual é o vetor velocidade do CM em função do tempo t? (c) Plote a trajetória do CM. (d) Se a trajetória for curva, verifique se ela apresenta um desvio para cima e para a direita, ou para baixo e para a esquerda em relação a uma linha reta; se for retilínea, calcule o ângulo da trajetória com o eixo x.

16 D Ricardo, com 80 kg de massa, e Carmelita, que é mais leve, estão apreciando o pôr do sol no Lago Mercedes em uma canoa de 30 kg. Com a canoa imóvel nas águas calmas do lago, o casal troca de lugar. Seus assentos estão separados por uma distância de 3,0 m e simetricamente dispostos em relação ao centro da embarcação. Se, com a troca, a canoa se desloca 40 cm em relação ao atracadouro, qual é a massa de Carmelita?

17 D Na Fig. 9.23*a*, um cachorro de 4,5 kg está em um barco de 18 kg a uma distância $D = 6,1$ m da margem. O animal caminha 2,4 m ao longo do barco, na direção da margem, e para. Supondo que não há atrito entre o barco e a água, determine a nova distância entre o cão e a margem. (*Sugestão*: Ver Fig. 9.23*b*.)

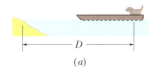

Figura 9.23 Problema 17.

Módulo 9.3   Momento Linear

18 F Uma bola de 0,70 kg está se movendo horizontalmente com uma velocidade de 5,0 m/s quando se choca com uma parede vertical e ricocheteia com uma velocidade de 2,0 m/s. Qual é o módulo da variação do momento linear da bola?

19 F Um caminhão de 2.100 kg viajando para o norte a 41 km/h vira para o leste e acelera até 51 km/h. (a) Qual é a variação da energia cinética do caminhão? Qual é (b) o módulo e (c) qual é o sentido da variação do momento?

20 M No instante $t = 0$, uma bola é lançada para cima a partir do nível do solo, em terreno plano. A Fig. 9.24 mostra o módulo p do momento linear da bola em função do tempo t após o lançamento ($p_0 = 6,0$ kg·m/s e $p_1 = 4,0$ kg·m/s). Determine o ângulo de lançamento. (*Sugestão*: Procure uma solução que não envolva a leitura no gráfico do instante em que passa pelo valor mínimo.)

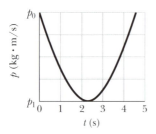

Figura 9.24 Problema 20.

21 M Uma bola de softball de 0,30 kg tem uma velocidade de 15 m/s que faz um ângulo de 35° abaixo da horizontal imediatamente antes de ser golpeada por um taco. Qual é o módulo da variação do momento linear da bola na colisão com o taco se a bola adquire uma velocidade escalar (a) de 20 m/s, verticalmente para baixo; (b) de 20 m/s, horizontalmente na direção do lançador?

22 M A Fig. 9.25 mostra uma vista superior da trajetória de uma bola de sinuca de 0,165 kg que se choca com uma das tabelas. A velocidade escalar da bola antes do choque é 2,00 m/s e o ângulo θ_1 é 30,0°. O choque inverte a componente y da velocidade da bola, mas não altera a componente x. Determine (a) o ângulo θ_2 e (b) a variação do momento linear da bola em termos dos vetores unitários. (O fato de que a bola está rolando é irrelevante para a solução do problema.)

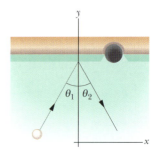

Figura 9.25 Problema 22.

Módulo 9.4   Colisão e Impulso

23 F BIO CVF Com mais de 70 anos, Henri LaMothe (Fig. 9.26) assombrava os espectadores mergulhando, de barriga, de uma altura de 12 m em um tanque de água com 30 cm de profundidade. Supondo que o corpo do mergulhador parava de descer quando estava prestes a chegar ao fundo do tanque e estimando a massa do mergulhador, calcule o módulo do impulso que a água exerce sobre Henri.

Figura 9.26 Problema 23. Mergulho de barriga em um tanque com 30 cm de água.

24 F CVF BIO Em fevereiro de 1955, um paraquedista saltou de um avião, caiu 370 m sem conseguir abrir o paraquedas e aterrissou em um campo de neve, sofrendo pequenas escoriações. Suponha que a velocidade do paraquedista imediatamente antes do impacto fosse de 56 m/s (velocidade terminal), sua massa (incluindo os equipamentos) fosse de 85 kg e a força da neve sobre o seu corpo tenha atingido o valor (relativamente seguro) de $1,2 \times 10^5$ N. Determine (a) a profundidade da neve mínima para que o paraquedista não sofresse ferimentos graves e (b) o módulo do impulso da neve sobre o paraquedista.

25 F Uma bola de 1,2 kg cai verticalmente em um piso com uma velocidade de 25 m/s e ricocheteia com uma velocidade inicial de 10 m/s. (a) Qual é o impulso recebido pela bola durante o contato com o piso? (b) Se a bola fica em contato com o piso por 0,020 s, qual é a força média exercida pela bola sobre o piso?

26 F Em uma brincadeira comum, mas muito perigosa, alguém puxa uma cadeira quando uma pessoa está prestes a se sentar, fazendo com que a vítima se estatele no chão. Suponha que a vítima tem 70 kg, cai de uma altura de 0,50 m e a colisão com o piso dura 0,082 s. Qual é o módulo (a) do impulso e (b) da força média aplicada pelo piso sobre a pessoa durante a colisão?

27 F Uma força no sentido negativo de um eixo x é aplicada por 27 ms a uma bola de 0,40 kg que estava se movendo a 14 m/s no sentido positivo do eixo. O módulo da força é variável, e o impulso tem um módulo de 32,4 N · s. (a) Qual é o módulo e (b) qual é o sentido da velocidade da bola imediatamente após a aplicação da força? (c) Qual é a intensidade média da força e (d) qual é a orientação do impulso aplicado à bola?

28 F BIO CVF No taekwondo, a mão de um atleta atinge o alvo com uma velocidade de 13 m/s e para, após 5,0 ms. Suponha que, durante o choque, a mão é independente do braço e tem massa de 0,70 kg. Determine o módulo (a) do impulso e (b) da força média que a mão exerce sobre o alvo.

29 F Um bandido aponta uma metralhadora para o peito do Super-Homem e dispara 100 balas/min. Suponha que a massa de cada bala é 3 g, a velocidade das balas é 500 m/s e as balas ricocheteiam no peito do super-herói sem perder velocidade. Qual é o módulo da força média que as balas exercem sobre o peito do Super-Homem?

30 M *Duas forças médias.* Uma série de bolas de neve de 0,250 kg é disparada perpendicularmente contra uma parede com uma velocidade de 4,00 m/s. As bolas ficam grudadas na parede. A Fig. 9.27 mostra o módulo F da força sobre a parede em função do tempo t para dois choques consecutivos. Os choques ocorrem a intervalos $\Delta t_r = 50{,}0$ ms, duram um intervalo de tempo $\Delta t_d = 10$ ms e produzem no gráfico triângulos isósceles, com cada choque resultando em uma força máxima $F_{máx} = 200$ N. Para cada choque, qual é o módulo (a) do impulso e (b) da força média aplicada à parede? (c) Em um intervalo de tempo correspondente a muitos choques, qual é o módulo da força média exercida sobre a parede?

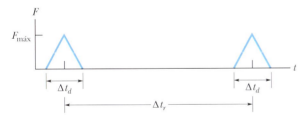

Figura 9.27 Problema 30.

31 M CVF *Pulando antes do choque.* Quando o cabo de sustentação arrebenta e o sistema de segurança falha, um elevador cai, em queda livre, de uma altura de 36 m. Durante a colisão no fundo do poço do elevador, a velocidade de um passageiro de 90 kg se anula em 5,0 ms. (Suponha que não há ricochete nem do passageiro nem do elevador.) Qual é o módulo (a) do impulso e (b) da força média experimentada pelo passageiro durante a colisão? Se o passageiro pula verticalmente para cima com uma velocidade de 7,0 m/s em relação ao piso do elevador quando este está prestes a se chocar com o fundo do poço, qual é o módulo (c) do impulso e (d) da força média (supondo que o tempo que o passageiro leva para parar permanece o mesmo)?

32 M Um carro de brinquedo de 5,0 kg pode se mover ao longo de um eixo x; a Fig. 9.28 mostra a componente F_x da força que age sobre o carro, que parte do repouso no instante $t = 0$. A escala do eixo x é definida por $F_{xs} = 5{,}0$ N. Na notação dos vetores unitários, determine (a) $\vec{p}$ em $t = 4{,}0$ s; (b) $\vec{p}$ em $t = 7{,}0$ s; (c) $\vec{v}$ em $t = 9{,}0$ s.

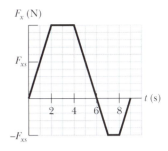

Figura 9.28 Problema 32.

33 M A Fig. 9.29 mostra uma bola de beisebol de 0,300 kg imediatamente antes e imediatamente depois de colidir com um taco. Imediatamente antes, a bola tem uma velocidade $\vec{v}_1$ de módulo 12,0 m/s e ângulo $\theta_1 = 35°$. Imediatamente depois, a bola se move para cima na vertical com uma velocidade $\vec{v}_2$ de módulo 10,0 m/s. A duração da colisão é de 2,00 ms. (a) Qual é o módulo e (b) qual é a orientação (em relação ao semieixo x positivo) do impulso do taco sobre a bola? (c) Qual é o módulo e (d) qual é o sentido da força média que o taco exerce sobre a bola?

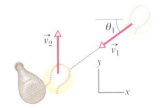

Figura 9.29 Problema 33.

34 M BIO CVF O lagarto basilisco é capaz de correr na superfície da água (Fig. 9.30). A cada passo, o lagarto bate na água com a pata e a mergulha tão depressa que uma cavidade de ar se forma acima da pata. Para não ter que puxá-la de volta sob a ação da força de arrasto da água, o lagarto levanta a pata, antes que a água penetre na cavidade de ar. Para que o lagarto não afunde, o impulso médio para cima exercido durante a manobra de bater na água com a pata, afundá-la e recolhê-la deve ser igual ao impulso para baixo exercido pela força gravitacional. Suponha que a massa de um lagarto basilisco é 90,0 g, a massa de cada pata é 3,00 g, a velocidade de uma pata ao bater na água é 1,50 m/s e a duração de um passo é 0,600 s. (a) Qual é o módulo do impulso que a água exerce sobre o lagarto quando o animal bate com a pata na água? (Suponha que o impulso está orientado verticalmente para cima.) (b) Durante o intervalo de 0,600 s que o lagarto leva para dar um passo, qual é o impulso para baixo sobre o lagarto devido à força gravitacional? (c) O principal movimento responsável pela sustentação do lagarto é o de bater a pata na água, o de afundar a pata na água, ou ambos contribuem igualmente?

Figura 9.30 Problema 34. Um lagarto correndo na água.

35 M CALC A Fig. 9.31 mostra um gráfico aproximado do módulo da força F em função do tempo t para a colisão de uma Superbola de 58 g com uma parede. A velocidade inicial da bola é 34 m/s, perpendicular à parede; a bola ricocheteia praticamente com a mesma velocidade escalar, também perpendicular à parede. Quanto vale $F_{máx}$, o módulo máximo da força exercida pela parede sobre a bola durante a colisão?

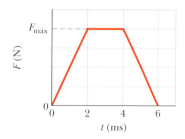

Figura 9.31 Problema 35.

36 **M** **CALC** Um disco de metal de 0,25 kg está inicialmente em repouso em uma superfície de gelo, de atrito desprezível. No instante $t = 0$, uma força horizontal começa a agir sobre o disco. A força é dada por $\vec{F} = (12,0 - 3,00t^2)\hat{i}$ com $\vec{F}$ em newtons e t em segundos, e age até que o módulo se anule. (a) Qual é o módulo do impulso da força sobre o disco entre $t = 0,500$ s e $t = 1,25$ s? (b) Qual é a variação do momento do disco entre $t = 0$ e o instante em que $F = 0$?

37 **M** **CALC** Um jogador de futebol chuta uma bola, de massa 0,45 kg, que está inicialmente em repouso. O pé do jogador fica em contato com a bola por $3,0 \times 10^{-3}$ s e a força do chute é dada por

$$F(t) = [(6,0 \times 10^6)t - (2,0 \times 10^9)t^2]\text{N}$$

para $0 \leq t \leq 3,0 \times 10^{-3}$ s, em que t está em segundos. Determine o módulo (a) do impulso sobre a bola devido ao chute, (b) da força média exercida pelo pé do jogador sobre a bola durante o contato, (c) da força máxima exercida pelo pé do jogador sobre a bola durante o contato e (d) da velocidade da bola imediatamente após perder o contato com o pé do jogador.

38 **M** Na vista superior da Fig. 9.32, uma bola de 300 g com uma velocidade escalar v de 6,0 m/s se choca com uma parede com um ângulo θ de 30° e ricocheteia com a mesma velocidade escalar e o mesmo ângulo. A bola permanece em contato com a parede por 10 ms. Na notação dos vetores unitários, qual é (a) o impulso da parede sobre a bola e (b) qual é a força média da bola sobre a parede?

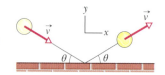

Figura 9.32 Problema 38.

Módulo 9.5 Conservação do Momento Linear

39 **F** Um homem de 91 kg em repouso em uma superfície horizontal, de atrito desprezível, arremessa uma pedra de 68 g com uma velocidade horizontal de 4,0 m/s. Qual é a velocidade do homem após o arremesso?

40 **F** Uma nave espacial está se movendo a 4.300 km/h em relação à Terra quando, após ter queimado todo o combustível, o motor do foguete (de massa $4m$) é desacoplado e ejetado para trás com uma velocidade de 82 km/h em relação ao módulo de comando (de massa m). Qual é a velocidade do módulo de comando em relação à Terra imediatamente após a separação?

41 **M** A Fig. 9.33 mostra um "foguete" de duas pontas que está inicialmente em repouso em uma superfície sem atrito, com o centro na origem de um eixo x. O foguete é formado por um bloco central C (de massa $M = 6,00$ kg) e dois blocos E e D (de massa $m = 2,00$ kg cada um) dos lados esquerdo e direito. Pequenas explosões podem arremessar esses blocos para longe do bloco C, ao longo do eixo x. Considere a seguinte sequência: (1) No instante

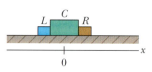

Figura 9.33 Problema 41.

$t = 0$, o bloco E é arremessado para a esquerda com uma velocidade de 3,00 m/s *em relação* à velocidade que a explosão imprime ao resto do foguete. (2) No instante $t = 0,80$ s, o bloco D é arremessado para a direita com uma velocidade de 3,00 m/s *em relação* à velocidade do bloco C nesse momento. (a) Qual é, no instante $t = 2,80$ s, a velocidade do bloco C e (b) qual é a posição do centro do bloco C?

42 **M** Um objeto, de massa m e velocidade v em relação a um observador, explode em dois pedaços, um com massa três vezes maior que o outro; a explosão ocorre no espaço sideral. O pedaço de menor massa fica em repouso em relação ao observador. Qual é o aumento da energia cinética do sistema causado pela explosão, no referencial do observador?

43 **M** **BIO** **CVF** Na Olimpíada de 708 a.C., alguns atletas disputaram a prova de salto em distância segurando pesos chamados *halteres* para melhorar o desempenho (Fig. 9.34). Os pesos eram colocados à frente do corpo antes de iniciar o salto e arremessados para trás durante o salto. Suponha que um atleta moderno, de 78 kg, use dois halteres de 5,50 kg, arremessando-os horizontalmente para trás ao atingir a altura máxima, de tal forma que a velocidade horizontal dos pesos em relação ao chão seja zero. Suponha que a velocidade inicial do atleta seja $\vec{v} = (9,5\hat{i} + 4,0\hat{j})$ m/s com ou sem os halteres e que o terreno seja plano. Qual é a diferença entre as distâncias que o atleta consegue saltar com e sem os halteres?

Figura 9.34 Problema 43.

44 **M** Na Fig. 9.35, um bloco inicialmente em repouso explode em dois pedaços, E e D, que deslizam em um piso em um trecho sem atrito e depois entram em regiões com atrito, onde acabam parando. O pedaço E, com massa de 2,0 kg, encontra um coeficiente de atrito cinético $\mu_E = 0,40$ e chega ao repouso depois de percorrer uma distância $d_E = 0,15$ m. O pedaço D encontra um coeficiente de atrito cinético $\mu_D = 0,50$ e chega ao repouso depois de percorrer uma distância $d_D = 0,25$ m. Qual era a massa do bloco?

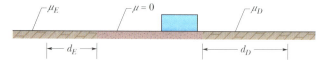

Figura 9.35 Problema 44.

45 **M** Um corpo de 20,0 kg está se movendo no sentido positivo de um eixo x a uma velocidade de 200 m/s quando, devido a uma explosão interna, se quebra em três pedaços. Um dos pedaços, com massa de 10,0 kg, se afasta do ponto da explosão a uma velocidade de 100 m/s no sentido positivo do eixo y. Um segundo pedaço, com massa de 4,00 kg, se move no sentido negativo do eixo x a uma velocidade de 500 m/s. (a) Na notação dos vetores unitários, qual é a velocidade da terceira parte? (b) Qual é a energia liberada na explosão? Ignore os efeitos da força gravitacional.

46 **M** Uma marmita de 4 kg que está deslizando em uma superfície sem atrito explode em dois fragmentos de 2,0 kg, um que se move para o norte a 3,0 m/s e outro que se move em uma direção 30° ao norte do leste a 5,0 m/s. Qual era a velocidade escalar da marmita antes da explosão?

47 **M** Uma taça em repouso na origem de um sistema de coordenadas xy explode em três pedaços. Logo depois da explosão, um dos pedaços, de massa m, está se movendo com velocidade $(-30$ m/s$)\hat{i}$ e um segundo pedaço, também de massa m, está se movendo com velocidade $(-30$ m/s$)\hat{j}$. O terceiro pedaço tem massa $3m$. Determine (a) o módulo e (b) a orientação da velocidade do terceiro pedaço logo após a explosão.

48 D Uma partícula A e uma partícula B são empurradas uma contra a outra, comprimindo uma mola colocada entre as duas. Quando as partículas são liberadas, a mola as arremessa em sentidos opostos. A massa de A é 2,00 vezes a massa de B e a energia armazenada na mola era 60 J. Suponha que a mola tem massa desprezível e que toda a energia armazenada é transferida para as partículas. Depois de terminada a transferência, qual é a energia cinética (a) da partícula A e (b) da partícula B?

Módulo 9.6 Momento e Energia Cinética em Colisões

49 F Uma bala de 10 g é disparada horizontalmente em um bloco de 2,0 kg que está na extremidade inferior de uma barra vertical articulada na outra extremidade como um pêndulo. O centro de massa do bloco sobe 12 cm. Qual é a velocidade inicial da bala?

50 F Uma bala de 5,20 g que se move a 672 m/s atinge um bloco de madeira de 700 g inicialmente em repouso em uma superfície sem atrito. A bala atravessa o bloco e sai do outro lado com a velocidade reduzida para 428 m/s. (a) Qual é a velocidade final do bloco? (b) Qual é a velocidade do centro de massa do sistema bala-bloco?

51 M Na Fig. 9.36a, uma bala de 3,50 g é disparada horizontalmente contra dois blocos inicialmente em repouso em uma mesa sem atrito. A bala atravessa o bloco 1 (com 1,20 kg de massa) e fica alojada no bloco 2 (com 1,80 kg de massa). A velocidade final do bloco 1 é $v_1 = 0,630$ m/s, e a do bloco 2 é $v_2 = 1,40$ m/s (Fig. 9.36b). Desprezando o material removido do bloco 1 pela bala, calcule a velocidade da bala (a) ao sair do bloco 1 e (b) ao entrar no bloco 1.

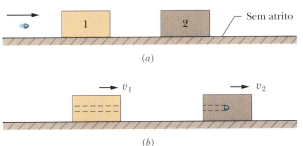

Figura 9.36 Problema 51.

52 M Na Fig. 9.37, uma bala de 10 g que se move verticalmente para cima a 1.000 m/s se choca com um bloco de 5,0 kg inicialmente em repouso, passa pelo centro de massa do bloco e sai do outro lado com uma velocidade de 400 m/s. Qual é a altura máxima atingida pelo bloco em relação à posição inicial?

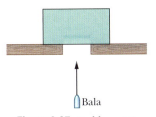

Figura 9.37 Problema 52.

53 M Em Anchorage, as colisões de um veículo com um alce são tão comuns que receberam o apelido de CVA. Suponha que um carro de 1.000 kg derrapa até atropelar um alce estacionário de 500 kg em uma estrada muito escorregadia, com o animal atravessando o para-brisa (o que acontece muitas vezes nesse tipo de atropelamento). (a) Que porcentagem da energia cinética do carro é transformada, pela colisão, em outras formas de energia? Acidentes semelhantes acontecem na Arábia Saudita, nas chamadas CVC (colisões entre um veículo e um camelo). (b) Que porcentagem da energia cinética do carro é perdida se a massa do camelo é 300 kg? (c) No caso geral, a perda percentual aumenta ou diminui quando a massa do animal diminui?

54 M Uma colisão frontal perfeitamente inelástica ocorre entre duas bolas de massa de modelar que se movem ao longo de um eixo vertical. Imediatamente antes da colisão, uma das bolas, de massa 3,0 kg, está se movendo para cima a 20 m/s e a outra bola, de massa 2,0 kg, está se movendo para baixo a 12 m/s. Qual é a altura máxima atingida pelas duas bolas unidas acima do ponto de colisão? (Despreze a resistência do ar.)

55 M Um bloco de 5,0 kg com uma velocidade escalar de 3,0 m/s colide com um bloco de 10 kg com uma velocidade escalar de 2,00 m/s que se move na mesma direção e sentido. Após a colisão, o bloco de 10 kg passa a se mover no mesmo sentido com uma velocidade de 2,5 m/s. (a) Qual é a velocidade do bloco de 5,0 kg imediatamente após a colisão? (b) De quanto varia a energia cinética total do sistema dos dois blocos por causa da colisão? (c) Suponha que a velocidade do bloco de 10 kg após o choque é 4,0 m/s. Qual é, nesse caso, a variação da energia cinética total? (d) Explique o resultado do item (c).

56 M Na situação "antes" da Fig. 9.38, o carro A (com massa de 1.100 kg) está parado em um sinal de trânsito quando é atingido na traseira pelo carro B (com massa de 1.400 kg). Os dois carros derrapam com as rodas bloqueadas até que a força de atrito com o asfalto molhado (com um coeficiente de atrito μ_k de 0,13) os leva ao repouso depois de percorrerem distâncias $d_A = 8,2$ m e $d_B = 6,1$ m. Qual é a velocidade escalar (a) do carro A e (b) do carro B no início da derrapagem, logo após a colisão? (c) Supondo que o momento linear é conservado na colisão, determine a velocidade escalar do carro B pouco antes da colisão. (d) Explique por que essa suposição pode não ser realista.

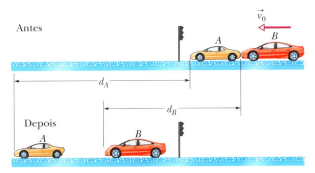

Figura 9.38 Problema 56.

57 M Na Fig. 9.39, uma bola de massa $m = 60$ g é disparada com velocidade $v_i = 22$ m/s para dentro do cano de um canhão de mola de massa $M = 240$ g inicialmente em repouso em uma superfície sem atrito. A bola fica presa no cano do canhão no ponto de máxima compressão da mola. Suponha que o aumento da energia térmica devido ao atrito da bola com o cano seja desprezível. (a) Qual é a velocidade escalar do canhão depois que a bola para dentro do cano? (b) Que fração da energia cinética inicial da bola fica armazenada na mola?

Figura 9.39 Problema 57.

58 D Na Fig. 9.40, o bloco 2 (com massa de 1,0 kg) está em repouso em uma superfície sem atrito e em contato com uma das extremidades de uma mola relaxada de constante elástica 200 N/m. A outra extremidade da mola está presa em uma parede. O bloco 1 (com massa de 2,0 kg), que se move a uma velocidade $v_1 = 4,0$ m/s, colide com o bloco 2, e os dois blocos permanecem juntos. Qual é a compressão da mola no instante em que os blocos param momentaneamente?

Figura 9.40 Problema 58.

59 D Na Fig. 9.41, o bloco 1 (com massa de 2,0 kg) está se movendo para a direita com uma velocidade escalar de 10 m/s e o bloco 2 (com massa de 5,0 kg) está se movendo para a direita com uma velocidade escalar de 3,0 m/s. A superfície não tem atrito, e uma mola com uma constante elástica de 1.120 N/m está presa no bloco 2. Quando os blocos colidem, a compressão da mola é máxima no instante em que os blocos têm a mesma velocidade. Determine a máxima compressão da mola.

Figura 9.41 Problema 59.

Módulo 9.7 Colisões Elásticas em Uma Dimensão

60 F Na Fig. 9.42, o bloco A (com massa de 1,6 kg) desliza em direção ao bloco B (com massa de 2,4 kg) ao longo de uma superfície sem atrito. Os sentidos de três velocidades antes (*i*) e depois (*f*) da colisão estão indicados; as velocidades escalares correspondentes são v_{Ai} = 5,5 m/s, v_{Bi} = 2,5 m/s e v_{Bf} = 4,9 m/s. Determine (a) o módulo e (b) o sentido (para a esquerda ou para a direita) da velocidade $\vec{v}_{Af}$. (c) A colisão é elástica?

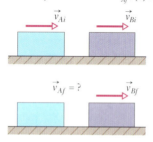

Figura 9.42 Problema 60.

61 F Um carrinho de massa com 340 g de massa, que se move em uma pista de ar sem atrito com uma velocidade inicial de 1,2 m/s, sofre uma colisão elástica com um carrinho inicialmente em repouso, de massa desconhecida. Após a colisão, o primeiro carrinho continua a se mover na mesma direção e sentido com uma velocidade escalar de 0,66 m/s. (a) Qual é a massa do segundo carrinho? (b) Qual é a velocidade do segundo carrinho após a colisão? (c) Qual é a velocidade do centro de massa do sistema dos dois carrinhos?

62 F Duas esferas de titânio se aproximam com a mesma velocidade escalar e sofrem uma colisão elástica frontal. Após a colisão, uma das esferas, cuja massa é 300 g, permanece em repouso. (a) Qual é a massa da outra esfera? (b) Qual é a velocidade do centro de massa das duas esferas se a velocidade escalar inicial de cada esfera é de 2,00 m/s?

63 M O bloco 1, de massa m_1, desliza em um piso sem atrito e sofre uma colisão elástica unidimensional com o bloco 2, de massa $m_2 = 3m_1$. Antes da colisão, o centro de massa do sistema de dois blocos tinha uma velocidade de 3,00 m/s. Depois da colisão, qual é a velocidade (a) do centro de massa e (b) do bloco 2?

64 M Uma bola de aço, de massa 0,500 kg, está presa em uma extremidade de uma corda de 70,0 cm de comprimento. A outra extremidade está fixa. A bola é liberada quando a corda está na horizontal (Fig. 9.43). Na parte mais baixa da trajetória, a bola se choca com um bloco de metal de 2,50 kg inicialmente em repouso em uma superfície sem atrito. A colisão é elástica. Determine (a) a velocidade escalar da bola e (b) a velocidade escalar do bloco, ambas imediatamente após a colisão.

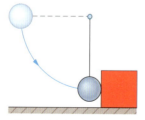

Figura 9.43 Problema 64.

65 M Um corpo com 2,0 kg de massa sofre uma colisão elástica com um corpo em repouso e continua a se mover na mesma direção e sentido, com um quarto da velocidade inicial. (a) Qual é a massa do outro corpo? (b) Qual é a velocidade do centro de massa dos dois corpos, se a velocidade inicial do corpo de 2,0 kg era de 4,0 m/s?

66 M O bloco 1, de massa m_1 e velocidade 4,0 m/s, que desliza ao longo de um eixo *x* em um piso sem atrito, sofre uma colisão elástica com o bloco 2, de massa $m_2 = 0,40m_1$, inicialmente em repouso. Os dois blocos deslizam para uma região onde o coeficiente de atrito cinético é 0,50 e acabam parando. Que distância dentro dessa região é percorrida (a) pelo bloco 1 e (b) pelo bloco 2?

67 M Na Fig. 9.44, a partícula 1, de massa m_1 = 0,30 kg, desliza para a direita ao longo de um eixo *x* em um piso sem atrito com uma velocidade escalar de 2,0 m/s. Quando chega ao ponto *x* = 0, sofre uma colisão elástica unidimensional com a partícula 2 de massa m_2 = 0,40 kg, inicialmente em repouso. Quando a partícula 2 se choca com uma parede no ponto x_p = 70 cm, ricocheteia sem perder velocidade escalar. Em que ponto do eixo *x* a partícula 2 volta a colidir com a partícula 1?

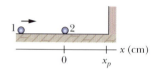

Figura 9.44 Problema 67.

68 M Na Fig. 9.45, o bloco 1, de massa m_1, desliza a partir do repouso em uma rampa sem atrito a partir de uma altura *h* = 2,50 m e colide com o bloco 2, de massa m_2 = 2,00m_1, inicialmente em repouso. Após a colisão, o bloco 2 desliza em uma região onde o coeficiente de atrito cinético μ_k é 0,500 e para, depois de percorrer uma distância *d* nessa região. Qual é o valor da distância *d* se a colisão for (a) elástica e (b) perfeitamente inelástica?

Figura 9.45 Problema 68.

69 D CVF Uma pequena esfera de massa *m* está verticalmente acima de uma bola maior, de massa *M* = 0,63 kg (com uma pequena separação, como no caso das bolas de beisebol e basquete da Fig. 9.46*a*), e as duas bolas são deixadas cair simultaneamente de uma altura *h* = 1,8 m. (Suponha que os raios das bolas são desprezíveis em comparação com *h*.) (a) Se a bola maior ricocheteia elasticamente no chão e depois a bola menor ricocheteia elasticamente na maior, que valor de *m* faz com que a bola maior pare momentaneamente no instante em que colide com a menor? (b) Nesse caso, que altura atinge a bola menor (Fig. 9.46*b*)?

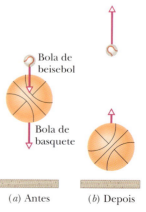

Figura 9.46 Problema 69.

70 D Na Fig. 9.47, o disco 1, de massa $m_1 = 0{,}20$ kg, desliza sem atrito em uma bancada de laboratório até sofrer uma colisão elástica unidimensional com o disco 2, inicialmente em repouso. O disco 2 é arremessado para fora da bancada e vai cair a uma distância d da base da bancada. A colisão faz o disco 1 inverter o movimento e ser arremessado para fora da outra extremidade da bancada, indo cair a uma distância $2d$ da base oposta. Qual é a massa do disco 2? (*Sugestão*: Tome cuidado com os sinais.)

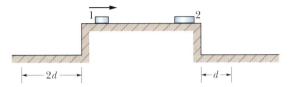

Figura 9.47 Problema 70.

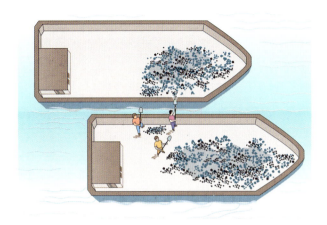

Figura 9.48 Problema 77.

Módulo 9.8 Colisões em Duas Dimensões

71 M Na Fig. 9.8.1, a partícula 1 é uma partícula alfa e a partícula 2 é um núcleo de oxigênio. A partícula alfa é espalhada de um ângulo $\theta_1 = 64{,}0°$ e o núcleo de oxigênio recua com uma velocidade escalar de $1{,}20 \times 10^5$ m/s e um ângulo $\theta_2 = 51{,}0°$. Em unidades de massa atômica, a massa da partícula alfa é 4,00 u e a massa do núcleo de hidrogênio é 16,0 u. (a) Qual é a velocidade final e (b) inicial da partícula alfa?

72 M A bola B, que se move no sentido positivo de um eixo x com velocidade v, colide com a bola A inicialmente em repouso na origem. A e B têm massas diferentes. Após a colisão, B se move no sentido negativo do eixo y com velocidade escalar $v/2$. (a) Qual é a orientação de A após a colisão? (b) Mostre que a velocidade de A não pode ser determinada a partir das informações dadas.

73 M Após uma colisão perfeitamente inelástica, dois objetos de mesma massa e mesma velocidade escalar inicial deslocam-se juntos com metade da velocidade inicial. Determine o ângulo entre as velocidades iniciais dos objetos.

74 M Dois corpos de 2,0 kg, A e B, sofrem uma colisão. As velocidades antes da colisão são $\vec{v}_A = (15\hat{i} + 30\hat{j})$ m/s e $\vec{v}_B = (-10\hat{i} + 5{,}0\hat{j})$ m/s. Após a colisão, $\vec{v}_A' = (-5{,}0\hat{i} + 20\hat{j})$ m/s. Determine (a) a velocidade final de B e (b) a variação da energia cinética total (incluindo o sinal).

75 M O próton 1, com uma velocidade de 500 m/s, colide elasticamente com o próton 2, inicialmente em repouso. Depois do choque, os dois prótons se movem em trajetórias perpendiculares, com a trajetória do próton 1 fazendo 60° com a direção inicial. Após a colisão, qual é a velocidade escalar (a) do próton 1 e (b) do próton 2?

Módulo 9.9 Sistemas de Massa Variável: Um Foguete

76 F Uma sonda espacial de 6.090 kg, movendo-se com o nariz à frente em direção a Júpiter a uma velocidade de 105 m/s em relação ao Sol, aciona o motor, ejetando 80,0 kg de produtos de combustão a uma velocidade de 253 m/s em relação à nave. Qual é a velocidade final da nave?

77 F CALC Na Fig. 9.48, duas longas barcaças estão se movendo na mesma direção em águas tranquilas, uma com velocidade escalar de 10 km/h e a outra com velocidade escalar de 20 km/h. Quando estão passando uma pela outra, operários jogam carvão da barcaça mais lenta para a mais rápida a uma taxa de 1.000 kg/min. Que força adicional deve ser fornecida pelos motores (a) da barcaça mais rápida e (b) da barcaça mais lenta para que as velocidades não mudem? Suponha que a transferência de carvão é perpendicular à direção do movimento das barcaças e que a força de atrito entre as barcaças e a água não depende da massa das barcaças.

78 F Considere um foguete que está no espaço sideral, em repouso em relação a um referencial inercial. O motor do foguete deve ser acionado por um certo intervalo de tempo. Determine a *razão de massa* do foguete (razão entre as massas inicial e final) nesse intervalo para que a velocidade original do foguete em relação ao referencial inercial seja igual (a) à velocidade de exaustão (velocidade dos produtos de exaustão em relação ao foguete) e (b) a duas vezes a velocidade de exaustão.

79 F Um foguete que está no espaço sideral, em repouso em relação a um referencial inercial, tem massa de $2{,}55 \times 10^5$ kg, da qual $1{,}81 \times 10^5$ kg são de combustível. O motor do foguete é acionado por 250 s, durante os quais o combustível é consumido à taxa de 480 kg/s. A velocidade dos produtos de exaustão em relação ao foguete é 3,27 km/s. (a) Qual é o empuxo do foguete? Após os 250 s de funcionamento do motor, qual é (b) a massa e (c) qual é a velocidade do foguete?

Problemas Adicionais

80 CALC Um objeto é rastreado por uma estação de radar e se verifica que seu vetor posição é dado por $\vec{r} = (3500 - 160t)\hat{i} + 2700\hat{j} + 300\hat{k}$ com $\vec{r}$ em metros e t em segundos. O eixo x da estação de radar aponta para leste, o eixo y para o norte e o eixo z verticalmente para cima. Se o objeto é um foguete meteorológico de 250 kg, determine (a) o momento linear do foguete, (b) a direção do movimento do foguete e (c) a força que age sobre o foguete.

81 O último estágio de um foguete, que está viajando a uma velocidade de 7.600 m/s, é composto de duas partes presas por uma trava: um invólucro, com massa de 290,0 kg, e uma cápsula de carga, com massa de 150,0 kg. Quando a trava é aberta, uma mola inicialmente comprimida faz as duas partes se separarem com uma velocidade relativa de 910,0 m/s. Qual é a velocidade (a) do invólucro e (b) da cápsula de carga depois de separados? Suponha que todas as velocidades são ao longo da mesma linha reta. Determine a energia cinética total das duas partes (c) antes e (d) depois de separadas. (e) Explique a diferença.

82 CVF *Desabamento de um edifício.* Na seção reta de um edifício que aparece na Fig. 9.49a, a infraestrutura de um andar qualquer, K, deve ser capaz de sustentar o peso P de todos os andares que estão acima. Normalmente, a infraestrutura é projetada com um fator de segurança s e pode sustentar uma força para baixo $sP > P$. Se, porém, as colunas de sustentação entre K e L cederem bruscamente e permitirem que os

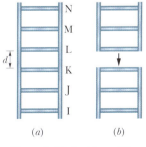

Figura 9.49 Problema 82.

andares mais altos caiam em queda livre sobre o andar K (Fig. 9.49b), a força da colisão pode exceder sP e fazer com que, logo depois, o andar K caia sobre o andar J, que cai sobre o andar I, e assim por diante, até o andar térreo. Suponha que a distância entre os andares é d = 4,0 m e que todos têm a mesma massa. Suponha também que, quando os andares que estão acima do andar K caem sobre o andar K em queda livre, a colisão leva 1,5 ms. Nessas condições simplificadas, que valor deve ter o coeficiente de segurança s para que o edifício não desabe?

83 "*Relativamente*" é uma palavra importante. Na Fig. 9.50, o bloco E, de massa m_E = 1,00 kg, e o bloco D, de massa m_D = 0,500 kg, são mantidos no lugar com uma mola

Figura 9.50 Problema 83.

comprimida entre os dois blocos. Quando os blocos são liberados, a mola os impulsiona e os blocos passam a deslizar em um piso sem atrito. (A mola tem massa desprezível e cai no piso depois de impulsionar os blocos.) (a) Se a mola imprime ao bloco E uma velocidade de 1,20 m/s *relativamente* ao piso, que distância o bloco D percorre em 0,800s? (b) Se, em vez disso, a mola imprime ao bloco E uma velocidade de 1,20 m/s *relativamente* ao bloco D, que distância o bloco D percorre em 0,800 s?

84 A Fig. 9.51 mostra uma vista superior de duas partículas que deslizam com velocidade constante em uma superfície sem atrito. As partículas têm a mesma massa e a mesma velocidade inicial v = 4,00 m/s e colidem no ponto em que as trajetórias se interceptam. O eixo x coincide com a bissetriz do ângulo entre as trajetórias incidentes e θ = 40,0°. A região à direita da colisão está dividida em quatro setores (A, B, C e D) pelo eixo x e por quatro retas tracejadas (1, 2, 3 e 4). Em que setor ou ao longo de que reta as partículas viajam se a colisão for (a) perfeitamente inelástica, (b) elástica e (c) inelástica? Quais são as velocidades finais das partículas se a colisão for (d) perfeitamente inelástica e (e) elástica?

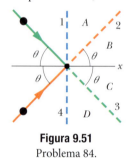

Figura 9.51 Problema 84.

85 **CVF** *Redutor de velocidade.* Na Fig. 9.52, o bloco 1, de massa m_1, desliza ao longo de um eixo x em um piso sem atrito, com uma velocidade de 4,00 m/s, até sofrer uma colisão

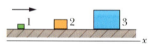

Figura 9.52 Problema 85.

elástica unidimensional com o bloco 2, de massa m_2 = 2,00m_1, inicialmente em repouso. Em seguida, o bloco 2 sofre uma colisão elástica unidimensional com o bloco 3, de massa m_3 = 2,00m_2, inicialmente em repouso. (a) Qual é a velocidade final do bloco 3? (b) A velocidade, (c) a energia cinética e (d) o momento do bloco 3 são maiores, menores ou iguais aos valores iniciais do bloco 1?

86 **CVF** *Amplificador de velocidade.* Na Fig. 9.53, o bloco 1, de massa m_1, desliza ao longo de um eixo x em um piso sem atrito, com uma velocidade v_{1i} = 4,00 m/s, até sofrer

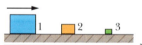

Figura 9.53 Problema 86.

uma colisão elástica unidimensional com o bloco 2, de massa m_2 = 0,500m_1, inicialmente em repouso. Em seguida, o bloco 2 sofre uma colisão elástica unidimensional com o bloco 3, de massa m_3 = 0,500m_2, inicialmente em repouso. (a) Qual é a velocidade do bloco 3 após a colisão? (b) A velocidade, (c) a energia cinética e (d) o momento do bloco 3 são maiores, menores ou iguais aos valores iniciais do bloco 1?

87 Uma bola com uma massa de 150 g se choca com uma parede a uma velocidade de 5,2 m/s e ricocheteia com apenas 50% da energia cinética inicial. (a) Qual é a velocidade escalar da bola imediatamente após o choque? (b) Qual é o módulo do impulso da bola sobre a parede? (c) Se a bola permanece em contato com a parede por 7,6 ms, qual é o módulo da força média que a parede exerce sobre a bola durante esse intervalo de tempo?

88 Uma espaçonave é separada em duas partes pela detonação dos rebites explosivos que as mantêm unidas. As massas das partes são 1.200 kg e 1.800 kg; o módulo do impulso que a explosão dos rebites exerce sobre cada parte é 300 N · s. Com que velocidade relativa as duas partes se separam?

89 Um carro de 1.400 kg está se movendo inicialmente para o norte a 5,3 m/s, no sentido positivo de um eixo y. Depois de fazer uma curva de 90° para a direita em 4,6 s, o motorista, desatento, bate em uma árvore, que para o carro em 350 ms. Na notação dos vetores unitários, qual é o impulso sobre o carro (a) devido à curva e (b) devido à colisão? Qual é o módulo da força média que age sobre o carro (c) durante a curva e (d) durante a colisão? (e) Qual é a direção da força média que age sobre o carro durante a curva?

90 Um certo núcleo radioativo (pai) se transforma em um núcleo diferente (filho) emitindo um elétron e um neutrino. O núcleo pai estava em repouso na origem de um sistema de coordenadas xy. O elétron se afasta da origem com um momento linear $(-1,2 \times 10^{-22}$ kg · m/s$)\hat{i}$; o neutrino se afasta da origem com um momento linear $(-6,4 \times 10^{-23}$ kg · m/s$)\hat{j}$. (a) Qual é o módulo e (b) qual a orientação do momento linear do núcleo filho? (c) Se o núcleo filho tem uma massa de 5,8 × 10^{-26} kg, qual é sua energia cinética?

91 Um homem de 75 kg, que estava em um carrinho de golfe de 39 kg que se movia a uma velocidade de 2,3 m/s, pulou do carrinho com velocidade horizontal nula em relação ao chão. Qual foi a variação da velocidade do carrinho, incluindo o sinal?

92 Dois blocos de massas 1,0 e 3,0 kg estão ligados por uma mola e repousam em uma superfície sem atrito. Os blocos começam a se mover um em direção ao outro de modo que o bloco de 1,0 kg viaja inicialmente a 1,7 m/s em direção ao centro de massa, que permanece em repouso. Qual é a velocidade inicial do outro bloco?

93 Uma locomotiva com a massa de 3,18 × 10^4 kg colide com um vagão inicialmente em repouso. A locomotiva e o vagão permanecem juntos após a colisão, e 27% da energia cinética inicial é transferida para energia térmica, sons, vibrações etc. Determine a massa do vagão.

94 Um velho Chrysler com 2.400 kg de massa, que viaja em uma estrada retilínea a 80 km/h, é seguido por um Ford com 1.600 kg de massa a 60 km/h. Qual é a velocidade do centro de massa dos dois carros?

95 No arranjo da Fig. 9.8.1, a bola de sinuca 1, que se move a 2,2 m/s, sofre uma colisão oblíqua com a bola de sinuca 2, que está inicialmente em repouso. Após a colisão, a bola 2 se move com uma velocidade escalar de 1,1 m/s e com um ângulo θ_2 = 60°. (a) Qual é o módulo e (b) qual é a orientação da velocidade da bola 1 após a colisão? (c) Os dados fornecidos mostram que a colisão é elástica ou inelástica?

96 Um foguete está se afastando do sistema solar a uma velocidade de 6,0 × 10^3 m/s. O motor do foguete é acionado e ejeta produtos de combustão a uma velocidade de 3,0 × 10^3 m/s em relação ao foguete. A massa do foguete nesse momento é 4,0 × 10^4 kg e a aceleração é 2,0 m/s². (a) Qual é o empuxo do motor do foguete? (b) A que taxa, em quilogramas por segundo, os produtos de combustão estão sendo ejetados?

97 As três bolas vistas de cima na Fig. 9.54 são iguais. As bolas 2 e 3 estão se tocando e estão alinhadas perpendicularmente à trajetória da bola 1.

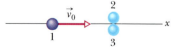

Figura 9.54 Problema 97.

A velocidade da bola 1 tem módulo v_0 = 10 m/s e está dirigida para o ponto de contato das bolas 2 e 3. Após a colisão, quais são (a) o módulo e (b) a orientação da velocidade da bola 2, (c) o módulo e (d) a orientação da velocidade da bola 3 e (e) o módulo e (f) a orientação da velocidade da bola 1? (*Sugestão*: Na ausência de atrito, cada impulso está dirigido ao longo da reta que liga os centros das bolas envolvidas na colisão e é perpendicular às superfícies que se tocam.)

98 Uma bola de 0,15 kg se choca com uma parede a uma velocidade de $(5,00 \text{ m/s})\hat{i} + (6,50 \text{ m/s})\hat{j} + (4,00 \text{ m/s})\hat{k}$ ricocheteia na parede e passa a ter uma velocidade de $(2,00 \text{ m/s})\hat{i} + (3,50 \text{ m/s})\hat{j} + (-3,20 \text{ m/s})\hat{k}$. Determine (a) a variação do momento da bola, (b) o impulso exercido pela parede sobre a bola e (c) o impulso exercido pela bola sobre a parede.

99 *Movimento do centro de massa.* Em um certo instante, quatro partículas têm as coordenadas xy e velocidades indicadas na tabela. Determine (a) as coordenadas e (b) a velocidade do centro de massa nesse instante.

Partícula	Massa (kg)	Posição (m)	Velocidade (m/s)
1	2,0	0, 3,0	$-9,0\hat{j}$
2	4,0	3,0, 0	$6,0\hat{i}$
3	3,0	0, −2,0	$6,0\hat{j}$
4	12	−1,0, 0	$-2,0\hat{i}$

100 *Limites para a separação de um foguete.* A Fig. 9.55 mostra um foguete de massa M que se move no eixo x a uma velocidade constante $v_i = 40$ m/s. Uma pequena explosão separa o foguete em uma parte traseira (de massa m_1) e uma parte dianteira; as duas partes continuam a se mover no eixo x. A velocidade relativa entre as duas partes é 20 m/s. Quais são, aproximadamente, (a) o menor valor possível e (b) o maior valor possível da velocidade final v_f da parte dianteira e para que valores limites de m_1 elas acontecem?

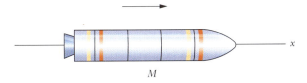

Figura 9.55 Problema 100.

101 BIO *Saltando da posição agachada.* Uma chefe de torcida de massa m se agacha depois de estar de pé, o que faz seu centro de massa baixar 18 cm. Em seguida, ela salta verticalmente. A força média exercida sobre o solo durante o salto é $3,00mg$. Qual é a velocidade para cima da chefe de torcida quando ela passa pela posição de pé ao deixar o solo?

102 *Criança andando em um barco.* Uma criança que está de pé em um barco de fundo plano de 95 kg está inicialmente a 6,0 m de distância da margem. A criança começa a andar no barco na direção da margem. Depois de caminhar 2,5 m em relação ao barco, a criança está a 4,1 m de distância da margem. Supondo que a força de arrasto da água é desprezível, determine a massa da criança.

103 *Moderador de um reator nuclear.* Quando nêutrons rápidos são produzidos em um reator nuclear, sua velocidade deve ser reduzida para que eles possam participar do processo de *reação em cadeia*. Para isso, os reatores nucleares utilizam um elemento conhecido como moderador. (a) Que fração da energia cinética de um nêutron (de massa m_1) é perdida em uma colisão frontal elástica com um núcleo (de massa m_2) inicialmente em repouso? (b) Calcule a fração se o elemento for o chumbo, o carbono e o hidrogênio. As razões m_2/m_1 entre as massas desses elementos e a massa no nêutron são 206 para o chumbo, 12 para o carbono e aproximadamente 1 para o hidrogênio.

104 *Bola no interior de uma casca.* Na Fig. 9.56, uma bola de massa m e raio R é colocada no interior de uma casca esférica de mesma massa m e raio interno $2R$ na posição mostrada na figura. A combinação está em repouso em um piso horizontal. A bola é liberada, rola para um lado e para outro dentro da casca e, finalmente, entra repouso na parte mais baixa da casca. Qual é o deslocamento horizontal d da casca durante o processo?

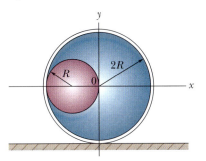

Figura 9.56 Problema 104.

105 *Colisão em uma mesa de ar.* Uma esfera de massa $m_2 = 350$ g está em repouso em uma mesa de ar a uma distância $d = 53$ cm da borda da mesa. Uma segunda esfera de massa $m_1 = 590$ g é lançada com uma velocidade $v_{1i} = -75$ cm/s no eixo x em que está a primeira esfera (Fig. 9.57a). Ela colide elasticamente com a primeira esfera, que é arremessada na direção de uma mola curta situada na borda da mesa. A mola faz com que a esfera inverta seu movimento, conservando a mesma velocidade. Ela então colide elasticamente pela segunda vez com a outra esfera (Fig. 9.57b). (a) A que distância x da borda da mesa ocorre a segunda colisão? (b) Se a velocidade inicial da segunda esfera for reduzida à metade, qual será o novo valor de x?

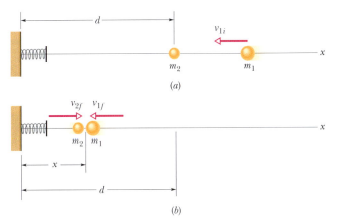

Figura 9.57 Problema 105.

106 *Bolhas na lava e na cerveja.* Algumas amostras de lava solidificada contêm camadas horizontais de bolhas separadas verticalmente por camadas com poucas bolhas. (Os pesquisadores precisam cortar a lava solidificada perpendicularmente à superfície para ver esse padrão.) Aparentemente, enquanto a lava estava esfriando, bolhas que subiram do fundo da lava formaram essas camadas, que foram imobilizadas quando a lava se solidificou. Um padrão semelhante foi observado em cervejas cremosas servidas em um copo transparente. As bolhas, ao subir, se dividiram em camadas (Fig. 9.58). As bolhas que estão nas camadas sobem a uma velocidade v_c e as bolhas livres nas regiões entre as camadas sobem com uma velocidade maior v_l. As bolhas que se desprendem da parte superior de uma camada sobem até atingirem a parte inferior da camada mais próxima. Suponha que a taxa com a qual uma camada perde altura na parte de cima é $dy/dt = v_l$ e a taxa com a qual uma camada ganha altura na parte de baixo também é $dy/dt = v_l$. Se $v_l = 2,0v_c = 1,0$ cm/s, (a) qual é a velocidade do centro de massa de uma camada e (b) a camada se move para cima ou para baixo?

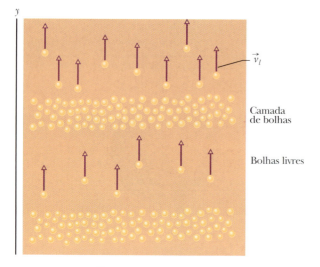

Figura 9.58 Problema 106.

107 *Tiros em um bloco de madeira.* Vários tiros, com balas de massa $m = 3{,}80$ g, são disparados horizontalmente, com uma velocidade $v = 1.100$ m/s, em um grande bloco de madeira de massa $M = 12$ kg, que está inicialmente em repouso em uma mesa horizontal. Suponha que o bloco pode deslizar sobre a mesa com atrito desprezível. Qual é a velocidade do bloco depois do oitavo disparo?

108 **BIO** *Colisão de karts.* Em um teste realizado em uma pista comercial de karts (Fig. 9.59), o kart A, que está se movendo à velocidade máxima de 19,3 km/h, se choca intencionalmente com a traseira do kart B, que está parado no momento do choque. A massa de cada kart, incluindo o piloto, é 314 kg, e o movimento é no sentido positivo de um eixo x. Os instrumentos usados no teste medem a duração Δt da colisão e o coeficiente de restituição e, que é razão entre a diferença de velocidade dos dois karts depois da colisão e a diferença antes da colisão:

$$e = \frac{v_{2f} - v_{1f}}{v_{2i} - v_{1i}}.$$

Os valores medidos no teste são $\Delta t = 48{,}0$ ms e $e = 0{,}230$. (a) Qual é o módulo da aceleração de cada kart após a colisão em unidades g? (b) Se as normas de segurança não permitem acelerações maiores que $10g$, a pista é considerada segura? (c) Qual é a variação da energia cinética total?

Figura 9.59 Problema 108.

109 *Bala de canhão.* Um canhão de massa $M = 1.300$ kg dispara uma bala de massa $m = 72$ kg no sentido positivo do eixo x paralelamente ao solo e com uma velocidade $\vec{v}$ *em relação ao canhão*, que recua com velocidade $\vec{V}$ em relação ao solo. O módulo de $\vec{v}$ é 55 m/s. Quais são os valores (a) de $\vec{V}$ e (b) da velocidade v_s da bala em relação ao solo?

110 **BIO** *Perigos do paintball.* Em um jogo de paintball (Fig. 9.60), uma bala atinge o braço de um jogador em uma trajetória perpendicular ao braço. A bala tem 17,3 mm de diâmetro, massa $m = 2{,}0$ g, velocidade inicial $v_i = 90$ m/s e velocidade final $v_f = 0$, com a colisão durando um intervalo de tempo $\Delta t = 0{,}050$ ms. Determine (a) o impulso J, (b) a força média $F_{méd}$, (c) a energia cinética K perdida na colisão e (d) a energia cinética por unidade de área perdida na colisão. As respostas mostram que a colisão provavelmente vai causar apenas um hematoma ou um inchaço local, mas uma colisão direta com um olho desprotegido por causar cegueira permanente.

Figura 9.60 Problema 110.

111 **CALC** *Centro de massa do Monte Silbury.* O Monte Silbury (Fig. 9.61a), um monte situado na mesma planície que Stonehenge, foi construído há 4.600 anos por razões desconhecidas. É um cone circular reto truncado (Fig. 9.61b) com uma superfície superior de raio $r_2 = 16$ m, raio da base $r_1 = 88$ m e altura $h = 40$ m. Se o cone estivesse completo, teria uma altura $H = 50{,}8$ m. (a) Qual é a altura do centro de massa do monte? (b) Se o Monte Silbury tem uma massa específica $\rho = 1{,}5 \times 10^3$ kg/m³, qual foi o trabalho necessário para transportar a terra do nível da base para construir o monte?

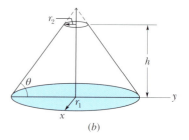

Figura 9.61 Problema 111.

112 BIO *Golpe de taekwondo.* A Fig. 9.62a mostra um golpe de taekwondo no qual um punho cerrado (de massa $m_1 = 0{,}70$ kg) golpeia uma placa estreita de massa m_2 apoiada nas duas extremidades. A placa pode ser feita de madeira e pesar 0,14 kg ou ser feita de concreto e pesar 3,2 kg. O golpe faz o objeto se envergar até quebrar (Fig. 9.62c). Trate o envergamento como a compressão de uma mola com uma constante elástica k de $4{,}1 \times 10^4$ N/m para a madeira e $2{,}6 \times 10^6$ N/m para o concreto. A ruptura acontece para uma deflexão d de 16 mm no caso da madeira e 1,1 mm no caso do concreto. No limiar da ruptura, qual é a energia armazenada (a) na madeira e (b) no concreto? Qual é a velocidade v do punho necessária para quebrar (c) a placa de madeira e (d) a placa de concreto? Suponha que a energia mecânica é conservada durante o encurvamento, que o punho e a placa param antes da quebra e que a colisão entre o punho e a placa no limiar da ruptura é totalmente inelástica.

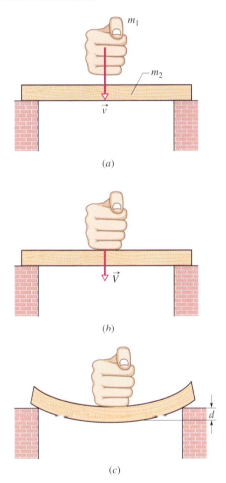

Figura 9.62 Problema 112.

113 *Blocos e uma mola.* Dois blocos de massas m_1 e m_2, ligados por uma mola, estão apoiados em uma superfície horizontal de atrito desprezível. Os blocos são afastados e liberados em repouso em um eixo x. Determine, em termos de m_1 e m_2, para qualquer instante posterior, (a) qual é a razão entre a energia cinética do bloco 1 e a energia cinética total e (b) qual é a razão entre a energia cinética do bloco 2 e a energia cinética total. (c) Se $m_1 > m_2$, qual dos dois blocos tem maior energia cinética?

114 *Deslocamento do centro de massa com a gravidez.* A Fig. 9.63 mostra uma vista simplificada do peso sustentado por um dos pés de uma pessoa de peso mg em pé, com cada pé sustentando metade do peso. Um eixo x se estende do antepé ao calcanhar, com $x_a = 0$ no antepé e $x_c = 25$ cm no calcanhar. Em cada antepé a força para baixo é $a(mg/2)$, em que a é a fração do peso aplicado ao pé que é sustentada pelo antepé. Analogamente, em cada calcanhar a força para baixo é $c(mg/2)$. O pé (e a pessoa) está em equilíbrio em relação ao centro de massa. Suponha que, perto do fim da gravidez, o centro de massa de uma mulher se deslocou 41 mm na direção dos calcanhares. Que porcentagem do peso se desloca para os calcanhares? (O centro de massa volta à posição normal depois da gravidez.)

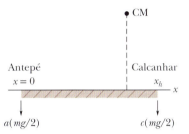

Figura 9.63 Problema 114.

115 *Colisão de um carro de corrida com um muro.* A Fig. 9.64 é uma vista superior do movimento de um carro de corrida que colide com um muro da pista. No momento da colisão, o carro estava a uma velocidade $v_i = 70$ m/s em uma trajetória que fazia um ângulo de 30° com o muro. Depois da colisão, o carro está a uma velocidade $v_f = 50$ m/s em uma trajetória que faz um ângulo de 10° com o muro. A massa do piloto é $m = 80$ kg e a colisão durou 14 ms. (a) Qual é o impulso $\vec{J}$ sobre o piloto durante a colisão, na notação dos vetores unitários e na notação módulo-ângulo? Durante a colisão, qual foi o módulo (b) da força média a que o piloto foi submetido e (c) da aceleração do piloto em unidades g? Considere o piloto como se fosse uma partícula.

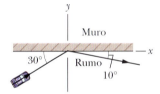

Figura 9.64 Problema 115.

116 BIO *Caindo em cima de um braço estendido.* As quedas são um perigo real para esqueitistas (Fig. 9.65), pessoas idosas, pessoas sujeitas a convulsões e muitas outras. A força média sobre a mão que resulta em uma fratura do punho é $F = 2{,}1$ kN. Suponha que o braço tem uma massa de 3,3 kg e que a duração do impacto é 5,0 ms. (a) Que altura inicial h da palma resulta em uma força suficiente para causar a fratura? (b) Durante o impacto, a região entre o ombro e a palma sofre uma compressão elástica. Se a constante elástica é $k = 27$ kN/m, qual é o valor da compressão?

Figura 9.65 Problema 116.

117 BIO *Tropeço de um dinossauro.* O *Tyrannosaurus rex* (Fig. 9.66) provavelmente não se aventurava a correr em alta velocidade por causa do perigo de tropeçar, caso em que os membros dianteiros, muito curtos, não ajudariam a amortecer a queda. Suponha que um *T. Rex* de massa m tropeça e o seu centro de massa entra em queda livre, percorrendo uma distância de 1,5 m até chegar ao solo e uma distância adicional de 0,30 m em razão da compressão do corpo e do solo. (a) Qual é o módulo aproximado da força vertical média que age sobre o dinossauro durante a colisão (durante a descida de 0,30 m) em múltiplos do peso do dinossauro? Suponha agora que o dinossauro está correndo a uma velocidade de 19 m/s (alta), tropeça, cai e desliza no chão até parar, com um coeficiente de atrito cinético de 0,60. Suponha também que a força vertical durante a colisão e o deslizamento é a mesma no item (a). Quais são, aproximadamente, (b) o módulo da força média exercida pelo solo sobre o animal (mais uma vez, em múltiplos do seu peso) e (c) a distância que ele desliza até parar? O valor das forças calculadas em (a) e (b) sugere que a queda poderia machucar seriamente o dinossauro. A cabeça, em particular, correria um grande risco, por cair de uma distância maior.

Figura 9.66 Problema 117.

CAPÍTULO 10

Rotação

10.1 VARIÁVEIS DA ROTAÇÃO

Objetivos do Aprendizado

Depois de ler este módulo, você será capaz de ...

10.1.1 Saber que, se todas as partículas de um corpo giram da mesma forma em torno de um eixo, o corpo é um corpo rígido. (Este capítulo trata do movimento de corpos rígidos.)

10.1.2 Saber que a posição angular de um corpo rígido em rotação é o ângulo que uma reta interna de referência faz com uma reta externa fixa.

10.1.3 Conhecer a relação entre o deslocamento angular e as posições angulares inicial e final.

10.1.4 Conhecer a relação entre a velocidade angular média, o deslocamento angular e o intervalo de tempo durante o qual ocorreu o deslocamento.

10.1.5 Conhecer a relação entre a aceleração angular média, a variação de velocidade e o intervalo de tempo durante o qual ocorreu a variação de velocidade.

10.1.6 Saber que o movimento anti-horário é considerado positivo e o movimento horário é considerado negativo.

10.1.7 Dada a posição angular em *função do tempo*, calcular a velocidade angular instantânea em um dado instante e a velocidade angular média em um dado intervalo.

10.1.8 Dada uma *curva* da posição angular em função do tempo, determinar a velocidade angular instantânea em um dado instante e a velocidade angular média em um dado intervalo.

10.1.9 Saber que a velocidade angular escalar é o módulo da velocidade escalar instantânea.

10.1.10 Dada a velocidade em *função do tempo*, determinar a aceleração angular instantânea em um dado instante e a aceleração angular média em um dado intervalo.

10.1.11 Dada uma *curva* da velocidade angular em função do tempo, determinar a aceleração angular instantânea em um dado instante e a aceleração angular média em um dado intervalo.

10.1.12 Calcular a variação de velocidade angular de um corpo integrando a função aceleração angular em relação ao tempo.

10.1.13 Calcular a variação de posição angular de um corpo integrando a função velocidade angular em relação ao tempo.

Ideias-Chave

● Para descrever a rotação de um corpo rígido em torno de um eixo fixo, conhecido como eixo de rotação, imaginamos uma reta de referência, fixa em relação ao corpo e perpendicular ao eixo de rotação. Medimos a posição angular θ dessa reta em relação a uma direção fixa no espaço, também perpendicular ao eixo de rotação. Se o ângulo for medido em radianos,

$$\theta = \frac{s}{r} \text{ (ângulo em radianos),}$$

em que s é o comprimento de um arco de raio r e ângulo θ.

● A relação entre o número de revoluções, o ângulo em graus e o ângulo em radianos é a seguinte:

$$1 \text{ rev} = 360° = 2\pi \text{ rad.}$$

● Se a posição angular de um corpo que gira em torno de um eixo de rotação muda de θ_1 para θ_2, o deslocamento angular do corpo é dado por

$$\Delta\theta = \theta_2 - \theta_1,$$

em que $\Delta\theta$ é positivo para rotações no sentido anti-horário e negativo para rotações no sentido horário.

● Se um corpo sofre um deslocamento angular $\Delta\theta$ em um intervalo de tempo Δt, a velocidade angular média $\omega_{\text{méd}}$ do corpo é dada por

$$\omega_{\text{méd}} = \frac{\Delta\theta}{\Delta t}.$$

A velocidade angular (instantânea) ω do corpo é dada por

$$\omega = \frac{d\theta}{dt}.$$

Tanto $\omega_{\text{méd}}$ como ω são vetores, cuja orientação é dada pela regra da mão direita. Esses vetores apontam no sentido positivo de um eixo de referência, se a rotação for no sentido anti-horário, e no sentido negativo, se a rotação for no sentido horário. O módulo da velocidade angular de um corpo é a velocidade angular escalar.

● Se a velocidade angular de um corpo varia de ω_1 para ω_2 em um intervalo de tempo $\Delta t = t_2 - t_1$, a aceleração angular média $\alpha_{\text{méd}}$ do corpo é dada por

$$\alpha_{\text{méd}} = \frac{\omega_2 - \omega_1}{t_2 - t_1} = \frac{\Delta\omega}{\Delta t}.$$

A aceleração angular (instantânea) α do corpo é dada por

$$\alpha = \frac{d\omega}{dt}.$$

Tanto $\alpha_{\text{méd}}$ como α são vetores.

O que É Física?

Como vimos em capítulos anteriores, um dos objetivos principais da física é estudar movimentos. Até agora, examinamos apenas os movimentos de **translação**, nos quais objetos se movem ao longo de linhas retas ou curvas, como na Fig. 10.1.1a. Vamos agora considerar os movimentos de **rotação**, nos quais os objetos giram em torno de um eixo, como na Fig. 10.1.1b.

Observamos rotações em quase todas as máquinas; produzimos rotações toda vez que abrimos uma tampa de rosca; pagamos para experimentar rotações quando vamos a um parque de diversões. A rotação é o segredo de jogadas de sucesso em muitos esportes, como dar uma longa tacada no golfe (a bola precisa estar girando para se manter no ar durante mais tempo) ou chutar com efeito no futebol (a bola precisa girar para que o ar a empurre para a esquerda ou para a direita). A rotação também é importante em questões mais sérias, como a fadiga das peças metálicas dos aviões.

Começamos nossa discussão da rotação definindo as variáveis do movimento, como fizemos para a translação no Capítulo 2. Como vamos ver, as variáveis da rotação são análogas às do movimento unidimensional e, como no Capítulo 2, uma situação especial importante é aquela na qual a aceleração (neste caso, a aceleração angular) é constante. Vamos ver também que é possível escrever uma equação equivalente à segunda lei de Newton para o movimento de rotação, usando uma grandeza chamada *torque* no lugar da força. O teorema do trabalho e energia cinética também pode ser aplicado ao movimento de rotação, com a massa substituída por uma grandeza chamada *momento de inércia*. Na verdade, grande parte do que discutimos até agora pode ser aplicado ao movimento de rotação com, talvez, pequenas modificações.

Atenção: Apesar de as equações que descrevem o movimento de rotação serem muito parecidas com as que foram apresentadas em capítulos anteriores, muitos estudantes consideram este capítulo e o capítulo a seguir particularmente difíceis. Os professores encontraram várias razões para isso, mas as duas razões principais parecem ser as seguintes: (1) São apresentados muitos símbolos novos (letras gregas) cujo significado nem sempre é bem compreendido. (2) Embora os estudantes estejam muito familiarizados com movimentos lineares, como atravessar uma rua, eles não

Figura 10.1.1 A patinadora Sasha Cohen em um movimento (a) de translação pura em uma direção fixa e (b) de rotação pura em torno de um eixo vertical.

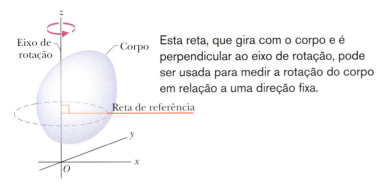

Figura 10.1.2 Corpo rígido de forma arbitrária em rotação pura em torno do eixo z de um sistema de coordenadas. A posição da *reta de referência* em relação ao corpo rígido é arbitrária, mas a reta é perpendicular ao eixo de rotação e mantém sempre a mesma posição em relação ao corpo, girando com ele.

têm a mesma familiaridade com movimentos de rotação (talvez seja por isso que os parques de diversões são tão populares). Se você tiver a impressão de que um dever de casa envolvendo rotação está escrito em uma língua estrangeira, experimente traduzi-lo para a linguagem dos movimentos lineares unidimensionais do Capítulo 2. Por exemplo, se você precisa ou quer calcular uma distância *angular*, apague temporariamente a palavra *angular* e veja se consegue resolver o problema usando as equações e ideias do Capítulo 2.

Variáveis da Rotação

Neste capítulo, vamos estudar a rotação de um corpo rígido em torno de um eixo fixo. Um **corpo rígido** é um corpo que gira com todas as partes ligadas entre si e sem mudar de forma. Um **eixo fixo** é um eixo que não muda de posição. Isso significa que não examinaremos um objeto como o Sol, pois as partes do Sol (uma bola de gás) não estão ligadas entre si; também não examinaremos um objeto como uma bola de boliche rolando em uma pista, já que a bola gira em torno de um eixo que muda constantemente de posição (o movimento da bola é uma mistura de rotação e translação).

A Fig. 10.1.2 mostra um corpo rígido de forma arbitrária girando em torno de um eixo fixo, chamado **eixo de rotação**. Em uma rotação pura (*movimento angular*), todos os pontos do corpo se movem ao longo de circunferências cujo centro está no eixo de rotação, e todos os pontos descrevem o mesmo ângulo no mesmo intervalo de tempo. Na translação pura (*movimento linear*), todos os pontos se movem ao longo de linhas retas, e todos os pontos percorrem a mesma *distância* no mesmo intervalo de tempo.

Vamos discutir agora (um de cada vez) os equivalentes angulares das grandezas lineares posição, deslocamento, velocidade e aceleração.

Posição Angular

A Fig. 10.1.2 mostra uma *reta de referência*, fixa ao corpo, perpendicular ao eixo de rotação e girando com o corpo. A **posição angular** da reta é o ângulo que a reta faz com uma direção fixa, que tomamos como a **posição angular zero**. Na Fig. 10.1.3, a posição angular θ é medida em relação ao semieixo x positivo. De acordo com a geometria, θ é dado por

$$\theta = \frac{s}{r} \quad \text{(ângulo em radianos).} \tag{10.1.1}$$

Aqui, s é comprimento de um arco de circunferência que vai do eixo x (posição angular zero) até a reta de referência, e r é o raio da circunferência.

Um ângulo definido dessa forma é medido em **radianos** (rad) e não em revoluções (rev) ou em graus. Como é a razão entre dois comprimentos, o radiano é um número

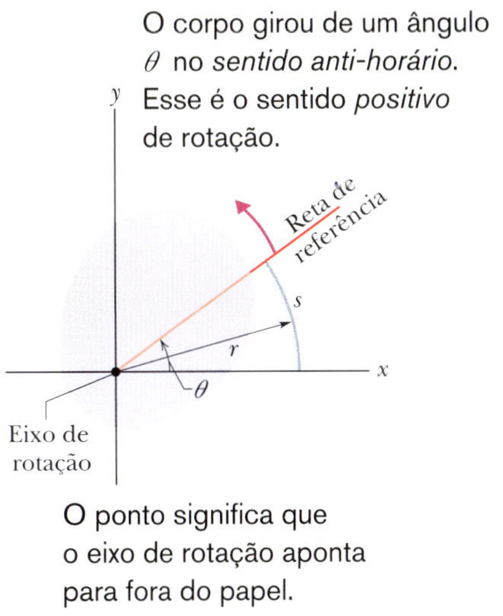

Figura 10.1.3 Seção transversal do corpo rígido em rotação da Fig. 10.1.2, visto de cima. O plano da seção transversal é perpendicular ao eixo de rotação, que agora está perpendicular ao plano do papel, saindo do papel. Nessa posição do corpo, a reta de referência faz um ângulo θ com o eixo x.

puro, ou seja, não tem dimensão. Como o comprimento de uma circunferência de raio r é $2\pi r$, uma circunferência completa equivale a 2π radianos:

$$1 \text{ rev} = 360° = \frac{2\pi r}{r} = 2\pi \text{ rad}, \qquad (10.1.2)$$

e, portanto, $\qquad 1 \text{ rad} = 57,3° = 0,159 \text{ rev}. \qquad (10.1.3)$

Não reajustamos θ para zero a cada volta completa da reta de referência. Se a reta de referência completa duas revoluções a partir da posição angular zero, a posição angular da reta é $\theta = 4\pi$ rad.

No caso da translação pura de uma partícula ao longo de um eixo x, o movimento da partícula é totalmente descrito por uma função $x(t)$, a posição da partícula em função do tempo. Analogamente, no caso da rotação pura de um corpo rígido, o movimento da partícula é totalmente descrito por uma função $\theta(t)$, a posição angular da reta de referência do corpo em função do tempo.

Deslocamento Angular

Se o corpo da Fig. 10.1.3 gira em torno do eixo de rotação como na Fig. 10.1.4, com a posição angular da reta de referência variando de θ_1 para θ_2, o corpo sofre um **deslocamento angular** $\Delta\theta$ dado por

$$\Delta\theta = \theta_2 - \theta_1. \qquad (10.1.4)$$

Essa definição de deslocamento angular é válida, não só para o corpo rígido como um todo, mas também para *todas as partículas do corpo*.

Os Relógios São Negativos. Se um corpo está em movimento de translação ao longo de um eixo x, o deslocamento Δx pode ser positivo ou negativo, dependendo de se o movimento ocorre no sentido positivo ou negativo do eixo. Da mesma forma, o deslocamento angular $\Delta\theta$ de um corpo em rotação pode ser positivo ou negativo, de acordo com a seguinte regra:

> Um deslocamento angular no sentido anti-horário é positivo, e um deslocamento angular no sentido horário é negativo.

A frase "*os relógios são negativos*" pode ajudá-lo a memorizar essa regra (os relógios certamente são negativos quando tocam de manhã cedo).

Teste 10.1.1

Um disco pode girar em torno de um eixo central como se fosse um carrossel. Quais dos seguintes pares de valores para as posições inicial e final, respectivamente, correspondem a um deslocamento angular negativo: (a) −3 rad, +5 rad, (b) −3 rad, −7 rad, (c) 7 rad, −3 rad?

Velocidade Angular

Suponha que um corpo em rotação está na posição angular θ_1 no instante t_1 e na posição angular θ_2 no instante t_2, como na Fig. 10.1.4. Definimos a **velocidade angular média** do corpo no intervalo de tempo Δt de t_1 a t_2 como

$$\omega_{\text{méd}} = \frac{\theta_2 - \theta_1}{t_2 - t_1} = \frac{\Delta\theta}{\Delta t}, \qquad (10.1.5)$$

em que $\Delta\theta$ é o deslocamento angular que acontece durante o intervalo de tempo Δt (ω é a letra grega ômega minúscula).

A **velocidade angular** (**instantânea**) ω, na qual estaremos mais interessados, é o limite da razão da Eq. 10.1.5 quando Δt tende a zero:

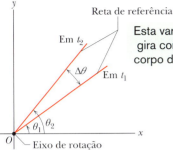

Figura 10.1.4 A reta de referência do corpo rígido das Figs. 10.1.2 e 10.1.3 está na posição angular θ_1 no instante t_1 e na posição angular θ_2 no instante t_2. A grandeza $\Delta\theta\ (=\theta_2 - \theta_1)$ é o deslocamento angular que acontece no intervalo $\Delta t\ (= t_2 - t_1)$. O corpo propriamente dito não é mostrado na figura.

$$\omega = \lim_{\Delta t \to 0} \frac{\Delta \theta}{\Delta t} = \frac{d\theta}{dt}. \qquad (10.1.6)$$

Como o próprio nome indica, a velocidade angular instantânea é a velocidade angular do corpo em um dado instante t. Se conhecemos $\theta(t)$, podemos calcular a velocidade angular ω por derivação.

As Eqs. 10.1.5 e 10.1.6 valem não só para o corpo rígido como um todo, mas também para *todas as partículas do corpo*, uma vez que as distâncias relativas são mantidas fixas. As unidades de velocidade angular mais usadas são o radiano por segundo (rad/s) e a revolução por segundo (rev/s). Outra medida de velocidade angular foi usada durante muitos anos pela indústria fonográfica: a música era reproduzida em discos de vinil que giravam a "33 1/3 rpm" ou "45 rpm", o que significava 33 1/3 rev/min ou 45 rev/min.

Se uma partícula se move em translação ao longo de um eixo x, a velocidade linear v da partícula pode ser positiva ou negativa, dependendo de se a partícula está se deslocando no sentido positivo ou negativo do eixo. Analogamente, a velocidade angular ω de um corpo rígido em rotação pode ser positiva ou negativa, dependendo de se o corpo está girando no sentido anti-horário (positivo) ou horário (negativo). ("Os relógios são negativos" também funciona neste caso.) O módulo da velocidade angular é chamado **velocidade angular escalar** e também é representado por ω.

Aceleração Angular

Se a velocidade angular de um corpo em rotação não é constante, o corpo possui uma aceleração angular. Sejam ω_2 e ω_1 as velocidades angulares nos instantes t_2 e t_1, respectivamente. A **aceleração angular média** do corpo em rotação no intervalo de t_1 a t_2 é definida por meio da equação

$$\alpha_{\text{méd}} = \frac{\omega_2 - \omega_1}{t_2 - t_1} = \frac{\Delta\omega}{\Delta t}, \qquad (10.1.7)$$

em que $\Delta\omega$ é a variação da velocidade angular no intervalo Δt.

A **aceleração angular** (**instantânea**) α, na qual estaremos mais interessados, é o limite dessa grandeza quando Δt tende a zero:

$$\alpha = \lim_{\Delta t \to 0} \frac{\Delta\omega}{\Delta t} = \frac{d\omega}{dt}. \qquad (10.1.8)$$

Como o próprio nome indica, a aceleração angular instantânea é a aceleração angular do corpo em um dado instante t. Se conhecemos $\omega(t)$, podemos calcular a aceleração angular α por derivação. As Eqs. 10.1.7 e 10.1.8 também são válidas para *todas as partículas do corpo*. As unidades de aceleração angular mais usadas são o radiano por segundo ao quadrado (rad/s^2) e a revolução por segundo ao quadrado (rev/s^2).

Exemplo 10.1.1 Cálculo da velocidade angular a partir da posição angular

O disco da Fig. 10.1.5a está girando em torno do eixo central como um carrossel. A posição angular $\theta(t)$ de uma reta de referência do disco é dada por

$$\theta = -1{,}00 - 0{,}600t + 0{,}250t^2, \quad (10.1.9)$$

com t em segundos, θ em radianos e a posição angular zero indicada na figura. (Caso você queira, pode traduzir tudo isso na notação do Capítulo 2, apagando momentaneamente a palavra "angular" da expressão "posição angular" e substituindo o símbolo θ pelo símbolo x. O resultado é uma equação que

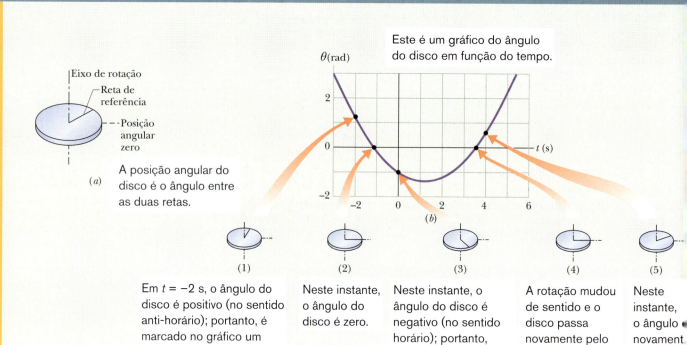

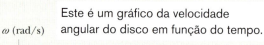

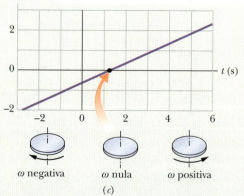

Figura 10.1.5 (a) Disco em rotação. (b) Gráfico da posição angular do disco em função do tempo, $\theta(t)$. Cinco desenhos indicam a posição angular da reta de referência do disco para cinco pontos da curva. (c) Gráfico da velocidade angular em função do tempo, $\omega(t)$. Valores positivos de ω correspondem a rotações no sentido anti-horário; valores negativos, a rotações no sentido horário.

descreve a posição em função do tempo, para os movimentos unidimensionais do Capítulo 2.)

(a) Plote a posição angular do disco em função do tempo, de $t = -3,0$ s a $t = 5,4$ s. Desenhe o disco e a reta de referência em $t = -2,0$ s, 0 s, 4,0 s e nos instantes em que o gráfico cruza o eixo t.

IDEIA-CHAVE

A posição angular do disco é a posição angular $\theta(t)$ da reta de referência, dada pela Eq. 10.1.9 como uma função do tempo t. Assim, devemos plotar a Eq. 10.1.9; o resultado aparece na Fig. 10.1.5b.

Cálculos: Para desenhar o disco e a reta de referência em um certo instante, precisamos determinar o valor de θ nesse instante. Para isso, substituímos t por seu valor na Eq. 10.1.9. Para $t = -2,0$ s, obtemos

$$\theta = -1,00 - (0,600)(-2,0) + (0,250)(-2,0)^2$$

$$= 1,2 \text{ rad} = 1,2 \text{ rad} \frac{360°}{2\pi \text{ rad}} = 69°.$$

Isso significa que em $t = -2,0$ s a reta de referência está deslocada de 1,2 rad = 69° no sentido anti-horário (porque θ é positivo) em relação à posição zero. O desenho 1 da Fig. 10.1.5b mostra essa posição da reta de referência.

Da mesma forma, para $t = 0$, obtemos $\theta = -1,00$ rad = $-57°$, o que significa que a reta de referência está deslocada de 1,0 rad = 57° no sentido horário em relação à posição angular zero, como mostra o desenho 3. Para $t = 4,0$ s, obtemos $\theta = 0,60$ rad = 34° (desenho 5). Fazer desenhos para os instantes em que a curva cruza o eixo t é fácil, pois, nesse caso, $\theta = 0$ e a reta de referência está momentaneamente alinhada com a posição angular zero (desenhos 2 e 4).

(b) Em que instante $t_{\text{mín}}$ o ângulo $\theta(t)$ passa pelo valor mínimo mostrado na Fig. 10.1.5b? Qual é o valor mínimo?

IDEIA-CHAVE

Para determinar o valor extremo (o mínimo, no caso) de uma função, calculamos a derivada primeira da função e igualamos o resultado a zero.

Cálculos: A derivada primeira de $\theta(t)$ é

$$\frac{d\theta}{dt} = -0,600 + 0,500t. \qquad (10.1.10)$$

Igualando esse resultado a zero e explicitando t, determinamos o instante em que $\theta(t)$ é mínimo:

$$t_{\text{mín}} = 1,20 \text{ s}. \qquad \text{(Resposta)}$$

Para obter o valor mínimo de θ, substituímos $t_{\text{mín}}$ na Eq. 10.1.9, o que nos dá

$$\theta = -1,36 \text{ rad} \approx -77,9°. \qquad \text{(Resposta)}$$

Esse *mínimo* de $\theta(t)$ (o ponto mais baixo da curva da Fig. 10.1.5b) corresponde à *máxima rotação no sentido horário* do disco a partir da posição angular zero, uma rotação um pouco maior que a representada no desenho 3.

(c) Plote a velocidade angular ω do disco em função do tempo de $t = -3,0$ s a $t = 6,0$ s. Desenhe o disco e indique o sentido de rotação e o sinal de ω em $t = -2,0$ s, 4,0 s e $t_{\text{mín}}$.

IDEIA-CHAVE

De acordo com a Eq. 10.1.6, a velocidade angular ω é igual a $d\theta/dt$, fornecida pela Eq. 10.1.10. Temos, portanto,

$$\omega = -0,600 + 0,500t. \qquad (10.1.11)$$

O gráfico da função $\omega(t)$ aparece na Fig. 10.1.5c. Como a função é linear, o gráfico é uma linha reta. A inclinação é 0,500 rad/s^2 e o ponto de interseção com o eixo y (que não é mostrado na figura) é $-0,600$ rad/s.

Cálculos: Para desenhar o disco em $t = -2,0$ s, substituímos esse valor de t na Eq. 10.1.11, o que nos dá

$$\omega = -1,6 \text{ rad/s}. \qquad \text{(Resposta)}$$

O sinal negativo mostra que em $t = -2,0$ s o disco está girando no sentido horário (desenho da esquerda da Fig. 10.1.5c).

Fazendo $t = 4,0$ s na Eq. 10.1.11, obtemos

$$\omega = 1,4 \text{ rad/s}. \qquad \text{(Resposta)}$$

O sinal positivo implícito mostra que em $t = 4,0$ s o disco está girando no sentido anti-horário (desenho da direita da Fig. 10.1.5c).

Já sabemos que $d\theta/dt = 0$ para $t = t_{\text{mín}}$. Isso significa que, nesse ponto, $\omega = 0$, ou seja, o disco para momentaneamente quando a reta de referência atinge o valor mínimo de θ na Fig. 10.1.5b, como sugere o desenho central na Fig. 10.1.5c. No gráfico, essa parada momentânea corresponde ao ponto onde a reta intercepta o eixo t e a velocidade angular muda de sinal.

(d) Use os resultados anteriores para descrever o movimento do disco de $t = -3,0$ s a $t = 6,0$ s.

Descrição: Quando observamos o disco pela primeira vez, em $t = -3,0$ s, o disco tem uma posição angular positiva e está girando no sentido horário, com velocidade cada vez menor. Depois de parar momentaneamente na posição angular $\theta = -1,36$ rad, o disco começa a girar no sentido anti-horário e o valor de ω aumenta até se tornar novamente positivo.

270 CAPÍTULO 10

Exemplo 10.1.2 Cálculo da velocidade angular a partir da aceleração angular

Um pião gira com aceleração angular

$$\alpha = 5t^3 - 4t,$$

em que t está em segundos e α está em radianos por segundo ao quadrado. No instante $t = 0$, a velocidade angular do pião é 5 rad/s e uma reta de referência traçada no pião está na posição angular $\theta = 2$ rad.

(a) Obtenha uma expressão para a velocidade angular do pião, $\omega(t)$, ou seja, escreva uma expressão que descreva explicitamente a variação da velocidade angular com o tempo. (Sabemos que a velocidade angular *varia* com o tempo, já que existe uma aceleração angular.)

IDEIA-CHAVE

Por definição, $\alpha(t)$ é a derivada de $\omega(t)$ em relação ao tempo. Assim, podemos obter $\omega(t)$ integrando $\alpha(t)$ em relação ao tempo.

Cálculos: De acordo com a Eq. 10.1.8,

$$d\omega = \alpha \, dt,$$

e, portanto,

$$\int d\omega = \int \alpha \, dt.$$

o que nos dá

$$\omega = \int (5t^3 - 4t) \, dt = \tfrac{5}{4}t^4 - \tfrac{4}{2}t^2 + C.$$

Para calcular o valor da constante de integração C, observamos que $\omega = 5$ rad/s no instante $t = 0$. Substituindo esses valores na expressão de ω, obtemos:

$$5 \text{ rad/s} = 0 - 0 + C,$$

e, portanto, $C = 5$ rad/s. Nesse caso,

$$\omega = \tfrac{5}{4}t^4 - 2t^2 + 5. \qquad \text{(Resposta)}$$

(b) Obtenha uma expressão para a posição angular do pião, $\theta(t)$.

IDEIA-CHAVE

Por definição, $\omega(t)$ é a derivada de $\theta(t)$ em relação ao tempo. Assim, podemos obter $\theta(t)$ integrando $\omega(t)$ em relação ao tempo.

Cálculos: Como, de acordo com a Eq. 10.1.6,

$$d\theta = \omega \, dt,$$

podemos escrever

$$\begin{aligned}
\theta &= \int \omega \, dt = \int \left(\tfrac{5}{4}t^4 - 2t^2 + 5\right) dt \\
&= \tfrac{1}{4}t^5 - \tfrac{2}{3}t^3 + 5t + C' \\
&= \tfrac{1}{4}t^5 - \tfrac{2}{3}t^3 + 5t + 2, \qquad \text{(Resposta)}
\end{aligned}$$

em que C' foi calculado para que $\theta = 2$ rad em $t = 0$.

Grandezas Angulares São Vetores?

A posição, a velocidade e a aceleração de uma partícula são normalmente expressas por meio de vetores. Quando uma partícula se move em linha reta, porém, não é necessário usar a notação vetorial. Nessas condições, a partícula pode se mover apenas em dois sentidos, que podemos indicar usando os sinais positivo e negativo.

Da mesma forma, um corpo rígido em rotação em torno de um eixo fixo só pode girar nos sentidos horário e anti-horário e podemos indicar esses sentidos usando os sinais positivo e negativo. A questão que se levanta é a seguinte: "No caso mais geral, podemos expressar o deslocamento, a velocidade e a aceleração angular de um corpo rígido em rotação por meio de vetores?" A resposta é um "sim" parcial (ver ressalva a seguir, em relação aos deslocamentos angulares).

Velocidades Angulares. Considere a velocidade angular. A Fig. 10.1.6*a* mostra um disco de vinil girando em um toca-discos. O disco tem uma velocidade angular escalar constante ω (= 33 1/3 rev/min) no sentido horário. Podemos representar a velocidade angular do disco como um vetor $\vec{\omega}$ apontando ao longo do eixo de rotação, como na Fig. 10.1.6*b*. A regra é a seguinte: Escolhemos o comprimento do vetor de acordo com uma escala conveniente, como, por exemplo, 1 cm para cada 10 rev/min. Em seguida, determinamos o sentido do vetor $\vec{\omega}$ usando a **regra da mão direita**, como mostra a Fig. 10.1.6*c*. Envolva o disco com a mão direita, com os dedos apontando *no sentido de rotação*; o polegar estendido mostra o sentido do vetor velocidade angular. Se o disco estivesse girando no sentido oposto, a regra da mão direita indicaria o sentido oposto para o vetor velocidade angular.

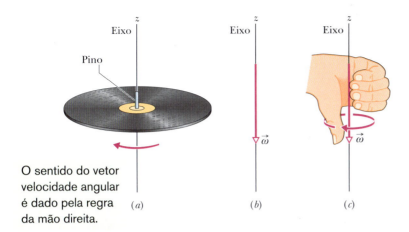

Figura 10.1.6 (*a*) Um disco girando em torno de um eixo vertical que passa pelo centro do disco. (*b*) A velocidade angular do disco pode ser representada por um vetor $\vec{\omega}$ que coincide com o eixo de rotação e aponta para baixo, como mostra a figura. (*c*) Estabelecemos o sentido do vetor velocidade angular para baixo pela regra da mão direita. Quando os dedos da mão direita envolvem o disco e apontam no sentido do movimento, o polegar estendido mostra o sentido de $\vec{\omega}$.

A representação de grandezas angulares por meio de vetores não é tão fácil de compreender como a representação de grandezas lineares. Instintivamente, esperamos que algo se mova *na direção do vetor*. Não é o que acontece. Em vez disso, temos algo (o corpo rígido) que gira *em torno da direção do vetor*. No mundo das rotações puras, um vetor define um eixo de rotação, não uma direção de movimento. Mesmo assim, o vetor define corretamente o movimento. Além disso, obedece a todas as regras de manipulação de vetores que foram discutidas no Capítulo 3. A aceleração angular $\vec{\alpha}$ é outro vetor que obedece às mesmas regras.

Neste capítulo, consideramos apenas rotações em torno de um eixo fixo. Nesse caso, não precisamos trabalhar com vetores; podemos representar a velocidade angular por meio de um escalar ω, a aceleração angular por meio de um escalar α e usar o sinal positivo para indicar o sentido anti-horário e o sinal negativo para indicar o sentido horário.

Deslocamentos Angulares. Vamos agora à ressalva: Os *deslocamentos* angulares (a menos que sejam muito pequenos) *não podem* ser tratados como vetores. Por que não? Podemos certamente atribuir aos deslocamentos angulares um módulo e uma orientação, como fizemos para a velocidade angular na Fig. 10.1.6. Entretanto, para ser representada como um vetor, uma grandeza *também precisa* obedecer às regras da soma vetorial, uma das quais diz que, quando somamos dois vetores, a ordem na qual os vetores são somados é irrelevante. O deslocamento angular não passa nesse teste.

A Fig. 10.1.7 mostra um exemplo. Um livro, inicialmente na horizontal, sofre duas rotações de 90°, primeiramente na ordem da Fig. 10.1.7a e depois na ordem da Fig. 10.1.7b. Embora os dois deslocamentos angulares sejam iguais nos dois casos, a ordem é diferente e o livro termina com orientações diferentes. Eis outro exemplo: Deixe o braço direito pender ao longo do corpo, com a palma da mão voltada para dentro. Sem girar o pulso, (1) levante o braço para a frente até que fique na horizontal; (2) mova o braço horizontalmente até que aponte para a direita; e (3) deixe-o pender ao longo do corpo. A palma da mão ficará voltada para a frente. Se você repetir a manobra, mas inverter a ordem dos movimentos, qual será a orientação final da palma da mão? Esses exemplos mostram que a soma de dois deslocamentos angulares depende da ordem desses deslocamentos e, portanto, os deslocamentos angulares não podem ser vetores.

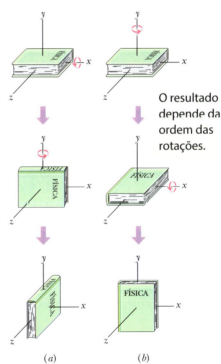

Figura 10.1.7 (*a*) A partir da posição inicial, no alto, o livro sofre duas rotações sucessivas de 90°, primeiro em torno do eixo *x* (horizontal) e depois em torno do eixo *y* (vertical). (*b*) O livro sofre as mesmas rotações, na ordem inversa.

272 CAPÍTULO 10

10.2 ROTAÇÃO COM ACELERAÇÃO ANGULAR CONSTANTE

Objetivo do Aprendizado

Depois de ler este módulo, você será capaz de ...

10.2.1 No caso de uma aceleração angular constante, usar as relações entre posição angular, deslocamento angular, velocidade angular, aceleração angular e tempo transcorrido (Tabela 10.2.1).

Ideia-Chave

● A rotação com aceleração angular constante (α = constante) é um caso especial importante do movimento de rotação. As equações de movimento que se aplicam a esse caso são as seguintes:

$$\omega = \omega_0 + \alpha t,$$
$$\theta - \theta_0 = \omega_0 t + \tfrac{1}{2}\alpha t^2,$$
$$\omega^2 = \omega_0^2 + 2\alpha(\theta - \theta_0),$$
$$\theta - \theta_0 = \tfrac{1}{2}(\omega_0 + \omega)t,$$
$$\theta - \theta_0 = \omega t - \tfrac{1}{2}\alpha t^2.$$

🔵 **10.1 a 10.3** ## Rotação com Aceleração Angular Constante

Nas translações puras, os movimentos com *aceleração linear constante* (como, por exemplo, o movimento de um corpo em queda livre) constituem um caso especial importante. Na Tabela 2.4.1, apresentamos uma série de equações que são válidas apenas para esse tipo de movimento.

Nas rotações puras, o caso da *aceleração angular constante* também é importante e pode ser descrito usando um conjunto análogo de equações. Não vamos demonstrá-las, mas nos limitaremos a escrevê-las a partir das equações lineares correspondentes, substituindo as grandezas lineares pelas grandezas angulares equivalentes. O resultado aparece na Tabela 10.2.1, que mostra os dois conjuntos de equações (Eqs. 2.4.1 e 2.4.5 a 2.4.8; 10.2.1 a 10.2.5).

Como vimos, as Eqs. 2.4.1 e 2.4.5 são as equações básicas para o caso da aceleração linear constante; as outras equações da lista "Translações" podem ser deduzidas a partir dessas equações. Da mesma forma, as Eqs. 10.2.1 e 10.2.2 são as equações básicas para o caso da aceleração angular constante, e as outras equações da lista "Rotações" podem ser deduzidas a partir dessas equações. Para resolver um problema simples envolvendo aceleração angular constante, quase sempre é possível usar uma das cinco equações da lista "Rotações". Escolha uma equação para a qual a única incógnita seja a variável pedida no problema. Um plano melhor é memorizar apenas as Eqs. 10.2.1 e 10.2.2 e resolvê-las como um sistema de equações sempre que necessário.

> ### Teste 10.2.1
>
> Em quatro situações, um corpo em rotação tem a posição angular $\theta(t)$ dada por (a) $\theta = 3t - 4$, (b) $\theta = -5t^3 + 4t^2 + 6$, (c) $\theta = 2/t^2 - 4/t$ e (d) $\theta = 5t^2 - 3$. A quais dessas situações as equações angulares da Tabela 10.2.1 se aplicam?

Tabela 10.2.1 Equações de Movimento para Aceleração Linear Constante e Aceleração Angular Constante

Número da Equação	Equação Linear	Variável Ausente		Equação Angular	Número da Equação
(2.4.1)	$v = v_0 + at$	$x - x_0$	$\theta - \theta_0$	$\omega = \omega_0 + \alpha t$	(10.2.1)
(2.4.5)	$x - x_0 = v_0 t + \tfrac{1}{2}at^2$	v	ω	$\theta - \theta_0 = \omega_0 t + \tfrac{1}{2}\alpha t^2$	(10.2.2)
(2.4.6)	$v^2 = v_0^2 + 2a(x - x_0)$	t	t	$\omega^2 = \omega_0^2 + 2\alpha(\theta - \theta_0)$	(10.2.3)
(2.4.7)	$x - x_0 = \tfrac{1}{2}(v_0 + v)t$	a	α	$\theta - \theta_0 = \tfrac{1}{2}(\omega_0 + \omega)t$	(10.2.4)
(2.4.8)	$x - x_0 = vt - \tfrac{1}{2}at^2$	v_0	ω_0	$\theta - \theta_0 = \omega t - \tfrac{1}{2}\alpha t^2$	(10.2.5)

Exemplo 10.2.1 Pedra de amolar com aceleração angular constante 10.2

Uma pedra de amolar (Fig. 10.2.1) gira com uma aceleração angular constante $\alpha = 0{,}35$ rad/s². No instante $t = 0$, a pedra tem uma velocidade angular $\omega_0 = -4{,}6$ rad/s, e uma reta de referência traçada na pedra está na horizontal, na posição angular $\theta_0 = 0$.

(a) Em que instante após $t = 0$ a reta de referência está na posição angular $\theta = 5{,}0$ rev?

IDEIA-CHAVE

Como a aceleração angular é constante, podemos usar as equações para rotações da Tabela 10.2.1. Escolhemos a Eq. 10.2.2,

$$\theta - \theta_0 = \omega_0 t + \tfrac{1}{2}\alpha t^2,$$

porque a única variável desconhecida é o tempo t.

Cálculos: Substituindo valores conhecidos e fazendo $\theta_0 = 0$ e $\theta = 5{,}0$ rev $= 10\pi$ rad, obtemos

$$10\pi \text{ rad} = (-4{,}6 \text{ rad/s})t + \tfrac{1}{2}(0{,}35 \text{ rad/s}^2)t^2.$$

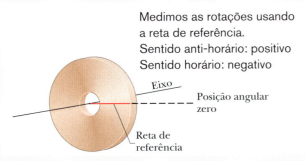

Figura 10.2.1 Pedra de amolar. No instante $t = 0$, a reta de referência (que imaginamos marcada na pedra) está na horizontal.

(Convertemos 5,0 rev para 10π rad para manter a coerência entre as unidades.) Resolvendo essa equação do segundo grau em t, obtemos

$$t = 32 \text{ s}. \qquad \text{(Resposta)}$$

A essa altura, notamos um fato aparentemente estranho. Inicialmente, a pedra estava girando no sentido negativo e partiu da orientação $\theta = 0$. Entretanto, acabamos de calcular que, 32 s depois, a orientação da pedra é positiva, $\theta = 5{,}0$ rev. O que aconteceu nesse intervalo para que a pedra assumisse uma orientação positiva?

(b) Descreva a rotação da pedra de amolar entre $t = 0$ e $t = 32$ s.

Descrição: A pedra está inicialmente girando no sentido negativo (o sentido dos ponteiros do relógio) com velocidade angular $\omega_0 = -4{,}6$ rad/s, mas a aceleração angular α é positiva (o sentido contrário ao dos ponteiros do relógio). Essa oposição inicial entre os sinais da velocidade angular e da aceleração angular significa que a roda gira cada vez mais devagar no sentido negativo, para momentaneamente e, em seguida, passa a girar no sentido positivo. Depois que a reta de referência passa de volta pela posição inicial $\theta = 0$, a pedra de amolar dá mais 5 voltas completas até o instante $t = 32$ s.

(c) Em que instante t a pedra de amolar para momentaneamente?

Cálculo: Vamos consultar de novo a tabela de equações para aceleração angular constante. Mais uma vez, precisamos de uma equação que contenha apenas a incógnita t. Agora, porém, a equação deve conter também a variável ω, para que possamos igualá-la a 0 e calcular o valor correspondente de t. Assim, escolhemos a Eq. 10.2.1, que nos dá

$$t = \frac{\omega - \omega_0}{\alpha} = \frac{0 - (-4{,}6 \text{ rad/s})}{0{,}35 \text{ rad/s}^2} = 13 \text{ s}. \qquad \text{(Resposta)}$$

Exemplo 10.2.2 Rotor com aceleração angular constante

Você está operando um Rotor (um brinquedo de parque de diversões com um cilindro giratório vertical), percebe que um ocupante está ficando aflito, e reduz a velocidade angular do cilindro de 3,40 rad/s para 2,00 rad/s em 20,0 rev, com uma aceleração angular constante. (O ocupante é obviamente mais um "homem de translação" do que um "homem de rotação".) **CVF**

(a) Qual é a aceleração angular constante durante essa redução da velocidade angular?

IDEIA-CHAVE

Como a aceleração angular do cilindro é constante, podemos relacioná-la à velocidade angular e ao deslocamento angular por meio das equações básicas da aceleração angular constante (Eqs. 10.2.1 e 10.2.2).

Cálculos: Vamos fazer primeiro uma análise rápida para ver se podemos resolver as equações básicas. A velocidade angular inicial é $\theta_0 = 3{,}40$ rad/s, o deslocamento angular é $\theta - \theta_0 = 20{,}0$ rev, e a velocidade angular, no fim do deslocamento, é $\omega = 2{,}00$ rad/s. Além da aceleração angular α que nos interessa, as duas equações básicas também envolvem o tempo t, no qual não estamos interessados no momento.

Para eliminar a variável t, usamos a Eq. 10.2.1 para escrever

$$t = \frac{\omega - \omega_0}{\alpha},$$

que substituímos na Eq. 10.2.2 para obter

$$\theta - \theta_0 = \omega_0\left(\frac{\omega - \omega_0}{\alpha}\right) + \tfrac{1}{2}\alpha\left(\frac{\omega - \omega_0}{\alpha}\right)^2.$$

Explicitando α, substituindo os valores conhecidos e convertendo 20 rev para 125,7 rad, obtemos

$$\alpha = \frac{\omega^2 - \omega_0^2}{2(\theta - \theta_0)} = \frac{(2{,}00 \text{ rad/s})^2 - (3{,}40 \text{ rad/s})^2}{2(125{,}7 \text{ rad})}$$

$$= -0{,}0301 \text{ rad/s}^2. \qquad \text{(Resposta)}$$

(b) Em quanto tempo ocorre a redução de velocidade?

Cálculo: Agora que conhecemos α, podemos usar a Eq. 10.2.1 para obter t:

$$t = \frac{\omega - \omega_0}{\alpha} = \frac{2{,}00 \text{ rad/s} - 3{,}40 \text{ rad/s}}{-0{,}0301 \text{ rad/s}^2}$$

$$= 46{,}5 \text{ s}. \qquad \text{(Resposta)}$$

274 CAPÍTULO 10

10.3 RELAÇÕES ENTRE AS VARIÁVEIS LINEARES E ANGULARES

Objetivos do Aprendizado

Depois de ler este módulo, você será capaz de ...

10.3.1 No caso de um corpo rígido girando em torno de um eixo fixo, conhecer a relação entre as variáveis angulares do corpo (posição angular, velocidade angular e aceleração angular) e as variáveis lineares de uma partícula do corpo (posição, velocidade e aceleração) para qualquer raio dado.

10.3.2 Conhecer a diferença entre aceleração tangencial e aceleração radial, e traçar os vetores correspondentes às duas acelerações em um desenho de uma partícula de um corpo que esteja girando em torno de um eixo, tanto para o caso em que a velocidade angular está aumentando como para o caso em que a velocidade radial está diminuindo.

Ideias-Chave

● Um ponto de um corpo rígido em rotação, a uma distância perpendicular r de um eixo de rotação, se desloca ao longo de uma circunferência de raio r. Se o corpo gira de um ângulo θ, o ponto descreve um arco de comprimento s dado por

$$s = \theta r \quad \text{(ângulo em radianos)},$$

em que θ está em radianos.

● A velocidade linear $\vec{v}$ do ponto é tangente à circunferência; o módulo da velocidade linear é dado por

$$v = \omega r \quad \text{(ângulo em radianos)},$$

em que ω é a velocidade angular do corpo (e do ponto) em radianos por segundo.

● A aceleração linear $\vec{a}$ do ponto tem uma componente tangencial e uma componente radial. A componente tangencial é dada por

$$a_t = \alpha r \quad \text{(ângulo em radianos)},$$

em que α é a aceleração angular do corpo (e do ponto) em radianos por segundo ao quadrado. A componente radial é dada por

$$a_r = \frac{v^2}{r} = \omega^2 r \quad \text{(ângulo em radianos)}.$$

● Se o movimento circular é uniforme (ou seja, se a aceleração é zero), o período T do movimento do ponto (e do corpo) é dado por

$$T = \frac{2\pi r}{v} = \frac{2\pi}{\omega} \quad \text{(ângulo em radianos)}.$$

🌐 10.4 e 10.5 Relações entre as Variáveis Lineares e Angulares

No Módulo 4.5, discutimos o movimento circular uniforme, no qual uma partícula se move com velocidade linear escalar v constante ao longo de uma circunferência e em torno de um eixo de rotação. Quando um corpo rígido, como um carrossel, gira em torno de um eixo, cada partícula do corpo descreve uma circunferência em torno do eixo. Como o corpo é rígido, todas as partículas completam uma revolução no mesmo intervalo de tempo, ou seja, todas têm a mesma velocidade angular ω.

Por outro lado, quanto mais afastada do eixo está a partícula, maior é a circunferência que a partícula percorre e, portanto, maior é a velocidade linear escalar v. Você pode perceber isso em um carrossel. Você gira com a mesma velocidade angular ω independentemente da distância a que se encontra do centro, mas sua velocidade linear v aumenta perceptivelmente quando você se afasta do centro do carrossel.

Frequentemente, precisamos relacionar as variáveis lineares s, v e a de um ponto particular de um corpo em rotação às variáveis angulares θ, ω e α do corpo. Os dois conjuntos de variáveis estão relacionados por meio de r, a *distância perpendicular* do ponto ao eixo de rotação. Essa distância perpendicular é a distância entre o ponto e o eixo de rotação, medida em uma reta perpendicular ao eixo. É também o raio r da circunferência descrita pelo ponto em torno do eixo de rotação.

Posição

Se uma reta de referência de um corpo rígido gira de um ângulo θ, um ponto do corpo a uma distância r do eixo de rotação descreve um arco de circunferência de comprimento s, em que s é dado pela Eq. 10.1.1:

$$s = \theta r \quad \text{(ângulo em radianos)}. \tag{10.3.1}$$

Essa é a primeira de nossas relações entre grandezas lineares e angulares. *Atenção:* O ângulo θ deve ser medido em radianos, já que a Eq. 10.3.1 é usada precisamente para definir o ângulo em radianos.

Velocidade

Derivando a Eq. 10.3.1 em relação ao tempo, com r constante, obtemos:

$$\frac{ds}{dt} = \frac{d\theta}{dt} r.$$

Acontece que ds/dt é a velocidade linear escalar (o módulo da velocidade linear) do ponto considerado, e $d\theta/dt$ é a velocidade angular ω do corpo em rotação. Assim,

$$v = \omega r \quad \text{(ângulo em radianos).} \tag{10.3.2}$$

Atenção: A velocidade angular ω deve ser expressa em radianos por unidade de tempo.

De acordo com a Eq. 10.3.2, como todos os pontos do corpo rígido têm a mesma velocidade angular ω, os pontos com valores maiores de r (ou seja, mais distantes do eixo de rotação) têm uma velocidade linear escalar v maior. A Fig. 10.3.1a serve para nos lembrar que a velocidade linear é sempre tangente à trajetória circular do ponto considerado.

Se a velocidade angular ω do corpo rígido é constante, a Eq. 10.3.2 nos diz que a velocidade linear v de qualquer ponto do corpo também é constante. Assim, todos os pontos do corpo estão em movimento circular uniforme. O período de revolução T do movimento de cada ponto e do corpo rígido como um todo é dado pela Eq. 4.5.2:

$$T = \frac{2\pi r}{v}. \tag{10.3.3}$$

Essa equação nos diz que o tempo de uma revolução é igual à distância $2\pi r$ percorrida em uma revolução dividida pela velocidade escalar com a qual a distância é percorrida. Usando a Eq. 10.3.2 para v e cancelando r, obtemos a relação

$$T = \frac{2\pi}{\omega} \quad \text{(ângulo em radianos).} \tag{10.3.4}$$

Essa equação equivalente nos diz que o tempo de uma revolução é igual ao ângulo 2π rad percorrido em uma revolução dividido pela velocidade angular escalar com a qual o ângulo é percorrido.

Aceleração

Derivando a Eq. 10.3.2 em relação ao tempo, novamente com r constante, obtemos:

$$\frac{dv}{dt} = \frac{d\omega}{dt} r. \tag{10.3.5}$$

Nesse ponto, esbarramos em uma complicação. Na Eq. 10.3.5, dv/dt representa apenas a parte da aceleração linear responsável por variações do *módulo* v da velocidade linear $\vec{v}$. Assim como $\vec{v}$, essa parte da aceleração linear é tangente à trajetória do ponto considerado. Ela é chamada *componente tangencial* a_t da aceleração linear do ponto e é dada por

$$a_t = \alpha r \quad \text{(ângulo em radianos),} \tag{10.3.6}$$

em que $\alpha = d\omega/dt$. *Atenção:* A aceleração angular α da Eq. 10.3.6 deve ser expressa em radianos por unidade de tempo ao quadrado.

Além disso, de acordo com a Eq. 4.5.1, uma partícula (ou ponto) que se move em uma trajetória circular tem uma *componente radial* da aceleração linear, $a_r = v^2/r$ (dirigida radialmente para dentro), que é responsável por variações da *direção* da velocidade linear $\vec{v}$. Substituindo o valor de v dado pela Eq. 10.3.2, podemos escrever essa componente como

$$a_r = \frac{v^2}{r} = \omega^2 r \quad \text{(ângulo em radianos).} \tag{10.3.7}$$

O vetor velocidade é sempre tangente a esta circunferência, cujo centro é o eixo de rotação.

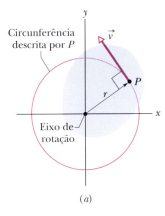

(a)

A aceleração sempre possui uma componente radial (centrípeta) e pode possuir uma componente tangencial.

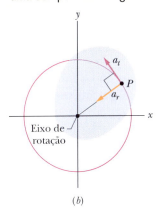

(b)

Figura 10.3.1 Seção transversal do corpo rígido em rotação da Fig. 10.1.2, visto de cima. Cada ponto do corpo (como P) descreve uma circunferência em torno do eixo de rotação. (a) A velocidade linear $\vec{v}$ de cada ponto é tangente à circunferência na qual o ponto se move. (b) A aceleração linear $\vec{a}$ do ponto possui (em geral) duas componentes: a aceleração tangencial a_t e a aceleração radial a_r.

Assim, como mostra a Fig. 10.3.1b, a aceleração linear de um ponto que pertence a um corpo rígido em rotação possui, em geral, duas componentes. A componente radial a_r (dada pela Eq. 10.3.7) está presente sempre que a velocidade angular do corpo é diferente de zero (mesmo que não haja aceleração angular) e aponta para o eixo de rotação. A componente tangencial a_t (dada pela Eq. 10.3.6) está presente apenas se a aceleração angular é diferente de zero e aponta na direção da tangente à trajetória do ponto.

Teste 10.3.1

Uma barata está na borda de um carrossel em movimento. Se a velocidade angular do sistema (*carrossel + barata*) é constante, a barata possui (a) uma aceleração radial e (b) uma aceleração tangencial? Se ω está diminuindo, a barata possui (c) uma aceleração radial e (d) uma aceleração tangencial?

Exemplo 10.3.1 Projeto do Anel Gigante, um rotor de grandes proporções

Recebemos a missão de projetar um grande anel giratório horizontal de raio $r = 33{,}1$ m (igual ao da Grande Roda de Pequim, a maior roda-gigante do mundo). Os passageiros entrarão por uma porta situada na parede externa do anel e ficarão encostados na parede interna (Fig. 10.3.2a). Decidimos que, no intervalo de $t = 0$ a $t = 2{,}30$ s, a posição angular $\theta(t)$ de uma reta de referência do anel será dada por

$$\theta = ct^3, \qquad (10.3.8)$$

com $c = 6{,}39 \times 10^{-2}$ rad/s³. Após o instante $t = 2{,}30$ s, a velocidade angular será mantida enquanto durar o passeio. Depois que o anel atingir a velocidade angular máxima, o piso do anel será baixado, mas os passageiros permanecerão no mesmo lugar, como se estivessem colados na parede interna do anel. Determine, para o instante $t = 2{,}30$ s, a velocidade angular ω, a velocidade linear v, a aceleração angular α, a aceleração tangencial a_t, a aceleração radial a_r e a aceleração $\vec{a}$ dos passageiros.

IDEIAS-CHAVE

(1) A velocidade angular ω é dada pela Eq. 10.1.6 ($\omega = d\theta/dt$). (2) A velocidade linear v (ao longo da circunferência) está relacionada à velocidade angular (em torno do eixo de rotação) por meio da Eq. 10.3.2 ($v = \omega r$). (3) A aceleração angular α é dada pela Eq. 10.1.8 ($\alpha = d\omega/dt$). (4) A aceleração tangencial a_t (ao longo da circunferência) está relacionada à aceleração angular α (em torno do eixo de rotação) por meio da Eq. 10.3.6 ($a_t = \alpha r$). (5) A aceleração radial a_r (em direção ao centro de rotação) é dada pela Eq. 10.3.7 ($a_r = \omega^2 r$). (6) A aceleração tangencial e a aceleração radial são as componentes (mutuamente perpendiculares) do vetor aceleração $\vec{a}$.

Cálculos: O primeiro passo é obter a velocidade angular, calculando a derivada em relação ao tempo da função posição angular e fazendo $t = 2{,}20$ s:

$$\omega = \frac{d\theta}{dt} = \frac{d}{dt}(ct^3) = 3ct^2 \qquad (10.3.9)$$
$$= 3(6{,}39 \times 10^{-2} \text{ rad/s}^3)(2{,}20 \text{ s})^2$$
$$= 0{,}928 \text{ rad/s}. \qquad \text{(Resposta)}$$

De acordo com a Eq. 10.3.2, a velocidade linear é

$$v = \omega r = 3ct^2 r \qquad (10.3.10)$$
$$= 3(6{,}39 \times 10^{-2} \text{ rad/s}^3)(2{,}20 \text{ s})^2(33{,}1 \text{ m})$$
$$= 30{,}7 \text{ m/s}. \qquad \text{(Resposta)}$$

Embora seja elevada (mais de 100 km/h), essa velocidade é comum nos brinquedos dos parques de diversões e não causa desconforto porque, como já foi mencionado no Capítulo 2, o corpo humano é sensível à aceleração, mas não é sensível à velocidade (ou seja, comporta-se como um acelerômetro, não como um velocímetro). De acordo com a Eq. 10.3.10, a velocidade linear aumenta com o quadrado do tempo (mas esse aumento deixa de existir em $t = 2{,}30$ s).

Vamos agora obter a aceleração angular calculando a derivada da Eq. 10.3.9:

$$\alpha = \frac{d\omega}{dt} = \frac{d}{dt}(3ct^2) = 6ct$$
$$= 6(6{,}39 \times 10^{-2} \text{ rad/s}^3)(2{,}20 \text{ s}) = 0{,}843 \text{ rad/s}^2. \text{ (Resposta)}$$

De acordo com a Eq. 10.3.6, a aceleração tangencial é

$$a_t = \alpha r = 6ctr \qquad (10.3.11)$$
$$= 6(6{,}39 \times 10^{-2} \text{ rad/s}^3)(2{,}20 \text{ s})(33{,}1 \text{ m})$$
$$= 27{,}91 \text{ m/s}^2 \approx 27{,}9 \text{ m/s}^2, \qquad \text{(Resposta)}$$

ou 2,8g (o que não é doloroso, mas chega a incomodar). De acordo com a Eq. 10.3.11, a aceleração nesse instante ainda está

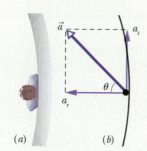

Figura 10.3.2 (a) Vista superior de um passageiro pronto para um passeio no Rotor. (b) As componentes radial e tangencial do vetor aceleração.

ROTAÇÃO **277**

aumentando (mas vai deixar de aumentar a partir do instante $t = 2,30$ s). A aceleração radial é dada pela Eq. 10.3.7,

$$a_r = \omega^2 r.$$

Substituindo ω pelo seu valor, dado pela Eq. 10.3.9, obtemos:

$$a_r = (3ct^2)^2 r = 9c^2 t^4 r \qquad (10.3.12)$$
$$= 9(6,39 \times 10^{-2} \text{ rad/s}^3)^2 (2,20 \text{ s})^4 (33,1 \text{ m})$$
$$= 28,49 \text{ m/s}^2 \approx 28,5 \text{ m/s}^2, \qquad \text{(Resposta)}$$

ou $2,9g$ (ligeiramente maior que a aceleração tangencial).

As acelerações radial e tangencial são mutuamente perpendiculares e constituem as componentes do vetor velocidade $\vec{a}$ dos passageiros (Fig. 10.3.2b). O módulo de $\vec{a}$ é dado por

$$a = \sqrt{a_r^2 + a_t^2} \qquad (10.3.13)$$
$$= \sqrt{(28,49 \text{ m/s}^2)^2 + (27,91 \text{ m/s}^2)^2}$$
$$\approx 39,9 \text{ m/s}^2, \qquad \text{(Resposta)}$$

ou $4,1g$ (o que chega a assustar!). Todos esses valores são seguros.

Para determinar a orientação de $\vec{a}$, basta calcular o ângulo θ mostrado na Fig. 10.3.2b:

$$\tan \theta = \frac{a_t}{a_r}.$$

Em vez de substituir a_t e a_r por valores numéricos, vamos usar as expressões das Eqs. 10.3.11 e 10.3.12, o que nos dá

$$\theta = \tan^{-1}\left(\frac{6ctr}{9c^2 t^4 r}\right) = \tan^{-1}\left(\frac{2}{3ct^3}\right). \qquad (10.3.14)$$

A vantagem de obtermos uma expressão geral para o ângulo é que isso nos permite constatar que o ângulo (1) não depende do raio do anel e (2) diminui enquanto t aumenta de 0 a 2,20 s. Em outras palavras, o vetor $\vec{a}$ gira na direção do centro de rotação porque a aceleração radial (que é proporcional a t^4) aumenta muito mais depressa que a aceleração tangencial (que é proporcional a t). Para $t = 2,20$ s, temos:

$$\theta = \tan^{-1}\frac{2}{3(6,39 \times 10^{-2} \text{ rad/s}^3)(2,20 \text{ s})^3} = 44,4°.$$
$$\text{(Resposta)}$$

10.4 ENERGIA CINÉTICA DE ROTAÇÃO

Objetivos do Aprendizado

Depois de ler este módulo, você será capaz de ...

10.4.1 Calcular o momento de inércia de uma partícula em relação a um ponto.

10.4.2 Calcular o momento de inércia total de várias partículas que giram em torno do mesmo eixo fixo.

10.4.3 Calcular a energia cinética de rotação de um corpo a partir do momento de inércia e da velocidade angular.

Ideia-Chave

● A energia cinética K de um corpo rígido que gira em torno de um eixo fixo é dada por

$$K = \tfrac{1}{2}I\omega^2 \quad \text{(ângulo em radianos)},$$

em que I é o momento de inércia do corpo, definido por meio da equação

$$I = \sum m_i r_i^2$$

para um sistema de partículas.

Energia Cinética de Rotação

Quando está girando, o disco de uma serra elétrica certamente possui uma energia cinética associada à rotação. Como expressar essa energia? Não podemos aplicar a fórmula convencional $K = \tfrac{1}{2} mv^2$ ao disco como um todo, pois isso nos daria apenas a energia cinética do centro de massa do disco, que é zero.

Em vez disso, vamos tratar o disco (e qualquer outro corpo rígido em rotação) como um conjunto de partículas com diferentes velocidades e somar a energia cinética dessas partículas para obter a energia cinética do corpo como um todo. Segundo esse raciocínio, a energia cinética de um corpo em rotação é dada por

$$K = \tfrac{1}{2}m_1 v_1^2 + \tfrac{1}{2}m_2 v_2^2 + \tfrac{1}{2}m_3 v_3^2 + \cdots$$
$$= \sum \tfrac{1}{2}m_i v_i^2, \qquad (10.4.1)$$

em que m_i é a massa da partícula de ordem i e v_i é a velocidade da partícula. A soma se estende a todas as partículas do corpo.

O problema da Eq. 10.4.1 é que v_i não é igual para todas as partículas. Resolvemos este problema substituindo v pelo seu valor, dado pela Eq. 10.3.2 ($v = \omega r$), o que nos dá

$$K = \sum \tfrac{1}{2} m_i (\omega r_i)^2 = \tfrac{1}{2}\left(\sum m_i r_i^2\right)\omega^2, \tag{10.4.2}$$

em que ω é igual para todas as partículas.

A grandeza entre parênteses no lado direito da Eq. 10.4.2 depende da forma como a massa do corpo está distribuída em relação ao eixo de rotação. Chamamos essa grandeza de **momento de inércia** do corpo em relação ao eixo de rotação. O momento de inércia, representado pela letra I, depende do corpo e do eixo em torno do qual está sendo executada a rotação. (*Atenção*: O valor de I para um corpo só faz sentido quando é especificado o eixo de rotação em relação ao qual o momento de inércia foi calculado.)

Podemos agora escrever

$$I = \sum m_i r_i^2 \quad \text{(momento de inércia)} \tag{10.4.3}$$

e substituir na Eq. 10.4.2, obtendo

$$K = \tfrac{1}{2} I \omega^2 \quad \text{(ângulo em radianos)} \tag{10.4.4}$$

como a expressão que procuramos. Como usamos a relação $v = \omega r$ na dedução da Eq. 10.4.4, ω deve estar expressa em radianos por unidade de tempo. A unidade de I do SI é o quilograma-metro quadrado (kg · m²).

O Plano. Se temos algumas partículas e um eixo de rotação conhecido, calculamos mr^2 para cada partícula e somamos os resultados, como na Eq. 10.4.3, para obter o momento de inércia total I. Para calcular a energia cinética de rotação, substituímos esse valor de I na Eq. 10.4.4. Esse é o plano no caso de um número relativamente pequeno de partículas. Suponha, porém, que se trate de um corpo, como uma barra de ferro, com um número muito grande de partículas. No próximo módulo, vamos ver como é possível tratar o caso de *corpos sólidos* e executar o cálculo em poucos minutos.

A Eq. 10.4.4, que permite calcular a energia cinética de um corpo rígido em rotação pura, é a equivalente angular da expressão $K = \tfrac{1}{2} M v_{\text{CM}}^2$, usada para calcular a energia cinética de um corpo rígido em translação pura. As duas expressões envolvem um fator de $\tfrac{1}{2}$. Enquanto a massa M aparece em uma das equações, I (que envolve tanto a massa quanto a distribuição de massa) aparece na outra. Finalmente, cada equação contém como fator o quadrado de uma velocidade, de translação ou de rotação, dependendo do caso. As energias cinéticas de translação e de rotação não são tipos diferentes de energia: ambas são energias cinéticas, expressas na forma apropriada ao movimento em questão.

Observamos anteriormente que o momento de inércia de um corpo em rotação não envolve apenas a massa do corpo, mas também a forma como a massa está distribuída. Aqui está um exemplo que você pode literalmente sentir. Faça girar uma barra comprida e relativamente pesada (uma barra de ferro, por exemplo), primeiro em torno do eixo central (longitudinal) (Fig.10.4.1a) e depois em torno de um eixo perpendicular à barra passando pelo centro (Fig. 10.4.1b). As duas rotações envolvem a mesma massa, mas é muito mais fácil executar a primeira rotação que a segunda. A razão é que os átomos da barra estão muito mais próximos do eixo na primeira rotação. Em consequência, o momento de inércia da barra é muito menor na situação da Fig. 10.4.1a que na da Fig. 10.4.1b. Quanto menor o momento de inércia, mais fácil é executar uma rotação.

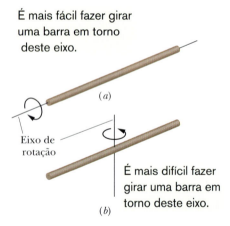

Figura 10.4.1 É muito mais fácil fazer girar uma barra comprida em torno (*a*) do eixo central (longitudinal) do que (*b*) de um eixo passando pelo centro e perpendicular à maior dimensão da barra. A razão para a diferença é que as massas dos átomos da barra estão mais próximas do eixo de rotação em (*a*) do que em (*b*).

Teste 10.4.1

A figura mostra três pequenas esferas que giram em torno de um eixo vertical. A distância perpendicular entre o eixo e o centro de cada esfera é dada. Ordene as três esferas de acordo com o momento de inércia em torno do eixo, começando pelo maior.

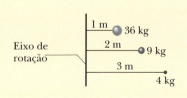

ROTAÇÃO **279**

10.5 CÁLCULO DO MOMENTO DE INÉRCIA

Objetivos do Aprendizado

Depois de ler este módulo, você será capaz de ...

10.5.1 Calcular o momento de inércia de um dos corpos que aparecem na Tabela 10.5.1.

10.5.2 Calcular o momento de inércia de um corpo por integração a partir dos elementos de massa do corpo.

10.5.3 Aplicar o teorema dos eixos paralelos no caso de um eixo de rotação que não passa pelo centro de massa do corpo.

Ideias-Chave

● I é o momento de inércia de um corpo, definido como

$$I = \sum m_i r_i^2$$

para um conjunto de partículas isoladas e como

$$I = \int r^2 \, dm$$

para um corpo com uma distribuição contínua de massa. Os símbolos r_i e r nessas expressões representam a distância perpendicular entre o eixo de rotação e uma partícula ou um elemento de massa do corpo, e, no caso de r, a integração se estende a todos os elementos de massa do corpo.

● O teorema dos eixos paralelos relaciona o momento de inércia I de um corpo em relação a um eixo qualquer ao momento de inércia do mesmo corpo em relação a um eixo paralelo ao primeiro que passa pelo centro de massa:

$$I = I_{CM} + Mh^2.$$

Aqui, h é a distância perpendicular entre os dois eixos, e I_{CM} é o momento de inércia do corpo em relação ao eixo que passa pelo centro de massa. Podemos dizer que h é uma medida do deslocamento do eixo de rotação em relação ao eixo que passa pelo centro de massa.

Cálculo do Momento de Inércia

Se um corpo rígido contém um número pequeno de partículas, podemos calcular o momento de inércia em torno de um eixo de rotação usando a Eq. 10.4.3 ($I = \sum m_i r_i^2$), ou seja, podemos calcular o produto mr^2 para cada partícula e somar os produtos. (Lembre-se de que r é a distância perpendicular de uma partícula ao eixo de rotação.)

Quando um corpo rígido contém um número muito grande de partículas muito próximas umas das outras (é *contínuo*, como um disco de plástico), usar a Eq. 10.4.3 torna se impraticável. Em vez disso, substituímos o somatório da Eq. 10.4.3 por uma integral e definimos o momento de inércia do corpo como

$$I = \int r^2 \, dm \qquad \text{(momento de inércia, corpo contínuo).} \qquad (10.5.1)$$

A Tabela 10.5.1 mostra o resultado dessa integração para nove formas geométricas comuns e para os eixos de rotação indicados.

Teorema dos Eixos Paralelos 🔊 10.6

Suponha que estamos interessados em determinar o momento de inércia I de um corpo de massa M em relação a um eixo dado. Em princípio, podemos calcular o valor de I usando a integral da Eq. 10.5.1. Contudo, o problema fica mais fácil se conhecemos o momento de inércia I_{CM} do corpo em relação a um eixo *paralelo* ao eixo desejado, passando pelo centro de massa. Seja h a distância perpendicular entre o eixo dado e o eixo que passa pelo centro de massa (lembre-se de que os dois eixos devem ser paralelos). Nesse caso, o momento de inércia I em relação ao eixo dado é

$$I = I_{CM} + Mh^2 \qquad \text{(teorema dos eixos paralelos).} \qquad (10.5.2)$$

Podemos dizer que h é uma medida do deslocamento do eixo de rotação em relação ao eixo que passa pelo centro de massa. A Eq. 10.5.2, conhecida como **teorema dos eixos paralelos**, será demonstrada a seguir.

Tabela 10.5.1 Alguns Momentos de Inércia

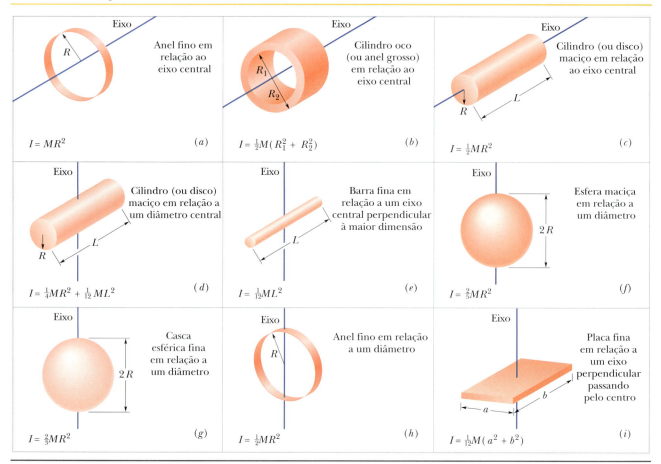

Demonstração do Teorema dos Eixos Paralelos

Estamos interessados em relacionar o momento de inércia em relação ao eixo que passa por P ao momento de inércia em relação ao eixo que passa pelo CM.

Seja O o centro de massa de um corpo de forma arbitrária cuja seção reta aparece na Fig. 10.5.1. Escolha o ponto O para origem do sistema de coordenadas. Considere um eixo passando por O e perpendicular ao plano do papel e outro eixo passando pelo ponto P e paralelo ao primeiro eixo. Suponha que as coordenadas x e y do ponto P sejam a e b, respectivamente.

Seja dm um elemento de massa de coordenadas genéricas x e y. De acordo com a Eq. 10.5.1, o momento de inércia do corpo em relação ao eixo que passa por P é dado por

$$I = \int r^2 \, dm = \int [(x-a)^2 + (y-b)^2] \, dm,$$

que pode ser escrita na forma

$$I = \int (x^2 + y^2) \, dm - 2a \int x \, dm - 2b \int y \, dm + \int (a^2 + b^2) \, dm. \quad (10.5.3)$$

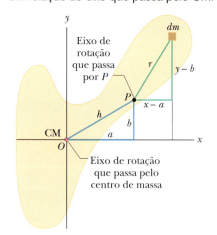

Figura 10.5.1 Seção transversal de um corpo rígido, com o centro de massa em O. O teorema dos eixos paralelos (Eq. 10.5.2) relaciona o momento de inércia do corpo em relação a um eixo passando por O ao momento de inércia em relação a um eixo paralelo ao primeiro passando por um ponto P situado a uma distância h do centro de massa. Os dois eixos são perpendiculares ao plano da figura.

De acordo com a definição de centro de massa (Eq. 9.1.9), as duas integrais do meio da Eq. 10.5.3 são as coordenadas do centro de massa (multiplicadas por constantes) e, portanto, devem ser nulas. Como $x^2 + y^2 = R^2$, em que R é a distância de O a dm, a primeira integral é simplesmente I_{CM}, o momento de inércia do corpo em relação a um eixo passando pelo centro de massa. Observando a Fig. 10.5.1, vemos que o último termo da Eq. 10.5.3 é Mh^2, em que M é a massa total do corpo. Assim, a Eq. 10.5.3 se reduz à Eq. 10.5.2, que é a relação que queríamos demonstrar.

Teste 10.5.1

A figura mostra um livro e quatro eixos de rotação, todos perpendiculares à capa do livro. Ordene os eixos de acordo com o momento de inércia do objeto em relação ao eixo, começando pelo maior.

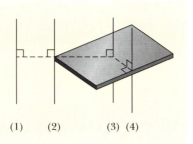

(1)   (2)   (3) (4)

Exemplo 10.5.1   Momento de inércia de um sistema de duas partículas

A Fig. 10.5.2a mostra um corpo rígido composto por duas partículas de massa m ligadas por uma barra de comprimento L e massa desprezível.

(a) Qual é o momento de inércia I_{CM} em relação a um eixo passando pelo centro de massa e perpendicular à barra, como mostra a figura?

IDEIA-CHAVE

Como temos apenas duas partículas com massa, podemos calcular o momento de inércia I_{CM} do corpo usando a Eq. 10.4.3.

Cálculos: Para as duas partículas, ambas a uma distância perpendicular $L/2$ do eixo de rotação, temos:

$$I = \sum m_i r_i^2 = (m)(\tfrac{1}{2}L)^2 + (m)(\tfrac{1}{2}L)^2$$
$$= \tfrac{1}{2}mL^2. \quad \text{(Resposta)}$$

(b) Qual é o momento de inércia I do corpo em relação a um eixo passando pela extremidade esquerda da barra e paralelo ao primeiro eixo (Fig. 10.5.2b)?

IDEIAS-CHAVE

Essa situação é tão simples que podemos determinar I usando duas técnicas. A primeira é semelhante à que foi usada no item (a). A outra, mais geral, envolve o uso do teorema dos eixos paralelos.

Primeira técnica: Calculamos I como no item (a), exceto pelo fato de que, agora, a distância perpendicular r_i é zero para a partícula da esquerda e L para a partícula da direita. De acordo com a Eq. 10.4.3,

$$I = m(0)^2 + mL^2 = mL^2. \quad \text{(Resposta)}$$

Segunda técnica: Como já conhecemos I_{CM}, o momento de inércia em relação a um eixo que passa pelo centro de massa, e como o eixo especificado é paralelo a esse "eixo do CM", podemos usar o teorema dos eixos paralelos (Eq. 10.5.2). Temos

$$I = I_{CM} + Mh^2 = \tfrac{1}{2}mL^2 + (2m)(\tfrac{1}{2}L)^2$$
$$= mL^2. \quad \text{(Resposta)}$$

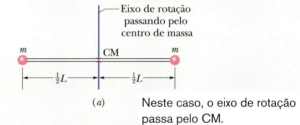

(a)   Neste caso, o eixo de rotação passa pelo CM.

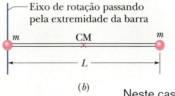

(b)   Neste caso, o eixo de rotação não passa pelo CM, mas é paralelo ao anterior; por isso, podemos usar o teorema dos eixos paralelos.

Figura 10.5.2 Corpo rígido composto por duas partículas de massa m unidas por uma barra de massa desprezível.

Exemplo 10.5.2   Momento de inércia de uma barra homogênea, calculado por integração   10.2

A Fig. 10.5.3 mostra uma barra fina, homogênea, de massa M e comprimento L, e um eixo x ao longo da barra cuja origem coincide com o centro da barra.

(a) Qual é o momento de inércia da barra em relação a um eixo perpendicular à barra passando pelo centro?

IDEIAS-CHAVE

(1) A barra é formada por um número muito grande de partículas, a um número muito grande de distâncias diferentes do eixo de rotação. Certamente não podemos calcular o momento de inércia de cada uma dessas partículas e somar os resultados.

O que fazemos é escrever uma expressão geral para o momento de inércia de um elemento de massa dm situado a uma distância r do eixo de rotação: $r^2\, dm$. (2) Em seguida, somamos os momentos de inércia de todos os elementos de massa da barra integrando a expressão (em vez de somar os elementos um a um). Para isso, usamos a Eq. 10.5.1:

$$I = \int r^2\, dm. \qquad (10.5.4)$$

(3) Como a barra é homogênea e o eixo de rotação está no centro, o centro de massa coincide com o centro geométrico. Assim, o momento de inércia pedido é I_{CM}.

Cálculos: Como queremos integrar em relação à coordenada x e não em relação à massa m, como na integral da Eq. 10.5.4, devemos relacionar a massa dm de um elemento da barra a um elemento de distância dx ao longo da barra. (Um desses elementos é mostrado na Fig. 10.5.3.) Como a barra é homogênea, a razão entre massa e comprimento é a mesma para todos os elementos e para a barra como um todo, de modo que podemos escrever

$$\frac{\text{elemento de massa } dm}{\text{elemento de comprimento } dx} = \frac{\text{massa da barra } M}{\text{comprimento da barra } L}$$

ou

$$dm = \frac{M}{L}\, dx.$$

Podemos agora substituir dm por esse valor e r por x na Eq. 10.5.4. Em seguida, integramos de uma extremidade a outra da barra (de $x = -L/2$ a $x = L/2$) para levar em conta todos os elementos. Temos:

$$I = \int_{x=-L/2}^{x=+L/2} x^2 \left(\frac{M}{L}\right) dx$$

$$= \frac{M}{3L}\left[x^3\right]_{-L/2}^{+L/2} = \frac{M}{3L}\left[\left(\frac{L}{2}\right)^3 - \left(-\frac{L}{2}\right)^3\right]$$

$$= \tfrac{1}{12} M L^2. \qquad \text{(Resposta)}$$

(b) Qual é o momento de inércia I da barra em relação a um novo eixo perpendicular à barra passando pela extremidade esquerda?

IDEIAS-CHAVE

Poderíamos calcular I mudando a origem do eixo x para a extremidade esquerda da barra e integrando de $x = 0$ a $x = L$. Entretanto, vamos usar uma técnica mais geral (e mais simples), que envolve o uso do teorema dos eixos paralelos (Eq. 10.5.2).

Cálculos: Colocando o eixo na extremidade esquerda da barra e mantendo-o paralelo ao eixo que passa pelo centro de massa, podemos usar o teorema dos eixos paralelos (Eq. 10.5.2). De acordo com o item (a), $I_{CM} = ML^2/12$. Como mostra a Fig. 10.5.3, a distância perpendicular h entre o novo eixo de rotação e o centro de massa é $L/2$. Substituindo esses valores na Eq. 10.5.2, temos:

$$I = I_{CM} + Mh^2 = \tfrac{1}{12} ML^2 + (M)(\tfrac{1}{2}L)^2$$

$$= \tfrac{1}{3} ML^2. \qquad \text{(Resposta)}$$

Na verdade, o mesmo resultado é obtido para qualquer eixo perpendicular à barra passando pela extremidade esquerda ou direita, seja ou não paralelo ao eixo da Fig. 10.5.3.

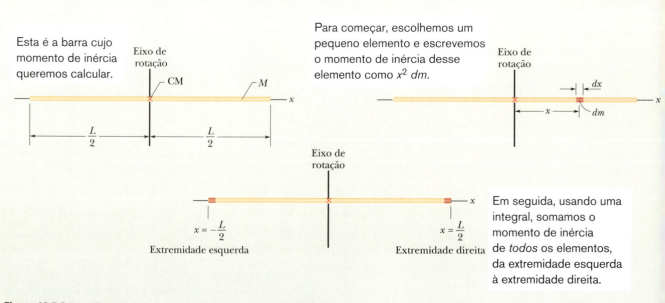

Figura 10.5.3 Barra homogênea de comprimento L e massa M. Um elemento de massa dm e comprimento dx está representado na figura.

Exemplo 10.5.3 Energia cinética de rotação em um teste explosivo 10.3

As peças de máquinas que serão submetidas constantemente a rotações em alta velocidade costumam ser testadas em um *sistema de ensaio de rotação*. Nesse tipo de sistema, a peça é posta para girar rapidamente no interior de uma montagem cilíndrica de tijolos de chumbo com um revestimento de contenção, tudo isso dentro de uma câmara de aço fechada por uma tampa lacrada. Se a rotação faz a peça se estilhaçar, os tijolos de chumbo, sendo macios, capturam os fragmentos para serem posteriormente analisados.

Em 1985, a empresa Test Devices, Inc. (www.testdevices.com) estava testando um rotor de aço maciço, em forma de disco, com massa $M = 272$ kg e raio $R = 38,0$ cm. Quando a peça atingiu uma velocidade angular ω de 14.000 rev/min, os engenheiros que realizavam o ensaio ouviram um ruído seco na câmara, que ficava um andar abaixo e a uma sala de distância. Na investigação, descobriram que tijolos de chumbo haviam sido lançados no corredor que levava à sala de testes, uma das portas da sala havia sido arremessada no estacionamento do lado de fora do prédio, um tijolo de chumbo havia atravessado a parede e invadido a cozinha de um vizinho, as vigas estruturais do edifício do teste tinham sido danificadas, o chão de concreto abaixo da câmara de ensaios havia afundado cerca de 0,5 cm e a tampa de 900 kg tinha sido lançada para cima, atravessara o teto e caíra de volta, destruindo o equipamento de ensaio (Fig. 10.5.4). Os fragmentos da explosão só não penetraram na sala dos engenheiros por pura sorte.

Qual foi a energia liberada pela explosão do rotor? **CVF**

Figura 10.5.4 Parte da destruição causada pela explosão de um disco de aço em alta rotação.

IDEIA-CHAVE

A energia liberada foi igual à energia cinética de rotação K do rotor no momento em que a velocidade angular era 14.000 rev/min.

Cálculos: Podemos calcular K usando a Eq. 10.4.4 ($K = \frac{1}{2}I\omega^2$), mas, para isso, precisamos conhecer o momento de inércia I. Como o rotor era um disco que girava como um carrossel, I é dado pela expressão apropriada da Tabela 10.5.1c ($I = \frac{1}{2}MR^2$). Assim, temos:

$$I = \tfrac{1}{2}MR^2 = \tfrac{1}{2}(272 \text{ kg})(0,38 \text{ m})^2 = 19,64 \text{ kg} \cdot \text{m}^2.$$

A velocidade angular do rotor era

$$\omega = (14\,000 \text{ rev/min})(2\pi \text{ rad/rev})\left(\frac{1 \text{ min}}{60 \text{ s}}\right)$$
$$= 1,466 \times 10^3 \text{ rad/s}.$$

Podemos usar a Eq. 10.4.4 para escrever

$$K = \tfrac{1}{2}I\omega^2 = \tfrac{1}{2}(19,64 \text{ kg} \cdot \text{m}^2)(1,466 \times 10^3 \text{ rad/s})^2$$
$$= 2,1 \times 10^7 \text{ J}. \qquad \text{(Resposta)}$$

10.6 TORQUE

Objetivos do Aprendizado

Depois de ler este módulo, você será capaz de ...

10.6.1 Saber que o torque aplicado a um corpo depende de uma força e de um vetor posição, que liga um eixo de rotação ao ponto onde a força é aplicada.

10.6.2 Calcular o torque usando (a) o ângulo entre o vetor posição e o vetor força, (b) a linha de ação e o braço de alavanca da força e (c) a componente da força perpendicular ao vetor posição.

10.6.3 Saber que, para calcular um torque, é preciso conhecer o eixo de rotação.

10.6.4 Saber que um torque pode ser positivo ou negativo, dependendo do sentido da rotação que o corpo tende a sofrer sob a ação do torque: "os relógios são negativos".

10.6.5 Calcular o torque resultante quando um corpo está submetido a mais de um torque.

Ideias-Chave

● O torque é uma tendência de rotação ou torção em torno de um eixo que um corpo sofre quando é submetido a uma força $\vec{F}$. Se a força $\vec{F}$ é aplicada em um ponto dado por um vetor posição $\vec{r}$ em relação ao eixo, o módulo do torque é

$$\tau = rF_t = r_\perp F = rF \operatorname{sen} \phi,$$

em que F_t é a componente de $\vec{F}$ perpendicular a $\vec{r}$ e ϕ é o ângulo entre $\vec{r}$ e $\vec{F}$. A grandeza $r_\perp$ é a distância perpendicular entre o eixo de rotação e uma reta que passa pelo vetor $\vec{F}$. Essa reta é chamada linha de ação de $\vec{F}$, e $r_\perp$ é chamada braço de alavanca de $\vec{F}$. Da mesma forma, r é o braço de alavanca de F_t.

● A unidade de torque do SI é o newton-metro (N · m). Um torque τ é positivo, se tende a fazer um corpo em repouso girar no sentido anti-horário, e negativo se tende a fazer o corpo girar no sentido horário.

284 CAPÍTULO 10

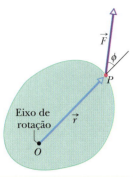

(a)

O torque produzido por essa força faz o corpo girar em torno deste eixo, que é perpendicular ao plano do papel e aponta para fora do papel.

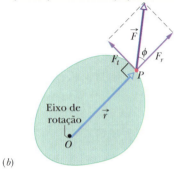

(b)

Na verdade, apenas a componente *tangencial* da força produz a rotação.

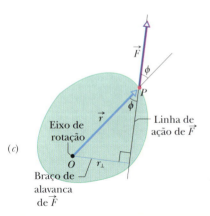

(c)

Também podemos calcular o torque usando o módulo da força total e o comprimento do braço de alavanca.

Figura 10.6.1 Uma força $\vec{F}$ age sobre um corpo rígido com um eixo de rotação perpendicular ao plano do papel. O torque pode ser calculado a partir (a) do ângulo ϕ, (b) da componente tangencial da força, F_t, (c) do braço de alavanca, $r_\perp$.

Torque 10.7

A maçaneta de uma porta fica o mais longe possível das dobradiças por uma boa razão. É claro que, para abrir uma porta pesada, é preciso fazer uma certa força, mas isso não é tudo. O ponto de aplicação e a direção da força também são importantes. Se a força for aplicada mais perto das dobradiças que a maçaneta, ou com um ângulo diferente de 90° em relação ao plano da porta, será preciso usar uma força maior para abrir a porta do que se a força for aplicada à maçaneta, perpendicularmente ao plano da porta.

A Fig. 10.6.1a mostra a seção reta de um corpo que está livre para girar em torno de um eixo passando por O e perpendicular à seção reta. Uma força $\vec{F}$ é aplicada no ponto P, cuja posição em relação a O é definida por um vetor posição $\vec{r}$. O ângulo entre os vetores $\vec{F}$ e $\vec{r}$ é ϕ. (Para simplificar, consideramos apenas forças que não têm componentes paralelas ao eixo de rotação; isso significa que $\vec{F}$ está no plano do papel.)

Para determinar o modo como $\vec{F}$ provoca uma rotação do corpo em torno do eixo de rotação, podemos separar a força em duas componentes (Fig. 10.6.1b). Uma dessas componentes, a *componente radial F_r*, tem a direção de $\vec{r}$. Essa componente não provoca rotações, já que age ao longo de uma reta que passa por O. (Se você puxar ou empurrar uma porta paralelamente ao plano da porta, a porta não vai girar.) A outra componente de $\vec{F}$, a *componente tangencial F_t*, é perpendicular a $\vec{r}$ e tem um módulo $F_t = F \operatorname{sen} \phi$. Essa componente *provoca* rotações. (Se você puxar ou empurrar uma porta perpendicularmente ao plano da porta, a porta vai girar.)

Cálculo do Torque. A capacidade de $\vec{F}$ de fazer um corpo girar não depende apenas do módulo da componente tangencial F_t, mas também da distância entre o ponto de aplicação de $\vec{F}$ e o ponto O. Para levar em conta os dois fatores, definimos uma grandeza chamada **torque** (τ) como o produto de ambos:

$$\tau = (r)(F \operatorname{sen} \phi). \qquad (10.6.1)$$

Duas formas equivalentes de calcular o torque são

$$\tau = (r)(F \operatorname{sen} \phi) = rF_t \qquad (10.6.2)$$

e

$$\tau = (r \operatorname{sen} \phi)(F) = r_\perp F, \qquad (10.6.3)$$

em que $r_\perp$ é a distância perpendicular entre o eixo de rotação que passa por O e uma reta que coincide com a direção do vetor $\vec{F}$ (Fig. 10.6.1c). Essa reta é chamada **linha de ação** de $\vec{F}$, e $r_\perp$ é o **braço de alavanca** de $\vec{F}$. A Fig. 10.6.1b mostra que podemos descrever r, o módulo de $\vec{r}$, como o braço de alavanca de F_t, a componente tangencial de $\vec{F}$. 10.1

O torque, cujo nome vem de uma palavra em latim que significa "torcer", pode ser descrito coloquialmente como a ação de girar ou torcer de uma força $\vec{F}$. Quando aplicamos uma força a um objeto com uma chave de fenda ou uma chave de grifa com o objetivo de fazer o objeto girar, estamos aplicando um torque. A unidade de torque do SI é o newton-metro (N · m). *Atenção*: No SI, o trabalho também tem dimensões de newton-metro. Torque e trabalho, contudo, são grandezas muito diferentes, que não devem ser confundidas. O trabalho é normalmente expresso em joules (1 J = 1 N · m), mas isso nunca acontece com o torque.

Os Relógios São Negativos. No próximo capítulo discutiremos o torque como uma grandeza vetorial. No momento, porém, como vamos considerar rotações em torno de um único eixo, não precisamos usar a notação vetorial. Em vez disso, atribuímos ao torque um valor positivo ou negativo, dependendo do sentido da rotação que imprimiria a um corpo inicialmente em repouso. Se o torque faz o corpo girar no sentido anti-horário, o torque é positivo. Se o torque faz o corpo girar no sentido horário, o torque é negativo. (A frase "os relógios são negativos", do Módulo 10.1, também se aplica nesse caso.)

O torque obedece ao princípio de superposição que discutimos no Capítulo 5 para o caso das forças: Quando vários torques atuam sobre um corpo, o **torque total** (ou **torque resultante**) é a soma dos torques. O símbolo de torque resultante é τ_{res}.

Teste 10.6.1

A figura mostra a vista superior de uma régua de um metro que pode girar em torno de um eixo situado na posição 20 (20 cm). As cinco forças aplicadas à régua são horizontais e têm o mesmo módulo. Ordene as forças de acordo com o módulo do torque que produzem, do maior para o menor.

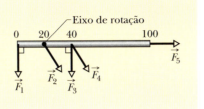

10.7 SEGUNDA LEI DE NEWTON PARA ROTAÇÕES

Objetivo do Aprendizado
Depois de ler este módulo, você será capaz de ...

10.7.1 Saber que a segunda lei de Newton para rotações relaciona o torque resultante aplicado a um corpo ao momento de inércia e à aceleração angular do corpo; todas essas grandezas calculadas em relação a um dado eixo de rotação.

Ideia-Chave

- A segunda lei de Newton para rotações é

$$\tau_{res} = I\alpha,$$

em que τ_{res} é o torque resultante que age sobre uma partícula ou um corpo rígido, I é o momento de inércia da partícula ou do corpo e α é a aceleração angular produzida pelo torque.

Segunda Lei de Newton para Rotações

Um torque pode fazer um corpo rígido girar, como acontece, por exemplo, quando abrimos ou fechamos uma porta. No momento, estamos interessados em relacionar o torque resultante τ_{res} aplicado a um corpo rígido à aceleração angular α produzida pelo torque. Fazemos isso por analogia com a segunda lei de Newton ($F_{res} = ma$) para a aceleração a de um corpo de massa m produzida por uma força resultante F_{res} em uma dada direção. Substituindo F_{res} por τ_{res}, m por I e a por α, obtemos a seguinte equação:

$$\tau_{res} = I\alpha \quad \text{(segunda lei de Newton para rotações)}. \quad (10.7.1)$$

Demonstração da Equação 10.7.1

Vamos demonstrar a Eq. 10.7.1 considerando a situação simples que está mostrada na Fig. 10.7.1, em que o corpo rígido é constituído por uma partícula de massa m na extremidade de uma barra, de massa desprezível, de comprimento r. A barra pode se mover apenas girando em torno de um eixo, perpendicular ao plano do papel, que passa pela outra extremidade da barra. Isso significa que a partícula descreve uma trajetória circular com o centro no eixo de rotação.

Uma força $\vec{F}$ age sobre a partícula. Como, porém, a partícula só pode se mover ao longo de uma trajetória circular, apenas a componente tangencial F_t da força (a componente que é tangente à trajetória circular) pode acelerar a partícula ao longo da trajetória. Podemos relacionar F_t à aceleração tangencial a_t da partícula ao longo da trajetória por meio da segunda lei de Newton, escrevendo

$$F_t = ma_t.$$

De acordo com a Eq. 10.6.2, o torque que age sobre a partícula é dado por

$$\tau = F_t r = ma_t r.$$

De acordo com a Eq. 10.3.6 ($a_t = \alpha r$), temos:

$$\tau = m(\alpha r)r = (mr^2)\alpha. \quad (10.7.2)$$

O torque associado à componente tangencial da força produz uma aceleração angular em torno do eixo de rotação.

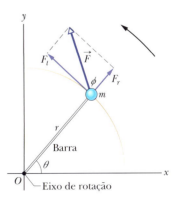

Figura 10.7.1 Corpo rígido simples, livre para girar em torno de um eixo que passa por O, é formado por uma partícula de massa m presa na extremidade de uma barra de comprimento r e massa desprezível. A aplicação de uma força $\vec{F}$ faz o corpo girar.

A grandeza entre parênteses do lado direito é o momento de inércia da partícula em relação ao eixo de rotação (ver Eq. 10.4.3, aplicada a uma única partícula). Assim, a Eq. 10.7.2 se reduz a

$$\tau = I\alpha \quad \text{(ângulo em radianos).} \tag{10.7.3}$$

em que I é o momento de inércia.

Se a partícula estiver submetida a várias forças, podemos generalizar a Eq. 10.7.3 escrevendo

$$\tau_{\text{res}} = I\alpha \quad \text{(ângulo em radianos),} \tag{10.7.4}$$

que é a equação que queríamos demonstrar. Podemos aplicar essa equação a qualquer corpo rígido girando em torno de um eixo fixo, uma vez que qualquer corpo pode ser considerado um conjunto de partículas.

Teste 10.7.1

A figura mostra a vista superior de uma régua de um metro que pode girar em torno do ponto indicado, que está à esquerda do ponto médio da régua. Duas forças horizontais, $\vec{F}_1$ e $\vec{F}_2$, são aplicadas à régua. Apenas $\vec{F}_1$ é mostrada na figura. A força $\vec{F}_2$ é perpendicular à régua e é aplicada à extremidade direita. Para que a régua não se mova, (a) qual deve ser o sentido de $\vec{F}_2$? (b) F_2 deve ser maior, menor ou igual a F_1?

Exemplo 10.7.1   Salto alto

O salto alto (Fig. 10.7.2a) é um tipo de sapato muito popular, apesar das dores que costuma produzir. Vamos examinar uma das causas. Primeiro, a Fig. 10.7.2b é uma vista simplificada das forças a que um pé está submetido quando uma pessoa está em pé usando sapatos de salto baixo, com um peso $mg = 350$ N sustentado por um dos pés. A força normal F_{Na} do antepé sustenta um peso amg em que $a = 0{,}40$ (ou seja, 40% do peso sustentado pelo pé) e age a uma distância $d_a = 0{,}18$ m do tornozelo. A força normal F_{Nc} do calcanhar sustenta um peso cmg em que $c = 0{,}60$ e age a uma distância $d_c = 0{,}070$ m do tornozelo. O tendão de Aquiles, que liga o calcanhar ao músculo da panturrilha, exerce sobre o calcanhar uma força $\vec{T}$ que faz um ângulo $\phi = 5{,}0°$ com a perpendicular ao plano do pé. Uma força desconhecida do osso da perna age para baixo sobre o tornozelo. (a) Qual é o módulo de $\vec{T}$?

IDEIAS-CHAVE

O pé é nosso sistema e está em equilíbrio. Assim, a soma das componentes horizontais e verticais das forças devem ser iguais a zero. Além disso, a soma dos torques em relação a qualquer ponto também deve se anular.

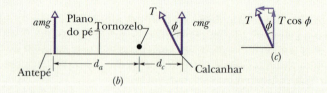

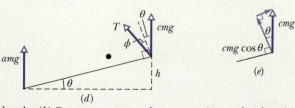

Figura 10.7.2 Exemplo 10.7.1. (a) Salto alto moderado. (b) Forças que agem sobre o antepé e o calcanhar. (c) Componentes da força exercida pelo tendão de Aquiles. (d) Calcanhar elevado. (e) Componentes da força exercida pelo sapato sobre o calcanhar.

Cálculos: Não podemos calcular o módulo T da força exercida pelo tendão de Aquiles equilibrando as forças, porque também não conhecemos a força que o osso da perna exerce sobre o tornozelo. Podemos, porém, equilibrar os torques usando um eixo de rotação que passa pelo tornozelo e é perpendicular ao plano da figura. O torque produzido por cada uma das forças é dado por $\tau = rF_t$ (Eq. 10.6.2), em que r é a distância do ponto de aplicação da força ao eixo de rotação e F_t é a componente da força perpendicular a r, neste caso, perpendicular ao plano do pé.

No antepé, a força normal (a) é perpendicular ao plano do pé, (b) tem um módulo $F_{Na} = amg$, (c) tem um ponto de aplicação que está a uma distância $r = d_a = 0,18$ m do eixo de rotação e (d) tende a fazer o pé girar no sentido horário (negativo). No calcanhar, a força normal (a) é perpendicular ao plano do pé, (b) tem um módulo $F_{Nc} = cmg$, (c) tem um ponto de aplicação que está a uma distância $r = d_c = 0,070$ m e (d) tende a fazer o pé girar no sentido anti-horário (positivo). O ponto de aplicação da força exercida pelo tendão de Aquiles também está a uma distância d_c do eixo de rotação. Sua componente perpendicular ao plano do pé é $T \cos \phi$ (Fig. 10.7.2*c*), que tende a fazer o pé girar no sentido anti-horário, produzindo um torque positivo.

Podemos agora escrever a equação de equilíbrio do torque:
$$\tau_{\text{tot}} = 0$$
$$-d_a(amg) + d_c(cmg) + d_c(T \cos \phi) = 0.$$

Explicitando T e substituindo os valores conhecidos, obtemos:
$$T = \frac{d_a a - d_c c}{d_c \cos \phi} mg$$
$$= \frac{(0,18 \text{ m})(0,40) \ - (0,070 \text{ m})(0,60)}{(0,070 \text{ m}) \ \cos 5,0°} (350 \text{ N})$$
$$= 151 \text{ N} \approx 0,15 \text{ kN}.$$

(b) Vamos supor agora que a pessoa está usando um salto alto moderado de altura $h = 8,00$ cm, novamente com um peso de 350 N em cada pé. Os valores de d_a e d_c não mudam, mas agora $a = 0,65$ (o antepé sustenta 65% do peso) e $c = 0,35$. Qual é o novo valor de $\vec{T}$?

Cálculos: De acordo com a Fig. 10.7.2*d*, o plano do pé agora faz a ângulo ϕ com a horizontal, que pode ser calculado a partir dos valores de h, d_a e d_c:
$$\operatorname{sen} \theta = \frac{h}{d_a + d_c}$$
$$\theta = \operatorname{sen}^{-1} \frac{0,08 \text{ m}}{(0,18 \text{ m} + 0,070 \text{ m})}$$
$$= 18,66°.$$

No calcanhar, a força vertical é cmg e a componente perpendicular ao plano do pé agora é $cmg \cos \theta$ (Fig. 10.7.2*e*). No antepé, a força vertical é amg e a componente perpendicular ao plano do pé agora é $amg \cos \theta$. A força exercida pelo tendão de Aquiles ainda faz 5,0° com a perpendicular ao plano do pé. A nova equação de equilíbrio dos torques é

$$-d_a(amg) \cos \ \theta + d_c(cmg) \cos \ \theta + d_c(T \cos \ \phi) = 0.$$

Explicitando T e substituindo os valores conhecidos, obtemos:
$$T = \frac{d_a a - d_c c}{d_c \cos \phi} mg \cos \theta$$
$$= \frac{(0,18 \text{ m})(0,65) \ - (0,070 \text{ m})(0,35)}{(0,070 \text{ m}) \ \cos 5,0°} (350 \text{ N})(\cos 18,66°)$$
$$= 440 \text{ N} \approx 0,44 \text{ kN}.$$

Assim, a força que o tendão de Aquiles precisa exercer para que a pessoa se mantenha em pé com um sapato de salto alto moderado é quase três vezes maior que a força necessária com um sapato de salto baixo. Os ortopedistas acreditam que o uso continuado de salto alto altera de tal forma o tendão de Aquiles que a pessoa passa a sentir dores ao caminhar descalça ou usando um sapato de salto baixo.

Exemplo 10.7.2 Análise de um golpe de judô usando a segunda lei de Newton para rotações

Para derrubar um adversário de 80 kg com um ippon, você precisa puxar o quimono dele com uma força $\vec{F}$ e um braço de alavanca $d_1 = 0,30$ m em relação a um centro de rotação situado no seu quadril direito (Fig. 10.7.3). Você quer que o adversário gire em torno do centro de rotação com uma aceleração angular $\alpha = -6,0 \text{ rad/s}^2$, ou seja, uma aceleração angular que, na figura, é *no sentido dos ponteiros do relógio*. Suponha que o momento de inércia I em relação ao centro de rotação é 15 kg · m².

(a) Qual deve ser o módulo de $\vec{F}$, se, antes de aplicar o golpe, você inclina o corpo do adversário para a frente, fazendo com que o centro de massa do corpo dele se aproxime do seu quadril (Fig. 10.7.3*a*)?

IDEIA-CHAVE

Podemos usar a segunda lei de Newton para rotações ($\tau_{\text{res}} = I\alpha$) para relacionar a força $\vec{F}$ à aceleração angular α.

Cálculos: Quando os pés do seu adversário perdem contato com o tatame, podemos supor que ele está sujeito apenas a três forças: a força $\vec{F}$ com a qual você está puxando o quimono dele, a força de reação $\vec{N}$ do seu quadril (que não é mostrada na figura) e a força gravitacional $\vec{F}_g$. Para aplicar a equação $\tau_{\text{res}} = I\alpha$, precisamos calcular os três torques correspondentes, todos em relação ao centro de rotação.

De acordo com a Eq. 10.6.3 ($\tau = r_\perp F$), o torque produzido pela força $\vec{F}$ é igual a $-d_1 F$, em que d_1 é o braço de alavanca $r_\perp$ e o sinal indica que o torque tende a produzir uma rotação no sentido horário. O torque produzido pela força $\vec{N}$ é zero, já que a linha de ação de $\vec{N}$ passa pelo centro de rotação e, portanto, nesse caso, $\vec{F}_g = 0$.

Para calcular o torque produzido pela força $\vec{F}_g$, podemos supor que $\vec{F}_g$ está aplicada ao centro de massa do seu adversário. Com o centro de massa coincidindo com o centro de rotação, o braço de alavanca $r_\perp$ de $\vec{F}_g$ é zero e, portanto, o torque produzido por $\vec{F}_g$ é zero. Assim, o único torque a que o seu adversário está sujeito é o produzido pela força $\vec{F}$ do seu puxão, e a equação $\tau_{res} = I\alpha$ se torna

$$-d_1 F = I\alpha.$$

Explicitando F, obtemos

$$F = \frac{-I\alpha}{d_1} = \frac{-(15 \text{ kg} \cdot \text{m}^2)(-6{,}0 \text{ rad/s}^2)}{0{,}30 \text{ m}}$$

$$= 300 \text{ N.} \qquad \text{(Resposta)}$$

(b) Qual deve ser o módulo de $\vec{F}$, se o seu adversário permanecer ereto e o braço de alavanca de $\vec{F}_g$ for $d_2 = 0{,}12$ m (Fig. 10.7.3b)?

IDEIA-CHAVE

Como, nesse caso, o braço de alavanca de $\vec{F}_g$ não é zero, a força $\vec{F}_g$ produz um torque igual a $d_2 mg$, que é positivo, pois tende a produzir uma rotação no sentido anti-horário.

Cálculos: O torque resultante é

$$-d_1 F + d_2 mg = I\alpha,$$

que nos dá

$$F = -\frac{I\alpha}{d_1} + \frac{d_2 mg}{d_1}.$$

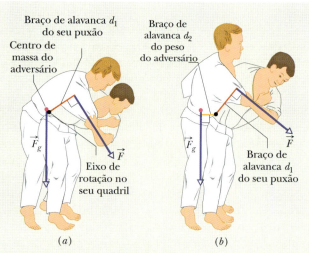

Figura 10.7.3 Um golpe de judô (a) bem executado e (b) mal executado.

De acordo com o resultado do item (a), o primeiro termo do lado direito é igual a 300 N. Substituindo os outros valores conhecidos, obtemos

$$F = 300 \text{ N} + \frac{(0{,}12 \text{ m})(80 \text{ kg})(9{,}8 \text{ m/s}^2)}{0{,}30 \text{ m}}$$

$$= 613{,}6 \text{ N} \approx 610 \text{ N.} \qquad \text{(Resposta)}$$

O resultado mostra que agora você tem de fazer muito mais força do que se o centro de gravidade do adversário estivesse próximo do seu quadril. Os bons lutadores de judô sabem aplicar corretamente esse golpe. Na verdade, todos os golpes das artes marciais, que foram aperfeiçoados empiricamente ao longo de séculos, podem ser explicados à luz dos princípios da física.

10.8 TRABALHO E ENERGIA CINÉTICA DE ROTAÇÃO

Objetivos do Aprendizado

Depois de ler este módulo, você será capaz de ...

10.8.1 Calcular o trabalho realizado por um torque aplicado a um corpo integrando o torque em relação ao ângulo de rotação do corpo.

10.8.2 Usar o teorema do trabalho e energia cinética para relacionar o trabalho realizado por um torque à variação da energia cinética de rotação do corpo.

10.8.3 Calcular o trabalho realizado por um torque *constante* relacionando o trabalho ao ângulo de rotação do corpo.

10.8.4 Calcular a potência desenvolvida por um torque determinando a taxa de variação do trabalho realizado pelo torque.

10.8.5 Calcular a potência desenvolvida por um torque em um dado instante a partir do valor do torque e a velocidade angular nesse instante.

Ideias-Chave

● As equações usadas para calcular o trabalho e a potência para movimentos de rotação são análogas às equações para movimentos de translação e são as seguintes:

$$W = \int_{\theta_i}^{\theta_f} \tau \, d\theta$$

e

$$P = \frac{dW}{dt} = \tau\omega.$$

● Para τ constante, a integral se reduz a

$$W = \tau(\theta_f - \theta_i).$$

● No caso de rotações, o teorema do trabalho e energia cinética assume a seguinte forma:

$$\Delta K = K_f - K_i = \tfrac{1}{2} I\omega_f^2 - \tfrac{1}{2} I\omega_i^2 = W.$$

Trabalho e Energia Cinética de Rotação

Como foi visto no Capítulo 7, quando uma força F acelera um corpo rígido de massa m, a força realiza um trabalho W sobre o corpo. Isso significa que a energia cinética do corpo ($K = \frac{1}{2}mv^2$) pode mudar. Suponha que essa seja a única energia do corpo que muda. Nesse caso, podemos relacionar a variação ΔK da energia cinética ao trabalho W por meio do teorema do trabalho e energia cinética (Eq. 7.2.8), escrevendo

$$\Delta K = K_f - K_i = \tfrac{1}{2}mv_f^2 - \tfrac{1}{2}mv_i^2 = W \quad \text{(teorema do trabalho e energia cinética).} \quad (10.8.1)$$

Para um movimento restrito a um eixo x, podemos calcular o trabalho utilizando a Eq. 7.5.4,

$$W = \int_{x_i}^{x_f} F\, dx \qquad \text{(trabalho, movimento unidimensional).} \qquad (10.8.2)$$

A Eq. 10.8.2 se reduz a $W = Fd$ quando F é constante e o deslocamento do corpo é d. A taxa com a qual o trabalho é realizado é a potência, que pode ser calculada usando as Eqs. 7.6.2 e 7.6.7,

$$P = \frac{dW}{dt} = Fv \qquad \text{(potência, movimento unidimensional).} \qquad (10.8.3)$$

Vamos considerar uma situação análoga para rotações. Quando um torque acelera um corpo rígido que gira em torno de um eixo fixo, o torque realiza um trabalho W sobre o corpo. Isso significa que a energia cinética rotacional do corpo ($K = \frac{1}{2}I\omega^2$) pode mudar. Suponha que essa seja a única energia do corpo que muda. Nesse caso, podemos relacionar a variação ΔK da energia cinética ao trabalho W por meio do teorema do trabalho e energia cinética, com a diferença de que, agora, a energia cinética é uma energia cinética rotacional:

$$\Delta K = K_f - K_i = \tfrac{1}{2}I\omega_f^2 - \tfrac{1}{2}I\omega_i^2 = W \quad \text{(teorema do trabalho e energia cinética).} \quad (10.8.4)$$

Aqui, I é o momento de inércia do corpo em relação ao eixo fixo e ω_i e ω_f são as velocidades angulares do corpo antes e depois que o trabalho é realizado.

Podemos calcular o trabalho executado durante uma rotação usando uma equação análoga à Eq. 10.8.2,

$$W = \int_{\theta_i}^{\theta_f} \tau\, d\theta \qquad \text{(trabalho, rotação em torno de um eixo fixo),} \qquad (10.8.5)$$

em que τ é o torque responsável pelo trabalho W, e θ_i e θ_f são, respectivamente, a posição angular do corpo antes e depois da rotação. Quando τ é constante, a Eq. 10.8.5 se reduz a

$$W = \tau(\theta_f - \theta_i) \qquad \text{(trabalho, torque constante).} \qquad (10.8.6)$$

A taxa com a qual o trabalho é realizado é a potência, que pode ser calculada usando uma equação equivalente à Eq. 10.8.3,

$$P = \frac{dW}{dt} = \tau\omega \qquad \text{(potência, rotação em torno de um eixo fixo).} \qquad (10.8.7)$$

A Tabela 10.8.1 mostra as equações que descrevem o movimento de translação de um corpo rígido e as equações correspondentes para o movimento de rotação.

Demonstração das Eqs. 10.8.4 a 10.8.7

Vamos considerar novamente a situação da Fig. 10.7.1, na qual uma força $\vec{F}$ faz girar um corpo rígido composto por uma partícula de massa m presa à extremidade de uma barra, de massa desprezível. Durante a rotação, a força $\vec{F}$ realiza trabalho sobre o corpo. Vamos supor que a única energia do corpo que varia é a

290 CAPÍTULO 10

Tabela 10.8.1 Algumas Correspondências entre os Movimentos de Translação e Rotação

Translação Pura (Direção Fixa)		Rotação Pura (Eixo Fixo)	
Posição	x	Posição angular	θ
Velocidade	$v = dx/dt$	Velocidade angular	$\omega = d\theta/dt$
Aceleração	$a = dv/dt$	Aceleração angular	$\alpha = d\omega/dt$
Massa	m	Momento de inércia	I
Segunda lei de Newton	$F_{res} = ma$	Segunda lei de Newton	$\tau_{res} = I\alpha$
Trabalho	$W = \int F\, dx$	Trabalho	$W = \int \tau d\theta$
Energia cinética	$K = \frac{1}{2}mv^2$	Energia cinética	$K = \frac{1}{2}I\omega^2$
Potência (força constante)	$P = Fv$	Potência (torque constante)	$P = \tau\omega$
Teorema do trabalho e energia cinética	$W = \Delta K$	Teorema do trabalho e energia cinética	$W = \Delta K$

energia cinética. Nesse caso, podemos aplicar o teorema do trabalho e a energia cinética da Eq. 10.8.1:

$$\Delta K = K_f - K_i = W. \tag{10.8.8}$$

Usando a relação $K = \frac{1}{2}mv^2$ e a Eq. 10.3.2 ($v = \omega r$), podemos escrever a Eq. 10.8.8 na forma

$$\Delta K = \frac{1}{2}mr^2\omega_f^2 - \frac{1}{2}mr^2\omega_i^2 = W. \tag{10.8.9}$$

De acordo com a Eq. 10.4.3, o momento de inércia do corpo é $I = mr^2$. Substituindo esse valor na Eq. 10.8.9, obtemos

$$\Delta K = \frac{1}{2}I\omega_f^2 - \frac{1}{2}I\omega_i^2 = W,$$

que é a Eq. 10.8.4. Demonstramos essa equação para uma partícula, mas a mesma equação é válida para qualquer corpo rígido em rotação em torno de um eixo fixo.

Vamos agora relacionar o trabalho W realizado sobre o corpo da Fig. 10.7.1 ao torque τ exercido sobre o corpo pela força $\vec{F}$. Quando a partícula se desloca de uma distância ds ao longo da trajetória circular, apenas a componente tangencial F_t da força acelera a partícula ao longo da trajetória. Assim, apenas F_t realiza trabalho sobre a partícula. Esse trabalho dW pode ser escrito como $F_t\, ds$. Entretanto, podemos substituir ds por $r\, d\theta$, em que $d\theta$ é o ângulo descrito pela partícula. Temos, portanto,

$$dW = F_t r\, d\theta. \tag{10.8.10}$$

De acordo com a Eq. 10.6.2, o produto $F_t r$ é igual ao torque τ, de modo que podemos escrever a Eq. 10.8.10 na forma

$$dW = \tau\, d\theta. \tag{10.8.11}$$

O trabalho realizado em um deslocamento angular finito de θ_i para θ_f é, portanto,

$$W = \int_{\theta_i}^{\theta_f} \tau\, d\theta,$$

que é a Eq. 10.8.5, válida para qualquer corpo rígido em rotação em torno de um eixo fixo. A Eq. 10.8.6 é uma consequência direta da Eq. 10.8.5.

Podemos calcular a potência P desenvolvida por um corpo em um movimento de rotação a partir da Eq. 10.8.11:

$$P = \frac{dW}{dt} = \tau\frac{d\theta}{dt} = \tau\omega,$$

que é a Eq. 10.8.7.

ROTAÇÃO 291

Teste 10.8.1

A tabela mostra quatro exemplos de um torque sendo aplicado a um corpo rígido que gira em torno de um eixo fixo. A tabela mostra o torque e a velocidade angular do corpo em um certo instante. (a) Coloque os exemplos na ordem da potência do torque, começando pelo mais positivo. (b) Em que exemplos a velocidade angular está diminuindo? (c) Em que exemplos o trabalho realizado pelo torque é positivo?

Exemplo	Torque (N · m)	Velocidade Angular (rad/s)
A	+5	+3
B	+5	−3
C	−5	−3
D	−5	+3

Revisão e Resumo

Posição Angular Para descrever a rotação de um corpo rígido em torno de um eixo fixo, chamado **eixo de rotação**, supomos que uma **reta de referência** está fixa no corpo, perpendicular ao eixo e girando com o corpo. Medimos a **posição angular** θ da reta em relação a uma direção fixa. Se θ for medido em **radianos**,

$$\theta = \frac{s}{r} \quad \text{(ângulo em radianos)}, \qquad (10.1.1)$$

em que s é o comprimento de um arco de circunferência de raio r e ângulo θ. A relação entre um ângulo em revoluções, um ângulo em graus e um ângulo em radianos é a seguinte:

$$1 \text{ rev} = 360° = 2\pi \text{ rad}. \qquad (10.1.2)$$

Deslocamento Angular Um corpo que gira em torno de um eixo de rotação, mudando de posição angular de θ_1 para θ_2, sofre um **deslocamento angular**

$$\Delta\theta = \theta_2 - \theta_1, \qquad (10.1.4)$$

em que $\Delta\theta$ é positivo para rotações no sentido anti-horário e negativo para rotações no sentido horário.

Velocidade Angular Se um corpo sofre um deslocamento angular $\Delta\theta$ em um intervalo de tempo Δt, a **velocidade angular média** do corpo, $\omega_{\text{méd}}$, é

$$\omega_{\text{méd}} = \frac{\Delta\theta}{\Delta t}. \qquad (10.1.5)$$

A **velocidade angular** (**instantânea**) ω do corpo é

$$\omega = \frac{d\theta}{dt}. \qquad (10.1.6)$$

Tanto $\omega_{\text{méd}}$ como ω são vetores, cuja orientação é dada pela **regra da mão direita** da Fig. 10.1.6. O módulo da velocidade angular do corpo é a **velocidade angular escalar**.

Aceleração Angular Se a velocidade angular de um corpo varia de ω_1 para ω_2 em um intervalo de tempo $\Delta t = t_2 - t_1$, a **aceleração angular média** $\alpha_{\text{méd}}$ do corpo é

$$\alpha_{\text{méd}} = \frac{\omega_2 - \omega_1}{t_2 - t_1} = \frac{\Delta\omega}{\Delta t}. \qquad (10.1.7)$$

A **aceleração angular** (**instantânea**) α do corpo é

$$\alpha = \frac{d\omega}{dt}. \qquad (10.1.8)$$

Tanto $\alpha_{\text{méd}}$ como α são vetores.

Equações Cinemáticas para Aceleração Angular Constante O movimento com *aceleração angular constante* ($\alpha = $ constante) é um caso especial importante de movimento de rotação. As equações cinemáticas apropriadas, que aparecem na Tabela 10.2.1, são

$$\omega = \omega_0 + \alpha t, \qquad (10.2.1)$$

$$\theta - \theta_0 = \omega_0 t + \tfrac{1}{2}\alpha t^2, \qquad (10.2.2)$$

$$\omega^2 = \omega_0^2 + 2\alpha(\theta - \theta_0), \qquad (10.2.3)$$

$$\theta - \theta_0 = \tfrac{1}{2}(\omega_0 + \omega)t, \qquad (10.2.4)$$

$$\theta - \theta_0 = \omega t - \tfrac{1}{2}\alpha t^2. \qquad (10.2.5)$$

Relações entre as Variáveis Lineares e Angulares Um ponto de um corpo rígido em rotação, a uma *distância perpendicular r* do eixo de rotação, descreve uma circunferência de raio r. Se o corpo gira de um ângulo θ, o ponto descreve um arco de circunferência de comprimento s dado por

$$s = \theta r \quad \text{(ângulo em radianos)}, \qquad (10.3.1)$$

em que θ está em radianos.

A velocidade linear $\vec{v}$ do ponto é tangente à circunferência; a velocidade linear escalar v do ponto é dada por

$$v = \omega r \quad \text{(ângulo em radianos)}, \qquad (10.3.2)$$

em que ω é a velocidade angular escalar do corpo em radianos por segundo.

A aceleração linear $\vec{a}$ do ponto tem uma componente *tangencial* e uma componente *radial*. A componente tangencial é

$$a_t = \alpha r \quad \text{(ângulo em radianos)}, \qquad (10.3.6)$$

em que α é o módulo da aceleração angular do corpo em radianos por segundo ao quadrado. A componente radial de $\vec{a}$ é

$$a_r = \frac{v^2}{r} = \omega^2 r \quad \text{(ângulo em radianos).}\quad (10.3.7)$$

No caso do movimento circular uniforme, o período T do movimento do ponto e do corpo é

$$T = \frac{2\pi r}{v} = \frac{2\pi}{\omega} \quad \text{(ângulo em radianos).}\quad (10.3.3, 10.3.4)$$

Energia Cinética de Rotação e Momento de Inércia A energia cinética K de um corpo rígido em rotação em torno de um eixo fixo é dada por

$$K = \tfrac{1}{2} I \omega^2 \quad \text{(ângulo em radianos),}\quad (10.4.4)$$

em que I é o **momento de inércia** do corpo, definido por

$$I = \sum m_i r_i^2 \quad (10.4.3)$$

para um sistema de partículas discretas e por

$$I = \int r^2\, dm \quad (10.5.1)$$

para um corpo com uma distribuição contínua de massa. Nessas expressões, r_i e r representam a distância perpendicular do eixo de rotação a cada partícula e a cada elemento de massa, respectivamente, e o somatório e a integração se estendem a todo o corpo, de modo a incluir todas as partículas e todos os elementos de massa.

Teorema dos Eixos Paralelos O *teorema dos eixos paralelos* relaciona o momento de inércia I de um corpo em relação a qualquer eixo ao momento de inércia do mesmo corpo em relação a um eixo paralelo ao primeiro passando pelo centro de massa:

$$I = I_{CM} + Mh^2. \quad (10.5.2)$$

Aqui, h é a distância perpendicular entre os dois eixos, e I_{CM} é o momento de inércia do corpo em relação ao eixo que passa pelo centro de massa. Podemos definir h como o deslocamento do eixo de rotação em relação ao eixo de rotação que passa pelo centro de massa.

Torque *Torque* é uma ação de girar ou de torcer um corpo em torno de um eixo de rotação, produzida por uma força $\vec{F}$. Se $\vec{F}$ é exercida em um ponto dado pelo vetor posição $\vec{r}$ em relação ao eixo, o módulo do torque é

$$\tau = rF_t = r_\perp F = rF\,\text{sen}\,\phi,\quad (10.6.2, 10.6.3, 10.6.1)$$

em que F_t é a componente de $\vec{F}$ perpendicular a $\vec{r}$, e ϕ é o ângulo entre $\vec{r}$ e $\vec{F}$. A grandeza $r_\perp$ é a distância perpendicular entre o eixo de rotação e a reta que coincide com o vetor $\vec{F}$. Essa reta é chamada **linha de ação** de $\vec{F}$, e $r_\perp$ é chamada **braço de alavanca** de $\vec{F}$. Da mesma forma, r é o braço de alavanca de F_t.

A unidade de torque do SI é o newton-metro (N · m). O torque τ é positivo, se tende a fazer um corpo inicialmente em repouso girar no sentido anti-horário, e negativo, se tende a fazer o corpo girar no sentido horário.

Segunda Lei de Newton para Rotações A segunda lei de Newton para rotações é

$$\tau_{res} = I\alpha, \quad (10.7.4)$$

em que τ_{res} é o torque resultante que age sobre a partícula ou corpo rígido, I é o momento de inércia da partícula ou do corpo em relação ao eixo de rotação, e α é a aceleração angular do movimento de rotação em torno do eixo.

Trabalho e Energia Cinética de Rotação As equações usadas para calcular trabalho e potência para movimentos de rotação são análogas às usadas para movimentos de translação:

$$W = \int_{\theta_i}^{\theta_f} \tau\, d\theta \quad (10.8.5)$$

e

$$P = \frac{dW}{dt} = \tau\omega. \quad (10.8.7)$$

Se τ for constante, a Eq. 10.8.5 se reduz a

$$W = \tau(\theta_f - \theta_i). \quad (10.8.6)$$

A forma do teorema do trabalho e energia usada para corpos em rotação é a seguinte:

$$\Delta K = K_f - K_i = \tfrac{1}{2} I \omega_f^2 - \tfrac{1}{2} I \omega_i^2 = W. \quad (10.8.4)$$

Perguntas

1 A Fig. 10.1 é um gráfico da velocidade angular em função do tempo para um disco que gira como um carrossel. Ordene os instantes a, b, c e d de acordo com o módulo (a) da aceleração tangencial e (b) da aceleração radial de um ponto na borda do disco, começando pelo maior.

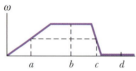

Figura 10.1 Pergunta 1.

2 A Fig. 10.2 mostra gráficos da posição angular θ em função do tempo t para três casos nos quais um disco gira como um carrossel. Em cada caso, o sentido de rotação muda em uma certa posição angular θ_m. (a) Para cada caso, determine se θ_m corresponde a uma rotação no sentido horário ou anti-horário em relação à posição $\theta = 0$, ou se $\theta_m = 0$. Para cada caso, determine (b) se ω é zero antes, depois ou no instante $t = 0$ e (c) se α é positiva, negativa ou nula.

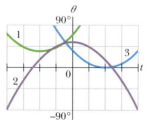

Figura 10.2 Pergunta 2.

3 Uma força é aplicada à borda de um disco que pode girar como um carrossel, fazendo mudar a velocidade angular do disco. As velocidades angulares inicial e final, respectivamente, para quatro situações, são as seguintes: (a) −2 rad/s, 5 rad/s; (b) 2 rad/s, 5 rad/s; (c) −2 rad/s, −5 rad/s; e (d) 2 rad/s, −5 rad/s. Ordene as situações de acordo com o trabalho realizado pelo torque aplicado pela força, começando pelo maior.

4 A Fig. 10.3b é um gráfico da posição angular do disco da Fig. 10.3a. A velocidade angular do disco é positiva, negativa ou nula em (a) $t = 1$ s, (b) $t = 2$ s e (c) $t = 3$ s? (d) A aceleração angular é positiva ou negativa?

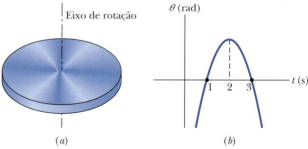

Figura 10.3 Pergunta 4.

5 Na Fig. 10.4, duas forças, $\vec{F}_1$ e $\vec{F}_2$ agem sobre um disco que gira em torno do centro como um carrossel. As forças mantêm os ângulos indicados durante a rotação, que ocorre no sentido anti-horário e com velocidade angular constante. Precisamos diminuir o ângulo θ de $\vec{F}_1$ sem mudar o módulo de $\vec{F}_1$. (a) Para manter a velocidade angular constante, devemos aumentar, diminuir ou manter constante o módulo de $\vec{F}_2$? (b) A força $\vec{F}_1$ tende a fazer o disco girar no sentido horário ou no sentido anti-horário? (c) E a força $\vec{F}_2$?

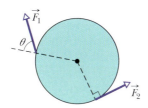

Figura 10.4 Pergunta 5.

6 Na vista superior da Fig. 10.5, cinco forças de mesmo módulo agem sobre um estranho carrossel: um quadrado que pode girar em torno do ponto P, o ponto médio de um dos lados. Ordene as forças de acordo com o torque que elas produzem em relação ao ponto P, começando pelo maior.

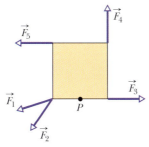

Figura 10.5 Pergunta 6.

7 A Fig. 10.6a é vista superior de uma barra horizontal que pode girar em torno de um eixo; duas forças horizontais atuam sobre a barra, que está parada. Se o ângulo entre $\vec{F}_2$ e a barra é reduzido a partir de 90°, F_2 deve aumentar, diminuir ou permanecer a mesma para que a barra continue parada?

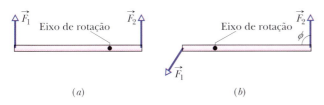

Figura 10.6 Perguntas 7 e 8.

8 A Fig. 10.6b mostra a vista superior de uma barra horizontal que gira em torno de um eixo sob a ação de duas forças horizontais, $\vec{F}_1$ e $\vec{F}_2$, com $\vec{F}_2$ fazendo um ângulo ϕ com a barra. Ordene os seguintes valores de ϕ de acordo com o módulo da aceleração angular da barra, começando pelo maior: 90°, 70° e 110°.

9 A Fig.10.7 mostra uma placa metálica homogênea que era quadrada antes que 25% da área fossem cortados. Três pontos estão indicados por letras. Ordene-os de acordo com o valor do momento de inércia da placa em relação a um eixo perpendicular à placa passando por esses pontos, começando pelo maior.

Figura 10.7 Pergunta 9.

10 A Fig. 10.8 mostra três discos planos (de raios iguais) que podem girar em torno do centro como carrosséis. Cada disco é composto dos mesmos dois materiais, um mais denso que o outro (ou seja, com massa maior por unidade de volume). Nos discos 1 e 3, o material mais denso forma a metade externa da área do disco. No disco 2, ele forma a metade interna da área do disco. Forças de mesmo módulo são aplicadas tangencialmente aos discos, na borda ou na interface dos dois materiais, como na figura. Ordene os discos de acordo (a) com o torque em relação ao centro do disco, (b) o momento de inércia em relação ao centro e (c) a aceleração angular do disco, em ordem decrescente.

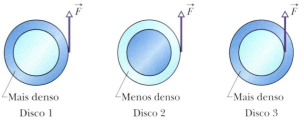

Figura 10.8 Pergunta 10.

11 A Fig. 10.9a mostra uma régua de um metro, metade de madeira e metade de aço, que pode girar em torno de um eixo que passa pelo ponto O, situado na extremidade do lado que é feito de madeira. Uma força $\vec{F}$ é aplicada ao lado que é feito de aço, no ponto a. Na Fig. 10.9b, a posição da régua é invertida e passa a girar em torno de um eixo que passa pelo ponto O', situado na extremidade do lado que é feito de aço, enquanto a mesma força $\vec{F}$ é aplicada ao lado que é feito de madeira, no ponto a'. A aceleração angular da régua da Fig. 10.9a é maior, menor ou igual à aceleração angular da régua da Fig. 10.9b?

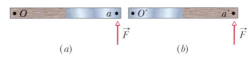

Figura 10.9 Pergunta 11.

12 A Fig. 10.10 mostra três discos homogêneos. Os raios R e as massas M dos discos estão indicados na figura. Os discos podem girar em torno de um eixo central (perpendicular ao plano do disco e passando pelo centro). Ordene os discos de acordo com o momento de inércia em relação ao eixo central, começando pelo maior.

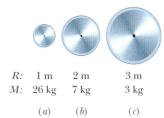

Figura 10.10 Pergunta 12.

Problemas

F Fácil   **M** Médio   **D** Difícil   **CALC** Requer o uso de derivadas e/ou integrais
CVF Informações adicionais disponíveis no e-book *O Circo Voador da Física*, de Jearl Walker, LTC Editora, Rio de Janeiro, 2008.   **BIO** Aplicação biomédica

Módulo 10.1 Variáveis da Rotação

1 F Um bom lançador de beisebol pode arremessar uma bola a 85 mi/h com uma rotação de 1.800 rev/min. Quantas revoluções a bola realiza até chegar à quarta base? Para simplificar, suponha que a trajetória de 60 pés é percorrida em linha reta.

2 F Qual é a velocidade angular (a) do ponteiro dos segundos, (b) do ponteiro dos minutos e (c) do ponteiro das horas de um relógio analógico? Dê as respostas em radianos por segundo.

3 M CVF Quando uma torrada com manteiga é deixada cair de uma mesa, ela adquire um movimento de rotação. Supondo que a distância da mesa ao chão é 76 cm e que a torrada não descreve uma revolução completa, determine (a) a menor e (b) a maior velocidade angular para a qual a torrada cai com a manteiga para baixo.

4 M CALC A posição angular de um ponto de uma roda é dada por $\theta = 2,0 + 4,0t^2 + 2,0t^3$, em que θ está em radianos e t em segundos. Em $t = 0$, qual é (a) a posição e (b) qual é a velocidade angular do ponto? (c) Qual é a velocidade angular em $t = 4,0$ s? (d) Calcule a aceleração angular em $t = 2,0$ s. (e) A aceleração angular da roda é constante?

5 M Um mergulhador realiza 2,5 giros ao saltar de uma plataforma de 10 metros. Supondo que a velocidade vertical inicial seja nula, determine a velocidade angular média do mergulhador.

6 M CALC A posição angular de um ponto da borda de uma roda é dada por $\theta = 4,0t - 3,0t^2 + t^3$, em que θ está em radianos e t em segundos. Qual é a velocidade angular em (a) $t = 2,0$ s e (b) $t = 4,0$ s? (c) Qual é a aceleração angular média no intervalo de tempo que começa em $t = 2,0$ s e termina em $t = 4,0$ s? Qual é a aceleração angular instantânea (d) no início e (e) no fim desse intervalo?

7 D A roda da Fig. 10.11 tem oito raios de 30 cm igualmente espaçados, está montada em um eixo fixo e gira a 2,5 rev/s. Você deseja atirar uma flecha de 20 cm de comprimento paralelamente ao eixo da roda sem atingir um dos raios. Suponha que a flecha e os raios são muito finos. (a) Qual é a menor velocidade que a flecha deve ter? (b) O ponto entre o eixo e a borda da roda por onde a flecha passa faz alguma diferença? Caso a resposta seja afirmativa, para que ponto você deve mirar?

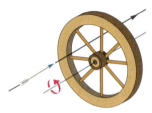

Figura 10.11 Problema 7.

8 D CALC A aceleração angular de uma roda é $\alpha = 6,0t^4 - 4,0t^2$, com α em radianos por segundo ao quadrado e t em segundos. No instante $t = 0$, a roda tem uma velocidade angular de $+2,0$ rad/s e uma posição angular de $+1,0$ rad. Escreva expressões (a) para a velocidade angular (em rad/s) e (b) para a posição angular (em rad) em função do tempo (em s).

Módulo 10.2 Rotação com Aceleração Angular Constante

9 F Um tambor gira em torno do eixo central com uma velocidade angular de 12,60 rad/s. Se o tambor é freado a uma taxa constante de 4,20 rad/s², (a) quanto tempo ele leva para parar? (b) Qual é o ângulo total descrito pelo tambor até parar?

10 F Partindo do repouso, um disco gira em torno do eixo central com uma aceleração angular constante. O disco gira 25 rad em 5,0 s. Durante esse tempo, qual é o módulo (a) da aceleração angular e (b) da velocidade angular média? (c) Qual é a velocidade angular instantânea do disco ao final dos 5,0 s? (d) Com a aceleração angular mantida, que ângulo adicional o disco irá descrever nos 5,0 s seguintes?

11 F Um disco, inicialmente girando a 120 rad/s, é freado com uma aceleração angular constante de módulo 4,0 rad/s². (a) Quanto tempo o disco leva para parar? (b) Qual é o ângulo total descrito pelo disco durante esse tempo?

12 F A velocidade angular do motor de um automóvel é aumentada a uma taxa constante de 1.200 rev/min para 3.000 rev/min em 12 s. (a) Qual é a aceleração angular em revoluções por minuto ao quadrado? (b) Quantas revoluções o motor executa nesse intervalo de 12 s?

13 M Uma roda executa 40 revoluções quando desacelera até parar a partir de uma velocidade angular de 1,5 rad/s. (a) Supondo que a aceleração angular é constante, determine o tempo que a roda leva para parar. (b) Qual é a aceleração angular da roda? (c) Quanto tempo é necessário para que a roda complete as 20 primeiras revoluções?

14 M Um disco gira em torno do eixo central partindo do repouso com aceleração angular constante. Em certo instante, está girando a 10 rev/s; após 60 revoluções, a velocidade angular é 15 rev/s. Calcule (a) a aceleração angular, (b) o tempo necessário para o disco completar 60 revoluções, (c) o tempo necessário para o disco atingir a velocidade angular de 10 rev/s e (d) o número de revoluções do disco desde o repouso até o instante em que atinge uma velocidade angular de 10 rev/s.

15 M Uma roda tem uma aceleração angular constante de 3,0 rad/s². Durante certo intervalo de 4,0 s, ela descreve um ângulo de 120 rad. Supondo que a roda partiu do repouso, por quanto tempo ela já estava em movimento no início desse intervalo de 4,0 s?

16 M Um carrossel gira a partir do repouso com uma aceleração angular de 1,50 rad/s². Quanto tempo leva para executar (a) as primeiras 2,00 revoluções e (b) as 2,00 revoluções seguintes?

17 M Em $t = 0$, uma roda tem uma velocidade angular de 4,7 rad/s, uma aceleração angular constante de $-0,25$ rad/s², e sua reta de referência está em $\theta_0 = 0$. (a) Qual é o ângulo máximo $\theta_{máx}$ descrito pela reta de referência no sentido positivo? Qual é (b) o primeiro e (c) o segundo instante em que a reta de referência passa pelo ângulo $\theta = \theta_{máx}/2$? Em que (d) instante negativo e (e) instante positivo a reta de referência passa pelo ângulo $\theta = -10,5$ rad? (f) Faça um gráfico de θ em função de t e indique as respostas dos itens (a) a (e) no gráfico.

18 D CALC Um pulsar é uma estrela de nêutrons que gira rapidamente em torno de si mesma e emite um feixe de rádio, do mesmo modo como um farol emite um feixe luminoso. Recebemos na Terra um pulso de rádio para cada revolução da estrela. O período T de rotação de um pulsar é determinado medindo o intervalo de tempo entre os pulsos. O pulsar da nebulosa do Caranguejo tem um período de rotação $T = 0,033$ s que está aumentando a uma taxa de $1,26 \times 10^{-5}$ s/ano. (a) Qual é a aceleração angular α do pulsar? (b) Se α se mantiver constante, daqui a quantos anos o pulsar vai parar de girar? (c) O pulsar foi criado pela explosão de uma supernova observada no ano de 1054. Supondo que a aceleração α se manteve constante, determine o período T logo após a explosão.

Módulo 10.3 Relações entre as Variáveis Lineares e Angulares

19 F Qual é o módulo (a) da velocidade angular, (b) da aceleração radial e (c) da aceleração tangencial de uma nave espacial que faz uma curva circular com 3.220 km de raio a uma velocidade de 29.000 km/h?

20 F CALC Um objeto gira em torno de um eixo fixo, e a posição angular de uma reta de referência do objeto é dada por $\theta = 0,40e^{2t}$, em que θ está em radianos e t em segundos. Considere um ponto do objeto situado a 4,0 cm do eixo de rotação. Em $t = 0$, qual é o módulo (a) da componente tangencial e (b) da componente radial da aceleração do ponto?

21 F CVF Entre 1911 e 1990, o alto da torre inclinada de Pisa, Itália, se deslocou para o sul a uma taxa média de 1,2 mm/ano. A torre tem 55 m de altura. Qual é a velocidade angular média do alto da torre em relação à base em radianos por segundo?

22 F BIO CALC Um astronauta está sendo testado em uma centrífuga com 10 m de raio que gira de acordo com a equação $\theta = 0,30t^2$, em que t está em segundos e θ em radianos. No instante $t = 5,0$ s, qual é o módulo (a) da velocidade angular, (b) da velocidade linear, (c) da aceleração tangencial e (d) da aceleração radial do astronauta?

23 F Uma roda com 1,20 m de diâmetro está girando com uma velocidade angular de 200 rev/min. (a) Qual é a velocidade angular da roda em rad/s? (b) Qual é a velocidade linear de um ponto na borda da roda? (c) Que aceleração angular constante (em revoluções por minuto ao quadrado) aumenta a velocidade angular da roda para 1.000 rev/min em 60,0 s? (d) Quantas revoluções a roda executa nesse intervalo de 60,0 s?

24 F Um disco de vinil funciona girando em torno de um eixo, de modo que um sulco, aproximadamente circular, desliza sob uma agulha que fica na extremidade de um braço mecânico. Saliências do sulco passam pela agulha e a fazem oscilar. O equipamento converte essas oscilações em sinais elétricos, que são amplificados e transformados em sons. Suponha que um disco de vinil gira a 33 1/3 rev/min, que o sulco que está sendo tocado está a uma distância de 10,0 cm do centro do disco e que a distância média entre as saliências do sulco é 1,75 mm. A que taxa (em toques por segundo) as saliências atingem a agulha?

25 M (a) Qual é a velocidade angular ω em torno do eixo polar de um ponto da superfície da Terra na latitude 40° N? (A Terra gira em torno desse eixo.) (b) Qual é a velocidade linear v desse ponto? Qual é o valor (c) de ω e (d) de v para um ponto do equador?

26 M O volante de uma máquina a vapor gira com uma velocidade angular constante de 150 rev/min. Quando a máquina é desligada, o atrito dos mancais e a resistência do ar param a roda em 2,2 h. (a) Qual é a aceleração angular constante da roda, em revoluções por minuto ao quadrado, durante a desaceleração? (b) Quantas revoluções a roda executa antes de parar? (c) No instante em que a roda está girando a 75 rev/min, qual é a componente tangencial da aceleração linear de uma partícula da roda que está a 50 cm do eixo de rotação? (d) Qual é o módulo da aceleração linear total da partícula do item (c)?

27 M O prato de um toca-discos está girando a 33 1/3 rev/min. Uma semente de melancia está sobre o prato a 6,0 cm de distância do eixo de rotação. (a) Calcule a aceleração da semente, supondo que ela não escorrega. (b) Qual é o valor mínimo do coeficiente de atrito estático entre a semente e o prato para que a semente não escorregue? (c) Suponha que o prato atinge a velocidade angular final em 0,25 s, partindo do repouso com aceleração constante. Calcule o menor coeficiente de atrito estático necessário para que a semente não escorregue durante o período de aceleração.

28 M Na Fig. 10.12, uma roda A de raio $r_A = 10$ cm está acoplada por uma correia B a uma roda C de raio $r_C = 25$ cm. A velocidade angular da roda A é aumentada a partir do repouso a uma taxa constante de 1,6 rad/s². Determine o tempo necessário para que a roda C atinja uma velocidade angular de 100 rev/min, supondo que a correia não desliza. (*Sugestão*: Se a correia não desliza, as bordas dos dois discos têm a mesma velocidade linear.)

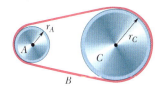

Figura 10.12 Problema 28.

29 M Um método tradicional para medir a velocidade da luz utiliza uma roda dentada giratória. Um feixe de luz passa pelo espaço entre dois dentes situados na borda da roda, como na Fig. 10.13, viaja até um espelho distante e chega de volta à roda exatamente a tempo de passar pelo espaço seguinte entre dois dentes. Uma dessas rodas tem 5,0 cm de raio e 500 espaços entre dentes. Medidas realizadas quando o espelho está a uma distância $L = 500$ m da roda fornecem o valor de $3,0 \times 10^5$ km/s para a velocidade da luz. (a) Qual é a velocidade angular (constante) da roda? (b) Qual é a velocidade linear de um ponto da borda da roda?

30 M Uma roda de um giroscópio com 2,83 cm de raio é acelerada a partir do repouso a 14,2 rad/s² até atingir uma velocidade angular de 2.760 rev/min. (a) Qual é a aceleração tangencial de um ponto da borda da roda durante o processo de aceleração angular? (b) Qual é a aceleração radial do ponto quando a roda está girando à velocidade máxima? (c) Qual é a distância percorrida por um ponto da borda da roda durante o processo de aceleração angular?

31 M Um disco com 0,25 m de raio deve girar de um ângulo de 800 rad, partindo do repouso, ganhando velocidade angular a uma taxa constante

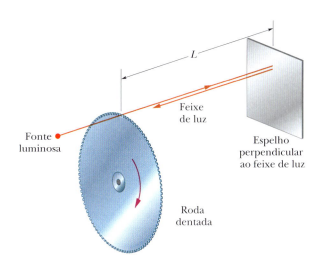

Figura 10.13 Problema 29.

α_1 nos primeiros 400 rad e, em seguida, perdendo velocidade angular a uma taxa constante $-\alpha_1$ até ficar novamente em repouso. O módulo da aceleração centrípeta de qualquer parte do disco não deve exceder 400 m/s². (a) Qual é o menor tempo necessário para o movimento? (b) Qual é o valor correspondente de α_1?

32 M Um carro parte do repouso e passa a se mover em uma pista circular com 30,0 m de raio. A velocidade do carro aumenta a uma taxa constante de 0,500 m/s². (a) Qual é o módulo da aceleração linear *média* do carro após 15,0 s? (b) Que ângulo o vetor aceleração média faz com o vetor velocidade nesse instante?

Módulo 10.4 Energia Cinética de Rotação

33 F Calcule o momento de inércia de uma roda que possui uma energia cinética de 24.400 J quando gira a 602 rev/min.

34 F A Fig. 10.14 mostra a velocidade angular em função do tempo para uma barra fina que gira em torno de uma das extremidades. A escala do eixo ω é definida por $\omega_s = 6,0$ rad/s. (a) Qual é o módulo da aceleração angular da barra? (b) Em $t = 4,0$ s, a barra tem uma energia cinética de 1,60 J. Qual é a energia cinética da barra em $t = 0$?

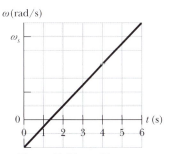

Figura 10.14 Problema 34.

Módulo 10.5 Cálculo do Momento de Inércia

35 F Dois cilindros homogêneos, girando em torno dos respectivos eixos centrais (longitudinais) com uma velocidade angular de 235 rad/s, têm a mesma massa de 1,25 kg e raios diferentes. Qual é a energia cinética de rotação (a) do cilindro menor, de raio 0,25 m, e (b) do cilindro maior, de raio 0,75 m?

36 F A Fig. 10.15a mostra um disco que pode girar em torno de um eixo perpendicular à sua face a uma distância h do centro do disco. A Fig. 10.15b mostra o momento de inércia I do disco em relação ao eixo em função da distância h, do centro até a borda do disco. A escala do eixo I é definida por $I_A = 0,050$ kg · m² e $I_B = 0,150$ kg · m². Qual é a massa do disco?

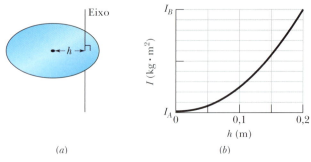

Figura 10.15 Problema 36.

37 F Calcule o momento de inércia de uma régua de um metro, com massa de 0,56 kg, em relação a um eixo perpendicular à régua na marca de 20 cm. (Trate a régua como uma barra fina.)

38 F A Fig. 10.16 mostra três partículas de 0,0100 kg que foram coladas em uma barra de comprimento $L = 6,00$ cm e massa desprezível. O conjunto pode girar em torno de um eixo perpendicular que passa pelo ponto O, situado na extremidade esquerda. Se removemos uma das partículas (ou seja, 33% da massa), de que porcentagem o momento de inércia do conjunto em relação ao eixo de rotação diminui se a partícula removida é (a) a mais próxima do ponto O e (b) a mais distante do ponto O?

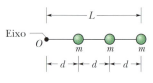

Figura 10.16 Problemas 38 e 62.

39 M Alguns caminhões utilizam a energia armazenada em um volante que um motor elétrico acelera até uma velocidade de 200π rad/s. Suponha que um desses volantes é um cilindro homogêneo com massa de 500 kg e raio de 1,0 m. (a) Qual é a energia cinética do volante quando está girando à velocidade máxima? (b) Se o caminhão desenvolve uma potência média de 8,0 kW, por quantos minutos ele pode operar sem que o volante seja novamente acelerado?

40 M A Fig. 10.17 mostra um arranjo de 15 discos iguais colados para formarem uma barra de comprimento $L = 1,0000$ m e massa total $M = 100,0$ mg. O arranjo pode girar em torno de um eixo perpendicular que passa pelo disco central no ponto O. (a) Qual é o momento de inércia do conjunto em relação a esse eixo? (b) Se considerarmos o arranjo como uma barra aproximadamente homogênea de massa M e comprimento L, que erro percentual estaremos cometendo se usarmos a fórmula da Tabela 10.5.1e para calcular o momento de inércia?

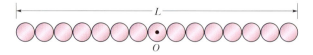

Figura 10.17 Problema 40.

41 M Na Fig. 10.18, duas partículas, ambas de massa $m = 0,85$ kg, estão ligadas uma à outra, e a um eixo de rotação no ponto O, por duas barras finas, ambas de comprimento $d = 5,6$ cm e massa $M = 1,2$ kg. O conjunto gira em torno do eixo de rotação com velocidade angular $\omega = 0,30$ rad/s. Determine (a) o momento de inércia do conjunto em relação ao ponto O e (b) a energia cinética do conjunto.

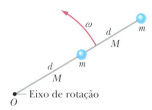

Figura 10.18 Problema 41.

42 M As massas e coordenadas de quatro partículas são as seguintes: 50 g, $x = 2,0$ cm, $y = 2,0$ cm; 25 g, $x = 0$, $y = 4,0$ cm; 25 g, $x = -3,0$ cm, $y = -3,0$ cm; 30 g, $x = -2,0$ cm, $y = 4,0$ cm. Qual é o momento de inércia do conjunto em relação (a) ao eixo x, (b) ao eixo y e (c) ao eixo z? (d) Suponha que as respostas de (a) e (b) sejam A e B, respectivamente. Nesse caso, qual é a resposta de (c) em termos de A e B?

43 M O bloco homogêneo da Fig. 10.19 tem massa 0,172 kg e lados $a = 3,5$ cm, $b = 8,4$ cm e $c = 1,4$ cm. Calcule o momento de inércia do bloco em relação a um eixo que passa por um canto e é perpendicular às faces maiores.

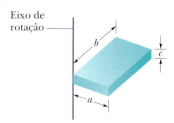

Figura 10.19 Problema 43.

44 M Quatro partículas iguais, de massa 0,50 kg cada uma, são colocadas nos vértices de um quadrado de 2,0 m × 2,0 m e mantidas nessa posição por quatro barras, de massa desprezível, que formam os lados do quadrado. Determine o momento de inércia desse corpo rígido em relação a um eixo (a) que está no plano do quadrado e passa pelos pontos médios de dois lados opostos, (b) que passa pelo ponto médio de um dos lados e é perpendicular ao plano do quadrado e (c) que está no plano do quadrado e passa por duas partículas diagonalmente opostas.

Módulo 10.6 Torque

45 F O corpo da Fig. 10.20 pode girar em torno de um eixo perpendicular ao papel passando por O e está submetido a duas forças, como mostra a figura. Se $r_1 = 1,30$ m, $r_2 = 2,15$ m, $F_1 = 4,20$ N, $F_2 = 4,90$ N, $\theta_1 = 75,0°$ e $\theta_2 = 60,0°$, qual é o torque resultante em relação ao eixo?

Figura 10.20 Problema 45.

46 F O corpo da Fig. 10.21 pode girar em torno de um eixo que passa por O e é perpendicular ao papel e está submetido a três forças: $F_A = 10$ N no ponto A, a 8,0 m de O; $F_B = 16$ N em B, a 4,0 m de O; e $F_C = 19$ N em C, a 3,0 m de O. Qual é o torque resultante em relação a O?

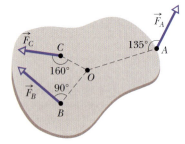

Figura 10.21 Problema 46.

47 F Uma pequena bola, de massa 0,75 kg, está presa a uma das extremidades de uma barra, de 1,25 m de comprimento e massa desprezível. A outra extremidade da barra está pendurada em um eixo. Qual é o módulo do torque exercido pela força gravitacional em relação ao eixo quando o pêndulo assim formado faz um ângulo de 30° com a vertical?

48 F O comprimento do braço do pedal de uma bicicleta é 0,152 m, e uma força de 111 N é aplicada ao pedal pelo ciclista. Qual é o módulo do torque em relação ao eixo do braço do pedal quando o braço faz um ângulo de (a) 30°, (b) 90° e (c) 180° com a vertical?

Módulo 10.7 Segunda Lei de Newton para Rotações

49 F No início de um salto de trampolim, a velocidade angular de uma mergulhadora em relação a um eixo que passa pelo seu centro de massa varia de zero a 6,20 rad/s em 220 ms. O momento de inércia em relação ao mesmo eixo é 12,0 kg · m². Qual é o módulo (a) da aceleração angular média da mergulhadora e (b) do torque externo médio exercido pelo trampolim sobre a mergulhadora no início do salto?

50 F Se um torque de 32,0 N · m exercido sobre uma roda produz uma aceleração angular de 25,0 rad/s², qual é o momento de inércia da roda?

51 M Na Fig. 10.22, o bloco 1 tem massa $m_1 = 460$ g, o bloco 2 tem massa $m_2 = 500$ g, e a polia, que está montada em um eixo horizontal com atrito desprezível, tem raio $R = 5,00$ cm. Quando o sistema é liberado a partir do repouso, o bloco 2 cai 75,0 cm em 5,00 s sem que a corda deslize na borda da polia. (a) Qual é o módulo da aceleração dos blocos? Qual é o valor (b) da tração T_2 e (c) da tração T_1? (d) Qual é o módulo da aceleração angular da polia? (e) Qual é o momento de inércia da polia?

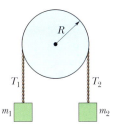

Figura 10.22
Problemas 51 e 83.

52 M Na Fig. 10.23, um cilindro com massa de 2,0 kg pode girar em torno do eixo central, que passa pelo ponto O. As forças mostradas têm os seguintes módulos: $F_1 = 6,0$ N, $F_2 = 4,0$ N, $F_3 = 2,0$ N e $F_4 = 5,0$ N. As distâncias radiais são $r = 5,0$ cm e $R = 12$ cm. Determine (a) o módulo e (b) a orientação da aceleração angular do cilindro. (Durante a rotação, as forças mantêm os mesmos ângulos em relação ao cilindro.)

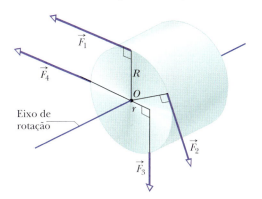

Figura 10.23 Problema 52.

53 M A Fig. 10.24 mostra um disco homogêneo que pode girar em torno do centro como um carrossel. O disco tem um raio de 2,00 cm e uma massa de 20,0 gramas e está inicialmente em repouso. A partir do instante $t = 0$, duas forças devem ser aplicadas tangencialmente à borda do disco, como mostrado na figura, para que, no instante $t = 1,25$ s, o disco tenha uma velocidade angular de 250 rad/s, no sentido anti-horário. A força $\vec{F}_1$ tem um módulo de 0,100 N. Qual é o módulo de $\vec{F}_2$?

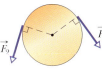

Figura 10.24
Problema 53.

54 M BIO CVF Em uma rasteira do judô, você tira o apoio do pé esquerdo do adversário e, ao mesmo tempo, puxa o quimono dele para o mesmo lado. Em consequência, o lutador gira em torno do pé direito e cai no tatame. A Fig. 10.25 mostra um diagrama simplificado do lutador, já com o pé esquerdo fora do chão. O eixo de rotação passa pelo ponto O. A força gravitacional $\vec{F}_g$ age sobre o centro de massa do lutador, que está a uma distância horizontal $d = 28$ cm do ponto O. A massa do lutador é de 70 kg, e o momento de inércia em relação ao ponto

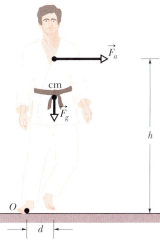

Figura 10.25 Problema 54.

O é 65 kg · m². Qual é o módulo da aceleração angular inicial do lutador em relação ao ponto O se o puxão $\vec{F}_a$ que você aplica ao quimono (a) é desprezível e (b) é horizontal, com um módulo de 300 N e aplicado a uma altura $h = 1,4$ m?

55 M Na Fig. 10.26a, uma placa de plástico de forma irregular, de espessura e massa específica (massa por unidade de volume) uniformes, gira em torno de um eixo perpendicular à face da placa passando pelo ponto O. O momento de inércia da placa em torno desse eixo é medido utilizando o seguinte método: Um disco circular, de massa 0,500 kg e raio 2,00 cm, é colado na placa, com o centro coincidindo com O (Fig. 10.26b). Um barbante é enrolado na borda do disco, como se o disco fosse um pião, e puxado durante 5,00 s. Em consequência, o disco e a placa são submetidos a uma força constante de 0,400 N, aplicada pelo barbante tangencialmente à borda do disco. A velocidade angular resultante é 114 rad/s. Qual é o momento de inércia da placa em relação ao eixo?

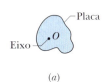

Figura 10.26
Problema 55.

56 M A Fig. 10.27 mostra as partículas 1 e 2, ambas de massa m, presas às extremidades de uma barra rígida, de massa desprezível e comprimento $L_1 + L_2$, com $L_1 = 20$ cm e $L_2 = 80$ cm. A barra é mantida horizontalmente no fulcro até ser liberada. Qual é o módulo da aceleração inicial (a) da partícula 1 e (b) da partícula 2?

Figura 10.27 Problema 56.

57 D CALC Uma polia, com um momento de inércia de $1,0 \times 10^{-3}$ kg·m² em relação ao eixo e um raio de 10 cm, é submetida a uma força aplicada tangencialmente à borda. O módulo da força varia no tempo de acordo com a equação $F = 0,50t + 0,30t^2$, com F em newtons e t em segundos. A polia está inicialmente em repouso. (a) Qual é a aceleração angular e (b) qual é a velocidade angular da polia no instante $t = 3,0$ s?

Módulo 10.8 Trabalho e Energia Cinética de Rotação

58 F Um disco uniforme de massa M e raio R está montado em um eixo horizontal fixo. Um bloco de massa m está pendurado em uma corda de massa desprezível que está enrolada na borda do disco. (a) Se $R = 12$ cm, $M = 400$ g e $m = 50$ g, determine a velocidade do bloco após ter descido 50 cm a partir do repouso. Resolva o problema usando a lei de conservação da energia. (b) Repita o item (a) para $R = 5,0$ cm.

59 F O virabrequim de um automóvel transfere energia do motor para o eixo a uma taxa de 100 hp (= 74,6 kW) quando gira a 1.800 rev/min. Qual é o torque (em newtons-metros) exercido pelo virabrequim?

60 F Uma barra fina, de 0,75 m de comprimento e 0,42 kg de massa, está suspensa por uma das extremidades. A barra é puxada para o lado e liberada para oscilar como um pêndulo, passando pela posição mais baixa com uma velocidade angular de 4,0 rad/s. Desprezando o atrito e a resistência do ar, determine (a) a energia cinética da barra na posição mais baixa e (b) a altura que o centro de massa atinge acima dessa posição.

61 F Uma roda de 32,0 kg, que pode ser considerada um aro fino com 1,20 m de raio, está girando a 280 rev/min. A roda precisa ser parada em 15,0 s. (a) Qual é o trabalho necessário para fazê-la parar? (b) Qual é a potência média necessária?

62 M Na Fig. 10.16, três partículas de 0,0100 kg foram coladas em uma barra, de comprimento $L = 6,00$ cm e massa desprezível, que pode girar em torno de um eixo perpendicular que passa pelo ponto O em uma das extremidades. Determine o trabalho necessário para mudar a velocidade angular (a) de 0 para 20,0 rad/s, (b) de 20,0 rad/s para 40,0 rad/s e (c) de 40,0 rad/s para 60,0 rad/s. (d) Qual é a inclinação da curva da energia cinética do conjunto (em joules) em função do quadrado da velocidade angular (em radianos quadrados por segundo ao quadrado)?

63 Uma régua de um metro é mantida verticalmente com uma das extremidades apoiada no solo e depois liberada. Determine a velocidade da outra extremidade pouco antes de tocar o solo, supondo que a extremidade de apoio não escorrega. (*Sugestão*: Considere a régua uma barra fina e use a lei de conservação da energia.)

64 Um cilindro homogêneo com 10 cm de raio e 20 kg de massa está montado de modo a poder girar livremente em torno de um eixo horizontal paralelo ao eixo central longitudinal do cilindro e situado a 5,0 cm do eixo. (a) Qual é o momento de inércia do cilindro em relação ao eixo de rotação? (b) Se o cilindro é liberado a partir do repouso com o eixo central longitudinal na mesma altura que o eixo em torno do qual pode girar, qual é a velocidade angular do cilindro ao passar pelo ponto mais baixo da trajetória?

65 Uma chaminé cilíndrica cai quando a base sofre um abalo. Trate a chaminé como uma barra fina, com 55,0 m de comprimento. No instante em que a chaminé faz um ângulo de 35,0° com a vertical durante a queda, (a) qual é a aceleração radial do topo e (b) qual é a aceleração tangencial do topo? (*Sugestão*: Use considerações de energia e não de torque.) (c) Para que ângulo θ a aceleração tangencial é igual a g?

66 Uma casca esférica homogênea, de massa $M = 4,5$ kg e raio $R = 8,5$ cm, pode girar em torno de um eixo vertical sem atrito (Fig. 10.28). Uma corda, de massa desprezível, está enrolada no equador da casca, passa por uma polia de momento de inércia $I = 3,0 \times 10^{-3}$ kg · m² e raio $r = 5,0$ cm e está presa a um pequeno objeto de massa $m = 0,60$ kg. Não há atrito no eixo da polia, e a corda não escorrega na casca nem na polia. Qual é a velocidade do objeto depois de cair 82 cm após ter sido liberado a partir do repouso? Use considerações de energia.

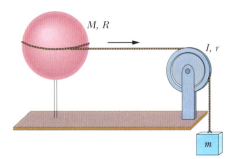

Figura 10.28 Problema 66.

67 A Fig. 10.29 mostra um corpo rígido formado por um aro fino (de massa m e raio $R = 0,150$ m) e uma barra fina radial (de massa m e comprimento $L = 2,00R$). O conjunto está na vertical, mas, se recebe um pequeno empurrão, começa a girar em torno de um eixo horizontal no plano do aro e da barra, que passa pela extremidade inferior da barra. Desprezando a energia fornecida ao sistema pelo pequeno empurrão, qual é a velocidade angular do conjunto ao passar pela posição invertida (de cabeça para baixo)?

Figura 10.29 Problema 67.

Problemas Adicionais

68 Duas esferas homogêneas, maciças, têm a mesma massa de 1,65 kg, mas o raio de uma é 0,226 m e o da outra é 0,854 m. Ambas podem girar em torno de um eixo que passa pelo centro. (a) Qual é o módulo τ do torque necessário para levar a esfera menor do repouso a uma velocidade angular de 317 rad/s em 15,5 s? (b) Qual é o módulo F da força que deve ser aplicada tangencialmente ao equador da esfera para produzir esse torque? Qual é o valor correspondente de (c) τ e (d) F para a esfera maior?

69 Na Fig. 10.30, um pequeno disco, de raio $r = 2,00$ cm, foi colado na borda de um disco maior, de raio $R = 4,00$ cm, com os discos no mesmo plano. Os discos podem girar em torno de um eixo perpendicular que passa pelo ponto O, situado no centro do disco maior. Os discos têm uma massa específica (massa por unidade de volume) uniforme de $1,40 \times 10^3$ kg/m³ e uma espessura, também uniforme, de 5,00 mm. Qual é o momento de inércia do conjunto dos dois discos em relação ao eixo de rotação que passa por O?

Figura 10.30 Problema 69.

70 Uma roda partiu do repouso com uma aceleração angular constante de 2,00 rad/s². Durante certo intervalo de 3,00 s, a roda descreve um ângulo de 90,0 rad. (a) Qual era a velocidade angular da roda no início do intervalo de 3,00 s? (b) Por quanto tempo a roda girou antes do início do intervalo de 3,00 s?

71 Na Fig. 10.31, dois blocos de 6,20 kg estão ligados por uma corda, de massa desprezível, que passa por uma polia de 2,40 cm de raio e momento de inércia $7,40 \times 10^{-4}$ kg · m². A corda não escorrega na polia; não se sabe se existe atrito entre a mesa e o bloco que escorrega; não há atrito no eixo da polia. Quando o sistema é liberado a partir do repouso, a polia gira de 0,130 rad em 91,0 ms e a aceleração dos blocos é constante. Determine (a) o módulo da aceleração angular da polia, (b) o módulo da aceleração de cada bloco, (c) a tração T_1 da corda e (d) a tração T_2 da corda.

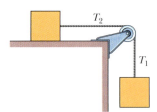

Figura 10.31 Problema 71.

72 Nas duas extremidades de uma fina barra de aço com 1,20 m de comprimento e 6,40 kg de massa existem pequenas bolas, de massa 1,06 kg. A barra pode girar em um plano horizontal em torno de um eixo vertical que passa pelo ponto médio da barra. Em certo instante, a barra está girando a 39,0 rev/s. Devido ao atrito, a barra desacelera até parar, 32,0 s depois. Supondo que o torque produzido pelo atrito é constante, calcule (a) a aceleração angular, (b) o torque produzido pelo atrito, (c) a energia transferida de energia mecânica para energia térmica pelo atrito e (d) o número de revoluções executadas pela barra nesses 32,0 s. (e) Suponha que o torque produzido pelo atrito não é constante. Se alguma das grandezas calculadas nos itens (a), (b), (c) e (d) ainda puder ser calculada sem nenhuma informação adicional, forneça o seu valor.

73 Uma pá do rotor de um helicóptero é homogênea, tem 7,80 m de comprimento, uma massa de 110 kg e está presa ao eixo do rotor por um único parafuso. (a) Qual é o módulo da força exercida pelo eixo sobre o parafuso quando o rotor está girando a 320 rev/min? (*Sugestão*: Para este cálculo, a pá pode ser considerada uma massa pontual localizada no centro de massa. Por quê?) (b) Calcule o módulo do torque que deve ser aplicado ao rotor para que atinja a velocidade angular do item anterior, a partir do repouso, em 6,70 s. Ignore a resistência do ar. (A lâmina não pode ser considerada uma massa pontual para este cálculo. Por quê? Suponha que a distribuição de massa é a de uma barra fina homogênea.) (c) Qual é o trabalho realizado pelo torque sobre a pá para que esta atinja a velocidade angular de 320 rev/min?

74 *Corrida de discos.* A Fig. 10.32 mostra dois discos que podem girar em torno do centro como um carrossel. No instante $t = 0$, as retas de referência dos dois discos têm a mesma orientação; o disco A já está girando com uma velocidade angular constante de 9,5 rad/s, e o disco B parte do repouso com uma aceleração angular constante de 2,2 rad/s². (a) Em que instante t as duas retas de referência têm o mesmo deslocamento angular θ? (b) Esse é o primeiro instante t, desde $t = 0$, no qual as duas retas de referência estão alinhadas?

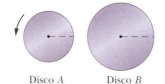

Figura 10.32 Problema 74.

75 BIO CVF Um equilibrista sempre procura manter seu centro de massa verticalmente acima do arame (ou corda). Para isso, ele carrega muitas vezes uma vara comprida. Quando se inclina, digamos, para a direita (deslocando o centro de massa para a direita) e corre o risco de girar em torno do arame, ele movimenta a vara para a esquerda, o que desloca o centro de massa para a esquerda e diminui a velocidade de rotação, proporcionando-lhe mais tempo para recuperar o equilíbrio. Suponha que o equilibrista tem massa de 70,0 kg e momento de inércia de 15,0 kg · m² em relação ao arame. Qual é o módulo da aceleração angular em relação ao arame se o centro de massa do equilibrista está 5,0 cm à direita do arame, e (a) o equilibrista não carrega uma vara, e (b) a vara de 14,0 kg que ele carrega é movimentada de tal forma que o centro de massa do equilibrista fica 10 cm à esquerda do arame?

76 Uma roda começa a girar a partir do repouso em $t = 0$ com aceleração angular constante. No instante $t = 2,0$ s, a velocidade angular da roda é 5,0 rad/s. A aceleração cessa abruptamente no instante $t = 20$ s. De que ângulo gira a roda no intervalo de $t = 0$ a $t = 40$ s?

77 Um prato de toca-discos, que está girando a 33 1/3 rev/min, diminui gradualmente de velocidade e para, 30 s depois que o motor é desligado. (a) Determine a aceleração angular do prato (suposta constante) em revoluções por minuto ao quadrado. (b) Quantas revoluções o prato executa até parar?

78 Um corpo rígido é formado por três barras finas iguais, de comprimento $L = 0,600$ m, unidas na forma da letra **H** (Fig. 10.33). O corpo pode girar livremente em torno de um eixo horizontal que coincide com uma das pernas do **H**. O corpo é liberado a partir do repouso em uma posição na qual o plano do **H** está na horizontal. Qual é a velocidade angular do corpo quando o plano do **H** está na vertical?

Figura 10.33 Problema 78.

79 (a) Mostre que o momento de inércia de um cilindro maciço de massa M e raio R em relação ao eixo central é igual ao momento de inércia de um aro fino de massa M e raio $R/\sqrt{2}$ em relação ao eixo central. (b) Mostre que o momento de inércia I de um corpo qualquer de massa M em relação a qualquer eixo é igual ao momento de inércia de um *aro equivalente* em torno do mesmo eixo com a mesma massa M e um raio k dado por

$$k = \sqrt{\frac{I}{M}}.$$

O raio k do aro equivalente é chamado *raio de giração* do corpo.

80 Um disco gira, com aceleração angular constante, da posição angular $\theta_1 = 10,0$ rad até a posição angular $\theta_2 = 70,0$ rad em 6,00 s. A velocidade angular em θ_2 é 15,0 rad/s. (a) Qual era a velocidade angular em θ_1? (b) Qual é a aceleração angular? (c) Em que posição angular o disco estava inicialmente em repouso? (d) Plote θ em função de t e a velocidade angular ω do disco em função de t, a partir do início do movimento ($t = 0$).

81 A barra fina e homogênea da Fig. 10.34 tem 2,0 m de comprimento e pode girar, sem atrito, em torno de um pino horizontal que passa por uma das extremidades. A barra é liberada a partir do repouso e de um ângulo $\theta = 40°$ acima da horizontal. Use a lei de conservação da energia para determinar a velocidade angular da barra ao passar pela posição horizontal.

Figura 10.34 Problema 81.

82 CVF George Washington Gale Ferris, Jr., um engenheiro civil formado pelo Instituto Politécnico Rensselaer, construiu a primeira roda-gigante para a Exposição Mundial Colombiana de 1893, em Chicago. A roda, uma impressionante obra da engenharia para a época, movimentava 36 cabinas de madeira, cada uma com capacidade para 60 passageiros, ao longo de uma circunferência com 76 m de diâmetro. As cabinas eram carregadas 6 de cada vez; quando as 36 cabinas estavam ocupadas, a roda executava uma revolução completa, com velocidade angular constante, em cerca de 2 min. Estime o trabalho que a máquina precisava realizar apenas para mover os passageiros.

83 Na Fig. 10.22, dois blocos, de massas $m_1 = 400$ g e $m_2 = 600$ g, estão ligados por uma corda, de massa desprezível, que está enrolada na borda de um disco homogêneo, de massa $M = 500$ g e raio $R = 12,0$ cm. O disco pode girar sem atrito em torno de um eixo horizontal que passa pelo centro; a corda não desliza na borda do disco. O sistema é liberado a partir do repouso. Determine (a) o módulo da aceleração dos blocos, (b) a tração T_1 da corda da esquerda e (c) a tração T_2 da corda da direita.

84 *Segunda lei de Newton para rotações.* A Fig. 10.35 mostra um disco uniforme de massa $M = 2,5$ kg e raio $R = 20$ cm, montado em um eixo horizontal fixo. Um bloco de massa $m = 1,2$ kg está pendurado em uma corda de massa desprezível que está enrolada na borda do disco. Determine (a) a aceleração do bloco, (b) a força de tração exercida pela corda e (c) a aceleração angular do disco. A corda não escorrega e o atrito do eixo é desprezível. 10.8

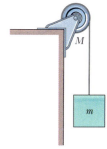

Figura 10.35 Problema 84.

85 *Velocidade de rotação da Terra, no passado e hoje em dia.* Estudando os anéis diários de crescimento da casca de uma espécie extinta de molusco, que viveu há 70 milhões de anos, os cientistas concluíram que o dia naquela época tinha 23,5 horas. (a) Qual é a velocidade angular atual ω da Terra, em radianos por hora? (b) Qual era a velocidade angular da Terra há 70 milhões de anos? (c) Quantos dias naquela época tinha o ano, o tempo que a Terra leva para fazer uma revolução completa em torno do Sol?

86 BIO CALC *Inserção de um parafuso em um osso.* Um método cada vez mais comum de estabilizar um osso quebrado consiste em introduzir um parafuso no osso usando uma chave de fenda cirúrgica automatizada. Enquanto o parafuso está sendo introduzido no osso, a equipe médica monitora o torque aplicado ao parafuso. O objetivo é introduzir o parafuso até que a cabeça do parafuso encontre o osso e depois girá-lo um pouco mais para apertar seus filetes contra os filetes que o parafuso abriu no osso. O perigo está em apertar demais o parafuso, o que pode destruir (*espanar*) os filetes do osso. A Fig. 10.36 mostra um gráfico idealizado do módulo τ do torque em função do ângulo de rotação θ do parafuso até o ponto em que os filetes do osso são destruídos. Inicialmente, enquanto o parafuso penetra no osso, o torque necessário aumenta até atingir um curto platô para $\tau_{\text{plotô}} = 0,10$ N · m, que é observado quando a cabeça do parafuso atinge o osso. A seguir, o torque aumenta rapidamente enquanto o parafuso é apertado. A equipe médica gostaria de parar perto do torque máximo, $\tau_{máx} = 1,7$ N·m, antes de entrar na região de falha. É possível prever o valor do torque máximo a partir do torque no platô e do trabalho realizado pela chave de fenda. (a) Qual é a razão entre o torque máximo e o torque no platô? (b) Qual é o trabalho realizado do lado esquerdo do gráfico até o pico?

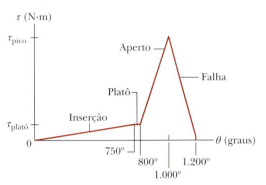

Figura 10.36 Problema 86.

87 *Pulsares*. Quando uma estrela com uma massa pelo menos 10 vezes maior que a do Sol explode, tornando-se uma supernova, a parte que resta da estrela pode se contrair e se converter em um pulsar, uma estrela giratória que emite radiação eletromagnética (ondas de rádio ou de luz) em dois feixes estreitos em direções opostas. Quando um dos feixes passa pela Terra durante a rotação, podemos observar pulsos de radiação a intervalos regulares, um para cada revolução. (a) O primeiro pulsar foi descoberto por Jocelyn Bell Burnell e Antony Hewish em 1967: a distância entre os pulsos desse pulsar é de 1,3373 s. Qual é a velocidade angular do pulsar em revoluções por segundo? (b) Até o momento, o pulsar mais rápido que se conhece tem uma velocidade angular de 716 rev/s. Qual é distância entre os pulsos em milissegundos?

88 *A mais veloz estrela giratória*. A estrela VFTS102, na Grande Nuvem de Magalhães (uma galáxia satélite da Via Láctea), está girando tão depressa que excede as expectativas convencionais. A estrela tem uma massa 25 vezes maior que a do Sol e se for considerada uma esfera sólida giratória, a superfície no equador está se movendo a uma velocidade de $2,0 \times 10^6$ km/h. Para calcular o raio da estrela, suponha que ela tem a mesma massa específica que o Sol. Determine (a) o raio, (b) o período de rotação e (c) o módulo da aceleração centrípeta de uma região da superfície equatorial da estrela.

89 *Rotação de uma barra*. A Fig. 10.37 mostra uma barra uniforme de 2,0 kg com 3,0 m de comprimento. A barra pode girar livremente em torno de um eixo horizontal perpendicular que passa por um ponto situado a 1,0 m de distância de uma das suas extremidades. Ela é liberada a partir do repouso na posição horizontal. (a) Qual é a aceleração angular da barra nesse instante? (b) Se a massa da barra fosse maior, a aceleração angular aumentaria, diminuiria ou continuaria a mesma?

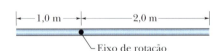

Figura 10.37 Problema 89.

90 **BIO** *Balé de ponta*. Quando uma bailarina fica na ponta dos pés, seu peso é sustentado apenas pelas pontas dos dedos, que são mantidos juntos por uma sapatilha especial (Fig. 10.38a). O centro de massa da bailarina deve estar verticalmente acima dos dedos dos pés, mas essa posição é difícil de manter. Para verificar como a altura da bailarina afeta o equilíbrio, considere-a como uma barra uniforme de comprimento L apoiada em uma das extremidades (Fig. 10.38b). (a) Qual é a aceleração angular α em torno do ponto de apoio se a barra apresenta um pequeno desvio θ em relação à vertical? (b) Para um dado ângulo de desvio, α é maior ou menor para uma bailarina mais alta? (A bailarina mais alta tem mais ou menos tempo para corrigir o desequilíbrio?)

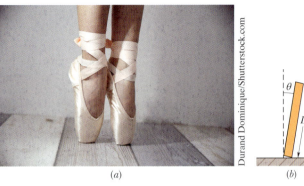

Figura 10.38 Problema 90.

91 *Diferentes eixos de rotação*. Cinco partículas, posicionadas no plano xy de acordo com a tabela a seguir, são ligadas por barras rígidas de massa desprezível para formar um corpo. Qual é o momento de inércia do corpo em relação (a) ao eixo x, (b) ao eixo y e (c) ao eixo z? (d) Quais são as coordenadas do centro de massa do corpo?

Partícula	1	2	3	4	5
Massa (g)	500	400	300	600	450
x (cm)	15	−13	17	−4,0	−5,0
y (cm)	20	13	−6,0	−7,0	9,0

92 **BIO** *A inclinação de Michael Jackson*. No vídeo musical "Smooth Criminal", Michael Jackson firmou os pés no palco e se inclinou rigidamente para a frente até fazer um ângulo de 45° com a horizontal, aparentemente desafiando a força da gravidade, já que seu centro de massa estava bem longe do ponto de apoio (Fig.10.39a). O segredo estava nos sapatos patenteados por Jackson: cada calcanhar tinha uma ranhura em forma de cunha que encaixava em um prego instalado no piso. Com os calcanhares sustentados pela cabeça dos pregos, ele podia se inclinar para a frente sem cair. O eixo de rotação passava pela cabeça do prego, que estava verticalmente abaixo do tornozelo. A posição exigia uma força extraordinária nas pernas, particularmente no tendão de Aquiles, que liga o músculo da panturrilha (situado a uma distância $d = 40$ cm do tornozelo) ao calcanhar (Fig. 10.39b). O tendão de Aquiles faz um ângulo $\phi = 5,0°$ com o osso da perna e fazia o mesmo ângulo com o corpo estendido de Jackson. A massa m de Jackson era 60 kg, sua altura h era 1,75 m e seu centro de massa estava a uma distância de $0,56h$ do calcanhar. Qual era a força de tração T exercida sobre o tendão de Aquiles quando o corpo de Michel Jackson fazia um ângulo de 45° com o piso?

93 *Efeito estroboscópico*. Um disco que gira no sentido horário com uma velocidade angular de 10π rad/s é iluminado por uma luz estroboscópica. A luz revela uma pequena mancha preta na borda do disco. No primeiro clarão, a mancha está na posição de 12:00 (por analogia com o mostrador de um relógio). Em que lugares a mancha aparece nos cinco clarões seguintes se o intervalo entre os clarões for de (a) 0,20 s, (b) 0,050 s e (c) 40 ms?

94 *Controle de uma rotatória*. A Fig. 10.40 mostra uma vista do alto de uma rotatória de uma única pista cujo acesso é controlado por computador. O carro 1 é liberado para entrar na rotatória pelo ponto de acesso A no instante $t = 0$. Ele acelera até o limite de velocidade de 50 km/h com uma aceleração $a = 3,0$ m/s² enquanto trafega na rotatória

e passa pelo ponto de acesso *B* onde o carro 2 espera a sua vez. O raio *R* da rotatória circular é 45 m, o ângulo entre os pontos de acesso *A* e *B* é 120° e os dois carros têm um comprimento *L* = 4,5 m. O acesso do carro 2 é autorizado quando a extremidade traseira do carro 1 está a uma distância 2*L* após o ponto de acesso *B*. Em que instante *t* o carro 2 é liberado para entrar na rotatória?

95 **BIO** *Pegada*. No projeto de cabos (como os de ferramentas manuais e elétricas) e corrimãos, é preciso levar em consideração a pegada e possível escorregamento da mão. Se a mão de uma pessoa segura um cabo cilíndrico com 30 mm de diâmetro com uma força normal de 150 N, qual é o máximo torque que a pessoa é capaz de aplicar se o coeficiente de atrito estático for 0,25?

96 **BIO** *Trabalho para mover uma cadeira de rodas*. Uma cadeira de rodas manual (não motorizada) é movimentada em uma superfície plana quando a pessoa impulsiona para a frente a roda de propulsão (Fig. 10.41). Suponha que a roda de propulsão tem um diâmetro *D* de 0,55 m, que cada impulso do cadeirante faz a roda girar um ângulo $\Delta\theta$ = 88°, que a força tangencial média $F_{méd}$ de cada impulso é 39 N, que o tempo de duração Δt de cada impulso é 0,38 s e que a frequência *f* dos impulsos é 53 impulsos por minuto. Qual é o trabalho que o cadeirante realiza (a) em cada impulso e (b) em 3,0 min? Qual é a potência média desenvolvida pelo cadeirante (c) em cada impulso e (d) em 3,0 min?

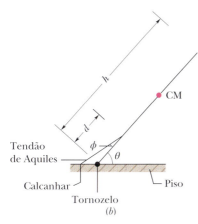

Figura 10.39 Problema 92.

Figura 10.41 Problema 96.

97 *Moeda em um prato giratório*. Uma moeda é colocada a uma distância *R* do centro de um prato giratório. O coeficiente de atrito estático é μ_s. A velocidade angular do prato giratório é aumentada lentamente. Quando ela atinge o valor ω_0, a moeda está na iminência de escorregar. Expresse ω_0 em termos de μ_s, *R* e *g*.

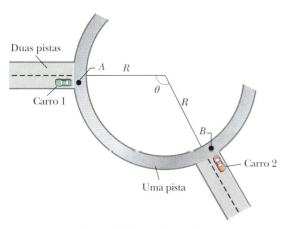

Figura 10.40 Problema 94.

CAPÍTULO 11
Rolagem, Torque e Momento Angular

11.1 ROLAGEM COMO UMA COMBINAÇÃO DE TRANSLAÇÃO E ROTAÇÃO

Objetivos do Aprendizado

Depois de ler este módulo, você será capaz de ...

11.1.1 Saber que uma rotação suave pode ser considerada uma combinação de translação pura e rotação pura.

11.1.2 Conhecer a relação entre a velocidade do centro de massa e a velocidade angular de um objeto que está rolando suavemente.

Ideias-Chave

● Se uma roda de raio R está rolando suavemente,
$$v_{CM} = \omega R,$$
em que v_{CM} é a velocidade linear do centro de massa da roda e ω é a velocidade angular da roda em relação ao centro.

● Também é possível imaginar que a roda gira, a cada instante, em torno do ponto P da "estrada" que está em contato com a roda. A velocidade angular da roda em relação a esse ponto é igual à velocidade da roda em relação ao centro.

O que É Física?

Como vimos no Capítulo 10, um dos objetivos da física é o estudo das rotações. Entre as aplicações desse estudo, a mais importante é talvez a análise da rolagem de rodas e objetos que se comportam como rodas. Essa aplicação da física vem sendo usada há muito tempo. Assim, por exemplo, quando os habitantes pré-históricos da Ilha da Páscoa moveram gigantescas estátuas de pedra de uma pedreira para outros lugares da ilha, eles as arrastaram sobre toras, que funcionaram como roletes. Mais tarde, quando os americanos colonizaram o oeste no século XIX, transportaram seus pertences primeiro em carroças e depois em vagões de trem. Hoje em dia, gostemos ou não, o mundo está repleto de carros, caminhões, motocicletas, bicicletas e outros veículos sobre rodas.

A física e a engenharia do transporte sobre rodas são tão antigas que alguém poderia pensar que nada de novo resta para ser criado. Entretanto, as pranchas de skate e os patins in-line foram inventados e lançados recentemente no mercado e se tornaram um grande sucesso. O Onewheel (Fig. 11.1.1), o Dual-Wheel Hovercycle e o Boardless Skateboard são as novidades mais recentes. As aplicações da física da rolagem ainda podem reservar muitas surpresas e recompensas. Nosso ponto de partida para estudar essa parte da física será simplificar o movimento de rolagem.

Rolagem como uma Combinação de Translação e Rotação

No momento, vamos considerar apenas objetos que *rolam suavemente* em uma superfície, ou seja, que rolam sem escorregar ou quicar na superfície. A Fig. 11.1.2 mostra como o movimento de rolagem suave pode ser complicado: embora o centro do objeto se mova em uma linha reta paralela à superfície, um ponto da borda certamente não o faz. Entretanto, podemos estudar o movimento de rolagem suave tratando-o como uma combinação de translação do centro de massa e rotação do resto do objeto em torno do centro de massa.

Para compreender como isso é possível, imagine que você está parado em uma calçada observando a roda de bicicleta da Fig. 11.1.3 passar na rua. Como mostra a figura, você vê o centro de massa O da roda se mover com velocidade constante v_{CM}.

Figura 11.1.1 O Onewheel.

Figura 11.1.2 Fotografia de longa exposição de um disco rolando. Pequenas lâmpadas foram presas ao disco, uma no centro e outra na borda. A segunda descreve uma curva chamada *cicloide*.

11.1

O ponto *P* em que a roda faz contato com o piso também se move para a frente com velocidade v_{CM}, de modo que *P* permanece sempre diretamente abaixo de *O*.

Durante um intervalo de tempo *t*, você observa os pontos *O* e *P* se deslocarem de uma distância *s*. O ciclista vê a roda girar de um ângulo θ em torno do eixo, com o ponto que estava tocando a rua no início do intervalo descrevendo um arco de comprimento *s*. A Eq. 10.3.1 relaciona o comprimento do arco, *s*, ao ângulo de rotação, θ:

$$s = \theta R, \tag{11.1.1}$$

em que *R* é o raio da roda. A velocidade linear v_{CM} do centro da roda (o centro de massa dessa roda homogênea) é ds/dt. A velocidade angular ω da roda é $d\theta/dt$. Derivando a Eq. 11.1.1 em relação ao tempo (com *R* constante), obtemos

$$v_{CM} = \omega R \quad \text{(rolagem suave)}. \tag{11.1.2}$$

Uma Combinação de Movimentos. A Fig. 11.1.4 mostra que o movimento de rolagem de uma roda é a combinação de um movimento puro de translação e um movimento puro de rotação. A Fig. 11.1.4a mostra o movimento puro de rotação (como se o eixo de rotação estivesse estacionário): Todos os pontos da roda giram em torno do centro com velocidade angular ω. (Esse é o tipo de movimento que discutimos no Capítulo 10.) Todos os pontos da periferia da roda têm uma velocidade linear escalar v_{CM} dada pela Eq. 11.1.2. A Fig. 11.1.4b mostra o movimento puro de translação (como se a roda não estivesse rodando): Todos os pontos da roda se movem para a direita com velocidade escalar $\vec{v}_{CM}$.

A combinação dos movimentos representados nas Figs. 11.1.4a e 11.1.4b é a rolagem da roda, representada na Fig. 11.1.4c. Observe que, nessa combinação de movimentos, a velocidade escalar da extremidade inferior da roda (ponto *P*) é zero e a velocidade escalar da extremidade superior (ponto *T*) é $2v_{CM}$, maior que em qualquer outro ponto da roda. Esses resultados são confirmados na Fig. 11.1.5, que é uma fotografia de longa exposição de uma roda de bicicleta em movimento. O fato de que os raios da roda estão mais nítidos na parte de baixo do que na parte de cima mostra que a roda está se movendo mais devagar na parte de baixo do que na parte de cima.

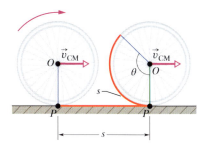

Figura 11.1.3 O centro de massa *O* de uma roda percorre uma distância *s* com velocidade $\vec{v}_{CM}$ enquanto a roda gira de um ângulo θ. O ponto *P* de contato entre a roda e a superfície na qual está rolando também percorre uma distância *s*.

11.2

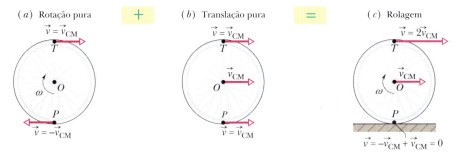

Figura 11.1.4 Movimento de rolagem de uma roda como a combinação de um movimento de rotação pura e um movimento de translação pura. (*a*) Movimento de rotação pura: todos os pontos da roda se movem com a mesma velocidade angular ω, e todos os pontos da borda se movem com a mesma velocidade linear escalar $v = v_{CM}$. São mostradas as velocidades lineares $\vec{v}$ de dois desses pontos, na borda de cima (*T*) e na borda de baixo (*P*) da roda. (*b*) Movimento de translação pura: todos os pontos da roda se movem para a direita com a mesma velocidade linear $\vec{v}_{CM}$. (*c*) O movimento de rolagem da roda é uma combinação de (*a*) e (*b*).

Figura 11.1.5 Fotografia de uma roda de bicicleta em movimento. Os raios de baixo estão mais nítidos que os raios de cima porque estão se movendo mais devagar, como mostra a Fig. 11.1.4c.

O movimento de qualquer corpo redondo rolando suavemente em uma superfície pode ser separado em movimentos puros de rotação e translação, como nas Figs. 11.1.4a e 11.1.4b.

Rolagem como uma Rotação Pura

A Fig. 11.1.6 sugere outra forma de descrever o movimento de rolagem de uma roda: como uma rotação pura em torno de um eixo que sempre passa pelo ponto de contato entre a roda e a superfície na qual a roda está rolando. Consideramos o movimento de rolagem como uma rotação pura em torno de um eixo que passa pelo ponto P da Fig. 11.1.4c e é perpendicular ao plano do papel. Os vetores da Fig. 11.1.6 mostram a velocidade instantânea de alguns pontos da roda.

Pergunta: Que velocidade angular em torno desse novo eixo um observador estacionário atribuiria a uma roda de bicicleta?

Resposta: A mesma velocidade angular ω que o ciclista atribui à roda quando a observa em movimento de rotação pura em torno de um eixo passando pelo centro de massa.

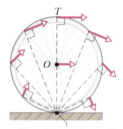

Eixo de rotação em P

Figura 11.1.6 A rolagem pode ser vista como uma rotação pura, com velocidade angular ω, em torno de um eixo que sempre passa por P. Os vetores mostram as velocidades lineares instantâneas de alguns pontos da roda. Esses vetores podem ser obtidos combinando os movimentos de translação e rotação, como mostrado na Fig. 11.1.4.

Para mostrar que essa resposta está correta, vamos usá-la para calcular a velocidade linear da extremidade superior da roda, do ponto de vista de um observador estacionário. Chamando de R o raio da roda, a extremidade superior está a uma distância 2R do eixo que passa pelo ponto P na Fig. 11.1.6, de modo que, de acordo com a Eq. 11.1.2, a velocidade linear da extremidade superior é

$$v_{sup} = (\omega)(2R) = 2(\omega R) = 2v_{CM},$$

em perfeita concordância com a Fig. 11.1.4c. O leitor pode verificar que a concordância também é observada para os pontos O e P da Fig. 11.1.4c.

Teste 11.1.1

A roda traseira da bicicleta de um palhaço tem um raio duas vezes maior que a roda dianteira. (a) A velocidade linear da extremidade superior da roda traseira é maior, menor ou igual à velocidade linear da extremidade superior da roda dianteira quando a bicicleta está em movimento? (b) A velocidade angular da roda traseira é maior, menor ou igual à velocidade angular da roda dianteira?

11.2 AS FORÇAS E A ENERGIA CINÉTICA DA ROLAGEM

Objetivos do Aprendizado

Depois de ler este módulo, você será capaz de ...

11.2.1 Calcular a energia cinética de um objeto em rolagem suave como a soma da energia cinética de translação do centro de massa com a energia cinética de rotação em torno do centro de massa.

11.2.2 Conhecer a relação entre o trabalho realizado sobre um objeto em rolagem suave e a variação da energia cinética do objeto.

11.2.3 Usar a lei de conservação da energia mecânica para relacionar a energia inicial de um objeto em rolagem suave à energia do mesmo objeto em um instante posterior.

11.2.4 Desenhar o diagrama de corpo livre de um objeto em rolagem suave que está se movendo em uma superfície horizontal ou inclinada sob a ação de uma ou mais forças.

11.2.5 Conhecer a relação entre a aceleração do centro de massa e a aceleração angular de um objeto em rolagem suave.

11.2.6 No caso de um objeto em rolagem suave que está se movendo em uma rampa, conhecer a relação entre a aceleração do objeto, o momento de inércia do objeto e o ângulo da rampa.

Ideias-Chave

● A energia cinética de uma roda que está rolando suavemente é dada por

$$K = \tfrac{1}{2}I_{CM}\omega^2 + \tfrac{1}{2}Mv_{CM}^2,$$

em que I_{CM} é o momento de inércia da roda em relação ao centro de massa e M é a massa da roda.

● A relação entre a aceleração do centro de massa $\vec{a}_{CM}$ e a aceleração angular α de uma roda que está rolando suavemente é dada por

$$a_{CM} = \alpha R.$$

● A componente em relação a um eixo x paralelo à rampa da aceleração de uma roda que está rolando suavemente para baixo em uma rampa de ângulo θ é dada por

$$a_{CM,x} = -\frac{g\,\mathrm{sen}\,\theta}{1 + I_{CM}/MR^2}.$$

Energia Cinética da Rolagem

Vamos agora calcular a energia cinética de uma roda em rolagem do ponto de vista de um observador estacionário. Quando encaramos a rolagem como uma rotação pura em torno de um eixo que passa pelo ponto P da Fig. 11.1.6, a Eq. 10.4.4 nos dá

$$K = \tfrac{1}{2}I_P\omega^2, \qquad (11.2.1)$$

em que ω é a velocidade angular da roda e I_P é o momento de inércia da roda em relação a um eixo passando por P. De acordo com o teorema dos eixos paralelos da Eq. 10.5.2 ($I = I_{CM} + Mh^2$), temos:

$$I_P = I_{CM} + MR^2, \qquad (11.2.2)$$

em que M é a massa da roda, I_{CM} é o momento de inércia da roda em relação a um eixo passando pelo centro de massa e R (o raio da roda) é a distância perpendicular h entre os eixos. Substituindo a Eq. 11.2.2 na Eq. 11.2.1, obtemos

$$K = \tfrac{1}{2}I_{CM}\omega^2 + \tfrac{1}{2}MR^2\omega^2,$$

e usando a relação $v_{CM} = \omega R$ (Eq. 11.1.2), temos

$$K = \tfrac{1}{2}I_{CM}\omega^2 + \tfrac{1}{2}Mv_{CM}^2. \qquad (11.2.3)$$

Podemos interpretar o termo $\tfrac{1}{2}I_{CM}\omega^2$ como a energia cinética associada à rotação da roda em torno de um eixo que passa pelo centro de massa (Fig. 11.1.4a), e o termo $\tfrac{1}{2}Mv_{CM}^2$ como a energia cinética associada ao movimento de translação do centro de massa da roda (Fig. 11.1.4b). Assim, temos a seguinte regra:

> Um objeto em rolagem possui dois tipos de energia cinética: uma energia cinética de rotação ($\tfrac{1}{2}I_{CM}\omega^2$) associada à rotação em torno do centro de massa e uma energia cinética de translação ($\tfrac{1}{2}Mv_{CM}^2$) associada à translação do centro de massa.

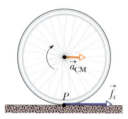

Figura 11.2.1 Uma roda rola horizontalmente sem deslizar enquanto acelera com uma aceleração linear $\vec{a}_{CM}$. A força de atrito estático $\vec{f}_s$ age sobre a roda em P, impedindo o deslizamento.

As Forças da Rolagem

Atrito e Rolagem

Uma roda que rola com velocidade constante, como na Fig. 11.1.3, não tende a deslizar no ponto de contato P e, portanto, não está sujeita a uma força de atrito. Entretanto, se uma força age sobre a roda para aumentar ou diminuir a velocidade, essa força produz uma aceleração $\vec{a}_{CM}$ do centro de massa na direção do movimento. A força também faz com que a roda gire mais depressa ou mais devagar, o que significa que ela produz uma aceleração angular α. Essa aceleração tende a fazer a roda deslizar no ponto P. Assim, uma força de atrito passa a agir sobre a roda no ponto P para se opor a essa tendência.

Se a roda *não desliza*, a força é a força de atrito *estático* $\vec{f}_s$ e o movimento é de rolagem suave. Nesse caso, podemos relacionar a aceleração linear $\vec{a}_{CM}$ à aceleração angular α derivando a Eq. 11.1.2 em relação ao tempo (com R constante). No lado esquerdo, dv_{CM}/dt é igual a a_{CM}; no lado direito, $d\omega/dt$ é igual a α. Assim, no caso de uma rolagem suave, temos:

$$a_{CM} = \alpha R \quad \text{(rolagem suave)}. \quad (11.2.4)$$

Se a roda *desliza* quando a força é aplicada, a força de atrito no ponto P da roda da Fig. 11.1.3 é a força de atrito *cinético* $\vec{f}_k$. Nesse caso, o movimento não é de rolagem suave e a Eq. 11.2.4 não se aplica. Neste capítulo, vamos discutir apenas movimentos de rolagem suave.

A Fig. 11.2.1 mostra um exemplo no qual uma roda está sendo acelerada enquanto rola para a direita ao longo de uma superfície plana, como acontece com a roda de uma bicicleta no início de uma corrida. O aumento da velocidade de rotação tende a fazer a parte inferior da roda deslizar para a esquerda no ponto P. Uma força de atrito em P, dirigida para a direita, se opõe à tendência de deslizamento. Se a roda não desliza, a força de atrito é a força de atrito estático $\vec{f}_s$ (como na Fig. 11.2.1), o movimento é de rolagem suave e a Eq. 11.2.4 pode ser empregada. (Se não fosse o atrito, as corridas de bicicleta seriam estacionárias e muito enfadonhas.)

Se a velocidade de rotação da roda na Fig. 11.2.1 estivesse diminuindo, como no caso de uma bicicleta sendo freada, a figura teria que sofrer duas modificações: o sentido da aceleração do centro de massa $\vec{a}_{CM}$ e o sentido da força de atrito $\vec{f}_s$ no ponto P passariam a ser para a esquerda.

Rolagem para Baixo em uma Rampa 11.3

A Fig. 11.2.2 mostra um corpo redondo, homogêneo, de massa M e raio R, rolando suavemente para baixo ao longo de um eixo x em uma rampa inclinada, de ângulo θ.

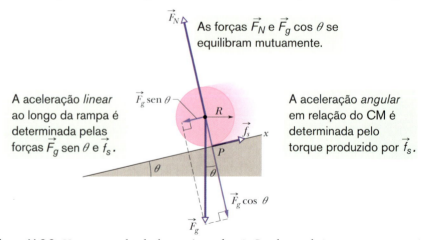

Figura 11.2.2 Um corpo redondo, homogêneo, de raio R, rola para baixo em uma rampa. As forças que agem sobre o corpo são a força gravitacional $\vec{F}_g$, a força normal $\vec{F}_N$ e a força de atrito estático $\vec{f}_s$. (Para maior clareza, o vetor $\vec{F}_N$ foi deslocado ao longo da linha de ação até a origem coincidir com o centro do corpo.)

ROLAGEM, TORQUE E MOMENTO ANGULAR 307

Queremos obter uma expressão para a aceleração do corpo $a_{CM,x}$ ao longo da rampa. Para isso, usamos as versões linear ($F_{res} = Ma$) e angular ($\tau_{res} = I\alpha$) da segunda lei de Newton.

Para começar, desenhamos as forças que agem sobre o corpo, como mostra a Fig. 11.2.2:

1. A força gravitacional $\vec{F}_g$ que atua sobre o corpo aponta para baixo. A origem do vetor está no centro de massa do corpo. A componente paralela à rampa é F_g sen θ, que é igual a Mg sen θ.

2. A força normal $\vec{F}_N$ é perpendicular à rampa e atua no ponto de contato P, mas, na Fig. 11.2.2, o vetor foi deslocado ao longo da linha de ação até que a origem ficasse no centro de massa do corpo.

3. A força de atrito estático $\vec{f}_s$ atua no ponto de contato P e está dirigida para cima, paralelamente à rampa. (Você percebe por quê? Caso o corpo deslizasse no ponto P, o movimento seria *para baixo*, paralelamente à rampa. Assim, a força de atrito que se opõe ao deslizamento deve apontar *para cima*, paralelamente à rampa.)

Podemos escrever a segunda lei de Newton para as componentes em relação ao eixo x da Fig. 11.2.2 ($F_{res,x} = Ma_x$) como

$$f_s - Mg \text{ sen } \theta = Ma_{CM,x}. \tag{11.2.5}$$

A Eq. 11.2.5 tem duas incógnitas, f_s e $a_{CM,x}$. (*Não podemos* dizer que o valor de f_s corresponde ao valor máximo, $f_{s,máx}$. Tudo que sabemos é que o valor de f_s é suficiente para que o corpo role suavemente para baixo na rampa, sem deslizar.)

Agora podemos usar a forma angular da segunda lei de Newton para descrever a rotação do corpo em torno de um eixo horizontal passando pelo centro de massa. Para começar, usamos a Eq. 10.6.3 ($\tau = r_\perp F$) para calcular os torques a que o corpo está submetido. A força de atrito $\vec{f}_s$ possui um braço de alavanca R e, portanto, produz um torque Rf_s que é positivo, já que tende a fazer o corpo girar no sentido anti-horário da Fig. 11.2.2. As forças $\vec{F}_g$ e $\vec{F}_N$ possuem braço de alavanca nulo em relação ao centro de massa e, portanto, produzem torque nulo. Assim, podemos escrever a forma angular da segunda lei de Newton ($\tau_{res} = I\alpha$) em relação a um eixo horizontal passando pelo centro de massa como

$$Rf_s = I_{CM}\alpha. \tag{11.2.6}$$

A Eq. 11.2.6 tem duas incógnitas, f_s e α.

Como o corpo está rolando suavemente, podemos usar a Eq. 11.2.4 ($a_{CM} = \alpha R$) para relacionar as incógnitas $a_{CM,x}$ e α. Entretanto, devemos ter cuidado, pois, nesse caso, $a_{CM,x}$ é negativa (aponta no sentido negativo do eixo x) e α é positiva (aponta no sentido anti-horário). Assim, devemos fazer $\alpha = -a_{CM,x}/R$ na Eq. 11.2.6. Explicitando f_s, obtemos

$$f_s = -I_{CM}\frac{a_{CM,x}}{R^2}. \tag{11.2.7}$$

Substituindo f_s na Eq. 11.2.7 pelo lado direito da Eq. 11.2.5, obtemos:

$$a_{CM,x} = -\frac{g \text{ sen } \theta}{1 + I_{CM}/MR^2}. \tag{11.2.8}$$

Podemos usar a Eq. 11.2.8 para calcular a aceleração linear $a_{CM,x}$ de qualquer corpo que rola suavemente em um plano inclinado cujo ângulo com a horizontal é θ.

Note que a força gravitacional faz o corpo descer a rampa, mas é a força de atrito estático que faz o corpo rolar. Se eliminarmos o atrito (passando graxa na rampa, por exemplo) ou se Mg sen $\theta > f_{s,máx}$, em vez de rolar suavemente, o corpo passará a deslizar para baixo na rampa.

Teste 11.2.1

Os discos A e B são iguais e rolam inicialmente em um piso horizontal com a mesma velocidade. O disco A sobe uma rampa com atrito e atinge uma altura máxima h; o disco B sobe uma rampa igual à primeira, mas sem atrito. A altura máxima atingida pelo disco B é maior, menor ou igual a h?

Exemplo 11.2.1 Bola que desce uma rampa ▶ 11.1

Uma bola homogênea, de massa $M = 6,00$ kg e raio R, rola suavemente, a partir do repouso, descendo uma rampa inclinada de ângulo $\theta = 30,0°$ (Fig. 11.2.2).

(a) A bola desce uma distância vertical $h = 1,20$ m para chegar à base da rampa. Qual é a velocidade da bola ao chegar à base da rampa?

IDEIAS-CHAVE

A energia mecânica E do sistema bola-Terra é conservada quando a bola rola rampa abaixo. Isso acontece porque a única força que realiza trabalho sobre a bola é a força gravitacional, que é uma força conservativa. A força normal exercida pela rampa sobre a bola não realiza trabalho porque é perpendicular à trajetória da bola. A força de atrito exercida pela rampa sobre a bola não transforma energia em energia térmica porque a bola não desliza (a bola *rola suavemente*).

Sendo assim, podemos escrever a lei de conservação da energia mecânica ($E_f = E_i$) na forma

$$K_f + U_f = K_i + U_i, \qquad (11.2.9)$$

em que os índices f e i se referem aos valores final (na base da rampa) e inicial (no alto da rampa), respectivamente. A energia potencial gravitacional é, inicialmente, $U_i = Mgh$ (em que M é a massa da bola). Na situação final, $U_f = 0$. A energia cinética é, inicialmente, $K_i = 0$. Para calcular a energia cinética final K_f, precisamos de uma ideia adicional: Como a bola rola, a energia cinética envolve translação *e* rotação, de modo que devemos incluir as duas formas de energia cinética usando o lado direito da Eq. 11.2.3.

Cálculos: Substituindo todas essas expressões na Eq. 11.2.9, obtemos

$$\left(\tfrac{1}{2}I_{CM}\omega^2 + \tfrac{1}{2}Mv_{CM}^2\right) + 0 = 0 + Mgh, \quad (11.2.10)$$

em que I_{CM} é o momento de inércia da bola em relação a um eixo que passa pelo centro de massa, v_{CM} é a velocidade pedida na base da rampa e ω é a velocidade angular na base da rampa.

Como a bola rola suavemente, podemos usar a Eq. 11.1.2 para substituir ω por v_{CM}/R e reduzir o número de incógnitas da

Eq. 11.2.10. Fazendo isso, substituindo I_{CM} por $\tfrac{2}{5}MR^2$ (de acordo com a Tabela 10.5.1*f*) e explicitando v_{CM}, obtemos

$$v_{CM} = \sqrt{\left(\tfrac{10}{7}\right)gh} = \sqrt{\left(\tfrac{10}{7}\right)(9,8 \text{ m/s}^2)(1,20 \text{ m})}$$

$$= 4,10 \text{ m/s}. \qquad \text{(Resposta)}$$

Note que a resposta não depende de M ou de R.

(b) Quais são o módulo e a orientação da força de atrito que age sobre a bola quando a bola desce a rampa rolando suavemente?

IDEIA-CHAVE

Como a bola rola suavemente, a força de atrito que age sobre a bola é dada pela Eq. 11.2.7.

Cálculos: Para usar a Eq. 11.2.7, precisamos conhecer a aceleração da bola, $a_{CM,x}$, que pode ser calculada com o auxílio da Eq. 11.2.8:

$$a_{CM,x} = -\frac{g \operatorname{sen} \theta}{1 + I_{CM}/MR^2} = -\frac{g \operatorname{sen} \theta}{1 + \tfrac{2}{5}MR^2/MR^2}$$

$$= -\frac{(9,8 \text{ m/s}^2) \operatorname{sen} 30,0°}{1 + \tfrac{2}{5}} = -3,50 \text{ m/s}^2.$$

Note que não precisamos conhecer a massa M e o raio R da bola para calcular $a_{CM,x}$. Isso significa que uma bola de qualquer tamanho e qualquer massa (contanto que a distribuição de massa seja uniforme) tem a mesma aceleração para baixo em uma rampa com uma inclinação de 30,0°, desde que role suavemente.

Podemos agora resolver a Eq. 11.2.7 para obter o valor do módulo da força de atrito:

$$f_s = -I_{CM}\frac{a_{CM,x}}{R^2} = -\tfrac{2}{5}MR^2\frac{a_{CM,x}}{R^2} = -\tfrac{2}{5}Ma_{CM,x}$$

$$= -\tfrac{2}{5}(6,00 \text{ kg})(-3,50 \text{ m/s}^2) = 8,40 \text{ N}. \qquad \text{(Resposta)}$$

Note que precisamos da massa M, mas não do raio R. Isso significa que a força de atrito exercida sobre qualquer bola de 6,00 kg que rolar suavemente em uma rampa de 30,0° será de 8,40 N, independentemente do raio da bola.

11.3 O IOIÔ

Objetivos do Aprendizado

Depois de ler este módulo, você será capaz de ...

11.3.1 Desenhar o diagrama de corpo livre de um ioiô em movimento.

11.3.2 Saber que o ioiô é um objeto que rola suavemente para cima e para baixo em uma rampa com uma inclinação de 90°.

11.3.3 Conhecer a relação entre a aceleração e o momento de inércia de um ioiô.

11.3.4 Calcular a tração da corda que sustenta um ioiô em movimento.

Ideia-Chave

● Um ioiô pode ser considerado como uma roda que rola suavemente para cima e para baixo em uma rampa com uma inclinação de $\theta = 90°$.

O ioiô 11.4

O ioiô é um laboratório de física que cabe no bolso. Se um ioiô desce rolando uma distância *h* ao longo da corda, ele perde uma quantidade de energia potencial igual a *mgh*, mas ganha energia cinética tanto na forma de translação ($\frac{1}{2}Mv_{CM}^2$) como de rotação ($\frac{1}{2}I_{CM}\omega^2$). Quando volta a subir, perde energia cinética e readquire energia potencial.

Nos ioiôs modernos, a corda não está presa no eixo, mas forma uma laçada em torno do eixo. Quando o ioiô "bate" na extremidade inferior da corda, uma força dirigida para cima, exercida pela corda sobre o eixo, interrompe a descida. O ioiô passa a girar, com o eixo enlaçado pela corda, apenas com energia cinética rotacional. O ioiô se mantém girando ("adormecido") até ser "despertado" por um puxão na corda, que a faz se enrolar no eixo; consequentemente, o ioiô volta a subir. A energia cinética rotacional do ioiô na extremidade inferior da corda (e, portanto, o tempo de "sono") pode ser consideravelmente aumentada arremessando o ioiô para baixo para que comece a descer a corda com velocidade linear inicial v_{CM} e velocidade angular ω em vez de rolar para baixo a partir do repouso.

Para obter uma expressão para a aceleração linear a_{CM} de um ioiô que rola para baixo em uma corda, podemos usar a segunda lei de Newton, como fizemos para o corpo que rolava para baixo na rampa da Fig. 11.2.2. A análise é a mesma, exceto pelo seguinte:

1. Em vez de descer rolando em uma rampa que faz um ângulo θ com a horizontal, o ioiô desce por uma corda que faz um ângulo $\theta = 90°$ com a horizontal.

2. Em vez de rolar na superfície externa de raio *R*, o ioiô rola em torno de um eixo de raio R_0 (Fig. 11.3.1*a*).

3. Em vez de ser freado pela força de atrito $\vec{f}_s$, o ioiô é freado pela força de tração $\vec{T}$ que a corda exerce sobre ele (Fig. 11.3.1*b*).

A análise do movimento nos levaria novamente à Eq. 11.2.8. Assim, vamos apenas mudar a notação da Eq. 11.2.8 e fazer $\theta = 90°$ para escrever a aceleração linear como

$$a_{CM} = -\frac{g}{1 + I_{CM}/MR_0^2}, \quad (11.3.1)$$

em que I_{CM} é o momento de inércia do ioiô em relação a um eixo passando pelo centro e *M* é a massa. Um ioiô possui a mesma aceleração para baixo quando está subindo de volta.

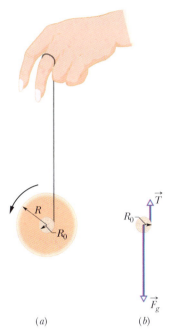

Figura 11.3.1 (*a*) Ioiô visto de lado. A corda, considerada de espessura desprezível, está enrolada em um eixo de raio R_0. (*b*) Diagrama de corpo livre do ioiô durante a descida. Apenas o eixo é mostrado.

Teste 11.3.1
Se aumentamos o momento de inércia de um ioiô sem mudar o raio do eixo, a aceleração do ioiô aumenta, diminui ou permanece a mesma?

11.4 REVISÃO DO TORQUE

Objetivos do Aprendizado

Depois de ler este módulo, você será capaz de ...

11.4.1 Saber que o torque é uma grandeza vetorial.

11.4.2 Saber que o ponto em relação ao qual o torque é calculado deve sempre ser especificado.

11.4.3 Determinar o torque produzido por uma força sobre uma partícula calculando o produto vetorial do vetor posição da partícula pelo vetor que representa a força.

11.4.4 Usar a regra da mão direita para determinar a orientação de um torque.

Ideias-Chave

- Em três dimensões, o torque $\vec{\tau}$ uma grandeza vetorial definida em relação a um ponto fixo (em geral, a origem de um sistema de coordenadas) por meio da equação

$$\vec{\tau} = \vec{r} \times \vec{F},$$

em que $\vec{F}$ é uma força aplicada a uma partícula e $\vec{r}$ é o vetor posição da partícula em relação ao ponto fixo.

- O módulo de $\vec{\tau}$ é dado por

$$\tau = rF \operatorname{sen} \phi = rF_\perp = r_\perp F,$$

em que ϕ é o ângulo entre $\vec{F}$ e $\vec{r}$, $F_\perp$ é a componente de $\vec{F}$ perpendicular a $\vec{r}$ e $r_\perp$ é o braço de alavanca de $\vec{F}$.

- A orientação de $\vec{\tau}$ é dada pela regra da mão direita para produtos vetoriais.

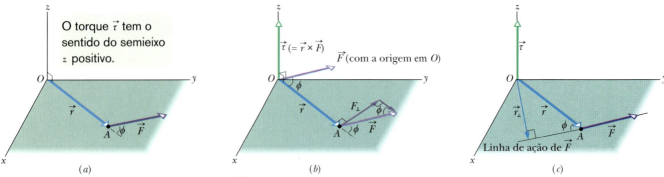

Figura 11.4.1 Definição do torque. (*a*) Uma força $\vec{F}$, no plano *xy*, age sobre uma partícula situada no ponto *A*. (*b*) A força produz um torque $\vec{\tau}$ $(= \vec{r} \times \vec{F})$ sobre a partícula em relação à origem *O*. De acordo com a regra da mão direita para o produto vetorial, o vetor torque aponta no sentido positivo do eixo *z*. O módulo do vetor é dado por $rF_\perp$ em (*b*) e por $r_\perp F$ em (*c*).

Revisão do Torque 11.5

No Capítulo 10, definimos o torque τ de um corpo rígido capaz de girar em torno de um eixo fixo, com todas as partículas do corpo forçadas a se mover em trajetórias circulares com centro nesse eixo. Agora, vamos ampliar a definição de torque para aplicá-la a uma partícula que se move em uma trajetória qualquer em relação a um *ponto* fixo (em vez de um eixo fixo). A trajetória não precisa mais ser circular, e devemos escrever o torque como um vetor $\vec{\tau}$ que pode ter qualquer orientação. Podemos calcular o módulo desse vetor usando uma expressão matemática e determinar a orientação desse vetor usando a regra da mão direita para produtos vetoriais.

A Fig. 11.4.1*a* mostra uma partícula no ponto *A* de um plano *xy*. Uma única força $\vec{F}$ nesse plano age sobre a partícula, e a posição da partícula em relação à origem *O* é dada pelo vetor posição $\vec{r}$. O torque $\vec{\tau}$ que age sobre a partícula em relação ao ponto fixo *O* é uma grandeza vetorial definida por

$$\vec{\tau} = \vec{r} \times \vec{F} \quad \text{(definição de torque)}. \tag{11.4.1}$$

Podemos calcular o produto vetorial envolvido na definição de $\vec{\tau}$ usando as regras do produto vetorial que aparecem no Módulo 3.3. Para determinar a orientação de $\vec{\tau}$, deslocamos o vetor $\vec{F}$ (sem mudar a orientação) até que a origem do vetor esteja no ponto *O*, o que faz coincidirem as origens dos dois vetores envolvidos no produto vetorial, como na Fig. 11.4.1*b*. Em seguida, usamos a regra da mão direita para os produtos vetoriais da Fig. 3.3.2*a*, envolvendo com os dedos da mão direita o vetor $\vec{r}$ (o primeiro vetor no produto), com as pontas dos dedos apontando para $\vec{F}$ (o segundo vetor). O polegar direito, esticado, mostra a orientação de $\vec{\tau}$. Na Fig. 11.4.1*b*, a orientação de $\vec{\tau}$ é o sentido positivo do eixo *z*.

Para determinar o módulo de $\vec{\tau}$, aplicamos a expressão geral da Eq. 3.3.8 ($c = ab \operatorname{sen} \phi$), que nos dá

$$\tau = rF \operatorname{sen} \phi, \tag{11.4.2}$$

em que ϕ é o menor dos ângulos entre $\vec{r}$ e $\vec{F}$ quando as origens dos vetores coincidem. De acordo com a Fig. 11.4.1*b*, a Eq. 11.4.2 pode ser escrita na forma

$$\tau = rF_\perp, \tag{11.4.3}$$

em que $F_\perp$ ($= F \operatorname{sen} \phi$) é a componente de $\vec{F}$ perpendicular a $\vec{r}$. De acordo com a Fig. 11.4.1*c*, a Eq. 11.4.2 também pode ser escrita na forma

$$\tau = r_\perp F, \tag{11.4.4}$$

em que $r_\perp$ ($= r \operatorname{sen} \phi$) é o braço de alavanca de $\vec{F}$ (a distância perpendicular entre o ponto *O* e a linha de ação de $\vec{F}$).

> **Teste 11.4.1**
>
> O vetor posição $\vec{r}$ de uma partícula aponta no sentido positivo de um eixo *z*. Se o torque a que a partícula está submetida (a) é zero, (b) aponta no sentido negativo de *x*, e (c) aponta no sentido negativo de *y*, qual é a orientação da força responsável pelo torque?

Exemplo 11.4.1 Torque exercido por uma força sobre uma partícula 11.2 11.1

Na Fig. 11.4.2a, três forças, todas de módulo 2,0 N, agem sobre uma partícula. A partícula está no plano *xy*, em um ponto *A*, dado por um vetor posição $\vec{r}$ tal que $r = 3{,}0$ m e $\theta = 30°$. Qual é o torque, em relação à origem *O*, produzido por cada uma das três forças?

IDEIA-CHAVE

Como os três vetores das forças não estão no mesmo plano, não podemos calcular os torques como no Capítulo 10. Em vez disso, devemos usar produtos vetoriais, com módulos dados pela Eq. 11.4.2 ($\tau = rF\,\text{sen}\,\phi$) e orientações dadas pela regra da mão direita para produtos vetoriais.

Cálculos: Como estamos interessados em calcular os torques em relação à origem *O*, o vetor $\vec{r}$ usado para calcular os produtos vetoriais é o próprio vetor posição que aparece no enunciado do problema. Para determinar o ângulo ϕ entre a orientação de $\vec{r}$ e a orientação de cada força, deslocamos os vetores força da Fig. 11.4.2a, um de cada vez, para que a origem coincida com o ponto *O*. As Figs. 11.4.2b, c e d, que são vistas diretas do plano *xz*, mostram os vetores força deslocados $\vec{F}_1$, $\vec{F}_2$ e $\vec{F}_3$, respectivamente. (Observe como isso torna muito mais fácil visualizar os ângulos.) Na Fig. 11.4.2d, o ângulo entre as orientações de $\vec{r}$ e $\vec{F}_3$ é 90° e o símbolo ⊗ significa que o sentido de $\vec{F}_3$ é para dentro do papel. (Se o sentido da força fosse para fora do papel, ela seria representada pelo símbolo ⊙.)

Aplicando a Eq. 11.4.2 a cada força, obtemos os módulos dos torques:

$\tau_1 = rF_1 \,\text{sen}\,\phi_1 = (3{,}0\text{ m})(2{,}0\text{ N})(\text{sen}\,150°) = 3{,}0\text{ N}\cdot\text{m},$

$\tau_2 = rF_2 \,\text{sen}\,\phi_2 = (3{,}0\text{ m})(2{,}0\text{ N})(\text{sen}\,120°) = 5{,}2\text{ N}\cdot\text{m},$

e

$\tau_3 = rF_3 \,\text{sen}\,\phi_3 = (3{,}0\text{ m})(2{,}0\text{ N})(\text{sen}\,90°)$
$= 6{,}0\text{ N}\cdot\text{m}.$ (Resposta)

Para determinar a orientação desses torques, usamos a regra da mão direita, posicionando os dedos da mão direita em volta de $\vec{r}$ de modo a que apontem para $\vec{F}$ na direção do *menor* dos ângulos entre os dois vetores. O polegar aponta na direção do torque. Assim, $\vec{\tau}_1$ aponta para dentro do papel na Fig. 11.4.2b; $\vec{\tau}_2$ aponta para fora do papel na Fig. 11.4.2c; $\vec{\tau}_3$ tem a orientação mostrada na Fig. 11.4.2d. Os três vetores torque são mostrados na Fig. 11.4.2e.

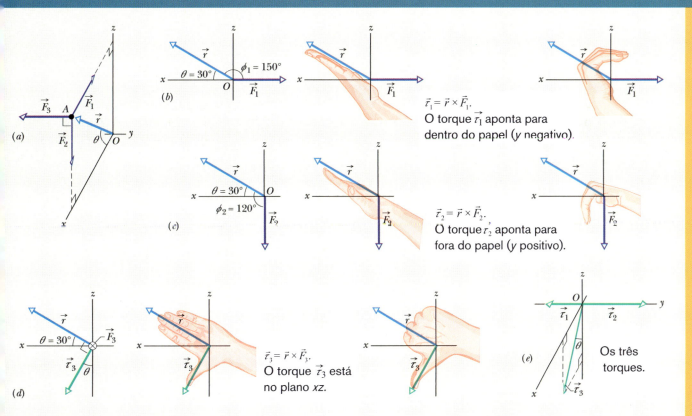

Figura 11.4.2 (*a*) Uma partícula no ponto *A* sofre a ação de três forças, cada uma paralela a um dos eixos de coordenadas. O ângulo ϕ (usado para determinar o torque) é mostrado (*b*) para $\vec{F}_1$ e (*c*) para $\vec{F}_2$. (*d*) O torque $\vec{\tau}_3$ é perpendicular tanto a $\vec{r}$ como a $\vec{F}_3$ (a força $\vec{F}_3$ aponta para dentro do papel). (*e*) Os torques (em relação à origem *O*) que agem sobre a partícula.

11.5 MOMENTO ANGULAR

Objetivos do Aprendizado

Depois de ler este módulo, você será capaz de ...

11.5.1 Saber que o momento angular é uma grandeza vetorial.

11.5.2 Saber que o ponto fixo em relação ao qual o momento angular é calculado deve sempre ser especificado.

11.5.3 Determinar o momento angular de uma partícula calculando o produto vetorial do vetor posição da partícula pelo vetor que representa o momento.

11.5.4 Usar a regra da mão direita para determinar a orientação de um momento angular.

Ideias-Chave

● O momento angular $\vec{\ell}$ de uma partícula de momento linear $\vec{p}$, massa m e velocidade linear $\vec{v}$ é uma grandeza vetorial definida em relação a um ponto fixo (em geral, a origem de um sistema de coordenadas) por meio da equação

$$\vec{\ell} = \vec{r} \times \vec{p} = m(\vec{r} \times \vec{v}).$$

● O módulo de $\vec{\ell}$ é dado por

$$\ell = rmv \, \text{sen} \, \phi$$
$$= rp_\perp = rmv_\perp$$
$$= r_\perp p = r_\perp mv,$$

em que ϕ é o ângulo entre $\vec{r}$ e $\vec{p}$, $p_\perp$ e $v_\perp$ são as componentes de $\vec{p}$ e $\vec{v}$ perpendiculares a $\vec{r}$ e $r_\perp$ é a distância perpendicular entre o ponto fixo e o prolongamento de $\vec{p}$.

● A orientação de $\vec{\ell}$ é dada pela regra da mão direita para produtos vetoriais. Posicione a mão direita para que os dedos estejam na direção de $\vec{r}$ e faça girar os dedos em torno da palma até que estejam na direção de $\vec{p}$. O polegar estendido fornecerá a orientação de $\vec{\ell}$.

Momento Angular

Como vimos em capítulos anteriores, o conceito de momento linear $\vec{p}$ e o princípio de conservação do momento linear são ferramentas extremamente poderosas, que permitem prever, por exemplo, o resultado de uma colisão de dois carros sem conhecer os detalhes da colisão. Vamos iniciar agora a discussão de uma grandeza correspondente a $\vec{p}$ para movimentos de rotação, terminando no Módulo 11.8 com uma lei, para movimentos de rotação, análoga à lei de conservação do momento linear, que pode levar a movimentos espetaculares (quase mágicos) no balé, nos saltos ornamentais, na patinação no gelo, e em muitas outras atividades esportivas.

A Fig. 11.5.1 mostra uma partícula de massa m e momento linear $\vec{p}$ ($= m\vec{v}$) que está passando pelo ponto A de um plano xy. O **momento angular** $\vec{\ell}$ da partícula em relação à origem O é uma grandeza vetorial definida por meio da equação

$$\vec{\ell} = \vec{r} \times \vec{p} = m(\vec{r} \times \vec{v}) \quad \text{(definição de momento angular)}, \quad (11.5.1)$$

em que $\vec{r}$ é o vetor posição da partícula em relação a O. Quando a partícula se move em relação a O na direção do momento linear $\vec{p}$ ($= m\vec{v}$), o vetor posição $\vec{r}$ gira em torno de O. Observe que, para possuir momento angular em relação a O, a partícula *não precisa* estar girando em torno de O. Comparando as Eqs. 11.4.1 e 11.5.1, vemos que a relação entre o momento angular e o momento linear é a mesma que entre o torque e a força. A unidade de momento angular do SI é o quilograma-metro quadrado por segundo (kg · m²/s), que equivale ao joule-segundo (J · s).

Orientação. Para determinar a orientação do vetor momento angular $\vec{\ell}$ na Fig. 11.5.1, deslocamos o vetor $\vec{p}$ até que a origem coincida com o ponto O. Em seguida, usamos a regra da mão direita para produtos vetoriais envolvendo o vetor $\vec{r}$ com os dedos da mão direita apontados para o vetor $\vec{p}$. O dedo polegar esticado mostra que $\vec{\ell}$ aponta no sentido positivo do eixo z da Fig. 11.5.1. O sentido positivo corresponde a uma rotação do vetor posição $\vec{r}$ no sentido anti-horário em torno do eixo z, associada ao movimento da partícula. (O sentido negativo de $\vec{\ell}$ corresponderia a uma rotação de $\vec{r}$ em torno do eixo z no sentido horário.)

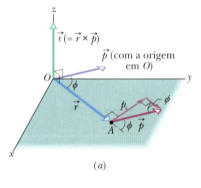

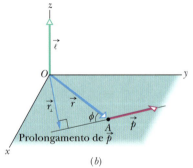

Figura 11.5.1 Definição de momento angular. Uma partícula ao passar pelo ponto A tem momento linear $\vec{p}$ ($= m\vec{v}$), com o vetor $\vec{p}$ no plano xy. A partícula tem momento angular $\vec{\ell}$ ($=\vec{r} \times \vec{p}$) em relação à origem O. Pela regra da mão direita, o vetor momento angular aponta no sentido positivo de z. (a) O módulo de $\vec{\ell}$ é dado por $\ell = rp_\perp = rmv_\perp$. (b) O módulo de $\vec{\ell}$ também é dado por $\ell = r_\perp p = r_\perp mv$.

Módulo. Para determinar o módulo de $\vec{\ell}$, usamos a Eq. 3.3.8 para escrever

$$\ell = rmv \operatorname{sen} \phi, \tag{11.5.2}$$

em que ϕ é o menor ângulo entre $\vec{r}$ e $\vec{p}$ quando os dois vetores têm uma origem comum. De acordo com a Fig. 11.5.1a, a Eq. 11.5.2 pode ser escrita na forma

$$\ell = rp_\perp = rmv_\perp, \tag{11.5.3}$$

em que $p_\perp$ é a componente de $\vec{p}$ perpendicular a $\vec{r}$ e $v_\perp$ é a componente de $\vec{v}$ perpendicular a $\vec{r}$. De acordo com a Fig. 11.5.1b, a Eq. 11.5.2 pode ser escrita na forma

$$\ell = r_\perp p = r_\perp mv, \tag{11.5.4}$$

em que $r_\perp$ é a distância perpendicular entre O e a extensão de $\vec{p}$.

Importante. Note o seguinte: (1) o momento angular tem significado apenas em relação a um ponto dado; (2) o vetor momento angular é sempre perpendicular ao plano formado pelos vetores posição e momento linear, $\vec{r}$ e $\vec{p}$.

Teste 11.5.1

Na parte *a* da figura, as partículas 1 e 2 giram em torno do ponto O em sentidos opostos, em circunferências de 4 m e 2 m de raio, respectivamente. Na parte *b*, as partículas 3 e 4 se movem na mesma direção, em linha reta, a 4 m e 2 m de distância perpendicular do ponto O, respectivamente. A partícula 5 se afasta de O ao longo de uma linha reta que passa por O. As cinco partículas têm a mesma massa e a mesma velocidade constante. (a) Ordene as partículas de acordo com o módulo do momento angular em relação a O, em ordem decrescente. (b) Quais das partículas possuem momento angular negativo em relação a O?

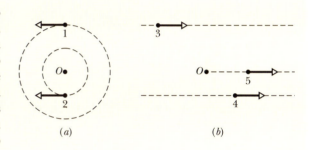

Exemplo 11.5.1 Momento angular de um sistema de duas partículas 11.6 e 11.7

A Fig. 11.5.2 mostra uma vista superior de duas partículas que se movem com velocidade constante ao longo de trajetórias horizontais. A partícula 1, com um momento de módulo $p_1 = 5{,}0$ kg·m/s, tem um vetor posição $\vec{r}_1$ e passará a 2,0 m de distância do ponto O. A partícula 2, com um momento de módulo $p_2 = 2{,}0$ kg·m/s, tem um vetor posição $\vec{r}_2$ e passará a 4,0 m de distância do ponto O. Qual é o módulo e qual é a orientação do momento angular total $\vec{L}$ em relação ao ponto O do sistema formado pelas duas partículas?

IDEIA-CHAVE

Para determinar $\vec{L}$, basta calcular os momentos angulares das duas partículas, $\vec{\ell}_1$ e $\vec{\ell}_2$, e somá-los. Para calcular o módulo dos momentos angulares, podemos usar qualquer das Eqs. 11.5.1 a 11.5.4. Entretanto, a Eq. 11.5.4 é a mais fácil nesse caso, já que conhecemos as distâncias perpendiculares $r_{\perp 1}$ ($= 2{,}0$ m) e $r_{\perp 2}$ ($= 4{,}0$ m) e o módulo dos momentos lineares, p_1 e p_2.

Cálculos: No caso da partícula 1, a Eq. 11.5.4 nos dá

$$\ell_1 = r_{\perp 1} p_1 = (2{,}0 \text{ m})(5{,}0 \text{ kg} \cdot \text{m/s})$$
$$= 10 \text{ kg} \cdot \text{m}^2/\text{s}.$$

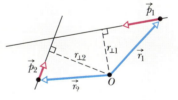

Figura 11.5.2 Duas partículas passam nas proximidades do ponto O.

Para determinar a orientação do vetor $\vec{\ell}_1$, usamos a Eq. 11.5.1 e a regra da mão direita para produtos vetoriais. No caso de $\vec{r}_1 \times \vec{p}_1$, o produto vetorial aponta para fora do papel, perpendicularmente ao plano da Fig. 11.5.2. Este é o sentido positivo, já que o vetor posição $\vec{r}_1$ da partícula gira no sentido anti-horário em relação a O quando a partícula 1 se move. Assim, o vetor momento angular da partícula 1 é

$$\ell_1 = +10 \text{ kg} \cdot \text{m}^2/\text{s}.$$

Analogamente, o módulo de $\vec{\ell}_2$ é

$$\ell_2 = r_{\perp 2} p_2 = (4{,}0 \text{ m})(2{,}0 \text{ kg} \cdot \text{m/s})$$
$$= 8{,}0 \text{ kg} \cdot \text{m}^2/\text{s},$$

e o produto vetorial $\vec{r}_2 \times \vec{p}_2$ aponta para dentro do papel, que é o sentido negativo, já que o vetor posição $\vec{r}_2$ gira no sentido horário em relação a O quando a partícula 2 se move. Assim, o vetor momento angular da partícula 2 é

$$\ell_2 = -8{,}0 \text{ kg} \cdot \text{m}^2/\text{s}.$$

O momento angular total do sistema formado pelas duas partículas é

$$L = \ell_1 + \ell_2 = +10 \text{ kg} \cdot \text{m}^2/\text{s} + (-8{,}0 \text{ kg} \cdot \text{m}^2/\text{s})$$
$$= +2{,}0 \text{ kg} \cdot \text{m}^2/\text{s}. \hspace{2em} \text{(Resposta)}$$

O sinal positivo indica que o momento angular resultante do sistema em relação ao ponto O aponta para fora do papel.

11.6 SEGUNDA LEI DE NEWTON PARA ROTAÇÕES

Objetivo do Aprendizado
Depois de ler este módulo, você será capaz de ...

11.6.1 Usar a segunda lei de Newton para rotações para relacionar o torque que age sobre uma partícula à variação do momento angular da partícula.

Ideia-Chave

● A segunda lei de Newton para rotações é expressa pela equação

$$\vec{\tau}_{\text{res}} = \frac{d\vec{\ell}}{dt},$$

em que $\vec{\tau}_{\text{res}}$ é o torque resultante que age sobre a partícula e $\vec{\ell}$ é o momento angular da partícula.

Segunda Lei de Newton para Rotações

A segunda lei de Newton escrita na forma

$$\vec{F}_{\text{res}} = \frac{d\vec{p}}{dt} \hspace{1em} \text{(partícula isolada)}. \hspace{2em} (11.6.1)$$

expressa a relação entre força e momento linear para uma partícula isolada. Temos visto um paralelismo suficiente entre grandezas lineares e angulares para estar seguros de que existe também uma relação entre torque e momento angular. Guiados pela Eq. 11.6.1, podemos até mesmo conjeturar que essa relação seja a seguinte:

$$\vec{\tau}_{\text{res}} = \frac{d\vec{\ell}}{dt} \hspace{1em} \text{(partícula isolada)}. \hspace{2em} (11.6.2)$$

A Eq. 11.6.2 é, de fato, uma forma da segunda lei de Newton que se aplica ao movimento de rotação de uma partícula isolada:

A soma (vetorial) dos torques que agem sobre uma partícula é igual à taxa de variação com o tempo do momento angular da partícula.

A Eq. 11.6.2 não faz sentido, a menos que o torque $\vec{\tau}_{\text{res}}$ e o momento angular $\vec{\ell}$ sejam definidos em relação ao mesmo ponto, que, em geral, é a origem do sistema de coordenadas escolhido.

Demonstração da Equação 11.6.2

Começamos com a Eq. 11.5.1, a definição do momento angular de uma partícula:

$$\vec{\ell} = m(\vec{r} \times \vec{v}),$$

em que $\vec{r}$ é o vetor posição da partícula e $\vec{v}$ é a velocidade da partícula. Derivando[1] ambos os membros em relação ao tempo t, obtemos:

$$\frac{d\vec{\ell}}{dt} = m\left(\vec{r} \times \frac{d\vec{v}}{dt} + \frac{d\vec{r}}{dt} \times \vec{v}\right). \quad (11.6.3)$$

Como $d\vec{v}/dt$ é a aceleração $\vec{a}$ da partícula, e $d\vec{r}/dt$ é a velocidade $\vec{v}$, podemos escrever a Eq. 11.6.3 na forma

$$\frac{d\vec{\ell}}{dt} = m(\vec{r} \times \vec{a} + \vec{v} \times \vec{v}).$$

Acontece que $\vec{v} \times \vec{v} = 0$ (o produto vetorial de qualquer vetor por si próprio é zero, pois o ângulo entre os dois vetores é necessariamente zero). Assim, o último termo da expressão é nulo, e temos:

$$\frac{d\vec{\ell}}{dt} = m(\vec{r} \times \vec{a}) = \vec{r} \times m\vec{a}.$$

Podemos usar a segunda lei de Newton ($\vec{F}_{res} = m\vec{a}$) para substituir $m\vec{a}$ pela soma das forças que atuam sobre a partícula, obtendo

$$\frac{d\vec{\ell}}{dt} = \vec{r} \times \vec{F}_{res} = \sum(\vec{r} \times \vec{F}). \quad (11.6.4)$$

Aqui, o símbolo Σ indica que devemos somar os produtos vetoriais $\vec{r} \times \vec{F}$ para todas as forças. Entretanto, de acordo com a Eq. 11.4.1, cada um desses produtos vetoriais é o torque associado à força correspondente. Assim, a Eq. 11.6.4 nos diz que

$$\vec{\tau}_{res} = \frac{d\vec{\ell}}{dt}.$$

Trata-se da Eq. 11.6.2, a relação que queríamos demonstrar. **11.3**

Teste 11.6.1

A figura mostra o vetor posição $\vec{r}$ de uma partícula em um certo instante e quatro opções para a orientação de uma força que deve acelerar a partícula. As quatro opções estão no plano xy. (a) Ordene as opções de acordo com o módulo da taxa de variação com o tempo ($d\vec{\ell}/dt$) que produzem no momento angular da partícula em relação ao ponto O, em ordem decrescente. (b) Qual das opções está associada a uma taxa de variação negativa do momento angular em relação ao ponto O?

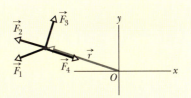

Exemplo 11.6.1 Torque e derivada do momento angular em relação ao tempo

A Fig. 11.6.1a mostra o instantâneo de uma partícula de 0,500 kg que se move em linha reta com um vetor posição dado por

$$\vec{r} = (-2{,}00t^2 - t)\hat{i} + 5{,}00\hat{j},$$

com $\vec{r}$ em metros e t em segundos, para $t = 0$. O vetor posição aponta da origem para a partícula. Determine, na notação dos vetores unitários, o momento angular $\vec{\ell}$ da partícula e o torque $\vec{\tau}$ a que a partícula está sujeita, ambos em relação à origem. Justifique os sinais algébricos em termos do sentido do movimento da partícula.

IDEIAS-CHAVE

(1) O ponto em relação ao qual o momento angular de uma partícula será calculado deve sempre ser especificado. Nesse exemplo, o ponto é a origem. (2) O momento angular $\vec{\ell}$ de uma partícula é dado pela Eq. 11.5.1 [$\vec{\ell} = \vec{r} \times \vec{p} = m(\vec{r} \times \vec{v})$]. (3) O sinal associado

---

[1]Ao derivar um produto vetorial, é importante manter a ordem das grandezas ($\vec{r}$ e $\vec{v}$, no caso) que formam o produto (ver Eq. 3.3.6).

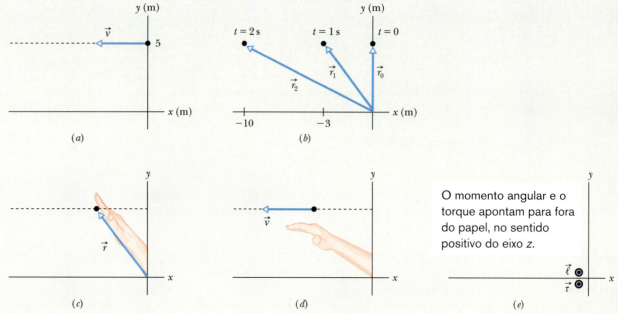

Figura 11.6.1 (a) Partícula que se move em linha reta, mostrada no instante $t = 0$. (b) O vetor posição em $t = 0$, 1,00 s e 2,00 s. (c) O primeiro passo para aplicar a regra da mão direita para produtos vetoriais. (d) O segundo passo. (e) O vetor momento angular e o vetor torque apontam no sentido positivo do eixo z, ou seja, para fora do papel.

ao momento angular da partícula é dado pelo sentido da rotação do vetor posição da partícula (em torno do ponto de referência) quando a partícula se move: se a rotação é no sentido horário, o sinal é negativo; se a rotação é no sentido anti-horário, o sinal é positivo. (4) Se o torque aplicado a uma partícula e o momento angular da partícula são calculados em relação ao *mesmo* ponto, a relação entre o torque e o momento angular é dada pela Eq. 11.6.2 ($\vec{\tau} = (d\vec{\ell}/dt)$).

Cálculos: Para calcular o momento angular em relação à origem, usamos a Eq. 11.5.1; a velocidade da partícula é obtida derivando o vetor posição da partícula em relação ao tempo. De acordo com a Eq. 4.2.3 ($\vec{v} = d\vec{r}/dt$), temos:

$$\vec{v} = \frac{d}{dt}((-2,00t^2 - t)\hat{i} + 5,00\hat{j})$$

$$= (-4,00t - 1,00)\hat{i},$$

com $\vec{v}$ em m/s.

Em seguida, calculamos o produto vetorial de $\vec{r}$ e $\vec{v}$ usando o resultado genérico expresso pela Eq. 3.3.8:

$$\vec{a} \times \vec{b} = (a_y b_z - b_y a_z)\hat{i} + (a_z b_x - b_z a_x)\hat{j} + (a_x b_y - b_x a_y)\hat{k}.$$

Em nosso caso, teríamos de substituir $\vec{a}$ por $\vec{r}$ e $\vec{b}$ por $\vec{v}$. Entretanto, podemos economizar algum trabalho raciocinando primeiro em termos do produto genérico. Como $\vec{r}$ não tem componente z e as componentes y e z de $\vec{v}$ são nulas, o único termo diferente de zero do produto genérico é o último $(-b_x a_y)\hat{k}$. Assim, temos:

$$\vec{r} \times \vec{v} = -(-4,00t - 1,00)(5,00)\hat{k} = (20,0t + 5,00)\hat{k} \text{ m}^2/\text{s}.$$

Note que, como sempre, o resultado do produto vetorial é um vetor perpendicular aos vetores originais.

Para aplicar a Eq. 11.5.1, multiplicamos esse resultado pela massa da partícula, que nos dá

$$\vec{\ell} = (0,500 \text{ kg})[(20,0t + 5,00)\hat{k} \text{ m}^2/\text{s}]$$

$$= (10,0t + 2,50)\hat{k} \text{ kg} \cdot \text{m}^2/\text{s}. \quad \text{(Resposta)}$$

O torque em relação à origem é dado pela Eq. 11.6.2:

$$\vec{\tau} = \frac{d}{dt}(10,0t + 2,50)\hat{k} \text{ kg} \cdot \text{m}^2/\text{s}$$

$$= 10,0\hat{k} \text{ kg} \cdot \text{m}^2/\text{s}^2 = 10,0\hat{k} \text{ N} \cdot \text{m}, \quad \text{(Resposta)}$$

o que mostra que o torque aponta no sentido positivo do eixo z.

O resultado obtido para $\vec{\ell}$ mostra que o momento angular aponta no sentido positivo do eixo z. Para verificar se o sentido de $\vec{\ell}$ é coerente com o sentido de rotação do vetor posição, vamos calcular o vetor posição para vários instantes de tempo:

$t = 0$, $\quad \vec{r}_0 = \quad\quad\quad 5{,}00\hat{j}$ m

$t = 1{,}00$ s, $\quad \vec{r}_1 = -3{,}00\hat{i} + 5{,}00\hat{j}$ m

$t = 2{,}00$ s, $\quad \vec{r}_2 = -10{,}0\hat{i} + 5{,}00\hat{j}$ m

Desenhando esses resultados, como na Fig. 11.6.1b, vemos que $\vec{r}$ gira no sentido anti-horário (que é o sentido positivo de rotação) para acompanhar o movimento da partícula. Assim, embora a partícula esteja se movendo em linha reta, seu vetor posição está girando no sentido anti-horário em relação à origem e, portanto, a partícula possui um momento angular positivo em relação à origem.

Podemos também verificar se o sentido de $\vec{\ell}$ está correto, aplicando a regra da mão direita para produtos vetoriais ao produto $\vec{r} \times \vec{v}$, ou, se o leitor preferir, ao produto $m\vec{r} \times \vec{v}$ que tem a mesma orientação. Em qualquer instante do movimento da partícula, os dedos da mão direita estão inicialmente estendidos na direção do primeiro vetor do produto vetorial ($\vec{r}$), como mostra a Fig. 11.6.1c. Em seguida, a orientação da mão é ajustada para que os dedos girem em torno da palma até ficarem na direção do segundo vetor do produto vetorial ($\vec{v}$), como indicado na Fig. 11.6.1d. Nesse instante, o polegar estendido mostra a orienta-

ção do vetor que resulta do produto vetorial. Como mostra a Fig. 11.6.1e, esse vetor aponta no sentido positivo do eixo z (ou seja, para fora do plano do papel), o que está de acordo com o resultado anterior. A Fig. 11.6.1e mostra ainda a orientação de $\vec{\tau}$, que também aponta no sentido positivo do eixo z porque o momento angular aponta nessa direção e o módulo do momento angular está aumentando.

11.7 MOMENTO ANGULAR DE UM CORPO RÍGIDO

Objetivos do Aprendizado

Depois de ler este módulo, você será capaz de ...

11.7.1 Usar a segunda lei de Newton para rotações para relacionar o torque que age sobre um sistema de partículas à variação do momento angular do sistema.

11.7.2 Conhecer a relação entre o momento angular de um corpo rígido em relação a um eixo fixo, o momento de inércia do corpo e a velocidade angular do corpo em relação ao eixo.

11.7.3 Calcular o momento angular resultante de um sistema de dois corpos rígidos que giram em torno do mesmo eixo.

Ideias-Chave

● O momento angular $\vec{L}$ de um sistema de partículas é a soma vetorial dos momentos angulares das partículas do sistema:

$$\vec{L} = \vec{\ell}_1 + \vec{\ell}_2 + \cdots + \vec{\ell}_n = \sum_{i=1}^{n} \vec{\ell}_i.$$

● A taxa de variação do momento angular com o tempo é igual ao torque resultante externo que age sobre o sistema (a soma vetorial dos torques produzidos por forças externas que agem sobre partículas do sistema):

$$\vec{\tau}_{\text{res}} = \frac{d\vec{L}}{dt} \quad \text{(sistema de partículas)}.$$

● No caso de um corpo rígido que gira em torno de um eixo fixo, a componente do momento angular paralela ao eixo de rotação é dada por

$$L = I\omega \quad \text{(corpo rígido, eixo fixo)}.$$

Momento Angular de um Sistema de Partículas

Voltamos agora nossa atenção para o momento angular de um sistema de partículas em relação a uma origem. O momento angular total $\vec{L}$ do sistema é a soma (vetorial) dos momentos angulares $\vec{\ell}$ das partículas do sistema:

$$\vec{L} = \vec{\ell}_1 + \vec{\ell}_2 + \vec{\ell}_3 + \cdots + \vec{\ell}_n = \sum_{i=1}^{n} \vec{\ell}_i. \qquad (11.7.1)$$

Os momentos angulares das partículas podem variar com o tempo por causa de forças externas ou por causa de interações entre as partículas. Podemos determinar a variação total de $\vec{L}$ derivando a Eq. 11.7.1 em relação ao tempo:

$$\frac{d\vec{L}}{dt} = \sum_{i=1}^{n} \frac{d\vec{\ell}_i}{dt}. \qquad (11.7.2)$$

De acordo com a Eq. 11.6.2, $d\vec{\ell}_i/dt$ é igual ao torque resultante $\vec{\tau}_{\text{res},i}$ a que está submetida a partícula de ordem i. Assim, a Eq. 11.7.2 pode ser escrita na forma

$$\frac{d\vec{L}}{dt} = \sum_{i=1}^{n} \vec{\tau}_{\text{res},i}. \qquad (11.7.3)$$

Isso significa que a taxa de variação do momento angular $\vec{L}$ do sistema é igual à soma vetorial dos torques a que estão submetidas as partículas do sistema. Esses torques podem ser *torques internos* (produzidos por forças associadas a outras partículas do sistema) e *torques externos* (produzidos por forças associadas a corpos externos ao sistema). Entretanto, como as forças exercidas pelas partículas do sistema sempre

318 CAPÍTULO 11

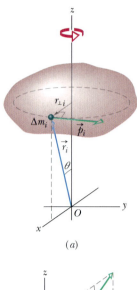

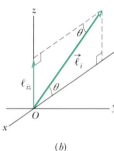

Figura 11.7.1 (a) Um corpo rígido gira em torno de um eixo z com velocidade angular ω. Um elemento de massa Δm_i situado no interior do corpo se move em torno do eixo z em um círculo de raio $r_{\perp i}$. O elemento de massa possui momento linear $\vec{p}_i$, e sua posição em relação à origem O é determinada pelo vetor posição $\vec{r}_i$. O elemento de massa é mostrado na figura no instante em que $r_{\perp i}$ está paralelo ao eixo x. (b) O momento angular $\vec{\ell}_i$ do elemento de massa do item (a) em relação a O. A componente z, ℓ_{iz}, também é mostrada na figura.

aparecem na forma de pares de forças da terceira lei, a soma dos torques produzidos por essas forças é nula. Assim, os únicos torques que podem fazer variar o momento angular total $\vec{L}$ do sistema são os torques produzidos por forças externas ao sistema.

Torque Externo Resultante. Chamando de $\vec{\tau}_{res}$ o torque externo resultante, ou seja, a soma vetorial dos torques externos que agem sobre as partículas do sistema, a Eq. 11.7.3 pode ser escrita na forma

$$\vec{\tau}_{res} = \frac{d\vec{L}}{dt} \quad \text{(sistema de partículas)}, \quad (11.7.4)$$

que é a segunda lei de Newton para rotações. Em palavras:

 O torque externo resultante $\vec{\tau}_{res}$ que age sobre um sistema de partículas é igual à taxa de variação com o tempo do momento angular total $\vec{L}$ do sistema.

A Eq. 11.7.4 é análoga à Eq. 9.3.6 ($\vec{F}_{res} = d\vec{P}/dt$), mas requer um cuidado adicional: Os torques e o momento angular do sistema devem ser medidos em relação à mesma origem. Se o centro de massa do sistema não está acelerado em relação a um referencial inercial, essa origem pode ser qualquer ponto. Caso, porém, o centro de massa do sistema *esteja* acelerado, a origem *deve ser* o centro de massa. Considere, por exemplo, uma roda como o sistema de partículas. Se a roda está girando em torno de um eixo fixo em relação ao solo, a origem usada para aplicar a Eq. 11.7.4 pode ser qualquer ponto estacionário em relação ao solo. Entretanto, se a roda estiver girando em torno de um eixo acelerado (como acontece, por exemplo, quando a roda está descendo uma rampa), a origem deve ser o centro de massa da roda.

Momento Angular de um Corpo Rígido Girando em Torno de um Eixo Fixo

Vamos agora calcular o momento angular de um corpo rígido que gira em torno de um eixo fixo. A Fig. 11.7.1a mostra um corpo desse tipo. O eixo fixo de rotação é o eixo z, e o corpo gira em torno do eixo com uma velocidade angular constante ω. Estamos interessados em calcular o momento angular do corpo em relação a esse eixo.

Podemos calcular o momento angular somando as componentes z do momento angular de todos os elementos de massa do corpo. Na Fig. 11.7.1a, um elemento de massa típico, de massa Δm_i, está se movendo em torno do eixo z em uma trajetória circular. A posição do elemento de massa em relação à origem O é dada pelo vetor posição $\vec{r}_i$. O raio da trajetória circular do elemento de massa é $r_{\perp i}$, a distância perpendicular entre o elemento e o eixo z.

O módulo do momento angular $\vec{\ell}_i$ desse elemento de massa em relação a O é dado pela Eq. 11.5.2:

$$\ell_i = (r_i)(p_i)(\text{sen } 90°) = (r_i)(\Delta m_i v_i),$$

em que p_i e v_i são o momento linear e a velocidade linear do elemento de massa, e 90° é o ângulo entre $\vec{r}_i$ e $\vec{p}_i$. O vetor momento angular $\vec{\ell}_i$ do elemento de massa da Fig. 11.7.1a aparece na Fig. 11.7.1b; o vetor é perpendicular a $\vec{r}_i$ e $\vec{p}_i$.

As Componentes z. Estamos interessados na componente de $\vec{\ell}_i$ na direção paralela ao eixo de rotação, em nosso caso o eixo z. Essa componente é dada por

$$\ell_{iz} = \ell_i \text{ sen } \theta = (r_i \text{ sen } \theta)(\Delta m_i v_i) = r_{\perp i} \Delta m_i v_i.$$

A componente z do momento angular do corpo rígido como um todo pode ser calculada somando as contribuições de todos os elementos de massa do corpo. Como $v = \omega r_\perp$, podemos escrever

$$L_z = \sum_{i=1}^{n} \ell_{iz} = \sum_{i=1}^{n} \Delta m_i \, v_i r_{\perp i} = \sum_{i=1}^{n} \Delta m_i (\omega r_{\perp i}) r_{\perp i}$$

$$= \omega \left(\sum_{i=1}^{n} \Delta m_i \, r_{\perp i}^2 \right).$$

(11.7.5)

Podemos colocar ω do lado de fora do somatório porque tem o mesmo valor em todos os pontos do corpo rígido.

O fator $\Sigma \Delta m_i \, r_{\perp i}^2$ da Eq. 11.7.5 é o momento de inércia I do corpo em relação ao eixo fixo (ver Eq. 10.4.3). Assim, a Eq. 11.7.5 se reduz a

$$L = I\omega \quad \text{(corpo rígido, eixo fixo).} \tag{11.7.6}$$

O índice z foi omitido na Eq. 11.7.6, mas o leitor deve ter em mente que o momento angular que aparece na equação é o momento angular em torno do eixo de rotação e que I é o momento de inércia em relação ao mesmo eixo.

A Tabela 11.7.1, que complementa a Tabela 10.8.1, amplia nossa lista de correspondências entre movimentos de translação e rotação.

Tabela 11.7.1 Outras Correspondências entre os Movimentos de Translação e Rotação[a]

Translação		Rotação	
Força	$\vec{F}$	Torque	$\vec{\tau} \, (= \vec{r} \times \vec{F})$
Momento linear	$\vec{p}$	Momento angular	$\vec{\ell} \, (= \vec{r} \times \vec{p})$
Momento linear[b]	$\vec{P} \, (= \sum \vec{p}_i)$	Momento angular[b]	$\vec{L} \, (= \sum \vec{\ell}_i)$
Momento linear[b]	$\vec{P} = M\vec{v}_{CM}$	Momento angular[c]	$L = I\omega$
Segunda lei de Newton[b]	$\vec{F}_{res} = \dfrac{d\vec{P}}{dt}$	Segunda lei de Newton[b]	$\vec{\tau}_{res} = \dfrac{d\vec{L}}{dt}$
Lei de conservação[d]	$\vec{P} = $ constante	Lei de conservação[d]	$\vec{L} = $ constante

[a] Ver também a Tabela 10.8.1.
[b] Para sistemas de partículas, incluindo corpos rígidos.
[c] Para um corpo rígido girando em torno de um eixo fixo; L é a componente paralela ao eixo.
[d] Para um sistema fechado e isolado.

Teste 11.7.1 11.1

Na figura, um disco, um anel e uma esfera maciça são postos para girar em torno de um

eixo central fixo (como piões) por meio de um barbante enrolado, que aplica a mesma força tangencial constante $\vec{F}$ aos três objetos. Os três objetos têm a mesma massa e o mesmo raio e estão inicialmente em repouso. Ordene os objetos de acordo (a) com o momento angular em relação ao eixo central e (b) com a velocidade angular, em ordem decrescente, após o barbante ter sido puxado durante o mesmo intervalo de tempo Δt.

Exemplo 11.7.1 Roda-gigante

George Washington Gales Ferris, Jr., um engenheiro civil formado no Rensselaer Polytechnic Institute, construiu a primeira roda-gigante (Fig. 11.7.2) para a Exposição Colombiana Mundial de Chicago de 1893. A roda, uma obra de engenharia surpreendente para a época, tinha 36 vagões de madeira, cada um com capacidade para até 60 passageiros, e um raio $R = 38$ m. A massa de cada vagão era cerca de $1,1 \times 10^4$ kg. A massa da roda, constituída principalmente pela estrutura metálica circular que sustentava os vagões,

Figura 11.7.2 A primeira roda-gigante, construída em 1893, perto da Universidade de Chicago, era muito mais alta que os edifícios próximos.

era cerca de $6{,}0 \times 10^5$ kg. A roda fazia uma revolução completa em cerca de 2,0 min. (a) Qual era o módulo L do momento angular da roda e seus passageiros?

IDEIA-CHAVE

Podemos tratar a roda-gigante, os vagões e os passageiros como um objeto rígido girando em torno de um eixo fixo. Nesse caso, o módulo do momento angular é dado por $L = I\omega$, em que I é o momento de inércia do objeto e ω é sua velocidade angular.

Momento de inércia: Para calcular I, vamos começar pelos vagões. Tratando os vagões como partículas situadas a uma distância R do eixo de rotação, sabemos, de acordo com a Seção 10.5, que o momento de inércia de cada vagão é dado por $I_v = M_v R^2$, em que M_v é a massa do vagão, incluindo os passageiros. Vamos supor que os 36 carros estão com sua capacidade máxima de 60 passageiros e que os passageiros pesam, em média, 70 kg. Nesse caso, como o momento de inércia é o mesmo para todos os vagões, o momento de inércia total dos vagões é dado por

$$I_{36v} = 36I_v = 36M_v R^2 = 36[1{,}1 \times 10^4 \text{ kg} + 60(70 \text{ kg})](38 \text{ m})^2$$
$$= 7{,}90 \times 10^8 \text{ kg} \cdot \text{m}^2.$$

Vamos agora considerar o momento de inércia da estrutura da roda-gigante. Vamos supor que a parte principal da estrutura que se move, formada pelos dois anéis que sustentam os vagões, representa metade da massa total da roda-gigante. De acordo com a Tabela 10.5.1a, o momento de inércia dos anéis é dado por

$$I_{2a} = M_{2a}R^2 = (3{,}0 \times 10^5 \text{ kg})(38 \text{ m})^2 = 4{,}33 \times 10^8 \text{ kg} \cdot \text{m}^2.$$

O momento de inércia total I dos vagões, passageiros e estrutura de suporte é, portanto,

$$I = I_{36v} + I_{2a} = 7{,}90 \times 10^8 \text{ kg} \cdot \text{m}^2 + 4{,}33 \times 10^8 \text{ kg} \cdot \text{m}^2$$
$$= 1{,}22 \times 10^9 \text{ kg} \cdot \text{m}^2.$$

Velocidade angular: Para calcular a velocidade angular da roda-gigante, podemos usar a equação $\omega_{\text{méd}} = \Delta\theta/\Delta t$. Sabemos que a roda descreve uma revolução completa $\Delta\theta = 2\pi$ rad em um intervalo de tempo $\Delta t = 2{,}0$ min. Assim, temos:

$$\omega_F = \frac{2\pi \text{ rad}}{(2{,}0 \text{ min})(60 \text{ s/min})} = 0{,}0524 \text{ rad/s}.$$

Momento angular: O módulo do momento angular é, portanto,

$$L = I\omega = (1{,}22 \times 10^9 \text{ kg} \cdot \text{m}^2)(0{,}0524 \text{ rad/s})$$
$$= 6{,}39 \times 10^7 \text{ kg} \cdot \text{m}^2/\text{s} \approx 6{,}4 \times 10^7 \text{ kg} \cdot \text{m}^2/\text{s}.$$

(b) Se a roda-gigante, com a lotação máxima e partindo do repouso, atinge a velocidade angular ω em um período de tempo $\Delta t_1 = 5{,}0$ s, qual é o módulo $\tau_{\text{méd}}$ do torque médio externo que age sobre ela?

IDEIA-CHAVE

O torque médio externo está relacionado à variação ΔL do momento angular da roda-gigante pela segunda lei de Newton para rotações ($\vec{\tau}_{\text{res}} = d\vec{L}/dt$ (Eq. 11.7.4).

Cálculo: Substituindo os infinitésimos da segunda lei de Newton por intervalos finitos e considerando apenas o módulo, podemos escrever: $\tau = \Delta L/\Delta t_1$. Como a roda-gigante parte do repouso, a variação ΔL é o resultado do item (a). Assim, temos:

$$\tau_{\text{méd}} = \frac{\Delta L}{\Delta t_1} = \frac{6{,}39 \times 10^7 \text{ kg} \cdot \text{m}^2/\text{s} - 0}{5{,}0 \text{ s}}$$
$$= 1{,}3 \times 10^7 \text{ N} \cdot \text{m}.$$

11.8 CONSERVAÇÃO DO MOMENTO ANGULAR

Objetivo do Aprendizado

Depois de ler este módulo, você será capaz de ...

11.8.1 Se nenhuma força resultante externa age sobre um sistema ao longo de um eixo, aplicar a *esse eixo* a lei de conservação do momento angular para relacionar o momento angular inicial do sistema ao momento angular em um instante posterior.

Ideia-Chave

- O momento angular $\vec{L}$ de um sistema permanece constante se o torque resultante externo que age sobre o sistema é zero:

$$\vec{L} = \text{constante} \quad \text{(sistema isolado)}$$

ou

$$\vec{L}_i = \vec{L}_f \quad \text{(sistema isolado)}.$$

Essa é a lei de conservação do momento angular.

Conservação do Momento Angular 11.8

Até o momento, discutimos apenas duas leis de conservação: a lei de conservação da energia e a lei de conservação do momento linear. Vamos agora falar de uma terceira lei do mesmo tipo, que envolve a conservação do momento angular. O ponto de partida é a Eq. 11.7.4 ($\vec{\tau}_{res} = d\vec{L}/dt$), que é a segunda lei de Newton para rotações. Se nenhum torque externo resultante age sobre o sistema, a equação se torna $d\vec{L}/dt = 0$ ou seja,

$$\vec{L} = \text{constante} \quad \text{(sistema isolado)}. \quad (11.8.1)$$

Esse resultado, conhecido como **lei de conservação do momento angular**, também pode ser escrito na forma

$$\begin{pmatrix} \text{momento angular total} \\ \text{em um instante inicial } t_i \end{pmatrix} = \begin{pmatrix} \text{momento angular total em} \\ \text{um instante posterior } t_f \end{pmatrix},$$

ou

$$\vec{L}_i = \vec{L}_f \quad \text{(sistema isolado)}. \quad (11.8.2)$$

As Eqs. 11.8.1 e 11.8.2 significam o seguinte:

Se o torque externo resultante que age sobre um sistema é nulo, o momento angular $\vec{L}$ do sistema permanece constante, sejam quais forem as mudanças que ocorrem dentro do sistema.

As Eqs. 11.8.1 e 11.8.2 são equações vetoriais; como tais, são equivalentes a três equações para as componentes, que correspondem à conservação do momento angular em três direções mutuamente perpendiculares. Dependendo dos torques externos que agem sobre um sistema, o momento angular pode ser conservado apenas em uma ou duas direções:

Se a componente do torque *externo* resultante que age sobre um sistema ao longo de um eixo é nula, a componente do momento angular do sistema ao longo desse eixo permanece constante, sejam quais forem as mudanças que ocorrem dentro do sistema.

Trata-se de uma informação importante: Em situações desse tipo, podemos considerar apenas os estados inicial e final do sistema, sem nos preocuparmos com o que acontece nos estados intermediários.

Podemos aplicar essa lei ao corpo isolado da Fig. 11.7.1, que está girando em torno do eixo z. Suponha que, em um certo instante, a massa do corpo seja redistribuída de tal forma que o momento de inércia em relação ao eixo z mude de valor. De acordo com as Eqs. 11.8.1 e 11.8.2, o momento angular do corpo não pode mudar. Substituindo a Eq. 11.7.6 (para o momento angular ao longo do eixo de rotação) na Eq. 11.8.2, essa lei de conservação se torna

$$I_i \omega_i = I_f \omega_f. \quad (11.8.3)$$

322 CAPÍTULO 11

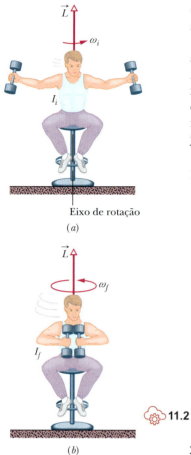

Figura 11.8.1 (*a*) O estudante possui um momento de inércia relativamente grande em relação ao eixo de rotação e uma velocidade angular relativamente pequena. (*b*) Diminuindo o momento de inércia, o estudante automaticamente aumenta a velocidade angular. O momento angular $\vec{L}$ do sistema permanece inalterado.

Figura 11.8.2 O momento angular $\vec{L}$ da nadadora é constante durante o salto, sendo representado pela origem ⊗ de uma seta perpendicular ao plano do papel. Note também que o centro de massa da nadadora (representado pelos pontos) segue uma trajetória parabólica.

Os índices, aqui, se referem aos valores do momento de inércia I e da velocidade ω antes e depois da redistribuição de massa.

Como acontece com as duas outras leis de conservação discutidas anteriormente, as aplicações das Eqs. 11.8.1 e 11.8.2 vão além dos limites da mecânica newtoniana. As mesmas equações são válidas para partículas que se movem a uma velocidade próxima da velocidade da luz (caso em que deve ser usada a teoria da relatividade especial) e permanecem verdadeiras no mundo das partículas subatômicas (em que reina a física quântica). Nenhuma exceção à lei de conservação do momento angular jamais foi descoberta.

Discutiremos a seguir quatro exemplos que envolvem essa lei.

1. **Aluno que gira** A Fig. 11.8.1 mostra um estudante sentado em um banco que pode girar livremente em torno de um eixo vertical. O estudante, que foi posto em rotação com uma pequena velocidade angular inicial ω_i, segura dois halteres com os braços abertos. O vetor momento angular $\vec{L}$ do estudante coincide com o eixo de rotação e aponta para cima.

    O professor pede ao estudante para fechar os braços; esse movimento reduz o momento de inércia do valor inicial I_i para um valor menor I_f, pois a massa dos halteres fica mais próxima do eixo de rotação. A velocidade angular do estudante aumenta consideravelmente, de ω_i para ω_f. O estudante pode reduzir a velocidade angular estendendo novamente os braços para afastar os halteres do eixo de rotação.

    Nenhum torque externo resultante age sobre o sistema formado pelo estudante, o banco e os halteres. Assim, o momento angular do sistema em relação ao eixo de rotação permanece constante, independentemente do modo como o estudante segura os halteres. Na Fig. 11.8.1*a*, a velocidade angular ω_i do estudante é relativamente baixa e o momento de inércia I_i é relativamente alto. De acordo com a Eq. 11.8.3, a velocidade angular na Fig. 11.8.1*b* deve ser maior para compensar a redução de I_f.

2. **Salto de trampolim** A Fig. 11.8.2 mostra uma atleta executando um salto duplo e meio mortal carpado. Como era de se esperar, o centro de massa descreve uma trajetória parabólica. A atleta deixa o trampolim com um momento angular $\vec{L}$ em relação a um eixo horizontal que passa pelo centro de massa, representado por um vetor perpendicular ao papel na Fig. 11.8.2. Quando a mergulhadora está no ar, ela não sofre nenhum torque externo e, portanto, o momento angular em torno do mesmo eixo não pode variar. Levando braços e pernas para a *posição carpada*, ela reduz consideravelmente o momento de inércia em torno desse eixo e, assim, de acordo com a Eq. 11.8.3, a mergulhadora aumenta consideravelmente sua velocidade angular. Quando passa da posição carpada para a *posição esticada* no final do salto, o momento de inércia aumenta e a velocidade angular diminui o suficiente para a atleta mergulhar espirrando o mínimo possível de água. Mesmo em um salto mais complicado, que envolva também um movimento de parafuso, o momento angular da mergulhadora é conservado, em módulo *e* orientação, durante todo o salto. CVF

3. **Salto em distância** Quando uma atleta deixa o solo em uma prova de salto em distância, a força exercida pelo solo sobre o pé de impulsão imprime ao corpo uma rotação para a frente em torno de um eixo horizontal. Essa rotação, caso não seja controlada, impede que a atleta chegue ao solo com a postura correta: Na descida, as pernas devem estar juntas e estendidas para a frente, para que os calcanhares toquem a areia o mais longe possível do ponto de partida. Depois que a atleta deixa o solo, o momento angular não pode mudar (é conservado), já que não existe nenhum torque externo. Entretanto, a atleta pode transferir a maior parte do momento angular para os braços, fazendo-os girar em um plano vertical (ver Fig. 11.8.3). Com isso, o corpo permanece na orientação correta para a parte final do salto. CVF

4. **Tour jeté** Em um *tour jeté*, uma bailarina salta com um pequeno movimento de rotação, mantendo uma perna vertical e a outra perpendicular ao corpo (ver Fig. 11.8.4*a*). A velocidade angular é tão pequena que pode não ser percebida pela plateia. Enquanto está subindo, a bailarina movimenta para baixo a perna que estava

Figura 11.8.3 No salto em distância, a rotação dos braços ajuda a manter o corpo na orientação correta para a parte final do salto.

levantada e levanta a outra perna, fazendo com que ambas assumam um ângulo θ com o corpo (Fig. 11.8.4b). O movimento é elegante, mas também serve para aumentar a velocidade angular, já que o momento de inércia da bailarina é menor na nova posição. Como o corpo da bailarina não está sujeito a nenhum torque externo, o momento angular não pode variar. Assim, se o momento de inércia diminui, a velocidade angular deve aumentar. Quando o salto é bem executado, a impressão para a plateia é de que a bailarina começa a girar de repente e executa uma volta de 180° antes que as orientações iniciais das pernas sejam invertidas em preparação para o pouso. Quando uma das pernas é novamente estendida, a rotação parece desaparecer magicamente.

Figura 11.8.4 (a) Parte inicial de um *tour jeté*: o momento de inércia é grande e a velocidade angular é pequena. (b) Parte intermediária: o momento de inércia é menor e a velocidade angular é maior.

Teste 11.8.1

Um besouro-rinoceronte está na borda de um pequeno disco que gira como um carrossel. Se o besouro se desloca em direção ao centro do disco, as seguintes grandezas (todas em relação ao eixo central) aumentam, diminuem ou permanecem as mesmas: (a) momento de inércia, (b) momento angular e (c) velocidade angular?

Exemplo 11.8.1 Conservação do momento angular: rotação de uma roda e de um banco

A Fig. 11.8.5a mostra um estudante, novamente sentado em um banco que pode girar livremente em torno de um eixo vertical. O estudante, inicialmente em repouso, segura uma roda de bicicleta cuja borda é feita de chumbo e cujo momento de inércia I_r em relação ao eixo central é 1,2 kg · m². (O chumbo serve para aumentar o valor do momento de inércia.)

A roda gira com uma velocidade angular ω_r de 3,9 rev/s; vista de cima, a rotação é no sentido anti-horário. O eixo da roda é vertical e o momento angular $\vec{L}_r$ aponta verticalmente para cima.

O estudante inverte a roda que, vista de cima, passa a girar no sentido horário (Fig. 11.8.5b); o momento angular agora é $-\vec{L}_r$. A inversão faz com que o estudante, o banco e o centro da roda girem juntos, como um corpo rígido composto, em torno do eixo de rotação do banco, com um momento de inércia $I_c = 6,8$ kg · m². (O fato de a roda estar girando não afeta a distribuição de massa do corpo composto, ou seja, I_c possui o mesmo valor, independentemente de a roda estar girando ou não.) Com que velocidade angular ω_c e em que sentido o corpo composto gira após a inversão da roda?

IDEIAS-CHAVE

1. A velocidade angular ω_c pedida está relacionada ao momento angular final $\vec{L}_c$ do corpo composto em relação ao eixo de rotação do banco pela Eq. 11.7.6 ($L = I\omega$).

2. A velocidade angular inicial ω_r da roda está relacionada ao momento angular $\vec{L}_r$ da roda em relação ao centro pela mesma equação.
3. A soma dos vetores $\vec{L}_c$ e $\vec{L}_r$ fornece o momento angular total $\vec{L}_{tot}$ do sistema formado pelo estudante, o banco e a roda.
4. Quando a roda é invertida, nenhum torque *externo* age sobre o sistema para mudar $\vec{L}_{tot}$ em relação a qualquer eixo vertical. (Os torques produzidos por forças entre o estudante e a roda quando o estudante inverte a roda são *internos* ao sistema.) Assim, o momento angular total do sistema é conservado em relação a qualquer eixo vertical.

Cálculos: A conservação de $\vec{L}_{tot}$ está representada por vetores na Fig. 11.8.5c. Podemos também escrever essa conservação em termos das componentes verticais:

$$L_{c,f} + L_{r,f} = L_{c,i} + L_{r,i}, \qquad (11.8.4)$$

em que os índices *i* e *f* indicam o estado inicial (antes da inversão da roda) e o estado final (depois da inversão). Como a inversão da roda inverteu o momento angular associado à rotação da roda, substituímos $L_{r,f}$ por $-L_{r,i}$. Fazendo $L_{c,i} = 0$ (pois o estudante, o banco e o centro da roda estão inicialmente em repouso), a Eq. 11.8.4 se torna

$$L_{c,f} = 2L_{r,i}$$

Usando a Eq. 11.7.6, substituímos $L_{c,f}$ por $I_c\omega_c$ e $L_{r,i}$ por $I_r\omega_r$ e explicitamos ω_c, obtendo

$$\omega_c = \frac{2I_r}{I_c}\omega_r$$

$$= \frac{(2)(1,2 \text{ kg} \cdot \text{m}^2)(3,9 \text{ rev/s})}{6,8 \text{ kg} \cdot \text{m}^2} = 1,4 \text{ rev/s.} \qquad \text{(Resposta)}$$

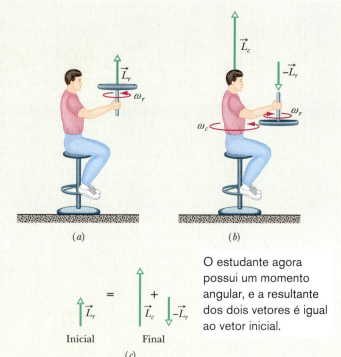

(a)

(b)

O estudante agora possui um momento angular, e a resultante dos dois vetores é igual ao vetor inicial.

Inicial   Final

(c)

Figura 11.8.5 (a) Um estudante segura uma roda de bicicleta que gira em torno de um eixo vertical. (b) O estudante inverte a roda e o banco começa a girar. (c) O momento angular total do sistema é o mesmo antes e depois da inversão.

Este resultado positivo mostra que o estudante gira no sentido anti-horário em torno do eixo do banco, quando visto de cima. Para parar de rodar, o estudante tem apenas que inverter novamente a roda.

Exemplo 11.8.2 Conservação do momento angular de uma barata em um disco 11.4

Na Fig. 11.8.6, uma barata de massa *m* está em um disco de massa $6,00m$ e raio *R*. O disco gira como um carrossel em torno do eixo central, com uma velocidade angular $\omega_i = 1,50$ rad/s. A barata está inicialmente a uma distância $r = 0,800R$ do centro do disco, mas rasteja até a borda do disco. Trate a barata como se fosse uma partícula. Qual é a velocidade angular do inseto ao chegar à borda do disco?

IDEIAS-CHAVE

(1) Ao se deslocar, a barata muda a distribuição de massa (e, portanto, o momento de inércia) do sistema barata-disco. (2) O momento angular do sistema não varia porque não está sujeito a nenhum torque externo. (As forças e torques associados ao movimento da barata são internos ao sistema.) (3) O módulo do momento angular de um corpo rígido ou de uma partícula é dado pela Eq. 11.7.6 ($L = I\omega$).

Cálculos: Podemos determinar a velocidade angular final igualando o momento angular final L_f ao momento angular inicial L_i, já que ambos envolvem a velocidade angular e o momento de inércia. Para começar, vamos calcular o momento de inércia do sistema barata-disco antes e depois do deslocamento da barata.

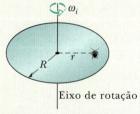

Figura 11.8.6 Uma barata está a uma distância *r* do centro de um disco que gira como um carrossel.

De acordo com a Tabela 10.5.1c, o momento de inércia de um disco que gira em torno do eixo central é $\frac{1}{2}MR^2$. Como $M = 6,00m$, o momento de inércia do disco é

$$I_d = 3,00mR^2. \qquad (11.8.5)$$

(Não conhecemos os valores de *m* e *R*, mas vamos prosseguir com a coragem tradicional dos físicos.)

De acordo com a Eq. 11.8.2, o momento de inércia da barata (supondo que esta se comporta como uma partícula) é mr^2. Substituindo os valores da distância inicial entre a barata e o centro do disco ($r = 0,800R$) e da distância final ($r = R$), descobrimos que o momento de inércia inicial da barata em relação ao eixo de rotação é

$$I_{ci} = 0{,}64mR^2 \qquad (11.8.6)$$

e que o momento de inércia final em relação ao mesmo eixo é

$$I_{cf} = mR^2. \qquad (11.8.7)$$

Assim, o momento de inércia inicial do sistema barata-disco é

$$I_i = I_d + I_{ci} = 3{,}64mR^2, \qquad (11.8.8)$$

e o momento de inércia final é

$$I_f = I_d + I_{cf} = 4{,}00mR^2. \qquad (11.8.9)$$

Em seguida, usamos a Eq. 11.7.6 ($L = I\omega$) para levar em conta o fato de que o momento angular final L_f do sistema é igual ao momento angular inicial L_i:

$$I_f\omega_f = I_i\omega_i$$

ou $\qquad 4{,}00mR^2\omega_f = 3{,}64mR^2(1{,}50 \text{ rad/s}).$

Depois de cancelar as incógnitas m e R, obtemos

$$\omega_f = 1{,}37 \text{ rad/s}. \qquad \text{(Resposta)}$$

Observe que a velocidade angular diminuiu porque a distância entre a parte da massa e o eixo de rotação aumentou.

11.9 PRECESSÃO DE UM GIROSCÓPIO

Objetivos do Aprendizado

Depois de ler este módulo, você será capaz de ...

11.9.1 Saber que a ação da força gravitacional sobre um giroscópio em rotação faz com que o vetor momento angular (e o próprio giroscópio) gire em torno do eixo vertical, um movimento conhecido como precessão.

11.9.2 Calcular a taxa de precessão de um giroscópio.

11.9.3 Saber que a taxa de precessão de um giroscópio não depende da massa do giroscópio.

Ideia-Chave

● A taxa de precessão de um giroscópio em rotação é dada por

$$\Omega = \frac{Mgr}{I\omega},$$

em que M é a massa do giroscópio, r é o braço de alavanca, I é o momento de inércia e ω é a velocidade angular.

Precessão de um Giroscópio ⏀ 11.9

Um giroscópio simples é formado por uma roda fixada a um eixo e livre para girar em torno do eixo. Se uma das extremidades do eixo de um giroscópio *estacionário* é apoiada em um suporte, como na Fig. 11.9.1*a*, e o giroscópio é liberado, o giroscópio cai, girando para baixo em torno da extremidade do suporte. Como a queda envolve uma rotação, é governada pela segunda lei de Newton para rotações, dada pela Eq. 11.7.4:

$$\vec{\tau} = \frac{d\vec{L}}{dt}. \qquad (11.9.1)$$

De acordo com a Eq. 11.9.1, o torque que causa a rotação para baixo (a queda) faz variar o momento angular $\vec{L}$ do giroscópio a partir do valor inicial, que é zero. O torque $\vec{\tau}$ é produzido pela força gravitacional $M\vec{g}$ sobre o centro de massa do giroscópio, que tomamos como o centro da roda. O braço de alavanca em relação à extremidade do suporte, situada no ponto O da Fig. 11.9.1*a*, é $\vec{r}$. O módulo de $\vec{\tau}$ é

$$\tau = Mgr \operatorname{sen} 90° = Mgr \qquad (11.9.2)$$

(já que o ângulo entre $M\vec{g}$ e $\vec{r}$ é 90°) e o sentido é o que aparece na Fig. 11.9.1*a*.

Um giroscópio que gira rapidamente se comporta de outra forma. Suponha que o giroscópio seja liberado com o eixo ligeiramente inclinado para cima. Nesse caso, começa a cair, girando em torno de um eixo horizontal que passa por O, mas, em seguida, com a roda ainda girando em torno do eixo, passa a girar horizontalmente

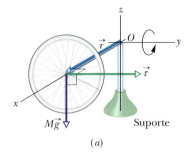

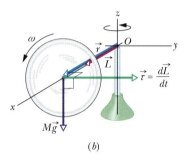

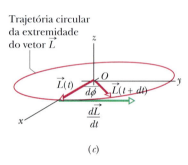

Figura 11.9.1 (a) Um giroscópio parado gira em um plano xz devido ao torque $\vec{\tau}$ produzido pela força gravitacional. (b) Um giroscópio que gira rapidamente com momento angular $\vec{L}$ executa um movimento de precessão em torno do eixo z. O movimento de precessão acontece no plano xy. (c) A variação $d\vec{L}/dt$ do momento angular leva a uma rotação de $\vec{L}$ em torno do ponto O.

em torno de um eixo vertical que passa pelo ponto O, um movimento que é chamado **precessão**.

Por que o Giroscópio Não Cai? Por que o giroscópio em rotação permanece suspenso em vez de cair, como o giroscópio estacionário? Isso acontece porque, quando o giroscópio em rotação é liberado, o torque produzido pela força gravitacional, $M\vec{g}$, faz variar, não um momento angular inicialmente nulo, mas um momento angular já existente, graças à rotação da roda.

Para entender por que esse momento angular inicial leva à precessão, considere o momento angular $\vec{L}$ do giroscópio devido à rotação da roda. Para simplificar a situação, suponha que a rotação é tão rápida que o momento angular devido à precessão é desprezível em relação a $\vec{L}$. Suponha também que o eixo do giroscópio está na horizontal quando a precessão começa, como na Fig. 11.9.1b. O módulo de $\vec{L}$ é dado pela Eq. 11.7.6:

$$L = I\omega, \qquad (11.9.3)$$

em que I é o momento de inércia do giroscópio em relação ao eixo e ω é a velocidade angular da roda. O vetor $\vec{L}$ aponta ao longo do eixo do giroscópio, como na Fig. 11.9.1b. Como $\vec{L}$ é paralelo a $\vec{r}$, o torque $\vec{\tau}$ é perpendicular a $\vec{L}$.

De acordo com a Eq. 11.9.1, o torque $\vec{\tau}$ causa uma variação incremental $d\vec{L}$ do momento angular do giroscópio em um intervalo de tempo incremental dt, ou seja,

$$d\vec{L} = \vec{\tau}\, dt. \qquad (11.9.4)$$

Entretanto, no caso de um giroscópio que *gira rapidamente*, o módulo de $\vec{L}$ é fixado pela Eq. 11.9.3. Assim, o torque pode mudar a orientação de $\vec{L}$, mas não o módulo.

De acordo com a Eq. 11.9.4, a orientação de $d\vec{L}$ é a mesma de $\vec{\tau}$, perpendicular a $\vec{L}$. A única maneira pela qual $\vec{L}$ pode variar na direção de $\vec{\tau}$ sem que o módulo L seja alterado é girar em torno do eixo z, como na Fig. 11.9.1c. Assim, $\vec{L}$ conserva o módulo, a extremidade do vetor $\vec{L}$ descreve uma trajetória circular e $\vec{\tau}$ é sempre tangente a essa trajetória. Como $\vec{L}$ tem de apontar na direção do eixo da roda, o eixo tem de girar em torno do eixo z na direção de $\vec{\tau}$. Essa é a origem da precessão. Como o giroscópio em rotação precisa obedecer à segunda lei de Newton para rotações em resposta a qualquer mudança do momento angular inicial, ele precisa realizar uma precessão em vez de simplesmente tombar.

Precessão. Podemos calcular a **taxa de precessão** Ω usando primeiro as Eqs. 11.9.4 e 11.9.2 para obter o módulo de $d\vec{L}$:

$$dL = \tau\, dt = Mgr\, dt. \qquad (11.9.5)$$

Quando $\vec{L}$ varia de um valor incremental durante um tempo incremental dt, o eixo e $\vec{L}$ precessam em torno do eixo z de um ângulo incremental $d\phi$. (Na Fig. 11.9.1c, o ângulo $d\phi$ foi exagerado para maior clareza.) Com a ajuda das Eqs. 11.9.3 e 11.9.5, descobrimos que $d\phi$ é dado por

$$d\phi = \frac{dL}{L} = \frac{Mgr\, dt}{I\omega}.$$

Dividindo essa expressão por dt e fazendo a taxa de precessão Ω igual a $d\phi/dt$, obtemos

$$\Omega = \frac{Mgr}{I\omega} \quad \text{(velocidade de precessão)}. \qquad (11.9.6)$$

Esse resultado é válido contanto que a velocidade angular ω seja elevada. Note que Ω diminui quando ω aumenta. Observe também que não haveria precessão se a força gravitacional $M\vec{g}$ não agisse sobre o giroscópio; entretanto, como I é uma função linear de M, as massas no numerador e denominador da Eq. 11.9.6 se cancelam, ou seja, Ω não depende da massa do corpo.

A Eq. 11.9.6 também é válida quando o eixo do giroscópio faz um ângulo diferente de zero com a horizontal e, portanto, pode ser aplicada a um pião de brinquedo.

Teste 11.9.1

A taxa de precessão aumenta, diminui ou permanece a mesma quando (a) aumentamos a velocidade angular ω, (b) aumentamos a massa sem mudar o braço de alavanca r e (c) diminuímos o valor de g transportando o giroscópio do nível do mar para o alto de uma montanha?

Revisão e Resumo

Corpos em Rolagem No caso de uma roda de raio R rolando suavemente,

$$v_{CM} = \omega R, \qquad (11.1.2)$$

em que v_{CM} é a velocidade linear do centro de massa da roda e ω é a velocidade angular da roda em torno do centro. A roda pode também ser vista como se estivesse girando instantaneamente em torno do ponto P do "piso" que está em contato com a roda. A velocidade angular da roda em torno desse ponto é igual à velocidade angular da roda em torno do centro. Uma roda que rola tem uma energia cinética dada por

$$K = \tfrac{1}{2} I_{CM} \omega^2 + \tfrac{1}{2} M v_{CM}^2, \qquad (11.2.3)$$

em que I_{CM} é o momento de inércia da roda em relação ao centro de massa e M é a massa da roda. Se a roda está sendo acelerada, mas rola suavemente, a aceleração do centro de massa $\vec{a}_{CM}$ está relacionada à aceleração angular α em relação ao centro de rotação por meio da equação

$$a_{CM} = \alpha R. \qquad (11.2.4)$$

Se a roda desce uma rampa de ângulo θ rolando suavemente, a aceleração ao longo de um eixo x paralelo à rampa é dada por

$$a_{CM,x} = -\frac{g \operatorname{sen} \theta}{1 + I_{CM}/MR^2}. \qquad (11.2.8)$$

O Torque como um Vetor Em três dimensões, o *torque* $\vec{\tau}$ é uma grandeza vetorial definida em relação a um ponto fixo (em geral, a origem) por meio da equação

$$\vec{\tau} = \vec{r} \times \vec{F}, \qquad (11.4.1)$$

em que $\vec{F}$ é a força aplicada à partícula e $\vec{r}$ é o vetor posição da partícula em relação ao ponto fixo. O módulo de $\vec{\tau}$ é dado por

$$\tau = rF \operatorname{sen}\phi = rF_{\perp} = r_{\perp} F, \quad (11.4.2, 11.4.3, 11.4.4)$$

em que ϕ é o ângulo entre $\vec{F}$ e $\vec{r}$, $F_{\perp}$ é a componente de $\vec{F}$ perpendicular a $\vec{r}$, e $r_{\perp}$ é o braço de alavanca de $\vec{F}$. A orientação de $\vec{\tau}$ é dada pela regra da mão direita.

Momento Angular de uma Partícula O *momento angular* $\vec{\ell}$ de uma partícula com momento linear $\vec{p}$, massa m e velocidade linear $\vec{v}$ é uma grandeza vetorial definida em relação a um ponto fixo (em geral, a origem) por meio da equação

$$\vec{\ell} = \vec{r} \times \vec{p} = m(\vec{r} \times \vec{v}). \qquad (11.5.1)$$

O módulo de $\vec{\ell}$ é dado por

$$\ell = rmv \operatorname{sen}\phi \qquad (11.5.2)$$
$$= rp_{\perp} = rmv_{\perp} \qquad (11.5.3)$$
$$= r_{\perp} p = r_{\perp} mv, \qquad (11.5.4)$$

em que ϕ é o ângulo entre $\vec{r}$ e $\vec{p}$, $p_{\perp}$ e $v_{\perp}$ são as componentes de $\vec{p}$ e $\vec{v}$ perpendiculares a $\vec{r}$, e $r_{\perp}$ é a distância perpendicular entre o ponto fixo e a extensão de $\vec{p}$. A orientação de $\vec{\ell}$ é dada pela regra da mão direita para produtos vetoriais.

Segunda Lei de Newton para Rotações A segunda lei de Newton para a rotação de uma partícula pode ser escrita na forma

$$\vec{\tau}_{res} = \frac{d\vec{\ell}}{dt}, \qquad (11.6.2)$$

em que $\vec{\tau}_{res}$ é o torque resultante que age sobre a partícula e $\vec{\ell}$ é o momento angular da partícula.

Momento Angular de um Sistema de Partículas O momento angular $\vec{L}$ de um sistema de partículas é a soma vetorial dos momentos angulares das partículas:

$$\vec{L} = \vec{\ell}_1 + \vec{\ell}_2 + \cdots + \vec{\ell}_n = \sum_{i=1}^{n} \vec{\ell}_i. \qquad (11.7.1)$$

A taxa de variação com o tempo do momento angular é igual ao torque externo resultante que age sobre o sistema (a soma vetorial dos torques produzidos pelas interações das partículas do sistema com partículas externas ao sistema):

$$\vec{\tau}_{res} = \frac{d\vec{L}}{dt} \quad \text{(sistema de partículas)}. \qquad (11.7.4)$$

Momento Angular de um Corpo Rígido No caso de um corpo rígido que gira em torno de um eixo fixo, a componente do momento angular paralela ao eixo de rotação é

$$L = I\omega \quad \text{(corpo rígido, eixo fixo)}. \qquad (11.7.6)$$

Conservação do Momento Angular O momento angular $\vec{L}$ de um sistema permanece constante se o torque externo resultante que age sobre o sistema é nulo:

$$\vec{L} = \text{constante} \quad \text{(sistema isolado)} \quad (11.8.1)$$

ou $\quad \vec{L}_i = \vec{L}_f \quad$ (sistema isolado). $\quad (11.8.2)$

Essa é a **lei de conservação do momento angular**.

Precessão de um Giroscópio Um giroscópio pode realizar, em torno de um eixo vertical que passa pelo suporte, um movimento de precessão a uma taxa dada por

$$\Omega = \frac{Mgr}{I\omega}, \quad (11.9.6)$$

em que M é a massa do giroscópio, r é o braço de alavanca, I é o momento de inércia e ω é a velocidade angular do giroscópio.

Perguntas

1 A Fig. 11.1 mostra três partículas de mesma massa e mesma velocidade escalar constante que se movem nas orientações indicadas pelos vetores velocidade. Os pontos a, b, c e d formam um quadrado, com o ponto e no centro. Ordene os pontos de acordo com o módulo do momento angular resultante em relação aos pontos do sistema de três partículas, em ordem decrescente.

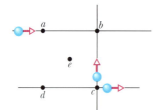

Figura 11.1 Pergunta 1.

2 A Fig. 11.2 mostra duas partículas, A e B, nas coordenadas (1 m, 1 m, 0) e (1 m, 0, 1 m). Sobre cada partícula agem três forças numeradas de mesmo módulo, cada uma paralela a um dos eixos. (a) Qual das forças produz um torque, em relação à origem, paralelo a y? (b) Ordene as forças de acordo com o módulo do torque em relação à origem que aplicam às partículas, em ordem decrescente.

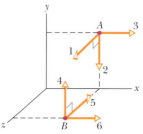

Figura 11.2 Pergunta 2.

3 O que acontece ao ioiô inicialmente estacionário da Fig. 11.3 se é puxado, com o auxílio da corda, (a) pela força $\vec{F}_2$ (cuja linha de ação passa pelo ponto de contato do ioiô com a mesa, como mostra a figura), (b) pela força $\vec{F}_1$ (cuja a linha de ação passa acima do ponto de contato) e (c) pela força $\vec{F}_3$ (cuja linha de ação passa à direita do ponto de contato)?

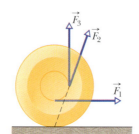

Figura 11.3 Pergunta 3.

4 O vetor posição $\vec{r}$ de uma partícula em relação a um certo ponto tem um módulo de 3 m, e a força $\vec{F}$ aplicada à partícula tem um módulo de 4 N. Qual é o ângulo entre $\vec{r}$ e $\vec{F}$ se o módulo do torque associado é igual (a) a zero e (b) a 12 N · m?

5 Na Fig. 11.4, três forças de mesmo módulo são aplicadas a uma partícula localizada na origem ($\vec{F}_1$ é aplicada perpendicularmente ao plano do papel). Ordene as forças de acordo com os módulos do torque que produzem (a) em relação ao ponto P_1, (b) em relação ao ponto P_2 e (c) em relação ao ponto P_3, em ordem decrescente.

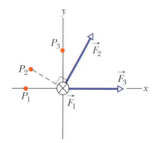

Figura 11.4 Pergunta 5.

6 O momento angular $\ell(t)$ de uma partícula em quatro situações é (1) $\ell = 3t + 4$; (2) $\ell = -6t^2$; (3) $\ell = 2$; (4) $\ell = 4/t$. Em que situação o torque resultante que age sobre a partícula é (a) zero, (b) positivo e constante, (c) negativo e com o módulo crescente para $t > 0$ e (d) negativo e com o módulo decrescente para $t > 0$?

7 Um besouro-rinoceronte está na borda de um disco horizontal que gira como um carrossel no sentido anti-horário. Se o besouro caminha ao longo da borda no sentido da rotação, o módulo das grandezas a seguir (medidas em relação ao eixo de rotação) aumenta, diminui, ou permanece o mesmo (com o disco ainda girando no sentido anti-horário): (a) o momento angular do sistema besouro-disco, (b) o momento angular e velocidade angular do besouro e (c) o momento angular e velocidade angular do disco? (d) Quais são as respostas se o besouro caminha no sentido oposto ao da rotação?

8 A Fig. 11.5 mostra a vista superior de uma placa retangular que pode girar como um carrossel em torno do centro O. Também são mostradas sete trajetórias ao longo das quais bolinhas de goma de mascar podem ser jogadas (todas com a mesma velocidade escalar e mesma massa) para grudar na placa estacionária. (a) Ordene as trajetórias, em ordem decrescente, de acordo com a velocidade angular da placa (e da goma de mascar) após a goma grudar. (b) Para que trajetórias o momento angular da placa (e da goma) em relação ao ponto O é negativo do ponto de vista da Fig. 11.5?

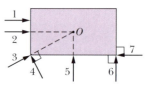

Figura 11.5 Pergunta 8.

9 A Fig. 11.6 mostra o módulo do momento angular L de uma roda em função do tempo t. Ordene os quatro intervalos de tempo, indicados por letras, de acordo com o módulo do torque que age sobre a roda, em ordem decrescente.

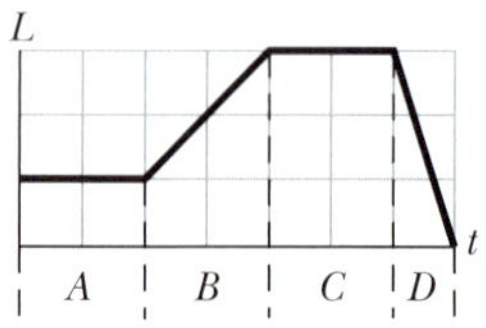

10 A Fig. 11.7 mostra uma partícula se movendo com velocidade constante $\vec{v}$ e cinco pontos com suas coordenadas xy. Ordene os pontos de acordo com o módulo do momento angular da partícula em relação a eles, em ordem decrescente.

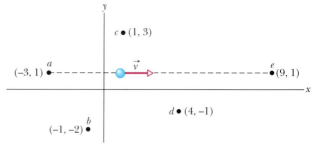

Figura 11.6 Pergunta 9.

Figura 11.7 Pergunta 10.

11 Uma bala de canhão e uma bola de gude rolam para baixo suavemente, a partir do repouso, em uma rampa. (a) A bala de canhão chega à base da rampa antes, ao mesmo tempo ou depois da bola de gude? (b) Ao chegar à base da rampa, a energia cinética de translação da bala de canhão é maior, igual ou menor que a da bola de gude?

12 Um cilindro de latão e um cilindro de madeira têm o mesmo raio e a mesma massa (o que significa que o cilindro de madeira é mais comprido). Os dois cilindros rolam suavemente para baixo em uma rampa, a partir do repouso. (a) Qual dos dois cilindros chega primeiro à base da rampa? (b) Se o cilindro de madeira é cortado para ficar com o mesmo comprimento do cilindro de latão, e uma cavidade é aberta ao longo do eixo central do cilindro de latão para que fique com a mesma massa que o cilindro de madeira, qual dos dois cilindros chega primeiro à base da rampa?

Problemas

F Fácil **M** Médio **D** Difícil
CVF Informações adicionais disponíveis no e-book *O Circo Voador da Física*, de Jearl Walker, LTC Editora, Rio de Janeiro, 2008.
CALC Requer o uso de derivadas e/ou integrais
BIO Aplicação biomédica

Módulo 11.1   Rolagem como uma Combinação de Translação e Rotação

1 **F** Um carro se move a 80,0 km/h em uma estrada plana no sentido positivo de um eixo x. Os pneus têm um diâmetro de 66 cm. Em relação a uma mulher que viaja no carro e na notação dos vetores unitários, determine a velocidade $\vec{v}$ (a) no centro, (b) no alto e (c) na base de cada pneu e o módulo a da aceleração (d) no centro, (e) no alto e (f) na base de cada pneu. Em relação a uma pessoa parada no acostamento da estrada e na notação dos vetores unitários, determine a velocidade $\vec{v}$ (g) no centro, (h) no alto e (i) na base de cada pneu e o módulo da aceleração a (j) no centro, (k) no alto e (l) na base de cada pneu.

2 **F** Os pneus de um automóvel que se move a 80 km/h têm 75,0 cm de diâmetro. (a) Qual é a velocidade angular dos pneus em relação aos respectivos eixos? (b) Se o carro é freado com aceleração constante e as rodas descrevem 30 voltas completas (sem deslizamento), qual é o módulo da aceleração angular das rodas? (c) Que distância o carro percorre durante a frenagem?

Módulo 11.2   As Forças e a Energia Cinética da Rolagem

3 **F** Um aro de 140 kg rola em um piso horizontal de tal forma que o centro de massa tem uma velocidade de 0,150 m/s. Qual é o trabalho necessário para fazê-lo parar?

4 **F** Uma esfera maciça, homogênea, rola para baixo em uma rampa. (a) Qual deve ser o ângulo de inclinação da rampa para que a aceleração linear do centro da esfera tenha um módulo de $0,10g$? (b) Se um bloco sem atrito deslizasse para baixo na mesma rampa, o módulo da aceleração seria maior, menor ou igual a $0,10g$? Por quê?

5 **F** Um carro de 1.000 kg tem quatro rodas de 10 kg. Quando o carro está em movimento, que fração da energia cinética total se deve à rotação das rodas em torno dos respectivos eixos? Suponha que as rodas tenham o mesmo momento de inércia que discos homogêneos de mesma massa e tamanho. Por que não é preciso conhecer o raio das rodas?

6 **M** A Fig. 11.8 mostra a velocidade escalar v em função do tempo t para um objeto de 0,500 kg e 6,00 cm de raio que rola suavemente para baixo em uma rampa de 30°. A escala do eixo das velocidades é definida por $v_s = 4,0$ m/s. Qual é o momento de inércia do objeto?

7 **M** Na Fig. 11.9, um cilindro maciço com 10 cm de raio e massa de 12 kg parte do repouso e rola para baixo uma distância $L = 6,0$ m, sem deslizar, em um telhado com uma inclinação $\theta = 30°$. (a) Qual é a velocidade angular do cilindro em relação ao eixo central ao deixar o telhado? (b) A borda do telhado está a uma altura $H = 5,0$ m. A que distância horizontal da borda do telhado o cilindro atinge o chão?

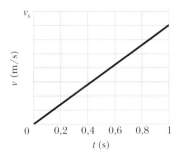

Figura 11.8 Problema 6.

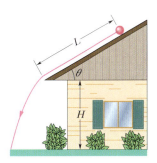

Figura 11.9 Problema 7.

8 **M** A Fig. 11.10 mostra a energia potencial $U(x)$ de uma bola maciça que pode rolar ao longo de um eixo x. A escala do eixo U é definida por $U_s = 100$ J. A bola é homogênea, rola suavemente e possui uma massa de 0,400 kg. Ela é liberada em $x = 7,0$ m quando se move no sentido negativo do eixo x com uma energia mecânica de 75 J. (a) Se a bola pode chegar ao ponto $x = 0$ m, qual é sua velocidade nesse ponto? Se não pode, qual é o ponto de retorno? Suponha que, em vez disso, a bola esteja se movendo no sentido positivo do eixo x ao ser liberada em $x = 7,0$ m com 75 J. (b) Se a bola pode chegar ao ponto $x = 13$ m, qual é sua velocidade nesse ponto? Se não pode, qual é o ponto de retorno?

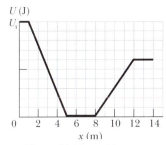

Figura 11.10 Problema 8.

9 **M** Na Fig. 11.11, uma bola maciça rola suavemente a partir do repouso (começando na altura $H = 6,0$ m) até deixar a parte horizontal no fim da pista, a uma altura $h = 2,0$ m. A que distância horizontal do ponto A a bola toca o chão?

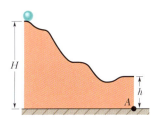

Figura 11.11 Problema 9.

10 **M** Uma esfera oca, com 0,15 m de raio e momento de inércia $I = 0,040$ kg·m² em relação a uma reta que passa pelo centro de massa, rola sem deslizar, subindo uma superfície com uma inclinação de 30° em relação à horizontal. Em determinada posição inicial, a energia cinética total da esfera é 20 J. (a) Quanto dessa energia cinética inicial se deve à rotação? (b) Qual é a velocidade do centro de massa da esfera na posição inicial? Após a esfera ter se deslocado 1,0 m ao longo da superfície inclinada a partir da posição inicial, qual é (c) a energia cinética total e (d) qual é a velocidade do centro de massa?

11 M Na Fig. 11.12, uma força horizontal constante $\vec{F}$ de módulo 10 N é aplicada a uma roda de massa 10 kg e raio 0,30 m. A roda rola suavemente na superfície horizontal, e o módulo da aceleração do centro de massa é 0,60 m/s². (a) Na notação dos vetores unitários, qual é a força de atrito que age sobre a roda? (b) Qual é o momento de inércia da roda em relação ao eixo de rotação, que passa pelo centro de massa?

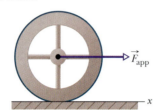

Figura 11.12 Problema 11.

12 M Na Fig. 11.13, uma bola maciça de latão, de massa 0,280 g, rola suavemente ao longo do trilho quando é liberada a partir do repouso no trecho retilíneo. A parte circular do trilho tem um raio $R = 14,0$ cm e a bola tem um raio $r \ll R$. (a) Quanto vale h se a bola está na iminência de perder contato com o trilho quando chega ao ponto mais alto da parte curva do trilho? Se a bola é liberada a uma altura $h = 6,00R$, qual é (b) o módulo e (c) qual é a orientação da componente horizontal da força que age sobre a bola no ponto Q?

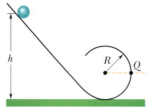

Figura 11.13 Problema 12.

13 D *Bola não homogênea.* Na Fig. 11.14, uma bola, de massa M e raio R, rola suavemente, a partir do repouso, descendo uma rampa e passando por uma pista circular com 0,48 m de raio. A altura inicial da bola é $h = 0,36$ m. Na parte mais baixa da curva, o módulo da força normal que a pista exerce sobre a bola é $2,00Mg$. A bola é formada por uma casca esférica externa homogênea (com uma certa massa específica) e uma esfera central, também homogênea (com uma massa específica diferente). O momento de inércia da bola é dado pela expressão geral $I = \beta MR^2$, mas β não é igual a 0,4, como no caso de uma bola homogênea. Determine o valor de β.

Figura 11.14 Problema 13.

14 D Na Fig. 11.15, uma bola pequena, maciça, homogênea, é lançada do ponto P, rola suavemente em uma superfície horizontal, sobe uma rampa e chega a um platô. Em seguida, deixa o platô horizontalmente para pousar em outra superfície mais abaixo, a uma distância horizontal d da extremidade do platô. As alturas verticais são $h_1 = 5,00$ cm e $h_2 = 1,60$ cm. Com que velocidade a bola deve ser lançada no ponto P para pousar em $d = 6,00$ cm?

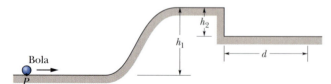

Figura 11.15 Problema 14.

15 D CVF Um jogador de boliche arremessa uma bola de raio $R = 11$ cm ao longo de uma pista. A bola (Fig. 11.16) desliza na pista com uma velocidade inicial $v_{CM} = 8,5$ m/s e velocidade angular inicial $\omega_0 = 0$.

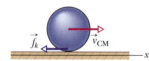

Figura 11.16 Problema 15.

O coeficiente de atrito cinético entre a bola e a pista é 0,21. A força de atrito cinético $\vec{f}_k$ que age sobre a bola produz uma aceleração linear e uma aceleração angular. Quando a velocidade v_{CM} diminui o suficiente e a velocidade angular ω aumenta o suficiente, a bola para de deslizar e passa a rolar suavemente. (a) Qual é o valor de v_{CM} em termos de ω nesse instante? Durante o deslizamento, qual é (b) a aceleração linear e (c) qual é a aceleração angular da bola? (d) Por quanto tempo a bola desliza? (e) Que distância a bola desliza? (f) Qual é a velocidade linear da bola quando começa a rolar suavemente?

16 D *Objeto cilíndrico não homogêneo.* Na Fig. 11.17, um objeto cilíndrico de massa M e raio R rola suavemente descendo uma rampa, a partir do repouso, e passa para um trecho horizontal da pista. Em seguida, o objeto sai da pista, pousando no solo a uma distância horizontal $d = 0,506$ m do fim da pista. A altura inicial do objeto é $H = 0,90$ m; a extremidade da pista está a uma altura $h = 0,10$ m. O objeto é composto por uma camada cilíndrica externa, homogênea (com uma certa massa específica), e um cilindro central, também homogêneo (com uma massa específica diferente). O momento de inércia do objeto é dado pela expressão geral $I = \beta MR^2$, mas β não é igual a 0,5, como no caso de um cilindro homogêneo. Determine o valor de β.

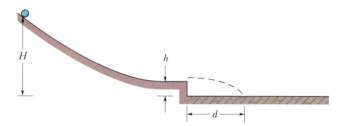

Figura 11.17 Problema 16.

Módulo 11.3 O ioiô

17 F CVF Um ioiô possui um momento de inércia de 950 g·cm² e uma massa de 120 g. O raio do eixo é 3,2 mm e a corda tem 120 cm de comprimento. O ioiô rola para baixo, a partir do repouso, até a extremidade da corda. (a) Qual é o módulo da aceleração linear do ioiô? (b) Quanto tempo o ioiô leva para chegar à extremidade da corda? Ao chegar à extremidade da corda, (c) qual é a velocidade linear, (d) qual é a energia cinética de translação, (e) qual é a energia cinética de rotação e (f) qual é a velocidade angular?

18 F CVF Em 1980, na Baía de San Francisco, um grande ioiô foi solto de um guindaste. O ioiô de 116 kg era formado por dois discos homogêneos com 32 cm de raio, ligados por um eixo com 3,2 cm de raio. Qual foi o módulo da aceleração do ioiô (a) durante a descida e (b) durante a subida? (c) Qual foi a tração da corda? (d) A tração estava próxima do limite de resistência da corda, 52 kN? Suponha que você construa uma versão ampliada do ioiô (com a mesma forma e usando os mesmos materiais, porém maior). (e) O módulo da aceleração do seu ioiô durante a queda será maior, menor ou igual ao do ioiô de San Francisco? (f) E a tração da corda?

Módulo 11.4 Revisão do Torque

19 F Na notação dos vetores unitários, qual é o torque resultante em relação à origem a que está submetida uma pulga localizada nas coordenadas (0; −4,0 m; 5,0 m) quando as forças $\vec{F}_1 = (3,0 \text{ N})\hat{k}$ e $\vec{F}_2 = (-2,0 \text{ N})\hat{j}$ agem sobre a pulga?

20 F Uma ameixa está localizada nas coordenadas (−2,0 m; 0; 4,0 m). Na notação dos vetores unitários, qual é o torque em relação à origem a que está submetida a ameixa se esse torque se deve a uma força $\vec{F}$ cuja única componente é (a) $F_x = 6,0$ N, (b) $F_x = -6,0$ N, (c) $F_z = 6,0$ N, (d) $F_z = -6,0$ N?

21 F Na notação dos vetores unitários, qual é o torque em relação à origem a que está submetida uma partícula localizada nas coordenadas

(0; −4,0 m; 3,0 m) se esse torque se deve (a) a uma força $\vec{F}_1$ de componentes F_{1x} = 2,0 N, F_{1y} = F_{1z} = 0, e (b) a uma força $\vec{F}_2$ de componentes F_{2x} = 0, F_{2y} = 2,0 N, F_{2z} = 4,0 N?

22 M Uma partícula se move em um sistema de coordenadas *xyz* sob a ação de uma força. Quando o vetor posição da partícula é $\vec{r}$ = (2,00 m)$\hat{i}$ − (3,00 m)$\hat{j}$ + (2,00 m)$\hat{k}$, a força é $\vec{F}$ = $F_x\hat{i}$ + (7,00 N)$\hat{j}$ − (6,00 N)$\hat{k}$ e o torque correspondente em relação à origem é $\vec{\tau}$ = (4,00 N · m)$\hat{i}$ + (2,00 N · m)$\hat{j}$ − (1,00 N · m)$\hat{k}$. Determine F_x.

23 M A força $\vec{F}$ = (2,0 N)$\hat{i}$ − (3,0 N)$\hat{k}$ age sobre uma pedra cujo vetor posição é $\vec{r}$ = (0,50 m)$\hat{j}$ −(2,0 m)$\hat{k}$ em relação à origem. Em termos dos vetores unitários, qual é o torque resultante a que a pedra está submetida (a) em relação à origem e (b) em relação ao ponto (2,0 m; 0; −3,0 m)?

24 M Na notação dos vetores unitários, qual é o torque em relação à origem a que está submetido um vidro de pimenta localizado nas coordenadas (3,0 m; −2,0 m; 4,0 m) (a) devido à força $\vec{F}_1$ = (3,0 N)$\hat{i}$ − (4,0 N)$\hat{j}$ + (5,0 N)$\hat{k}$, (b) devido à força $\vec{F}_2$ = (3,0 N)$\hat{i}$ − (4,0 N)$\hat{j}$ − (5,0 N)$\hat{k}$ e (c) devido à soma vetorial de $\vec{F}_1$ e $\vec{F}_2$? (d) Repita o item (c) para o torque em relação ao ponto de coordenadas (3,0 m; 2,0 m; 4,0 m).

25 M A força $\vec{F}$ = (−8,0 N)$\hat{i}$ + (6,0 N)$\hat{j}$ age sobre uma partícula cujo vetor posição é $\vec{r}$ = (3,0 m)$\hat{i}$ + (4,0 m)$\hat{j}$. (a) Qual é o torque em relação à origem a que está submetida a partícula, em termos dos vetores unitários? (b) Qual é o ângulo entre $\vec{r}$ e $\vec{F}$?

Módulo 11.5 Momento Angular

26 F No instante da Fig. 11.18, uma partícula *P* de 2,0 kg tem um vetor posição $\vec{r}$ de módulo 3,0 m e ângulo θ_1 = 45° e uma velocidade $\vec{v}$ de módulo 4,0 m/s e ângulo θ_2 = 30°. A força $\vec{F}$, de módulo 2,0 N e ângulo θ_3 = 30°, age sobre *P*. Os três vetores estão no plano *xy*. Determine, em relação à origem, (a) o módulo e (b) a orientação do momento angular de *P* e (c) o módulo e (d) a orientação do torque que age sobre *P*.

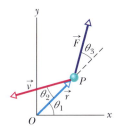

Figura 11.18 Problema 26.

27 F Em certo instante, a força $\vec{F}$ = 4,0$\hat{j}$ N age sobre um objeto de 0,25 kg cujo vetor posição é $\vec{r}$ = (2,0$\hat{i}$ − 2,0$\hat{k}$) e cujo vetor velocidade é $\vec{v}$ = (−5,0$\hat{i}$ + 5,0$\hat{k}$) m/s. Em relação à origem e na notação dos vetores unitários, determine (a) o momento angular do objeto e (b) o torque que age sobre o objeto.

28 F Um objeto de 2,0 kg, que se comporta como uma partícula, se move em um plano com componentes de velocidade v_x = 30 m/s e v_y = 60 m/s ao passar por um ponto de coordenadas (3,0; −4,0) m. Nesse instante, na notação dos vetores unitários, qual é o momento angular do objeto em relação (a) à origem e (b) ao ponto (−2,0; −2,0) m?

29 F No instante da Fig. 11.19, duas partículas se movem em um plano *xy*. A partícula P_1 tem massa de 6,5 kg e velocidade v_1 = 2,2 m/s e está a uma distância d_1 = 1,5 m do ponto *O*. A partícula P_2 tem massa de 3,1 kg e velocidade v_2 = 3,6 m/s e está a uma distância d_2 = 2,8 m do ponto *O*. (a) Qual é o módulo e (b) qual é a orientação do momento angular resultante das duas partículas em relação ao ponto *O*?

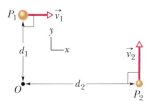

Figura 11.19 Problema 29.

30 M No instante em que o deslocamento de um objeto de 2,00 kg em relação à origem é $\vec{d}$ = (2,00 m)$\hat{i}$ + (4,00 m)$\hat{j}$ − (3,00 m)$\hat{k}$, a velocidade do objeto é $\vec{v}$ = −(6,00 m/s)$\hat{i}$ + (3,00 m/s)$\hat{j}$ + (3,00 m/s)$\hat{k}$ e o objeto está

sujeito a uma força $\vec{F}$ = (6,00 N)$\hat{i}$ − (8,00 N)$\hat{j}$ + (4,00 N)$\hat{k}$. Determine (a) a aceleração do objeto, (b) o momento angular do objeto em relação à origem, (c) o torque em relação à origem a que está submetido o objeto e (d) o ângulo entre a velocidade do objeto e a força que age sobre ele.

31 M Na Fig. 11.20, uma bola de 0,400 kg é lançada verticalmente para cima com velocidade inicial de 40,0 m/s. Qual é o momento angular da bola em relação a *P*, um ponto a uma distância horizontal de 2,00 m do ponto de lançamento, quando a bola está (a) na altura máxima

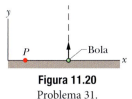

Figura 11.20 Problema 31.

e (b) na metade do caminho de volta ao chão? Qual é o torque em relação a *P* a que a bola é submetida devido à força gravitacional quando está (a) na altura máxima e (b) na metade do caminho de volta ao chão?

Módulo 11.6 Segunda Lei de Newton para Rotações

32 F CALC Uma partícula sofre a ação de dois torques em relação à origem: $\vec{\tau}_1$ tem um módulo de 2,0 N · m e aponta no sentido positivo do eixo *x*; $\vec{\tau}_2$ tem um módulo de 4,0 N · m e aponta no sentido negativo do eixo *y*. Determine $d\vec{\ell}/dt$, em que $\vec{\ell}$ é o momento angular da partícula em relação à origem, em termos dos vetores unitários.

33 F No instante *t* = 0, uma partícula de 3,0 kg com uma velocidade $\vec{v}$ = (5,0 m/s)$\hat{i}$ − (6,0 m/s)$\hat{j}$ está passando pelo ponto *x* = 3,0 m, *y* = 8,0 m. A partícula é puxada por uma força de 7,0 N no sentido negativo do eixo *x*. Determine, em relação à origem, (a) o momento angular da partícula, (b) o torque que age sobre a partícula e (c) a taxa com a qual o momento angular está variando.

34 F CALC Uma partícula se move em um plano *xy*, em torno da origem, no sentido horário, do ponto de vista do lado positivo do eixo *z*. Na notação dos vetores unitários, qual é o torque que age sobre a partícula se o módulo do momento angular da partícula em relação à origem é (a) 4,0 kg · m²/s, (b) 4,0t^2 kg · m²/s, (c) 4,0$\sqrt{t}$ kg · m²/s e (d) 4,0/t^2 kg · m²/s?

35 M CALC No instante *t*, o vetor $\vec{r}$ = 4,0$t^2\hat{i}$ − (2,0t + 6,0t^2)$\hat{j}$ fornece a posição de uma partícula de 3,0 kg em relação à origem de um sistema de coordenadas *xy* ($\vec{r}$ está em metros e *t* em segundos). (a) Escreva uma expressão para o torque em relação à origem que age sobre a partícula. (b) O módulo do momento angular da partícula em relação à origem está aumentando, diminuindo ou permanece o mesmo?

Módulo 11.7 Momento Angular de um Corpo Rígido

36 F A Fig. 11.21 mostra três discos homogêneos acoplados por duas correias. Uma correia passa pelas bordas dos discos *A* e *C*; a outra passa por um cubo do disco *A* e pela borda do disco *B*. As correias se movem suavemente, sem deslizar nas bordas e no cubo. O disco *A* tem raio *R* e seu cubo tem raio 0,5000*R*; o disco *B* tem raio 0,2500*R*; o disco *C* tem raio 2,000*R*. Os discos *B* e *C* têm a mesma massa específica (massa por unidade de volume) e a mesma espessura. Qual é a razão entre o módulo do momento angular do disco *C* e o módulo do momento angular do disco *B*?

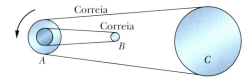

Figura 11.21 Problema 36.

37 F Na Fig. 11.22, três partículas de massa *m* = 23 g estão presas a três barras de comprimento *d* = 12 cm e massa desprezível. O conjunto gira em torno do ponto O com velocidade angular ω = 0,85 rad/s. Determine, em relação ao ponto O, (a) o momento de inércia do conjunto, (b) o módulo do momento angular da partícula do meio e (c) o módulo do momento angular do conjunto.

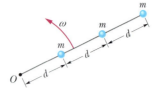

Figura 11.22   Problema 37.

38 F Um disco de polimento, com momento de inércia $1,2 \times 10^{-3}$ kg · m², está preso a uma broca elétrica cujo motor produz um torque de módulo 16 N · m em relação ao eixo central do disco. Com o torque aplicado durante 33 ms, qual é o módulo (a) do momento angular e (b) da velocidade angular do disco em relação a esse eixo?

39 F O momento angular de um volante com um momento de inércia de 0,140 kg · m² em relação ao eixo central diminui de 3,00 para 0,800 kg · m²/s em 1,50 s. (a) Qual é o módulo do torque médio em relação ao eixo central que age sobre o volante durante esse período? (b) Supondo uma aceleração angular constante, de que ângulo o volante gira? (c) Qual é o trabalho realizado sobre o volante? (d) Qual é a potência média do volante?

40 M CALC Um disco com um momento de inércia de 7,00 kg · m² gira como um carrossel sob o efeito de um torque variável dado por $\tau = (5,00 + 2,00t)$ N · m. No instante t = 1,00 s, o momento angular do disco é 5,00 kg · m²/s. Qual é o momento angular do disco no instante t = 3,00 s?

41 M A Fig. 11.23 mostra uma estrutura rígida formada por um aro, de raio R e massa m, e um quadrado feito de quatro barras finas, de comprimento R e massa m. A estrutura rígida gira com velocidade constante em torno de um eixo vertical, com um período de rotação de 2,5 s. Supondo que R = 0,50 m e m = 2,0 kg, calcule (a) o momento de inércia da estrutura em relação ao eixo de rotação e (b) o momento angular da estrutura em relação ao eixo.

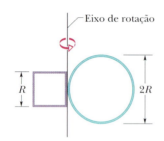

Figura 11.23   Problema 41.

42 M CALC A Fig. 11.24 mostra a variação com o tempo do torque τ que age sobre um disco inicialmente em repouso que pode girar como um carrossel em torno do centro. A escala do eixo τ é definida por τ_s = 4,0 N · m. Qual é o momento angular do disco em relação ao eixo de rotação no instante (a) t = 7,0 s e (b) no instante t = 20 s?

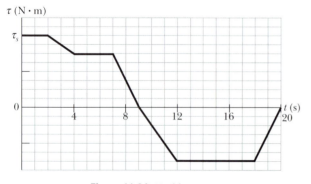

Figura 11.24   Problema 42.

Módulo 11.8   Conservação do Momento Angular

43 F Na Fig. 11.25, duas patinadoras com 50 kg de massa, que se movem com uma velocidade escalar de 1,4 m/s, se aproximam em trajetórias paralelas separadas por 3,0 m. Uma das patinadoras carrega uma vara comprida, de massa desprezível, segurando-a em uma extremidade, e a outra se agarra à outra extremidade ao passar pela vara, o que faz com que as patinadoras passem a descrever uma circunferência em torno do centro da vara. Suponha que o atrito entre as patinadoras e o gelo seja desprezível. Determine (a) o raio da circunferência, (b) a velocidade angular das patinadoras e (c) a energia cinética do sistema das duas patinadoras. Em seguida, as patinadoras puxam a vara até ficarem separadas por uma distância de 1,0 m. Nesse instante, (d) qual é a velocidade angular das patinadoras e (e) qual é a energia cinética do sistema? (f) De onde vem a energia cinética adicional?

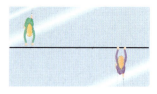

Figura 11.25   Problema 43.

44 F Uma barata, de massa 0,17 kg, corre no sentido anti-horário na borda de um disco circular de raio 15 cm e momento de inércia $5,0 \times 10^{-3}$ kg · m², montado em um eixo vertical com atrito desprezível. A velocidade da barata (em relação ao chão) é 2,0 m/s, e o disco gira no sentido horário com uma velocidade angular ω_0 = 2,8 rad/s. A barata encontra uma migalha de pão na borda e, obviamente, para. (a) Qual é a velocidade angular do disco depois que a barata para? A energia mecânica é conservada quando a barata para?

45 F Um homem está de pé em uma plataforma que gira (sem atrito) com uma velocidade angular de 1,2 rev/s; os braços do homem estão abertos e ele segura um tijolo em cada mão. O momento de inércia do sistema formado pelo homem, os tijolos e a plataforma em relação ao eixo vertical central da plataforma é 6,0 kg · m². Se, ao mover os braços, o homem reduz o momento de inércia do sistema para 2,0 kg · m², determine (a) a nova velocidade angular da plataforma e (b) a razão entre a nova energia cinética do sistema e a energia cinética inicial. (c) De onde vem a energia cinética adicional?

46 F O momento de inércia de uma estrela que sofre uma contração enquanto gira em torno de si mesma cai para 1/3 do valor inicial. Qual é a razão entre a nova energia cinética de rotação e a energia antiga?

47 F Uma pista é montada em uma grande roda que pode girar livremente, com atrito desprezível, em torno de um eixo vertical (Fig. 11.26). Um trem de brinquedo, de massa m, é colocado na pista e, com o sistema inicialmente em repouso, a alimentação elétrica do brinquedo é ligada. O trem adquire uma velocidade de 0,15 m/s em relação à pista. Qual é a velocidade angular da roda se esta tem massa de 1,1m e raio de 0,43 m? (Trate a roda como um aro e despreze a massa dos raios e do cubo da roda.)

Figura 11.26   Problema 47.

48 F Uma barata está no centro de um disco circular que gira livremente como um carrossel, sem torques externos. A barata caminha em direção à borda do disco, cujo raio é R. A Fig. 11.27 mostra a velocidade angular ω do sistema barata-disco durante a caminhada. A escala do eixo ω é definida por ω_a = 5,0 rad/s e ω_b = 6,0 rad/s. Qual é a razão entre o momento de inércia do inseto e o momento de inércia do disco, ambos calculados em relação ao eixo de rotação, quando a barata chega à borda do disco?

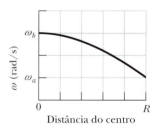

Figura 11.27   Problema 48.

49 Dois discos estão montados (como um carrossel) no mesmo eixo, com rolamentos de baixo atrito, e podem ser acoplados e girar como se fossem um só disco. O primeiro disco, com um momento de inércia de 3,30 kg · m² em relação ao eixo central, é posto para girar no sentido anti-horário a 450 rev/min. O segundo disco, com um momento de inércia de 6,60 kg · m² em relação ao eixo central, é posto para girar no sentido anti-horário a 900 rev/min. Em seguida, os discos são acoplados. (a) Qual é a velocidade angular dos discos após o acoplamento? Se, em vez disso, o segundo disco é posto para girar a 900 rev/min no sentido horário, qual é (b) a velocidade angular e (c) qual o sentido de rotação dos discos após o acoplamento?

50 O rotor de um motor elétrico tem um momento de inércia $I_m = 2,0 \times 10^{-3}$ kg · m² em relação ao eixo central. O motor é usado para mudar a orientação da sonda espacial na qual está montado. O eixo do motor coincide com o eixo central da sonda; a sonda possui um momento de inércia I_p = 12 kg · m² em relação a esse eixo. Calcule o número de revoluções do rotor necessárias para fazer a sonda girar 30° em torno do eixo central.

51 Uma roda está girando livremente com uma velocidade angular de 800 rev/min em torno de um eixo cujo momento de inércia é desprezível. Uma segunda roda, inicialmente em repouso e com um momento de inércia duas vezes maior que a primeira, é acoplada à mesma haste. (a) Qual é a velocidade angular da combinação resultante do eixo e duas rodas? (b) Que fração da energia cinética de rotação inicial é perdida?

52 Uma barata de massa m está na borda de um disco homogêneo de massa 4,00m que pode girar livremente em torno do centro como um carrossel. Inicialmente, a barata e o disco giram juntos com uma velocidade angular de 0,260 rad/s. A barata caminha até metade da distância ao centro do disco. (a) Qual é, nesse instante, a velocidade angular do sistema barata-disco? (b) Qual é a razão K/K_0 entre a nova energia cinética do sistema e a energia cinética antiga? (c) Por que a energia cinética varia?

53 Uma barra fina, homogênea, com 0,500 m de comprimento e 4,00 kg de massa, pode girar em um plano horizontal em torno de um eixo vertical que passa pelo centro da barra. A barra está em repouso quando uma bala de 3,0 g é disparada, no plano de rotação, em direção a uma das extremidades. Vista de cima, a trajetória da bala faz um ângulo θ = 60,0° com a barra (Fig. 11.28). Se a bala se aloja na barra e a velocidade angular da barra é 10 rad/s imediatamente após a colisão, qual era a velocidade da bala imediatamente antes do impacto?

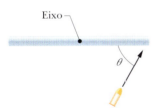

Figura 11.28 Problema 53.

54 A Fig. 11.29 mostra a vista, de cima, de um anel que pode girar em torno do centro como um carrossel. O raio externo R_2 é 0,800 m, o raio interno R_1 é $R_2/2,00$, a massa M é 8,00 kg e a massa da cruz no centro é desprezível. Inicialmente, o disco gira com uma velocidade angular de 8,00 rad/s, com um gato, de massa $m = M/4,00$, na borda externa, a uma distância R_2 do centro. De quanto o gato vai aumentar a energia cinética do sistema gato-disco se rastejar até a borda interna, de raio R_1?

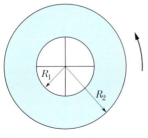

Figura 11.29 Problema 54.

55 Um disco de vinil, horizontal, de massa 0,10 kg e raio 0,10 m, gira livremente em torno de um eixo vertical que passa pelo centro com uma velocidade angular de 4,7 rad/s. O momento de inércia do disco em relação ao eixo de rotação é $5,0 \times 10^{-4}$ kg · m². Um pedaço de massa de modelar, de massa 0,020 kg, cai verticalmente e gruda na borda do disco. Qual é a velocidade angular do disco imediatamente após a massa cair?

56 No salto em distância, o atleta deixa o solo com um momento angular que tende a girar o corpo para a frente. Essa rotação, caso não seja controlada, impede que o atleta chegue ao solo com a postura correta. O atleta evita que ela ocorra girando os braços estendidos para "absorver" o momento angular (Fig. 11.8.3). Em 0,700 s, um dos braços descreve 0,500 rev e o outro descreve 1,000 rev. Trate cada braço como uma barra fina, de massa 4,0 kg e comprimento 0,60 m, girando em torno de uma das extremidades. Qual é o módulo do momento angular total dos braços do atleta em relação a um eixo de rotação comum, passando pelos ombros, no referencial do atleta?

57 Um disco homogêneo, de massa 10m e raio 3,0r, pode girar livremente como um carrossel em torno do centro fixo. Um disco homogêneo, menor, de massa m e raio r, está sobre o disco maior, concêntrico com ele. Inicialmente, os dois discos giram juntos com uma velocidade angular de 20 rad/s. Em seguida, uma pequena perturbação faz com que o disco menor deslize para fora em relação ao disco maior até que sua borda fique presa na borda do disco maior. Depois disso, os dois discos passam novamente a girar juntos (sem que haja novos deslizamentos). (a) Qual é a velocidade angular final do sistema em relação ao centro do disco maior? (b) Qual é a razão K/K_0 entre a nova energia cinética do sistema e a energia cinética inicial?

58 Uma plataforma horizontal na forma de um disco circular gira sem atrito em torno de um eixo vertical que passa pelo centro do disco. A plataforma tem uma massa de 150 kg, um raio de 2,0 m e um momento de inércia de 300 kg · m² em relação ao eixo de rotação. Uma estudante de 60 kg caminha lentamente, a partir da borda da plataforma, em direção ao centro. Se a velocidade angular do sistema é 1,5 rad/s quando a estudante está na borda, qual é a velocidade angular quando ela está a 0,50 m de distância do centro?

59 A Fig. 11.30 é a vista, de cima, de uma barra fina, homogênea, de comprimento 0,800 m e massa M, girando horizontalmente a 20,0 rad/s, no sentido anti-horário, em torno de um eixo que passa pelo centro. Uma partícula, de massa $M/3,00$, inicialmente presa a uma extremidade da barra, é liberada e assume uma trajetória perpendicular à posição da barra no instante em que a partícula foi liberada. Se a velocidade v_p da partícula é 6,00 m/s maior que a velocidade da barra imediatamente após a liberação, qual é o valor de v_p?

Figura 11.30 Problema 59.

60 Na Fig. 11.31, uma bala de 1,0 g é disparada contra um bloco de 0,50 kg preso à extremidade de uma barra não homogênea, de 0,50 kg com 0,60 m de comprimento. O sistema bloco-barra-bala passa a girar no plano do papel, em torno de um eixo fixo que passa pelo ponto A. O momento de inércia da barra em relação a esse eixo é 0,060 kg · m². Trate o bloco como uma partícula. (a) Qual é o momento de inércia do sistema bloco-haste-bala em relação ao eixo que passa pelo ponto A? (b) Se a velocidade angular do sistema em relação ao eixo que passa pelo ponto A imediatamente após o impacto é 4,5 rad/s, qual é a velocidade da bala imediatamente antes do impacto?

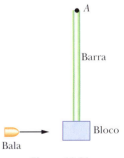

Figura 11.31 Problema 60.

61 Ⓜ A barra homogênea (de 0,60 m de comprimento e 1,0 kg de massa) mostrada na Fig. 11.32 gira no plano do papel em torno de um eixo que passa por uma das extremidades, com um momento de inércia de 0,12 kg · m². Quando passa pela posição mais baixa, a barra colide com uma bola, de massa de modelar, de 0,20 kg, que fica grudada na extremidade da barra. Se a velocidade angular da barra imediatamente antes da colisão é 2,4 rad/s, qual é a velocidade angular do sistema barra-massa de modelar imediatamente após a colisão?

Figura 11.32 Problema 61.

62 Ⓓ BIO CVF Um trapezista pretende dar quatro cambalhotas em um intervalo de tempo $\Delta t = 1{,}87$ s antes de chegar ao companheiro. No primeiro e no último quarto de volta, ele mantém o corpo esticado, como na Fig. 11.33, com um momento de inércia $I_1 = 19{,}9$ kg · m² em relação ao centro de massa (o ponto da figura). No resto do salto, mantém o corpo na posição grupada, com um momento de inércia $I_2 = 3{,}93$ kg · m². Qual deve ser a velocidade angular ω_2 do trapezista quando está na posição grupada?

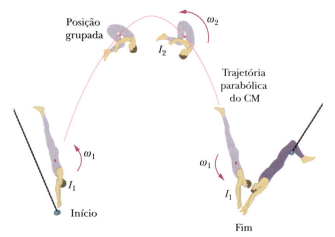

Figura 11.33 Problema 62.

63 Ⓓ Na Fig. 11.34, uma criança de 30 kg está de pé na borda de um carrossel estacionário, de raio 2,0 m. O momento de inércia do carrossel em relação ao eixo de rotação é 150 kg · m². A criança agarra uma bola, de massa 1,0 kg, lançada por um colega. Imediatamente antes de ser agarrada, a bola tem uma velocidade $\vec{v}$ de módulo 12 m/s que faz um ângulo $\phi = 37°$ com uma reta tangente à borda do carrossel, como mostra a figura. Qual é a velocidade angular do carrossel imediatamente após a criança agarrar a bola?

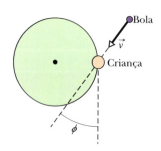

Figura 11.34 Problema 63.

64 Ⓓ BIO CVF Uma bailarina começa um *tour jeté* (Fig. 11.8.4a) com uma velocidade angular ω_i e um momento de inércia formado por duas partes: $I_{perna} = 1{,}44$ kg · m² da perna estendida, que faz um ângulo $\theta = 90{,}0°$ com o corpo, e $I_{tronco} = 0{,}660$ kg · m² do resto do corpo (principalmente o tronco). Quando está quase atingindo a altura máxima, as duas pernas fazem um ângulo $\theta = 30{,}0°$ com o corpo, e a velocidade angular é ω_f (Fig. 11.8.4b). Supondo que I_{tronco} permanece o mesmo, qual é o valor da razão ω_f / ω_i?

65 Ⓓ Duas bolas de 2,00 kg estão presas às extremidades de uma barra fina, de 50,0 cm de comprimento e massa desprezível. A barra está livre para girar sem atrito em um plano vertical em torno de um eixo horizontal que passa pelo centro. Com a barra inicialmente na horizontal (Fig. 11.35), um pedaço de massa de modelar de 50,0 g cai em uma das bolas, atingindo-a com uma velocidade de 3,00 m/s e aderindo a ela. (a) Qual é a velocidade angular do sistema imediatamente após o choque com a massa de modelar? (b) Qual é a razão entre a energia cinética do sistema após o choque e a energia cinética do pedaço de massa de modelar imediatamente antes do choque? (c) De que ângulo o sistema gira antes de parar momentaneamente?

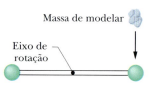

Figura 11.35 Problema 65.

66 Ⓓ Na Fig. 11.36, um pequeno bloco de 50 g desliza para baixo em uma superfície curva, sem atrito, a partir de uma altura $h = 20$ cm e depois adere a uma barra homogênea, de massa 100 g e comprimento 40 cm. A barra gira de um ângulo θ em torno do ponto O antes de parar momentaneamente. Determine θ.

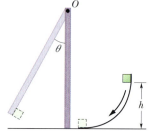

Figura 11.36 Problema 66.

67 Ⓓ A Fig. 11.37 é uma vista, de cima, de uma barra fina, homogênea, de comprimento 0,600 m e massa M, girando horizontalmente a 80,0 rad/s no sentido anti-horário em torno de um eixo que passa pelo centro. Uma partícula, de massa M/3,00, que se move horizontalmente com uma velocidade de 40,0 m/s, choca-se com a barra e fica presa. A trajetória da partícula é perpendicular à barra no momento do choque, que ocorre a uma distância d do centro da barra. (a) Para qual valor de d a barra e a partícula permanecem em repouso após o choque? (b) Em que sentido a barra e a partícula giram após o choque, se d é maior que o valor calculado em (a)?

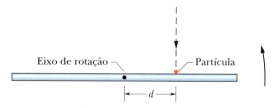

Figura 11.37 Problema 67.

Módulo 11.9 Precessão de um Giroscópio

68 Ⓜ Um pião gira a 30 rev/s em torno de um eixo que faz um ângulo de 30° com a vertical. A massa do pião é 0,50 kg, o momento de inércia em relação ao eixo central é $5{,}0 \times 10^{-4}$ kg · m² e o centro de massa está a 4,0 cm do ponto de apoio. Se a rotação é no sentido horário quando o pião é visto de cima, qual é (a) a taxa de precessão e (b) qual é o sentido da precessão quando o pião é visto de cima?

69 Ⓜ Um giroscópio é formado por um disco homogêneo com 50 cm de raio montado no centro de um eixo de 11 cm de comprimento e de massa desprezível. O eixo está na posição horizontal, apoiado em uma das extremidades. Se o disco está girando em torno do eixo a 1.000 rev/min, qual é a taxa de precessão?

Problemas Adicionais

70 Uma bola maciça, homogênea, rola suavemente em um piso horizontal e depois começa a subir uma rampa com uma inclinação de 15,0°. A bola para momentaneamente após ter rolado 1,50 m ao longo da rampa. Qual era a velocidade inicial?

71 Na Fig. 11.38, uma força horizontal constante $\vec{F}$ de módulo 12 N é aplicada a um cilindro maciço, homogêneo, por meio de uma linha de pescar enrolada no cilindro. A massa do cilindro é 10 kg, o raio é 0,10 m e o cilindro rola suavemente em uma superfície horizontal. (a) Qual é o módulo da aceleração do centro de massa do cilindro? (b) Qual é o módulo da aceleração angular do cilindro em relação ao centro de massa? (c) Em termos dos vetores unitários, qual é a força de atrito que age sobre o cilindro?

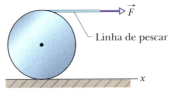

Figura 11.38 Problema 71.

72 Um cano de paredes finas rola no chão. Qual é a razão entre a energia cinética de translação e a energia cinética de rotação em relação ao eixo central do cano?

73 Um carro de brinquedo, de 3,0 kg, se move ao longo de um eixo x com uma velocidade dada por $\vec{v} = -2,0t^3\hat{i}$ m/s, com t em segundos. Para $t > 0$, qual é (a) o momento angular $\vec{L}$ do carro e (b) qual é o torque τ sobre o carro, ambos calculados em relação à origem? Qual é o valor (c) de $\vec{L}$ e (d) de $\vec{\tau}$ em relação ao ponto (2,0 m; 5,0 m; 0)? Qual é o valor (e) de $\vec{L}$ e (f) de $\vec{\tau}$ em relação ao ponto (2,0 m; −5,0 m; 0)?

74 Uma roda gira no sentido horário em torno do eixo central com um momento angular de 600 kg · m²/s. No instante $t = 0$, um torque, de módulo 50 N · m, é aplicado à roda para inverter a rotação. Em que instante t a velocidade angular da roda se anula?

75 Em um parquinho existe um pequeno carrossel com 1,20 m de raio e 180 kg de massa. O raio de giração do carrossel (ver Problema 79 do Capítulo 10) é 91,0 cm. Uma criança com 44,0 kg de massa corre a uma velocidade de 3,00 m/s em uma trajetória tangente à borda do carrossel, inicialmente em repouso, e pula no carrossel. Despreze o atrito entre os rolamentos e o eixo do carrossel. Calcule (a) o momento de inércia do carrossel em relação ao eixo de rotação, (b) o módulo do momento angular da criança em relação ao eixo de rotação do carrossel e (c) a velocidade angular do carrossel e da criança após a criança saltar no carrossel.

76 Um bloco homogêneo, de granito, em forma de livro possui faces de 20 cm por 15 cm e uma espessura de 1,2 cm. A massa específica (massa por unidade de volume) do granito é 2,64 g/cm³. O bloco gira em torno de um eixo perpendicular às faces, situado a meia distância entre o centro e um dos cantos. O momento angular em torno desse eixo é 0,104 kg · m²/s. Qual é a energia cinética de rotação do bloco em torno desse eixo?

77 Duas partículas, de massa $2,90 \times 10^{-4}$ kg e velocidade 5,46 m/s, se movem em sentidos opostos ao longo de retas paralelas separadas por uma distância de 4,20 cm. (a) Qual é o módulo L do momento angular do sistema das duas partículas em relação ao ponto médio da distância entre as duas retas? (b) O valor de L muda se o ponto em relação ao qual é calculado não está a meia distância entre as retas? Se o sentido de movimento de uma das partículas é invertido, qual é (c) a resposta do item (a) e (d) qual é a resposta do item (b)?

78 Uma roda com 0,250 m de raio, que está se movendo inicialmente a 43,0 m/s, rola 225 m até parar. Calcule o módulo (a) da aceleração linear e (b) da aceleração angular da roda. (c) Se o momento de inércia da roda em torno do eixo central é 0,155 kg · m², calcule o módulo do torque em relação ao eixo central devido ao atrito sobre a roda.

79 **CALC** *Variação da velocidade angular.* Na Fig. 11.8.6, uma barata de massa m está em um disco homogêneo de massa $M = 8,00m$ e raio $R = 0,0800$ m. O disco gira como um carrossel em torno do eixo central. Inicialmente, a barata está em $r = 0$ e a velocidade angular do disco é $\omega_i = 1,50$ rad/s. Trate a barata como se fosse uma partícula. A barata rasteja na direção da borda do disco. Quando ela está passando por $r = 0,800R$, qual é, nesse momento, a taxa de variação $d\omega/dr$ da velocidade angular?

80 *Rolando para uma argola.* Na Fig. 11.39, três objetos são liberados sucessivamente, a partir do repouso, de uma altura $h = 41,0$ cm, rolam em um plano inclinado e entram em uma argola de raio $R = 14,0$ cm. Os objetos são (a) um anel estreito, (b) um disco homogêneo e (c) uma esfera homogênea, todos de raio $r \ll R$. Determine se cada objeto vai chegar ao alto da argola (sem cair) e calcule a velocidade do objeto.

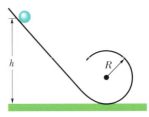

Figura 11.39 Problemas 80 e 82.

81 *Variação da velocidade angular.* Na Fig. 11.8.6, uma barata do Texas de massa $m = 0,0500$ kg (elas são grandes) está em um disco homogêneo de massa $M = 10,0m$ e raio $R = 0,100$ m. O disco gira como um carrossel em torno do eixo central. Inicialmente, a barata está em $r = R$ e a velocidade angular do disco é $\omega_i = 0,800$ rad/s. Trate a barata como se fosse uma partícula. A barata rasteja na direção do centro do disco até $r = 0,500R$. Qual é a variação do momento angular (a) do sistema barata-disco, (b) da barata e (c) do disco?

82 **CALC** *Velocidade em um anel.* Na Fig. 11.39, uma esfera homogênea é liberada a partir do repouso a uma altura $h = 3R$, rola em um plano inclinado e entra em uma argola de raio $R = 14,0$ cm. A altura na qual a esfera foi liberada é suficiente para que ela chegue ao alto da argola com uma velocidade v. O experimento é repetido aumentando h gradualmente. Qual é a taxa de aumento dv/dh da velocidade para $h = 4R$?

83 *Atrito de rolamento.* Quando um objeto rola em uma superfície, o objeto e a superfície podem sofrer deformações transitórias. Como essas deformações consomem energia, a energia cinética do objeto diminui gradualmente. Nesse caso, dizemos que o objeto está sujeito a um *atrito de rolamento*, cujo módulo é dado por $f_r = \mu_r F_N$, em que μ_r é o coeficiente de atrito de rolamento e F_N é o módulo da força normal. Na Fig. 11.40, uma bola de bilhar rola para a direita no feltro da mesa. A deformação da bola é desprezível, mas a deformação do feltro dá origem a um atrito de rolamento. As forças de sustentação da bola podem ser representadas deslocando a força normal ($\vec{F}_N$) para a direita de uma distância h em relação à vertical que passa pelo centro de massa da bola. O torque produzido por essa força em relação ao centro de massa se opõe à rotação. A bola tem massa $m = 97,0$ g e raio $r = 26,2$ mm. A distância do deslocamento é $h = 0,330$ mm. (a) Qual é o módulo do torque produzido pela força normal? Qual é a perda de energia causada pelo torque se a bola (a) descreve uma revolução completa e (c) percorre uma distância $L = 30,0$ cm? (d) Qual é o valor de μ_r?

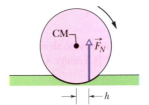

Figura 11.40 Problema 83.

APÊNDICE A

SISTEMA INTERNACIONAL DE UNIDADES (SI)*

Tabela 1 Unidades Fundamentais do SI

Grandeza	Nome	Símbolo	Definição
comprimento	metro	m	"... a distância percorrida pela luz no vácuo em 1/299.792.458 de segundo." (1983)
massa	quilograma	kg	"... este protótipo [um certo cilindro de platina-irídio] será considerado daqui em diante como a unidade de massa." (1889)
tempo	segundo	s	"... a duração de 9.192.631.770 períodos da radiação correspondente à transição entre os dois níveis hiperfinos do estado fundamental do átomo de césio 133 em repouso a 0 K". (1997)
corrente elétrica	ampère	A	"... a corrente constante, que, se mantida em dois condutores paralelos retos de comprimento infinito, de seção transversal circular desprezível e separados por uma distância de 1 m no vácuo, produziria entre esses condutores uma força igual a 2×10^{-7} newton por metro de comprimento." (1946)
temperatura termodinâmica	kelvin	K	"... a fração 1/273,16 da temperatura termodinâmica do ponto triplo da água." (1967)
quantidade de matéria	mol	mol	"... a quantidade de matéria de um sistema que contém um número de entidades elementares igual ao número de átomos que existem em 0,012 quilograma de carbono 12." (1971)
intensidade luminosa	candela	cd	"... a intensidade luminosa, em uma dada direção, de uma fonte que emite radiação monocromática de frequência 540×10^{12} hertz e que irradia nesta direção com uma intensidade de 1/683 watt por esferorradiano." (1979)

---

*Adaptada de "The International System of Units (SI)", Publicação Especial 330 do National Bureau of Standards, edição de 2008. As definições acima foram adotadas pela Conferência Nacional de Pesos e Medidas, órgão internacional, nas datas indicadas. A candela não é usada neste livro.

SISTEMA INTERNACIONAL DE UNIDADES (SI) 337

Tabela 2 Algumas Unidades Secundárias do SI

Grandeza	Nome da Unidade	Símbolo	
área	metro quadrado	m^2	
volume	metro cúbico	m^3	
frequência	hertz	Hz	s^{-1}
massa específica	quilograma por metro cúbico	kg/m^3	
velocidade	metro por segundo	m/s	
velocidade angular	radiano por segundo	rad/s	
aceleração	metro por segundo ao quadrado	m/s^2	
aceleração angular	radiano por segundo ao quadrado	rad/s^2	
força	newton	N	$kg \cdot m/s^2$
pressão	pascal	Pa	N/m^2
trabalho, energia, quantidade de calor	joule	J	$N \cdot m$
potência	watt	W	J/s
quantidade de carga elétrica	coulomb	C	$A \cdot s$
diferença de potencial, força eletromotriz	volt	V	W/A
intensidade de campo elétrico	volt por metro (ou newton por coulomb)	V/m	N/C
resistência elétrica	ohm	Ω	V/A
capacitância	farad	F	$A \cdot s/V$
fluxo magnético	weber	Wb	$V \cdot s$
indutância	henry	H	$V \cdot s/A$
densidade de fluxo magnético	tesla	T	Wb/m^2
intensidade de campo magnético	ampère por metro	A /m	
entropia	joule por kelvin	J/K	
calor específico	joule por quilograma-kelvin	$J/(kg \cdot K)$	
condutividade térmica	watt por metro-kelvin	$W/(m \cdot K)$	
intensidade radiante	watt por esferorradiano	W/sr	

Tabela 3 Unidades Suplementares do SI

Grandeza	Nome da Unidade	Símbolo
ângulo plano	radiano	rad
ângulo sólido	esferorradiano	sr

APÊNDICE B

ALGUMAS CONSTANTES FUNDAMENTAIS DA FÍSICA*

Constante	Símbolo	Valor Prático	Melhor Valor (2018) Valor[a]	Melhor Valor (2018) Incerteza[b]
Velocidade da luz no vácuo	c	$3,00 \times 10^8$ m/s	2,997 924 58	exata
Carga elementar	e	$1,60 \times 10^{-19}$ C	1,602 176 634	exata
Constante gravitacional	G	$6,67 \times 10^{-11}$ m³/s²·kg	6,674 38	22
Constante universal dos gases	R	8,31 J/mol·K	8,314 462 618	exata
Constante de Avogadro	N_A	$6,02 \times 10^{23}$ mol⁻¹	6,022 140 76	exata
Constante de Boltzmann	k	$1,38 \times 10^{-23}$ J/K	1,388 649	exata
Constante de Stefan-Boltzmann	σ	$5,67 \times 10^{-8}$ W/m²·K⁴	5,670 374 419	exata
Volume molar de um gás ideal nas CNTP[c]	V_m	$2,27 \times 10^{-2}$ m³/mol	2,271 095 464	exata
Constante elétrica	ϵ_0	$8,85 \times 10^{-12}$ F/m	8,854 187 812 8	$1,5 \times 10^{-4}$
Constante magnética	μ_0	$1,26 \times 10^{-6}$ H/m	1,256 637 062 12	$1,5 \times 10^{-4}$
Constante de Planck	h	$6,63 \times 10^{-34}$ J·s	6,626 070 15	exata
Massa do elétron[d]	m_e	$9,11 \times 10^{-31}$ kg	9,109 383 7055	$3,0 \times 10^{-4}$
		$5,49 \times 10^{-4}$ u	5,485 799 090 65	$2,9 \times 10^{-5}$
Massa do próton[d]	m_p	$1,67 \times 10^{-27}$ kg	1,672 621 923 69	$3,1 \times 10^{-4}$
		1,0073 u	1,007 276 466 621	$5,3 \times 10^{-5}$
Razão entre a massa do próton e a massa do elétron	m_p/m_e	1840	1836,152 673 43	$6,0 \times 10^{-5}$
Razão entre a massa e a carga do elétron	e/m_e	$1,76 \times 10^{11}$ C/kg	−1,758 820 010 76	$3,0 \times 10^{-4}$
Massa do nêutron[d]	m_n	$1,68 \times 10^{-27}$ kg	1,674 927 498 04	$5,7 \times 10^{-4}$
		1,0087 u	1,007 825 092 15	$5,3 \times 10^{-5}$
Massa do átomo de hidrogênio[d]	m_{1_H}	1,0078 u	2,014 101 792 65	$2,0 \times 10^{-5}$
Massa do átomo de deutério[d]	m_{2_H}	2,0136 u	4,002 603 338 94	$1,6 \times 10^{-5}$
Massa do átomo de hélio[d]	$m_{4_{He}}$	4,0026 u	1,883 531 627	$2,2 \times 10^{-2}$
Massa do múon	m_μ	$1,88 \times 10^{-28}$ kg		
Momento magnético do elétron	μ_e	$9,28 \times 10^{-24}$ J/T	−9,284 764 7043	$3,0 \times 10^{-4}$
Momento magnético do próton	μ_p	$1,41 \times 10^{-26}$ J/T	1,410 606 797 36	$4,2 \times 10^{-4}$
Magnéton de Bohr	μ_B	$9,27 \times 10^{-24}$ J/T	9,274 010 0783	$3,0 \times 10^{-4}$
Magnéton nuclear	μ_N	$5,05 \times 10^{-27}$ J/T	5,050 783 7461	$3,1 \times 10^{-4}$
Raio de Bohr	a	$5,29 \times 10^{-11}$ m	5,291 772 109 03	$1,5 \times 10^{-4}$
Constante de Rydberg	R	$1,10 \times 10^7$ m⁻¹	1,097 373 156 8160	$1,9 \times 10^{-6}$
Comprimento de onda de Compton do elétron	λ_C	$2,43 \times 10^{-12}$ m	2,426 310 238 67	$3,0 \times 10^{-4}$

[a]Os valores desta coluna têm a mesma unidade e potência de 10 que o valor prático.

[b]Partes por milhão.

[c]CNTP significa condições normais de temperatura e pressão: 0°C e 1,0 atm (0,1 MPa).

[d]As massas dadas em u estão em unidades unificadas de massa atômica: 1 u = 1,660 538 782 × 10⁻²⁷ kg.

*Os valores desta tabela foram selecionados entre os valores recomendados pelo Codata (Internationally recommended 2018 values of the Fundamental Physical Constants) em 2018 (https://physics.nist.gov/cuu/Constants/index.html).

A P Ê N D I C E   C

ALGUNS DADOS ASTRONÔMICOS

Algumas Distâncias da Terra

À Lua*	$3{,}82 \times 10^{8}$ m	Ao centro da nossa galáxia	$2{,}2 \times 10^{20}$ m
Ao Sol*	$1{,}50 \times 10^{11}$ m	À galáxia de Andrômeda	$2{,}1 \times 10^{22}$ m
À estrela mais próxima (*Proxima Centauri*)	$4{,}04 \times 10^{16}$ m	Ao limite do universo observável	$\sim 10^{26}$ m

*Distância média.

O Sol, a Terra e a Lua

Propriedade	Unidade	Sol		Terra	Lua
Massa	kg	$1{,}99 \times 10^{30}$		$5{,}98 \times 10^{24}$	$7{,}36 \times 10^{22}$
Raio médio	m	$6{,}96 \times 10^{8}$		$6{,}37 \times 10^{6}$	$1{,}74 \times 10^{6}$
Massa específica média	kg/m^3	1410		5520	3340
Aceleração de queda livre na superfície	m/s^2	274		9,81	1,67
Velocidade de escape	km/s	618		11,2	2,38
Período de rotação[a]	—	37 d nos polos[b]	26 d no equador[b]	23 h 56 min	27,3 d
Potência de radiação[c]	W	$3{,}90 \times 10^{26}$			

[a]Medido em relação às estrelas distantes.
[b]O Sol, uma bola de gás, não gira como um corpo rígido.
[c]Perto dos limites da atmosfera terrestre, a energia solar é recebida a uma taxa de 1340 W/m^2, supondo uma incidência normal.

Algumas Propriedades dos Planetas

	Mercúrio	Vênus	Terra	Marte	Júpiter	Saturno	Urano	Netuno	Plutão[d]
Distância média do Sol, 10^6 km	57,9	108	150	228	778	1430	2870	4500	5900
Período de revolução, anos	0,241	0,615	1,00	1,88	11,9	29,5	84,0	165	248
Período de rotação,[a] dias	58,7	−243[b]	0,997	1,03	0,409	0,426	−0,451[b]	0,658	6,39
Velocidade orbital, km/s	47,9	35,0	29,8	24,1	13,1	9,64	6,81	5,43	4,74
Inclinação do eixo em relação à órbita	<28°	≈3°	23,4°	25,0°	3,08°	26,7°	97,9°	29,6°	57,5°
Inclinação da órbita em relação à órbita da Terra	7,00°	3,39°		1,85°	1,30°	2,49°	0,77°	1,77°	17,2°
Excentricidade da órbita	0,206	0,0068	0,0167	0,0934	0,0485	0,0556	0,0472	0,0086	0,250
Diâmetro equatorial, km	4880	12 100	12 800	6790	143 000	120 000	51 800	49 500	2300
Massa (Terra = 1)	0,0558	0,815	1,000	0,107	318	95,1	14,5	17,2	0,002
Densidade (água = 1)	5,60	5,20	5,52	3,95	1,31	0,704	1,21	1,67	2,03
Valor de g na superfície,[c] m/s^2	3,78	8,60	9,78	3,72	22,9	9,05	7,77	11,0	0,5
Velocidade de escape,[c] km/s	4,3	10,3	11,2	5,0	59,5	35,6	21,2	23,6	1,3
Satélites conhecidos	0	0	1	2	79 + anel	82 + anéis	27 + anéis	14 + anéis	5

[a]Medido em relação às estrelas distantes.
[b]Vênus e Urano giram no sentido contrário ao do movimento orbital.
[c]Aceleração gravitacional medida no equador do planeta.
[d]Plutão é atualmente classificado como um planeta anão.

A P Ê N D I C E   D

FATORES DE CONVERSÃO

Os fatores de conversão podem ser lidos diretamente das tabelas a seguir. Assim, por exemplo, 1 grau = $2,778 \times 10^{-3}$ revoluções e, portanto, $16,7° = 16,7 \times 2,778 \times 10^{-3}$ revoluções. As unidades do SI estão em letras maiúsculas. Adaptada parcialmente de G. Shortley and D. Williams, *Elements of Physics*, 1971, Prentice-Hall, Englewood Cliffs, NJ.

Ângulo Plano

	°	′	″	RADIANOS	rev
1 grau =	1	60	3600	$1,745 \times 10^{-2}$	$2,778 \times 10^{-3}$
1 minuto =	$1,667 \times 10^{-2}$	1	60	$2,909 \times 10^{-4}$	$4,630 \times 10^{-5}$
1 segundo =	$2,778 \times 10^{-4}$	$1,667 \times 10^{-2}$	1	$4,848 \times 10^{-6}$	$7,716 \times 10^{-7}$
1 RADIANO =	57,30	3438	$2,063 \times 10^{5}$	1	0,1592
1 revolução =	360	$2,16 \times 10^{4}$	$1,296 \times 10^{6}$	6,283	1

Ângulo Sólido

1 esfera $= 4\pi$ esferorradianos $= 12,57$ esferorradianos

Comprimento

	cm	METROS	km	polegadas	pés	milhas
1 centímetro =	1	10^{-2}	10^{-5}	0,3937	$3,281 \times 10^{-2}$	$6,214 \times 10^{-6}$
1 METRO =	100	1	10^{-3}	39,37	3,281	$6,214 \times 10^{-4}$
1 quilômetro =	10^{5}	1000	1	$3,937 \times 10^{4}$	3281	0,6214
1 polegada =	2,540	$2,540 \times 10^{-2}$	$2,540 \times 10^{-5}$	1	$8,333 \times 10^{-2}$	$1,578 \times 10^{-5}$
1 pé =	30,48	0,3048	$3,048 \times 10^{-4}$	12	1	$1,894 \times 10^{-4}$
1 milha =	$1,609 \times 10^{5}$	1609	1,609	$6,336 \times 10^{4}$	5280	1

1 angström $= 10^{-10}$ m
1 milha marítima $= 1852$ m
  $= 1,151$ milha $= 6076$ pés

1 fermi $= 10^{-15}$ m
1 ano-luz $= 9,461 \times 10^{12}$ km
1 parsec $= 3,084 \times 10^{13}$ km

1 braça $= 6$ pés
1 raio de Bohr $= 5,292 \times 10^{-11}$ m
1 jarda $= 3$ pés

1 vara $= 16,5$ pés
1 mil $= 10^{-3}$ polegadas
1 nm $= 10^{-9}$ m

Área

	METROS^2	cm^2	pés^2	polegadas^2
1 METRO QUADRADO =	1	10^{4}	10,76	1550
1 centímetro quadrado =	10^{-4}	1	$1,076 \times 10^{-3}$	0,1550
1 pé quadrado =	$9,290 \times 10^{-2}$	929,0	1	144
1 polegada quadrada =	$6,452 \times 10^{-4}$	6,452	$6,944 \times 10^{-3}$	1

1 milha quadrada $= 2,788 \times 10^{7}$ pés^2 $= 640$ acres
1 barn $= 10^{-28}$ m^2

1 acre $= 43.560$ pés^2
1 hectare $= 10^{4}$ m^2 $= 2,471$ acres

FATORES DE CONVERSÃO   341

Volume

	METROS^3	cm^3	L	pés^3	polegadas^3
1 METRO CÚBICO = 1	10^6	1000	35,31	$6,102 \times 10^4$
1 centímetro cúbico = 10^{-6}	1	$1,000 \times 10^{-3}$	$3,531 \times 10^{-5}$	$6,102 \times 10^{-2}$
1 litro = $1,000 \times 10^{-3}$	1000	1	$3,531 \times 10^{-2}$	61,02
1 pé cúbico = $2,832 \times 10^{-2}$	$2,832 \times 10^4$	28,32	1	1728
1 polegada cúbica = $1,639 \times 10^{-5}$	16,39	$1,639 \times 10^{-2}$	$5,787 \times 10^{-4}$	1

1 galão americano = 4 quartos de galão americano = 8 quartilhos americanos = 128 onças fluidas americanas = 231 polegadas^3
1 galão imperial britânico = 277,4 polegadas^3 = 1,201 galão americano

Massa

As grandezas nas áreas sombreadas não são unidades de massa, mas são frequentemente usadas como tais. Assim, por exemplo, quando escrevemos 1 kg "=" 2,205 lb, isso significa que um quilograma é a *massa* que *pesa* 2,205 libras em um local em que g tem o valor-padrão de 9,80665 m/s^2.

	g	QUILOGRAMAS	slug	u	onças	libras	toneladas
1 grama = 1	0,001	$6,852 \times 10^{-5}$	$6,022 \times 10^{23}$	$3,527 \times 10^{-2}$	$2,205 \times 10^{-3}$	$1,102 \times 10^{-6}$
1 QUILOGRAMA = 1000	1	$6,852 \times 10^{-2}$	$6,022 \times 10^{26}$	35,27	2,205	$1,102 \times 10^{-3}$
1 slug = $1,459 \times 10^4$	14,59	1	$8,786 \times 10^{27}$	514,8	32,17	$1,609 \times 10^{-2}$
unidade de massa atômica (u) = $1,661 \times 10^{-24}$	$1,661 \times 10^{-27}$	$1,138 \times 10^{-28}$	1	$5,857 \times 10^{-26}$	$3,662 \times 10^{-27}$	$1,830 \times 10^{-30}$
1 onça = 28,35	$2,835 \times 10^{-2}$	$1,943 \times 10^{-3}$	$1,718 \times 10^{25}$	1	$6,250 \times 10^{-2}$	$3,125 \times 10^{-5}$
1 libra = 453,6	0,4536	$3,108 \times 10^{-2}$	$2,732 \times 10^{26}$	16	1	0,0005
1 tonelada = $9,072 \times 10^5$	907,2	62,16	$5,463 \times 10^{29}$	$3,2 \times 10^4$	2000	1

1 tonelada métrica = 1.000 kg

Massa Específica

As grandezas nas áreas sombreadas são pesos específicos e, como tais, dimensionalmente diferentes das massas específicas. Ver nota na tabela de massas.

	slug/pé^3	QUILOGRAMAS/ METRO^3	g/cm^3	lb/pé^3	lb/polegada^3
1 slug por pé^3 = 1	515,4	0,5154	32,17	$1,862 \times 10^{-2}$
1 QUILOGRAMA por METRO^3 = $1,940 \times 10^{-3}$	1	0,001	$6,243 \times 10^{-2}$	$3,613 \times 10^{-5}$
1 grama por centímetro^3 = 1,940	1000	1	62,43	$3,613 \times 10^{-2}$
1 libra por pé^3 = $3,108 \times 10^{-2}$	16,02	$16,02 \times 10^{-2}$	1	$5,787 \times 10^{-4}$
1 libra por polegada^3 = 53,71	$2,768 \times 10^4$	27,68	1728	1

Tempo

	ano	d	h	min	SEGUNDOS
1 ano = 1	365,25	$8,766 \times 10^3$	$5,259 \times 10^5$	$3,156 \times 10^7$
1 dia = $2,738 \times 10^{-3}$	1	24	1440	$8,640 \times 10^4$
1 hora = $1,141 \times 10^{-4}$	$4,167 \times 10^{-2}$	1	60	3600
1 minuto = $1,901 \times 10^{-6}$	$6,944 \times 10^{-4}$	$1,667 \times 10^{-2}$	1	60
1 SEGUNDO = $3,169 \times 10^{-8}$	$1,157 \times 10^{-5}$	$2,778 \times 10^{-4}$	$1,667 \times 10^{-2}$	1

342 APÊNDICE D

Velocidade

	pés/s	km/h	METROS/SEGUNDO	milhas/h	cm/s
1 pé por segundo = 1	1,097	0,3048	0,6818	30,48
1 quilômetro por hora = 0,9113	1	0,2778	0,6214	27,78
1 METRO por SEGUNDO = 3,281	3,6	1	2,237	100
1 milha por hora = 1,467	1,609	0,4470	1	44,70
1 centímetro por segundo = $3,281 \times 10^{-2}$	$3,6 \times 10^{-2}$	0,01	$2,237 \times 10^{-2}$	1

1 nó = 1 milha marítima/h = 1,688 pé/s   1 milha/min = 88,00 pés/s = 60,00 milhas/h

Força

O grama-força e o quilograma-força são atualmente pouco usados. Um grama-força (= 1 gf) é a força da gravidade que atua sobre um objeto cuja massa é 1 grama em um local onde g possui o valor-padrão de 9,80665 m/s².

	dinas	NEWTONS	libras	poundals	gf	kgf
1 dina = 1	10^{-5}	$2,248 \times 10^{-6}$	$7,233 \times 10^{-5}$	$1,020 \times 10^{-3}$	$1,020 \times 10^{-6}$
1 NEWTON = 10^5	1	0,2248	7,233	102,0	0,1020
1 libra = $4,448 \times 10^5$	4,448	1	32,17	453,6	0,4536
1 poundal = $1,383 \times 10^4$	0,1383	$3,108 \times 10^{-2}$	1	14,10	$1,410 \times 10^2$
1 grama-força = 980,7	$9,807 \times 10^{-3}$	$2,205 \times 10^{-3}$	$7,093 \times 10^{-2}$	1	0,001
1 quilograma-força = $9,807 \times 10^5$	9,807	2,205	70,93	1000	1

1 tonelada = 2.000 libras

Pressão

	atm	dinas/cm²	polegadas de água	cm Hg	PASCALS	libras/polegada²	libras/pé²
1 atmosfera = 1	$1,013 \times 10^6$	406,8	76	$1,013 \times 10^5$	14,70	2116
1 dina por centímetro² = $9,869 \times 10^{-7}$	1	$4,015 \times 10^{-4}$	$7,501 \times 10^{-5}$	0,1	$1,405 \times 10^{-5}$	$2,089 \times 10^{-3}$
1 polegada de água[a] a 4°C = $2,458 \times 10^{-3}$	2491	1	0,1868	249,1	$3,613 \times 10^{-2}$	5,202
1 centímetro de mercúrio[a] a 0°C = $1,316 \times 10^{-2}$	$1,333 \times 10^4$	5,353	1	1333	0,1934	27,85
1 PASCAL = $9,869 \times 10^{-6}$	10	$4,015 \times 10^{-3}$	$7,501 \times 10^{-4}$	1	$1,450 \times 10^{-4}$	$2,089 \times 10^{-2}$
1 libra por polegada² = $6,805 \times 10^{-2}$	$6,895 \times 10^4$	27,68	5,171	$6,895 \times 10^3$	1	144
1 libra por pé² = $4,725 \times 10^{-4}$	478,8	0,1922	$3,591 \times 10^{-2}$	47,88	$6,944 \times 10^{-3}$	1

[a]Onde a aceleração da gravidade possui o valor-padrão de 9,80665 m/s².

1 bar = 10^6 dina/cm² = 0,1 MPa   1 milibar = 10^3 dinas/cm² = 10^2 Pa   1 torr = 1 mm Hg

Energia, Trabalho e Calor

As grandezas nas áreas sombreadas não são unidades de energia, mas foram incluídas por conveniência. Elas se originam da fórmula relativística de equivalência entre massa e energia $E = mc^2$ e representam a energia equivalente a um quilograma ou uma unidade unificada de massa atômica (u) (as duas últimas linhas) e a massa equivalente a uma unidade de energia (as duas colunas da extremidade direita).

	Btu	erg	pés-libras	hp·h	JOULES	cal	kW·h	eV	MeV	kg	u
1 Btu =	1	$1{,}055 \times 10^{10}$	$777{,}9$	$3{,}929 \times 10^{-4}$	1055	$252{,}0$	$2{,}930 \times 10^{-4}$	$6{,}585 \times 10^{21}$	$6{,}585 \times 10^{15}$	$1{,}174 \times 10^{-14}$	$7{,}070 \times 10^{12}$
1 erg =	$9{,}481 \times 10^{-11}$	1	$7{,}376 \times 10^{-8}$	$3{,}725 \times 10^{-14}$	10^{-7}	$2{,}389 \times 10^{-8}$	$2{,}778 \times 10^{-14}$	$6{,}242 \times 10^{11}$	$6{,}242 \times 10^{5}$	$1{,}113 \times 10^{-24}$	$670{,}2$
1 pé-libra =	$1{,}285 \times 10^{-3}$	$1{,}356 \times 10^{7}$	1	$5{,}051 \times 10^{-7}$	$1{,}356$	$0{,}3238$	$3{,}766 \times 10^{-7}$	$8{,}464 \times 10^{18}$	$8{,}464 \times 10^{12}$	$1{,}509 \times 10^{-17}$	$9{,}037 \times 10^{9}$
1 horsepower-hora =	2545	$2{,}685 \times 10^{13}$	$1{,}980 \times 10^{6}$	1	$2{,}685 \times 10^{6}$	$6{,}413 \times 10^{5}$	$0{,}7457$	$1{,}676 \times 10^{25}$	$1{,}676 \times 10^{19}$	$2{,}988 \times 10^{-11}$	$1{,}799 \times 10^{16}$
1 JOULE =	$9{,}481 \times 10^{-4}$	10^{7}	$0{,}7376$	$3{,}725 \times 10^{-7}$	1	$0{,}2389$	$2{,}778 \times 10^{-7}$	$6{,}242 \times 10^{18}$	$6{,}242 \times 10^{12}$	$1{,}113 \times 10^{-17}$	$6{,}702 \times 10^{9}$
1 caloria =	$3{,}968 \times 10^{-3}$	$4{,}1868 \times 10^{7}$	$3{,}088$	$1{,}560 \times 10^{-6}$	$4{,}1868$	1	$1{,}163 \times 10^{-6}$	$2{,}613 \times 10^{19}$	$2{,}613 \times 10^{13}$	$4{,}660 \times 10^{-17}$	$2{,}806 \times 10^{10}$
1 quilowat-hora =	3413	$3{,}600 \times 10^{13}$	$2{,}655 \times 10^{6}$	$1{,}341$	$3{,}600 \times 10^{6}$	$8{,}600 \times 10^{5}$	1	$2{,}247 \times 10^{25}$	$2{,}247 \times 10^{19}$	$4{,}007 \times 10^{-11}$	$2{,}413 \times 10^{16}$
1 elétron-volt =	$1{,}519 \times 10^{-22}$	$1{,}602 \times 10^{-12}$	$1{,}182 \times 10^{-19}$	$5{,}967 \times 10^{-26}$	$1{,}602 \times 10^{-19}$	$3{,}827 \times 10^{-20}$	$4{,}450 \times 10^{-26}$	1	10^{-6}	$1{,}783 \times 10^{-36}$	$1{,}074 \times 10^{-9}$
1 milhão de elétrons-volts =	$1{,}519 \times 10^{-16}$	$1{,}602 \times 10^{-6}$	$1{,}182 \times 10^{-13}$	$5{,}967 \times 10^{-20}$	$1{,}602 \times 10^{-13}$	$3{,}827 \times 10^{-14}$	$4{,}450 \times 10^{-20}$	10^{-6}	1	$1{,}783 \times 10^{-30}$	$1{,}074 \times 10^{-3}$
1 quilograma =	$8{,}521 \times 10^{13}$	$8{,}987 \times 10^{23}$	$6{,}629 \times 10^{16}$	$3{,}348 \times 10^{10}$	$8{,}987 \times 10^{16}$	$2{,}146 \times 10^{16}$	$2{,}497 \times 10^{10}$	$5{,}610 \times 10^{35}$	$5{,}610 \times 10^{29}$	1	$6{,}022 \times 10^{26}$
1 unidade unificada de massa atômica =	$1{,}415 \times 10^{-13}$	$1{,}492 \times 10^{-3}$	$1{,}101 \times 10^{-10}$	$5{,}559 \times 10^{-17}$	$1{,}492 \times 10^{-10}$	$3{,}564 \times 10^{-11}$	$4{,}146 \times 10^{-17}$	$9{,}320 \times 10^{8}$	$932{,}0$	$1{,}661 \times 10^{-27}$	1

Potência

	Btu/h	pés-libras/s	hp	cal/s	kW	WATTS
1 Btu por hora =	1	$0{,}2161$	$3{,}929 \times 10^{-4}$	$6{,}998 \times 10^{-2}$	$2{,}930 \times 10^{-4}$	$0{,}2930$
1 pé-libra por segundo =	$4{,}628$	1	$1{,}818 \times 10^{-3}$	$0{,}3239$	$1{,}356 \times 10^{-3}$	$1{,}356$
1 horsepower =	2545	550	1	$178{,}1$	$0{,}7457$	$745{,}7$
1 caloria por segundo =	$14{,}29$	$3{,}088$	$5{,}615 \times 10^{-3}$	1	$4{,}186 \times 10^{-3}$	$4{,}186$
1 quilowatt =	3413	$737{,}6$	$1{,}341$	$238{,}9$	1	1000
1 WATT =	$3{,}413$	$0{,}7376$	$1{,}341 \times 10^{-3}$	$0{,}2389$	$0{,}001$	1

Campo Magnético

	gauss	TESLAS	miligauss
1 gauss =	1	10^{-4}	1000
1 TESLA =	10^{4}	1	10^{7}
1 miligauss =	$0{,}001$	10^{-7}	1

Fluxo Magnético

	maxwell	WEBER
1 maxwell =	1	10^{-8}
1 WEBER =	10^{8}	1

1 tesla = 1 weber/metro^2

APÊNDICE E

FÓRMULAS MATEMÁTICAS

Geometria

Círculo de raio r: circunferência = $2\pi r$; área = πr^2.
Esfera de raio r: área = $4\pi r^2$; volume = $\frac{4}{3}\pi r^3$.
Cilindro circular reto de raio r e altura h: área = $2\pi r^2 + 2\pi rh$; volume = $\pi r^2 h$.
Triângulo de base a e altura h: área = $\frac{1}{2}ah$.

Fórmula de Báskara

Se $ax^2 + bx + c = 0$, então $x = \dfrac{-b \pm \sqrt{b^2 - 4ac}}{2a}$.

Funções Trigonométricas do Ângulo θ

$\operatorname{sen}\theta = \dfrac{y}{r}$ $\cos\theta = \dfrac{x}{r}$

$\tan\theta = \dfrac{y}{x}$ $\cot\theta = \dfrac{x}{y}$

$\sec\theta = \dfrac{r}{x}$ $\csc\theta = \dfrac{r}{y}$

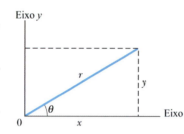

Teorema de Pitágoras

Neste triângulo retângulo,
$a^2 + b^2 = c^2$

Triângulos

Ângulos: A, B, C
Lados opostos: a, b, c
$A + B + C = 180°$
$\dfrac{\operatorname{sen} A}{a} = \dfrac{\operatorname{sen} B}{b} = \dfrac{\operatorname{sen} C}{c}$
$c^2 = a^2 + b^2 - 2ab \cos C$
Ângulo externo $D = A + C$

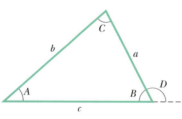

Sinais e Símbolos Matemáticos

= igual a
≈ aproximadamente igual a
~ da ordem de grandeza de
≠ diferente de
≡ idêntico a, definido como

\> maior que (≫ muito maior que)
< menor que (≪ muito menor que)
≥ maior ou igual a (não menor que)
≤ menor ou igual a (não maior que)
± mais ou menos
∝ proporcional a
Σ somatório de
$x_\text{méd}$ valor médio de x

Identidades Trigonométricas

$\operatorname{sen}(90° - \theta) = \cos\theta$

$\cos(90° - \theta) = \operatorname{sen}\theta$

$\operatorname{sen}\theta/\cos\theta = \tan\theta$

$\operatorname{sen}^2\theta + \cos^2\theta = 1$

$\sec^2\theta - \tan^2\theta = 1$

$\csc^2\theta - \cot^2\theta = 1$

$\operatorname{sen} 2\theta = 2\operatorname{sen}\theta\cos\theta$

$\cos 2\theta = \cos^2\theta - \operatorname{sen}^2\theta = 2\cos^2\theta - 1 = 1 - 2\operatorname{sen}^2\theta$

$\operatorname{sen}(\alpha \pm \beta) = \operatorname{sen}\alpha\cos\beta \pm \cos\alpha\operatorname{sen}\beta$

$\cos(\alpha \pm \beta) = \cos\alpha\cos\beta \mp \operatorname{sen}\alpha\operatorname{sen}\beta$

$\tan(\alpha \pm \beta) = \dfrac{\tan\alpha \pm \tan\beta}{1 \mp \tan\alpha\tan\beta}$

$\operatorname{sen}\alpha \pm \operatorname{sen}\beta = 2\operatorname{sen}\tfrac{1}{2}(\alpha \pm \beta)\cos\tfrac{1}{2}(\alpha \mp \beta)$

$\cos\alpha + \cos\beta = 2\cos\tfrac{1}{2}(\alpha + \beta)\cos\tfrac{1}{2}(\alpha - \beta)$

$\cos\alpha - \cos\beta = -2\operatorname{sen}\tfrac{1}{2}(\alpha + \beta)\operatorname{sen}\tfrac{1}{2}(\alpha - \beta)$

Teorema Binomial

$(1 + x)^n = 1 + \dfrac{nx}{1!} + \dfrac{n(n-1)x^2}{2!} + \cdots \quad (x^2 < 1)$

Expansão Exponencial

$e^x = 1 + x + \dfrac{x^2}{2!} + \dfrac{x^3}{3!} + \cdots$

Expansão Logarítmica

$\ln(1 + x) = x - \tfrac{1}{2}x^2 + \tfrac{1}{3}x^3 - \cdots \quad (|x| < 1)$

FÓRMULAS MATEMÁTICAS **345**

Expansões Trigonométricas (θ em radianos)

$$\text{sen } \theta = \theta - \frac{\theta^3}{3!} + \frac{\theta^5}{5!} - \cdots$$

$$\cos \theta = 1 - \frac{\theta^2}{2!} + \frac{\theta^4}{4!} - \cdots$$

$$\tan \theta = \theta + \frac{\theta^3}{3} + \frac{2\theta^5}{15} + \cdots$$

Regra de Cramer

Um sistema de duas equações lineares com duas incógnitas, x e y,

$$a_1 x + b_1 y = c_1 \quad \text{e} \quad a_2 x + b_2 y = c_2,$$

tem como soluções

$$x = \frac{\begin{vmatrix} c_1 & b_1 \\ c_2 & b_2 \end{vmatrix}}{\begin{vmatrix} a_1 & b_1 \\ a_2 & b_2 \end{vmatrix}} = \frac{c_1 b_2 - c_2 b_1}{a_1 b_2 - a_2 b_1}$$

e

$$y = \frac{\begin{vmatrix} a_1 & c_1 \\ a_2 & c_2 \end{vmatrix}}{\begin{vmatrix} a_1 & b_1 \\ a_2 & b_2 \end{vmatrix}} = \frac{a_1 c_2 - a_2 c_1}{a_1 b_2 - a_2 b_1}.$$

Produtos de Vetores

Sejam $\hat{i}$, $\hat{j}$ e $\hat{k}$ vetores unitários nas direções x, y e z, respectivamente. Nesse caso,

$$\hat{i} \cdot \hat{i} = \hat{j} \cdot \hat{j} = \hat{k} \cdot \hat{k} = 1, \quad \hat{i} \cdot \hat{j} = \hat{j} \cdot \hat{k} = \hat{k} \cdot \hat{i} = 0,$$

$$\hat{i} \times \hat{i} = \hat{j} \times \hat{j} = \hat{k} \times \hat{k} = 0,$$

$$\hat{i} \times \hat{j} = \hat{k}, \quad \hat{j} \times \hat{k} = \hat{i}, \quad \hat{k} \times \hat{i} = \hat{j}$$

Qualquer vetor $\vec{a}$ de componentes a_x, a_y e a_z ao longo dos eixos x, y e z pode ser escrito na forma

$$\vec{a} = a_x \hat{i} + a_y \hat{j} + a_z \hat{k}.$$

Sejam $\vec{a}$, $\vec{b}$ e $\vec{c}$ vetores arbitrários de módulos a, b e c. Nesse caso,

$$\vec{a} \times (\vec{b} + \vec{c}) = (\vec{a} \times \vec{b}) + (\vec{a} \times \vec{c})$$

$$(s\vec{a}) \times \vec{b} = \vec{a} \times (s\vec{b}) = s(\vec{a} \times \vec{b}) \quad \text{(em que } s \text{ é um escalar).}$$

Seja θ o menor dos dois ângulos entre $\vec{a}$ e $\vec{b}$. Nesse caso,

$$\vec{a} \cdot \vec{b} = \vec{b} \cdot \vec{a} = a_x b_x + a_y b_y + a_z b_z = ab \cos \theta$$

$$\vec{a} \times \vec{b} = -\vec{b} \times \vec{a} = \begin{vmatrix} \hat{i} & \hat{j} & \hat{k} \\ a_x & a_y & a_z \\ b_x & b_y & b_z \end{vmatrix}$$

$$= \hat{i} \begin{vmatrix} a_y & a_z \\ b_y & b_z \end{vmatrix} - \hat{j} \begin{vmatrix} a_x & a_z \\ b_x & b_z \end{vmatrix} + \hat{k} \begin{vmatrix} a_x & a_y \\ b_x & b_y \end{vmatrix}$$

$$= (a_y b_z - b_y a_z)\hat{i} + (a_z b_x - b_z a_x)\hat{j}$$

$$+ (a_x b_y - b_x a_y)\hat{k}$$

$$|\vec{a} \times \vec{b}| = ab \text{ sen } \theta$$

$$\vec{a} \cdot (\vec{b} \times \vec{c}) = \vec{b} \cdot (\vec{c} \times \vec{a}) = \vec{c} \cdot (\vec{a} \times \vec{b})$$

$$\vec{a} \times (\vec{b} \times \vec{c}) = (\vec{a} \cdot \vec{c})\vec{b} - (\vec{a} \cdot \vec{b})\vec{c}$$

Derivadas e Integrais

Nas fórmulas a seguir, as letras u e v representam duas funções de x, e a e m são constantes. A cada integral indefinida deve-se somar uma constante de integração arbitrária. O *Handbook of Chemistry and Physics* (CRC Press Inc.) contém uma tabela mais completa.

1. $\dfrac{dx}{dx} = 1$

2. $\dfrac{d}{dx}(au) = a\dfrac{du}{dx}$

3. $\dfrac{d}{dx}(u + v) = \dfrac{du}{dx} + \dfrac{dv}{dx}$

4. $\dfrac{d}{dx}x^m = mx^{m-1}$

5. $\dfrac{d}{dx}\ln x = \dfrac{1}{x}$

6. $\dfrac{d}{dx}(uv) = u\dfrac{dv}{dx} + v\dfrac{du}{dx}$

7. $\dfrac{d}{dx}e^x = e^x$

8. $\dfrac{d}{dx}\operatorname{sen} x = \cos x$

9. $\dfrac{d}{dx}\cos x = -\operatorname{sen} x$

10. $\dfrac{d}{dx}\tan x = \sec^2 x$

11. $\dfrac{d}{dx}\cot x = -\csc^2 x$

12. $\dfrac{d}{dx}\sec x = \tan x \sec x$

13. $\dfrac{d}{dx}\csc x = -\cot x \csc x$

14. $\dfrac{d}{dx}e^u = e^u\dfrac{du}{dx}$

15. $\dfrac{d}{dx}\operatorname{sen} u = \cos u\dfrac{du}{dx}$

16. $\dfrac{d}{dx}\cos u = -\operatorname{sen} u\dfrac{du}{dx}$

---

1. $\displaystyle\int dx = x$

2. $\displaystyle\int au\, dx = a\int u\, dx$

3. $\displaystyle\int (u + v)\, dx = \int u\, dx + \int v\, dx$

4. $\displaystyle\int x^m\, dx = \dfrac{x^{m+1}}{m + 1}\ (m \neq -1)$

5. $\displaystyle\int \dfrac{dx}{x} = \ln |x|$

6. $\displaystyle\int u\dfrac{dv}{dx}\, dx = uv - \int v\dfrac{du}{dx}\, dx$

7. $\displaystyle\int e^x\, dx = e^x$

8. $\displaystyle\int \operatorname{sen} x\, dx = -\cos x$

9. $\displaystyle\int \cos x\, dx = \operatorname{sen} x$

10. $\displaystyle\int \tan x\, dx = \ln |\sec x|$

11. $\displaystyle\int \operatorname{sen}^2 x\, dx = \tfrac{1}{2}x - \tfrac{1}{4}\operatorname{sen} 2x$

12. $\displaystyle\int e^{-ax}\, dx = -\dfrac{1}{a}e^{-ax}$

13. $\displaystyle\int xe^{-ax}\, dx = -\dfrac{1}{a^2}(ax + 1)e^{-ax}$

14. $\displaystyle\int x^2 e^{-ax}\, dx = -\dfrac{1}{a^3}(a^2 x^2 + 2ax + 2)e^{-ax}$

15. $\displaystyle\int_0^\infty x^n e^{-ax}\, dx = \dfrac{n!}{a^{n+1}}$

16. $\displaystyle\int_0^\infty x^{2n} e^{-ax^2}\, dx = \dfrac{1\cdot 3\cdot 5\,\cdots\,(2n - 1)}{2^{n+1}a^n}\sqrt{\dfrac{\pi}{a}}$

17. $\displaystyle\int \dfrac{dx}{\sqrt{x^2 + a^2}} = \ln(x + \sqrt{x^2 + a^2})$

18. $\displaystyle\int \dfrac{x\, dx}{(x^2 + a^2)^{3/2}} = -\dfrac{1}{(x^2 + a^2)^{1/2}}$

19. $\displaystyle\int \dfrac{dx}{(x^2 + a^2)^{3/2}} = \dfrac{x}{a^2(x^2 + a^2)^{1/2}}$

20. $\displaystyle\int_0^\infty x^{2n+1} e^{-ax^2}\, dx = \dfrac{n!}{2a^{n+1}}\ (a > 0)$

21. $\displaystyle\int \dfrac{x\, dx}{x + d} = x - d\ln(x + d)$

APÊNDICE F

PROPRIEDADES DOS ELEMENTOS

Todas as propriedades físicas são dadas para uma pressão de 1 atm, a menos que seja indicado em contrário.

Elemento	Símbolo	Número Atômico, Z	Massa Molar, g/mol	Massa Específica, g/cm^3 a 20°C	Ponto de Fusão, °C	Ponto de Ebulição, °C	Calor Específico, $J/(g \cdot °C)$ a 25°C
Actínio	Ac	89	(227)	10,06	1323	(3473)	0,092
Alumínio	Al	13	26,9815	2,699	660	2450	0,900
Amerício	Am	95	(243)	13,67	1541	—	—
Antimônio	Sb	51	121,75	6,691	630,5	1380	0,205
Argônio	Ar	18	39,948	$1,6626 \times 10^{-3}$	−189,4	−185,8	0,523
Arsênio	As	33	74,9216	5,78	817 (28 atm)	613	0,331
Astatínio	At	85	(210)	—	(302)	—	—
Bário	Ba	56	137,34	3,594	729	1640	0,205
Berílio	Be	4	9,0122	1,848	1287	2770	1,83
Berquélio	Bk	97	(247)	14,79	—	—	—
Bismuto	Bi	83	208,980	9,747	271,37	1560	0,122
Bóhrio	Bh	107	262,12	—	—	—	—
Boro	B	5	10,811	2,34	2030	—	1,11
Bromo	Br	35	79,909	3,12 (líquido)	−7,2	58	0,293
Cádmio	Cd	48	112,40	8,65	321,03	765	0,226
Cálcio	Ca	20	40,08	1,55	838	1440	0,624
Califórnio	Cf	98	(251)	—	—	—	—
Carbono	C	6	12,01115	2,26	3727	4830	0,691
Cério	Ce	58	140,12	6,768	804	3470	0,188
Césio	Cs	55	132,905	1,873	28,40	690	0,243
Chumbo	Pb	82	207,19	11,35	327,45	1725	0,129
Cloro	Cl	17	35,453	$3,214 \times 10^{-3}$ (0°C)	−101	−34,7	0,486
Cobalto	Co	27	58,9332	8,85	1495	2900	0,423
Cobre	Cu	29	63,54	8,96	1083,40	2595	0,385
Copernício	Cn	112	(285)			—	—
Criptônio	Kr	36	83,80	$3,488 \times 10^{-3}$	−157,37	−152	0,247
Cromo	Cr	24	51,996	7,19	1857	2665	0,448
Cúrio	Cm	96	(247)	13,3	—	—	—
Darmstádtio	Ds	110	(271)	—	—	—	—
Disprósio	Dy	66	162,50	8,55	1409	2330	0,172
Dúbnio	Db	105	262,114	—	—	—	—
Einstêinio	Es	99	(254)	—	—	—	—
Enxofre	S	16	32,064	2,07	119,0	444,6	0,707
Érbio	Er	68	167,26	9,15	1522	2630	0,167
Escândio	Sc	21	44,956	2,99	1539	2730	0,569
Estanho	Sn	50	118,69	7,2984	231,868	2270	0,226
Estrôncio	Sr	38	87,62	2,54	768	1380	0,737
Európio	Eu	63	151,96	5,243	817	1490	0,163
Férmio	Fm	100	(237)	—	—	—	—
Ferro	Fe	26	55,847	7,874	1536,5	3000	0,447

348 APÊNDICE F

Elemento	Símbolo	Número Atômico, Z	Massa Molar, g/mol	Massa Específica, g/cm^3 a 20°C	Ponto de Fusão, °C	Ponto de Ebulição, °C	Calor Específico, J/(g·°C) a 25°C
Fleróvio	Fl	114	(289)	—	—	—	—
Flúor	F	9	18,9984	$1,696 \times 10^{-3}$ (0°C)	−219,6	−188,2	0,753
Fósforo	P	15	30,9738	1,83	44,25	280	0,741
Frâncio	Fr	87	(223)	—	(27)	—	—
Gadolínio	Gd	64	157,25	7,90	1312	2730	0,234
Gálio	Ga	31	69,72	5,907	29,75	2237	0,377
Germânio	Ge	32	72,59	5,323	937,25	2830	0,322
Háfnio	Hf	72	178,49	13,31	2227	5400	0,144
Hássio	Hs	108	(265)	—	—	—	—
Hélio	He	2	4,0026	$0,1664 \times 10^{-3}$	−269,7	−268,9	5,23
Hidrogênio	H	1	1,00797	$0,08375 \times 10^{-3}$	−259,19	−252,7	14,4
Hólmio	Ho	67	164,930	8,79	1470	2330	0,165
Índio	In	49	114,82	7,31	156,634	2000	0,233
Iodo	I	53	126,9044	4,93	113,7	183	0,218
Irídio	Ir	77	192,2	22,5	2447	(5300)	0,130
Itérbio	Yb	70	173,04	6,965	824	1530	0,155
Ítrio	Y	39	88,905	4,469	1526	3030	0,297
Lantânio	La	57	138,91	6,189	920	3470	0,195
Laurêncio	Lr	103	(257)	—	—	—	—
Lítio	Li	3	6,939	0,534	180,55	1300	3,58
Livermório	Lv	116	(293)	—	—	—	—
Lutécio	Lu	71	174,97	9,849	1663	1930	0,155
Magnésio	Mg	12	24,312	1,738	650	1107	1,03
Manganês	Mn	25	54,9380	7,44	1244	2150	0,481
Meitnério	Mt	109	(266)	—	—	—	—
Mendelévio	Md	101	(256)	—	—	—	—
Mercúrio	Hg	80	200,59	13,55	−38,87	357	0,138
Molibdênio	Mo	42	95,94	10,22	2617	5560	0,251
Neodímio	Nd	60	144,24	7,007	1016	3180	0,188
Neônio	Ne	10	20,183	$0,8387 \times 10^{-3}$	−248,597	−246,0	1,03
Netúnio	Np	93	(237)	20,25	637	—	1,26
Níquel	Ni	28	58,71	8,902	1453	2730	0,444
Nióbio	Nb	41	92,906	8,57	2468	4927	0,264
Nitrogênio	N	7	14,0067	$1,1649 \times 10^{-3}$	−210	−195,8	1,03
Nobélio	No	102	(255)	—	—	—	—
Ósmio	Os	76	190,2	22,59	3027	5500	0,130
Ouro	Au	79	196,967	19,32	1064,43	2970	0,131
Oxigênio	O	8	15,9994	$1,3318 \times 10^{-3}$	−218,80	−183,0	0,913
Paládio	Pd	46	106,4	12,02	1552	3980	0,243
Platina	Pt	78	195,09	21,45	1769	4530	0,134
Plutônio	Pu	94	(244)	19,8	640	3235	0,130

PROPRIEDADES DOS ELEMENTOS

Elemento	Símbolo	Número Atômico, Z	Massa Molar, g/mol	Massa Específica, g/cm^3 a 20°C	Ponto de Fusão, °C	Ponto de Ebulição, °C	Calor Específico, J/(g·°C) a 25°C
Polônio	Po	84	(210)	9,32	254	—	—
Potássio	K	19	39,102	0,862	63,20	760	0,758
Praseodímio	Pr	59	140,907	6,773	931	3020	0,197
Prata	Ag	47	107,870	10,49	960,8	2210	0,234
Promécio	Pm	61	(145)	7,22	(1027)	—	—
Protactínio	Pa	91	(231)	15,37 (estimada)	(1230)	—	—
Rádio	Ra	88	(226)	5,0	700	—	—
Radônio	Rn	86	(222)	$9,96 \times 10^{-3}$ (0°C)	(−71)	−61,8	0,092
Rênio	Re	75	186,2	21,02	3180	5900	0,134
Ródio	Rh	45	102,905	12,41	1963	4500	0,243
Roentgênio	Rg	111	(280)	—	—	—	—
Rubídio	Rb	37	85,47	1,532	39,49	688	0,364
Rutênio	Ru	44	101,107	12,37	2250	4900	0,239
Rutherfórdio	Rf	104	261,11	—	—	—	—
Samário	Sm	62	150,35	7,52	1072	1630	0,197
Seabórgio	Sg	106	263,118	—	—	—	—
Selênio	Se	34	78,96	4,79	221	685	0,318
Silício	Si	14	28,086	2,33	1412	2680	0,712
Sódio	Na	11	22,9898	0,9712	97,85	892	1,23
Tálio	Tl	81	204,37	11,85	304	1457	0,130
Tântalo	Ta	73	180,948	16,6	3014	5425	0,138
Tecnécio	Tc	43	(99)	11,46	2200	—	0,209
Telúrio	Te	52	127,60	6,24	449,5	990	0,201
Térbio	Tb	65	158,924	8,229	1357	2530	0,180
Titânio	Ti	22	47,90	4,54	1670	3260	0,523
Tório	Th	90	(232)	11,72	1755	(3850)	0,117
Túlio	Tm	69	168,934	9,32	1545	1720	0,159
Tungstênio	W	74	183,85	19,3	3380	5930	0,134
Ununóctio*	Uuo	118	(294)	—	—	—	—
Ununpêntio*	Uup	115	(288)	—	—	—	—
Ununséptio*	Uus	117	—	—	—	—	—
Ununtrio*	Uut	113	(284)	—	—	—	—
Urânio	U	92	(238)	18,95	1132	3818	0,117
Vanádio	V	23	50,942	6,11	1902	3400	0,490
Xenônio	Xe	54	131,30	$5,495 \times 10^{-3}$	−111,79	−108	0,159
Zinco	Zn	30	65,37	7,133	419,58	906	0,389
Zircônio	Zr	40	91,22	6,506	1852	3580	0,276

Os números entre parênteses na coluna das massas molares são os números de massa dos isótopos de vida mais longa dos elementos radioativos. Os pontos de fusão e pontos de ebulição entre parênteses são pouco confiáveis.

Os dados para os gases são válidos apenas quando eles estão no estado molecular mais comum, como H_2, He, O_2, Ne etc. Os calores específicos dos gases são os valores a pressão constante.

Fonte: Adaptada de J. Emsley, *The Elements*, 3a edição, 1998. Clarendon Press, Oxford. Ver também www.webelements.com para valores atualizados e, possivelmente, novos elementos.

*Nome provisório.

APÊNDICE G
TABELA PERIÓDICA DOS ELEMENTOS

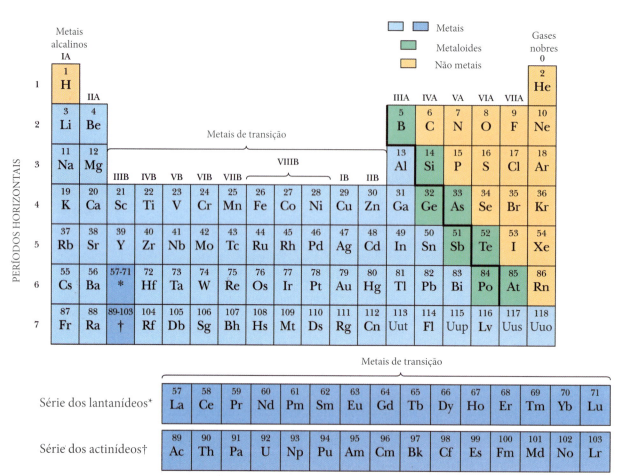

RESPOSTAS

dos Testes, das Perguntas e dos Problemas Ímpares

Capítulo 1

PR **1.** (a) $4,00 \times 10^4$ km; (b) $5,10 \times 10^8$ km^2; (c) $1,08 \times 10^{12}$ km^3
3. (a) 10^9 μm; (b) 10^{-4}; (c) $9,1 \times 10^5$ μm **5.** (a) 160 varas; (b) 40
cadeias **7.** $1,1 \times 10^3$ acres-pés **9.** $1,9 \times 10^{22}$ cm^3 **11.** (a) 1,43;
(b) 0,864 **13.** (a) 495 s; (b) 141 s; (c) 198 s; (d) −245 s
15. $1,21 \times 10^{12}$ μs **17.** C, D, A, B, E; o critério importante é a
constância dos resultados, independentemente do valor
19. $5,2 \times 10^6$ m **21.** $9,0 \times 10^{49}$ átomos **23.** (a) 1×10^3 kg; (b) 158
kg/s **25.** $1,9 \times 10^5$ kg **27.** (a) $1,18 \times 10^{-29}$ m^3; (b) 0,282 nm
29. $1,75 \times 10^3$ kg **31.** 1,43 kg/min **33.** (a) 293 alqueires
americanos; (b) $3,81 \times 10^3$ alqueires americanos **35.** (a) 22 pecks;
(b) 5,5 Imperial bushels; (c) 200 L **37.** 8×10^2 km **39.** (a)18,8
galões; (b) 22,5 galões **41.** 0,3 cord **43.** 3,8 mg/s **45.** (a) sim;
(b) 8,6 segundos do universo **47.** 0,12 UA/min **49.**
(a) 3,88; (b) 7,65; (c) 156 ken^3; (d) $1,19 \times 10^3$ m^3 **51.** $1,4 \times$
10^3 kg/m^3 **53.** $3,0 \times 10^9$ pés^2 **55.** 72 anos **57.** $8,07 \times 10^{60}$
59. 6,400 m **61.** (a) $1,4 \times 10^3$ h; (b) $5,2 \times 10^6$ s

Capítulo 2

T **2.1.1.** b e c **2.2.1.** (verifique a derivada dx/dt) (a) 1 e 4; (b) 2 e 3
2.3.1. (a) positivo; (b) negativo; (c) negativo; (d) positivo
2.4.1. 1 e 4 ($a = d^2x/dt^2$ deve ser constante) **2.5.1.** (a) positivo
(deslocamento para cima ao longo do eixo y); (b) negativo (deslocamento para baixo ao longo do eixo y); (c) $a = -g = -9,8$ m/s^2
2.6.1 (a) integra; (b) determina a inclinação
P **1.** (a) negativo; (b) positivo; (c) sim; (d) positiva; (e)
constante **3.** (a) todas iguais; (b) 4, 1 e 2, 3 **5.** (a) positivo;
(b) negativo; (c) 3 e 5; (d) 2 e 6, 3 e 5, 1 e 4 **7.** (a) D; (b) E
9. (a) 3, 2, 1; (b) 1, 2, 3; (c) todas iguais; (d) 1, 2, 3 **11.** 1 e 2, 3
PR **1.** 13 m **3.** (a) +40 km/h; (b) 40 km/h **5.** (a) 0; (b) −2 m;
(c) 0; (d) 12 m; (e) +12 m; (f) +7 m/s **7.** 60 km **9.** 1,4 m
11. 128 km/h **13.** (a) 73 km/h; (b) 68 km/h; (c) 70 km/h; (d) 0
15. (a) −6 m/s; (b) no sentido negativo; (c) 6 m/s;
(d) diminuindo; (e) 2 s; (f) não **17.** (a) 28,5 cm/s; (b) 18,0
cm/s; (c) 40,5 cm/s; (d) 28,1 cm/s; (e) 30,3 cm/s **19.** −20 m/s^2
21. (a) 1,10 m/s; (b) 6,11 mm/s^2; (c) 1,47 m/s; (d) 6,11 mm/s^2
23. $1,62 \times 10^{15}$ m/s^2 **25.** (a) 30 s; (b) 300 m **27.** (a) +1,6 m/s;
(b) +18 m/s **29.** (a) 10,6 m; (b) 41,5 s **31.** (a) $3,1 \times 10^6$ s;
(b) $4,6 \times 10^{13}$ m **33.** (a) 3,56 m/s^2; (b) 8,43 m/s **35.** 0,90 m/s^2
37. (a) 4,0 m/s^2; (b) positivo **39.** (a) −2,5m/s^2; (b) 1; (d) 0;
(e) 2 **41.** 40 m **43.** 0,994 m/s^2 **45.** (a) 31 m/s; (b) 6,4 s
47. (a) 29,4 m; (b) 2,45 s **49.** (a) 5,4 s; (b) 41 m/s **51.** (a) 20 m;
(b) 59 m **53.** 4,0 m/s **55.** (a) 857 m/s^2; (b) para cima
57. (a) $1,26 \times 10^3$ m/s^2; (b) para cima **59.** (a) 89 cm; (b) 22 cm
61. 20,4 m **63.** 2,34 m **65.** (a) 2,25 m/s; (b) 3,90 m/s **67.** 0,56
m/s **69.** 100 m **71.** (a) 2,00 s; (b) 12 cm; (c) −9,00 cm/s^2;
(d) para a direita; (e) para a esquerda; (f) 3,46 s **73.** (a) 82 m;
(b) 19 m/s **75.** (a) 0,74 s; (b) 6,2 m/s^2 **77.** (a) 3,1 m/s^2; (b) 45
m; (c) 13 s **79.** 17 m/s **81.** +47 m/s **83.** (a) 1,23 cm; (b) por
4; (c) por 9; (d) por 16; (e) por 25 **85.** (a) 434 ms; (b) 2,79 pés

87. (a) 34 m; (b) 34 m **89.** 2 cm/ano **91.** (a) 9,8 m/s;
(b) 12 m/s; (c) 11 m/s **93.** 108 **95.** (a) 12 min; (b) 5,9 min
97. (a) 75,8 km/h; (b) 68,7 m **99.** (a) 47,2 m/s^2; (b) 4,81g;
(c) 810 m/s^2; (d) 82,7g **101.** (a) 10,16 m/s; (b) 0,6610 m/s^2
103. (a) +0,90 m/s^3; (b) −0,20 m/s^3; (c) −0,21 m/s^3; (d) +0,68 m/s^3
105. (a) −11 m; (b) 15 m/s **107.** (a) 6,3 m; (b) 25 m; (c) 63 m
(mais da metade do comprimento de um campo de futebol!)
109. 17.000 nós; 20 milhas por hora; 31 km/h

Capítulo 3

T **3.1.1.** (a) 7 m ($\vec{a}$ e $\vec{b}$ no mesmo sentido); (b) l m ($\vec{a}$ e $\vec{b}$ em
sentidos opostos) **3.1.2.** c, d, f (a origem da segunda compo-
nente deve coincidir com a extremidade da primeira; $\vec{a}$ deve
ligar a origem da primeira componente com a extremidade da
segunda) **3.2.1.** (a) +, +; (b) +, −; (c) +, + (o vetor deve ser
traçado da origem de $\vec{d_1}$ à extremidade de $\vec{d_2}$) **3.3.1.** (a) 90°;
(b) 0° (os vetores são paralelos); (c) 180° (os vetores são
antiparalelos) **3.3.2.** (a) 0° ou 180°; (b) 90°
P **1.** sim, se os vetores forem paralelos **3.** A sequência $\vec{d_2}, \vec{d_1}$
ou a sequência $\vec{d_2}, \vec{d_2}, \vec{d_3}$ **5.** todos, menos (e) **7.** (a) sim;
(b) sim; (c) não **9.** (a) +x para (1), +z para (2), +z para (3);
(b) −x para (1), −z para (2), −z para (3) **11.** $\vec{s}, \vec{p}, \vec{r}$ ou
13. Corretas: c, d, f, h. Incorretas: a (não é possível calcular o
produto escalar de um vetor por um escalar), b (não é possível
calcular o produto vetorial de um vetor por um escalar), $e, g, i,$
j (não é possível somar um escalar e um vetor).
PR **1.** (a) −2,5 m; (b) −6,9 m **3.** (a) 47,2 m; (b) 122° **5.** (a)
156 km; (b) 39,8° a oeste do norte **7.** (a) paralelos; (b) antipara-
lelos; (c) perpendiculares **9.** (a) (3,0 m) $\hat{\text{i}}$ − (2,0 m)$\hat{\text{j}}$ + (5,0 m)$\hat{\text{k}}$;
(b) (5,0 m)$\hat{\text{i}}$ − (4,0 m) $\hat{\text{j}}$ − (3,0 m)$\hat{\text{k}}$; (c) (−5,0 m)$\hat{\text{i}}$ + (4,0 m) $\hat{\text{j}}$ +
(3,0 m)$\hat{\text{k}}$ **11.** (a) (−9,0 m)$\hat{\text{i}}$ + (10 m)$\hat{\text{j}}$; (b) 13 m; (c)132°
13. 4,74 km **15.** (a) 1,59 m; (b) 12,1 m; (c) 12,2 m; (d) 82,5°
17. (a) 38 m; (b) −37,5°; (c) 130 m; (d) 1,2°; (e) 62 m; (f) 130°
19. (a) 5,39 m; (b) 21,8° à esquerda **21.** (a) −70,0 cm; (b) 80,0
cm; (c) 141 cm; (d) −172° **23.** 3,2 **25.** 2,6 km **27.** (a) 8$\hat{\text{i}}$ + 16$\hat{\text{j}}$;
(b) 2$\hat{\text{i}}$ + 4$\hat{\text{j}}$ **29.** (a) 7,5 cm; (b) 90°; (c) 8,6 cm; (d) 48°
31. (a) 9,51 m; (b) 14,1 m; (c) 13,4 m; (d) 10,5 m
33. (a) 12; (b) +z; (c) 12; (d) −z; (e) 12; (f) +z **35.** (a) −18,8
unidades; (b) 26,9 unidades, na direção +z **37.** (a) −21; (b) −9;
(c) 5$\hat{\text{i}}$ − 11$\hat{\text{j}}$ − 9$\hat{\text{k}}$ **39.** 70,5° **41.** 22° **43.** (a) 3,00 m; (b) 0; (c) 3,46 m;
(d) 2,00 m; (e) −5,00 m; (f) 8,66 m; (g)−6,67; (h) 4,33
45. (a) −83,4; (b) $(1,14 \times 10^3)\hat{\text{k}}$; (c) $1,14 \times 10^3$, θ não é definido,
$\phi = 0$°; (d) 90,0°; (e) −5,14$\hat{\text{i}}$ + 6,13$\hat{\text{j}}$ + 3,00$\hat{\text{k}}$; (f) 8,54,
$\theta = 130$°, $\phi = 69,4$° **47.** (a) 140°; (b) 90,0°; (c) 99,1° **49.** (a) 103 km;
(b) 60,9° ao norte do oeste **51.** (a) 27,8 m; (b) 13,4 m
53. (a) 30; (b) 52 **55.** (a) −2,83 m; (b) −2,83 m; (c) 5,00 m;
(d) 0; (e) 3,00 m; (f) 5,20 m; (g) 5,17 m; (h) 2,37 m; (i) 5,69 m;
(j) 25° ao norte do leste; (k) 5,69 m; (1) 25° ao sul do oeste
57. 4,1 **59.** (a) (9,19 m)$\hat{\text{i}}'$ + (7,71 m)$\hat{\text{j}}'$; (b) (14,0 m)$\hat{\text{i}}'$ + (3,41
m)$\hat{\text{j}}'$ **61.** (a) 11$\hat{\text{i}}$ + 5,0$\hat{\text{j}}$ − 7,0$\hat{\text{k}}$; (b) 120°; (c) −4,9; (d) 7,3

351

352 RESPOSTAS

63. (a) 3,0 m²; (b) 52 m³; (c) (11 m²)$\hat{\text{i}}$ + (9,0 m²)$\hat{\text{j}}$ + (3,0 m²)$\hat{\text{k}}$;
65. (a) (−40$\hat{\text{i}}$ − 20$\hat{\text{j}}$ + 25$\hat{\text{k}}$ m; (b)45 m **67.** (a) 0; (b) 0; (c) −1;
(d) para oeste; (e) para cima; (f) para oeste **69.** (a) 168 cm;
(b) 32,5° **71.** (a) 15 m; (b) sul; (c) 6,0 m; (d) norte **73.** (a)2k; (b) 26;
(c) 46; (d) 5,81 **75.** (a) para cima; (b) 0; (c) sul; (d) 1; (e) 0
77. (a) (1.300 m)$\hat{\text{i}}$ + (2.200 m)$\hat{\text{j}}$ − (410 m)$\hat{\text{k}}$; (b) 2,56 ×
10³ m **79.** (a) 13,9 m; (b) −12.7° **81.** 4,8 m **83.** 18 m **85.** 20 m
87. 42 km

Capítulo 4

T 4.1.1 plano xy **4.2.1.** (trace $\vec{v}$ tangente à trajetória, com a
origem na trajetória) (a) primeiro; (b) terceiro **4.3.1.** (calcule
a derivada segunda em relação ao tempo) (1) e (3) a_x e a_y são
constantes e, portanto, $\vec{a}$ é constante; (2) e (4) a_y é constante
mas a_x não é constante e, portanto, $\vec{a}$ não é constante **4.4.1.**
sim **4.4.2.** (a) v_x é constante;
(b) v_y é inicialmente positiva, diminui até zero e depois se
torna cada vez mais negativa; (c) a_x = 0 sempre; (d) $a_y = -g$
sempre **4.5.1.** (a) −(4 m/s)$\hat{\text{i}}$; (b) −(8 m/s²)$\hat{\text{j}}$ **4.6.1.** (a) 0; (b)
permanece constante ; (c) diminui **4.7.1.** −(10 + 3t) $\hat{\text{i}}$ −
(6 + 4t)$\hat{\text{j}}$ + 2t$\hat{\text{k}}$

P 1. a e c empatados, b **3.** diminui **5.** a, b, c **7.** (a) 0; (b) 350
km/h; (c) 350 km/h; (d) igual (a componente vertical do
movimento seria a mesma) **9.** (a) todas iguais; (b) todas
iguais; (c) 3, 2, 1; (d) 3, 2, 1 **11.** 2, depois 1 e 4 empatados,
depois 3 **13.** (a) sim; (b) não; (c) sim **15.** (a) diminui; (b)
aumenta **17.** no ponto em que a altura é máxima

PR 1. (a) 6,2 m **3.** (−2,0 m)$\hat{\text{i}}$ + (6,0 m)$\hat{\text{j}}$ −(10 m)$\hat{\text{k}}$ **5.** (a) 7,59
km/h; (b) 22,5° a leste do norte **7.** (−0,70 m/s)$\hat{\text{i}}$ + (1,4 m/s)$\hat{\text{j}}$ −
(0,40 m/s)$\hat{\text{k}}$ **9.** (a) 0,83 cm/s; (b) 0°; (c) 0,11 m/s; (d) −63°
11. (a) (6,00 m)$\hat{\text{i}}$ − (106 m)$\hat{\text{j}}$; (b) (19,0 m/s)$\hat{\text{i}}$ − (224 m/s)$\hat{\text{j}}$;
(c) (24,0 m/s²)$\hat{\text{i}}$ − (336 m/s²)$\hat{\text{j}}$; (d) −85,2° **13.** (a) (8 m/s²)t$\hat{\text{j}}$ +
(1 m/s)$\hat{\text{k}}$; (b) (8 m/s²)$\hat{\text{j}}$ **15.** (a) (−1,50 m/s)$\hat{\text{j}}$; (b) (4,50 m)$\hat{\text{i}}$ −
(2,25 m)$\hat{\text{j}}$ **17.** (32 m/s)$\hat{\text{i}}$ **19.** (a) (72,0 m)$\hat{\text{i}}$ + (90,7 m)$\hat{\text{j}}$;
(b) 49,5° **21.** (a) 18 cm; (b) 1,9 m **23.** (a) 3,03 s; (b) 758 m;
(c) 29,7 m/s **25.** 43,1 m/s (155 km/h) **27.** (a) 10,0 s; (b) 897 m
29. 78,5° **31.** 3,35 m **33.** (a) 202 m/s; (b) 806 m; (c) 161 m/s;
(d) −171 m/s **35.** 4,84 cm **37.** (a) 1,60 m; (b) 6,86 m; (c) 2,86 m
39. (a) 32,3 m; (b) 21,9 m/s; (c) −40,4° **41.** 55,5° **43.** (a) 11 m;
(b) 23 m; (c) 17 m/s; (d) 63° **45.** (a) na rampa; (b) 5,82 m;
(c) 31,0° **47.** (a) sim; (b) 2,56 m **49.** (a) 31°; (b) 63° **51.** (a)
2,3°; (b) 1,4 m; (c) 18° **53.** (a) 75,0 m; (b) 31,9 m/s; (c) 66,9°;
(d) 25,5 m **55.** no terceiro **57.** (a) 7,32 m; (b) para oeste;
(c) para o norte **59.** (a) 12 s; (b) 4,1 m/s²; (c) para baixo;
(d) 4,1 m/s²; (e) para cima **61.** (a) 1,3 × 10⁵ m/s; (b) 7,9 × 10⁵
m/s²; (c) aumentam **63.** 2,92 m **65.** (3,00 m/s²)$\hat{\text{i}}$ +(6,00 m/s²)$\hat{\text{j}}$
67. 160 m/s² **69.** (a) 13 m/s²; (b) para leste; (c) 13 m/s²;
(d) para leste **71.** 1,67 **73.** (a) (80 km/h)$\hat{\text{i}}$ − (60 km/h)$\hat{\text{j}}$;
(b) 0°; (c) não **75.** 32 m/s **77.** 60° **79.** (a) 38 nós; (b) 1,5° a
leste do norte; (c) 4,2 h; (d) 1,5° a oeste do sul **81.** (a) (−32
km/h)$\hat{\text{i}}$ − (46 km/h)$\hat{\text{j}}$; (b) [(2,5 km) − (32 km/h)t]$\hat{\text{i}}$ + [(4,0 km)
− (46 km/h)t]$\hat{\text{j}}$; (c) 0,084 h; (d) 2 × 10² m **83.** (a) −30°; (b) 69
min; (c) 80 min; (d) 80 min; (e) 0°; (f) 60 min **85.** (a) 2,7 km;
(b) 76° no sentido horário **87.** (a) 44 m; (b) 13 m; (c) 8,9 m
89. (a) 45 m; (b) 22 m/s **91.** (a) 2,6 × 10² m/s; (b) 45 s; (c)
aumentaria **93.** (a) 63 km; (b) 18° ao sul do leste; (c) 0,70
km/h; (d) 18° ao sul do leste; (e) 1,6 km/h; (f) 1,2 km/h; (g)
33° ao norte do leste **95.** (a) 1,5; (b) (36 m, 54 m) **97.** (a) 62

ms; (b) 4,8 × 10² m/s **99.** 2,64 m **101.** (a) 2,5 m; (b) 0,82 m;
(c) 9,8 m/s²; (d) 9,8 m/s² **103.** (a) 6,79 km/h; (b) 6,96° **105.** (a)
16 m/s; (b) 23°; (c) acima; (d) 27 m/s; (e) 57°; (f) abaixo
107. (a) 4,2 m, 45°; (b) 5,5 m, 68°; (c) 6,0 m, 90°; (d) 4,2 m,
135°; (e) 0,85 m/s, 135°; (f) 0,94 m/s, 90°; (g) 0,94 m/s,
180°; (h) 0,30 m/s², 180°; (i) 0,30 m/s², 270° **109.** (a) 5,4 ×
10⁻¹³ m; (b) diminui **111.** (a) 0,034 m/s²; (b) 84 min
113. (a) 8,43 m; (b) −129° **115.** (a) 1,30 × 10¹⁴ m; (b) 2,3 ×
10⁸ anos **117.** 1,9 × 10¹³ m **119.** (a) 2,1 m/s; (b) Não
121. (a) 3,0 s; (b) 21 m; (c)(−1,8$\hat{\text{i}}$ + 1,1$\hat{\text{j}}$)m/s² **123.** (a) 12 m/s²;
(b) 3,0 m/s²; (c) 1,0 m/s² **125.** Não **127.** (a) −1,29 m; (b) −0,90 m;
(c) 38 cm; (d) abaixo

Capítulo 5

T 5.1.1. c, d e e **5.1.2.** (a) e (b) 2 N, para a esquerda (a aceleração é zero nas duas situações) **5.2.1.** (a) igual; (b) maior (a
aceleração é para cima e, portanto, a força resultante é para
cima) **5.2.2.** (a) igual; (b) maior; (c) menor **5.3.1.** (a) aumentam; (b) sim; (c) permanecem os mesmos; (d) sim

P 1. (a) 2, 3, 4; (b) 1, 3, 4; (c) 1,+y; 2, +x; 3, quarto quadrante;
4, terceiro quadrante **3.** aumentar **5.** (a) 2 e 4; (b) 2 e 4
7. (a) M; (b) M; (c) M; (d) 2M; (e) 3M **9.** (a) 20 kg; (b) 18 kg;
(c) 10 kg; (d) todas iguais; (e) 3, 2, 1 **11.** (a) aumenta a partir
do valor inicial mg; (b) diminui de mg até zero (e depois o
bloco perde o contato com o piso)

PR 1. 2,9 m/s² **3.** (a) 1,88 N; (b) 0,684 N; (c) (1,88 N)$\hat{\text{i}}$ +
(0,684 N)$\hat{\text{j}}$ **5.** (a) (0,86 m/s²)$\hat{\text{i}}$ − (0,16 m/s²)$\hat{\text{j}}$; (b) 0,88 m/s²;
(c) −11° **7.** (a) (−32,0 N)$\hat{\text{i}}$ − (20,8 N)$\hat{\text{j}}$; (b) 38,2 N; (c) −147°
9. (a) 8,37 N; (b) −133°; (c) −125° **11.** 9,0 m/s² **13.** (a) 4,0 kg;
(b) 1,0 kg; (c) 4,0 kg; (d) 1,0 kg **15.** (a) 108 N; (b) 108 N;
(c) 108 N **17.** (a) 42 N; (b) 72 N; (c) 4,9 m/s² **19.** 1,2 × 10⁵ N
21. (a) 11,7 N; (b) −59,0° **23.** (a) (285 N)$\hat{\text{i}}$ + (705 N)$\hat{\text{j}}$; (b) (285
N)$\hat{\text{i}}$ − (115 N)$\hat{\text{j}}$; (c) 307 N; (d) 22,0°; (e) 3,67 m/s² (f) 22,0°
25. (a) 0,022 m/s²; (b) 8,3 × 10⁴ km; (c) 1,9 × 10³ m/s **27.** 1,5
mm **29.** (a) 494 N; (b) para cima; (c) 494 N; (d) para baixo
31. (a) 1,18 m; (b) 0,674 s; (c) 3,50 m/s **33.** 1,8 × 10⁴ N
35. (a) 46,7°; (b) 28,0° **37.** (a) 0,62 m/s²; (b) 0,13 m/s²; (c) 2,6 m
39. (a) 2,2 × 10⁻³ N; (b) 3,7 × 10⁻³ N **41.** (a) 1,4 m/s²; (b) 4,1
m/s **43.** (a) 1,23 N; (b) 2,46 N; (c) 3,69 N; (d) 4,92 N; (e)
6,15 N; (f) 0,250 N **45.** (a) 31,3 kN; (b) 24,3 kN **47.** 6,4 × 10³
N **49.** (a) 2,18 m/s²; (b) 116 N; (c) 21,0 m/s² **51.** (a) 3,6 m/s²;
(b) 17 N **53.** (a) 0,970 m/s²; (b) 11,6 N; (c) 34,9 N **55.** (a) 1,1
N **57.** (a) 0,735 m/s²; (b) para baixo; (c) 20,8 N **59.** (a) 4,9
m/s²; (b) 2,0 m/s²; (c) para cima; (d) 120 N **61.** 2$Ma/(a + g)$
63. (a) 8,0 m/s; (b) +x **65.** (a) 0,653 m/s³; (b) 0,896 m/s³;
(c) 6,50 s **67.** 81,7 N **69.** 2,4 N **71.** (a) 4,9 × 10⁵ N; (b)
1,5 × 10⁶ N **73.** (a) Primeiro par: $\vec{F}_{HS} = -\vec{F}_{SH}$ (mão e haste).
Segundo par: $\vec{F}_{SB} = -\vec{F}_{BS}$ (haste e bloco); (b) 19 N; (c) 18 N;
(d) 1,7 N **75.** (a) 0,36 m; (b) 0,24 m/s **77.** 3,4 × 10² N **79.**
(a) 16,3 kN; (b) 65,4 kN **81.** 2,2 kg **83.** (a) 147 N; (b) 33,0
libras; (c) 147 N

Capítulo 6

T 6.1.1. (a) zero (porque não há tentativa de deslizamento); (b)
5 N; (c) não; (d) sim; (e) 8 N **6.2.1.** maior **6.3.1.** ($\vec{a}$ sempre
aponta para o centro da trajetória circular) (a) $\vec{a}$ aponta para
baixo, $\vec{F}_N$ aponta para cima; (b) $\vec{a}$ e $\vec{F}_N$ apontam para cima; (c)
igual; (d) maior

RESPOSTAS **353**

P **1.** (a) diminui; (b) diminui; (c) aumenta; (d) aumenta; (e) aumenta **3.** (a) permanece o mesmo; (b) aumenta; (c) aumenta; (d) não **5.** (a) para cima; (b) horizontal, na sua direção; (c) não varia; (d) aumenta; (e) aumenta **7.** A princípio, $\vec{f}_s$ aponta para cima ao longo da rampa, e o módulo aumenta a partir de mg sen θ até atingir $f_{s,máx}$. Daí em diante, a força se torna a força de atrito cinético, que aponta para cima ao longo da rampa e cujo módulo é f_k (um valor constante menor que $f_{s,máx}$). **9.** Primeiro 4, depois 3 e depois 1, 2 e 5 empatadas **11.** (a) todas iguais; (b) todas iguais; (c) 2, 3, 1 **13.** (a) aumenta; (b) aumenta; (c) diminui; (d) diminui; (e) diminui

PR **1.** 36 m **3.** (a) $2,0 \times 10^2$ N; (b) $1,2 \times 10^2$ N **5.** (a) 6,0 N; (b) 3,6 N; (c) 3,1 N **7.** (a) $1,9 \times 10^2$ N; (b) 0,56 m/s² **9.** (a) 11 N; (b) 0,14 m/s² **11.** (a) $3,0 \times 10^2$ N; (b) 1,3 m/s² **13.** (a) $1,3 \times 10^2$ N; (b) não; (c) $1,1 \times 10^2$ N; (d) 46 N; (e) 17 N **15.** 2° **17.** (a) (17 N)$\hat{\mathbf{i}}$; (b) (20 N)$\hat{\mathbf{i}}$; (c) (15 N)$\hat{\mathbf{i}}$ **19.** (a) não; (b) (−12 N)$\hat{\mathbf{i}}$ + (5,0N)$\hat{\mathbf{j}}$ **21.** (a) 19°; (b) 3,3 kN **23.** 0,37 **25.** $1,0 \times 10^2$ N **27.** (a) 0; (b) (−3,9 m/s²)$\hat{\mathbf{i}}$; (c) (−1,0 m/s²)$\hat{\mathbf{i}}$ **29.** (a) 66 N; (b) 2,3 m/s² **31.** (a) 3,5 m/s²; (b) 0,21 N **33.** 9,9 s **35.** 4,9v10² N **37.** (a) $3,2 \times 10^2$ km/h; (b) $6,5 \times 10^2$ km/h; (c) não **39.** 2,3 **41.** 0,60 **43.** 21 m **45.** (a) mais leve; (b) 778 N; (c) 223 N; (d) 1,11 kN **47.** (a) 10 s; (b) $4,9 \times 10^2$ N; (c) $1,1 \times 10^3$ N **49.** $1,37 \times 10^3$ N **51.** 2,2 km **53.** 12° **55.** $2,6 \times 10^3$ N **57.** 1,81 m/s **59.** (a) 8,74 N; (b) 37,9 N; (c) 6,45 m/s; (d) na direção da haste **61.** (a) 27 N; (b) 3,0 m/s² **63.** (b) 240 N; (c) 0,60 **65.** (a) 69 km/h; (b) 139 km/h; (c) sim **67.** g(sen θ − $2^{0,5}\mu_k$ cos θ) **69.** 3,4 m/s² **71.** (a) 35,3 N; (b) 39,7 N; (c) 320 N **73.** (a) 7,5 m/s²; (b) para baixo; (c) 9,5 m/s²; (d) para baixo **75.** (a) $3,0 \times 10^5$ N; (b) 1,2° **77.** 147 m/s **79.** (a) 13 N; (b) 1,6 m/s² **81.** (a) 275 N; (b) 877 N **83.** (a) 84,2 N; (b) 52,8 N; (c) 1,87 m/s² **85.** 3,4% **87.** (a) $3,21 \times 10^3$ N; (b) sim **89.** (a) 222 N; (b) 334 N; (c) 311 N; (d) 311 N; (e) c, d **91.** (a) −7,5 m/s²; (b) −9,5 m/s² **93.** (a) $v_0^2(4g$ sen θ) (b) não **95.** (a) $2,3 \times 108$ anos; (b) $3,5 \times 10^{20}$ N **97.** (a) 56 m; (b) 131 m; (c) 262 m **99.** (a) −9,5 m/s (a velocidade diminui); (b) −17 m/s (a velocidade aumenta um pouco); (c) −25 m/s (a velocidade aumenta muito, a colisão pode ser fatal; (d) a encosta azul, 200 m **101.** (a) 11,1 m/s = 24,9 mi/h = 40,0 km/h; (b) 7,27 m/s = 16,3 mi/h = 26,2 km/h; (c) 17,6 m/s = 39,3 mi/h = 63,3 km/h; (d) 11,5 m/s = 25,7 mi/h = 41,4 km/h

Capítulo 7

T **7.1.1** 9,0 **7.2.1.** (a) diminui; (b) permanece a mesma; (c) negativo, nulo **7.3.1** maior que (altura maior) **7.4.1.** (a) positivo; (b) negativo; (c) nulo **7.5.1** 8,0 J **7.6.1.** nula

P **1.** são todas iguais **3.** (a) positivo; (b) negativo; (c) negativo **5.** b (trabalho positivo), a (trabalho nulo), c (trabalho negativo), d (trabalho mais negativo) **7.** são todos iguais **9.** (a) A; (b) B **11.** 2, 3, 1

PR **1.** (a) $2,9 \times 10^7$ m/s; (b) $2,1 \times 10^{-13}$ J **3.** (a) 5×10^{14} J; (b) 0,1 megaton de TNT; (c) 8 bombas **5.** (a) 2,4 m/s; (b) 4,8 m/s **7.** 0,96 J **9.** 20 J **11.** (a) 62,3°; (b) 118° **13.** (a) $1,7 \times 10^2$ N; (b) $3,4 \times 10^2$ m; (c) $-5,8 \times 10^4$ J; (d) $3,4 \times 10^2$ N; (e) $1,7 \times 10^2$ m; (f) $-5,8 \times 10^4$ J **15.** (a) 1,50 J; (b) aumenta **17.** (a) 12 kJ; (b) −11 kJ; (c) 1,1 kJ; (d) 5,4 m/s **19.** 25 J **21.** (a) −3Mgd/4; (b) Mgd; (c) Mgd/4; (d) $(gd/2)^{0,5}$ **23.** 4,41 J **25.** (a) 25,9 kJ; (b) 2,45 N **27.** (a) 7,2 J; (b) 7,2 J; (c) 0; (d) −25 J **29.** (a) 0,90 J; (b) 2,1 J; (c) 0 **31.** (a) 6,6 m/s; (b) 4,7 m **33.** (a)

0,12 m; (b) 0,36 J; (c) −0,36 J; (d) 0,060 m; (e) 0,090 J **35.** (a) 0; (b) 0 **37.** (a) 42 J; (b) 30 J; (c) 12 J; (d) 6,5 m/s, eixo +x; (e) 5,5 m/s, eixo +x; (f) 3,5 m/s, eixo +x **39.** 4,00 N/m **41.** $5,3 \times 10^2$ J **43.** (a) 0,83 J; (b) 2,5 J; (c) 4,2 J; (d) 5,0 W **45.** $4,9 \times 10^2$ W **47.** (a) $1,0 \times 10^2$ J; (b) 8,4 W **49.** $7,4 \times 10^2$ W **51.** (a) 32,0 J; (b) 8,00 W; (c) 78,2° **53.** (a) 1,20 J; (b) 1,10 m/s **55.** (a) $1,8 \times 10^5$ ft·lb; (b) 0,55 hp **57.** (a) 797 N; (b) 0; (c) −1,55 kJ; (d) 0; (e) 1,55 kJ; (f) F varia durante o deslocamento **59.** (a) 11 J; (b) −21 J **61.** −6 J **63.** (a) 314 J; (b) −155 J; (c) 0; (d) 158 J **65.** (a) 98 N; (b) 4,0 cm; (c) 3,9 J; (d) −3,9 J **67.** (a) 23 mm; (b) 45 N **69.** 165 kW **71.** 23,1 kJ **73.** 2,21 hp **75.** (a) 16,3 kN; (b) 65,4 kN; (c) 4 **77.** (a) $0,5ma^2t^2$; (b) $0,5ma^2t^2 + maut$

Capítulo 8

T **8.1.1.** não (em duas trajetórias de a a b, o trabalho é −60 J; na terceira, é 60 J) **8.1.2.** 3, 1, 2 (ver Eq. 8.1.6) **8.2.1.** (a) todas iguais; (b) todas iguais **8.3.1.** (a) CD, AB, BC (com base nas inclinações); (b) o sentido positivo de x **8.4.1.** são todas iguais **8.5.1.** 9,8 J

P **1.** (a) 3, 2, 1; (b) 1, 2, 3 **3.** (a) 12 J; (b) −2 J **5.** (a) aumenta; (b) diminui; (c) diminui; (d) permanece constante em AB e BC e diminui em CD **7.** +30 J **9.** 2, 1, 3 **11.** −40 J

PR **1.** 89 N/cm **3.** (a) 167 J; (b) −167 J; (c) 196 J; (d) 29 J; (e) 167 J; (f) −167 J; (g) 296 J; (h) 129 J **5.** (a) 4,31 mJ; (b) −4,31 mJ; (c) 4,31 mJ; (d) −4,31 mJ; (e) todos aumentariam **7.** (a) 13,1 J; (b) −13,1 J; (c) 13,1 J; (d) todos aumentam **9.** (a) 17,0 m/s; (b) 26,5 m/s; (c) 33,4 m/s; (d) 56,7 m; (e) continuariam as mesmas **11.** (a) 2,08 m/s; (b) 2,08 m/s; (c) aumentaria **13.** (a) 0,98 J; (b) −0,98 J; (c) 3,1 N/cm **15.** (a) $2,6 \times 10^2$ m; (b) permanece o mesmo; (c) diminui **17.** (a) 2,5 N; (b) 0,31 N; (c) 30 cm **19.** (a) 784 N/m; (b) 62,7 J; (c) 62,7 J; (d) 80,0 cm **21.** (a) 8,35 m/s; (b) 4,33 m/s; (c) 7,45 m/s; (d) diminuem **23.** (a) 4,85 m/s; (b) 2,42 m/s **25.** −3,2 × 10^2 J **27.** (a) não; (b) $9,3 \times 10^2$ N **29.** (a) 35 cm; (b) 1,7 m/s **31.** (a) 39,2 J; (b) 39,2 J; (c) 4,00 m **33.** (a) 2,40 m/s; (b) 4,19 m/s **35.** (a) 39,6 cm; (b) 3,64 cm **37.** −18 mJ **39.** (a) 2,1 m/s; (b) 10 N; (c) +x; (d) 5,7 m; (e) 30 N; (f) −x **41.** (a) −3,7 J; (c) 1,3 m; (d) 9,1 m; (e) 2,2 J; (f) 4,0 m; (g) $(4 − x)e^{-x/4}$; (h) 4,0 m **43.** (a) 5,6 J; (b) 3,5 J **45.** (a) 30,1 J; (b) 30,1 J; (c) 0,225 **47.** 0,53 J **49.** (a) −2,9 kJ; (b) $3,9 \times 10^2$ J; (c) $2,1 \times 10^2$ N **51.** (a) 1,5 MJ; (b) 0,51 MJ; (c) 1,0 MJ; (d) 63 m/s **53.** (a) 67 J; (b) 67 J; (c) 46 cm **55.** (a) −0,90 J; (b) 0,46 J; (c) 1,0 m/s **57.** 1,2 m **59.** (a) 19,4 m; (b) 19,0 m/s **61.** (a) $1,5 \times 10^{-2}$ N; (b) $(3,8 \times 10^2)g$ **63.** (a) 7,4 m/s; (b) 90 cm; (c) 2,8 m; (d) 15 m **65.** 20 **67.** (a) 7,0 J; (b) 22 J **69.** 3,7 J **71.** 4,33 m/s **73.** 25 J **75.** (a) 4,9 m/s; (b) 4,5 N; (c) 71°; (d) permanece a mesma **77.** (a) 4,8 N; (b) +x; (c) 1,5 m; (d) 13,5 m; (e) 3,5 m/s **79.** (a) 24 kJ; (b) $4,7 \times 10^2$ N **81.** (a) 5,00 J; (b) 9,00 J; (c) 11,0 J; (d) 3,00 J; (e) 12,0 J; (f) 2,00 J; (g) 13,0 J; (h) 1,00 J; (i) 13,0 J; (j) 1,00 J; (l) 11,0 J; (m) 10,8 m; (n) volta para $x = 0$ e para. **83.** (a) 6,0 kJ; (b) $6,0 \times 10^2$ W; (c) $3,0 \times 10^2$ W; (d) $9,0 \times 10^2$ W **85.** 880 MW **87.** (a) $v_0 = (2gL)^{0,5}$; (b) $5mg$; (c) −mgL; (d) −2mgL **89.** (a) 109 J; (b) 60,3 J; (c) 68,2 J; (d) 41,0 J **91.** (a) 2,7 J; (b) 1,8 J; (c) 0,39 m **93.** (a) 10 m; (b) 49 N; (c) 4,1 m; (d) $1,2 \times 10^2$ N **95.** (a) 5,5 m/s; (b) 5,4 m; (c) permanecem as mesmas **97.** 80 mJ **99.** 24 W **101.** −12 J **103.** (a) 8,8 m/s; (b) 2,6 kJ; (c) 1,6 kW **105.** (a) $7,4 \times 10^2$ J; (b) $2,4 \times 10^2$ J **107.** 15 J **109.** (a) $2,35 \times 10^3$ J; (b) 352 J **111.** 738 m **113.**

354 RESPOSTAS

(a) −3,8 kJ; (b) 31 kN **115.** (a) 300 J; (b) 93,8 J; (c) 6,38 m **117.** (a) 5,6 J; (b) 12 J; (c) 13 J **119.** (a) 1,2 J; (b) 11 m/s; (c) não; (d) não **121.** (a) $2,1 \times 10^6$ kg; (b) $(100 + 1,5t)^{0,5}$ m/s; (c) $(1,5 \times 10^6)/(100 + 1,5t)^{0,5}$ N; (d) 6,7 km **123.** 54% **125.** (a) $2,7 \times 10^9$ J; (b) $2,7 \times 10^9$ W; (c) $2,4 \times 10^8$ dólares **127.** (a) 2,1 m; (b) $2,27 \times 10^3$ N **129.** (a) 0,396 m; (b) 3,6 cm **131.** (a) 17 cm; (b) 12 cm **133.** (a) 70 J; (b) −98 J; (c) 190 J **135.** (a) −495 J; (b) 1,65 kN

Capítulo 9

T 9.1.1. (a) na origem; (b) no quarto quadrante; (c) no eixo y, abaixo da origem; (d) na origem; (e) no terceiro quadrante; (f) na origem **9.2.1.** (a) a (c) no centro de massa, que continua na origem (as forças são internas ao sistema e não podem deslocar o centro de massa) **9.3.1.** (Considere as inclinações e a Eq. 9.3.2.) (a) 1,3 e depois 2 e 4 empatadas (força nula); (b) 3 **9.4.1.** (a) mantém inalterado; (b) mantém inalterado (ver Eq. 9.4.5); (c) diminui (Eq. 9.4.8) **9.4.2.** (a) nula; (b) positiva (inicial para baixo, final para cima); (c) $+y$ **9.5.1.** (Não há força externa; $\vec{P}$ é conservado.) (a) 0; (b) não; (c) $-x$ **9.6.1.** (a) 10 kg · m/s; (b) 14 kg · m/s; (c) 6 kg · m/s **9.7.1.** (a) 4 kg · m/s; (b) 8 kg · m/s; (c) 3 J **9.8.1.** (a) 2 kg · m/s (conservação da componente x do momento); (b) 3 kg · m/s (conservação da componente y do momento) **9.9.1** (a) 1; (b) aumenta

P 1. (a) 2 N, para a direita; (b) 2 N, para a direita; (c) maior que 2 N, para a direita **3.** b, c, a **5.** (a) x sim, y não; (b) x sim, y não; (c) x não, y sim **7.** (a) c, a energia cinética não pode ser negativa; d, a energia cinética total não pode aumentar; (b) a; (c) b **9.** (a) um dos corpos estava em repouso; (b) 2; (c) 5; (d) igual (como o choque de duas bolas de sinuca) **11.** (a) C; (b) B; (c) 3

PR 1. (a) −1,50 m; (b) −1,43 m **3.** (a) −6,5 cm; (b) 8,3 cm; (c) 1,4 cm **5.** (a) −0,45 cm; (b) −2,0 cm **7.** (a) 0; (b) $3,13 \times 10^{-11}$ m **9.** (a) 28 cm; (b) 2,3 m/s **11.** $(-4,0 \text{ m})\hat{i} + (4,0 \text{ m})\hat{j}$ **13.** 53 m **15.** (a) $(2,35\hat{i} − 1,57\hat{j})$ m/s²; (b) $(2,35\hat{i} − 1,57\hat{j})t$ m/s, com t em segundos; (d) retilínea, fazendo um ângulo de 34° para baixo **17.** 4,2 m **19.** (a) $7,5 \times 10^4$ J; (b) $3,8 \times 10^4$ kg · m/s; (c) 39° ao sul do leste **21.** (a) 5,0 kg · m/s; (b) 10 kg · m/s **23.** $1,0 \times 10^3$ a $1,2 \times 10^3$ kg · m/s **25.** (a) 42 N · s; (b) 2,1 kN **27.** (a) 67 m/s; (b) $-x$; (c) 1,2 kN; (d) $-x$ **29.** 5 N **31.** (a) $2,39 \times 10^3$ N·s; (b) $4,78 \times 10^5$ N; (c) $1,76 \times 10^3$ N·s; (d) $3,52 \times 10^5$ N **33.** (a) 5,86 kg · m/s; (b) 59,8°; (c) 2,93 kN; (d) 59,8° **35.** $9,9 \times 10^2$ N **37.** (a) 9,0 kg · m/s; (b) 3,0 kN; (c) 4,5 kN; (d) 20 m/s **39.** 3,0 mm/s **41.** (a) $-(0,15 \text{ m/s})\hat{i}$; (b) 0,18 m **43.** 55 cm **45.** (a) $(1,00\hat{i} − 0,167\hat{j})$ km/s; (b) 3,23 MJ **47.** (a) 14 m/s; (b) −45° **49.** $3,1 \times 10^2$ m/s **51.** (a) 721 m/s; (b) 937 m/s **53.** (a) 33%; (b) 23%; (c) diminui **55.** (a) +2,0 m/s; (b) −1,3 J; (c) +40 J; (d) o sistema recebeu energia de alguma fonte, como, uma pequena explosão **57.** (a) 4,4 m/s; (b) 0,80 **59.** 25 cm **61.** (a) 99 g; (b) 1,9 m/s; (c) 0,93 m/s **63.** (a) 3,00 m/s; (b) 6,00 m/s **65.** (a) 1,2 kg; (b) 2,5 m/s **67.** −28 cm **69.** (a) 0,21 kg; (b) 7,2 m **71.** (a) $4,15 \times 10^5$ m/s; (b) $4,84 \times 10^5$ m/s **73.** 120° **75.** (a) 433 m/s; (b) 250 m/s **77.** (a) 46 N; (b) nenhuma **79.** (a) $1,57 \times 10^6$ N; (b) $1,35 \times 10^5$ kg; (c) 2,08 km/s **81.** (a) 7.290 m/s; (b) 8200 m/s; (c) $1,271 \times 10^{10}$ J; (d) $1,275 \times 10^{10}$ J **83.** (a) 1,92 m; (b) 0,640 m **85.** (a) 1,78 m/s; (b) menor; (c) menor; (d) maior **87.** (a) 3,7 m/s; (b) 1,3 N · s; (c) $1,8 \times 10^2$ N **89.** (a) $(7,4 \times 10^3 \text{ N} \cdot \text{s})\hat{i} − (7,4 \times 10^3 \text{ N} \cdot \text{s})\hat{j}$; (b) $(-7,4 \times 10^3 \text{ N} \cdot \text{s})\hat{i}$; (c) $2,3 \times 10^3$ N; (d) $2,1 \times 10^4$ N; (e) −45° **91.** +4,4 m/s **93.** $1,18 \times 10^4$ kg **95.** (a) 1,9 m/s; (b) −30°; (c) elástica **97.** (a) 6,9 m/s; (b) 30°; (c) 6,9 m/s; (d) −30°; (e) 2,0 m/s; (f) −180° **99.** (a) $x_{CM} = 0$, $y_{CM} = 0$; (b) 0 **101.** 2,7 m/s **103.** (a) $4m_1 m_2/(m_1 + m_2)^2$; (b) chumbo, 0,019; carbono, 0,28; hidrogênio, 1,0 **105.** (a) 35 cm; (b) 35 cm **107.** 2,78 m/s **109.** (a) −2,9 m/s; (b) 52 m/s **111.** (a) 12 m; (b) $7,4 \times 10^{10}$ J **113.** (a) $m_2/(m_1 + m_2)$; (b) $m_1/(m_1 + m_2)$; (c) m_2 **115.** (a) $-(9,1 \times 10^2)\hat{i} − (3,5 \times 10^3)\hat{j}$ kg · m/s; $3,6 \times 10^3$ kg · m/s, 255,4° (ou −105°); (b) $2,6 \times 10^5$ N; (c) 329g **117.** (a) $5mg$; (b) $7mg$; (c) 5 m

Capítulo 10

T 10.1.1. b e c **10.2.1.** (a) e (d) ($\alpha = d^2\theta/dt^2$ deve ser constante) **10.3.1.** (a) sim; (b) não; (c) sim; (d) sim **10.4.1.** são todos iguais **10.5.1.** 1, 2, 4, 3 (ver Eq. 10.5.2) **10.6.1.** (ver Eq. 10.6.2) 1 e 3, 4, 2 e 5 (zero) **10.7.1.** (a) para baixo na figura ($\tau_{res} = 0$); (b) menor (considere os braços de alavanca) **10.8.1** (a) A e C empatados, depois B e D empatados; (b) B e D; (c) A e C

P 1. (a) c, a e depois b e d empatados; (b) b, depois a e c empatados, depois d **3.** todas iguais **5.** (a) diminuir; (b) horário; (c) anti-horário **7.** aumentar **9.** c, a, b **11.** menor

PR 1. 14 rev **3.** (a) 4,0 rad/s; (b) 11,9 rad/s **5.** 11 rad/s **7.** (a) 4,0 m/s; (b) não **9.** (a) 3,00 s; (b) 18,9 rad **11.** (a) 30 s; (b) $1,8 \times 10^3$ rad **13.** (a) $3,4 \times 10^2$ s; (b) $−4,5 \times 10^{-3}$ rad/s²; (c) 98 s **15.** 8,0 s **17.** (a) 44 rad; (b) 5,5 s; (c) 32 s; (d) −2,1s; (e) 40 s **19.** (a) $2,50 \times 10^{-3}$ rad/s; (b) 20,2 m/s²; (c) 0 **21.** $6,9 \times 10^{-13}$ rad/s **23.** (a) 20,9 rad/s; (b) 12,5 rad/s; (c) 800 rev/min²; (d) 600 rev **25.** (a) $7,3 \times 10^{-5}$ rad/s; (b) $3,5 \times 10^2$ m/s; (c) $7,3 \times 10^{-5}$ rad/s; (d) $4,6 \times 10^2$ m/s **27.** (a) 73 cm/s²; (b) 0,075; (c) 0,11 **29.** (a) $3,8 \times 10^3$ rad/s; (b) $1,9 \times 10^2$ m/s **31.** (a) 40 s; (b) 2,0 rad/s² **33.** 12,3 kg · m² **35.** (a) 1,1 kJ; (b) 9,7 kJ **37.** 0,097 kg·m² **39.** (a) 49 MJ; (b) $1,0 \times 10^2$ min **41.** (a) 0,023 kg · m²; (b) 1,1 mJ **43.** $4,7 \times 10^{-4}$ kg · m² **45.** −3,85 N · m **47.** 4,6 N · m **49.** (a) 28,2 rad/s²; (b) 338N · m **51.** (a) 6,00 cm/s²; (b) 4,87 N; (c) 4,54 N; (d) 1,20 rad/s²; (e) 0,0138 kg · m² **53.** 0,140 N **55.** $2,51 \times 10^{-4}$ kg · m² **57.** (a) $4,2 \times 10^2$ rad/s²; (b) $5,0 \times 10^2$ rad/s **59.** 396 N · m **61.** (a) −19,8 kJ; (b) 1,32 kW **63.** 5,42 m/s **65.** (a) 5,32 m/s²; (b) 8,43 m/s²; (c) 41,8° **67.** 9,82 rad/s **69.** $6,16 \times 10^{-5}$ kg · m² **71.** (a) 31,4 rad/s²; (b) 0,754 m/s²; (c) 56,1 N; (d) 55,1 N **73.** (a) $4,81 \times 10^5$ N; (b) $1,12 \times 10^4$ N · m; (c) $1,25 \times 10^6$ J **75.** (a) 2,3 rad/s²; (b) 1,4rad/s² **77.** (a) −67 rev/min²; (b) 8,3 rev **81.** 3,1 rad/s **83.** (a) 1,57 m/s²; (b) 4,55 N; (c) 4,94 N **85.** (a) 0,262 rad/h; (b) 0,267 rad/h; (c) 373 dias **87.** (a) 0,74778 rev/s; (b) 1,40 ms **89.** (a) −4,9 rad/s²; (b) continuaria a mesma **91.** (a) $3,4 \times 10^5$ g · cm²; (b) $2,9 \times 10^5$ g · cm²; (c) $6,3 \times 10^5$ g · cm²; (d) $(1,2 \text{ cm})\hat{i} + (5,9 \text{ cm})\hat{j}$ **93.** (a) 12:00; (b) 3:00, 6:00, 9:00, 12:00; (c) 2:24, 4:48, 7:12, 9:36, 12:00 **95.** 0,56 N · m **97.** $(\mu g/R)^{0,5}$

Capítulo 11

T 11.1.1. (a) igual; (b) menor **11.2.1.** menor (considere a transferência de energia de energia cinética de rotação para energia potencial gravitacional) **11.3.1** diminui **11.4.1.** (desenhe os vetores e use a regra da mão direita) (a) $\pm z$; (b) $+y$; (c) $-x$ **11.5.1.** (ver Eq. 11.5.4) (a) 1 e 3; 2 e 4,5 (zero); (b) 2 e 3 **11.6.1.** (ver Eqs. 11.6.2 e 11.4.3) (a) 3,1; 2 e 4 (zero); (b) 3 **11.7.1.** (a) todos iguais (mesmo τ, mesmo t e, portanto, mesmo ΔL); (b) esfera, disco, anel (ordem inversa de I) **11.8.1.** (a) diminui; (b) permanece o mesmo ($\tau_{res} = 0$ e, portanto, L é conservado); (c) aumenta **11.9.1** (a) diminui; (b) continua o mesmo; (c) diminui

P **1.** *a*, depois *b* e *c* empatados, depois *e*, depois *d* (zero) **3.** (a) fica girando no mesmo lugar; (b) rola na sua direção; (c) rola para longe de você **5.** (a) 1, 2, 3 (zero); (b) 1 e 2 empatados, depois 3; (c) 1 e 3 empatados, depois 2 **7.** (a) permanece o mesmo; (b) aumenta; (c) diminui; (d) permanece o mesmo, diminui, aumenta **9.** *D*, *B* e depois *A* e *C* empatados **11.** (a) ao mesmo tempo; (b) igual

PR **1.** (a) 0; (b) $(22 \text{ m/s})\hat{i}$ (c) $(-22 \text{ m/s})\hat{i}$ (d) 0; (e) $1,5 \times 10^3$ m/s²; (f) $1,5 \times 10^3$ m/s²; (g) $(22 \text{ m/s})\hat{i}$; (h) $(44 \text{ m/s})\hat{i}$; (i) 0; (j) 0; (k) $1,5 \times 10^3$ m/s²; (1) $1,5 \times 10^3$ m/s² **3.** $-3,15$ J **5.** 0,020 **7.** (a) 63 rad/s; (b) 4,0 m **9.** 4,8 m **11.** (a) $(-4,0\text{N})\hat{i}$; (b) 0,60 kg · m² **13.** 0,50 **15.** (a) $-(0,11 \text{ m})\omega$; (b) $-2,1$ m/s²; (c) -47 rad/s²; (d) 1,2 s; (e) 8,6 m; (f) 6,1 m/s **17.** (a) 13 cm/s²; (b) 4,4 s; (c) 55 cm/s; (d) 18 mJ; (e) 1,4 J; (f) 27 rev/s **19.** $(-2,0 \text{ N} \cdot \text{m})\hat{i}$ **21.** (a) $(6,0 \text{ N} \cdot \text{m})\hat{j} + (8,0 \text{ N} \cdot \text{m})\hat{k}$; (b) $(-22 \text{ N} \cdot \text{m})\hat{i}$ **23.** (a) $(-1,5 \text{ N} \cdot \text{m})\hat{i} - (4,0 \text{ N} \cdot \text{m})\hat{j} - (1,0 \text{ N} \cdot \text{m})\hat{k}$; (b) $(-1,5 \text{ N} \cdot \text{m})\hat{i} - (4,0 \text{ N} \cdot \text{m})\hat{j} - (1,0 \text{ N} \cdot \text{m})\hat{k}$ **25.** (a) $(50 \text{ N} \cdot \text{m})\hat{k}$; (b) 90° **27.** (a) 0; (b) $(8,0 \text{ N} \cdot \text{m})\hat{i} + (8,0 \text{ N} \cdot \text{m})\hat{k}$ **29.** (a) 9,8 kg · m²/s; (b) $+z$ **31.** (a) 0; (b) $-22,6$ kg · m²/s; (c) $-7,84$ N · m; (d) $-7,84$ N · m

33. (a) $(-1,7 \times 10^2 \text{ kg} \cdot \text{m}^2/\text{s})\hat{k}$; (b) $(+56 \text{ N} \cdot \text{m})\hat{k}$; (c) $(+56$ kg · m²/s²$)\hat{k}$ **35.** (a) $48 \, t\hat{k}$ N · m; (b) aumentando **37.** (a) $4,6 \times 10^{-3}$ kg · m²; (b) $1,1 \times 10^{-3}$ kg · m²/s; (c) $3,9 \times 10^{-3}$ kg · m²/s **39.** (a) 1,47 N · m; (b) 20,4 rad; (c) $-29,9$ J; (d) 19,9 W **41.** (a) 1,6 kg · m²; (b) 4,0 kg · m²/s **43.** (a) 1,5 m; (b) 0,93 rad/s; (c) 98 J; (d) 8,4 rad/s; (e) $8,8 \times 10^2$ J; (f) da energia interna das patinadoras **45.** (a) 3,6 rev/s; (b) 3,0; (c) a força que o homem exerce sobre os tijolos converte energia interna do homem em energia cinética **47.** 0,17 rad/s **49.** (a) 750 rev/min; (b) 450 rev/min; (c) horário **51.** (a) 267 rev/min; (b) 0,667 **53.** $1,3 \times 10^3$ m/s **55.** 3,4 rad/s **57.** (a) 18 rad/s; (b) 0,92 **59.** 11,0 m/s **61.** 1,5 rad/s **63.** 0,070 rad/s **65.** (a) 0,148 rad/s; (b) 0,0123; (c) 181° **67.** (a) 0,180 m; (b) horário **69.** 0,041 rad/s **71.** (a) 1,6 m/s²; (b) 16 rad/s²; (c) $(4,0 \text{ N})\hat{i}$ **73.** (a) 0; (b) 0; (c) $-30t^3\hat{k}$ kg · m²/s; (d) $-90t^2\hat{k}$ N · m; (e) $30t^3\hat{k}$ kg · m²/s; (f) $90t^2 \, \hat{k}$ N · m **75.** (a) 149 kg · m²; (b) 158 kg · m²/s; (c) 0,744 rad/s **77.** (a) $6,65 \times 10^{-5}$ kg · m²/s; (b) não; (c) 0; (d) sim **79.** $-5,58$ rad/s · m **81.** (a) 0; (b) $-2,86 \times 10^{-4}$ kg · m²/s; (c) $2,86 \cdot 10^{-4}$ kg · m²/s **83.** (a) 3,14 $3,14 \times 10^{-4}$ N · m; (b) $-1,97$ mJ; (c) $-3,59$ mJ; (d) 0,0126

ÍNDICE ALFABÉTICO

A

Aceleração, 20, 275
- angular, 267, 291
- - constante pedra de amolar com, 273
- - instantânea, 267, 291
- - média, 267, 291
- bidimensional, 73
- cálculo da, 245
- centrípeta, 80, 142
- constante, 23, 26, 31
- - para baixo, 76
- de um bloco empurrado por outro bloco, 118
- e dv/dt, 22
- em queda livre, 27, 31
- instantânea, 20, 31, 71, 72, 86
- média, 20, 31, 71, 72, 86
- nula, 76
- positiva, 22
Aderência, 132
Alcance horizontal, 77, 86
Algarismos significativos, 4
Aluno que gira, 322
Alvo
- em movimento, 242
- estacionário, 241
Análise
- de um golpe de judô e segunda lei de Newton para rotações, 287
- tridimensional, 168
- unidimensional, 167
Anestesia epidural, 169
Ângulo(s)
- em graus e em radianos, 48
- entre dois vetores usando o produto escalar, 56
Antiderivada, 26
Aplicações das leis de Newton, 111, 112
Área da seção reta efetiva, 135, 142
Arrasto coeficiente de, 135, 142
Atrito, 110, 129, 142
- cinético, coeficiente de, 132, 142
- dois tipos de, 130
- e rolagem, 306
- estático, coeficiente de, 132, 142
- propriedades do, 132

B

Balança
- de braços iguais, 108
- de Kibble, 7
- de mola, 108
Barra do metro padrão, 3
Bloco
- deslizante, 112
- pendente, 112
Bola(s)
- de golfe, 76
- de sinuca, 224
- que desce uma rampa, 308
Braço de alavanca, 284, 292

C

Cabeçadas no futebol, 232
Cálculo(s)
- da aceleração, 245
- da energia potencial, 185

- da força, 191
- da velocidade, 246
- - angular a partir da
- - - aceleração angular, 270
- - - posição angular, 268
- do momento de inércia, 279
- do torque, 284
- energia potencial da, 185
Carro(s)
- autônomo ultrapassando um carro mais lento, 25
- com força de sustentação negativa, 141
Casas decimais, 4
Centro de massa, 219, 247
- de três partículas, 222
Cinemática, 14
Cobrança de lateral com cambalhota, 78
Coeficiente
- de arrasto, 135, 142
- de atrito
- - cinético, 132, 142
- - estático, 132, 142
Colisão(ões), 229, 230, 247
- elástica(s), 237
- - em uma dimensão, 240, 248
- - sucessivas, 243
- em duas dimensões, 244, 248
- em série, 231
- inelástica, 237
- - em uma dimensão, 237, 248
- - unidimensional, 237
- perfeitamente inelástica(s), 237
- - unidimensionais, 237
- simples, 230
Componentes
- de vetores, 45, 46, 57
- escalares, 57
Comprimento, 3, 8
Configuração de referência, 186, 204
Conservação
- da energia, 199, 204
- - mecânica, 188
- - - em um toboágua, 190
- do momento, 245
- - angular, 320, 321, 328
- - - de uma barata em um disco, 324
- - - rotação de uma roda e de um banco, 323
- - linear, 233, 248
Constante
- de força, 164
- elástica, 164, 173
Conversão(ões)
- de unidades, 1
- em cadeia, 3
Corda(s)
- bloco e plano inclinado, 114
- sem massa, 119
Corpo(s)
- em rolagem, 327
- maciços, 221, 224
- rígido, 265
Correndo de cabeça para baixo, 141
Curva de energia potencial, 192, 204

D

Decomposição do vetor, 46
Demonstração do teorema dos eixos paralelos, 280

Deslizamento, 132
Deslocamento, 14, 31, 86
- angular, 266, 271, 291
Determinação das componentes, 46
Diagrama de corpo livre, 104, 119
Diavolo executa um loop vertical, 140
Dígitos significativos, 4
Dinheiro, 153
Direção
- radial, 141
- vertical, 141

E

Efeito(s)
- chicote, 30
- do ar, 78
Eixo
- de rotação, 265, 291
- fixo, 265
Empuxo, 248
- e aceleração de um foguete, 247
Energia, 153
- cinética, 153, 154, 172
- - da rolagem, 305
- - de rotação, 277
- - - e momento de inércia, 292
- - - em um teste explosivo, 283
- - - trabalho e, 288, 289, 292
- - em um choque de locomotivas, 154
- - trabalho e, 155, 156, 172
- conservação da, 199, 204
- conservada, 153
- mecânica, 204
- - conservação da, 188
- - em um toboágua conservação de, 190
- potencial, 181, 203
- - elástica, 182, 186, 204
- - gravitacional, 181, 186, 204
- - - escolha do nível de referência para a, 187
- - interpretação de uma curva de, 191, 194
- - trabalho e, 182
- térmica, 183
- total, 199, 204
Equação(ões)
- cinemáticas para aceleração angular constante, 291
- da trajetória, 77
- do movimento com aceleração constante, 24
Equilíbrio, 204
- estável, 194
- instável, 194
- neutro, 194
Escalares, 43
- e vetores, 57
Escolha
- do corpo, 103
- do nível de referência para a energia potencial gravitacional, 187
Espeleologia, 47
Espionagem industrial, 158
Estado
- de movimento, 154
- relaxado, 164, 173
Estimativa de ordem de grandeza, 4
Explosão(ões), 224

ÍNDICE ALFABÉTICO   357

- bidimensional e momento de um coco, 235
- unidimensional e velocidade relativa de um rebocador espacial, 234

F
Fator de conversão, 3
Física, 1
Fluido, 135
Força(s), 14, 99, 101, 119
- alinhadas e não alinhadas, disco metálico, 105
- cálculo da, 191
- centrípeta, 138, 142
- conservativa, 183, 189, 203
- da rolagem, 306
- de arrasto, 135, 142
- de atrito, 110, 119, 142
- - cinético, 131, 142
- - estático, 130, 142
- - visão microscópica, 131
- de tração, 110
- dissipativa, 183
- - não conservativa, 203
- e a energia cinética da rolagem, 305
- e momento, 228
- e movimento, 99, 129
- elástica, 164, 173
- em equilíbrio, 104
- em um elevador, 117
- especiais, 119
- externas, 104
- - e transferências internas de energia, 201
- gravitacional, 107, 119
- - em repouso, 107
- - trabalho realizado pela, 160, 173
- inclinada aplicada a um bloco inicialmente em repouso, 133
- internas, 104
- média, 231
- não alinhadas, lata de biscoitos, 106
- normal, 109, 119
- restauradora, 164
- resultante, 101, 119
- total, 101
Formas de energia em um toboágua, 202
Funções trigonométricas, 48
- inversas, 48

G
Grandeza(s)
- angulares, 270
- fundamentais, 2, 7
- vetorial, 15, 43

I
Ilha de páscoa, 198
Impulso, 229, 230, 247, 248
Inclinação da reta, 16
Independência
- da trajetória de forças conservativas, 183
- das componentes, 103
Integração
- da aceleração, 29
- da força, 230
- da velocidade, 29
- gráfica
- - de *a* em função de *t*, 30
- - na análise de movimentos, 29
Integral indefinida, 26

Interpretação de uma curva de energia potencial, 191, 194
Intervalos de tempo aproximados, 5
Ioiô, 309

J
Joule (j), 154

L
Lei(s)
- da física, vetores e, 50
- de conservação
- - da energia, 153, 199, 204
- - do momento
- - - angular, 321
- - - linear, 233, 248
- de Hooke, 164
- de Newton, aplicações das, 111, 112
Lesões do pescoço causadas pelo "efeito chicote", 30
Linha de ação, 284, 292

M
Massa, 6, 8, 102, 119
- específica, 7, 8
Mecânica newtoniana, 100, 119
Média, 15
Medição, 1
- de grandezas, 1
- na física, 7
Medida dos ângulos de um vetor, 48
Medo em uma montanha-russa, 116
Método de conversão em cadeia, 7
Metro, 1
Módulo, 14, 15
Momento(s)
- angular, 312
- - conservação do, 320, 321, 328
- - de um corpo rígido, 317, 327
- - - girando em torno de um eixo fixo, 318
- - de um sistema
- - - de duas partículas, 313
- - - de partículas, 317, 327
- - de uma barata em um disco conservação do, 324
- - de uma partícula, 327
- - rotação de uma roda e de um banco, conservação do, 323
- conservação do, 245
- de inércia, 264, 278, 280
- - cálculo do, 279
- - de um sistema de duas partículas, 281
- - de uma barra homogênea, calculado por integração, 281
- e energia cinética em colisões, 236
- linear, 219, 227
- - conservação do, 233, 248
- - de um sistema de partículas, 228
- - e a segunda lei de Newton, 247
Movimento(s), 14
- angular, 265
- balístico, 74, 75, 86
- circular uniforme, 80, 86, 138, 142
- de rotação, 264
- de translação, 264
- do centro de massa, 248
- - de três partículas, 226
- - de um sistema, 224
- em duas e três dimensões, 66
- horizontal, 76
- linear, 265

- relativo, 86
- - bidimensional de dois aviões, 85
- - em duas dimensões, 84
- - em uma dimensão, 82
- - unidimensional, 83
- retilíneo, 13
- unidimensional, 13
- vertical, 76
Mudança de unidades, 3, 7
Multiplicação
- de um vetor por um escalar, 52
- de um vetor por um vetor, 52
- de vetores, 52

N
Notação
- científica, 2
- dos vetores unitários, 57

O
Orientação, 15
Origem, 14

P
Padrão(ões), 1, 7
- fundamentais, 2
- secundários, 3
Par de forças da terceira lei, 111
Partícula, 14
Passo de balé, 225
Pedra de amolar com aceleração angular constante, 273
Percurso fechado, 183
Pesagem, 108
Peso, 108, 119
Pilotos de caça fazendo curvas, 82
Polia sem massa e sem atrito, 119
Ponto
- de equilíbrio, 194
- de referência, 186, 204
- de retorno, 192, 204
- de simetria, 222
Posição, 14, 31, 274
- angular, 265, 291
- - zero, 265
- e deslocamento, 67
Potência, 170, 171, 173, 202, 204
- força e velocidade, 172
- instantânea, 171, 202, 204
- média, 171, 204
Precessão de um giroscópio, 325, 328
Primeira
- equação básica, 23
- lei de newton, 100, 101, 119
Princípio
- de conservação da energia mecânica, 189, 204
- de superposição para forças, 101
Produto
- de um escalar por um vetor, 57
- escalar, 52, 53, 57
- vetorial, 52, 54, 57
- - regra da mão direita, 56
- - usando vetores unitários, 56
Projétil, 74
- lançado de um avião, 79
Projeto do anel gigante, um rotor de grandes proporções, 276
Propriedades do atrito, 132

358 ÍNDICE ALFABÉTICO

Q
Queda, 135
- livre, 28, 107
Quilograma-padrão, 6

R
Radianos (rad), 265, 291
Referencial(is), 82
- inerciais, 101, 119
- não inerciais, 102, 119
Regra da mão direita, 54, 270, 291
- para produtos vetoriais, 55
Relações entre as variáveis lineares e
    angulares, 274, 291
Relógios atômicos, 6
Reta de referência, 265, 291
Revisão do torque, 309, 310
Roda-gigante, 319
Rolagem
- como uma combinação de translação e rotação, 302
- como uma rotação pura, 304
- para baixo em uma rampa, 306
Rotação(ões), 263, 264
- com aceleração angular constante, 272
- segunda lei de Newton para, 285, 292, 314, 327
Rotor com aceleração angular constante, 273

S
Salto
- alto, 286
- de trampolim, 322
- em distância, 322
Segunda
- equação básica, 23
- lei de Newton, 103, 119
- - para rotações, 285, 292, 314, 327
- - - análise de um golpe de judô e, 287
- - para um sistema de partículas, 223, 247
Segundo, 6
- padrão de massa, 7
Sensações, 21
Sentido
- negativo, 14, 31
- positivo, 14, 31
Sinal
- da aceleração, 21, 22
- do trabalho, 157
- positivo do deslocamento, 14
Sistema(s)
- de coordenadas dextrogiro, 49
- de massa variável, 248
- - um foguete, 245
- de partículas, 220
- - segunda lei de newton para um, 223, 247
- de posicionamento global (GPS), 1
- fechado, 224
- internacional de unidades (SI), 1, 2, 7

- isolado, 200
- métrico, 2
Sobrevivência em uma colisão frontal, 239
Soma de vetores
- a partir das componentes, 50, 57
- geométrica, 44, 57
- usando vetores unitários, 51
Surfe na neve, 134
Sustentação negativa, 141

T
Taxa de precessão, 326
Tempo, 5, 8
- de percurso de uma bola de beisebol lançada
    verticalmente, 28
Teorema
- do impulso e momento linear, 247
- do trabalho e energia cinética, 157, 158
- - para uma força variável, 168
- dos eixos paralelos, 279, 292
Terceira lei de Newton, 111, 119
Teste do percurso fechado, 183, 184
Torque, 264, 283, 284, 292
- cálculo do, 284
- como um vetor, 327
- e derivada do momento angular em relação ao
    tempo, 315
- exercido por uma força sobre uma partícula, 311
- externo resultante, 318
- resultante, 284
- total, 284
Tour jeté, 322
Trabalho, 153-155, 172
- e energia cinética, 155, 156, 172
- - de rotação, 288, 289, 292
- e energia potencial, 182
- para levantar e abaixar um objeto, 160, 173
- para puxar um trenó em uma encosta nevada, 161
- pela força gravitacional, 160, 173
- por duas forças constantes, 158
- por uma força
- - aplicada, 165
- - constante, 172
- - - expressa na notação dos vetores unitários, 159
- - elástica, 163, 164, 173
- - externa sobre um sistema, 195, 196
- - - com atrito, 196
- - - sem atrito, 196
- - variável, 173
- - - genérica, 167
- por uma mola para mudar a energia cinética, 166
- sobre um elevador acelerado, 162
- sobre um sistema por uma força externa, 204
- total, 172
- - realizado, 183
- - - por várias forças, 157
- W_g da força gravitacional, 162

- W_n da força normal, 162
- W_t da força de tração da corda, 162
Tração, 110, 119
Tração da corda, 110
Trajetória(s), 77, 86
- em queda livre, 28
- equivalentes para calcular o trabalho sobre um
    queijo gorduroso, 185
Transferência, 155
Translação, 264

U
Unidade(s), 1
- de força, 101
- de massa atômica, 7
- de medida, 7
- de trabalho, 157
- derivadas do SI, 2
- do SI, 7
- g, 21

V
Variação
- de posição da partícula, 44
- de velocidade, 231
Variáveis da rotação, 263, 265
Velocidade, 18, 275
- angular, 266, 270, 291
- - a partir da aceleração angular cálculo da, 270
- - a partir da posição angular cálculo da, 268
- - escalar, 267, 291
- - instantânea, 266, 291
- - média, 266, 291
- bidimensional, 71
- cálculo da, 246
- do centro de massa, 238
- e inclinação da curva de x em função de t, 18
- escalar, 18, 31
- - instantânea, 18
- - média, 15, 16, 31
- instantânea, 18, 31, 69, 86
- média, 16, 17, 31, 69, 86
- relativa, 246
- terminal, 135, 136, 142
- - de uma gota de chuva, 137
Vetor(es), 43, 101
- componentes de, 45, 46, 57
- deslocamento, 44
- e as leis da física, 50
- posição, 67, 86
- - bidimensional, 67
- resultante, 44
- soma, 44
- unitários, 49

W
Watt (W), 2, 171

ALGUMAS CONSTANTES FÍSICAS*

Velocidade da luz	c	$2{,}998 \times 10^8$ m/s
Constante gravitacional	G	$6{,}673 \times 10^{-11}$ N $\cdot$ m^2/kg^2
Constante de Avogadro	N_A	$6{,}022 \times 10^{23}$ mol^{-1}
Constante universal dos gases	R	$8{,}314$ J/mol $\cdot$ K
Relação entre massa e energia	c^2	$8{,}988 \times 10^{16}$ J/kg
		$931{,}49$ MeV/u
Constante de permissividade	ε_0	$8{,}854 \times 10^{-12}$ F/m
Constante de permeabilidade	μ_0	$1{,}257 \times 10^{-6}$ H/m
Constante de Planck	h	$6{,}626 \times 10^{-34}$ J $\cdot$ s
		$4{,}136 \times 10^{-15}$ eV $\cdot$ s
Constante de Boltzmann	k	$1{,}381 \times 10^{-23}$ J/K
		$8{,}617 \times 10^{-5}$ eV/K
Carga elementar	e	$1{,}602 \times 10^{-19}$ C
Massa do elétron	m_e	$9{,}109 \times 10^{-31}$ kg
Massa do próton	m_p	$1{,}673 \times 10^{-27}$ kg
Massa do nêutron	m_n	$1{,}675 \times 10^{-27}$ kg
Massa do dêuteron	m_d	$3{,}344 \times 10^{-27}$ kg
Raio de Bohr	a	$5{,}292 \times 10^{-11}$ m
Magnéton de Bohr	μ_B	$9{,}274 \times 10^{-24}$ J/T
		$5{,}788 \times 10^{-5}$ eV/T
Constante de Rydberg	R	$1{,}097\,373 \times 10^7$ m^{-1}

*Uma lista mais completa, que mostra também os melhores valores experimentais, está no Apêndice B.

ALFABETO GREGO

Alfa	A	α	Iota	I	ι	Rô	P	ρ
Beta	B	β	Capa	K	κ	Sigma	Σ	σ
Gama	Γ	γ	Lambda	Λ	λ	Tau	T	τ
Delta	Δ	δ	Mi	M	μ	Ípsilon	Y	υ
Epsílon	E	ϵ	Ni	N	ν	Fi	Φ	ϕ, φ
Zeta	Z	ζ	Csi	Ξ	ξ	Qui	X	χ
Eta	H	η	Ômicron	O	o	Psi	Ψ	ψ
Teta	Θ	θ	Pi	Π	π	Ômega	Ω	ω